宁波城区三江口（沈国峰）

宁波市水利志

（2001—2020 年）

《宁波市水利志（2001—2020 年）》编纂委员会　编

中国水利水电出版社
www.waterpub.com.cn
·北京·

图书在版编目（CIP）数据

宁波市水利志 : 2001-2020年 / 《宁波市水利志（2001-2020年）》编纂委员会编. -- 北京 : 中国水利水电出版社, 2023.3
ISBN 978-7-5226-1248-5

Ⅰ. ①宁… Ⅱ. ①宁… Ⅲ. ①水利史—宁波—2001-2020 Ⅳ. ①TV-092

中国国家版本馆CIP数据核字(2023)第007982号

地图审核号：浙甬 S（2022）54 号

书　名	宁波市水利志（2001—2020年） NINGBO SHI SHUILI ZHI（2001—2020 NIAN）
作　者	《宁波市水利志（2001—2020年）》编纂委员会　编
出版发行	中国水利水电出版社 (北京市海淀区玉渊潭南路1号D座　100038) 网址: www.waterpub.com.cn E-mail: sales@mwr.gov.cn 电话: (010) 68545888（营销中心）
经　售	北京科水图书销售有限公司 电话: (010) 68545874、63202643 全国各地新华书店和相关出版物销售网点
排　版	北京金五环出版服务有限公司
印　刷	北京印匠彩色印刷有限公司
规　格	210mm×285mm　16开本　39.5 印张　935 千字
版　次	2023年3月第1版　2023年3月第1次印刷
定　价	**298.00元**

《宁波市水利志（2001—2020年）》编纂委员会

2019年6月—2022年3月

主 任 委 员：劳可军

副主任委员：张晓峰　劳均灿

委　　　员：（按姓氏笔画为序）毛跃军　史俊伟　吕振江　杨　辉　李旺欣　吴学文　张建勋　陆东晓　罗焕银　竺灵英　郑逸群　胡　杨　俞红军　蔡建孟　薛　琨

办公室主任：郑逸群

2022年3月—

主 任 委 员：张晓峰

副主任委员：史俊伟　劳均灿

委　　　员：（按姓氏笔画为序）毛跃军　王　攀　吕振江　杨　辉　劳可军　李旺欣　张建勋　陆东晓　罗焕银　竺灵英　郑逸群　胡　杨　俞红军　翁瑞华　蔡建孟　薛　琨

办公室主任：郑逸群

主　　　编：张拓原

常务副主编：劳均灿

副　主　编：朱英福　周建成

编 纂 人 员：（按姓氏笔画为序）吕诚伟　陈永东　张松达　吴迎燕　步曙霞　赵淳逸

撰 稿 人：（按姓氏笔画为序）马 群 王硕威 王 贝 王 璠
王 颖 王婷婷 王威斌 尤梦姗 叶永能 李立国
李旺欣 李仲敏 朱朝阳 朱新国 许 洁 刘祖强
刘俊伟 江伟安 吴 兴 余方顺 宋 娟 陈光林
杨成刚 何国华 张玉兰 张学功 张向东 张预定
张 黎 郑振浩 周则凯 周阳靖 周宏杰 金 羽
赵立峰 郭航忠 贺立霞 桑银江 顾芳晖 淡娟娟
徐辉香 傅明理 彭寒卉

图 照：方佳琳 范德琦

奉化江（寿晓毅　摄于 2018.10）

1

2

1. 姚江（凌齐亮　摄于 2017.7）

2. 甬江（郑铭　摄于 2018.5）

1	5
2	
3	
4	

1. 甬新河市区段（张晓青　摄于 2014.7）
2. 县江尚田段（张晓青　摄于 2014.7）
3. 小浃江北仑段（摄于 2014.5）
4. 陆中湾河道（慈溪）
5. 西洋港河（海曙）（吕明豪　摄于 2018.5）

1	2
3	
	4

1. 四明湖（摄于 2018.11）
2. 箭港湖（镇海）（摄于 2019.9）
3. 东钱湖（摄于 2017.9）
4. 天明湖（宁海）（摄于 2019.8）

1
3
4
2
5

1. 南塘河（海曙）（吕明豪　摄于 2020.8）
2. 芦江河（北仑）（胡永浩　摄于 2016.8）
3. 后塘河五乡段（鄞州）（摄于 2018.11）
4. 杨溪（宁海）（葛岱虹　摄于 2018.12）
5. 白溪（宁海）（葛岱虹　摄于 2013.4）

1	2
3	
4	5

1. **东江奉化段**（范德琦　摄于 2017.5）
2. **北斗河（海曙）**（摄于 2018.5）
3. **沿山干河东钱湖段**（摄于 2016.10）
4. **潮塘横江（慈溪）**（摄于 2012）
5. **镇海沿山大河**（摄于 2007.10）

1
2 3

1. 奉化江堤防（摄于 2016.9）
2. 甬江堤防北仑段
3. 姚江堤防江北段（摄于 2014.5）

银亿集团

1. 宁波城区外滩防洪堤（范德琦　摄于 2020）
2. 余姚中舜江城区段堤防（摄于 2016.5）
3. 剡江堤防（奉化）（摄于 2017.4）

1

2

3

1. **道人山围涂海塘（象山）**（范德琦　摄于 2020.10）
2. **中堡溪防洪堤（宁海）**（摄于 2007.12）
3. **奉化县江城区段堤防**（范德琦　摄于 2015.7）

1	2
3	
4	5

1. 大目涂二期海塘（象山）（摄于 2009.6）
2. 半掘浦十一塘（慈溪）（摄于 2013.1）
3. 梅山水道北堤（北仑）（张天翔　摄于 2016.9）
4. 大嵩海塘（鄞州）（摄于 2014.7）
5. 下洋涂海塘（宁海）（摄于 2016.4）

03 水库

1. 白溪水库

2. 周公宅水库（摄于 2019.3）

1
2
3 4

1. 皎口水库（任亚琴　摄于 2013.7）
2. 钦寸水库（摄于 2019.8）
3. 西溪水库（宁海）（摄于 2007.9）
4. 溪下水库（海曙）（摄于 2016.12）

宁海

1	5
2	
3	
	4

1. 双溪口水库（余姚）（摄于 2017.10）
2. 力洋水库（宁海）（摄于 2006.7）
3. 上张水库（象山）（摄于 2019.11）
4. 西林水库（宁海）（葛岱虹　摄于 2020.8）
5. 郑徐水库（慈溪）（范德琦　摄于 2020.10）

04 闸泵

1	3
2	

1. **蜀山大闸（余姚）**（范德琦　摄于 2020.10）
2. **姚江大闸**（摄于 2016.7）
3. **姚江西分大闸（余姚）**（摄于 2020.10）

1	4	
	5	
2	3	

1. 化子闸站（江北、镇海交界处）（摄于 2020.6）
2. 和平闸站（江北）（摄于 2017.10）
3. 新泓口泵站（镇海）
4. 慈江闸站（江北）（摄于 2020.6）
5. 澥浦闸站（镇海）（范德琦　摄于 2020.10）

1	
2	3
4	5

1. 铜盆浦闸站（鄞州）（摄于 2016.7）
2. 段塘碶闸站（海曙）（摄于 2020.8）
3. 保丰碶闸站（海曙、江北交界处）（摄于 2016.8）
4. 风棚碶闸站（海曙）（吕明豪　摄于 2020.6）
5. 五江口闸站（海曙）（张昊华　摄于 2020.3.6）

1　2
3　4
5

1. 印洪碶闸站（鄞州）（龚国荣　摄于 2018.10）
2. 界牌碶闸（鄞州）（水贵仙　摄于 2019.8）
3. 鄞东南排涝闸（鄞州）（摄于 2020.9）
4. 孔浦闸站（江北）（摄于 2018.10）
5. 甬新闸站（鄞州）（摄于 2017.8）

1	2
3	4
5	6

1. 东江闸（奉化）（范德琦　摄于 2020.10）
2. 县江陡门闸（奉化）（范德琦　摄于 2020.10）
3. 陆中湾调水泵站（慈溪）（摄于 2018.5）
4. 剡江萧镇橡胶坝（奉化）（范德琦　摄于 2020.9）
5. 建庄泵站（海曙）（范德琦　摄于 2020.10）
6. 高桥闸站（海曙）（摄于 2019.8）

1

2

1. 西店镇双修山塘（宁海）
2. 贤庠镇湖塘山塘（象山）

1	2
3	4

1~2. 后岙弄山塘（奉化）

3~4. 溪口镇陈家水库（奉化）（范德琦　摄于 2015.4）

1. 黄避岙乡 U 型灌溉渠道（象山）
2. 四明湖灌区子母渠（余姚）
3. 大岚镇农村水站（余姚）
4. 梁弄镇横坎头村供水站（余姚）（摄于 2019.11）
5. 黄家埠镇畜禽场微喷（余姚）

1	2
3	
4	5

1. 长河镇火龙果基地喷滴灌（慈溪）（摄于 2017.12）
2. 梁弄镇花卉喷灌（余姚）（摄于 2018.3）
3. 澥浦镇花卉微灌（镇海）（摄于 2020.12）
4. 泗门镇大棚蔬菜微喷灌（余姚）
5. 朗霞街道黑麦草喷灌（余姚）（摄于 2011.1.12）

1

2 3

1. 东钱湖水厂（陈冬冬　摄于 2017.6）
2. 毛家坪水厂（陈冬冬　摄于 2017.6）
3. 建设中的桃源水厂（范德琦　摄于 2020.10）

1. 姚江工业水厂（范德琦　摄于 2020.10）
2. 北仑水厂
3. 宁波北区污水处理厂（摄于 2017.8）
4. 溪下泵站
5. 宁波南区污水处理厂（摄于 2012.9）

1
2

1. 积水抢排
2. “菲特”台风抢险救援（唐柏江　李金波　龚国荣　陈斌荣　摄于 2013.10）

1. 防汛演练（江权　摄于 2014.7）
2. 防汛物资储备（张黎　摄于 2020.12）
3. 应急排涝车辆

1
2 3
4 5

1. “保护三江”宣传活动（摄于 2016.6.18）
2. 三江清淤（胡小波　摄于 2010.7）
3. 内河清淤（钱继锋　摄于 2017.9）
4. 河道清障（谢杰娣　摄于 2020.5.14）
5. 内河保洁

《宁波市水利志》编纂委员会终审评审会参会人员（范德琦　摄于 2022.9）

《宁波市水利志》终审评审会议

《宁波市水利志》编辑部成员（范德琦　摄于 2022.9）

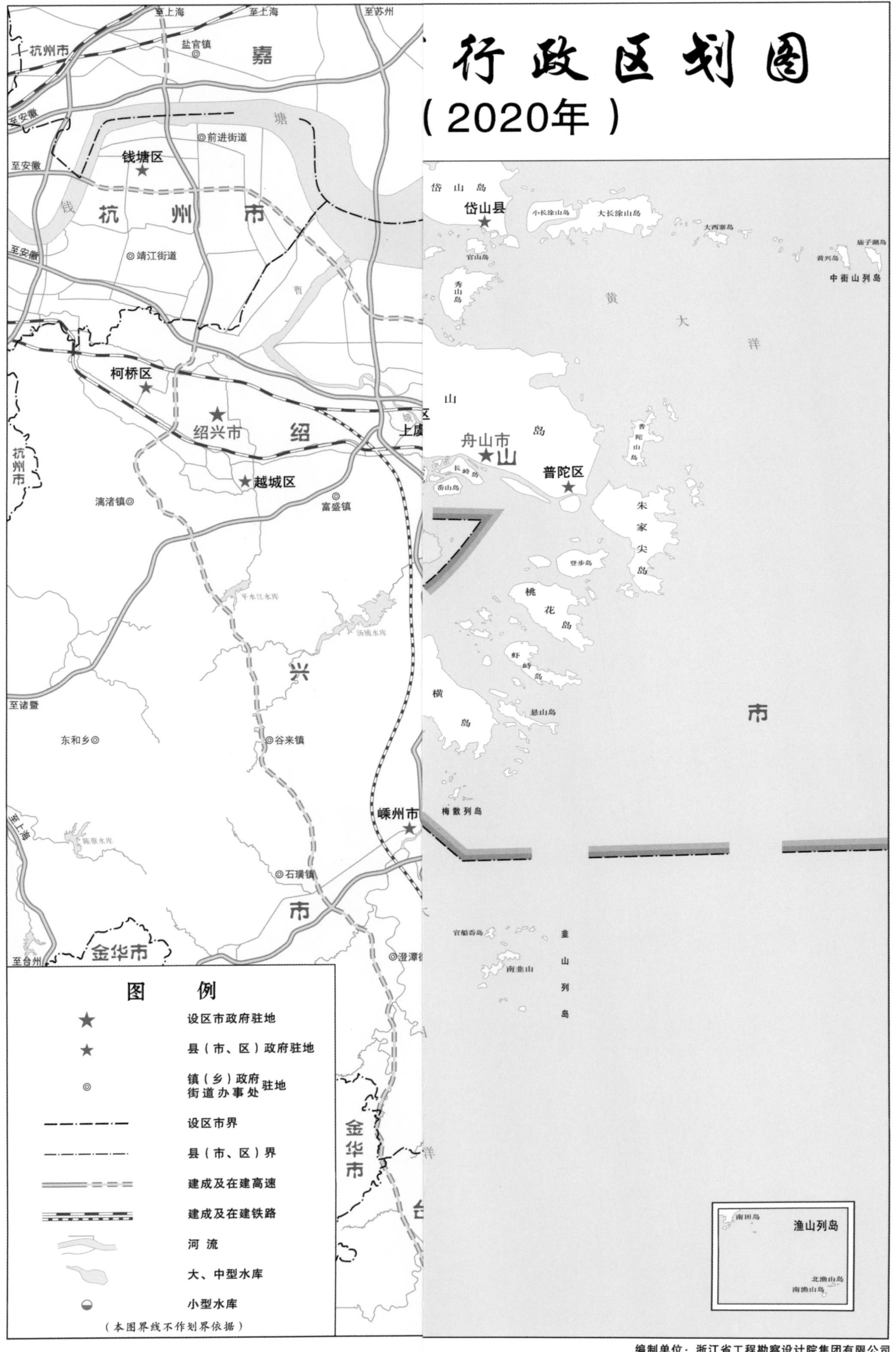
行政区划图
（2020年）
图 例
设区市政府驻地
县（市、区）政府驻地
镇（乡）政府 街道办事处 驻地
设区市界
县（市、区）界
建成及在建高速
建成及在建铁路
河 流
大、中型水库
小型水库
（本图界线不作划界依据）
钱塘区
杭州市
柯桥区
绍兴市
越城区
嵊州市
金华市
舟山市
岱山县
普陀区
渔山列岛
编制单位：浙江省工程勘察设计院集团有限公司

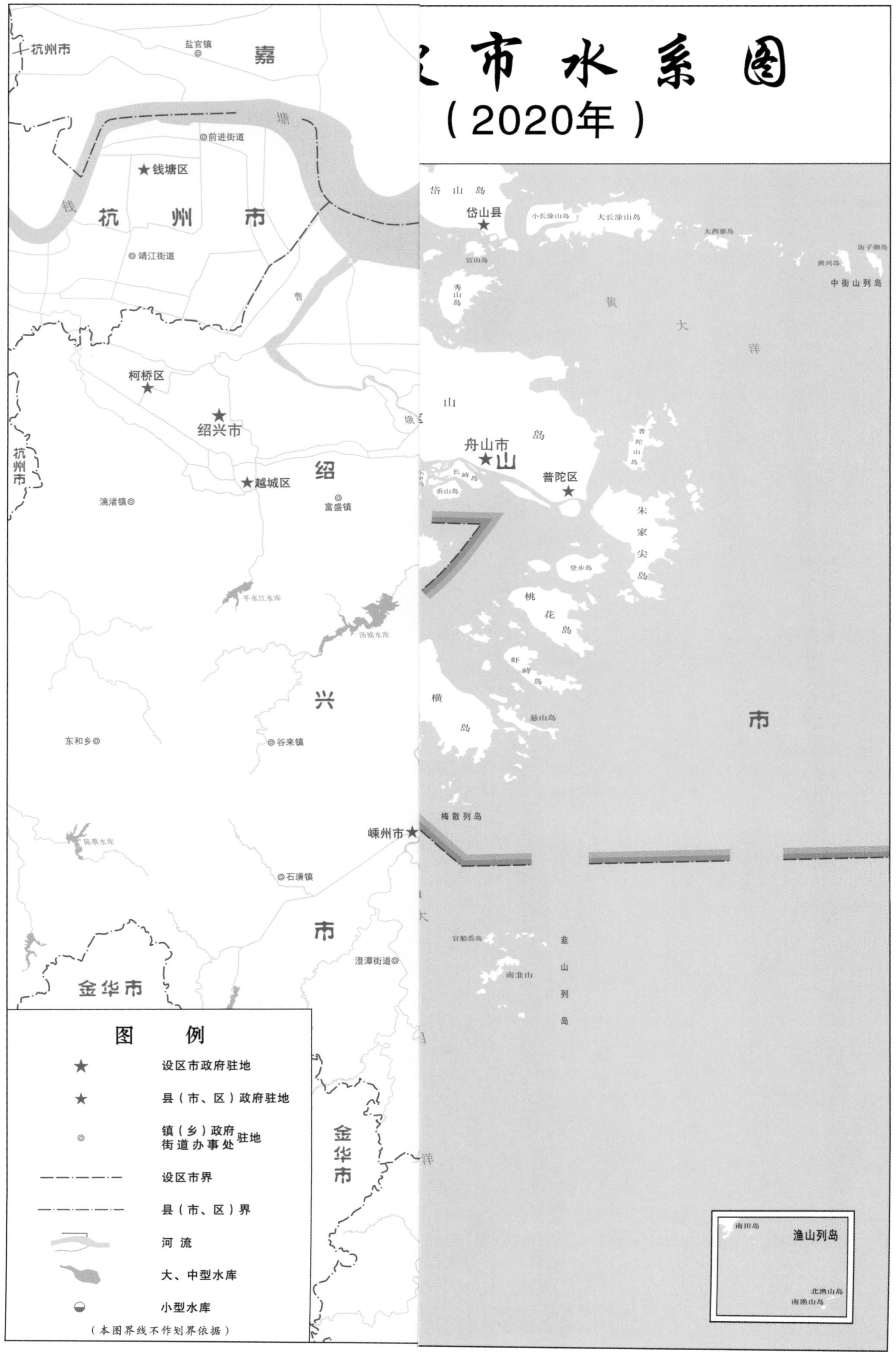

编制单位：浙江省工程勘察设计院集团有限公司

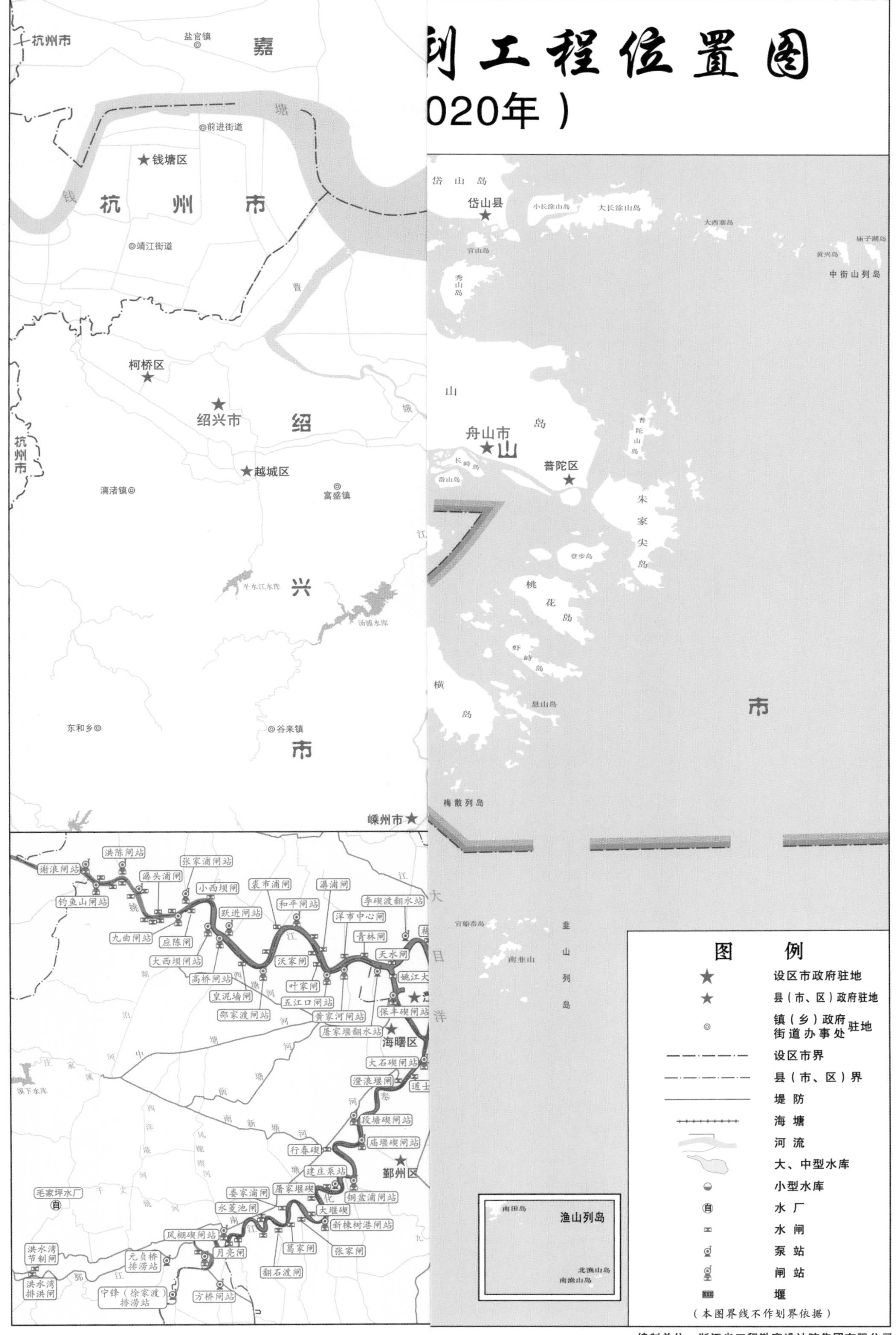
利工程位置图
020年）
杭州市
盐官镇
嘉
钱塘区
前进街道
杭 州 市
靖江街道
柯桥区
绍兴市
绍
越城区
漓渚镇
富盛镇
兴
汤浦水库
东和乡
谷来镇
市
嵊州市
岱山岛
岱山县
小长涂山岛
大长涂山岛
中街山列岛
舟山市
普陀区
朱家尖岛
桃花岛
市
梅散列岛
韭山列岛
渔山列岛
北渔山岛
南渔山岛
谢浪闸站
洪陈闸站
张家浦闸站
湧头浦闸
钓鱼山闸站
小西坝闸
袁市浦闸
湧浦闸
和平闸站
跃进闸站
李碶渡翻水站
九曲闸站
应陈闸
洋市中心闸
青林闸
大西坝闸站
沃家闸
天水闸
高桥闸站
叶家闸
姚江大
皇泥墙闸
五江口闸站
鄞家渡闸站
黄家河闸站
保丰碶闸站
屠家堰翻水站
海曙区
大石碶闸站
澄浪堰闸
陡塘碶闸站
庙堰碶闸站
行春碶
鄞州区
建庄泵站
毛家坪水厂
姜家浦闸
屠家堰碶
铜盆浦闸站
水菱池闸
大堰碶
新棣树港闸站
凤棚碶闸站
月亮闸
萬家闸
张家闸
洪水湾节制闸
元贞桥排涝站
翻石渡闸
洪水湾排洪闸
宁锋（徐家渡）排涝站
方桥闸站
图 例
设区市政府驻地
县（市、区）政府驻地
镇（乡）政府街道办事处驻地
设区市界
县（市、区）界
堤 防
海 塘
河 流
大、中型水库
小型水库
水 厂
水 闸
泵 站
闸 站
堰
（本图界线不作划界依据）
编制单位：浙江省工程勘察设计院集团有限公司

序　一

欣闻《宁波市水利志（2001—2020年）》即将出版，这是宁波市乃至浙江水利发展历史上一件功不可没的大事。本人因工作关系曾多次到宁波市实地调研，亲历了宁波市水利发展的成就，为此，对此志书的出版感到格外亲切，特表示祝贺！

宁波市是我国东南沿海重要的港口城市和长三角南翼的经济中心，是浙江“双城记”发展格局中的重要一极。因地处东南沿海，地势低平，易受台风、暴雨、洪涝等自然灾害侵袭。21世纪初，人均水资源占有量只有浙江人均水平的五成左右，是易发生水旱灾害的城市。这种独特的地理位置、气候条件和水资源禀赋条件，客观上决定了宁波市水利建设任务十分繁重，是近20年全省水利建设和发展的热土，具有举足轻重的位置。

这20年间，浙江省委、省政府高瞻远瞩，先后部署实施了强塘固房、千库保安、流域治理、浙东引水、千万农民饮用水、千里清水河道等重大水利工程，宁波市都坚决贯彻落实并出色完成任务，许多工作起步早、任务重，而且成效明显，在全省起到了示范引领作用。我仍然记得，宁波市每年完成的水利投资都占到全省的二成左右，钦寸水库、水库群联网联调等一大批水资源配置工程建成投运，基本建立了安全可靠的防洪排涝和供水保障体系，顺利创建了全国第一批水生态文明城市，在水利工程管理体制改革等方面也有许多创新和亮点，成绩可圈可点，成效令人瞩目。

让我记忆最深的是浙东引水工程的建设实施。浙东引水工程是习近平总书记在浙工作期间亲自谋划推动的重大水利工程项目，是浙江有史以来跨流域最多、跨区域最大、引调水线路最长和投资规模最大的水资源战略配置工程，实施过程中遇到的困难和问题可想而知。特别是在引水量的确定和资金分摊问题上，省委、省政府及省级有关部门做了大量的调查研究、论证和协调工作。我记得省政府专题会议就开了5次以上。浙东引水工程从起初的曹娥江大闸正式开工到最终引曹南线的全线通水，充分体现了各方合作共建共享制度的创新，是沿线各地科学配置和利用浙东水资源、服从大局、同舟共济、合作共赢的结果。尤其是作为这项百亿工程主战场的宁波市，按照省委、省政府的统一部署要求，既积极主动做好向上级领导的汇报沟通工作，又全力以赴抓好项目的建设推动；既诚恳耐心做好相关市、区（县、市）的协调合作，又关心支持舟山大陆引水工程的建设工作，是整个项目的重要推动者、建设者和贡献者，宁波水利人的干事创业精神值得肯定。目前，浙东引水工程已真正实现“一江春水向东流”，有力提升了浙东地区水资源保障能力，改善了引水沿线河网水环境，重构了浙东经济发展水脉，更擦亮了浙江建设共同富裕示范区的鲜明底色，是对习近平总书记“节水优先、空间均衡、系统治理、两手发力”治水思路的生动实践。

宁波市水利发展的成就很多，不能在这里一一列举，宁波水利人以志书形式，全面系统记载了21世纪前20年宁波的治水业绩，具有深刻的借鉴意义和实用价值，这是一笔宝贵的文化和历史财富。志书的出版，必将起到存史、资政、教育和交流的作用，为宁波市乃至全省水利高质量发展，促进社会主义现代化建设做出新贡献。值此机会，我也向志书编纂人员付出的艰辛劳动，表示由衷的敬意和感谢！

浙江省水利厅原厅长、党组书记 陈川

二〇二二年十二月

序　二

对《宁波市水利志（2001—2020年）》的出版表示祝贺！该志脉络清晰，重点突出，全方面展现了宁波近20年水利事业的新面貌，充分彰显了水利工作为宁波经济社会发展提供的较好支撑和保障作用。

20世纪90年代后期，宁海遭遇“9711号”台风的侵袭，沿海海塘大部分损毁，我那时在宁海先后担任县长、县委书记，组织干部群众“砸锅卖铁”修筑标准海塘、建设白溪水库，让我和水利工作结下了缘分。后来，到宁波市政府先后担任秘书长、市长助理、副市长，从协助市长协调有关城市防洪工程、抗旱、境外引水工作到分管水利等农口部门，转到市政协后，联系农业农村工作委员会，经常到防洪排涝治理工程、五水共治工地去走走看看，算起来和水利工作打交道有近20年时间，我既是见证者，更是参与者，可以说是个编外“老水利”了。

20年弹指一挥间，宁波水利工作变化比较大：治水思路从传统水利向现代水利转变，治水领域从主要服务农业农村到大踏步“进城”了，水利工程作用由原来比较单一的防洪、灌溉向供水、防洪、发电、生态等综合利用拓展，治水重点呈现出“保喝水、保防洪、保生产、保生态”渐进提升的清晰图景。现在回想起来，有五件事仍然历历在目。

第一件事是境外引水（浙东引水）。2003年6月，宁波遭遇干旱，时任省委书记的习近平同志非常关心宁波和舟山的缺水问题，专程来宁波调研，并召开省委常委会决策浙东引水事项。当年9月，宁波市成立境外引水工程领导小组，由时任市长金德水为组长，常务副市长邵占维和市政府秘书长的我任副组长，具体境外引水工作由我牵头，其中以钦寸水库建设任务更为艰巨，涉及投资融资、用地审批、移民安置等诸多事项，宁波、绍兴多次召开市长联席会议进行协调决策，钦寸水库总共13000多人移民安置工作盘根错节、千头万绪，宁波承担5080人的安置任务，各有关区（县、市）都尽力出台优惠政策欢迎“新宁波人”，钦寸水库从2009年动工，到2020年6月实现通水，为缓解宁波2020年至2021年的冬春连旱保供水发挥了极为重要的作用。到2020年年底，我们欣喜地看到规划拟定的浙东引水6大工程全部建成，年境外引水量增加7亿多立方米，这是宁波水利史上具有战略意义的大事。

第二件事是防洪排涝工作。进入21世纪以后，随着宁波城市化进程加快，市委市政府把城市防洪排涝安全摆上重要议事日程。先是集中精力修城市防洪工程，接着是下大力气开展平原治涝工作，我记得那时候为了解决城区平原排涝问题，启动甬新河、姚江东排、鄞东南沿山干河的骨干河道整治等工程，这些骨干河道排涝工程涉及不同的区（县、市），遇到了思想统一、政策处理、投资分摊等多重困难，那时候我们决心很大，敢于啃“硬骨头”“拔钉子”，经过多年的建设，不仅提升了区域排涝能力，而且美化了环境，带动了周边土地升值。同时，对群众关心关注的三江淤积问题，我多次协调有关部门，推动三江从应急清淤到恢复性清淤再到常态性清淤，极大地改善了三江的行洪能力和河道面貌。后来，市委、市政府又启动了甬江防洪工程、治水强基“三年行动计划”、流域治理“6+1”工程、防洪排涝“2020三年行动计划”，投入水利建设资金近500亿元，一大批防洪排涝工程相继建成投用，极大地提高了防洪排涝能力。

第三件事是组建原水集团。那时候，宁波刚经历过2003年、2004年的大旱，怎样加强水资源的统一调度、让城区居民喝上水库水？市委市政府决定在原市水利投资开发有限公司基础上组建宁波原水集团有限公司来破题。当时“八库一江”分属于市本级、奉化市、鄞州区管理，横山、皎口、亭下等大中型水库建设时采用投工投劳方式，资产评估、股权结构、管理模式等都没有现成的“模板”可以借鉴，在相关区（市）干部群众的支持下，经过多轮协商，终于在2005年年底完成了宁波原水集团的组建，为水资源的统一管理和调度、为城区居民喝上优质的水库水提供有利条件。这一创新做法得到水利部的充分肯定。

第四件事是水利民生实事工程。作为江南水乡，到21世纪初时，农村喝水难、屋顶山塘安全、河道的水环境问题仍然非常突出。市委、市政府在前10年先后实施“百万农民饮用水”“百库保安”“千里清水河道”等民生实事工程。后10年，开展山塘分类整治、农民饮用水提标达标工程，注重从群众“有水喝”向实现“喝好水”转变，从“清水河道”整治向“美丽河湖”“幸福河湖”建设迭代升级，从村庄水环境示范村向美丽河湖片区扩面，进一步提升群众的安全感、幸福感和获得感。

第五件事是滩涂治理与利用。进入21世纪后，宁波城市快速建设遇到的土地瓶颈制约也越发凸显，那时候，我分管水利局也分管国土局、海洋渔业局，觉得宁波滩涂资源得天独厚，治理与利用滩涂资源是缓解土地要素制约的重要途径，多次和慈溪、余姚、宁海、象山、镇海、北仑等地协调沟通，推进沿海及河口滩涂治理与利用，为前湾新区等园区建设奠定了基础。

我相信，《宁波市水利志（2001—2020年）》的出版一定有助于全社会了解这一段治水史，为今后治水工作提供借鉴。当前，宁波吹响了建设现代化滨海大都市、共同富裕先行市的号角，我也希望大家能在习近平总书记“十六字”治水思路的指引下，发扬勇于创新、埋头苦干的精神，努力走出一条水利高质量发展的路子，谱写宁波水利新的辉煌篇章。

最后，向为《宁波市水利志（2001—2020年）》编撰付出辛勤工作的同志们表示感谢！

宁波市原副市长

二〇二二年十二月

凡　例

一、宗旨。本志坚持以马克思列宁主义、毛泽东思想、邓小平理论、“三个代表”重要思想、科学发展观和习近平新时代中国特色社会主义思想为指导，坚持辩证唯物主义和历史唯物主义的立场、观点和方法，以“资治、存史、教化”，服务当代，垂鉴后世为宗旨，在国家法律、法规和规定范围内客观、系统记述宁波市域水利发展变化情况。

二、断限。本志系《宁波市水利志》（2006 年版）续志，记述上限时间为 2001 年 1 月 1 日，下限截至 2020 年 12 月 31 日。为保持资料记述的完整性、连贯性，对个别重要内容记述有所上溯，个别史事适当延伸。编纂坚持实事求是，客观记述，彰明因果的原则，力求体现时代、地方和专业特色。

三、结构。坚持“横排门类，纵述史实，以事系人”的原则，整体结构依次为序、概述、大事记、专志、附录、编后记 6 个类别。志首置概述、大事记，中列专志，后殿附录。序为开篇，大事记为经，专志为纬。

四、体裁。以志体为主，辅以其他体裁。根据记述对象内容和性质，分别采用述、记、志、图、照、表、录 7 种体裁。专志采用章、节、目体三个层次。共 14 章 63 节。各章设小序。以文为主，辅以图、表和照片，力求图文并茂。

五、文体。本志行文采用规范语体文，力求朴实、简练、流畅。除概述、章下无题小序采用“有述有议”的论述体外，其余均为“述而不论”的记述体，语言采用现代文体。大事记以编年体为主，辅以纪事本末体。

六、纪年。中华人民共和国成立后（简称新中国成立后）以公元纪年，使用阿拉伯数字，用“—”表述时间起讫。

七、计量。本志采用法定计量单位。记数、计量使用阿拉伯数字，数据超过 5 位数以上，数值中的“万”“亿”单位用汉字数字。高程系为 1985 国家高程基准。土地面积单位统一为“亩”。

八、称谓。志书一律以第三人称书写。各种名称术语、各机构、各单位在志书中第一次出现时，一律写全称，括注简称，以便再次出现时使用。组织机构按当时使用的名称记述。文字记述中出现的“党”以及省委、市委、县委等，均指中国共产党及其各级组织。“市”指宁波市；“省”指浙江省。“境外”指宁波境外。

九、资料。本志资料源于市水利局及直属单位档案、文件和统计年报；新编省志、市志、各区（县、市）水利志；参考有关专志、专著、论文。除必要时引注出处外，均不加注。“十五”计划时间为 2001—2005 年；“十一五”规划时间为 2006—2010 年；“十二五”规划时间为 2011—2015 年；“十三五”规划时间为 2016—2020 年。

目 录

Table of contents

概　述

宁波简称“甬”，地处东南沿海、长江三角洲南翼。2020年宁波市辖海曙、江北、镇海、北仑、鄞州、奉化6个区，宁海、象山2个县，余姚、慈溪2个县级市，全市常住人口为940.43万人。宁波地势由西南向东北倾斜，地貌总体呈“五山一水四分田”的格局，陆域面积9816平方千米，其中市区面积3730平方千米；海域面积8355.8平方千米，海岸及河口岸线总长1678千米，约占全省的四分之一。宁波属北亚热带季风气候，温和湿润，四季分明，多年平均降水量为1525.3毫米，时空分配不均，5—9月降水量占全年的55%～70%，水资源总量为83.22亿立方米，人均占有量均低于全国、全省水平。宁波市河流众多，主要分为甬江水系和其他独流入海诸河水系，河流多数为山溪—平原混合型独流入海，具有山溪源短流急易发山洪、河口受潮水顶托易排泄不畅等特点。宁波水利历史厚重，距今7000年前的余姚河姆渡文化时期已有水井等早期水利设施，宁波先人在修塘置闸、筑堰拓湖、疏河通航等方面留下治水兴邦的伟绩。

从中华人民共和国成立至2000年，宁波初步形成一个大、中、小结合，具有一定标准的防洪、灌溉、供水、围涂、水电等综合效能的水利工程体系，共建成26座大中型水库和270余座小型水库，水库总库容达16亿立方米，还新建改建数以万计的山塘、堰坝、水闸、小水电站和农田排灌设施，使城镇和工农业用水在一般年份得到基本保证。宁波历来以修筑的海塘、江堤作为御潮防洪屏障，历经多次维修加固特别在20世纪末建成360多千米标准海塘后，御潮防洪能力有极大的提高。

进入21世纪以后，宁波进入城镇化、现代化快速发展期，城市建设日新月异，经济社会发展呈现崭新气象。2001—2020年，宁波建成区面积从69平方千米扩大到524平方千米，常住人口从596.26万人增加到940.43万人，城镇化率由55.75%提高到78%，地区GDP从1144.5亿元跨越到12408.7亿元。伴随着城市蓬勃发展的崭新局面，宁波水利与时代共同进步，抓住作为全国水利现代化试点城市、全国第一批水生态文明建设城市、全国智慧水利“先行先试”城市等机遇，根据经济社会发展新需求，不断在实践中发展，在发展中创新，谱写一曲水利史上投入最多、发展最好、受益最广、成效最显著的治水新篇章，为宁波经济社会发展提供重要的基础性保障。

这20年，治水理念和体制机制发生根本变革。坚持以人为本、服务民生，确立水安全、水资源、水环境三位一体、相互协调的治水理念。以稳步推进水务一体化建设为目标，聚合水利、供排水、水环境三大领域，为实现城乡一体、“一龙管水”的水务发展奠定基础。

这20年，水利基础设施日益完善。投资规模持续扩大，累计完成水利投资1212亿元，相继实施海塘加固达标、城市防洪、治水强基、流域治理、水库保安、山塘整治等防洪排涝重点工程建设，基本形成由海塘、堤防、水库、水闸的防洪工程体系和河道、水闸、泵站、管网结合的排涝工程体系，大大提高沿海沿江御潮防洪能力和平原排涝能力，经受住多次洪涝台旱灾害的严峻考验。充分发挥政府调控和市场配置的双重作用，同步实施水源工程和引调水工程，建成周公宅、新昌钦寸两座大型水库，新建、扩建一批中型水库。同时结合水资源配置及用水需求，建成绍兴汤浦水库—慈溪、曹娥江—慈溪、曹娥江—宁波、新昌钦寸水库—宁波等跨境引水工程。创建境内外、水库群联网联调的供水保障新格局，形成“点（水源）—线（引水干线）—群（水厂）—

网（供水环网）”输配水网络，宁波市城镇公共供水能力明显提高，农村饮水安全普及率、省定达标率和县级统管覆盖率均实现“百分之百”，万元 GDP 用水量、农田灌溉亩均用水量显著下降。

这 20 年，水环境面貌实现根本性好转。通过河湖保洁清淤、截污治污、水系连通、调活水体、生态护岸、营造水景，全面消除城乡黑臭河道，基本剿灭劣Ⅴ类水体。2020 年，在 80 个地表水市控监测断面中水质优良率为 86.3%，功能区达标率为 98.8%。同时，建成一批美丽河湖和水美乡村，许多年久失管、垃圾堆积、严重淤塞、污浊不堪的乡村河道整治后逐渐恢复原有整洁、自然、生态的水环境面貌，重新焕发江南水乡灵动之美。

这 20 年，水利管理效能不断提升。颁布、修订 6 部具有宁波特色的水利水务地方性法规和 2 部市政府水利规章，相继出台水利建设、工程管理、水域保护、水功能区监管、用水节水考核等一批行业规范和管理制度。依法完善水行政事权，建立公开权力清单，大幅压缩行政审批事项，多举措推进“最多跑一次”审批改革。积极探索政府扶持下利用市场机制办水利、跨区域水权转让、水生态保护补偿等新机制，创新公共巨灾保险、水库防洪超蓄救助保险、水利建设工程担保以及管养分离、物业化管理等新模式。伴随着信息技术快速发展，宁波水利加快进入以数字化、网络化、智能化为主要特征的智慧水利时代。

一

21 世纪初，宁波人均水资源只有全国的 60% 和浙江省的 50% 左右，长期存在工程性、水质性、资源性缺水。针对水资源紧张矛盾凸现状况，宁波始终把提高水资源安全保障摆在重要位置，编制《宁波市水资源综合规划》，实施水资源统一管理，重点建设水源工程、跨境引水工程和水资源优化配置工程，极大提高水源调蓄能力和战略储备。

加快水源工程建设。2000 年以后，相继建成周公宅、新昌钦寸、西溪、溪下、上张、隔溪张、双溪口、郑徐等 8 座大中型水库和力洋、西林水库的扩容工程，新增水库总库容 6 亿立方米；葛岙、慈西水库建设稳步推进；同时结合农业节水灌溉配套改造，使皎口、亭下、四明湖、陆埠、双溪口等一批原以农业灌溉功能为主的大中型水库逐步从农业供水转向城镇供水，一批小型蓄水工程成为农村饮用水源。

实施境外引水工程。按照省委省政府决策部署，相继建成绍兴汤浦水库至慈溪引水、新昌钦寸水库至宁波引水、曹娥江至慈溪引水（引曹北线）、曹娥江至宁波引水（引曹南线）等跨境引水工程，新增年引水规模 7 亿立方米。

创建水资源高效调配新格局。建成水库群联网联调东、西跨区域水源干线和白溪水库至象山应急引水等若干支线，宁波至杭州湾新区引水工程正在推进，基本形成“多源供水、联网联调、优水优用、应急互济”的水源配置调度网络系统。按水库、河流水源条件，宁波在国内率先探索城市分质供水模式，形成城市自来水和大工业供水两大独立供水系统，实现城市生活与公共供水全部取用水库优质水源，发挥水资源最大效益。

推进城乡供水发展。宁波中心城区先后建成东钱湖水厂、毛家坪水厂和桃源水厂，扩建改造北仑水厂和江东水厂，日供水能力增加到 200 万立方米，一批城郊小型水厂被归并或关停。中心城区建成全国首个城市供水环网，形成“绕城高速”配水供水模式，供水安全保障水平大大提高。到 2020 年年底，全市城镇集中式公共水厂增至 64 座，日供水能力达 532 万立方米。

提升农村用水安全保障。相继实施百万农民饮用水工程、农村饮用水安全提升工程和农村饮用水达标提标专项行动，采取扩大城镇供水大网覆盖、扩建改造镇乡水厂、建设村级水站、新建水厂过滤消毒设施及民企水厂运行由骨干供水企业接管等措施，让农村 300 万人口喝上放心水。到 2020 年年底，全市农村自来水普及率、省定标准达标率和农村供水县级统管覆盖率均实现“百分百”。

实施节约用水战略行动。严格取水许可审批和计划用水、用水定额管理，建立用水总量控制制度和合理价格机制，形成“政府调控、市场引导、公众参与”的节水机制。2007 年以后，宁波市蝉联国家节水型城市“四连冠”，余姚、象山、北仑、慈溪、奉化等区（县、市）成为全国节水型社会达标县。2010 年以后，全市用水总量年均增长仅 1.6%，实现城市人口和 GDP 持续增长下的用水总量低增长。在用水效率方面，万元 GDP 用水量从 2001 年的 140 立方米降至 2020 年的 18.5 立方米，农田灌溉亩均用水量也从 361 立方米降至 246 立方米，用水效率显著提升。

加强水资源保护。加快污水处理厂网建设，持续推进截污治污工程，全市污水处理能力和城镇污水处理率大大提高。2003 年，率先探索建立水源地水环境综合整治、水源涵养林保护、水资源保护生态补偿等机制与制度，开展水源地生态湿地建设，采取工程措施对一级水源保护区进行隔离管理，对重要地段实行电子监控，安排护水员进行网格化管理，持续推进水资源保护。

二

宁波背山面海，地形复杂，海岸线长，台风暴潮和洪涝干旱等灾害性天气频繁发生。进入 21 世纪以后，防汛防台抗旱工作中传统的“抗洪抢险”理念逐渐转变为以“不死人、少伤人、少损失”为目标和以人为本的科学防控理念。以标准海塘、城市防洪、水库保安和流域治理骨干工程为重点，夯实防洪御潮排涝工程体系。同时，以建立健全网格化责任、预案调度、监测预警、抢险救援等基层防汛防台体系为着力点，不断提升基层组织指挥综合能力，战胜多次台风洪水和严重干旱，保护人民群众生命财产安全，实现巨大的防洪减灾效益。

建设城市防洪工程。宁波依水建城，随着城市化快速推进和人口、财富聚集，防洪保安要求越来越高。根据浙江省城市防洪规划，累计投入 20 多亿元，基本建成宁波市区及余姚、奉化、宁海等县级以上城市防洪工程。同时在城防工程规划设计方面，更加注重综合治理及功效，集御潮、防洪、排涝、交通、旧城改造、水环境整治、休闲景观等于一体，提升城市品位，提高市民生活质量。

构建高标准流域防洪排涝体系。2010 年特别在“菲特”台风洪灾之后，进一步加大流域治理力度，相继实施甬江防洪工程、治水强基三年行动计划和流域治理“6+1”工程等重大水利建设。到 2017 年年底，基本实现“三江”干堤加固达标封闭。2020 年，姚江上游西排工程、姚江“二通道”（慈江）工程、四明湖下游泄洪河道整治、三江恢复性清淤等骨干项目全部建成，县江、东江、剡江等主要支流的重要河段堤防基本完成加固，葛岙水库、姚江上游西分工程和鄞江堤防加固等正在积极推进；在主要平原完成甬新河工程、鄞东南沿山干河工程、慈西排涝工程和小浃江、江北大河、中大河、五江河、奖嘉隆江、陶家路江、食绿桥江、徐家浦、四灶浦、三塘横江、八塘横江等骨干排涝河道的拓浚整治，基本形成区域排涝骨干框架；沿江沿海重要排水口建成数量众多的强排泵站，设计总规模超过 1000 立方米每秒。

实施海塘达标和水库保安工程。2006—2009 年，针对沿海标准海塘出现沉降、渗漏和水闸功能不全等问题，实施标准海塘加固达标工程，维修加固海塘 50 条、长 162.5 千米，改造水闸 156 座；2020 年启动海塘安澜工程建设。2003 年以后，开展水库安全定期普查和大坝安全鉴定，动态实施水库除险加固和山塘分类整治，实现大坝安全鉴定全覆盖和动态清零常态化，有效控制住水库山塘的动态病险率。

健全非工程措施体系建设。持续开展基层防汛防台体系规范化建设，不断完善基层防汛防台组织指挥、网格责任、预案预警、避灾转移、抢险救灾等非工程措施体系，夯实“乡自为战、村自为战”的基层应急处置能力。结合实际，制定修订《宁波市实时雨水情预警工作规定（试行）》《甬江流域洪水调度方案》等一系列工作制度和调度方案，创新探索公共巨灾保险、水库防洪超蓄救助保险等防洪减灾新机制。伴随着信息技术快速发展，异地远程会商、水雨情监测、洪涝风险预测、灾害预警、洪水调度等数字化、智能化水平不断提升。

三

随着经济社会发展和人民生活质量的提高，水生态修复与水环境保护逐渐成为水利工作面临的新课题和新任务。宁波水利积极践行人水和谐的治水理念，按照“水岸联动、截污治污，沟通水系、调活水体，改善水质、修复生态”的系统治理路径，全面推进河道整治，全面防治水污染，全面落实河湖长制，城乡水环境得以持续治理和恢复。

持续实施河湖综合治理。针对河道淤积、排污入河、水环境脏乱差等问题，持续开展河道清淤疏浚，在防洪工程、水库保安、河道拓竣等重大水利建设中，逐渐树立生态理念，在满足工程功能的同时，更加重视恢复水生态、美化水工程、改善水环境、营造水文化。2003 年省、市决策并实施以“水清、流畅、岸绿、景美”为目标的清水河道建设，至 2007 年年底，全市投入近 20 亿元，对 1300 多千米河道及村庄河沟进行整治。2005 年起先后开展“水环境整治示范村”“水环境整治示范乡镇”和水美乡村、美丽河湖创建工作，到 2020 年，共有 468 个村、29 个镇乡（街道）实施水环境整治示范建设，创评“美丽水乡”30 个、“水美村庄”100 个；2018—2020 年，有 31 条河湖获评省级美丽河湖。

全面防治水污染。2013 年，浙江省、宁波市部署开展“五水共治”，以治污水为重点，全面推进水体“消黑除劣”。2014—2015 年，宁波市治理黑河、臭河、垃圾河 1000 多千米，封堵入河排污口 2700 多个，完成河道清淤 500 多万立方米，拆除涉河违章建筑物 54 万多平方米。2017 年，对 1200 多个劣Ⅴ类小微水体实施剿劣行动，全面排查和清理整顿入河排污口，并立牌标识强化监管。推动城市排水系统逐步向雨、污分流制过渡，城镇污水处理厂从“九五”末期的 1 座、处理能力 5 万立方米每日增至 2020 年 43 座、处理能力 215.9 万立方米每日。推进农村生活污水治理，按照“因地制宜、应纳尽纳”的要求，结合“百村示范千村整治”“乡村振兴”等兴农行动开展农村河湖水体整治，实施世界银行贷款农村生活污水治理项目建设和农村生活污水治理专项行动，不断扩大农村生活污水治理覆盖面，农村生活污水处理率显著提高。

提高水土保持工作绩效。2002 年、2016 年组织编制《宁波市水土保持规划》，明确全市水土流失治理格局和监管、保障措施。开展水土流失动态监测，不断强化生产建设项目水土保持工作，强力推进水土流失综合监管，树立一批水土保持示范县（市）和示范工程，人为水土流失得到有效控制，自然水土流失面积显著降低。同时，实施生态清洁小流域建设，恢复源头溪沟清洁生态，加强水源地人工湿地复育保护，大大改善水生物栖息地环境。

提升河湖景观文化品质。2001 年水利部启动水利风景区建设后，先后有宁波天河生态水利风景区等 5 处获批国家水利风景区。在大规模水利建设中，更加重视堤、塘、库、闸等工程设施的景观塑造和环境绿化，逐渐重塑健康自然的河（海）岸线，着力提升水生态系统健康活力，不断提高水文化景观品质，为市民打造连续贯通、水清岸绿、生态宜人的高品质滨水公共空间。2018 年，宁波市被水利部命名为全国首批水生态文明城市。

四

伴随着改革开放的不断深入，宁波水利按照中央治水方针和水利部治水思路，根据经济社会发展需要，不断厘清水利发展思路，更新治水理念，全面推进水利改革发展，推动传统水利向现代水利、可持续发展水利转型升级。

建立稳定增长的投入长效机制。坚持发挥政府投入主渠道作用，不断加大财政投入力度，2001—2020 年全市累计完成水利投资超过 1200 亿元，其中县级及以上政府财政性和融资性投入占 60%以上。建立多元投入的水利投融资体系，利用政府资源，积极探索“以地换堤”“以水养水”及银行贷款、企业债券、政府与社会资本合作（PPP）、工程保险等多种水利筹资模式。依法征收水利建设基金、水资源费、占用水域补偿费等水利规费，大力发展水利水务经济，促进良性循环。引导和吸纳社会资本参与水利建设。

稳步推进城市水务一体化建设。以建立水务统一管理为目标，以“政企分开、政事分开、管养分离”为导向，不断创新管理模式，推动传统水利向现代水利转变。从宁波原水集团成立，冲破水资源条块分割管理体制，到组建原水、供排水两大企业，形成水务上、下游分段经营，再到宁波市水务环境集团揭牌成立，实现水资源开发利用、城市供排水、污水处理和水环境治理等水行业全覆盖的一体化水务运行体制，解决涉水行业管理部门分割、责任主体不明确的弊端。2019 年，市委、市政府决定以原水利局为基础，把城市管理部门的管水职能统一归入水利部门，由市水利局统一管理全市“供水、排水、节水”行业，承担“城区内河管理”职责，在全省范围第一个从市级层面上形成城乡一体、“一龙管水”的水务统一管理新体制。

加快转变水行政管理职能。实施简政放权，持续推进行政审批制度改革，大幅度精减水行政审批事项，压缩审批时限，建设“服务型政府”；建立公开水行政权力清单和责任清单制度，优化涉水服务营商环境；合理界定市、区（县、市）、镇乡（街道）水利事权和水利领域各级财政的支出责任，逐步做到权责一致；探索实践“管养分离”“以大带小”“小小联合”等管理新模式，积极培育水利公共服务市场，引入竞争机制，推动水利工程建设管理、运行管理、维修养护、技术服务等水利公共服务逐渐形成专业化、多元化和市场化运行新格局；鼓励水利设计、施工、管理及其他行业组织承接政府职能转移，促进政府向社会力量购买水利公共服务。

不断强化水利法治与科技创新。2000 年以后，共颁布、修订 6 部地方性水法规和 2 部市政府水利规章，形成涉及防洪、水资源、河道管理、海塘管理、城市供水节水、城市排水和再生水利用、农村饮用水安全等领域覆盖广泛的法规规章体系。着力健全市、县水政监察队伍，通过经常性执法巡查和集中性专项执法行动，查处大量水事违法案件和水利纠纷，维护正常的水事秩序。

鼓励以“工程带科研”方式结合治水实践开展科技创新，在工程建设和水利管理中成功运用新技术、新材料；坚持以信息化带动水利现代化，广泛应用计算机通信网络技术，以数字化、智能化为特征的宁波智慧水利建设成为全国“先行先试”的样板之一。

大力推进精神文明建设。坚持“两手抓、两手硬”战略方针，切实加强行业精神文明建设，展示行业文明形象。2000年以后，宁波市水利系统成功创建全国文明单位4个、全国水利系统文明单位5个、浙江省文明单位7个，有20个单位先后31次获评宁波市文明单位，宁波市水利局共6次获评宁波市市级文明机关。通过争先创优、岗位建功等活动，涌现出一批先进集体和先进个人，受到表彰与奖励。

20年倾心治水，硕果累累。回首过去，宁波水利人无愧于历史；展望未来，宁波水利人信心满怀。在推进中华民族伟大复兴的历史进程中，宁波水利将以习近平总书记“节水优先、空间均衡、系统治理、两手发力”治水思路为指引，不断深化改革、坚持务实创新，进一步推进水安全保障、水资源利用、水生态修复、水文化传承、水智慧管理等五大工程建设，努力推动新时代宁波水利高质量发展。宁波水利一定能迎来更加灿烂美好的明天，为加快建设现代化滨海大都市和高质量发展建设共同富裕先行市贡献更多的水利力量！

Overview

Ningbo, referred to as Yong for short, is located on China's southeast coast and the southern part of the Yangtze River Delta. In 2020, Ningbo, with jurisdiction over six districts of Haishu, Jiangbei, Zhenhai, Beilun, Yinzhou, and Fenghua; two counties of Ninghai and Xiangshan; and two county-level cities of Yuyao and Cixi, had a permanent population of 9,404,300. The terrain of Ningbo slopes from southwest to northeast, and the overall landform is made up of "50% mountainous regions, 10% water areas and 40% plain areas" . Its land area is 9,816 square kilometers, of which the urban area is 3,730 square kilometers. Its sea area is 8,355.8 square kilometers,with a total length of the coastal line and estuary line of 1,678 kilometers, accounting for about a quarter of the province. Ningbo features a north subtropical monsoon climate, mild and humid, with four distinct seasons. Its annual average precipitation is 1,525.3 millimeters, with uneven temporal and spatial distribution. The precipitation from May to September accounts for 55% to 70% of the annual total. Its total water resources are 8.322 billion cubic meters , and the per capita quantity is lower than the national and provincial counterparts. Ningbo is home to numerous rivers, which mainly belong the Yongjiang River system and other river systems that flow singly into the sea. Most of the rivers singly flowing into the sea are the mix waters of mountain streams and plain rivers, featuring short distance from the stream to its source and rapid torrents which is easy to cause mountain torrents. Discharge difficulties also happen at estuaries due to the backlash of tidal water. Ningbo boasts a profound history of water conservancy. Early water conservancy facilities such as wells had existed in the Hemudu Culture Period of Yuyao, about 7,000 years ago. The ancestors of Ningbo people had made great achievements in water control for local prosperity, such as building sea embankments, water gates and weirs, expanding lakes, and dredging rivers for shipping.

From the founding of the People's Republic of China to 2000, Ningbo had basically formed a water conservancy system combining large, medium and small projects, meeting certain standards in terms of flood control, irrigation, water supply, inning, hydropower generation and other comprehensive efficiency. A total of 26 large- and medium-sized reservoirs and more than 270 small reservoirs had been built with a capacity of 1.6 billion cubic meters. And tens of thousands of hill ponds, dams, sluices, small hydropower stations and farmland drainage and irrigation facilities had been built or renovated, so that urban, industrial and agricultural water demands could be basically met in normal years. Ningbo has built seawalls and embankments as tide-control and flood-prevention barriers. After many repairs and reinforcements, especially after the completion of more than 360 kilometers of standard seawalls at the end of the 20th century, its tide-control and flood-prevention capabilities are greatly improved.

Since the beginning of the 21st century, Ningbo has entered a period of rapid urbanization and modernization. Its urban construction changes with each passing day, and economic and social development presents a new look. From 2001 to 2020, Ningbo expanded its built-up area from 69 square kilometers to 524 square kilometers, and had a permanent population increasing from 5.9626 million to 9.4043 million, an urbanization rate from 55.75% to 78%, and a regional GDP rocketing from 114.45 billion yuan to 1,240.87 billion yuan. Along with the brand new situation of vigorous urban development, Ningbo's water conservancy is progressing together with the times. Having seized the opportunities such as being a pilot city for national water conservancy modernization, one of China's first group of cities for the construction of water ecological civilization, and a participant of the national smart water conservancy pilot program, Ningbo has kept on developing in practice, innovating in development, written a new chapter on water control with the largest investment, the best development, the greatest benefits and the most significant achievements in its water conservancy history, and provided an important fundamental guarantee for its economic and social development according to the new needs of socioeconomic development.

During the past 20 years, fundamental changes have taken place in water governance concepts and institutional mechanisms. Insisting on people-centered services for improving people's livelihood, we have established a threein–one, coordinated water management concept on water security, water resources, and water environment. With the goal of steadily advancing the integration of water services, we have integrated the three major areas of water conservancy, water supply and drainage, and water environment to lay the foundation for the realization of urban–rural integration and "one authority for water management".

During the past 20 years, the water conservancy infrastructure has been improved day by day. The scale of investment continued to expand, and a total of 121.2 billion yuan of water conservancy investment was completed. Key flood control and drainage projects such as seawall reinforcement, urban flood control, water control and foundation reinforcement, watershed management, reservoir security, and hill pond improvement were successively implemented. The flood control engineering system consisting of seawalls, embankments, reservoirs and sluices, and the drainage engineering system consisting of rivers, sluices, pump stations, piping and network system have greatly improved the tide control and flood prevention capabilities along the sea and river coasts, as well as the drainage capabilities in the plain, and withstood the severe test of floods, waterlogging, typhoons and droughts. We have given full play to the dual role of government regulation and market allocation, simultaneously implemented water source and diversion projects, such as building two large reservoirs of Zhougongzhai and Xinchang Qincun, and expanding a number of medium–sized reservoirs. At the same time, in combination with water resource allocation and water demands, the cross–border water diversion projects including Shaoxing Tangpu Reservoir—Cixi; Cao'e River–Cixi; Cao'e River—Ningbo; Xinchang Qincun Reservoir—Ningbo have been completed. We have created a new pattern of water supply guarantee for regulation across local and non–local reservoir networks, and formed a water transmission and distribution network of "point (water source) – line (water diversion trunk line) – cluster (water plants) – network (water supply ring network)". Ningbo has significantly improved its urban public water supply capacity, achieving 100% in rural drinking water safety rate, provincial standard compliance rate and county–level unified management coverage rate with an obvious decrease in average water consumption per 10,000 yuan GDP and per unit area (666.66sqm) in farmland irrigation.

During the past 20 years, the water environment has achieved a fundamental improvement. Through cleaning and dredging of rivers and lakes, interception and treatment of pollutants, connection of water systems, regulation of water bodies, ecological revetment, and waterscaping, we have comprehensively cleaned polluted and odorous rivers in urban and rural areas, and basically eliminated water bodies inferior to Category V. In 2020, 86.3% of the 80 citywide surface water control and monitoring sections achieved an excellent water quality; in functional areas, the excellent water quality rate reached 98.8%. At the same time, a group of beautiful rivers, lakes and waterside villages have been set up. Many rural watercourses with garbage accumulation, serious silting, and filthiness due to out of management for years have gradually restored their original clean, natural, and ecological water environment, rejuvenating the beauty of water villages in the south of the Yangtze River.

During the past 20 years, the efficiency of water conservancy management has been continuously improved. The city has promulgated and revised 6 local regulations on water conservancy and water affairs with Ningbo characteristics and 2 municipal water conservancy regulations, and successively issued a series of industry norms and management systems such as water conservancy construction, project management, water area protection, water function area supervision, water use and water conservation assessment, etc. We have improved water administrative powers in accordance with the law, established a list of public powers, greatly reduced administrative approval items, and taken multiple measures to advance the reform to enable people to get the approval with "at most one field visit". We have actively explored new mechanisms such as the use of market mechanisms in water conservancy projects, cross–regional water rights transfer, and compensation to water ecological protection under the support of the government, and innovate in the public catastrophe insurance, the reservoir flood control and over–storage rescue insurance, the guarantee of water conservancy construction projects, the separation of management and maintenance and the application of property management methods in water conservancy construction projects. With the rapid development of information technology, Ningbo has stepped into the era of smart water conservancy, which is characterized by digitization, networking and intelligence.

I

At the beginning of the 21st century, Ningbo's per capita water resources was only 60% of the country's and about 50% of Zhejiang's. Water shortages related to projects, water quality, and resources existed for a long time in the city. In view of the prominent contradictions caused by water resource shortage, Ningbo has placed the improvement of water resource security in an important position, and compiled the Ningbo Water Resources Comprehensive Plan to implement unified management of water resources and focus on the construction of water source projects, cross-border water diversion projects and water resource optimization projects. These efforts have greatly improved the water source regulation and storage capacity and strategic reserve.

Ningbo has accelerated the construction of water source projects. After 2000, the successive completion of eight large and medium-sized reservoirs — Zhougongzhai, Xinchang Qincun, Xixi, Xixia, Shangzhang, Gexizhang, Shuangxikou, and Zhengxu, as well as the expansion projects of Liyang and Xilin reservoirs added a storage capacity of 600 million cubic meters in total; the construction of Ge'ao and Cixi reservoirs proceeded steadily; also, in combination with the renovation of agricultural water-saving irrigation facilities, a range of large and medium-sized reservoirs including Jiaokou, Tingxia, Siming Lake, Lubu, and Shuangxikou once used for agricultural irrigation, were gradually shifted from agricultural water supply to urban water supply, and a number of small water storage projects became rural drinking water sources.

Ningbo has implemented cross-border water diversion projects. In accordance with the decisions and deployment of the Provincial Party Committee and the Provincial Government, water diversion projects from Shaoxing Tangpu Reservoir to Cixi, from Xinchang Qincun Reservoir to Ningbo, from Cao'e River to Cixi (northern line), and from Cao'e River to Ningbo (southern line) have been completed successively, adding an annual water diversion quantity of 700 million cubic meters.

Ningbo has created a new pattern of efficient allocation of water resources. The east and west cross-regional main water source lines of reservoir group network joint modulation project, and several branch lines such as emergency water diversion from Baixi Reservoir to Xiangshan, have been completed. The water diversion project from Ningbo to Hangzhou Bay New Area is under construction. A water resource allocation and dispatching network system featuring "multiple water sources, unified regulation, consumption optimization, mutual aid in case of emergencies" has taken shape in general. According to the water source conditions of reservoirs and rivers, Ningbo has taken the lead in exploring a quality—based water supply model for cities in China, set up two independent water supply systems for urban tap water and large-scale industrial water, realized that all urban life and public water supply was from reservoirs with high-quality water to maximize the benefits of water resources.

Ningbo has boosted the development of urban and rural water supply. In the downtown of Ningbo, Dongqian Lake Water Plant, Maojiaping Water Plant and Taoyuan Water Plant were successively completed, and Beilun Water Plant and Jiangdong Water Plant were expanded and renovated. Thus, the city has a daily water supply capacity increased to 2 million cubic meters. A number of small suburban water plants were merged or closed. Also, in the downtown, China's first urban water supply ring network was set up, forming a "high-speed ring" water distribution and supply model with its water supply security greatly improved. At the end of 2020, the city had 64 urban centralized public water plants, with a daily water supply capacity of 5.32 million cubic meters.

Ningbo has improved rural water security. We have successively implemented the Million Farmers Drinking Water Project, Rural Drinking Water Safety Improvement Project, and Rural Drinking Water Upgrading Special Actions, taken measures to expand the coverage of urban water supply networks, expanded and renovated township and village water plants, set up village-level water stations, built new water plant filtration and disinfection facilities, and taken over private water plants for the operation by key water supply companies, allowing 3 million people in rural areas to drink safe water. At the end of 2020, the city's rural tap water access rate, provincial standard compliance rate, and rural water supply county-level unified management coverage rate achieved 100%.

The city has implemented water-saving strategic actions. We gave carried out stringent management of water intake permits, water consumption plan and quota, established a water consumption gross control system and a reasonable price mechanism, and formed a water-saving mechanism of "governmental regulation, market orientation, and public participation" . Since 2007, Ningbo had won the title of national water-saving cities for four consecutive years. Yuyao, Xiangshan, Beilun, Cixi, Fenghua and other districts (counties, cities) have met the national water-saving standards. After 2010, the average annual growth rate of the city's total water consumption is only 1.6%, achieving a low growth rate in total water consumption under the continuous growth of urban population and GDP. In terms of water use efficiency, the water consumption per 10,000 yuan GDP had dropped from 140 cubic meters in 2001 to 18.5 cubic meters in 2020, and the water consumption per unit area (666.66sqm) for farmland irrigation from 361 cubic meters to 246 cubic meters, showing a significant improvement in water use efficiency.

Ningbo has strengthened water resource protection. The city has accelerated the construction of sewage treatment plant network, and continuously advanced sewage interception and pollution control projects, resulting in a great improvement in its sewage treatment capacity and urban sewage treatment rate. In 2003, it took the lead in exploring the establishment of mechanisms and systems such as comprehensive improvement of water environment in water source areas, protection of water source conservation forests, and ecological compensation for water resource protection. It carried out the construction of ecological wetland at water sources, the isolation of Grade A water source conservation areas through projects, the installation of electronic monitoring facilities at key places, the grid-based management with water guards to continuously bolster the protection of water resources.

Ⅱ

Ningbo, nestling against mountains and facing the sea with a complex terrain and a long coastline, is often disturbed by disastrous weather such as typhoon, storm tide, flood and drought. After entering the 21st century, the traditional concept of "flood fighting and emergency rescue" in flood prevention, typhoon prevention and drought relief work has gradually changed to a scientific prevention and control, and people-oriented concept based on the goal of "no death, less injury, less loss" . Focusing on standard seawalls, urban flood control, reservoir security, and key projects for watershed management, we have consolidated the engineering system for flood prevention, tide control, and drainage. At the same time, we have focused on establishing and improving grassroots flood and typhoon prevention systems such as grid-based responsibility, pre-plan dispatching, monitoring and early warning, emergency rescue, etc.; continuously improved the comprehensive command ability of grassroots organization; overcome multiple typhoons, floods and severe droughts; and protected people's lives and property to achieve huge benefits of flood control and disaster reduction.

We have worked on urban flood protection projects. Ningbo is built by waters. With the rapid urbanization and the accumulation of population and wealth, the city has a higher and higher requirement for safety and flood control. According to the urban flood control plan of Zhejiang province, a total of more than 2 billion yuan has been invested to basically complete the flood control projects in Ningbo urban area and Yuyao, Fenghua, Ninghai and other cities above the county level. At the same time, in the planning and design of urban protection projects, more attention was paid to comprehensive management and efficacy, such as integrating the projects of tide control, flood prevention, waterlogging removal, transportation, old city renovation, water environment improvement, and leisure landscaping to improve the quality of the city and the livelihood of the citizens.

We have built a high-standard watershed flood control and drainage system. In 2010, especially after the flood caused by Typhoon Fitow, the river basin management was further strengthened, and major water conservancy constructions such as the Yongjiang flood control project, the three-year action plan for water control and foundation reinforcement, and the "6+1" river basin management project were successively implemented. By the end of 2017, the main embankments for the three rivers had been reinforced to qualify the standard. In 2020, key projects such as the westward drainage project in the upper reaches of the Yaojiang River, the second channel (Cijiang) project of the Yaojiang River, the renovation of the flood discharge channel in the lower reaches of Siming

Lake, and the restorative dredging of the three rivers were all completed; the embankment reinforcement of the important river sections of the Xianjiang, Dongjiang and Shanjing rivers had been basically completed; and the construction of the Ge'ao Reservoir, the westward divergence project of the upper reaches of the Yaojiang River, and the embankment reinforcement of the Yinjiang River were actively carried forward; the major projects in the main plain such as the Yongxin River Project, the Trunk River Project along the Mountains in Southeast Yinzhou District, the Cixi Drainage Project, and the dredging and expansion of key drainage channels including Xiaojia River, Jiangbei Big River, Zhongda River, Wujiang River, Xiangjialong River, Taojialu River, Shiluqiao River, Xujiapu, Sizaopu, Santang Horizontal River and Batang Horizontal River were basically completed, enabling a backbone framework for regional flood drainage take shape. A large number of drainage pumping stations have been built at important drainage outlets along the river and coast, with a total design capacity of more than 1,000 cubic meters per second.

We have implemented seawall compliance and reservoir security projects. From 2006 to 2009, in response to problems such as settlement, leakage, and incomplete function of sluices in coastal standard seawalls, standard seawall reinforcement projects were implemented, for instance, 50 seawalls with a length of 162.5 kilometers were repaired and reinforced, and 156 sluices were rebuilt. In 2020, the Seawall Anlan Project was launched. After 2003, regular of reservoir safety surveys and dam safety appraisals were carried out to have a dynamic implementation of reservoir reinforcement and classified improvement of hill ponds. Thus, the city realized the full coverage of dam safety appraisal and the normalization of dynamic clearing of dam problems, and effectively controlled the dynamic risk rate of problems in reservoirs and hill ponds.

We have improved the non–project measures and systems. We have continuously carried out the standardization of grassroots flood and typhoon prevention systems, kept on improving the non–project systems involving grassroots ability in flood and typhoon prevention organization and command, grid responsibility, pre–plan and early warning, disaster avoidance and relocation, emergency rescue and disaster relief, and consolidated the grassroots emergency response capabilities with the principle of "being capable of independent fighting at townships and villages". Based on the actual situation, we have formulated and revised a series of work systems and dispatch plans such as the *Regulations on the Early Warning of Real-time Rainfall Conditions in Ningbo (Trial)* and *Flood Control Dispatching Plan in the Yongjiang River Basin*, and explored new flood control and disaster reduction mechanisms such as public catastrophe insurance, reservoir flood control and over–storage rescue insurance, etc. With the rapid development of information technology, the application of remote conferences and consultations, water and rain monitoring, flood risk prediction, disaster early warning, flood control dispatching and other digital and intelligent technologies is constantly improving.

III

With the development of economy and society and the improvement of people's quality of life, water ecological restoration and water environment protection have gradually become new topics and tasks in water conservancy. Ningbo has actively implemented the water governance concept of harmony between human and water, comprehensively driven forward the watercourse improvement, the prevention and control of water pollution, and the implementation of the river and lake chief system by means of the systematic governance featuring "water–bank integrated construction, pollution interception and control, interconnections of water systems, activation and regulation of water bodies, improvement of water quality, and restoration of ecological system". Thus, the urban and rural water environment is controlled in a sustainable way and restored.

We have continuously implemented comprehensive management of rivers and lakes. In view of problems such as river siltation, sewage discharge into the rivers, and poor water environment, we have continuously carried out the dredging of watercourses. In major water conservancy constructions such as flood control projects, reservoir safety, and watercourse expansion, we have gradually established ecological concepts, attached more attention to restoring water ecology, beautifying waterscapes, improving water environment and nurturing water culture while meeting the functional demand. In 2003, the province and the city decided to implement the watercourse cleaning project with the goal of "clear water, smooth flow, green banks and beautiful scenery". By the end of 2007, the city had invested nearly 2 billion yuan in the improvement of more than 1,300 kilometers of watercourses and village ditches. Since 2005, the Water Environment Improvement Demonstration Villages, Water Environment Improvement Demonstration Townships and the establishment of beautiful water villages and beautiful rivers and lakes have been carried out successively. By 2020, a total of 468 villages and 29 towns and townships (sub-districts) had attended the water environment improvement demonstration program, creating 30 "beautiful water towns" and 100 "beautiful water villages". Between 2018 and 2020, 31 rivers and lakes were awarded provincial-level beautiful rivers and lakes.

We have comprehensive carried forward prevention and control of water pollution. In 2013, Zhejiang province and Ningbo deployed the Joint Action to Treat Five Rivers, focusing on sewage treatment, and comprehensively working on the elimination of polluted and bad water bodies. From 2014 to 2015, Ningbo treated more than 1,000 kilometers of polluted, smelly and garbage-filled watercourses, blocked more than 2,700 sewage outlets in rivers, dredged up more than 5 million cubic meters of river silt, and demolished more than 540,000 square meters of river-related illegal structures. In 2017, more than 1,200 small and micro water bodies with a poor water quality of Category V were comprehensively investigated. We cleaned up and rectified the sewage outlets, and erected signs to strengthen supervision. We advanced the gradual transition of current urban drainage system toward a rainwater and sewage separation system, and increased the number of urban sewage treatment plants from 1 with a daily processing capacity of 50,000 cubic meters at the end of the Ninth Five-Year Plan to 43 with a daily processing capacity of 2.159 million cubic meters in 2020. We have advanced rural domestic sewage treatment; carried out rural river and lake water treatment in accordance with the requirements of "adapting measures to local conditions and collecting all sewage that should be collected" and in combination with the "100 demonstration villages and 1,000 improvement villages" and "rural revitalization" campaigns; implemented the construction of rural domestic sewage treatment projects financed by the World Bank and the special actions of rural domestic sewage treatment; continuously expanded the coverage of rural domestic sewage treatment. So, the treatment percentage of rural domestic sewage has increased significantly.

We have improved our work performance in soil and water conservation. In 2002 and 2016, we compiled the *Ningbo Soil and Water Conservation Plan* to clarify the city's water and soil erosion control situation, and relevant supervision and protection measures. We have carried out dynamic monitoring of water and soil loss, continuously strengthened water and soil conservation in production and construction projects, vigorously promoted comprehensive supervision of water and soil loss, established a number of demonstration counties (cities) and projects in water and soil conservation. Man-made water and soil loss has been effectively controlled, and the acreage of natural water and soil loss has been significantly reduced. At the same time, we have implemented the construction of ecological, clean and small watersheds to restore the clean ecology of streams and ditches at the source, strengthen the restoration and protection of artificial wetlands in water sources, and greatly improve the habitat environment of aquatic organisms.

We have improved the cultural quality of river and lake landscapes. After the Ministry of Water Resources launched the construction of water conservancy scenic spots in 2001, five scenic spots including Ningbo Tianhe Ecological Water Conservancy Scenic Area have been approved as national water conservancy scenic spots. In the large-scale water conservancy construction, more attention is paid to the landscaping and environmental greening of dikes, seawalls, reservoirs, gates and other facilities to gradually rebuild a sound and natural river (sea) shoreline. We also focus on improving the health and vitality of the water ecosystem to continuously improve the cultural quality of the watercape and create a high-quality waterfront public space that is complete, clean, green, and ecologically pleasant to the people. In 2018, Ningbo was named by the Ministry of Water Resources as one of the first batch of Water Ecological Civilization Cities.

Ⅳ

With the continuous deepening of reform and opening up, Ningbo Water Conservancy Bureau, in accordance with the Central Government's water control policy and the Ministry of Water Resource's water control ideas, as well as the needs of economic and social development, has continuously clarified the development ideas of water conservancy, updated the concept of water control, comprehensively promoted the reform and development of water conservancy, boosted traditional water conservancy's transformation and upgrading toward a modern and sustainable system.

We have established a long-term investment mechanism with stable growth. Adhering to the principle of the government as the main investor, Ningbo has continuously increased financial budget investment. From 2001 to 2020, the city had completed a total of more than 120 billion yuan in water conservancy investment, of which fiscal and financing investment from governments at the county level and above accounted for more than 60%. We have established a multi-input water conservancy investment and financing system, used governmental resources to actively explore various water conservancy financing models such as "using land to trade for dikes", "maintaining rivers with river resources", bank loans, corporate bonds, public-private partnerships (PPP), and project insurance. We have collected water conservancy construction funds, water resources fees, and compensation fees for occupied water areas in accordance with the law to vigorously develop the water conservancy economy, boost a virtuous circulation, and usher in social capital to participate in water conservancy construction.

We have steadily advanced the integration of urban water services. With the goal of establishing a unified management of water affairs, and guided by the principle of "separation of government and enterprises, separation of government and institutions, and separation of management and maintenance", we have continuously innovated in management models and promoted the transformation of traditional water conservancy to modern water conservancy. From the establishment of Ningbo Raw Water Group, breaking through the divisional management system of water resources, to the establishment of two major enterprises on raw water, water supply and drainage, forming the segmented upstream and downstream management of water affairs, and then to the unveiling of Ningbo Water Environment Group Co.,Ltd., we have set up an integrated water operation system that covers the entire water industry from the development and utilization of water resources, urban water supply and drainage to sewage treatment and water environment treatment, eliminated the disadvantages of discrete management departments and unclear responsibility authorities for water-related industries. In 2019, the Municipal Party Committee and the Municipal Government decided to consolidate the water management functions of the management authorities into a water conservancy bureau on the basis of the former Water Conservancy Bureau. The new bureau will have an overall management of the city's "water supply, drainage, water-saving" issues, and be responsible for the "management of urban inner rivers". Thus, Ningbo became the first in the province to establish a city-level unified water management system featuring urban-rural integration and "one authority for water management".

We have accelerated the transformation of water administration functions. We have implemented administrative simplification and decentralization, continued to proceed the reform of the administrative examination and approval system to greatly reduce the water administrative examination and approval items, shorten the time for examination and approval, and build a "service-oriented government". We have established a public water administrative power list and a responsibility list; optimized the business environment for water-related services; reasonably defined the water conservancy power at municipal, district (county, city), town and village (street) levels and the fiscal expenditure responsibilities at all levels in the water conservancy field, and gradually achieved the consistency between power and responsibility. We have also explored new management models such as "separation of management and maintenance", "the big leads the small" and "small-small alliance" to actively cultivate the water conservancy public service market, introduce competitive mechanisms, and boost water conservancy public services such as water conservancy project construction management, operation management, maintenance and technical services to gradually form a professional, diversified and market-oriented new operation pattern. We have encouraged water conservancy design, construction, management companies and other industrial organizations to take over functions transferred from the government, and promoted the government to purchase water conservancy public services from social entities.

We have continuously strengthened the rule of law and technological innovation in water conservancy. Since 2000, a total of 6 local water laws and regulations and 2 municipal government water conservancy regulations have been promulgated and revised, forming a comprehensive regulation system covering flood control, water resources, river channel management, seawall management, urban water supply and water conservation, urban drainage and recycled water utilization, and rural drinking water safety etc. We have made efforts to improve the city and county water administration supervision teams. Through regular law enforcement inspections and concentrated special law enforcement actions, a large number of water violation cases and water conservancy disputes were investigated and solved to maintain a normal water affairs order. We have encouraged scientific and technological innovation in combination with water control practices in the form of "projects + scientific researches", and successfully used new technologies and new materials in constructions and water conservancy management. We have insisted on promoting the modernization of water conservancy with informatization, and widely applied computer communication network technology. The digital and intelligent Ningbo smart water conservancy construction project has become one of the leading pilot models in the country.

We have vigorously promoted ethical values. Adhering to the strategic policy of "a two-pronged approach—the two prongs in Deng Xiaopings approach are economic development and promotion of ethical values", we have effectively strengthened the construction of ethical values in the industry, and demonstrate a good industrial image. Since 2000, the water conservancy system of Ningbo has successfully won 4 national titles, 5 national water conservancy system's titles, and 7 Zhejiang provincial titles in ethical values. And 20 units from the city's water conservancy system have won 31 Ningbo's titles in ethical values. Ninbo Water Conservancy Bureau has been rated as Ningbo Municipal Pace-packers in Ethical Values for 6 times. Through various contests and on-job contribution activities, a group of advanced collectives and individuals have emerged, and been commended and rewarded.

Over the past 20 years, we have been dedicated to water control, and rewarded with fruitful results. Looking back on the past, those engaged in Ningbo water conservancy are worthy of the times; looking forward to the future, they are full of confidence. In the historical process of promoting the great rejuvenation of the Chinese nation, the Ningbo Water Conservancy Bureau will follow the guidance of President Xi Jinping's water management thinking of "water conservation first, spatial balance, systematic governance, and efforts in two aspects" to continuously deepen reforms, and carry on pragmatic innovation. We'll further promote the construction of five major projects — water security guarantee, water resources utilization, water ecological restoration, water culture inheritance, and smart water management, and strive to bolster the high-quality development of Ningbo's water conservancy in the new era. The Ningbo Water Conservancy Bureau will definitely usher in a brighter and better future, and contribute more power to accelerate the construction of a modern coastal metropolis and a leading high-quality development city with common prosperity!

大 事 记

2001 年

1 月 1 日,《宁波市防洪条例》施行。

3 月，宁波市政府调整宁波市水资源管理委员会组成人员及工作职责。市长张蔚文任主任，副市长郭正伟任副主任。

是月，慈溪四灶浦西侧围涂工程开工。围涂面积 6.72 万亩，2006 年 7 月 21 日通过竣工验收。

4 月，宁波市江北翻水站成立，为市水利局下属全民事业单位。

是月，宁波市白溪水库建设指挥部被中华全国总工会授予“全国五一劳动奖状”。

7 月，余姚梁辉水库至慈溪引水工程建成投运。

8 月 30 日，余姚城市防洪工程核心项目最良江整治工程开工。2005 年 1 月 18 日通过竣工验收。

是月，经国务院批准，周公宅水库工程由国家计划委员会批复立项。

9 月，宁波天河生态水利风景区、奉化市亭下湖旅游区成为首批“国家水利风景区”。

是月，宁波市水利局办公地址由市政府北大院（解放北路 100 号）迁至宁波市海曙区卖鱼路 64 号。

10 月 6 日，鄞县横溪水库维修加固工程开工，标志着宁波市启动实施新一轮大中型病险水库除险加固，2005 年 11 月 14 日通过蓄水阶段验收，2007 年 12 月 17 日通过竣工验收。

是月，宁波市水利局、宁海县政府受到浙江省政府表彰，获“浙江省千里海塘建设先进集体”称号。

是月，宁海县获浙江省第七届水利“大禹杯”铜杯奖。

12 月，徐立毅任宁波市水利局党委书记、局长。

是月，余姚市海塘除险治江围涂工程（一期）实施抛坝促淤，围涂面积 1.95 万亩，2007 年 12 月 21 日通过竣工验收。

2002 年

4 月 26 日，慈溪市龙山围涂工程通过竣工验收，围涂面积 2.10 万亩。

5 月 21 日，象山县隔溪张水库获批下闸蓄水。工程于 1997 年年底开工，2004 年 12 月 17 日通过竣工验收，是宁波市唯一以“自行筹资、自行建设、自行收费、自行管理、自行还贷”方式兴建的中型水库。

是月，浙江省水利厅发文全省水利系统自 2003 年 1 月日起，统一使用“1985 国家高程基准”。2005 年 10 月，浙江省启用“全省大中型水库 1985 国家高程基准测量成果”。2016 年 7 月，宁波市启用“2015 年水（潮）位站二等水准联测成果”。

7 月 1 日,《宁波市城市供水和节约用水管理条例》实施。

是月，宁波市水利局在余姚举办“水权理论实践暨余姚—慈溪跨区域供水一周年座谈会”。水利部部长汪恕诚作出批示，水利部办公厅形成余姚慈溪用水权有偿转让的调查报告《又一次成功的探索》并印发全国各地。

8月20—21日，浙江省万里清水河道建设工作座谈会在慈溪召开，陆中湾、三塘横江成为平原清水河道建设的样板河，掀起治河兴水热潮。

9月，金俊杰任宁波市水利局党委书记、局长。

10月12日，镇海区澥浦泥螺山滩涂围垦工程动工。围涂面积1.18万亩，2004年8月18日通过合同工程完工验收，2005年11月23日通过竣工验收。

10月15日，余姚市四明湖水库大坝防渗加固工程开工。2003年4月29日通过蓄水验收，2004年6月完工，2005年1月24日通过竣工验收。

11月，余姚市获浙江省第八届水利“大禹杯”金杯奖。

12月30日，宁波市委常委、副市长郭正伟主持召开宁波市水资源管理委员会成员会议，审议《宁波市向曹娥江引水研究报告》，研究部署水资源管理工作。

12月31日，宁波市白溪水库引水工程开工仪式在奉化山隍岭举行。2006年7月引水工程建成，开始向宁波市区供水。

2003年

2月18日，宁波市周公宅水库工程开工。2006年4月21日通过下闸蓄水验收，2011年4月15日通过竣工验收。

4月1日，慈溪市淡水泓围涂工程开工。围涂面积2.93万亩，2008年12月5日通过竣工验收。

5月27日，浙江省省委书记的习近平在慈溪市考察调研浙东引水工程宁波市项目规划及工程建设工作时，强调慈溪要做好“围涂、河网、引水、大桥”四个重点、八个字的文章。

6月17—18日，浙江省委副书记、省长吕祖善和省委常委、常务副省长章猛进在宁波考察浙东引水工程宁波段规划，听取工程建设进展情况汇报。

是月，宁波市政府第4次常务会议决定全面实施甬新河工程。6月2日宁波市政府召开“宁波市甬新河工程专题会议”，明确工程建设任务和资金筹措等的政策。甬新河会展中心段作为试验段工程率先于2001年年底动工，2008年12月鄞州区段三期通过完工验收，标志着甬新河全线建成。

7月28日，鄞州区溪下水库工程（现属海曙区）开工。2006年1月20日通过下闸蓄水验收，2008年7月28日通过竣工验收。

8月，宁波市政府成立宁波市境外引水工程领导小组，市长金德水任组长，领导小组办公室设在市水利局。

9月24日，宁波市白溪水库工程通过竣工验收。工程于1998年9月28日举行开工典礼仪式，2000年10月18日举行下闸蓄水仪式，2003年9月24日通过竣工验收。

9月28日，余姚市城区水闸东移迁建及船闸工程（蜀山大闸）开工，2005年9月23日通过通水阶段验收，2007年12月24日通过竣工验收。

10月28日，宁海县西溪水库工程开工，2005年7月25日通过蓄水验收，2009年10月20日通过竣工验收。

11月，慈溪市获浙江省第九届水利“大禹杯”金杯奖。

是月，浙江省防汛抗旱指挥部、省人事厅、省水利厅授予宁波市水利局为2002—2003年度浙江省抗洪抢险先进集体。

12 月，《姚江志》出版。

是年，宁波遭遇严重干旱。4—10 月全市面雨量只有 656 毫米，干旱重现期接近 50 年一遇，加上夏季少雨高温，水库山塘干涸 3548 座，生活生产严重缺水。全市累计农作物受灾面积 120 万亩，有 59.42 万人发生饮用水困难，漂染针织、食品和农产品加工等企业停产、半停产，旱灾损失 12.34 亿元。市委、市政府先后 3 次召开抗旱专题会议，动员部署抗旱救灾，确保群众有水喝。

2004 年

1 月，宁波市政府批复同意《宁波市市区河道整治规划》。

2 月，宁波市十二届人大常委会第九次会议听取并审议市政府关于水资源配置与管理工作情况报告，建议宁波市政府在 2005 年前编制好宁波市水资源中长期供求规划。

5 月 10 日，象山县上张水库开工，后因政策处理等原因暂停施工，2007 年 3 月 19 日恢复施工，2009 年 11 月 30 日通过合同工程完工验收，2010 年 11 月 22 日通过最终下闸蓄水阶段验收，2011 年 6 月 24 日通过竣工验收。

6 月，宁波市编制委员会批复同意组建宁波市白溪水库管理局，为市水利局下属全民事业单位。

7 月 1 日，《宁波市水资源管理条例》《宁波市防洪条例》施行。

是月 22 日，鄞东南应急引水工程开工建设，建成后通过泵站将姚江水经鄞西河网引至鄞东南河网。2005 年 1 月建庄泵站通过机组启动验收，同年 5 月 26 日，泵站、过江管道两个单位工程通过投入使用验收。

8 月 11—12 日，第 14 号台风“云娜”影响宁波，宁波市有 64 个乡镇（街道）不同程度受灾，旱情缓解。

是月 20 日，宁波市人大常委会公布《宁波市甬江奉化江余姚江河道管理条例》(2004 年修正)，自公布之日起施行。

9 月 2 日，宁海县蛇蟠涂围垦工程开工。围涂面积 2.07 万亩，2009 年 1 月 15 日 9 个单位工程通过验收，同年 6 月 18 日通过竣工验收。

10 月 8 日，宁海县力洋水库加固续建（扩容）工程开工。2007 年 12 月 21 日通过下闸蓄水验收，2008 年 12 月 23 日通过竣工验收。

是月 15 日，慈溪市徐家浦两侧围涂工程开工。围涂面积 10.62 万亩，2008 年 9 月主体工程完工，2013 年 4 月通过竣工验收。

11 月 1 日，《宁波市河道管理条例》施行。

11 月 19—20 日，水利部部长汪恕诚在宁波考察调研水利工作，察看余姚四明湖水库和宁波浙东引水、宁波城市防洪等工程。

是月 29 日，绍兴汤浦水库至慈溪引水工程开工。2007 年 9 月建成投用。

是月，鄞州区获浙江省第十届水利“大禹杯”金杯奖。

是月，宁波市白溪水库建设指挥部获“2002—2003 年度全国水利系统文明单位”。

12 月 18 日，曹娥江至慈溪引水工程（引曹北线）取水枢纽—上虞三兴闸开工，标志着引曹北线工程启动实施。2005 年 10 月引曹北线慈溪段（余慈界至周家路江）开工建设，2006 年 6 月 28 日引曹北线余姚段（四塘横江节制闸）开工建设，2010 年 3 月 25 日余姚七塘横江马字菜场完工，标志着引曹北线宁波境内工程全线建成，2013 年 2 月 28 日—3 月 27 日试通水运行，2014 年 6 月进入常态化引水。

是月，宁波市水利水电工程质量监督站获评“全国水利工程质量监督先进集体”。

是年，由于 1—7 月全市降雨量比常年偏少近 3 成，出梅后又遇晴热高温，加之 2003 年大旱后水库蓄水不足，至 7 月底全市 1300 多座小型水库、山塘干涸，各地供水用水持续紧张，有 12.35 万人发生饮用水困难，农作物受灾 56.3 万亩。

是年，《皎口水库志》出版。

2005 年

1 月，《宁波市第二次水资源调查评价报告》通过审查。

3 月，宁波市政府批复同意《奉化江干流堤线规划》。

4 月，宁波市委、市政府部署加快推进百万农民饮用水工程建设。目标到 2007 年，重点解决 13.4 万饮用水困难群众和 90.4 万人水量达不到定额标准群众的饮水问题，同步改善农民饮用水水质。2005 年，百万农民饮用水工程建设被列入市政府为民办实事工程。

5 月，象山白溪水库应急引水工程开工，2008 年 9 月全线贯通。

6 月 1 日，水利部副部长翟浩辉率领国家防汛抗旱指挥部太湖流域防汛检查组到白溪水库检查防汛防台工作。

7 月 22 日，澄浪堰水文水资源测报中心工程获批开工建设。2007 年 9 月 13 日主体工程通过合同工程完工验收。

是月，宁波市编制委员会批复同意撤销市水利局下属宁波市姚江大闸管理处、宁波市甬江奉化江余姚江管理所、宁波市亭下水库灌区管理处和宁波市江北翻水站独立建制，合并组建宁波市三江河道管理局，为市水利局下属全民事业单位。宁波市三江河道管理局于 9 月挂牌。

是月，宁波市水利工程管理协会成立。

8 月，第 9 号台风“麦莎”袭击宁波。面雨量最大为北仑区的 485 毫米，其中 6 日 14—21 时柴桥站雨量 357.2 毫米，柴桥站 1 日最大雨量 589 毫米，突破 1990 年 8 月 31 日象山西周站 532.5 毫米的记录。北仑区因灾死亡 2 人，灾情严重。

9 月 9 日，国家防汛抗旱指挥部副总指挥、水利部部长汪恕诚于晚间在宁波通过防汛视频会商系统部署全国防御第 15 号台风“卡努”工作。

9 月 10 日，下午省委书记习近平在宁波市防汛防旱指挥中心出席浙江省防御第 15 号台风“卡努”电视电话会议并作重要讲话。

9 月 11 日，台风“卡努”于 6 时 50 分在浙江省台州市路桥区登陆。宁波遭受严重影响。北仑区和象山港沿岸受台风倒槽影响突降暴雨、大暴雨，北仑过程雨量超过 300 毫米，最大单站瑞岩寺站雨量 429 毫米。北仑区继“麦莎”台灾后再次遭受严重灾害，大碶街道青林村山洪暴发导致 11 人死亡、2 人失踪。

是月，象山县水利局等单位被授予“浙江省抗台救灾先进单位”称号。

11 月，中国共产党宁波市纪律检查委员会、宁波市监察局派驻市水利局纪检组和监察室。

12 月 28 日，余姚市双溪口水库工程开工，2009 年 5 月 19 日通过下闸蓄水验收，2014 年 2 月 25 日通过竣工验收。

是月，宁波市政府批复同意《宁波市水资源综合规划》。

是月，经宁波市政府同意，市发展和改革委员会、市水利局印发《姚江干流堤线规划报告》。

是月，经宁波市政府同意，由市国有资产监督管理委员会批准，宁波原水（集团）有限公司改组成立；经市工商行政管理局核准，宁波市水利投资开发有限公司名称变更为宁波原水（集团）有限公司。2007 年 9 月市工商行政管理局批准，公司名称变更为宁波原水集团有限公司。

2006 年

2 月 21—23 日，全国水利财务经济工作会议在宁波召开，水利部副部长翟浩辉出席。

3 月，《宁波市水利志》出版。

5 月，宁波市水利局获评“全国水利系统水资源工作先进集体”。

5 月 19 日，全国政协副主席、民革中央常务副主席周铁农在宁波调研水源地保护、水库资源综合开发利用等工作。

6 月，宁波工业供水有限公司成立。

是月，水利部副部长周英在甬考察水利工作。

7 月，宁波市委编办批复成立宁波市境外引水办公室，为市水利局下属全民事业单位。

是月，宁波市政府决定实施标准海塘维修加固（2006—2008 年）工程建设，宁波市标准海塘维修加固工程建设现场会在宁海县召开。

8 月，象山县举行抗击“八一台风”50 周年系列纪念活动，并在象山大目涂龙洞门山顶建立“八一台风”纪念碑。浙江省委书记习近平为纪念活动撰文。

是月，《亭下水库志》出版。

9 月，宁波市委编批复同意宁波市机电排灌站更名为宁波市农村水利管理处，机构级别调整为行政正处级。

是月，余姚市四明湖水库通过水利部组织的水利工程管理考核验收。这是宁波市第一家创建通过的国家级水利工程管理单位。

11 月，宁波市本级获浙江省第十二届水利“大禹杯”金杯奖。

2007 年

2 月 5 日，宁波市政府办公厅印发《甬新河管理实施细则》，自发布之日起施行。

2 月 6 日，奉化红胜海塘续建（围垦）工程开工。围涂面积 1.60 万亩，2008 年 12 月 26 日堵口合拢，2013 年 7 月 17 日通过合同工程完工验收，2019 年 8 月 8 日通过竣工验收。

是月 15 日，余姚市海塘除险治江围涂二期工程开工。围涂面积 2.50 万亩，2014 年 3 月宁波市水利局批复同意围涂面积调整为 2.67 万亩，工程于 2017 年 12 月完工，2018 年 11 月 2 日通过竣工验收。

7 月 25 日，东钱湖水厂一期工程投入运行。2009 年 8 月二期工程建成投入运行。

8 月 31 日，皎口水库加固改造工程正式开工。2009 年 8 月 17 日通过下闸蓄水验收，2012 年 6 月 6 日通过竣工验收。

10 月 6—9 日，第 16 号台风“罗莎”袭击宁波。宁波市有 115 个乡镇、38.5 万人口不同程度受灾，农作物受灾面积 123.36 万亩，903 家工矿企业停产，房屋倒塌 360 间，直接经济损失 15.28 亿元。

11月，宁海县获浙江省第十三届水利“大禹杯”金杯奖。

12月18日，宁海县下洋涂围垦工程开工，围涂面积5.38万亩，2013年1月通过合同工程完工验收，2014年5月9日通过竣工验收。

是月26日，北仑区梅山七姓涂围涂工程开工，围涂面积1.35万亩，2012年11月28日通过合同工程完工验收，2014年7月1日通过竣工验收。

是月，浙江省水资源监测中心宁波分中心挂牌。

是月，宁波市水利水电质量监督站更名为宁波市水利工程质量与安全监督站。

是年，宁波市基本实现村村通水。百万农民饮用水工程建设历时三年（2005—2007年），宁波市累计解困和改善农村饮用水人口149.9万人，受益乡、村两级合计1800个。

是年，宁波市水库除险加固项目建设超额完成省政府下达的全省“千库保安”建设任务。2003—2007年全市完成水库保安工程建设126座，超额完成省下达119座水库保安任务，第二次水库安全普查中发现的水库病险隐患基本被消除。

2008年

1月26日，水利部部长陈雷考察宁波水利工作。

3月，宁波市机构编制委员会办公室批复同意成立宁波市周公宅水库管理局。

4月，国家发展和改革委员会批准浙江省新昌县钦寸水库工程项目建议书。

6月1日，鄞州区大嵩围涂工程的河道工程开工，同年7月17日主体工程开工，围涂面积1.38万亩，2012年10月30日完工，2014年5月通过竣工验收。

7月30日，宁波市政府办公厅印发《宁波市河道分级管理实施办法》，自发布之日起施行。

是月，宁波市水利局被水利部授予“2006—2007年度全国水利文明单位”称号。

是月，《四明湖水库志》出版。

10月9日，慈溪市陆中湾两侧围涂工程开工，围涂面积5.85万亩，2012年1月完工，2013年12月26日通过竣工验收。

11月12日，奉化区亭下水库加固改造工程开工，2010年4月12日通过蓄水阶段验收，2012年11月27日通过竣工验收。

11月12—14日，全国城市水利学术研讨会暨2008年年会在宁波召开。

是月，宁波工业供水有限公司姚江水厂建成投入运行，标志着宁波中心城区正式启动分质供水，实行优水优用。

是月，余姚市再捧浙江省第十四届水利“大禹杯”金杯奖。

12月，除批准后留作监测、回灌、应急（备战）等少数地下井外，宁波中心城区地下（深）井实现全部封存。

是月，余姚市海塘除险治江围涂四期工程实施抛坝促淤。围涂面积5.38万亩，2011年5月13日批复开工，2020年年底工程基本完工。

是月，浙江省副省长茅临生到余姚市调研经济型喷滴灌技术推广工作。

2009年

2月1日，《宁波市城市供水管网外农民饮用水建设管理办法》施行。

3月9日，浙江省委副书记夏宝龙视察镇海区清水河道建设。

4月，张拓原任宁波市水利局党委书记、局长。

6月16日，宁波市副市长陈炳水和绍兴市副市长冯建荣在甬共同主持召开钦寸水库建设协调小组第一次成员会议，协商确定水库移民、土地预审及运管体制等重要事项。

8月9—10日，宁波遭受第8号台风“莫拉克”侵袭，过程面雨量195毫米，其中宁海、奉化面雨量超过300毫米。全市有56个乡镇受灾，受灾人口41.88万人，因灾死亡3人、失踪1人，直接经济损失11.11亿元。

是月，毛家坪水厂一期建成投入运行。

10月28日，奉化市横山水库加固改造工程开工，2012年6月27日通过蓄水验收，2013年3月12日通过合同工程完工验收，同年12月20日通过竣工验收。

11月，镇海区获浙江省第十五届水利“大禹杯”金杯奖。

是年，宁波市政府成立甬江建闸工程项目前期研究协调工作领导小组，明确由市发改委牵头组织开展甬江建闸关键技术问题研究。

12月，《鄞州水利志》出版。

是年，宁波市启动实施农民饮用水提升工程。主要建设内容包括净化消毒设施配套、入户管网改造及探索建立长效运行管理机制。

是年，宁波市启动实施以镇乡为单元的山塘系统治理。宁海县胡陈乡和象山县墙头镇作为首批试点，按全面整治、维修加固、维持现状和实施报废等四种方式进行分类治理。

2010年

1月，宁波市水政监察支队被列为参照公务员法管理单位。

2月22日，姚江大闸加固改造工程开工令签发。2013年1月15日通过合同工程完工验收，2015年12月28日通过竣工验收。

3月25—26日，水利部副部长矫勇考察宁波水利工作，察看周公宅水库和亭下水库，调研重点水利工程建设和水库除险加固情况。

6月28日，新昌钦寸水库工程开工仪式在钦寸水库工程输水隧洞晚香岭支洞口施工现场举行。2014年10月17日大坝成功截流，2017年2月24日通过下闸蓄水阶段验收，2019年12月26日主体工程通过合同工程完工验收。

7月，宁波市第一次全国水利普查领导小组成立，10月，各区（县、市）第一次全国水利普查领导小组及办公室全部组建完成，标志着宁波市水利普查工作全面启动。

是月，《白溪水库志》出版。

8月11日，宁波市人大常委会公布《宁波市水资源管理条例》（2010年修正），自公布之日起施行。

9月28日，新昌钦寸水库至亭下输水隧洞工程开工，2015年10月18日全线贯通，2018年9月实施了2库通水联调试验，2019年9月11日通过隧洞工程通水阶段验收，2020年6月19日举行通水仪式，浙江省副省长彭佳学宣布成功通水。

10月26日，宁波市人大常委会公布《宁波市城市供水和节约用水管理条例》（2010年修正），自公布之日起施行。

是月，由中国水利学会主办，宁波原水集团有限公司、河海大学承办的首届中国原水论坛在甬举行。水利部部长陈雷发贺信，水利部副部长胡四一出席并致辞，王浩、张建云、王超、茆智、李圭白五位院士出席并作主题发言。

11月15日，慈溪市郑徐水库工程开工，2014年1月21日通过下闸蓄水阶段验收，2015年10月23日通过合同工程完工验收，2016年4月7日通过竣工验收。

是月，毛家坪水厂二期工程建成投用。

12月19日，国家防汛抗旱总指挥部秘书长、水利部副部长刘宁考察调研宁波基层防汛体系及能力建设工作。

2011年

1月，宁波原水集团有限公司、宁波市自来水总公司、慈溪市水利局被省委、省政府授予“浙江省文明单位”称号。

2月18日，新昌钦寸水库建设协调小组第三次成员会议在甬召开，宁波市副市长徐明夫和绍兴市副市长冯建荣出席。

4月6日，宁波市防汛应急抢险队伍水上演练及防汛抢险物资储备基地工程开工，2012年8月9日通过合同工程完工验收，2014年10月14日通过竣工验收。

是月10日，镇海区泥螺山北侧围垦（一期）工程开工，围涂面积1.04万亩，2015年1月22日通过合同工程完工验收，同年12月30日通过竣工验收。

5月，宁波市委、市政府颁布《关于加快水利改革发展的意见》，贯彻落实中央一号文件精神，明确此后五年宁波水利改革发展的目标任务与工作措施。

6月，由于1—5月全市面雨量比常年偏少5成多，导致大中型水库蓄水率普遍降至45%以下。此前，市防指启动《宁波城市供水区抗旱水源调度预案》，白溪、横山水库和姚江干流实行限供，至6月上旬入梅后旱情缓解。

是月28日，象山县道人山围涂工程开工，围涂面积2.12万亩，2016年1月22日通过竣工验收。

8月，宁波市委、市政府在奉化召开宁波市重点水利工程建设现场会，浙江省委常委、宁波市委书记王辉忠作重要讲话，市委副书记、市长刘奇主持会议。

是月，市防汛防旱指挥部发布《宁波市主要控制站防汛特征水位（试行）》，启用新防洪特征水位。

9月，市水利局机关总支部改设机关党委，选举产生首届机关党委和机关纪委。

10月，宁波市副市长徐明夫检察姚江堤防工程建设工作。

是月，《余姚市水利志（1988—2009）》出版。

11月，鄞东南沿山干河整治工程开工。2016年年底基本建成。

是月，奉化市获浙江省第十七届水利“大禹杯”银杯奖。

12月，宁波市政府印发《宁波市地方水利建设基金筹集和使用管理实施细则》。自2011年1月1日起执行，至2020年12月31日止。

2012年

1月，宁波市白溪水库管理局、奉化市亭下水库管理局获“浙江省文明单位”称号。

2月17日，水利部部长、党组书记陈雷在甬考察调研水利工作，察看余姚陆埠水库、余姚市防汛防旱指挥中心、姚江干流堤防工程和慈溪市郑徐水库建设现场、慈溪市杭州湾现代农业开发区规模化节水灌溉增效示范项目及东河区水利管理处等基层水管单位。

是月，宁波市政府批复同意《甬江流域防洪治涝规划》。

4月9日，宁波市人大常委会公布《宁波市防洪条例》（2012年修正），自公布之日起施行。

5月4日，副市长马卫光到市水利局调研水利工作。

是月，宁波杭州湾新区十二塘围涂工程开工。工程设计围涂总面积9.73万亩，工程分6期实施。一期、二期项目完工后，后续项目暂停实施。

7月12日，水利部副部长周英带队在甬调研水政监察队伍与能力建设、水利执法、行政审批、规费征收和水事纠纷调处等水行政执法工作。

是月，水利部、浙江省政府联合批复《宁波市水利现代化规划（2011—2020）》，宁波成为全国首批水利现代化试点城市。

8月8日，第11号强台风"海葵"登陆象山县鹤浦镇，宁波遭受重大损失。"海葵"是1956年第12号台风之后登陆宁波的最强台风，过程雨量242毫米，最大为宁海县350毫米，单站最大为宁海上韩站568毫米。宁波市区三江口站最高潮位3.12米，为历史实测第二高潮位。报市委、市政府批准同意，同日在宁波市范围内实行停工、停业、停市、停运、停课。"海葵"虽未造成人员伤亡，宁波市直接经济损失超过百亿元。

是月8—9日，浙江省委书记赵洪祝在象山、奉化、鄞州等地检查指导抗灾救灾和恢复重建工作；水利部副部长矫勇率领国家防总、水利部防台工作组到宁波查看灾情，指导抗洪救灾。

10月12日，中共宁波市委、市政府在宁波大剧院举行宁波市抗台救灾总结表彰大会，全面总结抗台救灾工作，表彰先进集体和先进个人。

11月，象山县获浙江省第十三届水利"大禹杯"金杯奖。

是月，余姚市四明湖水库管理局通过国家水利工程管理单位复核。

是月，市防汛指挥中心（市水利局办公楼）启动加固改造工程。市水利局迁往江北区新马社区（西草马路140号）临时办公。2013年4月迁回原址。

2013年

1月，宁波市政府公布《宁波市东钱湖水域管理办法》，自2月15日起施行。

2月，经宁波市政府研究，决定宁波市水环境治理领导小组办公室从设在市发展和改革委员会调整至市水利局，工作职能等方面同步划转。

3月，浙东引水工程试通水成功，曹娥江至慈溪引水工程发挥效益。

5月，宁波市机构编制委员会办公室批复同意在宁波市三江河道管理局增挂"宁波市防汛物资管理中心"和"宁波市防汛机动抢险队"牌子，相应增加内设机构、人员编制及领导职数。

6月28日，市水利局机关工会承办的宁波市水利系统首届职工综合运动会结束。比赛项目包括广播体操、跳绳、篮球、羽毛球、乒乓球、飞镖、拔河等。此后每两年举办一次，至2019年共举办4届。

7月，水利部确定宁波市列入全国首批水生态文明建设试点城市。

是月，宁波市政府印发《宁波市人民政府关于实行最严格水资源管理制度加快推进水生态文明建设的意见》。

8 月 1 日，《宁波市海塘管理办法》施行，原《宁波市海塘工程建设和管理办法》同时废止。

是月，宁波市水文化研究会批准成立，2014 年 5 月召开成立大会。

是月，宁波遭遇夏季高温少雨天气。7—8 月中旬全市平均 35 度以上高温日数达 32 天，多地出现创历史纪录的极端高温，出现 43.5 度历史极值。自 7 月 1 日出梅至 8 月 18 日，宁波市平均无雨日达 25 天，面雨量比常年少 7 ~ 8 成，属重度干旱等级。干旱造成 14.9 万人发生饮用水困难，农作物受旱面积 67 万亩，其中干枯和重旱面积达 23.55 万亩。

10 月 7 日，凌晨 1 时 15 分，第 23 号“菲特”台风在福建福鼎市沿海登陆。8 日 7 时市防指启动防台Ⅰ级应急响应，并报市委、市政府批准同意，发布在宁波市范围进入紧急防汛期的命令。9 日宁波市范围实行停工、停业、停市、停运、停课。抗洪救灾期间，习近平总书记、李克强总理等中央领导分别作出重要批示，国家防汛抗旱总指挥部派专家组来甬指导抗洪救灾，浙江省委书记夏宝龙和省长李强赶到余姚察看灾情，指导救灾工作。11 日 17 时市防指结束紧急防汛期。遭受第 23 号“菲特”台风重创，甬江流域发生超历史大洪水，余姚市、宁波城区和奉化市大范围受淹。有 148 个乡镇（街道）248.25 万人不同程度受灾，因灾死亡 8 人、失踪 1 人，直接经济损失达 333.62 亿元，其中受灾最严重的余姚市损失 206.5 亿元。

10 月 18 日，姚江水文站重建工程开工，2014 年 9 月 11 日通过合同工程完工验收，2016 年 7 月 15 日通过竣工验收。

10 月 25 日，中共宁波市委、市政府印发《宁波市治水强基重大项目三年行动计划》，提出要以三年见效、六年达标为目标，从根本上扭转防洪减灾基础设施明显滞后的局面，真正把水患转化成水利。治水强基重大项目三年计划项目建设总投资 220 亿元。

11 月 26 日，宁波市召开抗洪救灾工作总结表彰暨治水强基动员大会，省委书记夏宝龙在会上强调要大力弘扬抗洪救灾精神，以砸锅卖铁的决心大兴水利，切实提高防洪排涝能力。

12 月，余姚市全国节水型社会建设试点通过专家组评估验收。

2014 年

1 月，浙江省发改委、省水利厅印发《清溪流域综合规划（2011—2030）》。清溪流域涉及宁波的宁海，台州的天台和三门“两市三县”。

是月，宁波市政府办公厅印发《宁波市实行最严格水资源管理制度考核办法（暂行）》，将 3 条红线 8 项指标分解至区（县、市），明确水资源管理责任与考核制度。

是月，甬新闸泵站、保丰碶闸站、鄞州区铜盆浦泵站、余姚市陶家路江泗门泵站、镇海区新泓口泵站等 5 座泵站（应急）工程相继开工。

2 月 25 日，宁波市五水共治工作领导小组办公室（简称市治水办）挂牌。市治水办下设综合、治污水、防洪水、排涝水、保供水抓节水 5 个工作组，其中防洪水工作组设在宁波市水利局。

3 月 18 日，宁波市副市长林静国到市水利局调研“治水强基”水利重大项目建设工作。

4 月，民盟中央副主席、第十一届全国人大农业与农村工作委员会副主任委员、原水利部副部长索丽生率专家组在甬调研城市防洪与雨洪资源综合利用工作。

5 月 1 日，《宁波市甬江奉化江余姚江河道管理条例》（2014 年修正）施行。

6 月 12 日，浙江省水利厅厅长陈川在甬调研“五水共治”及水利工作。

7 月，宁波市政府确定建立宁波市三江河道管理联席会议制度，市政府分管副市长担任总召集人。联席会议办公室设在市三江河道管理局。

9月22日19时35分，第16号台风“凤凰”在象山县鹤浦镇登陆。

是月，宁波市水利局部署全市12处地下水水位站建设项目。

是月，经浙江省政府办公厅批复同意，宁波市政府印发《宁波市水生态文明城市建设试点实施方案（2014—2016年）》。

是月，鄞州区获浙江省第二十届水利“大禹杯”银杯奖。

2015年

1月，北仑区入选全国第一批河湖管护体制机制创新试点县。

2月，宁波市原水集团有限公司于被授予“第四届全国文明单位”称号。

3月5日，宁波市水库群联网联调（西线）工程在奉化市溪口镇亭下湖村动工。工程将钦寸、亭下、周公宅、皎口、溪下等五座大中型水库和宁波市区的桃源、毛家坪、江东3座水厂利用管道级隧洞进行贯通，实现水源联网联调。2019年6月21日钦寸水库亭下至宁波引水工程（亭下至桃源水厂）通过通水验收；2020年8月19日溪下水库引水工程和东西线（岭脚至萧镇段）连通工程通过机组启动暨分段通水验收。

5月13日，浙江省水利厅厅长陈龙到余姚市检查防汛工作，调研指导姚江流域治理重大项目建设工作。

是月18日，宁海县西林水库扩容工程开工。2018年9月通过一期（恢复）蓄水验收，2019年6月12日通过主体工程合同工程完工验收，2020年5月29日正式向宁海县宁东水厂供水。

6月，宁波市水利水电科技培训中心更名为宁波市水利发展研究中心。

是月，市政府办公厅印发《宁波市水利工程维修养护管理办法（试行）》，自2015年6月19日起施行。

7月10—12日，第9号台风“灿鸿”影响宁波，过程面雨量214毫米。全市有109个乡镇、60.5万人不同程度受灾，直接经济损失27.37亿元。

是月28日，浙江省委书记夏宝龙在余姚专题调研姚江流域防洪排涝工作，听取省水利厅以及宁波市、绍兴市、余姚市、上虞区和省直属有关部门等的情况汇报，强调一定要加快把姚江治理好。

9月28—30日，第21号台风“杜鹃”影响宁波，全市受灾乡镇123个、受灾人口35.96万人，直接经济损失16.17亿元。

是月，宁波市政府成立宁波市姚江奉化江流域防洪排涝工作领导小组。按照两江同治、上下游齐治原则，全面实施流域治理“6+1”工程。

10月13日，在法国蒙彼利埃召开的国际灌排委员会第66届国际执行理事会上，它山堰申遗成功，成为宁波首个世界灌溉工程遗产。

是月16—19日，周公宅水库管理局、横山水库管理局通过国家级水管单位考核验收。至此，宁波市6家大型水库管理单位全部成为国家级水管单位。

2016年

1月，宁波市政府批复同意《宁波市水土保持规划》。

5月11—12日，浙江省委书记夏宝龙在甬调研，察看余姚城区段姚江堤防加固工程等现场，要求加快推进流域防洪体系建设，早日还两岸百姓一方平安。

6月22日，根据《浙江省人民政府防汛防台抗旱指挥部关于公布省级重要水情站防汛特征水位核定值的通知》，启用新修订防汛特征水位值。

9月13—16日，第14号台风“莫兰蒂”影响宁波，甬江流域过程雨量265毫米，奉化江口西坞平原、鄞南和鄞西平原严重内涝。奉化江北渡站最高水位3.62米，为实测最高历史纪录。

10月，宁波市水利局调整内设机构，增设水资源与水土保持处。

是月，宁波市境外引水办公室更名为宁波市水资源信息管理中心。

11月22日，宁波市防汛防旱指挥部首次印发《甬江流域洪水调度方案（试行）》。

12月，水利部副部长陆桂华在东钱湖调研水利工作。

是年，宁波市“治水强基”三年行动计划（2014—2016年）收官。经过3年努力，实施重大水利工程建设共53项，其中完成42项、结转续建11项，累计完成投资176.8亿元。

2017年

1月，象山县上张水库通过水利部水利工程管理单位考核验收，是宁波市第一家通过验收的中型水库管理单位。

2月6日，姚江二通道（慈江）工程主体项目——慈江闸站、化子闸泵站、澥浦闸站奠基开工仪式举行，宁波市委副书记余红艺宣布开工。

是月8日，浙江省副省长孙景淼视察姚江大闸。

是月16日，宁波市副市长卞吉安带队到葛岙水库建设工地开展“攻坚破难”活动。

是月22日，流域治理“6+1”工程（也是引曹南线的渠首）梁湖枢纽开工。2019年12月24日梁湖闸通过通水验收，2020年11月20日主体工程通过合同工程完工验收，同年12月22日通过泵站机组启动验收。

是月，因鄞州区、海曙区行政区划调整，原由鄞州区管辖的皎口水库和承担姚江至鄞东南调水任务的高桥闸泵站、建庄泵站移交宁波市水利局管理。

4月，劳可军任宁波市水利局党委书记、局长。

是月，宁波市政府办公厅印发《关于全面推进防洪排涝“2020”行动计划的实施意见》。

5月10日，浙江省委副书记、宁波市委书记唐一军检查甬江综合治理工作，察看甬新闸泵站，检查甬江水质、堤防建设、沿岸排水口等情况。

6月22日，宁波市政府召开宁波市水利工作会议暨防洪排涝“2020”行动计划建设动员会，市委副书记、市长裘东耀出席并作动员。

是月29日，姚江上游余姚西分工程开工仪式在余姚市马渚镇瑶街弄调控枢纽工程现场举行，浙江省副省长孙景淼出席开工仪式。2020年9月3日瑶街弄调控枢纽工程通过通水验收。

8月，宁波市通过全国水生态文明城市试点验收。

9月，宁波市编委批复同意在宁波市防汛防旱指挥部办公室设立2名市防汛防台抗旱督察专员（正处级）。

10月，鄞州区获浙江省第二十一届水利“大禹杯”铜杯奖。

11月28—29日，宁波市被列入全国山洪灾害防治县级非工程措施建设规划的6个区（县、市）通过2013—2015年能力提升工程建设省级竣工验收。

是月，宁波市政府成立宁波市水资源管理和水土保持工作委员会，由市政府分管副市长担任主任。

是月，宁波市白溪水库管理局被授予“第五届全国文明单位”称号。

12月29日，宁波至杭州湾新区引水工程开工建设。

是月，宁波城市洪水风险图编制创新技术——“滨海城市洪涝风险动态预判与智能跟踪关键技术研究及应用”成果获2017年度全国大禹水利科学技术奖二等奖、2017年度浙江省水利科技创新奖一等奖。

是月，宁波市周公宅水库管理局被授予“第八届全国水利文明单位”称号。

2018年

1月，宁波市周公宅水库管理局、宁波市皎口水库管理局被浙江省委、省政府授予“浙江省文明单位”称号。

3月，北仑区作为宁波市唯一一家全国首批河湖管护体制机制创新试点区（县、市），通过考核验收。

是月，浙江省政府批准葛岙水库移民安置规划大纲。

4月，宁波市政府批复同意宁波市水利水电勘测设计院改制方案。

6月12—13日，浙江省水利厅厅长陈龙在甬检查防汛，调研智慧水利建设工作。

6月28日，宁波市水利水电规划设计研究院与河海大学创新研究院签署共建“河海大学智慧水利研究院（宁波）”合作协议。

是月，春季降雨偏少3成多，梅雨不典型。4—6月象山、宁海、宁波市区东线供水等水源地蓄水快速下降，其中5月底白溪水库最低水位降至119.81米，创建库以后历史最低值。4月首次启用象山白溪水库应急引水，持续引水至9月。

10月29日，葛岙水库主体工程开工建设动员会在奉化区举行，2019年3月15日主体工程正式开工建设，2020年11月13日通过导（截）流阶段验收。

11月17日，浙江省委副书记、宁波市委书记郑栅洁检查调研甬江治理情况。

12月5日，水利部在甬召开全国洪水风险图编制与应用工作会议。水利部副部长叶建春出席并讲话。

是月，市政府办公厅印发《宁波市水土保持目标责任制考核办法》，建立实施市政府对区县（市）政府水土保持目标责任制考核制度。

2019年

1月，机构改革后，宁波市委决定建立中共宁波市水利局党组，撤销中共宁波市水利局委员会。

3月，宁波市委办公厅、市政府办公厅印发《宁波市水利局职能配置、内设机构和人员编制规定》。宁波市供水、排水行业监督管理和城市节约用水管理及市区城市河道管理等职能划入市水利局。

5月8日，浙江省副省长彭佳学在余姚调研水利工作。

7月，宁波市通过国家节水型城市复查，宁波市于2007年获得“国家节水型城市”称号。

是月26日，宁波市水文测报中心（市水文站）大楼动工，2020年12月落成。

是月，奉化区横山水库管理局与太平洋保险公司奉化支公司签订水库超蓄救助类保险合同。根据协议，奉化区财政每年向保险公司缴纳保费40万元，一旦库区发生超蓄救助风险，由保险公司出面理赔。这是国内首次开展同类巨灾保险的创新实践。

8月8—11日，受第9号“利奇马”台风影响，宁波市面雨量304毫米，最大宁海县381毫米，最大单点宁海榧坑站538毫米。北渡站最高洪水位3.67米，改写历史记录。鄞州区东吴镇生姜村、童一村、天童寺发生山洪灾害，因及时转移避险未造成人员伤亡。宁波市水利设施损毁直接经济损失4.54亿元。

8月20日，《宁波市防洪条例》（2019年修正）、《宁波市甬江奉化江余姚江河道管理条例》（2019年修正）、《宁波市河道管理条例》（2019年修正）施行。

9月1日，《宁波市海塘管理办法》（2019年修订）施行，原《宁波市海塘管理办法》同时废止。

9月30日，浙江省委副书记、宁波市委书记郑栅洁在镇海检查防台防汛工作，察看姚江二通道（慈江）工程建设和运行情况。

10月，《宁波市第三次水资源调查评价报告（审查稿）》通过专家组审查。

是月，《姚江大闸志》出版。

11月，象山县、余姚市入选水利部第二批节水型社会建设达标县。

12月，桃源水厂具备通水条件。投产后宁波中心城区5座水厂整体供水能力达到200万吨每日。

是月，宁波市启动第二次水域调查工作。

是月，宁波市水利局被省委、省政府授予“2018年度浙江省‘五水共治’工作成绩突出集体”称号。

2020年

1月2日，浙江省副省长彭佳学在宁海县调研水利工作。

3月，宁波市入选水利部智慧水利先行先试城市。

4月，宁波市水利发展研究中心更名为宁波市水利发展规划研究中心。

是月，根据宁波市水利局涉改事业单位规范整合方案的批复，宁波市白溪水库管理站、宁波市周公宅水库管理站、宁波市皎口水库管理站整合成立宁波市水库管理中心。

6月28日，根据《宁波市水利局关于公布宁波市部分省、市级重要水情站防汛特征水位的通知》，启用修订（调整）的防汛特征水位值。

7月16日，宁波市水务环境集团有限公司挂牌成立。市水务环境集团是在原宁波市供排水集团和宁波原水集团的基础上合并改组设立，为市属国有企业。

12月，浙江省第二十二届水利“大禹杯”竞赛活动，宁波市获金杯奖、宁海县获银杯奖、余姚市获铜杯奖、鄞州区获提名奖。

第一章　水利环境

宁波简称“甬”，辖6区、2县、2市，全市陆域面积9816平方千米，海域面积8355.8平方千米。2020年全市常住人口940.43万人，城镇化率为78%。2020年全市地区生产总值（GDP）12408.7亿元。

宁波背山面海，地势自西南向东北呈阶梯下降，素有“五山一水四分田”之说，属于典型的江南水乡。甬江及其他沿海诸河均独流入海，河流源短流急，河口常受潮水顶托，易造成大面积的洪涝。

宁波属北亚热带季风气候，四季分明。多年平均降水量1525.3毫米，6—9月降水量一般占全年的50%。受梅雨、太平洋副高控制、沿海台风及大潮侵袭的影响，水旱灾害频繁交错，进入21世纪以后总体呈多发态势。

第一节　自然地理

一、地理位置

宁波位于东经120°55′～122°16′，北纬28°51′～30°33′。地处东海之滨，中国海岸线中段，长江三角洲南翼。东有舟山群岛为天然屏障，北濒杭州湾，西接绍兴市的嵊州、新昌、上虞，南临三门湾，并与台州的三门、天台相连。

宁波市陆域面积为9816平方千米[1]，其中市区面积为3730平方千米，海域总面积为8355.8平方千米。根据2018年动态监测数据，宁波的海岸及河口岸线总长1678千米，约占全省的四分之一。全市共有大小岛礁611个，面积277平方千米。

二、地形地貌

宁波市域总体地势为西南高、东北低，自西南向东北倾斜，呈阶梯下降。5米以下（含）海拔的陆域面积占全市陆域面积的41.81%，市区海拔2.13~3.93米，郊区海拔1.73~2.13米。依据2018年宁波市第一次地理国情普查公报，全市山地面积（包括丘陵、台地的面积）为4811.92平方千米，占陆域面积的51.38%；水域面积为598.82平方千米，占陆域面积的6.39%；平坦地面积为3954.84平方千米，占陆域面积的42.23%。地貌总体呈现“五山一水四分田”格局。

域内从北向南，大体可归纳为3个地貌带，即浙北平原区、浙东低山丘陵区和浙东沿海丘陵平原及岛屿区。

浙北平原区　主要包括姚江平原和鄞奉平原，平原区地势平坦，河网湖泊密布。其中，姚江平原属姚江水系，分为三北平原和姚江谷地两部分；鄞奉平原属奉化江水系，以奉化江干流为界分为鄞东南平原和鄞西平原（现海曙区境内）。

浙东低山丘陵区　主要包括南部、西南部的天台山区及其余脉和西部的四明山区，最高山峰为余姚的青虎湾岗，海拔979.00米。境内甬江奉化江以东、以南均为天台山余脉，以西、以北则为四明山脉所控。

浙东沿海丘陵平原及岛屿区　主要包括属于天台山余脉的东部沿海丘陵及岛屿，自北向南分布于北仑、鄞州、奉化、象山、宁海等区（县）沿海一带，构成沿海主要大陆地貌，入海后形成东海的一系列岛屿。沿海一带由于人工围垦造地和海塘建设而形成诸多滨海小平原，这些平原多为海涂，地势平坦，河流密布，港汊众多，局部因势利导建成平原水库。

---

[1] 为宁波统计年鉴公布的陆域面积，是以0米等深线起算。《宁波市第一次地理国情普查公报》公布的陆域面积为9365.58平方千米，是以海岸线起算。

三、植被覆盖

宁波市第一次地理国情普查成果数据显示，全市耕地面积为347.66万亩。其中在耕耕地（指种植农作物并正处于耕作状态的耕地）面积为195.29万亩，非在耕耕地（指耕作层未被破坏但现状为园地、林地等的耕地）面积152.37万亩。在耕耕地主要分布在50.00米海拔以下、坡度小于5°的低洼平坦地区，有水田136.19万亩，旱地59.10万亩。非在耕耕地包括有园地、草地、温室、大棚、养殖水面及其他地类。

全市园地面积为157.18万亩，主要为果园、茶园、桑园、苗圃及其他园地；国土绿化面积为704.1万亩，其中：林地面积586.65万亩（包括乔木林、灌木林、乔灌混合林、竹林及其他林地）、乔灌果园面积66.75万亩、茶园面积12.45万亩、桑园面积0.45万亩、其他绿化面积为37.8万亩，林地主要分布于西部及南部山地和丘陵地区；国土绿化率为50.11%，省级以上公益林面积为219.72万亩。

四、地质

宁波地质构造单元属华南加里东褶皱系浙东南褶皱带、丽水—宁波隆起带中的新昌—定海断隆带。地质构造形迹以断裂为主，褶皱次之，不同展布方向和不同切割深度的断裂相互交织，形成特有的网格状构造格局。

按全国地震区带划分，宁波地处中国华北地震带与东南沿海地震带之间的过渡带内，属于相对较稳定地块，历史地震相对较少。近期地震均以弱震、微震为主。

宁波地处滨海平原，海积软土层分布十分广泛，厚度不均，物理力学性质差，属典型的软土地区。加上境内水系发达、河流众多，具有“地下水位高、土层含水率高、压缩性高、强度低、灵敏度高、透水性低”等特点，地质环境十分脆弱。

由于山地占比高且分布广泛，在建设开发、移山填海、削坡平地等影响下，坡地稳定性降低。遇灾性降雨天气尤其是在4—9月强降雨季节，丘陵和低山在自身重力和水力作用下易诱发滑坡、泥石流等灾害事件。台地和平原为主要的建设用地区，在开发建设中也容易形成严重的水土流失。

五、海岸及河口岸线

宁波市海岸及河口岸线总长1678千米，约占全省的四分之一。其中，陆域岸线809.41千米，岛屿岸线869千米。以甬江口为界，陆域海岸线分为北部杭州湾岸线和东部滨海岸线。北部杭州湾岸线自上虞交界至甬江口北，基本上为人工岸线，岸线平直；东部滨海岸线自甬江口南至三门湾与三门交界，岸线较曲折，多岩岸。除海塘、海港等人工岸线外，天然海岸以淤泥质为主，局部分布有基岩、砂及砂砾石。境内大陆海岸线共分为5个岸段，分别是杭州湾南岸（钱塘江河口）段、北仑近海岸段、象山港岸段、大目洋岸段、三门湾岸段。

第二节　社会经济

一、行政区划与人口

20世纪80年代后期，宁波行政区划为“五区三县三市”，即海曙、江东、江北、镇海、北仑5个区，鄞县、宁海、象山3个县，余姚、慈溪、奉化3个县级市。2002年2月，鄞县撤县设鄞州区，行政区划为“六区二县三市”。2016年9月，宁波市调整部分行政区划，即撤销江东区，其行政区域划归鄞州区管辖；将鄞州区管辖的鄞西片（即集士港镇、古林镇、高桥镇、鄞江镇、洞桥镇、章水镇、龙观乡、石碶街道）划归海曙区管辖；奉化撤市设区。此次区划调整后，宁波市辖“六区二县二市”，即海曙、江北、镇海、北仑、鄞州、奉化6个区，宁海、象山2个县，余姚、慈溪2个市。截至2018年，全市共设85个镇乡，71个街道办事处。

根据《宁波市第七次全国人口普查公报》，至2020年11月1日零时，宁波市常住人口940.43万人，其中居住在城镇的人口733.56万人，占78%；居住在乡村的人口206.87万人，占22%。

二、经济社会发展

宁波是中国东南沿海重要的港口城市、长江三角洲南翼经济中心。进入21世纪以后，宁波坚持“以港兴市、以市促港”发展战略，进一步发挥港口和开放两大优势，经济社会保持持续快速健康发展。综合经济实力提升，全市GDP从2000年的1144.5亿元上升到2020年的12408.7亿元，经济总量在全国大中城市中位居第12位；产业结构持续升级，三次产业结构比由2001年的7.7 ∶ 54.0 ∶ 38.3调整为2.7 ∶ 48.2 ∶ 49.1；民营经济从弱到强，成为经济的主要支撑和推动发展的主力军，在GDP和出口中均占到6 ~ 7成；国际大港地位全面奠定，2020年宁波舟山港货物吞吐量达11.72亿吨，连续12年蝉联世界港口吞吐量第一，集装箱吞吐量达2872万标箱，位居全国第二、全球第三；开放型经济不断推进，2020年全市外贸进出口额达到9786.9亿元，是全国第8个进出口总额超千亿美元的城市；创新驱动发展加速，人才引进持续推进，创新主体大幅增加。

与此同时，宁波社会事业持续发展。2020年，城市建成区面积达到524平方千米，所辖县（市）均成为全国百强县，城镇居民人均可支配收入达68008元、农村居民人均可支配收入达39132元，社会保障体系持续完善，教育文化、医疗卫生、生态环境、社会治理、平安宁波等建设卓有成效。

第三节　水文气象

一、气象

宁波属北亚热带湿润型季风气候，温和湿润、四季分明，冬夏季风交替明显，雨量丰沛。由于依山傍海及特定的地形特征，宁波多受大陆气团和海洋环流的共同影响，天气复杂多变，灾害天气频繁发生。

常年平均气温16.4℃，平均气温以7月份最高，为28.0℃；1月份最低，为5.4℃。全市无霜期一般在230 ~ 240天，常年平均日照时数1850小时。

年平均风速由沿海地区向内陆迅速递减，沿海的北仑和石浦年均风速大于5米每秒，内陆测站小于3米每秒。

灾害性天气一年四季均有发生。冬季低温少雨，主要灾害性天气有寒潮、大雪、大风、冰冻。夏季高温强光照，初夏是梅雨季，暴雨、洪涝时常出现；盛夏是高温期，干旱、台风时有发生。秋季一般温和少雨，干旱、台风是主要灾害性天气。春季冷暖变化大，主要灾害性天气是低温连阴雨、冰雹和暴雨。

二、陆地水文

（一）降水

宁波多年平均降水日数为152天（日降水量不低于0.1毫米），最多的年份为185天，最少的年份仅118天。全市多年平均降水量为1525.3毫米，其中2001—2020年年均降水量为1631.9毫米，2012—2020年，年降水量连续超过1500毫米，处于相对丰水期。但从长系列看，降水量年际变化、年内分配和面上分布有很大差异性。1956—2016年宁波市多年平均年降水量等值线图如图1-1所示。

1. 年际变化

宁波市丰水年和枯水年的降水量，年际变幅一般在2.1 ~ 3.3倍。柴桥站最大年降水量为2201.4毫米（1973年），最小年降水量为669.5毫米（1967年），年际差异3.29倍；宁海站最大年降水量为2238.2毫米（1952年），最小年降水量为941.3毫米（1967年），年际差异2.38倍；皎口水库站最大年降水量为2339.0毫米（2015年），最小年降水量为1085.6毫米（2003年），年际差异2.15倍。

从全市来看，年降水量最大值出现最多的是2015年，最小值出现最

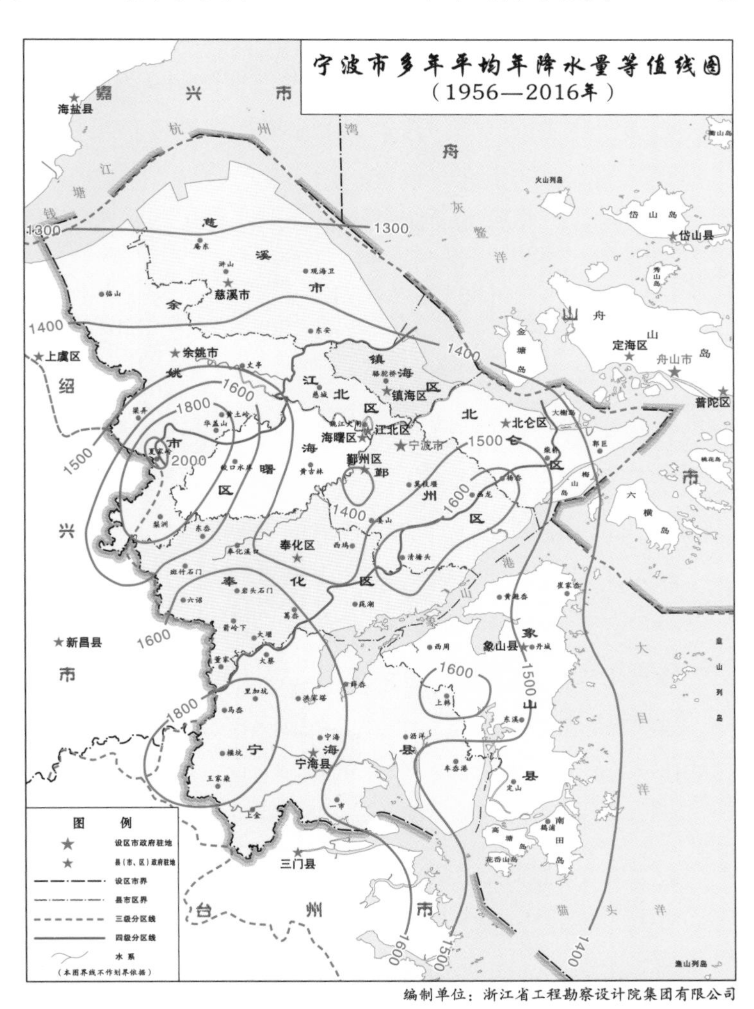

图1-1　1956—2016年宁波市多年平均年降水量等值线图

多的是1967年。从面降水量看，除1963—1969年、2003年偏少，2012—2016年、2019年偏多外，其余年份基本上随均值波动。

2. 年内分配

宁波市降水年内分配受季风进退迟早和台风活动影响，分配很不均匀。降水量年内分配呈两个高峰、一个低谷和一个少雨期态势。第一个高峰出现在6月上旬开始的冷暖气流交绥的梅雨季；低谷出现在7月中旬开始的副热带高压控制的伏旱期；第二个高峰出现在8月中下旬开始的台风暴雨期；一般10月至次年3月的降水量最少。若遇台风影响少或“空梅”年份，则降雨会出现单峰。多年平均最大连续4个月降水量一般出现在每年6—9月，占全年降水量的47%～58%。据统计，4—9月，姚江大闸站降水量占全年的66.9%，洪家塔站占73.2%；10月至次年3月，姚江大闸站降水量占全年的33.1%，洪家塔站占26.8%。

3. 面上分布

宁波市多年平均降水量在1300～2000毫米之间，各区域降水量的总体分布是北部小，西部、西南部大，山区大于平原。降水量高值区位于余姚四明山区，为1800～2000毫米；其次为宁海西部山区，为1800毫米左右，东南沿海丘陵山区在1600～1800毫米。降水量低值区位于余慈平原和部分海岛，为1300～1400毫米。其他地区降水量为1400～1600毫米。从站点分布来看，降水量历年最大值出现在余姚夏家岭站，为2904.9毫米（2015年）；历年最小值出现在北仑柴桥站，为669.5毫米（1967年），其中2001—2020年最小值出现在象山的大目涂，为754.3毫米（2003年）。

4. 不同历时的最大降水量

宁波市域内各站不同历时实测降水量特征值如下，其中1小时到24小时的特征值以小时滑动统计：

最大年降水量：余姚夏家岭站2904.9毫米（2015年）。

最小年降水量：北仑柴桥站669.5毫米（1967年）。

最大月降水量：余姚夏家岭站925.9毫米（2000年9月）。

最大30天降水量：宁海马岙站1293.0毫米（1990年8月17日起30天内）。

最大15天降水量：宁海马岙站1081.0毫米（1990年8月30日起15天内）。

最大7天降水量：象山西周站859.7毫米（1990年8月30日起7天内）。

最大3天降水量：余姚夏家岭站748.3毫米（2000年9月12日起3天内）。

最大1天降水量：北仑柴桥站589.0毫米（2005年8月6日）。

最大24小时降水量：象山西周站617.2毫米（1990年8月30日）。

最大12小时降水量：象山西周站518.9毫米（1990年8月31日）。

最大6小时降水量：象山西周站372.5毫米（1990年8月31日）。

最大3小时降水量：宁海榧坑站244.2毫米（1988年7月30日）。

最大1小时降水量：象山大目涂站141.5毫米（2018年9月17日）。

宁波市各站多年平均降水量月年统计、年降水量及长历时降水量最大值统计、历年短历时降水量最大值统计见表1-1、表1-2、表1-3。

表 1-1　宁波市各站多年平均降水量月年统计

单位：mm

江河名称	站名	统计年数	项目	1月	2月	3月	4月	5月	6月	7月	8月	9月	10月	11月	12月	全年	统计年限（起讫）
姚江	临山	66	多年平均	74.1	86.5	115.8	113.4	131.1	198.8	128.7	161.5	161.1	82.7	65.2	57.2	1376.2	1955—2020
			所占比例 /%	5.4	6.3	8.4	8.2	9.5	14.4	9.4	11.7	11.7	6.0	4.7	4.2	100	
	浒山	65	多年平均	75.6	85.9	113.2	114.0	129.9	196.3	134.2	163.6	176.8	85.7	71.6	60.0	1406.8	1956—2020
			所占比例 /%	5.4	6.1	8.0	8.1	9.2	14.0	9.5	11.6	12.6	6.1	5.1	4.3	100	
	梁弄	66	多年平均	81.8	88.8	120.9	121.8	137.3	215.3	154.0	205.6	210.8	103.5	85.3	66.3	1591.3	1955—2020
			所占比例 /%	5.1	5.6	7.6	7.7	8.6	13.5	9.7	12.9	13.2	6.5	5.4	4.2	100	
	余姚	64	多年平均	78.0	87.6	116.8	112.1	126.5	193.2	134.7	164.9	194.7	89.7	76.5	63.2	1437.8	1957—2020
			所占比例 /%	5.4	6.1	8.1	7.8	8.8	13.4	9.4	11.5	13.5	6.2	5.3	4.4	100	
	黄土岭	62	多年平均	91.3	96.6	128.7	120.5	147.0	230.5	185.1	251.0	270.1	128.2	95.2	76.1	1820.3	1959—2020
			所占比例 /%	5.0	5.3	7.1	6.6	8.1	12.7	10.2	13.8	14.8	7.0	5.2	4.2	100	
	丈亭	69	多年平均	74.9	81.7	112.6	107.4	130.4	203.0	146.1	175.5	190.6	85.0	72.9	59.3	1439.4	1952—2020
			所占比例 /%	5.2	5.7	7.8	7.5	9.1	14.1	10.1	12.2	13.2	5.9	5.1	4.1	100	
	慈城	58	多年平均	71.0	79.1	111.1	106.7	127.6	220.4	160.0	182.9	186.8	84.0	68.4	57.2	1455.1	1963—2020
			所占比例 /%	4.9	5.4	7.6	7.3	8.8	15.1	11.0	12.6	12.8	5.8	4.7	3.9	100	
	姚江大闸	58	多年平均	70.5	80.5	115.9	108.9	130.8	216.1	155.2	170.5	180.0	84.4	69.1	55.6	1437.6	1963—2020
			所占比例 /%	4.9	5.6	8.1	7.6	9.1	15.0	10.8	11.9	12.5	5.9	4.8	3.9	100	
滨海	庵东	63	多年平均	69.6	82.7	110.8	109.5	125.2	189.3	128.6	146.5	157.2	78.8	65.0	55.2	1318.3	1958—2020
			所占比例 /%	5.3	6.3	8.4	8.3	9.5	14.4	9.8	11.1	11.9	6.0	4.9	4.2	100	
	观海卫	69	多年平均	70.8	81.0	109.6	106.2	132.1	195.0	130.9	148.9	180.3	85.5	71.1	58.1	1369.5	1952—2020
			所占比例 /%	5.2	5.9	8.0	7.8	9.6	14.2	9.6	10.9	13.2	6.2	5.2	4.2	100	
奉化江	六诏	60	多年平均	67.4	82.2	122.9	129.9	157.3	247.3	184.1	252.1	189.3	82.6	66.9	52.8	1634.7	1961—2020
			所占比例 /%	4.1	5.0	7.5	7.9	9.6	15.1	11.3	15.4	11.6	5.1	4.1	3.2	100	
	溪口	64	多年平均	61.3	76.8	112.5	114.0	137.0	221.8	160.1	222.8	196.8	79.4	61.2	46.6	1490.3	1957—2020
			所占比例 /%	4.1	5.2	7.6	7.6	9.2	14.9	10.7	14.9	13.2	5.3	4.1	3.1	100	

续表

单位：mm

江河名称	站名	统计年数	项目	1月	2月	3月	4月	5月	6月	7月	8月	9月	10月	11月	12月	全年	统计年限（起讫）
奉化江	梨洲	49	多年平均	81.0	89.8	137.7	135.9	158.3	249.0	222.9	326.4	224.6	107.0	85.6	64.9	1883.2	1972—2020
			所占比例 /%	4.3	4.8	7.3	7.2	8.4	13.2	11.8	17.3	11.9	5.7	4.5	3.4	100	
	皎口水库	45	多年平均	76.7	76.8	122.8	108.7	127.1	229.8	200.0	286.2	219.5	94.2	76.5	54.7	1672.9	1976—2020
			所占比例 /%	4.6	4.6	7.3	6.5	7.6	13.7	12.0	17.1	13.1	5.6	4.6	3.3	100	
	董家	54	多年平均	71.5	79.7	124.8	121.1	149.8	237.4	216.2	307.8	215.9	89.6	72.9	56.6	1743.2	1967—2020
			所占比例 /%	4.1	4.6	7.2	6.9	8.6	13.6	12.4	17.7	12.4	5.1	4.2	3.2	100	
	大堰	64	多年平均	66.6	79.7	117.2	115.9	142.7	220.4	195.5	281.5	237.5	90.3	69.1	52.0	1668.2	1957—2020
			所占比例 /%	4.0	4.8	7.0	6.9	8.6	13.2	11.7	16.9	14.2	5.4	4.1	3.1	100	
	奉化	66	多年平均	66.1	79.3	113.8	109.0	133.3	213.8	150.4	193.2	205.4	84.1	67.1	52.0	1467.4	1955—2020
			所占比例 /%	4.5	5.4	7.8	7.4	9.1	14.6	10.2	13.2	14.0	5.7	4.6	3.5	100	
	葛岙	53	多年平均	69.5	78.6	117.7	112.6	139.9	230.8	180.4	269.1	209.0	86.8	69.2	52.5	1616.1	1968—2020
			所占比例 /%	4.3	4.9	7.3	7.0	8.7	14.3	11.2	16.6	12.9	5.4	4.3	3.2	100	
	姜山	58	多年平均	68.2	74.7	111.1	105.1	127.7	210.0	143.0	176.5	179.0	77.9	66.5	54.3	1393.8	1963—2020
			所占比例 /%	4.9	5.4	8.0	7.5	9.2	15.1	10.3	12.7	12.8	5.6	4.8	3.9	100	
	莫枝堰	60	多年平均	72.5	80.9	115.2	108.0	130.6	209.4	149.9	181.6	196.2	88.0	74.9	61.4	1468.6	1961—2020
			所占比例 /%	4.9	5.5	7.8	7.4	8.9	14.3	10.2	12.4	13.4	6.0	5.1	4.2	100	
甬江	镇海	69	多年平均	74.1	83.9	114.0	110.0	136.9	201.8	133.7	169.7	204.1	91.5	76.1	64.4	1460.3	1952—2020
			所占比例 /%	5.1	5.7	7.8	7.5	9.4	13.8	9.2	11.6	14.0	6.3	5.2	4.4	100	
滨海	郭巨	62	多年平均	66.9	79.4	112.1	117.4	138.8	197.2	111.6	168.1	179.2	89.8	75.1	59.7	1395.3	1959—2020
			所占比例 /%	4.8	5.7	8.0	8.4	9.9	14.1	8.0	12.0	12.8	6.4	5.4	4.3	100	
象山港	施家桥	64	多年平均	71.0	83.8	119.6	118.5	145.2	218.2	155.2	235.9	223.8	94.7	78.3	61.5	1605.7	1957—2020
			所占比例 /%	4.4	5.2	7.5	7.4	9.0	13.6	9.7	14.7	13.9	5.9	4.9	3.8	100	
	岐洋	39	多年平均	68.2	74.2	118.8	114.6	129.6	220.0	132.9	187.9	180.5	85.2	71.2	55.0	1438.1	1982—2020
			所占比例 /%	4.7	5.2	8.3	8.0	9.0	15.3	9.2	13.1	12.5	5.9	4.9	3.8	100	

续表

单位：mm

江河名称	站名	统计年数	项目	1月	2月	3月	4月	5月	6月	7月	8月	9月	10月	11月	12月	全年	统计年限（起讫）
象山港	莼湖	50	多年平均	61.7	73.2	113.9	113.6	134.6	224.6	170.4	250.2	193.9	83.2	67.7	52.9	1539.9	1971—2020
			所占比例 /%	4.0	4.8	7.4	7.4	8.7	14.6	11.1	16.2	12.6	5.4	4.4	3.4	100	
	里岙	62	多年平均	65.9	77.4	117.6	121.1	153.8	230.7	215.1	314.1	232.3	84.5	69.7	51.7	1733.9	1959—2020
			所占比例 /%	3.8	4.5	6.8	7.0	8.9	13.3	12.4	18.1	13.4	4.9	4.0	3.0	100	
	洪家塔	64	多年平均	64.0	78.9	118.1	122.8	163.0	246.1	210.3	303.9	227.0	86.3	69.2	50.5	1739.9	1957—2020
			所占比例 /%	3.7	4.5	6.8	7.1	9.4	14.1	12.1	17.5	13.0	5.0	4.0	2.9	100	
	薛岙	64	多年平均	66.3	78.0	113.6	116.0	144.4	219.8	165.6	237.6	203.0	87.8	70.0	54.0	1556.1	1957—2020
			所占比例 /%	4.3	5.0	7.3	7.5	9.3	14.1	10.6	15.3	13.0	5.6	4.5	3.5	100	
	西周	58	多年平均	72.1	80.3	119.3	115.8	137.4	227.9	169.7	260.3	236.3	99.6	79.0	61.0	1658.5	1963—2020
			所占比例 /%	4.3	4.8	7.2	7.0	8.3	13.7	10.2	15.7	14.2	6.0	4.8	3.7	100	
	黄避岙	38	多年平均	78.2	77.8	125.3	110.4	127.4	220.9	147.5	216.6	216.9	94.4	80.8	63.0	1559.3	1983—2020
			所占比例 /%	5.0	5.0	8.0	7.1	8.2	14.2	9.5	13.9	13.9	6.1	5.2	4.0	100	
滨海	崔家岙	58	多年平均	61.6	72.6	111.4	110.7	139.3	206.5	116.2	158.0	184.7	93.3	77.9	59.9	1392.0	1963—2020
			所占比例 /%	4.4	5.2	8.0	8.0	10.0	14.8	8.3	11.3	13.3	6.7	5.6	4.3	100	
	丹城	37	多年平均	53.8	72.7	115.2	122.4	152.5	213.7	138.5	186.8	190.9	94.5	74	47.4	1462.4	1960—1996
			所占比例 /%	3.7	5.0	7.9	8.4	10.4	14.6	9.5	12.8	13.1	6.5	5.1	3.2	100	
海岛	鹤浦	58	多年平均	62.0	73.2	118.2	113.9	142.1	204.3	107.2	174.9	174.7	87.9	77.6	53.9	1389.9	1963—2020
			所占比例 /%	4.5	5.3	8.5	8.2	10.2	14.7	7.7	12.6	12.6	6.3	5.6	3.9	100	
三门湾	定山	57	多年平均	59.2	72.2	118.2	114.7	138.7	209.5	118.3	202.9	165.4	84.3	71.4	50.6	1405.2	1964—2020
			所占比例 /%	4.2	5.1	8.4	8.2	9.9	14.9	8.4	14.4	11.8	6.0	5.1	3.6	100	
	东溪	57	多年平均	64.6	74.6	118.8	120.6	151.4	224.7	144.1	227.9	192.7	97.3	81.7	55.8	1554.1	1964—2020
			所占比例 /%	4.2	4.8	7.6	7.8	9.7	14.5	9.3	14.7	12.4	6.3	5.3	3.6	100	
	上韩	63	多年平均	66.3	79.0	118.3	128.1	155.5	240.5	186.3	299.8	235.2	103.2	76.6	58.2	1747.0	1958—2020
			所占比例 /%	3.8	4.5	6.8	7.3	8.9	13.8	10.7	17.2	13.5	5.9	4.4	3.3	100	

续表

单位：mm

江河名称	站名	统计年数	项目	1月	2月	3月	4月	5月	6月	7月	8月	9月	10月	11月	12月	全年	统计年限（起迄）
三门湾	沥洋	58	多年平均	54.9	68.1	112.7	116.7	145.1	227.7	154.2	261.1	171.7	71.1	65.8	45.8	1494.9	1963—2020
			所占比例/%	3.7	4.6	7.5	7.8	9.7	15.2	10.3	17.5	11.5	4.8	4.4	3.1	100	
	王家染	64	多年平均	65.1	80.7	121.7	135.8	175.0	258.5	230.6	341.4	231.9	86.4	68.8	51.5	1847.3	1957—2020
			所占比例/%	3.5	4.4	6.6	7.4	9.5	14.0	12.5	18.5	12.6	4.7	3.7	2.8	100	
	上金	59	多年平均	61.6	73.1	113.8	124.6	159.1	248.5	207.1	286.8	203.0	77.6	68.1	48.9	1672.1	1962—2020
			所占比例/%	3.7	4.4	6.8	7.5	9.5	14.9	12.4	17.2	12.1	4.6	4.1	2.9	100	
	马岙	56	多年平均	73.0	83.2	127.1	126.9	160.4	243.7	232.9	352.2	228.1	89.8	75.1	58.9	1851.2	1965—2020
			所占比例/%	3.9	4.5	6.9	6.9	8.7	13.2	12.6	19.0	12.3	4.9	4.1	3.2	100	
	西溪	38	多年平均	75.8	79.3	126.1	125.7	158.1	275.7	251.1	342.6	231.4	89.9	75.6	53.8	1885.1	1983—2020
			所占比例/%	4.0	4.2	6.7	6.7	8.4	14.6	13.3	18.2	12.3	4.8	4.0	2.9	100	
	宁海	69	多年平均	61.6	78.5	116.6	118.3	163.9	246.1	212.5	271.3	214.8	86.0	70.0	51.6	1691.1	1952—2020
			所占比例/%	3.6	4.6	6.9	7.0	9.7	14.5	12.6	16.0	12.7	5.1	4.1	3.1	100	
	一市	58	多年平均	55.6	68.6	111.3	116.0	144.4	235.3	170.8	240.0	183.0	79.5	65.3	45.5	1515.4	1963—2020
			所占比例/%	3.7	4.5	7.3	7.7	9.5	15.5	11.3	15.8	12.1	5.2	4.3	3.0	100	
海岛	北渔山	68	多年平均	50.6	79.6	111.8	115.3	139.0	170.4	73.6	109.1	148.7	74.6	62.8	50.8	1186.3	1904—1938、1958—1996
			所占比例/%	4.3	6.7	9.4	9.7	11.7	14.4	6.2	9.2	12.5	6.3	5.3	4.3	100	

注：表中若总量和分量合计尾数不等，是因数值修约误差所致。

表1-2 宁波市各站年降水量及长历时降水量最大值统计

单位：mm

江河名称	站名	最大年降水量		最大/最小（倍数）	最大1月降水量			最大1天降水量				最大3天降水量				最大7天降水量				最大15天降水量				最大30天降水量				统计年限		
		降水量	年份		降水量	发生年月 年	月	降水量	发生日期 年	月	日	降水量	开始日期 年	月	日	降水量	开始日期 年	月	日	降水量	开始日期 年	月	日	降水量	开始日期 年	月	日	起 年	迄 年	年数
姚江	临山	1928.8	2012	2.840	471.5	1994	6	252.0	2012	6	17	412.5	2013	10	6	414.0	2013	10	5	438.6	1994	6	8	640.9	1989	8	17	1955	2020	66
	浒山	1974.1	2012	2.850	494.3	1994	6	199.8	1963	9	12	362.0	2013	10	6	365.5	2013	10	5	462.4	1994	6	8	570.0	2019	8	8	1956	2020	65
	梁弄	2256.6	2015	2.307	671.3	1962	9	303.5	1962	9	5	548.0	2013	10	5	613.0	1962	8	31	656.1	1962	8	31	814.6	2000	8	16	1933	2020	73[①]
	余姚	2007.4	2015	2.283	696.2	1962	9	293.3	1962	9	5	554.0	1962	9	3	617.9	1962	8	31	683.8	1962	8	30	737.5	1962	8	18	1929	2020	75
	黄土岭	2454.3	2015	2.418	750.5	2013	10	351.5	2013	10	6	711.5	2013	10	5	743.5	2013	10	5	779.5	2013	9	24	858.7	1962	9	4	1958	2020	63
	丈亭	2068.0	2015	2.559	496.0	2015	7	238.0	2013	10	7	456.0	2013	10	6	465.0	2013	10	5	474.0	2013	9	24	573.7	1962	9	4	1951	2020	70
	慈城	2033.5	2012	2.261	528.6	1984	6	265.3	1963	9	12	398.1	1963	9	11	404.0	1963	9	11	415.2	1963	9	7	577.0	2020	6	10	1958	2020	62
	姚江大闸	1993.5	2015	2.260	517.2	1984	6	281.9	1963	9	12	427.9	2013	10	5	443.2	2013	10	2	447.2	2013	9	24	517.2	1984	6	1	1963	2020	58
滨海	庵东	1859.7	2015	2.726	457.0	2011	6	202.2	1961	9	5	330.0	2013	10	6	332.0	2013	10	5	438.0	2011	6	4	507.5	1962	8	22	1948	2020	65
	观海卫	1890.3	2012	2.561	497.9	1994	6	311.5	2011	8	25	343.5	2013	10	6	361.6	1962	9	1	468.3	1962	8	23	552.4	1962	8	22	1951	2020	70
奉化江	六诏	2341.3	2015	2.360	657.9	1963	9	360.4	1988	7	29	489.9	1963	9	10	574.5	1963	9	10	728.4	1990	8	30	878.5	1992	8	25	1951	2020	64
	溪口	2254.1	2015	3.210	560.1	2009	8	267.0	2016	9	15	436.5	2013	10	5	479.9	1963	9	10	650.9	1990	8	30	836.1	1990	8	17	1929	2020	71
	梨洲	2876.1	2015	2.654	822.9	1979	8	335.0	1979	8	24	699.7	1981	8	31	731.3	1981	8	27	797.8	1979	8	13	948.1	1981	8	26	1972	2020	49
	皎口水库	2339.0	2015	2.155	692.2	2009	8	313.5	2013	10	7	602.0	2013	10	5	609.5	2013	10	5	672.9	2009	8	1	853.6	2009	7	22	1976	2020	45
	董家	2499.9	1990	2.566	699.5	1992	8	460.9	1988	7	29	512.0	2019	8	8	606.1	1992	8	26	787.4	1990	8	30	1074.0	1992	8	26	1966	2020	55
	大堰	2430.6	2015	2.401	724.7	1992	8	410.7	1988	7	29	524.3	1992	8	29	656.3	1992	8	26	798.6	1992	8	25	1128.0	1992	8	25	1931	2020	66
	奉化	2160.0	2015	2.549	552.0	2016	9	299.0	2016	9	15	511.0	2013	10	5	512.0	2013	10	5	547.1	1990	8	30	659.0	1990	8	17	1933	2020	71
	葛岙	2289.7	1977	2.469	649.3	1992	8	365.2	1977	8	22	471.1	1977	8	21	530.4	1977	8	17	683.2	1990	8	30	867.3	1992	8	24	1967	2020	54
	姜山	2172.0	2019	3.098	536.5	2012	8	261.5	1987	9	11	431.0	2013	10	5	463.7	1963	9	7	502.9	1963	9	7	565.4	1963	8	16	1962	2020	59
	莫枝堰	2136.5	2015	2.648	655.9	1966	9	323.1	1963	9	12	624.3	1966	9	5	653.5	1966	9	1	654.9	1966	9	2	799.6	1966	8	15	1960	2020	61
甬江	镇海	2106.2	2015	2.349	488.9	1956	9	321.0	2015	9	29	462.6	1966	9	5	482.2	1966	9	2	485.6	1966	8	31	652.0	1966	8	14	1929	2020	80
滨海	郭巨	1998.0	2012	2.841	562.6	2005	8	425.2	2005	8	6	484.9	2005	8	4	484.9	2005	8	4	494.5	2005	7	28	573.8	2005	8	4	1958	2020	62

续表

单位：mm

江河名称	站名	最大年降水量		最大/最小（倍数）	最大1月降水量			最大1天降水量				最大3天降水量				最大7天降水量				最大15天降水量				最大30天降水量				统计年限		
		降水量	年份		降水量	发生年月 年	月	降水量	发生日期 年	月	日	降水量	开始日期 年	月	日	降水量	开始日期 年	月	日	降水量	开始日期 年	月	日	降水量	开始日期 年	月	日	起 年	迄 年	年数
象山港	施家桥	2252.6	2012	2.408	728.2	1963	9	418.4	1963	9	12	679.0	1963	9	11	704.2	1963	9	11	723.0	1963	9	7	871.1	1963	8	17	1956	2020	65
	岐洋	2045.0	2019	2.223	472.0	2019	8	304.5	2019	8	9	351.0	2019	8	8	373.5	2019	8	4	402.3	1994	6	8	634.9	1989	8	19	1982	2020	39
	莼湖	2161.2	2015	2.284	776.4	1977	8	421.5	1977	8	22	524.0	2013	10	5	542.0	1977	8	17	753.2	1977	8	8	826.8	1977	7	25	1971	2020	50
	里岙	2481.0	1990	2.672	744.4	1992	8	458.0	1988	7	29	523.6	1963	9	11	644.5	1992	8	26	826.0	1990	8	30	1122.0	1992	8	25	1958	2020	63
	洪家塔	2420.0	1990	2.561	757.2	1992	8	430.0	1988	7	29	492.9	1992	8	29	617.6	1992	8	26	876.8	1990	8	30	1106.0	1992	8	25	1957	2020	64
	薛岙	2195.0	2019	2.517	600.1	1977	8	402.2	1977	8	22	468.0	1977	8	21	505.4	1977	8	21	605.9	1990	8	30	698.2	1990	8	10	1957	2020	64
	西周	2421.0	2019	2.589	920.3	1990	8	532.5	1990	8	31	677.2	1990	8	29	859.7	1990	8	30	1029.0	1990	8	30	1151.0	1990	8	12	1962	2020	59
	黄避岙	2145.5	2019	2.320	516.7	1989	9	384.3	2005	9	11	402.8	2005	9	10	448.5	2012	8	2	461.5	2005	8	28	650.5	2019	8	8	1982	2020	39
滨海	崔家岙	2157.5	2012	2.739	765.8	1963	9	423.8	1963	9	12	691.2	1963	9	11	722.2	1963	9	11	744.2	1963	9	8	776.6	1963	8	20	1962	2020	59
	丹城	2177.6	1961	2.826	685.4	1963	9	322.9	1963	9	12	606.5	1963	9	11	634.8	1963	9	11	671.7	1963	9	6	696.2	1963	8	20	1933	2000	51
海岛	鹤浦	2327.0	2019	3.171	531.0	2019	8	304.5	2017	10	15	418.5	1963	9	11	467.5	2012	8	2	497.7	1990	8	30	649.1	1992	8	25	1962	2020	59
三门湾	定山	2255.5	2019	2.989	686.0	2019	8	290.5	2019	8	9	361.3	1997	8	17	511.0	2019	8	3	583.5	2019	8	3	690.0	2019	8	3	1964	2020	57
	东溪	2278.5	2019	2.802	602.5	2012	8	283.0	2012	8	7	357.5	2012	8	6	503.0	2012	8	2	549.7	1990	8	30	628.6	1990	8	17	1964	2020	57
	上韩	2652.5	2019	2.685	780.5	2012	8	420.0	2012	8	7	579.6	1962	9	4	693.0	2012	8	2	703.5	2012	7	27	849.7	1990	8	17	1958	2020	63
	沥洋	2245.1	2012	2.544	585.9	1997	8	326.0	1997	8	18	413.4	1997	8	17	491.6	2012	8	2	581.5	2009	8	1	707.0	2009	7	18	1962	2020	59
	王家染	2753.8	1990	2.422	917.6	1960	8	390.0	2019	8	9	524.5	2019	8	8	706.9	1990	8	30	1023.0	1990	8	30	1177.0	1990	8	17	1957	2020	64
	上金	2548.9	1990	2.486	640.0	2019	8	406.5	1988	7	29	468.9	1963	9	11	697.4	1990	8	30	935.6	1990	8	30	1084.0	1990	8	17	1961	2020	60
	马岙	2722.2	1990	2.922	887.5	1992	8	500.7	1988	7	29	561.3	1992	8	29	730.5	1992	8	26	1081.0	1990	8	30	1293.0	1990	8	17	1961	2020	60
	西溪	2741.5	1990	2.462	798.0	1992	8	472.0	1988	7	29	502.1	1988	7	28	739.8	1990	8	30	1042.0	1990	8	30	1253.0	1990	8	17	1982	2020	39
	宁海	2238.2	1952	2.378	820.1	1956	9	357.5	1988	7	29	401.9	1956	9	17	523.2	1990	8	30	721.7	1990	8	30	940.3	1992	8	25	1936	2020	71
	一市	2079.9	1973	2.201	625.9	1992	8	252.7	1988	7	29	312.5	2013	10	5	427.9	1990	8	30	569.1	1990	8	30	761.1	1992	8	24	1962	2020	59
海岛	北渔山	1875.0	1961	3.819	530.4	1976	6	309.9	1921	8	15	386.3	1971	9	18	407.8	1971	9	18	474.0	1961	5	18	573.5	1961	5	18	1904 1958	1938 1996	76

① 此年数为非连续统计。

表 1-3 宁波市各站历年短历时降水量最大值统计

单位：mm

江河名称	站名	最大1小时				最大3小时				最大6小时				最大12小时				最大24小时				统计年限		
		降水量	发生日期			降水量	发生日期			降水量	发生日期			降水量	发生日期			降水量	发生日期			起	讫	资料年数
			年	月	日		年	月	日		年	月	日		年	月	日		年	月	日	年	年	
姚江	临山	119.7	1977	8	22	136.0	1977	8	22	165.0	2013	10	7	231.0	2013	10	6	322.5	2013	10	7	1955	2020	59
	浒山*	99.3	1993	8	16	122.5	2013	10	8	161.0	2016	9	28	175.5	2016	9	28	231.5	2013	10	7	1958	2020	59
	梁弄*	75.8	1993	6	17	100.2	1983	9	3	130.5	2013	10	7	229.0	2013	10	6	390.0	2013	10	6	1957	2020	61
	余姚*	102.4	1983	9	3	155.0	2013	10	7	201.5	2013	10	7	295.5	2013	10	6	362.5	2013	10	6	1957	2020	60
	黄土岭*	103.9	1999	8	20	184.0	2013	10	7	253.0	2013	10	7	362.0	2013	10	6	540.5	2013	10	6	1958	2020	63
	丈亭	71.6	1955	7	13	144.7	1955	9	13	152.9	1955	9	13	227.0	2013	10	6	306.0	2013	10	7	1951	2020	70
	慈城	107.3	2001	6	17	146.2	2001	6	17	146.3	2001	6	17	182.6	1963	9	12	280.1	1963	9	12	1963	2020	49
	姚江大闸*	114.2	1985	9	21	123.5	1965	8	20	162.9	1963	9	12	246.0	1963	9	12	311.4	1963	9	12	1963	2020	58
滨海	庵东	96.7	1974	7	11	134.9	1961	9	5	173.4	1961	9	5	202.2	1961	9	5	209.5	2013	10	7	1958	2020	59
	观海卫*	139.0	2011	8	25	268.5	2011	8	25	298.0	2011	8	25	311.5	2011	8	25	314.0	2011	8	24	1957	2020	50
奉化江	六诏	104.5	1975	7	2	140.9	1988	7	29	275.7	1988	7	29	355.9	1988	7	29	384.0	1963	9	11	1951	2020	62
	溪口*	81.2	2001	8	4	127.9	2001	8	4	190.0	2016	9	15	272.6	1963	9	12	328.6	1963	9	11	1960	2020	60
	梨洲*	94.3	2003	7	7	127.7	1988	8	8	214.1	1988	7	29	322.6	1981	8	30	484.3	1981	8	30	1972	2020	49
	皎口水库*	85.4	1993	9	20	159.0	1988	7	30	231.5	2013	10	7	328.5	2013	10	7	532.0	2013	10	6	1979	2020	42
	董家	86.2	1977	7	1	148.5	2000	7	29	256.3	1988	7	29	421.3	1988	7	29	468.2	1988	7	29	1966	2020	55
	大堰*	110.8	1977	6	30	150.5	1977	6	30	244.5	1988	7	29	387.7	1988	7	29	434.3	1988	7	29	1971	2020	50
	奉化	72.5	1978	7	17	118.5	2013	10	7	169.5	1956	9	19	271.5	2013	10	6	368.0	2013	10	6	1951	2020	64
	葛岙	64.9	1995	9	10	129.9	2002	9	12	160.6	2002	9	12	262.4	1992	8	31	343.0	2012	8	7	1967	2020	44
	姜山	71.9	2003	5	5	135.0	2013	10	7	196.8	1987	9	11	244.4	1987	9	11	316.0	2013	10	6	1963	2020	58
	莫枝堰*	79.6	1987	7	3	125.5	1981	9	21	161.8	1963	9	12	244.6	1963	9	12	351.5	1963	9	12	1961	2020	53
甬江	镇海*	99.1	1986	6	20	159.0	2015	9	29	202.0	2015	9	30	279.5	2015	9	29	322.0	2015	9	29	1958	2020	60
滨海	郭巨	72.3	2008	9	5	135.8	2008	9	5	246.1	2005	8	6	375.6	2005	8	6	445.4	2005	8	6	1963	2020	57

续表

单位：mm

江河名称	站名	最大1小时				最大3小时				最大6小时				最大12小时				最大24小时				统计年限		
		降水量	发生日期			降水量	发生日期			降水量	发生日期			降水量	发生日期			降水量	发生日期			起	讫	资料年数
			年	月	日		年	月	日		年	月	日		年	月	日		年	月	日	年	年	
象山港	施家桥*	98.9	1965	8	19	214.4	1965	8	19	228.7	1965	8	19	314.0	1963	9	12	426.3	1963	9	12	1957	2020	64
	岐洋	59.8	2005	4	30	146.6	1989	9	16	181.5	2019	8	10	240.0	2019	8	9	312.0	2019	8	9	1982	2020	39
	莼湖*	79.5	2014	7	14	153.5	2013	10	7	280.9	1977	8	21	383.0	1977	8	21	467.7	1977	8	21	1971	2020	50
	里岙	76.4	1981	8	11	132.9	1988	7	29	237.1	1988	7	30	427.6	1988	7	29	466.2	1988	7	29	1958	2020	63
	洪家塔*	91.0	1991	7	31	170.3	1988	7	30	287.7	1988	7	30	414.2	1988	7	29	448.8	1988	7	29	1957	2020	62
	薛岙	94.2	1986	8	20	128.4	1966	9	8	174.7	1966	9	7	235.1	2005	9	11	289.1	1963	9	11	1963	2020	46
	西周	96.0	1990	8	31	199.3	1990	8	31	372.5	1990	8	31	518.9	1990	8	31	617.2	1990	8	30	1963	2020	57
	黄避岙	69.4	2005	9	11	161.0	2005	9	11	252.8	2005	9	11	368.9	2005	9	11	394.2	2005	9	11	1982	2020	39
滨海	崔家岙*	124.1	2005	8	6	160.9	2005	8	6	202.2	2005	8	6	276.5	2017	10	15	333.0	2017	10	15	1973	2020	47
	丹城*	104.9	1961	9	25	163.6	1981	9	21	174.7	1981	9	21	179.9	1992	9	22	216.3	1992	9	22	1978	2000	23
海岛	鹤浦	67.5	2015	9	4	108.5	2017	10	15	185.5	2017	10	15	277.0	2017	10	15	338.0	2017	10	15	1978	2020	43
三门湾	定山	99.0	2018	9	17	122.0	2018	9	17	147.1	2009	8	9	226.0	2012	8	7	305.5	2019	8	9	1977	2020	44
	东溪	77.6	1964	9	10	148.4	1964	9	10	159.0	2013	10	7	250.0	2012	8	7	329.0	2012	8	7	1963	2020	58
	上韩*	103.1	2001	8	25	150.2	1982	7	18	216.5	2012	8	7	315.5	2012	8	7	446.5	2012	8	7	1963	2020	58
	沥洋	112.8	1986	8	31	178.1	1986	8	31	203.0	1986	8	31	249.8	1997	8	18	333.9	1997	8	18	1964	2020	45
	王家染*	88.8	2001	6	25	182.3	1988	7	30	232.4	1988	7	29	327.8	1988	7	29	415.5	2019	8	9	1961	2020	60
	上金*	89.8	1999	7	8	165.8	1988	7	29	253.5	1988	7	29	362.0	1988	7	29	412.7	1988	7	29	1971	2020	50
	马岙	87.8	2003	5	5	155.4	1988	7	30	294.9	1988	7	29	456.0	1988	7	29	514.2	1988	7	29	1964	2020	57
	西溪	82.0	1988	7	30	147.4	1988	7	30	273.9	1988	7	29	434.8	1988	7	29	482.4	1988	7	29	1982	2020	39
	宁海	76.3	1992	9	8	171.9	1988	7	30	213.1	1988	7	30	335.0	1988	7	29	367.1	1988	7	29	1952	2020	58
	一市	77.1	1981	8	12	134.6	1981	8	12	182.2	1981	9	23	239.9	1977	9	25	281.4	1988	7	29	1963	2020	57
海岛	北渔山	61.4	1968	5	16	154.5	1968	5	16	174.3	1968	5	16	211.6	1968	5	16	314.5	1971	9	18	1963	1996	34

注：有*号者以分钟滑动统计。

（二）蒸发

据实测统计，姚江大闸站（蒸发器 E601 型）实测最大年蒸发量 1091.8 毫米（1967 年），最小年蒸发量 644.6 毫米（1999 年），比值为 1.69；宁海洪家塔站（蒸发器 E601 型）实测最大年蒸发量 896.3 毫米（2004 年），最小年蒸发量 660.5 毫米（2015 年），比值为 1.36，年际变化不大。2001—2020 年，姚江大闸站（蒸发器 E601 型）实测年最大水面蒸发量为 943.0 毫米（2007 年），最小年蒸发量 682.4 毫米（2014 年），比值为 1.38。

蒸发量年内分配主要受季节变化和温湿条件不同的影响。各地水面蒸发量年内变化以 7 月、8 月最大，1 月、2 月最小。

从面上分布看，海岛蒸发量因空气湿度大，蒸发量较陆面平原为小；山区蒸发量因日平均气温较平原区低，蒸发量亦较平原小。但蒸发量的面上变幅亦较小。

姚江大闸站（蒸发器 E601 型）实测年最大水面蒸发量为 1091.8 毫米（1967 年），月最大水面蒸发量为 217.8 毫米（1967 年），日最大水面蒸发量为 14.9 毫米（1967 年）。其中 2001—2020 年，实测年最大水面蒸发量为 943.0 毫米（2007 年），月最大水面蒸发量为 167.1 毫米（2007 年），日最大水面蒸发量为 8.2 毫米（2007 年）。1964—2020 年宁波市各站水面蒸发量特征值统计见表 1–4。

表 1–4 1964—2020 年宁波市各站水面蒸发量特征值统计

站名		黄土岭	姚江大闸	溪口	洪家塔
蒸发器型号		E601 型	E601 型	E601 型	E601 型
观测年限	起讫年份	1965—1967 1979—2020	1964—1967 1979—2020	1980—2020	1964—1967 1979—2020
	年数	45	46	41	46
年最大蒸发量	蒸发量 /mm	955.7	1091.8	1021.6	896.3
	发生年份	1967	1967	1988	2004
年最小蒸发量	蒸发量 /mm	501.7	644.6	735.5	660.5
	发生年份	2015	1999	1999	2015
月最大蒸发量	蒸发量 /mm	198.0	217.8	200.9	405.4
	年	1967	1967	1994	2008
	月	8	8	7	8
月最小蒸发量	蒸发量 /mm	12.1	16.6	17.6	20
	年	1990	2013	2019	1992
	月	2	2	2	3
日最大蒸发量	蒸发量 /mm	8.5	14.9	10.8	13.3
	年	1998	1967	1980	1979
	月	8	9	6	7
	日	13	10	15	22
多年平均蒸发量		715.5	850.1	888.2	796.9

注：多年平均剔除缺测年份计算。

（三）径流

宁波市原设有山区流量站 6 个，20 世纪 90 年代初因多种原因停测，仅有宁海洪家塔站有较为完整的长系列资料。姚江大闸在 1959 年建成后，御咸蓄淡，闸内成为淡水河，姚江东排径流主要由姚江大闸站控制，有较为完整的长系列资料。

洪家塔站多年平均年径流深为 1063.2 毫米，年际径流最大值与最小值之比为 4.52 倍。根据多个流量站的资料分析，年际径流最丰年与最枯年比值一般为 2.8 ~ 6 倍。

受降水和下垫面条件时空分布不均匀性的共同影响，径流年内分配的不均匀性更为明显。多年平均 5—9 月的径流量占全年径流的 55% ~ 70%，而多年平均 10 月至次年 4 月仅占全年径流量的 40% 左右。在某些年份，单月径流量甚至可达全年径流的 35% 左右，呈现径流年内分配的不均匀性。1956—2016 年宁波市多年平均年径流深等值线图如图 1-2 所示。

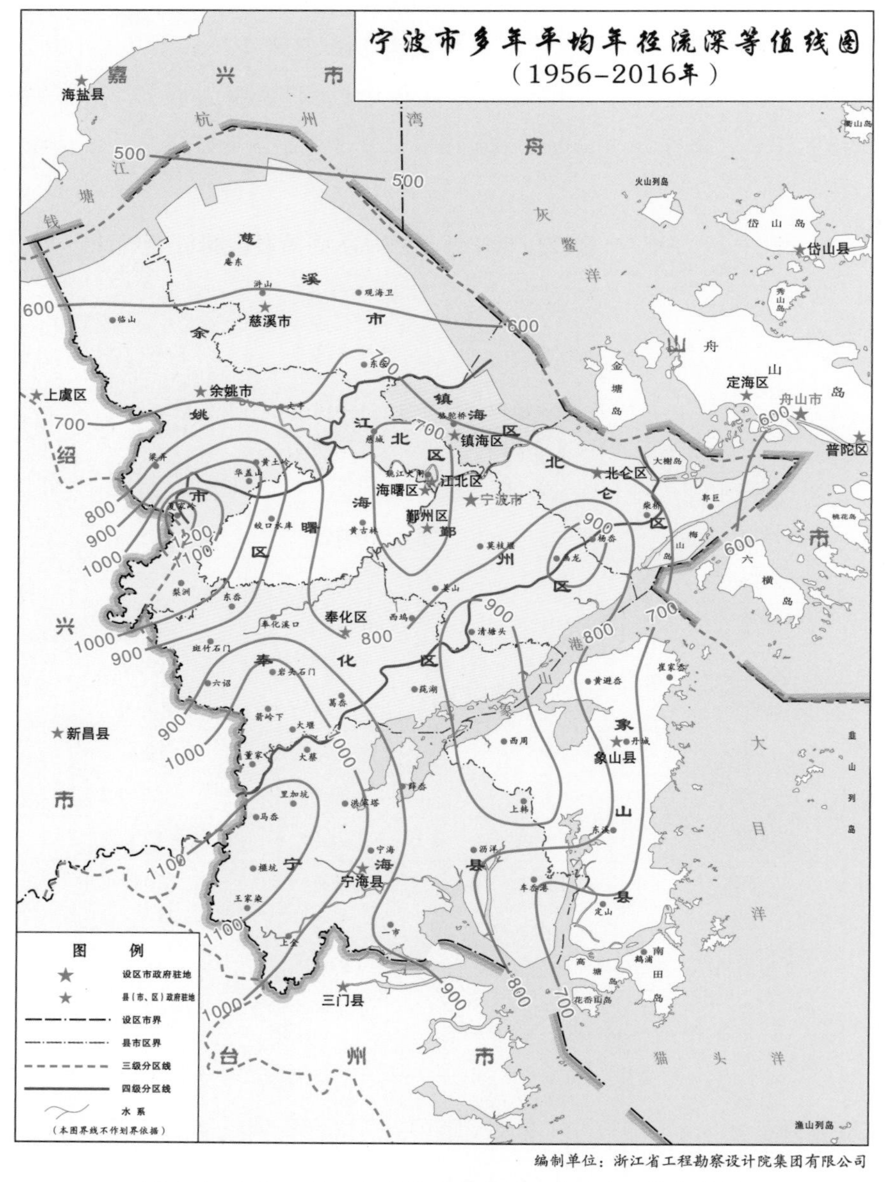

图 1-2　1956—2016 年宁波市多年平均年径流深等值线图

因受梅雨和台风雨共同影响，与降雨的年内分配相似，径流的年内分配呈双峰型。以洪家塔站为例，1—6月径流量逐月增加，至6月出现一个峰值，7月出现一个低谷；8—9月出现第二个峰值，10月以后径流量开始急骤下降。

1. 姚江大闸历年排水量

1963—2020年，实测多年平均排水量为11.71亿立方米，最大年排水量为19.91亿立方米（1975年），最小年排水量为3.790亿立方米（1968年）。其中2001—2020年平均排水量为11.75亿立方米，最大年排水量为19.35亿立方米（2015年），最小年排水量为5.330亿立方米（2003年）。1963—2020年宁波市姚江大闸站历年排水量统计见表1–5。

表1–5　1963—2020年宁波市姚江大闸站历年排水量统计　　单位：亿 m^3

年份	排水量	年份	排水量	年份	排水量
1963	9.450	1984	16.50	2005	10.40
1964	7.840	1985	12.30	2006	7.556
1965	6.940	1986	8.770	2007	10.86
1966	9.720	1987	13.56	2008	10.24
1967	4.080	1988	9.740	2009	10.02
1968	3.790	1989	15.40	2010	9.300
1969	8.350	1990	10.14	2011	6.840
1970	11.00	1991	10.19	2012	15.04
1971	7.670	1992	12.46	2013	10.61
1972	7.570	1993	13.69	2014	12.96
1973	18.40	1994	13.73	2015	19.35
1974	11.13	1995	12.03	2016	17.90
1975	19.91	1996	8.230	2017	12.33
1976	12.33	1997	13.13	2018	11.57
1977	17.53	1998	18.05	2019	15.40
1978	5.400	1999	15.73	2020	12.63
1979	5.980	2000	13.27		
1980	14.91	2001	12.54		
1981	14.24	2002	17.52	多年平均	11.71
1982	7.570	2003	5.330	最大年排水量	19.91
1983	19.40	2004	6.550	最小年排水量	3.790

2. 山区洪峰流量及洪峰流量模数

宁海凫溪洪家塔站，是集水面积为151平方千米的山区河道流量站，其最大洪峰流量模数为15.10（立方米每秒每平方千米）。1957—2020年洪家塔站江河实测洪峰流量及洪峰模数实测、径流特征统计见表1–6、表1–7。

表 1-6　1957—2020 年洪家塔站江河实测洪峰流量及洪峰模数实测

河名	站名	集水面积 / km^2	实测洪峰流量及模数			资料年限
			洪峰流量 /（m^3/s）	日期 /（年 . 月 . 日）	洪峰模数 / [m^3/（s · km^2）]	
凫溪	洪家塔	151	2280	1988.7.30	15.1	1957—2020
			1910	1992.9.23	12.6	
			1600	2009.8.9	10.6	
			1590	2018.9.17	10.5	
			1530	2005.9.11	10.1	

表 1-7　1957—2020 年洪家塔站江河实测径流特征统计

河名	站名	集水面积 /km^2	年径流量 / 亿 m^3			年径流深 /mm			洪峰流量 /（m^3/s）		枯水流量 /（m^3/s）		资料年限
			最大	最小	平均	最大	最小	平均	最大	出现日期 /（年 . 月 . 日）	最小	出现日期 /（年 . 月 . 日）	
凫溪	洪家塔	151	2.780	0.6145	1.601	1841.1	407.0	1063.2	2280	1988.7.30	0	1992.8.13	1957—2020

（四）水位

水位指清水位，均采用 1985 国家高程基准。

经统计，各平原河网历史最高水位主要出现在 2013 年“菲特”台风期间。除 20 世纪 50—70 年代，平原河网均未出现自然河干现象。

1. 平原河网区水位

姚江干流　余姚站多年平均水位 1.02 米（1962—2020 年），丈亭站多年平均水位 0.77 米（1959—2020 年），姚江大闸站多年平均水位 0.81 米（1961—2020 年）。2001—2020 年，最高水位余姚站 3.40 米、丈亭站 3.04 米、姚江大闸站 2.94 米（均出现在 2013 年），余姚站最低水位 0.39 米（2002 年），丈亭站最低水位 -1.47 米（2005 年），姚江大闸站最低水位 -1.46 米（2005 年）。

江北镇海河网　多年平均水位 0.94 米（1957—2020 年）。

鄞东南河网　多年平均水位 1.10 米左右（1957—2020 年）。最高水位姜山站 3.15 米、五乡碶站 2.82 米。2001—2020 年，姜山站最低水位 0.51 米（2004 年），五乡碶站最低水位 0.49 米（2004 年）。

海曙（鄞西）河网　多年平均水位 1.35 米（1957—2020 年）。最高水位黄古林站 3.28 米，1957—1973 年出现 4 次河干，1974 年皎口水库建成后，未现河干现象。2001—2020 年，黄古林站最低水位 0.49 米（2005 年）。

2. 山溪河流水位

山溪河流源短流急，暴涨暴落，水位变幅很大。奉化江上游剡江奉化溪口站多年平均水位 14.02 米（1999—2020 年），最高水位 19.19 米（2009 年 8 月 10 日），最低水位 13.05 米（2020 年 4 月 17 日）；凫溪洪家塔站多年平均水位 29.03 米（1957—2020 年），最高水位 34.21 米，最低水位27.12米；白溪站（1978—2020年）多年平均水位54.58米，最高水位59.85米，最低水位河干。

以上山溪河流各站水位，均受上游水利工程蓄泄和农田引水影响。1957—2020年宁波市各江河清水位站水位特征值统计见表1–8。

表1–8　1957—2020年宁波市各江河清水位站水位特征值统计　单位：m

水系	站名	最高水位		最低水位		多年平均水位	统计年限		
		水位	出现日期/（年.月.日）	水位	出现日期/（年.月.日）		起	讫	年数
姚江	临山（上）	4.05	1962.9.6	河干	1963.8.10	2.49	1959	2020	62
	西横河堰（上）	3.92	2013.10.8	河干	1963.4.16	2.10	1957	2020	64
	临山（下）	4.00	1962.9.6	河干	1963.8.10	2.16	1959	2020	62
	低塘（上）	3.61	2007.10.9	河干	1977.12.5	2.09	1973	2020	48
	西横河堰（下）	3.92	2013.10.8	河干	1967.8.19	1.48	1963	2020	58
	东横河堰（上）	3.36	2013.10.9	河干	1958.1.11	1.61	1957	2020	64
	低塘（下）	3.45	2013.10.8	河干	1977.12.6	1.14	1973	2020	48
	余姚（上）	3.40	2013.10.8	河干	1967.10.1	1.02	1962	2020	59
	丈亭	3.04	2013.10.8	河干	1967.8.17	0.77	1959	2020	62
	姚江大闸	2.94	2013.10.8	河干	1967.8.7	0.81	1961	2020	60
	骆驼桥（二）	2.41	1963.9.14 2015.9.30	河干	1960.7.21	0.94	1957	2020	64
奉化江	奉化溪口（三）	19.19	2009.8.10	13.05	2020.4.17	14.02	1999	2020	22
	黄古林	3.28	2013.10.8	河干	1958.7.28	1.35	1957	2020	64
	姜山	3.15	2013.10.8	河干	1967.8.22	1.10	1957	2020	64
	莫枝堰	4.36	1963.9.14	河干	1961.8.21	3.07	1960	2020	61
	五乡碶（二）	2.82	2012.8.8	河干	1971.8.15	1.09	1957	2020	64
凫溪	洪家塔	34.21	1988.7.30	27.12	2010.8.27	29.03	1957	2020	64
白溪	白溪	59.85	1994.8.21	河干	1979.1.1	54.58	1978	2020	34

注：最低水位为河干，以最早出现年份记录。多年平均水位剔除缺测和出现河干年份。

（五）泥沙

海洋潮流夹带的泥沙和内陆河流下移的泥沙，受季节、风、海浪等影响，在近陆海域形成极不稳定的变化。2015—2017年，由浙江省水利河口研究院承担开展“甬江淤积成因的历史演变及治理对策”研究，并在2013—2020年连续进行三江河道常规跟踪监测分析，形成主要成果报告。

1. 甬江及奉化江泥沙特征

甬江及奉化江的泥沙主要由海域来沙所形成。甬江口水体含沙量，在相同的潮差条件下，无论是涨潮还是落潮，2008年之后较2008年之前均有所增加，可能与口外的含沙量增加有关。甬江口外灰鳖洋水域的含沙量观测资料显示，该站位垂线平均含沙量由20世纪80年代的0.9千克每立方米增大至2014年冬季的1.6千克每立方米，增幅达78%。

含沙量随潮汛变化，春季和秋季皆呈现较为明显的演变规律，即大潮汛潮动力强，含沙量相对较大，小潮汛潮动力减弱，含沙量相对较小。如甬江口断面，全潮垂线平均含沙量，春季大潮期间在2.23～2.44千克每立方米之间，春季小潮期间在1.21～1.31千克每立方米之间，秋季大潮期间在1.08～1.11千克每立方米之间，秋季小潮期间在0.463～0.562千克每立方米之间。

含沙量随涨、落潮流的变化，除与测站所在地理位置有关外，还因潮汛的不同而异。甬江口断面，春季测次，涨潮流含沙量大于落潮流含沙量；秋季测次，大潮汛各垂线落潮流含沙量大于涨潮流含沙量，小潮汛则涨潮流含沙量大于落潮流含沙量；澄浪堰断面春、秋季测次，大潮汛时涨潮流含沙量大于落潮流含沙量，而小潮汛则涨潮流含沙量小于落潮流含沙量；北渡断面，含沙量总体上量值较小，春、秋季亦均表现为涨潮流含沙量大于落潮流含沙量。

2. 奉化江冲淤变化

2009—2015年，奉化江河段整体呈“上淤下冲”态势，方桥三江口—铜盆闸河段整体呈淤积态势，凸岸边滩淤积尤为明显，不少边滩高程均在1.5米以上；铜盆闸—江厦桥河段则除边滩有所淤积外，整体呈冲刷态势，平均冲深0.3米左右。综合分析历年各测次地形和断面资料，奉化江下游段铜盆闸—市区三江口河段河床整体变幅较小，但2009年以后该河段河床“由淤转冲”；而奉化江上游段方桥三江口—铜盆闸河段自1962年以来则呈现持续淤积态势，1962—2015年该河段河床累计淤高约4.13米。

3. 甬江冲淤变化

从甬江各河段的纵向冲淤分布来看，甬江沿程各断面的淤积厚度差异不大；但由于下游河段河宽较宽，因此下游河段两断面间的淤积量则相对较大。从甬江各断面的横向冲淤分布来看，除个别阶段的部分断面外，断面淤积较大的部位均出现在主槽上，从月淤积速度看，主槽可达10～40厘米每月，而边滩则每月仅约几厘米。甬江河段在径、潮流的交互作用下整体呈淤积态势，近期全河段“同冲同淤”。多年来看，除大洪水和枯水强潮期间以外，甬江全河段均表现为淤积态势，严重淤积河段位于杨木碶—明洲大桥河段。2009年的恢复性清淤和2014年的甬江清淤共清淤约370万立方米，至2016年下半年又恢复至原来的状况。

（六）水温

因站点调整，域内江河水温仅在镇海、姚江大闸、澄浪堰站观测，实测水面下0.5米处的水温。历年实测水温变化与气温变化略同，而水温变化较气温更为平稳，年际变化亦较平稳。各站河段多年平均水温均比较接近，变幅在18℃至20℃之间。最高水温出现在每年的8月，最低水温出现在每年的1月。1963—2020年宁波市各站多年平均水温月年特征统计见表1–9。

表1–9　1963—2020年宁波市各站多年平均水温月年特征统计　　单位：℃

河名	姚江	奉化江	甬江
站名	姚江大闸	澄浪堰	镇海
1月	7.0	8.1	9.4
2月	7.6	8.6	9.0
3月	11.1	11.9	11.4

续表

单位：℃

河名		姚江	奉化江	甬江
站名		姚江大闸	澄浪堰	镇海
4月		16.4	16.9	15.5
5月		21.5	22.0	20.3
6月		25.1	25.1	24.3
7月		28.9	28.9	28.4
8月		29.4	29.7	30.1
9月		26.5	26.5	27.5
10月		21.7	22.1	23.3
11月		16.4	17.0	18.4
12月		10.1	11.1	12.5
多年平均		18.5	19.0	19.2
历年	日最高	35.5	34.2	35.2
	日期 /（年 . 月 . 日）	1966.8.4	2007.8.2	1992.8.11
历年	日最低	1.8	4.6	4.4
	日期 /（年 . 月 . 日）	1967.1.17	1993.1.29	2000.1.27
资料年限		1963—1967 1973—1974 1976—2020	1986—2020	1986—2020

三、海洋水文

（一）沿海潮位特征

境内沿海潮汐属不正规半日潮混合潮，即每个太阴日中虽有两次高潮和两次低潮，但相邻高（低）潮的潮高不等。每潮从起涨到落平，平均历时为 12 小时 25 分。

来自太平洋半月潮波进入大陆架后，由东南向西北挺进，进入浙江的潮波传至三门湾附近外海，波峰突出，高潮首先在三门湾口附近发生。三门湾以北潮波向西北方向传播。大目洋沿岸松兰山站、象山港湖头渡站、甬江镇海站、杭州湾南岸海黄山站，高（低）潮出现时间由南往北逐渐推迟，高（低）潮间隙时间由南往北逐渐增大。

（二）潮汐

甬江潮汐 姚江大闸建成前，宁波站位于三江口，涨潮平均历时 6 小时 3 分，落潮平均历时 6 小时 22 分；姚江大闸建成后，减少姚江的槽蓄量，潮型改变，涨潮历时缩短，落潮历时延长。宁波站涨潮平均历时 5 小时 49 分，落潮平均历时 6 小时 36 分，落潮历时比涨潮历时长 47 分。甬江历年最高潮位系受天文大潮、台风增水和上游山洪来水“三碰头”所致。历年最低潮位大抵受北方寒潮影响。宁波站历年最高潮位 3.26 米（1997 年 8 月 18 日），平均高潮位 1.24 米；历年最低潮位 –1.72 米（1959 年 12 月 31 日），平均低潮位 –0.47 米；多年平均潮水位 0.44 米；涨潮最大潮差 3.62 米，涨潮平均潮差 1.72 米，落潮最大潮差 3.10 米，落潮平均潮差 1.73 米。2001—

2020 年，宁波站最高潮位 3.12 米（2012 年），平均高潮位 1.37 米，最低潮位 –1.54 米，平均低潮位 –0.39 米，平均潮位 0.52 米；最大涨潮潮差 3.40 米，平均涨潮潮差 1.78 米，最大落潮潮差 3.10 米，平均落潮潮差 1.78 米；平均涨潮历时 5 小时 38 分，平均落潮历时 6 小时 48 分。奉化江北渡站，因 2016 年以后奉化江两岸堤防封闭，洪水归槽迅速，潮位抬高明显，2019 年“利奇马”台风期间出现历年最高潮位 3.67 米。

象山港潮汐 受外海潮流和象山港地形影响，港内潮差大。平均涨潮历时大于平均落潮历时。湖头渡站平均高潮位 1.86 米，历年最低潮位 –2.75 米，平均低潮位 –1.36 米；涨潮最大潮差 5.85 米，平均涨潮潮差 3.22 米；落潮最大潮差 5.42 米，平均落潮潮差 3.22 米；平均涨潮历时 7 小时 1 分；平均落潮历时 5 小时 25 分。2001—2020 年间，湖头渡站最高潮位 4.09 米（2012 年），平均高潮位 1.88 米，最低潮位 –2.75 米，平均低潮位 –1.32 米；最大涨潮潮差 5.85 米，平均涨潮潮差 3.21 米，最大落潮潮差 5.42 米，平均落潮潮差 3.21 米。2001—2020 年平均涨落潮历时与历年平均值一致。

大目洋、三门湾北岸潮汐 大目洋沿岸松兰山站，历年最高潮位 4.54 米（1997 年 8 月 18 日），平均高潮位 1.86 米，历年最低潮位 –2.78 米，平均低潮位 –1.12 米；涨潮最大潮差 5.41 米，平均涨潮潮差 2.98 米，落潮最大潮差 5.51 米，平均落潮潮差 2.98 米；平均涨潮历时 5 小时 55 分，平均落潮历时 6 小时 30 分。三门湾北岸鹁鸪头站，涨（落）潮潮差比松兰山大 0.80 ~ 1.20 米。2001—2020 年，大目涂站最高潮位 3.90 米（2012 年），平均高潮位 1.87 米，最低潮位 –2.77 米，平均低潮位 –1.07 米；最大涨潮潮差 5.41 米，平均涨潮潮差 2.94 米，最大落潮潮差 5.10 米，平均落潮潮差 2.94 米。2001—2020 年平均涨落潮历时与历年平均值一致。1953—2020 年宁波市各站历年潮位特征统计见表 1–10。

表 1–10 1953—2020 年宁波市各站历年潮位特征统计

地点				甬江		奉化江	杭州湾	象山港	岳井洋	大目洋
站名				宁波	镇海	北渡	海黄山	湖头渡	鹁鸪头	松兰山
高潮	最高	潮位 /m		3.26	3.28	3.67	3.46	4.10	4.25	4.54
		出现日期 /（年 . 月 . 日）	公历	1997.8.18	1997.8.18	2019.8.10	1981.9.1	1997.8.18	1989.9.15	1997.8.18
			农历	1997.7.16	1997.7.16	2019.7.10	1981.8.4	1997.7.16	1989.8.16	1997.7.16
	平均高潮位 /m			1.24	1.18	1.23	1.36	1.86	2.31	1.86
低潮	最低	潮位 /m		-1.72	-2.08	-1.60	-2.42	-2.75	-3.25	-2.78
		出现日期 /（年 . 月 . 日）	公历	1959.12.31	2006.11.8	1965.2.4	1980.10.25	2001.3.10	1978.1.21	1990.12.3
			农历	1959.12.2	2006.9.18	1965.1.3	1980.9.11	2001.2.16	1977.12.3	1990.10.17
	平均低潮位 /m			-0.47	-0.72	-0.32	-1.11	-1.36	-1.55	-1.12
涨潮	潮差	最大 /m		3.62	4.16	3.12	4.26	5.85	6.61	5.41
		平均 /m		1.72	1.91	1.55	2.53	3.22	3.86	2.98
	平均历时 /（时：分）			5：49	6：20	5：31	5：57	7：01	6：11	5：55
落潮	潮差	最大 /m		3.10	3.96	2.45	4.26	5.42	6.32	5.51
		平均 /m		1.73	1.91	1.55	2.53	3.22	3.87	2.98
	平均历时 /（时：分）			6：36	6：05	6：55	6：28	5：25	6：14	6：30

续表

地点	甬江		奉化江	杭州湾	象山港	岳井洋	大目洋
站名	宁波	镇海	北渡	海黄山	湖头渡	鹁鸪头	松兰山
平均潮位 /m	0.44	0.31	0.52				0.35
资料年限	1953—2020	1951—2020	1965—2020	1971—1989	1983—2020	1978—1993	1981—2020

注：平均潮位从 20 世纪 70 年代开始统计。

第四节　灾害

宁波自然灾害主要有台风暴雨、梅雨季内涝、局地短临暴雨山洪和干旱等，其中台风是最主要的，其破坏力取决于台风的路径、风力、雨量和风暴潮等因素。2001—2020 年，台风、洪涝、干旱等灾害每年均有不同程度发生，并呈多发频发态势，全市因灾死亡共 29 人、失踪 4 人，灾害造成的直接经济损失达 654.52 亿元。

一、台风

2001—2020 年影响宁波的台风共有 66 次，平均每年 3.3 次。除 2003 年外，每年都遭台风影响，影响最多的年份为 2018 年，共有 6 次。台风灾情较重的共 11 次，造成流域性洪涝灾情严重的台风有 2012 年“海葵”、2013 年“菲特”、2015 年“灿鸿”和 2019 年“利奇马”，区域性洪涝灾情严重的台风有 2005 年“麦莎”“卡努”和 2009 年“莫拉克”等。其中 2013 年“菲特”台风影响造成的洪涝灾害损失最大。2001—2020 年宁波市台风影响统计见表 1-11。

表 1-11　2001—2020 年宁波市台风影响统计

序号	年份	台风编号	台风名称	影响时间 /（月 . 日）	面雨量 / mm	经济损失 / 亿元	影响程度
1	2001	2	飞燕	6.23—6.26	169	0.70	
2		16	百合	9.15	23		
3		19	利奇马	9.27—9.29	114	0.78	
4	2002	5	威马逊	7.3—7.4	97	6.45	
5		16	森拉克	9.5—9.7	81	2.71	
6	2004	7	蒲公英	7.2—7.4	55		
7		14	云娜	8.11—8.12	105	9.89	严重
8		18	艾利	8.24—8.26	35		
9		21	海马	9.12—9.14	136	2.46	
10		28	南玛都	12.2—12.4	84		
11	2005	5	海棠	7.20—7.21	108	0.80	
12		9	麦莎	8.4—8.6	240	26.97	严重

续表

序号	年份	台风编号	台风名称	影响时间 /（月．日）	面雨量 / mm	经济损失 / 亿元	影响程度
13	2005	13	泰利	8.30—9.1	20		
14		15	卡努	9.10—9.11	212	48.10	严重
15		19	龙王	10.2	43		
16	2006	1	珍珠	5.17—5.19	88		
17		4	碧利斯	7.13—7.15	49		
18		8	桑美	8.10—8.11	10		
19	2007	9	圣帕	8.18—8.21	45		
20		13	韦帕	9.17	180	4.59	
21		16	罗莎	10.6—10.9	256	15.28	严重
22	2008	7	海鸥	7.17—7.19	21		
23		8	凤凰	7.27—7.30	89		
24		13	森拉克	9.12	47		
25		15	蔷薇	9.28—9.30	62	0.59	
26	2009	9	莫拉克	8.6—8.8	195	11.11	严重
27	2010	7	圆规	8.30—9.2	66		
28		13	鲇鱼	10.22—10.24	37		
29	2011	5	米雷	6.24—6.26	28		
30		9	梅花	8.5—8.7	30	0.59	
31	2012	9	苏拉	8.1—8.3	90		
32		11	海葵	8.6—8.9	242	102.00	严重
33		14	天秤	8.27—8.29	29		
34		15	布拉万	8.27—8.29	29		
35	2013	7	苏力	7.12—7.14	23		
36		12	潭美	8.20—8.23	73		
37		23	菲特	10.5—10.9	403	333.62	严重
38	2014	10	麦德姆	7.22—7.23	0		
39		12	娜基莉	7.30—8.1	33		
40		16	凤凰	9.22—9.23	142	4.24	
41		19	黄蜂	10.9—10.11	0		
42	2015	9	灿鸿	7.10—7.12	214	27.37	严重
43		13	苏迪罗	8.7—8.10	86		
44		15	天鹅	8.20—8.23	71		
45		21	杜鹃	9.28—9.30	203	16.17	严重
46	2016	1	尼伯特	7.8—7.9	43		
47		14	莫兰蒂	9.13—9.16	237	8.10	严重
48		15	马勒卡	9.17—9.19	0		
49		17	鲇鱼	9.27	104	1.40	

续表

序号	年份	台风编号	台风名称	影响时间 /（月 . 日）	面雨量 / mm	经济损失 / 亿元	影响程度
50	2016	19	艾利	10.7—10.8	70		
51		21	海马	10.21	41		
52	2017	9	纳莎	7.30—	46		
53		18	泰利	9.14—9.16	46		
54		20	卡努	10.14	149	1.49	
55	2018	8	玛利亚	7.10—7.11	12		
56		10	安比	7.21—7.22	31		
57		12	云雀	8.01—8.03	57		
58		14	摩羯	8.12—8.13	42		
59		18	温比亚	8.15—8.17	62		
60		25	康妮	10.4—	20		
61	2019	9	利奇马	8.8—8.11	304	27.61	严重
62		13	玲玲	9.4—9.6	53		
63		17	塔巴	9.20—9.22	41		
64		18	米娜	10.1—10.2	166	1.50	
65	2020	4	黑格比	8.3—8.5	78		
66		9	美莎克	9.1—9.2	0		

注：2003 年无台风影响。

1. 2004 年“云娜”台风

8 月 11 日起，“云娜”台风影响宁波，12 日 20 时在台州温岭石塘镇登陆后西进，登陆时中心气压为 950 百帕，近中心风力达 12 级以上（45 米每秒）。象山石浦出现 12 级以上大风；至 13 日 8 时，宁波全市平均降雨量 88.6 毫米，最大为宁海县，平均 162.3 毫米，最大降雨点王家染站达 317 毫米、马岙 263 毫米、上金 219 毫米、龙潭 210.3 毫米；沿海潮位普遍增水 0.50 ~ 1.00 米，其中南部沿海增水均在 1 米左右；至 13 日 8 时，26 座大中型水库增蓄 6000 万立方米。

宁波全市有 64 个乡镇（街道）不同程度受灾，受灾人口 62.94 万人，死亡 5 人，倒塌房屋 2288 间，农作物受灾面积 72.225 万亩，其中成灾 30.51 万亩，有 861 家工矿企业停产，台风造成直接经济损失 9.89 亿元，宁海、象山、奉化灾情相对严重。

2. 2005 年“麦莎”台风

8 月 6 日 3 时 40 分，“麦莎”台风在台州玉环县干江镇登陆。登陆时台风中心气压 950 百帕，近中心最大风力 12 级以上（45 米每秒）。台风登陆后穿过浙江省温州、台州、金华、绍兴、杭州、湖州后进入安徽省。台风登陆前后，宁波沿海海面风力普遍达 10 ~ 12 级，其中象山石浦最大风力超过 12 级，风速达 45 米每秒。内陆风力也普遍达 8 ~ 10 级，其中北仑白峰、郭巨一带、象山、宁海局部地区超过 10 级。台风中心在登陆前后 34 个小时内，一直维持 950 百帕的中心气压。4 日 15 时起宁波市南部地区普降中到大雨，由于受台风后部螺旋云带的影响，6 日下午至半夜北仑和象山东北部普降大暴雨，局部特大暴雨，其中6日14—21时柴桥站雨量达357.2毫米。柴桥站1日最大雨量589毫米，突破1990年8月31日象山西周站532.5毫米的记录，最大24小时雨量608.1毫米，也接近西周站617.2毫米的记录。台风过程全市面均雨量240毫米，最大为北仑区达485毫米，最大点柴桥站雨量658.5毫米。全市26座大中型水库拦蓄洪水1.75亿立方米，水库蓄水率升至99%，有12座水库超过汛控水位。主要平原河网普遍超过警戒水位，姚江大闸水位2.03米，超警戒0.5米。6日0时50分，宁波站最高潮位2.69米，增水0.88米。

宁波全市有98个乡镇（街道）不同程度受灾，全市受灾人口76.30万人，死亡2人，倒塌房屋6803间，农作物受灾面积108.885万亩，其中成灾64.92万亩，有4681家工矿企业停产，直接经济损失26.97亿元，其中水利设施直接经济损失3.06亿元。北仑、象山、宁海、鄞州、奉化等区（县、市）灾情较重。

3. 2005年“卡努”台风

9月11日14时50分，“卡努”台风在台州路桥区金清镇登陆，登陆时中心气压为945百帕，近中心风力达12级以上（50米每秒），登陆后穿过浙江省北上进入江苏境内。“卡努”是继8月上旬“麦莎”之后对宁波造成更为严重影响的一次台风。由于受台风登陆后后部螺旋云带的影响，11日傍晚北仑和象山东北部区域普降暴雨、局部大暴雨，北仑区过程面雨量300毫米以上，其中最大的瑞岩寺站雨量达429毫米（11日20时至次日凌晨4小时雨量234毫米），大碶站3小时（20—23时）雨量达200毫米。暴面过程中雨量在200毫米以上的笼罩区达5000平方千米、300毫米以上的笼罩区域达1500平方千米。各潮位站出现风暴潮增水。11日17时7分，宁波站最高潮位2.34米，增水0.84米。

大中型水库来水迅猛，有18座水库超汛限水位，多座水库溢流，26座大中型水库蓄水总量升至控制蓄水量的104%。其中，11日20时白溪水库入库洪峰流量2489立方米每秒，洪家塔站最大流量1400立方米每秒，相应洪水位5.21米。

宁波全市有112个乡镇不同程度受灾，受灾人口136.70万人，北仑区青林村发生山洪暴发，造成11人死亡、2人失踪。据统计，全市倒塌房屋13613间，农作物受灾面积145.74万亩，其中成灾67.335万亩，有3208家工矿企业停产，造成直接经济损失48.10亿元，其中水利设施损失4.29亿元。

4. 2007年“罗莎”台风

10月6日15时30分，“罗莎”台风在台湾宜兰县沿海登陆，7日15时30分在温州苍南到福建福鼎之间再次登陆，登陆时近中心最大风力12级，登陆后缓慢北上进入浙江省南部。10月6日中午起宁波开始降雨，到9日8时全市面平均雨量达256毫米，宁海最大为300毫米，奉化295毫米，北仑、余姚、鄞州265毫米，象山215毫米，市区210毫米、慈溪205毫米。单点最大为宁海红泉水库518毫米，其次为宁海大蔡516毫米。全市有58个雨量站超过300毫米，占总站数的25%；174个雨量站超过200毫米，占总站数的75%。

5座大型水库和11座中型水库超过汛控水位，大中型水库蓄水总量升至控制蓄水量的112.2%，比台风影响前增蓄2亿立方米。河网水位上涨100 ~ 150厘米，普遍超过警戒水位，部分超保证水位，其中8日23时5分姚江最高水位达2.49米，超过保证水位0.56米。沿海潮位普遍超过警戒水位，象山港南部潮位增水80 ~ 100厘米、北部增水50 ~ 80厘米。

宁波全市有115个乡镇不同程度受灾，受灾人口38.5万人，农作物受灾面积123.36万亩，其中成灾68.325万亩，有903家工矿企业停产，倒塌房屋360间，台风造成的直接经济损失15.28亿元，其中水利设施损失2.03亿元。奉化市灾情最重，宁海县次之。

5. 2009年“莫拉克”台风

8月7日23时45分，“莫拉克”台风在台湾花莲登陆，9日16时20分在福建霞浦再次登陆，10日穿越浙江全境后进入江苏。“莫拉克”台风移动缓慢，长时间滞留，少动或原地不动，宁波自6—11日受影响时间达6天，全市过程雨量平均195毫米，其中宁海343毫米、奉化301毫米、象山226毫米、余姚195毫米、鄞州153毫米、北仑144毫米、市区104毫米、慈溪94毫米。单点最大为宁海大蔡站527毫米，其次为奉化南溪口站508毫米。全市有13个站点雨量超过400毫米，占总数5%；58个站点超过300毫米，占总站数21%；117个站点超过200毫米，占总站数的43%；218个站点超过100毫米，占总站数的81%。全市有18座大中型水库超汛限，河网普遍超过警戒，部分超过保证。宁海、奉化、象山、鄞州、余姚等5个区（县、市）的56个镇乡不同程度受灾，受灾人口41.88万人，因灾死亡3人、失踪1人。全市倒塌房屋295间，农作物受灾面积55.065万亩，其中成灾31.23万亩，有1211家工矿企业停产，直接经济损失11.11亿元，其中水利设施损失2.03亿元。奉化、宁海、象山受灾较重。奉化溪口镇石门村泥石流如图1–3所示。

图1–3　奉化溪口镇石门村泥石流

6. 2012年“海葵”台风

“海葵”台风是继1956年12号台风后，强度最强、影响最严重的正面登陆宁波的台风。宁波城区受淹如图1–4所示。

2012年8月8日3时20分，“海葵”台风在象山鹤浦镇登陆，登陆时中心气压965百帕，近中心最大风力14级（42米每秒）。台风过程全市平均雨量242毫米。暴雨集中在宁海、象山交界处的丘陵区以及宁海、奉化交界处的西部山区。过程雨量超过500毫米的站有宁海上韩站568毫米、下岭站521毫米、岭蛟站513毫米，象山茅洋站528毫米。大中型水库共拦蓄2.87亿立方米，大部分水库超过汛控水位，部分出现建库以来最高水位，白溪水库水位上涨9.42米，超过汛控水位1.89米。主要平原河网

图1–4　宁波城区受淹

普遍超警戒，部分超过历史最高水位。其中，江口平原河网水位超过保证水位 0.60 ~ 0.80 米，姚江流域、鄞东南、鄞西等河网普遍超过保证水位 0.20 ~ 0.40 米。尽管台风过程处于小潮汛，但沿海仍出现 1.40 ~ 2.20 米增水，胡陈港站最高潮位 3.86 米，略超警戒；临海浦站最高潮位为 6.00 米，接近保证水位；湖头渡站最高潮位 4.09 米，略超保证水位；宁波站最高潮位 3.12 米，为历史第二高潮位，仅次于 1997 年。台风正面登陆并袭击宁波，导致全市 138 个镇乡（街道）不同程度受灾，受灾人口 143.19 万人。由于采取应急避险措施，转移危险区各类人员 36.41 万人，实现人员“零死亡”。据统计，宁波市倒塌房屋 2642 间，农作物受灾面积 163.545 万亩，其中成灾 102.495 万亩，有 8062 家工矿企业停产，宁波市区和奉化、宁海城关遭受严重内涝，全市直接经济损失达 101.95 亿元，其中水利设施直接经济损失 8.68 亿元。人员转移如图 1-5 所示。

图 1-5　人员转移

7. 2013 年“菲特”台风

“菲特”台风造成新中国成立以后甬江流域最严重的流域性洪涝灾害。

10 月 7 日 1 时 15 分，“菲特”台风在福建福鼎沙埕镇沿海登陆，登陆时中心气压 955 百帕，最大风力 14 级（42 米每秒）。宁波沿海海面普遍出现 10 ~ 11 级大风，象山南韭山实测最大风力 12 级（32.4 米每秒），10 级以上大风持续时间达 35 小时。

降雨　受海上双台风和陆域冷空气共同影响，“菲特”台风创下影响宁波降雨量的历史记录。降雨持续时间从 10 月 5 日下午开始至 9 日上午持续 5 天，第一阶段在台风登陆时段，属台风本体降雨，暴雨中心位于宁海西部山区和象山—宁海交界山区；第二阶段在台风登陆后时段，受双台风和弱冷空气共同影响，加之降雨云团长时间滞留宁波市，导致余姚、奉化、鄞州及宁波市区普降大暴雨、局部特大暴雨，暴雨中心位于余姚四明山区和象山港南北侧山区。5 日 8 时—9 日 8 时，全市面平均雨量 403 毫米，其中区域最大为余姚，平均雨量 561 毫米；单点最大为余姚黄土岭，742 毫米。过程雨量超过 200 毫米的有 303 个站，占总站数 88.9%；超过 300 毫米的有 243 个站，占总数 71.3%；超过 400 毫米的有 149 个站，占总数 43.7%；超过 500 毫米的有 75 个站，占总数 22.0%；超过 600 毫米的有 24 个站，占总数 7.0%。甬江流域面雨量 437 毫米，超过 50 年一遇。其中甬江干流及奉化江流域面雨量 433 毫米，接近 50 年一遇；姚江流域面雨量 443 毫米，接近 100 年一遇。2013 年“菲特”台风过程宁波全市雨量统计见表 1-12。

表 1-12　2013 年“菲特”台风过程宁波全市雨量统计　单位：mm

区域	10 月 5 日	10 月 6 日	10 月 7 日	10 月 8 日	累计
慈溪市	4	144	183	26	357
余姚市	25	241	271	24	561
奉化区	25	257	191	2	475

续表

单位：mm

区域	10月5日	10月6日	10月7日	10月8日	累计
鄞州区	20	237	181	16	454
市区	14	174	202	28	418
北仑区	13	127	62	29	231
镇海区	10	121	116	29	276
象山县	14	234	73	5	326
宁海县	18	216	129	1	364
全市平均	17	210	158	18	403

潮水位　“菲特”影响期间恰逢农历九月初天文大潮。10月5—7日，沿海主要潮位站过程增水0.4～1米，其中：甬江流域增水0.4～0.8米，镇海站超警戒0.20米，宁波站超警戒水位0.12米；象山港沿岸增水0.5～1米，湖头渡超警戒水位0.12米，大目洋增水0.4～0.9米；三门湾北岸增水0.6～1.2米，胡陈港超警戒水位0.59米。受上游洪水影响，甬江梅墟以上江段潮位变形，甬江流域增水0.7～1米，最高潮位为北渡站,3.38米，超保证水位0.68米；镇海站潮位2.77米，超警戒水位0.37米；宁波站潮位2.90米，超警戒水位0.50米。

河网水位　各主要平原河网普遍超过保证水位。姚江流域河网超保证水位0.60～1.10米，其中：余姚站最高水位3.40米，超过保证水位1.06米；丈亭站最高水位3.04米，超保证水位0.73米；姚江大闸最高水位2.94米，超保证水位0.72米。鄞南、鄞西河网超保证水位0.70～0.90米，其中：鄞东南平原代表站姜山，最高水位3.15米；鄞西平原代表站黄古林，最高水位3.22米，创建站以后历史新高。江北河网超保证水位0.60～0.70米；镇海河网超保证水位0.10米左右，鄞东五乡站超过警戒水位0.46米但未超过保证水位。全市24个国家基本水位站有9个最高水位创历史新纪录。

排水、拦蓄　从10月6日开始，姚江大闸及沿江沿海闸门候潮抢排。姚江大闸排水量3.70亿立方米、奉化江排水量4.42亿立方米、甬江干流各主要闸门排水量2.05亿立方米，甬江排水总量达10.17亿立方米。全市大中型水库共拦蓄4.23亿立方米，其中6座大型水库拦蓄2.63亿立方米。9日8时，32座大中型水库蓄水量达到11.35亿立方米，占控制蓄水量113.5%。

灾情　全市11个区（县、市）有148个镇乡共248.25万人受灾，死亡8人、失踪1人，倒损房屋2.7万间，农作物受灾面积180万亩，其中成灾97.5万亩，工矿企业停产2.5万家。全市直接经济损失333.62亿元，其中余姚206.5亿元。余姚、奉化和宁波中心城区大范围受淹，宁波海曙、江东、江北“老三区”211个社区中有178个社区出现10厘米以上积涝，受灾2.66万户、13.8万人；中心城区有70个小区停电，9000余用户受到影响，100多个地下车库不同程度进水。城市交通瘫痪，“老三区”共有113条主要道路（支路）因积水无法通行，中心城区13座、鄞州中心区5座下穿立交严重积水，9日上午市区和鄞州区分别有176条和131条公交线路停开。余姚市主城区70%面积水淹，交通瘫痪，主城区80%停水、停电，大部分住宅小区低层进水，大量汽车浸泡水中，市民生活遭受严重影响。水利、交通、市政、电力、通信、广电、医疗等公共基础设施受到严重损毁，其中水利设施方面，损坏堤防656处117千米、护岸6210处、水闸85处、灌溉设施2190处，水利设施损失达15亿元。余姚城区遭受水淹如图1–6所示。

图1–6　余姚城区遭受水淹

图1–7　救援

抢险救灾　面对“菲特”台风带来的流域性重大灾情，市委、市政府紧急动员全市上下投入抗台抢险救灾行动，全面开展危险区域人员转移、查险抢险、应急排水、送粮送水送医等应急抢险救援行动（图1–7）。

截至11日19时，全市共转移各类危险区人员45.18万人，先后出动部队官兵2.74万人次、各类机动抢险队员3.75万人次、参与抢险救灾地方人员9万多人，出动抢险舟（船、艇）3.4万舟次、运输设备4.5万多班次、机械设备1.12万台班，紧急调用抢险救援物资、生活物资送往灾区。在抗台救灾过程中，宣传、新闻部门运用电视、广播、报纸、网络、手机短信等媒体，滚动播发防台抢险救灾动态及部署情况，把各类信息及要求告知广大群众。

8. 2015“灿鸿”台风

7月11日16时40分，“灿鸿”台风在浙江舟山普陀区朱家尖镇以强台风级登陆，之后向东北方向东移入海。台风过程全市面雨量214毫米，其中甬江流域为212毫米（姚江流域为197毫米、奉化江流域为233毫米）。暴雨中心分布在以余姚夏家岭为中心的四明山区和以宁海上韩为中心的宁海象山交界处的丘陵山区。最大降雨点为余姚夏家岭站，达516毫米。主要平原河网有38个水位站点超警戒，姚江干流及江北—镇海、鄞东南、鄞西和奉化江口等平原河网均超过保证水位。由于沿江碶闸排水与风暴潮共同影响，宁波站最高潮位2.97米、增水1.84米，超过保证水位0.27米，重现期超10年一遇。甬江潮位超保证水位、大目涂超警戒水位0.13米。全市大中型水库共拦蓄3.59亿立方米，有19座大中型水库超过汛限水位，其中周公宅、皎口和四明湖水库最高水位分别达到235.03米、72.32米和17.70米，均创历史最高水位。姚江、奉化江发生流域性洪水，两岸村庄和农田大面积受淹，水利、交通等基础设施遭受不同程度损毁。全市受灾镇乡109个，受灾人口60.5万人，倒塌房屋177间，农作物受灾面积118.6万亩，全市直接经济损失27.37亿元。其中水利设施直接损失1.37亿元。

9. 2015年“杜鹃”台风

9月28日17时50分，“杜鹃”台风在台湾宜兰沿海登陆，29日上午8时50分在福建莆田以强台风再次登陆，登陆后向西北经福建进入江西。全市面均雨量203毫米，单站最大宁海红泉水库雨量377毫米，其次为北仑小港站363毫米。全市有40个河网水位站超警戒，其中姚江流域河网最高水位全部超保证。姚江干流余姚、丈亭和姚江大闸最高水位分别为3.03米、2.80米和2.64米，均居历史第三高水位，姚江干流水位代表站重现期超过20年一遇。镇海骆驼桥站最高水位达2.41米，超过“菲特”最高水位，与1963年的历史极值持平，各平原代表站点最高水位重现期约10年一遇。

大中型水库共拦蓄2.30亿立方米，除白溪水库由于前期水位较高进行错峰调度外，其他5座大型水库基本全拦洪水。期间，有18座大中型水库水库超过汛限水位。台风期间恰逢天文大潮，宁波站风暴增水达0.6～1.0米；受沿江碶闸排水与风暴潮共同影响，宁波站最高潮位2.75米，增水0.88米，略超保证水位；镇海站最高潮位2.63米，增水0.58米，超过警戒水位；南部沿海潮位站增水1米左右，在警戒水位以下。

“杜鹃”台风过程姚江干流超警戒水位时间持续70～75小时，慈城、姜山、黄古林等站超警戒时间长达80～90小时，宁波市区、镇海、奉化城区及姚江、奉化江两岸农田大面积受淹，北仑小港街道姚墅、丁家山村和鄞州区东吴、五乡等发生山洪泥石流灾害。全市受灾乡镇123个，受灾人口35.96万人，倒塌房屋83间，农作物受灾面积84.15万亩，成灾20.07万亩，全市直接经济损失16.17亿元，其中水利设施直接损失0.52亿元。

10. 2016年“莫兰蒂”台风

9月15日，“莫兰蒂”台风以强台风级在福建厦门市登陆，登陆时中心最大风力48米每秒，是新中国成立以来登陆闽南的最强台风。受其影响，全市面雨量237毫米，其中甬江流域265毫米，姚江流域237毫米、奉化江流域294毫米、象山港及三门湾区域216毫米。

大中型水库基本全拦洪水，共增蓄2.2亿立方米，有8座大中型水库的水位超汛控水位。期间，有40个水位站点超警戒水位、23个超保证水位。余姚站最高水位2.97米、姚江大闸最高水位2.60米，均为历史第四高水位。宁波站最高潮位2.91米、镇海站最高潮位2.56米、北渡站最高潮位3.62米（超过保证0.92米），创历史纪录。

全市受灾乡镇99个，受灾人口26.68万人，倒塌房屋96间，多地发生严重内涝，村庄、社区进水，大片农田受淹，宁波市区多点积水，全市直接经济损失8.1亿元。

11. 2019年“利奇马”台风

8月10日凌晨1时45分，“利奇马”台风在浙江温岭城南镇登陆，登陆时中心附近最大风力有16级（52米每秒），中心最低气压930百帕，为新中国成立后登陆浙江第三强的台风（仅次于1956年“12号”和2006年“桑美”台风）。受台风影响，同月8—11日全市面平均雨量304毫米，最大为宁海县，雨量381毫米；最大单点为宁海榧坑站，雨量538毫米。全市大中型水库拦蓄2.28亿立方米。主要平原河网最高水位普遍超保证水位，姚江干流、江北慈城、鄞东南、鄞西及奉化江口等平原河网均超过保证，在47个主要河流代表站中有27个水位站超警戒水位，其中11个站超保证水位。余姚站最高水位3.13米，超过保证水位0.73米；姚江大闸站最高水位2.72米，超过保证水位0.52米。宁波站最高潮位2.57米，超警戒水位0.17米；上游北渡站最高潮位3.67米，超过保证水位0.97米；其他沿海潮位站最高水（潮）位均在警戒水位以下。全市有145个镇乡不同程度受灾，受灾人口超50万人，直接经济损失27.61亿元，其中水利设施直接经济损失4.54亿元。8月9日10时至次日10时的24小时内，鄞州区东吴镇最大降雨量达385毫米，该镇生姜村、童一村、天童寺等地发生山洪与地质灾害，受灾严重。

二、暴雨

除台风暴雨型洪涝外，梅雨期强降雨和由强对流天气引发的局地暴雨也常常造成雨涝、山洪及滑坡、泥石流等自然灾害。随着防御工程体系的不断完善和防灾能力的提升，2001年以后这类暴雨虽屡次发生，但基本没有出现流域性洪水。

2008年“9.5”暴雨　2008年9月5日8—7日8时，受中低层低涡、切变线南压影响，宁波东部沿海的部分地区出现大暴雨到特大暴雨，降雨主要集中在5日下午至6日早晨。此次降雨全市面平均雨量为77毫米，其中雨量最大的为北仑，156毫米；其次为象山，130毫米；单站雨量最大点为北仑庄岙水库站，286毫米。全市有18个站超过200毫米，日雨量最大点为庄岙水库站，282毫米；其次为北仑白峰站，268毫米。宁海车岙港水库站日雨量达到231毫米，最大1小时雨量为123毫米，接近100年一遇，最大2小时雨量为227毫米，接近200年一遇。

2009年“8.2”鄞西暴雨　受切变线影响，8月2日10—18时，鄞西地区出现特大暴雨，平均雨量超过100毫米。过程雨量最大点为皎口水库，196.5毫米，其6小时雨量达到191毫米，超过皎口水库6小时历史纪录，接近50年一遇。雷暴雨致使小流域溪坑水位暴涨，发生严重的洪涝及泥石流灾害。

2011年“8.25”慈溪暴雨　2011年8月25日，受强降雨云团影响，慈溪观海卫站日雨量达到312毫米，其中18—19时1小时雨量达到139毫米，17—20时3小时雨量达到256毫米，分别为当时宁波有水文记录以来最大。

2012年“6.17”梅暴雨　6月17—19日，受低压倒槽影响，宁波普降暴雨、局部大暴雨。全市面均雨量达131毫米，降雨分布北部大于南部，东部沿海大于西部山区，暴雨中心分布在余姚和上虞交界处以及江北、镇海山区。降水过程雨量超过200毫米的雨量站有28个站，占总站数9%，主要分布在余姚、慈溪、镇海、江北；超过100毫米的站有157个，占总站数的52%。姚江流域过程雨量201毫米，经频率分析重现期为20年，过程雨量最大点为余姚临山站，291毫米。

2012年“7.16”鄞西暴雨　受对流云团影响，鄞西遭遇小范围历史罕见的特大暴雨，自16日11—22时鄞西面平均雨量达到110毫米，最大降雨点为龙王溪流域遮坑站，239毫米；其次为周公宅水库流域姜家山站，215毫米；观顶水库雨量站，188毫米；暴雨主要集中在11—18时7

小时内，其中遮坑站14—15时最大1小时雨量达到88毫米,13—16时最大3小时雨量达203毫米，11—17时最大6小时雨量达235毫米。受强降雨影响，周公宅、皎口、横山、新路岙、梅溪、溪下、陆埠、西溪、平潭、隔溪涨10座水库超过汛限水位。鄞西黄古林站水位自16日14时30分的1.55米始涨，至17日1时10分涨至最高2.32米，超过警戒水位0.32米。

2014年“8.16”暴雨 受高空低槽和地面低气压影响，8月16—20日，宁波普遍出现大到暴雨，局部大暴雨，强降雨共持续5天。全市平均过程雨量达178毫米，最大为慈溪市,236毫米；单站最大点为慈溪上林湖水库站，312毫米。由于强降雨持续时间长，总量大，有4座大型水库和16座中型水库出现超汛限水位。降雨过程32座大中型水库共拦蓄1.45亿立方米。强降雨导致甬江流域平原河网普遍出现超警戒水位，特别是上姚江和余姚内河及慈溪平原河网水位超过保证水位，洪水重现期超过10年一遇。其间，全市有26个江河水位站超警戒，有7个站达到或超过保证水位，其中余姚水位站超过保证0.23米，超警戒持续时间达60小时。

2017年“6.11”梅暴雨 受梅雨锋和2号热带风暴“苗柏”外围环流影响，6月11日8时—14日8时全市面平均雨量160毫米。降雨主要集中在宁海奉化交界的西部山区、象山港两侧丘陵地区以及海曙西部山区。降雨最大为鄞州区，189毫米。在流域分布上，姚江流域雨量118毫米，奉化江流域185毫米，甬江全流域155毫米，象山港及三门湾区域为177毫米。单站最大为海曙区观顶水库站，231毫米。其间，全市有16个站点超过警戒水位。

2018年“9.16”暴雨 2018年9月16日，受冷空气和22号“山竹”台风外围环流共同影响，全市面雨量为116毫米，最大为北仑区和象山县，均为142毫米；次大为宁海，141毫米。单站最大为象山大目涂站，过程雨量221毫米，最大1小时雨量142毫米，占总雨量的64%，重现期接近100年；最大3小时雨量190毫米，占总雨量的86%，重现期超过50年，最大1小时和最大3小时雨量数据均创本站有水文数据记录以后的最大值，且最大1小时雨量刷新宁波市有水文记录以后的小时雨量最大值。受“9.16”强暴雨影响，象山、北仑、鄞州等地有27个镇乡7320人受灾，直接经济损失8552万元。

三、干旱

干旱在宁波一年四季都有发生，常见的有大旱、伏秋旱、冬旱或连春旱，危害较大的是伏秋旱。2000年以后，宁波出现6次不同程度的干旱。

2003年大旱 2003年进入汛期后，宁波市降水量明显偏少。4—10月，全市面均雨量仅656毫米，比常年少447毫米。与宁波市历史上最枯年份1967年相比，除宁海、奉化外，其他地区的降水量已低于或接近1967年水平，干旱重现期接近50年一遇。梅雨期面均雨量偏少140毫米，梅雨期水库仅增蓄1500万立方米，低于多年平均近1亿立方米的梅雨期增蓄水量。汛期虽受3个台风外围影响，但24座大中型水库仅增蓄1200万立方米。由于出梅早,6月底受副热带高压控制，气温迅速上升，持续35℃以上的高温天数达到超历史的42天，而多年平均仅为12天。由于气温高、降水少，导致水面蒸发量大增，7月、8月、9月三个月水面蒸发量达385毫米。8月虽遇几次降雨解除面上的旱情，但由于没有径流产生，水库、河网一直处低水位运行，水库蓄水持续下降。至11月20日，全市24座大中型水库蓄水总量仅2.27亿立方米，只占应蓄水量的32.8%，比2002年同期少蓄2.66亿立方米，比多年平均少蓄1.88亿立方米。尤其是皎口、亭下、横山、东钱湖、横溪、三溪浦、新路岙等7座向宁波市区供水的水库蓄水量只有0.92亿立方米，仅占应蓄水量的26%。主要内河水位也均处于中低水位。

随着旱情持续，生活、生产用水供需矛盾日益突出。宁波市区日供水量仍维持在78万立方米，而提供主要水源的皎口、横山、亭下等3座大型水库蓄水只有6722万立方米（含死库容），占应蓄水量的26.4%。特别是横山水库，既要承担向宁波市区供水的任务又是奉化城区唯一的供水水源，实际可供水量只有1100万立方米；象山县296座自来水站已基本停止供水，原有水井1/3不出水，500个行政村36万人靠井水解决生活所需，80个行政村4万人靠船、车从外地运水来解决生活用水，25万人实行定时供水，其中丹城每天限供3小时；北仑区供水只能维持30天左右，特别是东部区域供水更现危机，梅山只能维持20天左右、郭巨紫微岙水库供郭巨镇只能15天左右，上阳、昆亭、三山等地也只能维持20天左右，峙头片依靠地下水维持居民生活用水；慈溪市沿山10座饮用水库蓄水仅1500万立方米，占应蓄水量的24%。7月启动自来水供水应急预案，对不同行业实行定量限量供水，供水部门采取高、低压供水措施，4天为一个周期（1天高压、3天低压）；鄞州区依靠小型水库供水的山区半山区镇村供水出现困难，横街自来水厂、瞻岐自来水厂等均采取定时限供措施；奉化市有85个行政村近8万人发生用水困难，主要集中在莼湖镇点、溪口镇班溪点、斑竹点及东岙点等区域，特别是桐照、栖凤一带近1.5万人生活用水困难已持续3个多月，甚至靠微咸的井水和外地运水来解决生活用水，尚田镇、大堰镇山区居民也靠山坑水和井水解决生活用水。11月18—20日，宁波市出现一次明显降水过程，全市面均雨量48.1毫米。这次降水使平原河网水位平均上升33厘米左右，姚江水位上升0.75米，涨至0.96米。但由于降雨产生的径流有限，25座大中型水库仅增蓄800万立方米，旱情未能有效解除。

持续干旱造成较大灾情。全市累计农作物受灾面积达120万亩，其中轻旱72万亩、重旱41万亩、干枯7万亩；因旱有59.42万人发生饮水困难；水库、山塘干涸3548座，机电井出水不足4123眼；因旱造成经济损失12.34亿元。旱情给工业、服务业等造成严重影响，漂染、针织等耗水企业较长时间处于停工半停工状态，食品加工企业和农产品加工企业因供水不足纷纷压缩生产能力甚至停产。

2004年春夏旱　2003年大旱后，2004年上半年又遇降雨明显偏少。1—7月，宁波全市平均降雨量658毫米，比常年887毫米少229毫米，仅为多年平均的74%。出梅后，遇持续晴热高温少雨天气，加上2003年开始的旱情一直未能有效解除，水库蓄水依然严重不足，用水供水形势严峻，旱情一直延续到8月中旬。至8月10日，全市26座大中型水库回蓄至42790万立方米，占应蓄水量的55.3%，横山、亭下、皎口、四明湖四座大型水库蓄水11837万立方米。因时值用水高峰，全市日耗水量超过1600万立方米，导致河网水位持续下降，小河几乎干枯。干旱造成全市56.3万亩农作物受灾，其中轻旱43.8万亩、重旱11.3万亩、干枯1.2万亩；全市有12.35万人发生饮水困难；水库、山塘干涸1346座。因旱造成经济损失达2.2亿元。

2005年伏旱　2005年6月10日入梅、6月23日出梅，梅雨期仅13天，梅雨量只有42毫米。

其中，象山、宁海的梅雨量分别为57毫米和50毫米，而余姚、慈溪分别只有8.7毫米和7.5毫米。从6月23日出梅至7月中旬，大部分地区未见降雨，而副热带高压加强西进控制宁波，气温节节攀升，高温天气维持近14天。6—7月中下旬的持续高温少雨，导致河网水库水位持续下降，蓄水减少，高温天气供水用水量加大，宁波市区自来水日供水量达到98万立方米，沿海、海岛和山区出现用水困难。7月4日，市防指启动抗旱预案，亭下、皎口、横山等大中型水库严格控制下泄，姚江停止除生活用水外的一切翻水活动，翻水实行严格的申报制度。全市有近70万亩农作物因旱不同程度受灾，其中干枯0.4万亩。有125座水库、山塘干涸，近5万人发生饮水困难，因旱造成经济损失达1.38亿元。

2011年春旱　1—5月全市面平均降水量仅228毫米，比常年同期少57%，为1956年以后同期最小值。由于降雨严重偏少，全市出现罕见的春旱，江河湖库有效蓄水锐减，尤其是奉化、宁海和象山三县旱情较重。少雨枯水导致全市主要河网水位一直处于中低水位，部分大型水库和众多中小型水库水位接近死水位。干旱造成宁波市区供水特别是东线供水水源出现危机，沿海和山区乡村近10万人发生不同程度的暂时饮用水困难，全市受旱农作物面积12万亩，旱灾直接经济损失4500多万元。至6月初梅雨来势猛，发生旱涝急转，旱情解除。

2013年伏旱　2013年夏季，宁波遇高温少雨天气，因高温日数最多、高温热浪最强、降雨量最少而成为近60年之最。市气象部门监测，受强盛的副热带高压控制，7—8月中旬的平均气温创近60年历史之最，35℃以上高温日数全市平均32天。其间，各地多次出现创历史纪录的极端高温，出现43.5℃的日历史最高气温。市气象台发布高温红色预警达14天，并发布历史上首个干旱橙色预警信号，持续4天，高温之强和覆盖范围之广史无前例。气象干旱监测显示，大部分县（市）达到重度气象干旱。

自7月1日出梅至8月18日，全市降雨量比多年平均少70%～80%，全市平均无雨日数为25天，其中连续无雨日数最长的余姚临山达51天。干旱等级属重度干旱，频率分析为30年一遇。受降雨持续偏少和天气高温热浪的双重影响，姚江下游区域、山区半山区、海岛及沿海地区发生较严重旱情。8月中旬，下姚江水位最低降至-1.06米；山区半山区河溪道普遍断流，溪坑内集水井水量大幅减少甚至枯竭；全市有33座小型水库、1400多座山塘干涸，近半数小（1）型小库蓄水率降至50%以下，部分蓄水不足1/3。大中型水库蓄水从梅末的8.9亿立方米降至6.7亿立方米，水库蓄水率从83.2%降至不足70%。

除海曙、江东、高新区和大榭开发区外，其他地区遭受不同程度干旱，尤以象山、奉化、宁海为重。全市农作物受旱面积68.05万亩，其中干枯2.47万亩、重旱21.08万亩、轻旱44.5万亩。从受旱面积分布看，宁海、奉化、象山等县（市）面积相对较大，分别有17.3万亩、13.8万亩、13万亩，受旱农作物包括粮食作物、经济作物和林特业，主要作物品种有水稻、蔬菜、甘薯、茶叶、花木、幼竹及果树。同时，高温干旱还导致畜禽生长减慢，产蛋产奶降低，生产水平下降。干旱造成53个乡镇、331个村，14.9万人发生饮用水困难，主要分布为宁海越溪、黄坛、茶院，象山西周、大徐、东陈、泗洲头、墙头，溪口、大堰、莼湖、锦屏，鄞州章水、横街、鄞江，余姚四明山、陆埠、鹿亭等乡镇（街道），部分村庄靠不定时送水维持生活达10多天；因来水严重偏少，姚江下游河段持续处低水位，抗旱水源短缺问题十分突出，并导致城市河道蓝藻暴发，水质恶化。宁波全市因旱造成直接经济损失 5.4 亿元，其中九成以上为农业经济损失。

2015 年春旱 2014 年冬至 2015 年春，宁波持续少雨枯水。2 月，全市大中型水库蓄水量为正常蓄水量的 51%，特别是承担向宁波市区供水任务的“五大水库”蓄水量 2.1 亿立方米，仅占控蓄水量的 41%，水库蓄水总量及白溪、横山、周公宅—皎口水库的单库蓄水量均降至市区供水水源“干旱Ⅲ级预警”指标以下，宁波市区供水水源出现紧张。同时，奉化、鄞州、象山等山区、海岛及沿海部分区域受旱。全市有 6 个镇乡 15 个村约 9500 人断水，有 43 个村 4.7 万人出现不同程度饮用水困难。

2020 年秋冬旱 2020 年降雨时空分布不均突出，台汛期比多年平均偏少 29%；汛后降雨量仅为 81 毫米，不到常年同期的一半。2020 年 10 月—2021 年 1 月，全市 4 个月累计雨量 95 毫米，为 1956 年有水文记录以来同期最少值。秋冬降雨偏少造成宁波市干旱情况，12 月 31 日市水利局发布水利旱情蓝色预警，2021 年 1 月 31 日发布水利旱情黄色预警。旱情最严重时，全市 484 个农村水站无水可供的有 33 个，供水紧张的水站有 53 个，供水困难的有 47 个。象山、慈溪、鄞州大嵩片、城市供水区东线等区域出现供水形势紧张的情况，象山形势尤为严峻。白溪、皎口、周公宅等 8 座大中型水库创历史最低水位，白溪水库最低水位 115.89 米，蓄水量 2487 万立方米；皎口水库最低水位 45.45 米，蓄水量 1215 万立方米；周公宅水库最低水位 195.31 米，蓄水量 3504 万立方米。2020 年 3 月皎口水库旱情（水位 46.00 米）如图 1-8 所示。

图 1-8 2020 年 3 月皎口水库旱情（水位 46.00 米）

第二章　河流水系

按中国水系划分，宁波市河流属中国浙闽台沿海诸河流域。宁波市河流众多，通常主要分为甬江水系以及沿海独流入海河流。此外，宁海县、余姚市有几条山地河流的流域面积涉及曹娥江水系，余姚市、慈溪市、镇海区一些平原河流汇入杭州湾，集水面积约1500多平方千米。

根据水势地貌，河流分为山地河流（又称山溪性河流）、平原河流和混合河流3种类型，通行的主要有江、河、港、溪、湖、浦、塘、潭、池、漕、汇、湫等不同的通名。依照第一次全国水利普查宁波市河湖普查成果，集水面积10平方千米以上的山地河流126条、河长1500千米；河道面宽5米以上的平原河流4142条、河长8774千米。

宁波市河流具有下述特点：山溪—平原混合型河流多，其上游山区流域边界能够清晰界定，但下游平原流域边界无法界定；山溪河段源短、坡陡、流急、汇水快，平原河段排泄受潮水顶托，易发生山洪和平原内涝；枯水期流量小，山溪径流滞蓄困难，遇少雨干旱时常出现断流；受潮汐影响大，感潮河段长，闸外易淤积，对防潮、排涝不利；水面率减少，平原河网排水和调蓄能力不足，易出现内涝；遇少雨枯水季节，河水流动性差，环境容量小，平原河流使用功能降低，甚至污染严重。

第一节　甬江水系

甬江是浙江省六大入海水系之一，发源于奉化、余姚、嵊州3区（市）交界的大湾岗东坡，河源高程715.00米，流域最大高程967.00米；流域地势西南部高、东北部低，干流总趋势为西南东北向。

在《浙江省河流简明手册》（1999年出版）以及《甬江志》（2000年出版）、《宁波市水利志》（2006年出版）等专著中，对甬江水系均采用“二源”记述，即甬江由奉化江和姚江汇集而成，二江在宁波市区三江口汇合后续东北流经镇海外游山入海。甬江分为奉化江（南源）、姚江（北源）和甬江河段，姚江略长，流域面积奉化江略大。按河源远的一源计，甬江河长133千米，流域面积为4518平方千米。甬江水系流域面积100平方千米以上的1级支流有康岭溪、县江、东江、鄞江、通明江等5条。

2016年，根据第一次全国水利普查成果，省水利厅重新修编《浙江省河流手册》（2016年出版）。新手册按照全国统一的技术标准，以“河长唯长、面积唯大、水量唯大”并结合河流发育情况综合确定干流的“一源”规则，确定甬江以奉化江为主流，姚江为支流，甬江河长119千米。干流河段名称有：县江汇合断面以上为上游河段，称剡江；县江汇合断面以下至姚江汇合断面以上为中游河段，称奉化江；姚江汇合断面以下为下游河段，称甬江。甬江水系1级支流有姚江、康岭溪、县江、鄞江、新塘河、后塘河等6条。

鉴于社会普遍认知及规划、研究等使用习惯，本志对甬江水系仍沿用“二源”进行记述。

一、干流

（一）奉化江

奉化江长93.1千米，平均比降8.1‰。奉化江主源剡江源头出自奉化、余姚、嵊州三地交界的大湾岗，河源位于大湾岗董家彦村。自河源至奉化区溪口镇公棠村36千米河段称晦溪，流至公棠村右纳康岭溪后称剡江。剡江自公棠村东北流经溪口镇至萧王庙街道，橡胶坝拦溪作堰，拦上游来水至鄞奉平原。续东流经江口街道转东北流，至方桥附近三江口与东江、县江汇合后称奉化江。西北流至海曙区石碶街道横涨村左纳鄞江，横涨以下河道蜿蜒曲折，流至宁波市区三江口与姚江汇合。

奉化江中下游系感潮河段，咸淡水交替，江道为甬奉间水运要道。奉化江流域已建大（2）型水库4座，分别是亭下水库、横山水库、周公宅水库和皎口水库；已建中型水库4座，分别是东钱湖、三溪浦水库、横溪水库和溪下水库；东江上游正在建设中型葛岙水库。

2000年以后，奉化江两岸堤防进行整治，宁波城区段三江口—鄞州大桥段按100年一遇防洪标准建成；农村段鄞州大桥—绕城高速段按50年一遇防洪标准建成；绕城高速—方桥三江口段及上游剡江堤防，按20年一遇防洪标准基本建成。

（二）姚江

姚江，又称余姚江、舜江，河长 103.9 千米，平均比降 6.2‰。姚江源头出自四明山夏家岭东北眠岗山，河源位于眠岗山西坡，流域内最大高程 687.00 米。自河源西北流经梁弄镇入四明湖水库，称梁弄溪；出四明湖水库至新江口称四明江；在新江口与源出梁岙山、承四十里河水的通明江相汇后称姚江；过新江口折向东北流，至曹墅桥后向东流，左岸先后连通平原河流马渚中河、食禄桥江；东流经余姚市城区后，河道蜿蜒曲折，至余姚市梨洲街道白山头村右纳中山河，至余姚市陆埠镇江南村右纳洋溪河；续东流至丈亭镇后河道折向东南流，至余姚市河姆渡镇翁方村左岸连通平原河流慈江，续东南流至余姚市大隐镇姜岱村右纳大隐溪，续东南流至宁波市区三江口与奉化江汇合。

建姚江大闸后上游成为内河，下游 3.3 千米为感潮河段。

姚江流域建有大（2）型四明湖水库，还有梁辉、陆埠、双溪口、十字路、梅湖、上林湖、里杜湖、郑徐、四灶浦 9 座中型水库。2005 年余姚蜀山大闸建成后，习惯上称蜀山大闸上游为上姚江，蜀山大闸下游为下姚江。

2000 年以后，姚江堤防进行全面整治。至 2020 年，宁波城区绕城高速以下河段堤防，除姚江湾头北岸外，均按 100 年一遇标准基本建成；农村段绕城高速—蜀山大闸除丈亭段外，按 20 年一遇标准基本完工；上姚江余姚城区段防洪堤达 50 年一遇标准，农村段可实现 20 年一遇洪水归槽。

2002 年始，杭甬运河宁波段按Ⅵ级航道动工改造，2016 年杭甬运河宁波段全线通航 500 吨级船舶，姚江与京杭大运河贯通，成为水运要道。

（三）甬江

甬江，古称大浃江，奉化江与姚江在宁波三江口汇合成甬江，至镇海外游山东侧入海，入海口至三江口河长 25.8 千米。2000 年前后全面开展甬江堤防建设，到 2006 年年底，累计建成堤防 52.52 千米。至 2020 年年底，两岸堤防均达 100 年一遇防洪标准。

同时，2001—2020 年，甬江干流沿岸新建印洪碶闸、老杨木碶闸、鄞东南排涝闸、甬新闸、界牌碶闸、王家洋闸、孔浦闸等中型水闸；2013 年“菲特”台灾之后，甬江干流沿岸兴建甬新泵站、印洪泵站、孔浦泵站等较大规模的排涝泵站，以提升防洪排涝能力。

二、支流

甬江水系流域面积 50 平方千米以上的一级支流 8 条，其中 100 平方千米以上的支流有 5 条，分别为康岭溪、县江、东江、鄞江、通明江。50 ~ 100 平方千米的支流有 3 条，分别为中山河、洋溪河、大隐溪。2020 年甬江 50 平方千米以上一级支流特征值一览见表 2–1。

（一）康岭溪

康岭溪河长 22.6 千米，平均比降 30.2‰，流域面积 131.6 平方千米。源头出自新昌县的老庵基，河源位于新昌县沙溪镇外白洋村。自河源向东北流至溪口镇康岭村右纳岩头江，继续向东北流至溪口镇公棠村，从右岸汇入剡江。康岭溪支流岩头江长 16 千米，流域面积 50.7 平方千米。

表2-1　2020年甬江50平方千米以上一级支流特征值一览

河流名称	河源	出口	河流长度/km	流域面积/km²	河道平均比降/‰
康岭溪	新昌县沙溪镇外白洋村	奉化区溪口镇公棠村	22.6	131.6	30.2
县江	奉化区大堰镇大公岙村	方桥三江口	71.0	219（大桥以上）	9.4
东江	奉化区尚田街道西岙村山嶝	方桥三江口	41.7	116.1（尚桥以上）	9.7
鄞江	余姚市四明山镇莲花村	海曙区石碶街道横涨村	69.4	348.4（它山堰以上）	11.1
通明江	绍兴市上虞区丰惠镇大岙村	绍兴市上虞区永和镇泗明港村	19.2	144.6	12.0
中山河	余姚市梨洲街道长田村	余姚市梨洲街道白山头村	22.0	63.5	6.0
洋溪河	余姚市梨洲街道王岗村	余姚市陆埠镇江南村	22.0	86.2	9.3
大隐溪	海曙区横街镇竹丝岚村	余姚市大隐镇姜岱村	22.0	61.9	12.1

注：河流水系结构及100平方千米以上河流数据引用《宁波市水利志》2006年版；《浙江省河流简明手册》1999版；100平方千米以下河流数据因《浙江省河流简明手册》1999版无记载，引用《浙江省河流手册》2016版。

（二）县江

县江因流经奉化县城而得名，河长71千米，平均比降9.4‰，城区（大桥）以上流域面积219平方千米。源头出自奉化、新昌、宁海三地交界的第一尖，河源位于奉化区大堰镇大公岙村。自河源向东北流经大堰、南溪口，左纳万竹溪进入横山水库，出水库流经楼岩、尚田、奉化城区至方桥与东江汇合，在方桥以下4.5千米的三江口从右岸汇入奉化江。2012年，县江与东江汇合口上移3.5千米，县江出口建陡门闸，县江长度增加1.5千米。县江干流上建有大（2）型横山水库，集水面积150.8平方千米，总库容1.108亿立方米。

（三）东江

东江河长41.7千米，平均比降9.7‰，尚桥以上流域面积116.1平方千米。源头出自奉化区葛岙乡南端薄刀岭冈，河源位于奉化区尚田街道西岙村山嶝。自南向北流，上流称白溪，又名牌溪，在尚田孙家村前右纳方门江后称东江，再向北流经尚桥、西坞、南浦，在方桥与县江汇合，在方桥以下4.5千米的三江口从右岸汇入奉化江。东江上游正在建设葛岙水库（中型）。

（四）鄞江

鄞江河长69.4千米，平均比降11.1‰。主流大皎溪出自四明山区唐田上游白肚肠冈山麓，河源位于余姚市四明山镇莲花村。北流经大横山至半岭折东而流，曲折于陡坡峡谷之间，至周公宅后曲折向北流经杜岙、大皎至蜜岩，左纳小皎溪，折向东南流经樟村至鄞江镇它山堰，它山堰以上称樟溪，流域面积348.4平方千米，它山堰以下为感潮河段，东流至石碶街道横涨村从左岸汇入奉化江，河长9.4千米，旧称兰江，亦称鄞江。鄞江支流小皎溪长24千米，流域面积91平方千米。鄞江流域内建有大（2）型周公宅和皎口水库，合计集水面积259平方千米，总库容2.3185亿立方米。

（五）通明江

通明江为宁波境外河流，河长19.2千米，平均比降12.0‰，流域面积144.6平方千米。源头出自绍兴市上虞区梁岙山，河源位于绍兴市上虞区丰惠镇大岙村。自河源向北流经丰惠镇后折东北流，至上虞区永和镇从左岸汇入姚江。

三、主要平原河网[1]

（一）鄞奉平原

1. 海曙河网（姚江以南、奉化江以北河区）

南塘河　樟溪经它山堰分流后，堰上之水自鄞江镇洪水湾经洞桥、横涨、栎社、石碶、段塘，由段塘街道澄浪堰入奉化江，长25.6千米，平均宽度29.3米。南塘河与蟹堰碶河、千丈镜河等连通，是海曙平原引、蓄、排和航运的主要河道，历史上又是宁波市区供水的引水河渠。

西塘河　源出大雷山诸溪，由山下庄注石塘，上接上游河，自湖泊河经岐阳、高桥、望春，由西门街道保丰碶入姚江，长13.1千米，平均宽度34.7米。与湖泊河、大西坝河、邵家渡河、叶家碶河等连通。

前塘河　源出大雷山，自湖泊河经横街、集士港、古林、高桥，在望春桥与中塘河合流，长13.0千米，平均宽度25.0米。是横贯海曙平原的主要河流，与蟹堰碶河、风棚碶河、布政河等连通。

中塘河　自前塘河红玲经集士港、卖面桥、高桥，出望春桥与西塘河合流，长10.4千米，平均宽度23.3米。与蟹堰碶河、风棚碶河、布政河、邵家渡河、叶家碶河等连通。

南新塘河　自前塘河俞家经古林、石碶，与南塘河相接，由石碶街道行春碶入奉化江，长8.1千米，平均河宽35.6米。与布政河、南塘河等连通。

2. 鄞东南河网（奉化江、甬江以南河区）

甬新河　南起始于奉化境内的东江，自奉化西坞街道高楼张堰由南向北穿过奉化区、鄞州区，最后由梅墟街道甬新闸注入甬江，长35.9千米，平均河宽度60米，2000—2007年实施全线整治，是鄞东南向甬江排水主要河道。

小浃江　南起始于五乡镇仁久村的后塘河，经鄞州五乡、北仑小港，由戚家山街道浃水大闸入甬江，长23.5千米，平均河宽52.5米。既是北仑长山地区引鄞东南之水的主要河道，也是鄞东南向甬江排洪的主要河道，已实施全线整治。

鄞东南沿山干河　起始于横溪水库，经横溪、云龙、东钱湖、梅墟，由梅墟街道界牌碶入甬江，长28.7千米，平均河宽44.5米。2010—2015年实施全线整治。

前塘河　自鄞东南沿山干河云龙镇，经云龙、下应、横石桥与中塘河相接，由白鹤街道大石

---

[1] 主要平原河网引用2018年政府公布的市级、县级河道名录。

碶入奉化江，长13.2千米，平均河宽38.9米。

中塘河 受东钱湖莫枝堰下注之水，起始于莫枝堰，经沙家垫、鹅颈汇、泗港、潘火桥至横石桥与前塘河汇合，由白鹤街道道士堰入奉化江，长9.6千米，平均河宽37.8米。

后塘河 起始于三溪浦水库，经盛垫、福明、七里垫，在白鹤街道四眼碶桥与前塘河汇合，长13.7千米，平均河宽42.9米。

（二）姚江平原

1. 余慈河网

四塘·三塘横江 为余姚的四塘横江和慈溪的三塘横江相接，始自余姚黄家埠镇与七塘交汇处，东北流先后与临海大浦、陶家路江、建塘江、三八江、陆中湾、四灶浦、水云浦、半掘浦、徐家浦、高背浦、淞浦、淡水泓交汇，于慈溪市龙山镇止于镇龙浦，长67.3千米，平均河宽39.1米，是慈溪向曹娥江引水（引曹北线）的主要通道之一。

七塘·八塘横江 为余姚的七塘横江和慈溪的八塘横江相接，西起上虞浦前闸，向北流经丁丘，再折向东北先后与临海大浦、陶家路江、建塘江、三八江、陆中湾交汇，后折向东南与四灶浦、水云浦、半掘浦交汇，于慈溪市观海卫镇止于郑家浦，长61.9千米，平均河宽64.0米，是慈溪向曹娥江引水（引曹北线）的主通道。

东横河 由东向西南流，起始于慈溪桥头镇洋浦，先后受上林湖江、游泾江、梅湖江之来水，经横河镇，建有人民闸控制。继向西南经石堰陈山头入余姚境，经双河、城北通过萧甬铁路桥汇入姚江北支侯青江，长26千米，平均宽度27.9米。

临海大浦 南起余姚临山镇后海头村，北至临海浦闸，流入钱塘江，长9.6千米，平均河宽86.3米，是余姚向北分散排水的骨干河道。

陶家路江 南起余姚泗门镇与大河门江交汇，北至陶家路闸，流入钱塘江，长14.0千米，平均河宽57.0米，是余姚向北分散排水的骨干河道。

陆中湾 南起慈溪宗汉街道与三塘横江交汇，北至陆中湾十一塘闸，流入钱塘江，长14.5千米，平均河宽117.6米，是慈溪向北排水的骨干河道。

四灶浦 南起白沙镇与潮塘横江交汇处，北至四灶浦十一塘闸，流入钱塘江，长17.5千米，平均河宽108.2米，是杭州湾向北排水的骨干河道。

徐家浦 源于东山头银山北麓，南起观海卫镇与三塘横江交汇处，北至徐家浦十塘闸，流入钱塘江，长7.3千米，平均河宽136.7米，是慈溪向北排水的骨干河道。

2. 江北镇海河网

慈江·沿山大河 为慈江、沿山大河和澥浦大河相接，西起余姚河姆渡镇与姚江左岸相接，东流至江北慈城镇与东大河相连，至前洋村与官山河相连，至镇海九龙湖镇，受小桃花岭汶溪之水，由澥浦大闸入海，长44.2千米，平均河宽83.0米，是姚江东排入海的第二通道。

江北大河 从慈江周家闸流经庄桥、庙跟、半路凉亭至孔浦闸注入甬江，长12千米，平均河宽28.3米，为慈江尾部地区涝水直接排入甬江的重要河道。

中大河 发源于汶溪尖山、大斗山、万丈山，经三圣殿水库流至黄杨桥与来自化子闸的慈江·沿山大河汇合后东流，经长石桥、骆驼桥、贵驷桥、万嘉桥，折向东北，过新添庙桥，至镇海西门平水桥，在白龙洋汇前大河，至张鉴碶闸入甬江，长 21.8 千米，河宽 24.4 米。

西大河　北起觉渡大河，向南经镇海区的澥浦、骆驼，继续向南穿过北环东路进入江北区入江北大河，长 12.4 千米，河宽 17.7 米。

第二节　独流入海诸河

宁波沿海独流入海诸河主要分布在北仑、象山港和三门湾沿海及港湾。流域面积 50 平方千米以上的河流共 13 条，其中 100 平方千米以上有 6 条，自北向南依次为大嵩江、凫溪、中堡溪、茶院溪、白溪、清溪，流域面积最大的是白溪。

宁波沿海独流入海水系中，建有大（2）型水库 1 座，为白溪水库；建有中型水库 14 座，分别是新路岙、梅溪、杨梅岭、上张、隔溪张、仓岙、溪口、大塘港、车岙港、胡陈港、力洋、西林、西溪、黄坛水库。

一、北仑沿海河流

（一）北仑沿山大河

北仑沿山大河属平原河流，自北仑大碶街道璎珞，向东北流经大碶、新碶，至新碶街道经算山闸入东海，全长 13.2 千米，平均河宽 37.0 米。

（二）岩河

岩河又称岩泰河水系，河长 22 千米，平均比降 3.6‰。主流出自北仑区太白山牡丹岩，河源位于北仑区大碶街道共同村，自河源向东北流，出新路岙水库后为平原河流，至北仑区新碶街道经下三山闸入东海。支流泰河为东泰河、西泰河合称，东泰河发源于大城湾岙，至东碶长 11.1 千米；西泰河发源于塔峙东西岙两溪，至东碶长 8.4 千米，两河至东碶于岩河汇合。岩河流域内建有中型新路岙水库，集水面积 24 平方千米，总库容 1474 万立方米。

（三）芦江

芦江河长 12 千米，平均比降 2.19‰，流域面积 41.4 平方千米。主流发源于北仑区滴水岩，自北仑柴桥街道岭下村向东北流，出瑞岩寺水库后进入平原，贯穿柴桥街道，至穿山碶入东海。支流有东西两支，东支发源于龙泉甘溪桥，在里隘与主流汇合，长 4.3 千米；西支发源于洪岙九峰山，在钟家埯与主流汇合，长 5.5 千米。

二、象山港沿海河流

（一）大嵩江

大嵩江亦称大嵩港，流域面积 219 平方千米，主流长度 33 千米，平均比降 2.5‰。源头出自鄞州区烟墩岗，河源位于鄞州区横溪镇梅福村。自河源向东流经梅溪水库，出水库后流经塘溪镇、咸祥镇、瞻岐镇，经大嵩大闸入象山港。干流金鸡桥以上为山区河道，称梅溪，以下为平原河道，称大嵩江，主要支流亭溪发源于双石岭五都头，至育王碶入梅溪。干流上建有中型梅溪水库，集水面积40.01平方千米，总库容2882万立方米。

（二）峻壁溪

峻壁溪流域面积52平方千米，主流长度13千米，平均比降3.6‰。源头出自鄞州、奉化交界处的白岩山，河源位于奉化区裘村镇下岭下村，自河源向东南流经奉化区裘村镇、庄下、翔鹤潭，至横江闸入象山港，峻壁溪下游平原称翔鹤潭江。

（三）莼湖溪

莼湖溪又名降渚溪，流域面积98.3平方千米，主流长度18千米，平均比降2.8‰。源头出自鄞州区与奉化区交界处金峨山，河源位于奉化区莼湖街道楼隘村，流经楼隘、后琅、莼湖镇、吴家埠，至红胜海塘东闸入象山港。

（四）凫溪

凫溪别称浮溪，流域面积184平方千米，主流长度28千米，平均比降6.4‰。源头出自宁海、奉化、新昌交界处的第一尖东北麓，河源位于宁海县深甽镇孔横山村。自河源向东流经深甽、梅林、西店，至西店镇海涂入象山港，沿途接纳溪边溪、双湖坑、南溪、兰丁溪、上大溪等来水。干流上建有中型杨梅岭水库，集水面积176平方千米，总库容1509万立方米。

（五）颜公河

颜公河流域面积86.9平方千米，主流长度18千米，平均比降2.9‰。源头出自宁海县下洋山，河源位于宁海县跃龙街道御华府，自河源先向西流1千米后转向东北，至宁海县桥头胡街道店前王村入象山港。干流上挖有天明人工湖。

（六）淡港

淡港流域面积56.1平方千米，主流长度20千米，平均比降4.5‰。源头出自象山县棋盘岩，河源位于象山县西周镇栲树岭村。自河源向西北流经山后胡、半坑椅、黄泥桥，后入隔溪张水库，经儒雅洋后入上张水库，出水库后流经湖边、潘埠、黄家塘，至西周镇山后塘闸入象山港，淡港上游山区段称缘溪。干流上建有中型隔溪张和上张水库，总集水面积35.7平方千米，总库容3412万立方米。

2020年象山港流域面积10平方千米以上独流入海溪流统计见表2–2。

表2–2　2020年象山港流域面积10平方千米以上独流入海溪流统计

河流名称	河源	出口	长度 /km	流域面积 /km^2	河道平均比降 /‰
大嵩江	鄞州区横溪镇梅福村	鄞州区咸祥镇大嵩大闸	33	219	2.5
芦浦溪	鄞州区咸祥镇芦浦村	鄞州区咸祥镇芦浦碶	6.1	11.9	11.9
淡溪	奉化区大石坑水库上游	奉化区松岙镇嘉禾塘闸	7.1	22	9.5
峻壁溪	奉化区裘村镇下岭下村	奉化区裘村镇横江闸	13	52	3.6
黄贤溪	奉化区大茅岙水库上游	奉化区裘村镇黄贤村黄家滩	6.4	12.1	5.17

续表

河流名称	河源	出口	长度 /km	流域面积 /km²	河道平均比降 /‰
莼湖溪	奉化区莼湖道楼隘村	奉化区莼湖道红胜海塘 1 号闸	18	98.3	2.8
下陈江	奉化区莼湖街道马夹岙村	奉化区莼湖道下陈闸	6.5	15.8	7.16
五市溪	宁海县西店镇岭口村	宁海县西店镇溪头朱行桥	10	30.2	7.98
紫溪	宁海县洞口庙水库上游	宁海县西店镇璜溪口	7.3	12.1	31.9
凫溪	宁海县深甽镇孔横山村	宁海县西店镇海涂	28	184	6.4
颜公河	宁海县跃龙街道御华府	宁海县桥头胡街道店前王村	18	86.9	2.9
汶溪	宁海县桥头胡街道龙潭村	宁海县桥头胡街道新塘水闸	13	23.6	18.28
石门溪	宁海县老鹰潭水库上游	宁海县大佳镇大佳何村	12	48.2	10.46
下沈港	象山县西周镇上芭蕉村	象山县西周镇关山港闸	15	35.5	8.12
西周港	象山县西周镇珠岗村	象山县西周镇西周新闸	8.8	20.3	7.86
淡港	象山县西周镇栲树岭村	象山县西周镇山后塘闸	20	56.1	4.5
亭溪	象山县墙头镇排其村	象山县墙头镇黄溪渡村	8	18.2	14.55
横塘港河	象山县黄避岙乡大林村	象山县黄避乡跃进塘闸	6.9	23.6	1.34
东塘河	象山县贤庠镇珠山岙村	象山县贤庠镇芦岙闸	9.6	26.4	2.46
珠溪	象山县贤庠镇山厂村	象山县贤庠镇夏源闸	6.9	12.4	4.62

三、三门湾沿海河流

（一）中堡溪

中堡溪流域面积 212 平方千米，主流长度 31 千米，平均比降 1.4‰。源头出自宁海县大扇山，河源位于宁海县胡陈乡沙地下村。自河源向南流经宁海县胡陈乡，由胡陈港水库入三门湾。干流上建有中型胡陈港水库，集水面积 196 平方千米，总库容 8173 万立方米。

（二）白溪

白溪流域面积 624 平方千米，主流长度 72 千米，平均比降 3.8‰。源头出自天台县华顶山学堂岗北麓，河源位于天台县石梁镇大同岭脚村。自河源向东北流，折向东南流至宁海县岔路镇右纳混水溪，左纳大松溪，流经白溪水库，续东南流至兆岸村折向东北流，至宁海县跃龙街道元峰村左纳最大支流大溪，续东北流折向东南流经越溪大桥入三门湾。干流上建有大（2）型白溪水库，集水面积 254 平方千米，总库容 1.684 亿立方米。支流混水溪发源于天台县华顶山南麓，流域面积 51.3 平方千米，主流长度 18 千米，平均比降 30.4‰。支流大松溪发源于宁海望海岗茶场，流域面积 64.3 平方千米，主流长度 20 千米，平均比降 20.4‰。支流大溪发源于宁海县第一尖南麓，流域面积 201 平方千米，主流长度 36 千米，平均比降 7.0‰，建有中型西溪和黄坛水库，集水面积 114 平方千米，总库容 1.033 亿立方米。

（三）清溪

清溪又称青溪，因溪水清澈见底而名，流域面积 221 平方千米，主流长度 44 千米，平均比降 5.8‰。源头出自天台县苍山北麓，河源位于天台县泳溪乡千坑村。自河源向东流经台州天台县、宁波宁海县、台州三门县，至三门沙柳镇入三门湾。1999年版《浙江省河流简明手册》记载，清溪由旗门港注入三门湾，清溪河长39千米，流域面积157平方千米。

（四）茶院溪

茶院溪流域面积106平方千米，主流长度21千米，平均比降2.6‰。源头出自宁海县桃源街道茶山，河源位于宁海县桃园街道新兴村。自河源向东南流，在竹家岙村左纳西林坑，流经茶院、郑公头，在出口左纳力洋溪，由卫东闸入三门湾。支流西林坑上建有中型西林水库，集水面积21平方千米，总库容1365万立方米。支流力洋溪上建有中型力洋水库，集水面积16.1平方千米，总库容1352万立方米。

2020年三门湾流域面积10平方千米以上独流入海溪流统计见表2-3。

表2-3　2020年三门湾流域面积10平方千米以上独流入海溪流统计

河流名称	河源	出口	长度/km	流域面积/km^2	河道平均比降/‰
车岙港	宁海县长街镇东岙村	宁海县长街镇伍山盐场塘南闸	15	51.3	0.15
中堡溪	宁海县胡陈乡沙地下村	宁海县力洋镇团屿闸	31	212	1.4
茶院溪	宁海县桃源街道新兴村	宁海县茶院乡卫东闸	21	106	2.6
白溪	天台县石梁镇大同岭脚村	宁海县越溪大桥	72	624	3.8
青山港	宁海县越溪乡岭坑村	宁海县越溪乡青山闸	6.3	11.4	8.22
一市港	宁海县一市镇周家岙村	宁海县一市镇牛台村	9	29.4	5.11
东岙溪	宁海县一市镇下洋陈村	宁海县一市镇东岙村	12	38.2	12.03
清溪	天台县泳溪乡干坑村	三门县沙柳镇卢家塘村	44	221	5.8
泗洲头溪	象山县西周镇金竹坑村	象山县泗洲头港	8.9	42.4	8.14
管溪	象山县茅洋乡祝家村	象山县茅洋乡韩郑村	10	40.5	6.28
东溪	象山县东陈乡旋潭村	象山县新桥镇龙王头新闸	10	25.5	4.02
关头塘河	象山县新桥镇南山村	象山县新桥镇关头塘主闸	5.9	11.6	5.42
七里塘河	象山县新桥镇大地头村	象山县新桥镇胜利闸	8.3	20.6	1.11
樊岙港	象山县鹤浦镇樊岙水库上游	象山县鹤浦镇鹤浦大闸	11	36	4.19

注：50平方千米以上河流数据引用《浙江省河流手册》（2016版）；10～50平方千米河流数据引用市级普查成果。

第三节　河道等级与水系变化

根据《浙江省河道管理条例》，2008年宁波市首次开展市级河道划定工作并向社会公布。2012年，省水利厅部部署开展全省河道等级划分工作，并制定《浙江省河道等级划分技术标准（试行）》。按照划分标准，全省河道划分为省级、设区的市级（以下简称市级）、县级、乡级河道。规定省级河道由省水利厅负责划定并公布；市级河道由设区的市水利局提出划定意见，报省水利厅同意后公布；县级河道由区（县、市）水利局提出划定意见，报设区的市水利局同意后公布；乡级河道由区（县、市）水利局划定并公布。公布的内容为河道名称、起止点、河道长度、水域面积、主要功能。

2008 年，宁波公布的市级河道共 9 条，分别是甬新河、慈江・沿山大河、东江、鄞东南沿山河、小浃江、前塘河、中塘河、后塘河、西塘河。2018 年，省水利厅公布宁波境内省级河道 1 条，为甬江；宁波市公布的市级河道共 18 条，即在 2008 年已公布的 9 条市级河道基础上，新增加 9 条，分别是南塘河、鄞江、剡江、县江、四塘・三塘横江、七塘・八塘横江、白溪、奉化江、余姚江；同时，各区（县、市）陆续公布的县级河道共 168 条。

一、河道等级

省级河道　省级河道 1 条，为甬江。起点为宁波市区三江口，终点为镇海外游山，河道长度 25.8 千米，水域面积 9.9 平方千米。

市级河道　市级河道共 18 条，总长度 595.84 千米，水域面积 50.69 平方千米。2018 年宁波市市级河道统计见表 2–4。

表 2–4　2018 年宁波市市级河道统计

序号	河道名称	流经区域	起点（位置）	止点（位置）	河道长度 /km	水域面积 /km^2	主要功能	河道延展
1	甬新河	奉化区、鄞州区、宁波国家高新区	西坞街道（高楼张堰）	梅墟街道（甬新闸）	35.90	2.1360	行洪排涝、引调水、灌溉、环境用水	
2	慈江・沿山大河	余姚市、江北区、镇海区	丈亭镇（丈亭三江口）	澥浦镇（澥浦大闸）	44.20	3.6701	行洪排涝、灌溉、环境用水	
3	东江	奉化区、鄞州区	尚田街道（在建葛岙水库大坝）	江口街道（方桥三江口）	29.52	1.8304	行洪排涝、航运交通、环境用水	
4	鄞东南沿山干河	鄞州区、东钱湖旅游度假区、宁波国家高新区	横溪镇（横溪水库大坝）	梅墟街道（界牌碶）	28.66	1.2747	行洪排涝、灌溉、环境用水	
5	小浃江	鄞州区、北仑区	五乡镇（后塘河）	戚家山街道（浃水大闸）	23.54	1.2364	行洪排涝、灌溉、航运交通、环境用水	包括闸外 0.2 千米
6	前塘河	鄞州区	云龙镇（沿山干河）	白鹤街道（大石碶）	13.15	0.5114	行洪排涝、引调水、航运交通、环境用水	包括新河
7	中塘河	东钱湖旅游度假区、鄞州区	东钱湖镇（莫枝堰）	白鹤街道（道士碶）	9.64	0.3645	行洪排涝、引调水、航运交通、环境用水	包括卧彩河
8	后塘河	鄞州区	五乡镇（小浃江）	白鹤街道（前塘河四眼碶桥）	13.70	0.5877	行洪排涝、航运交通、环境用水	包括南北河
9	西塘河	海曙区	高桥镇（湖泊河）	西门街道（保丰碶）	13.10	0.4545	行洪排涝、引调水、航运交通、环境用水	包括北斗河

续表

序号	河道名称	流经区域	起点（位置）	止点（位置）	河道长度/km	水域面积/km²	主要功能	河道延展
10	南塘河	海曙区	鄞江镇（洪水湾）	段塘街道（澄浪堰）	25.57	0.7482	行洪排涝、引调水、灌溉、航运交通、环境用水	包括上游穿鄞江镇0.72千米河段
11	鄞江	海曙区	章水镇（皎口水库大坝）	石碶街道（奉化江谢家浼）	24.46	1.6501	行洪排涝、航运交通、环境用水	
12	剡江	奉化区、海曙区	溪口镇（亭下水库大坝）	江口街道（方桥三江口）	31.78	4.5801	行洪排涝、航运交通、环境美化	
13	县江	奉化区	尚田街道（横山水库大坝）	江口街道（陡门闸）	26.55	1.7444	行洪排涝、引调水、灌溉、环境用水	包括闸外0.24千米
14	四塘·三塘横江	余姚市、慈溪市	黄家埠镇（四塘与七塘交汇处）	龙山镇（镇龙浦）	67.33	2.635	引调水、行洪排涝、灌溉、环境美化	
15	七塘·八塘横江	余姚市、慈溪市、杭州湾新区	黄家埠镇（浦前闸）	观海卫镇（郑家浦）	61.87	3.960	引调水、行洪排涝、灌溉、环境用水	
16	白溪	宁海县	岔路镇（白溪水库大坝）	越溪乡（越溪大桥）	43.29	4.967	行洪排涝、灌溉、环境用水	
17	奉化江	奉化区、海曙区、鄞州区	方桥三江口	宁波三江口	27.40	4.8617	行洪排涝、航运交通、环境用水	
18	余姚江	余姚市、江北区、海曙区	兰江街道（上虞、余姚交界处）	宁波三江口	76.18	13.4800	行洪排涝、航运交通、引调水、环境用水	包括杭甬运河段3.48千米

县级河道 宁波市境内县级河道由区（县、市）水利局提出划定意见，报市水利局同意后由区（县、市）政府公布。至2020年，全市已公布的县级河道共168条，其中海曙区14条、江北区12条、镇海区10条、北仑区36条、鄞州区（高新园区、东钱湖度假区）19条、奉化区21条、余姚市14条、慈溪市（杭州湾新区）23条、宁海县10条、象山县9条。县级河道总长度1299.96千米，水域面积69.59平方千米。

二、水系变化

2000年之后，随着甬江流域综合规划、宁波市水资源综合规划等的实施以及其他人为活动，境内河流水系及流域特征发生一定变化。

（一）甬江流域面积

甬江流域平原河网纵横交错，特别是集水于姚江干流的面积与向杭州湾排水的面积、鄞东南向奉化江排水的面积与向甬江排水的面积等均无明显界限，故将甬江流域分为“姚江流域”和“奉化江流域”。习惯上，将流入甬江的姚江片、甬江左岸流入甬江或东排外海的江北镇海片以及余姚慈溪向北排杭州湾片等3个片区统称为“姚江流域”；将奉化江流域及甬江右岸的鄞东南片统称为“奉化江流域”。

2000年以后，在一些水利规划编制或专题研究中，甬江流域面积及分片计算数据均有所不同。奉化江流域面积基本未变，但姚江流域面积因杭州湾南岸滩涂围垦陆域面积增长而有较大增加，计算分区也有一定差异。2019年市水利设计院编制的《甬江流域防洪治涝规划修编》主要成果显示，甬江流域集水面积5475平方千米（不含虞北平原北排），其中奉化江流域2378平方千米，姚江流域3096平方千米（其中姚江东排面积为1533平方千米、余慈北排面积为1563平方千米）。

（二）河流形态及水文特征

由于杭甬运河宁波段航道改造和余姚中上游及沈湾等河湾段裁弯取直，姚江河长缩短3.5千米，姚江全长由107.4千米调整为103.9千米。

因姚江入甬江排水能力不足，姚江流域向杭州湾排水范围向南扩延。同时，一些新编规划提出并实施上姚江“西排、西分”和下姚江“东排二通道（慈江）”分洪工程等，姚江水系泄洪排水呈多向性。

2013年，县江在保留原方桥出口的同时，主河改道向上游移至陡门建闸流入东江，闸净宽50米；2016年，位于东江干流的新老东江汇合口上游建成东江大闸，8孔，闸净宽90米，用于挡潮蓄淡；2017年在奉化江堤防整治中，杀鸡湾段河道维持原有弯道不变，右岸胡家埯村搬迁，沿江老堤按5年一遇、新建外堤按20年一遇标准建设，在新老堤防之间形成约1平方千米调蓄洪区；2019年，东江高楼张堰在原址按原堰宽和顶高程不变，由堰改为自动翻板液压闸。

在城市防洪、甬江防洪以及灾后“治水强基”等决策后，掀起以治江河、治山洪为重点的大规模水利建设。2001—2020年期间，整修甬江、奉化江、姚江及县江、剡江、东江、小浃江、慈江、杨溪、颜公河等干支流堤防，整治甬新河、鄞东南沿山干河、姚江东排、四灶浦、奖嘉隆江等骨干河道。修建后的河岸防洪标准提高，江河蓄排能力增强，水环境改善。与此同时，尤其是“菲特”台灾后，平原涝区新建电排泵站成为各地治涝的主要工程措施，沿江电排泵站数量及规模大幅增加。

受上游建库、洪水归槽、河道整治及下垫面变化等影响，一些河流的水位、流量、流速、流向等水文特征发生明显变化，“小流量、高水位”现象经常出现。

第三章　防汛抗旱

进入21世纪以后，防汛抗旱面临的形势和任务发生很大变化，全社会开始从经济、生态、民生等更广阔的视野和以人为本、生命至上的理念探索新形势下的防汛安全问题，“不死人、少伤人、少损失”成为防汛工作的最高目标。2003年，国家防汛抗旱总指挥部提出“两个转变”新思路，谋求防洪减灾可持续发展之路。2005年9月，省委书记习近平在宁波指导防御台风，强调要以高度的政治责任感和对人民极端负责的态度做好群众避险转移及安置工作，提出“三个不怕”（不怕兴师动众、不怕劳民伤财、不怕十防九空）的口号，体现以人为本、敬畏生命、人民利益至上的重要思想。2016年，党中央提出新时期“两个坚持，三个转变”（坚持以防为主、防抗救相结合，坚持常态减灾和非常态救灾相统一，努力实现从注重灾后救助向注重灾前预防转变，从应对单一灾种向综合减灾转变，从减少灾害损失向减轻灾害风险转变）的防灾救灾新理念，使防汛工作有更为科学的指导思想。

受气候变暖和经济发展过程中生态系统恶化的影响，自然灾害呈增多增强趋势。宁波水旱灾害呈现以下新情况、新特点：台风影响频次明显增多；流域性洪水多发；山洪与地质灾害呈现强度和频次明显上升，因灾伤亡人数在洪涝台灾害中的比重高达70%以上；因灾伤亡明显减少，但经济损失大幅增加，洪涝灾情呈现明显的时代变化和阶段差异。2001—2020年，全市成灾台风有24个，因灾死亡29人，直接经济损失654.52亿元，平均每个成灾台风直接经济损失达28.27亿元。

第一节　组织责任体系

一、指挥机构

依据《中华人民共和国防洪法》，宁波市人民政府领导全市的防汛抗旱工作，并实行行政首长负责制及分级分部门的岗位责任制和责任追究制。

2007 年 3 月，《浙江省防汛防台抗旱条例》颁布实施。《条例》规定“县级以上人民政府设立防汛防台抗旱指挥机构，由本级人民政府负责人统一指挥。防汛防台抗旱指挥机构由具有防汛防台抗旱任务的部门、当地驻军、武装警察部队等有关部门和单位负责人参加，具体办事机构设在本级水行政主管部门”“有防汛防台抗旱任务的镇乡人民政府、街道办事处应当设立防汛抗旱指挥机构，任务较重的应当设立办事机构”。同时，对县级以上人民政府防汛防台抗旱指挥机构及其成员单位、防汛防台抗旱指挥机构的办事机构、镇乡人民政府、街道办事处以及村（居）民委员会的防汛抗旱主要职责也作出具体规定。

除原海曙区、江东区外，从 20 世纪 80 年代起，市和区（县、市）人民政府都成立防汛抗旱指挥部。之后，随行政区划调整，宁波大榭开发区、宁波东钱湖旅游度假区和宁波杭州湾新区等园区管理委员会也成立防汛抗旱指挥部。

（一）市人民政府防汛防旱指挥部

2019 年以前，宁波市人民政府防汛防旱指挥部（以下简称“市防指”）由历届市政府分管水利副市长担任指挥，按时间前后有郭正伟（1999—2003 年）、陈炳水（2004—2010 年）、徐明夫（2011 年）、马卫光（2012 年）、林静国（2013—2016 年）、卞吉安（2017—2018 年）等，副指挥由市水利局局长、市政府分管水利副秘书长和宁波军分区领导担任，2016 年起增设市气象局局长为市防指副指挥。市防指成员由宁波军分区、东海舰队、武警宁波市支队、市委宣传部（市政府新闻办）、市水利、发改、住建、交通、国土资源、海洋与渔业、城管、公安、经信、教育、财政、农办、农业、安监、旅游、民政、卫生、商务、气象、海事、供电、通信、报业、广电等单位和部门的负责人组成。市防指领导和成员根据人事变动、部门职能调整及工作需要每年作相应的调整。

2019 年政府机构改革后，市防指指挥由市政府分管应急管理副市长担任，副指挥由市应急管理局、市水利局、市气象局、宁波军分区负责人和市政府分管应急管理副秘书长担任。根据部门职能变化，市防指成员单位也作相应调整。

（二）市防指办事机构

宁波市防汛防旱指挥部办公室（以下简称“市防指办”）是市防指的办事机构，承担防汛抗旱日常工作。2019 年以前，市防指办设在市水利局，为处级内设机构。2011 年 8 月，根据市水利局

“三定方案”（甬政办发〔2011〕249号），明确“市人民政府防汛防旱指挥部办公室主任可高配副局长级，如市人民政府防汛防旱指挥部办公室主任由市水利局副局长兼任，则常务副主任可根据人选情况高配为副局长级”。2017年9月，宁波市机构编制委员会批复（甬编〔2017〕26号），同意在市防指办设立2名正处级防汛防台抗旱督察专员。2019年，根据新一轮政府机构改革设计，市防指办从市水利局调至市应急管理局。但水情旱情和山洪监测预警、江河湖泊和重要水工程的运行调度等涉水职能仍在水利部门，同时承担防御洪水、台风暴潮应急抢险的技术支撑工作。

（三）城区防汛机构

2019年机构改革前，市政府设城区防汛领导小组（城区防汛指挥部），由市政府分管城建副市长负责，办事机构设在市城市管理局。主要职责是在市防指统一指挥下，负责协调中心城区防汛防台防旱应急工作。2019年政府机构改革后，办事机构调到市应急管理局。

（四）区（县、市）及镇乡（街道）防汛指挥部

各区（县、市）政府设立防汛指挥部，负责当地防汛防台工作。镇乡政府、街道办事处设立防汛指挥机构及工作部门，具体负责各自区域防汛防台工作。

（五）有关部门、单位防汛防台领导机构

有关部门、行业以及企事业单位根据需要与职责，设立部门、行业或本单位的防汛防台领导机构，明确职能部门，负责做好防汛防台工作。

二、基层防汛防台体系

2009年4月，浙江省委办公厅、省政府办公厅印发《关于加强基层防汛防台体系建设的意见》（浙委办〔2009〕131号），提出以“组织健全、责任落实、预案实用、预警及时、响应迅速、全民参与、救援有效、保障有力”为目标，全省开展基层防汛防台体系建设，使镇乡（街道）、村（社区）以及重要企事业单位基本达到“乡自为战、村自为战”能力。其后，浙江省防指相继出台《浙江省基层防汛防台体系管理暂行办法》《浙江省基层防汛防台体系管理考核办法（试行）》等制度，进一步巩固基层防汛防台体系建设成果，建立长效管理机制。

按照省委、省政府和省防指部署，宁波市以“点面结合、县乡村联动”的创建方式，组织开展全市基层防汛防台体系建设。

试点阶段 2009年，市防指选择象山县西周、新桥、鹤浦3个镇乡作为试点，先行开展镇村创建工作，建设内容包括组织建设、设施建设、场所建设和预警能力建设。

全面铺开阶段 2009年5月，市委、市政府印发《关于开展基层防汛体系建设的通知》（甬党办发〔2009〕53号），要求全市有防汛任务的镇乡（街道）、村（居）、重要企事业单位和群众组织等，按照“组织健全、设施完备、责任落实、预案实用、预警迅速、转移安全、救援高效、保障有力”的目标要求，全面启动达标创建工作。市防指制订全市基层防汛防台体系建设实施方案，进一步明确“健全防汛组织、建立防汛责任人、明确岗位职责、加强防汛工程建管、完善监测设施、开展避灾预警、修订完善预案、确立避灾场所、建立抢险队伍、储备防汛物资、开展宣传培训、落实防汛经费”十二个方面的建设任务，全市基层防汛防台体系建设就此全面展开。到

2010年年底，全市共有128个镇乡（街道）、2379个村（社区）如期完成任务，通过考核验收。

深化完善阶段　2013年，省防指印发《关于加快推进基层防汛防台体系规范化建设意见》（浙防指〔2013〕19号），要求进一步完善以镇乡（街道）为单位，以行政村、社区为单元，全面建立规范的基层防汛防台组织责任、应急预案、监测预警、安全避险、抢险救援、宣传培训、运行保障7个体系。2014—2015年，宁波市分2批（第一批为江东区、江北区、镇海区、北仑区、奉化市和宁波国家高新区、大榭开发区、杭州湾新区，第二批为海曙区、鄞州区、余姚市、慈溪市、宁海县、象山县和东钱湖旅游度假区）启动实施规范化建设。到2015年年底，全市共有156个镇乡（街道）、3044个村（社区）完成基层体系规范化建设，并通过省级考核验收。基层防汛防台体系创建后，省、市、县三级防指每年组织进行年度考评，并进行通报。

通过基层防汛防台体系创建和规范化建设，取得九方面成效：建立和完善以镇乡（街道）为单位，以村（社区）为单元，以自然村、居民区、企事业单位、水库山塘、堤防海塘、山洪与地质灾害易发区、危房、船只和避灾场所等为网格的基层防汛防台组织网络；落实纵横结合的防汛工作责任，明确岗位职责并公示，接受群众和社会监督；完善防汛预案体系，定期开展修订和演练；强化预警及响应，利用并整合气象、水文、水利、海洋、国土等部门资源，建立预警发布信息共享机制和平台，将预警信息传递到户到人；配置必要的监测、通信、预警、抢险、避灾、救援、宣传等设施设备；实现“会商到乡、视频到村”，建立专家库并开展技术服务指导；落实防汛经费，各级财政支持基层开展防汛救灾；完善值班值守、检查巡查、监测预警、避险转移、抢险救援等规章制度；建立长效管理机制，将基层防汛防台体系规范化运行与管理纳入政府及部门年度绩效考核。

第二节　预案与演练

一、预案

防汛抗旱预案体系按照“横向到边、纵向到底”的要求进行编制。在纵向上，市、县、乡、村逐级编制；在横向上，各级防指成员单位按照职责分工进行编制。对重大的特定事项专项编制应急处置预案，如流域性的洪水防御预案、跨区域的应急供水抗旱预案、山洪与地质灾害易发区的应急处置预案、重要防洪工程的应急抢险预案等。总体预案报有管辖权的政府或防汛指挥机构审定、批准或备案，行业性预案由主管部门批准，报同级防指备案。

（一）市级防汛防台预案

宁波市防汛防台预案由市防指组织编制，及时进行评估和修订。2001年7月，市政府办公厅批转《宁波市防御台风（热带风暴）暴雨工作预案》（甬政办发〔2001〕54号）。

2004年，市防指修订预案。7月，市政府办公厅批转新修订的《宁波市防御台风（热带风暴）暴雨工作预案》（甬政办发〔2004〕153号）。

2006年，市防指组织编制《宁波市防台风应急预案》。10月，由市政府办公厅批转（甬政办发〔2006〕172号）。原《宁波市防御台风（热带风暴）暴雨工作预案》停止执行。

2011年，市政府办公厅印发《宁波市防汛防台应急预案》（甬政办发〔2011〕74号），原《宁波市防台风应急预案》同时废止。

2013年8月，市政府办公厅印发《宁波市防御台风应急预案》（甬政办发〔2013〕171号）。

2015年，市防指编制《宁波市防汛应急预案》并批转印发（甬政办发〔2015〕140号），原《宁波市防汛防台应急预案》同时废止。

2019年政府机构改革后，市防指编制新的《宁波市防汛防台抗旱应急预案》（甬政办发〔2019〕47号），原《宁波市防御台风应急预案》《宁波市防汛应急预案》《宁波市区抗旱水源调度预案》废止。

（二）市级抗旱供水预案

2004年3月，市政府批复《宁波市城市供水区抗旱水源调度预案》（甬政发〔2004〕26号）。市防指会同水利、供水部门编制的《宁波市城市供水区抗旱水源调度预案》，坚持以统一调度、分级负责、统筹兼顾为原则，将亭下、横山、皎口、东钱湖、横溪等大中型水库和姚江作为水量应急调度的目标水域，统筹考虑水利工程蓄水状况和生活、生产用水需求，制定不同旱情下的应急水量调度方案，明确预案启动条件和节制供水、适度限制供水、限制供水3个阶段的实施程序，明确抗旱供水应急调度的组织管理体系及部门职责分工。

随着白溪水库及宁波引水工程、周公宅水库、溪下水库的建成，宁波城市供水区水源条件发生较大变化。2007年和2012年市防指分别对《宁波市城市供水区抗旱水源调度预案》进行修订，由市政府批转（甬政办发〔2007〕83号、甬政办发〔2012〕2号）实施。

2019年政府机构改革后，根据防汛抗旱职能调整，市水利局承担水旱灾害防御工作，编制并印发《宁波市水旱灾害防御应急预案（试行）》（甬水防〔2019〕1号）。

二、演练

（一）2008年防御超强台风模拟演练

7月11日，市防指在指挥部会商室举行防御超强台风模拟演练。演练以宁波市遭受超强台风“海燕”正面袭击、且以风雨潮“三碰头”为场景，按照“防、避、抢”3个阶段，启动应急响应行动，落实防御措施。市防汛、气象、水利、海洋渔业、交通、国土资源等部门和单位参加演练。

（二）2014年防汛防台应急响应现场演练

7月14日，市防指在市防汛演练基地举行防汛防台风应急响应现场演练。演练以强台风“飞燕”在宁波附近沿海登陆，引发大范围风雨潮灾害为背景，各级防汛指挥部按照预案，开展“预警发布与传播”“水上船舶避风和落水危险品处置”“群众避险转移与落水人员解救”“水库防洪调度与城市内涝应急抢排”“水利工程险情处置”“舆情处置与灾后救助”6个科目的应急处置。省防指和市委、市人大、市政府、市政协领导、市防指成员单位及县级防指等300多人参加演练和观摩。2014年宁波市防汛防台风演练如图3-1所示。

（三）“防汛防台2018”实战演练

7月19日，市防指举行“防汛防台2018”实战演练。演练设市指挥中心观摩主会场和象山、余姚、江北3个演练分现场，调动市、县两级36个部门和单位、15支骨干队伍参加，共调集24艘船只和12台套特种装备。演练设“岛上群众和海上人员避险转移”“城市防洪墙应急加高加固”“工地深基坑透水处置”“水上船只漂移撞桥抢险和落水人员搜救”共4个科目。此次演练采用电视光纤传输和视联传输信号对接等科技手段，实现异地实时指挥、远程检阅和全市联视同步实时观摩，是一场跨区域联动的综合实战演练。2018年岛上群众和海上人员避险转移如图3-2所示。

图3-1 2014年宁波市防汛防台风演练

图3-2 2018年岛上群众和海上人员避险转移

2019年政府机构改革后，市水利局根据水旱灾害防御职能，2019年和2020年相继举行“水利防汛应急桌面演练”和“甬江流域超标准洪水应急演练”。

第三节 预警与避险

进入21世纪以后，宁波市继续加大投入加快水利工程建设，逐步强化监测预报预警、应急避险转移等非工程措施建设，形成市、县、镇乡三级联动的监测预警和人员避险机制。

一、监测预报

（一）监测体系

雨、水情监测 自20世纪90年代，宁波开始建设以超短波通信为信道的雨、水情监测设施。2000年以后，随着水文自动化和通信技术的不断进步，雨、水情监测体系得到很大发展。2005年，宁波作为全省试点开始建设GSM/GPRS为通信信道的可存储模块化第二信道雨、水情遥测系统。2006年编制完成《宁波市重要小流域和重要小（2）型水库水情信息采集系统实施方案》并启动实施，2007年年底完成。随着“十二五”“十三五”水文遥测站网规划的实施，雨量、水位、流量、蒸发、气象等监测体系进一步完善。2013年“菲特”台灾后，开展重要站点的超短波备份遥测系统建设，以确保通信基站受淹时，重要站点雨、水情遥测信息不中断。2019年，全省水文行业开展“补短板”专项行动，进一步完善监测站网布设，对重要雨量和水位站点进行提升改造；增设北斗卫星通信作为遥测备份信道。

工情监测 在通信和信息技术迅猛发展的背景下，工情监控系统被广泛应用于水利防汛之中，以实时监控重点防汛部位和水利工程设施实时运行工况。2000年以后，全市不断推进水利工程工情监测和安全监测建设，到2020年，全市有20座大中型水库、43座大中型水闸和14座大中型泵站实现工情自动化监测。截至2020年，全市水利系统已建成重点防汛部位和水库、堤塘、闸泵等工程设施为主的远程视频监控系统共1769路。

城市内涝监测 2012年以后，宁波城区多次发生严重内涝。2015年，市城市管理局启动实施中心城区积水实时监测系统，以确保对低洼路段、低洼小区、下穿式立交及“三江六岸”倒灌点的实时监管、及时报警和应急处置，共建成监测点55处。2019年政府机构改革后，城市内河和供排水管理职能划入市水利局，“智慧水利”项目城市积水监测点增至140个。积水监测系统主要由水位监测器、雨量计、无线通信模块组成，实时监测各监测点的雨量和积水深度，并将数据实时传输至预警平台。

（二）预报体系

江河洪水预报 早期水文预报以干流潮位预报和年度水情展望为主，由于缺少水文预报模型，主要依靠人工经验，预见期短、精度不高。2013年“菲特”台风后，市水文站以防洪调度决策为服务目标，开展江河洪水预报技术攻关，主要是根据历史暴雨洪水资料，通过数理统计分析，建立降雨与预报站点最高洪水位的相关关系，自2014年起开展姚江及主要平原河网最高洪水位预报。

甬江潮位及沿海风暴潮预报 2002年以后，市水文站对宁波三江口站高潮进行逐日预报，并通过媒体向社会公众发布，日常预报合格率为92%，台风影响期间合格率达95%以上，为优良级。随着防汛形势变化和工作要求提高，市水文站原有依赖于经验预报所开展的风暴潮预报，难以适应防洪决策要求。2016年，市水文站组织开展宁波市沿海风暴潮精细化预报研究，并将成果应用于甬江干流潮位站及沿海潮位代表站的精细化预报，为堤防安全管理、沿江闸泵运行和流域防洪调度提供更好的服务。

水库洪水预报 2001年以后，全市6座大型水库开发单机版的水库洪水预报调度系统。随着水文测报技术发展和互联网通信、计算机软硬件技术等的不断更新升级，2018年四明湖水库完成C/S架构的水库洪水预报调度系统建设，2019年其余5座大型水库也陆续开展网络版水库洪水预报调度系统建设。全市中型水库陆续开展水库洪水预报调度系统建设。宁海县西溪水库和黄坛水库、鄞州区横溪水库、梅溪水库、三溪浦水库和余姚市梁辉水库、陆埠水库、双溪口水库均建成水库洪水预报调度系统。

动态洪水风险图预报 2013年，水利部部署开展重点地区洪水风险图编制工作，宁波市被列为全国重点地区洪水风险图编制试点城市。在完成全国洪水风险图编制任务（即静态风险图）的基础上，宁波市结合实际，开展动态洪水风险图系统的研究。中央项目下达的编制范围为宁波绕城高速公路圈内，面积497.6平方千米，但由于绕城高速公路圈不具有分水岭界，加上绕城高速公路内外平原河网纵横相通，因此实际编制的洪水计算范围扩大至甬江流域东排区，计算面积3857平方千米，项目总投资800多万元，其中一期（中央项目部分）投资565万元。在项目实施过程中，开展“滨海地区洪涝预报模型”“时空渐进式动态校正技术”“多场景动态仿真方法”等专题研究，并采用“渐进+校正”方式，相继在2015年防御“灿鸿”“杜鹃”台风和2016年防御“6.15”梅暴雨、“莫兰蒂”台风中试用并不断校正。2015年7月，《宁波动态洪水风险图编制》成果由省防指办组织专家通过技术验收；2016年12月通过项目竣工验收。该成果在多次实战中应用获得很好效果。2017年，动态洪水风险图系统及预报成果分别获得省水利科技创新一等奖和水利部大禹水利科学技术二等奖。

按照省水利厅划分的洪水风险图编制区域，2018—2019年余姚、慈溪、鄞州、奉化和白溪流域等相继开展动态洪水风险图的编制。在此基础上，市水利局建成宁波市洪水风险图综合管理系统，能够对各区域、重点城镇和主要平原的洪水风险图成果进行汇聚集成。

二、灾害预警

2013年编制的《宁波市防御台风应急预案》对防汛防台预警明确职责分工：气象部门负责监视台风动态和台风预警信息发布，做好台风路径、风、雨等实时情况报告和趋势预报；海洋部门负责海浪与风暴潮的监测、预报和预警信息发布；水利（水文）部门负责实时降雨、江河洪水、水利工程险情的监测和预警信息发布；国土、水利部门督促指导县、镇乡、村建立完善“群测群防”三级监测预警网络，做好山洪与地质灾害的巡查监测和预警工作。当水利工程发生险情或水库遭遇超标准洪水时，水利工程管理单位和各级防指按规定权限，通过广播、电视、电话、警报等方式，向可能受影响地区发出警报，相关区域的当地政府做好群众转移等工作；当气象预报将出现较大降雨或水文部门监测到较大降雨时，各级防指按照分级负责原则，督促有关部门向社会发布内涝灾害预警。同时，制订“台风预警和防台救灾信息的发布与传播”规定。

实时雨、水情预警 2005年6月，省防指办印发《浙江省实时雨水情预警工作规定（试行）》（浙防汛〔2005〕59号），对雨水情预警发布主体、方式、对象、内容、标准、职责等作出规定。2007年，市防指办制订《宁波市实时雨水情预警工作规定（试行）》（甬防汛〔2007〕14号），规定由宁波市水文站负责实时雨水情预警信息的发布，并明确当雨水情遥测数据达到预警标准时，经市水文站核实确认，立即启动预警系统，通过传真向市防汛值班室及相关区（县、市）防汛值班室发送预警通告单，通过短信向有关预警责任人发送雨水情预警信息。同时还规定降雨量和江河、水库水位的预警标准。随着信息技术进步，市水文站在“十二五”内建成“宁波市水雨情发布系统”和“宁波市防汛预警系统”。

洪水、内涝预警 2015年以后，根据实时水位和内涝监测信息，结合动态洪水风险图系统演算成果，市水利局多次对城区低洼区域和下穿立交等易涝点进行内涝风险预警，为公众避险与排水部门应急处置提供服务。

2019年7月，省水利厅印发《浙江省洪水预警发布管理办法（试行）》（浙水灾防〔2019〕17

号），制订洪水预警发布工作规范和要求，并明确宁波市水行政主管部门负责甬江的洪水预警发布。2019年在防御第18号“米娜”台风中，市水文站利用“三江”干流宁波市区段4个代表站（甬江镇海站、甬江三江口站、姚江姚江大闸站、奉化江北渡站）和主要平原河网5个代表站（鄞东平原五乡站、鄞南平原姜山站、海曙平原黄古林站、江北平原江北内河站、镇海平原骆驼桥站）监测信息，首次向社会公众发布“四色”洪水预警。

山洪灾害预警 山洪灾害预警主体包括县乡防汛机构、相关职能部门、村（居）委及防汛责任人、巡查预警员等；预警对象包括基层防汛组织、村（居）委及防汛相关人员和社会公众。通过基层防汛防台体系规范化建设和县级山洪灾害非工程措施建设，山洪灾害预警责任、标准、流程等制度已较为完善，基本要求是及时将预警信息传递到户到人，不留死角。2018年，市防指办自主研发建成山洪灾害短历时预报预警平台，能够依据山洪灾害易发区的实时降雨监测、短历时降雨预报和山洪灾害预警指标，对可能发生山洪灾害的区域及时发送预警信息，为组织人员避险转移提供先机。

水利工程险情及水库大流量泄洪预警 水利工程管理单位负责水利工程险情监测及水库大流量泄洪预警工作。当水库大坝和重要河段堤防、涵闸等出现险情时，第一时间向上级主管部门和防汛指挥机构报告，并向可能受影响地区发出警报；当水库大流量泄洪时，工程管理单位向下游有关部门和责任人提前发布泄洪预警。

姚江大闸排水预警 姚江大闸排水会影响到上下游河段的航运和水上作业安全。2016年，市政府办公厅印发《宁波市姚江大闸放水预警方案（试行）》，预警范围为大闸上游天水家园至大闸下游新江桥河段，一般情况下在开闸排水2小时前发布排水预警，水上管理和作业部门在收到预警后及时落实防御措施。

干旱预警 根据水情旱情和《宁波市区抗旱水源调度预案》，市防指分别在2011年4月、2013年8月、2015年2月发布水源干旱预警，并启动水源应急调度方案。

三、人员避险

围绕“以人为本、科学防灾”的理念和“不死人、少伤人”的目标，进入21世纪以后，“人员转移避险”逐渐成为防汛防台的有效应对措施之一，并逐渐制度化、规范化，大幅度减少人员伤亡。

2008年，浙江省人民政府第247号令发布《浙江省防御洪涝台灾害人员避险转移办法》，对遭受台风洪涝灾害威胁时，采取转移、疏散或者撤离危险区人员的工作职责、对象、时机及临时安置救助等作出明确规定。2016年，浙江省人大常委会作出《关于自然灾害应急避险中人员强制转移的决定》，针对部分群众不支持和配合转移的情形，规定对经劝导仍拒绝转移的人员，当地人民政府及有关部门可以依法采取措施，强制带离危险区域。

人员避险转移工作要求做到“责任结对、不漏一人”，从五方面逐项落实：提前排摸、确定应转移对象，并造册建档，登记联系方式，及时更新；落实结对责任人、联系人，发放明白卡，保证第一时间通知到人并组织现场转移；设定不同转移对象的启动条件，及时发布转移命令；组织好基层人员转移的动员发动，梯次转移；做好已转移人员的安置、救助和监管，防止警报解除前提前返回。

2012 年，在防御“海葵”台风过程中，宁波市从启动至解除防台风应急响应历时 162 小时，组织转移危险区各类人员共 36 万多人次，并在情况紧急时采取停工、停业、停市、停学、停运等应急措施，在强台风正面登陆时实现人员“零死亡”。2013 年，在防御“菲特”台风暴雨期间，全市安全转移危险区群众共 45 万人次，是宁波市历史上防台抗洪避险转移人数最多的一次。

第四节　洪水调度

防洪调度方案主要包括流域洪水调度方案和防洪水库控制运用计划。2016 年 11 月，市防指第一次印发《甬江流域洪水调度方案（试行）》。大中型水库、水闸的控制运用计划由各水库管理单位以上年度检查报告为基础，以水库流域洪水调度方案以及批准的水库设计防洪调度原则为依据，结合水库运行实际，每年进行编制。大型水库控制运用计划由省防指、省水利厅审查批复，中型水库控制运用计划由市防指、市水利局审查批复。

一、甬江流域洪水调度方案

2000 年以后，随着城市防洪工程、甬江防洪工程、姚江东排工程等防洪骨干工程的完工，甬江水系防洪工程发生较大变化，主要河道和沿江闸泵也得到治理，流域内新建周公宅、双溪口等大中型水库，主要江河堤防的防洪标准由过去的 10 ~ 20 年一遇提高到 20 ~ 100 年一遇。根据《甬江流域规划》《甬江流域防洪治涝规划》和流域防洪工程现状，2015 年，市防指办会同流域内市（区）防汛指挥部和浙江省水利勘测设计院在大量基础研究和实地调研基础上，第一次组织编制甬江流域洪水调度方案，以补齐流域防洪制度短板。经多次专题协调，并报省防指审查，市防指于 2016 年 11 月首次印发《甬江流域洪水调度方案（试行）》（甬防指〔2016〕15 号）。

（一）洪水调度原则

（1）坚持以人为本，依法防洪、科学合理的原则。

（2）遵循蓄泄兼筹、确保重点的原则。充分发挥现有河道的排洪作用和水库、河湖等工程的蓄洪作用。遇标准内洪水时，合理运用水库拦洪、削峰、错峰，充分利用河道泄洪，合理运用分洪闸（堰）和边界水闸等调控工程，控制运用沿江电排，确保防洪工程安全。遇超标准洪水时，适当利用河道强迫行洪，必要时采取水库滞洪、一般堤防漫顶溢流及破堤临时滞洪等非常措施，重点保护宁波、余姚、奉化等城市城区及机场、铁路、公路等重要设施防洪安全。

（3）兴利调度服从防洪调度，统筹处理好兴利与防洪以及流域防洪与区域排涝的关系，充分发挥水利工程的防洪排涝减灾综合效益。

（4）区域调度服从流域统一调度。涉及影响流域洪水调度或市际、县际关系的重要防洪工程以及分（泄）洪控制工程的调度运用，实行统一调度指挥、分级实施、统筹兼顾、团结协作、局部利益服从全局利益。

（二）江河控制水位

1. 河网控制水位

2016年宁波市主要河网控制水位情况见表3–1。

表3–1 2016年宁波市主要河网控制水位情况 单位：m

名称	高水位	中水位	低水位
上姚江	1.53	1.33	1.13
下姚江	1.33	0.93	0.73
鄞东南	1.57	1.25	0.90
鄞西	1.66	1.36	0.96
江北—镇海	1.33	1.11	0.73

2. 防汛特征水位

2001—2020年，根据沿海标准海塘和江河堤防的加固情况，宁波市防汛特征水位共进行3次核定（调整）。2011年8月，市防指印发《宁波市主要控制站防汛特征水位（试行）》（甬防指〔2011〕4号）的通知，调整全市36个主要控制站防汛特征水位。2016年6月，浙防指印发《关于公布省级重要水情站防汛特征水位核定值的通知》（浙防指〔2016〕23号）文件，公布省级重要水情站防汛特征水位核定值，宁波市核定12个站点。2020年6月，省水利厅印发《关于公布宁波市部分省级重要水情站防汛特征水位核定值（调整）的通知》（浙水灾防〔2020〕7号），公布核定（调整）姚江大闸站、宁波站、余姚站3个省级重要水情站防汛特征水位；同月，市水利局印发《关于公布宁波市部分省、市级重要水情站防汛特征水位的通知》（甬水防〔2020〕3号），对甬江流域4个相关的市级重要水情站防汛特征水位同步进行调整。2011年宁波市主要控制站防汛特征水位（试行）见表3–2，2016年宁波市省级重要水情站防汛特征水位核定见表3–3，2020年宁波市甬江流域省、市重要水情站防汛特征水位调整见表3–4。

表3–2 2011年宁波市主要控制站防汛特征水位（试行） 单位：m

类别	区域	站名	所在河流	调整前		调整后	
				警戒水位	危急水位	警戒水位	保证水位
主要水位控制站	余姚市（9个）	永思桥	姚江			2.50	3.00
		余姚	中舜江	1.80	2.10	1.90	2.40
		丈亭	姚江	1.80	2.10	1.80	2.30
		西横河上	马渚中河			2.70	3.10
		西横河下	马渚中河			2.50	3.00
		低塘上	中江			2.70	3.10
		低塘下	中江			2.40	2.90
		临山上	临浦江			3.10	3.40
		临山下	临周江			2.70	3.10

续表

单位：m

类别	区域	站名	所在河流	调整前		调整后	
				警戒水位	危急水位	警戒水位	保证水位
主要水位控制站	慈溪市（4个）	东横河堰上	东横河			2.10	2.90
		中河	虞波江			2.10	2.90
		周巷	周家路江			2.80	3.50
		师桥	高背浦			1.90	2.70
	鄞州区（4个）	姜山	姜山河			1.90	2.30
		五乡	后塘河			1.90	2.40
		黄古林	古林河			2.00	2.50
		钟家潭	樟溪			5.50	5.70
	镇海区（1个）	骆驼桥	中大河			1.60	2.00
	北仑区（3个）	小港	小浃江			1.75	2.10
		大碶	岩河			1.60	1.95
		柴桥	芦山大河			1.60	1.95
	江北区（2个）	慈城	慈江			1.60	2.20
		灵山河	灵山河			1.70	2.10
	市区（4个）	姚江	姚江	1.53	1.93	1.80	2.20
		北斗河	北斗河			1.90	2.30
		江东内河	后塘河			1.90	2.30
		江北内河	江北大河			1.70	2.10
	奉化市（5个）	大桥	县江	6.13	6.80	8.00	8.70
		方桥	县江			2.10	2.30
		江口	大浦湾闸	3.63	4.63	2.20	2.50
		溪口	剡江	16.13	17.13	18.10	18.60
		西坞（原）	居敬河	2.13	2.33	2.20	2.50
	宁海县（3个）	洪家塔	凫溪			31.30	32.80
		白溪水文	白溪			58.00	59.00
		水车	白溪			8.50	9.50
	象山县（1个）	西大河	西大河			1.80	2.30
主要潮位控制站	杭州湾（1个）	临海浦	杭州湾南			5.50	6.40
	甬江（4个）	北渡	奉化江			2.40	2.70
		宁波	甬江	2.13	2.43	2.40	2.70
		梅墟	甬江			2.40	2.70
		镇海	甬江	4.20	4.50	2.40	2.70
	沿海（4个）	毛礁	北仑港			2.50	2.80
		春晓	象山港口			2.80	3.50
		大目涂	大目洋			3.30	4.00
		鹁鸪头	岳井洋			3.50	4.30

续表 单位：m

类别	区域	站名	所在河流	调整前		调整后	
				警戒水位	危急水位	警戒水位	保证水位
主要潮位控制站	象山港（2个）	湖头渡	象山港北			3.30	3.90
		西泽	象山港南			3.30	3.90
	三门湾（1个）	胡陈港	胡陈港			3.80	4.50

表3-3 2016年宁波市省级重要水情站防汛特征水位核定 单位：m

序号	区域	河流名称	水系名称	测站名称	警戒水位	保证水位	备注
1	宁波市辖	姚江	甬江	姚江大闸	1.80	2.20	现行
2	宁波市辖	甬江	甬江	宁波	2.40	2.70	现行
3	余姚市	姚江	甬江	余姚	1.90	2.40	现行
4	奉化区	剡江	甬江	奉化溪口（三）	18.10	18.60	现行
5	奉化区	东江	甬江	西坞	2.20	2.50	现行
6	鄞州区	古林河	甬江	黄古林	2.00	2.50	现行
7	鄞州区	西槽河	甬江	姜山	1.90	2.30	现行
8	镇海区	中大河	甬江	骆驼桥	1.60	2.00	现行
9	慈溪市	中河河网	甬江	浒山	2.10	2.90	新增平原站点
10	余姚市	姚西北河网	甬江	临山	3.10	3.40	新增平原站点
11	北仑区	北仑水系	独立入海河流	大碶	1.60	1.95	新增城市站点
12	宁海县	白溪	独立入海河流	范家桥	23.00	23.6	新增城市站点

表3-4 2020年宁波市甬江流域省、市级重要水情站防汛特征水位调整 单位：m

序号	区域	河流名称	水系名称	测站名称	调整前		调整后		备注
					警戒水位	保证水位	警戒水位	保证水位	
1	宁波市辖	姚江	甬江	姚江大闸	1.80	2.20	2.00	2.60	省级站
2	宁波市辖	甬江	甬江	宁波	2.40	2.70	2.50	3.00	省级站
3	余姚市	姚江	甬江	余姚	1.90	2.40	2.10	2.60	省级站
4	海曙区	奉化江	甬江	北渡	2.40	2.70	2.40	3.40	市级站
5	宁波市辖	奉化江	甬江	澄浪堰	2.40	2.70	2.50	3.00	市级站
6	余姚市	姚江	甬江	丈亭	1.80	2.30	2.00	2.50	市级站
7	镇海区	甬江	甬江	镇海	2.40	2.70	2.50	2.90	市级站

（三）奉化江流域洪水调度

1. 大中型水库

（1）当水库水位低于20年一遇洪水位时，水库以下游河道组合流量进行补偿调节。其中：亭下水库库水位低于89.26米时，以溪口水文站控制断面组合流量393立方米每秒控制；横山水库库水位低于117.77米时，以奉化城关兴奉桥控制断面组合流量210立方米每秒控制；皎口水库库水位低于72.18米时，以钟家潭控制断面组合流量400立方米每秒控制；周公宅水库库水位低于237.12米时，控制泄量不超过280立方米每秒。鉴于水库下游过流能力已有改善，若预报后期洪水较大且下游河道汛情平稳时，亭下、横山水库可适当加大补偿调节泄量，亭下水库以溪口水文站控制断面组合流量不超过800立方米每秒（设计过流能力1280立方米每秒）、横山水库以奉化城关兴奉桥控制断面组合流量不超过500立方米每秒（设计过流能力625立方米每秒）控制。当水库水位高于20年一遇洪水位且下游河道汛情紧张时，水库下泄流量根据库水位分级控制，并在确保工程安全的前提下，根据水库承洪能力尽量滞洪，以减轻下游压力。因水库拦洪超蓄导致库区可能受淹时，当地政府要适时做好人员转移等相关工作，并做好善后处置。

（2）错峰调度。当奉化江北渡水位达到3.50米，且预报将超过4.18米（相当于20年一遇，下同），若库水位低于5年一遇洪水位并预报库区降雨小于300毫米，水库可关闸拦洪，减轻下游压力，预报库区降雨大于300毫米则水库视后续降雨酌定关闸拦洪或进行补偿调节泄洪；若库水位高于5年一遇且低于20年一遇，水库视预报库区后续降雨酌定关闸拦洪或进行补偿调节泄洪；若水库水位超过20年一遇洪水位，以确保水库防洪安全为主，兼顾流域防洪需要为辅进行洪水调度。当暴雨中心位于姚江流域，姚江防洪压力较大而奉化江汛情相对平稳时，奉化江流域视降雨和大型水库水位情况，水库可关闸错峰拦洪，以降低奉化江干流水位提高姚江大闸排水效率。

（3）皎口—周公宅水库实施联合调度，水库预泄先皎口水库后周公宅水库，且周公宅水库预泄量不超过同时段皎口水库泄量。

2. 奉化江干流

上游水库拦洪错峰后，当北渡水位超过4.18米并仍有上涨趋势时，适当利用堤防超高强迫行洪，或利用过水溢流堤岸适时溢洪。遇干流汛情紧张并可能危及堤防安全时，按先农村圩区后城镇排水顺序逐步关停沿江电排直至全停，确保干流堤防安全。

当发生超标准洪水时，要进一步强化流域统一的防洪指挥调度，局部服从全局，重点保护城市城区和机场、铁路、公路干线。当北渡水位超过4.56米（相当于50年一遇，下同）并仍有上涨趋势时，关停沿江电排；各地要加强重点堤防保护，必要时按防洪规划确定的运用原则和要求弃守支流或干流一般堤防保护区临时破堤滞洪，并视水情发展采取一切可能的分滞洪措施，控制水势，确保干流重要河段堤防安全；必要时宁波、奉化等城市城区可采取临时封堵城区周边的河道口门等非常措施，确保城市防洪安全，尽量减少灾害损失。流域内各镇乡应采取自保应急措施。

洪水期末，当奉化江干流洪水回落到设计洪水位以下时，按先闸泵排水后水库泄洪顺序退水，不得加重洪水灾害。

（四）姚江流域洪水调度

1. 大中型水库

严格按照批准的汛期控制运用计划实施水库防洪调度。当预报水库下游汛情紧张并可能危及干堤安全时，四明湖等大中型水库应在确保工程安全的前提下尽量滞洪或为下游河道洪水错峰。

2. 姚江干流

汛期内，姚江大闸按以下水位控制运用：4月16日—6月20日和8月26日—10月15日，0.83～1.03米；6月21日—8月25日，1.13～1.33米。蜀山大闸控运水位1.13～1.33米。

洪水前期，姚江干流及主要平原河网预排水位原则上按低水位控制。当姚江大闸开闸预排时，蜀山大闸全开。

当余姚站水位超过3.13米（相当于20年一遇，下同）并仍有上涨趋势时，尽量扩大涝水北排。当余姚站水位达到2.90米且预报超过3.13米时，通明闸的调度运用由余姚市防汛防旱指挥部商有关市、区提出意见，或报经宁波市防指，由浙江省防汛防台抗旱指挥部负责协调，酌情减少下泄流量。遇姚江干流汛情紧张并可能危及堤防安全时，按先农村圩区后城镇排水顺序控制姚江干流沿江电排直至全停，以确保城市城区和干流堤防安全。

当发生超标准洪水时，要进一步强化流域统一的防洪指挥调度，局部服从全局，重点保护城市城区和铁路、公路干线；应打开流域内各排水通道，尽可能加大北排泄流能力；当余姚站水位超过3.43米（相当于50年一遇，下同）并仍有上涨趋势时，有序关停沿江电排；各地要加强重点堤防保护，适当利用堤防超高强迫行洪，必要时按防洪规划确定的运用原则和要求弃守一般堤防保护区临时破堤滞洪，并视水情发展采取一切可能的分滞洪措施，控制水势，确保干流重要河段堤防安全；必要时宁波、余姚等城市城区可采取临时封堵城区周边的河道口门等非常措施，确保城市防洪安全，尽量减少灾害损失。流域内各镇乡应采取自保应急措施。

若暴雨中心位于奉化江流域，奉化江防洪压力较大时，姚江流域视降雨和姚江大闸闸上水位情况，姚江大闸可关闸错峰。

洪水期末，当姚江干流洪水回落到设计洪水位以下时，按先闸泵排水后水库泄洪顺序退水，不得加重洪水灾害。

（五）边界水闸运用

洪水期间，虞北片上河区与余姚边界水闸（包括蒲前闸、沈梁闸、岑仓闸等）关闭，以保证上虞上河区涝水直接外排至曹娥江和杭州湾；虞北片中河区与余姚边界水闸（包括长坝闸、牟山闸等）在洪水期间可开闸泄水，须遵守《关于余姚、上虞边界水利矛盾及姚江流域治理等有关问题处理意见的通知》（浙政发〔1990〕59号）要求，并服从流域性防洪调度。

姚江上游"西排"工程建成前，当余姚站水位达到2.90米且预报超过3.13米时，通明闸的调度运用由余姚市防汛防旱指挥部商有关市、区提出意见，或报经市防指，由浙江省防汛防台抗旱指挥部协调，酌情减少下泄流量，并服从流域性防洪调度。

当骆驼桥水位不超过1.80米时，化子闸开闸泄水保持排水畅通；当骆驼桥水位超过1.80米时，应遵守有关协议执行控制运用，并服从流域性防洪调度。

（六）沿江电排

奉化江、姚江沿江电排对干流河势和堤防安全有较大影响，要按照流域防洪规划确定的运用原则和要求有序调度运用。

当北渡水位超过4.18米且仍有上涨趋势时，原则上奉化江干支流沿江农村圩区电排停止排水，城市城区电排酌定控制运用；当北渡水位超过 4.56 米且仍有上涨趋势时，奉化江干支流各沿江电排停止排水。

当余姚站水位超过 3.13 米且仍有上涨趋势时，原则上姚江沿江农村圩区电排停止排水，城市城区电排酌定控制运用；当余姚站水位超过 3.43 米且仍有上涨趋势时，姚江各沿江电排停止排水。

（七）调度权限

甬江流域的洪水调度按现行防洪工程分级管理体制，实行统一调度指挥，分级实施。市水利局负责周公宅水库、姚江大闸和宁波城区沿江闸泵的运行调度，协调和监督其他工程的运用调度。流域内各区（县、市）按职责编制各自分管的防洪工程调度方案并组织实施。

大中型水库的常规防洪调度按现行管理权限分别由市和有关区（县、市）负责；横山、亭下、皎口、周公宅等大型水库拦洪超蓄或为干流洪水错峰等应急调度，由市防指商有关区（县、市）决定；四明湖水库错峰、滞洪等应急调度由余姚市负责。必要时，大型水库和防洪重点中型水库由省防指和市防指直接调度。

宁波市三江河道管理局（2019 年 4 月更名为宁波市河道管理中心）管理的闸泵由宁波市水利局负责调度运用，其他由区（县、市）管理的闸泵，其调度运用由属地负责，并服从流域洪水调度总体安排。

在非常情况下，为保护重点区域和维护大局安全，采取弃守一般堤防保护区或临时破堤滞洪以及其他可能的应急分洪滞洪等非常紧急措施，由市防指商有关区（县、市）决定，重大问题由市防指商有关区（县、市）后提出意见，报市人民政府决定。

遇特殊情况，市防指根据流域防洪情势和本方案的原则，可以直接对流域内江河、水库、水闸等水利工程实施调度指挥，区（县、市）防指及工程管理单位必须执行指令。

二、调度典型案例

（一）2013年“菲特”台风洪水调度

2013 年 10 月 7 日凌晨 1 时 15 分，强台风“菲特”在福建省福鼎一带沿海登陆。台风影响前（10 月 5 日），32 座大中型水库蓄水量 7.12 亿立方米，占控蓄水量 71%，水位均处汛限水位以下，平原河网水位均处中水位。气象部门预报，台风过程降雨主要集中在中南部及西部山区，雨量 100 ~ 200 毫米，局部 300 毫米以上；其他地区雨量 60 ~ 100 毫米，局部 150 毫米以上。根据降雨预报和承洪能力分析，白溪、西溪水库采用 24 小时满负荷发电进行预泄、平原河网按低水位预排。

同月 5 日开始，白溪、西溪水库按要求实施预泄；到台风影响前，白溪、西溪水库水位分别从 163.35 米、143.47 米降至 162.86 米、143.18 米，共预泄 220 万立方米。同日下午，平原河网按要求进行预排，排水总量近 1000 万立方米，其中，鄞西河网从 1.40 米降至 1.10 米、鄞东南从 1.20 米降至 1.0 米以下、江北镇海从 0.90 米降至 0.80 米左右、余姚水位从 1.35 米降到 0.95 米，姚江大闸水位降至 0.72 米左右。

1. 水库调度

白溪流域　预报“菲特”降雨主要集中在中南部和西部山区，因此对白溪流域洪水调度十分关注。鉴于下游水车断面过流能力有限，且受潮位顶托影响明显，在台风影响时，对水车断面高潮位时间、遇高潮时的过流能力和水库安全泄量作详细分析后，对白溪、西溪水库进行错潮调度。降雨开始后，白溪水库从10月7日开启3孔泄洪闸、开度2.3米，其间遇下游受高潮顶托影响最明显的3小时闸门开度调至1.0米，水库于8日9时35分关闸，共计泄洪33.5小时。白溪水库过程拦蓄水量2532.50万立方米。入库洪峰流量1465立方米每秒，过程最大下泄流量750立方米每秒，削峰比48.8%，最高水位达到171.40米。

周公宅—皎口水库联合调度　由于“菲特”登陆后遇冷空气而发生强降雨，水库水位持续快速上涨，在后期降雨预报不明朗的情况下，专家组对水库可能来水进行详细分析，认为若继续不泄洪水库可能出现后期大流量泄洪的风险，甚至可能发生水位超过设计值而威胁大坝安全。10月7日晚，市防指及时向市政府提出紧急报告，请求适时适量对周公宅—皎口水库进行泄洪。当日深夜，市长召集鄞州区及相关部门负责人紧急会商，在权衡大坝安全风险和下游洪灾实况后，决定在避开下游高潮时间的状况下，皎口水库按280立方米每秒流量进行补偿调节，尽最大努力减少对下游内涝的影响。

周公宅水库自10月8日0时30分开闸泄洪至9日6时关闸，皎口水闸自8日0时50分启闸泄洪至9日11时关闸，皎口水库泄洪过程平均流量均小于280立方米每秒。台风期间，周公宅水库面雨量达546毫米，共拦蓄洪水4334万立方米，最高水位升至234.35米；皎口水库面雨量575毫米，共拦蓄洪水5702万立方米，最高库水位升至72.15米。两库均创建库以后最高水位。

2. 河网调度

台风影响过程中，河网沿江、沿海水闸和泵站均全力候潮启闸排水。自10月7日起，姚江大闸开启36孔24小时候潮排水。其间，除7日12时50分—14时因下游潮位影响关闸外，姚江大闸一直全开排水，最大排水流量达600立方米每秒。8日14时15分，姚江大闸站水位升至2.94米，超过保证水位0.72米。至10日10时，姚江大闸累计开闸80多小时，排水1.31亿立方米。

3. 紧急防汛期流域应急调度

由于台风过境时与冷空气遭遇，甬江流域强降雨持续不减，累计雨量达400毫米以上。流域内5座大型水库和16座中型水库全部超过汛限水位，其中皎口、周公宅、四明湖水库超过历史最高水位，15座大中型水库超过正常蓄水位，尤其是余姚梁辉水库最高水位超过设计洪水位0.67米；流域内平原河网水位全部超警，普遍超过保证水位，内涝十分严重，尤其是余姚城区70%面积受淹，灾情特别严重。面对严峻汛情与灾情，8日5时，市委、市政府召集紧急会议听取市防指报告，决定于8日7时启动一级应急响应并发布全市进入紧急防汛期命令。

面对流域性特大洪水，报请市政府同意，市防指决定实行甬江流域洪水应急调度。主要措施：尽最大可能控制水库下泄。9日上午，市防指决定流域内大中型水库除溢洪道无闸控设施的，全部暂时闭闸泄洪，减轻下游内涝压力；姚江流域实施跨区域排水统一调度。市防指命令余姚七塘横江闸5孔闸门全开，利用引曹北线通道，通过慈溪市和杭州湾新区出海排涝闸全力排水；全部开启江北慈江闸和镇海化子闸，通过姚江东排通道，由澥浦大闸、新泓口闸和清水浦闸等全力排水；适时关闭奉化江沿江闸泵，为姚江大闸排水创造有利条件；统一调控姚江沿岸泵站电排，保姚江干流堤防安全。

（二）2015年“灿鸿”台风洪水调度

2015 年 7 月 11 日 16 时 40 分，强台风“灿鸿”在浙江省舟山朱家尖登陆。

1. 水库河网预排预泄

台风影响时逢梅雨末期，通过对梅季雨水情、台风降雨预报和承洪能力的分析，拟定在台风影响前按大型水库 300 毫米以上、中型水库 200 毫米以上的承洪能力进行预泄，平原河网预排至最低水位。7 月 7 日开始水库陆续预泄，至同月 10 日 19 时 32 座大中型水库共预泄 2.0 亿立方米，水库蓄水量降至 7.78 亿立方米，占梅汛期控蓄水量的 70%。平原河网自 7 月 6 日起预排，至 10 日下午鄞西河网的水位从 2.10 米降至 1.50 米、鄞东南的从 2.10 米降至 1.40 米、江北镇海的从 2.10 米降至 1.30 米、余姚的从 2.50 米降到 1.60 米、下姚江的降至 1.40 米左右。7 日 8 时—10 日 19 时，甬江流域预排 1.9 亿立方米，其中姚江大闸排水 1.11 亿立方米。台风来临前，周公宅水库的水位 219.25 米，通过满负荷发电预泄；9 日 11 时开始皎口水库由泄洪洞预泄，最低水位降至 57.76 米，低于起调水位 2.42 米；至 10 日 23 时 30 分，受台风影响下游出现较高水位时，泄洪洞关闭。

2. 水库调度

在台风影响过程，周公宅—皎口水库拦洪削峰，7 月 11 日 6 时周公宅水库水位超过溢洪道堰顶，根据降雨预报分析，如不适时下泄，水位可能超过 20 年一遇洪水位。11 日 11 时起，周公宅水库以 80 立方米每秒下泄。由于库区持续降雨，水位迅速上涨，13 时周公宅水库下泄流量增至 120 立方米每秒，15 时调至 280 立方米每秒。11 日 21 时，气象部门预报库区内后续仍有 30 ~ 50 毫米降雨，根据预报分析，如皎口水库不适时下泄，可能超过设计洪水位。此时，监测到钟家潭断面流量约 150 立方米每秒，下游区间洪峰已过有条件补偿调节。市防指命令皎口水库自 11 日 22 时起以 150 立方米每秒泄洪。之后，随着下游区间来水量继续减少，皎口水库水位持续上涨；12 日 1 时 30 分，皎口水库开启 2 孔泄洪闸泄洪，且钟家潭断面未超过 400 立方米每秒安全泄量。根据皎口水库承洪压力，周公宅水库开始减小下泄流量，12 日 4 时关闭 2 孔闸门，下泄流量降至 90 立方米每秒。在泄洪过程中，周公宅—皎口水库均按小于 280 立方米每秒和钟家潭断面不超过 400 立方米每秒流量进行调度。最终，周公宅最高水位达到 235.04 米，皎口最高水位达到 72.32 米，两库均创建库以后最高水位。

3. 河网调度

台风影响期间，平原河网虽全力候潮排水，但受之前梅雨影响，河网水位下降缓慢。台风影响前，姚江水位虽已降至警戒水位以下 0.30 ~ 0.40 米，但台风影响期间姚江水位迅速上涨。市防指命令 7 月 11 日 0 时起奉化江上游水库停止下泄，为姚江排水提供有利条件；同时报告省防指，提出对通明闸进行控制，11 日 19 时通明闸关闭，至 20 时 30 分时姚江大闸全部启闸后，12 日 0 时通明闸开启，且排水量控制在 50 立方米每秒。其间，姚江东排一直启闸排水，7 月 7—12 日化子闸过闸水量累计达2500万立方米。

（三）2019年“利奇马”台风白溪水库洪水调度

2019年8月10日1时45分前后，超强台风“利奇马”在浙江省温岭一带沿海登陆。

白溪水库自8月6日8时30分起24小时双机发电，至8日11时，水库水位166.22米，开闸预泄，初始下泄流量100立方米每秒；11时30分，下泄流量调为200立方米每秒；9日2时5分，水位降至163.50米，11时25分，水库降至162.79米，保持泄洪闸开度。

随着台风影响增强，白溪水库上游降雨持续加大。7月9日3时开始洪水入库，水库调度转入实时调洪阶段。综合分析下游行洪能力和潮水顶托因素，采取避潮错峰、拦洪削峰等措施，动态调整水库泄洪流量。9日21时，入库流量1290立方米每秒，水位从12时162.80米升至166.12米。考虑到下游越溪乡避潮要求，水库控制下泄流量300立方米每秒，退潮后逐步加大水库下泄。至23时，水库水位升至167.41米，下游已开始退潮，水库下泄流量增至450立方米每秒。到10日1时，库区累积雨量达260毫米，气象部门预报后期可能仍有200毫米以上、部分地区300毫米降雨。市水利局决定水库下泄流量控制上限调至800立方米每秒，水库逐步将出库流量调至600立方米每秒和700立方米每秒。

7月10日3时，白溪水库过程雨量累计达330毫米，水库水位涨至170.08米，气象预报后期仍有暴雨到大暴雨，局部地区降雨量在200毫米以上。水文站预报，白溪水库在未来3～4小时内可能出现洪峰，流量达1800立方米每秒以上（实测洪峰1930立方米每秒）。经综合分析，认为如果按最高控制水位173.00米和173.50米调算，后期出库流量必须分别增加至1300立方米每秒和1250立方米每秒以上。4时55分，水库下泄流量调至1200方每秒，此时库水位已升至172.16米。10日10—11时出现第三个洪峰，流量达1491立方米每秒；11时15分，水库水位升至173.43米，突破20年一遇水位173.42米。此时，台风过程库区累积雨量已达462.5毫米，且气象部门预报后期仍有持续暴雨过程。11时30分，水库泄洪流量提至1340立方米每秒；11时25分，水库水位升至最高173.46米，过后水位开始小幅消落；13时，水位降至173.29米。为减轻下游影响，水库下泄流量调至1200立方米每秒，15时10分；水库下泄流量再调至1000立方米每秒；16时10分；水库下泄流量调至600立方米每秒，21时15分；水库下泄流量再调至400立方米每秒；后续至11日10时，水库维持400立方米每秒流量控泄；11日上午，库水位降至167.34米，10时关闭闸门，停止泄洪。

第五节　抢险救灾

抢险救灾由市防指负责指挥调度，为台风洪涝灾害抢险需要，各级基层防汛组织建立相应的抢险救援队伍和物资准备，设置区（县、市）、镇乡、村三级避灾安置场所；2014年建立公共巨灾保险制度。2019年机构改革后，市防指职能划至市应急管理局，水利部门负责水利工程抢险的技术支撑工作，物资储备保留水利工程抢险需要。

一、抢险队伍

根据防汛抢险救灾的任务要求，市和区（县、市）及基层防汛组织建立以专业抢险队伍为核心、非专业队伍和群众队伍相结合的防汛抢险队伍。一般情况下，由军分区牵头以预备役民兵为骨干的水上救援队伍、以武警宁波市支队为骨干的综合抢险队伍、以协议方式委托水利施工企业代建并结合水利技术力量组建的水利专业抢险队伍，由市防指直接负责抢险调度。东海舰队作为执行急难险重任务的主要依靠力量，经常应当地政府的请求参加抢险工作。水利、渔业、海事、国土、公安、交通、城管、电力、电信、卫生等防指成员单位分别组建行业防汛抢险队伍，各级防指及成员单位还组织以行业专家和技术骨干为主的防汛抢险专家库，以提高防汛抢险的技术水平和决策水平。

镇乡（街道）主要以整合民兵、派出所、城建、消防等力量组建抢险队伍，村级主要以村两委人员和青壮年劳力组建，社区以小区物业人员为主组建。

据统计，2018 年年底全市各类防汛机动抢险队共有 5938 人。

二、物资储备

2009 年，市水利局向市发改委报送《关于要求审批宁波市防汛应急抢险队伍和水上演练暨防汛抢险物资储备基地工程项目建议书的函》，同年 9 月市发改委批复同意立项，选址在江北湾头大桥东侧。2010 年 9 月市发改委以甬发改审批函〔2010〕2014 号批复初步设计，总建筑面积 4237 平方米，总投资 3200 万元。2011 年 4 月动工建设，2012 年 8 月完工并投入使用，2014 年 10 月通过竣工验收。

根据《浙江省防汛物资储备定额》，2011 年市防指办编制《宁波市市本级防汛抢险物资储备规划》，规划储备包括抢险物料、救生器材、小型抢险器具、排涝抗旱设备和特种装备等防汛物资，估算总价值 450 多万元，分 3 年采购入库。由于 2013 年“菲特”台风调用大批储备物资后需要补充，2012—2014 年实际共采购 568 万元储备物资入库。2018 年年底全市各级水行政主管部门及直属水工程管理单位储备有各种防汛物资 9 大类 46 个品种，总价值达 2539 万元。2019 年年底，市防汛物资仓库储备有包括袋类、布膜类、救生器材类、舟艇类、物料类、机具类、照明及通信报警类、抢险工具设备及备品配件等物品，总价值 447.1 万元。为规范防汛物资储备管理，制订《宁波市市级防汛抗旱物资储备管理办法（试行）》等制度以及物资采购、验收、保养、更新、调拨等操作规程。

三、避灾场所

随着“综合减灾示范社区”创建活动的持续开展，利用学校、影院、体育馆、农村社区服务中心、镇乡敬老院等公共场所和单位，建立覆盖全市的县、乡、村三级避灾安置点。2016 年，对全市登记备案的避灾安置场所的房屋质量、地质情况等开展“拉网式”安全隐患排查，对存在安全隐患的安置点进行整改或取消弃用。据市民政局统计，2018 年全市有避灾中心（点）2037 个，建筑总面积286万余平方米，可以临时安置受灾群众68万人。其中，镇乡（街道）避灾点设置率达100%，行政村（社区）避灾安置点设置率达66%。实现全市地质安全隐患点所在的村、社区的避灾安置服务保障全覆盖。

四、公共巨灾保险制度

2014年11月，宁波市建立公共巨灾保险制度，这是宁波市通过现代金融保险手段提高应对重大灾害风险能力的一个创新举措。公共巨灾保险按照“广泛覆盖、基本保障、市场化运作、循序渐进”的原则，市财政首年出资，向保险机构购买总保额为6亿元的灾民救助保险，按规定凡在宁波市行政区域内因台风、强热带风暴、龙卷风、暴雨、洪水和雷击等自然灾害及其引起的突发性滑坡、泥石流、水库溃坝、漏电和化工装置爆炸、泄漏等次生灾害造成人员伤亡或家庭财产损毁时，灾民均可获得一定额度的救助赔偿。从2016年起，宁波市财政投入保费增加到5700万元，使巨灾保险总额度增加到7亿元（其中，因台风、暴雨和洪水等自然灾害及其次生灾害造成的人身伤亡抚恤保险3亿元，居民家庭财产损失救助保险3亿元，因突发重大公共安全事件造成的人身伤亡抚恤保险1亿元），并进一步规范巨灾理赔启动机制。2016年市政府出资600万元，支持保险机构引入现代测绘技术，在全国率先创建水灾远程核灾定损理赔管理系统，并首期选取鄞州、江北、奉化、余姚等地近年受淹比较严重的560个行政村、32.5万户居民家庭先行建设，以实现巨灾保险快速、精准定损、理赔。

2015—2016年，宁波市启动大面积巨灾理赔4次，保险机构向16.5万户受灾居民支付救助理赔款约9500万元。其中，2016年因第14号台风“莫兰蒂”和第17号台风“鲇鱼”造成洪涝灾害，保险机构对28151户受灾家庭支付巨灾理赔款约1600万元。

第六节　山洪灾害防治

2010年，国家和浙江省级水利、财政、国土、气象部门联合作出部署，开展山洪灾害防治县级非工程措施项目建设，主要建设内容包括水雨情监测系统、预警系统、县级监测预警平台、群测群防和气象部分，计划用3年时间实施，初步建成县级山洪灾害防治区的非工程措施体系，提高山洪灾害防御能力。2010年9月，省防指印发《山洪灾害防治县级非工程措施建设若干意见》，宁波市宁海、奉化、象山、鄞州、余姚、北仑6个区（县、市）被列入国家规划实施县。与此同时，市防指要求有山洪防治任务但未列入国家规划的慈溪、镇海、江北和东钱湖、大榭5个区（市）按照省防指确定的建设内容、标准与要求同步开展项目建设。2010年10月，市防指作具体部署，明确责任、目标与任务；2011年年初，市防办组织专家对各地“实施方案”进行审查，全市项目建设总投资5402万元，其中列入国家规划实施县的投资4097万元、其他1305万元。2013年12月，省防指组织对宁波市列入国家规划实施县的项目建设进行专项测试和验收。2014年，国家和省继续实施山洪灾害防治项目建设，主要内容是山洪灾害防治体系的完善提升和重点山洪沟治理。宁波市对列入国家规划实施县的项目建设投资 4233 万元，安排中央补助 2625 万元。

一、山洪灾害影响调查评估

据实地调查与评估，宁波全市有山洪灾害影响的小流域（溪坑）共 568 条，受山洪灾害影响的镇乡（街道）共 100 个，防治区人口 209.42 万人。其中，受威胁的镇乡（街道）81 个，人口 29.47 万人，占防治区总人口的 14.07%；防治区内共涉及 1623 个村，其中划定为危险区的村 632 个，房屋 111776 间，人口 10.62 万人，占防治区总人口的 5.07%。

二、山洪灾害防治县级非工程措施建设

山洪灾害防治县级非工程措施项目点多面广，涉及水文、气象、地质、通信、社会管理等多个专业，主要面向镇乡、村。全市累计投资 5400 万元，其中中央补助 1200 万元，市级财政配套 1800 万元，项目建设如期完成。通过项目建设，全市新建和改造自动监测站 136 处、简易监测站 791 处、监控视频通信设备 914 个、报警设施设备近 3000 台套；建成县和重点镇乡的山洪灾害监测预警平台，提高基层防汛信息化水平；编制修订县、乡、村防御预案 600 多件，制作警示牌、转移指示牌、宣传栏 4000 多块，发放宣传册、明白卡 8 万多份；各地还组织开展各类宣传、培训和演练活动。

历时 3 年多的项目建设，因地制宜建立群策群防和专群结合的山洪灾害防治体系，填补山洪灾害监测预警系统空白。同时，延伸和扩展防汛会商指挥系统，提升基层防汛防台决策指挥和应急处置能力。

第四章　防洪治涝

宁波江海交汇，因水而物华天宝，却也因水而时常罹难遭灾。面对水患，市委、市政府一以贯之，大力抓水利基础设施建设。2001—2020 年，全市防洪治涝工程建设再提速，除继续在干支流建库滞洪外，相继实施城市防洪、甬江防洪、强塘工程、治水强基、流域治理“6+1”工程等重大水利建设专项，甬江流域开展大规模的堤防加固和河道整治，通过置闸建泵提高干流行洪和扩排能力，一大批水利设施随之升级换代。在补齐工程短板的同时，水利工程建设逐步从传统工程水利向环境水利、生态水利转变，工程设计更加注重与生态环境的和谐。

2000 年以后，宁波水利建设投入持续增加，采取“蓄、挡、疏、分、导、排”相结合的措施，以“水库、河道、堤防、闸泵、管网”为主体的防洪排涝工程体系不断完善。至 2020 年，“三江”干流的堤防基本按规划达到防洪（潮）标准，宁波城市防洪标准达到 100 年一遇，县（市）城区达到 50 年一遇，山区小流域穿镇过村段普遍进行防洪治理，重要平原排涝能力接近 10 ～ 20 年一遇，整体防洪减灾能力明显提升。

第一节　城市防洪工程

根据第十次省党代会作出的建设全省高标准城市防洪工程体系的决策，1999 年 12 月 7 日，省政府发出《关于加强城市防洪工程建设的通知》，提出从 2000 年开始，用 3 ~ 5 年时间使全省有防洪任务的县以上城市的防洪能力达到 50 ~ 100 年一遇标准。2000 年 1 月在丽水召开的全省农村工作会议上，省政府与相关市、县政府签订城市防洪工程建设目标责任书，各地掀起城市防洪工程建设热潮。宁波市区按 100 年一遇，余姚、奉化、宁海城区按 50 年一遇防洪标准进行建设，并被列入全省百城防洪工程建设目标任务。同年，市政府专门成立城市防洪工程建设领导小组，市政府与相关区（县、市）签订城防工程建设目标责任状，落实城市防洪市、县长负责制，实行建设目标责任考核。市级有关部门按照职责分工，由市水利局负责归口行业管理和业务指导，市计划委员会负责综合协调，市城建、财政等有关部门按职责配合协助。同时，有关部门制定规划设计、项目审批、投资安排、资金筹措和建设管理等相关规定，通过制度上保障，机制上协同，做到有章可循。

一、宁波城区防洪

宁波城区防洪江岸包括奉化江、姚江的市区河段及汇聚的三江口和甬江全河段（招宝山大桥止）岸堤，统称宁波城市“三江六岸”。因此，宁波城市防洪工程又称宁波市城市“三江六岸”防洪整治工程。旧时，“三江六岸”有石堤或土堤御潮挡洪，少量有以房墙或道路代堤，堤身结构型式各异，质量不一，防洪（潮）能力只有 20 年一遇左右。在 20 世纪 80 年代中期—90 代中期，虽然进行以拆违清障为中心的专项整治，但由于堤防未有系统治理，加之沿江地势低洼，城区内河仅靠沿江水闸向外江候潮排水或以布设在低洼地段的一些小型泵站排水，一旦遭遇台风暴雨或外江高潮经常积水成涝，甚至出现咸潮倒灌，城市防洪御潮能力甚低，与城市发展不相适应。

（一）规划

早在 1993 年市水利局就部署开展甬江防洪规划编制工作，1996 年 10 月市政府批复《甬江防洪规划》《甬江干流堤线规划》。1998—1999 年，市水利局编制完成《宁波市甬江奉化江余姚江城区堤防工程可行性研究报告》《宁波市“三江六岸”城市防洪堤岸工程实施方案》。

依据规划，宁波市城市“三江六岸”防洪整治工程（以下简称宁波市城防工程）实施范围为：甬江干流自市区三江口至镇海招宝山大桥 25.6 千米，奉化江自市区三江口至杭甬高速公路奉化江桥 6.06 千米，姚江自姚江江北大桥至市区三江口 5.70 千米，合计 37.36 千米，两岸堤线总长 72.5 千米。建设责任主体涉及市本级和海曙、江东、江北、鄞州、镇海、北仑 6 个行政区以及宁波市科技园区（后称宁波国家高新区）。继后，随着城市规划区向周边快速延伸扩展，依据《宁波城市总体规划（2004—2020）》，宁波市城防工程实施范围作相应调整，即奉化江由原杭甬高速公路奉化江桥向上游延伸至鄞州大桥，姚江由原江北大桥向上游延伸至机场路（青林湾大桥）。

从城市快速发展的需要出发，宁波市城防工程分为中心城区和非中心城区两部分。其中：中心城区段范围为甬江干流自常洪隧道以上、奉化江自铁路大桥以下，姚江自姚江大闸以下，合计河长22.7千米；其他河段为非中心城区段。宁波市城防工程设防标准确定为100年一遇，建设内容包括防洪堤、护岸墙、水闸、沿岸绿化及相应配套设施等。防洪堤结构分为堤岸分离和堤岸合一两种型式，少数岸段因拆迁困难采取防洪墙临时封闭措施。堤防护岸墙及行洪带高程为姚江河段2.43米，奉化江河段2.63米，行洪带宽为10 ~ 25米；防洪堤堤顶高程中心城区段考虑与城市景观相协调，为4.13米；非中心城区段按4.63米建设。

（二）工程建设

1998—1999年，宁波市“三江六岸”城市防洪工程试验段建设开始。1999年3月，市发改委以甬计农〔1999〕77号文向市政府请示。同年9月12日，市政府发文《关于实施宁波市“三江六岸”防洪整治工程若干问题的通知》（甬政发〔1999〕188号），对城市“三江六岸”防洪工程名称、整治范围、设计标准及中心城区段建设主体予以明确。

2000年1月，省政府与宁波市政府签订城市防洪建设目标责任书，从此防洪工程建设力度加大。宁波市城防工程建设采取统一规划、分级负责、分期实施。其中：中心城区段由市本级负责实施，具体分工由水利部门负责堤岸及水下工程，城建部门负责岸上道路、绿化及其他市政设施；非中心城区段按属地原则分别由海曙、江北、江东、鄞州、镇海、北仑等6个行政区和宁波科技园区负责实施，建设经费由市级财政补助。具体补助政策：海曙区、江东区、江北区和宁波科技园区段建设资金由市财政补助总投资的2/3；镇海区、北仑区、鄞州区由市财政补助工程部分投资的2/3和政策处理费的1/3。

为进一步规范城防工程建设管理，宁波市水利、计划、建设、财政等部门制定并印发建设管理办法。建设项目全部执行工程项目法人制和招标制，实行工程建设监理制和质量监督制。

宁波市城防工程建设规模大，投资超过10亿元。自1999年7月奉化江右岸江东南路段和左岸文化中心段开始建设，除甬江左岸港埠公司至常洪隧道、姚江湾头等少数岸段因工程拆迁或城市规划待建等采取临时封闭措施外，到2006年年底，基本完成建设目标任务，累计建成“三江六岸”堤防90.88千米。同时，新建（重建）洋市中心闸、印洪碶闸、老杨木碶闸、甬新闸、界牌碶闸、王家洋闸、铜盆浦闸、大石碶、道士堰闸、澄浪堰闸、行春碶闸、庙堰碶闸共12座中型水闸。2006年宁波市城区防洪工程（奉化江）（姚江）（甬江）建设情况见表4–1~表4–3。

表4–1　2006年宁波市城区防洪工程（奉化江）建设情况

河段		起点	终点	堤长 /km	堤顶设计高程 /m
鄞州大桥—长丰桥	左岸	鄞州大桥	中华纸业	3.42	4.53 ~ 4.63
		中华纸业	高速桥	2.45	4.43
		高速桥	星河湾	1.71	4.43
		星河湾	长丰桥	1.19	4.33
		小计		8.77	

续表

河段		起点	终点	堤长 /km	堤顶设计高程 /m
鄞州大桥—长丰桥	右岸	鄞州大桥	铜盆浦	1.5	4.53 ~ 4.63
		铜盆浦	鄞县大道	1.18	4.53
		鄞县大道	华侨城	1.48	4.53
		华侨城	芝兰桥	2.78	4.43
		芝兰桥	长丰桥	1.73	4.33
		小计		8.67	
长丰桥—宁波三江口	左岸	长丰桥	兴宁桥下	1.47	4.13 ~ 4.33
		兴宁桥下	三江口	2.14	4.13
		小计		3.61	
	右岸	长丰桥	兴宁桥	1.7	4.13 ~ 4.33
		兴宁桥	江夏桥	1.89	4.13
		江夏桥	甬江大桥	0.47	4.13
		小计		4.06	
合计				25.11	4.13 ~ 4.63

表 4-2　2006 年宁波市城区防洪工程（姚江）建设情况

河段		起点	终点	堤长 /km	堤顶设计高程 /m
青林湾大桥—姚江大闸	左岸	青林湾大桥	姚江大闸	3.5	3.63
	右岸	青林湾大桥	华辰大桥	2.68	3.63
姚江大闸—新江桥	左岸	姚江大闸	永丰桥	1.51	4.13
		永丰桥	解放桥	1.42	4.13
		解放桥	新江桥	0.81	4.13
		小计		3.74	
	右岸	华辰大桥	解放桥	2.39	3.63
		解放桥	新江桥	0.94	3.63 ~ 4.13
		小计		3.33	
合计				13.25	3.63 ~ 4.13

表 4-3　2006 年宁波市城区防洪工程（甬江）建设情况

河段		起点	终点	堤长 /km	设计堤顶高程 /m
甬江大桥—明州大桥	左岸	甬江大桥	白沙公园	1.44	4.13
		白沙公园	普丰贸易	1.11	4.13
		普丰贸易	常洪隧道	3.2	4.13
		常洪隧道	宁波大学西	3.29	4.43 ~ 4.63
		宁波大学西	宁波大学东	2.24	4.63

续表

河段		起点	终点	堤长 /km	设计堤顶高程 /m
甬江大桥—明州大桥	左岸	宁波大学东	明州大桥	0.91	4.63
		小计		12.19	
	右岸	甬江大桥	印洪碶闸	4.1	4.13
		印洪碶闸	常洪隧道	0.99	4.13
		常洪隧道	杨木碶	0.31	4.43
		杨木碶	明州大桥	6.56	4.43 ～ 4.63
		小计		11.96	
明州大桥—招宝山大桥	左岸	明州大桥	海港公司	1.84	4.63
		海港公司	清水浦大桥	1.2	4.63
		清水浦大桥	镇海电厂	2.08	4.63
		镇海电厂	涨鑑碶	1.44	4.63
		涨鑑碶	镇海排水公司	2.29	4.63
		镇海排水公司	招宝山大桥	4.82	4.33 ～ 4.63
		小计		13.67	
	右岸	明州大桥	华生国际	3.1	4.63
		华生国际	甬石旺泰	1.61	4.63
		甬石旺泰	招宝山大桥	9.99	4.63
		小计		14.7	
合计				52.52	4.13 ～ 4.63

（三）成效

宁波市城防工程的建成大大提高城区防洪御潮能力，使城区内“三江六岸”堤防达到百年一遇防洪标准，基本摆脱洪水大潮的威胁。如在应对 2012 年“海葵”强台风和 2013 年“菲特”台风大洪水时，成功挡大洪高潮于堤外。同时，宁波城防工程建设，突出高标准防洪与旧城改造规划相衔接，与高品位城市建设相结合，集防洪、城建、市政、交通、园林、景观、文化、旅游等功能于一体，推行以防洪为主体的堤、城、路、景、文、游等综合整治，实现水与城相融、水与人和谐之境界。在江北外滩、宁波大剧院等景观河段采用人行道翻板式防汛墙、玻璃式防汛护栏等办法，既不影响防洪封闭，又兼顾游人观景和行走方便。

针对城市防洪工程建设巨额资金需求与压力，探索工程建设新路子，一手抓政府扶持，一手抓市场化融资。各地以水利投资公司、城市投资公司等国有企业主体作为建设项目法人，通过兴建城防工程提升周边地价促进城建开发等办法，探索应用市场机制进行融资解决工程建设资金短缺问题，创新形成“以政府为主导和市场化运作相结合”的筹资方式，探索公益性水利基础设施建设筹资还贷机制和水利建设滚动式发展的新路子。

二、余姚城市防洪

余姚南部是山地丘陵，北部为滨海平原，城区地处低洼的姚江平原，姚江干流穿城区而过，且有数条南北支流汇入姚江。无论是南部山区或北部平原发生暴雨洪水，最终洪水都汇入姚江，依江而建的余姚城区极易外洪内涝。2001 年，余姚市动工兴建城市防洪工程，主要建设任务由最良江拓浚、中山河整治、城区水闸迁建和城区内河堤防加固等组成。到 2006 年余姚城防工程基本完工，完成投资 4.98 亿元。

（一）最良江整治

最良江是姚江进入余姚城区的重要支流，自兰墅桥入口至郁浪浦再与姚江干流汇合。整治前最良江河长 5.5 千米，河宽不足 30 米，狭长弯曲、淤积浅涩、水草丛生、行洪不畅。

最良江整治工程是余姚城市防洪的骨干项目，以城市防洪为主，结合杭甬运河同步建设。工程设计防洪标准 50 年一遇，Ⅳ级航道。建设内容包括河道拓宽疏浚、裁弯取直、堤防加宽加高、驳岸砌石及沿江路桥闸泵、绿化景观建设等。新建两岸堤防 7.8 千米，建造排涝闸泵 5 座、桥梁 6 座，配套建设沿江道路 6.0 余千米，绿化景观 15 万平方米。2001 年 8 月动工，2003 年 10 月完工，2005 年 1 月通过竣工验收，完成投资 2.29 亿元。整治后河道经裁弯取直缩短至 3.9 千米，河宽拓至 59 米，最大行洪处河宽 94 米，河底宽 40 米。防洪标准从原来的不足 10 年一遇提高到 50 年一遇，河道通航能力提高到 500 吨级标准。

（二）中山河整治

中山河自梁辉水库下游由南往北流至与最良江汇合，是梁辉水库的泄洪通道和余姚城南片行洪排涝主要通道。中山河整治内容包括河道拓浚、清淤清障、堤防加高和砌石护岸等。建造排涝泵站 1 座，拆建桥梁 4 座，新建桥梁 2 座；河道拓浚 5873 米，包括中山河 5360 米和新横江进口段 513 米；河宽从原来约 10 米拓宽到 30 米；两岸加高加固堤防 11 千米。工程于 2002 年 11 月开工，2004 年 6 月完工，2005 年 8 月 18 日通过竣工验收，完成投资 4063.7 万元。

（三）城区水闸东移迁建及船闸工程（蜀山大闸）

余姚城区周边原有中舜江、皇山、竹山和郁浪浦 4 座节制闸，分别控制余姚城区中支姚江、北支侯青江、南支最良江其一支竹山江和另一支郁浪浦的水位。原 4 座节制闸历经多年运行，设施老化，安全隐患多，而且水闸孔径小，行洪排涝能力不足。随着余姚城区不断扩大，分散、陈旧、简陋的水闸还影响城市交通和市容市貌。

根据《姚江流域综合规划》《甬江流域综合规划（1998—2020 年）》及余姚城市建设需要，规划拆除原 4 座节制闸，东移至下游蜀山村附近，在姚江干流新建一座节制闸，即蜀山大闸。新建蜀山大闸既是姚江流域防洪灌溉的骨干工程，也是杭甬运河的重要航运枢纽，设计洪水标准 20 年一遇。新建水闸与杭甬运河工程相结合，船闸和水闸相连，布设于大闸左侧，建设通航等级为Ⅳ级（500 吨）。水闸总净宽 96 米（8 孔 ×12 米），闸底板顶高程 –2.87 米，设计过闸流量 393 立方米每秒，校核过闸流量 556 立方米每秒；船闸通航净高 7 米，闸室有效长度 200 米，有效宽度 12 米，闸底板顶高程 –2.17 米。工程于 2003 年 9 月 28 日开工，2006 年 9 月 29 日通过完工验收，

2007年12月24日通过竣工验收，完成投资2.11亿元。建成后的蜀山大闸结合水利、航运、景观、旅游等多种功能。

（四）城区内河疏浚及堤防加固

2001—2002年，余姚市陆续进行城区河道疏浚，共完成清淤土方23.6万立方米。同时对侯青江、中舜江部分砌石江堤进行加固加高与整修，整治河岸堤防长度分别为7.2千米和7.9千米，完成投资1750万元。

三、奉化城市防洪

因流经奉化县城而得名的县江，乃奉化江支流。奉化城市防洪工程主要建设内容其实就是治理县江，故又名县江防洪工程。根据实际情况，该工程分两期实施，其中因二期工程位于县江开发区内，故二期防洪工程又称县江开发区段防洪工程。

（一）县江一期

县江一期防洪工程始于广平堰（含广平堰两侧入口堤防），终至金钟闸，治理河道全长5.7千米，建成两岸防洪堤11.46千米，拆建桥梁9座，修建水闸2座和固定堰1座，新建橡胶坝2座。工程设计防洪标准50年一遇，兴奉桥处50年一遇设计洪峰流量644立方米每秒，广平堰至金钟闸50年一遇设计洪水位为6.52～9.95米。工程于1999年11月动工，2007年4月完工。工程投资2.65亿元，完成土方288万立方米、石方23万立方米、混凝土6万立方米，迁移人口1120人，拆迁房屋3万平方米。

防洪堤共分为4段：广平堰以上两侧入口防洪堤长1894米，断面采用直墙平台护坡复合型式，左岸复式断面平台宽7米，两岸堤顶高程9.95～11.35米，堤顶宽度5米，河道底宽50米；广平堰至大成桥段两岸防洪堤长6098米，断面采用双直立墙型式，两岸复式断面平台宽7米，堤顶高程6.78～9.95米，堤顶宽度5米，河道底宽50米；大成桥至金钟桥段两岸防洪堤长3534米，断面采用直墙平台护坡复合型式，两岸复式断面平台宽9.55米，堤顶高程6.66～6.78米，堤顶宽度5米，河道底宽50米；金钟桥至金钟闸段两岸防洪堤长1828米，断面采用双斜坡式，两岸堤顶高程6.60～6.66米，堤顶宽度5米，河道底宽50米。

堰坝3座，分别是广平堰、惠政橡胶坝和金钟橡胶坝。广平堰位于城区广平路南端的县江上。50年一遇设计洪水位为9.95米，混凝土灌砌石结构，钢筋混凝土护面，厚0.3米，坝长50米，坝高3米，坝顶高程为6.67米，堰体与河道垂直。惠政橡胶坝位于惠政桥北端，为充水式橡胶坝，坝袋长度50米，高3米，底板高程1.20米，宽度14米，厚0.8米，采用双锚固型式。左岸设有充排水控制室，控制室上游设有蓄水池，用于橡胶坝袋充水。金钟橡胶坝位于岳林街道牌门村，与金钟闸平行。坝袋长度46米，坝袋高2.5米，坝基础底板高程0.70米，宽度10米，厚0.8米，采用双锚固型式。右岸设有充排水控制室，上游设有蓄水池，用于橡胶坝充水。橡胶坝傍设船闸一座，净宽22米。

排涝闸2座，分别为栎树塘闸和倪家碶闸。栎树塘闸位于亭下总渠出口，与县江交汇处，闸总共3孔，每孔净宽2.5米，闸门为钢筋混凝土平板门，闸底板顶高程0.00米，设计过闸流量

21.4立方米每秒。倪家碶闸位于倪家碶河进口，与县江交汇处，闸总共3孔，每孔净宽3米，闸门为钢筋混凝土平板门，闸底板顶高程-0.50米，设计过闸流量24.8立方米每秒。

沿程改造扩建新村桥、兴奉桥、惠政桥、长汀桥、县江桥、大成桥、中山桥共7座桥梁。

（二）县江二期

县江二期防洪工程始于金钟闸，接县江一期，终至南渡村下游，治理河道全长3.135千米，建设防洪堤6.27千米，修建水闸2座，设计防洪标准50年一遇。工程于2005年12月开工，2007年12月完工，投资2.15亿元，完成土方126万立方米、石方47万立方米、混凝土3万立方米，征地870亩，拆迁民房3.53万平方米，迁移人口460人。

防洪堤断面结构型式采用带平台的复式断面，堤顶宽5米，平台宽度为7米，平台高程统一为1.80米，平台内侧河道净宽为60米，堤顶高程同50年一遇洪水位高程为6.19～6.54米，河底高程为-0.90～-1.21米，河底纵坡为1：10000。

新建外婆溪排涝闸，位于外婆溪出口，与县江交汇处，闸孔数3孔，总净宽18米，闸底板顶高程0.00米。

为应对超标准洪水，在县江广平堰上游右岸新建水闸，遇超过50年一遇洪水时由新建水闸分流到东江。

四、宁海城市防洪

宁海县城南有杨溪、北有颜公河贯穿而过。杨溪是白溪的最大支流，也是县域内第二大溪流，流域面积201平方千米。杨溪自范家桥至跃龙大桥段穿宁海城南而过，旧堤低矮，溪道较窄，挡洪能力薄弱，一遇连天降雨常发洪水，最严重的一次属1988年“7.30”特大洪水，大半个县城被洪水淹没，人民生命财产损失惨重。颜公河位于宁海县城北部，贯穿城北平原。颜公河两岸属城市规划新区，但颜公河河床狭窄，多处淤塞，坡降平缓，经常洪涝成灾。1999年开始，宁海县将城市防洪工程建设列为水利建设的重中之重，主要建设任务包括杨溪城关段防洪堤工程和颜公河干流整治两部分。

（一）杨溪城关段防洪堤

杨溪城关段防洪堤起自范家桥，止于跃龙大桥，工程设计防洪标准50年一遇，整治溪道长2250米，其中范家桥至南门大桥段长1750米，南门大桥至跃龙山大桥段长500米。建设内容包括加固范家桥至崇山寺左岸防洪堤300米、加固范家桥至南门大桥左右岸防洪堤、加固南门大桥以下左岸100米和右岸200米防洪堤、拓宽并修建跃龙山桥以上300米和以下200米右岸防洪堤、设置拦水堰5座、扩建跃龙山大桥2孔40米，以及疏浚平整河床等。工程于1999年11月开工，2003年2月通过竣工验收，工程总投资2664.8万元。

随着城区范围不断扩大，2011年开始，先后又完成由黄坛水库下游段至范家桥段、跃龙大桥至杨溪出口段的治理。至2020年，杨溪城关段防洪堤建设在确保防洪安全前提下，借水做景，重点打造杨溪景观瀑布、亲水平台和沿岸徐霞客大道。

（二）颜公河干流整治

颜公河干流整治建设内容包括城关段河道整治和新建调蓄池两部分。城关段河道整治于2004年10月启动，2006年基本完工，干流河道整治长13.63千米，完成投资2.37亿元。颜公河调蓄池工程位于颜公河中上游，选址于宁海县规划新城区内，因规划、征地等原因于2012年11月才动工兴建。调蓄池占地面积957亩，采用沿湖周边填筑堤防，在出水口建设调控闸门，池湖周长6.02千米，设计水位13.50米，正常库容120万立方米，台汛期控制水位12.50米，50年一遇设计洪水位15.50米，设计堤顶高程16.00米，调洪库容163万立方米。调蓄湖出口调控闸门规模为10孔 ×6米，最大泄洪能力为670立方米每秒。为不增加下游河道防洪压力，控制下泄流量497立方米每秒。调蓄池控制颜公河近1/3集雨面积，不仅起到有效调洪及雨水利用的作用，而且兼顾生态、环保、景观等需要，成为湖中有岛、岛中有亭、水清景美的新城核心景观区，工程于2015年完工。

与此同时，还陆续对颜公河干流两侧河道及沿山排洪渠进行系统治理。

至2020年年底，因政策处理原因，后畈王村段右岸85米和尤家村段右岸1千米尚未完成整治。

第二节　甬江流域防洪工程

甬江是宁波市最大的入海河流，由奉化江、姚江在宁波三江口汇合而成。甬江干流、奉化江、姚江（以下称三江）安澜与否，对生命财产安全和经济社会发展关系重大，因此，三江自古以来是全市防洪的重点。

2000年以前，三江防洪经过多次规划与治理，取得一定成效。上游建库拦洪，不同程度起到调洪滞洪作用；三江筑有不同规模的堤防，但除城市防洪段堤防达标外，非城区河段基本上仅以土堤挡水，多数防洪堤标准不高，仅能防御5 ~ 10年一遇洪水。随着经济社会快速发展和人民生活水平迅速提高，对三江防洪提出更高要求。继城市防洪工程建设之后，宁波市相继实施甬江防洪工程、强塘工程等江河整治，以堤库闸泵相结合，不断完善防洪工程体系。

2010年，市政府确定实施甬江防洪工程，提出在“十二五”期间，奉化江、姚江及主要支流的防洪堤实现按规划达标封闭。2012年甬江防洪工程列入水利部中小河流治理项目，累计获得中央资金补助6亿元；2013年，“菲特”台灾之后，市委、市政府作出决策，实施治水强基专项行动，印发《宁波市治水强基重大项目三年行动计划》，要求按三年见效、六年达标的工作要求，集中开展江河堤防工程、平原河道工程、沿江闸泵工程、流域分洪工程、城市治涝工程等重大水利建设，从根本上扭转防洪排涝基础设施滞后的局面。2015年，针对甬江流域洪涝频发的心腹之患，省委、省政府和市委、市政府作出新的部署——实施流域治理“6+1”工程，建设项目包括余姚城区堤防包围工程、姚江西排工程、姚江西分工程、姚江北排工程、姚江二通道（慈江）工程、四明湖水库下游河道整治工程和葛岙水库工程，工程建设投资超百亿元。2017年，市委、市政府决定实施“宁波市防洪排涝 2020 三年行动计划”。

到 2020 年年底，流域治理“6+1”工程中余姚城区堤防包围工程、姚江西排工程、姚江二通道（慈江）工程、四明湖水库下游河道整治项目基本完工；姚江西分工程、姚江北排工程和葛岙水库工程尚在实施中。流域治理“6+1”工程布局图如图 4–1 所示。

图 4–1　流域治理“6+1”工程布局图

一、建库滞洪[1]

按照“上蓄、中疏、下泄、外挡”的流域治理思路，2000 年以前甬江上游已建成皎口、横山、亭下、四明湖、横溪、三溪浦、梁辉、陆埠共 8 座大中型水库。2000 年以后，又先后新建周公宅、溪下、双溪口和葛岙（在建）4 座大中型水库，新增库容 2.1511 亿立方米，新增防洪库容 4764 万立方米。其中周公宅总库容 1.118 亿立方米，防洪库容 2290 万立方米；溪下水库总库容 2838 万

[1] 详见第五章第二节水资源开发。

立方米，防洪库容835万立方米；双溪口水库总库容3398万立方米，防洪库容376万立方米；葛岙水库总库容4095万立方米，防洪库容1263万立方米。

二、堤防工程

甬江堤防作为宁波城市防洪工程已按规划于2006年建成封闭[1]。

（一）奉化江堤防

奉化江鄞州大桥以下河段堤防按城市防洪工程规划在2006年年底前已建成。鄞州大桥以上至奉化方桥三江口河长16千米，以宁波绕城高速公路奉化江大桥为界，分为鄞州大桥—绕城高速段、绕城高速—方桥三江口段两部分，河道平均堤距160～270米。其中，鄞州大桥—绕城高速段设计防洪标准50年一遇，堤顶高程4.63～5.02米；绕城高速—方桥三江口段设计防洪标准20年一遇，堤顶高程4.74～5.02米。2017年完工，2020年通过竣工验收，总投资6.69亿元。

奉化江杀鸡湾河段原规划采取截湾取直方案。随着宁波市经济社会发展对流域水利建设提出新要求，2012年，市水利局委托市水利设计院对杀鸡湾建闸问题开展专题研究，经专题论证，统筹考虑河流生态、上游县江出口上移后的影响以及下游行洪能力等诸多因素，确定杀鸡湾河段走向维持原状，堤防采用内堤、外堤分级设置方案：内堤防洪标准为5年一遇，堤顶高程3.54～3.62米；外堤防洪标准为20年一遇，堤顶高程4.74米。同时外迁内外堤之间原村庄，形成约1平方千米的调洪空间（农业保留区），分级堤防工程于2017年建成。

（二）姚江堤防

姚江干流青林湾大桥以下河段堤防按城市防洪规划在2006年年底前已建成。青林湾大桥以上河段堤防除余姚城市防洪工程外，自上而下分为5段实施，2018年年底基本建成。

上陈—食禄桥江段　为姚江干流在宁波境内的起始河段，河长8.3千米，两岸堤防长20.40千米，设计防洪标准20年一遇，设计水位2.99米，堤顶高程3.63～3.73米，2007年年底建成。

食禄桥江—蜀山大闸段　为余姚城区段，自西向东穿过余姚城区。依建设条件不同，该河段堤防以竹山江为界分为上、下两段：上段为食禄桥江—竹山江，河长8.5千米，两岸堤防长14.25千米，设计防洪标准50年一遇，设计水位3.58～3.64米，堤顶高程4.13米；下段为竹山江—蜀山大闸，河长11.59千米，两岸堤防长22.40千米，设计防洪标准50年一遇，设计水位3.33～3.46米，堤顶高程3.63～4.13米（其中，竹山江—郁浪浦村堤段3.83～4.13米，郁浪浦村—蜀山大闸段3.63～3.83米）。

蜀山大闸—宁波绕城高速段　为姚江干流农村段，河道长29.0千米，两岸堤防长65.57千米。该河段自上而下分属余姚、江北、海曙3地。其中，蜀山大闸至江北余姚界段，河长19.40千米，两岸堤防长50.57千米。该河段两岸堤防除丈亭、车厩等局部堤段外，其余堤段于2011年前已建成，设计防洪标准20年一遇，设计洪水位2.80米，堤顶高程3.63～3.87米。江北余姚界至宁波绕城高速公路段，河长9.60千米，两岸堤防长15.00千米。该河段堤防设计防洪标准20年一遇，

---

[1] 详见第四章第一节城市防洪工程。

设计洪水位 2.72 ~ 2.76 米，堤顶高程 3.63 米，2018 年年底基本完成整治。

宁波绕城高速—青林湾大桥段　河长 11.56 千米，其中左岸堤防长度 12.25 千米，右岸堤防长度 11.67 千米，防洪标准 100 年一遇，设计水位 2.93 ~ 3.06 米，堤顶高程 3.63 米。

姚江干流湾头段　位于姚江干流姚江大闸上游左侧，堤长约 7.39 千米。设计防洪标准 100 年一遇，设计堤顶高程 3.63 米。除湾头段左岸宁波大工业水厂（原梅林水厂）—日湖公园段长约 2.1 千米堤防按城建规划待建外，其余堤段于 2019 年完成整治。

余姚城区堤防包围工程　"菲特"台风时，因沉降等原因，余姚城区堤防堤顶高程不足，局部没有达到防洪封闭，城区受淹严重。台风后，按照省委省政府要求，对余姚城区堤防按 50 年一遇标准（堤顶高程 4.13 米）全面加高，主要采用绿化带改造、组合式移动防洪门、玻璃防洪墙、气盾坝等形式，整治堤防长度 44.95 千米。工程分三期实施，其中一期工程 11.53 千米，二期工程 20.0 千米，三期工程 13.42 千米；新建候青江泵闸工程[1]。工程总投资 11.48 亿元。

（三）重要支流堤防

剡江堤防　自萧镇至方桥三江口，河道全长 14.25 千米，平均堤距 120 ~ 280 米，防洪标准 50 ~ 20 年一遇，堤顶高程 8.20 ~ 4.74 米。其中，萧镇至周村段约 4.75 千米右岸堤防于 2000 年以前整治完成。周村下游段约 9.5 千米河段两岸堤防 2018 年完工，其中周村—江口立交段右岸，防洪标准提升至 50 年一遇，堤顶高程 6.32 ~ 6.71 米；其余堤段防洪标准 20 年一遇，堤顶高程 6.30 ~ 4.74 米；工程沿线共布设三段农田堤段，即左岸布设一段，自树桥村至鄞江老出口，堤长 1.3 千米，堤顶高程 4.44 ~ 4.54 米；右岸布设两段，分别位于鱼山闸上下游处 1 千米及盛家村下游 300 米处，合计长 1.3 千米，堤顶高程分别为 5.07 ~ 5.20 米、4.87 ~ 4.90 米。剡江堤防如图 4–2 所示。

图 4–2　剡江堤防

县江三期堤防　县江堤防共分 3 期实施，其中一期、二期（南渡村以上）按奉化城市防洪规划于 2006 年前已完成实施[2]。县江三期为下游出口段治理，防洪标准 20 年一遇，出口由方桥村上移至陡门村，新开河道全长 4.5 千米，堤距 110 米，堤顶高程 5.05 ~ 6.18 米。县江三期于 2013 年完成河道工程，2019 年完成堤防加高。陡门闸为县江出口闸，按双向挡水设计，设计挡水高程为东江侧历史高潮位 3.43 米，县江侧常水位 1.53 米，闸底高程 –1.50 米。设 5 孔单孔净宽为 10 米的平板钢闸门，最大过闸流量 594 立方米每秒，设计洪水标准为 20 年一遇。排涝闸顺水流方向总长 164.6 米，上下游建有抛石防冲槽、海漫、护坦、翼墙。2010 年 10 月开工，2014 年 6 月完工。县江三期堤防如图 4–3 所示。

[1] 详见第四章第三节平原排涝工程。

[2] 详见第四章第一节城市防洪工程。

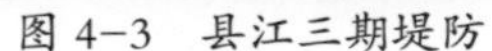
图 4-3 县江三期堤防

图 4-4 东江堤防

东江堤防 从高楼张至方桥三江口，河长 16.45 千米，规划堤距 60 ~ 120 米，防洪标准 20 年一遇，堤顶高程 4.74 ~ 5.20 米。沿线布设农田堤两段：左岸位于东江干流出口处，长 650 米，堤顶高程 4.47 米；右岸位于大荻闸上游，长 670 米（含 20 米过渡段），堤顶高程 4.60 米。2018 年完工。东江大闸位于西坞街道西坞村，地处东江新老河道汇合口上游，主要作用为挡潮蓄淡。水闸设计防洪（挡潮）标准为 20 年一遇。水闸规模为 8 孔，单孔净宽 7 米，总净宽 56 米，闸底板顶高程为 -2.50 米，闸门顶高程为 3.80 米，最大过闸流量为 706 立方米每秒。2013 年 12 月开工，2016 年 10 月建成，总投资 2460 万元。东江堤防如图 4-4 所示。

鄞江堤防 从它山堰至分洪桥，全长 10.3 千米，平均堤距 60 ~ 120 米，规划防洪标准 20 年一遇。鄞江整治工程设计筑堤长 18.97 千米，其中它山堰至洪水湾段河道长 1.0 千米，控制堤距 60 米，局部堤距 50 米，堤顶高程 5.90 ~ 5.95 米；洪水湾至甬金高速段河道长 3.2 千米，控制堤距 110 米，堤顶高程 5.35 ~ 5.90 米；甬金高速至洞桥段河道长 2.7 千米，控制堤距 70 ~ 110 米，堤顶高程 4.62 ~ 5.35 米；洞桥至分洪桥段河道长 3.4 千米，控制堤距 110 ~ 120 米，堤顶高程 4.44 ~ 4.62 米。鄞江堤防整治工程建设比原计划滞后，2020 年正式动工，尚在施工中。

三、水闸工程[1]

在城市防洪工程和“三江六岸”堤防建设中，一批沿江水闸同步进行新建、改建。其中中型以上水闸有：甬江右岸的甬新闸、印洪碶闸、老杨木碶闸、界牌碶闸、鄞东南排涝闸和王家洋闸扩建等；奉化江沿岸的道士堰闸、庙堰碶、铜盆浦闸、葛家闸、张家闸、新楝树闸和澄浪堰闸、水菱池闸、屠家堰碶、行春碶等；姚江下游（余姚市与江北区边界以下）的洪陈闸站、张家浦闸站、小西坝闸、跃进闸站、裘市浦闸、和平闸站、潺浦闸、洋市中心闸、大西坝闸站、邵家渡闸站、叶家闸等。

四、分洪工程

2013 年“菲特”台风后，省委、省政府主要领导作出批示，要求从根本上解决姚江流域防洪排涝问题。浙江省水利勘测设计院编制完成《余姚市防洪排涝规划》，提出“扩大北排、加大东

[1] 详见第四章第三节平原排涝工程。

泄、增加强排”等工程措施。经省委、省政府研究确定实施姚江分洪工程。主要工程项目为姚江上游西分工程，姚江上游西排工程，姚江东排、姚江二通道（慈江）工程。

（一）姚江上游西分工程

姚江上游西分工程位于余姚市马渚镇、兰江街道、牟山镇境内。主要通过在姚江上游瑶街弄兴建调控工程，新开姚江至北排通道，将上游部分洪水西导北排入杭州湾，减轻余姚城区及姚江中下游防洪压力。工程主要由瑶街弄调控枢纽、姚江至北排排水通道、其他泵闸等组成。其中瑶街弄调控枢纽位于姚江干流杭甬高速大桥下游500米处，采用三闸联建方案，挡洪闸居中布置，南侧布置削峰调控闸，北侧布置应急船闸；姚江至北排排水通道从瑶街弄挡洪闸上游约300米的姚江左岸，往西北方向新开河道至乐安湖，经乐安湖泵站接排水隧洞穿过峨眉山，向东通过倒虹吸箱涵过渚山村西北侧小山体后，在西横河泵闸北侧出口，经萧甬铁路西横河桥至湖塘江，隧洞中设置牟山湖支洞；其他泵闸工程包括乐安湖泵站、西横河泵闸、斗门闸、贺墅江节制工程等，乐安湖泵站布置于乐安湖西侧，西横河泵闸布置于西横河老闸北侧马渚中河上，斗门闸布置于马渚中河上，贺墅江节制闸南泵闸布置于贺墅江与新开河交汇处南侧，北节制闸布置于贺墅江与新开河交汇处北侧。姚江上游西分工程示意图如图4–5所示。

西分工程概算投资193247万元，是余姚水利史上单体投资规模最大的项目。2017年6月开工，2020年8月瑶街弄挡洪闸通过通水验收，到2020年年底其他项目尚在实施。

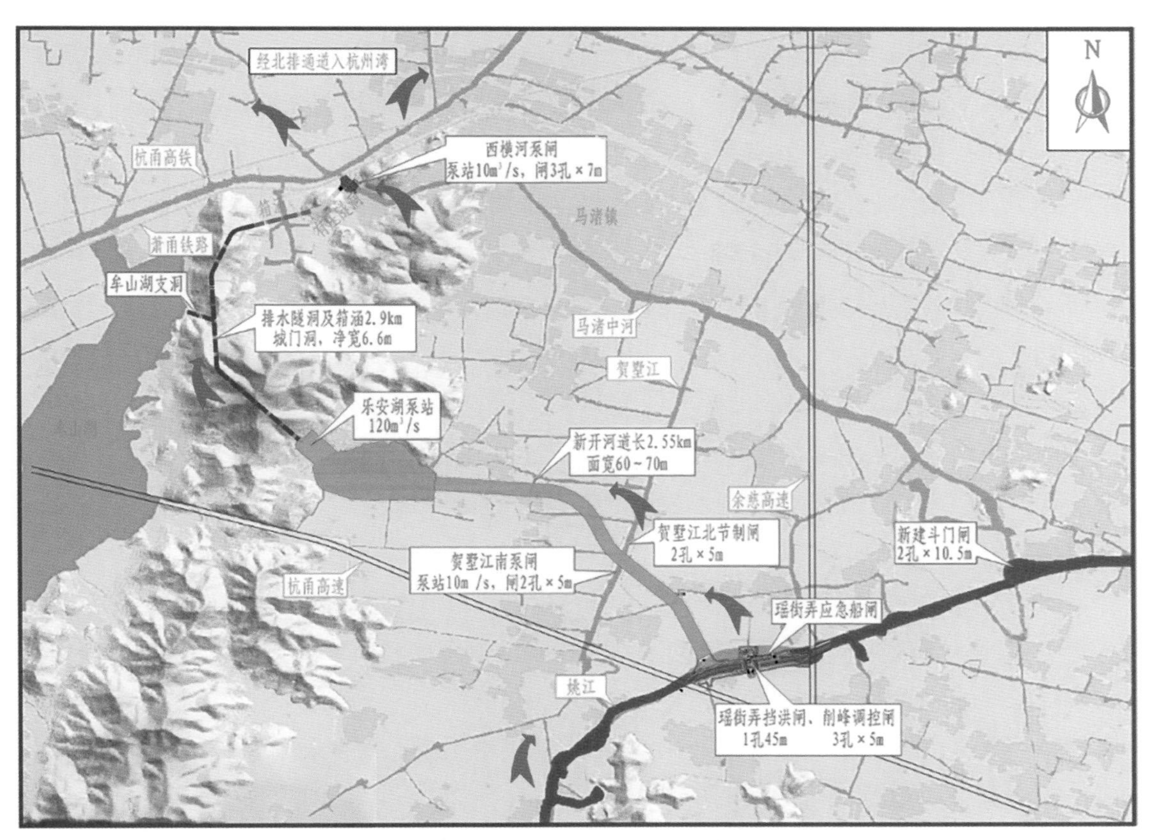

图4–5　姚江上游西分工程示意图

1. 瑶街弄调控枢纽

挡洪闸 由上下游连接段和闸室组成，采用平面直升门方案，共1孔，净宽45米，闸底板顶高程-3.67米；闸室顺水流方向长20米，垂直水流向宽52.3米。闸基础采用钻孔灌注桩处理。闸室两侧闸墩上设闸门启闭排架，设锁定层、检修层、启闭层、连廊层共4层。

削峰调控闸 由上下游连接段和闸室段组成，采用平面直升门方案，共设3孔，单孔净宽5米，总净宽15米，闸底板顶高程-1.87米。闸室底板顺水流方向长20米，垂直水流向宽20米，闸基础采用钻孔灌注桩处理，闸室段上设闸门启闭室。

应急船闸 由上下游引航道、上下闸首和闸室及导航建筑物等组成。上、下闸首尺寸均为20米×24.3米（顺水流×垂直水流），其中口门宽12.3米，底高程-3.67米。闸室有效长度135米，宽12米，底高程-3.67米。上下游导航墙采用钢筋混凝土扶壁式挡墙结构。

2. 姚江至北排排水通道

姚江至北排河道 全长2.61千米，面宽60～70米，底高程-1.87米，堤防采用直斜复合式断面，堤顶高程4.80米，沿堤顶布置5.0米宽的沥青混凝土道路，坡面采用植物绿化护坡；沿线新建桥梁7座（其中公路桥2座）、涵闸9座、机埠2座；在新开河与乐安湖汇合处设置气盾坝及提水泵站1座（1立方米每秒），气盾坝底高程-2.00米，坝高4.0米。

乐安湖（调蓄池） 设计底高程-1.87米，护岸长2.52千米，护岸采用斜坡式断面，堤顶布置长0.97千米、宽7.0米沥青混凝土道路，堤顶高程4.80米。在乐安湖与马渚干渠南、北交汇处分别增设提水泵闸1座（闸1孔×4米，泵1立方米每秒）。

排水隧洞（含箱涵） 长2.90千米，其中无压隧洞长2.194千米，有压箱涵倒虹吸（含调节段）长426米，有压隧洞长282.5米。无压隧洞采用钢筋混凝土衬砌，城门洞型断面，净宽6.6米，净高8.4米；有压箱涵倒虹吸采用钢筋混凝土结构，矩形断面，净宽6.6米，净高6.2米；有压隧洞采用钢筋混凝土衬砌，城门洞型断面，净宽6.6米，净高6.2米，出口设检修闸1座（1孔×8米）；牟山湖支洞全长152.5米，采用钢筋混凝土衬砌，城门洞型断面，净宽5.0米，净高7.15米，设1座出口闸（1孔×5米）与牟山湖连接。

3. 其他泵闸工程

乐安湖泵站 设计流量120立方米每秒，由4台竖井贯流泵组成，单机设计流量30立方米每秒，泵站前池接乐安湖，出水池接排水隧洞。泵站由内河侧前池、进水池、交通桥、泵房、出水池等建筑物组成，其中泵房采用块基型整体结构，底板顺水流方向长47.2米，宽43.6米，流道进口底高程-4.60米，出口底高程-3.58米。

西横河闸泵 节制闸主要由进水段、闸室段和出水段组成，底高程-1.87米。闸净宽21米（3孔×7米）。泵设计流量30立方米每秒，泵站由进水池、泵房和出水池等组成，共设3台潜水贯流泵，单机设计流量10立方米每秒，流道底高程-2.65米。

斗门闸 净宽21米（2孔×10.5米），采用上翻弧形闸门，垂直水流方向长度为26.4米，顺水流向长21.0米，底高程-1.87米。

贺墅江节制闸 由北节制闸和南闸泵组成。北节制闸净宽10米（2孔×5米），由上游连接段、进水池、闸室段和出水池等组成，底高程 -1.87 米。南闸泵闸 2 孔，每孔净宽 5 米，总净宽 10 米；泵设计流量 10 立方米每秒，由上游连接段、进水池、主泵房、出水池等组成，设 2 台潜水贯流泵，单机设计流量 5 立方米每秒，流道底高程 -1.87 米。

（二）姚江上游西排工程

姚江上游西排工程位于绍兴市上虞区境内。主要通过开辟姚江流域向曹娥江排洪通道，提高上虞 40 里河沿岸防洪排涝能力，减轻姚江干流及余姚城区防洪压力。同时，工程结合曹娥江至宁波引水工程建设，实现多年平均向宁波、舟山引水 3.19 亿立方米。

西排工程主要由新建梁湖枢纽及其配套工程、改造通明闸等项目组成。防洪排涝规划目标为上虞丰惠镇 50 年一遇洪水位不超过 5.2 米，20 年一遇洪水位不超过 4.8 米；曹娥江至宁波引水工程规划引水流量为 40 立方米每秒，年引水量 3.19 亿立方米。工程设计梁湖泵站排涝流量 165 立方米每秒，引水泵站流量 40 立方米每秒。梁湖闸（双向）设计净宽 20 米；排引水线路总长 1947.1 米，河底高程 0.68 米，河底宽 40 ~ 100 米；总干渠闸净宽 14 米；改造通明闸，1 孔 ×10 米，闸底板顶高程 0.68 米。

工程于 2016 年 11 月开工，2020 年年底基本完工。初步设计批复总投资 12.33 亿元，其中防洪排涝部分 9.26 亿元、引水部分 3.07 亿元。资金筹措按照省政府专题会议纪要〔2015〕40 号由绍兴市上虞区、宁波市（含余姚市）和舟山市共同承担，其中防洪排涝部分投资由绍兴市上虞区和宁波市（含余姚市）按 2 ： 8 比例分摊，引水部分投资宁波市和舟山市按 6 ： 4 比例分摊。宁波境内防洪排涝部分投资根据市政府《宁波市人民政府关于轨道交通第三轮建设规划和防洪排涝重大项目相关问题的专题会议纪要》（专题会议纪要〔2016〕30 号）由宁波市本级和余姚市按照 1 ： 1 比例分摊。测算宁波市本级出资 5.55 亿元，余姚市出资 3.70 亿元。

（三）姚江东排、姚江二通道（慈江）工程

1. 姚江东排工程

姚江东排工程位于江北区和镇海区境内，起自江北慈江大闸终至镇海澥浦老闸。主要工程任务是疏导慈江北部和镇海西部山水通过慈江—镇海沿山大河经澥浦大闸排入东海，减轻江北镇海片洪涝和下姚江排水压力。东排工程全长 38.25 千米，分为江北段和镇海段。工程于 2006 年年底动工，2014 年基本建成。但因跨河铁路审批的制约，萧甬铁路跨慈江铁路桥未按规划要求同步拓宽。桥位处河道净宽仅约 28 米，河底高程 0.00 米左右。

江北段　自慈江大闸至化子闸，河长 14.85 千米，慈江大闸至堵江沿闸河段保持现状河宽 60 ~ 129 米，堵江沿闸至化子闸河段面宽 50 ~ 60 米，河底高程 -1.87 米，概算投资为 4.1 亿元。

镇海段　西起化子闸，终至澥浦老闸，河长 23.4 千米，化子闸至大严河段长 2.6 千米，拓宽到 60 米；大严至三七房河段分为南北二线，北线为沿山大河，长 9.2 千米，拓宽至 40 米，南线为外子贡河，长 8.6 千米，拓宽至 40 米；三七房至澥浦老闸河段长 3 千米，拓宽至 80 米，概算投资为 5.4 亿元。

2. 姚江二通道（慈江）工程

姚江二通道（慈江）工程是在姚江东排工程的基础上，通过改造为高排河并设置强排泵，采用三级泵站强排形成“高速水道”经澥浦大闸排入东海，以进一步提升姚江东排能力，缓解姚江干流和江北镇海片排涝压力。二通道（慈江）工程是在规划姚江二闸（大通方案）项目遇到实施困难的状况下，经多方案比选论证后，由省委、省政府和市委、市政府确定的流域治理“6+1”项目之一。2016年市水利局编制完成《姚江二通道（慈江）可行性研究报告》，市政府第70次常务会议研究同意。工程于2017年3月开工，2019年8月，姚江二通道（慈江）工程实现全线通水。

干流闸泵工程 新建干流闸站3处，分别为慈江闸站、化子泵站和澥浦闸站。其中，慈江闸站水闸总净宽33米，闸底板顶高程–1.87米，泵站规模100立方米每秒；化子闸站水闸维持原规模总净宽25米，新建强排泵规模150立方米每秒；澥浦闸站水闸总净宽48米，闸底板顶高程–1.87米，泵站规模250立方米每秒。

河道整治及堤防工程 整治河道长3.0千米，分别为太平桥、三板桥、夹田桥段，共计2.3千米；福利院段0.7千米。河道面宽56 ~ 60米，河底高程–1.87米。护岸抗冲防护设计总长约14.5千米，具体范围为：慈江闸站下游段0.2千米；化子泵站下游段0.8千米；澥浦闸站—澥浦大闸段7.4千米；江北2处急弯段长度约0.4千米；镇海23处急弯段长度约5.7千米。两岸堤防加固加高总长约30.8千米，具体范围为：慈江闸站—宁慈中路段堤防长16.8千米（不含太平桥、三板桥、夹田桥段共计2.3千米）；宁慈中路—鞍前线（茅州桥）段堤防长3.9千米；化子闸站—大严段堤防长5.2千米；澥浦闸站—澥浦老闸段堤防长2.5千米；澥浦老闸—澥浦大闸段左岸堤防长2.4千米。

五、江道整治

（一）三江清淤

姚江大闸建成后引起闸外尾闾泥沙淤积，过水断面积缩小。1975年镇海拦海大堤建设，使河口外移，后期又建桥梁、码头众多，加剧江道淤积，影响甬江排洪能力。20世纪60年代后期起，宁波水利局组织进行闸外江道疏浚，80年代中期暂停，1991年起又恢复零星疏浚。为提高流域防洪排涝能力和满足航运及城市景观需要，市水利局、市发改委于2008年联合开展三江河道淤积调查及治理研究工作，继后确定在甬江三江口及中心城区分步推进实施应急清淤、恢复性清淤和常态清淤，既利行洪，又便通航，兼顾城市水环境整治。

江道疏浚 2000—2007年，城区段江道共疏浚土方量49.36万立方米，其中2002年最多，为18.3万立方米；2001年最少，为2.02万立方米，年均疏浚土方量6.17万立方米。

应急清淤 2008年，市发改委印发《关于宁波市姚江闸下河道疏浚工程实施方案的复函》（甬发改农经函〔2008〕148号），同意实施姚江闸下河道疏浚，为应急清淤。清淤河段为永丰桥—新江桥两侧河滩地，清淤长度2千米，清淤断面从岸线到25米线之间，即清除原3米宽度的六角块护坡上的淤泥，其余22米范围内清淤至高程–0.50米；从25米线开始，以1：8的坡比清淤至高程–1.50米。2008年8月22日动工至12月29日完工，共清淤土方量19.02万立方米，工程投资495.51万元。

恢复性清淤　2009年宁波市政府第51次常务会议确定实施宁波市三江河道恢复性清淤工程。同年8月，市发改委批复宁波市三江河道恢复性清淤工程项目建议书；12月批复工程初步设计。恢复性清淤的目标任务：以2005年河道行洪能力为基准，通过连续3年清淤，恢复河道过水面积和行洪能力，维护航道正常运行。恢复性清淤工程实施范围为姚江大闸—三江口河段、奉化江鄞州大桥—三江口河段、甬江全河段，清淤河道总长41.4千米，分3期实施。自2010年4月开始，至次年11月中旬完工，累计清淤土方量507.1万立方米。

常态清淤　2014年三江河道常态性清淤开始实施。姚江清淤方案分为主槽清淤和边滩清淤：主槽清淤为主槽底宽40米，底高程–3.42米，向两侧以1：6放坡；边滩清淤为现状岸线至5米线范围，清除原3米宽度六角块护坡上的淤泥，其余2米范围清淤到高程–0.50米；从5米线处开始向主槽方向以1：8放坡，开挖至边滩，清淤设计高程–1.20米。2014年4月至同年9月，完成姚江大闸—庆丰桥段清淤，累计清淤土方量59.7万立方米。2015年起，三江常态清淤项目的管理由基建工程管理调整为维护类工程项目，每年投资3000万元。确定每年实施2次清淤，第一次为全断面清淤，主汛前完成；第二次为边滩清淤，汛后开始实施，年底前完成。2015年4月至9月，完成姚江大闸—庆丰桥段第一次清淤，清淤土方量46.46万立方米；同年11月至12月，完成姚江大闸—庆丰桥段第二次清淤，清淤土方量9.74万立方米。鉴于姚江重点河段全年冲淤已达到基本平衡，逐渐调整清淤范围至非重点河段。2016年4月至2017年7月，实施甬江庆丰桥至明州大桥河段清淤，河段总长9.9千米，清淤土方量148.93万立方米；2017年11月至2018年1月，实施姚江大闸—庆丰桥段清淤，清淤土方量18.21万立方米；2019年2月至同年7月，实施明州大桥—镇海电厂段清淤，清淤土方量77.6万立方米；2020年4—12月，实施镇海电厂—镇海渡、庆丰桥—老杨木碶、行春碶—绕城高速公路桥段清淤，清淤土方量100.5万立方米。

2000—2020年清淤情况统计见表4–4。

表4–4　2000—2020年清淤情况统计

序号	时间 /（年 . 月 . 日）	清淤河段	清淤土方 / 万 m^3	工程投资 / 万元
1	2000.3.21—12.25	解放桥—新江桥	5.96	95.14
2	2001.4.20—5.29	三江口区域	2.02	31.63
3	2001.11.12—2002.11.4	姚江闸下—三江口江北测	18.3	253.22
4	2002.12.17—2003.4.29	解放桥上游	4.44	65.25
5	2003.9.18—10.20	三江口区域	2.64	42.57
6	2004.8.11—12.20	新江桥下游70米~上游600米	5.34	88.23
7	2006.1.15—4.13	新江桥下游70米~上游318米	3.62	66.34
8	2006.5.16—5.30	三江口江东侧	0.56	10.00
9	2007.1.15—4.30	三江口—惊驾桥	6.48	142.05
10	2008.2.22—12.29	姚江永丰桥—新江桥	19.02	495.51
11	2009.2.16—4.26	甬江三江口—和丰纺织厂	13.8	322.12
12	2010.4.3—2011.11.14	姚江大闸—三江口 鄞州二桥—甬江口	507.1	16386.02

续表

序号	时间/（年.月.日）	清淤河段	清淤土方/万 m^3	工程投资/万元
13	2014.4.28—9.3	姚江大闸—庆丰桥	59.7	2722.27
14	2014.8.8—9.11	界牌碶闸上下游	2.51	114.26
15	2015.4.21—2018.1.28	姚江大闸—明州大桥	223.34	10313.57
16	2019.2.20—7.31	明州大桥—镇海电厂	77.6	2767.99
17	2020.4—12	镇海电厂—镇海渡、庆丰桥—老杨木碶、行春碶—绕城高速公路桥段	100.5	6590

（二）四明湖水库下游河道整治

四明湖水库下游河道为水库泄洪唯一通道，除坝下河段在余姚市境内，大部分河道在绍兴市上虞区境内。根据四明湖水库防洪调度原则，水库遭遇20年一遇标准洪水时最大下泄流量为80立方米每秒，水库遭遇50年一遇标准洪水时最大下泄流量为150立方米每秒。但由于原河道在余姚、上虞境内的行洪能力分别只有40立方米每秒和20立方米每秒，造成建库50多年来水库长期无法按设计调度方式正常运行，且库群矛盾尖锐，问题长期得不到解决。“菲特”台风后，省委、省政府确定将四明湖水库下游河道整治列为流域治理“6+1”项目并组织实施，从根本上解决历史遗留问题。

工程位于四明湖水库下游，工程涉及绍兴市上虞区永和镇、丰惠镇和余姚市梁弄镇。河道两岸堤防设计防洪标准为20年一遇，相应水库设计下泄流量80立方米每秒；农田排涝标准为10年一遇三天暴雨四天排出。河道整治长度4.55千米，其中拓宽原河道2.90千米、新开河道1.65千米，新建两岸堤防8.7千米，闸（站）工程共9座（其中新建闸站3座、泵站1座、节制闸5座）、桥梁7座、涵管4处，排水渠加固改造70米，新建分洪渠0.17千米等。设计概算总投资51212万元，其中上虞段43842万元，余姚段7370万元。资金筹措方案为余姚段建设资金由余姚市自筹；上虞段建设资金除省级补助外，由上虞区、余姚市共同分摊。工程采取属地管理、分段实施的方式建设。

上虞段 河道整治长度3.75千米（其中拓宽原河道2.1千米、新开河道1.65千米），新建两岸堤防7.1千米、闸站2座、节制闸4座、跨河桥梁6座、涵管4处等。2015年12月开工，2018年7月完工。

余姚段 河道整治长度0.80千米（含均分两地共有河道0.06千米），新建两岸堤防1.60千米（含两地共有河道右岸堤防0.12千米），加固改造排水渠70米，新建分洪渠0.17千米、泵站1座、闸站1座、节制闸1座、跨河桥梁1座。2016年9月开工，2017年12月完工。

第三节 平原排涝工程

宁波“山—原—海”的地形特点，导致遇暴雨时山水往往直泻平原，加之平原排涝受外江潮位制约，极易因排水不畅而内涝成灾。随着城市化进程加快，大批农田被征用为建设用地，平原可滞蓄面积大幅减少，与此同时一些排水河道被封堵，平原河网率降低，过水桥涵阻水，水域被侵占，调蓄容积减少，形成新的渍涝区甚至有雨即涝的局面。

平原治涝历来是宁波治水的重点，除提高外围堤防标准防止外围洪潮入侵外，近 20 年主要治涝措施是拓疏大量中小河道，改造拓宽排涝水闸，兴建强排泵站，通过建设骨干“排水走廊”，形成干支相通、蓄调有控、引排有序的排水系统，取得初步成效。

一、鄞奉平原排涝

鄞奉平原地处奉化江两岸、甬江河段右岸，按地形、水系分为鄞东南、海曙（鄞西）和江口三片。鄞奉平原位于宁波市政治、经济和文化中心，也是宁波市重点建设的新兴城区。

（一）鄞东南片

鄞东南片位于奉化江右岸和甬江河段右岸，地势低洼，原以东水西排为主。宁波城市东扩后，河网减少，功能退化，加之洪水期间奉化江水（潮）位高，遇暴雨洪水渍涝难以自流排出。为充分利用鄞东南平原北依甬江，下游水位相对较低的有利条件，鄞东南排涝提出“中疏、北排、西控（阻挡外江洪水入侵）”的规划格局，通过疏通排水骨干河道，扩大北排规模，因势利导使鄞东南原向奉化江排水改向为向甬江与奉化江排水相结合。

1. 甬新河工程

甬新河配合高楼张堰、甬新闸、甬新泵等工程，将鄞东南平原和东江通过甬新河高楼张堰分泄的涝水向北排入甬江，是鄞东南规划的三大骨干排水系统之一。

甬新河南接奉化区东江高楼张堰，向东北穿过鄞州区、原江东区和宁波国家高新区后排入甬江。甬新河全长 35.76 千米，其中奉化市境内（高楼张至鄞奉交界）河长 10.63 千米，鄞州区（鄞奉交界至后塘河）河长 18.87 千米，原江东区、宁波国家高新区（后塘河至甬新闸）河长 6.26 千米。工程利用原有老河道进行拓宽整治，设计河底宽 33 ~ 40 米，河面宽 60 米，两岸绿化带各 6 ~ 8 米，河底高程 –0.90 ~ –1.90 米。甬新河高楼张堰段如图 4–6 所示。甬新河市区段如图 4–7 所示。

2001 年起实施甬新河工程，历时 8 年，由于起初对甬新河工程实施的看法尚未统一，2001 年起，由市水利局先行实施出口段（会展中心至甬新闸）河道的开挖，河长 4.1 千米，河底宽 40 米、

图 4–6　甬新河高楼张堰段

图 4–7　甬新河市区段

面宽60米，复式断面。到2004年上述工程基本建成。继后，甬新河奉化段、鄞州段和江东区（东部新城）段于2005年先后开工，标志着甬新河工程全线动工。其中奉化市境内河段由奉化市组织实施，长度10.63千米；鄞州区境内从鄞奉交界至鄞县大道北侧段由鄞州区组织实施，长度14.29千米；鄞县大道北侧起至甬新闸段由宁波市本级负责、市水利局组织实施，东部新城指挥部和宁波国家高新区管委会配合做好政策处理工作。

至2007年主汛期，除零星的过村段河道因政策处理慢尚未全部拓宽外，甬新河实现全线贯通，到2008年年底基本建成。

2. 沿山干河工程

沿山干河工程贯穿鄞州区、东钱湖旅游度假区和宁波国家高新区，如图4–8所示。起自孔家潭桥终至界牌碶闸，上承横溪水库下泄洪水，过前塘河、长山江、环湖河、高钱河纳东钱湖来水，入后塘河往北经界牌碶河（闸）排入甬江，全长25.62千米。沿山干河工程主要任务是承纳右侧山水将大部分洪水导流至界牌碶北排甬江，减少洪水向西流入平原，是鄞东南三大骨干排水系统之一。因穿过横溪镇区段河道拓宽的拆迁量很大，为减轻行洪压力，在镇区上游设置分洪工程，导流部分洪水排入甬新河，分洪河道长4.2千米。沿山干河工程设计上游段河宽40 ~ 80米，中下游段河宽60米，概算总投资24.22亿元，其中工程建设费6.95亿元，政策处理费17.27亿元。工程于2011年开工，2016年年底基本建成。

图4–8　沿山干河

鄞州区段　全长11.9千米。分2期实施：一期为邱隘上万龄村至五乡龙兴村，河长5.3千米；二期为横溪孔家潭桥至云龙前徐村，长6.6千米。上游分洪工程自横溪水库溢洪道经隧洞到姜山上游村与甬新河连通，全长约4.2千米。

东钱湖旅游度假区段　全长8.42千米，分2期实施：一期下王村至大通桥，河长5.9千米；二期大通桥至遮家桥，河长2.52千米。

国家高新区段　全长5.1千米，从通途路至界牌碶闸。

3. 小浃江治理

小浃江南起鄞州区境内后塘河，北流至大史湾进入北仑区。小浃江水系有大小河道总长44.5千米，集水面积84.1平方千米，主要河道在北仑小港境内，主河自大涵山港至浃水大闸，长20千米。由小浃江、三眼桥江、王家洋闸泵、浃水大闸等组成鄞东南小浃江排水系统，分2支通道排水归甬江，形成“三纵二横”格局。“三纵”分别为小浃江主河（五乡—浃水大闸，河长18千米、河宽60米）、通途路支河（河长10千米、河宽30米）和三眼桥河（高新区—王家洋闸，河长4千米、河面50米）；二横为经十二路支河（河长2.7千米、河宽50米）和王家港支河（河长2.3千米、河宽30米）。小浃江如图4–9所示。

小浃江水系陆续做过分散治理，2009 年北仑区实施小浃江水系治理工程，对小浃江、三眼桥江、冯家斗支河、经十二路支河、王家港支河、油车桥支河和通途路支河等主要河道进行系统治理，总长 21.1 千米，工程于 2015 年年底完工。

图 4-9　小浃江

4. 九曲河（城区段）工程

九曲河（城区段）工程位于鄞州区首南街道、钟公庙街道。建设范围东起甬台温高速公路、西至铜盆浦闸站，整治河道长 5.11 千米，新建护岸总长 7.2 千米，河道拓宽 40 ~ 60 米，配套建支河人行桥 7 座，概算总投资 3.16 亿元。工程于 2018 年 7 月开工，2020 年年底完工。九曲河（城区段）如图 4-10 所示。

图 4-10　九曲河（城区段）

5. 闸泵工程

甬江右岸—奉化江右岸新建、改建的中型以上闸泵站主要有 12 座，具体如下：

印洪碶闸站　位于鄞州区甬江大道北侧印洪碶河甬江出口处。水闸规模为 3 孔 ×4 米，总净宽 12 米，设计流量 97.6 立方米每秒，最大过闸流量 175 立方米每秒。2002 年 9 月开工，2003 年 5 月完工，2008 年 1 月通过竣工验收；泵站工程于 2015 年 10 月开工，设计流量为 30 立方米每秒，共 3 台，单机设计流量 10 立方米每秒；泵型为立式潜水轴流泵，总装机容量 1200 千瓦。2016 年 12 月完工，2019 年 3 月通过竣工验收，总投资 4735.91 万元。

老杨木碶闸　位于甬江干流右岸宁波高新区。2004 年 2 月在原址开工重建，水闸规模 3 孔 ×4 米，总净宽 12 米，设计流量 97.6 立方米每秒，最大过闸流量 139.5 立方米每秒。2004 年 11 月完工，2008 年 12 月通过竣工验收。

鄞东南排涝闸　位于甬江干流右岸大东江出口处。2017 年 12 月老闸拆除重建，水闸规模 5 孔 ×5 米，总净宽 25 米，设计流量 112.4 立方米每秒。水闸采用带胸墙的平面直升门结构，闸门采用钢结构，卷扬机启闭。2019 年 7 月完工。

甬新闸站　位于宁波高新区甬新河与甬江交汇口。水闸工程于 2003 年 11 月开工重建，规模 7 孔 ×5 米，总净孔宽 35 米，设计流量 283.4 立方米每秒，最大过闸流量 394.7 立方米每秒。2004 年 12 月完工，2013 年 12 月通过竣工验收，总投资 3100.2 万元；泵站工程于 2014 年 1 月开工，总设计流量 60 立方米每秒，共 3 台，单泵设计流量 20 立方米每秒，泵型为竖井式贯流泵。2015 年 12 月通过完工验收，2018 年 10 月通过竣工验收，总投资 1.46 亿元。

界牌碶闸　位于宁波高新区鄞东南沿山干河甬江出口处。水闸规模 5 孔 ×7 米，总净宽 35 米，设计流量 346.4 立方米每秒，最大过闸流量 538.8 立方米每秒。2008 年 9 月开工，2009 年 12 月完工，2015年12月通过竣工验收，总投资5574.67万元。

王家洋闸 地处小浃江水系三眼桥江末端甬江出口。老闸于2002年10月与城防工程同时建成，规模5孔 ×3.5米，总净宽17.5米，闸底板顶高程–1.37米，设计流量83.4立方米每秒。2015年3月开工扩建王家洋闸，在老闸东侧新建一座水闸，新闸规模3孔 ×6.6米，总净宽19.8米，闸底板顶高程–1.87米，设计流量105.7立方米每秒，2017年3月完工。老闸和新闸设计流量合计189.1立方米每秒，满足规划设计流量186.6立方米每秒要求。

葛家闸（又名葛家碶） 位于奉化江右岸鄞州区姜山镇翻石渡村，上游为任家河。水闸规模3孔 ×4米，总净宽12米，闸底板顶高程–1.37米，最大过闸流量130.2立方米每秒。2016年9月通过完工验收。

张家闸（又名张家碶） 位于奉化江右岸鄞州区姜山镇周韩村，上游水为张家碶河。水闸规模3孔 ×4米，总净宽12米，闸底板顶高程–1.00米，最大过闸流量130.2立方米每秒。2018年4月通过完工验收。

新楝树闸–楝树港泵站 位于奉化江右岸鄞州区首南街道周韩村，上游为新楝树港河。水闸规模3孔 ×4米，总净宽12米，闸底板顶高程–1.00米，最大过闸流量130.2立方米每秒，2017年12月通过完工验收；2020年3月，楝树港泵站开工建设，泵址位于鄞州区姜山镇北部奉化江沿岸，设计排涝流量40立方米每秒，由4台潜水贯流泵组成，单机流量10立方米每秒，总装机容量1800千瓦。在新建泵站的同时，新开河道全长1325米，其中站前引河长225米、连通大西河小西河段长800米、连通楝树港河段长300米。2020年年底工程尚在建设中。

铜盆浦闸站 位于鄞州区钟公庙街道铜盆浦。原闸建成于1953年，2005年12月移址开工重建，水闸规模7孔 ×5米，总净宽35米，闸底板顶高程–1.37米，设计流量313.9立方米每秒，最大过闸流量478立方米每秒，2008年1月竣工。2014年1月开工建设泵站，设计流量50立方米每秒，共4台，单泵设计流量12.5立方米每秒，泵型为竖井式贯流泵。2015年11月完工，概算总投资2.48亿元。

庙堰碶闸站 位于鄞州区钟公庙街道庙堰头，上游为三桥江。庙堰碶初建于清雍正十一年（1733年），1963年10月重建。2005年12月移至原闸下游50米处新建，水闸规模5孔 ×5米，总净宽25米，闸底板顶高程–1.37米，设计流量217.8立方米每秒，最大过闸流量335立方米每秒。2008年1月竣工，2018年开工建设泵站，设计流量40立方米每秒，共3台立式潜水轴流机组，2020年年底完工。

大石碶闸站 位于鄞州区江东南路东侧、小塘河奉化江出口。大石碶始建于宋淳祐二年（公元1242年），为郡守陈垲主持兴建。2000年10月拆除重建，2002年12月通过完工验收，工程投资166.2万元。2016年11月进行加固改造，水闸为3孔，每孔净宽3.0米，总净宽9米，最大过闸流量74.3立方米每秒；2015年9月开工建设泵站，设计流量10立方米每秒，安装3台立式潜水轴流泵，装机容量600千瓦。2016年11月完工，2019年1月通过竣工验收，总投资3125.18万元。泵站建成后由鄞州区移交市三江局负责运行管理。

新建的沿江小型闸泵主要有长塘闸、道士堰闸（又名五洞闸）、月亮闸（又名月亮碶）、乌区闸（又名乌区碶）、翻石渡闸（又名翻石渡碶）、三浦闸、娄家浦闸、大堰碶等。

2020 年鄞东南片沿江闸泵统计见表 4–5。

表 4–5　2020 年鄞东南片沿江闸泵统计

河岸	闸泵名称	水闸	泵站
		总净宽 /m	规模 /（m^3/s）
甬江右岸	左餐闸	4	—
	水产闸	1	1.6
	浃水大闸	25	—
	王家洋闸	37.3	—
	界牌碶闸	35	—
	梅墟闸	12.5	—
	甬新闸站	35	60
	鄞东南排涝闸	25	—
	新杨木碶闸	16	—
	老杨木碶闸	12	—
	印洪碶闸站	12	30
	长塘闸	6	—
奉化江右岸	北渡闸	4	—
	胡家埯后闸	2.8	—
	月亮碶	9	—
	乌区碶	3	—
	翻石渡碶	9	—
	葛家碶	12	—
	张家碶	12	—
	新楝树碶闸站	12	40
	铜盆浦闸站	35	50
	庙堰碶闸站	25	40
	长丰闸站	4	6.6
	道士堰闸	12	—
	大石碶	9	10
	合计	369.6	238.2

（二）海曙（鄞西）片

奉化江左岸原称鄞西片，2016 年宁波市行政区划调整划归海曙区管辖，改称海曙片。海曙片东临奉化江、北依姚江，域内中南部洪涝水向东排入奉化江，西北部排水入姚江。由于洪水归槽后奉化江、姚江干流水位抬升影响原沿江碶闸排涝能力的发挥，客观的地理位置使海曙片泄洪排水日趋困难。

五江河整治 五江河是鄞西片北部向姚江排水的主要通道，在望春桥连接西塘河（后塘河）向北流至姚江排出。2017—2019年海曙区实施五江河治理工程，分为两部分：望春桥至五江口河段整治拓浚于2018年1月开工，2019年10月完工，整治河道1.71千米，河面拓宽至30米，河底高程 -1.87米，概算总投资2.04亿元；2017年3月开工建设五江口闸站及上游配套河道，主要建设内容包括新建五江河闸泵，水闸规模1孔 ×25米，最大过闸流量78.4立方米每秒，底高程 -1.37米；泵站设计排涝流量30立方米每秒，设3台潜水轴流泵，单机设计流量10立方米每秒，单机功率400千瓦，装机总容量1200千瓦；同时，新开挖自五江口至闸站河道，长约510米，河宽50米，项目于2019年11月完工，概算总投资1.50亿元。

鄞西（海曙）片沿奉化江、姚江新建的中型以上水闸、泵站还有：

水菱池闸（又名水菱池碶） 位于海曙区石碶街道，上游为南塘河。水闸规模5孔 ×4米，总净宽20米，闸底板顶高程 -1.37米，最大过闸流量147.04立方米每秒。2016年10月通过完工验收。

屠家堰碶 位于海曙区石碶街道黄隘村，上游为花溪港河。水闸规模5孔 ×4米，总净宽20米，闸底板顶高程 -1.37米，最大过闸流量147.04立方米每秒。2014年12月通过完工验收。

行春碶 位于海曙区石碶街道，上游为南塘河及其引河。始建于唐太和七年（公元833年），1962年原址重建。2005年12月移至旧址下游250米河口处新建，水闸规模3孔 ×5米，总净宽15米，闸底板顶高程 -1.00米，最大过闸流量186.2立方米每秒，2008年1月完工。

澄浪堰闸 位于海曙区南门街道澄浪小区。水闸规模2孔 ×4米，总净宽8米，闸底板顶高程 -1.37米。设计排涝流量74.3立方米每秒，最大过闸流量110.6立方米每秒。水闸上游设计内河水位2.42米，下游设计潮位3.56米。2004年11月开工，2006年1月通过完工验收。2008年12月通过竣工验收。总投资2499.69万元。

风棚碶闸站 位于海曙区石碶街道北渡村。主要建筑物由泵站、水闸、南塘河拓浚加固和奉化江连接堤防等组成。泵站设计排涝流量80立方米每秒，装机总容量4800千瓦，共设6台潜水贯流泵，单机设计流量13.35立方米每秒，单机功率800千瓦；水闸总净宽18米，共3孔，单孔净宽6米。闸底板顶高程 -1.37米，设计最大过闸流量118立方米每秒。2017年6月正式开工，2018年7月通过水闸通水阶段验收，2019年7月通过泵站机组启动验收，2020年9月通过竣工验收，总投资2.61亿元。

段塘碶闸站 位于海曙区鄞奉路东侧、宝剑河奉化江出口，是南塘河排水系统的重要组成部分。工程为拆除段塘老闸新建闸站，水闸总净宽13.5米，共3孔，每孔净宽4.5米，最大过闸流量121立方米每秒；泵站设计流量20立方米每秒，设3台立式潜水轴流泵，每台6.67立方米每秒。2015年12月开工，2018年1月通过泵站机组启动验收和土建标合同工程完工验收，概算总投资9971.53万元。

保丰碶闸站 位于海曙区永丰桥北侧北斗河姚江出口处。2014年1月拆除老闸后原址重建，水闸总净宽15米，单宽5米，共3孔，采用平面直升式钢闸门；泵站设计流量10立方米每秒，采用3台潜水贯流泵，总装机容量396千瓦。2015年4月完工，2017年6月通过竣工验收，总投资5200.23万元。

大西坝闸站　位于高桥镇大西坝村，闸站通过新开河道与上游湖泊河连接。水闸规模 5 孔 ×6 米，总净宽 30 米，最大过闸流量 507.9 立方米每秒；泵站规模 30.0 立方米每秒，设水泵 3 台。2015 年 10 月开工，2019 年 9 月通过完工验收，水利部分投资 7150 万元。

邵家渡闸站　位于邵家渡河入姚江口。水闸规模 3 孔 ×5 米，总净宽 15 米，最大过闸流量 132.18 立方米每秒；泵站流量 3×3.3 立方米每秒。2013 年 7 月开工，2015 年 1 月通过完工验收。

叶家闸（又名叶家碶）　位于叶家碶河入姚江口。水闸规模为 4 孔 ×5 米，总净宽 20 米，最大过闸流量 176.83 立方米每秒。2014 年 12 月开工，2016 年 11 月完工。

新建的沿江小型闸泵主要有三浦闸、史家浦闸、大堰碶、钓鱼山闸站、石桥头闸、后山闸、乍山闸、章浦碶闸、大嘴龙浦闸（又名大嘴龙浦碶）、周家浦闸（又名周家浦碶）、九曲闸站、应陈闸、皇泥墙闸、沃家闸（又名沃家碶）等。

2020 年海曙（鄞西）片沿江闸泵统计见表 4–6。

表 4–6　2020 年海曙（鄞西）片沿江闸泵统计

岸段	闸泵名称	水闸	泵站
		总净宽 /m	规模 /（m^3/s）
奉化江左岸	风棚碶闸站	18	80
	段塘闸站	13.5	20
	水菱池碶	20	—
	屠家堰碶	20	—
	行春碶	15	—
	澄浪堰闸	8	
	新联江碶	4	0.7
	联江老碶	4	—
	朱家闸	2.5	—
	韩家涵碶	3	—
	北渡渡口碶	2.5	—
	布济闸	2.5	—
	三浦闸	3	—
	娄家浦碶	6	—
	大堰碶	6	—
	下陈闸	4	—
姚江右岸	保丰碶闸站	15	10
	蟹堰（高桥）闸站	15	16.8
	五江口闸站	25	30
	邵家渡闸站	15	10
	大西坝闸站	30	30
	叶家闸	20	—
	黄家河闸	3	—

续表

岸段	闸泵名称	水闸	泵站
		总净宽 /m	规模 /（m^3/s）
姚江右岸	沃家碶	4	—
	皇泥墙闸	10	—
	大西坝小闸	12	—
	应陈闸	4	—
	九曲闸站	4	6.66
	大嘴龙浦闸	4	—
	周家浦闸	4	—
	章浦闸	4	—
	乍山闸	4	—
	后山闸	4	—
	石桥头闸	4	—
	钓鱼山闸站	4	6.66
合计		317	200.82

（三）江口片

东江堤防修建和县江三期工程实施后，洪水进入平原得到有效控制。江口片沿江排涝闸泵大多已按规划实施，但河道治理仍以局部河段为主。

外婆溪及支流河道治理　外婆溪河自亭下水库总干渠节制闸经萧王庙街道、塘湾村、涂张田、前张村、王溆浦、横路至南浦，全长8.3千米，原河宽5～25米。2014年7月，实施外婆溪及支河治理工程，治理起点为亭下水库总干渠节制闸，终点至县江，河长8.3千米，河面宽30米，河底高程–1.00米。支流河道治理包括郑家河0.35千米，河面宽5米，河底高程–0.50米；朱家河2.61千米，河面宽6米，河底高程–0.50米。新建提水泵站1座。2017年4月完工，工程投资4799万元。

大浦湾河段治理　自奉化城区葭浦路至大浦湾闸站段，全长887米，河道向西拓宽至33米，右岸不作拓宽。2018年11月开工，2020年1月完工。

何家河治理　全长约1248米，河面宽30米，堤防断面型式采用斜坡式、重力式浆砌块石结构。2015年9月开工，2020年基本完成。

大蒲湾闸站　大蒲湾河为江口平原骨干内河，大蒲湾闸站位于大蒲湾河流入剡江出水口，泵闸合建。新建排涝泵站30立方米每秒，设4台轴流泵，单机400千瓦，共计1600千瓦；新建水闸2孔×4米，最大过闸流量59立方米每秒。2014年12月开工，2016年4月完工。工程投资6500万元。

方桥闸站　位于东江左岸，泵闸合建。新建排涝泵为10立方米每秒，3台轴流泵，总装机容量555千瓦；水闸规模4孔×4米，最大过闸流量115立方米每秒。2013年3月开工，2015年7月完工。工程投资2100万元。

西坞泵站 位于西坞街道东街河与东江交汇处。工程设计防洪标准30年一遇，排涝流量20立方米每秒。2019年9月开工，2020年年底完工。工程投资3080万元。

善德闸站 位于西坞街道倪家碶河与东江交汇处，泵闸合建。泵站排涝流量为30立方米每秒，水闸总净宽3孔 ×4米，设计流量47立方米每秒。2019年10月开工，2020年年底完工。工程投资5026万元。

山隍泵站 位于西坞街道与江口街道分界、山隍河与东江交汇处。泵站排涝流量20立方米每秒。于2019年11月开工，2020年年底完工。

二、姚江平原排涝

根据地形水系，姚江平原大体划分为5个河区，即西北河区、慈中河区、慈东河区、姚江干流区和镇海河区。按区域分为余姚、慈溪和江北镇海三片。随着流域洪涝分治和干流分级设防格局的逐渐形成，近20年姚江平原治涝的总体思路是拓疏河道、扩大北排、增加强排。

（一）余姚片

按地势，余姚片部分河道向南汇入姚江，部分向北排入杭州湾。平原治涝的工程措施主要是打通南排、北排骨干排水通道，扩大北排能力，闸泵结合提升沿江圩区强排能力。

奖嘉隆江整治 地处马渚、泗门两镇，起自湖塘江，止于北排江，整治河道全长6.89千米，是姚西北扩大向杭州湾北排的骨干通道之一。工程建设内容：新开挖河道3千米，老河道拓浚3.89千米，沿线新建跨河桥梁9座、支河桥梁5座，修建提水泵站21座。设计河底高程 -0.85米，堤顶高程3.93米，堤顶宽5米。河道面宽45米，河底宽16.32米。河道断面采用复式和梯形两种型式，工程于2008年9月动工，2010年7月全线通水，概算投资2.4亿元。

陶家路江整治 位于泗门镇境内，南起大河门江，北至陶家路新闸，河道长13.62千米，是向杭州湾北排的骨干河道。共分3期实施：一期为陶家路江老闸至新闸段，河长3.38千米。整治后河道面宽115.5米，底宽80米，河底高程 -1.87米，于2011年5月开工，2012年9月完工。二期南起泗门泵站，北至陶家路江老闸，河长5.2千米。河道拓宽至80 ~ 100米，重建10座跨河桥梁以及3座支河桥梁，拆除重建8座涵闸。工程于2016年2月开工，2019年9月完工，概算总投资88620.69万元，其中工程部分投资34559.97万元。三期南起大河门江，北至泗门泵站，总长5.1千米，河道面宽从30米单边向东拓宽至63 ~ 74.5米，河底高程 -1.87米。工程需拆迁房屋约8万平方米，征用土地597亩，共需开挖土石方约230万立方米，浇筑混凝土约18万立方米，批复工程概算16.67亿元。项目于2017年8月底开工，至2020年年底仍在实施中。陶家路江一、二、三期工程和陶家路闸相连通，形成余姚北排杭州湾第二通道。

食禄桥江整治 位于马渚镇和阳明街道，南起于姚江、北迄于西江，整治河道长4.593千米，设计河面拓宽至45米，河底高程 -1.87米，堤顶高程4.13米。同时改建跨河桥梁7座、支河桥梁1座、铁路桥梁1座，改建灌排泵站14座、水闸6座。工程概算投资41500万元，其中工程部分投资18844万元。工程于2014年11月开工，2020年年底才完工，建设期间因政策处理困难和国华电厂管线迁移等原因，均发生暂时停工。

临海大浦（北排一通道） 为原临海浦江延伸段，位于临海浦新老闸之间，河道全长3875米，底宽60米，面宽100米，底高程-1.87米，河道边坡为1：3.5，中间高程3.50～5.00米为绿化地，绿化地宽40米，河堤边坡1：2，堤顶高程8.0米，两侧河堤中心距200米。于2012年12月开工，2014年4月完工，总投资5988万元。

泗门泵站 位于泗门镇北329国道复线南侧，泵站总规模100立方米每秒，设4台竖井式贯流泵，单泵流量25立方米每秒。泗门泵站是“菲特”台灾后市政府确定的“两江流域”兴建五大应急排水泵站项目之一。2014年1月开工，2015年6月底完工，概算总投资33710.12万元。

候青江排涝泵闸 位于余姚城区玉皇山公园东侧。侯青江排涝泵闸与城防工程结合，使余姚城北圩区实现堤防封闭。闸站采用闸泵一体并列河床式布置，水闸居右岸，总净宽60米，设3孔（18米+24米+18米），闸底坎顶高程-1.87米，采用下卧式平面钢闸门，液压启闭机控制。泵站居左岸，为单向排涝泵站，总设计流量80立方米每秒，设4台竖井式贯流泵，单泵流量20立方米每秒，设计扬程2.38米。于2016年11月开工，2018年11月完工，概算总投资29930万元，其中工程部分投资27640万元。

圩区泵站 “菲特”台灾后，《余姚市防洪排涝规划》提出分级设防、分区封闭的圩区排涝工程布局，至2020年年底，建成泵站219座，总设计流量533立方米每秒。为统一管控、科学调度排涝泵站，2020年7月9日，余姚市人民政府办公室印发《余姚市姚江沿线排涝泵站管控方案（试行）》（余政办发〔2020〕43号）。方案明确：当姚江干流余姚站水位超过警戒水位且水位持续上涨时，相关镇乡（街道）及经济开发区须做好泵站管控准备工作；当姚江干流余姚站水位超过保证水位且水位仍持续上涨时，按排涝泵站优先级进行流量管控；当姚江余姚站水位上涨至2.93米时，采用所有排涝泵站统一关闭的管控方案。

2020年余姚片姚江（蜀山大闸以下）沿江闸泵统计见表4-7。

表4-7 2020年余姚片姚江（蜀山大闸以下）沿江闸泵统计

序号	闸泵名称	水闸	泵站
		总净宽/m	规模/（m^3/s）
1	蜀山大闸	96	—
2	浦口大闸	42	—
3	隐溪河闸	30	—
4	马家浦闸	6	2
5	应王排涝站	3	1.7
6	龙山浦	3.5	6.2
7	赵家浦	2.8	3.4
8	朱家浦	10.8	—
9	陈家排涝站	2.5	1.6
10	油车浦	4.5	5.4

续表

序号	闸泵名称	水闸	泵站
		总净宽 /m	规模 /（m^3/s）
11	崔家埠排涝站	—	1.5
12	高界闸	3.1	1.5
13	太平渡闸	2.5	—
14	汪界浦闸	3.5	—
15	季家浦闸站	4	3
16	苗浦闸	12	1.5
17	小泾浦	6	6
18	赵家闸站	3	1.5
19	浪士桥闸	5.4	3
20	王其弄排涝站	3	1.5
21	下洋门排涝泵	—	2
22	孙家浦闸	3	2
23	付家窑头泵站	—	2
24	傅家浦闸站	3	2
25	泥公渡闸	3	3
26	李宅排涝泵	—	2
27	十二房闸	3	2
28	郭母浦闸站	3.3	2
29	周家湾排涝站	—	2
30	八尺浦闸站	3	2
31	沙渔浦排涝站	—	2
32	沙浦闸站	3	2
33	新潮浦闸站	3.5	3
34	东江沿排涝站	—	1
35	沿山河大闸	3.5	—
36	太平度南闸	3	—
37	车厩排涝站	—	1.5
38	西山河闸	8	—
39	高江头闸	12	—
40	大浦河闸	4	3
41	尖头湾翻水站	—	0.44
42	五洞闸	14.04	—
合计		312.94	73.74

（二）慈溪片

慈溪片按水系分为慈西、慈中、慈东三个河区，总体上就近北排杭州湾。域内主要河道有建塘江、三八江、漾山路江、八塘横江、六塘横江、三塘横江、周家路江、垫桥路江等，除漾山路江、八塘横江河宽大于30米外，其他河宽一般在15米以下。2002年编制了《慈溪市骨干河网总体规划（2001—2015）》，提出“三横十一纵”骨干河网构架并陆续实施，排涝出海闸也随围涂工程海堤外移而扩建，近年还对中心城区排涝能力进行提升。

1. 西河区

慈溪西河区地形似一个由西、北向东、南倾斜的脸盆，地势低洼，域内主要河道有建塘江、三八江、洋山路江、八塘横江、六塘横江、三塘横江、周家路江、垫桥路江等，除漾山路江、八塘横江河宽大于30米外，其他河宽一般在15米以下。慈西区域属姚江流域，自古以来排涝向南汇入姚江，20世纪80年代起由于姚江两岸建围圩电排工程，姚江水位抬升，导致地处上游的慈西地区向南排水不畅，加之域内河少江窄，出海排涝闸闸口淤积严重等原因，造成大量农田内涝，自然灾害频发。根据姚江流域分流北排的规划框架，慈西地区在保留向南排涝的前提下，主要治涝工程措施是通过拓浚骨干河道和外移新建出海闸，独辟路径扩大向杭州湾排水，开辟北排通道。

2000年10月，慈溪西部排涝工程动工建设，主要措施是外移三八江出海排涝闸；新开贯穿南北的陆中湾排涝河道及配套出海闸；拓疏三塘横江、三八江及主要骨干河道，形成“三纵两横”（三纵为建塘江、三八江和陆中湾，两横为三塘横江和八塘横江）北排骨干框架。工程于2004年8月全部完工，投资1.85亿元。工程实施后，不仅有效提高向杭州湾排水能力，而且增加河网蓄水能力近1200万立方米，大大改善了河网水环境，陆中湾、三塘横江建设成果成为当时全省平原河道治理的新样板。

陆中湾排涝河道 南起三塘横江，北至十塘出海排涝闸，面宽80～160米，全长11.7千米，其中三塘横江至八塘横江段长8.7千米，河宽80米；八塘至十塘出海闸段长3千米，河宽160米。两岸全线复式挡墙护坡（平台高程1.63米，以下干砌块石护坡，平台以上浆砌石挡墙），配套建造跨江主桥梁5座、陆中湾出海排涝闸1座、八塘横江水系节制闸1座、铺设两岸面宽4米机耕路23.4千米、机耕桥（节制闸）共8座。

三塘横江拓疏 河道东接陆中湾，西至慈余交界板桥路江，全长12.45千米，河道面宽拓至25～45米。其中，陆中湾至周家路江段长10.1千米，面宽45米，两岸全线复式挡墙护坡；周家路江至板桥路江段长2.35千米，面宽25米，河道两岸为土坡。河底高程均为–0.37米，河岸高程3.63米。配套建造跨江主桥梁7座、建造节制闸1座，以及铺设两岸面宽4米机耕路18.54千米，建造机耕桥（节制闸）65座。

三八江拓疏 以新建三八江十塘出海闸为主，同时将南起八塘横江、北至十塘出海闸段河道拓宽至100～120米，全长3.0千米。其中，八塘横江至九塘段长0.78千米，河宽拓至100米；九塘至十塘出海闸段长2.22千米，河宽拓至120米，河底高程均–0.37米，河岸高程3.63米。配套建造三八江十塘排涝闸和跨江主桥梁2座，铺设面宽5米机耕路4.08千米。

陈家路江、高王路江拓疏 陈家路江南接六塘横江，北至八塘横江，全长2.14千米，河面宽

25 米，其中六塘江至七塘江段为新开河道，长 1.49 千米，高程 2.63 米以上两岸直立墙护坡；农垦场至八塘横江段长 0.65 千米为老河疏浚，河岸高程 3.63 米，河底高程 0.13 米。配套建造七塘公路桥 1 座和机耕桥（节制闸）4 座。高王路江南接七塘横江，北至八塘横江，全长 4.2 千米，河面宽 16 米，为老河道疏浚，建造配套机耕桥（节制闸）2 座。

2. 中河区

半掘浦拓宽疏浚　结合桥头镇新二江北畈土地整理项目实施，南接新二江，北至胜山塘江，共拓疏面宽 60 米河道 3800 米。自 2001 年 11 月开工，2004 年 7 月完工，完成投资 671 万元。

中部八塘横江工程　位于中河区。东起郑家浦，西至四灶浦，全长 12.04 千米，为全线新开河道。其中，洋浦以东（东河区境内）河长 1.055 千米，洋浦以西（中河区境内）河长 10.99 千米，全部河道拓宽至 80 米，河底高程东河区段 –1.37 米、中河区段 –0.87 米，两岸砌筑亲水型护岸 23.9 千米。同时建造跨河主桥梁 7 座，5 孔 ×6 米中、东水系节制闸 1 座，铺设机耕路 23.5 千米，配套桥涵（泵站）16 座，河道两侧进行水保绿化。共完成土方 313.4 万立方米，石方 23.1 万立方米，混凝土 28.6 万立方米，钢筋 745 吨。征用土地 1814.29 亩（其中河道掘损及道路征用 1752.04 亩，绿化用地征用 62.25 亩）。自 2004 年 8 月动工，2006 年 5 月完工，完成投资 1.312 亿元。

潮塘横江拓疏　潮塘横江西起宗汉漾山路江，东止逍林水云浦。潮塘横江、四灶浦以及南延新城河南承东横河来水，在中心城区形成“一纵一横”排涝工程格局。潮塘横江拓疏不仅是城区防洪排涝主体项目之一，也是城区水景观、水环境建设重点，共分三期实施：一期工程（农业园区段）东起降桥江、西至东外环线（高速连接线），拓疏面宽 80 米河道 1100 米。2005 年 6 月开工，2006 年 4 月完工，工程投资 1882 万元。二期工程东起新城大道、西至青少年宫路，拓疏面宽 80 米河道 1840 米；建节制闸一座，总净宽 24 米（3 孔 ×8 米），闸底板顶高程 –0.37 米。2007 年 11 月开工，2008 年 12 月完工，工程投资 5600 万元。三期工程拓疏河道总长 4.9 千米，面宽 80 米，其中潮塘江东段（水云浦—降桥江）长 1.4 千米，潮塘江西段（青少年宫路—漾山路江）长 3.5 千米；河道堤顶高程为 3.40 米，河底高程为 –0.87 米；2020 年开工，尚在施工中。潮塘横江如图 4–11 所示。

图 4–11　潮塘横江

四灶浦拓疏工程　四灶浦是慈溪中部地区向北往杭州湾排水的主要河道。2008 年 6 月，四灶浦拓疏工程由市发改委批准立项，项目由四灶浦和与之相交的潮塘横江部分河段组成，全长 14.2 千米。其中，四灶浦南起北三环东路以南 300 米处，北至八塘横江，长 12.75 千米，河道从原河宽 20 ~ 40 米左右拓宽至 70 ~ 80 米（潮塘横江以南 70 米）。潮塘横江东起东外环路、西至新城大道，长 1.45 千米，河道从原河宽 20 米左右拓宽至 80 米。工程建设内容除拓疏面宽 70 ~ 80 米河道 14.2 千米外，配套建设 9 座跨河主桥梁和生态护岸 28 千米，以及道路、桥闸、泵站等设施，工程概算投资 6.66 亿元。工程沿线涉及白沙路、古塘、坎墩、横河、胜山、逍林、崇寿等 7 镇（街道）和商务区、杭州湾新区，需拆迁房屋近 11 万平方米，征用土地 1560 亩，临时堆土约 4500 亩。四灶浦拓疏工程战线长，拆迁量大，施工导流困难，工程分 2 期实施，2009 年开工，2017 年完工，历时 9 年。

四灶浦南延（新城河）工程 南起东横河，穿 329 国道后于新城大道与潮塘横江交汇，往北至北三环东路以南 300 米处与四灶浦相接，全长 6.21 千米，最小河面宽 70 米。工程分二期实施：一期南起慈甬路（原 329 国道），北至北三环东路以南 300 米处，河长 2.96 千米。建设内容主要由河道拓疏（拓疏河道总长度约 2960 米，控制最小面宽 70 米，河底高程为 -0.87 米）、护岸（新建生态护岸 7305 米）、景观绿化（面积 383700 平方米）和桥梁（重建三北大街桥、开发大道桥和明州路景观桥）等组成，需拆迁住宅、企业等 1281 户（家），拆迁房屋总建筑面积 310300 平方米，工程总投资 494365 万元。工程于 2015 年 3 月开工，至 2017 年 2 月已完成三北大街至开发大道 800 米启动段建设。二期工程南起东横河，北至慈甬路，拓疏河道 3.25 千米，主要建设内容包括拓疏河道长 3.25 千米，最小河宽 70 米，新建护岸、水闸、桥梁及配套设施。二期工程概算总投资 181541 万元，于 2019 年 1 开工建设。至 2020 年年底，一、二期工程均在实施中。

中部三塘横江拓疏 西起陆中湾，东至水云浦，全长 9.92 千米，其中鸣山路江至大路沿江长 4.2 千米，河面宽 45 米；陆中湾至鸣山路江及大路沿江至水云浦两段长 5.72 千米，为新开挖河道，河宽 45 米。新建节制闸 1 座（闸净宽 24 米，3 孔 ×8 米），新建跨江桥梁 14 座，新建、改建支河桥梁 71 座，新建箱涵 10 座。概算总投资 6.57 亿元。工程主要任务是联通已建成的西部三塘横江和东部三塘横江。工程于 2019 年开工，至 2020 年年底尚在施工。

中心城区防洪排涝提升工程 慈溪市中心城区北以潮塘横江、东以新城河、南以前应路、西以漾山路江为界形成圩区，总面积 38 平方千米，以保障南侧山区来水和西侧高位河水不侵入中心城区。工程分三期实施：一期工程建设内容主要为新建 4 座闸站（周家路江闸、六灶江闸、纤绳路江闸、金山后横江闸）和 5 座节制闸（五灶江、虞波江、浒山江、施山横江、湖里头江节制闸），拓宽纤绳路江卡口段 160 米，并拆除浒山江、周家路江橡胶坝等，工程概算总投资 1.34 亿元。工程于 2017 年 2 月动工，2018 年 10 月完工验收；二期工程主要新建 1 座闸站和 7 座节制闸，改建 1 座泵站及部分河道整治，于 2020 年 10 月开工，至 2020 年年底尚在施工中；三期工程主要是整治大塘江、晓纪江、东城河和房王路江等河道，待二期工程完工后实施。周家路江闸站如图 4-12 所示。六灶江闸站如图 4-13 所示。

图 4-12　周家路江闸站

图 4-13　六灶江闸站

3. 东河区

徐家浦拓疏 位于东河区观海卫镇北部，起自三塘终至七塘之间，河长3.16千米，原河宽22米，底高程0.13米，拓宽至80米，河底高程–1.37米，两岸直立挡墙护岸。完成土方工程量97.6万立方米，砌石5.2万立方米，掘损土地267.4亩，堆压土地1706亩。配套新建跨河桥梁1座、机耕桥4座，铺设两岸道路与绿化。2002年10月开工，2004年3月完工，完成投资2523万元。

东部三塘横江工程 位于东河区。建设内容主要由横向三塘横江和纵向镇龙浦两部分组成，总河长8.98千米。其中，三塘横江东起镇龙浦、西至淞浦，河长7.88千米，全线河道基本上需新开挖，河宽60米，河底高程–1.37米，采用方格预制块护坡。镇龙浦河道南接三塘横江，北至胜利闸，河长1.1千米，河宽50米，河底高程–1.37米，砌石护坡。同时，建造跨河桥梁11座（公路桥2座、机耕桥9座）、两岸配套机耕桥闸44座、泵闸1座；铺设机耕路16.86千米，河道砌坎护岸16.96千米；共完成土方工程量193万立方米，掘损征用土地983亩，堆压土地3230亩，拆迁房屋14079平方米。2003年11月开工，2005年4月完工，完成投资11241万元。

镇龙浦拓疏 南起胜利闸，北至十塘闸，拓疏河道长3.898千米，其中胜利闸至九塘闸面宽50米，九塘闸至十塘闸面宽80米，建设期为2006—2007年，投资2063万元。

淞浦至蛟门浦段河道拓疏 建设内容包括徐家浦（三塘至四塘）拓掘0.16千米，面宽80米；蛟门浦拓掘0.31千米，面宽27米；三塘横江淞浦至蛟门浦段河道拓掘，全长12.07千米，河宽60米，河底高程–1.37米，采用方格预制块护岸。同时，建造跨江主桥梁15座，两岸配套机耕桥40座（其中桥闸3座），铺筑5米宽机耕路24千米，两岸水保绿化24千米。共完成土方工程量220.6万立方米，石方18.19万立方米，混凝土4.01万立方米，钢筋1795.8吨，掘损征用土地1366.56亩，其中耕地1263.51亩，拆迁房屋1098平方米。自2006年10月动工,2008年3月完工，完成投资1.53亿元。

（三）江北镇海片

江北镇海片治涝工程措施采取“北导、东排、中疏、强排”。其中“北导”主要是拓疏江北慈江和镇海沿山干河并外移扩建澥浦闸将域内西北侧山水向北疏导入外海。

1. 河道整治

江北大河整治 北起周家闸，南至孔浦闸，全长11.95千米，沿线经过洪塘、庄桥、甬江、孔浦4个街道，是江北区东西向骨干排水河道。江北大河整治分农村段和城区段进行，2014年开始农村段整治，起自周家闸、终至北外环路，河道长约3.88千米，同时改建水闸1座、桥梁6座及沿线机埠等配套设施，至2019年年底农村段完工，总投资2.02亿元。城区段整治范围为北外环路至孔浦闸，建设内容包括岸线整治、卡口拓宽、河底清淤和河岸绿化、桥梁等配套工程，总投资约6.00亿元。至2020年年底工程尚在施工中。

中横河整治 北起慈江三板桥闸，南至姚江张家浦闸站，全长4.4千米，沿线经过慈城镇后洋村、前洋村、新华村、虹星村、半浦村，是江北区南北向骨干排涝河道之一。2014—2016年实施，整治河道长约4.01千米，并改建三板桥闸及沿线道路、跨河桥梁等，工程总投资约1.50亿元。

官山河整治 北起慈江官山闸，南至姚江小西坝，全长4.2千米，沿线经过慈城新城、后洋村、前洋村、横山村。官山河整治长约4.01千米，改建官山闸、小西坝闸及沿线道路与绿化等，投资约2.0亿元。

镇海中大河整治 中大河一支起源于汶溪港，另一支起源于丈亭江，两支汇合于黄杨桥，往东流经骆驼、贵驷至镇海张鑑碶闸排入甬江，全长约22千米。2003年，启动总长18.7千米的中大河城市河道景观建设，同年11月底，完成贵驷至骆驼示范段，长2780米。2004—2005年，完成庄市段河道0.5千米，完成静德桥至铁路桥、鼎新桥至何仙桥段共长5.9千米。工程主要采取清淤、拓宽、翻新的方法，迄2005年年底共完成土方21575立方米、驳岸块石7000立方米、混凝土2000立方米，完成投资1746万元。

西大河整治 原河道起自澥浦新漕跟，向南经觉渡、骆驼、团桥、洪家直至宁波江北岸三宝桥，全长20千米。20世纪80年代骆驼镇区段已截流成街路。1999年，自骆驼街道咸宁桥至洪家段进行疏浚并砌石护岸，长4600米，共完成工程量石方1.4万立方米，混凝土300立方米，浚淤挖土4万立方米。2003年进行分段疏浚，其中骆驼桥段自堰头王至沈家河头长3215米，完成挖掘土方57876立方米，驳岸块石1890立方米；觉渡至庙戴段长1350米，完成土方27000立方米、石方1040立方米。两段共用混凝土360立方米。2007年，投入资金1500万元对公路两旁的1937米河道进行景观河道建设，河道拓宽至20米，两岸设置15 ~ 20米绿化带，配套建设桥梁、景点等。

新泓口闸外移工程 新泓口河西起棉丰村新泓口，向东北至新泓口水闸入海，是湾塘地区向外海排涝的唯一河道。1977年新泓口排涝闸外移，河道也随之延伸，河面拓宽至18米。2002年，新泓口闸再次外移新建，新泓口河向外再延伸1746米，河面拓至30米，新泓口河总长度达到3506米。2014年1月，在新泓口河左岸与北仑电厂灰库堤脚间的滩地，建设新泓口强排泵站，泵站设计流量40立方米每秒，设4台，单机10立方米每秒，总装机容量1920千，工程于2015年1月完工，总投资5320万元。

因闸外严重淤涨导致排水困难，2017年10月再次实施新泓口闸外移工程，主要建设内容：水闸5孔 ×6米，总净宽30米，闸底板顶高程 –1.87米，排涝设计流量233立方米每秒；引河长1432米，河面宽100米。工程于2019年年底基本完成，概算总投资30772万元。

澥浦大闸外移工程 随泥螺山北侧围垦（一期）而外移新建，是姚江二通道（慈江）通道的出海闸。澥浦大闸10孔 ×8米，总净宽80米，排涝设计流量680立方米每秒；闸上游澥浦大河长2496.89米，河面宽度150米，河底高程 –1.87 ~ –2.87米；东围堤长450米；配套建管理用房面积2000平方米。工程于2014年9月开工，2017年3月通过水闸通水阶段验收，同年8月主体工程完工，2019年6月通过竣工验收，工程总投资4.95亿元。

2. 闸泵工程

江北、镇海甬江、姚江沿岸新建的中型以上水闸、泵站有：

洪陈闸站 位于江北区安仁河姚江出口处，水闸3孔 ×6米，总净宽18米，设计流量180立方米每秒，最大过闸流量269.2立方米每秒；泵站排涝流量8.3立方米每秒，设3台立式潜水轴流泵。2013年5月开工，2015年12月完工，总投资1900万元。

张家浦闸站 位于江北区中横河姚江出口处，为灌排两用闸站，水闸3孔 ×5米，总净宽15

米，设计流量 135 立方米每秒，最大过闸流量 255.6 立方米每秒；泵站总排涝流量 9.1 立方米每秒，总灌溉流量 8.5 立方米每秒，设水泵 3 台。工程于 2012 年 3 月开工，2014 年 3 月完工，总投资 3000 万元。

小西坝闸 位于江北区官山河姚江出口处，为排涝闸，水闸 4 孔 ×4 米，总净宽 16 米，设计流量 160 立方米每秒，最大过闸流量 270.3 立方米每秒。2014 年 7 月开工，2016 年 8 月完工，总投资 780 万元。

裘市浦闸 位于江北区裘市浦河姚江出口处，为排涝闸，水闸 3 孔 ×4 米，总净宽 12 米，设计流量 96 立方米每秒，最大过闸流量 162.1 立方米每秒。2015 年 4 月开工，2017 年 10 月完工，总投资 780 万元。

和平闸站 位于江北区三横河姚江出口处，为灌排两用闸站，水闸 2 孔 ×4 米，总净宽 8 米，设计流量 74.4 立方米每秒，最大过闸流量 109.6 立方米每秒；泵站总排涝流量 15.0 立方米每秒，灌溉流量 11.5 立方米每秒，设水泵 4 台。2014 年 3 月开工,2017 年 10 月完工，总投资 5800 万元。

潺浦闸 位于江北区洋市河姚江出口处，为排涝闸，水闸 2 孔 ×4 米，总净宽 8 米，最大过闸流量 107.7 立方米每秒。2015 年 4 月开工，2017 年 10 月完工，总投资 690 万元。

洋市中心闸 位于江北区洋市中心河姚江出口处，为排涝闸，水闸 3 孔 ×4 米，总净宽 12 米，设计流量 96 立方米每秒，最大过闸流量 146.5 立方米每秒。2006 年 9 月开工，2007 年 8 月完工，2011 年 4 月通过竣工验收，总投资 995 万元。

孔浦闸站 为江北大河排入甬江的口门，由孔浦老闸拆除后外移扩建，采用闸泵一体设置。水闸布置于右岸，规模 3 孔 ×7 米，总净宽 21 米，闸底板顶高程 –1.87 米，最大过闸流量 139.9 立方米每秒，采用平面直升式闸门，结构型式为胸墙式结构。泵站布置于左岸，规模 40 立方米每秒，设 4 台立式潜水轴流泵，单台设计流量 10 立方米每秒。工程于 2017 年 3 月开工，2018 年 10 月完工，2020 年 8 月通过竣工验收，工程总投资 2.05 亿元。

涨鉴碶闸站 位于镇海招宝山街道、甬江隧道东侧的中大河出口处，担负镇海城区及蛟川中大河流域排涝任务。闸站主要建设内容是拆除老闸新建水闸，闸门 3 孔 ×4 米，总净宽 12 米，最大过闸流量 97.8 立方米每秒；泵站规模为 20 立方米每秒，设 3 台水泵。2016 年 9 月正式开工，2018 年 6 月通过完工验收，2020 年 12 月通过竣工技术预验收，总投资 6677.07 万元。

沿江新建小型闸泵主要有翁家浦闸、乍山浦闸、潺头浦闸、半浦渡闸、虹星排涝闸、迴龙闸、西河闸等。

2020 年江北镇海片沿江闸泵统计见表 4–8。

表 4–8 2020 年江北镇海片沿江闸泵统计

岸段	闸泵名称	水闸	泵站
		总净宽 /m	规模 /（m^3/s）
姚江	姚江大闸	118.8	—
	跃进闸站	15	11.5

续表

岸段	闸泵名称	水闸	泵站
		总净宽 /m	规模 /（m³/s）
姚江	张家浦闸站	15	9.1
	洪陈闸站	18	8.3
	和平闸站	8	15
	小西坝闸	16	—
	洋市中心闸	12	—
	潺浦闸	8	—
	谢浪闸站	6	6.5
	翁家浦闸	3	—
	乍山浦闸	3	—
	潺头浦闸	6	—
	半浦村闸	3	—
	潺浦闸	8	—
	迴龙闸	3	—
	裘市浦闸	12	—
	西河闸	3	—
	青林闸（新）	8	—
	天水闸	12	—
	梅林闸	4	—
	倪家堰翻水站	4	—
	湾头新开河 1 号闸	15	—
	湾头新开河 7 号闸	15	—
甬江左岸	孔浦闸站	21	40
	涨鉴碶闸站	12	20
	清水浦大闸	24	—
合计		372.8	110.4

三、南部滨海平原排涝

宁波市独流入海小河流主要分布在象山南庄平原、宁海长沥平原、鄞州大嵩平原、奉化松岙平原和北仑岩泰芦江平原等。其中象山南庄平原和宁海长沥平原为南部滨海地区。

（一）象山南庄平原

南庄平原集雨面积 124.04 平方千米，由中心城区丹城片、大目湾新城片和东陈乡马岗片组成。片内有河道 42 条、水闸 23 座，主要河道有东大河、南大河、西大河、横江、横大河、九顷河等。主要治理工程：

丹城南片防洪排涝工程（一期） 工程主要由横大河整治和柴嘴头闸、岳头嘴闸改建两部分组成，其中横大河整治范围为西大河至柴嘴头闸段河道，全长 2770 米，规划河道面宽 60 米，河底宽 35 米，沿河道修建人行桥 4 座；水闸改建包括柴嘴头闸（水闸总净宽 40 米）和岳头嘴闸（水闸总净宽 35 米）。工程概算总投资 9046.25 万元，2016 年完工。

东大河整治　工程实施范围北起上平丰河，南至百丈岸碶门（不包括丹阳路至丹河路段），河道全长 1817 米，堤防高程 5.07 ~ 4.86 米。在老东大河汇入口下游新建翻板闸 1 座，净宽 50 米，设计流量 171 立方米每秒。工程概算投资 8436.01 万元，2015 年完工。

东大河改造　工程实施范围北起丹山路，南至横大河，河道全长约 4.8 千米，总用地 636 亩，新征用地 324 亩。工程建设内容包括河道清淤 51840 立方米，新建、加固堤防 9044 米、新建改建桥梁 5 座等。工程概算总投资 2.61 亿元，2017 年开工，2020 年 6 月完工。东大河改造工程如图 4–14 所示。

图 4–14　东大河改造工程

南大河节制闸改建　位于生态大道与天安路交叉口，主要建设内容包括拆除南大河及与之交叉的横江河口的原有节制闸，同时改建丹山路南大河交通桥，在交通桥下游 80 米处新建节制闸，以及桥梁与水闸连接段河道护岸挡墙及配套用房等设施。南大河节制闸采用底轴驱动翻板闸，单孔净宽 30 米，闸底板顶高程 0.00 米，两边设启闭机库。工程概算总投资 3145.77 万元，2016 年完工。

（二）宁海长沥平原

宁海长沥平原（东部）位于宁海县长街镇境内，平原面积 216.4 平方千米。该片区地处胡陈港水库和车岙港下水库之间，域内涝水主要通过一干线、二干线、三干线、四干线 4 条骨干河道排水入车岙港、胡陈港水库。由于遇暴雨胡陈港水库和车岙港下水库水位抬升，受顶托后平原涝水就不能有效排出，故平原区常遭内涝。为此，宁海县决定实施东部沿海防洪排涝工程。主要建设内容为整治一干线、二干线、三干线、四干线等河道 8 条，总长度 56.03 千米；改造新建水闸 13 座，水闸总净宽 218 米；新建泵站 4 座，设计总规模 70 立方米每秒，清淤加固车岙港下游河道等，总长 8.65 千米；改建桥梁 77 座。概算总投资 22.79 亿元，2018 年 7 月开工，至 2020 年年底工程尚在实施中。

第四节　独流入海小流域治理

宁波市中小河流分布广、数量多，特别在象山港沿海、三门湾沿海分布着众多独注入海的山溪性河流，均属源短流急，洪水暴涨暴落，极易引发山洪灾害。按照上级部署与要求，宁波市不断加强中小河流治理和山洪地质灾害防治，采取加固堤岸、清淤疏浚、拆违清障、环境整治等工程措施对独流入海小流域进行综合治理，使治理河段达到规划防洪标准，同时修复生态、美化环境。

一、岩泰河水系

岩泰河水系主要河道有岩河、东西泰河及沿山大河。岩泰流域内建有新路岙水库（中型）和3座小（1）型水库。经过多年治理，岩泰水系大部分河道已完成整治，水闸按规划基本建成，新建下三山排水泵站。

岩河 自璎珞村经张埠桥过宁穿公路至大碶三江口汇新路河来水，继续北上至下三山闸入海。大碶三江口至下三山闸段于2007年实施整治，其中大碶三江口段河道面宽50米，河底高程 -1.50米，泰河口至下三山闸河道面宽100米，河底高程 -2.00米。

泰河 东泰河自清水河至岩河段长6.82千米，河道面宽30米，河底高程 -1.50米；西泰河清水河至岩河长度7.73千米，河道面宽30米，河底高程 -1.50米，于2007年完成整治。

沿山大河 起于璎珞村，终于算山闸。自璎珞村至算山闸按规划完成治理：2007—2012年整治璎珞村至富春江河段，长3.91千米，河面宽度30米，河底高程 -1.37米；2005年完成富春江河至通途路南河段整治，长5.34千米，河面宽度30米，河底高程 -1.37米；2015年完成通途路南河至沿塘河段整治，长4.11千米，河面宽度45米，河底高程 -1.5米。同时，完成沿塘河至算山闸段整治，长0.97千米，河面宽度60米，直立断面型式，河底高程 -2.00米。

其他次骨干河道 2005年完成清水河（沙湾变电所段）长约590米河道整治；2006年完成清水河（长江路附近）长约1080米河道整治；2002年完成通途路南侧河长约2.25千米河道整治；2003年完成沙湾河凤凰山公园段长约0.99千米河道整治；2004年完成沙湾河（清水河至通山碶桥）长约1.4千米河道整治；2007年完成沙湾河（嵩山路至长江路段）长约1.08千米河道整治；2017年完成沙湾河（隆顺段）长约0.54千米河道整治。

闸泵工程 岩泰流域有水闸4座。其中，算山闸外移重建于2012年9月开工，2016年3月竣工，水闸总净宽42米，闸底板顶高程 -1.50米；岩河、泰河原有排海闸（红卫闸）已拆除，新建下三山二闸，于2007年1月开工,2008年10月竣工，水闸净宽20米，闸底板顶高程 -1.84米；在下三山二闸旁新建三山泵站，设计流量50立方米每秒，2018年3月开工，2019年12月完工。

二、大嵩江

大嵩江位于鄞州区东南部，由梅溪、亭溪两条支流汇合而成，始于金鸡桥，自金鸡桥经下岙、周湖塘、大嵩、龚家沙塆、朱家、大塆、虾爬袋、陈家、朱家诗塘、江塆头入象山港。大嵩江中上游源短流急，洪水涨落迅猛。下游平原处于象山港滨海区，排涝时遇潮位顶托，洪涝灾害频繁。20世纪70年代，在下游兴建大嵩闸，御潮蓄淡；90年代在上游兴建梅溪水库（中型），拦洪削峰。

2013年年初，鄞州区提出对大嵩江入海口进行综合整治。同年，开始筹建大嵩江堤防加固一期工程（沿海中线—大嵩江大闸）项目。2015年，鄞州区发展和改革局批复工程立项，主要任务以防洪为主，结合江道整治、沿江景观建设等。2016年3月，一期工程动工，实施河道长2.7千米，加固两岸堤防 4.17 千米（不包括岐化村、渡头村庄段），采用堤岸分离的结构型式，岸线沿老河岸布置，堤线基本按老河道堤防走向，与岸边线间距 40 米设计，最小控制堤距 180 米。同时，拆除重建或新建水闸 6 座，总净宽 13.8 米，两岸建设景观绿化约 35.7 万平方米。2018 年 8 月完工。

三、莼湖溪

莼湖溪起点—桐冒公路桥梁段　为土渠，河宽 10 ~ 15 米。

桐冒公路桥梁—东谢桥段　设计防洪标准 20 年一遇，河道疏浚拓宽，堤防采用复合断面型式，全长约 1427 米，河宽 35 米；拆除重建堰坝 3 座，新建桥梁 2 座。2015 年 4 月开工，2018 年 9 月底完工。

东谢桥至降渚堰段　设计防洪标准 20 年一遇，河道疏浚，建造梯形、复式、矩形防洪堤，全长 3.12 千米，河宽 35 ~ 85 米；新建配套堰坝 8 座、橡胶坝 1 座。2008 年 1 月开工，2009 年 12 月底完工。

火把堰—红胜海塘段（别名东泄洪渠）　起于火把堰，终于象山港口 1 号闸，河长 3.66 千米，堤距 120 ~ 180 米，水位 1.70 米处水面宽 105 ~ 130 米，河底高程 –2.00 米。2013 年 8 月开工，2016 年 1 月完工。

四、凫溪

2002—2011 年，先后对大理段、隔水王段和凤潭段河道进行治理。2011 年 12 月开始续建凫溪治理，工程涉及深甽、梅林、西店 3 个镇乡（街道）。主要建设内容为治理河道总长 16.52 千米，防洪堤建设总长度 24.54 千米，批复概算投资 3.30 亿元，其中工程部分 2.24 亿元。至 2020 年年底，杨梅岭水库下游段尚在施工扫尾中。

五、中堡溪

2004—2006 年对中堡溪进行系统治理，设计防洪标准 20 年一遇，整治溪道长 7.75 千米，建防洪堤 13.87 千米。2013 年开始，中堡溪进行新一轮治理，治理河溪道 9.59 千米，建堤防 15.08 千米。2020 年年底完工，概算总投资 1.27 亿元，其中工程部分 7945 万元。

六、茶院溪

茶院溪治理主要是郑公头至毛屿港水库段，整治河道长 3.7 千米，新建堤防 7.64 千米，堤防设计洪水标准为 20 年一遇。工程内容包括基础开挖及疏浚、堤基处理、堤身填筑、堤身堤脚与岸线防护、1 号排涝闸、右岸老水闸工程、古桥护脚修复等。2016 年 1 月开工，2019 年 3 月完工，工程投资 1.15 亿元。

七、白溪

2006 年起实施白溪中下游河道整治，设计防洪标准 20 年一遇。2011 年开始实施五大溪流白溪整治工程，主要建设内容为整治河道长32.1千米，新建及加固堤防49.35千米，总投资13.65亿元。至2020年年底，除水车村段部分河道未全部完工外其余已完成。

八、清溪

2005—2007年对桑洲镇区段进行治理，2013年5月起桑洲镇段上下游进行续建，总长5.48千米，新建防洪堤9.53千米。批复概算投资18791万元，其中工程部分费用9760万元，2020年年底完工。

九、淡港

淡港起于象山上张水库，经湖边村、莲花大桥至淡港闸止，上游建有上张和隔溪张两座中型水库，下游出海口建有淡港闸。

淡港主流共整治河道长7836米，总投资5395万元，于2019年全部完成。其中，上张水库溢洪道至陈隘桥段，长580米，2009年完工，投资259万元；2010年实施淡港整治一期工程（大口井至公路桥以下1千米处），整治河道长1616米，投资1587万元；2015年10月起实施淡港整治二期工程（陈隘桥至大口井），整治河道长2290米，投资1932万元；2016年起实施淡港整治三期工程（淡港闸至公路桥以下1千米处）整治河道长3350米，投资1617万元。

第五节　城市排水

20世纪80年代末，宁波市开始建设雨、污分流制排水管道。90年代，结合世界银行城建环保贷款工程，重新规划建设中山路、百丈路、人民路和药行街等排水主干管道。同时，结合旧城改造与新城建设，建设了一批分流制排水管道和泵站，城市排水系统基本形成网络，排水体制逐步向雨、污分流制过渡。2001—2020年，宁波市加大排水管网及城区排水泵站的建设，根据《宁波市中心城排水专项规划（2012—2020）》，宁波市中心城区新建雨水管道设计重现期采用3年，重要地段、名胜古迹、对外交通及道路立交等设计重现期适当提高。现状建成区域的雨水排放系统一般维持现状，重点区域及低洼严重积水区域通过专项研究确定改造方案。采用截流式合流制区域的合流管道的设计重现期高于同一情况下的雨水管道设计重现期。雨水排放系统日益完善，城区道路出现积水的情况明显减少，环境得到进一步改善。

一、排水方式

宁波中心城区的雨水排放系统大体分为重力流排放和泵站强排两类。

重力流排放　重力流排放是指结合河网密布的特点，雨水通过管道先就近排入内河，再通过内河沿江翻水泵站排入奉化江、姚江和甬江。

泵站强排　城区采用泵站强排的主要有2类区域，包括：部分沿江建设区域，由于河网稀疏，雨水通过管道收集后再经雨水强排泵站排入河道，老城区如江北核心区、海曙核心区、鄞州核心区及镇海老城区等采用为该模式；下穿道路区域，由于路面标高较低，难以通过重力流直排入河，采用雨水强排泵站提升后排入内河。

二、排水管网

至2018年年底，宁波市雨水管道3395.06千米、雨污合流管道236.83千米。其中，中心城区雨水管道1692.72千米、雨污合流管道46.83千米。

至2020年年底，宁波市雨水管道3808.501千米、雨污合流管道190.295千米。其中，中心城区雨水管道2329.4千米、雨污合流管道43.94千米。2020年中心城区主要道路雨水排放系统见表4–9。

表4–9 2020年中心城区主要道路雨水排放系统

行政分区	排水管网点	雨水排放
海曙区	永丰北路	永丰路—保丰闸桥以南路段的雨水排入姚江
	江夏街	雨污合流排入奉化江
	解放北路	雨水通过姚江截污管排入孝闻地埋泵站，主管采用管径1200毫米及1800毫米钢筋混凝土
	解放南路	雨水排入宁中泵站。雨水管采用钢筋混凝土
	中山东路	解放南路—江厦桥雨水排入奉化江
	中山西路	雨水就近排河
	药行街	雨水，碶石街以东排入奉化江，碶石街以西排到解放南路
	柳汀街	雨水，月湖以东排入镇明路排水管网，月湖以西就近排河
	联丰路	雨水就近排河
	灵桥路	雨水排入奉化江
	环城北路	雨水就近排入姚江及内河
	新星路	雨水就近排河
	环城西路	雨水就近排河
	永丰西路（望京路—通途路）	雨水排入北斗河
	通达路	启运路—段塘东路：雨水排官庄河；环城南路—段塘东路：雨水排官庄河；环城南路—新典路：雨水排泗洲横河；气象路—新典路：雨水排泗洲横河；气象路—夏禹路：雨水排华家河
	徐家漕路	雨水就近排河。徐家漕路（庙洪路—包家路）雨水通到包家河五监桥排水口；徐家漕路（新园路—包家路）雨水通到包家路；徐家漕路（望童路—新园路）雨水通到新园路
	庙洪路	雨水汇集后排入徐家漕规划二路及徐家漕路雨水管。庙洪路（春池路—徐家漕路）雨水通到春池路；庙洪路（春池路—望童路）雨水通到望童路
	段塘西路	雨水就近排入河道

续表

行政分区	排水管网点	雨水排放
海曙区	气象路	通达路—机场路：雨水排华家河；通达路—丽园南路：雨水排长漕河；丽园南路—看经路：雨水排庙前河；环城西路—看经路：雨水排庙前河
	丽园北路	丽园北路（新星路—姚江东路）雨水通到新星河丽园桥排水口。丽园北路（中山西路—丽中桥）雨水通到王家河；丽园北路（丽中桥—通途路）雨水通丽中桥排水口；丽园北路（通途路—范江岸路）雨水通到丽北桥排水口；丽园北路（范江岸路—新星路）雨水通丽北桥排水口。联丰路—蓝天路：雨水排后王河；周江岸路—蓝天路：雨水排后王河；沁园街—周江岸路：雨水排后王河；中山西路—沁园街：雨水排后王河
江北区	环城北路	雨水就近排河
	人民路	雨水就近排河
	新马路	雨水排入污水系统
	西草马路	大闸南路以东段排入污水系统，大闸南路以西段排入槐树路进入姚江
	桃渡路	合流管道排入姚江
	北外环路	雨水就近排河，采用国际钢筋混凝土Ⅰ级管
	大闸路	雨水管采用国际钢筋混凝土Ⅰ级管，自环城北路至规划一号路以北向南排入姚江。自规划一号路至新马路，以北向南排入泵站，排入姚江
	谢家七号路	雨水管采用国际Ⅰ级混凝土管，就近排河
	谢家三号路	雨水管采用国际Ⅰ级混凝土管，就近排河
	江北大道	雨水就近排河
	康庄南路（育才北路北延）	雨水就近排入河道，铁路下穿段雨水排入立交雨水系统，通过泵站排入河道
	惊驾路（江北段）	雨水排入通途路雨水管道，经过大庆北路、西草马路排入姚江
	洪塘中路延伸段二期	雨水就近排河
	洪塘经济适用房规划三号路	雨水就近排河
	洪塘经济适用房规划二号路（长兴东路）	雨水接入规划一路雨水管道，就近排河
	城庄路	雨水就近排入河道
鄞州区（原江东区）	环城南路	雨水就近排河
	中山东路	江厦桥至曙光路路段雨水排入奉化江，其余就近排河，管径500毫米以下采用混凝土管，600毫米以上采用钢筋混凝土管
	百丈路	雨水排入奉化江
	百丈东路	雨水就近排河，管径500毫米以下采用混凝土管，600毫米以上采用钢筋混凝土管
	兴宁路	雨水就近排河。世纪大道至沧海路往北排中塘河；沧海路至福明路往北排中塘河；福明路至中兴路排童乐河；中兴路至甬港南路排游龙河；彩虹南路至王隘路往南排卧彩河；王隘路至兴宁桥往南排卧彩河
	中兴路	雨水就近排河

续表

行政分区	排水管网点	雨水排放
鄞州区（原江东区）	姚隘路	雨水就近排河。徐戎路以西，往西走江东北路；徐戎路—南北河，往东走南北河；中兴路—南北河，往西走南北河；中兴路—中后河，往东走中后河；中后河—桑田路，往西走中后河；桑田路—后西河，往东走后西河；后西河—福明路，往西走后西河；福明路往东走史魏家河
	中兴北路	滨江大道—江东北路：雨水经汇集后分段排入甬江，雨水管采用钢筋混凝土Ⅰ级管
	通途路	雨水就近排河
	福明路	雨水就近排河。兴宁路至百丈东路路段雨水管采用自应力混凝土管；百丈东路至通途路路段，管口直径在 300~500 毫米之间的雨水管道用混凝土管；管口直径为 600 毫米及其以上的管道采用钢筋混凝土管。中山路往北走后塘河；姚隘路往南走后塘河；姚隘路往北走戚隘河；民安路以南往南走戚隘河；通途路—民安路，走李家河。通途路以北走李家河
	世纪大道	雨水就近排河，主管采用国际钢筋混凝土Ⅰ级管。世纪大道绿带土层下设置渗沟，渗沟中汇集的雨水通过横向的 UPVC 管道接入集水井或雨水井
	江南公路	雨水就近排入后西河
	新河路	雨水就近排入新河
	民安路	福明路—世纪大道雨水就近排河，雨水管采用国际钢筋混凝土Ⅰ级管。曙光北路开始往西经过江东北路往北到后塘河；曙光北路—徐戎路走中间的柴家漕；徐戎路往东走徐家河；中兴路开始往西走徐家河；中兴路往东走长塘河；桑田路往西走长塘河；桑田路往东走中后河；福明路往东走戚隘河；沧海路往西走戚隘河；沧海路往东走甬新河
	会展路	路面雨水就近排河
	海晏北路	民安路至通途路路段就近排河
	箕漕街	百丈路至中山东路路段雨水管，自北向南排入中山东路雨水系统
	曙光北路	沧海路至陆家安置小区段雨水就近排陆家河；BOBO 城西侧路至沧海路段雨水就近排河。民安路—通途路走长塘河；通途路开始往北走南余河；福明路往西走印洪河；凌波路开始往东走到沧海路排至桑家河，往西走后西河
	惊驾路（江东段）	雨水就近排河。曙光北路往东走徐家河；朝晖路往西走徐家河；朝晖路—桑田路走南北河，桑田路—沧海路走戚隘河，沧海路往东走甬新河
	永达路	雨水就近排河。中兴路至江宁路排入前塘河，沧海路至桑田路段接入前塘河支流
	大步街	雨水自北向南排向新河路雨水管道。解院巷至新河路往新河路方向走；解院巷至百丈路往百丈路上走
	沧海路	中山东路至百丈东路路段雨水就近排沧海河；百丈东路至昌兴路段雨水就近排沧海河；昌兴街至兴宁路排中塘河；宁穿路至中山东路段雨水就近排中塘河；惊驾路至民安路段雨水往北排戚隘河；民安路至通途路段雨水往南排戚隘河；江南路—曙光北路走桑家河。贸城路至长寿东路段雨水流入中塘河，鄞县大道至贸城路流入顾家桥

三、排水泵站

2018 年年底，宁波全市有雨水泵站 90 座，雨污合建泵站 22 座。至 2020 年年底，全市共有雨水泵站 106 座，雨污合建泵站 12 座。2020 年宁波中心城区市管雨水泵站统计见表 4–10。

表4-10　2020年宁波中心城区市管雨水泵站统计

站名	数量	每台流量/（m^3/h）	主要排水区域	投入运行时间/（年.月）
三市立交	3	800	三市立交桥	2011.4
中山西路立交	1	871	中山西铁路立交	1997.5
	1	800		
柳汀立交	1	600	柳汀立交	1998.10
	2	1100		
通途路西立交	3	1300	通途路西立交	2012.8
	1	700		
解放桥雨水强排	4	3250	解放北路	2015.12
环城西路2号雨水强排	3	1250	环城西路（通途路路口到六合嘉园）	2015.12
环城西路1号雨水强排	3	1250	环城西路（通途路路口到双扬村）	2015.12
世纪大道立交	2	800	世纪大道立交	1999.3
	1	293		
	1	2200		
	1	2540		
东苑雨水强排	2	720	东苑立交桥下	2010.10
东苑2号	2	150	甬新河以东区域人非通道	2020.1
中兴南路雨水立交	3	1700	中兴南路立交	2019.11
苑西立交	1	555	苑西立交段	1992.2
	1	820		
	1	800		
桥北	2	1100	甬江大桥北立交段	1993.12
	1	400		
永丰桥雨水强排	3	5652	槐树路，大闸路，新马路	2000.8
外滩大桥	3	1080	开明桥北延支路及人民路下穿段雨水	2011.7
姚江大桥雨水强排	3	4500	环城北路（姚江大闸到育才北路）	2015.12
环城南路雨水	4	1200	环城南路下沉段（K4+300~K4+648）雨水；宁南北路高架桥雨水；泵站周边区域雨水	2020.1

第五章 水资源

21世纪初，国家水利部提出从工程水利向资源水利转变的治水思路重大调整，强调水利建设中的“水资源可持续利用”，对推动宁波水利事业可持续发展产生重要指导作用。2002年、2018年宁波市进行二次水资源调查评价，理清全市水资源数量、水资源质量等要素状况。2005年市政府批复《宁波市水资源综合规划》，为全市水资源开发、利用、配置、保护、节约与管理提供重要依据。

随着宁波经济持续发展、城市化快速推进和人口不断增加，用水需求日益扩张，水资源面临量的增加和质的提高双重压力。为有效解决经济社会发展的水资源要素瓶颈，宁波水利坚持内挖外引和制度创新并重，通过积极推进水源工程建设、实施分质供水、促进水资源优化配置、实行水资源调度动态化管理、推进城乡供水一体化、建设节水型城市与节水型社会、加强取用水管理和水源保护、实施最严格水资源管理制度，显著提高城乡供水安全保障水平和经济社会发展的水资源保障能力。

2020年，宁波市总供水量21.01亿立方米，其中地表水源供水量20.59亿立方米。总用水量21.01亿立方米，其中居民生活用水量5.07亿立方米、农田灌溉和农林牧渔用水量6.84亿立方米、工业和建筑业用水量6.29亿立方米、各种服务业用水量2.23亿立方米、生态环境用水量0.58亿立方米。此外，宁波市实现河湖生态配水量（河道内用水）5.21亿立方米。全市建有县级以上（含县级）公共水厂22座，总制水能力达到408.5万立方米每日；近90%的农村人口纳入城市公共水厂和镇级水厂供水范围，农村饮水安全覆盖率达到99%以上。

第一节　水资源条件

一、利用分区

宁波市分别在2002年和2018年开展水资源调查评价工作。全市水资源分区均属水资源三级分区的钱塘江富春江坝址以下和浙东沿海诸河，在其所属水资源三级分区的基础上进一步细分至4个四级分区。在二次调查评价中，水资源四级区名称及划分范围基本一致，但分区面积差异较大。2018年采用的陆域面积9816平方千米比2002年面积8835.4平方千米相差近1000平方千米，主要原因是按照浙江省第三次水资源调查评价技术方案要求，2018年水资源评价采用的陆域面积包含新围垦面积和0米高程以上的海涂面积，随之分区水资源量也发生相应变化。2002年、2018年宁波市水资源分区对照、行政分区见表5-1、表5-2。

表5-1　2002年、2018年宁波市水资源分区对照　　单位：km^2

水资源四级区	分区范围	水资源分区面积	
		2002年	2018年
曹娥江百官以上区域	余姚四明山区	87	106.7
姚江区域（余慈区）	慈溪市全部、余姚市大部	2114.1	2644.7
奉化江及甬江干流区（城市供水区）	余姚市、海曙区、鄞州区、奉化区、北仑区的奉化江水系部分、江北区、镇海区全部	3085.8	3121.2
象山港三门湾区域	象山、宁海全县和鄞州区、北仑区、奉化区入象山港水系部分	3548.5	3943.4
合计		8835.4	9816

表5-2　2002年、2018年宁波市水资源行政分区　　单位：km^2

区域	水资源分区面积	
	2002年	2018年
市区	2393.4	2461
宁海县	1660.3	1843
慈溪市	1003.5	1361
余姚市	1341.0	1501
象山县	1187.9	1382
奉化区	1249.3	1268
合计	8835.4	9816

二、水资源量

2019年10月，宁波市完成第三次水资源调查评价工作。调查评价采用1956—2016年水文要素系列资料，系统分析水资源数量、质量、开发利用、水生态环境的变化情况及演变规律，形成水资源数量、质量、分布、变化等评价成果。

（一）地表水资源量

宁波全市降雨总的分布趋势是山区大于平原，从西部山区逐渐向东部沿海递减。宁波市多年平均径流深有4个高值区，分别与降水量等值线图上的高值区相对应。最大值在西部四明山区，多年平均径流深1100 ~ 1200毫米；其次为宁海、奉化西部山区，多年平均径流深900 ~ 1100毫米；另外2个高值区分布在象山港两侧的丘陵区，多年平均径流深900毫米左右。宁波北部沿海最小，多年平均径流深500 ~ 600毫米；其他区域600 ~ 900毫米。

河川径流的年际变化受到气象因素约束，总的趋势与降水量历年过程相似。分析洪家塔、奉化溪口、黄土岭、皎口水库、亭下水库、横山水库、四明湖水库7个流量站的实测径流量，年径流变差系数在0.24 ~ 0.33之间，大于年降雨变差系数范围，径流年际变化较降水量更为剧烈。相同站最丰、最枯年天然径流之比在2.86 ~ 6.07之间。

地表水资源量评价方法采用降雨—径流关系法，经计算全市多年平均年降水量1525.3毫米，多年平均年径流深801.1毫米，折合水量78.64亿立方米。人均占有地表水资源量为959立方米，均低于全国、全省平均水平。不同频率年径流量分别为：

P=20%，年径流量97.50亿立方米；

P=50%，年径流量76.29亿立方米；

P=75%，年径流量61.71亿立方米；

P=95%，年径流量44.25亿立方米。

2018年宁波市各分区不同频率年径流量见表5–3。

表5–3　2018年宁波市各分区不同频率年径流量

水资源分区	计算面积 / km^2	统计年限	统计参数			不同频率年径流量 / 亿 m^3			
			均值 / 亿 m^3	C_v	C_s/C_v	20%	50%	75%	95%
奉化江及甬江干流	3121.2	1956—2016	25.80	0.30	2	31.99	25.03	20.25	14.52
姚江	2644.7		17.48	0.34	2	22.18	16.81	13.19	8.98
象山港及三门湾	3943.4		34.22	0.27	2	41.66	33.40	27.62	20.57
曹娥江百官以上	106.7		1.13	0.32	2	1.42	1.09	0.87	0.61
全市	9816.0		78.64	0.30	2	97.50	76.29	61.71	44.25

（二）地下水资源量

地下水资源调查评价对象是浅层地下水，补给来源主要由大气降水入渗补给，评价方法为水均衡法。宁波地处南方，地下水资源量可简化计算，其中平原区只计算降水入渗补给量、地表水体补给量（含河川基流补给量）、潜水蒸发量、河道排泄量，山丘区只计算河川基流量。

地下水资源量各项目采用浙江省经验系数法计算，在2018年第二次水资源调查评价成果的基础上，确定各四级水资源分区的降水入渗综合补给系数，计算得到1956—2016年宁波市多年平均地下水水资源量为21.01亿立方米，其中地下水与地表水资源重复计算量16.43亿立方米。

深层地下水因不受每年降水的天然更新补充，不参与或极少参与年水文循环，因此在水资源评价中不计入深层地下水资源量。

（三）水资源总量

水资源总量为区域内降水形成的地表和地下产水量，即地表水资源量与地下水资源量之和再扣除两者重复计算量后的结果。经计算得到，1956—2016年统计年份宁波市各分区年平均水资源总量为83.22亿立方米。2018年宁波市各分区年均水资源计算成果见表5-4。

表5-4　2018年宁波市各分区年均水资源计算成果

分区	计算面积/km^2	多年平均降水量/亿m^3	河川径流量/亿m^3	地下水资源量/亿m^3	潜水蒸发量/亿m^3	地表水与地下水重复计算量/亿m^3	水资源总量/亿m^3	降水入渗系数	产水系数	产水模数/（万m^3/km^2）
奉化江及甬江干流	3121.2	48.12	25.80	7.18	1.83	5.53	27.45	0.153	0.57	87.9
姚江	2644.7	37.36	17.48	5.52	1.91	3.80	19.20	0.153	0.51	72.6
象山港及三门湾	3943.4	62.34	34.22	8.12	1.34	6.91	35.43	0.132	0.57	89.8
曹娥江百官以上	106.7	1.91	1.13	0.19	0	0.19	1.13	0.100	0.59	105.9
全市	9816.0	149.72	78.64	21.01	5.08	16.43	83.22	0.144	0.56	84.8

注：成果数据为第三次水资源调查评价报告。表中若总量和分量合计尾数不等，是因为数值修约误差所致。

第三次水资源调查评价所采用的宁波市陆域面积为9816平方千米，而同期发布的《宁波市第一次地理国情普查公报》（2018年），宁波市海岸线以内陆域面积为9365平方千米。因此，第三次水资源调查评价时采用的分区面积包含部分的海涂面积，其产生的水量无法控制利用，属于不可利用量。鉴于2001—2020年，宁波市水资源利用活动主要以第二次水资源调查评价成果为依据，因此同时列出第二次水资源调查评价的相关水资源量。2002年宁波市行政分区年均水资源量统计、流域分区年均水资源量统计见表5-5、表5-6。2001—2020年宁波市各行政分区年水资源总量见表5-7。

表5-5　2002年宁波市行政分区年均水资源量统计

区域	计算面积/km^2	河川径流量/亿m^3	地下水资源量/亿m^3	潜水蒸发量/亿m^3	地表水与地下水重复计算量/亿m^3	水资源总量/亿m^3	降水入渗系数	产水系数	产水模数/（万m^3/km^2）
市区	2393.4	19.39	5.334	0.547	4.786	19.88	0.15	0.55	83.06
宁海县	1660.3	16.22	3.534	0.190	3.344	16.41	0.13	0.61	98.83

续表

区域	计算面积 / km^2	河川径流量 / 亿 m^3	地下水资源量 / 亿 m^3	潜水蒸发量 / 亿 m^3	地表水与地下水重复计算量 / 亿 m^3	水资源总量 / 亿 m^3	降水入渗系数	产水系数	产水模数 /（万 m^3/ km^2）
慈溪市	1003.5	6.06	1.985	0.334	1.651	6.39	0.15	0.48	63.68
余姚市	1341.0	11.36	3.048	0.300	2.748	11.66	0.15	0.56	86.95
象山县	1187.9	9.08	2.291	0.294	1.997	9.37	0.13	0.54	78.88
奉化区	1249.3	11.31	2.855	0.283	2.572	11.60	0.15	0.59	92.85
全市	8835.4	73.36	19.050	1.948	17.100	75.31	0.14	0.56	85.24

注：表中数据来源于第二次水资源调查评价报告。资料统计年份为 1956—2000 年。行政分区市区为海曙区、江北区、镇海区、北仑区、鄞州区（江东）。表中若总量和分量合计尾数不等，是因数值修约误差所致。

表 5-6　2002 年宁波市流域分区年均水资源量统计

水资源分区	计算面积 /km^2	河川径流量 / 亿 m^3	地下水资源量 / 亿 m^3	地表水与地下水重复计算量 / 亿 m^3	水资源总量 / 亿 m^3	降水入渗系数	产水系数	产水模数 /（万 m^3/km^2）
曹娥江百官以上	87.0	1.044	0.161	0.161	1.044	0.10	0.64	119.50
姚江	2114.1	14.580	4.438	3.804	15.210	0.15	0.51	71.95
城市供水区	3085.8	26.360	7.189	6.555	27.000	0.15	0.57	87.50
象山港及三门湾	3548.5	31.380	7.257	6.578	32.050	0.13	0.58	90.32
全市	8835.4	73.360	19.046	17.098	75.314	0.14	0.56	85.24

注：表中若总量和分量合计尾数不等，是因数值修约误差所致。

表 5-7　2001—2020 年宁波市各行政分区年水资源总量

单位：亿 m^3

年份	市区	余姚市	慈溪市	奉化区	宁海县	象山县	全市
2001	19.48	10.75	7.65	10.96	19.04	10.14	78.02
2002	26.35	14.98	10.86	14.21	21.49	11.51	99.4
2003	7.35	4.22	2.73	4.33	8.57	2.11	29.31
2004	17.12	10.64	7.83	8.96	11.7	8.28	64.53
2005	23.05	11.58	5.87	13.28	20.96	13.06	87.8
2006	13.37	7.44	4.86	6.43	12.21	8.09	52.4
2007	20.16	12.67	8.22	12.45	17.35	8.18	79.03
2008	18.69	10.73	8.32	9.41	12.24	8.55	67.94
2009	21.65	12.52	7.36	12.91	16.34	11.48	82.26
2010	21.25	11.62	7.11	14.26	22.01	14.43	90.68
2011	14.4	9.09	5.1	9.86	11.54	7.51	57.5
2012	32.41	19.2	12.58	16.88	23.73	17.4	122.2
2013	19.29	13.18	5.55	14.01	15.42	9.14	76.59
2014	18.1	13.2	7.68	11.49	17.3	12.64	80.41

续表 单位：亿 m^3

年份	市区	余姚市	慈溪市	奉化区	宁海县	象山县	全市
2015	32.87	19.99	12.01	19.16	20.94	13.71	118.68
2016	29.58	15.12	10.39	16.55	19.75	12.45	103.84
2017	20.69	12.66	9.49	11.47	13.32	9.23	76.86
2018	20.91	12.31	9.09	10.11	10.75	5.56	68.73
2019	31.14	17.77	11.08	17.81	26.61	17.81	122.22
2020	22.49	16.06	14.12	9.90	12.23	5.88	80.68

注：水资源总量计算面积 2001—2019 年为 8835.4 平方千米，2020 年为 9816 平方千米，数据摘自《宁波市水资源公报》。行政分区市区为海曙区、江北区、镇海区、北仑区、鄞州区（江东）。表中若总量和分量合计尾数不等，是因为数值修约误差所致。

三、水资源质量

宁波市水质监测起步较早，1981 年在甬江流域布设 7 个断面进行水质监测，水样送省水资源监测中心实验室分析，监测项目 21 项；1984 年起增测离子总量、镁、钾、钠、重碳酸盐、碳酸盐和悬浮物 7 项，监测项目 28 项；1989 年起增测 5 项重金属指标，监测项目 33 项。2004 年水质监测断面增加到 11 个，2005 年增至 48 个，2006 年增至 64 个。2007 年 12 月浙江省水资源监测中心宁波分中心成立，2008 年 9 月开始启用，2009 年宁波分中心实验室全面启用，设置地表水水质监测断面 88 个，开展水功能区水资源质量分析。2019 年机构改革后，水功能区水资源质量分析工作移交至市生态环境保护局。

（一）地表水水质

1. 水库（湖泊）水质

2005 年前后，宁波市主要饮用水源地白溪、皎口、横山等水库的水质普遍优于地表水环境质量Ⅱ类标准。

2009 年，宁波市 34 座参评水库（湖泊）中，符合地表水环境质量Ⅱ类标准的 24 个，占总数的 71%；符合地表水环境质量Ⅲ类标准的 6 个，占总数的 17%。北渡、车岙港、军民塘水质为Ⅳ类，占总数的 9%；大塘港水库水质为Ⅴ类，占总数的 3%。超标项目为溶解氧、总磷。

2015 年，宁波市 33 座参评水库（湖泊）中，符合地表水环境质量Ⅱ类标准的 26 个，占总数的 79%；符合地表水环境质量Ⅲ类标准的 6 个，占总数的 18%。大塘港水库水质为Ⅳ类，占总数的 3%，超标项目为总磷。

2019 年，宁波市 32 座参评水库（湖泊）中，符合地表水环境质量Ⅰ类标准的 1 个，占总数的 3%；符合地表水环境质量Ⅱ类标准的 28 个，占总数的 88%；符合地表水环境质量Ⅲ类标准的 1 个，占总数的 3%。车岙港、大塘港水库水质为Ⅳ类，占总数的 6%，超标项目为总磷（车岙港、大塘港水库列入饮用水备用水源）。

根据 2009—2019 年《宁波市重要水功能区水资源质量年报》相关数据统计，虽然每年参评水库（湖泊）的名录略有变化，但总体上宁波市水库（湖泊）水质较好，以Ⅱ类水质为主，2015 年后没出现Ⅴ～劣Ⅴ类水质。2009—2019 年宁波市水库（湖泊）水质类别占比见表 5–8、图 5–1。

表 5-8　2009—2019 年宁波市水库（湖泊）水质类别占比

评价年份		2009	2010	2011	2012	2013	2014	2015	2016	2017	2018	2019
总数 / 个		34	33	33	33	33	34	33	31	32	32	32
类别占比/%	Ⅰ类	0	0	6	0	3	6	0	7	6	3	3
	Ⅱ类	71	70	67	73	70	68	79	77	82	85	88
	Ⅲ类	17	27	21	18	15	20	18	13	6	6	3
	Ⅳ类	9	0	3	6	9	3	3	3	6	6	6
	Ⅴ类	3	0	3	3	3	3	0	0	0	0	0
	劣Ⅴ类	0	3	0	0	0	0	0	0	0	0	0

注：资料来源于《宁波市重要水功能区水资源质量年报》。

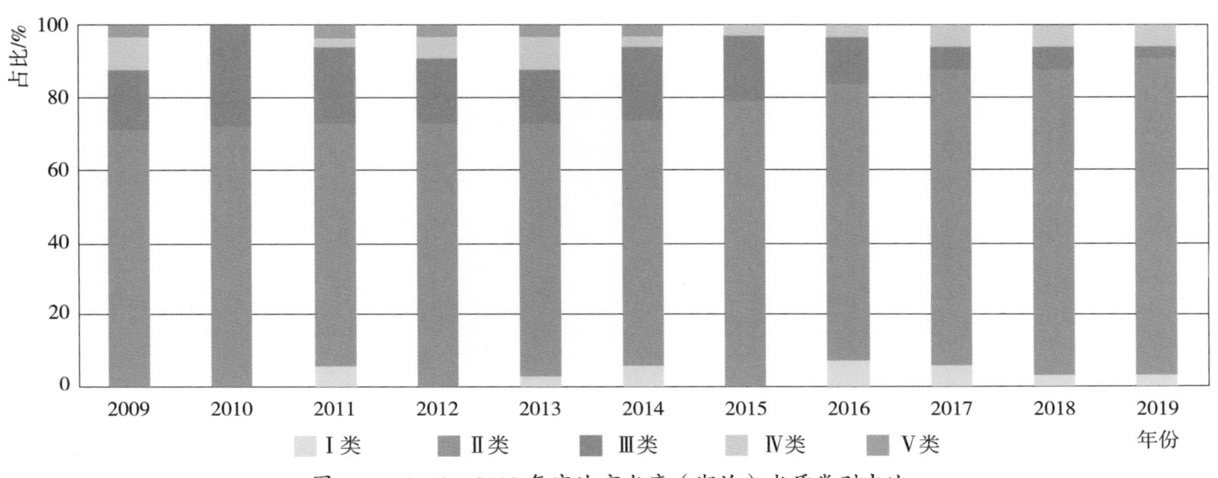

图 5-1　2009—2019 年宁波市水库（湖泊）水质类别占比

2. 重要江河水质

2005 年前后，宁波市江河断面水质以Ⅲ ~ Ⅴ类为主，其中奉化江、姚江上游和宁海境内入海溪流水质较好，可达Ⅱ ~ Ⅲ类标准。

2009 年，宁波市重要江河水质监测断面 21 个，其中甬江流域 16 个，独立入海水系 5 个。全年符合地表水环境质量Ⅱ类标准的 6 个，占总数的 29%；符合地表水环境质量Ⅲ类标准的 1 个，占总数的 5%；符合地表水环境质量Ⅳ ~ Ⅴ类标准的 7 个，占总数的 33%；符合地表水环境质量劣Ⅴ类标准的 7 个，占总数的 33%。超标项目为溶解氧、氨氮、总磷等。

2015 年，宁波市重要江河水质监测断面 20 个，其中甬江流域 15 个，独流入海水系 5 个。全年符合地表水环境质量Ⅱ类标准的 7 个，占总数的 35%；符合地表水环境质量Ⅲ类标准的 1 个，占总数的 5%；符合地表水环境质量Ⅳ ~ Ⅴ类标准的 12 个，占总数的 60%。超标项目为溶解氧、氨氮、总磷等。

2019 年，宁波市重要江河水质断面 20 个，其中甬江流域 15 个，独流入海水系 5 个。全年符合地表水环境质量Ⅰ类标准的 1 个，占总数的 5%；符合地表水环境质量Ⅱ类标准的 7 个，占总数的 35%；符合地表水环境质量Ⅲ类标准的 5 个，占总数的 25%；符合地表水环境质量Ⅳ标准的

6 个，占总数的 30%；符合地表水环境质量Ⅴ类标准的 1 个，占总数的 5%。超标项目为生化需氧量、化学需氧量。

根据 2009—2019 年《宁波市重要水功能区水资源质量年报》相关数据统计，2015 年以后没出现劣Ⅴ类水质。2009—2019 年宁波市重要江河水质类别占比见表 5–9、图 5–2。

表 5–9　2009—2019 年宁波市重要江河水质类别占比

评价年份		2009	2010	2011	2012	2013	2014	2015	2016	2017	2018	2019
总数 / 个		21	20	20	20	20	20	20	20	20	20	20
类别占比 /%	Ⅰ～Ⅲ类	34	40	40	45	35	35	40	60	45	45	65
	Ⅳ～Ⅴ类	33	40	50	45	45	65	60	40	55	55	35
	劣Ⅴ类	33	20	10	10	20	10	0	0	0	0	0

注：资料来源于《宁波市重要水功能区水资源质量年报》。

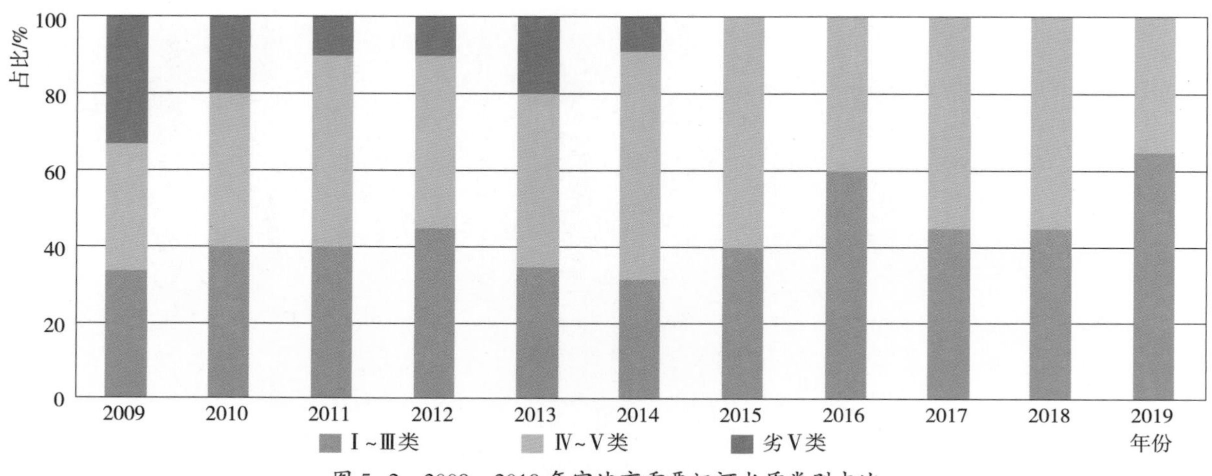

图 5–2　2009—2019 年宁波市重要江河水质类别占比

3. 平原河网水质

2005 年前后，宁波市平河网断面水质以Ⅳ～劣Ⅴ类为主，其中象山、宁海河网部分断面水质相对较好，可达Ⅲ类以上标准。2009 年以后，平原河网水质呈向好趋势，达到Ⅳ类以上水质标准的断面逐渐增加。

2009 年，宁波市平原河网水质监测断面 34 个，其中全年符合地表水环境质量Ⅲ类标准的 4 个，占总数的 12%；符合地表水环境质量Ⅳ类标准的 1 个，占总数的 3%；其余 26 个断面均为Ⅴ～劣Ⅴ类，占总数的 76%。超标项目为溶解氧、高锰酸盐指数、化学需氧量等。

2015 年，宁波市平原河网水质监测断面 35 个，其中全年符合地表水环境质量Ⅱ类标准的 2 个，占总数的 6%；符合地表水环境质量Ⅲ类标准的 3 个，占总数的 8%；符合地表水环境质量Ⅳ类标准的 8 个，占总数的 23%；其余 22 个断面均为Ⅴ～劣Ⅴ类，占总数的 63%。超标项目为总磷、氨氮、高锰酸盐指数等。

2019 年，宁波市平原河网水质监测断面 25 个，其中全年符合地表水环境质量Ⅰ类标准的 1

个，占总数的 4%；符合地表水环境质量Ⅱ类标准的 6 个，占总数的 24%；符合地表水环境质量Ⅲ类标准的 4 个，占总数的 16%；符合地表水环境质量Ⅳ类标准的 9 个，占总数的 36%；其余 5 个断面水质未达到地表水环境质量Ⅳ类标准，占总数的 20%。超标项目为生化需氧量、氨氮、总磷等。2009—2019 年宁波市平原河网水质类别占比见表 5-10、图 5-3。

表 5-10 2009—2019 年宁波市平原河网水质类别占比

评价年份		2009	2010	2011	2012	2013	2014	2015	2016	2017	2018	2019
总数 / 个		34	34	35	35	35	35	35	35	25	25	25
类别占比 /%	Ⅰ～Ⅲ类	12	21	6	17	17	6	14	20	28	40	44
	Ⅳ类	3	9	23	11	12	20	23	31	20	24	36
	未达到Ⅳ类	85	70	71	72	71	74	63	49	52	36	20

注：资料来源于《宁波市重要水功能区水资源质量年报》。

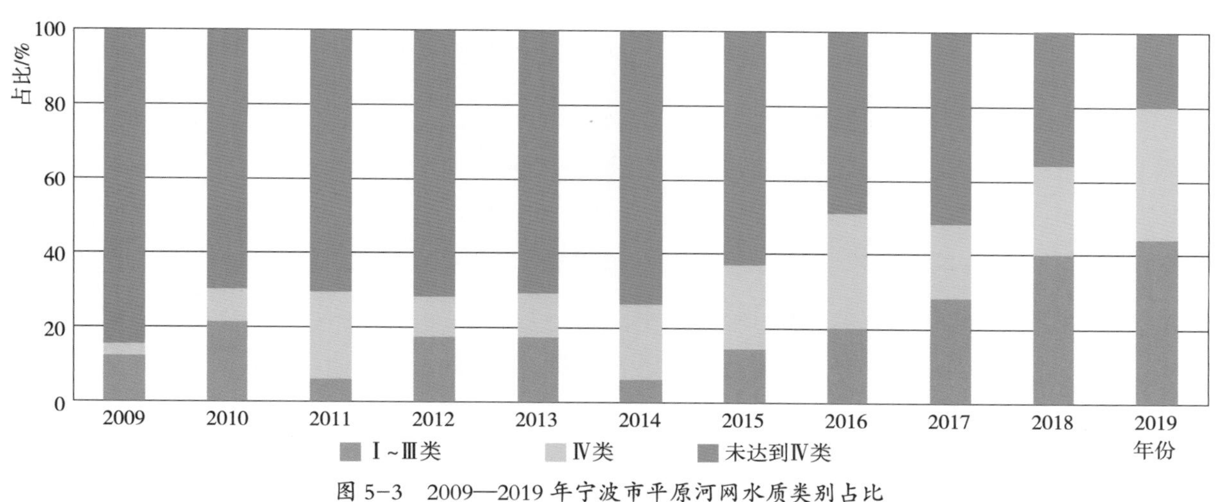

图 5-3 2009—2019 年宁波市平原河网水质类别占比

4. 重要湖泊及大型水库营养化状况

参与评价的重要湖库为东钱湖及 6 座大型水库，参评项目为总磷、总氮、叶绿素 a、高锰酸盐指数和透明度。2010 年以后，重要湖泊及大型水库营养化状况基本稳定。

2010 年参与评价的重要湖库均为中营养；2015 年参与评价的 6 座大型水库为中营养，东钱湖为轻度富营养；2019 年参与评价的重要湖库均为中营养。2010—2019 年宁波市重要湖泊及大型水库营养化状况见表 5-11。

表 5-11 2010—2019 年宁波市重要湖泊及大型水库营养化状况 单位：个

评价年份	2010	2011	2012	2013	2014	2015	2016	2017	2018	2019
总数	7	7	7	7	7	7	7	7	7	7
中营养	7	7	6	7	6	6	6	6	6	7
轻度富营养	0	0	1	0	1	1	1	1	1	0

注：资料来源于《宁波市重要水功能区水资源质量年报》。

（二）地下水水质

2012年开始监测地下水水质，设溪口、大堰、泗洲头、宁海、乾炳村、九龙湖、横街、东吴、陆埠、石步村、海口村11个监测站点。每年监测2次，监测项目共27项，评价标准采用《地下水质量标准》（GB/T 14848—1993），并将Ⅲ类水标准值的上限值确定为地下水水质控制标准。评价方法采用单指标评价法。2012—2019年监测结果显示，全市地下水基本达到Ⅲ类水，水质总体良好并稳定，主要超标项目为总大肠菌群、pH值，如奉化溪口站监测成果便是其典型。2012—2019年溪口站地下水水质监测成果统计见表5-12。

第二节　水资源开发

针对降水时空分布不均、人均水资源占有量低、水资源分布与经济区域需水不相适应的特点，宁波市坚持区域统筹、开源节流、内蓄外引、量质并重、联网互济的战略，建成较为完善的供水水源及配水工程网络体系，有效开发利用水资源。

2000年以后，宁波市相继建成周公宅、西溪、溪下、上张、隔溪张、双溪口、郑徐、钦寸、西林（扩容）、力洋（扩容）等大中型水库，积极开展农业节水灌溉配套改造，推动水库从以农业灌溉为主逐渐转向城镇供水，将一批小型蓄水工程建成农村饮用水源。与此同时，结合区域水资源统筹调配，继续推进境内外引调水工程建设。至2020年，建成投用的境内调水干线有白溪水库至宁波、余姚梁辉水库至慈溪、姚江至鄞东南、象山白溪水库应急引水、宁波市水库群联网联调（西线）等工程；境外引水工程有曹娥江至慈溪、曹娥江至宁波、绍兴汤浦水库至慈溪、新昌钦寸水库至宁波（亭下水库）等工程；在建的有葛岙水库、慈西水库和宁波至杭州湾新区引水工程等；新增工程蓄、引水能力约15.2亿立方米。挖掘骨干蓄输水工程水资源利用潜力，促进水资源空间均衡，构建宁波“多源供水、联网联调、优水优用、应急互济”的水资源保障格局，显著提高全市水资源供给能力和调控能力。在2011年、2013年、2015年和2020年遭遇季节性枯水或干旱时，城乡供水总体正常，农田免遭大范围受旱，为宁波市经济社会发展提供水资源安全保障。

一、蓄水工程

（一）大型水库

1. 白溪水库

白溪水库位于宁海县岔路镇境内，白溪干流中游大官山峡谷地段，坝址距宁海县城29千米，是一座以供水、防洪为主，兼顾发电和灌溉等大（2）型水利枢纽工程。坝址以上集雨面积254平方千米，水库总库容1.68亿立方米，其中兴利库容1.35亿立方米，防洪库容0.124亿立方米。水库建成后，每年可向宁波提供1.73亿立方米优质原水，日均供水52万立方米；利用水库拦洪削峰结合修建堤防，可使下游防洪标准由5年一遇提高到20年一遇，使下游6万余人口和3万亩农田受益；水电站装机容量18000千瓦，每年平均发电量4380万千瓦时；水库保证灌溉面积2万亩，

表 5-12 2012—2019 年溪口站地下水水质监测成果统计

年份	采样日期 /（年 . 月 . 日）	监测结果															
		pH	色度	嗅和味	浑浊度	肉眼可见物	总硬度 /（mg/L）	溶解性总固体 /（mg/L）	氯化物 /（mg/L）	氟化物 /（mg/L）	硫酸盐 /（mg/L）	氨氮 /（mg/L）	硝酸盐氮 /（mg/L）	亚硝酸盐氮 /（mg/L）	高锰酸盐指数 /（mg/L）	挥发性酚 /（mg/L）	氰化物 /（mg/L）
2012	2012.8.27	6.12	<DL	无		无	83.7	193	5.86	0.39	27.1	<DL	5.30	<DL	0.75	<DL	<DL
2013	2013.6.5	7.23	<DL	无	0.06	无	57.9	277	6.06	0.23	23.8	<DL	4.06	<DL	0.17	<DL	<DL
2014	2014.6.4	7.64	7	无	1.2	无	88.9	189	10.1	0.28	27.7	0.07	7.33	<DL	0.60	<DL	<DL
2015	2015.6.3	6.43	8	无	<DL	无	42.8	882	8.48	0.26	24.3	0.07	6.57	<DL	0.4	<DL	<DL
2016	2016.6.1	6.40	<DL	无	0.24	无	80.2	290	1.42	0.25	2.56	<DL	1.00	<DL	0.47	<DL	<DL
2017	2017.5.3	6.00	<DL	无	0.6	无	105	122	11.4	0.35	13.2	0.04	16.4	<DL	0.94	<DL	<DL
2018	2018.6.6	6.51	<DL	无	1.4	无	59.7	128	4.90	0.44	3.94	0.02	1.43	<DL	0.63	<DL	<DL
2019	2019.6.5	6.84	<5	无	<0.5	无	71.9	494	7.30	0.28	22.6	0.12	7.98	<0.013	0.32	<0.002	<0.002

年份	采样日期 /（年 . 月 . 日）	监测结果														
		砷 /（mg/L）	汞 /（mg/L）	硒 /（mg/L）	六价铬 /（mg/L）	铜 /（mg/L）	锌 /（mg/L）	铅 /（mg/L）	镉 /（mg/L）	铁 /（mg/L）	锰 /（mg/L）	总大肠菌群 /（个 /L）	水位埋深 /m	井深 /m	用途	出水量 /（m^3/d）
2012	2012.8.27	<DL	<DL	<DL	<DL	0.00191	0.0026	<DL	<DL	<DL	0.01	2247			生活用水	
2013	2013.6.5	<DL	<DL	<DL	<DL	0.00021	0.02217	<DL	<DL	<DL	<DL	60			生活用水	
2014	2014.6.4	<DL	<DL	<DL	<DL	<DL	0.0074	<DL	<DL	<DL	<DL	1354	4	7	生活用水	20
2015	2015.6.3	<DL	<DL	<DL	<DL	0.00028	0.00509	<DL	<DL	<DL	<DL	3076	4	7	生活用水	20
2016	2016.6.1	<DL	<DL	<DL	<DL	0.00013	0.00842	0.00023	0.000197	<DL	<DL	12997	3	1	生活用水	1
2017	2017.5.3	<DL	<DL	<DL	<DL	0.00052	0.00564	0.00024	0.000056	<DL	<DL	24196			生活用水	
2018	2018.6.6	<DL	<DL	<DL	<DL	0.00071	0.00151	<DL	0.000034	<DL	<DL	1892			生活用水	
2019	2019.6.5	<0.0002	<0.00001	<0.0003	<0.004	0.00095	0.00204	0.00026	0.000151	<0.05	<0.01	3268			生活用水	

新增和改善灌溉面积6.6万亩。

1958年4月，宁海县人民委员会向浙江省人民委员会报送《宁海县建筑白溪水力发电站工程计划任务书的报告》。1958年5月，工程得到浙江省水利厅的批准，随后，在岔路上金村动工建设，工程开工后，因摊子铺得过大，财力、人力、物力、技术等跟不上，工程于20世纪60年代初下马。1990年，宁海县委托华东勘测设计院开展白溪流域水利水电梯级开发规划。1992年8月市水利局编制《白溪水库项目建议书》，1995年12月国务院批复水库工程正式立项，1996年1月成立白溪水库建设指挥部，同年12月28日部分土建工程开工。1997年11月国务院批准白溪水库可行性研究报告，1998年3月宁波市计划委员会批准白溪水库初步设计报告。1998年9月28日水库工程截流，2000年10月18日下闸蓄水，2001年5月31日水库电站两台机组同时并网发电，2001年12月土建工程基本完工，2003年9月通过竣工验收。工程总投资5.4亿元。2006年7月，正式向宁波江东水厂、北仑水厂供水，标志着白溪水库的建设功能全部实现。

水库工程枢纽由拦河坝，溢洪道和发电引水、供水、放空三结合隧洞，发电厂房及下游反调节池等建筑物组成。坝型为钢筋混凝土面板堆石坝，坝顶高程177.40米，最大坝高124.4米，坝顶长398米。坝顶宽10米。溢洪道由进水渠、溢流堰、陡槽、挑流鼻坎和出水渠组成，全长883米，溢流堰净宽45米，设3扇宽15米、高11.7米弧形闸门。反调节池位于大坝坡脚下游，由挡水堤、溢流侧堰、泄水涵洞和放水管组成。发电引水隧洞及发电支洞全长482.97米。发电厂房为引水式地面厂房，安装2台9000千瓦水轮发电机组。白溪水库平面布置图如图5-4所示。

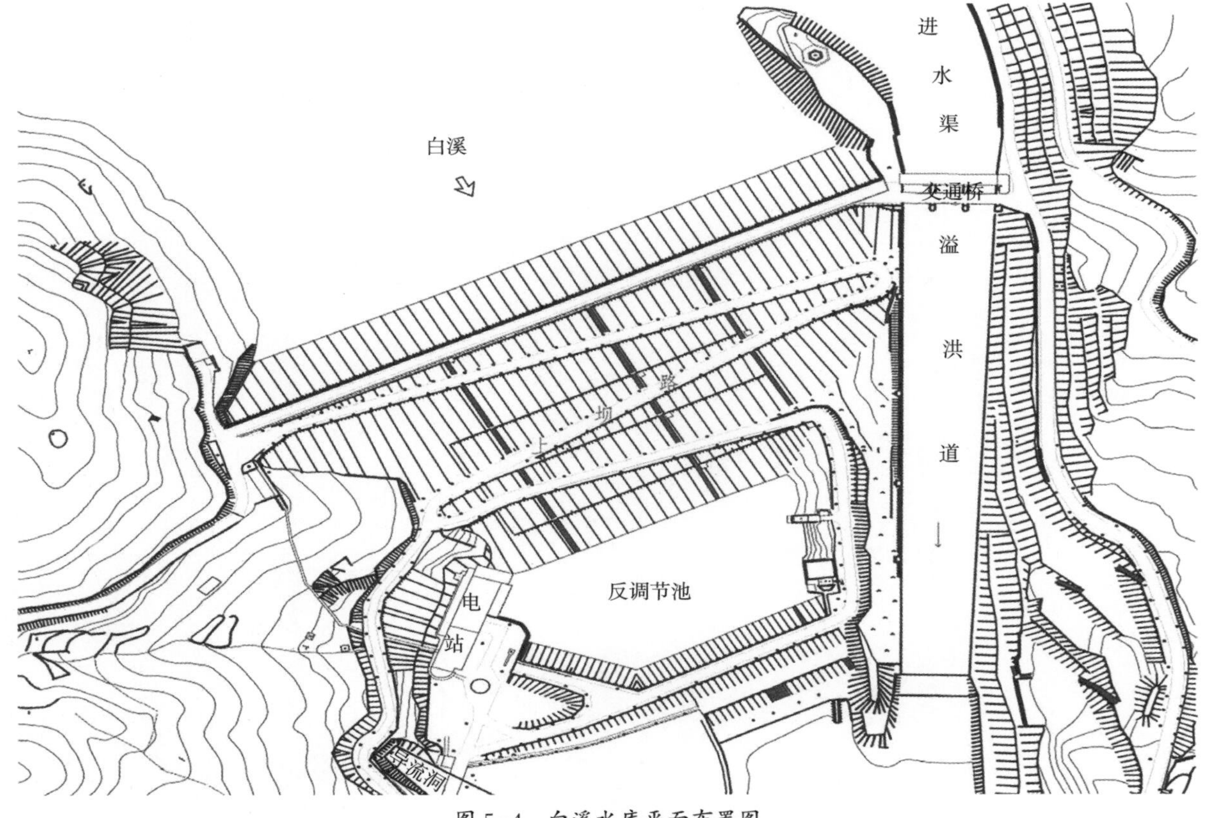

图5-4　白溪水库平面布置图

水库工程主要完成土石方明挖 452 万立方米，石方填筑 405 万立方米，混凝土及钢筋混凝土 17.55 万立方米，钢筋及金属结构制安 5910 吨，各类灌浆 19969 米。工程由华东勘测设计院设计，上海勘测设计院监理，中国水利水电第十二工程局承建，项目法人为宁波市白溪水库建设发展有限公司，管理单位为宁波市白溪水库管理局。

2. 周公宅水库

周公宅水库位于海曙区章水镇境内，奉化江支流鄞江大皎溪上，为皎口水库上游梯级水库，是一座供水、防洪为主，结合发电等综合利用的大（2）型水利枢纽工程。水库坝址以上控制集雨面积 132 平方千米，坝址处年平均径流 1.48 亿立方米，水库总库容 1.118 亿立方米，其中兴利库容 0.934 亿立方米，防洪库容 0.229 亿立方米。经过水库调蓄，每天可向宁波市区提供 25.5 万立方米优质水，结合河道堤防等可使下游防洪标准从 5 年一遇提高到 20 年一遇，每年提供调峰电量 3587 万千瓦时。水库主体工程于 2003 年 2 月 18 日开工，2006 年 4 月下闸蓄水，同年 7 月水电机组试车发电；2007 年 6 月，水库大坝主体施工全部完成，2008 年 2 月水库工程通过竣工技术预验收，2009 年 9 月开始向宁波供水，2011 年 4 月通过竣工验收。工程总投资 8.83 亿元。周公宅水库平面布置图如图 5–5 所示。

水库主要由拦河坝、泄洪及放空建筑物、引水系统、发电厂房等建筑物组成。水库大坝为混凝土双曲拱坝，坝顶高程 238.13 米，坝顶中心线弧长 457.3 米，最大坝高 125.5 米，拱冠梁顶宽 6.72 米，是截至 2020 年华东地区同类坝中的第一高坝。泄洪建筑物采用坝顶开敞式溢洪道，采用挑流消能的消能型式。溢洪道堰顶高程为 224.13 米，溢洪道共设 3 孔，每孔净宽 10 米。设 3 扇

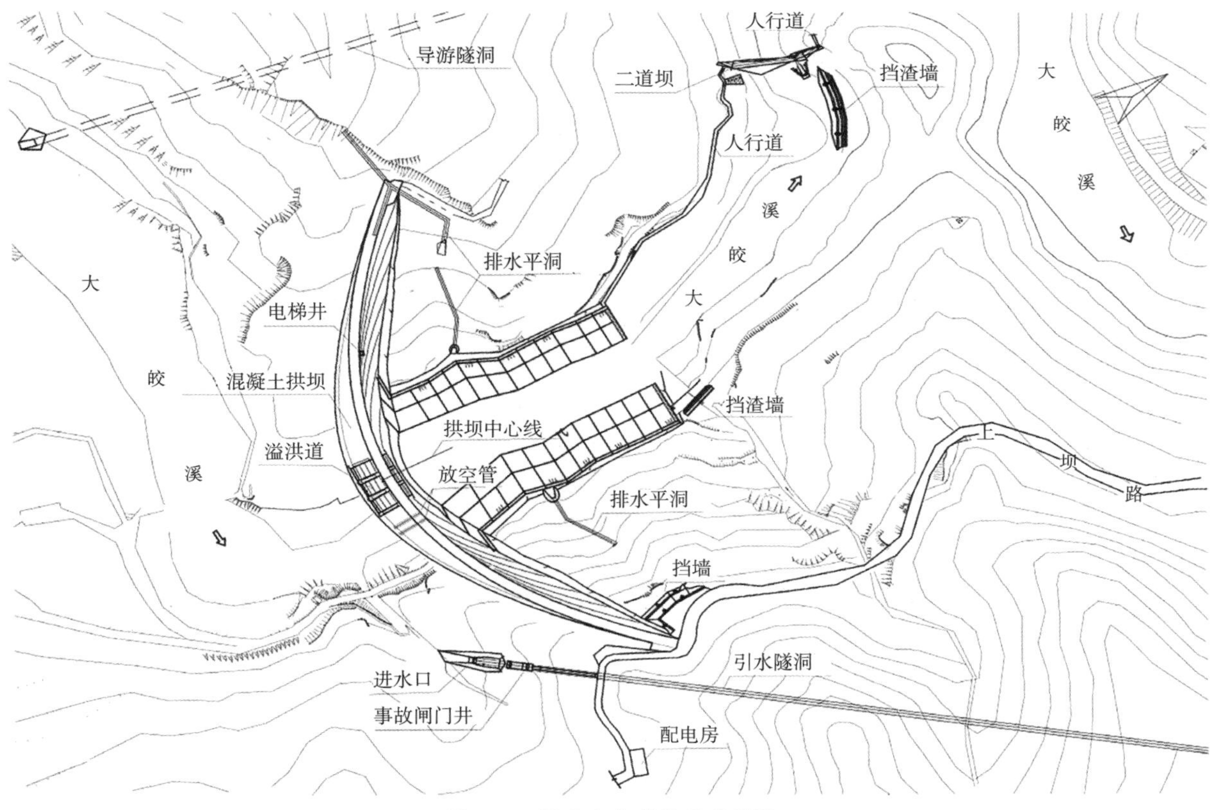

图 5–5　周公宅水库平面布置图

10×13.5米弧形闸门，采用液压机启闭。引水建筑物布置在大皎溪右岸山体中，由岸坡竖井式进水口、引水隧洞、压力钢管主管、钢岔管、高压钢支管组成。水电站厂房为引水式地面厂房，水电站装机容量2×6300千瓦。

水库工程主要完成开挖土石方57.71万立方米，混凝土65.10万立方米，钢筋4989吨。工程由华东勘测设计研究院设计，中国水利水电第四工程局、浙江水利水电建筑安装公司、浙江广川工程咨询有限公司、浙江江能建设有限公司等单位施工、安装，中国水利水电建设工程咨询西北公司监理。项目法人为周公宅水库建设有限公司，管理单位为周公宅水库管理局。

3. 钦寸水库

钦寸水库位于绍兴市新昌县境内，坝址地处曹娥江支流黄泽江上的钦寸村附近，是一座以供水、防洪为主，兼顾灌溉和发电等综合利用的大（2）型水利枢纽工程。水库坝址以上集水面积316平方千米，多年平均入库水量2.132亿立方米，水库总库容2.44亿立方米，兴利库容1.67亿立方米，防洪库容0.62亿立方米。按200年一遇洪水设计，5000年一遇洪水校核，可使嵊州城区防洪标准达到50年一遇，提高曹娥江流域防洪标准，水库多年平均向宁波市供水1.26亿立方米。钦寸水库平面布置图如图5–6所示。

钦寸水库是浙江省水资源优化配置及浙东引水工程的重点水源。1997年8月，省水利厅编制《曹娥江流域规划报告》，钦寸水库工程列入规划。2005年4月，省政府批准《浙江省水资源保护

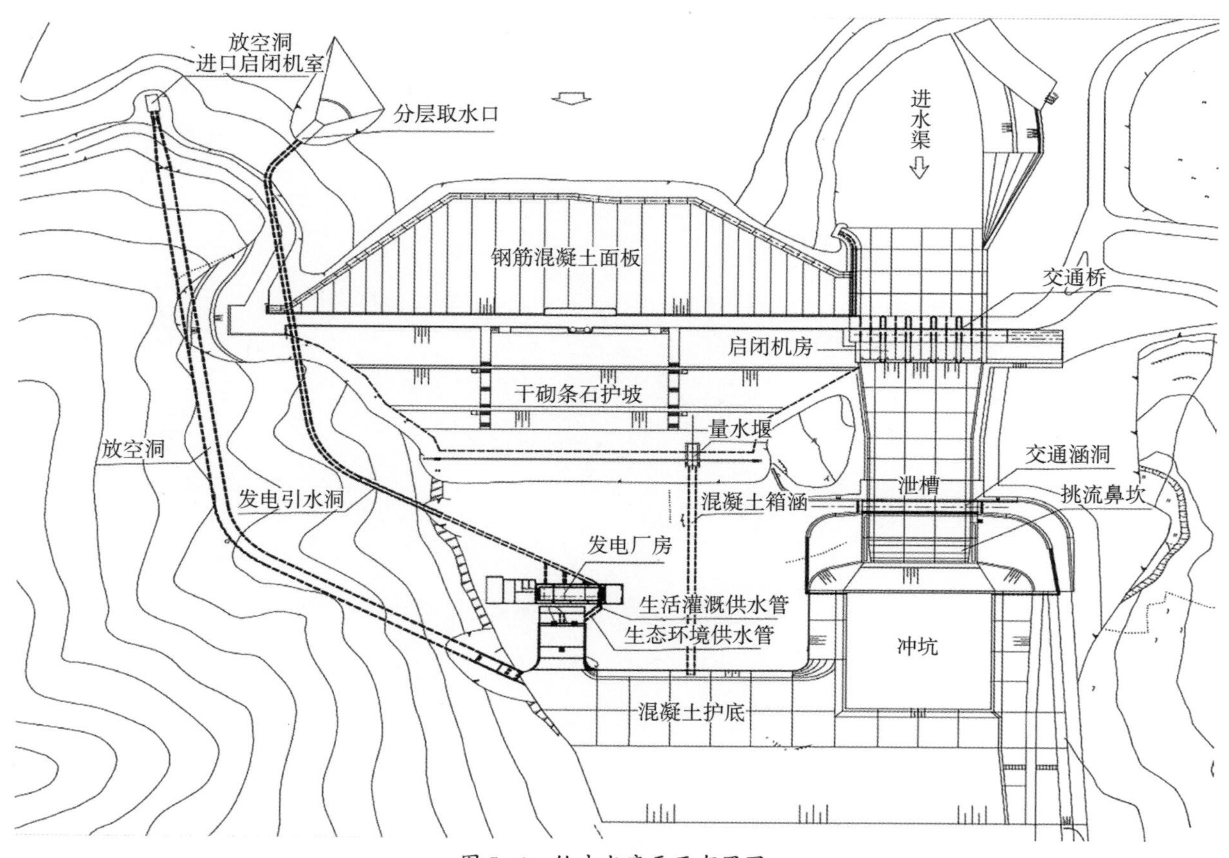

图5–6 钦寸水库平面布置图

和开发利用规划》，提出曹娥江流域在满足本流域用水的前提下，可以通过市场运作等方式向周边缺水地区提供优质水源。钦寸水库及引水工程作为浙东引水工程的重点项目列入规划，重点解决宁波、舟山生活生产用水。

水库枢纽工程主要有大坝、溢洪道、放空洞、发电引水建筑物、发电厂以及钦寸水库至亭下水库输水隧洞等组成。大坝为混凝土面板堆石坝，坝顶高程 106.00 米，最大坝高 64 米，坝顶长 290 米，坝顶宽 8.0 米。从钦寸水库至亭下水库的输水建筑物为圆形有压隧洞，总长度 28.9184 千米，洞径 3.0 米 /3.8 米（衬砌 / 不衬砌），分层取水底槛高程分别为 61.00 米、73.00 米、85.00 米，设计输水流量为 4.66 立方米每秒。泄水建筑物为泄洪闸，露顶式弧形钢闸门 5 扇，单扇宽 10.0 米，堰顶高程 90.00 米。放孔洞进口底高程 61.0 米，洞径 2.5 × 3.0 米，水电站装机容量 2750 千瓦。

2003 年 7 月，新昌、宁波两地政府签订钦寸水库合作建设协议书，宁波市常务副市长邵占维带领市有关部门人员赴新昌考察钦寸水库合作共建事宜，共同组建钦寸水库筹建工作领导小组办公室，开始项目前期与水库筹建工作。2004 年 5 月，浙江省水利水电勘测设计院编制完成项目建议书；2005 年 1 月开始淹没区村庄、人口、土地及各种建筑物调查；2006 年 7 月，水利部水利水电规划总院组织项目建议书审查，同年 11 月组织项目建议书评估，2008 年 4 月国家发改委批复项目建议书。2009 年 1 月，宁波市和新昌县联合组建钦寸水库工程建设指挥部和浙江钦寸水库有限公司，同年 2 月 28 日，钦寸水库前期工程动工。2009 年 12 月，浙江省发改委批准钦寸水库工程可行性研究报告，2010 年 3 月批准初步设计报告。工程批复概算总投资 53.58 亿元。2010 年 9 月 28 日，钦寸水库输水隧洞工程和导流工程开工，2014 年 10 月 17 日大坝围堰截流，大坝主体工程全面施工。2017 年 3 月 17 日水库下闸蓄水，2019 年 12 月 26 日大坝主体工程通过完工验收。

工程由浙江省水利水电勘测设计院设计，浙江省第一水电建设集团股份有限公司承建，浙江广川工程咨询有限公司监理。项目法人为浙江钦寸水库有限公司，由宁波原水集团有限公司和新昌县钦寸水库投资有限公司合作组建，宁波市和新昌县按 49 ∶ 51 的投资比例合作建设，是宁波市首个跨流域引水、跨区域合作的境外水源工程。

（二）中型水库

1. 西溪水库

西溪水库位于宁海县白溪流域大溪中游沙地村，是黄坛水库上游梯级水库，距下游黄坛水库坝址约 8 千米，是一座以防洪、供水为主，兼具灌溉、发电等效益的综合利用水库。水库集雨面积 95.64 平方千米，总库容 8500 万立方米，其中兴利库容 6800 万立方米，防洪库容 1710 万立方米。水库建成后，年供水量 5700 万立方米，日最大供水能力 20 万立方米，除向宁海城区供水外，还可向宁波城区补充供水；结合下游堤防可使宁海县城的防洪能力提高到 50 年一遇，保护人口 10 余万人；水电站装机容量 2 × 3000 千瓦，年均发电量 1272 万千瓦时；下游灌溉受益农田 2.956 万亩。枢纽工程由拦河坝、溢洪道、发电引水系统、电站厂房及升压站组成。拦河大坝为碾压混凝土重力坝，坝顶全长 243.15 米，最大坝高 71.0 米，坝顶宽 7.5 米。溢流坝全长 39 米，设 3 孔开敞式溢洪道，每孔净宽 10 米。

2003 年 10 月 28 日开工建设，2005 年 7 月 26 日下闸蓄水，2006 年 12 月完工并通过初步验收，2009 年 10 月 20 日通过竣工验收，总投资 5.45 亿元。

2. 力洋水库（加固扩容）

力洋水库位于宁海县力洋镇以北的力洋溪上，始建于1958年12月，1959年下半年停工，1971年2月恢复施工，1979年12月大坝填筑到42.00米高程时再次停建，相应坝高24.7米，总库容461万立方米，为小（1）型水库。

2004年8月1日宁波市发改委批复水库加固扩容工程初步设计，2004年10月工程开工，2007年12月通过下闸蓄水验收，2008年12月30日通过竣工验收。工程总投资4822.4万元。坝址以上集雨面积16.1平方千米，扩容后水库总库容1352万立方米，其中兴利库容1073万立方米，调洪库容227万立方米，是一座以供水、防洪为主，结合灌溉等综合利用的水库。水库设计洪水标准50年一遇，校核洪水标准2000年一遇，灌溉农田3000亩。水库枢纽工程由大坝、溢洪道、输水隧洞组成。大坝为混凝土防渗加黏土心墙砂壳坝，坝顶高程47.80米，最大坝高31.90米，坝顶长266米，宽5.5米，溢洪道为开敞式，溢流段长71.1米。输水隧洞全长215米，洞径2.2米。

2011年3月发现坝顶裂缝，2012年5月实施坝体充填灌浆和劈裂灌浆，进行坝体心墙裂缝处理，2013年4月完工验收。

3. 西林水库（重建扩容）

西林水库位于宁海县茶院乡茶院溪支流西林坑上，集水面积21平方千米。水库原为小（1）型水库，坝高16.92米，总库容162万立方米。随着当地经济社会发展，水库规模不适应区域供水、防洪需要，实施水库扩容日益迫切。2009年10月宁波市发改委批准西林水库扩容工程项目建议书，2010年10月批准可行性研究报告，2012年12月批准初步设计。2015年5月18日正式开工，工程总投资34051万元。

水库采用老坝拆除后原址重建，扩容后水库总库容1365万立方米，其中兴利库容1012万立方米，水库设计洪水标准为50年一遇，校准洪水标准为2000年一遇，是一座以供水、防洪为主结合灌溉等的综合利用水利工程。设计年供水量1262万立方米，日平均供水3.5万立方米，可为宁海力洋、茶院、长街等东部镇乡提供饮用水源，并提高下游河溪防洪标准。水库枢纽工程主要有大坝、溢洪道、放空洞和引水洞四个部分组成。大坝为混凝土面板堆石坝，坝顶高程71.40米，防浪墙顶高程72.60米，最大坝高46.4米，坝顶长度306米，坝顶宽7.7米。溢洪道为侧槽式，采用无闸门控制自流溢流，堰顶高程65.00米，宽25.00米，泄槽宽11.00米。放空洞为城门洞型，洞径3.0米 ×3.0米。

水库建成后采用分期蓄水。2018年9月29日，水库通过一期（恢复）蓄水验收，一期蓄水恢复到原正常蓄水位37.80米；二期蓄水到扩容后的正常蓄水位65.00米。

4. 双溪口水库

双溪口水库位于余姚市姚江支流大隐溪上，坝址位于大隐镇章山村下游300米处，距大隐镇3.0千米，是一座以供水、防洪为主，结合灌溉等功能的综合利用水利工程。水库集水面积40.01平方千米，总库容3398万立方米，其中兴利库容2873万立方米，防洪库容376万立方米，设计年供水量3370万立方米。水库设计洪水标准100年一遇，校核洪水标准2000年一遇。水库建成后，下游大隐镇防洪能力提高到20年一遇，并向余姚城东水厂提供饮用水源11万立方米每日。

水库枢纽工程主要有大坝、溢洪道、泄洪隧洞和引水隧洞四个部分组成。大坝为混凝土面板堆石坝，坝高 52.0 米，坝顶高程 70.00 米，坝顶长 426.0 米，坝顶宽 7.0 米，防浪墙高 1.2 米。溢洪道控制段总净宽 12 米，堰顶高程 61.30 米，闸门 2 孔，每孔 6 米，弧形工作闸门。泄洪隧洞进口底高程 20.50 米，城门洞型断面 4.2 米 ×4.2 米，平板钢闸门。引水隧洞全长 333 米，为直径 2 米的圆形隧洞。

2005 年 12 月开工建设，2009 年 5 月 20 日通过下闸蓄水验收，2009 年 11 月 30 日主体工程完工，2014 年 2 月 25 日通过竣工验收，总投资 8.92 亿元。

5. 隔溪涨水库

隔溪涨水库位于象山西周镇淡港溪支流隔溪上，是一座以供水为主，结合防洪、灌溉等综合利用的水利工程。集水面积 10.6 平方千米，总库容 1050 万立方米，其中兴利库容 925 万立方米，防洪库容 76.97 万立方米。水库设计洪水标准 50 年一遇，校准洪水标准 1000 年一遇。水库建成后通过与溪口水库联合调度，可向象山城区供水 2 万 ~ 2.5 万立方米每日，灌溉下游 0.5 万亩农田，减轻下游村镇防洪压力。水库枢纽工程主要有大坝、溢洪道、引水隧洞、放空洞四个部分组成。大坝为混凝土面板堆石坝，最大坝高 53.5 米，坝顶高程 107.23 米，坝顶长 223.5 米，顶宽 6.0 米。溢洪道为开敞式宽顶堰，堰宽 60 米，堰顶高程 103.93 米。引水隧洞全长 4200 米，城门洞型 3 米 ×3.2 米。

为适应市场经济要求，改革水库建设的投资和经营管理体制，1997 年省政府印发《浙江省实施“五自”水库工程暂行办法》，规定“经政府批准，按照‘自行筹资、自行建设、自行收费、自行还贷、自行管理’的办法，引入市场机制，吸引社会各方面投资建设经营的水库工程”。隔溪涨水库是宁波市第一座以“五自”方式建设的水库工程，1997 年年底开工建设，2001 年 10 月主体工程完工，2002 年 5 月 21 日下闸蓄水，2004 年 12 月 17 日通过竣工验收，总投资 6070.97 万元。

6. 上张水库

上张水库位于象山县淡港中下游，坝址坐落在西周镇上张村，与上游隔溪涨水库为梯级串联水库，是一座供水为主，兼具防洪灌溉等功能的综合利用水库。水库集水总面积 35.73 平方千米，其中上游隔溪涨水库已拦截 10.6 平方千米，上张水库实际控制集水面积 25.1 平方千米，水库总库容 2362 万立方米，其中兴利库容 1635 万立方米，防洪库容 1505 万立方米。水库防洪标准 50 年一遇，校核标准 1000 年一遇。设计常年供水量 1790 万立方米。主要向象山县城供水，同时兼具淡港下游 5000 亩农田灌溉和防洪任务。水库枢纽工程主要有大坝、溢洪道、放空洞等组成。大坝为黏土心墙坝，最大坝高 30 米，坝顶长 410 米，坝顶宽 7.5 米。溢洪道为开敞式，堰顶宽 62 米。

水库于 2003 年 12 月 28 日开工建设，2009 年年底完工，2010 年 11 月下闸蓄水验收，2011 年 6 月通过竣工验收，总投资 5.3 亿元。

7. 溪下水库

溪下水库位于姚江支流庄家溪上，坝址坐落在海曙区横街镇溪下村，是一座防洪、供水为主，兼具灌溉、发电等综合利用的中型水库。坝址以上集水面积 29.9 平方千米，总库容 2838 万立方米，其中兴利库容 2010 万立方米，防洪库容 835 万立方米。水库设计防洪标准 100 年一遇，校核标准 1000 年一遇。水库工程和其他工程一起联合调度，改善海曙平原防洪标准，防洪保护耕地面积 26.89 万亩，保护人口 18.13 万人，多年平均供水量 2197 万立方米，灌溉农田 1200 亩。水库枢纽工程主要有大坝、溢流坝、藤岭供水隧洞进水口、电站等组成。大坝为混凝土重力坝，最大坝高 54.5 米，坝顶宽 5 米，坝顶长 230.5 米，溢流坝在大坝中部，宽 20.4 米，设置 3 孔泄洪闸，每孔净宽 5 米，由弧形闸门控制。水电站发电装机容量 2×250 千瓦。2016 年，水电站停用拆除。

水库工程于 2003 年 7 月 28 日开工建设，2006 年 2 月 28 日下闸蓄水，2006 年 10 月 30 日通过初步验收，2008 年 7 月 28 日通过竣工验收。工程总投资 3.94 亿元。溪下水库建成后，作为宁波城市长期备用水源。随着宁波市水库群联网联调（西线）工程实施，溪下水库纳入西线供水干线，2021 年 1 月，溪下水库优质水源经过加压泵站成功向桃源水厂供水，标志着溪下水库结束十余年备用水源历史，具备向新建的桃源水厂供水能力。

8. 郑徐水库

郑徐水库位于慈溪市郑家浦围涂区南，南靠九塘，北至十塘，东靠徐家铺西直堤，西至郑家浦隔堤，占地 1 万亩，集雨面积 5.83 平方千米，水库主要作为曹娥江至慈溪引水的调蓄接纳体之一，提高水资源调蓄和保障能力，改善区域河网水环境。水库总库容 4508 万立方米，兴利库容 3500 万立方米，设计洪水标准 50 年一遇，校核洪水标准 300 年一遇。水库枢纽工程主要有堤坝、泵站 1 座（装机容量 800 千瓦）、放水闸 1 座、排咸工程等组成，堤坝坝体采用水力充填的均质土坝，最大坝高 8.3 米，堤坝轴线总长 10929 米，坝顶宽 7 米，顶高程 6.00 ~ 6.20 米。泵站需要兼顾引水及供水，泵站设计流量为 12.25 立方米每秒，设 5 台，单台设计流量 2.45 立方米每秒，根据不同情况实现自流入库、自流出库、水泵提水入库，水泵提水出库的功能；放水闸为涵洞式，涵洞净高 3.27 米，净宽 4.0 米。

2010 年 11 月 15 日开工建设，2014 年 1 月下闸蓄水，2015 年 4 月 30 日完工，2016 年 4 月通过竣工验收。工程总投资 8.5 亿元。

9. 葛岙水库

葛岙水库位于奉化江支流东江上游，坝址坐落于奉化尚田街道葛岙村附近，是一座以防洪为主，结合供水、灌溉、生态等综合利用的中型水库。集水面积 38.5 平方千米，总库容 4095 万立方米。其中兴利库容 2736 万立方米，防洪库容 1263 万立方米。水库大坝设计洪水标准 50 年一遇，校核洪水标准 1000 年一遇，设计年供水量 2800 万立方米。水库枢纽工程主要有大坝（包括主坝长 343 米、副坝长 212 米）、泄水建筑物、放水建筑物和输水建筑物等组成。主坝为混凝土重力坝，坝顶高程 67.50 米，防浪墙顶高程 68.70 米，最大坝高 47.5 米，坝顶长 343.0 米，宽 8.0 米。泄水建筑物为主坝溢流坝段，宽度 28 米，堰顶高程 60.00 米，弧形钢闸门 3 孔，单宽 7 米，总净宽 21.0 米。放水建筑物为放水底孔、进口底高程 38.00 米。水库建成后，可使下游河溪防洪标准提升至 10 ~ 20 年一遇，减轻奉化江干流防洪压力，并向宁波城区提供优质水源，满足水库下游 3766 亩农田灌溉用水需求。

水库工程于 2016 年 3 月 8 日批准项目建议书，2018 年 9 月 3 日批准可行性研究报告，2018

年10月17日批复初步设计报告。2019年3月15日开工建设，至2020年12月工程尚在建。批复工程概算总投资约54.91亿元，建设资本金40亿元由宁波市本级和奉化区、鄞州区财政按7∶2∶1比例出资，剩余部分由项目法人宁波市葛岙水库开发有限公司通过融资解决。

10. 慈西水库

慈西水库位于慈溪市及杭州湾新区西北部，九塘以北、建塘江至围涂中隔堤之间的围涂一期工程区域内，水库工程属建塘江两侧围涂工程。总库容6400万立方米，其中兴利库容5500万立方米，水库占地面积2.03万亩。主要建设内容为水库堤坝、湖心岛、入库出库闸站及桥梁等。水库坝顶高程6.80米，库底高程–0.87米，正常蓄水位4.95米，库堤总长14.6千米。入库闸站1座，总流量16立方米每秒，出库闸站1座，1.06立方米每秒。慈西水库建成后，可实现杭州湾新区及慈溪市西北部水资源供需平衡，解决杭州湾新区及慈溪市水资源匮乏问题，提高曹娥江引水可用水量，提升区域水环境。

水库工程2016年4月开工，至2020年年底工程尚在建。水库工程部分批复概算总投资17.78亿元。

（三）小型水库

随着农业种植结构调整、农业节水灌溉技术推广和城乡供水一体化的推进，各地小型塘库建设明显减少。从区域水资源优化配置需要出发，2000年以来新建的小型水库有象山黄金坦水库、松岙水库、兴坑水库和北仑干岙水库（在建）等。2008—2019年宁波市小型水库工程建设统计见表5–13。

表5–13 2008—2019年宁波市小型水库工程建设统计

库名	位置	总库容/万m^3	正常库容/万m^3	集水面积/km^2	坝型	坝长/m	坝高/m	开工时间/（年.月）	完工时间/（年.月）
黄金坦水库	象山鹤浦镇	168.2	150	0.88	黏土心墙坝	375.1	18	2008.1	2011.11
兴坑水库	象山茅洋乡	168.87	156.57	2.7	黏土心墙砂砾石坝	222.6	30	2008.7	2011.6
松岙水库	象山东陈乡	176	152	2.67	混凝土面板堆石坝	213.13	29	2009.12	2011.11
干岙水库	北仑春晓街道	667	616.2	0.73	混凝土重力坝	125		2019.4	在建

二、调水工程

（一）境外引水

2003年、2004年浙江省遭遇罕见的持续干旱，生活、生产受到严重影响。省委、省政府统筹考虑浙东地区经济社会发展需要，优化配置浙东水资源，部署浙东引水工程，2003年6月成立由常务副省长章猛进任组长的浙东引水工程领导小组。同年9月，宁波市成立境外引水工程领导小组，由市长金德水任组长，常务副市长邵占维和市政府秘书长陈炳水任副组长。2004年浙东引水工程列入省政府工作报告。2005年4月，浙江省政府和水利部联合批复《钱塘江河口水资源配置规划》、省政府批准《浙江省水资源保护和开发利用规划》，明确浙东引水需求。按照相关规划，浙东引水工程是引富春江水向浙东地区补充工业和农灌等一般用水，并兼顾改善水环境。工程项目由萧山枢纽、曹娥江大闸枢纽、曹娥江至慈溪引水、曹娥江至宁波引水、新昌钦寸水库及宁波引水、舟山大陆引水二期共6项工程组成，涉及杭州、绍兴、宁波、舟山4个市，跨越钱塘江流域、甬江流域和舟山本岛，是维系浙东地区经济社会可持续发展的重大水资源配置工程。2005年12月曹娥江大闸枢纽动工，2011年5月工程竣工验收，总投资12.38亿元，其中宁波市出资1.5亿元（浙东引办〔2004〕6号）。曹娥江大闸建成后将萧绍平原和姚江平原连接成一体；2009年6月萧山枢纽工程开工建设，2014年12月建成投运。2012年6月，在浙东引水工程通水前浙江省浙东引水管理局成立，主要承担浙东引水工程的管理、调度和协调等相关工作。至2020年，浙东引水工程全部建成，宁波新增年境外引水量7亿立方米。

1. 曹娥江至慈溪引水工程

曹娥江至慈溪引水工程又称引曹北线。按照相关规划，曹娥江至慈溪引水是浙东引水工程中北线“富春江—曹娥江—慈溪”的重要组成部分。引曹北线采用河道输水方式，90%保证率的年引水量为4.2亿立方米，其中上虞1.1亿立方米、余姚0.7亿立方米、慈溪2.4亿立方米。引水线路以上虞三兴闸为起点，途经上虞、余姚、慈溪，止于慈溪四灶浦水库，引水干线总长85千米。上虞境内引水线路分干、支两线，干线自三兴闸沿虞北河、虞东河至余姚浦前闸，河长17.96千米；支线沿虞东河南段经牟山闸引水入余姚境内，河长5.5千米。余姚境内引水线路采用七塘横江和四塘横江联合输水，起自浦前闸，至韩下村后沿跃进河向北接至四塘横江，再向北新开河道接至七塘横江，河长38.96千米，其中四塘横江19.12千米，七塘横江12.5千米。慈溪境内引水线路由三塘横江（接余姚四塘横江）、八塘横江（接余姚七塘横江）联合输水至四灶浦水库，河长46.3千米，其中三塘横江12.5千米，八塘横江33.8千米。郑徐水库建成后，引水线路从四灶浦水库经八塘横江延伸至郑徐水库，延伸河长7.4千米。

引曹北线工程主要由取水枢纽、输水河道和沿线计量节制闸组成。取水枢纽三兴闸位于曹娥江右岸的上虞区境内，共设3孔，单孔净宽6米，设计引水流量60立方米每秒。输水河道大部分利用老河道拓宽浚深，部分为新开河段，其中上虞境内虞北河面宽50米，虞东河北段宽50米、南段宽25米；余姚境内四塘横江面宽25 ~ 40米、七塘横江面宽40米；慈溪境内八塘横江面宽50米。全线在3个市界处建计量节制闸4座，其中虞余边界2座，净宽分别为7孔 ×6米（浦前闸）、1孔 ×6米（闸头堰闸）；余慈边界在上曹娥境内的四塘横江、七塘横江河道上布设计量节制闸各1座，闸孔净宽均为5孔 ×6米。

2004年6月浙江省发改委批准引曹北线工程立项，2005年11月批复可行性研究报告。上虞、余姚、慈溪辖区内各河段的初步设计分别由省、宁波市和慈溪市发改委批复，项目总投资12.19亿元，其中宁波市投资11.2亿元。2004年6月慈溪段开工，2005年6月余姚段开工，至2009年年底宁波境内基本建成。按照省政府统一部署，2013年3月浙东引水工程全线贯通试通水运行。2013年7月至2014年3月，浙东引水工程中已建的北线富春江—曹娥江—慈溪段先后3次实施应急引水；2014年6月引曹北线进入常态化引水。2014年1月至2020年12月，引曹北线引入宁波水量累计27.84亿立方米，其中余姚7.25亿立方米，慈溪20.59亿立方米。

2. 曹娥江至宁波引水工程

曹娥江至宁波引水工程又称引曹南线。按照工程规划，曹娥江至宁波引水工程是浙东引水工程中南线“富春江—曹娥江—姚江—宁波—舟山大陆引水二期”的重要组成部分。引曹南线的取水口位于上虞区梁湖街道古里巷村附近的大库船闸旁边，引水线路起自曹娥江右岸的梁湖枢纽，经杭甬运河上虞段、通明闸和姚江，止于宁波姚江大闸，全长 93 千米。引曹南线设计多年平均年引水量 3.19 亿立方米（含舟山 1.27 亿立方米）。

引曹南线利用杭甬运河方案经过数年的前期研究，2015 年浙江省委、省政府确定将曹娥江至宁波引水与姚江流域防洪排涝治理统筹考虑，并与姚江上游西排工程一并组织实施。2015 年 11 月，省政府同意工程项目专题报告，2016 年 10 月省发改委批复可研报告，同年 11 月，批准初步设计报告。项目建设由新建梁湖枢纽及其配套工程、改造通明闸两部分组成。梁湖枢纽包括排水闸泵和引水闸泵，设计排涝流量 165 立方米每秒，设计引水流量 40 立方米每秒。其中引水闸设 2 孔，单孔净宽 10 米，总净宽 20 米；引水泵设 2 台，单台设计流量 20 立方米每秒。通明闸改造主要将原平板钢闸门改建成弧形闸门，闸规模仍保持 1 孔，净宽 10 米。

2017 年 2 月，梁湖枢纽工程开工；2017 年 5 月，总干渠导流明渠完工通水；2018 年 4 月 25 日，总干渠及通明闸改造工程通过验收并通水；2019 年 12 月 24 日梁湖闸通水验收，2020 年 5 月 24 日通过机组启动验收，标志着工程具备应急排涝、引水能力。项目由浙江省浙东引水管理局组织实施并负责运管，工程批复总投资 12.33 亿元，其中引水部分投资 2.98 亿元，由宁波市和舟山市按 6：4 比例分摊。

3. 钦寸水库引水工程

钦寸水库是浙东引水的重要水源工程，由新昌和宁波共同投资建设。钦寸引水工程以隧洞形式经新昌县和奉化区，在距亭下水库大坝右坝头 400 米处，经亭下调节站向宁波供水。钦寸引水工程设计多年平均引水规模为 1.26 亿立方米。

引水工程主要有钦寸水库进水口闸门和钦寸水库至亭下水库输水建筑物组成。进水口位于钦寸水库右岸距大坝右坝头约 100 米处，为塔式分层取水口，长 13 米，进口底高程 61.00 米，分层取水闸门底槛高程分别为 61.00 米、73.00 米和 85.00 米，由进口闸门控制。钦寸水库至亭下水库输水建筑物采用有压隧洞方式输水，隧洞圆形断面直径 3.0 米 /3.8 米（衬砌 / 不衬砌），总长度 28.9 千米，其中新昌境内 14.2 千米、奉化境内 14.7 千米，设计输水流量 4.66 立方米每秒，隧洞出口与宁波市水库群联网联调（西线）工程亭下调节站相连。2010 年 9 月 28 日，钦寸水库至亭下输水隧洞工程开工，2019 年 9 月 16 日输水隧洞通水验收，2020 年 5 月正式向宁波输水。钦寸水库亭下输水口如图 5–7 所示。

图 5–7　钦寸水库亭下输水口

4. 绍兴汤浦水库至慈溪引水工程

汤浦水库位于绍兴上虞区汤浦镇，2001 年 1 月建成，总库容 2.35 亿立方米，水库 95% 保证率下设计供水规模 100 万立方米每日。2000 年前后，缺水成为制约慈溪经济社会发展的最大短板，为破解水资源紧缺瓶颈，2002 年慈溪市自来水公司与绍兴市水务集团经过近半年的磋商，于 2003 年 1 月正式签订日引水 20 万立方米的《供用水合同》。2004 年 11 月底，慈溪汤浦水库引水工程正式开工，设计引水规模 20 万立方米每日，总投资 7.8 亿元。

慈溪汤浦水库引水线路途经上虞、余姚、慈溪三市，管线总长 64.66 千米，其中管道 51.98 千米，隧洞 12.68 千米，沿程建汤浦（位于上虞汤浦镇）、新丰（位于余姚泗门镇）2 座加压泵站，终于新建的慈溪城北水厂。慈溪汤浦水库引水工程于 2007 年 8 月全线完工，8 月 10 日开始进行试通水调试，9 月 3 日汤浦水库正式运行通水。

《供用水合同》确定供水期限为 36 年，分成 2 个阶段。第一供水阶段为前 18 年（自 2007 年 5 月 1 日至 2025 年 4 月 30 日），供水总量为 118260 万立方米（其中：前 3.6 年按日供水量 10 万立方米计，年供水量 3650 万立方米；后 14.4 年按日供水量 20 万立方米计，年供水量为 7300 万立方米），原水价格与绍兴、上虞的取水单位一致。第二供水阶段为后 18 年，日供水量和供水总量根据两地经济、社会的发展情况和汤浦水库供水的实际状况在第一阶段供水结束前一年另行商定续签。自 2007 年开始引水以来，至 2020 年 12 月汤浦水库已向慈溪市累计供水 5.79 亿立方米。

5. 舟山大陆引水工程

舟山大陆引水工程起自宁波市姚江北岸原梅林水厂西南侧的李溪渡泵站，通过输水管道途经江北、镇海，穿越灰鳖洋海底输水至舟山本岛，主要用于解决舟山市生活、工业及驻舟部队的用水问题。一期工程分为跨海段管道、舟山本岛陆上输水管道和马目、岚山泵站、宁波陆上输水管道和李溪渡取水泵站等多个阶段实施，最早动工的跨海段管道于 1999 年 5 月开工，最迟建成的李溪渡取水泵站于 2006 年 8 月完工。2006 年 12 月跨海段管道和马目、岚山泵站完工后，采用临时水源先期投入运行，一期工程引水规模为8.64万立方米每日。二期工程于2009年9月动工,2015年10月完工，经试运行后于 2016 年 9 月正式投用。二期工程取水口同在宁波姚江李溪渡泵站，终点在舟山黄金湾调节水库，工程输水线路全长 53.97 千米，管径为 1.2 米，设计引水规模 2.8 立方米每秒。2007—2020 年，舟山大陆引水工程累计引水量达 3.22 亿立方米。

宁波境外引水工程总体布置图如图 5-8 所示。

（二）区域调水

1. 宁波市水库群联网联调（西线）工程

为构建城市供水“多水库联调、多管道联供、多水源应急互保”的水资源优化配置和高效利用体系，提高城市供水保障能力，经反复研究论证，2015 年 3 月宁波原水集团启动实施宁波市水库群联网联调（西线）工程。主要任务是通过隧洞和管道串联，将钦寸、亭下、周公宅、皎口、溪下 5 座大中型水库供水和宁波市区的桃源、毛家坪、江东 3 座水厂原水实现联网联调，提升水资源利用效率和应急保障能力。工程于 2020 年 1 月基本建成具备通水条件，概算总投资 12.69 亿元。

图 5-8　宁波境外引水工程总体布置图

水库群联网联调（西线）工程上接钦寸水库引水工程，起自亭下加压泵站，主要有输水隧洞（管道）、调节（加压）泵站和附属设施组成。输水干、支线总长 41.32 千米，其中隧洞 37.18 千米，管道 4.14 千米。其中，输水干线从亭下加压泵站至新建的宁波桃源水厂，总长度 27.9 千米，隧洞直径 4.3 米 /4.4 米，最大引水规模 97 万立方米每日，大岙连接段长 0.82 千米；输水支线有溪下水库引水支线和东西线连通（岭脚至萧镇）支线两条。溪下水库引水支线为溪下水库与输水干线连接，总长度 2.68 千米，洞径 3.2 米，输水规模 35 万立方米每日，主要将溪下水库水源通过提升泵站输入联网工程；东西线连通支线为输水干线岭脚点与萧镇供水泵站连接，线路长度 9.93 千米，隧洞直径 3.6 米，输水规模 20 万立方米每日，主要向江东水厂供水，并由此实现供水西线向东线调水。同时，输水干线还在章水镇大岙与皎口水库至毛家坪水厂引水管道实现互通，可以向毛家坪水厂补充供水。

调节（加压）泵站设有亭下调节站、萧镇配水站和溪下加压站。亭下调节站调节来自钦寸水库和亭下水库的压力水头，实现亭下至宁波引水总流量的控制；萧镇配水站调节西线联网工程向江东水厂供水流量控制；溪下加压泵站为溪下水库提水加压供水控制。宁波市水库群联网联调示意图如图5–9所示。

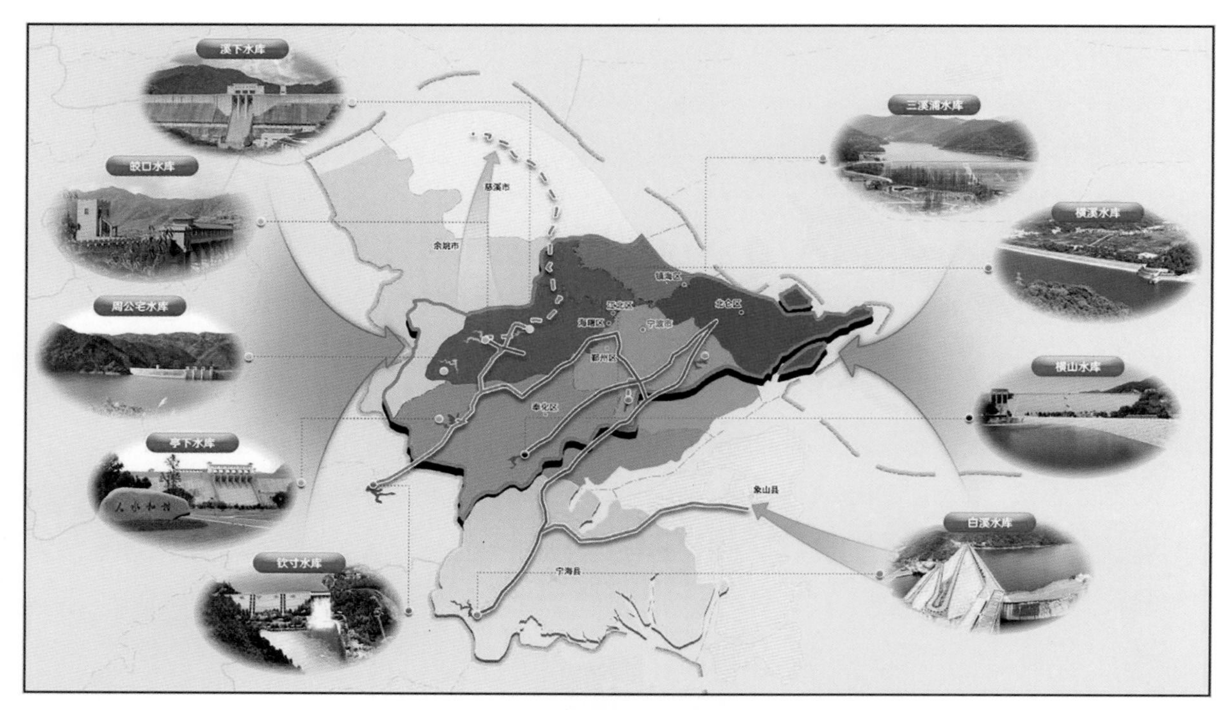

图5–9 宁波市水库群联网联调示意图

2. 慈溪梁辉水库引水工程

面对水资源条件先天不足，慈溪开始探寻一条域内挖潜和域外引水相结合的“解渴”之路。1997年7月，慈溪、余姚两市政府签订余姚梁辉水库向慈溪有偿供水协议，供水规模2000万立方米每年，供水期限15年，其中：前3年每年供水1000万立方米，后12年每年供水2000万立方米。协议确定慈溪市一次性向余姚市支付折旧费3500万元，并向余姚提供无息贷款2000万元，至供水期结束归还。供水按成本计价，2001年水价定为0.28元每立方米，后至2006年水价调整为0.38元每立方米、2011年调价至0.525元每立方米。引水工程通过管道输水至慈溪城西水厂，由慈溪市投资建设，2000年3月开工，2001年4月28日全线贯通，2001年7月1日梁辉水库向慈溪正式供水。至2020年12月，余姚梁辉水库向慈溪累计供水3.48亿立方米。

2002年7月，市水利局在余姚举办“水权理论的实践暨余姚—慈溪跨区域供水一周年座谈会”，被誉为国内运用市场机制较早探索跨县域有偿供水的一次成功实践。水利部办公厅以《又一次成功的探索》为题把余姚—慈溪用水权有偿转让的调查报告印发全国水利系统。

3. 宁波白溪水库引水工程

白溪水库土建即将完工时，2001年6月市发改委批准宁波市白溪水库引水工程项目建议书，同年12月30日批准工程可行性研究报告，2002年11月15日批准工程初步设计。同年12月31日，白溪水库引水工程在奉化山隍岭举行开工仪式。2006年7月引水工程建成。宁波白溪水库引水工程设计日引水规模为60万立方米，输水主干线设计最大日输水能力70万立方米。输水线路从白溪水库至东钱湖水厂、北仑水厂和江东水厂，总长106.34千米，其中隧洞99.76千米，管道6.58千米，途经宁海县、奉化市、鄞州区和北仑区。工程总投资9.5亿元。

白溪水库引水线路由"一干线两支线"组成，即白溪水库至栎斜分水点为主干线，长75.7千米，干线隧洞开挖洞径为4米，连接钢管直径为2.6米。栎斜分水点到东钱湖水厂支线，长3.56千米，隧洞洞径为3.2米；栎斜分水点至北仑水厂支线，长27.08千米，隧洞洞径为3.3米。连接钢管直径为2.2米，工程采用全封闭有压输水方式和调压调流阀加隧洞纵向结构相结合的压力控制新工艺。2006年7月13日白溪水库引水工程通水运行，成为宁波城市供水最主要的水源，水库优质原水在城市供水中所占比重大幅提高。

西溪、黄坛水库为梯级水库，实行供水联合调度。为提高白溪水库引水工程的供水安全保障，在西溪水库建成后，宁波市自来水总公司于2008年实施白溪水库引水工程与黄坛（西溪）水库供水沟通工程，将黄坛（西溪）水库供水利用自然落差接入宁波白溪引水管道，从而形成白溪水库与黄坛（西溪）水库供水互保。联通工程设计最大引水规模76万立方米每日，其中向宁海县日供26万立方米，输水线路总长1440米，包括取水隧洞（洞径2.2米）和输水钢管（接白溪引水管道干线DN2200、接宁海第二水厂支线DN1200）。工程于2008年11月开工，2009年7月通水调试成功。至2020年12月，黄坛（西溪）水库向宁波城市累计补充供水3.2亿立方米。

为保障在白溪水库遭遇枯水或白溪引水工程设施检修等特殊时期向北仑地区供水的安全，2009年市自来水总公司启动实施三溪浦水库与白溪引水管线联通项目。联通工程采用隧洞输水方式，进水口为三溪浦水库输水隧洞，出水口为白溪水库至北仑水厂输水管道，线路总长1243.6米，洞径2.5米，最大输水能力50万立方米每日。2009年3月市发改委批复初步设计，2009年11月动工，2011年7月通过验收。

为统筹水资源合理调配和解决部分镇乡供水困难，经市政府同意，宁波市白溪水库引水工程沿线先后在宁海岔路镇、西店镇和奉化莼湖镇分岔设置取水口。

4. 象山白溪水库应急引水工程

象山县为资源性缺水地区，2004年4月市政府同意象山县实施白溪水库应急引水工程，所引水源从宁波白溪水库引水管线梅林街道凤潭村附近的宁波白溪水库引水工程隧洞口接出，配置应急引水量为5万立方米每日，明确输水管道管径控制在1200毫米内。2005年象山县启动实施城乡区域联网供水工程，将象山白溪水库引水工程与沿线接入象山北部的上张、平潭、隔溪张、仓岙水库相结合，形成象山城镇供水的原水"主脉"，终至象山白蟹潭滨海水厂，主干线长48.73千米，总规模16万立方米每日，其中白溪水库引水5万立方米每日、象山境内水库11万立方米每日。引水工程象山段于2005年5月开工，宁海段于2006年5月开工，2008年9月5日实现全线贯通。

5. 鄞东南姚江调水工程

2003年宁波遭遇特大干旱，城市供水告急。为应急启用东钱湖和鄞东南河网水源，市政府决定在鄞州区云龙镇兴建万岱山应急取水泵站，日取水规模10万立方米，取鄞东南河网水通过管道补充江东水厂和北仑水厂。为保障万岱山应急泵站取水水位，除调度东钱湖补水外，市水利局实施姚江向鄞东南应急引水工程，通过姚江大西坝翻水站和在梁祝公园内增设临时翻水泵站，开挖临时河渠等翻姚江水入鄞西河网，再通过在奉化江鄞州二桥旁新建建庄应急泵站以及铺设跨奉化江输水管、开挖临时河渠等输水至鄞东南九曲河，为当年抗大旱发挥重要作用。

为有效改善鄞州中心区及老江东河网的水环境，2006年鄞州区提出改造姚江至鄞东闸调水应急工程，提升鄞东南向姚江调水能力，经研究论证后，确定由市和鄞州区共同出资，实施姚江至鄞东南调水工程，设计年调水量1.44亿立方米。调水线路是在姚江南岸新建高桥泵站，通过鄞西大西坝河、后塘河、前塘河、象鉴港河、南新塘河、南塘河，分别从黄隘河和建庄河汇入奉化江边的建庄泵站，利用鄞西、鄞东南水位差，再经奉化江输水管道将水引入鄞东南沈家河、九曲河，与甬新河沟通，实现姚江与鄞西、鄞东南河网水系沟通，以改善城市水环境质量。项目主要建设内容包括新建高桥泵站、改造建庄泵站和蟹堰闸下陈闸、拓宽黄隘河和建庄河等。高桥泵站位于高桥镇蟹堰河与姚江交汇处，为提水、排涝两用泵站，装机5台1000QZB-160D型井筒敞开式潜水轴流泵，设计扬程2米，设计总流量16.8立方米每秒。配套排涝水闸蟹堰闸规模为3孔，每孔5米，总净宽15米，最大过闸流量124.8立方米每秒。建庄泵站位于海曙区石碶街道，为提水加压泵站，装机5台900QIB-125轴流潜水泵，扬程3.2米，单机流量3.04立方米每秒，总提水流量15.2立方米每秒。配套排涝水闸下陈闸规模1孔，净宽4.0米，最大过闸流量28立方米每秒。2007年12月开工，2009年6月通过完工验收，2011年6月8日通过竣工验收。工程由宁波市机电排灌站负责实施，竣工后移交给鄞州区水利局管理运行。2017年7月随鄞州、海曙两区划调整后，高桥泵站和建庄泵站移交给市三江局负责管理运行。

6. 慈溪姚江引水应急工程

为应对2003年、2004年严重干旱，经市政府同意，慈溪市实施姚江引水应急工程。工程从余姚市蜀山渡口水泵提水，利用管道、隧洞引水入慈溪梅湖水库，设计引水流量2.655立方米每秒。工程建设内容包括兴建姚江提水泵站，布设提水泵3台；建设输水线路包括管径1.6米的引水压力钢管3173米和2.8米 ×2.8米城门洞型引水隧洞2880米；以及梅湖水库取水临时泵站、临时管道等。2005年7月，慈溪姚江引水应急工程实现临时通水。之后，这一引水工程作为慈溪市的应急备用水源和引水入城的环境用水水源。

7. 宁波杭州湾新区引水工程

为解决杭州湾新区水资源短缺问题，市政府研究同意实施宁波杭州湾新区引水工程，确定年引水规模3500万立方米，其中杭州湾新区2000万立方米、慈溪市1500万立方米，水资源主要通过水库群西线联网优化配置，提高水源利用效率而实现配置平衡。2017年12月29日，宁波杭州湾新区引水工程开工建设，工程起点为位于海曙区溪下水库旁的西线输水干线分水点（大头岩岗调节站），途经海曙、江北、余姚、慈溪，终至杭州湾新区新城水厂，线路总长69.2千米，其中主线隧洞长28.78千米、管道长40.42千米。工程沿线设置大头岩岗、慈溪和新区水厂三座调节站，其中设置江北（为预留口子，设计流量15万立方米每日）、慈溪（设计流量8万立方米每日）

和新区（设计流量 12 万立方米每日）三个分水口。工程批复概算总投资 22.98 亿元。到 2020 年年底工程进度过半。

（三）水厂原水输配工程

1. 横溪水库至东钱湖水厂引水工程

横溪水库原承担鄞州区横溪镇等 4 个镇乡水厂供水任务。随着城乡供水一体化推进，2014 年横溪镇等 4 个镇乡水厂的供水范围纳入城市大网供水，上述水厂也随之停止运行。为利用横溪水库水源并作为东钱湖水厂的补充水源，2017 年宁波原水集团实施横溪水库至东钱湖水厂引水工程。建设内容包括输水隧洞（管道）、加压泵站和附属建筑物等。输水线路总长 3.86 千米，其中隧洞 3.3 千米，管道 0.56 千米，设计供水规模 20 万立方米每日，正常供水 9 万立方米每日。加压泵站设在水库坝下，设 3 台泵组。工程于 2017 年 4 月 28 日开工，2018 年 5 月 30 日输水隧洞贯通，2020 年 1 月 15 日启动机组满负荷运行。工程投资 1.412 亿元。横溪水库至东钱湖水厂泵站如图 5-10 所示。

图 5-10　横溪水库至东钱湖水厂泵站

2. 皎口（周公宅）水库至毛家坪水厂引水工程

工程从皎口水库取水，输水至新建的毛家坪水厂，设计引水规模 50 万立方米每日，工程总投资 1.15 亿元，属世界银行贷款项目，由宁波市自来水有限公司负责建设。输水线路总长 9.6 千米，引水隧洞直径 3.6 米，管道直径 2.8 米，采用皎口水库压力输水。皎口水库取水口位于大坝左岸上游 1000 米处，设进口闸门，分上下两层取水。工程于 2005 年 2 月开工建设，2007 年 7 月建成通水，皎口水库与周公宅水库实行联合调度供水。

毛家坪水厂位于鄞江镇梅园山岗，一期（日供水 25 万立方米）于 2008 年 7 月开工，2009 年 9 月投入运行。二期于 2009 年 4 月开工，2010 年 12 月建成，水厂制水能力达到 50 万立方米每日。

3. 萧镇（北渡）引水工程改造

萧镇（北渡）引水工程始建于 1996 年，分 2 期建设，水源取自亭下水库下游萧镇拦水堰前的剡溪，引水规模 50 万立方米每日。一期工程引水规模 25 万立方米每日，工程建设包括萧镇、北渡 2 个取水增压站，敷设直径 1.6 米的输水钢管 33.5 千米，其中萧镇泵站至北渡泵站 16 千米，北渡泵站至段塘 6.6 千米，段塘至南郊水厂 4.1 千米，至江东水厂 6.8 千米，主供水厂为南郊水厂、江东水厂和中华纸业。一期工程总投资 2.9 亿元，利用世界银行贷款 1427.92 万美元。2002 年实施萧镇引水工程北渡至雅戈尔大道（段塘中基公司）复线工程，敷设 DN1800 钢管 7.8 千米，新增原水供应能力 25 万立方米每日，2003 年 1 月投入使用，投资 4877 万元。随着东钱湖水厂、毛家坪水厂两座日供 50 万立方米水厂的建成投用，宁波城市供水格局随之调整，2010 年 9 月北渡泵站正式停用，调整为应急备用泵站。2012 年 12 月随着南郊水厂关停，城市原水供应格局再做调整，将南郊水厂部分停用的直径 1.6 米原水管改为清水管，并入城市主干环网。萧镇剡溪也随之成为备用水源。随着宁波市水库群联网联调（西线）工程和萧镇提水泵站的建设完成，原萧镇（北渡）引水管道成为水库群西线向江东水厂供水的输水管道。

4. 横山水库引水工程改造

横山水库引水工程建于1997年，水源为横山水库，引水规模20万立方米每日，输水线路总长74.2千米，输水管道直径1.6米，沿线经过奉化、鄞州、北仑、江东等区（县、市）的12个镇乡，可以向东钱湖水厂、北仑水厂和江东水厂输水，主供东钱湖水厂。2007年12月，引水工程的东钱湖水厂至北仑水厂段共25.3千米管道进行功能置换，由原先向北仑水厂输送原水，改为向北仑区域供应东钱湖水厂的出厂水。

第三节　城乡供水

2000年以后，宁波城乡供水进入黄金发展时期，经历从靠天喝水到有自来水，再到喝上优质水库水的饮水之路，从根本上提升了城乡居民的饮用水条件。2003年开始宁波用3年时间率先将江北区108个村的12万村民用水与城市供水管网接通。2005年市委市政府提出凡是城市供水管网能覆盖到的地区，实现城乡供水一体化和同网、同质、同价、同服务的供水发展目标。宁波中心城区供水发生历史性变迁，相继建设东钱湖水厂、毛家坪水厂、桃源水厂，扩建和改造北仑水厂、江东水厂，建成全国首创的城市供水环网工程，实现大工业生产用水与居民生活饮用水分网分质供水。城乡供水管理体制逐步理顺，供水管网不断向市郊镇村延伸。至2020年年底，宁波城市供水范围已全面覆盖市属5区及平原镇乡，城乡供水一体化工作走在全国前列。与此同时，解决农村饮水安全问题也一直是政府大力推动的民生实事之一，相继实施百万农民饮用水工程、农村饮用水安全提升工程、农民饮用水达标提标专项行动等农饮水建设，采用建设镇乡水厂或村级水站供水等方式，从根本上解决山区、半山区、海岛和边远地区人口的饮用水困难，实现农村饮用水水质、水量双安全。

一、中心城区供水

宁波中心城区供水范围包括海曙区、江北区、镇海区、北仑区及鄞州区。到2020年，承担宁波中心城区供水任务的江东、北仑、东钱湖、毛家坪、桃源5座集中式供水水厂，日制水能力超过200万立方米，夏季供水高峰最高日供水量153.28万立方米。同时，各水厂通过大口径城市供水环网实现联网供水，年供水总量近5亿立方米。中心城区大网供水覆盖面积1642平方千米，供水用户164.35万户，直径75毫米（含）以上供水管线7144千米，并实现水厂原水全部取用水库优质水源。2008年11月姚江大工业水厂建成，设计日供水规模50万立方米，为临港大工业和开发区、园区等20家工业企业输送工业用水，至2020年，输水管线已贯穿到江北、镇海、北仑、大榭四地，镇海炼化、台塑、逸盛石化、中海油等近20家大型工业企业用上工业水，这一举措也是宁波在国内率先进入城市“分质供水、优水优用”时代的重要标志。

（一）公共水厂

2001 年以后，宁波中心城区先后新建扩建北仑、东钱湖、毛家坪、桃源 4 座公共供水水厂，对江东水厂进行超滤膜生产工艺改造，对一些老、小水厂进行停产关闭，功能调整。2005—2020 年宁波中心城区公共水厂供水量、中心城区公共水厂概况统计、城市供水主要经济技术指标见表 5–14、表 5–15、表 5–16。

表 5–14　2005—2020 年宁波中心城区公共水厂供水量　　单位：万 m^3

年份	江东水厂	北仑水厂	东钱湖水厂	毛家坪水厂	桃源水厂	南郊水厂	慈城水厂	梅林水厂
2005	10446.80	7903.16	未建	未建	未建	7901.40	484.67	2736.78
2006	10772.68	9421.55				7632.39	538.18	2615.60
2007	11118.48	11329.87	2011.51			7788.91	541.53	2126.12
2008	8136.18	9863.21	7700.14			6963.43	514.55	1713.02
2009	7253.75	9155.35	9771.82	2017.88		6112.00	514.42	473.71
2010	5614.03	8497.41	12127.07	6547.43		4580.42	574.64	停用
2011	4895.41	9059.30	11170.77	10148.43		3978.32	532.39	
2012	3892.15	8917.93	13190.10	11667.05		3539.69	停用	
2013	3872.88	9228.75	14022.16	14667.33		停用		
2014	3597.47	9171.31	14415.99	15102.53				
2015	3718.02	8867.45	16317.29	15835.47				
2016	5125.82	9334.49	16294.19	14748.05				
2017	4270.01	8830.78	16651.57	15585.70				
2018	5400.72	8253.96	14756.61	17124.83				
2019	5741.36	8872.86	16002.80	16115.52				
2020	5583.34	8819.12	15104.44	15210.10	2641.02			

表 5–15　2020 年宁波中心城区公共水厂概况统计　　单位：万 m^3/ 日

名 称	设计制水能力	水 源	供水范围
江东水厂	20	白溪水库、西干线、剡江（备用）	鄞州区
北仑水厂	30	白溪、新路岙、三溪浦水库	北仑区
东钱湖水厂	50	横山、白溪、横溪水库	鄞东片、城市主干环网
毛家坪水厂	50	皎口、周公宅、钦寸、亭下水库	海曙西片、城市主干环网
桃源水厂	50	钦寸、亭下、溪下水库	城市主干环网
合计	200		

表 5–16　2005—2020 年宁波城市供水主要经济技术指标统计

年份	供水量 / 亿 m^3	售水量 / 亿 m^3	供水能力 /（m^3/d）	管道长 /km	用户数 / 万户
2005	2.95	2.54	97	1431	43.32
2006	3.12	2.79	97	2021	50.93
2007	3.37	2.91	122	2122	56.83

续表

年份	供水量 / 亿 m^3	售水量 / 亿 m^3	供水能力 /（m^3/d）	管道长 /km	用户数 / 万户
2008	3.56	2.99	122	2198	61.22
2009	3.53	3.05	162	2244	65.92
2010	3.79	3.22	187	2800	67.18
2011	3.98	3.27	187	2955	70.69
2012	4.07	3.35	185	3160	75.92
2013	4.18	3.55	165	3272	84.32
2014	4.23	3.45	165	3380	106.19
2015	4.47	3.62	165	3500	124.04
2016	4.55	3.81	150	5473	130.97
2017	4.53	3.92	150	5872	137.79
2018	4.55	3.98	150	6430.35	143.86
2019	4.67	4.09	150	6501	155.54
2020	4.74	4.09	200	7144	164.35

1. 新建扩建

东钱湖水厂　位于鄞州区东钱湖畔，设计制水能力50万立方米每日，原水引自白溪、横山和横溪水库。水厂分2期实施。一期工程于2006年1月开工，2007年7月25日投入运行，制水能力25万立方米每日。2009年8月二期完工通水后，形成50万立方米每日制水能力。水厂占地面积234亩，分厂前区与生产区两部分，通过南北两条隧道相通。厂前区标高33米，采用节能环保的重力流方式供水。2011年10月13日，东钱湖水厂成功创建浙江省城市供水现代化水厂，2020年10月通过现代化水厂新标准复审，成为浙江省第一家通过新标准的制水厂。

毛家坪水厂　位于海曙区鄞江镇梅园村，设计供水规模50万立方米每日，原水取自皎口、周公宅水库，后与原水西干线连通。水厂按浙江省现代化水厂标准进行建设，属世行贷款建设项目，总投资6.56亿元。一期工程2007年1月开工，2009年8月投入运行，制水能力25万立方米每日；2010年11月二期工程建成后，形成50万立方米每日制水能力。水厂占地240亩，水厂主要构筑物位于标高52米和38米的两个山地平台上，利用山地优势进行重力流供水。

北仑水厂（扩建）　位于北仑大碶街道石湫村，水厂分2期实施。一期于1996年7月开工，1999年11月底投产，制水能力15万立方米每日；2003年实施二期扩建，制水能力15万立方米每日，于2004年供水旺季前投入运行，水厂原水引自白溪、新路岙水库，后与三溪浦水库相连通。扩建后水厂制水能力达到30万立方米每日。

江东水厂（改造）　位于老城区内，建于1956年，是宁波市历史最悠久的净水厂。水厂占地面积100多亩，自建厂以后，完成4次扩建改造，形成20万立方米每日制水能力。水厂原水引自白溪水库，以剡江萧镇取水和万岱山泵站为应急备源等。2014年10月，江东水厂按照浙江省现代化水厂标准实施改造，设计规模20万立方米每日，概算投资1.87亿元，2015年年底，水厂膜滤池改造等主体工程实现试通水，江东水厂成为当时全国最大规模的浸没式超滤膜制水厂。2020

年水厂与原水西干线相连通，正常情况下主要取用白溪水库水源。

桃源水厂 位于海曙区溪下水库西侧，占地324亩，设计制水能力50万立方米每日。水厂采用超滤膜生产新工艺，利用建在山岗上的地势高差向中心城区供水，水源采用双水源互补供水，以钦寸水库为主供水源，溪下水库为辅供水源。2016年初开工建设，2019年12月23日具备通水条件，2020年6月正式投入使用。

新建（扩建）水厂位置及水源示意图如图5-11所示。

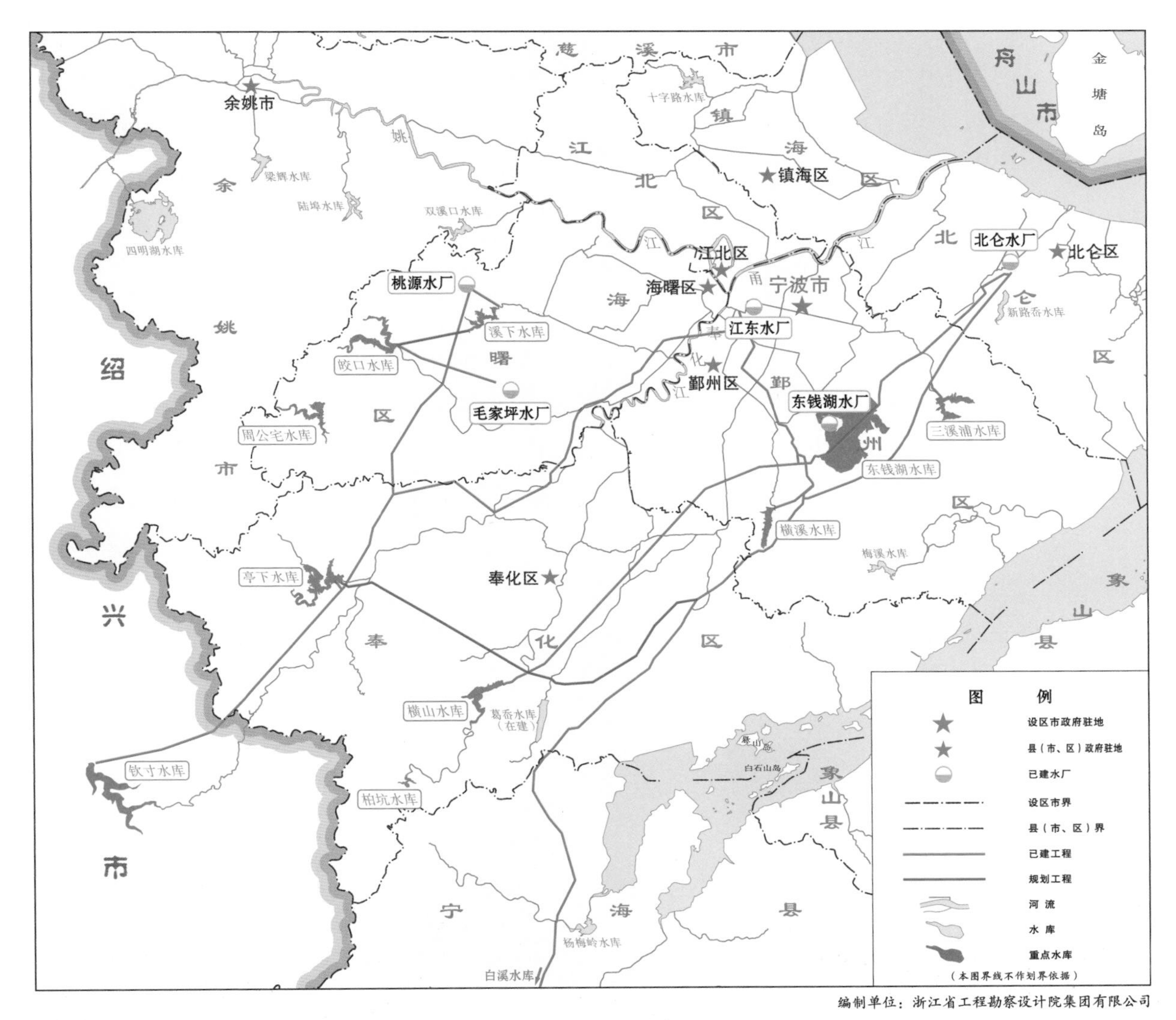

图5-11 新建（扩建）水厂位置及水源示意图

2. 停产关闭

随着东钱湖水厂、毛家坪水厂、桃源水厂和城市供水主干环网等供水设施投用，中心城区形成联网联调的城市供水新格局。供水安全保障也得到实质性提升。随之，一些老小水厂进行关、停、转，主要有大碶水厂、南郊水厂、慈城水厂、姚江梅林水厂。

大碶水厂 在北仑水厂一期投产后停用；2004年北仑水厂二期扩建时，大碶水厂进行维修改造后恢复生产；2009年水厂进行扩建，供水能力增至4万立方米每日，目前大碶水厂处于停用状态。

南郊水厂　因宁波火车南站区域整体改造，2012年年底停产关闭。为保障水厂关停后供水安全，在水厂原址西区新建一座区域供水备用泵站。

慈城水厂　随着慈城供水并入城市供水主干环网后，2011年停用，成为城市备用水厂。

姚江梅林水厂　在城市供水主干环网江北段建成通水后，2009年6月停产并功能转换为应急加压泵站。

（二）城市供水环网

针对宁波城市多水源引水、多水厂制水、多线路供水的特点，城市供水环网工程建设于2003年被列入宁波城市供水发展规划，并在2004年列入由世界银行贷款建设的宁波市水环境项目计划。宁波城市供水环网工程于2006年开工建设，分步实施。其中，东线民安路至江南路段于2007年完工，并作为江北优质供水的组成部分，向江北中心区域供应由东钱湖水厂生产的优质水。南线鄞州大道段、西线机场路段于2009年完工；2010年9月北线北外环沿线段最后一个接口完工，标志着供水环网工程全面建设完成。同年10月，城市供水环网全面投入运行，宁波城市供水环网全线贯通，“绕城高速”供水运行模式基本形成。

宁波城市供水环网将东钱湖水厂、毛家坪水厂和桃源水厂生产的优质清水直接输入供水主干环网后，再辐射分送至各供水支网。对宁波来说，由于水源地、水厂集中在城市南部和西部，而供水区域在水厂的北边和东边，因此这种“绕城环网”模式具有水厂联供、统一调配、优化水质水压、安全快捷输送等优点。环网工程西线沿机场路、北线沿北外环路、东线沿世纪大道和同三高速，南线沿鄞州大道，共敷设直径1.8~2.0米环网管道47.3千米。城市供水环网工程如图5-12所示。姚江工业水厂如图5-13所示。

图5-12　城市供水环网工程

图5-13　姚江工业水厂

（三）大工业供水

2002年，宁波市在全国率先提出分质供水、优水优用的规划理念，即利用河网水资源，经工业水厂处理后供给工业企业生产使用，同时让出水库优质水源首先保障居民生活需求，让水资源更合理配置。利用姚江水源，2006年宁波市启动姚江工业水厂建设。

姚江工业水厂位于原梅林水厂北侧，2006年11月开工建设，2008年11月投入运行，设计日供水能力 50 万立方米。水厂取水口位于原梅林水厂西侧。工业供水管网与姚江水厂同步建设，输水管线随用户增加不断延伸。工业供水为单厂、单管供水模式，输水管线沿程经过江北、镇海、北仑 3 区建成直径 1.8~2.4 米主输水主管线约 46 千米，运营管理的工业供水总输水管线近 80 千米，主要包括：供水主线共计 46.662 千米；8 条供水支线共计 29.26 千米，分别为镇海炼化支线、LG 支线、镇海电厂、镇海动力中心、青峙支线、宝新支线、钢厂支线、台塑支线；2 个隧洞共计 2.12 千米，分别为小陈山及孔墅岭隧洞；取水头部 0.7 千米。

2009 年开始供水，工业供水越来越受到大型工业企业青睐，供水量节节攀升。2015 年以后，日均供水量基本稳定在 27 万立方米左右，至 2020 年有供水用户 15 家。2009—2020 年宁波大工业供水统计见表 5–17。

表 5–17　2009—2020 年宁波大工业供水统计

年份	年供水量 / 万 m^3	年内日均供水量 / 万 m^3	用户数 / 家
2009	949.38	2.6	4
2010	3450.94	9.45	5
2011	4765.96	13.06	6
2012	4844.26	13.24	6
2013	4660.45	12.77	8
2014	7018.28	19.28	12
2015	9457.86	25.77	12
2016	9840.68	26.96	13
2017	10438.91	28.60	13
2018	9969.82	27.31	13
2019	9665.76	26.48	13
2020	10055.79	27.40	15

（四）供水水价

1. 水利工程供水水价

2003 年以后，水利工程供水价格有 6 次调整。

2003 年 11 月，市物价局调价方案：自备取水用户从河网取水由每立方米 0.12 元调整为 0.17 元，水库直供水由每立方米 0.16 元调整为 0.21 元。市自来水总公司从水库取水由 0.08 ~ 0.12 元每立方米统一调整为 0.21 元每立方米，河网取水由 0.025 ~ 0.07 元每立方米统一调整为 0.13 元每立方米，北渡、萧镇取水由 0.025 ~ 0.07 元每立方米统一调整为 0.17 元每立方米。

2006 年 6 月，市物价局调价方案：自备取水用户水库取水由 0.29 元每立方米调整为 0.38 元每立方米，河网取水由 0.25 元每立方米调整为 0.28 元每立方米。公共自来水制水企业从水库取水由 0.21 元每立方米调整为 0.41 元每立方米，河网取水由 0.13 元每立方米调整为 0.22 元每立方米，北渡、萧镇取水由 0.18 元每立方米调整为 0.29 元每立方米。

2009 年 11 月，市物价局调价方案：

由宁波原水集团供应给市自来水总公司以及跨区（县、市）供水企业的供水价格：从水库直接取水的水价，第一步从2009年12月1日起，由0.41元每立方米调整为0.58元每立方米；第二步从2010年7月1日起，由0.58元每立方米调整为0.68元每立方米。从萧镇、北渡以及其他应急水源取水的水价，第一步从2009年12月1日起，由0.29元每立方米调整为0.39元每立方米；第二步从2010年7月1日起，由0.39元每立方米调整为0.48元每立方米。上述价格均含水资源费0.08元、水环境整治与保护费用0.10元（除应急水源取水外）。由宁波原水集团供应给水库所在区（县、市）内供水企业（包括镇乡水厂）的供水价格：从横溪水库取水的水价为0.37元每立方米，从三溪浦、横山水库取水的水价为0.36元每立方米。现行价格低于规定标准的，从当地供水企业下一次调整水价时执行。上述价格均含水资源费0.08元、水环境整治与保护费用0.10元。市区其他水库以及市区范围内自备水用户的水利工程供水价格：水库取水统一调整为1.50元每立方米（含水资源费0.10元、水环境整治与保护费用0.10元）；河网取水由0.28元每立方米调整为1.00元每立方米（含水资源费0.10元）。

2009年11月，甬价管〔2009〕112号文件明确，从2009年12月1日起姚江工业水厂从姚江取水的水价由原来的0.22元每立方米调整为0.17元每立方米（含水资源费0.08元），不再提取水环境整治与保护费用。

2018年6月，市物价局调整原水集团所属水库取水的自备水价格，从2018年7月1日起由1.60元每立方米调整为2.00元每立方米；2019年7月1日起，由2.00元每立方米调整为2.34元每立方米（含水资源费，不含污水处理费）。

2018年8月2日，市物价局调整大工业水厂姚江取水价格，从2018年10月1日起，由0.09元每立方米调整为0.20元每立方米（不含水资源费）。2019年10月1日起，0.20元每立方米调整为0.30元每立方米。

2. 居民生活用水水价

2001年以来，涉及居民生活用水水价有4次调整。2003年，市物价局调整自来水分类及收费标准，从2004年1月起执行。2003年宁波市用水分类及水价标准调整见表5-18。

表5-18　2003年宁波市用水分类及水价标准调整　单位：元/m³

用水类别	自来水到户价	分项			
		公共事业附加费	污水处理费	水资源费（含0.1的水源保护费）	供水价格
居民（中小学、幼儿园）	1.65	0.03	0.25	0.18	1.19
行政事业	2.00	0.03	0.40	0.18	1.39
工商企业	2.25	0.03	0.60	0.18	1.44
特种行业	6.00	0.03	1.00	0.18	4.79

2006年开始，宁波市实施居民生活用水阶梯式计量水价制度，市物价局出台价格调价方案。规定从2006年7月份用水量起，居民自来水一户一表实行阶梯式计量水价，居民中高层住宅实行

趸售价，非居民生活用水实施超计划超定额累进加价收费制度。阶梯式计算水价分为 3 级，户用水人口在 3 人以下的每户每月水量基数为：第一级 17 立方米及以下、第二级 18 ~ 30 立方米、第三级 31 立方米以上；户用水人口超过 3 人，每增 1 人每级水量基数相应增加 5 立方米，级差分别为 1 ∶ 1.5 ∶ 2。基本水价以调整后的合表用户水价扣减 0.1 元确定。对中高层住宅楼的二次供水实行趸售水价政策，扣减到户水价的 8% 作为物业管理或原产权单位的服务费。2006 年宁波市用水分类及水价标准调整见表 5-19。

表 5-19　2006 年宁波市用水分类及水价标准调整　　单位：元 /m³

用水性质	类别	到户水价	供水价格	水资源费	污水处理费
居民生活	一户一表	2.10	1.57	0.08	0.45
		2.93	2.40	0.08	0.45
		3.75	3.22	0.08	0.45
	合表	2.20	1.67	0.08	0.45
	中高层（趸售）	1.93	1.40	0.08	0.45
	自用水	2.20	1.67	0.08	0.45
非经营性	非经营性	3.50	2.42	0.08	1.00
经营性	一般工商企业	3.50	2.42	0.08	1.00
	水环境影响严重工业	3.95	2.42	0.08	1.45
特种行业	特种行业	10.00	8.92	0.08	1.00

2009 年 11 月，市物价局调整用水分类及水价标准方案。对“一户一表”居民生活用水户（含二次供水的中高层住宅用水户）继续实行阶梯式计量水价制度。阶梯式计量水价仍分为 3 级，各级水量基数维持现行水平不变，各级级差比例由现行 1 ∶ 1.5 ∶ 2 调整为 1 ∶ 1.8 ∶ 2.5。2009 年宁波市用水分类及水价标准调整见表 5-20。

表 5-20　2009 年宁波市用水分类及水价标准调整　　单位：元 /m³

用水性质		分步实施价格标准					
		第一步调整	分项		第二步调整	分项	
			自来水销售价格	污水处理费		自来水销售价格	污水处理费
居民生活		2.75	2.10	0.65	3.20	2.40	0.80
非经营性		5.30	3.50	1.80	5.95	4.15	1.80
经营性	一般工商企业	5.30	3.50	1.80	5.95	4.15	1.80
	对水环境影响较严重工业	6.10	3.50	2.60	6.75	4.15	2.60
特种行业		10.80	9.00	1.80	12.80	11.00	1.80

注：第一步从 2009 年 12 月 1 日起执行，第二步从 2010 年 7 月 1 日起执行。

由于居民生活污水处理费调整，2016年8月，市物价局对“一户一表”各级居民生活用水到户水价分别上调0.20元每立方米，即第一级、第二级、第三级到户水价分别调整为3.40元每立方米、5.32元每立方米、7.00元每立方米；合表用户到户水价调整为3.40元每立方米。2016年宁波市居民生活用水阶梯式计量价格见表5-21。

表5-21　2016年宁波市居民生活用水阶梯式计量价格　　单位：元/m³

序号	分类	标准		
1	“一户一表”居民生活用户（阶梯式计量水价）	到户价	其中	
			自来水销售价格	污水处理费
（1）	第一级水量（每户每月17立方米及以下）	3.40	2.40	1.00
（2）	第二级水量（每户每月18～30立方米）	5.32	4.32	1.00
（3）	第三级水量（每户每月31立方米及以上）	7.00	6.00	1.00
2	非“一户一表”居民生活用户	3.40	2.40	1.00

3. 非居民用水水价

除居民用水水价调整外，市物价部门多次对非居民用水价格进行调整。

2007年11月21日，甬价管〔2007〕135号文件明确，从2007年12月1日用水量起，非经营性用户、经营性一般用户、特种行业用户污水处理费标准由现行1.00元每立方米调整为1.80元每立方米，经营性用户中对水环境影响较严重的工业用户污水处理费标准由现行1.45元每立方米调整为2.60元每立方米。

2012年12月21日，甬价管〔2012〕121号文件明确，对认定公布的“810实力工程”企业和高成长企业实现差别水价优惠政策，自来水销售价格在现行价格基础上降低每立方米0.20元，由4.15元每立方米调整为3.95元每立方米。

2014年7月18日，甬价管〔2014〕32号文件明确，2014年8月1日用水量起，对生产经营企业内可以单独装表计量的职工集体宿舍、食堂在生活用水定额内用水可按居民生活用水价格执行。

2015年9月10日，甬价管〔2015〕37号文件明确，2015年11月1日用水量起，对非居民生活用水价格进行调整：由现行5.95元每立方米调整为6.12元每立方米，其中对水环境影响较严重工业企业用水价格由6.75元每立方米调整为6.92元每立方米，此类水价中包含的水资源费由现行0.08元每立方米调整为0.20元每立方米；特种行业用水价格由现行12.80元每立方米调整为13.80元每立方米，此类水价中包含的水资源费由现行0.08元每立方米调整为1.00元每立方米。

2016年5月31日，甬价管〔2016〕26号文件明确，对认定公布的高成长企业实行的差别水价政策进行调整，售水价格由现行优惠0.20元每立方米扩大到0.40元每立方米。即，对宁波市自来水总公司供水区域（包括转供水区域）内的高成长企业自来水销售价格执行3.92元每立方米，比非居民生活用水（自来水）售水价格 4.32 元每立方米优惠 0.40 元每立方米；宁波工业供水有限公司供水区域内的高成长企业工业供水销售价格执行 1.94 元每立方米，比一般工业供水价格 2.34 元每立方米优惠 0.40 元每立方米。

2017 年 9 月 25，日甬价管〔2017〕50 号文件明确，工业企业近 12 个月月均用水量在 1000 立方米以下又不愿对集体宿舍、食堂用水独立装表计量的，可申请按比例享受居民水价。对兼有食堂和宿舍的企业，按企业总用水量的 10% 执行居民水价；对仅有食堂或仅有宿舍的企业（具体认定办法由供水企业制定），按企业总用水量的 5% 执行居民水价。

2018 年 4 月 15 日，甬价管〔2018〕11 号文件明确，宗教场所（指经县级以上人民政府宗教事务部门登记的寺院、宫观、清真寺、教堂等宗教活动场所）的生活用水执行居民生活用水价格和居民生活污水处理费标准。

2018 年 8 月 21 日，甬价管〔2018〕31 号文件明确，宁波市居家养老服务机构用水执行当地价格权限部门规定的适用居民水价的非居民用户的自来水价格（含污水处理费）。

2019 年 4 月 28 日，宁波市发展和改革委员会、市水利局等四部门联合印发《关于加快建立健全城镇非居民用水超定额累进加价制度的实施意见》，对城镇非居民用水超定额累进加价的范围、用水定额标准、用水计量、超定额加价管理等作相关规定。

4. 工业供水水价

2009 年 11 月，甬价管〔2009〕112 号文件明确，宁波市工业水厂供水价格 2.20 元每立方米（含水资源费 0.08 元，不含污水处理费）。

因水资源费征收标准调整，2015 年 9 月甬价管〔2015〕37 号文件明确，从 2015 年 11 月 1 日起工业水厂供水价格调整为 2.34 元每立方米（含水资源费 0.20 元，不含污水处理费）。

二、城镇供水

（一）余姚市

城区供水 余姚城区集中供水始于 1965 年 3 月，2000 年前建有龙山水厂、花园水厂和七里浦水厂。2001 年 5 月梁辉水库引水工程建成后向七里浦水厂、龙山水厂提供原水，标志着取用姚江水作为城区水源历史的结束。同年七里浦水厂进行二期扩容，制水能力增至 8 万立方米每日，生产工艺从单水反冲洗普通快滤池改为气水反冲滤池；2006 年 6 月实施应急扩建后，制水能力提高到 12 万立方米每日。2003 年城区多层住宅弃用屋顶水箱，实行一户一表改造；2010 年 7 月，余姚城东水厂建成，设计日制水能力 16 万立方米，水源取自双溪口水库，水厂采用折板反应沉淀、翻板滤池等工艺，配套建设一套污水处理系统。2016 年 6 月城区新建中高层住宅二次供水配套设施，2018 年 4 月全面启动二次供水设施改造。

镇乡水厂 余姚市有泗门镇、马渚镇、梁弄镇、长丰、河姆渡镇、陆埠镇、丈亭镇、大隐镇、三七市镇共 9 座镇乡自来水厂，总制水能力 21.55 万立方米每日。2020 年余姚市镇乡水厂基本情况统计见表 5–22。

表 5-22　2020 年余姚市镇乡水厂基本情况统计

序号	名称	供水范围	供水人口 / 万人	制水能力 /（万 m^3/d）	DN75 以上管道 /km
1	泗门镇自来水厂	泗门镇	11	8	45
2	马渚镇自来水厂	马渚镇	7	5	
3	梁弄镇自来水厂	梁弄镇	2.2	0.75	30
4	长丰自来水厂	经济开发区（部分）	3.1	1.1	65
5	河姆渡镇自来水厂	河姆渡镇	2.2	1.3	62.5
6	陆埠镇自来水厂	陆埠镇	7	1.2	150
7	丈亭镇自来水厂	丈亭镇	5	2	40
8	大隐镇自来水厂	大隐镇	1	0.5	1.6
9	三七市镇自来水厂	三七市镇	3.5	1.7	51

（二）慈溪市

城区供水　2001 年 7 月城西水厂建成投产，设计制水能力为 6 万立方米每日，水源引自余姚梁辉水库；2007 年 9 月城北水厂建成通水，设计制水能力 20 万立方米每日，水源引自绍兴汤浦水库。城西水厂和城北水厂均采用折板反应、平流沉淀、V 型滤池过滤等常规水处理工艺。2013 年 6 月慈溪市水务集团有限公司正式成立，实现全市供排水一体化管理。2016 年 3 月动工兴建城南水厂，厂址位于慈溪市匡堰镇，主要建设内容包括水厂及原水输送梅湖泵站两部分，总投资 3.87 亿元，2019 年 7 月建成投产，设计制水能力 15 万立方米每日。至 2019 年年底，慈溪城区供水水厂有城北水厂、城西水厂、新城水厂和城南水厂，设计供水总规模 46 万立方米每日，自来水公司年供水量 8853 万立方米，水厂的水源除慈溪境内上林湖、邵岙、梅湖等水库外，主要依靠绍兴汤浦水库和余姚梁辉水库引水。2020 年在建的宁波杭州湾引水工程建成后未来将提供部分水源。

镇乡水厂　慈溪市有镇乡水厂 5 座，分别是师桥水厂、龙山水厂、横河水厂、匡堰水厂和鸣鹤水厂，总制水能力 19 万立方米每日。2020 年慈溪市镇乡水厂基本情况统计见表 5-23。

表 5-23　2020 年慈溪市镇乡水厂基本情况统计

序号	名称	供水范围	供水人口 / 万人	制水能力 /（万 m^3/d）	DN75 以上管道 /km
1	师桥水厂	观海卫镇、掌起镇、附海镇	35	8	90
2	龙山水厂	龙山镇	10	5.5	171
3	横河水厂	横河镇	10	2.5	160
4	匡堰水厂	匡堰镇	4	2	100
5	鸣鹤水厂	鸣鹤片区	2	1	10

（三）奉化市

城区供水　奉化城区水厂有邱家山水厂和岭丰水厂，制水能力 17.5 万立方米每日。2002 年 2 月至 2005 年 7 月进行城区群楼一表一户改造，完成 17520 户。2019 年 12 月，完成莼湖、裘村、松岙沿海三镇一表一户改造，改造户数35492户。

邱家山水厂原供水规模5万立方米每日，2005年7月二期扩建后，供水能力增加到10万立方米每日，水源为横山水库，向奉化主城区供水。岭丰水厂即奉化第二水厂，位于萧王庙街道岭丰村，2008年年底动工兴建，设计日供水能力15万立方米，其中一期日供水规模7.5万立方米，于2013年6月完工，水源取自剡江萧镇活动堰上游1000米处。岭丰水厂与邱家山水厂并网供水后，形成城区南北二路联网供水格局。2019年年供水量为4305万立方米，供水范围包括主城区及周边江口、方桥、尚田以及沿海地区莼湖、裘村、松岙等区域，供水人口32.23万人，水源为横山水库和剡江萧镇活动堰上游水源。

镇乡水厂 奉化区有镇乡水厂4座，分别是萧王庙水厂、溪口水厂、九峰水厂和松岙水厂，总制水能力13万立方米每日。2020年奉化区镇乡水厂基本情况统计见表5-24。

表5-24 2020年奉化区镇乡水厂基本情况统计

序号	名称	供水范围	供水人口/万人	制水能力/（万 m^3/d）	DN75以上管道/km
1	萧王庙水厂	萧王庙街道	3.74	1.5	28.6
2	溪口水厂	溪口镇	5.45	10	25
3	九峰水厂	莼湖街道	7	1	24
4	松岙水厂	松岙镇	1.89	0.5	15

（四）宁海县

城区供水 2001年前，宁海城区有第一、第二两座自来水厂。第一水厂制水能力2万立方米每日，水源取自南门大溪，2010年1月关停拆除。第二水厂建于1996年4月，制水能力5万立方米每日，2005年5月二期扩建竣工后，制水能力增至10万立方米每日，供水范围覆盖跃龙街道、桃源街道、梅林街道、桥头胡街道和大佳何、强蛟、一市、越溪、黄坛等镇乡。

镇乡水厂 宁海有县北、县东、县西和长亭4座镇乡水厂，总制水能力11万立方米每日。2020年宁海县镇乡水厂基本情况统计见表5-25。

表5-25 2020年宁海县镇乡水厂基本情况统计

序号	名称	供水范围	供水人口/万人	制水能力/（万 m^3/d）	DN75以上管道/km
1	县北水厂	西店镇全部、深甽镇部分	8	3	140
2	县东水厂	力洋镇、茶院乡、胡陈乡、长街部分、宁东园区	5	5	249
3	县西水厂	岔路镇、前童镇	4	1.5	2
4	长亭水厂	长街镇中心区及周边村	5.7	1.5	142

（五）象山县

城区供水 2002年以后，象山县整合域内外水资源，相继实施北部水库水源联网，白溪水库引水和东北部、东南部、石浦至鹤浦、海口村至北黄金海岸，环港公路至珠山、象山影视城等区域性给水工程建设；扩建靖南水厂、新建滨海水厂。靖南水厂位于丹东街道，2003年6月完成二期扩建后，设计日制水能力增至6万立方米，水源主要取自溪口水库，部分引自滨海水厂进口原水管。滨海水厂位于中心城区西侧白蟹潭，设计供水规模20万立方米每日，一期建设制水能力10万立方米每日，2009年7月建成通水；二期扩建制水能力10万立方米每日，2020年7月通水。滨海水厂原水取自北部水库联网工程和白溪水库引水，水厂处理采用强化絮凝池沉淀、强化过滤和消毒工艺。至2020年年底，2家水厂制水能力达到26万立方米每日。

镇乡水厂 象山县有镇乡水厂17座，总制水能力22.3万立方米每日。2020年象山县镇乡水厂基本情况统计见表5-26。

表5-26 2020年象山县镇乡水厂基本情况统计

<table>
<tr><th>序号</th><th>名称</th><th>供水范围</th><th>供水人口/万人</th><th>制水能力/（万 m^3/d）</th><th>DN75以上管道/km</th></tr>
<tr><td>1</td><td>贤庠水厂</td><td>贤庠镇</td><td>3.5</td><td>0.5</td><td>36.1</td></tr>
<tr><td>2</td><td>东陈水厂</td><td>东陈乡</td><td>2.8</td><td>0.5</td><td>33.0</td></tr>
<tr><td>3</td><td>亭溪水厂</td><td>亭溪片区</td><td>0.76</td><td>0.20</td><td rowspan="2">60.52</td></tr>
<tr><td>4</td><td>墙头水厂</td><td>墙头镇</td><td>2.05</td><td>1.00</td></tr>
<tr><td>5</td><td>茅洋水厂</td><td>茅洋乡</td><td>1.2</td><td>0.5</td><td>35.08</td></tr>
<tr><td>6</td><td>泗洲头水厂</td><td>泗洲头镇</td><td>2</td><td>0.5</td><td>62.93</td></tr>
<tr><td>7</td><td>新桥水厂</td><td>新桥镇</td><td>2</td><td>0.6</td><td>81.07</td></tr>
<tr><td>8</td><td>西周水厂</td><td>西周镇</td><td>2.6</td><td>3</td><td>121.6</td></tr>
<tr><td>9</td><td>三家村水厂</td><td>石浦镇东部区域</td><td>2</td><td>1</td><td rowspan="4">287.91</td></tr>
<tr><td>10</td><td>花纹山水厂</td><td>石浦镇主城区</td><td>4</td><td>1</td></tr>
<tr><td>11</td><td>下清凉水厂</td><td>石浦城里区域</td><td>1</td><td>0.2</td></tr>
<tr><td>12</td><td>石浦水厂</td><td>石浦镇、定塘镇、晓塘乡、高塘岛乡、鹤浦镇</td><td>20</td><td>9</td></tr>
<tr><td>13</td><td>鹤四制水厂</td><td>鹤浦镇</td><td>2</td><td>0.5</td><td rowspan="3">150</td></tr>
<tr><td>14</td><td>象山县鹤浦南田自来水公司</td><td>鹤浦镇</td><td>1</td><td>1</td></tr>
<tr><td>15</td><td>樊岙制水厂</td><td>鹤浦镇</td><td>2.5</td><td>2.2</td></tr>
<tr><td>16</td><td>高塘水厂</td><td>高塘乡</td><td>2</td><td>0.3</td><td>58.92</td></tr>
<tr><td>17</td><td>定塘水厂</td><td>定塘镇</td><td>3.72</td><td>0.3</td><td>110.66</td></tr>
</table>

（六）海曙、鄞州区

镇乡水厂 海曙、鄞州区大部分区域被纳入宁波中心城区供水范围。至2020年年底，海曙区还有龙观乡、鄞江镇、章水镇，鄞州区还有咸祥镇、瞻岐镇、塘溪镇、邱隘镇、东吴镇等镇乡仍独立供水，制水能力18.03万立方米每日。2020年鄞州区镇乡水厂基本情况统计见表5-27。

表 5-27　2020 年鄞州区镇乡水厂基本情况统计

序号	区域	名称	供水范围	供水人口 / 万人	制水能力 /（万 m³/d）	DN75 以上管道 /km
1	海曙区	龙观自来水厂	龙观乡	1.5	1	25
2		鄞江自来水厂	鄞江镇	3	1.23	45.23
3		章水自来水厂	皎口水库坝下 7 个自然村	2	1	18
4	鄞州区	咸祥自来水厂	咸祥镇	3	2.6	96.8
5		瞻岐自来水厂	瞻岐镇	4.5	3.7	87.8
6		塘溪水厂	塘溪镇	2.69	2	66.2
7		邱隘自来水厂	邱隘镇	10.8	5	205.88
8		东吴自来水厂	东吴镇	2.6	1.5	73.4

三、农村供水

2000 年以后，宁波市围绕解决农村供水困难，实现农民饮用水安全，从 2003 年开始，先后实施百万农民饮用水工程、农村饮用水安全提升工程、农民饮用水达标提标专项行动等，让全市农村近 300 万居民的饮水安全问题得到解决。

百万农民饮用水工程　2003 年，随着全省开展千万农民饮用水工程建设，宁波市将百万农民饮用水工程列入政府实事工程，目标是通过城区供水管网延伸、新建镇乡供水设施以及建设山区、海岛分散式供水设施等方式，因地制宜解决农村"无水喝"的困难，到 2008 年年底宁波率先在全省实现农民饮用水工程全覆盖。

农村饮用水安全提升工程　2009 年开始，宁波继续实施农村饮用水安全提升工程，重点是提高农饮水工程的水量和水质安全保证，解决农村"喝好水"的问题。主要建设内容包括乡村供水净化消毒设施配套、入户管网改造和建立长效运行管理机制。主要措施是通过进一步扩大城市或镇乡集中式供水大网向农村延伸，提高集中供水的覆盖率，开展农饮水工程升级改造，完善农饮水设施的良性运管机制。2005—2016 年，全市累计投入 19 亿元，铺设镇村联网管道 1256 千米，新建村级水站 461 座、改造扩建 1514 座（次），配套净化消毒设施 2345 台（套），新建或更新改造 2 万余千米的村内供水管网以及 900 余处小型水源工程。

农民饮用水达标提标　2019 年，浙江省开展农民饮用水达标提标专项行动。主要内容是以水质和水量达标、建设和管理提标、运行管护机制完善为重点，进一步提高集中供水的覆盖率，减少村级水站数量和供水人口。全市共完成 16 个行政村 149 个村级水站的归并，对 456 个村级水站的设施进行巩固提升，受益人口 38.07 万人。至 2020 年，全市由城区或镇乡水厂供水覆盖的农村人口达到 439.56 万人，占农村人口的 91.5%，基本实现县域水质检测和监测全覆盖。农民饮用水达标提标专项行动完成，分别为纳入城市供水管网延伸工程任务、纳入镇乡水厂管网延伸工程任务、村级水站归并任务、村级水站标准巩固提升任务。2019 年宁波市纳入城市供水管网延伸工程任务统计、纳入镇乡水厂管网延伸工程任务统计、村级水站归并任务统计、村级水站标准巩固提升任务统计见表5-28、表5-29、表5-30和表5-31。

表5-28 2019年宁波市纳入城市供水管网延伸工程任务统计

序号	区域	兼并村级水站数/个	涉及行政村数/个	受益人口/人
1	海曙区	1	1	1680
2	江北区	6	6	6210
3	镇海区	2	2	1260
4	奉化区	27	27	48711
5	宁海县	32	17	16745
合计		68	53	74606

表5-29 2019年宁波市纳入镇乡水厂管网延伸工程任务统计

序号	区域	兼并村级水站数/个	涉及行政村数/个	受益人口/人
1	海曙区	12	7	9812
2	鄞州区	5	4	4266
3	奉化区	21	18	23723
4	余姚市	20	14	20000
5	慈溪市	2	2	2151
6	宁海县	10	4	6333
合计		70	49	66285

表5-30 2019年宁波市村级水站归并任务统计

序号	区域	兼并村级水站数/个	涉及行政村数/个
1	海曙区	17	5
2	奉化区	26	11
3	宁海县	106	0
合计		149	16

表5-31 2019年宁波市村级水站标准巩固提升任务统计

序号	区域	村级水站数/个	涉及行政村数/个	受益人口/人
1	海曙区	26	11	8476
2	鄞州区	16	18	27925
3	奉化区	81	83	91150
4	余姚市	176	72	116220
5	宁海县	153	131	132710
6	东钱湖旅游度假区	4	4	4197
合计		456	819	380678

第四节　水资源保护

2001 年开始在横山水库上游的大堰镇开展饮用水源地水环境综合治理试点，并在此基础上全面启动主要饮用水源地水环境综合治理工作。随着《宁波市饮用水源保护和污染防治办法》实施以及水资源综合规划、水功能区水环境功能区划和城市饮用水源地安全保障规划等编制完成，水资源保护工作思路、目标和措施更加清晰，加之人大、政协等关心和支持水资源保护工作，加大监督力度，饮用水源地环境整治、污染治理、水源涵养、生态保护以及水功能区监管等得到全面强化，水资源保护长效机制也逐步完善。

一、饮用水源地保护

（一）水源地环境治理

继提出城市分质供水，实行优水优用后，宁波中心城区生活用水加快转向以白溪、横山、亭下、皎口、周公宅等大中型水库为供水水源，水源安全问题也逐渐成为社会关注的焦点。2003 年，全市启动主要饮用水源地水环境综合治理，市政府为此专门成立由常务副市长任组长的“宁波市水环境治理领导小组”，领导小组办公室设在市发改委，简称市水环办。主要职责是以市级饮用水源保护为重点，全面开展水源地环境整治、垃圾处理和污水治理，以推动水源地水质好转和饮用水源地安全。市财政设立水源保护专项资金，制定资金补助和长效管理等相关政策。继后，水源地所在区（县、市）也建立相应机构和配套资金，实现市、县、镇、村四级联动。

水源地环境治理工作首先以水库上游镇村的生活垃圾清理为突破口，推行并建立农村生活垃圾“村保洁、乡集运、县处理”三级治理模式和入库溪流的环境保洁制度。经过几年努力，在白溪、横山、亭下、皎口、周公宅水库以及剡江萧镇取水口上游及周边的宁海县岔路镇、黄坛镇，奉化市大堰镇、溪口镇、尚田街道、萧王庙街道，海曙区章水镇、横街镇，余姚市鹿亭乡、大岚镇、四明山镇，鄞州区横溪镇共 12 个镇乡、近 200 个行政村配套建成一批垃圾收集、中转、清运等设施设备，组建一支由 360 多人的农村专职保洁队伍，形成日处理垃圾 50 余吨的能力，使水库上游及周边农村的生活垃圾对水源地的危害得以基本消除，乡村生活环境也得到明显改善。在开展农村生活垃圾整治的同时，围绕水资源保护，还支持边远山村改造公厕、道路，扩建绿化，对库区内严重影响水质的重点污染源进行专项整治，如清理关停横山水库上游的土造纸作坊、皎口水库上游的水煮笋厂、溪口镇剡溪周边的群鸭放养、横溪水库上游的小五金酸洗行业等。与此同时，通过将整治、监管和帮扶相结合，鼓励引导库区乡村调整产业结构，发展绿色农业经济，使当地群众的思想从为城里人保护水源转变为既为他人也为自己保护水源与环境，形成水资源保护工作良好的群众基础，收到较好成效。

白溪水库是宁波人的“大水缸”，由于库区具有丰富奇特的旅游资源，因此白溪水库从建设初期就把建水库工程与开发旅游融为一体。2001 年年底水库土建基本完工后，2002 年 5 月天河景区也开始对外营业，且当年游客人数就达到20万人次。仅短短一年多时间，建在“大水缸”里的大松溪峡谷和双峰森林公园两大景点因被誉为“浙东第一大峡谷”和“天然氧吧”而人气日盛，天河景区也一举成为宁海县旅游业的重要支柱，水库附近的6个村也获得每年30多万元的门票收入分成作为资源补偿。由于建库之初白溪水库尚未划定饮用水源保护区域，因此在2003年宁波白溪水库引水工程动工兴建，并组织编报白溪水库饮用水源保护区划分方案时，“要水喝还是要旅游”“要眼前还是要长远”，成为当时水源保护区划分纷争的焦点。由于水源保护区的划分每个城市都不一样，水库之间也各不相同，当时有人提出以整个库面水域乃至以全部集雨面积划为一级保护区的，这样天河景区必须关闭，宁海旅游将受重创；有提出以取水口半径几百米内划为一级保护区的，这样天河景区可以安然存在；也有人提出把Y字形的白溪库区以Y字的中间为支点，支点以下划为一级保护区，这样景区内的水域就划为二级保护区。争论虽只关乎天河景区去留的抉择，但实质上更是饮用水源保护与发展地方经济的问题。在多方案反复论证后，2003年12月，经市长办公会议讨论同意，白溪水库饮用水源保护区划分方案确定将白溪水库整个库面水域划为一级保护区，并上报省政府审批。同月，市政府办公厅印发《关于白溪水库管理机构设置和停止库区旅游开发专题会议纪要》，提出“为保护宁波城市饮用水源，根据有关法律、法规，考虑历史原因，逐步停止库区内旅游活动。”2017年7月，白溪水库库区内旅游活动全面停止。

（二）水源地保护项目建设

到2009年，全市有24座重要饮用水水库编制水资源保护项目规划，旨在通过项目建设，实现污染源控制、库区环境治理、保护机制建立和水功能区水质达标等要求。为保障规划项目实施，市水利局、市财政局制订《宁波市重要水库水资源保护项目建设和资金管理暂行办法》，明确从水资源费中每年安排资金，专项用于水库水资源保护项目建设。自规划实施以后，以入库河溪整治、沿库坡地治理、生态湿地建设、库底治污清淤、库区水土保持等为主要内容，先后实施皎口水库生态湿地、亭下水库水源涵养林、白溪水库上游村庄环境整治和污水处理等一批项目。同时，各地水库水源保护工作也积极推进，慈溪市里杜湖和梅湖水库清淤、余姚牟山湖清淤、陆埠水库上游生态湿地、鄞州横溪和三溪浦水库上游水土流失治理、象山溪口水库上游村庄污水治理、宁海西溪水库库区水土保持及上游村庄河溪整治等建设项目得到实施。为控制水体富营养化，横山、西溪、黄坛、大塘港等水库还积极探索水库净水渔业等生态保护办法。

（三）水源地生态补偿

为让水库库区山上的农民不砍树，2004年市政府办公厅批转《市林业局、市水利局关于白溪水库库区生态公益林补偿试点的实施意见》，确定对库区内从水库淹没线到第一层山脊线内迎水面的森林所有者进行经济补偿试点，核定补偿试点区面积共62161亩，涉及白溪水库、五山林场和宁海县2个镇乡的28个村（单位）。确定补偿标准为每亩每年20元，补偿资金由公益林专项资金中市级补助5元、县级配套2元和市级水源保护专项资金安排3元、白溪水库从发电供水收入中承担10元等共筹。同时规定补偿资金用于公益林的经济补偿和管护费用支出，其中每亩每年15元直接补助给林木经营单位或农户，白溪水库留存每亩每年5元作为管护费用支出。为做到试点范围内的森林全面禁伐，成立由白溪水库管理局牵头，由县农林局、当地镇乡和有关村组成的生态公益林保护领导小组，并逐级签订管护协议，由白溪水库与镇乡、村统一落实管护人员。

2006年，市政府出台《关于建立健全生态补偿机制的指导意见》（甬政发〔2006〕119号），水资源保护区生态补偿机制更加健全，补偿范围和标准亦逐年提升。2015年以后建立以一般区域、大中型水库水源地、中心城区重要饮用水水源地、四明山区域等为分类标准的差别化补偿制度，即一般生态公益林每亩补助40元，以供水为主的大中型水库（27座）水源涵养林每亩补助45元，承担向中心城区部分供水的西溪水库每亩补助95元，中心城区重要饮用水水源地公益林每亩补助150元，四明山区域内公益林每亩补助140元。

为探索水源安全保障和山区“造血”发展新模式，按照谁受益谁支持的原则，2009年起市政府决定实行“用水区域与供水库区挂钩结对”扶助政策，规定由用水城区每年通过支付一定的资金或其他途径，帮助结对的供水库区做好生活垃圾收集处理、生活污水治理、环境专项整治和污染企业搬迁等工作。挂钩结对每4年一轮，根据实际运行情况优化调整结对对象和补偿标准。2009—2020年宁波市用水区域与供水库区挂钩结对补助情况统计见表5-32。

表5-32　2009—2020年宁波市用水区域与供水库区挂钩结对补助情况统计　单位：万元/年

序号	用水城区	库区镇乡	第一轮（2009—2012年）	第二轮（2013—2016年）	第三轮（2017—2020年）
1	海曙区	宁海县黄坛镇	100	—	—
2	镇海区	宁海县岔路镇	100	150	200
3	江东区	奉化区溪口镇	100	150	—
4	北仑区	奉化区大堰镇	100	150	200
5	江北区	奉化区萧王庙街道	100	150	200
6	宁波保税区	奉化区尚田街道	100	150	200
7	大榭开发区	余姚市鹿亭乡	100	150	200
8	宁波国家高新区	余姚市大岚镇	100	150	200
9	鄞州区	余姚市四明山镇	100	—	—
10	鄞州区	海曙区章水镇	100	150	—
11	海曙区	余姚市四明山镇	—	150	200
12	梅山保税区	宁海县黄坛镇	—	150	200
13	鄞州区	奉化区溪口镇	—	—	200
14	杭州湾新区	海曙区章水镇	—	—	200

二、水功能区监督管理

水功能区水环境功能区制度是水资源保护、水污染防治的根本制度。2005年，省政府办公厅批转《浙江省水功能区、水环境功能区划分方案》（浙政办发〔2005〕109号），宁波市水域共划分153水功能区，其中保护区6个、保留区5个、饮用水源区66个、工业用水区21个、农业用水区37个、渔业用水区9个、景观娱乐用水区8个、过渡区1个。2013年全省启动水功能区划修编工作，2015年6月省政府批复《浙江省水功能区水环境功能区划分方案（2015年修编）》，宁波市水域共划分水功能区103个，区划河长1802.46千米，其中保护区5个、保留区5个、饮用水源区27个、工业用水区16个、农业用水区35个、渔业用水区2个、景观娱乐用水区13个。2008年、2014年、2018年三次开展全市水功能区水质普查。

随着水资源保护、水污染防治及水环境建设等治水护水工作的不断深入，全市水功能区水质状况得到持续改善。在加强水功能区水资源质量监测的同时，宁波市不断加强饮用水水功能区安全预警体系建设，先后制订《宁波市城市供水饮用水水源地突发性水污染事件水利部门应急预案》《宁波市城市供水饮用水水源突发性污染事件应急调度预案》等预案，不断加大入河排污口监管力度，对纳入登记的入河排污口建立电子台账，实行动态管理。

第五节　节约用水

宁波属降雨丰水地带的缺水型城市，水资源短缺一直是“成长的烦恼”。为此，宁波市始终把节水优先贯穿于经济社会发展和生产生活全过程，合理控制用水增长，提高水资源利用效率。2007年宁波市成功创建国家节水型城市，至2020年实现国家节水型城市四连冠。2008年以后，余姚、象山、北仑、慈溪、奉化先后创建成为全国节水型社会达标县。在推动节约用水进程中，通过推广重点行业节水技术、实施重点行业节水工程、强化非常规水源利用、完善各项制度和考核机制以及水价改革、节水宣传等，使全市用水总量得到有效控制，水资源利用效率明显提高，节水观念逐渐深入人心。在用水总量方面，近10年年均增长约1.6%，其中居民生活、工业、城镇公共用水保持增长趋势，农业用水呈下降趋势，实现GDP持续增长下的用水总量低增长；在用水效率方面，各项用水指标稳步趋好，主要用水效率指标高于全省和全国平均水平。

一、节水型城市创建

2004年下半年，宁波市提出到2006年年底成为国家节水型城市的创建目标。2005年6月，市政府印发宁波市创建节水型城市实施方案；2005年年底，对照《国家节水型城市考核标准》，宁波市各项基础管理和技术考核指标已达到或接近国家节水型城市标准：万元地区生产总值取水量下降至27.01立方米每万元，年降低率达到15.38%；万元工业增加值取水量下降至25.58立方米每万元，年降低率达到6.30%；工业用水重复利用率达到77.29%；节水型企业（单位）覆盖率达到15.14%；城市供水管网漏提率控制在10.22%；节水器具普及率达到100%；再生水利用率达到21.40%；非常规水资源替代率达到40.08%；节水专项财政投入达到1.4‰；居民生活用水实行阶梯式水价等。2006年1月，浙江省考核组对宁波市节水型城市创建进行现场考核并通过验收；2006年11月，由国家发改委、建设部联合组成的考核组现场考核宁波市节水型城市创建工作，经综合评定后同意通过验收。2007年3月宁波市被命名为全国第三批节水型城市。继后，宁波市在2012年、2016年、2020年均通过国家节水型城市复查，实现“四连冠”。2009年、2014年、2018年宁波市国家节水型城市复查技术验核指标统计见表5-33。

表 5-33　2009 年、2014 年、2018 年宁波市国家节水型城市复查技术验核指标统计

技术考核指标	2009 年年底指标值	2014 年年底指标值	2018 年年底指标值
万元地方生产总值取水量 /m^3	15.29	9.46	8.37
万元工业增加值取水量 /m^3	15.88	11.84	8.93
万元地方生产总值取水量年降低率 /%	18.10	7.62	2.6
万元工业地方生产总值取水量年降低率 /%	12.02	4	6.52
工业用水重复利用率 /%	77.79	81.02	
城市再生水利用率（能力）/（万 m^3/d）	26.99	22	52.2
节水型企业（单位）覆盖率 /%	16.66	22	26.67
非常规水资源替代率 /%	40.43		
公共供水计划用水率 /%		94.36	90.6
省级节水型居民小区 / 个		109	238

二、节水型社会建设

2008 年 11 月，余姚市被水利部确定为全国第三批节水型社会建设试点县。按照建设任务和预期目标，余姚市在试点期间探索水资源相对丰富地区节水型社会建设的新思路、新办法，开发并推广以经济型喷滴灌为代表的先进节水技术，构建多水源多用户的高效配置格局和优化调度体系，实行行业差别水价和居民生活阶梯水价，其节水经验对经济相对发达地区建立节水型社会具有示范与推广意义。2013 年年底，水利部专家组通过余姚市建设试点现场验收，2014 年余姚市被水利部、全国节约用水办公室授予第三批全国节水型社会建设示范区。

宁波市坚持以生态文明为引领，落实最严格水资源管理制度，不断推广节水型社会建设先进做法和经验，全方位推进工业、农业、服务业和城镇生活等各行业节水。2016 年 5 月，余姚市、慈溪市、象山县通过浙江省第一批节水型社会验收；2019 年 11 月，余姚市、象山县成为第二批全国节水型社会建设达标县；2020 年 12 月，慈溪市、北仑区、奉化区成为第三批全国节水型社会建设达标县；鄞州区、镇海区、宁海县成为 2020 年度浙江省县域节水型社会建设达标县（市、区）。至 2020 年，宁波市共有国家级节水型社会达标县 5 个、省级节水型社会达标县 8 个，建成省级节水型小区 302 个、省级节水标杆 17 个，节水型社会建设实现市域全覆盖。

三、农业节水

农业是节水潜力最大的领域，节水灌溉又是效益农业新技术。2000 年以后，宁波市以实施农业高效用水和服务现代农业发展为目标，大力推进以喷微灌工程[1]和农田输水防渗工程为主的农业节水技术应用。2013 年宁波市启动农田灌溉水有效利用系数测算分析工作，根据汇总相关成果，全市农田灌溉水有效利用系数由 2013 年的 0.562 提高至 2020 年的 0.618。到 2019 年，全市高效节水灌溉面积达到 60 万亩。2001—2020 年，通过实施农业高效用水，全市农田灌溉亩均用水量下降约 30%。

[1] 详见第八章第三节小型农田水利。

农田输水防渗工程主要分为渠道防渗和管道输水两种。21世纪早期的防渗工程建设以灌溉干支渠系的防渗改造为主，采用混凝土U型渠、土工膜、预制空心板、砖石衬砌等不同防渗材料衬砌渠床，在一定程度上提高渠系水利用系数。全市防渗渠系达5000千米以上，有效灌溉面积约263万亩。在各种农田水利资金的支持下，低压管道输水灌溉的应用，使渠系输水量损失进一步降低。

四、再生水利用

宁波市较早开展再生水的利用和管理。2008年《宁波市污水处理和再生水利用管理条例》实施后，再生水工程建设步伐加快，再生水在工业和城市环境用水等方面逐步应用。根据污水处理厂所处地理环境和再生水水质，2020年宁波市再生水主要作为工业和环境用水补充水源。

工程设施建设 宁波市最早于1999年建成江东北区污水处理厂的再生水利用设施。截至2018年年底，全市共有16家城镇污水处理厂配套建设再生水利用设施，污水再生功能达到67.9万立方米每日。其中中心城区有9座污水处理厂配套再生水利用设施，利用能力达到52.2万立方米每日，占中心城区污水处理能力的37.3%。新周污水处理厂及杭州湾新区污水处理厂整体完成劣Ⅳ类提标改造。

工业用水利用 2009年8月，北仑区率先在岩东污水处理厂将再生水利用于临港大工业。北仑岩东水务有限公司现已建成4座污水处理厂和1座再生水厂，具有33.6万立方米每日的污水处理能力和10万立方米每日的再生水能力，再生水就近用于宁波钢铁、台塑热电、北仑电厂脱硫系统、宁波港矿码头和堆场等工业用水。北仑岩东水务有限公司建有再生水输水主管网约35千米，年再生水外供量约2500万立方米。2009年至2018年6月外供再生水量累计约2亿立方米。余姚市滨海再生工业水厂将污水处理厂尾水通过活性砂过滤器，进行微絮凝、过滤、脱磷净化、取锰杀菌等处理后，将再生水用于小曹娥工业园区及中意产业园区工业冲洗、冷却、绿化和消防。从2011年7月开始供水，到2016年有19家企业使用再生水作为生产用水，年用水量达64.3万立方米。宁波北区污水处理厂2号泵站工程于2019年1月竣工验收，设计规模6万立方米每日，将北区污水处理厂深度处理后的出水作为再生水，供应宁波碧源供水有限公司。2018年12月—2020年12月，日均供水约2万立方米每日。2019年5月动工的宁波市排水公司再生水资源化技改项目，将北区污水处理厂出水，经超滤反渗透处理后改造为优质再生水，规模4.36万立方米每日，2021年3月投产。

环境用水利用 2011年，北仑区开展内河水质综合治理，北仑岩东再生水厂作为试点将岩东再生水补入沙湾河后，河道水质从原来的劣Ⅴ类改善为Ⅳ类。同时，还将岩东再生水用于北仑城区的洒水车、冲洗车和扫地车等各种环卫用水。2015年，江东北区污水处理厂开展再生水河道回灌研究与示范，将再生水回灌于江东朱家河、桑家河，回灌水量1.5万立方米每日。通过长时间地保证再生水回灌河道和“再生水—生态塘—自然河道”的路径，河网水质得到明显改善。

五、节水管理

2002年12月宁波市供节水管理办公室成立，2008年8月组建宁波市公共事业管理中心，2019年3月城市供水节水管理职能由宁波市城市管理局划转至宁波市水利局，水资源处挂市节约用水办公室，具体工作由宁波市水资源信息管理中心承担。

法规、制度　2002年4月，《宁波市城市供水和节约用水管理条例》颁布实施，为节约用水依法管理提供法律保障。2004年、2010年和2012年条例经过3次修改，更加完善。2005年以来，宁波市相继制定《宁波市中心城节约用水中长期规划（2005—2020）》《宁波市推进工业节水行动实施方案（2014—2016）》《宁波市建设项目节水设施“三同时”管理办法》等相关规划和管理制度，节水管理有章可循。

“节水型社区”创建　2005年开始宁波市开展节水型企业（单位）、公共机构节水型单位、节水型小区等节约用水载体的创建。同年7月，宁波市开展节水型企业（单位）创建活动，通过树立节水标杆，带动企业（单位）加大节水技术改造，完善节水管理制度；11月，宁波市开始创建“节水型社区”活动，推动节水进社区、进家庭。至2019年年底，宁波市创建节水型企业168家，其中获得省级节水型企业52家、省级节水型单位56家；创建公共机构节水型单位162家，分别为市级机关108家，市属事业单位54家；创建省级节水型居民小区267家，覆盖率为18.82%。相继开展节水育苗行动、小学节水教育基地命名、宁波市城市节水标识征集、宁波市节水先锋评选等系列活动，全面营造节水、惜水的良好社会氛围。

第六节　水资源管理

一、最严格水资源管理制度考核

2013年7月，市政府印发《关于实行最严格水资源管理制度加快推进水生态文明建设的意见》，确立用水总量控制指标、用水效率控制指标和水功能区限制纳污指标等水资源管理“三条红线”。为确保实现水资源开发利用和节约保护的主要目标，2014年1月，市政府办公厅印发《宁波市实行最严格水资源管理制度考核办法（暂行）》，确定考核指标为用水总量控制指标、用水效率控制指标、水功能限制纳污指标等3大项共8个指标，工作综合测评包括用水总量管理、用水效率管理、水资源保护、政策机制、基础能力建设、荣誉与奖励6个方面。规定每5年为一个考核期，考核结果将作为区（县、市）政府主要负责人和领导班子综合考核评价重要依据。2015年12月，市水利、发改、经信等十部门联合印发《宁波市实行最严格水资源管理制度考核工作实施方案》，明确考核组织、程序、内容和结果使用等，标志着宁波市最严格水资源管理制度体系基本建立，每年对各区（县、市）进行考核，评出优秀单位。

二、取用水管理

取水许可管理　对新建项目的水量、水质、退水等事项进行研究论证，按照总量控制、定额管理的要求把好新建项目水资源需求关，为取水许可申请与审批提供技术依据。至2020年2月，全市取水许可证保有量685本，其中市本级20本，并按照要求进行变更、延续等换证工作。对于年取水许可量超过5万立方米的取水户安装水量监测设施并将数据实时接入省水资源管理平台。

计划用水和定额管理 2002年7月起，宁波城市用水实施计划用水管理，对规模以上取水户实行年度、月度取水申报制度；对用水单位超计划用水按规定的征收对象和征收标准收取加价水费。为维护正常取水秩序，2014年宁波市将自备水取水量纳入计划用水管理，同时制定《宁波市推进工业节水行动实施方案（2014—2016）》，严格自备水取水许可证审批，对所有自备水计划用水户建立用水档案，按期进行验核。对纳入计划用水管理的自备水用户征收超计划加价水费。依据相关政策，对自备水征收污水处理费。2018年起，计划用水管理职能下放，由区（县、市）属地管理。

三、地下水监管

1994年《宁波市城市地下水管理办法》实施，实行地下水有计划开采，并严格要求取水单位进行地下水回灌。为控制地面沉降，2000年开始宁波市对城区新开凿地下深井停止审批，对已批准的地下井开采实行计划控制、限量开采。2005年，省政府办公厅转发省水利厅关于划定甬台温地区地下水禁采区限采区意见的通知（浙政办函〔2005〕3号），市政府批准实施《宁波市区地下水开采井封存实施技术方案》。2007年，市水利局、国土局、城管局联合印发《关于开展宁波市区地下水开采井封存工作的通知》（甬水政〔2007〕13号），对地下水开采井分步封存。除留作监测、回灌、应急（备战）等部分井外，到2008年年底中心城区所有地下（深）井全部封存。从2012年开始进行地下水水质检测，设检测站点共11个，检测频次每年2次，检测项目共26项。

2015年，市水利局实施地下水水位监测设施建设，全市共布设12处地下水水位监测站。地下水水位监测类型为潜水层孔隙水，采用打井方式，井深20米左右。监测方式采用遥测水位计，通信方式采用GPRS。监测站日常运行由属地区水行政主管部门管理。同年11月5日，通过完工验收，2016年11月1日通竣工验收。2020年宁波市地下水水位监测站点一览、水质检测站点一览见表5-34、表5-35。

表5-34 2020年宁波市地下水水位监测站点一览

站点名称	位置
北仑	北仑区柴桥街道（办事处）
海曙	海曙区月湖街道（月湖公园）
江北	江北区甬江街道（林特工作总站）
余姚	余姚市梨洲街道（蜀山大闸）
马渚	余姚市马渚镇（斗门闸）
慈溪	慈溪市观海卫镇（东河水利管理处）
庵东	杭州湾新区庵东镇新建村
鄞州	鄞州区下应街道（农村水利管理所）
章水	海曙区章水镇（樟村水管所）
奉化	奉化区西坞街道（西坞水利站）

续表

站点名称	位置
宁海	宁海县跃龙街道（县防汛大楼）
象山	象山县定塘镇（大塘港管理处）

表 5-35　2020 年宁波市地下水水质检测站点一览

区域	站点名称	位置
奉化区	溪口	甬金高速公路溪口西收费站
	大堰	奉化市大堰镇西岩村山腰泉眼
象山县	泗洲头	象山县泗洲头镇自来水厂
宁海县	宁海	宁海县体育中心游泳馆（跃龙街道人民路 105 号）
慈溪市	乾炳村（二）	慈溪市匡堰镇乾炳村
镇海区	九龙湖	镇海区九龙湖镇十字路水库坝脚
海曙区	横街	鄞州区横街镇盛家村水厂
鄞州区	东吴	鄞州区东吴镇自来水厂
余姚市	陆埠	余姚市陆埠镇五马村
	石步村	余姚市三七市镇石步村西路 103 号
北仑区	海口村	北仑区春晓街道海口村自来水厂

四、水资源费征收

2004 年 8 月和 2014 年 9 月，省物价、财政、水利部门 2 次联合调整水资源费分类及征收标准。2004 年、2014 年浙江省水资源费征收标准一览见表 5-36、表 5-37。

表 5-36　2004 年浙江省水资源费征收标准一览

<table>
<tr><th rowspan="3">分类</th><th colspan="5">地表水</th><th colspan="2">地下水</th></tr>
<tr><th colspan="2">消耗水</th><th rowspan="2">贯流水 /（元 /m³）</th><th rowspan="2">水力发电 /[元 /（kW·h）]</th><th rowspan="2">抽水蓄能 /（元 /kW·h）</th><th rowspan="2">承压水 /（元 /m³）</th><th rowspan="2">非承压水 /（元 /m³）</th></tr>
<tr><th>自来水制水企业</th><th>自备取水</th></tr>
<tr><td>收费标准</td><td>0.08</td><td>0.10</td><td>0.02</td><td>0.01</td><td>0.002</td><td>1.2</td><td>0.4</td></tr>
</table>

注：取用地表水灌装桶、瓶装水的按 5 元每立方米计收，取用地下水灌装桶、瓶装水的按 10 元每立方米计收。

表 5-37　2014 年浙江省水资源费征收标准一览

分类		收费标准
地表水	公共供水企业、原水企业	0.20 元 /m³
	工商业自备取水	0.20 元 /m³
	贯流水	0.20 元 /m³
	水力发电	0.008 元 /（kW·h）
	特种用水	1.00 元 /m³

续表

分类		收费标准
地下水	一般用水	0.50 元 /m³
	特种用水	2.00 元 /m³

注：特种用水指洗浴、高尔夫球场、滑雪场等用水。

2007年5月，市水利局、市财政局《关于印发〈宁波市市级水资源费使用管理规定（试行）〉的通知》（甬水利〔2007〕25号），对市级水资源费的使用管理作具体规定。2009年3月，市财政局、市物价局、市水利局印发《关于进一步规范全市水资源费征收使用管理工作通知》（甬财政综〔2009〕217号），从缴纳义务人、征收标准、计量方式、票据使用、征收时间、资金分成比例及收缴程序、资金管理等方面对水资源费征收使用管理进行规范。2015年、2016年市水利局组织开展水资源费征收管理专项检查，强化征缴监督。自2014年水资源费调价以后，全市水资源费实际征收额明显增加：2013年征收额0.72亿元、2014年0.82亿元、2015年1.05亿元、2016年1.92亿元、2017年2.46亿元、2018年2.46亿元、2019年2.56亿元、2020年2.24亿元。

五、水资源公报发布

水情通报既是水行政主管部门向社会通报水资源信息的主要途径，也是全面反映政府治水、管水、保护水业绩的重要载体。水资源公报内容有年度降水、蓄水、供水、用水、水质及效率指标等水资源信息，也有重要水设施和水资源开发利用保护等方面相关情况，每年组织编制和向社会发布一次。1998年9月，市水利局首次发布《宁波市水资源公报》，之后成为一项重要的例行工作。为增强公报的时效性、权威性和影响力，从2004年开始公报发布时间从次年的8月、9月，提前到3月下旬“世界水日”和“中国水周”这个时段发布，公报的展现形式从单纯文字记述转为图文并茂。市水文站承担水资源公报编制具体工作。2013—2020年宁波市分类用水量统计见表5-38，2001—2020年宁波市各项用水量指标统计见表5-39。

表5-38　2013—2020年宁波市分类用水量统计　　单位：亿 m³

年份	农田灌溉	林牧渔	牲畜	工业	城镇公共		城镇居民	农村居民	生态环境	合计
					建筑	三产				
2013	6.84	0.79	0.14	5.48	0.19	1.50	3.36	1.43	0.28	20.01
2014	7.01	0.78	0.13	5.59	0.20	1.54	3.44	1.50	0.31	20.50
2015	6.97	0.86	0.09	5.75	0.18	1.65	3.46	1.44	0.26	20.66
2016	6.72	0.78	0.06	5.64	0.17	1.82	3.61	1.27	0.24	20.31
2017	6.58	0.81	0.06	5.80	0.18	1.98	3.66	1.26	0.25	20.58
2018	6.55	0.74	0.05	5.93	0.18	2.10	3.75	1.22	0.24	20.76
2019	6.24	0.73	0.05	5.82	0.19	2.15	3.78	1.23	0.24	20.43
2020	6.10	0.67	0.06	6.02	0.27	2.23	3.86	1.21	0.58	21.01

表 5-39 2001—2020 年宁波市各项用水量指标统计

年份	人均综合用水量 /（m^3/a）	万元 GDP 用水量 /m^3	万元工业增加值用水量 /m^3	农田灌溉亩均用水量 /m^3	人均生活用水量 /（L/d）	
					城镇	农村
2001	338	140	61.7	361	180	77
2002	334	122	54.2	291	183	76
2003	329	102	49.5	263	190	81
2004	354	91	42.1	280	194	95
2005	362	82	41.7	262	202	99
2006	371	75	36.2	266	204	106
2007	368	61	31.5	245	220	111
2008	372	53	25.3	248	220	114
2009	363	49	22.7	241	221	116
2010	370	42	18.6	237	224	119
2011	380	36	16.7	261	225	120
2012	369	33	17.0	230	226	120
2013	261	28	16.2	261	228	122
2014	262	27	16.0	254	232	126
2015	264	26	16.6	248	230	124
2016	258	23.7	15.0	255	230	122
2017	257	21.9	12.6	258	229	120
2018	253	20.2	12.0	258	229	119
2019	239	18.6	12.1	252	228	119
2020	246	18.5	12.2	246	233	118

第六章　水生态建设与水土保持

河湖密布，水系蜿蜒绵长，是宁波人居的自然禀赋。随着经济迅猛发展，水资源短缺、水环境污染和水生态恶化问题也日益凸现。进入21世纪以后，实施可持续发展战略，维护生态环境安全，实现人与自然和谐相处逐渐成为必然选择。21世纪之初，市委、市政府提出“建设生态型现代化国际港口城市”的战略目标，市政府制定《宁波市生态市建设规划纲要》，明确提出要形成水清、地绿、天蓝、宁静的良好环境，全面推进生态市建设。宁波水利秉持“尊重自然、以人为本、人水和谐”的生态治水理念，从“千里清水河道建设”到“美丽河湖建设”，从“消除黑臭河”到“剿灭劣Ⅴ类水体”，从实施“五水共治”到“污水零直排区”创建，坚持把水生态环境建设作为战略任务和民生实事来抓，水环境治理和水生态修复取得显著成效。2018年宁波市获评全国第一批水生态文明城市。

2000年以后，宁波市积极探索以小流域为单元，以水源保护为中心，山水林田湖草系统治理的水生态修复建设，推动水土保持工作从单一的生产建设项目水土保持监督管理向保护水源、保护生态、服务建设美丽乡村的方向发展提升。动态监测结果显示，2019年宁波市水土流失面积443.43平方千米，较1999年水土流失面积减少539.25平方千米，减幅54.88%，占全市国土面积比例从10%下降至4.80%，全市水土流失面积、强度均明显下降，生态保护修复效果持续向好。

第一节　碧水清河建设

改革开放以后，宁波经济社会发展成就显著，但由于种种原因，河道环境面貌明显滞后于经济与城市发展。平原河网淤积严重，河道水环境随着污水排放增多而逐渐恶化。坊间曾流传“五六十年代淘米洗菜、七八十年代洗衣灌溉、九十年代鱼虾绝代”来形容河道水质的变化。继2000年前后开展河道“三清”（清草、清淤、清障）后，近20年宁波河道整治经历从清水河道建设到美丽河湖建设的迭代升级，治理目标也从局限于满足防洪排涝逐渐向防洪治涝、生态环境、亲水美景等多功能方向转变，凝心聚力长效治水彻底改变河道脏乱差面貌。治理后的众多河道成为当地居民休闲、健身、纳凉、娱乐的好去处，再现江南水乡“水清、流畅、岸绿、景美”的美丽风貌。

一、“千里清水河道”建设

2003年，浙江省启动以“水清、流畅、岸绿、景美”为目标的万里清水河道建设，作为城市防洪工程建设的延伸，河道治理重点从城市转向农村。同年，宁波市政府印发《关于实施千里清水河道整治的若干意见》，将千里清水河道建设纳入生态市建设重要内容。总体目标是通过10～15年努力，使全市河道的行洪、排涝、蓄水、航运、旅游等综合功能得以恢复，水环境及两岸景观得以明显改善，基本建成“水清、流畅、岸绿、景美”的平原河网体系。据此，市水利局编制《2003—2007年宁波市千里清水河道实施计划》，明确5年内全市完成1000千米平原河道整治。市水利局会同发改、财政等部门还制定项目审批、工程技术和资金筹措等相关政策。各地将清水河道建设作为“生态市”“绿色宁波”“百村示范千村整治”等建设的重要内容，与镇乡、村签订责任书，全面落实建设任务。

在“千里清水河道”建设过程中，治河理念逐步转变，在河道治理中贯彻“尊重自然、人水和谐”的新理念，在发挥河道行洪、排涝、灌溉等主导功能的同时，考虑恢复河道的生态功能，改善人居环境。加强新技术推广应用，逐步改变几十年形成的“护岸硬质化、形态直线化、断面规则化”等传统治河“惯性”，通过试点示范、经验交流、成果推广和技术培训等多种形式，因地制宜宣传和推广生态堤岸、生态修复、生物多样性保护、水景观建设等新技术，使河道建设体现河湖健康、人水和谐的时代发展特征。工作机制不断创新，针对各地河道治理存在缺资金、缺规范、缺标准等状况，为推动清水河道建设，各级政府把河道建设列入民生实事工程，人大、政协通过议案、提案、视察、监督等方式，支持与推动清水河道建设。同时，市级财政安排清水河道建设专项资金，以奖代补和考核激励等方式，用于对清水河道建设的补助，调动各地积极性。同时，一些区（县、市）还通过市场机制筹资，如利用河道砂砾石转让制砂、土地增值出让及向银行融资等。

历经5年建设，“千里清水河道”建设任务提前一年完成。2003—2006年，全市累计完成清水河道建设1009千米；至2007年年底，全市累计投入资金28.9亿元，完成河道建设1334千米。2003—2007年宁波市千里清水河道建设情况统计见表6–1。

表6–1　2003—2007年宁波市千里清水河道建设情况统计

年份	2003	2004	2005	2006	2007	合计
建设长度/km	155	257	292	305	325	1334
投入资金/亿元	4.6	7.0	6.1	4.9	6.3	28.9

二、示范村、镇建设

宁波市将清水河道建设与“百村示范千村整治”工程紧密结合，2005年开始启动实施“宁波市水环境整治示范村”建设，提出以村为点整体规划、系统治理村庄河沟池塘，建设村庄水系相通、河水清畅、护岸生态，水域面貌与自然环境相协调、与新农村建设现代元素相结合，水域保洁长效管理机制建立健全的示范村。市水利局制定《宁波市市级村庄水环境整治项目建设管理办法》，通过村庄申报、方案评审方式，根据不同地域特点每年选取40个村庄作为市级示范点建设，对完成治理任务的示范点由市财政给予每个村50万元的建设资金补助。通过以点带面，发挥示范村的辐射作用，推进村庄水环境的整体改善。

在水环境示范村建设的基础上，2011年全市启动镇乡连线成片的水环境综合治理试点，开展示范镇乡创建活动。创建具体要求是：以镇乡（街道）为申报单元，以河湖清淤清障、截污治污、水系沟通、水体流动，以及与河湖水域相匹配的绿化、休闲、景观等作为建设内容，围绕生态景观型农村水环境为主题，进行水域统一规划与布局，提升设计档次，实施综合整治，打造“安全、生态、景观、休闲”的农村水环境新格局，推进农村水环境整体形象进一步提升。同时规定每个示范镇乡的项目建设投资原则上控制在3000万元，建设期限3年左右，市财政对每个创建点给予1000万元的资金补助，并要求区（县、市）按1∶1落实配套资金给予支持。

“十一五”期间，宁波市累计完成市级水环境整治示范村创建157个，共治理村庄河道3000多千米。“十二五”期间，全市共建成水环境整治示范镇乡19个、示范村223个，实施生态河道治理1000余千米，推动全市农村河道治理率达到60%。至2020年年底，全市累计完成村庄水环境治理468个，创建示范镇乡（街道）29个。

三、水美乡村创建

2018年，市水利局印发《关于贯彻落实乡村振兴战略加快推进农村水利现代化三年行动计划（2018—2020）的通知》，启动水美乡村建设。行动目标是选择一批基础较好的镇乡、村庄（行政村或自然村），通过进一步完善提升，到2020年全市整治提升村庄水环境100个，同时创建30个“美丽水乡”和100个“水美村庄”。市水利局会同有关部门制定“美丽水乡”和“水美村庄”考评办法，明确考评内容和达标要求。

2018年年底，全市共创建完成“美丽水乡”10个、“水美村庄”30个；2019年年底，累计创建“美丽水乡”20个、“水美村庄”65个。至2020年年底，累计创建“美丽水乡”30个、“水美村庄”100个，全面完成创建任务。2018—2020年宁波市创建“美丽水乡”“水美村庄”名录见表6–2。

表6–2 2018—2020年宁波市创建“美丽水乡”“水美村庄”名录

序号	区域	美丽水乡	水美村庄
1	海曙区	集士港镇、章水镇、鄞江镇、古林镇	古林镇西洋港村、集士港镇岳童村、集士港镇山下庄村、洞桥镇沙港村、古林镇前虞村、高桥镇芦港村、章水镇李家坑村、石碶街道东杨村、鄞江镇东兴村、高桥镇高桥村、古林镇蜃蛟村、古林镇茂新村
2	江北区		洪塘街道鞍山村、慈城镇半浦村、庄桥街道童家村、庄桥街道姚家村、庄桥街道洪家村
3	鄞州区	云龙镇、五乡镇	云龙镇上李家村、塘溪镇童夏家村、云龙镇任新村、五乡镇仁久村、首南街道日丽社区、邱隘镇东雅村、五乡镇皎碶何村、咸祥镇西宅村、云龙镇云龙村
4	镇海区	九龙湖镇、澥浦镇、庄市街道	澥浦镇十七房村、九龙湖镇横溪村、澥浦镇沿山村、九龙湖镇秦山村、庄市街道勤勇村、九龙湖镇田顾村、九龙湖镇长石村
5	北仑区	柴桥街道、小港街道、春晓街道、大碶街道	春晓街道慈峰村、春晓街道昆亭村、柴桥镇河头村、大碶街道和鸽村、大碶街道嘉溪村、柴桥街道前郑村、梅山街道茶厂村、柴桥街道新曹村、梅山街道梅港村、春晓街道三山村、小港街道合兴村
6	奉化区	大堰镇、江口街道、溪口镇	萧王庙街道滕头村、溪口镇岩头村、莼湖街道栖凤村、大堰镇常照村、大堰镇后畈村、尚田街道印家坑村、西坞街道西坞村、莼湖街道舍辋村、莼湖街道马夹岙村、江口街道王溆浦村、裘村镇甲岙村、西坞街道蒋家池头村、尚田街道鸣雁村、莼湖街道桐蕉司村
7	慈溪市	匡堰镇、长河镇、横河镇	龙山镇方家河头村、龙山镇徐福村、掌起镇任佳溪村、崇寿镇傅家路村、观海卫镇双湖村、观海卫镇王叶村、逍林镇新园村、掌起镇陈家村、长河镇长丰村、观海卫镇三塘头村、宗汉街道庙山村
8	余姚市	小曹娥镇、牟山镇、黄家埠镇、泗门镇	梨洲街道金冠村、黄家埠镇杏山村、大岚镇柿林村、鹿亭乡中村村、低塘街道黄清堰村、河姆渡镇河姆渡村、小曹娥镇建民村、梁弄镇湖东村
9	宁海县	长街镇、胡陈乡、桑洲镇	深甽镇龙宫村、力洋镇海头村、桥头胡镇双林村、胡陈乡胡东村、西店镇岭口村、长街镇石桥头村、深甽镇大洋村、大佳何镇民主村、胡陈乡胡东村、前童镇鹿山村、长街镇对洞岙村、一市镇前岙村、岔路镇梅花村
10	象山县	贤庠镇	黄避岙乡高泥村、茅洋乡小白岩村、西周镇隔溪张村、泗洲头镇墩岙村、墙头镇方家岙村、晓塘乡青山村、东陈乡上周村、茅洋乡溪东村
11	高新区	梅墟街道、新明街道	
12	东钱湖		东钱湖镇城杨村
13	杭州湾新区	庵东镇	庵东镇海星村
合计		30	100

四、美丽河湖创建

2018年开始，河道建设从“水清、流畅、岸绿、景美”提升到“美丽河湖”建设时代。宁波市组织编制《宁波市美丽河湖建设实施方案（2018—2022年）》。总体布局“一廊两带”：一廊即三江生态景观文化长廊，两带即人文山水生态河湖带和滨海平原魅力河网休闲景观带。总体目标是以补齐防洪排涝短板、深化水美乡村建设、创新升级河（湖）长制、河湖标准化管理为四大主题，全市创建美丽河湖50条。2018年，北仑区小浃江、宁海县杨溪等15条共138千米河道被评为市级“美丽河湖”，其中鄞州区后塘河（五乡段）、北仑区小浃江、高新区大东江3条河道评为2018年度省级“美丽河湖”。

2019年，“美丽河湖”创建列入省政府民生实事之一。按照省水利厅要求，宁波市以“全域创建、协同治水、标准统一、系统治理”为原则，以全域治理、生态修复为主题，在发挥防洪排涝功能的基础上，注重水生态修复和水环境美化。根据不同地域与水系特点，全市实施完成姚江、鄞州甬新河、北仑中河、镇海蝴蝶湖、奉化仁湖、余姚晓鹿大溪、宁海天明湖等18条（个）共137千米河道、湖泊的创建。经县级自评、市级验收和省级复核，全市共有15条河湖评为2019年度省级“美丽河湖”。

2020年，宁波市继续推进“美丽河湖”创建工作，以“生态提升”为重点，不断完善河网调配水体系，全市实施完成16条（个）河道、湖泊的创建，其中13条河湖被评为2020年度省级“美丽河湖”。

2018—2020年，宁波市31条河湖评为省级“美丽河湖”，2018—2020年宁波市省级“美丽河湖”名录见表6–3。

表6–3　2018—2020年宁波市省级“美丽河湖”名录

区域	年份		
	2018	2019	2020
余姚市、海曙区、江北区		姚江（余姚蜀山大闸—三江口）	
海曙区		西塘河（湖泊河—护城河）	樟溪河
江北区		官山河	茅家河
镇海区		蝴蝶湖	姚江东排北支线
北仑区	小浃江	中河（新碶街道明州路—大碶街道庄河庙桥）、梅山大河	芦江大河
鄞州区	后塘河五乡段	甬新河（东部新城段）、院士公园河、新杨木碶河（福明街道片）	沿山干河（鄞州区段）
奉化区		仁湖	剡江、县江
余姚市		晓鹿大溪	姚江（中舜江起至蜀山大闸）
宁海县		凫溪（梅林街道片）、天明湖	中堡溪
象山县		管溪	南大河
高新区	大东江	汪家河、李家河、朱家河	沿山干河（高新区段）

续表

区域	年份		
	2018	2019	2020
慈溪市			伏龙湖水库
东钱湖			沿山干河（东钱湖段）
合计	3	15	13

五、河湖生态建设实例

（一）水环境示范村

宁海县海头村　位于力洋镇西仓溪河段。海头村东坑溪整治前河中满是垃圾，是一条黑臭河。2012 年开始整治河道，实施水环境建设，累计投入资金 324 万元，整治河道长 1121 米，完成河道清淤 1200 立方米；同时，石埠岙坑山塘为该村的屋顶山塘，2012 年按防洪达标和环境美化的要求进行全面治理。河、塘整治后，海头村远山近水，石埠岙坑山塘水清景美，东坑溪生态亲水。2013 年，海头村评为宁波市“水环境示范村”，2018 年评为宁波市“水美村庄”。宁海县海头村如图 6–1 所示。

图 6–1　宁海县海头村

象山县小白岩村　位于茅洋乡，三面环山，风景秀丽。小白岩村有里斧头溪坑、李家溪坑、邱家溪坑等穿村而过，原先三条溪坑溪流长期被堵塞，两岸垃圾多，水环境面貌很差。2009—2012 年实施村庄水环境治理，累计投入资金 890 万元。2010 年小白岩村自筹资金，按 6 米河宽首先对溪坑进行拓宽改造，修复加固溪坑岸堤，清理沿溪及两岸垃圾，提升溪岸绿化品质，建设沿溪林荫休闲村道。期间，投资 326 万元，实施村庄生活污水治理，全村开展截污纳管建设，对部分农户雨污合流、管道损坏等进行维修改造，还对村民会所承办宴席场所的玻璃钢隔油池进行安装改造。在开展硬件设施建设的基础上，建立健全村庄保洁长效管理机制，全村塘库河溪保洁委托第三方专业服务单位承担，村里进行督查，每月由河道保洁员、村水务员等相关人员组织进行交叉考评。

水环境治理后，5 千米长的穿村溪坑岸绿水清，村庄溪坑塘库成为村民亲水休闲的好去处。经监测，目前里斧头溪坑、李家溪坑、邱家溪坑的水质均达到Ⅱ类标准。2012 年，小白岩村评为宁波市“水环境示范村”，2018 年评为宁波市“水美村庄”。象山县小白岩村如图6–2所示。

图 6–2　象山县小白岩村

北仑区昆亭村 濒临东海象山港，三面环山，2005年由上车门、上刘、邹溪、燕湾、桂池5个行政村合并而成，人口有5300余人。多年来昆亭大溪坑存在遇雨山洪漫岸、天晴干涸缺水以及水质发臭等现象。2014年开始启动实施村庄水环境治理，至2020年累计投入资金960万元。在保留原有穿村古渠、溪坑的基础上，村庄水环境整治提升建设的主要内容：连通村庄水系渠道，通过溪坑清淤疏浚、种植水生植物、放养鱼苗、清理修建绕村水渠等治理措施，恢复和提升河溪道生态修复能力；在昆亭大溪坑内修建阶梯式拦水堰坝45处，提升溪坑防洪与调蓄能力，保障山涧大溪坑溪水常流；实施河岸及绿化景观改造工程，以“一村一景”为治理目标，沿溪坑两岸兴建带有“花海、草坪、游步道、栈道”等多元素，面积达1万平方米的樱花公园；修建连贯溪坑的沿岸游步道2100米，并增修景观池、景观亭、亲水平台等景观设施11处，沿溪两岸绿化1.5万平方米，增添具有本土文化特色的溪坑墙绘450米，成为村庄自然风光、水生态景观与人文特色交相辉映的景观型溪坑。同时，打造“旅游+农业”模式，将溪坑淤泥“变废为宝”，培育花田种植、果蔬采摘等休闲农业基地，带动乡村旅游业发展。

图6-3 北仑区昆亭村

水环境生态化治理后，昆亭村溪坑旧貌换新颜，小桥流水和岸上花海形成韵味十足的人居环境，成为村民休闲娱乐的好去处。2015年，昆亭村评为宁波市“水环境示范村”，2018年评为宁波市“水美村庄”。北仑区昆亭村如图6-3所示。

镇海区十七房村 地处宁波市北郊澥浦镇。“郑氏十七房”是国内现存规模最大且保存完整的明清古建筑群落，现存建筑面积4万余平方米。2009年，十七房村开始实施村庄水环境整治，创建宁波市“水环境示范村”。项目通过河道清淤、护岸整修、底泥生态化改良、水生植物群落构建以及投养微生物、鱼类及底栖动物等治理措施，消减水体污染负荷，逐渐恢复水生态系统。同步进行道路与水面绿化，落实村级“河长制”，开展河道保洁物业化管理。全面推进郑家河、恒德河、路沿郑门前河、童家河等水系及周边环境综合治理，着眼于河道生态修复和水景观改造。

图6-4 镇海区十七房村

通过系统治理和水环境建设，河道景观得到全面提升，水质达到Ⅲ类以上，形成“水清、景美、荷香”的生态景观。2009年评为宁波市“水环境示范村”，2018年评为宁波市“水美村庄”。镇海区十七房村如图6-4所示。

奉化区蒋家池头村 位于西坞街道灵云山东麓，南端临笔峰七十二曲主流，经此入金溪。南

图 6–5　奉化区蒋家池头村

北长 1.3 千米，东西宽 0.5 千米。金溪起自里岙水库，止于甬新河，全长 8.7 千米。2006—2008 年，金溪分 3 期进行整体治理，突出地域特点和生态环境，设置滨水步道、人行便桥、河埠头等亲水设施，新建护岸及绿化，按季节布设植物种类。同时，村委会经常组织青年志愿者开展村居环境卫生整治等志愿服务活动。金溪治理后，蒋家池头段河道形成通畅的排水网络，排涝能力提高，水体流动性增强，河水清澈，景色宜人。2012 年蒋家池头村评为宁波市“水环境示范村”，2020 年被评为宁波市“水美村庄”。奉化区蒋家池头村如图 6–5 所示。

（二）水环境示范镇乡

海曙区集士港镇　地处宁波市西郊，是宁波市首批卫星城市试点镇，区域面积 49 平方千米，常住人口约 8 万人。集士港镇有大小河流 80 条，河长约 130 千米，其中有市级河长制河道 1 条，区级河长制河道 6 条。2014 年以来，集士港镇按照“五水共治”目标要求，开展河道全面整治，打造河道整洁、河水清澈、河岸秀美的宜居宜业水环境。实施的水环境整治主要项目有：岳童村施家河生态河道整治，新建护岸挡墙 744 米，新建桥梁 1 座，沿河景观及绿化 8190 平方米，总投资 595 万元；万众村西洋港河方家新村段生态河道整治，河道拓宽 30 米，新建护岸 755 米，沿河景观绿化 9100 平方米，总投资近 200 万元；实施河道活水工程，分别在风棚碶河、明仕丽庭河、镇南河 3 条河道安装固定泵站及活动坝体，通过泵站抽水和坝体拦水，使水体产生水位差，促进河水流动，自 2018 年工程投运后，河水流动性明显改善，水质提升，总投资近 500 万元。同时，全面落实河长制，7 条区级以上河道和 10 条镇级河道全部有市、区、镇级领导担任河长，区、镇两级河道再按村划分由村书记担任村级河长，河长巡河、签到全部使用河长制 App 软件。同时，利用文化礼堂、宣传栏和发放手册、挂横幅、制定村规民约等形式，宣传五水共治工作，提高群众护河惜水意识和治水护水程度。经持续多年的水环境整治后，全镇水域环境全面改善，治水理念的更新和经济实力的提升，呈现出以水为美、人水和谐的魅力。2018年被评为宁波市“美丽水乡”。海曙区集士港镇如图6–6所示。

图 6–6　海曙区集士港镇

慈溪市匡堰镇　是慈溪城区东南近郊的一个沿山小镇，区域面积 42 平方千米，境内翠屏山余脉上有林湖、邵岙湖和众多的大小山塘，南部山区的头溪水沿游泾江由南而北，东横河自东向西横穿小镇汇入姚江。2013 年以后，匡堰镇以实施宁波市水环境建设项目和慈溪市东横河洪涝综合治理工程为契机，对全镇河道进行全面整治。至 2018 年，实施河道整治 1.38 万米，疏浚土方

15.9万立方米，护岸加固3200余米，累计投入资金6400余万元。其间，有序推进水岸同治，对岸上污染企业、作坊开展集中整治，取缔关停处置污染企业和作坊77家，处置涉水违章建筑1.35万平方米；还投入资金3000多万元，对全镇涉河排口进行截污治理；投入资金6000余万元组建物业公司，对全镇村庄、河道实行24小时动态保洁，实现垃圾收集清运全覆盖；实施7个清水环通项目，通过全面打通断头河、种植水生植物、布设增氧浪涌装置、清理福寿螺、新建游泾江2处泵闸以调蓄内河水系等综合措施，使河道水体自净能力明显提高。匡堰镇已在慈溪率先成功创建宁波市水环境示范镇，高标准通过首批污水零直排区创建验收。2018年被评为宁波市“美丽水乡”。慈溪市匡堰镇东横河如图6-7所示。

图6-7　慈溪市匡堰镇东横河

余姚市黄家埠镇　地貌以平原为主，面积41.08平方千米，东部与临山镇交界处有一条南北走向蜿蜒的方家山丘，形成“一山一水八分田”的山水格局。境内河网众多，全镇有103条河道，河长146.52千米，水域面积276.04万平方米。杏山湖面积约799.95亩，有大小多个湖泊相连，山映湖中、湖与山连，村在湖中、湖在村中，形成黄家埠镇杏山独特的山水风貌。

黄家埠镇党委、政府相继启动“水环境整治三年行动计划”“五水共治三年行动计划”，推进河道生态修复、农村生活污水、榨菜废水和工业废水管网建设，累计投入资金约1.5亿元。2016—2018年，实施宁波市第三批水环境示范镇创建，项目分3期、5个标段实施，总投资3151万元。一期工程实施杏山湖、孟河桥江、高桥后江等河道的护岸整治和绿化建设，护岸整治5.6千米，建设杏山湖游步道2.2千米、平台广场2260平方米和杏山湖标志性雕塑1座，总投资1104万元。二期工程完成四塘横江、渚励江等6条河道的护岸整治和绿化建设，完成护岸整治5.1千米，建设游步道2.02千米，绿化1.5万平方米和景观0.57万平方米，总投资1149万元。三期工程完成七塘横江单向整治4.7千米，建设游步道5.7千米，绿化2.64万平方米，总投资898万元。2017—2019年还投资348万元，实施2个村的水环境建设，完成河道整治4540米；投资350万元，实施杏山湖、渚励江、钱家堰江、高桥江等30条河道清淤疏浚，完成清淤方量27万立方米。通过一系列水环境整治，河道行洪、蓄水、灌溉功能得到提升，水生态环境明显改善。2019年，黄家埠镇被评为宁波市“美丽水乡”。余姚市黄家埠镇杏山湖如图6-8所示。

图6-8　余姚市黄家埠镇杏山湖

（三）河湖生态综合治理

北仑区小浃江　地处甬江南岸，属鄞东南水系，涵盖北仑区小港街道全境。小浃江集雨面积81.75平方千米，水系末端有浃水大闸、王家洋闸、青峙闸等排水入海。

2009年，北仑区启动实施小浃江水系治理，强调在提升河道行洪排涝灌溉功能的前提下，兼顾生态环境与人文景观，河道形态、堤岸、水闸等水工设施与水环境相和谐。小浃江水系实行分期整治，至2019年累计完成河道整治35千米，在河道两岸建成宽20米的绿化带，形成河清、岸绿、景美的亲水休闲公园，2018年被评为省级“美丽河湖”。北仑区小浃江如图6–9所示。

图 6–9　北仑区小浃江

宁海凫溪　宁海县五大溪流之一，发源于宁海县深甽镇西北第一尖。凫溪流域面积183平方千米，主流长28千米，自上而下流经清潭、深甽、下河、洪家塔、凤潭、格水王等地，入杨梅岭水库后向东流入铁港出海。20世纪80—90年代，由于凫溪沿岸村镇工业发展以及受河道挖沙等影响，凫溪水位下降，水质变差，生态环境遭受破坏，凫溪洪灾多发，沿溪遭受水患之苦。2008—2012年，宁海县以规划为先，开始实施凫溪整治。2019年启动实施凫溪山下刘—杨梅岭水库上游段景观提升工程，治理长度10千米，进行河岸绿化美化、铺设卵石休闲步道及配套管护设施等，绿化面积近6万平方米。至2020年年底，先后完成凫溪大里段、深甽镇区段、长洋段、沙地段、格水王段、洪家塔段、山下刘至下河段、凤潭至大墙后段等河道的治理，河道防洪能力由不足10年一遇提升至20年一遇。同时，加强农业面源污染防治，拆除、迁建污染企业，开展“污水零直排区”建设，使河道水质由劣Ⅴ类提升至Ⅱ类。凫溪治理从单一注重防洪功能向防洪安澜与生态环境功能兼顾发展，因地制宜尊重自然环境，配套建设休闲步道、生态公路慢行系统、休闲公园等设施，打造出集“防洪、生态、美丽、休闲、健身”等功能于一体的生态绿色长廊，将治水兴利融入美丽乡村建设和乡村振兴的时代发展之中。2019年被评为省级“美丽河湖”。宁海凫溪如图6–10所示。

图 6–10　宁海凫溪

东钱湖　是浙江省最大的天然淡水湖，面积约20平方千米，平均水深2.2米，正常蓄水量4400多万立方米。20世纪80年代至21世纪初，由于受沿湖村庄和企业的污水、废水直排以及发展人工围养、网箱养鱼等影响，东钱湖水体透明度减小，水质常处Ⅳ～Ⅴ类，处于中～富营养化水平，加之湖中淤泥层层堆积，成为主要内源污染源。20世纪90年代中期开始，鄞州区和东钱湖旅游度假区管委会（于2001年8月成立）先后开展东钱湖综合治理调查与对策研究工作，2004

年开始启动治理工程前期工作。2009年东钱湖管委会启动总投资近6亿元的东钱湖清淤工程，规划清淤面积超过6平方千米，疏浚淤泥总量296万立方米，疏浚深度0.3 ~ 0.6米。清淤工程分两期实施。一期工程投资2.72亿元，主要实施湖底清淤和部分湖岸整治，重点解决水中排泥场和陆上排泥场疏浚土吹填固结等难题，其中真空预压固结、堆泥场余水处理两项技术的研究与应用开创国内先例，也为国内同类湖泊治理提供应用范例。二期工程投资3.17亿元，主要实施未完成的湖岸整治及退田还湖和生态修复。管委会引进淡水生态与生物技术国家重点实验室宁波实验室，挂牌成立浙江国科生态技术研究有限公司院士工作站，开展水域生态环境、生态修复、生态保护和水生生物技术等领域的技术攻关和应用合作。历经十多年的生态治理，水质由治理前的Ⅴ类水提升至Ⅲ类水，生态系统服务功能显著提升。“污水零直排区”建设、面源污染控制工程、环湖湿地修复工程、“净水渔业”等工作持续推进，多个项目案例列为省市“五水共治”典型案例。2012年，东钱湖列入“国家良好湖泊保护试点”；2015年，获评首批国家级旅游度假区；2016年，成为国家级水利风景区；2020年上半年，宁波市国控断面优良率考核中，东钱湖优良率为100%。东钱湖治水案例，被新华社每日电讯等权威媒体誉为“城市近郊型湖泊治理的典范”。东钱湖如图6–11所示。

图6–11　东钱湖

宁海天明湖　位于宁海县新城中心，颜公河干流中上游，是宁海县城市防洪工程的调蓄池，调蓄库容163万立方米。2011年，调蓄池工程开工建设，又取名“天明湖”，项目由湖堤、岛屿、园林等建筑物组成，工程设计强调兼具调洪蓄水和休闲景观等功能。2011年11月调蓄池大闸工程率先开工，次年11月主体工程动工，项目总投资4.7亿元。2014年10月，实施天明湖上游清水导污工程，并为天明湖提供景观用水。2018年实施天明湖景观绿化建设，投资概算3.5亿元。2019年8月实施天明湖清淤，包括主流、支流河道清淤。同时在天明湖建设中，还积极创建“污水零直排区”，并以生态堤岸、生物净化等技术应用促进湖水净化能力提升，保护水质。天明湖建设中还注重融入地域文化特色，将当地名人典故等充分融入到水利工程，提升水利工程的文化品位和魅力。天明湖建成后，不仅能够通过调蓄洪水使宁海城区防洪标准提升至50年一遇，更值得一提的是，这片面积达60万平方米的生态水域，因“水清、岸绿、鱼跃、景美”而成为宁海的“城市客厅”。2019年，天明湖获评浙江省“美丽河湖”。宁海天明湖如图6–12所示。

图6–12　宁海天明湖

第二节　水域保护

陆地水域包括江河、溪流、湖泊、池塘、水库、山塘及其管理范围，具有防洪、排涝、蓄水、供水和维护区域生态环境等综合功能。2006 年 5 月，《浙江省建设项目占用水域管理办法》颁布实施，在遏制建设项目无序占用水域等方面发挥积极作用。但随着经济快速发展和城市化快速推进，水域保护管理出现诸如水域保护规划落地难、水域及岸线非法占用现象多、河沟塘渠等小水体被随意填占等新问题，导致水域面积减少，水面率降低。为加强水域空间管控，2008 年、2011 年浙江省先后颁布实施《浙江省水利工程安全管理条例》《浙江省河道管理条例》等，水利部门通过依法加强河湖规划管控、对重要水域进行“划界确权”、对占用水域实行“占补平衡”以及推行“河长制”等监管综合措施，最大程度确保水域面积不减少、功能不减退。2019 年 5 月，《浙江省水域保护办法》正式实施，标志着水域保护工作进入有法可依、加强监管的新阶段。

一、水域调查

2005 年、2019 年浙江省先后两次组织开展水域调查工作。第一次陆地水域调查以 2005 年为基准年，宁波市于 2008 年 4 月完成水域调查汇总与成果复核审查。2019 年浙江省部署第二次水域调查工作，以 2018 年为基准年，至 2020 年年底宁波市尚未完成调查成果的复核审查。

宁波市第一次水域调查对象包括河道、水库、山塘、湖泊、池塘和其他水域。实施工作由区（县、市）水利、发改部门联合组织，其中余姚、慈溪、奉化、宁海、象山 5 个县（市）由属地负责组织当地区域的调查工作，调查成果经审查后上报市水利局；海曙、江东、江北、鄞州、镇海、北仑 6 区和东钱湖旅游度假区、宁波国家高新园区的调查工作由市水利局统一组织，委托相关设计单位进行数据汇总与录入，各区配合做好外业测量和数据整理。宁波市测绘设计研究院具体承担此次调查成果的核查、汇总、校对和入库工作，并编写完成水域调查工作报告。

第一次水域调查成果显示：2005 年宁波市水域总面积 479 平方千米，水域容积 243196 万立方米，全市陆域水面率 5.42%，水域容积率为 27.5 万立方米每平方千米。2005 年宁波市水域调查成果见表 6–4。

表 6–4　2005 年宁波市水域调查成果

序号	区域	陆域面积 / km^2	水域面积 / km^2	水域容积 / 万 m^3	水域面积率 /%	水域容积率 /（万 m^3/km^2）
1	余姚市	1341	71.14	31521.77	5.30%	23.51
2	慈溪市	1003.5	79.36	24512.1	7.91%	24.43
3	奉化区	1249.3	47.07	38951.06	3.77%	31.18
4	宁海县	1660.3	75.09	60861.55	4.52%	36.66
5	象山县	1187.9	54.09	18326.24	4.55%	15.43

续表

序号	区域	陆域面积 / km^2	水域面积 / km^2	水域容积 / 万 m^3	水域面积率 /%	水域容积率 /（万 m^3/km^2）
6	海曙区	26.33	1.36	239.13	5.17%	9.08
7	江东区	28.53	1.75	299.75	6.13%	10.51
8	江北区	201.84	7.08	2923.79	3.51%	14.49
9	鄞州区	1079.21	68.28	33375	6.33%	30.93
10	北仑区	588.04	16.69	6590.95	2.84%	11.21
11	镇海区	218.86	10.59	5765.09	4.84%	26.34
12	东钱湖旅游度假区	230	21.87	5125.3	9.51%	22.28
13	宁波国家高新区	20.6	1.36	283.28	6.60%	13.75
14	市区三江		25.94	15180		
15	小计	8835.41	481.67	243955.01	5.42%	27.5
16	交界重复计算值		2.38	758.68		
合计		8835.41	479	243196	5.42%	27.5

注：表中数据来源于《宁波市水域调查成果》。

河道　宁波市共有河道6464条，总长度10932千米，水域面积271平方千米，水域容积90950万立方米。2005年宁波市水域调查河道汇总见表6–5。

水库山塘　全市共有大（2）型水库5座，水域面积27.4平方千米，水域容积56094万立方米；中型水库21座，水域面积72.83平方千米，水域容积50331.4万立方米；小（1）型水库95座，水域面积53.55平方千米，水域容积26985.46万立方米；小（2）型水库284座，水域面积19.35平方千米，水域容积6791.4万立方米。山塘（5000立方米以上）2402座，水域面积17.63平方千米，水域容积9686.39万立方米。2005年宁波市水库山塘统计见表6–6。

表6–5　2005年宁波市水域调查河道汇总

序号	区域	陆域面积 / km^2	河道条数	河道长度 / km	河道水域面积 /km^2	河道水域容积 / 万 m^3	河道水面率 /%	河道容积率 /（万 m^3/km^2）
1	余姚市	1341	1578	2277.46	33.69	6095.72	2.51	4.55
2	慈溪市	1004	1877	2951.94	50.46	12949.61	5.03	12.9
3	奉化区	1249	307	697.79	30.69	9784.1	2.46	7.83
4	象山县	1188	860	938.43	18.2	2956.9	1.53	2.49
5	宁海县	1660	226	760.81	46.2	28975	2.78	17.45
6	江北区	202	174	286.67	3.36	750.39	1.66	3.71
7	江东区	29	62	87.7	1.75	299.75	6.03	10.34
8	海曙区	26	41	56.94	1.36	239.13	5.23	9.2

续表

序号	区域	陆域面积 / km^2	河道条数	河道长度 / km	河道水域面积 /km^2	河道水域容积 / 万 m^3	河道水面率 /%	河道容积率 /（万 m^3/km^2）
9	北仑区	588	306	509.52	10.77	2076.95	1.83	3.53
10	镇海区	219	162	313.38	4.83	996.09	2.21	4.55
11	鄞州区	1079	551	1469.55	30.43	7219	2.82	6.69
12	东钱湖旅游度假区	230	26	63.73	2.21	523.31	0.96	2.28
13	宁波国家高新区	21	22	39.74	0.98	283.28	4.67	13.49
14	市区无断面河道	—	293	343.4	5.94	—	—	—
15	市区三江	—	3	161.27	32.53	18560	—	—
16	交界重复计算值	—	23	26.78	2.38	758.68	—	—
合计		8835.41	6464	10931.95	271.04	90950	3.07	10.29

注：表中数据来源于《宁波市水域调查成果》。

表 6-6　2005 年宁波市水库山塘统计

序号	区域	大（2）型 / 座	中型 / 座	小（1）型 / 座	小（2）型 / 座	山塘 / 座	水库山塘水域面积 /km^2	水库山塘水域容积 / 万 m^3
1	余姚市	1	2	14	40	338	25.78	20430.92
2	慈溪市	0	4	14	6	51	26.19	11269.51
3	奉化区	2	0	15	75	433	16.08	29109.10
4	象山县	0	5	15	53	576	26.50	14978.18
5	宁海县	1	4	9	50	576	28.89	31886.55
6	江北区	0	0	4	1	14	2.44	2173.40
7	江东区	0	0	0	0	0	0	0
8	海曙区	0	0	0	0	0	0	0
9	北仑区	0	1	7	22	96	5.20	4514
10	镇海区	0	1	4	1	8	5.05	4769
11	鄞州区	1	3	13	31	264	35.10	26156
12	东钱湖旅游度假区	0	1	0	5	46	19.55	4602
13	宁波国家高新区	0	0	0	0	0	0	0
合计		5	21	95	284	2402	190.74	149888.66

注：山塘规模为 5000 立方米以上。

湖泊池塘、干支渠及其他水域　全市共有湖泊池塘 1382 座，水域面积 15.28 平方千米，水域容积 2265.96 万立方米。全市共有干、支渠总长 211.64 千米，水域面积 2.2 平方千米，水域容积 90.82 万立方米。

二、水域监管

2000年以后，宁波市从强化基础全面摸清水域现状、强化规划不断加强水域规划约束、强化监管健全完善水域保护制度等方面入手，有效遏制无序占用水域的行为。

明确不同区域基本水面率　2003年，《宁波市市区河道整治规划》首次提出，明确“鄞东南城区水面率按6%控制、农村按8%～10%控制；鄞西城区水面率按5%控制、农村按8%控制”。2011年，市政府常务会议讨论通过《宁波市区河网水系专项规划》，将宁波市区河网分为4大片区、33个子片区，明确各片区规划水面率控制指标，同时将市区108条主干河道以规划蓝线的方式，逐条确定河道水域保护的规划范围。2019年修订的《宁波市河道管理条例》，规定“组织编制各类城乡规划，应当依照法律、法规和国家、省有关规定，落实河道水域保护规划的相关内容，不得缩减规划区内的河道基本水面率”。近年，市、县还建立水域调查监测年度统计制度和水域管理信息系统，对水域进行动态监测和管理、考核。

实行水域占补平衡制度　水域占补平衡制度是一项新的制度创新，借鉴于耕地占补平衡制度。2006年5月省政府颁布实施《浙江省建设项目占用水域管理办法》，2019年5月《浙江省水域保护办法》正式实施，为水域保护管理提供法律保障。2000年以后，宁波市和县（市）区着眼于在保护中求发展，一方面从保障措施和经济手段上限制建设项目占用、多占水域，要求生产建设项目按照“谁占用、谁补偿”的原则，落实水域占补平衡，消除不利影响；另一方面引导并在新的城市建设中实施水域开挖工程，使过去在城市基础设施建设中占用的大量水域得到恢复与补偿，促进水域占补实现动态平衡。

推进河湖划界确权　2000年以后，市政府先后批准发布《甬江干流堤线规划报告》《奉化江干流堤线规划报告》和《姚江干流堤线规划报告》等，明确三江干流的规划岸线、堤线和管理范围，并分别用蓝、绿、红三色线作为规划控制标识。2005年9月，省水利厅印发《关于进一步做好河道管理和保护范围划界确权工作的通知》，市水利局以甬江、奉化江和余姚江为试点，组织开展河道管理范围的划界立桩。委托市水文站实施的甬江划界立桩工作，在河长25千米长的甬江（包括姚江大闸至三江口段）分别设置界桩、千米桩和告示牌，共埋设界桩510个、千米桩50个、设置告示牌22块。至2017年，宁波市累计完成河道划界500千米，其中完成标准化河道管理范围确权划界233千米，完成其他河道管理范围确权划界267千米任务；2017—2019年，全市县级以上河道完成划界1985.9千米。与此同时，划界工作完成后各地依法认定和公布一批重要河湖及水域名录。

第三节　污水防治

2013年浙江省启动“五水共治”，治污水是“五水共治”的重点。面对城市日新月异、河道发臭发黑的状况，宁波市把防治污水作为治水重点，按照“水岸同治、上下游齐治”的思路，水利、环保、建设、农业等部门相互配合，治出河湖重焕“水清景美”的新面貌。

一、河道治污

“清三河” 按照“五水共治”要求，宁波市提出在2014—2016年集中开展黑河、臭河、垃圾河专项整治行动（简称“清三河”）。通过排查，宁波市摸排出黑河、臭河、垃圾河共480条，其中黑、臭河306条，垃圾河174条。按照“三年任务、两年完成”要求，各地以水质为检验标准，落实“一河一策”，综合运用河道整治、清淤疏浚、截污纳管、换水活水、生态修复等方式进行系统治理。至2015年年底，全市累计治理黑河、臭河、垃圾河1062千米，提前一年完成三河“销号清零”。其中，2014年6月底，174条垃圾河通过整治验收，累计投入资金3897.4万元，清理水底淤泥、水中障碍物、水面漂浮物及岸边垃圾等5.69万吨，拆除河岸违法建筑4.48万平方米；2015年年底，306条黑臭河也通过整治验收，累计投入资金12.83亿元，封堵排污口2715个、清淤517.2万立方米、拆除违章建筑54.3万平方米。

剿灭劣Ⅴ类水体 2017年，市政府印发《宁波市劣Ⅴ类水剿灭行动方案》，提出“污水零直排区”创建工程、河道清淤工程、工业整治工程、农业农村面源治理工程、排放口整治工程、生态配水与修复工程共6项主要任务；目标是在2017年7月底前消除市控劣Ⅴ类断面，10月底前消除县控劣Ⅴ类断面，12月底前消除其他劣Ⅴ类水体，实现全域劣Ⅴ类水“销号清零”。按照剿劣要求，各地开展水体排查，累计出动排查人员2.7万人次，排查水体1.3万余个，共摸排出市控劣Ⅴ类断面3个、县控劣Ⅴ类断面8个、劣Ⅴ类小微水体1210个。各地制订“一河（湖）一策”治理方案，从“截、清、治、修”四个环节，聚焦治水治本。围绕断面剿劣工作，建立市、县、乡三级河长制河道监测网络，要求做到市级河道每月一测、县级河道每季一测。至2017年10月底，全市完成劣Ⅴ类小微水体整治1210个；11个国控断面水质全面达标，19个省控以上断面全面达到考核要求。全市地表水水质优良率、功能区达标率分别达到71.3%和80%，同比分别提高22.5个和11.2个百分点。全市剿灭劣Ⅴ类水任务提前2个月完成。

入河排污（水）口立牌标识 2016年，全省部署开展入河排污（水）口标识专项行动，主要任务包括入河排放口的排查、整顿和标识三项；目标是到2016年年底，全省完成所有入河排污（水）口标识牌设置，基本清理非法排污口。入河排污（水）口标识工作由市治水办牵头，通过排查，全市7933条“河长制”管理的河道共有排污（水）口68206个，其中排水口60670个、雨污混排口5863个、污水排放口1663个。根据实际情况，各地对排查出来的入河排污（水）口采取保留、封堵、治理等不同措施进行清理、整治和规范。全市列入重点整治的排污（水）口总数4651个，其中计划封堵的1539个、限期整改的3112个。在清理整治后，对入河排污（水）口全部进行规范化标识，标识牌一般包含入河排污（水）口名称、主要污染源、整改目标、监督电话等信息。2016年11月，市河长办组织对各区（县、市）入河排口标识工作进行验收。

二、污水治理

2018年政府机构改革前，城镇排水和污水处理管理工作由市城管局负责；机构职能调整后，城镇排水和污水处理管理工作职能划入市水利局。世界银行贷款宁波市农村生活污水治理项目原来由市委、市政府农村工作办公室牵头实施，2016年4月起全市农村生活污水治理设施运行维护管理由市住建委牵头（城区由城管部门牵头，县市由住建部门牵头）。

（一）城镇污水处理

1. 污水配套管网

20世纪80年代末，宁波开始建设雨、污分流制排水管道，80年代末至90年代末，结合世界银行城建环保贷款项目的实施，重新规划建设中山路、百丈路、人民路和药行街等排水主干管道。同时结合旧城改造等，建设一批雨、污分流制的排水管道及泵站，使城市排水系统基本形成网络，排水体制逐步向雨、污分流制过渡。

至2020年年底，全市排水管道总长7653.242千米，其中污水管道3654.446千米、雨水管道3808.501千米、雨污合流管道190.295千米；宁波中心城区排水管道总长4035.386千米，其中污水管道1662.046千米、雨水管道2329.4千米、雨污合流管道43.94千米。2018—2020年宁波市排水管道统计见表6-7。

表6-7　2018—2020年宁波市排水管道统计　　单位：km

序号	年份	排水管道总长		污水管道		雨水管道		雨污合流	
		全市	中心城区	全市	中心城区	全市	中心城区	全市	中心城区
1	2018	7046.32	3692.19	3414.44	1548.94	3395.06	2096.36	236.9	46.9
2	2019	7351.148	3781.778	3555.81	1568.81	3569.87	2166.07	225.47	46.9
3	2020	7653.242	4035.386	3654.446	1662.046	3808.501	2329.4	190.295	43.94

2. 污水处理厂

1989年，小港一级污水处理厂建成，设计处理能力4万立方米每日，处理后的污水深海排放。1999年，全市第一座集中式生活污水处理厂—江东北区污水处理厂建成，其中一期工程处理能力5万立方米每日。由此，宁波中心城区实现污水处理从无到有并形成一定规模。经过20多年的发展建设，至2019年全市共有城镇生活污水处理厂31座，其中县级及以上城市生活污水处理厂20座，建制镇城镇生活污水处理厂11座，污水处理能力215.9万立方米每日。全年共处理污水量71861万立方米。

污水处理厂基本上由第三方负责运营，部分污水处理厂采用BOT（建设—经营—转让，是私营企业参与基础设施建设，向社会提供公共服务的一种方式）、TOT（移交—经营—移交，是国际上较为流行的一种项目融资方式）等投资方式实行建管一体化。市级污水处理厂由宁波市排水公司运营，分别为江东北区污水处理厂、宁波南区污水处理厂、宁波市新周污水处理厂、宁波北区污水处理厂、宁波鄞西污水处理厂；各区（县、市）的污水处理厂由当地排水管理部门落实运营单位；镇级污水处理厂部分由当地负责运行，一部分由区（县、市）排水企业统一负责运营。2019年宁波市县级及以上城市生活污水处理厂基本信息统计见表6-8、2011—2017年宁波市镇级污水处理厂基本信息统计见表6-9。

表 6-8　2019 年宁波市县级及以上城市生活污水处理厂基本信息统计

序号	污水处理厂	区域	建设时间/（年.月）	占地面积/ha	规模/（万 m^3/d）	处理工艺	排放标准	服务范围
1	宁波市江东北区污水处理厂	鄞州区	1999.3	5.4	10	A^2/O、MBR	清洁排放标准（DB 33/2169—2018）	江北核心区、鄞州区部分区域、宁波国家高新区、东部新城部分区域
2	宁波市南区污水处理厂	鄞州区	2006.10	22	32	A^2/O	清洁排放标准（DB 33/2169—2018）	海曙区部分区域、原江东部分区域、鄞州新城区、石碶街道部分区域、姜山镇老镇区
3	鄞西污水处理厂	海曙区	2014.6	24.2	8	A^2/O	清洁排放标准（DB 33/2169—2018）	海曙区部分镇乡
4	宁波北区污水处理厂	镇海区	2007.11	15.32	20	A^2O	清洁排放标准（DB 33/2169—2018）	江北区、海曙区、镇海区
5	宁波市镇海污水处理厂	镇海区	2006.10	5.95	6	氧化沟+A^2/O	一级 A	镇海区招宝山街道和蛟川街道部分区域
6	宁波北仑岩东污水处理厂	北仑区	2002.3	15	28	氧化沟	清洁排放标准（DB 33/2169—2018）	北仑区新碶、大碶、霞浦和柴桥部分地区
7	宁波大榭开发区生态污水处理有限公司	北仑区	2006.2	—	4	AICS	一级 A	大榭岛
8	宁波市新周污水处理厂	北仑区	2010.7	27.02	16	A^2/O	地表水类Ⅳ类标准	宁波国家高新区，东部新城、鄞州区、北仑区和东钱湖部分区域
9	宁波北仑春晓污水处理厂	北仑区	2011.3	5	1	A^2/O	清洁排放标准（DB 33/2169—2018）	春晓滨海新城、梅山保税港区
10	宁波市小港污水处理厂	北仑区	2011.4	3.2	4	A^2/O	一级 A	北仑区戚家山街道
11	奉化城区污水处理厂	奉化区	2005.6	5	6	SBR	一级 A	奉化城区、开发区、溪口镇
12	象山中心城区污水处理厂	象山县	2006.9	12.2	7	A^2/O	一级 A	
13	象山县城东污水处理厂	象山县	2011.12	3.23	0.5	A/O	一级 B	象山县城东产业区
14	宁海县城北污水处理厂	宁海县	2004.12	10.2	9	SBR	一级 A	跃龙、桃源、梅林、桥头胡四个街道和大佳何镇区及周边村庄
15	宁海城南污水处理厂	宁海县	2019.5	5.15	1.5	氧化沟	一级 A	宁海城区（中大街以南区域）、前童镇、岔路镇、黄坛镇

续表

序号	污水处理厂	区域	建设时间/（年.月）	占地面积/ha	规模/（万 m^3/d）	处理工艺	排放标准	服务范围
16	余姚市小曹娥城市污水处理厂	余姚市	2010.8	22.5	22.5	A^2/O	一级 A	余姚中心城区、姚西北片、姚东片、姚南片、马渚镇等
17	慈溪市教场山污水处理厂	慈溪市	1993.3	10	8	SBR+CAST	一级 A	慈溪浒山街道、古塘街道、白沙街道、宗汉街道
18	慈溪市域东部污水处理厂	慈溪市	2010.1	20	10	倒置 A^2/O	一级 A	慈溪慈东工业园区、部分镇
19	杭州湾新区污水处理厂	杭州湾新区	2003.7	12	6	A^2/O	一级 A	杭州湾新区
20	慈溪市北部污水处理厂	杭州湾新区	2009.7	190	10	倒置 A^2/O	一级 A	慈溪城区和部分镇、食品加工园区、杭州湾新区庵东镇、杭州湾经济开发区

表6-9　2011—2017年宁波市镇级污水处理厂基本信息统计

序号	污水处理厂	区域	建设时间/（年.月）	占地面积/ha	规模/（万 m^3/d）	处理工艺	排放标准	服务范围
1	鄞州区滨海污水处理厂	鄞州区	2016.6	8.6	2	氧化沟	一级 A	鄞州塘溪镇、咸祥镇、瞻岐镇和鄞州经济开发区
2	北仑白峰污水处理厂	北仑区	2014.2	0.7	0.6	A^2/O	一级 A	北仑白峰街道、柴桥街道部分区域
3	奉化莼湖污水处理厂	奉化区	2012.7	3.38	1	氧化沟	一级 A	奉化莼湖中心区、翁岙工业区、滨海新区部分村庄
4	奉化松岙污水处理厂	奉化区	2016.6	2.67	0.5	CAST	一级 A	奉化松岙镇
5	宁海深甽污水处理厂	宁海县	2013.3	0.91	0.25	A^2/O	一级 A	宁海深甽镇区、温泉景区及部分周边村庄
6	宁海长街污水处理厂	宁海县	2013.5	2	0.5	A^2/O	一级 A	宁海长街镇区，周边部分自然村
7	宁海西店污水处理厂	宁海县	2013.6	5	0.75	氧化沟	一级 A	宁海西店镇区及樟树、石孔、团船等周边村庄
8	象山石浦污水处理厂	象山县	2011.7	12.6	2.5	A^2/O	一级 A	象山石浦镇
9	象山西周污水处理厂	象山县	2012.10	2.07	1.5	A^2/O	一级 A	象山西周镇老城区，产业区B区、机电工业区，部分村庄
10	象山贤庠污水处理厂	象山县	2015.5	2.33	1	A^2/O	一级 A	象山贤庠镇区，部分村庄
11	象山鹤浦污水处理厂	象山县	2017.10	2.29	0.5	A^2/O	一级 A	象山鹤浦镇部分村庄

3. 提标改造

宁波市 31 家城镇污水处理厂通过多次提标改造，出厂水基本达到《城镇污水处理厂污染物排放标准》(GB 18918—2002)一级 A 排放标准，部分达到浙江省清洁排放标准（DB 33/2169—2018）。至 2020 年，全市累计有 21 座城镇污水处理厂完成清洁排放改造，达到浙江省清洁排放标准，其中县级以上污水处理厂 19 座。

一级 A 排放标准提标改造 2014 年开始进行一级 A 排放标准提标改造，至 2018 年 6 月全市污水处理厂出水基本实现一级 A 排放。全市 31 家污水处理厂实施一级 A 排放标准，有 3 种方式，其中：一是从建成起即执行一级 A 排放标准；二是通过提标改造后达到一级 A 排放标准；三是经过提标改造直接达到地表水类Ⅳ类或浙江省清洁排放标准。

清洁排放标准提标改造 2018 年，宁波市有 19 家污水处理厂启动清洁排放技术改造。新周污水处理厂和杭州湾新区污水处理厂当年率先完成清洁排放改造。至 2019 年，全市共有 11 家城镇污水处理厂完成清洁排放改造，分别是新周污水处理厂、杭州湾新区污水处理厂、慈溪周巷污水处理厂、宁波市江东北区污水处理厂、滨海污水处理厂、岩东污水处理厂、奉化区城区污水处理厂、城南污水处理厂、宁波市南区污水处理厂、春晓污水处理厂、西周污水处理厂。2010—2020 年宁波市城镇污水处理厂一级 A 提标改造情况统计见表 6-10。

表 6-10 2010—2020 年宁波市城镇污水处理厂一级 A 提标改造情况统计

序号	污水处理厂	排放标准执行情况
1	宁波市江东北区污水处理厂	2018 年达到一级 A 排放标准；2019 年完成清洁排放改造
2	宁波市南区污水处理厂	2018 年达到一级 A 排放标准；2019 年完成清洁排放改造
3	宁波北区污水处理厂	2015 年达到一级 A 排放标准；2020 年完成（20 万立方米每日）清洁排放改造
4	新周污水处理厂	2018 年完成地表水类Ⅳ类标准改造。2020 年开始执行清洁排放标准
5	鄞西污水处理厂	2017 年达到一级 A 排放标准；2020 年完成清洁排放改造
6	镇海污水处理厂	2015 年完成一级 A 排放标准改造。2020 年完成清洁排放改造
7	岩东污水处理厂	2018 年达到一级 A 排放标准；2019 年完成清洁排放改造
8	春晓污水处理厂	2011 年建成即达到一级 A；2019 年完成清洁排放改造
9	小港污水处理厂	2018 年达到一级 A 排放标准；2019 年完成清洁排放改造
10	奉化区城区污水处理厂	2015 年完成一级 A 排放标准改造；2020 年完成清洁排放改造
11	象山中心城区污水处理厂	2010 年达到一级 A 排放标准；2020 年完成清洁排放改造
12	象山县城东污水处理厂	2020 年开始进行一级 A 提标改造
13	城北污水处理厂	2015 年完成一级 A 提标改造；2020 年完成清洁排放改造
14	城南污水处理厂	2018 年建成即达到一级 A；2020 年完成清洁排放改造
15	小曹娥城市污水处理有限公司	2014 年完成一级 A 提标改造；2020 年开始清洁排放改造
16	教场山污水处理厂	2009 年达到一级 A 排放标准；2020 年完成清洁排放改造
17	北部污水处理厂	2010 年达到一级 A 排放标准；2020 年完成清洁排放改造

续表

序号	污水处理厂	排放标准执行情况
18	东部污水处理厂	2010年达到一级A排放标准；2020年完成清洁排放改造
19	杭州湾新区污水处理厂	2012年达到一级A排放标准；2018年完成类四类排放改造
20	宁波大榭开发区生态污水处理有限公司	2019完成一级A提标改造
21	滨海污水处理厂	2016年建成即为一级排放标准；2019年完成清洁排放改造
22	白峰污水处理厂	2014年建成即为一级A排放标准
23	莼湖污水处理厂	2018年完成一级A提标改造
24	松岙污水处理厂	2016年建成即为一级A排放标准
25	深甽污水处理厂	2015年完成一级A提标改造
26	长街污水处理厂	2015年完成一级A提标改造
27	西店污水处理厂	2013年建成即为一级A排放标准
28	石浦污水处理厂	2019年达到一级A排放标准
29	贤庠污水处理厂	2015年一期建成，出水即为一级A排放标准
30	西周污水处理厂（一期）	2012年一期建成，出水即为一级A排放标准
31	鹤浦污水处理厂（一期）	2017年一期建成，出水即为一级A排放标准

（二）农村生活污水治理

随着农村生活条件的改善，农村生活污水量急剧增加。为加强农村环保工作，从2003年起宁波市结合“百村示范千村整治”工程，探索农村生活污水治理。据调查，至2007年年底全市有9个区（县、市）共18个镇乡的生活污水进行集中处理，有127个村庄采取不同治理模式开展生活污水治理试点，其中行政村86个、自然村21个、村庄内小型治理试点20个，试点工程总投资约9200余万元，受益农户4.1万户、人口近20万。这一时期总体处于探索阶段。

2008年市政府引入世界银行贷款农村生活污水治理项目，探索适合宁波实际、便于运行管理的治理模式。2010年7月，宁波市与世界银行签订合作协议，由世界银行贷款2000万美元，市财政和区（县、市）各配套2000万美元，实施新农村发展项目子项目—农村生活污水处理项目，开展农村生活污水规模化治理，目标是到2015年全市完成约150个村的污水处理。这也是世界银行在中国进行新农村发展的第一个项目。

由于当时缺乏农村生活污水治理经验和成熟的技术模式，项目实施前，对每个“候选村”要多次调查，听取基层和村民意见。基本确定“候选村”后，对镇、村开展污水治理科普宣传，凡是未超过80%以上住户同意的村一律不安排实施。项目实施工作历时近8年，到2016年年底宁波市世界银行农村生活污水治理项目共实施5批次144个项目，涉及46个镇乡（街道）的336个自然村，受益农户5万多户。

根据浙江省统一部署及要求，2014年2月宁波市印发《农村生活污水治理三年行动计划》，明确农村生活污水治理三年任务：目标到2015年全市实现建制镇污水治理设施全覆盖；到2016

年农村生活污水治理村覆盖率达到90%以上、农村住户受益率达到70%以上，提前一年完成省定目标任务，其中江北、镇海、北仑、东钱湖旅游度假区、宁波杭州湾新区实现农村生活污水治理村全覆盖。

2015年7月，省政府印发《关于加强农村生活污水治理设施运行维护管理的意见》，明确农村生活污水治理设施运行维护管理原则上由各级住建部门负责。2016年4月宁波市明确农村生活污水治理设施运行维护管理由市住建局牵头负责。到2016年年底，全市投入建设资金73亿元，累计集中新建农村生活污水治理村1574个。

2017年开始，宁波市提出《农村生活污水治理提升三年行动方案》，再次启动扩面及提标改造工作。到2019年年底，全市累计开展农村生活污水治理行政村2232个、自然村4911个。

同时，农村生活污水治理一手抓建设一手抓运行维护。《关于农村生活污水治理工程规范移交的指导意见》《宁波市农村生活污水监测管理办法》《宁波市农村生活污水治理设施运行维护管理办法（试行）》《宁波市农村生活污水治理设施运行维护管理工作考核办法》等一批管理制度陆续出台。各地因地制宜建立完善农村污水治理设施长效运行维护机制，建立运维管理队伍，开展农村生活污水处理设施协管员专业技能培训。各地探索建立多渠道、多模式的资金筹措机制，市级财政每年安排资金通过专项转移支付补助农村生活污水设施运维管理。

（三）创建“污水零直排区”

2016年，宁波市在全省率先启动以“截污纳管”为重点的“污水零直排区”创建工作。“污水零直排区”创建的重点为老小区、旧城区、城乡结合部（城中村、城郊村）、镇乡（街道）建成区、中心村自然村、工业园区（产业集聚区）、畜禽养殖场和十小行业及沿街店铺集聚区等八大类区块。创建标准及要求是实现污水全收集、管网全覆盖、雨污全分流、排水全许可、村庄全治理，沿河排口晴天无排水，地表水环境功能区达标率100%，劣五类水体全面消除。2018年5月，浙江省“污水零直排区”建设现场会在宁波召开，宁波经验得到肯定和推广。至2020年，全市基本完成“污水零直排区”创建目标任务。通过省、市两级创建，全市累计安排项目3529个、投入资金400多亿元，累计完成151个镇乡（街道）和61个工业园区市级“污水零直排区”建设任务，镇海、北仑、奉化3个区基本建成全域零直排并通过省级验收。

第四节　市区环境用水

随着经济社会发展、城市化推进和城市品质提升，宁波生态环境用水需求不断增加，河网环境配水比重大幅提高。2000年以后，宁波市水利局加强对环境输配水的研究，相继完成《姚江、鄞西、鄞东南水系互通专题研究》《宁波市区河道调水规划报告》，印发《关于加强平原河网环境补水工作的意见》《2017年宁波市区平原河网环境补水方案》。为改善输配水条件，以活水工程建设促进城乡河道生态环境用水调配，有效改善平原河网水动力条件和水环境质量。至2020年，以姚江至鄞东南调水工程和姚江至江北镇海调水工程为骨干的宁波市区河网联网联调格局已基本形成，以姚江为主要水源的跨区域生态调水量年均超过1亿立方米，基本满足市区生态环境用水需求。

一、环境配水

（一）水源与水量

向市区河网补水的水源主要有姚江、樟溪，以及东钱湖、横溪、溪下和十字路水库等应急备用水源。

姚江除承担宁波大工业供水和舟山大陆引水任务外，常水年姚江向两岸平原河网环境补水的能力约1.20亿立方米，按年补水200日计算，日均补水量60万立方米左右。其中，向海曙区和鄞州区河网补水0.86亿立方米，日均补水量43万立方米；向江北镇海河网补水0.34亿立方米，日均补水量17万立方米。2020年5月引曹南线建成投用，引水线路起自曹娥江右岸的梁湖枢纽，经杭甬运河上虞段、通明闸和姚江，止于宁波姚江大闸，全长93千米，设计多年平均年引水量3.19亿立方米（含舟山1.27亿立方米）。

利用皎口水库下泄和它山堰拦截区间径流，常水年樟溪向海曙平原环境补水的能力约0.56亿立方米。

东钱湖为国家级旅游度假区，水环境功能要求高，可向鄞州河网环境补水的水量较少；横溪、溪下和十字路水库分别作为鄞州、海曙、镇海河网的应急补水水源，常水年可补水量约0.5亿立方米。

（二）配水方案

市区河网配水范围分为海曙片、鄞州片、江北镇海片。配水原则是在水源地生活生产用水不受影响的前提下，采用统一调水和细水长流相结合的方式，通过科学合理的运作和经济高效的配水，改善河道水体动力条件和水环境质量。

海曙片配水水源以姚江为主，鄞江为辅助。配水涉及的主要设施有屠家沿泵站、黄家河泵站、高桥泵站、洪水湾节制闸和奉化江沿岸碶闸。调水线路：通过屠家沿、黄家河泵站从姚江翻水入翠柏河、黄家河，经北斗河、护城河向海曙区东部配水；通过高桥泵站翻水入海曙区中北部河网；利用洪水湾节制闸引樟溪它山堰以上径流和皎口水库水量，进入海曙南塘河等河道。澄浪堰、段塘碶、行春碶、风棚碶等沿江碶闸为海曙片主要排水口。

鄞州片配水主要以姚江为水源，剡江和东钱湖为辅助。配水涉及的主要设施有建庄泵站、东江倒虹吸泵站和沿江碶闸。调水线路：通过高桥泵站从姚江翻水入海曙河网，经大西坝河、后塘河、南新塘河、南塘河，再由建庄泵站提水跨奉化江管道输入鄞州区九曲港、三桥江、前塘河等河道；通过亭下水库灌区引水渠渠首闸从剡江取水，经灌区总干渠、栎树塘闸、倪家碶河、东江、后张河，在东江左岸由东江倒虹吸泵站加压后跨东江管道进入鄞奉界河、甬新河等河道；东钱湖直接放水入下游河网。界牌碶闸、甬新闸、鄞东南排涝闸、杨木碶闸、印洪碶闸和大石碶闸、庙堰碶闸、铜盆浦闸等沿江碶闸为鄞州片主要排水口。

江北镇海片配水水源以姚江为主。配水涉及的主要设施有李碶渡翻水站、倪家堰翻水站、和平翻水站、张家浦翻水站、洪塘翻水站和沿甬江碶闸及澥浦闸。调水线路：通过李碶渡翻水站从姚江翻水入庄桥河、江北大河进入镇海河网；通过倪家堰翻水站从姚江翻水入压赛河、大通河、江北大河、陈倪河、张桂河、西大河进入镇海河网；通过和平翻水站、张家浦翻水站从姚江翻水进入中横河、宅前张河等向给江北区西部配水。孔浦闸、清水浦闸、张鉴碶闸和澥浦大闸等为江北镇海片主要排水口。

二、清水环通工程

2019年，市政府部署开展全市水环境治理攻坚行动，水利部门牵头负责河道水环境“生态提升”专项行动。主要任务是组织实施“清水环通”“生态修复”和“智慧管理”3大工程。

市区清水环通工程的主要任务是通过泵引闸排、分区节制等工程措施，畅活城区水网流动，形成三江核心片水网“引、净、活、排”体系，进一步推动“系统治理”并加快“数字赋能”。2020年3月，清水环通一期工程批准立项，5月工程可行性研究报告由宁波市发改委批复，项目总投资20.33亿元，其中工程部分投资14.87亿元。项目建设涉及海曙区、江北区和鄞州区，主要建设内容涵盖沿江引排闸泵、初级净化装置、调水节制闸、水系沟通河道、引水管道及河道生态涵养等5大类共84项。2020年年底，调水泵站、节制闸、引水河道及管道、再生水回用等部分项目已经启动建设。

第五节　水土保持

改革开放以后，随着宁波经济社会迅猛发展，开发建设项目造成的水土流失成为水土流失的主要原因，对生态环境构成威胁。根据1999年的遥感图像等相关资料，2000年宁波市形成水土流失遥感调查成果，2002年编制完成《宁波市水土保持规划》。2016年1月市政府批复同意《宁波市水土保持规划》，同年余姚、慈溪、奉化、宁海、象山、鄞州等区（县、市）水土保持规划均获属地政府批复同意，形成市、县两级水土保持规划联动体系。至2019年，全市水土流失面积下降至443平方千米，占全市国土面积比例下降至4.80%，促进生态环境与经济社会协调发展。

一、水土流失普查

1999年、2004年、2009年和2019年利用卫星遥感，宁波市共4次测定全市水土流失面积，形成水土流失调查成果。结果显示，全市水土流失面积逐年下降，表明水土流失状况总体好转。1999年、2004年、2009年、2019年宁波市水土流失面积及强度分级见表6–11、表6–12、表6–13、表6–14。

表6–11　1999年宁波市水土流失面积及强度分级　　单位：km^2

区域	轻度	中度	强烈	极强烈	剧烈	水土流失面积
慈溪市	32.50	14.45	2.67	0.41	0	50.03
余姚市	161.49	95.17	7.92	1.09	0	265.67
奉化市	64.42	30.40	11.49	2.57	0	108.88

续表　　单位：km²

区域	轻度	中度	强烈	极强烈	剧烈	水土流失面积
宁海县	65.84	38.97	14.97	4.74	0	124.80
象山县	79.95	45.96	6.81	1.85	0	134.57
鄞州区	124.14	55.29	5.52	0.93	0	185.88
镇海区	5.16	6.17	0.28	0.04	0	11.65
北仑区	53.41	29.78	2.28	0.48	0	85.95
江北区	10.26	4.52	0.39	0.07	0.01	15.25
宁波市	597.17	320.71	52.33	12.18	0.29	982.68
占全市国面积比例 /%	6.1	3.2	0.5	0.1	0.002	10

表 6-12　2004 年宁波市水土流失面积及强度分级　　单位：km²

区域	轻度	中度	强烈	极强烈	剧烈	水土流失面积
慈溪市	35.92	7.50	1.28	0.31	0.05	45.06
余姚市	148.92	32.57	1.98	0.50	0.05	184.02
奉化市	42.54	18.20	8.23	1.59	0.14	70.70
宁海县	47.75	21.21	10.53	2.74	1.20	83.43
象山县	30.1	17.42	3.75	1.12	0.39	52.78
鄞州区	100.15	25.33	2.53	0.57	0.02	128.60
镇海区	4.73	1.38	0.45	0.19	0	6.75
北仑区	43.07	14.82	1.51	0.48	0.04	59.92
江北区	6.62	1.14	0.19	0.01	0	7.96
全市	459.8	139.57	30.45	7.51	1.89	639.22
占全市国土面积比例 /%	4.7	1.4	0.3	0.08	0.019	6.51

表 6-13　2009 年宁波市水土流失面积及强度分级　　单位：km²

区域	轻度	中度	强烈	极强烈	剧烈	水土流失面积
慈溪市	7.98	5.99	2.91	1.51	0.27	18.66
余姚市	57.09	68.74	17.36	5.59	0.67	149.45
奉化区	15.52	18.15	17.54	4.66	0.46	56.33
宁海县	10.84	22.87	36.13	12.23	0.93	83.0
象山县	12.46	15.99	5.9	1.96	0.44	36.75
鄞州区	34.18	43.41	11.45	5.43	1.58	96.05
镇海区	2.22	1.77	0.49	0.31	0.14	4.93
北仑区	17.42	20.90	8.0	2.17	0.67	49.16

续表　　单位：km^2

区域	轻度	中度	强烈	极强烈	剧烈	水土流失面积
江北区	4.03	2.85	0.54	0.23	0.12	7.77
海曙区	0	0	0	0	0	0
江东区	0	0	0	0	0	0
合计	161.74	200.67	100.32	34.09	5.28	502.10
占全市国土面积比例 /%	1.64	2.04	1.02	0.35	0.05	5.12

表 6-14　2019 年宁波市水土流失面积及强度分级　　单位：km^2

区域	轻度	中度	强烈	级强烈	剧烈	水土流失面积
海曙区	22.58	1.38	0.68	0.48	0	25.12
江北区	4.3	0.35	0.15	0.23	0.05	5.08
镇海区 *	3.09	0.37	0.1	0.13	0.04	3.73
高新区 *	0.33	0.07	0.04	0.07	0	0.51
北仑区 *	32.57	2.19	0.1	0.04	0	34.9
大榭岛 *	1	0	0	0	0	1
鄞州区 *	29.86	3.4	0.4	0.3	0.03	33.99
东钱湖镇 *	8.23	0.83	0.11	0.09	0	9.26
奉化区	58.31	1.99	0.44	0.05	0	60.79
余姚市	114.24	5.51	3.91	3.62	0.08	127.36
慈溪市 *	28.99	0.78	0.21	0.14	0	30.12
杭州湾 *	1.53	0.07	0.01	0	0	1.61
宁海县	62.44	1	0.02	0	0	63.46
象山县	43.89	1.43	0.68	0.43	0.07	46.5
合计	411.36	19.37	6.85	5.58	0.27	443.43
占全市国土面积比例 /%	4.45	0.21	0.07	0.06	0.00	4.80

注：由于行政职能调整，表格对宁波各行政职能区划范围侵蚀情况进行统计。
* 包括慈溪市境内杭州湾地区、独立于北仑区的大榭岛、鄞州区境内的东钱湖镇以及涉及镇海区、鄞州区的宁波国家高新区。

二、水土保持监测

2010 年，全国水土保持监测网络和信息系统建设二期工程浙江省水土流失监测点开始建设，宁海县西溪水库坡面径流场和余姚市梁辉坡面径流场 2 个监测点列入建设项目。

宁海县西溪水库坡面径流场位于宁海县西溪水库管理站内，监测类型为径流场。监测站采取集中布置形式，并排布置 5 个小区，由围埂、保护带、排洪系统、集流设施等组成。2010 年开工建设，2011 年 10 月通过水利部验收。监测点任务通过对西溪水库径流场及周边站点的长期联合观测，为研究浙东沿海地区的水土流失和水环境评价提供准确数据。2018年，按照省水利厅开展水土保持监测站点标准化建设要求，监测站引进自动化设备，改建相关管理设施，成为全省第一个采用自动化设备进行监测的径流场，并通过省水利厅验收。

余姚市梁辉坡面径流场位于余姚市梁辉水库右坝头，监测类型为径流场。径流场共布设5个小区，1个为单独布置，4个为并排布置，总面积500平方米。每个小区均按自然坡布设，坡度为1∶4（约14度），设计尺寸为20米×5米（水平投影长×宽），水平投影面积100平方米，小区与小区之间及小区上缘射高0.5米的混凝土围埂。径流场于2010年三季度动工，次年1月完工。经一年多的试运行，发现1～3号径流小区下渗严重，4号和5号存在产流不稳定情况，不能满足试验要求。2013年8月提出改造方案，经原设计单位同意进行坡面径流小区防渗处理，方法是按照原状地形开挖1米深度的土方，在基础上铺设复合土工膜，复合土工膜上方铺设30厘米厚黏土并夯实，在黏土上方回填70厘米厚原状土，同时将植物措施调整为更具代表性的桂花。2013年年底径流场改造完成，2018年开展监测站标准化创建，通过省水利厅验收。

三、生产建设项目水土保持监督

2000年以后，宁波市交通、能源、水利等基础设施建设和各类开发建设项目大量上马，在推动社会经济持续发展的同时，开发建设活动带来的水土流失问题日益凸现，大量的地形地貌改变和植被损毁对维护生态安全带来严峻考验。为进一步加强生产建设项目水土保持的监督管理，宁波市重点在水土保持方案审批、事中事后监管、水土保持设施竣工验收等环节强化监管，全面落实水土保持方案申报审批制度，水土保持设施与主体工程同时设计、同时施工、同时投入使用的“三同时”制度，监督检查制度和水土保持设施竣工验收制度。2001年以后，全市审批生产建设项目水土保持方案共4400多个，其中市级审批670多个。监督实施水土流失防治面积达2000多平方千米（含围垦项目），水土保持总投资240多亿元，对880个建设项目水土保持设施组织专项验收。

全面履行水土保持监督检查职责。每年年初制定水土保持监督检查计划，对市级审批的项目开展现场水土流失调查与技术评估，还引进无人机等先进手段开展水土保持“天地一体化”监管试点，探索监督检查从传统的实地查看向信息化、数字化转变，提高监督检查质量与效率。与此同时，通过监督检查等方式，进一步督促建设单位依法履行水土保持义务，抓好整改落实，对严重发生水土流失危害的项目依法进行查处。

各区（县、市）不断加大水土保持监管力度。宁海县在水土保持机构设置和法规制度建设方面取得创新突破，通过水利部水土保持司验收并获得充分肯定；象山、余姚、慈溪、奉化、鄞州等地加强水土保持机构队伍建设，配套出台多个地方规范性文件，提高水保方案审批率、实施率和验收率。2011年11月，宁海县通过第一批省级水土保持监督管理能力建设达标县创建工作验收。2012—2013年，象山、余姚、慈溪、奉化、鄞州等区（县、市）通过第二批省级水土保持监督管理能力建设达标县创建工作验收。2014年，余姚、慈溪、宁海、象山、鄞州还完成国家级水土保持监督管理能力建设县的创建工作，通过水利部抽查。

四、水土流失综合治理

按照“山、水、田、林、路”综合治理思路，各地不断更新设计理念、创新治理模式和投入机制，持续开展生态清洁小流域建设和经济林、苗木基地等水土流失治理。结合民生需求，将坡面治理与生产需求结合，将生态效益与群众增收致富结合，开展错季种植、生态化经营等方法，吸引当地群众参与水土流失治理，让百姓分享生态建设“红利”。结合“美丽乡村”建设，将小流域水土流失综合治理与“美丽乡村”建设结合，注重水土保持项目的生态保护和自然景观效果，改善农村人居环境。如鄞州区在金峨溪清洁型小流域治理建设中，根据流域水土流失特点，以水源保护为中心，因地制宜，按照“生态修复、环境治理、景观提升”的思路对小流域进行水土保持功能分区，采取溪沟整治、水土流失治理、污水处理、环境整治、封育管护、生态湿地等综合措施，解决小流域水土流失及环境、污水、垃圾等问题。项目实施后，促进横溪水库水质得到净化，溪沟环境得到改善。结合水源地保护，通过控制水土流失，减少污染物进入水体。各区（县、市）有很多大中型水库在库区积极开展水源地保护和生态清洁小流域建设，通过采取库底清淤、垃圾清理、库面保洁以及增加库区林草覆盖、恢复源头溪沟生态、营造库尾人工湿地、建设水源涵养林等治理措施，取得良好的效果。2011 年第一次全国水利普查时，完成水土保持措施调查[1]。

2001 年、2002 年余姚市和宁海县先后通过水利部验收，获评全国水土保持治理示范县；2011 年周公宅水库获评全国生产建设项目水土保持示范工程；2016 年宁海县获评国家水土保持生态文明工程；2017 年宁海一市风电场工程获评国家水土保持生态文明建设工程。

第六节　水利风景区与水生态文明城市创建

水利风景区是指综合利用水利设施、河湖水域及其岸线，通过绿化美化开展观光旅游、休闲度假、健身娱乐、文化教育等活动的区域。水利风景区创建始于 21 世纪之初，在党的“十八大”提出生态文明建设战略思想之后，水利部开始推动水生态文明城市创建工作。2013 年，宁波市被水利部确定为全国首批水生态文明城市建设试点，2018 年 3 月宁波市获第一批全国水生态文明城市称号。截至 2020 年，宁波市共获批国家水利风景区 5 个。

一、国家水利风景区创建

宁波众多水利工程和河湖水域拥有独具魅力的水利风景资源。2001 年水利部启动水利风景区建设以后，宁波市秉持“以保护利用并重，以保护促发展”的理念，将水利风景区建设同水利工程建设和水生态建设相结合，让水利风景区成为维护水工程、保护水资源、修复水生态、弘扬水文化的载体与平台。到 2020 年，全市共有 5 个国家水利风景区。

[1] 详见第十章第三节基础资料。

宁波天河生态水利风景区 位于《徐霞客游记》开篇地—宁海县境内。景区主要依托宁波市白溪水库，规划总面积约160平方千米，核心景区30多平方千米，拥有浙东大峡谷和双峰国家森林公园两个灵魂景点，是一处以山水自然风光为依托，以道家和台岳文化精粹为内涵，以青山绿水、奇峰怪石、溪流飞瀑、原始森林和现代游乐为特色的水利生态风景区。2001年10月，宁波天河生态水利风景区获批国家首批水利风景区；2002年5月，风景区开始对外营业，当年游客人数达到20万人次。为依法保护饮用水源，2004年年底风景区停止对外营销活动；2017年在国家环保督察后天河风景区停止旅游服务。

奉化市亭下湖水利风景区 位于奉化市溪口旅游度假区，坐落在雪窦山“御书亭”下面，故名“亭下湖”。景区主要依托亭下水库，湖区水面近6平方千米，亭下湖因被小晖岭半岛分割成内外两湖，外湖似月亮，内湖像太阳，颇似台湾日月潭。2001年10月，奉化市亭下湖成为国家首批水利风景区。

慈溪市杭州湾海滨游乐园 位于杭州湾跨海大桥南岸东侧，主要依托国内较大的海涂蓄淡水库——慈溪市四灶浦水库，拥有水面一万余亩，湖中有岛、岛中有湖，设有冲浪、游泳、快艇、游船、垂钓等项目，是一处以“围垦文化”为特色，集休闲、娱乐、餐饮为一体的水利风景旅游区，2002年获批国家第二批水利风景区。之后，由于四灶浦水库供水功能由灌溉调整为生活、工业用水，2005年休闲旅游项目关停。

余姚市姚江风景区 地处余姚市四明山腹地，以姚江为主要依托。景区沿北斗湾溪、梁弄大溪至四明湖水库，继从新江口向东流经沈湾至余姚城区，会集城区各河道东出三江口几经曲折到河姆渡至大隐城山渡。上游溪流长约21千米，中下游河道约49千米，沿途遍布众多自然风景点和人文景观。2005年，姚江风景区成为国家第五批水利风景区。

宁波东钱湖水利风景区 东钱湖是浙江省最大的天然淡水湖，全湖由谷子湖、南湖和北湖组成，东西宽6.5千米，南北长8.5千米，湖面近20平方千米，环湖一周达45千米，相当于杭州西湖的四倍，郭沫若先生誉为“西子风韵、太湖气魄”。东钱湖风景名胜区是省级风景名胜区，景区湖面开阔，岸线曲折，四周群山环抱，森林苍郁，生态环境优美。2016年获批国家级水利风景区，主要景点有陶公钓矶、霞屿锁岚、芦汀景等。

水利风景区的管理维护工作总体以水利工程管理单位为主，各地结合实际，建立健全水利工程运行维护和景区保护管理制度，保证水利风景区运行管理健康、安全、有序。

二、水生态文明城市创建

2013年，宁波市被水利部确定为全国首批46个水生态文明建设试点城市。市委、市政府高度重视创建工作，建立政府主导、水利牵头、分工协作、社会参与的工作机制，同时运用多元化手段加大水利生态建设资金投入。2014年2月，《宁波市水生态文明城市建设试点实施方案（2014—2016年）》由水利部太湖流域管理局和浙江省水利厅联合通过审查，同年7月获省政府批复。

宁波市根据自身水资源禀赋、水安全水平、水生态特点和水文化底蕴，将水生态文明城市建设与提升城市品质、推进产业转型、增进民生福祉有机结合，围绕“水安全、水资源、水生态、水管理、水文化”五大体系，通过进一步夯实水安全保障基础、实施最严格水资源管理制度、完善水生态补偿机制、实施江河湖库水系联通、突出水环境治理攻坚、提升水文化景观品质、推进水源地生态保护以及大力推广智能化高效节水技术等方面的工作，促进水生态文明建设和经济社会和谐发展。

2014—2016 年试点期间，宁波市围绕确定的创建任务及考核指标，重点实施 10 项示范工程，并取得一定成果与经验。试点期间，全市累计完成水利投资 316.38 亿元，超过计划投资 200.10 亿元目标。2014—2016 年重点实施 10 项示范工程一览见表 6–15。

表 6–15　2014—2016 年重点实施 10 项示范工程一览

序号	示范工程名称	示范点
1	最严格水资源管理制度示范工程	象山县落实最严格水资源管理制度
2	筑牢防洪安全底线示范工程	剡江（奉化段、鄞州段）堤防维修加固工程建设
3	水系联通示范工程	宁波市水库群联网联调（西线）工程建设
4	水源地保护示范工程	皎口水库水资源保护生态湿地工程
5	污水治理示范工程	鄞西污水处理厂一期工程和余姚市泗门镇楝树下村生活污水治理工程
6	节水型社会建设示范工程	余姚市节水型社会建设试点
7	智能化高效节水灌溉示范工程	慈溪市规模化高效节水灌溉基地建设
8	水生态修复提升示范工程	北仑区柴桥芦江原生态河道生态保护工程、鄞州区古林镇西洋港河生态提升工程和百里生态姚江工程建设
9	湿地建设与保护示范工程	宁波杭州湾湿地公园建设
10	水景观水文化建设示范工程	东钱湖国家水利风景区创建和姚江大闸市级水情教育基地建设

按照水生态文明城市建设试点实施方案确立的 23 项考核指标体系，宁波市各项考核指标均完成或超额完成。2017 年 8 月，水利部和省政府共同对宁波市水生态文明城市建设试点工作组织验收，验收委员认为：宁波市试点建设工作扎实、成效显著、特色突出，按照批准的实施方案考核指标，全面完成既定任务，实现建设目标，一致同意通过验收。2018 年 3 月，水利部公布第一批 41 个通过全国水生态文明建设试点验收的城市名单，宁波市名列其中，成为全国首批水生态文明城市。

第七章 海塘与围垦

宁波市濒临浙东沿海，拥有众多的港湾和海岛，因此有着曲折绵长的海岸线。宁波沿海修建海塘，主要是用来抵挡海潮，保护沿海平原不受潮水侵入，是保障沿海经济社会发展和人民生命财产安全的重要水利设施。继21世纪初全市标准海塘工程这道“海上长城”建成后，近20年海塘保护区内的人口接近翻番，沿海土地逐渐成为新城发展、投资开发、水产养殖和休闲旅游的热土，GDP增长约十多倍，海塘加固维修、安全达标、提标提质等工程建设持续进行。20年间，经历66次风暴潮影响没有出现因海塘倒塌造成人员伤亡，未出现重大险情。

宁波滩涂围垦历史悠久，历来是治理开发河口、解决人多地少矛盾和促进经济社会发展的重要举措。宁波围垦类型有钱塘江河口治江围垦、高滩围垦、堵港围垦和促淤围垦等，新中国成立以后，全市累计围垦面积达130多万亩，已开发利用近百万亩，其中农业用地56万亩、工业用地24万亩、湿地及水库等用地19万亩，围垦筑塘新建或提升标准海塘210千米。2001—2020年，各地采取政策鼓励、组建专业公司运作等方式加大对滩涂的开发利用，全市围涂面积69.6万亩，这个数字超过新中国成立之后前50年的总和，不仅为落实国家土地占补平衡做出贡献，也为提高沿海防灾能力和改善生活环境发挥作用。

第一节　海塘

海塘又称海堤。1997 年 8 月 18 日，“9711”号强台风在温岭石塘登陆，宁波市共损毁海塘 223 千米，除新建的试点海塘外，一线海塘基本全线损毁，给人民群众生命财产造成重大损失。灾后，省委、省政府和市委、市政府作出动员全社会力量，万众一心建设标准海塘的决定，提出用 3 ~ 4 年时间，把沿海防御能力偏低的一线海塘全部建设成设计标准更高、施工质量更好、抗灾能力更强的标准海塘。“全民动员兴水利，砸锅卖铁修海塘”的号召深得人心，到 2004 年全市建成标准海塘共 444 千米，沿塘水闸 376 座，总投资 13.34 亿元，基本形成大陆和重要海岛的海塘闭合区，直接保护 215 余万人口和 250 余万亩耕地，使全市 75% 的国内生产总值和 8 个国家级经济技术开发区、5 个省级经济技术开发区以及杭甬高速公路、甬台温高速公路、甬台温铁路、镇海国家石油储备基地、镇海石化总厂、中海石油宁波大榭石化有限公司、北仑发电厂、国华宁海发电厂、大唐乌沙山发电厂等一大批重要交通设施和工矿企业有一道挡潮御浪的安全屏障。

一、海塘分布

近 20 年，由于沿海滩涂围垦等原因，使一线海塘长度发生变化，至 2020 年年底，一线标准海塘总长 573.91 千米（含已建未竣工验收海塘），其中 200 年一遇标准海塘 21.14 千米，100 年一遇及以上标准海塘 64.77 千米，50 年一遇标准海塘 256.69 千米，20 年一遇标准海塘 122.92 千米，10 年一遇标准海塘 108.39 千米。全市围垦工程新建的一线标准海塘 210.63 千米。2020 年宁波市一线标准海塘分布见表 7-1。宁波市主要海塘分布图如图 7-1 所示。

表 7-1　2020 年宁波市一线标准海塘分布　　单位：km

区域	海塘长度	防潮标准（重现期）				
		200 年	100 年	50 年	20 年	10 年
余姚市	22.14	0	16.43	0	5.71	0
慈溪市	88.29	20.39	0	52.95	14.95	0
镇海区	21.31	0	1.73	18.37	1.21	0
北仑区	87.40	0	43.38	25.57	7.46	10.99
鄞州区	24.17	0	0	23.89	0.28	0
奉化区	21.50	0	0	8.06	8.46	4.98
宁海县	122.99	0.75	1.43	50.79	25.95	44.08
象山县	186.11	0	1.8	77.06	58.91	48.34
全市合计	573.91	21.14	64.77	256.69	122.92	108.39

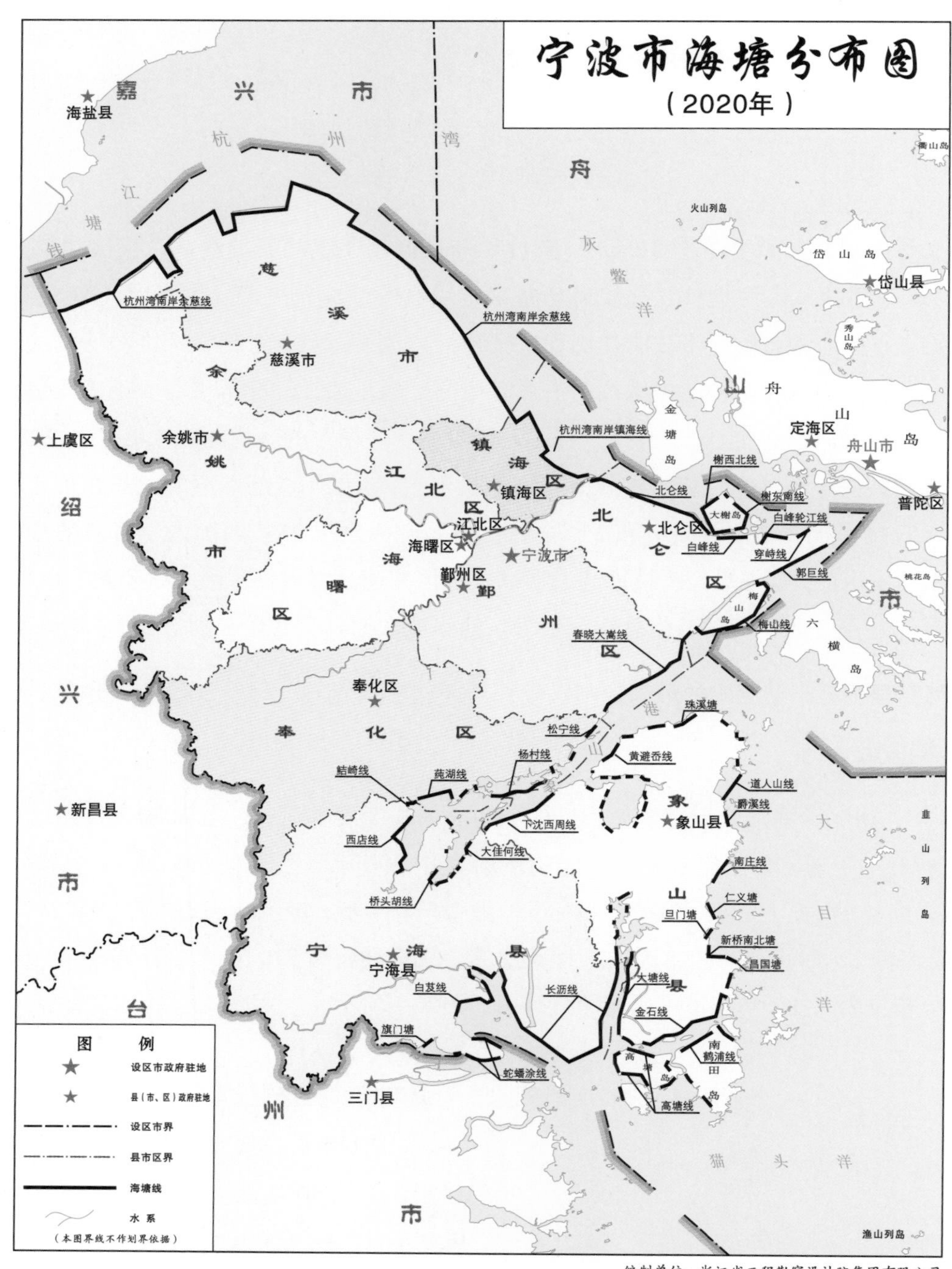

图 7-1　宁波市主要海塘分布图

二、海塘整治

（一）加固达标

已建标准海塘在恶劣条件下经过多年运行后，部分海塘出现不同程度的沉降、裂缝、变形、渗水以及沿塘水闸损坏等安全隐患。2004 年 9 月，市水利局经过对标准海塘设防能力的复核评估，发现有近 120 千米海塘因沉降导致设防高程不足，有的渗漏严重，一些海塘因塘内土地改种养导致水闸设计功能改变，以及护塘地被浸泡等问题。2005 年 9 月，市政府常务会议研究同意《宁波市标准海塘维修加固建设方案》，决定从 2006 年起，用 3 年时间在全市实施标准海塘维修加固工程建设，重点对塘顶高程低于设计值 30 厘米以上和塘体明显渗漏、迎潮面结构明显不足、沿塘水闸损坏严重或配套不全的海塘进行维修加固，实现标准海塘“安全达标、设施配套、运管正常”的目标要求。同年 11 月，市发改委、市水利局印发标准海塘维修加固实施计划，全市有 50 条、长 162 千米海塘纳入加固计划，匡算总投资 3.69 亿元，市财政安排补助 1.38 亿元。纳入计划内的项目直接编制初步设计文件，报市水利局、市发改委审批。

加固达标工程建设主要技术规定：海塘保护范围、保护对象发生变化且与原设计不一致的，按实际保护需求进行调整；经复核后计算设防高程低于原设计高程的原则上采用原设计值，原设计值不足的采用复核计算值；以项目竣工后 5 年的沉降量作为预留沉降量，以设计高程 + 预留沉降量作为竣工验收高程；在海塘两端设置稳定的水准基点，统一全市海塘标高；按实际情况编制加固设计方案，象山港、三门湾内海塘侧重加高防浪墙，受风浪严重影响区域，侧重加强迎潮面抗风浪能力，尽量做到三面保护；渗漏明显但沉降变形不大的海塘，若塘顶宽不达标的应拼宽、加高塘身，若塘身结构比较完整的应采取灌浆处理、局部开挖回填等防渗措施；水闸设计工况应与现状运行实际情况相一致，海塘内水产养殖集中的区域应合理设置纳潮、排水双向水闸，且海塘内侧挡墙高程不低于纳潮时的最高控制水位；合理整合沿塘小水闸数量。

从 2006 年起，宁波市在全省率先集中组织开展标准海塘加固达标工程建设，2006 年 7 月在宁海县群英塘召开全市标准海塘维修加固建设现场会，全面启动海塘加固达标三年建设行动。至 2009 年上半年基本完成加固达标建设目标任务，共完成海塘加固 50 条，长度 154.8 千米，水闸 159 座，完成投资 5.76 亿元。2009 年 5 月，省水利厅、省水利学会在宁海县召开全省海塘除险加固技术研讨会，对宁波市海塘加固建设成果予以充分肯定。

2008 年，省委、省政府决定在全省实施“强塘固房”工程建设，全省掀起海塘加固达标建设热潮。

（二）提标改造

全市标准海塘工程体系建成后，总体上提标改造海塘都随围涂筑塘而兴建。为更强提升防台御潮能力，更优打造生态海岸带，更好支撑高质量发展，筑牢安全底线，2020 年省政府决定在全省实施海塘安澜千亿工程行动计划，协同推进海塘“安全提标、生态提质、融合提升、管护提效，”实现海塘岸带“安全 +”综合功能。按照全省统一部署，2020 年市水利局编制宁波市海塘安澜工程建设行动计划。“十四五”时期，宁波市规划海塘安澜工程计划投资 200 亿元，实施海塘提标改造 210 千米。在全面消除海塘安全隐患的基础上，提升海塘防御能力至杭州湾南岸海塘 300 年一遇，象山港、三门湾海塘 20 ～ 100 年一遇标准。

三、海塘管理

1998 年 6 月，市政府发布《宁波市海塘工程建设和管理办法》（市政府令第 67 号），之后两次进行修订。修订后的《宁波市海塘管理办法》分别在 2013 年 6 月以市政府令第 204 号和 2019 年 6 月以市政府令第 247 号发布。

属地管理 全市海塘实行属地管理。2000年以后，有海塘设施的区（县、市）水行政主管部门均设有海塘管理机构。截至2020年，全市有海塘工程的镇乡及园区共建立海塘管理机构48个，管理人员201人。全市现有32家临海工业企业、码头港工等专用海塘单位，专用海塘由使用单位负责日常管理与维护，接受当地水行政主管部门的监管。

标准海塘管理制度 2002年10月，市政府转发市水利局《关于进一步加强海塘管理工作若干意见》（甬政发〔2002〕236号）。2003年5月，市水利局制定《宁波市海塘管理工作考核办法（试行）》，在全省率先建立海塘管理年度考核制度，考核内容涵盖海塘日常管理、技术管理、维修养护、涵闸运行、海塘保护、管理机构人员经费落实和设施配套等内容，考核结果作为市级海塘管理经费补助的依据之一。2007年、2013年市水利局对海塘管理考核办法作两次修订，使考核内容更加全面、细化。随着水利工程专业化、市场化管理方式的推进，2016年以后开展海塘标准化管理创建活动，积极探索海塘管理机制创新，推动实施管养分离，提高专业化管理水平。与此同时，市、县两级财政每年安排海塘管理专项经费按设防标准和年度考评结果用于海塘管理工作。2019年，全市海塘管理经费近3300万元，其中市级财政补助650万元，县级财政安排2644万元。

海塘工程安全鉴定与评价 2009年，省水利厅印发《浙江省海塘工程安全鉴定管理办法（试行）》和《浙江省海塘工程安全评价技术大纲（试行）》，规定设防标准20年一遇以上的标准海塘，在建成后10年内应进行首次安全鉴定，之后每8～10年鉴定一次。2011年12月，浙江省质量技术监督局以浙江省地方标准（DB33/T 852—2011）发布《海塘工程安全评价导则》。2018年，全省组织开展海塘防御能力评估工作，在区（县、市）自评的基础上，市水利局委托第三方编制完成宁波市沿海海塘防御能力评价报告，总体评价：一线海塘设计标准与沿海经济发展水平基本协调，但不同程度存在部分海塘高程不足、外海侧局部损坏、个别海塘未按设防标准闭合等问题。

海塘管理和保护范围 标准海塘建成后，各地依法确定海塘管理范围和保护范围，2003年开始将其纳入海塘管理年度考核内容。自2016年推动水利工程标准化管理以后，各地进一步强化海塘管理范围和保护范围的确权划界工作。至2020年年底，除大榭岛尚有部分未完成外，一线海塘基本上重新划定管保范围，并向社会进行公示，设立界桩。但由于土地权属确认涉及众多复杂因素，管理范围的土地权属取证仍相对较少。2020年宁波市一线标准海塘基本情况统计见表7–2。

表7–2 2020年宁波市一线标准海塘基本情况统计

区域	海塘名称	闭合线	所在镇乡	长度/km	防潮标准	海塘级别	设计高潮位/m	设计高程/m	
								塘顶	防浪墙顶
余姚市	治江围涂四期横塘北顺堤	杭州湾南岸余慈线	黄家埠镇	2.48	100	2	7.32	10.80	11.40
	治江围涂四期临海北顺堤		临山镇	1.96	100	2	7.32	10.90	11.50
	治江围涂四期湖北北顺堤		临山镇	3.07	100	2	7.32	10.70	11.30
	治江围涂四期相公坛北顺堤		泗门镇	2.91	100	2	7.32	10.60	11.20
	治江围涂二期陶家路北顺堤		泗门镇	2.36	100	2	7.32	10.20	10.90
	治江围涂二期小曹娥北顺堤		小曹娥镇	1.83	100	2	7.13	10.00	10.70
	治江围涂二期曹朗北顺堤		小曹娥镇	1.82	100	2	7.13	9.90	10.60

续表

区域	海塘名称	闭合线	所在镇乡	长度/km	防潮标准	海塘级别	设计高潮位/m	设计高程/m	
								塘顶	防浪墙顶
余姚市	曹朗东北直堤	杭州湾南岸余慈线	小曹娥镇	1.80	20	4	6.51	10.00	无防浪墙
余姚市	曹朗东南直堤	杭州湾南岸余慈线	小曹娥镇	1.74	20	4	6.51	9.40	无防浪墙
余姚市	九塘东段	杭州湾南岸余慈线	小曹娥镇	2.17	20	4	6.51	9.40	无防浪墙
余姚市	小计			22.14					
慈溪市	建塘江隔堤	杭州湾南岸余慈线	庵东镇	3.93	20	4	6.03	7.30	无防浪墙
慈溪市	建塘江两侧围涂Ⅱ号横堤	杭州湾南岸余慈线	庵东镇	5.39	200	1	6.87	9.40	10.20
慈溪市	建塘江两侧围涂Ⅲ号横堤	杭州湾南岸余慈线	庵东镇	3.77	200	1	6.53	9.20	10.00
慈溪市	三八江隔堤	杭州湾南岸余慈线	庵东镇	4.25	20	4	5.47	6.70	无防浪墙
慈溪市	四灶浦西侧围涂横堤	杭州湾南岸余慈线	庵东镇	2.16	50	3	6.01	8.33	9.13
慈溪市	陆中湾两侧围涂西直堤	杭州湾南岸余慈线	庵东镇	2.85	20	4	5.38	7.30 ~ 6.70	7.64 ~ 7.50
慈溪市	陆中湾两侧围涂Ⅳ号横堤	杭州湾南岸余慈线	庵东镇	4.33	50	3	5.67	7.70	8.50
慈溪市	陆中湾两侧围Ⅲ号横堤	杭州湾南岸余慈线	庵东镇	4.38	50	3	5.36	7.70	8.50
慈溪市	十二塘围涂 3 号隔堤	杭州湾南岸余慈线	庵东镇	3.92	20	4	4.30	6.10	无防浪墙
慈溪市	十二塘围涂Ⅱ号横堤	杭州湾南岸余慈线	庵东镇	3.18	200	1	5.63	8.37	9.50
慈溪市	十二塘围涂Ⅲ号横堤	杭州湾南岸余慈线	庵东镇	8.05	200	1	5.51	8.17	9.30
慈溪市	十二塘围涂 6 号隔堤	杭州湾南岸余慈线	庵东镇	2.12	50	3	4.60	7.00	无防浪墙
慈溪市	徐家浦两侧围垦堤（中河区管理）	杭州湾南岸余慈线		11.78	50	3	4.96	7.03 ~ 7.33	7.83 ~ 8.13
慈溪市	徐家浦两侧围垦堤（东河区管理）	杭州湾南岸余慈线	掌起镇 观海卫镇 附海镇	15.11	50	3	3.93	6.63 ~ 7.03	7.43 ~ 7.83
慈溪市	淡水泓围垦横堤	杭州湾南岸余慈线	龙山镇	8.02	50	3	3.76	6.33	7.13
慈溪市	龙山围垦横堤	杭州湾南岸余慈线	龙山镇	5.05	50	3	3.76	6.13	6.93
慈溪市	小计			88.29					
镇海区	泥螺山围垦塘	杭州湾南岸镇海线	澥浦镇	1.59	50	3	3.50	6.13	6.93
镇海区	澥浦大河北直堤	杭州湾南岸镇海线	澥浦镇	2.51	50	2	3.60	4.70	5.70
镇海区	泥螺山北侧围垦塘一期工程	杭州湾南岸镇海线	澥浦镇	3.69	50	3	3.50	6.60	7.60
镇海区	新泓口东顺堤	杭州湾南岸镇海线	澥浦镇	3.16	50	3	3.50	6.50	7.50
镇海区	新泓口南直堤	杭州湾南岸镇海线	澥浦镇	1.21	20	4	3.50	5.60	6.60
镇海区	北仑电厂二期灰库堤	杭州湾南岸镇海线	澥浦镇	0.52	50	3	3.50	5.63	7.63
镇海区	养殖围垦工程海塘	杭州湾南岸镇海线	蛟川街道	1.10	50	3	3.50	5.50	7.50
镇海区	电厂三号灰库堤	杭州湾南岸镇海线	蛟川街道	4.11	50	3	3.50	5.63	7.13
镇海区	镇海炼化热电厂灰库堤	杭州湾南岸镇海线	蛟川街道	1.69	50	3	3.50	5.63	7.63
镇海区	港务局码头塘	杭州湾南岸镇海线	招宝山街道	1.73	100	2	3.50	5.63	8.13
镇海区	小计			21.31					

续表

区域	海塘名称	闭合线	所在镇乡	长度/km	防潮标准	海塘级别	设计高潮位/m	设计高程/m	
								塘顶	防浪墙顶
北仑区	青峙塘	北仑线	戚家山街道	4.45	100	2	3.47	4.20 ~ 5.13	5.20 ~ 6.13
	蒋家沙塘		戚家山街道	0.58	10	5	3.29	4.13	5.13
	原油码头塘		新碶街道	2.01	100	2	3.47	4.83	6.13
	北仑电厂灰库塘		新碶街道	2.17	100	2	3.47	5.10	6.20
	北仑二集司塘		新碶街道	2.53	50	3	3.27	4.63	6.63
	北仑港塘		新碶街道	3.43	100	2	3.47	4.33	6.13
	五七塘		新碶街道	5.13	100	2	3.70	6.50	6.73
	养志塘		霞浦街道	0.57	100	2	3.70	5.70 ~ 5.93	6.50 ~ 6.73
	大湾塘		柴桥街道	1.20	100	2	3.70	5.20 ~ 5.70	6.00 ~ 6.50
	后所塘	白峰线	柴桥街道	0.89	10	5	3.05	3.40	4.00
	小门塘		白峰街道	1.32	10	5	3.05	3.50	4.00
	岹峙塘		白峰街道	0.82	10	5	3.05	3.50	4.20
	百丈塘		白峰街道	1.11	10	5	3.05	3.40	4.00
	沿亭塘		白峰街道	0.67	10	5	3.05	3.40	4.00
	轮江塘	白峰轮江线	白峰街道	0.83	10	5	3.05	3.40	4.00
	港务局四、五期防洪堤		郭巨街道	5.25	100	2	3.80	5.13	6.63
	外峙东塘	外峙线	白峰街道	2.44	10	5	3.05	4.63	5.43
	外峙西塘		白峰街道	1.45	10	5	3.05	4.33	5.33
	中宅矿石码头塘	穿峙线	郭巨街道	1.66	100	2	5.03	5.53	6.33
	LNG 防洪堤		郭巨街道	1.03	100	2	5.03	5.43	6.83
	司城岙新塘	郭巨线	郭巨街道	0.36	50	3	3.97	5.70	6.50
	柳树田新塘		郭巨街道	0.62	50	3	3.97	5.70	6.50
	峙南围涂联合新塘		郭巨街道	1.66	50	3	3.97	6.00	6.80
	峙南围涂盛岙新塘		郭巨街道	1.41	50	3	3.97	6.00	6.80
	峙南围涂郭巨新塘		郭巨街道	3.34	50	3	3.97	6.00	6.80
	郭巨塘		郭巨街道	1.82	50	3	4.09	6.00	6.80
	洋沙山围垦塘	春晓大嵩线	春晓街道	1.65	50	3	4.09	6.40	7.20
	梅山水道北堤	梅山线	郭巨街道	0.80	100	2	4.43	5.80	6.60
	钟家塘		梅山街道	0.82	20	4	4.09	4.85	5.35
	梅东塘		梅山街道	2.83	20	4	4.09	4.93 ~ 5.73	6.23

续表

区域	海塘名称	闭合线	所在镇乡	长度/km	防潮标准	海塘级别	设计高潮位/m	设计高程/m	
								塘顶	防浪墙顶
北仑区	碑塔塘	梅山线	梅山街道	1.55	100	2	4.51	6.20	6.50 ~ 7.00
	梅山盐场塘		梅山街道	3.81	20	4	4.09	5.73	6.23
	七姓涂围涂南大堤		梅山街道	7.01	50	3	4.09	6.80	7.60
	梅山水道南堤		郭巨街道	1.44	100	2	4.64	7.60	8.40
	韩华海堤	榭西北线	大榭街道	0.19	100	2	3.47	5.70	6.70
	万华海堤		大榭街道	1.22	100	2	3.21	5.70	6.70
	榭北海堤		大榭街道	0.12	100	2	3.21	5.70	6.70
	招商国际海堤		大榭街道	2.70	100	2	3.47	4.80	6.00
	信业码头海堤		大榭街道	0.43	100	2	3.32	4.53	5.33
	兴发码头海堤		大榭街道	0.17	100	2	3.32	4.53	5.33
	永信码头海堤		大榭街道	0.19	100	2	3.32	4.53	5.33
	晶达码头海堤		大榭街道	0.14	100	2	3.29	4.53	5.33
	污水厂海堤		大榭街道	0.65	100	2	3.29	4.20	5.20
	亚东水泥海堤		大榭街道	0.17	100	2	3.29	4.53	5.33
	滨海西路海堤		大榭街道	1.57	100	2	3.51	4.70	5.50
	广场海堤		大榭街道	0.72	50	3	3.29	4.00	4.60
	大榭船厂海堤		大榭街道	0.52	非标	—	—	—	—
	樟岙塘		大榭街道	0.36	非标	—	—	—	—
	双美碶海堤	榭东南线	大榭街道	0.62	100	2	3.50	4.20	5.20
	海关海堤		大榭街道	0.15	50	3	3.50	4.00	5.20
	水客中心海堤		大榭街道	0.53	50	3	3.50	4.00	5.20
	第一冷库海堤		大榭街道	0.13	50	3	3.50	4.00	5.20
	第二冷库海堤		大榭街道	0.24	50	3	3.50	4.00	5.20
	中塘厂海堤		大榭街道	1.47	100	2	3.47 ~ 3.42	5.00	6.00
	美亚厂海堤		大榭街道	0.30	50	3	3.29	4.80	6.00
	科鑫海堤		大榭街道	0.27	50	3	3.29	4.80	6.00
	恒信海堤		大榭街道	0.26	100	2	3.29	4.80	6.00
	实华（中石化）海堤		大榭街道	1.35	50	3	3.29	5.20	6.40
	中海油海堤	下岙关外线	大榭街道	1.16	50	3	3.29	5.20	6.40
	三菱 PTA 海堤		大榭街道	0.71	100	2	3.47	5.70	6.70
	关外液体化工码头堤		大榭街道	0.28	100	2	3.62	5.70	6.70
	百地年（BP）海堤		大榭街道	0.32	50	3	3.29	4.50	5.70
	中石油海堤	田湾线	大榭街道	0.98	100	2	3.29	5.20	6.40
	小田湾海堤		大榭街道	0.82	100	2	3.29	5.80	7.10
	小计			87.40					

续表

区域	海塘名称	闭合线	所在镇乡	长度/km	防潮标准	海塘级别	设计高潮位/m	设计高程/m	
								塘顶	防浪墙顶
鄞州区	黄牛礁海塘	春晓大嵩线	瞻岐镇	8.06	50	3	4.87	7.00	7.80
	红卫塘		瞻岐镇	1.02	50	3	4.87	6.83	7.63
	大嵩江北岸塘		瞻岐镇	2.72	50	3	4.87	5.63	6.43
	大嵩江南岸塘		咸祥镇	2.09	50	3	4.87	5.63	6.43
	下新塘		咸祥镇	2.77	50	3	4.87	6.88	7.63
	南新塘		咸祥镇	2.66	50	3	4.87	6.63	7.23
	横山塘		咸祥镇	1.76	50	3	4.87	6.63	7.23
	码头塘		咸祥镇	1.03	50	3	4.87	6.63	7.23
	桃花塘	独立	咸祥镇	0.99	50	3	4.87	6.33	7.13
	竹头塘	独立	咸祥镇	0.79	50	3	4.87	6.33	7.13
	新湾塘	独立	咸祥镇	0.28	20	4	4.45	5.63	6.43
	小计			24.17					
奉化区	飞跃塘	鲒崎线	莼湖街道	1.45	20	4	5.23	6.38	6.99 ~ 7.39
	红胜海塘	莼湖线	莼湖街道	4.60	50	3	5.83	6.50	7.45
	栖凤塘		莼湖街道	1.23	20	4	5.30	5.90	6.90
	桐照塘	独立	莼湖街道	2.18	20	4	5.13	5.70	6.70
	外新塘	杨村线	裘村镇	0.60	20	4	4.92	6.17	6.77
	山林塘		裘村镇	0.54	20	4	4.86	5.87	6.67
	外山咀塘		裘村镇	0.50	20	4	4.83	6.17	6.67
	阳光海湾（西堤）		莼湖街道	0.29	50	3	5.00	6.50	6.90
	阳光海湾（东堤）		裘村镇	0.40	50	3	5.00	6.50	6.90
	阳光海湾（南堤）		裘村镇	2.77	50	3	5.00	6.50	6.90
	小狮子口塘	独立	松岙镇	1.96	20	4	4.86	6.03	6.63
	知青塘	松宁线	松岙镇	2.29	10	5	4.29	5.00 ~ 5.90	5.60 ~ 6.40
	东海塘		松岙镇	2.69	10	5	4.29	5.00 ~ 5.90	5.60 ~ 6.40
	小计			21.50					
宁海县	文胜塘	鲒崎线	西店镇	0.75	10	5	4.82	6.50	7.00
	团坝塘	独立	西店镇	1.33	10	5	4.82	6.20	7.00
	石孔塘	西店线	西店镇	3.41	10	5	4.89	6.20	7.00
	西店塘		西店镇	2.20	50	2	5.75	6.80	7.60
	朱行线塘		西店镇	2.50	10	5	5.04	6.20	7.00
	铁江塘		西店镇	1.40	10	5	5.11	6.20	7.00
	庆丰塘		西店镇	3.63	10	5	5.11	6.20	7.00

续表

区域	海塘名称	闭合线	所在镇乡	长度/km	防潮标准	海塘级别	设计高潮位/m	设计高程/m	
								塘顶	防浪墙顶
宁海县	樟树脚塘	独立	梅林街道	1.29	10	5	5.11	6.50	7.00
	国华电厂厂区围堤	团结塘线	强蛟镇	0.75	200	1	6.30	8.20	—
	国华电厂灰堤		强蛟镇	1.43	100	2	6.05	7.20	—
	团结塘		强蛟镇	0.80	50	3	5.59	7.00	7.80
	下拦塘		强蛟镇	0.17	20	4	5.59	7.00	7.50
	门前塘	独立	强蛟镇	0.63	20	4	5.10	6.20	7.00
	涨家溪塘	独立	桥头胡街道	0.44	10	5	5.12	6.20	7.00
	桥头胡塘	独立	桥头胡街道	3.33	10	5	5.37	6.20	7.00
	草湖塘	独立	桥头胡街道	4.44	10	5	5.12	6.20	7.00
	汶溪周塘	独立	桥头胡街道	2.70	10	5	5.12	6.20	7.00
	外泗周塘	独立	大佳何镇	0.85	10	5	4.87	5.40	6.40
	溪下王塘	独立	大佳何镇	1.70	10	5	4.84	5.60	6.40
	宏大塘	大佳何线	大佳何镇	2.38	10	5	5.11	5.60	7.00
	天保塘		大佳何镇	1.54	10	5	5.11	6.20	7.00
	高湖塘	独立	大佳何镇	3.24	10	5	5.11	6.50	7.00
	西金塘	井栏线	大佳何镇	0.96	10	5	5.11	6.20	7.00
	海滩塘		大佳何镇	0.44	10	5	5.11	6.20	7.00
	小角塘	独立	大佳何镇	0.58	10	5	5.11	6.20	7.00
	大麦塘	独立	大佳何镇	0.21	10	5	5.11	6.20	7.00
	隔洋塘	大塘港线	长街镇	1.96	50	3	5.10	7.00	7.50
	岳井塘	长沥线	长街镇	7.68	50	3	5.10	6.80	7.50
	伍山盐场塘		长街镇	2.50	50	3	5.10	7.00	7.50
	长街盐场塘		长街镇	1.65	50	3	5.10	7.00	7.50
	下洋涂东堤		长街镇 力洋镇	4.25	50	3	5.19	6.90	7.5 ~ 7.7
	下洋涂南堤		力洋镇	5.45	50	3	5.19	6.7 ~ 7.2	7.5 ~ 8.0
	下洋涂西堤		力洋镇	7.65	50	3	5.19	6.70	7.50
	团屿塘		力洋镇	1.44	50	3	5.10	6.70	7.50
	前横塘		力洋镇	7.01	50	3	5.10	6.20	7.50
	古渡塘		力洋镇	2.44	50	3	5.10	6.80	7.20
	毛屿港坝		力洋镇 茶院乡	1.01	50	3	5.10	6.70	7.50
	毛屿塘（含南洋港）		茶院乡	4.75	50	3	5.10	6.35 ~ 6.57	7.50

续表

区域	海塘名称	闭合线	所在镇乡	长度/km	防潮标准	海塘级别	设计高潮位/m	设计高程/m	
								塘顶	防浪墙顶
宁海县	盘屿塘	独立	越溪乡	2.33	10	5	4.90	6.70	7.50
	越溪塘	独立	越溪乡	1.33	20	4	4.90	6.70	7.50
	红旗塘	独立	越溪乡	1.46	20	4	4.63	6.00	6.80
	群英塘北堤	白芨线	越溪乡	4.49	20	4	4.90	6.30	7.00
	南湾塘		越溪乡	0.89	20	4	4.90	6.50	7.00
	中心塘		越溪乡	1.14	20	4	4.90	6.50	7.00
	双盘东堤		越溪乡	1.33	20	4	4.90	6.50	6.80 ～ 7.00
	箬屿塘		越溪乡	0.54	20	4	4.90	6.50	7.00
	双盘西堤		越溪乡	1.13	20	4	4.90	6.50	7.00
	国庆塘		越溪乡	0.36	20	4	4.90	6.00	6.80
	七市塘		越溪乡	2.94	20	4	4.91	6.00	6.50
	越溪小湾塘		越溪乡	1.01	10	5	4.63	6.00	6.80
	一市小湾塘		一市镇	0.96	10	5	4.63	6.00	6.80
	蛇潘涂围垦北堤	蛇蟠涂线	一市镇	1.44	20	4	4.89	6.70	7.50
	蛇潘涂围垦南堤		一市镇	3.98	20	4	5.10	6.30	7.10
	东沙友谊塘		一市镇	1.22	20	4	4.89	6.30	7.30
	内外天打塘	独立	一市镇	0.91	10	5	4.89	5.60	6.00
	一市塘	一市线	一市镇	1.12	20	4	4.89	6.50	7.00
	黄晋塘		一市镇	0.12	20	4	4.89	6.50	7.00
	葛岙塘		一市镇	0.45	20	4	4.89	6.50	7.00
	小河塘	独立	一市镇	0.64	10	5	4.89	5.60	6.00
	武岙塘	独立	一市镇	1.11	10	5	4.89	5.60	6.00
	旗门塘	独立	一市镇	1.21	20	4	4.89	6.50	7.00
	小计			122.99					
象山县	下沈塘	下沈西周线	西周镇	9.37	50	3	5.29	6.60	7.80
	西周抗美塘		西周镇	0.95	50	3	5.31	6.50	7.40
	乌沙山电厂塘		西周镇	1.80	100	2	5.58	6.60	7.40
	蚶岙塘	独立	西周镇	0.92	10	5	4.14	5.70	6.50
	下新塘	独立	墙头镇	1.84	20	4	4.37	5.90	6.70
	湖莱港塘	独立	墙头镇	1.20	10	5	4.45	5.20	6.00
	黄溪塘	独立	墙头镇	1.53	10	5	4.09	5.40	6.20
	洋北海塘	独立	墙头镇	1.50	10	5	4.09	5.20	6.00
	军民塘	独立	大徐镇	0.67	10	5	4.09	5.80	6.60
	鸭屿塘	独立	黄避岙乡	1.54	10	5	4.09	5.00	5.60
	白屿门前塘	独立	黄避岙乡	1.01	10	5	4.09	5.00	5.60

续表

区域	海塘名称	闭合线	所在镇乡	长度/km	防潮标准	海塘级别	设计高潮位/m	设计高程/m	
								塘顶	防浪墙顶
象山县	长裕塘	独立	黄避岙乡	1.33	10	5	4.30	5.00	5.80
	高泥塘	独立	黄避岙乡	1.23	10	5	4.09	5.50	6.30
	东塔塘	独立	黄避岙乡	1.38	20	4	4.26	5.00	5.80
	黄避岙塘	独立	黄避岙乡	3.30	50	3	4.88	6.50	7.30
	小湖塘	独立	黄避岙乡	0.27	10	5	4.09	5.20	6.00
	万丈涂塘	独立	黄避岙乡	1.34	10	5	4.10	6.00	6.80
	小蔚庄塘	独立	贤庠镇	0.42	10	5	4.09	5.50	6.20
	西泽塘	独立	贤庠镇	2.95	50	3	4.75	6.50	7.50
	珠溪塘	珠溪线	贤庠镇	6.41	50	3	4.72	6.00	7.00
	大中庄塘	独立	贤庠镇	1.98	50	3	4.72	6.80	7.60
	屿岙塘	独立	涂茨镇	1.21	10	5	4.50	6.20	7.00
	跃进塘	独立	涂茨镇	1.67	10	5	4.50	6.50	7.50
	毛湾塘	独立	涂茨镇	0.82	50	3	4.50	7.50	8.20
	道人山北堤	道人山线	涂茨镇	0.85	50	3	4.67	7.60	8.60
	道人山南堤		涂茨镇	4.50	50	3	4.67	7.60	8.60
	大燕山塘（爵溪北塘）	爵溪线	爵溪街道	1.27	20	4	4.14	7.20	8.00
	爵溪东塘		爵溪街道	1.09	50	2	4.14	7.20	8.40
	大目涂二期海塘	南庄线	丹东街道	3.04	50	3	4.83	8.00	8.80
	大目涂一期海塘		丹东街道	5.64	50	3	4.56	7.20	8.20
	仁义塘	独立	东陈乡	1.69	50	3	4.04	7.20	8.00
	旦门塘	独立	东陈乡	1.21	20	4	4.32	6.20	7.50
	新桥南北塘	独立	新桥镇	2.14	20	4	4.04	7.00	7.50
	昌国塘	独立	石浦镇	3.95	50	3	4.66	7.20	8.00
	关头塘	独立	新桥镇	0.86	20	4	4.45	6.50	7.30
	龙王头塘	独立	新桥镇	0.87	10	5	4.81	6.40	7.20
	平岩头塘	独立	新桥镇	2.03	10	5	4.51	5.70	6.50
	麦地山塘	崇埦线	新桥镇	3.70	10	5	4.60	5.50	6.00
	崇埦塘		新桥镇	3.01	10	5	4.86	5.50	6.00
	江东塘		新桥镇	0.82	10	5	4.81	6.50	7.00
	新鹤塘	独立	石浦镇	0.85	10	5	4.30	5.50	6.20
	皇城沙滩	金石线	石浦镇	1.78	10	5	4.31	5.00	5.50
	国庆塘		石浦镇	1.47	20	4	4.90	5.50	6.50
	渔港路		石浦镇	5.37	20	4	4.59	5.00	5.80
	金石塘番西段		石浦镇	2.82	50	3	5.00	6.70	7.50
	金石塘金星段		石浦镇	7.05	50	3	5.00	6.70	7.50

续表

区域	海塘名称	闭合线	所在镇乡	长度/km	防潮标准	海塘级别	设计高潮位/m	设计高程/m	
								塘顶	防浪墙顶
象山县	打鼓峙塘	独立	石浦镇	4.22	10	5	4.30	4.00	4.50
	泥礁塘	独立	石浦镇	1.95	20	4	4.38	5.70	6.50
	对面山塘	独立	石浦镇	1.31	10	5	4.31	5.20	6.00
	上下布袋塘	独立	石浦镇	1.57	10	5	4.30	5.30	6.10
	干湾塘	独立	石浦镇	0.93	20	4	4.38	5.70	6.50
	西边塘	大塘港线	定塘镇	3.22	50	3	5.00	6.50	7.20
	西洋塘		定塘镇	5.79	50	3	5.00	6.50	7.50
	大塘港塘		定塘镇	4.29	50	3	5.20	6.70	7.50
	台头塘	独立	茅洋乡	1.50	10	5	4.80	5.50	6.10
	文山塘	独立	茅洋乡	1.06	20	4	5.36	5.70	6.50
	施家塘	独立	茅洋乡	1.64	10	5	5.05	5.50	6.10
	红星塘	独立	泗洲头镇	1.37	20	4	4.48	6.50	7.30
	峙后塘	独立	泗洲头镇	0.90	10	5	4.48	5.70	6.50
	峙前塘	独立	泗洲头镇	0.50	10	5	4.48	6.00	6.50
	上洞塘	马岙线	泗洲头镇	0.37	20	4	4.85	6.50	7.00
	下洞塘		泗洲头镇	0.52	20	4	4.85	6.50	7.00
	联合塘		泗洲头镇	0.51	20	4	4.90	6.50	7.00
	灵南塘	长沥线	泗洲头镇	4.24	50	3	5.20	6.50 ~ 6.70	7.30 ~ 7.50
	长大涂塘	纱绿帽线	高塘岛乡	2.55	20	4	4.64	5.00 ~ 5.40	5.80 ~ 6.20
	黄湾塘		高塘岛乡	0.75	20	4	4.73	6.20	7.00
	群英塘	高塘线	高塘岛乡	2.80	20	4	4.60	6.50	7.00
	东方塘		高塘岛乡	1.69	20	4	4.60	6.50	7.00
	南方塘		高塘岛乡	4.88	20	4	4.64	6.50	7.00
	兴港塘	独立	高塘岛乡	0.60	10	5	4.29	—	6.30
	仰天塘	独立	高塘岛乡	1.30	10	5	4.20	5.50	6.00
	文献塘	独立	高塘岛乡	0.85	10	5	4.20	5.50	6.00
	北面塘	独立	高塘岛乡	3.65	20	4	4.50	5.45	6.25
	花岙塘二期	独立	高塘岛乡	4.13	20	4	4.64	6.00	6.80
	鹤浦塘（鹤西段）	鹤浦线	鹤浦镇	3.12	50	4	4.99	6.20	7.00
	鹤浦塘（非城区段）		鹤浦镇	2.87	20	3	4.64	6.20	7.00
	盘基湾塘	独立	鹤浦镇	1.63	20	4	4.51	5.30	6.30
	鹤湾塘	独立	鹤浦镇	1.15	10	5	4.42	5.20	5.80
	双下湾塘	独立	鹤浦镇	0.84	10	5	4.42	4.95	5.75
	南田新塘	南田线	鹤浦镇	2.81	20	4	4.60	5.80	6.60
	南田新塘（峙弄塘段）		鹤浦镇	0.91	20	4	4.60	5.60	6.40

续表

区域	海塘名称	闭合线	所在镇乡	长度/km	防潮标准	海塘级别	设计高潮位/m	设计高程/m	
								塘顶	防浪墙顶
象山县	吉港塘	独立	鹤浦镇	2.50	10	5	4.45	5.20	6.00
	后华塘	独立	黄避岙乡	0.56	10	5	4.26	5.40	6.40
	黄沙岙塘	独立	高塘岛乡	3.38	20	4	4.64	6.50	7.30
	高涂岙塘	独立	高塘岛乡	1.09	20	4	4.64	5.90	6.70
	水糊涂二期	独立	鹤浦镇	3.52	20	4	4.64	6.50	7.30
	小计			186.11					
全市合计				573.91					

注：表中未包括北仑大榭岛榭南线。涉及围垦的余慈线部分海塘，奉化、宁海、象山个别海塘未竣工验收，本表按一线海塘统计在内。

第二节 围垦

宁波的滩涂资源地理位置优越，完整性好，其类型多属淤涨型或缓慢淤涨型岸滩，具有一定的再生能力，土壤成分多样而丰富，基本上属适宜开发利用。根据《浙江省滩涂资源调查（2011—2012）面积成果报告》，宁波市理论深度基准面以上的滩涂资源面积 112.38 万亩，其中适宜围垦造地的资源 66.93 万亩。理论深度基准面与 2 米深度基准面之间的资源有 32.85 万亩；2 米深度基准面与 5 米深度基准面之间的资源为 90.79 万亩。2000 年以后，随着国家土地政策发生一系列变化，科学开发利用滩涂资源成为实现耕地总量动态平衡和保障城乡建设发展的最有效途径，宁波市充分利用丰富的滩涂资源，有计划实施围垦工程。2001—2020 年，宁波市围涂面积 69.6 万亩。

一、杭州湾南岸围涂

余姚市海塘除险治江围涂工程 位于钱塘江河口尖山河湾南岸余姚岸段，东、西两端分别与慈溪市和上虞市接壤，原一线海岸线全长 23.2 千米，海域面积 191 平方千米。余姚市海塘除险治江围涂工程主要任务是海塘除险、河口治理和围垦造地。工程海涂面高程平均为 -7.00 米左右，由于受海涂和南股潮及流速影响最深处达 -18 米，涂面冲淤变化十分复杂。工程计划围涂总面积 11.2 万亩，概算投资 39 亿元，分 4 期实施。实际完成围涂面积 10 万亩。一期工程围涂面积 1.95 万亩，于 2001 年年底开始抛坝促淤，2003 年 9 月初步设计批复后，在前期促淤工程基础上，围涂工程分Ⅰ期、Ⅱ期、Ⅲ期穿插进行圈围。2004 年完成排水闸及Ⅰ期、Ⅲ期顺堤抛石，2005 年完成Ⅱ期东顺堤抛石，2006 年完成Ⅱ期西顺堤抛石，至 2007 年 9 月完工，同年 12 月 21 日通过竣工验收，工程总投资 5.11 亿元。二期工程围涂面积批复初步设计为 2.5 万亩，后为与“钱塘江河口综合规划”堤线一致，经宁波市水利局同意围涂面积由 2.5 万亩调整为 2.67 万亩。2007 年 2 月 15 日，市水利局批复开工（甬水建〔2007〕38 号），2011 年 12 月完工，2018 年 11 月 2 日通过竣工验收，工程投资 6.61 亿元。新建堤线总长 18052 米，其中临江一线 100 年一遇标准海塘 5982 米（不包括 1206 米曹朗东顺堤）。三期工程设计围涂 1.2 万亩，但因涉围滩涂与邻县存在域界争议暂未实施。四期工程围涂面积 5.38 万亩，批复概算总投资 19.4 亿元。工程于 2008 年 12 月先行开工抛坝促淤工程，2011 年 5 月 13 日，余姚市重点项目办公室批复主体工程正式开工。2020 年年底工程基本完工。新建堤线总长 30.4 千米，其中临江一线百年一遇标准海塘 10.95 千米。余姚海塘除险治江围涂工程的实施不仅缓解尖山河湾南岸的海塘险情，并使余姚段一线标准海塘的防潮标准由原来的 20 年一遇提高到 100 年一遇。

杭州湾新区建塘江两侧围涂工程 位于慈溪市西北部、杭州湾新区、余姚市境内，东起陆中湾两侧围涂工程西直堤，西侧靠近余姚治江围涂二期曹朗东直堤，南邻现有一线海塘，北至钱塘江河口规划治导线，项目总占地 8.02 万亩，其中围垦造地为东西区块面积 2.68 万亩，水库占地 2.03 万亩，湿地占地 3.31 万亩。慈西水库位于九塘以北、三八江至建塘江之间的围涂工程围区内，兴利库容 5500 万立方米，属中型水库。工程概算总投资 32.4 亿元。工程由宁波杭州湾新区海涂围垦开发有限公司负责实施。

河道规模：十一塘江河道在中隔堤以东段面宽定为 150 米，建塘江以西段面宽定为 70 米，河底高程为 –0.37 米；三八江排涝河面宽 120 米，河底高程 –0.37 米；建塘江排涝河面宽 120 米，河底高程 –0.37 米。

水闸规模：三八江十塘闸维持现状；扩大建塘江九塘闸闸门规模，总净宽为 30 米；新建建塘江十一塘闸和三八江十一塘闸，水闸净宽均为 35 米，闸底板顶高程 –0.37 米。

Ⅰ号横堤按 100 年一遇高潮位（允许部分越浪）标准设计；Ⅱ号、Ⅲ号横堤按 200 年一遇高潮位（允许部分越浪）标准设计；Ⅳ号横堤、三八江直堤按 50 年一遇高潮位（允许部分越浪）标准设计；建塘江和三八江排涝闸位于Ⅱ号、Ⅲ号横堤上，挡潮设计标准为 200 年一遇。

围涂分 4 期实施，一期工程于 2017 年 4 月完工。其他未完成项目已暂停实施。根据中央环保督察整改要求，2018 年 7 月 13 日开始对围区内的非法养殖鱼塘进行全面整治，停止开发，通过新建纳潮闸，最大限度恢复海洋属性。2020 年 8 月上旬，慈西水库土方工程复工。

杭州湾新区十二塘围涂工程 由宁波杭州湾新区海涂围垦开发有限公司负责实施，围涂面积 9.74 万亩。横堤沿钱塘江规划治导线布置，西起陆中湾西直堤，东至四灶浦排涝闸，长度 20.98 千米；西直堤沿陆中湾西直堤往北至规划治导线，长度 2.61 千米。主要建筑物包括按 200 年一遇防潮（允许部分越浪）标准设计的横堤 20.98 千米及其 150 米宽护塘河，2.61 千米长的西直堤及其护塘河，6 条总长 20.45 千米的隔堤，两座排涝闸（陆中湾十二塘闸 7 孔 ×6 米，四灶浦十二塘闸 5 孔 ×7 米）及其 6.06 千米长的排涝河，2 座 5 孔 ×4 米的河区节制闸，3 座跨江桥。根据工程分区、分期施工需要，南北向布置 6 条隔堤，总长 20.45 千米。在横堤上与现有排涝闸相对应位置布置陆中湾排涝闸、四灶浦排涝闸，在新旧排涝闸之间布置排涝河道，1 号隔堤、四灶浦排涝河西岸与横堤护塘河交叉处各布置一座河区节制闸。在 3 号隔堤、5 号隔堤、陆中湾排涝河西岸与十二塘横河交接处设置跨江桥。横堤采用斜坡结构，Ⅰ号、Ⅱ号、Ⅲ号横堤防浪墙顶高程分别为 9.80 米、9.50 米、9.30 米，防浪墙采用 C30 素混凝土结构，高于堤顶 80 厘米。堤顶道路靠外海侧设 3.0 米宽的人行道，内侧为宽 9.0 米的行车道。

一期工程圈围面积 1.84 万亩，围堤长度 5.22 千米。一期主体工程于 2012 年 5 月开工，2014 年 7 月完工并通过完工验收。二期工程圈围面积 2.83 万亩，围堤长度 5.7 千米，新建 4 号隔堤 3.58 千米，3 号隔堤 3.92 千米。二期主体工程于 2013 年 10 月开工，2015 年 5 月完成，同年 9 月通过完工验收。三期为丁坝工程，包括新建 6 号丁坝 3.79 千米，7 号丁坝 2.85 千米。三期工程于 2016 年 12 月开工，2017 年 8 月完成，同年 10 月通过完工验收。至 2020 年年底，累计完成围涂面积 4.65 万亩。

2017 年 8 月，中央环境保护督察组对浙江省开展环境保护督察工作，该工程因未取得海域使用权证而停建，之后进行工程性整改，通过新建纳潮闸最大限度恢复海域自然属性。

慈溪陆中湾两侧围涂工程 由慈溪市人民政府组建的海涂围垦办公室和海涂开发总公司指挥实施，总围涂面积 5.85 万亩。工程位于杭州湾新区北侧，东起徐家浦两侧围涂工程西直堤，西至大桥气垫船码头，南起十塘，北至涂面 1 米等高线处。主要建设内容包括：新建横堤 18.37 千米、西直堤 2.85 千米、跨江交通桥 3 座（东、中隔堤桥 7 跨 ×20 米，十塘横堤桥 6 跨 ×16 米）、陆中湾十一塘闸（8 孔 ×4 米）、陆中湾排涝河 2.14 千米、横堤护塘河 18.234 千米、西直堤护塘河 2.791 千米。

2008 年 10 月 9 日，市发改委批复同意工程开工建设（甬发改重点函〔2008〕13 号）。工程分 3 期实施：一期工程（四灶浦西直堤至中隔堤）圈围面积 3 万亩，实施时间为 2008 年 10 月至 2009 年 12 月；二期工程（中隔堤至陆中湾西直堤）圈围面积 2.85 万亩，实施时间为 2009 年 9 月—2011 年 6 月；三期工程（节制闸、桥梁等配套工程），实施时间为 2011 年 1 月至 2012 年 1 月。2012 年 1 月通过完工验收，2013 年 12 月 26 日通过竣工验收。工程建设总投资为 5.0 亿元。

慈溪四灶浦西侧围涂工程 位于庵东镇和杭州湾新区西北部九塘外滩涂上，西临西三潮流沟，东南紧靠四灶浦河。1999 年 12 月批复立项，项目由慈溪市人民政府组建的海涂围垦办公室和海涂开发总公司指挥实施，2000 年 12 月批复初步设计（甬计投〔2000〕739 号），总围涂面积 6.72 万亩。

主要建设内容：横堤长 21.73 千米、西直堤长 2.25 千米、东直堤长 2.265 千米、3 条隔堤全长 6.437 千米，排涝闸共两座总净孔 56 米。横堤及西直堤按 50 年一遇高潮位与 50 年一遇风浪组合（允许越浪）设计；东直堤按 20 年一遇高潮位与 20 年一遇风浪组合（允许越浪）设计。

排涝闸：三八江外引河延伸至横堤处，新建三八江十塘闸（6 孔 ×4 米），总净宽 24 米，闸底板顶高程 –0.37 米，设计流量 365 立方米每秒。陆中湾河道延伸至横堤外 500 米处，新建陆中湾十塘闸（8 孔 ×4 米），总净宽 32 米，闸底板顶高程 –0.37 米，设计流量 487 立方米每秒。

2001 年 3 月，市计委 67 号文件批准正式动工建设。主体工程共分三片实施，先行实施东片，同年 11 月龙口合龙后，随即开始西片圈围。2002 年 10 月，随着东、西片工程的圈围建设，中片未围地块淤涨迅速，横塘轴线处涂面高程由 0~1.13 米涨到 0~3.13 米，根据“理顺塘线，不增投资，便于建后运行管理等方面考虑”，对中片横塘轴线于西各地末端处横塘顺接，增加围涂面积 2400 亩，围涂面积从原初步设计的由 6.46 万亩调整到 6.72 万亩。2004 年 12 月 8 日，最后一批单位工程通过验收，2006年7月21日通过竣工验收。工程总投资为3.78亿元（不包括排涝工程）。

慈溪徐家浦两侧围涂工程 位于慈溪市掌起、观城、附海和新浦镇，2004年10月开工，工程共分4期实施：一期工程（水云浦至半掘浦）建设面积2.2万亩，建设时间为2004年10月至2007年7月；二期工程（半掘浦至徐家浦）建设面积3.2万亩，建设时间为2005年10月至2007年2月；三期工程（徐家浦至淞浦）建设面积3.2万亩，建设时间为2006年4月至2008年9月；四期工程（四灶浦至水云浦）建设面积2万亩，建设时间为2007年10月至2008年9月。2008年9月，围涂工程全面完工，总围涂面积10.62万亩，50年一遇标准横堤26.9千米，西直堤2.24千米，100 ~ 150米骨干河道34.7千米，外移出海排涝闸4座。2013年4月23日通过竣工验收，工程总投资5.92亿元。此工程是慈溪历史上规模最大的围涂工程，建成时也是浙江省内单体围涂面积最大的围涂工程。

慈溪淡水泓围垦工程 位于慈溪市龙山、三北和范市镇，横堤南起镇龙浦闸，北至松浦十塘闸。总围涂面积2.93万亩，主要建设内容包括：新建50年一遇标准海塘8千米和20年一遇标准海塘1.65千米，新淡水泓十塘闸（7孔 ×4米）、淞浦十塘闸（7孔 ×4米）各1座，开掘面宽80 ~ 100米淡水泓河道、淞浦河道4.75千米和面宽120 ~ 150米十塘横江8千米，为慈东工业园区提供用地2.2万亩。2003年4月1日正式开工，2006年6月22日陆续完成主体工程的10个单位工程验收工作，2008年12月27日通过竣工验收。总投资1.48亿元。

慈溪龙山围涂工程 位于慈溪市龙山镇，横塘南起镇海界，北至镇龙浦十塘闸。项目由慈溪市海涂综合开发区管委会负责实施。1998年7月，慈溪市龙山围涂工程初步设计获批（甬计投〔1998〕316号），总围涂面积2.1万亩。主要建设内容包括：新建50年一遇标准海塘5.05千米和20年一遇东、西直堤4.0千米；新建镇龙浦十塘闸（5孔 ×4米）和围区内养殖需水闸2座；开掘80米宽排涝河道1.6千米和面宽60米塘河5.0千米。1997年10月开工，2001年10月完工。2002年4月26日通过竣工验收，工程总投资7218万元。

镇海泥螺山围垦工程 位于镇海区澥浦镇，总围涂面积11850亩。2002年10月12日开工建设，2004年8月18日通过新建澥浦闸并移交镇海区围垦局运行管理，同年11月12日通过竣工初步验收，2005年11月23日通过竣工验收，工程总投资为7293万元。建成50年一遇标准海塘4816米。在澥浦泥螺山东侧山脚的堤上设置澥浦水闸，8孔 ×5米，总净宽40米，设计最大排涝流量541立方米每秒。

镇海泥螺山北侧围垦（一期）工程 2009年4月，镇海泥螺山北侧围涂工程项目建议书获批（甬发改农经〔2009〕172号），初定工程分南、北2区建设。2010年10月，镇海泥螺山北侧围垦（一期）工程初步设计获批（甬发改审批〔2010〕550号），围涂面积为10440亩。主要建设内容包括：新建50年一遇东围堤南段3622.54米；交通隔堤2453.51米，2座桥梁。泥螺山北侧围垦（一期）工程（南区）工程于2011年4月10日开工建设，2015年1月22日通过完工验收。2015年12月30日通过竣工验收，工程总投资4.88亿元。

泥螺山北侧围垦（二期）工程（北区）围涂面积为7225亩。因国家海洋局暂停审批全国的区域用海规划，导致工程近期无法实施。由于澥浦大闸外移工程列入“治水强基”建设任务，澥浦闸外移工程单独实施。2014 年 3 月，澥浦闸外移工程初步设计获批（甬发改审批〔2014〕99 号）。主要建设内容包括：新建澥浦大闸（10 孔 ×8 米）；河面宽 150 米澥浦大河 2500 米。工程于 2014 年 9 月 4 日开工建设，2017 年 8 月 25 日通过完工验收。2019 年 6 月 14 日通过竣工验收。

镇海新泓口围垦工程　东濒灰鳖洋，南靠新泓口水闸，西依北仑电厂二期灰库，北接泥螺山滩涂围垦工程，围垦面积 7400 亩。于 2006 年 2 月 28 日开工。主要建设内容包括：一线海塘 6017 米，其中东顺堤长 3164 米，南直堤长 1205 米，北直堤长 1649 米。海塘设计标准为 50 年一遇。东顺堤堤顶高程 6.50 米、防浪墙顶高程为 7.50 米，堤顶路面宽 4.5 米，迎潮面采用块重 3 吨的四角空心块护面；北直堤堤顶高程 3.65 米、防浪墙顶高程为 4.63 米，堤顶路面宽 8 米。2009 年 11 月 13 日通过单位工程验收。2011 年 12 月 27 日通过竣工验收，工程总投资 3.20 亿元。

二、象山港两岸围涂

北仑郭巨峙南围涂工程　位于北仑区穿山半岛东部南侧，围涂面积为 2233.29 亩。工程分 2 期实施，调整后工程概算投资 3.52 亿元。一期工程围涂面积 411.9 亩，新建 50 年一遇防潮标准海堤长 1.64 千米，新建水闸 1 座、总净宽 4.4 米。海堤采用复式断面土石混合坝，迎海坡为上直下斜带镇压层型式。2006 年 5 月 12 日开工，2008 年 12 月完工，2010 年 1 月 4 日，一期工程通过单位工程投入使用验收。二期工程围涂面积 1821 亩，新建海堤 3.93 千米，新建水闸 3 座、总净宽 27.5 米，同时在新老海堤之间新建 3 条排涝河。工程于 2008 年 4 月开工，2011 年 9 月完工。

北仑洋沙山围垦工程　位于象山港口门北岸、北仑区春晓街道东南海域，工程北起洋沙山，向南延伸至鄞州北仑海涂分界线，然后向西与鄞州区联胜塘相接。围涂面积 9120 亩。由全长 3.52 千米的海堤、5.17 千米的排洪河及 3 座排涝闸组成。2003 年 7 月 28 日开工，2006 年 6 月完工，2008 年 3 月通过竣工验收，工程总投资 1.39 亿元。

北仑梅山七姓涂围涂工程　位于北仑区梅山街道南部海域，象山港口门区滩涂上，东临佛渡水道和汀子港，南濒象山港，西邻梅山水道，北靠梅山岛；围涂面积 1.36 万亩。工程建设主要内容：新建 50 年一遇防潮标准海堤 10.50 千米（其中南堤长 7.00 千米，西堤长 3.50 千米）；新建 3 座排涝闸，总净宽 44 米；新建排涝河道长 1395 米。工程于 2007 年 12 月 26 日举行开工典礼，2009 年 11 月 25 日堵口成功，2012 年 11 月 28 日通过完工验收，2014 年 7 月 1 日通过竣工验收，工程总投资 5.85 亿元。

鄞州大嵩围涂工程　位于鄞州区瞻岐镇，北仑洋沙山围垦工程南侧，鄞州滨海创业中心东侧，大嵩江入海口东北侧，牛鼻山水道西侧的大目洋海域。海堤长度为 8062 米，围涂面积 1.38 万亩。2008 年 6 月 1 日总监签发开工令，2012 年 12 月 25 日完成所有主体工程的单位工程验收，2014 年 5 月 21 日通过竣工验收，工程总投资 7.76 亿元。

奉化小狮子口围垦工程　位于奉化区松岙镇境内。此工程曾于 1960 年动工兴建，1962 年因故停建。1996 年 10 月 8 日重新开建，1998 年 11 月 27 日完成堵口，2001 年 10 月完工，2002 年 1 月 18 日通过验收，实际投资 3018 万元。总围涂面积 3360 亩。建成 1960 米海塘和一座 8 孔 ×4

米的狮黄闸（用于排涝）。工程建成后，使围区内嘉禾、北缺、金夫湾、大埠、小埠5条总长4.02千米的海塘成为内线海塘。

奉化红胜海塘续建（围垦）工程 位于象山港西北部的奉化区莼湖街道南侧，工程东起栖凤村，西至塘头村。始建于1969年3月，当时由国家出资250万元，农民投工205万工，完成土石方100万立方米，填筑海堤3.54千米。后来因为经济调整及技术等多种原因于1979年停工，此时红胜海塘还有中间1000余米堤段未堵口。2002年6月，被列入《浙江省滩涂围垦总体规划》，2003年12月，市发改委批复立项（甬计农〔2003〕748号），2005年10月《奉化市红胜海塘续建工程初步设计报告》获批（甬发改投资〔2005〕401号），围涂面积1.6万亩。主要建设内容：新建50年一遇防潮标准海堤长4267米；新建水闸3座；总净宽80米。2007年2月6日动工续建，到2008年12月26日实现主堤龙口合龙，2013年7月17日完成全部单位工程的验收，2019年7月18日召开竣工技术预验收会议，同年8月8日通过竣工验收，工程总投资3.39亿元。海堤基础采用夯爆去壳加爆破挤淤处理方法，较好地解决了复杂软基基础处理的难题。

宁海西店新城围海工程 位于宁海县西店镇象山港尾铁港口，围涂面积4293亩，海堤总长2246米。新城调洪计算水位为1.5米，在围区规划明珠湖，面积约500亩，最大调蓄面积670亩。新建水闸1处，总净宽7孔 ×8.0米；排涝河道2条，总长度2450米。海堤、水闸采用50年一遇防潮标准设计。2020年4月完成堵口，工程尚在施工过程中。

象山大中庄围填海工程 位于象山半岛北部的贤庠镇，地块西北紧邻中石油重工（宁波）基地，外临象山港海域，东南临新乐造船基地（一期），南临环港公路和山地。围垦面积1090亩，其中海域753亩，陆域337亩，新建海堤长1655米，水闸一座（2孔 ×2.5米），配套建设渔船避风锚地，概算总投资4.67亿元。2014年7月21日开工，2017年1月完工，2018年2月通过竣工验收。

三、大目洋岸滩围涂

象山道人山围涂工程 位于象山县产业园区城东工业园东侧，东临大目洋开敞式海域，西为涂茨镇。工程由宁波市水利水电规划设计研究院设计。围涂面积2.1万亩，海堤全长5365米，水闸共计4座13孔，总净宽84米，分别为猫头纳排闸、竹湾冲沙闸、饭桶山主纳闸、炮台山主排闸。通航船闸一座，单孔净宽10米。海堤、水闸等主要建筑物按防洪（潮）为50年一遇设计标准。2011年3月，道人山围涂工程举行开工仪式。于2011年6月28日开工，2016年1月22日通过竣工验收，工程总投资8.52亿元。

象山大目涂二期围垦工程 大目涂区域地处象山县中部沿海南庄平原外侧，北与松兰山海滨相接，东临大目洋。大目涂围垦工程分为一期和二期实施，一期项目由世界银行贷款建设完成，围涂1.5万亩，于1994年5月通过竣工验收。大目涂二期围涂工程围涂面积9958亩，工程布置由鹁鸪山至龙洞山礁头，海堤全长3050米。海堤防潮标准为50年一遇，在龙洞山建11孔总净宽44米的排涝闸一座和净宽8米的船闸一座，上游新建排涝河道总净宽为100米。围垦面积为9958亩。该工程主要建筑物有海堤、排涝闸、船闸、排洪河道等。50年一遇设计标准的海堤长3040米。

在龙洞山建排涝闸一座，计11孔总净宽44米，船闸一座，净宽8米，上游配套排涝河道长965米，河底宽为15米。主体工程于2004年10月正式开工，2010年2月12日通过完工验收，2011年4月7日通过竣工验收。工程总投资2.09亿元。

象山仁义涂围垦工程 位于象山县东陈乡。工程由浙江广川工程咨询有限公司设计，市发改委审批立项。围涂面积3888亩。新建50年一遇标准海堤长1689米，排水纳潮闸2座：其中南端水闸3孔 ×3米，北端水闸2孔 ×3米。2005年7月开工，2007年12月完工，2008年5月通过竣工验收。工程总投资5196万元。

象山县岛域围涂 象山县海洋资源丰富，近20年在高塘岛、南田岛等岛域因地制宜进行小型围涂，主要项目有：长大涂围涂面积2163亩，总投资4421万元，于2007年12月开工，2012年12月竣工验收；花岙二期围涂面积4158亩，总投资6417万元，于2007年6月开工，2012年12月竣工验收；高涂岙围涂面积1340亩，总投资2932万元，于2006年10月开工，2013年6月竣工验收；黄沙岙围涂面积3400亩，概算投资33453万元，于2015年6月开工，2018年7月完工；南田涂围涂面积2900亩，概算投资2524万元，于2003年开工，2005年完工；水糊涂一期围涂面积940亩，概算投资628万元，于2005年开工，2007年完工；水糊涂二期围涂面积4979亩，概算投资38128万元，2015年6月开工，2018年7月完工。

四、三门湾围涂

宁海下洋涂围垦工程 位于浙江海岸中部的三门湾内，东临白礁洋，南濒满山洋、猫头洋，西界胡陈港，北靠长街青珠农场海塘，与长街镇相接。围垦面积5.38万亩。主要建设内容包括：新建防潮标准50年一遇海堤17.35千米，堤线上新建配套水闸8座，总净宽162米。于2007年12月18日主体工程动工建设，2013年1月底前，通过所有合同工程完工验收，2014年5月9日通过竣工验收，工程总投资12.77亿元。2014年11月，宁海县下洋涂围垦工程荣获2013—2014年度中国水利工程优质（大禹）奖。

宁海双盘涂一期围垦工程 位于三门湾末端西北部、宁海县越溪乡境内，东起西白芨，西与原国庆塘相连。1995年10月开工，至2002年8月全面完工，总投资2915.05万元，总围涂面积3518亩。建成20年一遇标准海塘2358.5米，其中东堤长1229米，西堤长1229.5米；新建水闸3座，续建水闸1座；修建主干引河2410米，新建支引河4条，总长865米。此工程既是宁海县重要示范性围涂工程，也是市级生态渔业示范园区，围区内现有养殖塘2500亩。

蛇蟠涂围垦工程 位于三门湾西侧，跨越宁海、三门两县海域，围涂面积20762亩，其中宁海县17777亩（位于一市镇境内）。主要建设内容包括：新建20年一遇防潮标准海堤6366米，加固东沙友谊塘1212米；配套水闸7座，分别是双盘闸（纳排）4米 ×4米、前岙纳潮闸3米 ×4米、白芨纳潮闸5米 ×3.5米、大黄泥排水闸3米 ×3米、兰头排涝闸3米 ×3米和三门县的2座水闸。2004年9月2日，市发改委批复同意开工建设，2008年9月底主体工程全部建成。2009年1月15日完成9个单位工程验收，同年2月16日移交给宁海县资产经营管理有限公司。同年6月18日通过竣工验收，工程总投资1.74亿元。工程建成后为宁海县一次性新增耕地14253亩。

2001—2020 年宁波市滩涂围垦面积统计见表 7-3。

表 7-3　2001—2020 年宁波市滩涂围垦面积统计　　单位：亩

年份	余姚市	慈溪市	镇海区	北仑区	鄞州区	奉化区	宁海县	象山县	合计
2001	0	0	3327	0	0	420	3518	0	7265
2002	0	0	4424	319	0	0	0	0	4743
2003	0	0	0	829	0	0	0	2900	3729
2004	8000	67200	11850	201	0	0	850	0	88101
2005	8000	48900	0	0	0	0	0	0	56900
2006	0	30200	0	8600	0	0	0	14886	53686
2007	3500	56320	0	0	0	0	0	0	59820
2008	14100	0	7396	412	0	0	19420	1340	42668
2009	7300	58500	0	0		0	0	6321	72121
2010	5300	0	0	15381	13800	16000	0	0	50481
2011	10600	0	0	0	0	0	53800	0	64400
2012	17500	18460	0	216	0	0	0	0	36176
2013	9000	0	10440	0	0	0	0	21200	40640
2014	7900	28300	0	0	0	0	0		36200
2015	0	41600	0	0	0	0	0	4147	45747
2016	8800	0	0	0	0	0	0	4979	13779
2017	0	15600	0	0	0	0	0	0	15600
2018	0	0	0	0	0	0	0	0	0
2019	0	0	0	0	0	0	0	0	0
2020	0	0	0	0	0	0	4293	0	4293
合计	100000	365080	37437	25958	13800	16420	81881	55773	696349

第八章 农田水利

农田水利的主要任务包括农田灌排工程建设、农业用水管理以及农村小水电、山塘管理等行业监管。进入21世纪以后，农田水利建设重点有山塘治理、灌区节水配套改造、粮食生产功能区和现代农业园区（以下简称“两区”）的农田水利设施建设等，特别是高效节水灌溉技术得到广泛推广，宁波市以喷微灌为主的节水灌溉面积从2000年的2.04万亩发展到2020年的64.37万亩。同时，通过创建标准化管理、加强农业用水和农村小水电安全监管，农村水利管理工作取得新成效。

第一节　山塘整治

一、山塘概况

20 世纪 50 年代开始，为满足农村供水和农田灌溉需要，宁波市兴建一大批山塘。据 2004 年统计，全市有山塘 7128 座。经过实施山塘治理后，截至 2020 年年底，全市坝高 5 米以上山塘有 1865 座。2020 年宁波市山塘（坝高超过 5 米）数量统计见表 8-1。

表 8-1　2020 年宁波市山塘（坝高超过 5 米）数量统计　　单位：座

区域	山塘总数	其中		
		坝高不低于 15 米的山塘	屋顶山塘	普通山塘
鄞州区	137	20	33	84
海曙区	98	9	17	72
北仑区	103	8	49	46
镇海区	6	0	6	0
江北区	6	0	2	4
奉化区	349	34	131	184
慈溪市	36	2	20	14
余姚市	217	11	53	153
象山县	422	17	293	112
宁海县	491	50	99	342
合计	1865	151	703	1011

注：屋顶山塘是指集雨面积 0.1 平方千米以上、坝高 5 米以上且不足 15 米、下游地面坡度 2 度以上且 500 米以内有村庄、学校和工业区等人员密集场所的山塘；普通山塘是指坝高 5 米以上且不足 15 米的非屋顶山塘。

二、分类治理

因多年运行且年久失修，山塘安全隐患日益显现，遇台风暴雨部分山塘多次发生险情。各地重点对存在重大隐患的病险山塘进行除险加固。2006 年全市维修加固山塘 277 座，2007 年加固山塘 251 座。2009 年，省委、省政府作出“强塘固房”工作部署，宁波市在试点探索的基础上，提出“整治一批、保留一批、报废一批”的山塘分类治理方案，组织开展山塘系统治理，逐步消除山塘安全隐患。

（一）试点探索

为推动山塘整治工作，2009 年市水利局选在宁海县胡陈乡和象山县墙头镇开展以镇乡为单元的山塘系统整治工作试点。

宁海县胡陈乡地处宁海县东部山区，乡域面积96.9平方千米，境内辖18个行政村、37个自然村。2009年6月，市水利局会同宁海县水利局对胡陈乡232座山塘开展全面勘查和分类界定，并按照全面整治、维修加固、维持现状与报废4种模式，确定将其中25座山塘调整为池塘、23座山塘调整为拦水堰，计划对184座山塘进行分类治理。2010年3月组织编制《宁波市千塘整治工程宁海县胡陈乡试点工程规划》，确定全面整治山塘34座、维修加固48座、维持现状22座、实施报废80座。对于山塘报废，起初当地干部群众有不同想法，但通过宣传、讲明道理，打消群众不愿报废的念头。与此同时，宁波市制定鼓励政策，对实施全面整治、维修加固、报废的山塘，分别给予30万元、20万元、5万～10万元不等的市级财政补助。胡陈乡组织专门人员加强施工、质量和资金管理，到2011年年底，全乡试点任务基本完成，总投资达3500万元。经过山塘清淤，新增蓄水库容9.6万立方米，新增灌溉面积约800亩，改善灌溉面积约5000亩；80座山塘实施报废后，新增良田152亩；整治后的山塘面貌及周边环境得到明显改变。

象山县墙头镇镇域面积87平方千米，辖23个行政村、1个居民社区，域内主要有仓岙、方家岙、白娘岙3大水系。市水利局委托市水利设计院组成调查组，历时1个月，对全镇山塘逐座进行勘察和安全现评估，将正常蓄水位低于下游地面高程且无防洪安全隐患的山塘界定为池塘；将位于溪坑中且为溪流一部分的山塘界定为拦水堰。经分类界定后，原有16座山塘调整为池塘或拦水堰，保留148座山塘，其中总容积1万立方米及以上的山塘16座（含屋顶山塘14座）、0.5万～1万立方米的山塘30座（含屋顶山塘18座）、其余均为小于5000立方米的山塘。2010年7月，编制完成《宁波市山塘及小流域整治工程象山县墙头镇试点工程规划》，将148座山塘按全面整治、维修加固、维持现状及报废4种方式确定分类治理方案，其中，全面整治33座、维修加固48座、维持现状11座、报废56座。2010年下半年，率先在墙头、岭下、下沙3个村开展治理试点工作，采取“先报废，后加固”和“村负责政策处理、镇负责工程建设”的工作方式。同时，山塘整治以村为单位，统一进行项目打包立项和施工招投标。到2012年9月，全镇完成全面整治山塘82座、报废51座（5座山塘因村民要求调整为维修加固予以保留），累计投入资金5900多万元。经过山塘分类整治，全镇共增加蓄水库容20余万立方米，恢复农田有效灌溉面积5000亩，山塘报废后退塘还耕土地80余亩。

（二）实施及成效

在宁海县胡陈乡、象山县墙头镇试点成功和完成全市山塘调查的基础上，2010年年底市水利局编制完成《宁波市山塘整治规划》，要求以镇乡为单位实施山塘整治的镇乡共53个，“十二五”期间规划完成1万立方米以上屋顶山塘治理459座。2011年开始，市水利局部署开展全市山塘整治工作，要求以镇乡为单元，按照全面整治、维修加固、维持现状和报废4种模式进行分类治理。

到“十二五”末，全市共完成山塘分类治理2745座，涉及55个镇乡，总投资超过20亿元，其中1万立方米以上屋顶山塘基本完成治理任务。

三、山塘管理

山塘管理实行分级负责，部门及企业所属的山塘由该单位（部门、企业）负责。2006年，市水利局制定《宁波市小型水库、屋顶山塘巡查工作管理办法》（试行），进一步规范屋顶山塘巡查管理工作。2009年2月，市水利局、财政局、发改委联合印发《宁波市强塘工程建设项目计划与资金管理办法》，规定山塘整治项目的市级补助标准为：奉化区、宁海县、象山县为30万元每座；其他区（县、市）为20万元每座；办理报废手续的山塘5万元每座。同年4月，市水利局制定《实施宁波市强塘工程屋顶山塘整治建设管理若干意见》。2011年5月，市水利局制定《宁波市山塘治理工程验收办法》（试行）。

山塘日常管理由各镇乡、村负责，2016年以后，各地探索采用巡检管理系统，以及“以大带小”“小小联合”“分片统管”等集约化管理模式。2016年开始，各地开展山塘确权划界工作，如象山县以高塘、鹤浦为试点开展山塘确权登记，把山塘以不动产方式登记到村或其他管理组织，由国土部门颁发不动产权证书、水利部门颁发所有权证书，建立产权明晰、责任明确的山塘管理体制。

第二节 灌区改造

一、灌区概况

2000年，宁波市有大型灌区2个和中型灌区14个。2012年第一次全国水利普查统计，全市有大小灌区832个，其中大型灌区2个、中型灌区22个、小型灌区805个。规模以上（2000亩以上）灌区共66个，设计灌溉面积212.13万亩，有效灌溉面积200.93万亩。

截至2020年年底，宁波市有2个大型灌区，分别是亭下水库灌区和四明湖灌区；中型灌区15个，由水利普查的22个调整为15个（象山县减少6个、宁海县减少1个），其中15万～30万亩的2个、5万～15万亩的7个、1万～5万亩的6个；小型灌区815个，其中80个提水灌区、735个自流灌区，有效灌溉面积占全市有效灌溉面积的27.07%。2020年宁波市大、中型灌区基本情况一览见表8-2，2020年宁波市小型灌区基本情况一览见表8-3。

表8-2 2020年宁波市大、中型灌区基本情况一览

序号	灌区名称	区域	灌区规模	主要水源	灌区水源类型	设计灌溉面积/万亩	有效灌溉面积/万亩	受益年份
1	亭下水库灌区	奉化区、鄞州区、海曙区	大型	水库、河网	自流	67.4	35.35	1985
2	四明湖水库灌区	余姚市		水库、河网	自流	43.4	37.88	1984
3	横山水库灌区	奉化区	中型	横山水库	自流	18.90	5.83	1968
4	东河区灌区	慈溪市		平原河网	提水	23.67	21.30	1992
5	中河区灌区	慈溪市		平原河网	提水	21.87	20.42	1992
6	西河区灌区	慈溪市		平原河网	提水	18.93	14.12	1992
7	胡陈港灌区	宁海县		胡陈港水库	自流	15.00	8.76	1979

续表

序号	灌区名称	区域	灌区规模	主要水源	灌区水源类型	设计灌溉面积/万亩	有效灌溉面积/万亩	受益年份
8	大塘港灌区	象山县	中型	大塘港水库	提水	9.40	5.77	1974
9	江北灌区	江北区 镇海区		河网、水库	提水	18.4	10.39	1965
10	慈江灌区	江北区		姚江	提水	10.00	8.21	1972
11	鄞西平原河网灌区	海曙区		皎口水库	自流	22.40	12.38	1980
12	大嵩滨海灌区	鄞州区		河网、梅溪水库	自流	7.05	3.33	1974
13	宁锋灌区	海曙区		河网、皎口水库	提水	1.66	1.29	1980
14	河姆渡灌区	余姚市		姚江、车厩水库	自流	2.42	—	1992
15	陆埠灌区	余姚市		陆埠水库	自流	5.5	—	1970
16	三七市灌区	余姚市		大池墩水库 相岙水库	自流	2.85	—	1992
17	丈亭灌区	余姚市		寺前王水库 姚岭水库	自流	1.59	—	1992

注：序号 3 ~ 11 为重点中型灌区。

表 8-3　2020 年宁波市小型灌区基本情况一览

区域	灌区数量/座	主要水源	灌溉方式	有效灌溉面积/万亩
海曙区	52	水库、河网	自流	1.61
江北区	1	水库、河网	自流	0
北仑区	1	水库、河网	自流	0.01
镇海区	44	水库、河网	提水 + 自流	4.06
鄞州区	100	水库、河网	提水 + 自流	2.68
奉化区	162	水库、河网	自流	14.10
慈溪市	55	水库、河网	自流	11.20
余姚市	1	水库、河网	提水	0.93
宁海县	292	水库、河网	自流	18.02
象山县	107	水库、河网	提水 + 自流	18.70
合计	815			71.31

二、大型灌区

（一）亭下水库灌区

2008 年，按照水利部关于开展《全国大型灌区续建配套与节水改造规划（2009—2020 年）》编制工作要求，市水利局编制《宁波市亭下水库灌区续建配套与节水改造规划（2009—2020 年）》。规划项目包括：改建渠首翻板闸为橡胶坝，维修渠首进水闸，对引水总渠、输水总干渠等渠道进行护岸整治和疏浚，对相关进水闸、节制闸进行更新改造和重建，建立灌区水情自动监控系统等。项目建设分 3 期实施。

一期工程（2010—2011年），为渠首枢纽维修工程，内容包括：拆除翻板闸门、排涝闸、船闸及其启闭房；在原址新建橡胶坝；新建人行桥；渠道工程及萧镇进水闸维修；新建萧镇管理房及配套建立渠首自动化监控系统。工程概算总投资4037.54万元（工程部分投资3308.54万元，政策处理部分729万元），其中中央财政预算内投资补助1000万元，宁波市级财政配套2000万元。工程于2010年1月开工建设，于2011年8月通过合同工程完工验收，2014年10月17日通过竣工验收，实际完成投资3744.71万元。

二期工程（2010—2013年），主要建设内容包括：为对奉化区萧镇总干渠（进水闸至栎树塘闸段）8.9千米、第一干渠1千米进行疏浚和改造；新开支渠370米、疏浚治理支渠710米；新建工情遥测系统；对沿线5座渠系建筑物进行改造等。工程概算总投资8329万元。工程于2010年10月正式开工建设，2015年通过竣工验收。实际完成投资7518.05万元（其中中央财政预算内投资补助1500万元，宁波市级财政配套1500万元）。

三期工程（2012—2013年）主要建设内容为北仑片改造工程，包括：改造渠道5815米；维修加固育王岭隧洞2293米；同时对进出口管理区进行配套改造，新建桥梁2座，并配置安装水利计量操控设施等。工程概算总投资9052万元，其中宁波市级财政补助1500万元。工程于2012年2月开工，2013年6月通过合同工程完工验收。

（二）四明湖水库灌区

1999年，余姚市水利局编制完成《余姚市四明湖灌区续建配套与节水改造规划报告》，主要建设内容包括：整治干渠43.3千米；除险加固渠系建筑物146处；疏浚河道184.3千米；改造灌排泵站97座；高扬程机埠19座；新建泵站13座；维修节制闸46座；建设节水示范工程2.2万亩；新建灌区调度中心。项目总投资23045万元，其中主体工程为15192万元。

四明湖灌区改造项目共分7期实施，批复概算总投资18300万元。到2019年，7期项目已全部完成，完成总投资16375.57万元，其中累计中央补助资金5347万元，宁波市补助资金1720万元。

一期项目建设期为1999年度，工程概算总投资1508万元，实际完成投资1509.19万元，其中中央到位资金600万元。一期项目完成：总渠衬砌5379米；马渚干渠1000米；城南干渠3000米；骨干河道疏浚68千米；改造泵站40座；改造水闸5座等。工程于2006年9月1日通过竣工验收。

二期项目建设期为2002年度，工程概算总投资1567万元，实际完成投资1480万元，其中中央预算专项资金600万元。二期项目完成：四明湖总干渠西堤堤顶硬化3000米；总干渠防渗衬砌3000米；城南干渠防渗衬砌1200米；马渚干渠防渗衬砌3000米；疏浚青山江、长冷江等灌区骨干河道57.5千米；泵站改造16座；新建节水工程面积1830亩；改造小型排涝节制闸6座；新建灌区水质检测站1座。工程于2006年9月1日通过竣工验收。

三期项目建设期为2003年度，工程概算总投资751.2万元，实际完成投资757.01万元，其中中央国债资金300万元。三期项目完成：总渠衬砌2044.6米；牟山湖疏浚1处；灌区骨干河道疏浚14.5千米；改造泵站3座；修复西江护岸1处等。工程于2006年9月通过合同工程完工验收。

四期项目建设期为2004年度，主要建设内容为新建灌溉试验站。后因多种原因未建。2015

年 4 月，市水利局向水利部农水司请示并获得同意取消四期项目，四期项目中中央预算内投资 500 万元调整至七期项目。

五期项目建设期为 2009 年度，工程概算总投资 4072.44 万元，实际完成投资 5814.07 万元，其中中央资金 1200 万元，宁波市级补助 600 万元。五期项目完成：新建子渠 9.915 千米；新建提水泵站 2 座；拆建桥梁 4 座等。工程于 2015 年 7 月通过竣工验收。

六期项目建设期为 2012 年度，工程概算总投资 4779.8 万元，实际完成投资 4314.42 万元，其中中央资金 1500 万元，宁波市级补助 600 万元，地方配套资金 3360.74 万元。六期项目完成：河渠改造 2 条，共计 5855 米，其中吴泽浦河渠整治 3255 米，彭王浦河渠整治 2600 米；改造泵站 7 座，闸泵 6 座，水闸 5 座。工程于 2014 年 5 月 22 日通过合同工程完工验收。

七期项目建设期为 2013 年度，工程概算总投资 3703.82 万元，实际完成投资 2500.88 万元，其中中央资金 1147 万元，宁波市级补助 520 万元，地方配套资金 2736.31 万元。

三、中型灌区

横山水库灌区　2008 年 12 月，奉化市水利局组织编制《宁波市奉化市横山水库灌区节水配套改造项目申报设计报告》。2009 年 11 月，水利部办公厅国家农业综合开发办公室（水农〔2009〕582 号）同意此项目列入 2009 年第二批农业综合开发中型灌区节水配套改造项目实施计划。2009 年 12 月，市农业综合开发办公室、市水利局联文批复同意（甬农发〔2009〕75 号、甬水利〔2009〕82 号）。2010 年 3 月，市水利局批准初步设计，概算总投资为 2979.4 万元。项目于 2010 年 11 月开工。共完成：楼岩堰、广渡堰、童桥堰 3 座堰坝的改建；改造总干渠一 1.92 千米、总干渠二 0.69 千米、改造干渠 1.3 千米、疏浚干渠 3 千米；改造水闸 8 座、改造排水沟 1.7 千米、新建泵站 5 座；改造泰桥河道 0.6 千米、进排水渠道 2 千米。

胡陈港灌区　2010 年 3 月，市水利局批复《宁海县农业综合开发胡陈港水库灌区节水配套改造项目初步设计》（甬水建〔2010〕14 号），主要配套改造内容包括：改造干线总浦塘 6.87 千米、龙山渠道（二期）2.48 千米、十字河南北渠 3.45 千米、东西渠 4.85 千米；维修改造翻水站 3 座，新建和拆除重建翻水站 4 座，配套管理房 7 座。概算总投资 2406 万元。工程项目分 2 期实施，主要完成内容包括：加固一干线 6.5 千米、二干线 2.0 千米、三干线 2.61 千米；维修加固龙山渠道 1.12 千米，其中龙山渠道下游 0.55 千米开挖清淤；维修配套改造水闸 7 座，拆除重建水闸 1 座，新建和拆除重建翻水站 4 座，维修改造翻水站 3 座；维修改造渠道堰 1 座，新建桥梁 8 座；配套管理房 7 座及其观测设施 6 项、翻水站配电房 3 座。总投资为 2406.19 万元，2010 年完成投资 1093.72 万元，2011 年完成 1312.47 万元。

大塘港灌区　大塘港水库灌区农业综合开发水利骨干工程总投资 2680 万元，其中建安工程 2031.1 万元。主要建设内容包括：渠首枢纽工程（改建渠首的翻水站、排咸站等建筑物，更新河网节制闸门、启闭设备，两岸防渗处理）、渠系工程（对 16.7 千米输水总干渠进行整治）、河网整治清淤工程（清淤河道 21.5 千米，个别冲刷段落进行砌石护坡和防渗处理）、现代化农业示范田 10000 亩。2003 年 10 月，大塘港灌区灌溉示范项目批复立项（甬计农〔2003〕608 号）。

同年12月，市水利局批复大塘港灌区节水灌溉示范项目实施方案，建设面积3200亩，工程总投资1184万元。工程分3期实施：一期工程实施微喷灌面积160亩，固定灌溉面积500亩；二期实施固定喷灌面积800亩；三期实施1100亩，其中喷水带灌溉面积300亩，半移动喷灌800亩。

第三节　小型农田水利

2000年以后，小型农田水利和高效节水灌溉工程建设重点围绕粮食功能区、现代农业园区建设等领域组织开展，政府主导或重点支持的建设项目分别由水利、农业农村、国土资源等部门组织实施。

一、规划编制

按照“因地制宜、合理布局、突出重点、注重实效”的原则，结合农业产业农展、土地整理与利用、城镇建设等专项规划，组织开展市、县、镇乡三级农田水利规划编制工作。

2005年7月，水利部印发《关于开展〈小型农田水利工程建设规划（2006—2015年）〉编制工作的通知》。同年10月，市水利局编制完成《宁波市小型农田水利工程建设规划（2006—2015年）》，规划建设内容包括小型自流灌区的续建配套与节水改造、小型提水灌区的续建配套与节水改造、小型水源工程及为灌区服务的河道治理4个部分。2007年12月，市水利局编制完成《宁波市农业节水工程专项规划（2007—2011年）》。2010年，组织开展市、县、镇乡三级农田水利规划编制工作。2011年和2016年，市水利局分别编制完成全市农村水利“十二五”和“十三五”专项规划。2011年，以《宁波市农村水利“十二五”专项规划》为基础，市府办公厅印发《关于加快农田水利设施建设的通知》（甬政办发〔2011〕328号），提出全市加快农田水利设施建设的总体要求、目标任务、建设原则、项目管理、运行机制以及保障措施等。

2011年，各区（县、市）水行政主管部门编制县级农田水利建设规划（2010—2020年），报市水利局审查后，由县级人民政府批准实施。此次规划以粮食生产功能区和现代农业园区水利配套建设为重点，以镇乡为单元，以集中连片、区域整体推进为原则，全面规划、系统整合项目区内各类小型农田水利设施，以提高农田水利投资效益和农业抗灾害能力。具体建设内容包括农田灌排河道、农田末级灌排渠系、农田翻排泵闸、小型水源工程、小型灌区固定渠道及其配套建筑物、田间工程以及喷微灌等高效节水灌溉工程。

二、项目建设

2000年以后，农田水利建设大多由政府主导，农村集体经济组织、农民用水合作组织以及其他社会力量参与。依照部门职责分工，政府扶持项目分为：水利部门负责实施的农田水利建设（包括中央小农水项目、面上小农水项目）、农业部门负责实施的农田水利建设、财政部门组织实施的农业综合开发项目、国土资源部门组织实施的高标准农田建设。2019年政府机构职能调整后，宁波市农田水利建设工作主要由农业农村、水利部门负责，其中水利部门主要负责大中型灌区建设和农业用水管理；农业农村部门负责小型农田水利建设。

（一）水利部门实施的项目建设

按照投资来源，水利部门实施的农田水利建设项目主要包括中央小农水项目和市、县两级面上小农水项目。

1. 中央小农水项目

中央小农水项目建设包括中央财政小型农田水利重点县建设（以下简称“重点县”）、中央财政小型农田水利专项工程（以下简称“专项工程”）、中央财政小型农田水利项目县建设（以下简称“项目县”）等三类。

重点县　实施期为2009—2016年。2009年6月，财政部印发《关于实施中央财政小型农田水利重点县建设的意见》（财农〔2009〕92号），提出从2009年起，在全国范围内选择一批区（县、市）实行重点扶持，通过集中资金投入，连片配套改造，实现小型农田水利建设由分散投入向集中投入转变。重点县建设内容包括喷滴灌、低压管道、灌排沟渠、水闸、泵站、蓄水池、河道、塘坝、机耕路、机耕桥、信息化设施等建设以及灌排河渠清淤。同年11月，财政部、水利部联合印发《中央财政小型农田水利重点县建设管理办法》（财农〔2009〕336号），明确重点县建设分批分期开展，每批重点县建设期限为3年。2009—2016年，宁波市申请到重点县共4批（其中第二、第五批未申报）：第一批一般重点县为余姚市；第三批高效节水灌溉试点重点县为象山县；第四批高效节水灌溉试点重点县为慈溪市，第四批一般重点县为余姚市；第六批一般重点县为余姚市、慈溪市。4批重点县的总受益面积为34.66万亩，总投资6.25亿元。2009—2016年宁波市中央财政小农水重点县建设情况一览见表8-4。

表8-4　2009—2016年宁波市中央财政小农水重点县建设情况一览

重点县	批次	建设期限 / 年	总受益面积 / 万亩	总投资 / 亿元
余姚市	第一批	2009—2011	5.20	0.59
象山县	第三批	2011—2013	6.67	1.15
余姚市	第四批	2012—2014	3.95	0.77
慈溪市	第四批	2012—2014	7.06	2.09
余姚市	第六批	2014—2016	5.26	0.70
慈溪市	第六批	2014—2016	6.52	0.95
合计			34.66	6.25

注：第二批、第五批未申报。

专项工程　实施期为2011—2012年。2011年，开展中央财政小型农田水利专项工程建设（中央追加小型农田水利设施建设补助专项资金项目），宁波市实施项目有镇海、北仑、鄞州和余姚的农村河塘清淤整治，共完成投资5651.3万元（其中中央资金2000万元），涉及河道清淤长度153.27千米。

项目县　实施期为2014—2018年。项目县主要建设内容为山塘、河道堤防、灌排河渠、水闸、泵站、机耕桥、喷滴灌、涵管、堰坝、水土保持等工程建设以及农田灌排河渠清淤。2014年度中央统筹资金2700万元用于宁波市农田水利建设项目；2015年度中央财政安排4700万元用于宁波市农田水利设施建设重点县（增量资金）项目；2016—2018年，中央安排给宁波的中央财政水利发展资金中，每年安排2400万的小农水建设专项资金用于农田水利建设。2014—2017年，宁波市共获得市级以上补助资金达1.87亿元。2014—2017年宁波市中央财政小型农田水利项目县补助统计见表8–5。

表8–5　2014—2017年宁波市中央财政小型农田水利项目县补助统计

年份	项目名称	补助资金/万元		
		中央补助	市级补助	市级以上
2014	镇海区九龙湖镇低洼地防洪排涝应急工程	500	500	1000
	余姚市低塘街道农田水利基本建设示范项目	900	0	900
	慈溪市崇寿镇小型农田水利项目	1300	500	1800
2015	余姚市中央财政农田水利设施建设重点县（增量资金）项目	1200	360	1560
	宁海县中央财政农田水利设施建设重点县（增量资金）项目	1200	540	1740
	象山县中央财政农田水利设施建设重点县（增量资金）项目	1500	500	2000
	杭州湾新区中央财政农田水利设施建设重点县（增量资金）项目	800	450	1250
2016	慈溪市中央财政小型农田水利项目（周巷镇三塘横江以南区块）	1750		1750
	奉化市中央财政小型农田水利项目	770		770
	象山县中央财政小型农田水利项目	1260		1260
	杭州湾新区中央财政小型农田水利项目	1400		1400
2017	奉化区（萧王庙街道）中央财政小型农田水利设施项目	894		894
	象山县中央财政小型农田水利项目	1075		1075
	杭州湾新区（荣成块区）中央财政小型农田水利项目	1300		1300
合计				18699

2. 市、县两级小农水项目

结合农业“两区”集中化系统建设，水利部门大力配套建设小型农田水利设施，通过灌排河道、输水沟渠、碶闸泵站、堤防堰坝等配套建设，提高农田灌溉排涝标准。建设项目包括小型农田水利改造项目、“两区”示范区内农田水利建设项目、以自然村为单位的区块农田水利建设等。2011—2019年，宁波市完成小型农田水利建设88万亩，总投资约15.25亿元。2011—2019年宁波市小型农田水利建设基本情况一览见表8–6。

表8–6　2011—2019年宁波市小型农田水利建设基本情况一览

年份	受益面积/万亩	年度投资/万元
2011	11.352	10123
2012	24.1022	26899

续表

年份	受益面积 / 万亩	年度投资 / 万元
2013	9.963	33767
2014	7.047	7353
2015	3.4036	7660
2016	9.98	18151
2017	6.63	17500
2018	7.55	15000
2019	8	16000
合计	80.0278	152453

（二）相关部门实施的项目建设

2019 年机构改革前，除水利部门组织实施农田水利建设外，还有宁波市农业局实施的粮食功能区建设、市农业综合开发办（市财政局）实施的农业综合开发项目、市国土资源局实施的高标准农田建设等。据初步统计，共投入资金约 42 亿元。

粮食功能区建设　2009 年启动粮食功能区（以下简称“粮供区”）建设，主要对粮功区内的沟、渠、路进行修建，补助标准为每亩 200 元，市、县两级财政各承担一半。2009—2011 年，宁波市累计投入建设资金近 3 亿元，共建成市、县两级粮功区 412 个、面积 80.08 万亩，涉及 9 个区（县、市）共 92 个镇乡，其中市级粮功区 138 个、面积 47.6 万亩，县级粮功区 274 个、面积 32.48 万亩。2011 年，市政府决定对 45 万亩市级粮功区实施标准化建设。主要建设任务为提高沟、渠、路等配套基础设施的建设标准，补助标准为每亩 1000 元，后提高到 1360 ~ 1500 元。

“十二五”期间，宁波市对 127 个粮功区实施标准化建设，面积 45.42 万亩，涉及 8 个区（县、市）共 65 个镇乡，总投资超过 5 亿元。“十三五”期间，市政府决定对 35 万亩县级粮功区进行标准化建设。2016—2017 年全市立项粮功区标准化建设 12.69 万亩，其中 2016 年 8.02 万亩、2017 年 4.67 万亩，投入建设资金 1.9 亿元。2016 年，全市粮功区标准化建设项目累计新改建排水沟 76.78 万米、进水渠 82.02 万米、砂石机耕路 42.32 万米、硬化路面 16.04 万米，新建农机坡道 2 万余个。2009—2017 年宁波市粮食生产功能区建设汇总见表 8–7。

表 8–7　2009—2017 年宁波市粮食生产功能区建设汇总

区域	粮功区数量 / 个	面积 / 万亩	其中			
			市级粮功区		县级粮功区	
			数量 / 个	面积 / 万亩	数量 / 个	面积 / 万亩
江北	3	2.63	1	1.14	2	1.49
北仑	10	1.10	2	0.40	8	0.70
镇海	3	2.55	1	1.44	2	1.11
鄞州	63	19.55	30	13.67	33	5.88

区域	粮功区数量 / 个	面积 / 万亩	其中			
			市级粮功区		县级粮功区	
			数量 / 个	面积 / 万亩	数量 / 个	面积 / 万亩
余姚	94	16.80	37	10.61	57	6.19
慈溪	34	5.63	12	2.58	22	3.05
奉化	22	10.23	6	6.03	16	4.20
象山	64	10.13	27	6.55	37	3.58
宁海	118	11.30	21	5.02	97	6.28
东钱湖	1	0.16	1	0.16	0	0
合计	412	80.08	138	47.60	274	32.48

农业综合开发项目　为保护与支持农业发展，改善农业生产基本条件，优化农业和农村经济结构，提高农业综合生产能力和综合效益，中央财政设立专项资金支持地方开展农业资源综合开发利用。农业综合开发项目包括土地治理项目和产业化发展项目两类。其中土地治理项目包括高标准农田建设、生态综合治理、中型灌区节水配套改造等。“十二五”期间，宁波市批复立项的农业综合开发高标准农田建设项目有 71 个，安排资金 6.72 亿万元，其中中央财政资金 2.11 亿元、宁波市级财政资金 2.54 万元、县级财政资金 1.91 万元。开发治理高标准农田面积 53.25 万亩。“十三五”期间，宁波市批复立项高标准农田建设项目有 49 个，安排资金 5.19 亿元，其中中央财政资金 1.73 亿元、宁波市级资金 2.07 亿元、县级财政资金 1.39 万元，开发治理高标准农田面积 32.2 万亩。在“十二五”和“十三五”期间，通过高标准农田建设，全市新建和修建拦河坝 41 座，排灌站 398 座，输变电线路配套 11.63 千米，渠系建筑物 436 座，小型蓄排水工程 5 座，田间道路 1085.24 千米；开挖疏浚渠道 103.98 千米，衬砌渠道 1914.77 千米，埋设管道 46.4 千米，营造农田防护林 0.96 万亩。

高标准农田建设　2011 年以后，由市国土资源局实施的高标准农田建设提升类和建设类项目共 354 个，实施面积 92.27 万亩，总投资 19.81 亿元。主要建设内容包括土壤改良、灌排渠道、小型泵闸以及机耕路桥等工程建设。

三、用水管理

（一）农田灌溉水有效利用系数测算

灌溉水有效利用系数是国家实行最严格水资源管理制度、实现水资源管理“三条红线”控制的一项重要指标。2013 年起国务院将农田灌溉水有效利用系数指标纳入对各级政府的考核，并通过水资源公报向全社会公布。《浙江省人民政府办公厅关于开展农田水利标准化建设的意见》（浙政办发〔2011〕84 号）明确，从 2015 年开始对各地人民政府所辖区的灌溉水有效利用系数目标值进行考核。

2013 年 3 月，宁波市开展农田用水量测算业务培训、实施方案编制、样点灌区和典型田块选择、量测仪器安装及率定、测量记录及报告编制等一系列工作。2013—2015 年，全市共选出 17 个样点灌区。2013 年选取 30 个典型田块开展量水记录，到 2015 年典型田块增加到 33 个，其中自动计量也由原来的8个增加到26个，人工计量由原来的22个减少到7个，个别地方初步构建农田灌溉量水查询系统。每年12月底，编制完成市级农田灌溉水有效利用系数测算分析报告，上报省水利厅。

2016年，在基本建成市、县两级农田灌溉水有效利用系数测算体系基础上，市水利局制定《宁波市农田灌溉水有效利用系数测算分析工作考评实施细则》（甬水利〔2016〕80号），开始对县级测算分析工作进行考核。2017年，随着省级考评实施细则调整，相应调整《宁波市农田灌溉水有效利用系数测算分析工作考评实施细则（2017年）》，增加量水设施自动化和专题研究的加分项。全市样点灌区增加到21个，典型田块增加到107块，量水设施在线自动化率达65.9%。2018年相比2017年，样点灌区和渠首数量保持一致，典型田块数量减至104块，量水设施相应减少6个，渠首和典型田块量水设施自动化在线率为65.4%。2013—2020年宁波市农田灌溉水有效利用系数测算成果统计见表8-8。

表8-8 2013—2020年宁波市农田灌溉水有效利用系数测算成果统计

序号	区域	2013年	2014年	2015年	2016年	2017年	2018年	2019年	2020年
1	海曙区	—	—	—	—	0.617	0.616	0.616	0.616
2	江北区	0.589	0.596	0.601	0.602	0.608	0.611	0.616	0.62
3	镇海区	0.606	0.616	0.616	0.616	0.618	0.621	0.626	0.63
4	北仑区	0.552	0.557	0.56	0.56	0.57	0.58	0.588	0.591
5	鄞州区	0.565	0.572	0.575	0.575	0.57	0.574	0.581	0.59
6	奉化区	0.566	0.57	0.572	0.572	0.577	0.584	0.59	0.6
7	余姚市	0.55	0.57	0.572	0.577	0.588	0.599	0.605	0.62
8	慈溪市	0.512	0.56	0.587	0.592	0.601	0.61	0.622	0.631
9	宁海县	0.575	0.595	0.604	0.612	0.617	0.62	0.626	0.63
10	象山县	0.594	0.596	0.591	0.591	0.592	0.599	0.609	0.62
全市平均		0.562	0.573	0.581	0.589	0.596	0.604	0.612	0.618

注：数据来源于历年宁波市农田灌溉水有效利用系数测算分析成果报告。

（二）农业水价综合改革

根据《国务院办公厅关于推进农业水价综合改革的意见》（国办发〔2016〕2号）和《浙江省人民政府办公厅关于印发浙江省农业水价综合改革总体实施方案的通知》（浙政办发〔2017〕118号），2017年宁波市启动农业水价综合改革。同年2月，成立由分管副市长任组长的宁波市农业水价综合改革领导小组。全市农业水价综合改革工作从2018年开始，历时3年全面完成[1]。

四、高效节水灌溉

喷灌、微灌工程（简称喷微灌）是宁波市农业高效节水灌溉的主要工程措施。进入21世纪以后，喷微灌经历从起步到发展，从快速发展到智能化、多学科融合发展的过程。2003—2006年，全市推广喷微灌面积5100亩，投资约2600万元。2007年起，以服务现代农业发展为目标，宁

[1] 详见第十一章第二节水资源管理机制改革。

波市在全省率先开展大规模的高效节水灌溉工程建设，制定《宁波市农业节水工程项目建设与资金管理办法（试行）》，推进喷微灌工程建设。2009年9月，市委印发《关于进一步加强先进灌溉技术推广工作的通知》（甬政办发〔2009〕218号），提出“十二五”期间，全市完成喷微灌基地20万亩，全市实现先进灌溉设施受益面积累积到45万亩。市水利局印发《关于进一步加快农业节水工程建设的通知》，明确喷微灌项目市级财政补助35%，区（县、市）不低于1∶1配套，同时提出发展喷微灌工程示范基地，对列入示范基地的喷微灌工程项目市级财政奖励补助10%。“十二五”期间，全市完成喷微灌基地28.1万亩，先进灌溉设施受益面积累计达53万亩。超额完成“十二五”规划目标。到2020年年底，全市高效节水灌溉工程受益面积累计达到64.37万亩、畜禽养殖喷淋面积62.47万平方米，完成投资约7.33亿元。在2003—2016年，争取中央高效节水补助项目27个，建设面积25.2万亩，总投资5.16亿元，其中中央补助1.88亿元。2003—2020年宁波市喷微灌工程建设情况统计见表8-9。

表8-9　2003—2020年宁波市喷微灌工程建设情况统计

年份	项目数 / 个	农业种植受益面积 / 万亩	畜禽养殖喷淋面积 / 万 m^2	年度投资 / 万元
2003	5	0.47		2376
2004	4	0.38		799
2005	5	0.05		228
2006	3	0.14		385
2007	16	1.76		3689
2008	18	2.13		2417
2009	46	5.43	10.86	4866
2010	47	5.31	26.3	7664
2011	89	10.30	13.8	10036
2012	106	11.65	4.54	7856
2013	83	6.52	6.97	3647
2014	38	5.60		3052
2015	21	3.98		1806
2016	17	2.80		4539
2017	83	2.41		5648
2018	64	1.58		4629
2019	30	3*		7500*
2020	15	1*		2500*
合计	690	64.37	62.47	73252

注：2019年和2020年建设面积为计划完成任务数，年度投资为估算值。

（一）喷灌

喷灌是喷洒灌溉的简称，宁波市应用的喷灌形式主要包括固定式、半移动式、平移式三种喷灌形式。

固定式喷灌 指所有管道都埋在地下，在田间装有喷头竖管的喷灌系统（图 8–1），是宁波农业节水灌溉的主要形式。主要应用在竹笋、柑橘、茶叶、绿花菜、叶菜等经济蔬菜作物和花卉苗木园林作物。

半移动式喷灌 指部分主管路埋在地下，在田间采用移动的支管，装有喷头竖管也可移动的喷灌系统（图 8–2）。其特点是支管用量较少，投资较小，但是移动支管需要耗费人力，并且支管容易损坏。主要应用在田间轮种、需耕地翻地等灌溉区。

图 8–1 慈溪市匡堰镇茶园固定式喷灌

图 8–2 余姚市休闲区草坪半移动式喷灌

平移式喷灌 指输水管道、喷头、水泵均可移动的喷灌系统（图 8–3）。主要用于规则大田作物。2012 年，慈溪市杭州湾现代农业开发区（东片）规模化节水灌溉增效示范项目实施，采用维蒙特 DPP–822 型电动平移式喷灌机，喷灌机长 822 米，受益面积达 2000 余亩。

（二）微灌

微灌是利用专用设施，将有压水输送分配到田间，通过灌水器以微小的流量湿润作物根部附近土壤的一种灌水方法。常用的微灌方式有滴灌、微喷灌、渗灌、膜下灌等，宁波市主要采用滴灌和微喷灌。在高效节水灌溉实践中，根据土壤墒情，利用信息平台远程控制水泵，实现灌溉“智能化喷微灌”；并利用喷微灌系统，以肥随水，实现“水肥一体化”。

滴灌 指通过安装在毛管上的灌水器，将水均匀、缓慢地滴入作物根区附近土壤中的灌水形式（图 8–4）。宁波市滴灌的使用类型分为固定式地面滴灌、半固定式地面滴灌、膜下滴灌等，主要应用在大棚保护地栽培和部分陆地品种，如草莓、葡萄、西瓜、甜瓜等水果作物及黄瓜、辣椒、茄子、番茄等蔬菜作物。

图 8–3 慈溪现代农业园区平移式喷灌

图 8–4 江北区慈城镇滴灌工程

微喷灌 微喷灌是介于喷灌与滴灌之间的一种灌水方法。是利用直接安装在毛管上或与毛管连接的微喷头，将压力水以喷洒状湿润土壤，适用于栽培种植密度较大的作物（图8-5）。余姚市水利局还创造性地将技术应用于畜禽养殖场，开拓微喷灌应用新领域，到2009年，建有畜禽养殖场微喷灌设施23.1万平方米。

经济型喷滴灌 从2000年开始，余姚市以政府补得起、农民有效益为出发点，优化设计理念，形成"经济型喷滴灌"设计方法，使喷滴灌工程造价降低50%以上。2008年9月，余姚市政府办公室印发《余姚市2008—2011年经济型喷滴灌发展计划》，使余姚市经济型喷滴灌得以大力推广。余姚市在种植业推广经济型喷灌基础上，还创造性地把经济型微喷灌应用于畜禽养殖场。

智能化喷微灌 为进一步加快喷微灌技术推广应用，2011年开始启动智能化喷微灌建设示范基地建设，进一步探索智能化技术的研究和应用（图8-6）。通过建设智能化微灌工程，并运用远程自动化控制、水肥药耦合集成等技术，提高项目技术水平。截至2019年年底，全市累计建成智能化喷微灌工程示范基地49个，项目总收益面积1.3056亩，累计完成投资5704万元。2011—2019年宁波市智能化喷微灌项目建设统计见表8-10。

图8-5 余姚市黄家埠镇鸡场微喷灌工程

图8-6 宁波市农科院智能化滴灌施肥

表8-10 2011—2019年宁波市智能化喷微灌项目建设统计

年份	项目数/个	受益面积/亩	年度投资/万元
2011	5	805	330
2012	11	2384	1031
2013	12	3142	1310
2014	5	1680	785
2015	3	1120	561
2016	0	0	0
2017	5	1615	582
2018	2	780	340
2019	6	1530	765
合计	49	13056	5704

水肥一体化　自2015年起，市水利局会同宁波市农业科学研究院在考察调研、走访、田间试验的基础上，逐步建立和形成水肥一体化技术应用体系，概括提出适用技术要点和管理模式（图8-7）。2015年，围绕化肥减量增效工作实施，将水肥一体化技术列为种植业五大主推集成技术之一，在全市试点示范应用。2017—2018年，全市高效水肥一体化项目示范点13个，示范面积0.296万亩，涵盖草莓、葡萄、火龙果、猕猴桃等水果类作物和番茄、黄瓜等茄果类蔬菜。

图8-7　余姚丈亭镇水肥一体化灌溉系统

第四节　水电站

2000年，宁波市共有小水电站197座，总装机容量15.25万千瓦，其中：抽水蓄能电站1座，装机容量8万千瓦；小水电（装机容量不大于5万千瓦）196座，装机容量7.25万千瓦，占全市可开发水力资源的64.5%，年发电量为16750万千瓦时。据宁波市全国第一次水利普查成果，2011年年底全市有水电站171座，总装机容量19.92万千瓦。其中装机容量在500千瓦以上的水电站有52座，总装机容量17.23万千瓦（表8-15）。2019年，水电清理整改专项行动启动，共销号退出小水电站35座。到2020年，全市有水电站137座，总装机容量19.40万千瓦，其中小水电站136座，装机容量11.40万千瓦。

一、新建、改建

2000年以后，宁波市继续推进小水电项目建设。随着白溪、周公宅、西溪等大中型水库建成，小水电规模进一步扩大。同时，各地重视小水电更新改造，如余姚市印发《关于扶持革命老区经济开发全面实现小康的若干意见》，每年安排100万元财政资金，无偿补助水电站进行技改扩容。到2009年年底共更新改造老水电站21座，更新装机容量69820千瓦，对11座小电站进行扩容，增加装机容量1505千瓦。2001—2020年宁波市新建、改建水电站情况一览见表8-11。

表8-11　2001—2020年宁波市新建、改建水电站情况一览

序号	区域	水电站站名	站址	所有制形式	设计水头/m	装机容量		设计流量/（m^3/s）	建设情况说明
						总装机/kW	单机/（台×kW）		
1	余姚市	梨洲	四明山镇	集体	55.00	500	1×500	1.20	2005年7月由原梨洲一、二级合并重建
2		华山	大岚镇	集体	18.00	720	1×400	5.2	2005年11月由原华山电站移址重建
							1×320		

续表

序号	区域	水电站站名	站址	所有制形式	设计水头/m	装机容量		设计流量/（m^3/s）	建设情况说明
						总装机/kW	单机/（台×kW）		
3	余姚市	东岗一级	鹿亭乡	集体	95.00	100	1×100	0.20	2005年12月重建
4		大溪	鹿亭乡	民营	38.00	520	1×200 1×320	1.78	2001年4月投产
5		上庄	鹿亭乡	民营	33.00	720	1×400 1×320	2.12	2001年6月建成，2009年11月250千瓦机组扩容为400千瓦
6		石笋	陆埠镇	集体	64.00	125	1×125	0.27	2003年7月重建
7		上马	大岚镇	集体	61.00	125	1×125	0.28	2006年2月投产
8		西湖头	四明山镇	集体	265.00	400	1×400	0.20	2003年3月投产
9		大俞二级	大岚镇	集体	4.80	175	1×75 1×100	4.50	2006年11月投产
10		岙里	鹿亭乡	集体	52.00	120	1×120	0.51	2011年7月投产
11	鄞州区	梅溪	塘溪镇	国有	29.00	640	2×320	3.34	2003年4月投产
12	奉化区	白粉壁	大堰镇	集体	45.00	1000	2×500	2.08	2003年4月投产
13		夜明珠	溪口镇	集体	42.00	320	1×320	0.91	2002年3月投产
14		石大门	大堰镇	集体	87.00	500	1×500	0.8	2007年12月投产
15		东成	溪口镇	集体	28.00	650	1×400 1×250	1.20 1.80	2003年1月投产
16		石井坑	溪口镇	集体	21.00	100	1×100	0.58	2005年4月投产
17		考坑	溪口镇	集体	21.00	500	1×500	0.22	2015年5月投产
18	宁海县	白溪	岔路镇	国有	69.00	18000	2×9000	14.74	2001年5月投产
19		西溪	黄坛镇	国有	62.90	6000	2×3000	11.98	2006年12月投产
20		乌竹坑	黄坛镇	民营	50.60	820	1×500 1×320	1.90	2001年4月投产
21		曼湾	黄坛镇	民营	174.00	2000	1×2000	1.35	2006年1月投产
22		柯仙	岔路镇	集体	130.00	500	1×500	0.45	2004年5月投产
23		雪岩坑	黄坛镇	民营	70.00	400	1×400	0.68	2007年5月投产
24		平岩坑二级	一市镇	集体	20.00	100	1×100	0.56	2000年8月投产
25		彩虹	双峰乡	集体	120.00	160	1×160	0.15	2000年5月投产
26		得水	双峰乡	集体	49.00	125	1×125	0.30	2000年5月投产
27		小松坑	黄坛镇	民营	60.00	410	1×160 1×250	1.15	2001年5月投产

续表

序号	区域	水电站站名	站址	所有制形式	设计水头/m	装机容量		设计流量/（m³/s）	建设情况说明
						总装机/kW	单机/（台×kW）		
28	宁海县	滴落水	一市镇	民营	47.50	320	1×320	0.96	2007年6月投产
29		金龙坑	黄坛镇	民营	135.00	400	1×400	0.49	2007年4月投产
30		新宇	岔路镇	民营	51.65	500	2×500	1.60	2009年12月投产
31		长潭	黄坛镇	民营	128.00	4000	2×2000	3.76	2010年5月投产

二、清理整顿

2019年3月，省水利厅、省发改委、省生态环境厅联合印发《浙江省小水电清理整顿工作实施方案》（浙水农电〔2019〕1号），按照省里部署要求，清理整顿工作按阶段开展。

启动准备 2019年7月，市政府成立宁波市小水电清理整改联合工作组（〔2019〕19号），组长分别由市政府副秘书长和市水利局局长担任。同年8月，宁波市小水电清理整改联合工作组印发《关于加快推进宁波市小水电清理整改工作的通知》，明确责任，确定推进小水电清理整改工作的保障措施和相关政策。同年9月，按照《浙江省小水电清理整改“一站一策”指导意见》，各区（县、市）编制完成小水电清理整改“一站一策”工作方案，明确到2020年年底，对全市共计171座小水电站，完成整改140座和退出31座的任务。

检查评估 以区（县、市）为单位，委托第三方机构逐站开展综合评估，提出退出、整改和保留的评估意见。2019年7月30日，市水利局组织市小水电清理整改联合工作组办公室成员和技术专家对市本级3座、自然资源局林场1座、鄞州区1座进行综合评估报告审查，核定5座小水电站的综合评估意见均为整改类。宁海县、奉化区、余姚市、海曙区也相继组织完成小水电站清理整改综合评估报告审查会，核定综合评估意见。

审查报批 2019年9月23日，完成市本级等5座小水电站的“一站一策”报告审查并上报市政府审批。组织各区（县、市）编报清理整改方案，制订“一站一策”清理整改方案；同年11月，各区（县、市）人民政府完成“一站一策”审批，并报省政府备案。

整改销号 小水电站清理整改工作主要包括完善审批手续、增设泄放设施、对泄放流量进行监管和拆除销号退出的水电站设备等。截至2020年9月，宁波市171座水电站的清理整改销号任务全部完成，其中整改水电站136座和退出销号水电站35座。同时，市水利局抽查其中的36座清理整改的小水电，进行现场复核，占全市清理整改水电站总数的21%。为巩固小水电清理整改成果，2020年12月市水利局、市发改委、市财政局、市生态环境局、市能源局联合印发《关于建立完善长效管理机制促进农村水电绿色发展的通知》，就规范生态流量泄放、安全生产管理、引领现代化提升提出具体意见，并制定《宁波市农村水电站生态调度运行管理制度（试行）》。2019—2020年宁波市水电站退出销号统计见表8-12，2020年宁波市小水电清理整改情况统计见表8-13，2020年宁波市水电站统计见表8-14。

表8-12　2019—2020年宁波市水电站退出销号统计

序号	区域	水电站名称	退出原因	退出措施	销号时间/（年.月）
1	海曙区	樟溪一级水电站	自2013年以后未发电，且电站取水口被封堵，机电设备已拆除	拆除上网线路等工程，核定生态流量	2019.12
2		樟溪二级水电站	自2013年以后未发电，且电站取水口被封堵	拆除上网线路等工程，核定生态流量	2020.3
3	奉化区	昌盛水电站	自2013年以后未发电，厂房废弃且电站取水口被封堵，电站实际已报废	拆除机电设备、上网线路等工程	2019.11
4		红星水电站	自2013年以后未发电，且电站取水口被封堵，厂房、机电设备等已完全拆除，电站实际已报废	拆除机电设备、上网线路等工程。现场已为平地	2019.11
5		东江水电站	自2013年以后未发电，且电站取水口被封堵，厂房废弃，电站实际已报废	拆除机电设备、上网线路等工程。完成大坝除险加固	2019.12
6		上楼岩水电站	自2013年以后未发电，厂房废弃，电站实际已报废	拆除机电设备、上网线路等工程。完成大坝除险加固	2019.12
7		达岙岭水电站	自2013年以后未发电，厂房废弃，电站实际已报废	拆除机电设备、上网线路等工程	2019.12
8		四明水电站	自2013年以后未发电，且电站取水口被封堵，厂房废弃，电站实际已报废	拆除机电设备、上网线路等工程。完成大坝除险加固	2019.12
9		杜岭水电站	自2013年以后未发电，且电站取水口被封堵，厂房废弃，电站实际已报废	拆除机电设备、上网线路等工程	2019.12
10		许家山水电站	自2013年以后未发电，且电站取水口被封堵，厂房废弃，电站实际已报废	拆除机电设备、上网线路等工程	2019.12
11		栖霞坑小水电站	因电站年久失修，设备老化，装机容量小，经济效益差，经村两委会研究决定，将该电站关闭	拆除电站设备、变压器线路、堵封取水口。完成大坝除险加固	2020.9
12	余姚市	梁辉水库水电站	经济效益低下，业主自愿退出	拆除相应设备设施、妥善处理保留建筑物及设备	2019.12
13		四明湖水库水电站	经济效益低下，业主自愿退出	拆除相应设备设施、妥善处理保留建筑物及设备	2019.12
14		深坑水电站	机械设备损坏严重，整改不经济，业主自愿退出	拆除相应设备设施	2019.12
15		白水冲（黄纸厂）水电站	经济效益低下，业主自愿退出	拆除相应设备设施、妥善处理保留建筑物及设备	2019.12
16		唐田一级水电站	机械设备损坏严重，整改不经济，业主自愿退出	制定电站报废方案，拆除相应设备设施、妥善处理保留建筑物及设备	2019.12
17		步梯岩水电站	机械设备损坏严重，整改不经济，业主自愿退出	制定电站报废方案，拆除相应设备设施、妥善处理保留建筑物及设备	2019.12

续表

序号	区域	水电站名称	退出原因	退出措施	销号时间/（年.月）
18	余姚市	大茅岙水电站	机械设备损坏严重，整改不经济，业主自愿退出	制定电站报废方案，拆除相应设备设施、妥善处理保留建筑物及设备	2019.12
19		电台岩二级水电站	机械设备损坏严重，整改不经济，业主自愿退出	制定电站报废方案，拆除相应设备设施、妥善处理保留建筑物及设备	2020.4
20		陆埠水库水电站	机械设备损坏严重，整改不经济，业主自愿退出	制定电站报废方案，拆除相应设备设施、妥善处理保留建筑物及设备	2020.4
21		铁顶山（梅溪一级）水电站	机械设备损坏严重，整改不经济，业主自愿退出	制定电站报废方案，拆除相应设备设施、妥善处理保留建筑物及设备	2020.4
22		姚岭水电站	机械设备损坏严重，整改不经济，业主自愿退出	制定电站报废方案，拆除相应设备设施、妥善处理保留建筑物及设备	2020.4
23		大岚镇大元基电站	机电设备损坏严重，整改不经济，业主自愿退出	拆除机电设备、上网线路等，办理报废手续	2020.8
24	宁海县	茶山水电站	因建宁海抽水蓄能电站，茶山水库属于抽水蓄能电站上库淹没区，需报废	拆除机电设备、上网线路等工程	2019.12
25		大泄潭水电站	电站已停运，厂房废弃，电站实际已报废	拆除机电设备、上网线路等工程。核定生态流量	2019.12
26		洞口庙水电站	2013 年以后未发电，电站取水口已封堵，电站实际已报废	拆除机电设备、上网线路等工程。核定生态流量	2019.12
27		红泉水库水电站	自 2013 年以后未发电，且电站取水口被封堵，机电设备已拆除。电站实际已报废	拆除上网线路等工程。核定生态流量	2019.12
28		建设水库水电站	电站已处于停运状态，且电站取水口被封堵，机电设备已拆除。电站实际已报废	拆除厂房、机电设备、上网线路等工程。核定生态流量	2019.12
29		龙宫水电站	电站设备已部分拆除，电站实际已报废	拆除机电设备、上网线路等工程。核定生态流量	2019.12
30		平岩背水电站	2013 年以后发电，且电站取水口被封堵，电站实际已报废	拆除机电设备、上网线路等工程。核定生态流量	2019.12
31		大坑水电站	2013 年以后未发电，且电站取水口被封堵，厂房废弃。电站实际已报废	拆除厂房、机电设备等工程。核定生态流量	2019.12
32		山河水电站	电站取水口被封堵，电站实际已报废	拆除机电设备、上网线路等工程。核定生态流量	2019.12
33		西林水电站	电站取水水库扩建后于电站无关联，机电设备已拆除。电站实际已报废	拆除上网线路等工程	2019.12
34		一市平岩坛二级水电站	经济效益低下，业主自愿退出	拆除厂房、机电设备等工程	2020.8
35		胡陈乡岙里王归云洞水电站	经济效益低下，业主自愿退出	拆除机电设备、上网线路等工程	2020.9

表 8-13　2020 年宁波市小水电清理整改情况统计　　单位：座

区域	总任务数量		完成数量	
	整改类	退出类	整改类	退出类
市本级	3	0	3	0
鄞州区	1	0	1	0
海曙区	12	2	12	2
奉化区	33	9	33	9
宁海县	23	12	23	12
余姚市	63	12	63	12
宁波市林场	1	0	1	0
合计	136	35	136	35

表 8-14　2020 年宁波市水电站统计

序号	区域	电站数量 / 座	机组台数 / 台	装机容量 /kW	按所有制性质分 / 座		
					国有	集体	民营
1	海曙区	14	32	26440	4	10	0
2	鄞州区	1	2	640	1	0	0
3	奉化区	34	54	103390	3	23	8
4	余姚市	64	129	24735	1	57	6
5	宁海县	24	38	38825	4	9	11
合计		137	255	194030	13	99	25

三、小水电管理

水利部门作为农村小水电的行业主管部门，各区（县、市）监管模式有所不同。如余姚市水利局由余姚市小水电开发管理中心（2009 年后更名为余姚市小水电管理中心）、海曙区农业农村局由区农村水利管理所、奉化区水利局由奉化市机电排灌站、宁海县水利局由宁海县农村水利管理所具体负责以安全生产为主要内容的辖区内小水电行业监管职能。

以灌溉防洪为主的水库，一般由水库管理机构实行统一管理和经营；以发电为主的水库，由水电站实行统一管理；电网内水库或网外较大水库，发电计划由供电部门提出，水库安排执行；设有供电机构或已联成电网的地区，水库电站只负责发电，趸售给供电部门；乡村自建的小水电站没有联成电网的，可直供用户。

2000 年以前，各县小水电管理机构负责征收小水电建设基金和小水电管理费。小水电建设基金按上网电量 0.02 元每千瓦计，小水电管理费：以发电为主的水电站不超过售电收入 1%，以防洪灌溉为主的水库电站不超过售电收入 0.5%。2006 年 11 月 25 日后，小水电站不再缴纳小水电管理费。

电价政策　2000 年 6 月，浙江省物价局、省经济贸易委员会、省电力工业局联合印发《关于地方公用小水电上网电价执行中若干问题的通知》，对各地公用小水电上网电价峰谷电量测算范围、报废后重建的机组电价测算审定、互供电量的结算等问题作出规定，县（市）电网与市（地）电网因小水电倒送产生的互供电量实行同一月份，以县网为单位，按峰谷不同时段分别互抵。互抵后多送市（地）电网的电量，市（地）电力部门与县（市）供电部门结算的峰谷电价分别按 0.45 元每千瓦时、0.15 元每千瓦时执行。2003 年 4 月，省物价局和省电力工业局联合发布《关于调整地方公用电网最高上网电价等有关事项的通知》，对地方公用小水电机组的最高上网电价做相应调整：1990 年年底以前投产的上网指导价为 0.33 元每千瓦时，1991—1993 年年底前投产的上网指导价为 0.39 元每千瓦时，1994—1996 年年底前投产的上网指导价为 0.43 元每千瓦时；1997 年以后投产的上网指导价为 0.45 元每千瓦时。2005 年 5 月，省物价局调整非省统调地方公用水电机组最高上网电价，自 2005 年 5 月 1 日起抄见电量执行以下规定：1990 年年底以前投产的从 0.36 元每千瓦时提高至 0.373 元每千瓦时，1991—1993 年年底投产的从 0.39 元每千瓦时提高至 0.398 元每千瓦时，1994—1996 年年底投产的从 0.43 元每千瓦时提高至 0.433 元每千瓦时；1997 年及以后投产的不作调整，欠发达地区（县、市）电网倒送市电网的小水电，其不含税峰电价从 0.49 元每千瓦时提高至 0.5137 元每千瓦时，谷电价从 0.163 元每千瓦时提高至 0.1712 元每千瓦时。

安全管理年检　为提高农村小水电管理水平，加强电站安全监督和管理，水利部 2006 年 4 月印发《农村水电站安全管理分类及年检办法》（水电〔2006〕46 号），2008 年 5 月，省水利厅印发《浙江省农村水电站安全管理年检办法（试行）》（水电〔2006〕46 号）。根据省水利厅文件，市水利局于 2008 年年底将余姚的 12 座水电站列入试点，2009 年年初完成试点检测工作。2010 年 4 月，市水利局公布年度检测结果：鄞州区的观顶一级水电站、宁海县的红泉水电站、奉化市的直岙水电站和东江水电站共 4 座水电站建议报废或重建；8 座水电站建议进行引水系统整改；19 座水电站建议进行水电机组及其附属设备全面整改；8 座水电站建议进行水电机组及其附属设备部分整改；9 座水电站的水电机组及其附属设备建议要加强维修保养。

安全生产标准化创建　2013 年 9 月，水利部发布《农村水电站安全生产标准化达标评级实施办法（暂行）》，同年 12 月，省水利厅和省安全生产监督管理局联合发布《浙江省农村水电站安全生产标准化达标评级实施办法（暂行）》（浙水电〔2013〕15 号），全省农村水电站安全生产标准化创建开始启动。同年 12 月，市水利局提出各地开展农村水电站安全生产标准化达标评级工作。2014 年，印发《浙江省农村水电站安全生产标准化创建与首次达标评级工作实施方案》（浙水电〔2014〕2 号），要求装机容量 1000 千瓦以上的农村水电站都要开展安全生产标准化达标评级工作。同年 9 月，亭下水库电站列入国家级农村水电安全生产标准化试点（浙水办电〔2014〕6 号）。皎口水库、西溪水库和樟溪水库的电站及大岚 4 座水电站被列入省级试点。2015 年，横山水库、杨梅岭水库和榧树潭水库的水电站及柏坑一级、新宇、曼湾、东山、红溪、棠溪水电站被列入安全生产标准化创建计划。2011 年宁波市全国第一次水利普查规模以上水电站（装机容量不小于 500 千瓦）一览见表 8-15，2020 年宁波市水电站情况一览见表 8-16。

表 8-15　2011年宁波市全国第一次水利普查规模以上水电站（装机容量不小于500千瓦）一览

序号	工程所在地		水电站名称	所在河流	是否利用水库发电	水库名称	建成时间/（年.月）	主要建筑物级别	装机容量/kW	保证出力/kW	额定水头/m	机组台数/台	年平均发电量/（万kW·h）	管理单位	所有制形式	归口管理部门
	区域	镇乡														
1	鄞州区	龙观乡	里牌楼水电站	鄞江	是	章圣寺水库	2009.10	5级	500	100	198	2	163	鄞州龙观里牌楼电站	股份制	其他
2		龙观乡	观顶一级水电站	鄞江	是	观顶水库	2010.10	5级	960	160	267	3	192	鄞州区龙观观顶电站	集体	其他
3		塘溪镇	梅溪水库电站	大嵩江	是	梅溪水库	2003.4	5级	640	160	29	2	184	鄞州区梅溪水库管理处	国有	水利
4		东吴镇	三溪浦水库电站	小浃江	是	三溪浦水库	2000.5	5级	500	125	17.3	2	39	鄞州区三溪浦水库管理处	国有	水利
5		横街镇	溪下水库电站	新塘河	是	溪下水库	2007.1	5级	500	100	31.4	2	148	鄞州区溪下水库管理处	国有	水利
6		章水镇	红溪水电站	鄞江	否		1979.12	5级	1070	200	11	3	315	鄞州章水红溪水力发电站	集体	其他
7		章水镇	东山水电站	鄞江	否		2006.10	5级	1200	200	12	3	319	鄞州大皎杜岙东山水电站	集体	其他
8		章水镇	细岭水电站	鄞江	否		2011.1	5级	640	100	6	2	180	鄞州大皎细岭水力发电站	集体	其他
9		章水镇	下严水电站	鄞江	否		2006.10	5级	640	100	6.1	2	170	鄞州大皎下严水力发电站	集体	其他
10		章水镇	杖锡水电站	鄞江	否		1979.1	5级	1400	250	35	3	393	鄞州杖锡水电站	集体	其他
11		章水镇	周公宅水库电站	鄞江	是	周公宅水库	2011.4	4级	12600	2630	108	2	3587	宁波市周公宅水库管理局	国有	水利
12		章水镇	榧树潭水库电站	鄞江	是	榧树潭水库	1990.10	5级	1260	300	32	2	350	鄞州杖锡榧树潭水库电站	集体	其他
13		章水镇	皎口水库电站	鄞江	是	皎口水库	1980.5	5级	4800	730	32	3	1800	鄞州区皎口水库管理局	国有	水利
小计		13座							26710			31	7840			
1	奉化市	尚田街道	横山水库电站	县江	是	横山水库	1993.5	5级	5000	2632	48.5	2	344.57	横山水库管理局	国有	水利
2		大堰镇	柏坑水库一级电站	县江	是	柏坑水库	1977.12	5级	1120	400	35	3	336.5	大堰镇柏坑村柏坑水管所	集体	其他
3		大堰镇	柏坑水库二水电站	县江	是	柏坑水库	1981.3	5级	1000	300	36	2	302.21	大堰镇柏坑村柏坑水管所	集体	其他
4		大堰镇	柏坑水库三水电站	县江	是	柏坑水库	1987.4	5级	840	210	29	3	187.65	大堰镇柏坑村柏坑水管所	集体	其他
5		大堰镇	石大门电站	县江	否		2007.5	5级	500	100	83	1	40.94	大堰镇柏坑村柏坑水管所	集体	其他
6		大堰镇	白粉壁电站	县江	是	白粉壁水库	2000.5	5级	1000	300	31	2	125.22	大堰镇柏坑村柏坑水管所	集体	其他
7		溪口镇	东城电站	甬江	否		2003.9	5级	650	160	26	2	44.67	溪口镇明溪村委会	股份制	电力

续表

序号	工程所在地		水电站名称	所在河流	是否利用水库发电	水库名称	建成时间/(年.月)	主要建筑物级别	装机容量/kW	保证出力/kW	额定水头/m	机组台数/台	年平均发电量/(万kW·h)	管理单位	所有制形式	归口管理部门
	区域	镇乡														
8	奉化市	溪口镇	茶坑一级电站	甬江	是	茶坑水库	1998.10	5 级	500	100	56	1	49.98	溪口镇斑竹村委会	集体	水利
9		溪口镇	亭下水库电站	甬江	是	亭下水库	1984.4	5 级	4320	1700	40	3	699.7	奉化市亭下水库管理局	国有	水利
10		溪口镇	驻岭水库电站	甬江	是	驻岭水库	1965.7	5 级	800	240	124	2	171	奉化市驻岭水库管理所	国有	水利
11		溪口镇	跸驻合时岩电站	康岭溪	是	合时岩水库	1997.9	5 级	500	100	40	1	65.74	溪口镇下跸驻村委会	私营	电力
12		溪口镇	溪口抽水蓄能电站	甬江	是	溪口抽水蓄能电站上库	1998.6	3 级	80000	79999	240	2	14291	宁波溪口抽水蓄能电站有限公司	国有	其他
小计		12 座							103390			24	16659			
1	余姚市	大岚镇	大横山电站	鄞江	是	大横山水库	1980.2	5 级	1590	275	50	4	346	余姚市大横山水电站	股份制	水利
2		鹿亭乡	大溪电站	小皎溪	否		2000.5	5 级	520	25	38	2	150	余姚市鹿亭大溪电站	股份制	水利
3		大岚镇	大岚电站	鄞江	否		1982.6	5 级	1580	62	34	3	316	余姚市大岚电站	集体	水利
4		大岚镇	横泾电站	鄞江	是	横泾水库	1995.5	5 级	1260	225	140	2	277.2	余姚市大岚横泾电站	股份制	水利
5		大岚镇	华山电站	鄞江	否		1981.1	5 级	720	100	16	2	158.4	余姚市华山水力发电站	私营	水利
6		四明山镇	梨洲电站	鄞江	否		2005.7	5 级	500	25	54	1	90	余姚市四明山镇梨洲电站	集体	水利
7		鹿亭乡	李家塔电站	小皎溪	否		1999.6	5 级	600	22	16	3	90	余姚市鹿亭李家塔电站	集体	水利
8		大岚镇	龙潭电站	下管溪	是	龙潭水库	1998.12	5 级	800	56	121	2	176	余姚市大岚镇龙潭电站	集体	水利
9		陆埠镇	陆埠水库电站	洋溪河	是	陆埠水库	1976.12	5 级	640	450	20	2	133.6	余姚市陆埠水库管理局	国有	水利
10		四明山镇	屏风山电站	隐潭溪	是	屏风山水库	1989.5	5 级	600	42	52	2	144	余姚市屏风山电站	集体	水利
11		鹿亭乡	上村电站	小皎溪	是	上村水库	1999.6	5 级	500	40	71.5	1	110.5	余姚市鹿亭上村电站	集体	水利
12		鹿亭乡	上庄电站	小皎溪	否		2001.6	5 级	720	26	32	2	150	余姚市鹿亭上庄电站	股份制	水利
13		梁弄镇	四明湖水库电站	姚江	是	四明湖水库	1977.9	5 级	640	450	8	2	75	余姚市四明湖水库管理局	集体	水利
14		四明山镇	下坑电站	下管溪	是	下坑水库	1998.6	5 级	800	150	232	2	150	宁波市林场	国有	林业
15		四明山镇	岩下山电站	鄞江	是	岩下山水库	1985.10	5 级	950	140	75	2	237.5	余姚市市乡联办	集体	水利
16		鹿亭乡	中村电站	小皎溪	否		2000.3	5 级	820	40	18	3	130	余姚市鹿亭中村电站	集体	水利

续表

序号	工程所在地		水电站名称	所在河流	是否利用水库发电	水库名称	建成时间/（年.月）	主要建筑物级别	装机容量/kW	保证出力/kW	额定水头/m	机组台数/台	年平均发电量/（万kW·h）	管理单位	所有制形式	归口管理部门
	区域	镇乡														
17	奉化市	溪口镇	下寺坑电站	甬江	否		1993.6	5级	800	160	255	2	145	余姚市四明山镇政府	股份制	水利
小计		17座							14040			37	2879.2			
1	宁海县	岔路镇	白溪水库电站	白溪	是	白溪水库	2003.9	3级	18000	3400	69	2	4380	宁波市白溪水库建设发展有限公司	国有	水利
2		岔路镇	柯仙电站	白溪	否		2004.2	5级	500	200	79	1	145	宁海县岔路镇山洋村委会	集体	其他
3		岔路镇	新宇水电站	白溪	是	新宇水库	2009.1	5级	1000	280	51.65	2	230	宁海县新宇水电有限公司	股份制	其他
4		黄坛镇	长潭水电站	大松溪	是	长潭水库	2010.2	5级	4000	1600	128	2	761	得力电力投资有限公司	私营	其他
5		黄坛镇	黄坛水库电站	大溪	是	黄坛水库	1993.5	5级	960	320	24.1	3	250	西溪（黄坛）水库管理局	国有	水利
6		黄坛镇	双峰曼湾水电站	白溪	是	曼湾水库	2006.1	5级	2000	690	174	1	440	双峰曼湾水电站	私营	其他
7		黄坛镇	乌竹坑水电站	大溪	否		2003.7	5级	820	360	50.6	2	135	小松龙水电发展有限公司	股份制	其他
8		黄坛镇	西溪水库电站	大溪	是	西溪水库	2006.4	3级	6000	3000	52.5	2	1272	西溪（黄坛）水库管理局	国有	水利
9		深甽镇	新峡石门水电站	凫溪	否		1994.9	5级	520	210	17	2	65	深甽镇深甽村委会	私营	其他
10		梅林街道	杨梅岭水库电站	凫溪	是	杨梅岭水库	1960.12	5级	1800	720	8.95	4	220	杨梅岭水库管理处	国有	水利
小计		10座							35600			21	7898			
合计		52座							172580			113	35276			

表 8-16　2020 年宁波市水电站情况一览

序号	工程所在地		水电站名称	建设年月 /（年.月）	投产年月 /（年.月）	总装机容量 /kW	单机容量 /kW	设计水头 /m	设计流量 /（m^3/s）	2019 年发电量 /（万 kW·h）	管理单位	所有制形式
	区域	镇乡										
1	余姚市	大岚镇大俞村	横泾电站	1992.12	1995.5	1260	2×630	140	1.24	264.42	大岚横泾电站	集体
2		四明山镇梨洲村	梨洲电站	1978.10	1979.12	500	1×500	55	1.2	108.41	梨洲电站	集体
3		大岚镇大俞村	大横山电站	1967.7	1970.1	1630	1×630 2×500	50	3	442.37	大横山水电站	民营
4		四明山镇梨洲村	岩下山电站	1977.11	1979.12	950	1×320 1×630	80	1.5	226.06	余姚市乡联办岩下山电站	集体
5		大岚镇上马村	上马电站	2005.2	2006.2	125	1×125	61	0.28	9.73	上马电站	集体
6		大岚镇大俞村	大俞二级水电站（大俞水电站）	2005.11	2006.11	175	1×75 1×100	4.8	4.5	25.29	大俞电站	集体
7		大岚镇华山村	华山电站	1979.12	1981.12	720	1×400 1×320	18	5.2	112.22	华山水力发电站	集体
8		鹿亭乡白鹿村	白鹿三级水电站	1989.5	1990.8	200	1×200	60	0.44	26.57	鹿亭百丈电站	集体
9		大岚镇柿林村	大岚电站（白鳌洞电站）	1980.1	1982.7	1580	1×320 2×630	36	4.5	453.64	大岚电站	集体
10		四明山镇大山村	大山水电站	1991.11	1992.11	250	1×250	195	0.18	36.79	大山电站	集体
11		大岚镇西岭下村	西岭下水电站	1987.1	1987.12	100	1×100	120	0.15	16.89	西岭下水电站	集体
12		大岚镇柿林村	柿林水电站	1983.4	1984.7	410	1×160 1×250	27	2	45.36	峙岭水电站	集体
13		大岚镇大俞村	四窗岩水电站	1983.9	1984.7	200	1×200	96	0.3	33.56	四窗岩水力发电站	集体
14		鹿亭乡上庄村	岙里水电站	2010.9	2011.7	200	1×200	52	0.51	30.86	上庄村岙里电站	集体
15		四明山镇棠溪村	棠溪电站	2010.5	2012.11	1260	2×630	245	1.00	267.3	棠溪电站	集体
16		大岚镇龙潭村	龙潭水电站（黑龙潭水电站）	1997.2	1999.2	800	2×400	127	0.73	184.49	龙潭电站	集体
17		大岚镇阴地村	阴地水电站	1997.2	1998.1	250	1×250	195	0.076	91.75	阴地电站	集体

续表

序号	工程所在地		水电站名称	建设年月/（年.月）	投产年月/（年.月）	总装机容量/kW	单机容量/kW	设计水头/m	设计流量/（m^3/s）	2019年发电量/（万kW·h）	管理单位	所有制形式
	区域	镇乡										
18	余姚市	大岚镇大俞村	坑角头水电站	1993.3	1994.1	250	1×250	180	0.2	81.33	坑角头电站	集体
19		大岚镇大元基村	大元基二级水电站	1993.2	1994.1	160	1×160	107	0.18	0.04	大元基电站	集体
20		大岚镇戴王村	三坑口水电站（戴王水电站）	1992.10	1993.9	260	1×100 1×160	30	0.9	48.68	三坑口电站	集体
21		大岚镇大岩下村	大岩下水电站	1990.12	1992.1	320	1×320	155	0.3	54.24	大岩下电站	集体
22		大岚镇陶家坑村	陶家坑水电站	1990.8	1991.6	200	1×200	133	0.194	53.48	陶家坑电站	集体
23		大岚镇纺车岩村	马鞍山水电站	1990.3	1991.8	320	1×320	72	0.48	105.49	马鞍山电站	集体
24		大岚镇纺车岩村	纺车岩水电站	1989.3	1990.5	320	1×320	76	0.7	88.92	纺车岩电站	集体
25		大岚镇长弄村	长弄水电站	1988.6	1989.6	320	1×320	203	0.25	56.94	长弄电站	集体
26		四明山镇西湖头村	西湖头水电站	2002.3	2003.3	400	1×400	265	0.2	110.55	西湖头电站	集体
27		四明山镇北溪村	明潭水电站	1996.4	1997.5	250	1×250	30	1.15	24.59	明潭电站	集体
28		四明山镇唐田村	唐田下村水电站	1995.9	1996.9	200	1×200	58	0.48	39.17	镇唐田电站	集体
29		四明山镇溪山村	茅湾水电站	1995.12	1997.1	400	1×400	106	0.516	121.85	茅湾电站	民营
30		四明山镇茶培村	板坑水电站（班坑水电站）	1992.7	1993.7	200	1×200	26	1.1	43.05	板坑电站	集体
31		四明山镇下寺坑村	下寺坑水电站	1991.12	1993.12	800	2×400	255	0.43	170.1	余姚市四明山镇政府	集体
32		四明山镇宓家山村	宓家山水电站	1990.9	1992.1	320	1×320	36	1.5	103.01	宓家山电站	集体
33		四明山镇屏风山村	屏风山水电站	1987.3	1989.5	600	1×400 1×200	43	1.94	103.45	余姚市屏风山电站	集体
34		四明山镇北溪村	长渠水电站	1988.7	1989.7	350	1×100 1×250	24	1.2	37.91	北溪长渠电站	集体
35		四明山镇溪山村	溪山水电站	1997.1	1998.1	250	1×250	45	0.6	56.83	余姚市白龙潭水力发电有限公司	民营

续表

序号	工程所在地		水电站名称	建设年月/（年.月）	投产年月/（年.月）	总装机容量/kW	单机容量/kW	设计水头/m	设计流量/（m^3/s）	2019年发电量/（万kW·h）	管理单位	所有制形式
	区域	镇乡										
36	余姚市	四明山镇芦田村	芦田水电站	1991.6	1992.9	320	1×320	17	2.105	87.86	芦田村电站	集体
37		四明山镇茶培村	茶培水电站	1976.8	1977.8	200	1×200	16	1.8	36.83	茶培电站	集体
38		四明山镇北溪村	北溪水电站	1981.12	1982.12	250	1×250	17	1.95	54.1	北溪电站	集体
39		三七市镇大池墩村	大池墩水电站	1974.3	1974.12	125	1×125	12.9	1.3	9.31	大池墩电站	集体
40		陆埠镇杜徐岙村	电台岩水电站	1981.3	1981.12	125	1×125	135	0.12	37.85	南山电台岩水电站	集体
41		陆埠镇石笋村	石笋水电站	2002.10	2003.7	125	1×125	64	0.27	4.45	石笋电站	集体
42		鹿亭乡白鹿村	白鹿二级水电站	1997.1	1997.12	200	1×200	95	0.3	35.87	百丈电站	集体
43		鹿亭乡白鹿村	白鹿一级水电站	1973.1	1973.12	100	1×100	102	0.15	21.32	百丈电站	集体
44		梁弄镇溅水岩	溅水岩水电站	1995.11	1996.8	200	1×200	135	0.21	40.52	镇溅水岩电站	集体
45		梁弄镇西岙村	西岙水电站	1978.9	1980.1	100	1×100	102	0.14	5.86	贺溪村西岙电站	集体
46		梁弄镇横岙村	横岙水电站	1988.1	1988.12	75	1×75	21	0.5	2.02	横岙水电站	集体
47		梁弄镇百丈岗村	百丈岗水电站	1998.4	1999.4	200	1×200	12	2.2	4.44	百丈岗水电站	集体
48		梨洲街道雁湖村	黄明一级水电站	1977.6	1978.12	200	2×100	45	0.7	36.45	黄明水电站	集体
49		梨洲街道雁湖村	黄明二级水电站	1990.7	1991.7	250	2×125	47	0.7	31.96	黄明水电站	集体
50		鹿亭乡大溪村	大溪水电站	2000.3	2001.4	520	1×200 1×320	38	1.78	174.49	大溪电站	民营
51		鹿亭乡上庄村	上庄水电站	1999.6	2001.6	720	1×400 1×320	33	2.12	179.45	上庄电站	民营
52		鹿亭乡中村	中村水电站	1997.12	1999.12	820	2×250 1×320	20	5.54	114.38	中村电站	集体
53		鹿亭乡上村	上村水电站	1998.10	1999.10	500	1×500	71.5	0.919	135.89	上村电站	民营
54		鹿亭乡石潭村	石潭下水电站 （石潭二级水电站）	1997.3	1998.02	200	1×75 1×125	19.1	0.551	23.47	石潭下电站	集体

续表

序号	工程所在地		水电站名称	建设年月/（年.月）	投产年月/（年.月）	总装机容量/kW	单机容量/kW	设计水头/m	设计流量/（m^3/s）	2019年发电量/（万kW·h）	管理单位	所有制形式
	区域	镇乡										
55	余姚市	鹿亭乡李家塔村	李家塔水电站	1996.1	1998.01	600	3×200	16	5.3	45.55	李家塔电站	集体
56		鹿亭乡龙溪村	龙溪水电站	1995.6	1996.6	250	1×250	80	0.428	56.26	龙溪电站	集体
57		鹿亭乡马家坪村	马家坪水电站	1995.6	1996.6	320	1×320	106	0.16	11.16	石潭电站	集体
58		鹿亭乡石潭村	石潭一级水电站	1993.3	1994.2	200	2×100	45	0.7	32.05	石潭电站	集体
59		鹿亭乡王石坑村	王石坑水电站	1992.3	1993.3	125	1×125	75	0.23	23.16	黄石坑电站	集体
60		鹿亭乡东岗村	东岗二级水电站	1990.5	1991.4	160	1×160	91	0.185	18.11	东岗下电站	集体
61		鹿亭乡东岗村	东岗一级水电站	1991.2	1992.1	100	1×100	95	0.2	0.1	东岗下电站	集体
62		鹿亭乡岩头村	岩头水电站	1975.12	1976.12	100	1×100	147.00	0.10	21.89	岩头电站	集体
63		鹿亭乡鹿亭村	茶山水电站（鹿亭电站）	1991.12	1992.12	320	1×320	115.00	0.39	89.17	茶山电站	集体
64		四明山镇仰天湖村	下坑水电站	1996.4	1998.12	800	2×400	218.00	0.48	217	宁波甘竹岭林业发展有限公司	国有
小计						24735				5226		
1	奉化区	溪口镇斑竹村	茶坑一级水电站	1996.5	1998.12	500	1×500	50.00	1.20	49.55	溪口镇斑竹村委会	民营
2		溪口镇斑竹村	茶坑二级水电站	1996.5	1998.5	200	1×200	20.00	1.20	—	溪口镇斑竹村委会	民营
3		溪口镇上白村	茗山二级水电站	1976.5	1980.11	250	1×250	205.00	0.16	—	上白茗山水电站	集体
4		尚田街道广渡村	尚田鲍村水电站	1976.2	1978.8	225	3×75	7.50	2.70	—	鲍村水电站	民营
5		尚田街道许家村	横山水库电站	1992.11	1993.6	5000	2×2500	48.50	13.50	83.63	横山水库管理局	国有
6		溪口镇亭下湖村	亭下水库电站	1976.5	1984.12	4320	2×2000	40.00	13.40	921.33	亭下水库管理局	国有
7		溪口镇下跸驻村	合时岩水电站	1995.11	1997.12	500	1×500	30.00	1.72	60.64	溪口镇下跸驻村委会	民营
8		溪口镇驻岭村	驻岭水库电站	1966.4	1972.4	1500	3×500	128.00	6.66	0	驻岭水库管理所	集体
9		溪口镇岩头村	岩头夜明珠电站	2001.5	2002.3	320	1×320	42.00	0.12	9.4	岩头夜明珠水电站	集体

续表

序号	工程所在地		水电站名称	建设年月/(年.月)	投产年月/(年.月)	总装机容量/kW	单机容量/kW	设计水头/m	设计流量/(m^3/s)	2019年发电量/(万kW·h)	管理单位	所有制形式
	区域	镇乡										
10	奉化区	大堰镇三溪村	白粉壁电站	2001.10	2003.4	1000	2×500	24.00	2.08	129.21	柏坑水管所	集体
11		溪口镇岩头村	东坑水电站	1996.5	1998.4	400	1×400	47.00	1.20	33.62	岩头东坑水电站	集体
12		溪口镇斑竹村	斑竹水电站	1979.5	1979.5	480	1×320 1×160	14.00	3.69	93.72	溪口镇斑竹水电站	集体
13		溪口镇壶潭村	壶潭水电站	1996.6	1998.12	400	1×400	37.00	1.64	71.76	斑竹壶潭水电站	集体
14		大堰镇柏坑村	下畈电站	1996.10	1998.7	400	1×400	53.00	1.10	27.17	柏坑下畈水电站	集体
15		溪口镇上白村	茗山一级水电站	1976.5	1979.4	320	1×320	250.00	0.18	164.05	上白茗山水电站	集体
16		溪口镇葛竹村	葛竹水电站	1997.5	1998.12	400	1×400	320.00	0.14	71.55	葛竹水电站	集体
17		大堰镇柏坑村	石大门电站	2003.12	2007.12	500	1×500	83.00	0.80	56.23	柏坑石大门水电站	集体
18		尚田街道西岙村	石头岙水电站	1985.5	1987.4	250	1×250	30.00	0.45	25.5	石头岙水库管理所	集体
19		尚田街道楼岩村	方夹岙电站	1974.10	1977.4	360	1×250	95.00	0.44	54.69	方夹岙水电站	集体
20		尚田街道山登村	山登水电站	1978.5	1980.4	250	1×250	211.50	0.16	50.2	石头岙管理所	集体
21		大堰镇田墩村	石船坑电站	1994.11	1996.9	250	1×250	46.00	0.70	27.39	柏坑水库管理所	集体
22		溪口镇壶潭村	考坑水电站	2013.5	2015.5	500	1×500	21.00	0.22	63.96	考坑水电站	集体
23		大堰镇柏坑村	柏坑一级水电站	1977.10	1979.10	1120	2×400 1×320	30.00	2.05	480	柏坑水管所	集体
24		大堰镇柏坑村	柏坑二级水电站	1979.5	1981.4	1000	2×500	30.00	4.00	—	柏坑水库管理所	集体
25		大堰镇柏坑村	柏坑三级水电站	1985.10	1987.12	840	2×320 1×200	29.00	4.10	136.5	柏坑水管所	集体
26		尚田街道鲍村	尚田电站	1976.10	1978.4	110	2×55	5.60	2.40	6.66	尚田水电站	民营
27		大堰镇三溪村	泰利电站	1987.10	1988.11	125	1×125	36.00	0.45	20.2	奉化市泰利电站	民营
28		萧王庙街道棠岙村	马龙坑电站	1994.5	1996.5	400	1×400	34.00	1.50	27.06	马龙坑水电站	民营

续表

序号	工程所在地		水电站名称	建设年月/（年.月）	投产年月/（年.月）	总装机容量/kW	单机容量/kW	设计水头/m	设计流量/（m^3/s）	2019年发电量/（万kW·h）	管理单位	所有制形式
	区域	镇乡										
29	奉化区	溪口镇晦溪村	东成电站	2000.5	2003.1	650	1×400 1×250	28.00	1.20	78.23	溪口镇明溪村委会	民营
30	奉化区	大堰镇万竹村	南溪水电站	1980.1	1981.3	325	2×125 1×75	11.00	4.39	53.61	柏坑水管所	集体
31	奉化区	大堰镇万竹村	西岩水电站	1995.5	1996.5	320	2×160	6.50	5.48	0	柏坑水管所	集体
32	奉化区	溪口镇晦溪村	晦溪水电站	1965.5	1985.1	75	1×75	38.00	0.29	12.75	斑竹晦溪水电站	集体
33	奉化区	溪口镇班溪村	石井坑水电站	2002.7	2005.4	100	1×100	21.00	0.22	1.96	溪口镇班溪村	集体
34	奉化区	溪口镇	宁波溪口抽水蓄能电站	1994.2	1998.2	80000	2×4000	240.00	19.69	14291	宁波溪口抽水蓄能电站有限公司	国有
小计						103390				14628		
1	宁海县	岔路镇白溪村	白溪水库电站	1998.10	2001.5	18000	2×9000	69	14.74	1940	宁波市白溪水库建设发展有限公司	国有
2	宁海县	黄坛镇沙地村	西溪水库电站	2003.8	2006.12	6000	2×3000	62.9	11.98	1203	宁海县西溪（黄坛）水库管理局	国有
3	宁海县	黄坛镇盈坑村	乌竹坑水电站	1999.7	2001.4	820	1×500	50.60	—	120	宁海县小松龙水电发展有限公司	民营
4	宁海县	黄坛镇西洋畈村	黄坛水库电站	1991.1	1992.6	960	3×320	28.00	5.10	19.26	宁海县西溪（黄坛）水库管理局	国有
5	宁海县	黄坛镇王家染村	曼湾水电站	2004.5	2006.1	2000	1×2000	174.00	1.35	412	双峰曼湾水电站	民营
6	宁海县	一市镇东岙村	外庵水库电站	1978.5	1979.5	300	1×300	100.00	—	27	东岙外庵水库电站	民营
7	宁海县	桑洲镇红岩岭脚村	红岩岭水电站	1991.1	1992.5	250	2×125	79.00	0.47	11	麻山红岩岭水电站	集体
8	宁海县	大佳何镇石门村	老鹰潭水电站	1990.2	1992.2	100	1×100	30.00	0.40	0.5	大佳何石门村	集体
9	宁海县	大佳何镇外袁村	外袁龙头水电站	1991.10	1992.8	100	1×100	90.00	0.16	15.8	大佳何镇石门村	集体
10	宁海县	深甽镇马岙村	马岙水电站	1996.5	1998.1	200	2×100	20.00	0.60	20	深甽镇马岙水电站	集体

续表

序号	工程所在地		水电站名称	建设年月/（年.月）	投产年月/（年.月）	总装机容量/kW	单机容量/kW	设计水头/m	设计流量/（m^3/s）	2019年发电量/（万kW·h）	管理单位	所有制形式
	区域	镇乡										
11	宁海县	岔路镇柯仙村	柯仙电站	2003.2	2004.5	500	1×500	130.00	0.45	93	岔路镇山洋村委会	集体
12		深甽镇深甽村	新峡石门水电站	1992.5	1994.12	520	1×320 1×200	16.50	4.33	80	深甽村委会	民营
13		黄坛镇盈坑村	雪岩坑水电站	2005.5	2007.5	400	1×400	70.00	0.68	69	宁海县小松龙水电发展有限公司	民营
14		岔路镇山洋村	山洋水电站	1991.10	1994.5	100	1×100	50.00	0.31	10	山洋水电站	集体
15		黄坛镇王家染村	彩虹水电站	1998.5	2000.5	160	1×160	120.00	0.15	25.6	彩虹水电站	民营
16		黄坛镇王家染村	得水发电站	1996.5	2000.5	125	1×125	—	—	19	得力水电站	集体
17		黄坛镇盈坑村	小松坑水电站	1999.5	2001.5	410	1×160 1×250	60.00	1.15	60	小松坑发电站	民营
18		桃源街道花山村	蟹钳口水电站	1991.2	1992.8	200	1×200	15.00	1.60	4	蟹钳口水库管理所	集体
19		梅林街道杨梅岭村	杨梅岭水库电站	1962.5	1963.5	1800	2×500 2×400	12.00	17.50	180.65	杨梅岭水库管理处	国有
20		黄坛镇盈坑村	盈坑水电站	1979.6	1981.5	160	1×160	70.00	0.48	39.87	盈坑水电站	集体
21		一市镇西刘村	滴落水电站	2006.7	2007.6	320	1×320	47.50	0.96	36.09	宁波滴落水电站	民营
22		黄坛镇盈坑村	金龙坑水电站	2005.6	2007.4	400	1×400	135.00	0.49	55.8	金龙坑电站	民营
23		岔路镇李坑村	新宇水电站	2006.5	2009.12	1000	2×500	51.65	1.60	165.2	宁海县新宇水电有限公司	民营
24		黄坛镇中央山村	长潭水电站	2008.5	2010.5	4000	2×2000	128.00	2.76	580	宁海县得力电力有限公司	民营
小计						38825				5404		
1	海曙区	章水镇杜岙村	周公宅水库电站	2003.2	2006.7	12600	2×6300	108.00	13.68	3533	宁波市周公宅水库建设开发有限公司	国有
2		章水镇蜜岩村	皎口水库电站	1973.11	1978.5	4800	3×1600	29.50	6.69	533.9	皎口水库管理站	国有
3		章水镇低坪村	低坪水力发电站	1980.12	1982.12	250	1×250	118.00	—	49	低坪水力发电厂	集体

续表

序号	工程所在地		水电站名称	建设年月/（年.月）	投产年月/（年.月）	总装机容量/kW	单机容量/kW	设计水头/m	设计流量/（m^3/s）	2019年发电量/（万kW·h）	管理单位	所有制形式
	区域	镇乡										
4	海曙区	章水镇李家坑村	樴树潭水库电站	1988.6	1990.12	1260	2×630	32.00	—	330	杖锡樴树潭水库电站	国有
5		章水镇李家坑村	杖锡水电站	1977.7	1979.12	1500	3×500	35.00	—	335	杖锡水电站	国有
6		章水镇杜岙村	东山水力发电站	1982.6	1984.9	1200	3×400	12.00	—	280	大皎杜岙东山水电站	集体
7		章水镇大皎村	红溪水力发电站	1976.6	1979.12	1070	1×500 1×320 1×250	11.00	—	270	章水红溪水力发电站	集体
8		章水镇杜岙村	下严水电站	1979.6	1981.6	640	2×320	6.10	—	160	大皎下严水力发电站	集体
9		章水镇大皎村	细岭水电站	1990.6	1992.6	640	2×320	—	—	133	大皎细岭水力发电站	集体
10		章水镇大皎村	大皎水力发电站	1982.6	1984.6	250	2×125	132.00	—	37	大皎水力发电站	集体
11		龙观乡龙溪村	里牌楼电站	1986.6	1988.6	500	2×250	198.00	—	160	龙观里牌楼电站	集体
12		龙观乡观顶村	观顶一级发电站	1974.6	1976.6	960	3×320	267.00	0.37	64	龙观观顶电站	集体
13		龙观乡观顶村	观顶二级发电站	1978.6	1980.6	450	1×250 1×200	175.00	0.32	62	龙观观顶电站	集体
14		鄞江镇芸峰村	卖柴岙水库电站	1978.6	1981.6	320	2×160	—	—	2	卖柴岙水库发电有限公司	集体
小计						26440				5948.9		
1	鄞州区	塘溪镇沙村	梅溪水库电站	2002.6	2003.4	640	2×320	29.00	1.67	85	梅溪水库管理处	国有
合计			137座			194030				68248		

第九章　水利管理

2000年以后，宁波市以建立和完善“权责明晰化、管理规范化、投入多元化、经营市场化、服务社会化”的水利工程管理体制及运行机制为目标，全面推进水利工程管理体制改革，使“重建轻管”问题得到明显改变；以科学规划统筹安排、拓宽投资渠道和加强计划执行监督为重点，确保水利投资发挥效益；以全面推行“三项制度”、建立健全质量与安全监管体系、强化市场行为监管为重要抓手，推动水利建设管理体制不断完善。随着城市水务统一管理的不断推进，城市供水、排水管理等方面也取得明显成效。

第一节　工程管理

进入21世纪以后，推进深化水利工程管理体制改革，使传统的水利管理方代逐渐向现代管理方式转变，主要表现在：法制化、标准化体系日臻完善，市场化、专业化机制进一步推进，信息化、数字化管理手段快速推广，水利工程管理进入新时代。

一、水库管理

截至2020年年底，宁波市共有各类水库402座，其中大型水库6座、中型水库26座、小型水库370座。为确保工程安全运行并发挥效益，2000年7月，市政府印发《关于进一步加强水库管理工作的通知》（甬政发〔2000〕156号），进一步明确水库管理责任，并规定水库总库容100万立方米以上或坝高30米以上的水库必须建立专门的管理单位。随着信息化不断推进，水库监控信息自动化采集、工程管理集控平台等先进技术，在水库管理上得到广泛应用。2020年宁波市水库统计见表9–1，2020年宁波市大中型水库统计见表9–2。

（一）制度建设

2002年5月，水利部印发《关于加强小型库安全管理工作的意见》（水建管〔2002〕188号），提出小型水库安全年度检查制度。同年10月，宁波市防指、市水利局联合印发《宁波市水库大坝年度安全检查管理办法（试行）》，提出全市水库、山塘开展年度安全检查工作，按照大中型水库、小型水库、山塘明确年度检查的主要内容和年检程序，规定市水利局负责组织大中型水库年检抽检（大型水库进行复检、中型水库抽检率不小于25%）；各区（县、市）水行政主管部门负责小型以上水库年检工作并将年检结果报市水利局备案，市水利局抽检率不小于10%；重要山塘由所在地镇乡政府负责年检工作，工程所在地水行政主管部门抽检率不小于20%；一般山塘由所在地镇乡政府负责年检工作，所在地水利（管）站抽检率不小于15%。

表9–1　2020年宁波市水库统计

序号	区域	水库总数		大型水库		中型水库		小（1）型水库		小（2）型水库	
		数量/座	总库容/万 m^3	数量/座	总库容/万 m^3	数量/座	总库容/万 m^3	数量/座	总库容/万 m^3	数量/座	总库容/万 m^3
1	海曙区	24	27817	2	23185	1	2284	8	2061	13	288
2	江北区	5	2168	0	0	0	0	4	2137	1	31
3	镇海区	5	3846	0	0	1	2441	3	1389	1	16
4	北仑区	33	4414	0	0	1	1474	7	2285	25	655
5	鄞州区	30	16460	0	0	4	15170	4	661	22	630
6	奉化区	89	31353	2	26230	0	0	14	3062	73	2061

续表

序号	区域	水库总数		大型水库		中型水库		小（1）型水库		小（2）型水库	
		数量/座	总库容/万 m^3	数量/座	总库容/万 m^3	数量/座	总库容/万 m^3	数量/座	总库容/万 m^3	数量/座	总库容/万 m^3
7	慈溪市	18	17192	0	0	5	13592	7	3467	6	133
8	余姚市	55	25869	1	12272	3	9149	12	3361	39	1087
9	宁海县	63	43871	1	16840	6	24073	8	1850	48	1109
10	象山县	80	17708	0	0	5	10277	19	5615	56	1816
合计		402	190698	6	78527	26	78460	86	25886	284	7826

表 9-2　2020 年宁波市大中型水库统计

序号	水库名称	工程规模	所在乡镇		集水面积/km^2	总库容/万 m^3	兴利库容/万 m^3	防洪库容/万 m^3	坝高/m	主坝结构类型	设计年供水量/万 m^3	建成时间/（年.月）
1	皎口水库	大（2）型	海曙区章水镇		259	12005	7564	4687	68	浆砌石重力坝	15695	1975.1
2	周公宅水库		海曙区章水镇		132	11180	9340	2290	125.5	混凝土双曲拱坝	9739	2007.12
3	白溪水库		宁海县岔路镇		254	16840	13500	1240	124.4	混凝土面板堆石坝	17300	2003.9
4	四明湖水库		余姚市梁弄镇		103.1	12272	7439	2171	16.85	黏土斜墙坝	7000	1964.6
5	亭下水库		奉化区溪口镇		176	15150	9800	4586	76.5	混凝土重力坝	10160	1985.7
6	横山水库		奉化区尚田街道		150.8	11080	7350	3970	70.2	混凝土面板堆石坝	10333	1966.4
7	溪下水库	中型	海曙区横街镇		29.9	2838	2010	835	54.5	混凝土重力坝	2197	2006.2
8	新路岙水库		北仑区大碶街道		24	1486	1072	334	24	黏土心墙坝	1111	1964.10
9	十字路水库		镇海区九龙湖镇		10.8	2441	1965	145	26	黏土心墙坝	1600	1988.7
10	梅溪水库		鄞州区	塘溪镇	40.01	2882	2150	601	39.6	混凝土面板堆石坝	1290	1997.12
11	三溪浦水库		鄞州区	东吴镇	48.8	3382	2410	794	27	黏土心墙坝	2500	1963.4
12	横溪水库		鄞州区	横溪镇	39.8	3500	2396	630.7	30.7	黏土心墙坝	2291	1978.7
13	东钱湖水库		东钱湖	东钱湖镇	79.1	5788.8	3779	—	3.95	均质土坝	3779	古水利
14	上张水库		象山县	西周镇	25.1	2362	1635	1505	30	黏土心墙坝	1957	2009.11
15	隔溪张水库		象山县	西周镇	10.6	1050	925	76.97	53.3	混凝土面板堆石坝	730	2001.10
16	仓岙水库		象山县	墙头镇	12.6	1076	780.6	149.2	33	黏土心墙坝	1000	1978.8
17	大塘港水库		象山县	定塘镇	134	4675	2653	—	21	土石坝	1500	1975.12
18	溪口水库		象山县	茅洋乡	13.5	1114	923	94.26	28	黏土心墙坝	1500	1981.5
19	杨梅岭水库		宁海县	梅林街道	176	1509	664	985.6	22.43	黏土心墙坝	2000	1960.12
20	车岙港水库		宁海县	长街镇	13	1337	900	186.8	4.5	均质土坝	—	1956.10
21	力洋水库		宁海县	力洋镇	16.1	1328	1072	106.4	31.9	黏土心墙坝	2.84	1981.12
22	胡陈港水库		宁海县	力洋镇	196	8172	4125	—	17.5	斜墙土坝	34059	1979.10
23	西溪水库		宁海县	黄坛镇	95.64	8500	7100	1700	71	碾压混凝土重力坝	5708.6	2006.8

续表

序号	水库名称	工程规模	所在乡镇		集水面积/km²	总库容/万m³	兴利库容/万m³	防洪库容/万m³	坝高/m	主坝结构类型	设计年供水量/万m³	建成时间/（年.月）
24	黄坛水库	中型	宁海县	黄坛镇	114	1830	1139	—	35.5	黏土心墙坝	—	1958.7
25	梁辉水库		余姚市	梨洲街道	35.06	3152	2455	851.3	35.4	混凝土面板堆石坝	3657.2	1999.6
26	双溪口水库		余姚市	大隐镇	40.01	3398	2873	376	52	混凝土面板堆石坝	3370	2009.5
27	陆埠水库		余姚市	陆埠镇	55.5	2599	1825	—	34	黏土心墙坝	1460	1976.12
28	里杜湖水库		慈溪市	观海卫镇	20.2	2172	1600	288	17.5	黏土斜墙坝	500	1973.10
29	郑徐水库		慈溪市	观海卫镇	5.83	4508	3500	—	8.3	均质土坝	7044	2016.4
30	上林湖水库		慈溪市	匡堰镇	14.07	1641	926	308	11	黏土心墙坝	840	1960.12
31	梅湖水库		慈溪市	横河镇	23.5	1653	1069	—	22.6	黏土心墙坝	500	1962.12
32	四灶浦水库		杭州湾	庵东镇	4.78	3617.7	1492	—	8	均质土坝	—	1996.6

2005年6月，市水利局印发《关于加强全市水库管理工作的若干意见》，鼓励小型水库在工程权属和防汛行政责任不变的前提下，委托有专业能力的单位管理；要求各地推进水利工程管理体制改革，开展提升水库拦蓄能力专题研究，做好水库管理和保护范围的划界确权工作。

2006年6月，根据水利部《水利工程管理考核办法（试行）》（水建管〔2003〕208号），结合宁波水库管理工作，市水利局制定《宁波市水库工程年度管理工作考核实施细则》。同年8月，市水利局、市财政局联合印发《关于宁波市小型水库安全巡查经费补助与使用管理的通知》（甬财政农〔2006〕638号），明确从2007年起市财政每年安排小型水库安全巡查经费，专项补助各地用于小型水库安全巡查。

2012年2月，市水利局印发《关于水库年度检查有关工作的通知》，明确大型水库年度检查报告经市水利局审查后报省水利厅，中型水库年检报告经区（县、市）审查后报市水利局，小型水库（含屋顶山塘）年检用表格形式，经区（县、市）审定后报市备案。

2013年8月，市水利局、市财政局联合印发《关于小型水库除险加固与维修养护资金补助有关问题的通知》，设立市级财政小型水库维修养护经费，对公益性小型水库正常维修养护经费市级财政按不超过定额标准的三分之一予以补助，其余由地方财政配套落实。同年12月，市水利局制定《小型水库工程维修养护资金管理办法》，对市级小型水库维修养护经费的申报、下达、使用和管理予以明确规定。同年，提高小型水库安全巡查经费市级补助标准，每座小型水库补助标准调整为“南三县”2500元每年，其他区（县、市）1500元每年，并规定每座小型水库的巡查费用安排不少于5000元每年。

2014年4月，市水利局印发《宁波市小型水库规范化管理单位验收办法（试行）》《宁波市小型水库规范化管理单位验收标准（试行）》，规定小型水库按11项考核内容采用百分制进行考核。

2016年，开展水库标准化管理创建，各地按照水库标准化管理要求进一步完善管理制度，并按照《浙江省水库管理手册编制指南》制作成册。

（二）日常管理

1. 控制运用

2000年前，大中型水库实行年度汛期控制运用计划报批制度。2000年5月，省政府印发《关于进一步加强水库管理工作的通知》（浙政发〔2000〕99号），要求各类水库按规定编制年度控制运用计划，并按水库管理权限报主管部门审批。2009年12月，省水利厅印发《浙江省大中型水库控制运行计划编制导则（试行）》（浙水管〔2009〕112号），各地按照此文件执行。2001—2020年宁波市大型水库运行效益统计见表9-3。

表9-3　2001—2020年宁波市大型水库运行效益统计

水库名称	月份	发电（平均值）		供水（平均值）		下游河道补水量 / 万 m^3
		上网电量 /（万 kW·h）	发电收入 / 万元	供水量 / 万 m^3	供水收入 / 万元	
白溪水库	1	240.8	132.1	1574.17	780.15	180.59
	2	234.4	187.7	1387.41	686.53	163.45
	3	281.0	235.7	1450.12	574.31	161.04
	4	299.9	217.1	1605.98	843.07	173.31
	5	314.5	273.9	1565.31	703.28	357.48
	6	332.3	292.3	1618.82	707.52	746.27
	7	440.7	425.1	1496.47	729.79	1413.78
	8	527.4	450.3	1688.74	802.22	1874.63
	9	431.7	370.0	1733.94	834.5	714.46
	10	446.8	311.3	1449.71	647.26	1063.75
	11	285.6	224.8	1421.38	765.79	343.82
	12	335.4	270	1392.65	573.28	328.52
	多年	4170	3906.16	18384.7	8647.7	7521.08
	统计年限	2001.6—2020.12		2006.7—2020.12		2011.1—2020.12
亭下水库	1	46.69	18.24	330.56	1.66	625.67
	2	42.31	20.95	301.22	15.73	696.13
	3	98.75	44.31	301.53	110.21	1270.05
	4	105.13	43.83	318.29	8.41	1234.81
	5	100.08	49.12	307.1	85.39	1207.82
	6	103.06	46.31	308.33	41.26	1328.05
	7	158.84	64.37	322.55	111.6	1982.6
	8	165.35	67.82	345.76	44.02	2147.98
	9	131.01	58.38	302.22	86.56	1477.17
	10	109.23	47.62	305.52	37.86	1293.85
	11	86.68	36.53	302.6	95.41	889
	12	77.51	40.06	316.87	122.17	808.56
	多年	1224.66	537.53	3735.55	760.27	14961.69
	统计年限	2001.1—2020.12		2005.1—2020.12		2001.1—2020.12

续表

<table>
<tr><th rowspan="2">水库名称</th><th rowspan="2">月份</th><th colspan="2">发电（平均值）</th><th colspan="2">供水（平均值）</th><th rowspan="2">下游河道补水量 / 万 m³</th></tr>
<tr><th>上网电量 /（万 kW·h）</th><th>发电收入 / 万元</th><th>供水量 / 万 m³</th><th>供水收入 / 万元</th></tr>
<tr><td rowspan="14">横山水库</td><td>1</td><td>7.65</td><td>2.66</td><td>713.83</td><td>281.1</td><td>81.81</td></tr>
<tr><td>2</td><td>12.24</td><td>4.5</td><td>617.35</td><td>303.09</td><td>110.67</td></tr>
<tr><td>3</td><td>12.89</td><td>3.48</td><td>700.98</td><td>255.59</td><td>135.46</td></tr>
<tr><td>4</td><td>16.72</td><td>5.74</td><td>703.76</td><td>290.83</td><td>181.23</td></tr>
<tr><td>5</td><td>35.07</td><td>12.68</td><td>732.11</td><td>346.66</td><td>313.17</td></tr>
<tr><td>6</td><td>45.71</td><td>15.49</td><td>726.89</td><td>292.76</td><td>485.6</td></tr>
<tr><td>7</td><td>77.86</td><td>27.77</td><td>795.35</td><td>246.73</td><td>893.84</td></tr>
<tr><td>8</td><td>100.8</td><td>37.24</td><td>804.43</td><td>376.22</td><td>1374.16</td></tr>
<tr><td>9</td><td>64.33</td><td>23.71</td><td>759.55</td><td>396.55</td><td>696.24</td></tr>
<tr><td>10</td><td>36.01</td><td>12.11</td><td>807.85</td><td>274.85</td><td>357.72</td></tr>
<tr><td>11</td><td>20.07</td><td>7.04</td><td>770.39</td><td>359.51</td><td>190.75</td></tr>
<tr><td>12</td><td>9.87</td><td>3.6</td><td>768.14</td><td>385</td><td>90.98</td></tr>
<tr><td>多年</td><td>439.23</td><td>156.04</td><td>8900.62</td><td>3808.89</td><td>4911.65</td></tr>
<tr><td>统计年限</td><td colspan="2">2001.1—2020.12</td><td colspan="2">2001.1—2020.12</td><td>2001.1—2020.12</td></tr>
<tr><td rowspan="14">周公宅水库</td><td>1</td><td>198.4</td><td>112.9</td><td rowspan="13">与皎口水库联合供水</td><td>325.3</td><td>758.2</td></tr>
<tr><td>2</td><td>218.8</td><td>125.5</td><td>309.5</td><td>789</td></tr>
<tr><td>3</td><td>344.8</td><td>184.4</td><td>304.1</td><td>1383.3</td></tr>
<tr><td>4</td><td>341.1</td><td>193.4</td><td>329.0</td><td>1125.2</td></tr>
<tr><td>5</td><td>321.2</td><td>187.2</td><td>339.4</td><td>1248.5</td></tr>
<tr><td>6</td><td>361.8</td><td>202.7</td><td>361.9</td><td>1429.9</td></tr>
<tr><td>7</td><td>414.6</td><td>215.6</td><td>377.1</td><td>1495</td></tr>
<tr><td>8</td><td>501.9</td><td>245.8</td><td>392.5</td><td>2086.8</td></tr>
<tr><td>9</td><td>394.2</td><td>210</td><td>373.6</td><td>1459.7</td></tr>
<tr><td>10</td><td>373.9</td><td>199.1</td><td>344.3</td><td>1298.8</td></tr>
<tr><td>11</td><td>227.8</td><td>131.7</td><td>330.7</td><td>781.8</td></tr>
<tr><td>12</td><td>186.2</td><td>94.6</td><td>299.3</td><td>732.1</td></tr>
<tr><td>多年</td><td>3884.6</td><td>2102.9</td><td>4086.6</td><td>14588.3</td></tr>
<tr><td>统计年限</td><td colspan="2">2006.7—2020.12</td><td colspan="2">2011.1—2020.12</td><td>2006.7—2020.12</td></tr>
<tr><td rowspan="9">皎口水库</td><td>1</td><td>1164.3</td><td>353.2</td><td>1303.4</td><td>410.2</td><td>1094</td></tr>
<tr><td>2</td><td>1075.9</td><td>338.5</td><td>1205.3</td><td>388.3</td><td>964.8</td></tr>
<tr><td>3</td><td>1088.8</td><td>308.7</td><td>1207.9</td><td>387.6</td><td>1488.3</td></tr>
<tr><td>4</td><td>1157.4</td><td>317.4</td><td>1281.1</td><td>400.1</td><td>1437.8</td></tr>
<tr><td>5</td><td>1196.1</td><td>378.4</td><td>1336.7</td><td>486.2</td><td>1509.1</td></tr>
<tr><td>6</td><td>1291.1</td><td>379.1</td><td>1452.1</td><td>487.1</td><td>1692.4</td></tr>
<tr><td>7</td><td>1273.8</td><td>365.5</td><td>1482.7</td><td>480.4</td><td>3272.2</td></tr>
<tr><td>8</td><td>1356.1</td><td>361</td><td>1547.3</td><td>470.6</td><td>3701.8</td></tr>
<tr><td>9</td><td>1333.5</td><td>362</td><td>1458.0</td><td>451.5</td><td>2379</td></tr>
</table>

续表

水库名称	月份	发电（平均值）		供水（平均值）		下游河道补水量 / 万 m^3
		上网电量 /（万 kW·h）	发电收入 / 万元	供水量 / 万 m^3	供水收入 / 万元	
皎口水库	10	1271.4	354.9	1367.0	439.8	1953.3
	11	1256.1	338.4	1351.9	421.5	1207.8
	12	1147.6	329.8	1214.8	406.1	1119
	多年	14612.24	4187.07	16208.17	5229.50	21819.39
	统计年限	2004.1—2020.12		2011.1—2020.12		2001.1—2020.12
四明湖水库	1	1.06	0.39	316.67	69.1	0.49
	2	0.59	0.14	301.84	63.39	5.17
	3	3.38	1.13	340.47	73.38	41.61
	4	2.83	0.88	326.67	69.34	343.23
	5	6.22	2.41	346.12	74.78	319.51
	6	3.94	1.4	352.41	75.53	287.09
	7	7.12	2.36	384.92	82.42	674.94
	8	3.93	1.6	398.14	86.33	390.43
	9	4.07	1.58	375.73	80.77	208.69
	10	2.16	0.61	355.95	76.03	73.06
	11	4.89	1.71	350.85	75.13	69.34
	12	2.77	0.88	359.86	78.35	31.21
	多年	42.96	15.09	4209.62	904.53	21819.39
	统计年限	2001.1—2014.12（2015 年起停止发电）		2001.1—2020.12		2001.1—2020.12

注：下游河道放水量不包括水库泄洪水量。

2. 巡查与维护

水库管理单位组织对大坝安全进行日常巡查检查，要求定时巡查、定期观测、检查与记录。2003 年开始，各地试点并逐步推行“管养分离”模式，通过招投标方式择优确定运维服务单位或承包人，推动水库运维管理专业化和市场化。2014 年，市水利局印发《宁波市小型水库规范化管理单位验收办法（试行）》，进一步规范小型水库管理，对日常巡查与检测过程确定固定时间、线路、内容，并将巡查过程纳入县级综合安全监管系统平台，强化实时监管。为培育水利工程运维市场主体，2016 年市水利局制定《宁波市水利工程运行维修养护单位资质评定办法》，使水库专业养护队伍建设更加规范，养护质量得到提升。

2016 年，推行水利工程标准化管理后，大中型水库的日常检查、巡查、观测均建立了综合管理系统平台，对日常管理情况实时进行监管。

3. 大坝安全监测

大坝安全监测数据是分析评估大坝安全的基础，不同的大坝结构形式，安全监测内容也不同。2020 年宁波市大中型水库安全监测项目一览见表 9-4。

表9-4　2020年宁波市大中型水库大坝安全监测项目一览

序号	类型	水库名称	安全监测项目	备注
1	大型水库	皎口水库	自动监测：坝体位移监测，大坝渗流监测、绕坝渗流、坝基扬压力。 人工观测：大坝渗流、坝基扬压力、伸缩缝三向位移、坝顶水平位移和垂直沉降观测	自动监测项目每天1次，人工监测项目非汛期每月2次，汛期每月3次。坝顶水平位移和垂直沉降观测委托第三方开展，其他人工观测项目水库负责
2		白溪水库	自动监测：面板应力应变、周边缝、垂直缝，坝基渗流压力，水平位移、沉降，导流洞堵头，绕坝渗。 人工观测：水平位移、沉降，渗流量	坝体表面水平位移、沉降每2个月观测1次，大坝渗流量观测每年1~2次。人工观测项目水库负责
3		周公宅水库	水平、垂直变形监测，坝体横缝监测，大坝渗流监测、应力应变及温度观测、环境量监测	人工监测项目：变形和渗流监测，其中7—9月时每月2次，其他月每月1次，特殊情况每月3次，全年共18次。委托第三方开展
4		亭下水库	变形监测有水平位移和垂直位移、开合度；马村滑坡体位移；渗流监测包括坝基扬压力、绕坝渗流和渗漏量等类型；气象观测包括水温、气温等	全部自动化监测
5		横山水库	自动监测：水平位移、开合度；渗流（坝基扬压力、绕坝渗流和大坝渗漏量等）。 人工观测：表面位移、沉降	人工变形观测：每2个月进行1次；其他监测全部纳入自动化监测系统，数据采集的频率一般为每天1次，堆石坝体渗流量为每小时1次，重力坝廊道渗流量为每2个小时1次，气温监测每6小时1次，特殊情况（如高水位、库水位骤变、特大暴雨、强地震等）增加测次
6		四明湖水库	自动监测：表面水平、垂直位移；坝体、坝基渗流压力、渗流量观测。 人工观测：水平、垂直位移观测	自动监测项目每天1次，人工观测每季度1次。人工观测项目委托第三方开展
7	中型水库	溪下水库	自动监测：坝基渗流监测、渗压监测，绕坝渗流监测。 人工观测：大坝表面水平、垂直位移监测，坝体渗流监测	自动监测项目每天2次，大坝表面水平、垂直位移监测每月1次，坝体渗流每周1次。水平、垂直位移监测委托第三方，其余水库负责
8		十字路水库	人工观测：大坝表面变形观测、大坝渗流压力观测、大坝渗流量观测 自动监测项目：无	大坝表面变形观测每季度1次，大坝渗流压力和大坝渗流量观测每月2次。变形观测委托第三方开展，其余观测水库负责
9		东钱湖水库	自动监测：高湫塘渗流压力。 人工观测：坝顶：高湫塘、方家塘、五里塘堤顶沉降变形	渗流监测每月4次，每2个月人工复测1次；变形监测每年6次。委托第三方开展
10		横溪水库	自动监测：大坝渗流。 人工观测：坝体水平位移、沉降，大坝渗流监测人工校核	坝顶位移和沉降观测每年3次，分为汛前，台汛期，汛后；渗流为自动化监测，每日8时20时数据自动入库，每月人工观测1次。人工观测项目水库负责观测
11		梅溪水库	自动监测：面板周边缝开合度、剪切与沉降变形；坝基坝体沉降、水平位移；坝基孔隙水压力。 人工观测：测压管水位	自动监测每3天1次，人工观测10天1次。人工观测项目水库负责观测
12		三溪浦水库	大坝渗流压力监测、大坝水平位移观测、大坝沉降观测	大坝渗流压力监测实时监测，每年汛后进行人工校核；大坝水平位移观测每季度1次；大坝沉降观测汛前、汛中、汛后各1次

续表

序号	类型	水库名称	安全监测项目	备注
13	中型水库	仓岙水库	坝体渗流监测、变形监测和环境量监测	大坝渗流压力监测实时监测；大坝水平位移、大坝沉降观测每季度1次。委托第三方开展
14		大塘港水库	人工观测：沉降	每季度1次。委托第三方开展
15		隔溪张水库	大坝渗流压力监测、大坝水平位移、大坝沉降	大坝渗流压力监测实时监测；大坝水平位移、大坝沉降观测每季度1次。委托第三方开展
16		上张水库	大坝渗流压力监测、大坝水平位移观测、大坝沉降观测	大坝渗流压力监测实时监测；大坝水平位。委托第三方开展
17		溪口水库	大坝渗流压力监测、大坝水平位移观测、大坝沉降观测	大坝渗流压力监测实时监测；大坝水平位移、大坝沉降观测每季度1次。委托第三方开展
18		黄坛水库	自动人工：坝体水平位移、垂直位移、溢流坝廊道基础渗流压力、坝体渗流压力、坝基扬压力、绕坝渗流压力、刺墙绕渗	自动监测项目每天1次。 人工监测项目：水平位移、垂直位移每2个月1次，其他每月2次。 人工观测委托第三方开展
19		西溪水库	自动监测：水温、气温、坝基接缝、坝体混凝土温度、坝基渗透压力、坝体混凝土渗透压力、绕坝渗流、正倒垂线、坝段接缝、坝基扬压力、渗漏量。 人工观测：水平位移、垂直位移、正倒垂线、坝段接缝、坝基扬压力、渗漏量	自动监测每天1次。 人工监测：坝顶水平位移、垂直位移每月1次，正倒垂线、坝段接缝、坝基扬压力、渗漏量每月2次。 人工观测委托第三方开展
20		力洋水库	坝顶位移、沉降、大坝渗压监测	位移和沉降1年4次，大坝渗压安全监测每天8时采集数据，每年对变形和渗压数据进行整编分析。变形观测委托第三方开展，渗流观测水库负责
21		胡陈港水库	主副坝沉降	人工观测1年1次。委托第三方开展
22		车岙港水库	自动监测：主坝位移、主副坝渗流压力、库水位、雨量。 人工观测：主副坝沉降	自动监测1次1天，人工观测2次每年。委托第三方开展
23		杨梅岭水库	自动监测：主副坝渗流压力、库水位、雨量。 人工观测：主副坝表面变形	自动监测每天1次，人工观测每年2～4次。委托第三方开展
24		梁辉水库	自动监测：坝体内部竖向位移、坝基孔隙水压力、渗流观测、面板周边缝。 人工观测：坝体表面水平位移、沉降	自动监测项目每天1次，每星期人工采集整理1次；人工观测项目每2～3个月1次，根据实际情况加密观测频次
25		陆埠水库	自动监测：大坝表面水平、垂直位移，坝体、坝基渗流压力，坝基渗流量。 人工观测：大坝表面水平、垂直位移	自动监测项目每天2次，每星期人工采集数据一次；人工观测一季度开展一次，并且根据实际情况加密观测频次
26		双溪口水库	表面变形、防渗墙应力应变、渗流、防渗墙变形、坝体内部沉降、水平位移、面板接缝	自动监测项目每天2次，人工观测每季度1次。位移和沉降观测、自动监测维护委托第三方开展
28		梅湖水库	自动监测：大坝表面变形、大坝渗流压力、大坝渗流量，浸润线。 人工观测：坝体渗流（坝体渗透压力测压管），坝基渗流（坝基渗透压力、排水减压井），坝后排水棱体流量	自动监测项目实时监测，人工观测：坝体、坝基排水棱体每日1次，测压管观测每月3次

续表

序号	类型	水库名称	安全监测项目	备注
29	中型水库	上林湖水库	自动监测：大坝测压管渗流量、排水沟量、水位雨量。 人工观测：大坝表面水平、垂直位移观测	自动化监测项目每日实时监测，每小时1次；人工观测每月1次，视情况加密监测
30		郑徐水库	自动监测：渗流压力、水位、雨量。 人工观测：大坝沉降（含表面沉降和坝基沉降）、泵闸沉降，测缝计	自动监测每天1次，人工观测2个月1次。委托第三方开展
31		四灶浦水库	自动监测：渗流观测。 人工观测：沉降测量	自动化每天1次，人工每个月1次。委托第三方开展
32		新路岙水库	自动监测：变形观测、渗流观测、大坝渗流量观测、环境量观测（含库水位）。 人工观测：水平位移监测、沉降测量	自动监测每天1次，人工观测每季度1次。委托第三方开展

4. 检查考核

2002年，市水利局制定《宁波市水库大坝安全年度检查管理办法（试行）》，明确水库、山塘年检工作并统一标准。2004年，市水利局首次组织专家组对全市21座中型水库和重要小（1）型水库大中型水库进行一次全面检查，并将大坝安全年检情况通报全市。

2011年12月，省水利厅印发《关于建立大型水库年度检查制度的通知》，各大中型水库按照《水库年度检查报告》编写大纲要求，将年度检查报告分别报送省、市水利主管部门。小型水库按照“一库一表”形式由县水行政主管部门检查汇总后报市水利局。此项工作持续到2018年。

2002年前，大中型水库年度考核沿用23项考核指标。2002年1月，省水利厅印发《浙江省水库工程综合管理考核实施办法（试行）》（浙水管〔2002〕54号），要求自2002年度起，按年度开展水库工程管理考核。考核内容有4类共35项，总分值1000分。宁波市大中型水库当年考核采用千分制考核标准。2006年6月，市水利局印发《宁波市水库工程年度管理工作考核实施细则》，宁波市大中型水库的年度管理工作开始采用部颁《水库工程管理考核标准（试行）》（水建管〔2003〕208号）千分制进行考核。

5. 资料整编

2005年起，浙江省将大中型水库水文资料的整编和复审工作纳入水文行业管理。2006年1月，市水文站开始将大型水库水文资料纳入水文资料汇审工作，初次会审仅皎口水库完成年度水文资料整编工作。2006年9月，省水利厅印发《关于加强水库水文工作的通知》（浙水管〔2006〕第34号），要求全省大中型水库水文资料整编纳入规范化管理，明确市级水文机构负责本行政区内水库水文水资源监测资料的整编指导和审查。到2007年，5座大型水库2005—2006年度的水库水文资料通过市级会审。2008年开始，启动中型水库水文资料汇审工作，到2010年所有中型水库均纳入市水文机构水文资料汇审。2010年5月，市水利局印发《宁波市大、中型水库水文工作任务书》，对各水库的水文测验项目及任务予以明确，并要求自2010年起严格执行水文测验、资料整编、水文情报规范及有关规定。2013年，修订《宁波市大、中型水库水文工作任务书》（2010年版），2020年进行再次修订。

大中型水库大坝安全监测资料每年都按照部颁大坝安全监测技术规范整编形成安全监测资料年度汇编和年度整编分析报告。如白溪水库属土石坝，每年安全监测资料按照水平位移、沉降变形、坝基覆盖层沉降、周边缝及垂直缝变形、面板挠度、面板应力应变、坝基渗透压力、坝体渗流量、监测网基点及检测仪器考证表分别整理汇编成册，并编写年度安全监测资料年度整编分析报告。

6. 白蚁防治

鄞州区水利局经常性委托专业机构开展白蚁防治检查。如2004年委托湖北省罗田县白蚁防治研究所对境内42座小（2）型以上水库白蚁危害情况进行检查，共剿灭主蚁巢561个、副蚁巢1763个；2005年，对42座山塘进行白蚁危害检查，共剿灭主蚁巢774个、副蚁巢2430个。

余姚市水利局定期委托专业机构开展白蚁危害普查，并下达水库、山塘白蚁治理年度计划；要求各有关镇乡（街道）落实专人监督白蚁治理单位做好治理工作，在现场签字确认蚁巢开挖，捕获蚁王、蚁后及巢内施药等的有关情况。

（三）大坝注册登记复查换证

2015年1月，市水利局印发《关于做好全市水库大坝注册登记和复查换证工作的通知》（甬水建〔2015〕6号），集中开展全市水库登记和复查换证工作。截至2017年年底，宁波市完成小（2）型以上各类水库注册登记和复查换证工作，共完成水库注册、换证共401座，其中换证361座，新注册40座，无注销水库。2017年宁波市水库注册登记情况统计见表9-5。

表9-5　2017年宁波市水库注册登记情况统计

水库类别	换证/座	新注册/座	注销/座
大型	6	0	0
中型	21	5	0
小（1）型	72	8	0
小（2）型	262	27	0
合计	361	40	0

注：注销为已报废、待报废水库。

（四）安全鉴定

宁波市水库大坝安全鉴定工作始于1996年。同年10月市水利局印发《宁波市开展水库大坝安全鉴定的技术要求》，1998年9月启动中型水库鉴定工作。后因集中精力筑海塘，1999—2002年全市中小型水库大坝安鉴工作暂停，于2003年重启。水库大坝安全鉴定工作实行分级管理原则，省水利厅负责大型水库、市水利局负责中型水库及重要小（1）型水库，区（县、市）水行政主管部门负责其他小型水库。

大型水库　2000年3月，余姚四明湖水库率先启动第一次大型水库大坝安全鉴定，由省水利厅负责安全鉴定审定工作。2002年，经水利部大坝安全管理中心审核，因水库主体建筑物达不到2级标准，斜墙下无反滤等质量问题，安全鉴定结论为三类坝。其后，在2002年12月—2016年

7月，皎口、亭下、横山、白溪、周公宅等大型水库先后完成大坝安全鉴定任务。2012年，余姚四明湖水库率先开展第二次大坝安全鉴定，于2015年3月完成。至2019年年底，除周公宅水库因安全鉴定尚未到期外，其余大型水库均完成第二次大坝安全鉴定。2020年5月，余姚四明湖水库启动第三次大坝安全鉴定工作，至年底鉴定工作尚在进行中。2002—2016年宁波市大型水库大坝安全鉴定统计见表9-6。

表9-6 2002—2016年宁波市大型水库大坝安全鉴定统计

水库名称	第一次			第二次		
	承担单位	完成时间/（年.月）	鉴定结论	承担单位	完成时间/（年.月）	鉴定结论
四明湖水库	浙江省水利水电勘测设计院	2002.1	三类坝	南京水利科学研究院	2012.11	一类坝
亭下水库	浙江省水利河口研究院	2004.11	二类坝	浙江省水利河口研究院	2018.1	一类坝
皎口水库	浙江省水利水电勘测设计院 浙江省水利河口研究院	2004.11	二类坝	浙江省水利水电勘测设计院	2018.1	一类坝
横山水库	浙江省水利水电勘测设计院 浙江省水利河口研究院	2006.8	二类坝	浙江省水利河口研究院	2019.9	一类坝
白溪水库	浙江省水利河口研究院	2011.4	一类坝	浙江省水利河口研究院	2018.12	一类坝
周公宅水库	南京水利科技研究院	2016.8	一类坝	—	—	—

注：完成时间为《大坝安全鉴定报告书》发文时间。

中型水库 1997年，确定鄞州区横溪水库和象山县溪口水库为试点，开启宁波市中型水库第一次大坝安全鉴定工作。到2010年，中型水库第一轮大坝安全鉴定工作基本完成。2014年，鄞州区横溪水库率先完成第二次大坝安全鉴定，截至2020年，除平原水库和第二次大坝安全鉴定未到时间的外，其他中型水库已完成第二轮大坝安全鉴定，个别水库已开始第三轮大坝安全鉴定。2000—2020年宁波市中型水库大坝安全鉴定统计见表9-7。

表9-7 2000—2020年宁波市中型水库大坝安全鉴定统计

序号	水库名称	第一次		第二次		第三次	
		完成时间/（年.月）	鉴定结论	完成时间/（年.月）	鉴定结论	完成时间/（年.月）	鉴定结论
1	横溪水库	2000.1	二类坝	2014.3	一类坝	—	—
2	十字路水库	2002.1	二类坝	2014.3	二类坝	—	—
3	陆埠水库	2002.2	三类坝	2006.12	三类坝	2018.3	一类坝
4	里杜湖水库	2002.4	一类坝	2016.1	二类坝	—	—
5	梅湖水库	2002.10	一类坝	2017.9	二类坝	—	—
6	车岙港水库	2004.5	三类坝	2020.7	一类坝	—	—
7	仓岙水库	2004.6	二类坝	2018.8	二类坝	—	—

续表

序号	水库名称	第一次		第二次		第三次	
		完成时间/（年.月）	鉴定结论	完成时间/（年.月）	鉴定结论	完成时间/（年.月）	鉴定结论
8	双溪口水库	2005.1	一类坝	2018.3	一类坝	—	—
9	上林湖水库	2005.7	二类坝	2017.10	一类坝	—	—
10	新路岙水库	2005.7	二类坝	2016.11	一类坝	—	—
11	梅溪水库	2005.9	一类坝	2016.8	一类坝	—	—
12	梁辉水库	2005.12	一类坝	2016.10	一类坝	—	—
13	黄坛水库	2006.3	二类坝	2019 启动	—	—	—
14	杨梅岭水库	2007.3	二类坝	2020 启动	—	—	—
15	东钱湖水库	2007.7	二类坝	—	—	—	—
16	四灶浦水库	2007.12	二类坝	2020.12	一类坝	—	—
17	三溪浦水库	2008.7	二类坝	2019.12	一类坝	—	—
18	郑徐水库	2014.1	一类坝	—	—	—	—
19	隔溪张水库	2014.3	二类坝	—	—	—	—
20	溪口水库	2014.3	二类坝	—	—	—	—
21	溪下水库	2014.12	一类坝	—	—	—	—
22	胡陈港水库	2015.6（主闸）	四类闸	2020.11（水库）	二类坝	—	—
23	上张水库	2016.10	一类坝	—	—	—	—
24	西溪水库	2016.11	一类坝	—	—	—	—
25	大塘港水库	2017.4	三类坝（胜利闸）	2019.1	二类坝（台宁闸）	—	—
26	力洋水库	2017.6	一类坝	—	—	—	—

注：完成时间为《大坝安全鉴定报告书》发文时间。

小型水库 2002 年，为贯彻执行水利部《关于加强小型水库安全管理工作的意见》（水建管〔2002〕188 号），市水利局在开展中型水库大坝安全鉴定工作基础上，着手开展小型水库大坝安全鉴定工作。同年 4 月，市水利局公布城湾水库大坝安全鉴定专家组名单（甬水利〔2002〕8 号），标志着全市小型水库大坝安全鉴定工作开始启动。同年 7 月，市水利局下达小型水库大坝安全鉴定工作计划（甬水工〔2002〕22 号），安排对全市坝高不小于 15 米的 90 座小（1）型水库、94 座小（2）型水库开展第一次大坝安全鉴定工作，其中北仑区城湾水库、江北区英雄水库、余姚市寺前王水库 [3 座重要小（1）型水库] 由市水利局负责大坝安全鉴定工作，其余由各地水行政主管部门负责。

自 2004 年开始，宁波市各区（县、市）水行政主管部门陆续安排小型水库大坝安全技术认定工作，但各地进展不平衡。2005 年 10 月，由市水利局组织对江北区英雄水库进行大坝安全鉴定，这是宁波最早完成安全鉴定的小（1）型水库。至 2020 年年底，全市 300 多座小型水库基本完成首轮大坝安全技术认定。2004—2020 年宁波市小型水库大坝安全技术认定统计见表 9-8。

表9-8　2004—2020年宁波市小型水库大坝安全技术认定统计

区域	水库数量 / 座	安全认定完成情况			
		完成数量 / 座	一类坝 / 座	二类坝 / 座	三类坝 / 座
鄞州区	26	21	18	3	0
海曙区	21	21	16	5	0
北仑区	31	31	26	5	0
镇海区	4	4	4	0	0
江北区	5	5	2	3	0
奉化区	87	87	57	27	3
慈溪市	13	13	10	3	0
余姚市	51	51	35	15	1
象山县	74	59	36	20	3
宁海县	56	52	30	20	2
合计	368	344	234	101	9

（五）水库除险加固

1. 安全普查

根据省水利厅统一部署，1998年7月，市水利局启动第一次水库安全普查工作，共普查各类水库395座[其中大型水库3座、中型水库20座、小（1）型水库98座、小（2）型水库279座]，重要山塘458座。根据水库安全普查成果结合防汛检查，2002年2—7月，对水库安全状况进行一次全面排查。排查发现二类坝52座，其中中型水库2座（横溪、四灶浦水库）、小（1）型水库10座、小（2）型水库40座；三类坝2座，其中大型水库1座（四明湖水库）、小（2）型水库1座（宁海箬帽岭水库）。

2003年1月，市水利局启动第二次水库安全普查工作，普查水库总数405座，分别为大型水库5座、中型水库21座、小（1）型水库94座（其中电力系统2座、其他系统1座）、小（2）型水库285座（其中电力系统1座、其他系统1座）。与第一次水库安全普查相比，水库数量减少6座，其中：小（1）型水库少3座，分别为海曙区周公宅（新为大型水库建周公宅水库）、余姚市单溪口（新建双溪口水库为中型水库）、一号海涂水库（报废）；小（2）型水库减少3座，分别为象山县丰孔、下布袋水库（列入山塘），滑塔岩（报废）。第二次水库安全普查共发现二类坝106座，其中：中型水库5座，小（1）型水库22座，小（2）型水库79座；三类坝19座，其中：大型水库1座，小（1）型水库6座，小（2）型水库12座。在安全普查基础上，市水利局委托市水利设计院编制完成《浙江省千库保安工程宁波市专项规划综合报告》。

2007年，水利部部署开展全国水库安全状况普查工作，市水利局根据第二次水库安全普查成果及水库保安专项规划，于2007年5月将宁波市水库安全普查情况上报国家发改委和水利部。2003年宁波市第二次水库安全普查分类见表9-9。

表 9-9　2003 年宁波市第二次水库安全普查分类　　单位：座

序号	区域	水库规模					一类坝					二类坝					三类坝				
		总数	大型	中型	小（1）型	小（2）型	小计	大型	中型	小（1）型	小（2）型	小计	大型	中型	小（1）型	小（2）型	小计	大型	中型	小（1）型	小（2）型
1	北仑区	32		1	7	24	26		1	6	19	5				5	1			1	
2	慈溪市	23		4	13	6	13		3	6	4	10		1	7	2	0				
3	奉化市	90	2		15	73	74	2		15	57	16				16	0				
4	江北区	5			4	1	5			4	1	0					0				
5	宁海县	65	1	4	10	50	40	1	2	7	30	25		2	3	20	0				
6	象山县	74		5	15	54	62		4	13	45	12		1	2	9	0				
7	鄞州区	55	1	4	13	37	42	1	3	10	28	10		1	3	6	3				3
8	余姚市	55	1	2	13	39	12		2	1	9	28			7	21	15	1		5	9
9	镇海区	6		1	4	1	6		1	4	1	0					0				
合计		405	5	21	94	285	280	4	16	66	194	106	0	5	22	79	19	1	0	6	12

注：总数 405 座。比第一次水库普查少 6 座，其中：小（1）型水库少 3 座，分别为鄞州周公宅（建周公宅水库），余姚单溪口（建双溪口）、海涂 1 号水库（围涂报废）；小（2）型水库少 3 座，分别为象山丰孔、下布袋水库（列入山塘），滑塔岩（待报废）。

2. 大型水库

四明湖水库　2001 年 11 月开始进行泄洪闸改建。2002 年 2 月由市发改委批复水库除险加固初步设计。同年 3 月，水利部太湖局批复初步设计复核意见，主要建设内容包括大坝防渗加固、泄洪闸改建及非常溢洪道加固、原输水隧洞加固，新建放空隧洞工程，概算总投资 5328 万元。四明湖水库大坝防渗加固等工程于 2002 年 10 月开工，2004 年 4 月底全部完工，2005 年 1 月通过竣工验收，完成投资 5321.3 万元。

横山水库　2009 年 4 月，市发改委批复加固改造工程初步设计，主要加固内容包括大坝加固、泄洪闸加固、左岸供水隧洞改造启用、右岸发电放空隧洞加固、发电厂房技术改造及维修加固、水力机械和电气设备及金属结构更新改造等，批复概算投资 8325 万元。加固工程于 2009 年 10 月开工，2012 年 6 月通过蓄水阶段验收，同年 7 月 31 日通过发电机组启动验收，2013 年 12 月 20 日通过加固改造工程竣工验收，完成投资 8905 万元。

亭下水库　2007 年 9 月，市发改委批准加固改造工程立项，2008 年 7 月市发改委批复初步设计，主要建设内容包括大坝上下游坝面处理、坝基防渗补强、泄洪闸结构加固及启闭设备更新、放空洞启闭设施更新、水电机组改造及电站改建、电气设备更新等，批概算投资 6616 万元。加固工程于 2008 年 11 月动工，2010 年 4 月通过蓄水阶段验收，恢复正常蓄水。2012 年 11 月加固改造通过竣工验收，完成投资 6478 万元。

皎口水库　2005 年 12 月，市发改委批准加固改造工程立项，2007 年 3 月市发改委批复初步设计，主要建设内容包括非溢流段坝高由原 79.4 米整平到 80 米，拆建原防浪墙，上游坝面修补，下游坝面采用条石护面，泄洪闸室拆除重建，更换启闭设施和电气设备，泄洪放空洞改造，水电站改造等，批复概算投资4891万元。2009年7月加固工程调概增加355万元，总投资概算调整为5246万元。加固工程于2007年8月底开工，2009年8月通过蓄水阶段验收，同年10月通过水电站机组启动验收；2010年11月通过合同完工验收，2012年6月通过竣工验收，工程完成投资5081万元。

3. 中型水库

第一次大坝安全鉴定完成后，各地针对安全隐患及鉴定意见组织进行除险加固设计，报市发改委审批后实施除险加固。其间，被列入全国中小型水库除险加固的部分项目，加固设计方案由水利部太湖局复审核准。除新建水库外，到2020年全面完成中型水库除险加固。2001—2020年宁波市中型水库除险加固情况统计见表9-10。

表9-10　2001—2020年宁波市中型水库除险加固情况统计

序号	水库名称	总投资/万元	开工时间/（年.月）	完工时间/（年.月）	竣工验收时间/（年.月）
1	力洋水库	4822.40	2004.10	2006.12	2008.12
2	车岙港水库	4649.40	2006.10	2010.3	2010.12
3	杨梅岭水库	8388.87	2009.10	2015.2	—
4	黄坛水库	1495.05	2013.12	2016.6	—
5	十字路水库	160.00	2002.3	2002.10	
6	三溪浦水库	7048.26	2013.1	2015.8	2016.11
7	横溪水库	2822.06	2001.10	2004.12	2007.12
8	梅溪水库	289.74	2018.7	2018.11	—
9	陆埠水库	7304.00	2007.11	2010.10	2010.12
10	里杜湖水库	802.07	2006.11	2007.8	2008.9
11	新路岙水库	154.44	2005.12	2008.3	2010.11
12	仓岙水库	1529.34	2005.7	2008.9	2009.1
13	大塘港水库台宁闸	125.00	2020.9	—	—
14	胡陈港水库主闸	5294.40	2016.2	2019.1	—
15	溪口水库	3068.00	2016.3	2019.12	—
16	东钱湖水库	6245.00	2012.3	2017.11	—

4. 小型水库

2003—2007年，宁波市依据千库保安工程专项规划，全面实施小型水库除险加固，规划加固水库共125座，投资约3.5亿元。主要建设内容包括保安达标、大坝技术改造、泄洪设备更新改造、水雨情测报系统和大坝安全监测设施完善、库区环境改造等。2010年以后，各地针对安全认定中新发现问题，及时采取除险加固措施，基本实现“动态清零”。为加大政策支持力度，2013年市水利局、市财政局对“南三县”小型水库除险加固项目提高市级资金补助额度，促进除险加固建设进度。

（六）确权划界

1992 年 6 月，浙江省政府印发《关于划定全省十八座大型水库管理和保护范围划定方案的批复》（浙政发〔1992〕180 号），宁波市的皎口水库、亭下水库、横山水库、四明湖水库列入其中。白溪水库在建设期间便完成管理范围内土地征用，并进行确权划界，水库管理范围设置界桩、界线等标志，保护范围明确，还设置森林防火和库区水资源保护等警示、告示牌。2005 年，白溪水库全部征用土地，领取土地使用权证和山林权证（宁国用〔2005〕第 0047636 号）。2007 年 8 月，市政府办公厅印发《关于划定白溪水库管理和保护范围的批复》（甬政发〔2007〕70 号），进一步明确水库管理范围和保护范围。

2016 年，浙江省实施水利工程标准化管理以后，水利工程确权划界工作得到进一步推进。2017 年 3 月，省政府印发《关于宁波市白溪水库等 10 座大型水库管理和保护范围划定方案的批复》（浙政函〔2017〕23 号），白溪、横山、周公宅、亭下 4 座水库的管理和保护范围划定方案予以批复；2018 年 2 月，省政府印发《关于桐庐县分水江水库等 10 座大型水库管理和保护范围划定方案的批复》（浙政函〔2018〕17 号），皎口、四明湖 2 座水库的管理和保护范围划定方案予以批复。至此宁波市大型水库的管理范围和保护范围得到进一步明确和保障。2017—2018 年宁波市大型水库管理和保护范围划定方案见表 9–11。

表 9–11　2017—2018 年宁波市大型水库管理和保护范围划定方案

序号	名称	大坝枢纽划定范围	水库库区划定范围
1	白溪水库	管理范围：距大坝左侧 100 米处向南延伸 700 米；距大坝右侧 100 米处向南延伸 500 米，沿管理房外侧延伸 400 米与大坝右侧上坝道路相交，向西南延伸 420 米与大坝左侧管理范围线相交。大坝枢纽管理范围面积为 0.332 平方千米。 保护范围：管理范围线向外延伸 50 米的地带	管理范围：库区移民线 173.5 米（20 年一遇洪水位为 173.42 米）以下的地带，及移民线以上已征的水土保持和水源保护用地。库区管理范围面积为 4.18 平方千米。 保护范围：管理范围线向外延伸 50 米的地带
2	周公宅水库	管理范围：距大坝左侧 200 米的山头沿山脊往下至二道坝下游 155 米处，按原实际征地范围线，沿大皎溪左岸周公宅水库管理房外侧河道左岸 137.00 米高程线，在 43 号界桩下游 630 米处穿过大皎溪与右侧管理范围线交汇；距大坝右侧约 140 米的山头向下，至上坝公路，沿上坝公路外侧经下游水电站（离水电站 92 米）至章水派出所周公宅水库警务室下游 160 米处。大坝枢纽管理范围面积为 0.642 平方千米。 保护范围：管理范围线向外延伸 100 米的地带	管理范围：库区移民线 237.12 米（20 年一遇洪水位为 237.12 米）以下的地带。库区管理范围面积为 2.548 平方千米。 保护范围：管理范围线向外延伸 50 米的地带
3	亭下水库	管理范围：左坝头从浒溪线 106k 桩号往西 26 米处（进道坝路口），沿进坝道路，至亭下湖村与水库林场山界，沿山顶岗延至金山湾，至后亭下湖村水田与水库山林交界处，过简易公路到过水路面桥以下 50 米处河道；右坝头从水库大坝上游 150 米处，沿山脊线至水库水文遥测房、地缝岩、里硗头勇，沿山岗至水库管理局围墙，再沿围墙到水库管理局门卫室外水泥路南侧石坎，至过水路面桥以下 50 米处河道。大坝枢纽管理范围面积为 0.44 平方千米。 保护范围：保护范围与管理范围重合	管理范围：库区移民线 89.45 米（20 年一遇洪水位为 89.26 米）以下的地带，以及已实际征地范围库区管理范围面积为 15.62 平方千米。 保护范围：库区移民线向外延伸 50 米的地带，以及已实际征地区域

续表

序号	名称	大坝枢纽划定范围	水库库区划定范围
4	横山水库	管理范围：左坝头从尚畈线上部的里大岙与金字山之间的山脊为分界线，过山顶向坝区延伸，至马尾山山脊而下到高程173.17米，延伸至山谷到上坝公路，沿上坝公路到信用社、到振扬特钢有限公司北侧围墙，延至东侧围墙，横穿尚界公路到河道，顺河岸至引水堰；右坝头从铁坎山水田（原后石坎村前）起，直至尚界公路，沿尚界公路至黄娘尖山山谷，直至黄泥路村至吴尾潭，下至尚界公路，沿公路经东坑岙、龙片山而下至金许公路、引水堰。大坝枢纽管理范围面积为0.74平方千米。 保护范围：管理范围线向外延伸50米的地带	管理范围：库区移民线118.17米（20年一遇洪水位为117.77米）以下的地带，已建道路从库区北侧尚畈线、里大岙到荷花芯段，道路高程高于移民线118.17米，道路以下在实际征地范围内，以道路内边线作为管理范围线。库区管理范围面积为3.49平方千米。 保护范围：管理范围线向外延伸50米的地带
5	皎口水库	管理范围：大坝两端山脊线为界，与水库库区和大坝下游水库管理区的管理范围相连接的地带。包括大坝两侧山体、大坝下游水库管理区及水库所属的山林、房屋和道路。大坝枢纽管理范围面积为0.23平方千米。 保护范围：右坝头从山脚3.5万伏输变电线路电杆至第2根3.5万伏输变电线路电杆至岗顶3.5万伏输变电线路电杆；左坝头从皎口水库原炸药仓库至蜜岩原12队、13队牧场至荷晓公路旁黄泥岗凉亭。大坝下游水库管理区保护范围与管理范围重合	管理范围：库区移民线72.68米以下的地带；库区管理范围面积为6.16平方千米。 保护范围：管理范围线向外延伸50米的地带
6	四明湖水库	管理范围：左端自溃坝（非常溢洪道）左侧50米处向下游延伸至库前桥下游约145米处连接仓库围墙；右端从大坝右侧（观测桩基准点）100米向北延伸140米后，沿坝脚线外侧100米线至仓库围堆与左侧管理范围线相交。大坝枢纽管理范围面积为0.23平方千米。 保护范围：管理范围线向外延伸50米的地带	管理范围：库区移民线17.28米（20年一遇洪水位17.28米）以下的地带。库区管理范围面积为11.36平方千米。 保护范围：管理范围线向外延伸50米的地带

二、闸站管理

闸站管理包括水闸管理和泵站管理。水闸管理的历史比较悠久，泵站管理在2013年之前，以农田机电灌排工程为主，此后流域骨干排涝泵站的兴建，泵站管理得到进一步加强。

（一）水闸管理

宁波市境内大型和重要中型水闸有专设管理机构，其他中、小型水闸一般由属地管理。根据2011—2012年全国第一次水利普查统计，全市共有1立方米每秒以上的水闸2183座，其中过闸流量不低于5立方米每秒即规模以上的水闸1393座。宁波市水利局市级直管的三江河道上的水闸有大型水闸姚江大闸和11座中型排涝闸。

1. 管理制度

根据水利部新颁《水闸技术管理规程》（SL 75—2014）、《浙江省水闸技术管理规定》、《浙江省水闸维修养护技术规程》等，宁波市各级水闸运行管理单位，结合实际工况，分别制定水闸管理制度。

姚江大闸工程管理制度自水闸建成以后，根据管理需要不断完善补充。2001 年，姚江大闸管理处对已有的规章制度进行补充修改，制定《岗位职责与规章制度》；2005 年 9 月，市三江局成立后制定了《涵闸工程管理制度》；2012 年 9 月，对《涵闸工程管理制度》进行了修订和完善；2014 年 1 月，印发了《涵闸管理规程》；同年 12 月，编制完成了《宁波市三江河道管理局水闸技术管理实施细则》；2018 年 6 月，《宁波市姚江大闸技术管理细则》由市水利局批准实施。

2. 日常管理

2001 年以后，水闸安全检查和养护步入常态化，管理体系进一步健全。2015 年以后，市三江局以购买服务方式，引入专业化管理机构，承担下辖 11 座闸泵工程日常运行管理及保养服务，并运用“智慧三江”平台建设等信息化手段，实现“远程集中控制、闸点少人值守、运行管理规范、专业应急保障”的管理模式。

运行调度　一般按照其功能制定。一线海塘上水闸主要分为排水闸和纳潮闸两类，均由工程管理单位或经营者根据塘内需要候潮运行调度。平原骨干排涝河道上的节制排涝闸在汛期按照当地防汛指挥部门统一运行调度。2013 年以后，根据宁波市防指办和市水利局要求，大中型水闸每年编制控制运用计划，市水利局直管的水闸报市防指办和市水利局审批后执行，各区（县、市）管理的水闸报相对应的水行政主管部门审批。水闸按批复的控制运用计划进行水闸调度和闸门运行。姚江大闸的控制运用按照批准的姚江各阶段水位控制标准执行。2006 年，宁波市防指、市水利局印发《关于调整姚江大闸控制控制运用计划的批复》，对姚江大闸各阶段的控制水位进行进行调整。

工程检查　工程检查检查设施完整性，包括土方建筑物、石方建筑物、混凝土建筑物、闸门和启闭机、机电设备、发电机、监测观测设施、预警系统、河道漂浮物及闸室内外清洁等，工程检查包括经常检查、定期检查、特别检查和专项检查。根据检查制度和岗位职责，由相应人员负责落实。2016 年实行水闸标准化管理，如姚江大闸检查巡查实现 App 手机端操作，水闸检查每一个设施、设备类管理元素均对应有一个二维码，通过扫描二维码，可以读取设备基本信息及责任人、实时安全状态和最近一次检查、运行、养护和维修的时间等，问题警报自动推送，安全元素责任到人，报表报送自动生成。

工程观测　工程观测的内容主要涉及工程安全等内容，项目包括变形观测、裂缝观测、渗流观测、应力应变观测、水位流量观测、水流流态及上下游冲淤变化观测等。具体观测项目需根据各工程实际，结合具体观测条件，有选择地确定。

姚江大闸观测项目主要包含上下游水位、流量、水流流态、沉降位移等。2012 年姚江大闸加固改造完成后，增设伸缩缝变化、上下游冲淤变化等项目内容。自建闸以后，姚江大闸的水位观测一直采用人工观测（水尺读取）水闸上下游水位。2003 年姚江流域实时水情信息接收系统建成后，可实时获取水闸上下游水位，以市水文站超短波遥测站发送水位信息读取为主，人工观测为辅助。2006 年之后采用 GPRS（2G 移动通信）方式发送水位信息，超短波遥测站水位数据作为备份的水位观察方式。姚江大闸上游 350 米处设有姚江大闸水文站（姚江水文站），从 1963 年起采用流速仪实测过闸流量，平时过闸流量根据“姚江大闸站水位—流量关系查算表”进行查算。

2017 年开始采用固定式 ADCP- 声学多普勒流速剖面仪实测流量，走航式 ADCP 声学多普勒流速剖面仪进行校核。2012—2020 年姚江大闸观测项目及测次见表 9-12。

表 9-12　2012—2020 年姚江大闸观测项目及测次

序号	观测项目	观测方式	工作要求
1	垂直位移（沉降）	人工观测	每年 2 次
2	伸缩缝变化	自动观测	实时
3	上、下游水位	自动观测	实时
	流量	自动观测	实时
	水流流态	人工观测	实时
4	基本水准点校验	人工观测	每 5 年 1 次
5	上下游地形测量	人工观测	每年 2 次

注：表中测次均系正常情况下人工测读的最低要求，特殊时期（如洪水、地震、风暴潮等）应增加测次。

维修养护　分为日常养护、岁修、抢修和大修。大中型水闸管理单位根据工程运行工况，结合日常检查观察，对水闸进行维修养护；对影响工程运行安全的，经报请上级主管部门同意后，组织进行工程大修，确保水闸工程安全运行。

3. 确权划界

姚江大闸确权划界工作于 1992 年 9 月完成。市政府印发《关于同意宁波市姚江大闸管理和保护范围的批复》（甬政发〔1992〕232 号），明确姚江大闸管理范围为水闸上、下游河道各 150 米，水闸左右侧边墩翼墙外各 50 米。

2016 年 7 月，市三江局编制《宁波市姚江大闸管理和保护范围划定方案》；同年 9 月，由省水利厅审核通过；同年 11 月 30 日，报省政府审批。方案划定：管理范围为水闸上、下游河道各 200 米，水闸左右侧边墩翼墙外各 50 米的地带；保护范围为按管理范围以外 20 米的地带。在管理范围和保护范围内设置界桩和标识牌。

4. 注册登记和普查

注册登记　2008 年 1 月，水利部印发《关于加快水闸注册登记工作的通知》，要求在 2008 年年底前完成水闸注册登记工作。同年 3 月，省水利厅出台《浙江省水闸注册登记实施方案（试行）》，部署全省水闸注册登记工作。方案中确定的水闸注册登记范围为河道（包括湖泊）、灌溉渠系、堤防（包括海塘）上依法修建的过闸流量大于 1 立方米每秒的水闸（不包括水库大坝、水电站输、泄水建筑物上的水闸和灌溉渠系上过闸流量小于 1 立方米每秒的水闸）。8 月，宁波市水闸注册登记工作按照规定的工作程序和时间节点完成 1401 座水闸注册登记工作。2008 年宁波市水闸注册数量统计见表 9-13。

2019 年 9 月，根据水利部印发、省水利厅转发的《关于做好堤防水闸基础信息填报暨水闸注册登记等工作的通知》要求，市水利局印发《关于做好堤防水闸基础信息填报暨水闸注册登记等工作的通知》。水闸注册登记工作按照隶属关系分级实施登记，即由具备独立法人资格的水闸工程

表 9-13　2008 年宁波市水闸注册数量统计　　单位：座

序号	区域	合计	大（2）型	中型	小（1）型	小（2）型
1	市直属	5	1	4	0	0
2	慈溪市	46	0	12	7	27
3	余姚市	450	0	9	67	374
4	北仑区	106	0	6	25	75
5	鄞州区	125	1	14	34	76
6	奉化市	134	0	4	36	94
7	镇海区	41	0	3	10	28
8	海曙区	8	0	0	8	0
9	江东区	3	0	0	0	3
10	江北区	97	0	3	8	86
11	宁海县	121	0	9	24	88
12	象山县	265	0	14	86	165
全市合计		1401	2	78	305	1016

管理单位向上级水行政主管部门通过“全国水闸注册登记管理系统”进行申报登记，按照《水闸注册登记管理办法》中《水闸注册登记号编码方法》进行登记编号。各级水行政主管部门对各自负责登记的水闸注册登记资料进行汇总和数据储存，并逐级上报。同月 25 日，各区（县、市）水行政主管部门和市河道中心完成申报数据审核工作，并上传至管理平台，同年 10 月底完成数据填报工作。

普查　2010 年 8 月—2013 年 6 月，宁波市开展为期 3 年的全国第一次水利普查工作[1]。水闸普查的范围为过闸流量大于等于 1 立方米每秒的水闸（含橡胶坝和翻板门），其中对过闸流量大于等于 5 立方米每秒的水闸（规模以上水闸）逐个进行调查和登记。2011 年宁波市水闸普查数量汇总见表 9-14。

表 9-14　2011 年宁波市水闸普查数量汇总　　单位：座

序号	区域	数量		规模			
		总数	其中挡潮闸	大（2）型	中型	小（1）型	小（2）型
1	海曙区	8	2	0	2	0	6
2	江东区	7	4	0	2	2	3
3	江北区	100	1	1	5	22	72
4	北仑区	91	71	0	9	75	7
5	镇海区	41	2	0	3	9	29
6	鄞州区	130	39	1	16	41	72

[1] 详见第十章第三节基础资料。

续表

单位：座

序号	区域	数量		规模			
		总数	其中挡潮闸	大（2）型	中型	小（1）型	小（2）型
7	象山县	361	243	0	15	117	229
8	宁海县	222	170	0	21	52	149
9	余姚市	155	2	0	9	48	98
10	慈溪市	158	15	0	15	7	136
11	奉化市	120	32	0	8	47	65
全市合计		1393	581	2	105	420	866

5. 安全鉴定

自1998年7月1日起实施《水闸安全鉴定规定》（SL 214—98）以来，水闸安全鉴定工作进展缓慢。为规范水闸安全鉴定工作，水利部于2008年6月出台《水闸安全鉴定管理办法》（水建管〔2008〕214号），明确水闸安全类别分为4类，包括：按常规维修养护能正常运行的为一类闸；经大修后可正常运行的为二类闸；工程存在严重损坏，需经除险加固，才能正常运行的为三类闸；工程存在严重安全问题，需降低标准或报废重建的为四类闸。

宁波市水闸安全鉴定工作始于市水利局直管的姚江大闸。根据2003年水利部出台的《水利工程管理考核办法（试行）》规定，宁波市姚江大闸管理处于2004年9月行文，向宁波市水利局要求开展水闸安全鉴定工作。同年10月，市水利局以《关于姚江大闸开展安全鉴定的几点意见》回复同意开展安全鉴定。根据回复意见，宁波市姚江大闸管理处开始启动姚江大闸安全鉴定相关工作。2005年年初，委托市水利设计院承担姚江大闸安全鉴定工作，同年5月完成《宁波市姚江大闸工程现状调查分析报告》；7月，市水利局批复同意姚江大闸进行安全鉴定，并公布姚江大闸安全鉴定专家组名单；8月，市水利局组织召开“姚江大闸安全鉴定第一次专家组会议”。2006年3月，市水利局组织召开“姚江大闸安全鉴定第二次专家组会议”，审议《宁波市姚江大闸工程安全鉴定总报告》《宁波市姚江大闸工程安全检测与评估报告》《宁波市姚江大闸工程复核计算分析报告》。同年8月，市水利局印发《姚江大闸安全鉴定报告书》，因启闭机排架大梁不满足现行规范要求，工程设施老化，水闸安全类别评定为二类。

2009年，鄞州区水利局启动建于20世纪70年代的大嵩大闸的安全鉴定准备工作，同年6月开始地勘外业工作；2010年4月，市水利局发文成立大嵩大闸安全鉴定专家组。2012年1月，市水利局印发《大嵩大闸安全鉴定报告书》，因水闸不均匀沉降，使闸墩混凝土薄壳、启闭机层等处出现裂缝，交通桥下部结构部分拱圈出现裂缝，水闸的安全类别评定为二类。

2011年5月，水利部大坝安全管理中心完成列入全国大中型病险水闸加固专项规划的陶家路闸、横江闸安全鉴定成果技术认定工作，认定两座闸为四类闸。

6. 加固改造

对水闸安全鉴定认定为二、三、四类的水闸，实施维修加固、除险加固或拆除重建。

姚江大闸加固改造 2007年3月，市三江局委托设计部门编制《宁波市姚江大闸加固改造工程项目建议书》，大闸加固改造工程正式启动。2009 年 10 月，成立加固改造工程建设指挥部（项目法人）；同年 12 月，市水利局批准《宁波市姚江大闸加固改造工程初步设计》，加固改造主要内容包括：水闸结构加固改造（闸墩加固、闸门及门槽的改造、闸墩上部结构拆除重建、金属结构改造等）、管理区改造、机电测控设施改造。2010 年 2 月 8 日，市水利局批复同意姚江大闸加固改造工程开工建设，同月 22 日总监理工程师签发开工令，加固工程正式开工。工程采用分段施工的方法，边施工边运行。由于加固改造工程施工场地狭小，有拆有建，水下部分改造工程技术复杂，施工先以第 1 ~ 3 孔作为试验段，摸索和改进施工工艺。通过试验总结出采用制作小块钢围堰叠加成整体钢围堰的办法，小块钢板围堰间和底部采用橡胶止水、两侧采用塑料袋装淤泥止水的止水方案解决施工围堰的难题。通过历时 4 个月试验段施工摸索，针对闸门门槽的施工工艺，研制切割设备，解决门槽切割施工工艺，为整个工程施工打下基础。施工单位研制的"移动式门槽切割机"获中华人民共和国知识产权局实用新型专利证书（证书号：第 5845504 号）。36 孔闸门由原钢筋混凝土门改为钢闸门；闸门槽重新设计改造，门槽内粘贴厚 1.6 厘米的不锈钢板，原工作门槽改为下游检修门槽；闸底板设置混凝土地坎，将沉降后的闸门底高程统一为 −3.07 米（原设计 −2.87 米）。大闸加固改造期间，经历 3 个主汛期的运行考验，累计排水 28.75 亿立方米，排水潮次 378 次。2013 年 1 月 15 日加固改造工程通过合同工程完工验收，2015 年 12 月 28 日通过竣工验收，工程总投资 5434 万元。

大嵩大闸维修加固　2019 年 6 月，鄞州区大嵩江海塘管理所委托编制《鄞州区大嵩大闸维修加固工程项目建议书暨可行性研究报告》；同年 11 月，由浙江省水利水电勘测设计院编制完成《鄞州区大嵩大闸维修加固工程初步设计报告》并报鄞州区发改局获批。加固改造主要内容包括：外海侧检修层修复、闸墩及拱圈裂缝处理，内河侧人行桥拆除重建等。2020 年 3 月维修加固工程正式开工。2021 年 6 月通过合同工程完工验收，同年 12 月通过竣工验收，工程总投资 435.21 万元。

陶家路闸和奉化区横江闸除险加固　2009 年 4 月，市水利局编制完成《宁波市病险水闸除险加固专项规划》并上报水利部，余姚市陶家路闸和奉化区横江闸列入全国大中型病险水闸除险加固项目。2010 年 8 月和 9 月，市水利局分别完成横江闸除险加固（拆除重建）工程初步设计技术审查、陶家路闸迁建主体工程初步设计技术审查。2011 年 9 月，水利部太湖流域管理局完成对 2 座水闸的初步设计复核（太管规计〔2011〕233 号、太管规计〔2011〕233 号）。陶家路闸除险加固结合当地治江围涂采用迁建新闸拆除老闸方案，于 2011 年 3 月开工，2015 年 1 月完成单位工程验收；横江闸除险加固采用拆除老闸原址建新闸方案，工程于 2011 年 3 月开工，2013 年 6 月通过通水验收，2019 年 12 月通过竣工验收，工程总投资 2638.2 万元。

胡陈港大闸拆除重建　2015 年 6 月，胡陈港大闸安全鉴定评定为四类闸，采用拆除老闸建新闸方案，工程于 2016 年 2 月开工建设，2019 年 1 月通过合同工程完工验收。

（二）泵站管理

市水利局设机电排灌站（后改后农村水利管理处）负责全市农村机电排灌泵站的管理，局建设管理处负责除农村机电排灌泵站外其他排涝泵站的管理。泵站按照运行管理规范、规定，组织开展工程检查、工程观测和维修工作，按照批准的控制运用计划进行运行调度。

2012 年完成的第一次全国水利普查成果显示，宁波市泵站装机流量（含备用机组）不小于 1 立方米每秒的泵站有 499 座（含其他系统），其中泵站装机流量 10 ～ 50 立方米每秒的中型泵站 17 座、装机流量 2 ～ 10 立方米每秒的小（1）型泵站 338 座、装机流量 1 ～ 2 立方米每秒的小（2）型泵站 144 座。2012 年前，宁波的排涝泵站和翻水站规模以小型为主，2013 年“菲特”台风后，宁波市排涝泵站建设兴起，“三江”沿岸和姚江东排通道陆续新建排水泵站 26 座。

2014 年以后，各地探索工程管养分离新模式，推行以政府购买公共服务的方式实行市场化、专业化、物业化管理。2016 年开始，市直管泵站的日常管理普遍实行专业化服务外包。

2019 年机构改革职能调整后，由市河道中心负责河道沿岸排灌泵站的管理，市设施中心负责海塘上泵站的管理。2020 年宁波市中型以上泵站工程统计见表 9–15。

表 9–15　2020 年宁波市中型以上泵站工程统计

序号	工程名称	区域	功能	泵站规模	设计流量 /（m^3/s）	装机容量 /kW	建成时间 /（年 . 月）
1	澥浦闸站 - 泵站	镇海区	排水	大（1）型	250	9250	2020.5
2	风棚碶闸站 - 泵站	海曙区	排水	大（2）型	80	4800	2019.7
3	甬新泵站	鄞州区	排水	大（2）型	60	2400	2015.12
4	铜盆浦泵站	鄞州区	排水	大（2）型	50	2240	2015.11
5	化子闸站 - 泵站	江北区	排水	大（2）型	150	3200	2019.11
6	慈江闸站 - 泵站	江北区	排水	大（2）型	100	2240	2019.11
7	乐安湖泵站	余姚市	排水	大（2）型	120	8800	在建
8	泗门泵站	余姚市	排水	大（2）型	100	5000	2015.7
9	侯青江闸站 - 泵站	余姚市	排水	大（2）型	80	4000	2018.12
10	高桥泵站	海曙区	提水	中型	16.8	660	2009.8
11	建庄泵站	海曙区	提水	中型	12	720	2005.1
12	宁峰排涝站	海曙区	排水	中型	12	660	1998.6
13	元贞桥泵站	海曙区	排水	中型	10	375	1992.2
14	段塘碶闸站 - 泵站	海曙区	排水	中型	20	840	2017.7
15	庙堰碶泵站	鄞州区	排水	中型	40	2130	2020.9
16	印洪碶泵站	鄞州区	排水	中型	30	1200	2016.12
17	楝树港泵站	鄞州区	排水	中型	40	1800	在建
18	大石碶泵站	鄞州区	排水	中型	10	600	2016.11
19	保丰碶闸站 - 泵站	江北区	排水	中型	10	396	2015.4
20	洪陈闸站 - 泵站	江北区	排水	中型	10	345	2015.1
21	和平闸站 - 泵站	江北区	排、灌	中型	15	930	2017.10
22	跃进泵站	江北区	排水	中型	11	396	2017.11
23	万亩闸站 - 泵站	江北区	排、灌	中型	15	900	2019.7
24	孔浦闸站 - 泵站	江北区	排水	中型	40	1600	2018.11

续表

序号	工程名称	区域	功能	泵站规模	设计流量 /（m^3/s）	装机容量 /kW	建成时间 /（年.月）
25	洋沙山闸站 - 泵站	北仑区	排水	中型	18	960	2010.9
26	梅山北闸站 - 泵站	北仑区	排水	中型	10	480	2010.10
27	碧兰嘴碶泵站	北仑区	排水	中型	12	540	2010.12
28	西大河闸站 - 泵站	北仑区	排水	中型	15	775	2013.8
29	下三山泵站	北仑区	排水	中型	50	2240	2019.12
30	新泓口泵站	镇海区	排水	中型	40	1920	2015.1
31	张鑑碶闸站 - 泵站	镇海区	排水	中型	20	840	2018.6
32	化工区 3 号闸站 - 泵站	镇海区	排、灌	中型	10.2	600	2019.12
33	庶来闸站 - 泵站	镇海区	排水	中型	20	840	2020.1
34	方桥闸站 - 泵站	奉化区	排水	中型	10	555	2015.7
35	大浦湾闸站 - 泵站	奉化区	排水	中型	30	1600	2016.8
36	西坞泵站	奉化区	排水	中型	20	1065	2021.5
37	善德闸站 - 泵站	奉化区	排水	中型	30	1590	2021.5
38	山隍泵站	奉化区	排水	中型	20		2021.1
39	下姚江蜀山泵站	慈溪市	提水	中型	2.655	1200	2006.3
40	胜利闸泵站	慈溪市	排水	中型	11.54	464	2010.10
41	陆中湾跨区调水泵站	慈溪市	排水	中型	30	840	2009.12
42	西横河闸站 - 泵站	余姚市	排水	中型	30	1050	在建
43	贺墅江闸站 - 泵站	余姚市	排水	中型	10	440	在建
44	临山排翻站	余姚市	排、灌	中型	18	495	1993.12
45	万家桥江泵站	余姚市	排水	中型	11.2	520	2015.6

注：建成时间为合同工程完工验收时间。

三、标准化管理

2016 年，浙江省政府办公厅印发《关于全面推行水利工程标准化管理的意见》（浙政办发〔2016〕4 号），省水利厅印发《全面推进水利工程标准化管理实施方案（2016—2020 年）》（浙水科〔2016〕1 号），全省统一部署，全面开展水利工程标准化管理工作。

（一）基本情况

宁波市较早开始探索水库标准化管理工作。在已有的水库年度管理考核基础上，2003 年 8 月，市水利局印发《宁波市水库标准化建设考核指标（试行）》，制定大中型和小型水库标准化建设的评分标准，探索水库标准化管理。考核内容包括工程安全、设施完善、功能齐全、管理高效、环境优美等 5 类共 19 项，标准分值为 160 分。2014 年，宁波市制定《宁波市小型水库规范化管理单位验收办法（试行）》《宁波市小型水库规范化管理单位验收标准（试行）》《宁波市大中型闸泵工程管理规定（试行）》《宁波市大中型闸泵工程标准化管理创建验收办法（试行）》等制度办法，将宁波市水利工程标准化管理工作推广到小型水库和大中型水闸。2004年，全市共有10座小型水库和11座大中型水闸列入标准化管理创建计划，其中北仑区城湾水库等7座水库通过市级小型水库规范化管理单位验收。姚江大闸、余姚蜀山大闸、慈溪半掘浦闸、北仑穿山闸、镇海化子闸、鄞州黄牛礁闸和联胜新碶闸、奉化横江闸、象山台宁闸等共9座水闸也通过创建验收。2015年全市又有15座水库和15座中型水闸列入创建计划，其中北仑区瑞岩寺水库等16座水库（含上年未完成水库）和界牌碶闸等17座水闸（含上年未完成水闸）分别通过小型水库规范化管理单位市级验收和水闸创建达标市级验收。在总结经验的基础上，2015年，市水利局制定《宁波市水利工程维修养护管理办法》，并由市政府正式发布（甬政办发〔2015〕80号），为全面推进水利工程标准化管理奠定基础。

2016年，浙江省全省推进水利工程标准化管理工作，根据省统一部署与要求，市水利局全面开展水利工程标准化管理的创建工作。在创建工作中，宁波市结合本市实际，在省定5万立方米以上“屋顶山塘”基础上，将680座1万～5万立方米的“屋顶山塘”全部纳入水利工程标准化管理市级创建任。

到2020年年底，宁波市完成水利工程标准化管理创建共1726项，其中完成省水利厅下达标准化创建任务1079项（省级任务1053项），市级任务647项。2016—2020年宁波市水利工程标准化管理创建任务计划见表9-16，2016—2020年宁波市标准化管理创建完成情况汇总见表9-17。

表9-16　2016—2020年宁波市水利工程标准化管理创建任务计划　　单位：项

任务来源	工程类别		年份					合计
			2016	2017	2018	2019	2020	
省级	水库	大中型	12	10	5	2	3	32
		小型	50	74	138	90	7	359
	水闸	河道水闸	8	11	7	2	4	32
		海塘水闸	24	15	13	0	6	58
	泵站		5	6	0	0	1	12
	海塘		6	46	25	16	8	101
	库容5万立方米以上山塘		29	43	61	35	1	169
	水电站		15	2	1	0	0	18
	堤防		3	45	17	7	14	86
	大中型灌区		3	5	0	0	0	8
	农村供水工程		21	22	37	22	4	106
	水文测站		13	23	34	0	0	70
	水土保持监测站		0	0	2	0	0	2
	省级下达年度计划小计		189	302	340	174	48	1053
市级	库容1万～5万立方米山塘		0	335	102	98	145	680
年度计划合计			189	637	442	272	193	1733

表 9-17　2016—2020 年宁波市标准化管理创建完成情况汇总　　单位：项

验收部门	年份	大型水库	中型水库	小型水库	农村供水工程	堤防	海塘	河道水闸	海塘水闸	灌区	泵站	水文测站	山塘	水电站	合计
省级	2016	6	6	—	—	1		1		1		1	—	5	21
	2017	—	10	—	—	2	2		1	—	2	1	—	—	18
	2018	—	5	—	—	—		—	—	—	—	—	—	—	5
	2019	—	2	—	—	—	1	—	—	—	—	—	—	—	3
	2020	—	3	—	—	—	2	1	—	—	4		—	—	10
	小计	6	26	—	0	3	5	2	1	1	6	2	—	5	57
市级	2016	—	—	33	1	2	5	6	24	2	5	1	—	1	80
	2017	—	—	23	3	14	32	12	16	5	4	1	—	1	111
	2018	—	—	20	2	8	10	6	11	—	—	5	—	—	62
	2019	—	—	4	—	—	1	2	—	—	—		—	—	7
	2020	—	—	1	—	9	2	5	6	—	4		—	—	27
	小计	—	—	81	6	33	50	31	57	7	13	7	—	2	287
县级	2016	—	—	17	20	0	1	1	—	—	—		27	11	87
	2017	—	—	59	25	29	13	—	—	—	—	21	47	—	194
	2018	—	—	119	41	9	14	—	—	—	—	32	69	—	284
	2019	—	—	77	10	7	14	—	—	—	—	—	25	—	133
	2020	—	—	5	3	—	1	—	—	—	—		28	—	37
	小计	—	—	277	99	45	43	1	—	—	—	63	196	11	735
合计		6	26	358	105	81	98	34	58	8	19	72	196	18	1079

（二）实施过程

按照浙江省统一部署，2016 年 3 月市水利局成立全面推进水利工程标准化管理工作领导小组，领导小组下设办公室，并从相关业务处室和局直属单位抽调人员专项负责水利工程标准化管理创建的日常工作。

2016 年 4 月，市水利局印发《全力推行水利工程标准化管理五年实施方案》，明确 5 年目标任务：全市大中型水利工程、装机容量 1000 千瓦以上水电站、小型水库的标准化管理合格率达到 100%；国家基本水文测站标准化管理合格率达到 100%；1 万立方米以上“屋顶山塘”等其他重要小型水利工程基本达到标准化管理要求。同月 14 日，市水利局组织召开全力推进水利工程标准化管理工作动员部署暨培训大会，宁波市水利工程标准化管理工作全面启动。

2016 年 5 月，市水利局下达 2016 年度宁波市创建任务和分年度任务书。并在省确定水利工程标准化管理示范县基础上，落实省、市、县级示范工程共 57 个。

2016 年 6 月，市水利局组织召开全市推进水利工程标准化管理工作座谈会，全面启动水利工程标准化管理创建工作。为顺利推进水利工程标准化管理创建工作，市水利局先后召开大中型水库、小型水库、山塘、水闸等一系列水利工程标准化管理创建工作现场会，交流经验做法。同时，市水利局组织开展标准化管理示范工程（每类工程遴选1项，共12项）模拟验收，为各地开展标准化管理创建工作树立可看、可学、可借鉴的典型样本（图9-1）。同年8月，省水利厅召开全省河道堤防水闸标准化管理工作推进会，市水利局和市三江局分别在会上作经验交流。

图9-1 姚江大闸标准化管理

2016年10月，市政府印发《宁波市水利工程标准化管理工作实施方案（2016—2020年）》（甬政办发〔2016〕153号），提出到2020年年底，全面完成各类水利工程标准化管理创建和验收工作，实施对象包括本域内承担公益性任务的水库、水闸、泵站、标准海塘、重要屋顶山塘、水电站、堤防、大中型灌区、农村供水工程和水文测站等十大类水利工程。同年11月，市水利局在全省水利工作会议上作题为《高标准严要求重创新重长效全面深入推进水利工程标准化管理工作》典型发言。

2016—2020年，宁波市水利工程标准化管理创建任务在省水利厅公布的年度水利工程标准化管理工程名录基础上，结合各区（县、市）上报的年度创建计划，每年下达年度水利工程标准化管理创建计划。年度计划完成情况按照省水利厅制定《浙江省水利工程标准化管理验收办法（试行）》要求，逐项组织验收。验收工作分自验、验收和抽查复核三个阶段进行，按照工程类别和规模，分别由省级、市级、县级负责。根据省水利厅《水利工程标准化管理省级验收与抽查复核工作方案》，抽查复核工作由省、市联合组成，每年年底前对市、区（县、市）两级组织验收的成果进行抽查复核。

四、国家级、省级水管单位创建

2003年，水利部印发《水利工程管理考核办法（试行）》（水建管〔2003〕208号），提出对已建并完成安全鉴定的大中型水库、水闸的工程管理单位进行考核，根据考核结果分别确定国家一级水利工程管理单位和国家二级水利工程管理单位。同年8月，市水利局印发《宁波市水库标准化建设考核指标（试行）》（甬水工〔2003〕44号），开始对大型水库管理单位启动国家级水管单位创建工作。

2011年，省水利厅与省财政厅联合印发《浙江省水利工程管理考核办法（试行）》及相关考核标准（浙水管〔2003〕208号），自2012年起开启省级水利工程管理单位创建工作。

国家一级水管单位由水利部组织验收，国家二级水管单位由水利部委托流域管理机构组织验收。2006年3月，四明湖水库管理局启动国家一级水管单位创建工作，同年8月通过省水利厅组织的专家组初步验收，9月通过水利部水利工程管理单位考核验收，成为宁波市首家、浙江省第二家国家一级水管单位。截至2020年6月底，宁波市全部6座大型水库和2座中型水库（象山县上张水库、慈溪市郑徐水库）完成国家级水利管理单位创建。2012年12月，宁海西溪（黄坛）水库和余姚陆埠水库分别通过省级水利管理单位验收，成为全市率先获得省级水利管理单位称号的中型水库。2013 年以后，又有鄞州区溪下水库、象山县上张水库、余姚双溪口水库通过省级水管单位验收。2006—2020 年宁波市国家级、省级水利管理单位名单一览见表 9–18。

表 9–18　2006—2020 年宁波市国家级、省级水利管理单位名单一览

序号	水库类别	单位名称	验收级别	创建时间 / 年	复核时间 / 年
1	大型	余姚市四明湖水库管理局	国家级	2006	2015、2020
2	大型	宁波市白溪水库管理局	国家级	2008	2014、2020
3	大型	宁波市鄞州区皎口水库管理局	国家级	2013	2016
4	大型	奉化市亭下水库管理局	国家级	2013	2016
5	大型	宁波市周公宅水库管理局	国家级	2015	
6	大型	奉化市横山水库管理局	国家级	2015	
7	中型	象山县上张水库管理处	国家级	2017	
8	中型	慈溪市郑徐水库管理处	国家级	2018	
9	中型	宁海县西溪（黄坛）水库管理局	省级	2012	2016
10	中型	余姚市陆埠水库管理局	省级	2012	2016
11	中型	宁波市鄞州区溪下水库管理处	省级	2013	2016
12	中型	象山县上张水库管理处	省级	2013	
13	中型	宁波余姚双溪口水库管理所	省级	2019	

第二节　河道管理

随着工业化、城市化的快速发展，河道主要功能逐渐从为农服务转向为水资源、水环境、水生态提供支撑，涉河建设审批、涉河执法、河道保洁、河道疏浚、水质保护、堤岸养护、水岸环境治理等工作随之得到重视，河道管护力度不断加强。

一、管理体制机制

各级政府水行政主管部门是所辖行政区域内的河道主管机关。2004 年《宁波市河道管理条例》颁布实施后，进一步明确河道管理实行水系统一管理和区域分级相结合的管理模式。市水行政主管部门是宁波市河道的主管机关，负责全市河道的管理和监督工作，并对市直接管理的河道实施管理。区（县、市）水行政主管部门按照其职责权限，负责所在行政区域内的河道管理和监督工作。镇乡人民政府按照其职责权限，负责镇乡河道的管理。2008 年 7 月，市政府办公厅印发《关于印发宁波市河道分级管理实施办法的通知》（甬政办发〔2008〕193 号），进一步明确市、县两级水行政主管部门及基层政府河道管理职责。

城区内河的日常管理由市城区内河管理处负责（简称“市内河处”）。2019 年机构改革后，城区内河管理职责并入水利部门，全市河道由市水行政主管部门统一管理。

（一）三江河道管理

管理机构 1997年3月《宁波市甬江奉化江余姚江河道管理条例》公布施行。1997年7月成立宁波市甬江奉化江余姚江河道管理所，隶属市水利局，主管三江河道。2005年7月，正式挂牌成立宁波市三江河道管理局（简称“市三江局”）；2019年3月，市内河处与市三江局整合，设立宁波市河道管理中心（简称“市河道中心”）。

管理范围 根据《宁波市甬江奉化江余姚江河道管理条例》规定，宁波市直管的三江河道管理范围为：甬江自宁波市区三江口至镇海出海口河段；奉化江自方桥三江交汇处至宁波市区三江口河段；余姚江自余姚蜀山大闸至宁波市区三江口河段。

联席会议 为强化三江河道管理，2014年7月市政府印发《宁波市政府办公厅关于建立宁波市三江河道管理联席会议制度的通知》（甬政办发〔2014〕134号），明确联席会议的组成、职责、议事方式和成员单位职责分工。联席会议设总召集人和召集人，其中：总召集人由宁波市政府分管副市长担任；召集人由分管副秘书长及市水利局长担任。联席会议成员单位由市有关部门和沿江区（县、市）人民政府组成。联席会议下设办公室，办公室设在市水利局，由市水利局分管局长任办公室主任。联席会议议事方式包括全体会议、专题会议、联络员会议。

（二）城区内河管理

管理机构 1997年10月成立宁波市城区内河管理处，隶属宁波市市政公用局（后更名为宁波市城市管理局），负责城区内河的日常管理。2009年1月1日起，海曙、江东、江北、鄞州、国家高新区分别建立专职管理内河机构，负责各区的城区内河的日常管理。2013年，市政府办公厅印发《关于进一步加强中心城区城市管理工作实施意见的通知》（甬政办发〔2013〕89号），对市内河处建设管理职能进行调整。主要调整内容为整治建设、清障疏浚、水面保洁、沿河绿化养护、涉河行政审批等。

管理范围 2005年前，城区内河管理范围是按照宁波市政府办公厅〔2000〕12号会议纪要内容确定。自《关于明确城市河道管理职权和范围的批复》（甬政发〔2005〕33号）文发布后，市内河处管理范围扩大为：东至世纪大道，南至杭甬高速路，西至机场路，北至北外环路范围内（不含甬江、奉化江和余姚江）。2008年11月，市政府印发《关于加强宁波市城区内河建设管理工作的实施意见》（甬政发〔2008〕90号），对城区内河建设管理工作体制进行改革与调整，将原来由市级统一管理转变为市、区两级共同管理。除西塘河、北斗河等10条主要景观河道由市内河处直接管理外，其余城区内河按照属地管理原则下放至各区政府管理。2010年2月，《宁波市市区城市河道管理办法》（市政府173号令）明确市区城市河道范围为：东至世纪大道；南至杭甬高速；西至机场路；北至北外环路（其中江北片区向东拓展至宁波大学东侧）范围内除甬江、奉化江、姚江以外的所有河道及其附属设施。2014年1月，市内河处直管的10条主要景观河道按属地原则进一步下放到各区，至此城区内河全部交由所属区管理。

（三）管理制度

2000年以后，市水利局陆续出台《宁波市河道保洁考核办法》《宁波市河道维修养护管理办法（试行）》《宁波市河道维修养护技术标准（试行）》《宁波市河道维修养护管理考核办法（试行）》《河道保洁长效管理考核办法》等规定，为河道管理工作奠定基础。

2005年9月，市三江局成立后，结合三江河道堤防管理实际情况，制订《堤防日常巡查制度》和《堤防管理实施细则》。2012年，对《堤防日常巡查制度》和《堤防管理实施细则》进行修编，明确要求，落实责任，强化检查考核。2014年，为进一步完善市水利局直管堤防管理，市三江局对《堤防日常巡查制度》进行补充完善。

为适应城区河道管理标准化试点工作，市内河处陆续制定《城区内河标准化管理技术标准》《宁波市城区内河整治项目建设管理办法》《宁波市城区内河养管工作管理办法》《宁波市城区内河养管工作考核细则》《宁波市城区内河河政审批操作规范》《城市河道水面保洁作业规范》等技术标准与管理办法，以满足城区内河精细化管理的要求。

区（县、市）、镇乡人民政府根据各自的实际情况制订河道管理的相关规定。

二、日常管理

河道日常管理主要包括保洁、疏浚、堤岸养护、水质监测与维护提升、涉河涉堤项目审批、河道禁砂等。

（一）保洁

1. 三江河道保洁

20世纪末，每年的6—10月间都会在河道出现水葫芦疯长，导致大面积封锁水面，造成河道排水不畅、水上航运受阻，水环境遭受严重影响。1999年9月6日，市政府召开“三江河道保洁问题”的专题会议（甬政办会纪〔1999〕19号），针对三江河道水草泛滥明确三江河道保洁责任，沿江个区（县、市）负责闸口内河道的水草清理，市水利局负责三江（奉化江：铁路桥至三江口；姚江：姚江大闸至三江口；甬江：三江口至化工小区）清草保洁工作。按照市政府要求，市水利局明确由水政支队牵头，宁波市甬江奉化江姚江河道管理所具体负责实施三江城区段河道清草和保洁工作。通过市场化招标方式由社会上专业队伍承包清理水草，所需经费由市财政承担。如2001年市本级就为清理水葫芦投入经费180万元。至2002年，三江河道保洁人员由原来十几人增加到近40人。

2005年市三江局成立后，三江河道保洁工作由市三江局承担。刚开始实施时，采用河面漂浮物保洁和突击清草分开计酬的办法，即河面保洁按水域面积实行单价招标承包，突击清草按实际工作量计价。由于受保洁船只及水上作业人员应具备的资质限制，符合三江河道保洁与清草资格条件的社会力量很少。为培育市场，2007年市三江局专门购置11艘符合三江保洁运行要求的双体保洁船，同时向社会公开招标保洁专业队伍，由此三江保洁的市场竞争逐步得到增强。经历几年运行后，三江河道保洁范围逐年扩大，至2009年保洁范围扩大到姚江至青林湾大桥、奉化江至庙堰碶、甬江至庆丰桥，保洁面积达413万平方米。其中姚江大闸—甬江庆丰桥—奉化江庙堰碶范围内水域面积248万平方米，姚江大闸至青林湾大桥水域面积165万平方米。经数年保洁实践后，为进一步提高清草保洁成效，2009年6月选择姚江大闸至青林湾大桥段的水域，首次进行“日常保洁和突击清草相捆绑”的招标承包模式，后来逐步推广这一模式。

2016年，三江河道保洁面积扩大到1653万平方米，拥有的保洁设施包括保洁船28艘、突击清草船4艘、输送带船2条、围捞网具10000多米等。2016年6月起，姚江、奉化江全线和甬江庆丰桥以上河段的水域实行每天6小时保洁制度，每只保洁船安装GPS和视频监控进行在线监管。依照三江管理事权的划分，姚江青林湾大桥以下、奉化江鄞县大桥以下、甬江庆丰桥以上范围内的水域保洁由市三江局负责实施，其他河段保洁按行政区域分别由余姚市、海曙区、江北区、鄞州区、奉化区委托市三江局进行统一招标并实施监管。甬江庆丰桥以下河段的边滩保洁按属地原则分别由鄞州区、高新区、江北区、北仑区、镇海区负责。三江河道实施常态化河道保洁后，水环境得到明显好转。

2003年开始，对三江沿岸区（县、市）河道清草保洁工作进行考核。三江河道管理联席会议制度建立以后，于2014年12月印发《三江河道堤防管理和河道保洁考核办法》，明确从2015年开始对各区（市）三江河道堤防和河道保洁的管护工作建立“月检查、季通报、年考核”的管理考核机制，对管理考核优胜单位予以通报表彰。2018年，在总结河道保洁年度考核基础上，对《三江河道堤防管理和河道保洁考核办法》和《三江河道堤防管理和河道保洁考核细则及评分标准》修订。

2. 城区内河保洁

城区内河水面保洁工作由市内河处负责管理。城市内河保洁始于1998年8月，通过邀请招标形式确定保洁队伍，对城区14条主干河道实施全日制水面保洁。2001年初，市内河处制订《宁波市城区内河水面保洁考核细则》，并根据考核细则在河道保洁工作中引入市场化运行模式，通过公开招投标确定保洁养护单位，市内河处进行不定期抽查考核，并及时通报每月考核结果，增强各保洁单位的责任意识。2003年10月开始，市内河处将管辖范围内的河道水域按照水面保洁、沿河绿化向社会进行公开招投标。

2006年市内河处实行“三级考核制度”，按照《内河水面保洁养护标准》《内河水面保洁考核细则》规定，以每月定期考核与不定期检查相结合的考评方式，对各单位保洁情况进行考核。2011年，市内河处结合城市内河管理特点和实践，启动水面保洁地方标准制订工作，编制完成《城市河道水面保洁作业管理规范》，经宁波市质量技术监督局审核通过被列为宁波市地方标准，于2012年2月1日起正式实施，结束宁波市内河水面保洁工作无地方性规范的历史。

2019年，市内河处与市三江局合并，由新成立的市河道中心负责城区河道保洁工作。

3. 区（县、市）河道保洁

20世纪90年代后期，随着连续数年组织开展大规模的河道清草专项行动，余姚、鄞州、慈溪等地开始探索和实践河道保洁工作。进入21世纪以后，各地探索和完善河道长效管护机制。采用物业化保洁，专业队伍保洁，镇乡、村联动保洁等不同模式，河道保洁覆盖面进一步扩大。2004年，浙江省开展河道保洁长效管理考核工作，《宁波市河道管理条例》正式实施，河道管理进入制度化、规范化的新阶段，各地对河道保洁工作越来越重视，并在实践中不断完善河道保洁管理制度，加强保洁队伍与资金保障，河道保洁的覆盖面逐年扩大。2005年，市水利局开始对各区（县、市）河道保洁工作开展检查考核，并将年度河道保洁工作考核检查情况进行全市通报，

“十一五”初平原河道保洁率约76%。2013年，各区（县、市）结合本地实际，编制完成河道保洁实施方案，并报本级人民政府批复。至2014年年底，全市有8542千米河道纳入保洁范围，平原河道保洁率升至91%，其中镇海、鄞州、江北、北仑、慈溪等实现河道保洁全覆盖。统计显示，2014年年底宁波市有专职保洁人员4500余人，保洁船只900余艘，保洁经费超过亿元。

至2016年，宁波市平原河道保洁率已基本达到100%。河道保洁方式大致有3种：市场化运作，通过公开招投标由专业（物业）公司实施保洁；专业队伍承包，即委托专业保洁队伍实施河道环境系统管护；镇、村联动，通过定河段、定标准落实保洁任务及人员。在常规保洁的基础上，各地不断创新河道保洁新模式，通过对河道实施生态放养和水草试养，恢复河道生态功能，美化河道水环境。

余姚市河道保洁　于2002年9月成立城区河道保洁管理所（挂牌），负责对城区11条河流、120万平方米水面、25千米河道实施常年保洁。2003年9月，余姚市机构编制委员会批准建立余姚市城区河道管理所，为全民事业单位编制7名，隶属余姚市水利局。2005年下半年开始，组建具有60人的保洁管理队伍，配置保洁船19艘，按照“美化城区河道水面，打造城市名片”的要求，对城区11条计220万平方米水面实施常年每天13小时保洁管理。2006年，余姚市对农村河道推行“6天6小时”管理保洁工作机制。保洁范围覆盖全余姚市平原所有河道和山区主要溪道，河道水环境面貌得到进一步改善。

鄞州区河道保洁　于2002年开始实施内河清草保洁。2005年，河道保洁范围拓展到各大中型水库集雨区。2010年，河道保洁由水面保洁延伸到河道两岸保洁。2013年7月，鄞州区人民政府办公室印发《鄞州区河道保洁实施方案（试行）》，规定区级以上河道，每2～3千米配备1名保洁员；其他河道，每5～6千米配备1名保洁员，每天保洁时间不少于8小时。明确河道保洁资金由区、镇乡（街道）二级财政共同承担，以镇乡（街道）财政为主。至2014年，全鄞州区河道保洁市场化运作的区、镇二级资金已达到1400余万元，河道保洁的责任单位21家，实行市场化运作的单位17家，河道保洁长度1301千米。河道保洁中采用“六定”办法，即定河段、定人员、定标准、定报酬、定督查、定奖罚，确保保洁工作开展。

北仑区河道保洁　2016年，北仑区创新河湖管护体制机制，探索治水新模式。在浙江省内率先成立县级河道管理专职机构——北仑区河道管理处，负责北仑区涉河事务的综合牵头协调、监督管理等职能。同时在9个镇（街道）设置河道管理所，形成区、镇（街道）、村三级管理网络。制定出台《北仑区河道保洁养护管理工作实施办法》《北仑区河道保洁养护工作考核办法》《北仑区河道保洁养护实施方案》《关于进一步完善我区“河长制”和“清三河”长效机制实施方案》《北仑区河道保洁标准》《北仑区河道设施养护标准》和《北仑区河岸绿化养护标准》等系列管理制度，使河道管理走向监督网格化、巡查常态化、处置规范化。

江北区河道保洁　有专业保洁队伍4支，保洁人员70人，河道保洁实行市场化运作。对重点监管河道、重点监管地段实行每天8小时保洁，其他河道、其他地段每天流动保洁，河道保洁面达到100%。

镇海区河道保洁　2004年3月成立区河道保洁中心，负责河道保洁工作。2014年2月开始，以骆驼街道为试点，对103千米河道、192万平方米河道水域实行市场化保洁管护，2015年逐步在全区推广。至2019年年底，镇海区保洁人员共157名，分21组，保洁船只100艘（其中：玻璃钢船双体船46只、单体船54只）。

慈溪市河道保洁 2006年印发布《慈溪市河道管理办法》，明确河道管理的职责和范围。17条骨干河道采用市场化管理模式进行保洁；市域其他一类河道委托各镇乡负责保洁。此后，一、二类河道以及城镇和村庄内外的三类河道保洁覆盖率实现100%。

杭州湾新区河道保洁 2006年开始引入河道保洁市场化运作，实现区内河道保洁面积全覆盖，建立河道保洁长效管理机制。2015年采用新的环保打捞设备及新技术，保洁船只作业采用机械化，共投入保洁船只39只，其中机械打捞船9只（5吨以上），进行全天候水面机动巡查。

奉化市河道保洁 2003年10月成立奉化市江河河道保洁中心，落实26名保洁人员，并由市财政落实保洁资金120万元，负责县江城区龙潭堰至金钟桥7.5千米、大成河应家山至栎树塘闸2.3千米河道共59.7万平方米河面保洁任务。2012年建立市、镇、村三级河道管理网络。

宁海县河道保洁 2013年6月，宁海县水利局编制完成《宁海县河道保洁实施方案》。2015年4月，县水利局对《宁海县河道保洁实施方案》进行修订完善并正式印发。2019年9月，县水利局与财政局联合印发《宁海县河道保洁项目和资金补助办法（试行）》，明确县级河道按3000元每千米由县级财政补助。全年拨付财政资金200万元用于河道保洁工作，各镇乡街道自行配套资金500余万元。宁海县18个镇乡（街道），有16个镇乡（街道）实现河道保洁工作服务外包，没有服务外包的镇乡（街道）也把河道保洁工作和乡村环境卫生整治工作结合起来做。全县专职保洁人员378人，每村确保河道保洁人员1～5人。河道保洁落实6小时动态保洁制度，实行动态保洁，做到河道日产日清，上岸清运，并在指定地点倾倒。

象山县河道保洁 各镇乡、街道结合当地实际情况，通过市场外包或自行组织建立队伍的方式，建立河道保洁队伍。河道保洁专业保洁公司、镇乡环卫所、村自行落实三种模式。从2015年开始，委托第三方水质监测机构对全县32条县级河道水质每月一测，40条黑臭河、垃圾河水质每季度一测。至2016年，拥有保洁人员3500多人，保洁船1000余艘。

（二）疏浚

三江河道姚江闸下疏浚清淤始于20世纪60年代后期，1990年姚江治理一期工程启动后，姚江闸下江道疏浚基本上按年度开展。甬江河段从1979年开始，主要由港航部门对甬江河道进行疏浚维护。2008年，针对三江河道严重淤积情况，市水利局开展三江淤积专项治理行动，提出应急清淤、恢复性清淤、常态清淤“三步走”的清淤方针。为掌握河道淤积情况，同步开展河道监测。2011年年底，三江恢复性清淤工程结束后。从2014年起，三江河道开始常态性清淤[1]。

市内河处每年对城区内河进行清淤，2009年1月起由市、区两级共同承担。2014年1月起，城区内河清淤工作由属地负责。区（县、市）河道清淤由当地按职责，分别由区（县、市）、镇

[1] 详见第四章第二节甬江流域防洪工程。

乡、村负责。从2003年起，通过开展“清三河”、剿灭劣Ⅴ类水体、河长制等治水专项行动，实施大规模河道清淤，取得显著效果[1]。

（三）堤岸养护

2000年之前，河道的堤岸大部分处于自然状态。2000年以后，随着河道全面整治，堤岸功能的多样化，堤岸养护的内容扩大，包括护岸、绿化、步道、环境维护等，养护进入常态化。

三江河道堤岸养护由所在区域的区（县、市）负责，宁波市按每平方千米1万元进行补助，市里监管，每年按要求检查考核。为掌握堤防沉降变形情况，2006年，市三江局组织完成市直管堤防沉降观测点的埋设及定位工作（范围为姚江大闸以下、奉化江长丰以下及甬江常洪隧道之间两岸堤防），累计埋设沉降观测点215个，其中：姚江大闸至三江口两岸埋设沉降观测点68个；奉化江长丰以下埋设沉降观测点49个；甬江三江口至常洪隧道两岸埋设沉降观测点98个。每年根据堤防检查情况列维修计划，做好堤防日常维修养护工作。养护方式从直接管理向市场化转变。

（四）水质监测与维护提升

1. 水质监测

水质监测工作始于20世纪80年代[2]。2007年，市水文站设立浙省水资源监测中心宁波分中心，开展宁波市主要江河、平原河网等水功能区的水质监测工作。

2016年6月，市内河处对城区内河开展水质水量监测项目建设，2017年5月竣工。监测指标包括pH值、溶解氧、水温、叶绿素、蓝绿藻，浊度、ORP等指标。2017年7月起，实施城区内河移动船站式水文水质监测项目，每月对130千米河道开展移动船站式水质巡测，监测指标包括氨氮、溶解氧、电导率、总固体、pH值、温度等6个项目。同年10月，在北斗河、祖关山河、洋市河、西大河、南北河、前塘河等区域新增6个水质在线监测站。

2. 维护提升

2011年，市内河对城区9条河道开展水质日常维护提升试点工作，通过与高校及本地水环境治理企业合作，对政府购买水环境服务模式的技术可行性及市场潜力进行深入研究。2013年，市城管局印发《宁波市城区内河水质日常维护提升试点工作方案》，开展首轮水质日常维护提升行动。在试点研究的基础上，推出38条城区内河尝试采用政府购买水环境服务的PPP模式。2014年，根据《宁波市城市管理局关于印发宁波市城区内河第二轮水质日常维护提升工作方案的通知》，启动第二轮水质日常维护提升工作。由海曙区、江北区、江东区分别组织开展，在76条河道开展水质日常维护提升工作。2016年城区内河启动实施第三轮水质日常维护提升工作，海曙区、江北区、鄞州区的51条河道开展水质日常维护提升。经过连续三轮水质日常维护提升工作的推进，城区河道基本形成常态化水质日常维护机制。截至2020年年底，城区范围共有154条河道进行水质日常维护工作，水域面积约占城区河道总水域面积的35%。

---

[1] 详见第六章第一节碧水清河建设。

[2] 详见第五章第一节水资源条件。

（五）涉河涉堤项目审批

2006年5月《浙江省建设项目占用水域管理办法》正式施行，建设项目占用水域审批走向规范。根据职责分工，临时性涉河建设项目由沿江属地负责审批和监管；永久性涉河涉堤项目由市水利局负责审批，沿江属地负责在建监管；跨区域的涉河建设项目，由市三江局牵头，沿江各地按属地管理原则落实。同年7月，市水利局印发《宁波市水利局行政许可审查、决定制度（试行）》，规定河道及水工程管理范围内建设项目的行政许可事项主要由水政水资源处承办。2008年12月，市水利局水政水资源处增挂行政审批处以后，市水利局印发《宁波市水利局行政许可程序规定（试行）》等四项制度，相关的行政许可事项划归行政审批处承办[1]。

（六）河道禁砂

2000年之前，根据国家有关规定凭证采砂。2000年以后，宁波市全面禁止河道采砂，但在个别区（县、市）的河流上仍时有违规采砂的事件发生。对此，2013—2018年宁海县开展专项禁砂行动[2]，彻底禁止持续20多年的河道采砂行为。

三、河（湖）长制

河长制从2014年开始在宁波市推行，到2020年历经3个发展阶段，形成市、县、乡、村四级河（湖）长制组织体系。

（一）起步阶段

2003年，浙江省长兴县在全国率先实行河长制。2013年11月，省委、省政府下发《关于全面实施"河长制"进一步加强水环境治理工作的意见》，明确各级河长是包干河道的第一责任人，承担河道的"管、治、保"职责。2014年1月，省水利厅制定《贯彻落实〈中共浙江省委浙江省政府关于全面实施"河长制"进一步加强水环境治理工作的意见〉实施方案》（以下简称《实施方案》）。

2004年4月，市委、市政府印发《宁波市建立"河长制"管理实施方案》，在全市推广"河长制"，并成立市级"河长制"办公室，与市"五水共治"办下设的"治污水工作组"办公室合署办公，机构设在市环保局。各级党委、人大、政府、政协负责人担任"河长"，负责辖区内河道的污染治理，并在年内实现省、市、县、乡四级河道"河长制"全覆盖。到2016年，全市实现省级、市级、县级、镇乡级、村级五级共7933条河道的"河长制"全覆盖，其中省级河道4条、市级河道31条、区（县、市）级河道399条，镇乡级河道1507条、村级河道5991条。按照"机构落实、人员落实、预算落实、责任落实"的要求，构建河道长效保洁机制，逐步形成和完善以物业化保洁、专业队伍保洁、镇村联动保洁等为主体的河道保洁模式。全市纳入"河长制"管理的河道全部树立河长公示牌，每张公示牌上明确"河长"姓名、职务、河道长度、起止点、治理目标和投诉电话等内容，方便群众监督投诉。

---

[1] 详见第十一章第一节水行政职能转变。

[2] 详见第十一章第五节水利法制建设。

2015年12月，在浙江省“百名优秀基层河长”评选活动中，宁波市12名河长获“百名优秀河长”称号。2016年4月，市河长办在全市组织开展“榜样河长”推荐工作，全市共产生62名“榜样河长”。

2016年9月，建成“河长制”信息化管理平台，系统包含“宁波河道App”“宁波市河长指挥信息系统App”“宁波市河长指挥信息系统PC端”3个部分。其中：“宁波河道App”，方便公众查询河道基本信息；“宁波市河长指挥信息系统App”，方便河长系统地了解所包干的河道信息和处理河道投诉及河道巡查记录；“宁波市河长指挥信息系统PC端”是河长制工作的展示和管理中心，每天推送各地河道治理动态，及时发布通知公告，同时具有河道信息调整、监测数据报送、河长履职情况统计等功能。

2016年，配套制定《宁波市河长制管理工作考核办法（试行）》，考核内容主要包括“河长制”工作组织架构、政策制度、河长履职、河道督查、信息化管理、河道状况改善、举措创新等内容。从2017年起，在全市范围内开始实施河长制管理工作考核，并将考核的结果纳入各地“五水共治”和“美丽宁波”建设考核内容。

建立河长制举措以后，全市河道水环境质量逐年得以改善。2014年平原河网符合地表水环境质量Ⅰ～Ⅲ类标准的河道断面占比为6%，2019年符合地表水环境质量Ⅰ～Ⅲ类标准的河道断面占比提高至44%。

（二）全面深化阶段

2016年，中央颁发《关于全面推行河长制的意见》，在全国推广浙江等地的河长制经验。2017年，市委、市政府办公厅印发《关于进一步深化落实河长制全面推进治水工作的实施意见》。2017年3月，市水利局成立全面推行河长制工作领导小组。同年4月，市水利局印发《宁波市河长制水利工作实施方案》，提出“到2017年年底，全面剿灭劣Ⅴ类水体；到2020年年底，河道水环境质量全面达到功能区要求”的总目标。

2017年7月，市“五水共治”办和市河长办联合印发《宁波市全面深化河长制工作方案（2017—2020年）》，提出建立健全省、市、区（县、市）、镇乡（街道）、村（社区）五级河（湖）长体系，实现河湖泊河长制全覆盖，并延伸到沟、渠、溪、塘等小微水体。同时开展“河长制”工作标准体系建设。工作方案中进一步明确了河长的组织形式和工作职责，明确市河长制办公室与市“五水共治”工作领导小组办公室合署办公。办公人员由16人增加至36名，专职副主任从1人增加到3人。市治水办（河长办）由市政府分管副市长任办公室主任，市生态环境局局长任常务副主任，从市生态环境局、市水利局抽调专职副主任3名，从10个区（县、市）和市级部门抽调34名干部，加强工作力量。区（县、市）级河长办（治水办）集中办公人员合计近250人。

2017年8月，市“五水共治”办印发《宁波市河长制“河长”工作考核实施办法（试行）》，明确河长制工作年度考核结果纳入“五水共治”和“美丽宁波”的考核内容。

至2017年年底，宁波市河长制覆盖全市7515条河道、4606个小微水体，其中由34位市领导任市级河长，担任43条国考、省考水质断面所在的河道以及市控、县控劣Ⅴ类水质断面所在河道的河长。市县两级五水共治办（河长办）积极推进河道规范化管理，河长公示牌、小微水体公示牌标准、内容进一步明确（图 9–2）。全面完成小微水体整治，全市 11 个国控断面水质全面达标、19 个省控以上断面全面达到考核要求。

图 9–2　河长制公示牌

2018 年，根据中共中央办公厅、国务院办公厅印发的《关于在湖泊实施湖长制的指导意见》，市委办公厅、市政府办公厅印发《关于深化“湖长制”的实施意见》，在全市水库、湖泊全面建立湖长制。根据实施意见，在湖泊、水库全面推行湖长制。周公宅水库、皎口水库、白溪水库等 3 座大型水库的湖长由市领导担任，同时将象山大塘港、东钱湖、日湖、月湖由河长制转为湖长制管理。全市 19 个湖泊和 406 座水库均建立湖长制，实现全覆盖。同时，加强河长制指挥信息平台建设，打造河长制指挥信息系统升级版；开展河长制标准化管理建设，建立健全河长与河长办履职、协调联动、日常监管、考核等方面工作标准，制定责任清单，实现河（湖）长制标准化管理；健全基层网格治水工作体系，依托镇乡（街道）社会服务管理综合信息系统，形成“管理网格化、指挥平台化、运行信息化、服务全程化、考核智能化、参与全员化”的基层治水模式。

2019 年年底，市级河道、省控断面以上河道全部由市级领导担任河湖长，共计市级河湖长 32 名、县级河湖长 328 名、镇级河湖长 1842 名、村级河湖长 5572 名。全市 80 个市控断面水质优良率和功能达标率分别为 82.5%、92.5%，同比分别提高 2.5 个、6.2 个百分点，全省“五水共治”公众满意度测评中，宁波市综合得分位居全省第四，较上年度提高 5 位。提档升级河湖长制信息管理平台功能，各行业管理的 2.78 万个排污（水）口、174 个取水口、255 个水质监测点、1.23 万个公示牌等空间数据全部在平台上标识。

（三）提档升级阶段

2020 年 3 月，市“五水共治”办、市河长办印发《宁波市全面推进河（湖）长制提档升级工作方案》，按照流域统一管理与分级分片管理相结合的原则，以市级、县级河道为骨干，建立市级河（湖）长圈和县级河（湖）长圈。实现分段河（湖）长向分片河（湖）长转变，在双总河长 + 四级树状河湖长体系基础上，把支流纳入干流统一管理，建立三级河湖流域圈 889 个，县、镇支流纳入率分别达到 36.6%、46.3%。使河湖管理工作实现统一指挥、各司其职、齐抓共管的河湖联防联控指挥机制。市河长办编制《宁波市河（湖）长制工作手册》，明确工作职责分工，初步形成按流域统一治理与分级分片联合治理的组织体系。全市 27 条河道和 5 个湖泊、水库的河湖长由市领导领衔担任。以市级、县级河湖圈为单位，组织编制新一轮的“一河（湖）一策”，全面提升水环境综合质量。

2020 年 8 月，市“五水共治”办出台《宁波市县、乡级河湖长综合评价考核办法（试行）》。注重日常考核与年度考核相结合，按照“分级”原则，通过月度排行、动态评价、年度评定，把河（湖）长日常履职考勤和定期成效评估等工作进行分类量化考核、排名，每月将县、乡级河湖长履职积分排名情况通报各地。同时，借助“宁波市智慧水利”平台，升级完善河长制信息管理系统，将7400余条河道、16座湖泊、406座水库的水域空间数据和7万余个排污（水）口、监测断面，水质点位、公示牌等地理信息纳入系统，实现一张图、一平台可视化管理。通过信息管理平台，精准实现对各级河湖长的指挥、协调、督促、预警、考核。依托手机App进行“河湖长圈”实时交流，推送问题线索和工作要求，开展河湖长公示牌和排口专项排查和整改。

2020年年底，宁波市10个国考断面功能区达标率100%，水质优良率100%，1个国家地表水入海河流考核断面（四灶浦闸）年度达标，19个省控断面水质达标率100%，优良率89.5%。80个市控断面水质达标率98.8%，优良率86.3%，分别较去年同比提高6.3个和2.5个百分点。

四、水域保护与确权划界

（一）水域保护规划

2005年12月，市水利局完成第一次水域调查[1]。2008年，省水利厅部署开展全省水域保护规划编制工作，各区（县、市）陆续完成各自行政区的水域保护规划编制。2019年6月，省水利厅印发《关于开展新一轮全省水域调查工作要求》，宁波市开展第二次水域调查[2]。2020年组织编制宁波市水域保护规划，至年底规划编制工作尚在进行中。

（二）确权划界

2004年12月，浙江省水利厅印发《关于进一步做好河道管理和保护范围划界确权工作的通知》。2005年以后，宁波市水利局陆续完成《甬江干流堤线规划报告》《奉化江干流堤线规划报告》《姚江干流堤线规划报告》，确立河道的岸线、堤线和管理线，作为三江河道管理和建设的依据。同年8月，市水利局与市国土资源局联合上报市政府《关于要求转发〈开展宁波市河道管理范围划界确权工作意见〉的请示》，经市政府同意，2006年宁波市作为划界试点市，由宁波市水文站实施“三江六岸”和甬新河的管理范围划界工作，并依据《甬江干流堤线规划报告》成果定位千米桩，在计算机CAD图纸上量取千米整数坐标，实地采用RTK结合GPS点定位确定具体位置。共埋设界桩510个，千米桩50个，告示牌22块。2016年，省水利厅印发《关于进一步做好水利工程管理和保护范围划定工作的通知》，各地陆续开展河道水库划界确权工作。至2019年，全市县级以上河道划界全部完成，并由区（县、市）人民政府批复并公布。

第三节　计划管理

2001—2020年，市水利局组织编制水利发展“十五”—“十三五”计划（规划）及年度水利建设计划与资金预算安排。水利计划管理的主要职能是编制与下达年度水利投资计划和水利资金预算安排，监督投资计划执行，评价资金使用绩效，做好水利统计工作。

---

[1][2] 详见第六章第二节水域保护。

一、计划编制与下达

（一）中长期计划

根据国家、省水利发展五年计划（规划）和宁波市国民经济与社会发展五年计划（规划）纲要的工作部署，市、县水利部门组织编制水利发展五年计划（“十五”时期称计划，“十一五”起称规划），确定未来五年全市水利发展的指导思想、总体思路、目标任务、工作重点及重大工程项目、投资规模及资金平衡测算等，为未来五年水利发展及重点工程建设提供指导与依据。

“十五”计划（2001—2005年）。水利建设重点安排城市防洪、“一大（周公宅）四中（溪下、西溪、上张、双溪口）”水库、围垦和大中型水库除险加固等项目。五年计划投资规模为76.12亿元，比上一个五年计划实际完成投资接近翻倍增长。

“十一五”规划（2006—2010年）。水利建设重点安排引曹北线、甬新河、姚江东排（一期）、小浃江整治、“一大四中”水库续建和力洋水库扩容、标准海塘维修加固、围垦等项目；同时实施百库保安、千里清水河道、百万农民饮用水、重要小流域治理等专项行动。五年计划投资规模为240亿元，是上一个五年计划实际完成投资的2.4倍。

“十二五”规划（2011—2015年）。水利建设重点安排甬江防洪工程、鄞东南沿山干河、姚江东排（二期）、四灶浦拓浚和钦寸水库、郑徐水库、西林水库及水利信息化等项目；同时实施“治水强基”、山塘分类治理、农村水环境整治、农村饮用水提升工程、喷微灌技术推广等专项行动。五年计划投资规模为360亿元，与上一个五年计划完成投资相比继续大幅扩大。

“十三五”规划（2016—2020年）。水利建设重点安排甬江防洪工程（续建）、两江同治“6+1”工程、钦寸水库续建、葛岙水库、慈西水库及引曹南线、水库群联网联调（西线）、智慧水利等项目；同时实施水生态文明城市建设试点、河湖连通、美丽河湖、农村饮用水达标提标等专项行动。五年计划投资规模为459.8亿元，较上一个五年计划完成投资继续加大。

（二）年度计划

宁波市级水利建设投资年度计划编制遵循“规划先导、量力而行、统筹兼顾，保重点、保续建、保民生”的原则。通常做法是由各区（县、市）水利局和局属单位将下一年度建设内容、投资及资金预算上报至市水利局，经审核和资金平衡测算后，会同市发改、财政部门联合下达年度水利建设计划和市级水利资金支出预算。各区（县、市）水利局和各有关建设单位按照下达的年度计划落实好项目建设任务及地方配套资金，并作为年度水利工作绩效考核的重要内容。

在编制年度建设计划时，工程项目依不同类别通常分为3种，包括：基建工程项目，逐项明确年度建设内容、形象进度及投资额，直接下达到各区（县、市）及相关建设单位。中小型面上项目采取分类打捆方式，如中小河道整治、农饮水工程、小水库与山塘整治、小流域治理、水源地保护等。依据年度计划总盘子，由市水利局相关职能处室协商审核后分解落实到各区（县、市）。管理类项目的支出预算采取单独或打捆方式编制并下达。

2011年，市水利局、市财政局联合印发《宁波市市级财政水利建设资金管理办法（试行）》，确定建立市级水利建设项目库制度，在编制年度建设计划时原则上应在项目库所列项目中选取。

2015年开始宁波市推行“三年滚动计划”制度，要求各区（县、市）和局属单位以批准的“五年规划”为依据，结合规划实施进度及实际情况，编制“三年滚动计划”，并每年滚动更新，这一举措在而后成为常态。

年度计划下达后，各地及有关建设单任对照年度投资计划目标，逐项落实责任单、任务表和时间表，确保年度投资计划按时完成。水利、发改、财政等部门经常性开展计划执行情况的监督检查，年终进行计划执行考核和绩效考评，并将其作为下一年度计划编制依据之一。

二、水利投资

早期兴修水利主要依靠动员和组织群众投工投劳，政府适当补助资金。进入21世纪以后，随着项目法人制、招投标制等基本建设程序的逐步推行和不断完善，水利工程建设大多采用专业队伍施工，20世纪八、九十年代推行的农村劳动积累工制度在2002年全省实施农村税费改革后也随之取消。此后，群众性投工投劳兴修水利的情况基本消失。

2000年以后，宁波水利建设投资快速增长，水利投资方向重点是防洪治涝、城乡供水、滩涂围垦和水生态环境治理。与20世纪的传统水利相比，小型蓄水工程、低产田改造、农田灌排、小水电等投资比重明显下降。从2001—2020年，宁波市累计完成水利建设投资1212.1亿元，见表9-19。

表9-19 2001—2020年宁波市水利建设完成投资统计 单位：亿元

年份	2001	2002	2003	2004	2005	2006	2007	2008	2009	2010
投资	10.0	13.0	21.0	26.0	35.2	38.3	40.3	41.2	42.9	48.0
	“十五”小计105.2亿元					“十一五”小计210.7亿元				
年份	2011	2012	2013	2014	2015	2016	2017	2018	2019	2020
投资	56.9	73.5	73.6	86.9	92.7	98.8	103.6	100.5	100.9	108.8
	“十二五”小计383.6亿元					“十三五”小计512.6亿元				

三、资金来源与管理

（一）资金来源

2001年以后，宁波市采取政府投入和按市场机制社会融资相结合的办法，多渠道筹集水利建设资金。主要来源：市级及以上政府财力的投入，包括公共预算安排、水利专项建设资金、水利建设基金以及政府借贷等融资投入，通常占全市水利投资20%～25%；区（县、市）政府财力的投入，包括县属国有资本经营或建设单位安排的水利建设投入，通常占水利投资40%～50%；建设单位项目融资和镇村等项目业主自筹资金，通常占水利投资30%～40%。2001年以后，市级财力（包括争取中央支持）水利建设投入不断加大，从“十五”“十一五”时期的21.6亿元和40亿元，到“十二五”“十三五”时期分别增加到80亿元和121亿元。

（二）管理制度建设

在水利投资稳定增长的同时，从制度建设入手加强项目管理，强化资金使用管理。2003年以后，市水利局或会同发改、财政等部门制订一系列相关管理制度。2001—2020年资金管理相关制度一览见表9-20。

表9-20　2001—2020年资金管理相关制度一览

年份	文件名	文号	发文机关
2003	《宁波市水利局资金管理办法》	甬水计［2003］18号	市水利局
	《宁波市水利基本建设项目财政性专项借款资金管理暂行办法》	甬水计［2003］30号、甬计农［2003］502号、甬财政基［2003］473号	市水利局、市计委、市财政局
2004	《宁波市水资源保护专项资金使用管理意见》	甬水办［2004］88号	市计委、市财政局、市水利局
	《宁波市实施"浙江省千库保安工程"建设的若干意见》	甬水利［2004］62号、甬财政农［2005］586号	市水利局、市计委、市财政局
2005	《宁波市农民饮用工程专项资金管理办法》	甬水计［2005］29号、甬财政农［2005］358号	市水利局、市发改委、市财政局
	《宁波市小型农田水利建设专项资金管理办法（试行）》	甬水计［2005］33号、甬财政农［2005］441号	市水利局、市财政局
2006	《宁波市标准海塘维修加固项目管理办法》	甬水利［2006］8号、甬财政农［2006］45号	市水利局、市发改委、市财政局
	《关于宁波市实施"浙江省千库保安工程"建设若干意见的补充意见》	甬水利［2006］18号、甬财政农［2006］179号	市水利局、市发改委、市财政局
2006	《宁波市市级水利工程维修养护经费使用管理规定（试行）》	甬财政农［2006］428号、甬水计［2006］23号	市财政局、市水利局、市发改委
	《水利前期工作项目管理办法》	甬水利［2006］26号	市水利局
	《关于宁波市小型水库安全巡查经费补助与使用管理的通知》	甬财政农［2006］638号、甬水计［2006］34号	市财政局、市水利局
2007	《宁波市市级水资源费使用管理规定》	甬水利［2007］25号、甬财政农［2007］317号	市水利局、市财政局
	《宁波市水利局关于进一步加强局本级小型建设项目管理的暂行规定》	甬水利［2007］45号	市水利局
	《宁波市农业节水工程项目建设与资金管理办法（试行）》	甬财政农［2007］530号、甬水计［2007］43号	市财政局、市水利局、市发改委
	《宁波市山区小流域治理专项资金管理办法（试行）》	甬水计［2007］61号、甬财政农［2007］840号	市水利局、市财政局
2009	《关于印发宁波市强塘工程建设项目计划与资金管理办法的通知》	甬水计［2009］7号、甬财政农［2009］84号	市水利局、市财政局、市发改委
2010	《宁波市重要水库水资源保护项目建设和资金管理暂行办法》	甬水计［2010］1号、甬财政农［2010］6号	市水利局、市财政局
	《宁波市水环境整治与保护专项资金管理办法》	甬发改农经［2010］16号、甬财政农［2010］106号	市发改委、市水利局、市财政局
	《宁波市中央财政小型农田水利项目建设与资金管理办法》	甬水计［2010］20号、甬财政农［2010］246号	市水利局、市财政局

续表

年份	文件名	文号	发文机关
2011	《宁波市市级财政水利建设资金管理办法（试行）》	甬水计［2011］57号	市水利局、市财政局、市发改委
	《宁波市第一次全国水利普查经费使用管理办法》	甬水计［2011］91号	市水利局、市财政局
2013	《宁波市小型水库工程维修养护资金管理办法（试行）》	甬水计［2013］95号	市水利局
2015	《宁波市农田水利建设资金项目绩效评价实施细则》	甬水利［2015］74号	市水利局
2018	《宁波市水利建设与发展专项资金管理办法（试行）》	甬水计［2018］17号	市水利局、市财政局
2019	《宁波市水利建设与发展专项资金绩效管理暂行办法》	甬水计［2019］2号	市水利局、市财政局
	《宁波市市级财政农民饮用水达标提标工作资金管理办法（试行）》	甬水计［2019］18号	市水利局、市财政局

四、预算绩效管理

2006年，宁波市开始推行财政支出绩效评价工作，开始执行政府财政支出绩效管理及评价相关工作，绩效管理内容包括绩效目标管理、绩效监控、绩效评价和评价结果运用等全过程。水利建设门类及项目多，支出预算总盘子大，一直是财政性建设项目绩效管理的重点对象。从2006年起，市、县两级水利部门会同财政等部门积极探索，从试点、示范到全面推行，每年制订工作方案并选择一批重点工程项目或民生水利建设内容实施绩效管理与评价工作。2019年，市水利局、市财政局联合印发《宁波市水利建设与发展专项资金绩效管理暂行办法》，进一步完善市级财政水利预算管理绩效制度，规范绩效管理行为，更好地实现绩效评价与预算安排相衔接。

第四节　建设管理

2001年以前，水利工程建设模式相对单一，市场化建设机制尚处于探索阶段。2000年以后，随着水利工程规模的扩大、数量的增加，水利建设市场引入多种建设模式，工程建设管理的制度随之推出。历经20年探索、调整、完善，至2020年水利工程建设管理基本形成较完整的制度体系，科学的管理体制，高效的运行机制，为工程效益的发挥提供保障。

一、管理模式

自1995年水利部颁布《水利建设工程项目管理规定（试行）》以后，宁波市开始探索水利工程建设“三项制度”改革，即在水利工程建设中推行项目法人责任制、建设监理制和招标投标制。2011年，国务院印发《关于加快水利改革发展的决定》，明确提出加快水利工程建设，探索社会化和专业化的多种水利工程建设管理模式，随后若干年，宁波市多种形式的建管模式陆续推出，并形成制度性的规定。

（一）三项制度

项目法人责任制 宁波市水利工程建设试行“三项制度”始于白溪水库建设。1995年12月，成立宁波市白溪水库建设指挥部（甬政发〔1995〕251号），组建宁波市白溪水库建设开发总公司，试行项目法人制。1997年1月，宁波市白溪水库建设开发总公司在宁海县注册成立。随后，项目法人制在各地逐步推开。为使项目顺利推进，重点水利工程一般实行项目指挥部与项目法人并存的方式。2001年3月，水利部印发《关于贯彻落实加强公益性水利工程建设管理若干意见的实施意见的通知》（水建管〔2001〕74号），全面推广水利工程建设项目法人责任制。2009年浙江省进一步规范项目法人的组建，明确企业性质的项目法人和事业性质的项目法人的组建条件。至2020年年底，仍遵照该意见执行。

建设监理制 宁波市水利工程项目建设监理始于白溪水库建设。1997年10月，宁波市委、市政府在《关于动员全社会力量加快建设标准海塘建设的决定》（市委〔1997〕43号）中，提出要积极推行施工监理和招投标制度。在1998—2000年全市标准海塘建设中，建设监理制度得到较为普遍的推行。2000年以后，水利工程建设监理制全面推行。

招标投标制 宁波市水利建设项目施工招标投标始于1996年白溪水库的建设，水库主体工程通过招投标确定建设单位。2000年，《中华人民共和国招标投标法》颁布后，规定规模以上的水利工程全部采用招投标，确定施工单位[1]。

（二）代建制、BT、EPC、PPP模式

为加快水利工程建设，2001年以后，工程项目代建制、BT模式、EPC总承包、PPP模式等在水利工程建设中开始应用[2]，尤其在重点水利工程、应急工程建设中推行较多，提高项目的融资能力和建设进度。

二、工程质量监督

水利建设工程质量监督始于20世纪90年代。进入21世纪以后，质量监督队伍不断加强，质量监督范围实现全覆盖，质量监督手段不断创新，在水利工程规模数量快速增加过程中，为工程质量和安全提供有效保障。

（一）质量监督工作

1. 监督主要内容

检查 在开展水利工程质量监督活动中，重点检查参建单位质量与安全管理体系、相关制度和台账的建立及实施情况；监理规划、监理实施细则及施工方案（措施）中质量和安全控制方面的落实情况；原材料、中间产品施工单位自检、监理平行抽检和检测情况；重要隐蔽工程和工程关键部位；经审批的施工图设计文件的实施情况；项目法人、监理单位、施工单位落实防汛安全责任制、度汛方案和应急预案情况等。

---

[1][2] 详见第十一章第四节建设与管理体制改革。

复查　施工、监理单位主要管理和技术人员的资质、施工单位特定岗位和特种作业人员是否具备上岗资格、工地试验室的设置和委托试验落实情况。

核查　工程项目划分以及主要单位工程、主要分部工程、重要隐蔽单元工程和关键部位单元工程的确定情况。

抽查　技术资料的收集、整理、汇总情况；单元（工序）、分部、单位工程验收签证和质量评定等情况；质量指标控制情况，随机抽查工程外观质量和现场施工质量。

2. 监督方式

质量与安全监督方式以抽查为主。监督检查根据工程建设进展情况适时安排。阶段验收前的质量与安全监督活动相继进行，对相关建筑物进行检查，并对相应的质量与安全记录资料进行检查、核对和分析，为阶段验收质量评价做准备。竣工验收前的质量与安全监督活动，拟对阶段验收后的尾留工程质量及各相关建筑物阶段验收运行后反映的质量情况进行审核，并准备竣工验收质量评定意见。

市水利工程质量安全管理中心每年开展现场质量安全监督检查约300余次，并及时对工程项目的单位工程、分部工程进行质量核定、核备。做好完建工程项目质量等级核定工作，核定率为100%。此外，市水利工程质量安全管理中心每年委托有资质的检测单位对在建重点水利工程开展质量“飞检”工作，内容包括对水泥、钢筋等原材料抽检，对工程实体的重点结构（部位）采用回弹、取芯等检测手段，用“数据”来指导工程质监工作。

（二）创新手段

传统的水利工程质量监督是以定期、不定期到现场检查为主要活动形式，进入到21世纪以后，利用信息化手段和建立网络监管系统，提升水利工程建设过程中监管服务水平。

信息化建设　从2015年开始，推广应用浙江省水利水电工程质量与安全管理中心的“质监App”。宁波市本级以及各区（县、市）质监机构受监工程项目的各项信息全部录入“质监App”系统。质监人员在每次工程现场开展质监工作，将现场监督存在问题、检查情况通过手机客户端输入系统，检查完毕后，将检查情况现场反馈给参建各方，并督促其及时有效整改。

水利质监管理系统　2018年，首选慈江闸站、化子闸泵站、澥浦闸站3个大型泵站工程开展水利智慧质监管理系统试点工作。系统包括：建设施工现场视频监控、智能化考勤管理、手持单兵视频监控、简易应急指挥管理、统计分析管理共5个部分。通过现代化管理手段，构建宁波市在建水利工程质量监督标准化平台。

三、安全生产

宁波水利安全生产工作是在中央、省、市的总体部署下开展的，通常是国务院安全生产委员会会召开会议或发文部署，水利部、省、市紧密跟进，市水利局按要求召开会议或发文部署，组织开展安全生产工作。2014年开始采用不发通知、不打招呼、不听汇报、不用陪同和接待，直奔基层、直插现场的方式检查安全生产工作（简称“四不二直”）。

（一）管理组织

2007年以前，市水利局安全生产工作由局安全生产领导小组负责，由分管副局长任组长，各处室负责人为组员，责任处室为局办公室。2008年以后由水利局局长任安全生产领导小组组长，分管副局长为副组长。2018年起，市水利局将局安全生产领导小组办公室责任处室由原局办公室调整到局建设与管理处（安全监督处）。2019年机构改革以后，成立宁波市水利局安全生产委员会，下设办公室（简称“安委办”），安委办设在局建设与安全监督处。

（二）安全生产管理

市水利局每年结合上级部门统一部署，针对水利工作特点，每年在汛前、台风来临前后、重大节日和重要会议期间均开展各种安全检查、督查及巡查活动。

安全生产月 2001年以前，每年以“安全生产周”形式开展主题活动。2002年以后，每年6月，结合国务院安委办、水利部、省水利厅、市安委办部署要求，结合水利行业自身实际，开展具有水利特色的“安全生产月”活动。

督查巡查 2019年开始，每年以安全督查检查为主要内容，由市水利局领导带队分组分片，赴全市10个区（县、市）进行水利水务综合督查。每年委托第三方专业机构安排2次安全巡查，对当年全市10～20个水利工程项目进行安全专项巡查，对发现的问题责成业主单位立即整改，并形成书面总结材料报局安委办。

安全生产培训 定期组织安全生产监管培训和“双控”系统使用培训，提升行业安全生产监管能力和信息化水平。2016年7月，市政府办公厅印发《宁波市开展标本兼治遏制重特大事故试点工作方案》（甬政办发〔2016〕117号）。明确构建安全风险管控与隐患排查治理双重机制建设的重点工作，要求各行业、企业构建完善安全生产责任体系、构建完善安全风险分级管控与隐患排查治理双重预防性工作体系、构建完善依法治安制度机制体系、构建完善安全生产基础保障体系。

目标管理和责任考核 按照“管行业必须管安全、管业务必须管安全、管生产经营必须管安全”要求，落实各级水行政主管部门监管职责和水利生产经营单位主体责任。2001年起，每年市水利局与市政府和省水利厅签订安全生产目标管理责任状，同时市水利局与各区（县、市）水利局和直属事业单位也签订安全生产责任状，实施安全生产事故一票否决权。在市政府和省水利厅历年考核中，市水利局均为优秀单位。市水利局在对直属单位和区（县、市）水利局考核中未动用过一票否决权。

水利重大事项风险评估 2012年3月，印发《宁波市水利重大事项社会稳定风险评估实施方案》（甬水利〔2012〕17号），目的是在水利重大事项制定或实施前，对可能产生的影响社会稳定的因素进行科学的预测、分析和评估，提出及采取有效的防范化解措施，预防和消除影响社会稳定因素的活动。市水利局成立水利重大事项社会稳定风险评估工作领导小组，市水利局局长任组长，副局长、局总工及纪检组长任副组长。2012年开展相关工作，并将每季度社会稳定风险评估情况报市委维护稳定工作领导小组办公室。2013年水利重大事项风险评估实现全覆盖。

安全生产宣传活动 每年安全生产月期间，市水利局办公大楼LED大屏幕上，滚动播放标语口号，建筑工地悬挂宣传横幅。市水利局组织参加全国水利安全生产有奖征文活动和全国水利安全生产知识网络竞赛活动，组织开展安全知识讲座和演讲比赛。

水利工程信息填报 2014年5月，根据水利部《关于组织做好水利安全生产信息填报工作的通知》，在水利部水利安全生产信息上报系统填报重点水利工程信息、安全隐患和事故发生情况等。据水利部考核排名，2014 年宁波市水利局为全国水利系统第二名，2019 年位列第一。

“双控系统”建设　宁波市水利工程安全风险管控与隐患排查系统（简称“双控系统”）2020 年 10 日上线试运行，运行初期将 7 个工程项目（2 座泵站、1 座水闸、2 座水库、1 座海塘，包含在建和已建工程）作为先行试点，同时在宁波市智慧水利平台开通运行。

（三）安全生产专项行动

1. 危险化学品安全专项整治

根据国务院安委会、水利部办公厅《关于深刻吸取天津港“8.12”特别重大事故教训 集中开展危险化学品安全专项整治工作的通知》（安委〔2016〕13 号），2016 年 5 月，市水利局印发《宁波市水利局关于深刻吸取天津港“8.12”特别重大事故教训集中开展危险化学品安全专项整治工作的通知》（甬水利〔2016〕29 号），开展为期 6 个月集中专项整治。2017 年 4 月印发《关于开展水利行业涉及危险化学品安全综合治理的通知》，对加强危化品综合治理和管控作具体部署。

2. 防范溺水事故

2014 年 6 月 14 日宁海县杨梅岭水库发生一起 4 名外来务工人员子女溺水身亡事件。全市水利系统开展防范溺水事故专项检查，会同市委建设“平安宁波”领导小组办公室把防范溺水事故列入“平安宁波”考核内容，发放由红十字会捐赠的救生圈，为防范溺水事故筑起最后一道防线。

3. 安全生产事故隐患排查

2009 年，市水利局在安全生产检查时发现北仑区郭巨峙南围涂工程未办理海上海下作业许可证，采石场道路坡度陡边坡岩石破碎，存在安全事故隐患，责令整改。接到整改通知后，工程指挥部委托海南省海洋开发规划设计研究院编制峙南围涂工程通航安全评估报告，取得宁波海事局颁发的海上海下作业许可证，并对石场开采进行专项招标，较好地解决了围涂工程海上作业和采石场的安全隐患问题。

2011 年，市水利局安全生产检查时，发现东钱湖综合整治工程淤泥堆放场地对游客有安全隐患。接到整改通知后，东钱湖管理委员会湖区办公室组织编制淤泥堆放专项方案，竖立警示标志，及时消除安全隐患。2014 年 2 月，周公宅水库库区山体边坡发生 2 次较大边坡崩塌灾害，对下方办公用房和道路造成重大威胁。市水利局领导赴现场察看，商议对策，周公宅水库委托有地质灾害防治资质的专业单位开展专项加固设计，实施边坡治理工程，消除安全隐患。2014 年，市政府办公厅《关于公布宁波市 2014 年度重大火灾隐患整改单位的通知》，把房屋产权属于白溪水库管理局的宁海天河温泉大酒店列为重大火灾隐患单位。市水利局督促白溪水库管理局会同宁海天河温泉大酒店制定整改方案，落实整改措施，消除火灾隐患。

2015 年，市水利局在安全检查时，发现江北二通道（慈江）工程与杭甬天然气管线、甬绍金衢成品油管线距离较近，有安全隐患。业主单位接到整改通知后，委托浙江城建煤气热电设计院对“宁波江北姚江二通道（慈江）工程—慈江闸站工程与杭甬天然气管气管线、甬绍金衢成品油管线”进行工程安全评估，施工单位按照安全评估意见编制《基坑围护和基坑开挖》专项方案，确保油气管线安全。

（四）重大生产安全事故处置

2001年4月，按照国务院《关于特大安全事故行政责任的规定》（国务院令第302号），市、县两级人民政府制定本地区特大安全事故应急处理预案，报相应的上一级政府备案。

2016年4月，国务院安委会办公室印发《标本兼治遏制重特大事故工作指南》（安委办〔2016〕3号），同年10月，又印发《关于实施遏制重特大事故工作指南构建双重预防机制的意见》（安委办〔2016〕11号）。

2017年10月，水利部印发《水利工程生产安全重大事故隐患判定标准》（水安监〔2017〕344号），水利工程建设各参建单位和水利工程运行管理单位只需对照直接判定清单中隐患内容，通过综合判定清单即可对本单位生产安全重大事故隐患作出判定。

2018年5月，市水利局委托安瑞祺（北京）国际风险管理顾问有限公司开展市水利局安全风险管控专题研究，同时落实市三江局、鄞州区水利局、亭下水库管理局3家作为安全生产风险评估试点单位，鄞州区水利局先行完成试点工作。

2019年，市水利局结合实际情况，制定《宁波市水利工程重大生产安全事故隐患治理挂牌督办制度（试行）》和《宁波市水利局生产安全事故应急预案（试行）》，指导全市水利在建重点项目关于安全生产风险辨识、风险评估等工作的开展，严抓重大风险隐患整改和治理形成闭环。同年，市水利局委托宁波子规信息科技有限公司开发宁波市水利安全生产风险管控与隐患排查治理系统，并列入市智慧水利项目。

2019年9月，市水利局印发《宁波市水利工程重大生产安全事故隐患治理挂牌督办制度（试行）》和《宁波市水利局生产安全事故应急预案（试行）的通知》，进一步规范和加强水利工程重大事故隐患治理，推动水利生产经营单位落实安全生产责任主体，防范和遏制重特大生产安全事故发生。

四、建设市场监管

为规范水利建设市场行为，2000年以后市水利局就水利工程招标投标活动监管、参建单位诚信体系建设等方面出台一系列规定，加强市场行为的监督，保障水利建设市场的健康发展[1]。

五、标准化工地与工程评优

（一）安全文明施工标准化工地

为进一步加强宁波市水利工程建设管理工作，提高工程施工现场安全生产、文明施工的管理水平，根据《浙江省建筑安全文明施工标准化工地管理办法》等有关法律、法规和规定，2014年，市水利局试点开展水利建设工程安全文明施工标准化工地评选。

（二）水利工程评优

为贯彻落实国务院《建设工程质量管理条例》，在开展全国水利工程大禹奖、省水利“大禹

[1] 详见第十一章第四节建设与管理体制改革。

杯”基础上，根据宁波市“质量强市”的部署和水利行业的有关规定，2017 年 11 月，市水利局印发《宁波市水利工程优质（它山堰）奖评选管理办法（试行）》，开展水利工程优质奖评选活动。评选活动在市水利局指导下，由宁波市水利工程管理协会组织实施。2018 年，首批 10 个项目获得水利工程优质（它山堰）奖。

第五节　城市供水管理

2002 年 12 月，宁波市城市供节水管理办公室成立，具体负责城市供水行业管理工作。2006 年 7 月，组建宁波市公用事业监管中心，继续保留宁波市城市供节水管理办公室牌子，开展城市供水行业管理工作。宁波市城市供水企业原为市自来水总公司，2013 年 11 月改制更名为市自来水有限公司。2014 年 2 月，市自来水有限公司、工业供水有限公司、城市排水有限公司进行资产重组，组建宁波市供排水集团有限公司，2014 年 5 月正式挂牌成立。2019 年 3 月机构改革，撤销宁波市城市供节水管理办公室牌子，城市供水行业管理职责划入宁波市水利局，由局直属事业单位宁波市水资源信息管理中心具体负责开展城市供水行业管理工作。

一、规章制度

截至 2020 年，主要涉及水务方面的地方性法规主要有：《宁波市供水管理条例》《饮用水源保护条例》《宁波市城市供水和节约用水管理条例》等[1]。供水相关的规章制度有：《供水管网水质管理规定》《水质管理制度》《供水管网水质日常考核办法》《改善龙头水水质的实施方案》《供水管网冲洗排放工作管理制度》《水箱（水池）清洗维护管理制度》等。

二、日常管理

（一）运行调度

1. 日常调度

原水调度　原水调度由市水利局负责，每年根据取水需求计划下达用水计划。原水集团负责所管辖水库的原水日常调配和向市自来水总公司等取水单位调配水管理工作，做好供水形势预测分析，参与市水利局供水形势会商，配合主管部门做好市区抗旱水源调度工作。根据各取水单位提出的每月取水需求计划，综合当前各水源地的蓄、供水及下阶段来水分析情况，结合市自来水有限公司各水厂当时运行状况及历史同期取水等情况，对各水源取水量进行合理配置，编制月度取水计划报市水利局。市水利局水政处对上报的取水计划审批，经审核同意后，对所辖水库下达供水调度任务，向取水单位复函。

[1] 详见第十一章第五节水利法制建设。

供水调度 市自来水有限公司设有生产调度中心，负责中心城区供水调度，负责与原水集团进行联系。2011年，对已有的生产调度系统进行升级改造，对监测点位进行扩容，并增加环网分析、数据异常报警等功能。2018年，对生产调度系统再次进行升级，系统共设有各类监测点626个，24小时监控城市供水运行情况。

2. 应急调度

当遇到城市供水应急调度情况时，市供排水集团公司与所辖各水库及市自来水公司等取水单位保持及时地沟通联系，如遇因水资源、水质及工程性等原因导致的水源应急调配事宜，及时与水源地及取水单位沟通协商，提出应急建议方案，报市水利局审批后发文至相关单位，并监督水库及取水单位按计划供取水。

（二）水质管理

根据《生活饮用水卫生标准》（GB 5749），对各水厂原水、出厂水、典型管网水每月均开展水质全分析检测，到2020年，原水水质检测项目达到103项；出厂水、管网水水质检测项目达到109项。

1. 原水水质管理

市水资源信息管理中心委托专业监测机构按月开展常规水质指标检测、106项水质指标检测、常规3项水质指标抽检，水源地水质情况数据收集汇总等工作。

各饮用水源地按照横向和纵向建立水质监测体系。横向是在各水源地水平方向的重要支流布控监测点，监测进入饮用水源地的水质；纵向主要从水库表层、中层和底层3个深度进行水质监测，实时掌握原水水环境和水质状况。开展原水29项常规水质检测工作。丰水期（一般为10月）和枯水期（一般为4月）各一次，对公司所有水源（含备用水源）、水厂出厂水、典型管网水实施36项全面分析检测。到2020年，原水水质检测项目达103项。

2. 出厂水水质管理

城市水厂 为确保出厂水水质，城市水厂建有一整套严格的检测制度，市自来水有限公司相继制订《水厂化验室岗位责任制》《化验室安全制度》《无菌室管理制度》等制度，以加强水厂化验室的管理。各水厂陆续配备原水、滤后水、出厂水等各环节的在线浊度仪、pH计和余氯仪，实现制水全过程的实时监测。水质监测站每月对全市62个供水行业出厂水检测点开展出厂水常规42项检测工作。2006年开始，引进多种先进检测仪器，不断提高宁波城市供水水质综合检测能力，并于2011年完成新国标全部106项检测项目资质认定工作。到2020年，出厂水水质检测项目达到109项。

镇乡水厂 2013年以后，全市每年安排专项财政资金开展镇乡（街道）级供水企业出厂水水质全分析检测，2016完成镇乡（街道）级供水企业水质106项全分析检测的全覆盖。对全市镇乡（街道）级供水企业对出厂水浑浊度、余氯、pH值、锰4个指标进行随机抽样检测，截至2018年检测172项次，水质指标合格率为96%。

工业水厂 姚江工业水厂在采用公司（42项）、水厂（23项）、班组（8项）的三级水质检测制度同时，对关键水质控制指标如浊度、余氯、pH值、电导率通过加装在线监测仪表等自动化设备，加强对水厂各环节的水质检测与监控，便于水厂根据水质调整制水工艺和各种药剂的投加量，保障出厂水的合格率。

3. 管网水水质管理

管网监测　城市供水管网监测点不断增加，人工采样监测点从2006年的36个增加到2020年的154个。同时，在原水、水厂、管网、中高层小区等关键位置安装在线水质监测仪表，在线监测点从2006年的12个增加到2020年的151个，每月对28个自来水管网水开展常规42项水质检测工作。形成水厂出厂、供水环网、区域主干管至居民小区的全流程水质监测网络，实时监控掌握水质动态，并按要求建立水质公示制度。到2020年，管网水水质检测达到109项。

一户一表改造　1999年起，市自来水公司启动“一户一表”改造工程，并得到政府关注和支持。同年6月，市区首批无屋顶水箱住宅供水“一户一表”改造在联丰、胜丰、明楼、南苑4个符合条件的小区开始实施。2001年起，大规模的自来水“一户一表”改造全面展开，连续3年被列入政府实事工程，至2005年基本完成改造。从2006年开始，“一户一表”改造进入单位直管房等零星改造阶段。该项工程按照用户自愿、积极稳妥、规范有序、分步实施的方法，对全国劳模、特困户减免安装费。截至2010年年底，累计改造40多万户，极大地改善供水水质。

屋顶水箱改造　2001年起，市政府连续3年将屋顶水箱改造、取消列为实事工程，并在全国率先对城市屋顶水箱进行大规模的改造。通过5年多努力，至2005年年底基本完成城市屋顶水箱的改造工作，共完成27个社区的路管改造，铺设和改造管道124千米，取消6259只，改造屋顶水箱7241只。

（三）供水管网管理

1. 二次供水改造

2011年，市政府印发《关于理顺中心城区中高层住宅二次供水管理体制的实施意见》（甬政发〔2011〕7号），实行新建中高层住宅直接管水到户，对原有中高层住宅二次供水设施集中开展改造，逐步实现供水企业管水到户。同年，中心城区中高层住宅二次供水改造正式启动。截至2020年年底，共有383个中高层住宅小区列入二次供水改造实施计划，其中江东区81个、海曙区55个、江北区51个、镇海区16个、北仑区45个、鄞州区（原鄞东区域）135个，共涉及158670户用户，受益人口约48万人，累计投入建设资金约4.7亿元。2011—2020年宁波市二次供水改造的小区及用户统计见表9-21。

表9-21　2011—2020年宁波市二次供水改造小区及用户数统计

区域	改造小区数/个	改造用户数/户
江东区	81	29532
海曙区	55	14953
江北区	51	20855
镇海区	16	4786

续表

区域	改造小区数/个	改造用户数/户
北仑区	45	14058
鄞州区	135	73486
合计	383	158670

2. 管网检漏管理

管网检漏是供水企业降低管网漏损、提高经济效益的一项重要工作。2008年以前，管网检漏职能按照供水区域由各供水分公司承担。2008年，市自来水有限公司陆续制定《检漏工岗位考核办法》《检漏工作管理及实施办法》等制度，进行管网检漏管理。2009年3月，市自来水有限公司检漏中心正式成立。新的管理模式摒弃传统的分散管理办法，实施管网检漏统一管理，并引进绩效考核管理模式。

2016年起，全面实施管网分区计量，制订DMA分区计量管理方案，推进分区流量计和小区考核表安装。至2020年年底，共安装二级计量表306只，三级计量表1543只，基本建成行政供水区域—片区—小区三级分区计量体系。同时，推行集日常巡线、设施维护、抄表管理等职能于一体的网格化管理，制订落实网格化管理实施方案，建立片区负责人制度，全面负责区域内供水设施的运行管理。截至2020年年底，共有71个区域纳入网格化管理。

3. 管网信息管理

自20世纪90年代中期开始，市自来水有限公司着手研究供水管网的信息化与规范化管理。2003年，在全市范围内开展供水管网普查探测工作。2004年投资100万元，初步建立一套较为完善的供水管网地理信息系统（GIS），系统主要分为地形图管理子系统、管网数据录入子系统、管网资料管理子系统、事故处理子系统、图形输出子系统5个部分。2008年年底开始，对原先的GIS进行升级改造，主要是针对原系统运行中存在的问题进行详细评估，重新采集并核对管网数据，并采用新的Oracle数据库。2009年年底，新的供水管网GIS系统建成，于2010年1月投入运行。2010年7月，委托北京天拓公司建立管网GPS定位导航系统。截至2020年年底，GIS存储并管理着宁波市区11014千米的管线及其附属设施的信息。

三、城乡并网供水

2001年5月21日，由镇海区、庄市镇和市自来水有限公司共同出资的庄市镇供水改造一期工程动工。2009年6月，鄞州区云龙镇并网供水，同年7月，鄞州新城区并网供水，同年9月，鄞西片集仕港、高桥、古林和洞桥镇并网供水。2018年12月，实现东钱湖区域并网通水。

2010年5月，镇海区澥浦镇并网供水，2014年11月，镇海区九龙湖镇和骆驼街道贵驷片并网供水。至此，镇海区6个镇乡（街道）全部纳入城市大网供水范围。

北仑区白峰郭巨、上阳片也分别于2013年年底和2014年年底被纳入城市大网供水范围，梅山岛供水也于2014年8月正式移交市自来水有限公司管理。

2018—2020 年，鄞州区东钱湖、北仑区大碶九峰片区、江北区慈城高山村完成并网供水，截至 2020 年年底，江北、北仑、镇海、鄞州四区 400 多个行政村被纳入城市供水范围，彻底改变农村地区自来水水压低、水质差的现状。宁波中心城区除个别偏远镇乡外，基本形成城乡一体化的供水格局，实现城乡供水“同网、同质、同价”的目标。

四、营业服务

（一）服务机构

截至 2020 年年底，总公司下设 6 个供水分公司，各分公司本部分设营业大厅。为适应城乡供水一体化需要，从 2001 年开始，市自来水有限公司又相继成立庄市、慈城、骆驼、洪塘、小港、柴桥、大碶、梅林、白峰等城郊营业所。业务部下设清泉热线，实行 24 小时不间断服务，受理用户来电咨询。

（二）清泉热线

1999 年 11 月，“96390 清泉热线”电话诞生，清泉热线平台将电话系统、计算机局域网和互联网合而为一，实现电信级交换功能。采用内部工作流程闭环处理，使相关业务部门的工作形成一个有机的整体，信息收录、派工调度、上门服务、工作结果记录、客户回访等环节流程化处理。服务热线通过自动语言应答系统和人工坐席接听，为客户提供关于用水方面的各种服务，包括水费查询、业务咨询、业务受理、客户投诉、客户回访、服务跟踪等，服务范围覆盖宁波市 6 个城区。

（三）抄表收费

1999 年，宁波市自来水有限公司开始在南苑等 4 个小区试点“一户一表”改造；之后以政府实事工程方式大力推广；至 2005 年，基本完成多层住宅的户表改造，实现抄表到户。

抄表到户后，适时开发营业收费管理系统，建立水费账务中心，加强水费监管，扩展收费网点，实现老三区和鄞州区跨区域实时收费。2011 年 8 月，新版营业管理收费系统正式上线，相较于旧版功能更加完善，运行速度明显提升，实现与银行付费通实施收费系统、支付宝服务平台、用户报装系统、热线语音自助查询系统、公司外网水费查询系统等第三方系统的无缝对接。

第六节　城市排水管理

20 世纪 80 年代末，宁波市城区开始建设雨、污分流制排水管网，按规划建设一批雨、污分流制的排水管道及泵站，使得城市排水系统基本形成网络。城区雨水排放系统结合河网密布的特点，基本采用就近排入河道，再通过平原河网排涝系统排出；污水处理系统采用集中分片处理形式，1999 年宁波市第一座集中式生活污水处理厂——江东北区污水处理厂建成，一期工程处理能力 5 万吨每日，从而使中心城市污水处理从无到有，并形成一定规模。至 2020 年年底，宁波市城镇污水处理厂共 31 座。

一、规章制度

2017年，市城管局印发《宁波市城镇排水管渠维护管理标准（试行）》，为排水管网养护管理提供技术上的支撑。

2018年，市政府办公厅印发《宁波市“十三五”城镇污水处理及再生利用设施建设规划》。规划提出到2020年全市城镇污水处理能力达到290万立方米每日，城镇污水集中处理率达到95%左右。

2019年，市水利局、市住建局、市资规局联合印发《关于划定宁波市城镇排水与污水处理设施保护范围的通知》，明确设施保护范围。同年，市水利局启动《宁波市区排水（污水）专项规划（2020—2035年）》编制工作；同年12月，市水利局、市住建局联合印发《宁波市排水管渠养护单价》，为全市各级排水部门编制养护资金预算提供依据。

二、日常管理

按管理体制、行业管理、排水设施管养、排水户管理、污水处理厂管理等内容对各区（县、市）排水行业进行监管。

（一）管理体制

市级行业主管部门 2008年，市城管局设立宁波市排水管理处（以下简称“市排水处”），与宁波市市政管理处实行两块牌子、一套班子，合署办公。具体承担宁波市市本级申请排水许可证的受理和材料的初审，以及排水基础设施监管；参与起草编制本市排水行业管理的有关法规规章、排水行业中长期发展规划及专项规划；承担全市排水行业的管理；协同有关部门做好排水建设项目的管理工作。2019年4月，市排水管理处相关职能划入宁波市水务设施运行管理中心。

管网管理 根据《市与相关区管理体制配套政策》（甬政办发〔2016〕180号），宁波市城镇排水管网养护实行市、县、镇三级监管。本级排水管网由排水行业主管部门落实排水部门或者排水企业进行养管，非本级排水管网由各镇乡（街道）承担养护职责。其中，海曙区、江北区、鄞州区（简称“三区”）内重要排水主干线（“六横六纵”）的雨水管网及雨水泵站由市本级负责养管，其他雨水管网及雨水泵站按属地原则由各区负责养管。市本级承担市级污水处理厂服务区域内及以上城市道路范围内的污水管网及其连接泵站的养管，其他道路范围内的污水管网及连接泵站按行政区域由属地负责养管。

污水处理厂管理 宁波市共有31座城镇生活污水处理厂，除市本级5家污水处理厂由市排水公司负责养管外，其余26家污水处理厂均由属地排水管理部门落实运营单位。部分污水处理厂采用BOT、TOT等投资方式实现建管一体化。

（二）行业管理

2011年开始开展“排水杯”行业评比活动，以“排水杯”评比作为行业管理具体抓手，每年按照明查、暗查和专项督查三次专项行动；建立污水处理厂飞行抽检行动机制。2016年，在全市范围开展城镇污水处理厂进厂水水质水量在线监测平台联网建设工作，提升城镇排水管理水平。

污水处理厂飞行抽检　为加强对宁波市集中式城镇污水处理企业进、出厂水质的监控和日常运行的监管，2012 年建立飞行抽检机制，并将检查结果纳入宁波市“排水杯”的考核内容。2013 年 4 月 27 日，市排水处依照《浙江省城镇污水集中处理管理办法》等规定，印发《宁波市排水行业飞行抽检工作办法（试行）》。2013—2015 年，飞行抽检工作进入常态化管理阶段。抽检频率为一年 2 次，抽检范围涵盖宁波全大市范围内的 18 家污水处理厂。2016 年 3 月，首次将镇级污水处理厂纳入监管范围，抽检对象增至 26 家（含镇级污水处理厂 8 家）。2017 年，为进一步提高监管力度和效率，飞行抽检的检查频率改为一年 4 次。同年进行服务外包，总服务期限为 2 年，服务内容为污水厂进、出水瞬时水样的采集、检测，频次为一年 4 次。由市排水处（2019 年移交市水务设施运行管理中心）对整个过程进行监督考核，考核内容为服务响应、专业诚信、采样规范、准确度、成果与时间、抽检取样频次、点位取样、资料填写与收集等 8 项。2018 年 11 月，由于原项目服务合同即将到期，原市排水处就飞行抽检服务外包项目再次通过比选，确定 1 家中标机构，总服务期限为 2 年，服务内容在原先基础上增加污水处理厂进、出水混合水样的采集、检测，频次为一年 2 次。2019 年，抽检对象数量增加至 31 家（含镇级污水处理厂 11 家）。

排水管网月督查　2018 年 7 月起，对市本级及海曙、江北、鄞州 3 区所属管网试点开展月督查，在养护计划中抽取若干管段通过管道内窥电视检测系统（CCTV）、潜望镜及声纳等检测手段对养护质量和管道状况进行抽查，并通报抽查结果，纳入年度“排水杯”考核体系。2019 年起，将月督查范围覆盖到全市。

（三）排水设施管养

1. 排水管网养护

依据《宁波市城镇排水管渠维护管理标准（试行）》，从 2017 年起，排水管网步入常态化、规范化、科学化、专业化管理。全市（镇海、宁海）普遍采用招投标方式引进第三方养护单位，具体承担排水管网日常运维工作，并接受养护责任单位的监管考核。

各区（县、市）、园区本级养护责任单位均有制定年度养护计划，并将年度养护计划细化至每个月。建立健全巡查制度，采取管理部门巡查和养护单位巡查相结合的方式，实现日常巡查的常态化，并建立巡查记录。对日常巡查、行业督办、信访投诉及新闻媒体反映的问题进行整改，积极、妥善处理突发应急事件，并建立档案。

在不断规范日常管理工作的基础上，借助管道 CCTV 检测等专业手段，科学检查设施存在的问题，修复设施病害，其中，高新、保税、杭州湾等园区已基本完成全区排水管网的管道 CCTV 检测。各地将日常清疏养护记录、日常巡查记录、问题整改记录、设施量基础台账等资料进行整理，装订归档，形成良好的“痕迹”管理。按照考核标准或合同规定，每月对第三方养护单位进行考核，采取下发督改单、扣发养护经费等措施保证排水设施养护实效。2019 年，全市累计清淤、养护排水管网 3712 千米。

2. 排水泵站

至 2020 年年底，全市共有排水泵站 926 座，其中区（县、市）级以上的排水泵站 403 座（雨水泵站 108 座，污水泵站 285 座，雨污合建泵站 10 座），镇乡（街道）及其他公共泵站 523 座（雨水泵站37座，污水泵站436座，雨污合建泵站50座）。

（四）排水户管理

2008年开始，市排水管理处受市城管局委托，负责排水许可管理。2019年4月机构改革以后，由市水利局负责重点排水户的排水许可证审领和批后监管工作。各区（县、市）排水许可申领按属地管理原则，由各属地负责；接管审批事项按设施养管权限，由市、区两级负责。

1. 排水许可申领

重点排水户 根据市生态环境局重点排污单位名录、排水户纳管情况、排水户排放水质污染情况等确定18家重点排水户，由市水利局负责重点排水户的排水许可证审领和批后监管工作。

城镇排水许可 2008年，开始开展核发排水许可证工作。城镇排水的行政审批事项主要包括：城镇污水排入排水管网许可证核发；城镇污水排入排水管网许可证变更；城镇污水排入排水管网许可证注销及拆除；移动城镇排水与污水处理设施方案审核。排水许可按属地管理原则，由各区负责。2017年，宁波市综合行政执法局、市“五水共治”领导小组办公室联合印发《关于加快推进宁波市城镇排水许可工作实施方案的通知》（甬综执联〔2017〕1号），促进全市各城镇排水许可工作的落实和推进。2018年排水许可核发工作实现属地办理。同年9月，市排水处印发《关于统一明确宁波市建设工地排水许可工作有关事项的通知》（排水处〔2018〕5号），规范建设工地排水行为，统一建设工地排水许可审批标准。2019年，机构改革后，排水许可工作职责划至市水利局。同年7月，市水利局印发《关于开展宁波市洗车行业专项整治工作的通知》（甬水排〔2019〕8号），对洗车行业污水排放行为予以规范。

2. 排水许可监管

为确保领证排水户按照证书要求合规排水，从2017年开始，委托专业检测机构定期对领证排水户开展批后监管，主要对排水户预处理设施运行情况、排放水质达标等情况进行现场检查及检测，督促排水企业达标排放。

（五）污水处理厂管理

污水处理厂的管理分污水处理厂进厂水监管和污染物减排监管。

1. 污水处理厂进厂水监管

2016年，市城市管理局印发《关于做好宁波市城镇污水处理厂进厂水水质水量在线监测平台联网建设工作的通知》，要求在全市范围开展城镇污水处理厂进厂水水质水量在线监测平台联网建设工作，进一步完善城镇污水处理厂进厂水的水质水量在线监测监控和管理，全面提升城镇排水管理工作水平。到2020年，有22家城镇污水处理厂接入水质水量监测平台，剩余9家污水处理厂正在逐步推进中。

2. 污染物减排监管

宁波市每年下达污染物减排计划，督促各个厂完成年度减排任务指标。同时，每年下达污水处理厂新扩建、提标改造计划，督促列入计划的各个厂完成年度建设任务。通过开展“排水杯”行业评比，每年开展一次明查、一次督查和一次暗查，将检查结果纳入排水杯考核体系，并将结果通报，督促落实减排计划。

第十章　基础工作

规划、水文、设计、移民是水利工程建设必不可少的前期基础工作。2000年以后，宁波市形成较为完善的水利规划体系，编制完成宁波市水利发展规划、综合（专业）规划和专项规划等。水文站网逐步完善，观测项目不断增加，水文测报手段和技术有较大发展，水情信息处理技术得到迅速发展，为防汛指挥决策、水利工程的安全调度和运行提供重要依据。水利普查、测量、勘测等工作为水利工程规划、设计、建设提供水利基础资料。水利设计从单一的水利工程向多功能综合性工程转变，并融合现代化城市水利、景观水利、生态水利等设计理念。移民工作规范化标准化补偿和安置，凸显以人为本的理念。

第一节　水利规划

水利规划是根据不同时期的社会经济发展要求，提出不同时期水利发展改革的战略目标和发展方向，确定主要任务和重点工程，是该时期水利发展改革创新和重大水利工程开发建设的重要依据。水利规划分发展规划、综合规划、专业规划、专项规划等。

一、发展规划

水利现代化规划　2011年，水利部决定在一个流域、一个省级区域和七个城市共3个层面开展全国水利现代化试点工作。其中，宁波市被确定为全国水利现代化试点的七个城市之一，要求在3～5年内全面推进水利现代化试点，探索累积试点经验，为全面建设水利现代化起到树立标杆和率先示范作用。2012年，水利部水利水电规划设计总院联合市水利设计院编制完成《宁波市水利现代化规划（2011—2020年）》，同年7月由水利部和浙江省政府联合批复同意（水规计〔2012〕317号）。规划全面总结宁波市经济社会发展和水利发展现状及问题；科学评价宁波市水利现代化现状水平；客观分析宁波市经济社会发展对水利的需求及水利现代化建设面临的机遇与挑战。根据宁波市率先基本实现现代化的要求，在宁波市水利发展"十二五"规划基础上，对宁波市水利现代化建设进行顶层设计，提出以"水惠民生"为出发点，着力推进流域防洪治涝、区域防洪治涝、水源开发利用、江河湖库连通、农田水利建设、山塘小流域治理、水生态整治、水文化水景观、智慧水利和水管理服务"十大专题"建设，力争通过5～10年的努力，进一步完善防洪防潮治涝、水资源合理配置与高效利用、水资源保护与河湖健康、水管理与服务"四大体系"，构建宁波水利现代化格局，基本实现水利现代化愿景。重点实施"十大专题"项目建设，估算总投资约900亿元。2012年11月，市政府印发《关于明确宁波市水利现代化建设近期工作任务（2012—2015年）的通知》，把加快水利现代化建设列为宁波市贯彻"六个加快"（加快打造国际强港，推动"海上宁波"建设；加快构筑现代化都市，发挥区域性中心城区作用；加快推进产业升级，构建现代化产业体系；加快建设智慧城市，争创发展新优势；加快建设生态文明，增强可持续发展能力；加快提升生活品质，提高市民幸福感）战略的重要行动，体现宁波水利现代化的特色和亮点。

水利综合规划　2019年市水利局委托市水利设计院有限公司编制《宁波市水利综合规划（2020—2035年）》，规划基准年2018年、近期水平年2025年、远期2035年。至2020年年底规划编制尚未完成。

中长期（五年）规划　从"十五"到"十三五"市、县两级水利部门均组织编制市、县相衔接的水利发展五年规划[1]。

---

[1] 详见第九章第二节河道管理。

二、综合（专业）规划

（一）水资源规划

水资源综合规划　2002年水利部和国家计委部署开展全国水资源综合规划编制工作。2003年市水利局组织开展宁波市水资源综合规划的编制。市水利设计院、市水文站、市水政水资源管理所在几经调查、研究、论证、审查和修改后，由市水文站组织编制的《宁波市水资源调查评价》于2005年1月通过成果评审；由市水利设计院统稿完成的《宁波市水资源综合规划》于2005年4月通过由市发改委组织的审查，2005年8月省水利厅提出复审意见，同年12月获市政府批复同意。该规划范围为宁波市全境，规划水平年近期2010年、中期2020年，供水保证率城镇生活和重要工业用水为95%、一般工业用水为90%，农业灌溉用水为80% ~ 90%，环境用水为75% ~ 80%。规划内容包括水资源调查评价、水资源现状（2002年）开发利用情况调查、水资源需求预测、水量供需平衡分析、水资源分区域配置方案研究、水资源节约保护实施方案以及新建水源及境外引水工程规划方案等。提出的规划目标是：在考虑强化节水措施和90%供水保证率条件下，2010年全市总需水量为25.67亿立方米，2020年总需水量为30.65亿立方米。为实现水量供需平衡，提出在规划期内有计划建设双溪口、向家弄（扩建）、葛岙、亭溪、西岙、梁坑、辽车、白墩、泗洲头等水源工程；同时实施从新昌钦寸水库（1.29亿立方米每年）、上虞汤浦水库（0.7亿立方米每年）和曹娥江干流（5.7亿立方米每年，含舟山）等境外引水的工程。2019年，市水利局委托省水利勘测设计院编制新一轮《宁波市水资源综合规划（2020—2035年）》，至2020年年底规划尚在编制。

城镇供水水源规划　根据省水利厅、省发改委关于开展全省城镇供水水源规划编制要求，2003年市水利设计院会同市水政水资源管理所联合编制完成《宁波市城镇供水水源规划》。规划将市域全境划分为宁波城市供水区、姚慈区、象山港区3个供水分区，在水量供需平衡分析的基础上，提出新增水源工程的规划方案，其中：城市供水区新增白溪引水工程、周公宅水库、葛岙水库、溪下水库、芦王水库、亭溪水库、许江岸水库；姚慈供水区新增双溪口水库、西岙水库、向家弄水库（扩建）、临海海涂水库、郑徐海涂水库；象山港区新增西溪水库、上张水库、泗洲头水库、白墩水库、辽车水库。同时提出从富春江、曹娥江和新昌钦寸水库、绍兴汤浦水库等境外引水工程的规划方案。2003年6月，规划由市发改委组织通过评审。

市区饮用水安全保障规划　2009年市水利局委托市水利设计院编制完成《宁波市区饮用水安全保障规划》。规划现状水平年2006年、近期水平年2010年、中期水平年2015年、远期水平年2020年。在调查分析宁波市区饮用水安全状况，摸清城市饮用水安全现状和主要问题的基础上，规划依照解决城市饮用水安全存在问题和建立饮用水安全保障体系的要求，提出以水资源开发及保护工程、供水工程、农民饮用水工程、水质监控体系建设等为主要内容的实施方案，其中：水资源开发工程包括新建钦寸水库引水工程、亭溪水库工程；水资源保护工程包括实施饮用水源保护区污染源综合整治和饮用水源地生态修复与保护工程；城乡一体化供水工程主要建设生活饮用水城市供水环网及环网配套管道工程；水质监控体系建设包括水源地监测点建设和管网水质监督监控；应急保障工程包括建设黄坛水库与白溪引水连通工程、三溪浦水库与白溪引水连通工程、横溪水库向东钱湖水厂供水连接工程。规划项目总投资36亿元。

（二）防洪治涝规划

2000年10月，省政府批复《甬江流域综合规划》，规划防洪潮标准：宁波市为100年一遇；奉化、余姚、慈溪城区为50年一遇；建制镇为20年一遇；奉化江和姚江堤防除城区段外为20年一遇；平原排涝标准均为20年一遇三日暴雨四天排至耐淹水深；其中低洼地区围圩电排为10年一遇。

宁波市鄞东南排涝规划 2001年年初，市水利局委托省水利勘测设计院编制《宁波市鄞东南排涝规划》，按照甬江流域综合规划的要求，对鄞东南排涝河道的布局、规模等进行多方案比较和论证。按不同保护对象规划确定的排涝标准：城市建成区及规划城区为20年一遇24小时暴雨当天排出不受淹，农业保留区20年一遇三天暴雨三天排出，围圩电排区20年一遇三天暴雨三天排出，确定规划水平年为2020年。规划提出鄞南片“七纵四横”、鄞东片“七纵五横”的骨干排水河道系统，推荐主要包括甬新河工程、沿山干河工程、王家洋闸外移及河道拓浚工程、印洪碶河拓浚工程、大东江拓浚工程、其余骨干河道拓浚工程、奉化骨干河道拓浚工程、围圩电排工程等八项工程措施。2001年10月，市水利局组织对规划初稿进行审查，修改补充后于2002年7月宁波市发展计划委员会组织对规划报告进行审查并印发会议纪要。

市区河道整治规划 根据浙江省水利规划编制工作部署，2002年市水利局委托省水利勘测设计院编制《宁波市市区河道整治规划》。规划范围为宁波城区（6个区）全境，总面积2560平方千米，规划现状水平年2002年、近期水平年2010年、远期水平年2020年。规划排涝标准：建城区及规划城区20年一遇24小时暴雨，当天排出不受淹；农业保留区20年一遇三天暴雨三天排出。2003年7月，市发展计划委员会组织对送审稿进行评审。经修改补充形成报批稿，2004年1月获市政府批复同意。规划对城区河道水系按鄞东南、鄞西、江北镇海、北仑、大嵩片等分片区进行水系整治方案的比较与研究，明确各片区骨干排涝河道布局、配水设想以及区内水面率控制指标，提出规划河道分期整治的实施意见。批准的规划成果成为市区河网水系控制、治理和管理的基本依据。

甬江流域防洪治涝规划 2008年，水利部部署开展新一轮的流域综合规划修编工作，鉴于甬江流域综合规划尚未到规划的近期水平年（2010年），结合宁波水利实际，2008年4月市水利局下达《甬江流域防洪治涝规划编制任务书》，其中：确定规划范围包括姚江流域、奉化江流域和北排杭州湾区域，总面积5840平方千米；规划基准年2007年，规划水平年2020年。2009年12月，市水利设计院编制完成《甬江流域防洪治涝规划》送审稿，市水利局组织对送审稿进行评审。修改补充后形成报批稿，于2012年2月获市政府批复同意。规划防洪标准为宁波市城区100年一遇，奉化、余姚、慈溪城区为50年一遇，城镇20～50年一遇（重要城镇50年一遇）；排涝标准为城市、城镇20年一遇24小时暴雨24小时排出；农田20年一遇三天暴雨三天排出。规划在流域水利现状进行调查评价和对“98综规”实施进展及防灾能力进行复核评价的基础上，按照奉化江干流片、鄞东南平原、鄞西平原、江口平原、姚江干流平原（余姚）、江北镇海平原和慈溪平原7个规划分区，分别提出防洪治涝工程布局、规模、建设方案及实施意见。规划提出甬江流域防洪治涝规划工程共项目 89 项，其中干流防洪工程 13 项、鄞东南平原 10 项、鄞西平原 10 项、江口平原 13 项、江北镇海平原 9 项、姚江干流平原（余姚）17 项、慈溪平原 15 项。

受市水利局委托，2019 年年底市水利设计院完成《甬江流域防洪治涝规划（修编）》。修编规划以 2016 年为基准年，近期水平年 2025 年、远期水平年 2035 年。规划标准将宁波市城区防洪（潮）标准提升至 200 年一遇。至 2020 年年底规划（修编）已通过评审，尚未完成报批。规划提出甬江流域综合治理工程项目共 111 项，其中干流防洪工程 9 项、鄞东南平原 13 项（六纵四横），海曙平原（鄞江北岸）11 项（五纵五横、宁锋片工程）、江口平原 31 项、江北镇海平原 10 项（六纵四横）、上姚江平原 14 项（五纵三横六支）、下姚江平原工程 13 项（十三纵）、慈溪平原工程 10 项（二横八纵）。

标准海塘工程建设规划（修编）　2014 年，市水利设计院编制完成《宁波市标准海塘工程建设规划（修编）》。规划基准年为 2013 年、规划水平年 2020 年，规划范围为市域沿海主要海塘及挡潮闸。规划提出全市五大防护区海塘工程防护对象类别及标准。确定的规划标准：杭州湾南岸的杭州湾新区段 200 年一遇，余姚、慈溪、镇海段 100 年一遇；北仑港沿岸全线和北仑梅山岛 100 年一遇；象山港北岸的北仑（除北仑港、梅山岛）、鄞州段 50 年一遇，奉化段 20 年一遇（局部 50 年一遇）；象山港南岸的宁海段 50 年一遇（局部 200 年一遇），象山段 50 年一遇（其中电厂段 100 年一遇、西沪港内 20 年一遇）；象山大目洋沿岸全线 50 年一遇；三门湾北缘 50 年一遇（其中白茇线、一市线 20 年一遇）。规划提出海塘工程建设要以沉降海塘、非标海塘、需提升标准海塘和抵御超强台风改建试点海塘为重点，结合各地沿海开发需要安排建设项目。规划建设海塘工程（含交叉建筑物）共 26 条，总长 48.46 千米；涉塘交叉建筑物 12 项，其中水闸 13 座、泵站 1 座。

（三）其他专业规划

水土保持规划　2000 年 4 月，市水利局完成全市水土流失遥感调查工作，基本摸清全市水土流失现状、类型及成因。2002 年 6 月，市水利局编制完成《宁波市水土保持规划》。规划期限为 2002—2020 年，近期水平年 2010 年，远期水平年 2020 年。规划目标到 2010 年治理水土流失面积 855.33 平方千米；至 2020 年完成全市水土流失治理。规划提出以坡耕地治理、荒草地、疏林地治理为重点，同时采取溪滩整治、沟头防护、开发建设项目水土保持“三同时”、城市水土流失防治等相应措施，推进全市水土保持环境建设。

2015 年，市水利局完成《宁波市水土保持规划（修编）》；2016 年 1 月，市政府以甬政笺〔2016〕8 号文批复同意。规划（修编）基准年为 2013 年，近期水平年 2020 年，远期水平年 2030 年。规划将宁波全境划定四明山—天台山 1 个省级水土流失重点预防区，东钱湖等 4 个市级水土流失重点预防区，鄞州区鄞东南等 25 个县级水土流失重点预防区，总面积 2730.43 平方千米。划分余姚市姚南山区等 8 个县级水土流失重点治理区，面积 304.42 平方千米，四明山区、白溪流域水源地和天童东钱湖为重点防治区域。规划提出到 2020 年，全市治理水土流失面积 152.50 平方千米，至 2030 年再治理 90 平方千米。

滩涂围垦总体规划　根据 2005 年省水利厅、省发改委关于开展全省滩涂围垦规划编制工作要求和《浙江省滩涂围垦总体规划（2005—2020 年）》，2007 年 4 月市水利设计院编制完成《宁波市滩涂围垦总体规划（修编）》送审稿，2007年5月市水利局、市发改委共同组织通过评审并上报省水利厅、省发改委复核。2007年7月省发改委、省水利厅共同主持规划审核会，同年9月联合印发审核意见（浙发改农经〔2007〕741号），原则同意规划。该规划现状评价全市理论深度基准面以上滩涂资源130.8万亩，适宜围垦造地的滩涂资源85.4万亩，并提出各岸段开发利用方向和主导功能以及规划目标、建设规模、项目实施意见。2009年10月，市水利设计院通过调整完善，完成《宁波市滩涂围垦总体规划（2009—2020年）》，2010年3月，省发改委、省水利厅联合以浙发改农经〔2010〕115号文批复同意。该规划近期水平年为2009—2015年，中期水平年2016—2020年，远期展望年2021—2050年。该规划提出到2020年，宁波市规划实施围涂项目25处，总面积55.4万亩，其中近期围涂项目21处，围涂面积45.93万亩；中期围涂项目4处，围涂面积9.47万亩；远期展望围涂项目3处，总规模17.45万亩；同时提出研究、促淤项目4处。

山区小流域治理规划 2007年6月，市水利局组织编制完成《宁波市山区小流域治理规划》。规划防洪标准：镇乡中心区20年一遇，村庄段10～20年一遇，农田段5～10年一遇。规划主要对20平方千米以上且尚未达标治理的山区小流域，提出工程治理要求及项目建设方案，规划推荐实施的山区小流域共56条，治理河溪道总长656千米，总投资约23亿元。

山塘治理规划 2011年1月，市水利设计院编制完成《宁波市山塘治理规划》。规划基准年为2010年，近期为2011—2015年（“十二五”规划期）；远期为2016—2020年（“十三五”规划期）。规划由市水利局组织评审后印发。规划提出“十二五”时期全市完成1万立方米以上（包括1万立方米）屋顶山塘治理。其中，非山区县（山塘治理任务较轻的地区，包括慈溪、镇海、北仑、江北、东钱湖旅游度假区、大榭开发区等）全面完成山塘治理工作；余姚、宁海、鄞州、奉化等全面开展系统治理，要求有三分之一的镇乡基本完成治理任务。为推动山塘治理工作，提出市里将象山县列为治理示范县，各区（县、市）选择一个试点镇乡，先试先行。规划提出到“十三五”末，宁波市全面完成山塘治理任务。

三、专项规划

奉化江干流堤线规划 2004年，市水利设计院编制完成《奉化江干流堤线规划》。2005年3月，获市政府批复同意。规划确定奉化江干流鄞州二桥以下河段防洪标准为100年一遇，鄞州二桥以上河段江堤按20年一遇防洪标准设计，50年一遇洪水位校核。规划提出奉化江方桥三江口—杭甬高速段，堤线布置充分利用现有堤线，在保证行洪前提下，对堤距狭窄的河段适当退堤，其中鄞州二桥以下段防洪标准100年一遇，最小堤距156.9米，堤顶高程4.33～5.28米；鄞州二桥段—绕城高速公路段防洪标准20年一遇，50年一遇洪水位进行校核，最小堤距169.6米，堤顶高程4.63～5.00米；绕城高速公路段—方桥三江口段防洪标准20年一遇，最小堤距161.9米，堤顶高程5.00～5.28米。规划是奉化江干流堤线控规、堤防整治和管理的基本依据。

姚江干流堤线规划 2005年，市水利设计院编制完成《姚江干流堤线规划》。报经市政府同意，2005年12月市发改委、市水利局联合予以印发。该规划范围为余姚蜀山大闸至宁波城区姚江大闸，河长44.5千米。规划防洪标准：宁波市区段100年一遇，余姚、慈溪50年一遇，建制镇 20 年一遇。姚江干流堤防规划标准：宁波市区段（绕城高速公路—姚江大闸）100 年一遇；过渡段（绕城高速公路大桥—余姚江北交界处）按 20 年一遇洪水设计，50 年一遇洪水位进行校核；其他河段按 20 年一遇洪水设计。规划提出姚江干流堤线采用堤岸分离两线布置，堤线基本从老堤线后退 10 ~ 20 米布置，岸线基本沿现状河岸或布置在老堤线处，堤距基本控制在 160 ~ 360 米，堤顶高程 3.63 米。

东江干流堤线规划　2008 年 4 月，市水利设计院编制完成《东江干流堤线规划》。报经市政府同意，2010 年 2 月市发改委、市水利局联合予以印发。规划范围为东江干流下宅弄至奉化江方桥入口，河长 21.0 千米，涉及奉化市和鄞州区。东江干流沿线堤防防洪（潮）标准为 20 年一遇；东江堤顶高程为 20 年一遇洪水位 +0.50 米超高。根据西坞镇实际情况，规划提出东江西线方案，即东江自高楼张堰经王家汇于虎啸刘上游汇入小东江，过亭山村后，于虞家奋上游向东折汇入老东江后，再经过陡门桥、方桥汇入奉化江。规划东江河面宽 60 ~ 120 米，东江河道规模按五个河段进行控制。

市区河网水系专项规划　市水利局委托宁波市规划设计院编制《宁波市区河网水系专项规划》，于 2009 年完成编制。规划近期水平年 2008—2015 年，远期水平年 2016—2020 年。规划从流域与区域相衔接以及城乡统筹出发，对宁波市区 1087 平方千米范围内的平原河网水系进行空间布局规划，作为市区河道控规、堤防建设和河道管理的基本依据。规划市区河网布局：鄞东南水系共 30 条主干河道，总长约 312 千米；鄞西水系共 28 条主干河道，总长约 164 千米；江北—镇海水系共 37 条主干河道，总长约 211 千米；北仑水系共 13 条主干河道，总长约 110 千米。根据水系分布和水源条件，规划确定市区河道调水线路：鄞东南片 4 条、鄞西片 3 条、江北镇海片 3 条。规划闸泵布局：鄞东南水系设 19 座排涝闸、总净宽 356.25 米，设排涝泵站 7 座，规模 330 立方米每秒；鄞西片设 14 座排涝闸、总净宽 235.5 米，设排涝泵站 7 座，规模 240 立方米每秒；江北镇海片设排涝闸 22 座、总净计 278.9 米，设排涝泵站 10 座，规模 175 立方米每秒；北仑水系设 9 座排涝闸、总净宽 189.5 米，设排涝泵站 2 座，规模 100 立方米每秒。

规划河道景观整治。近期建设 38 条河道，总长 263 千米，其中鄞东南片 10 条 89 千米，鄞西片 10 条 41 千米，江北镇海片 12 条 82 千米，北仑片 6 条 51 千米。其间，同步建设与主干河道配套的强排泵站 12 座，其中鄞东南片 3 座，共 210 立方米每秒；鄞西片 4 座，共 100 立方米每秒；江北镇海片 3 座，共 120 立方米每秒；北仑片 2 座，共 100 立方米每秒。近期整治实施后使市区主干河道系统基本完善，满足城市安全需要。2000—2020 年宁波市水利规划一览见表 10–1。

表 10–1　2000—2020 年宁波市水利规划一览

规划类别	规划名称	编制年份	完成情况	批准或组织单位
发展规划	宁波市水文事业发展规划	2006	已批	市发改委、市水利局
	“十五”—“十三五”水利发展规划	2000、2005、2010、2015	已批	市发改委、市水利局
	宁波市水利现代化规划	2012	已批	水利部、省政府

续表

规划类别	规划名称	编制年份	完成情况	批准或组织单位
发展规划	宁波市水利综合规划	2020	在编	市水利局
	宁波市城镇供水水源规划	2003	已审	市发改委、市水利局
	宁波市水资源综合规划	2005	已批	市政府
	宁波市区饮用水水安全保障规划	2009	已编	市水利局
	宁波市水资源保护规划	2014	已审	市水利局
防洪治涝规划	宁波市鄞东南排涝规划	2002	已审	市发计委、市水利局
	宁波市市区河道整治规划	2004	已批	市政府
	甬江流域防洪治涝规划	2011	已批	市政府
	宁波市标准海塘工程建设规划（修编）	2014	已编	市水利局
	甬江流域防洪治涝规划（修编）	2019	已审	市水利局
其他专业规划	宁波市水土保持规划	2002	已编	市政府
		2015	已批	市政府
	宁波市滩涂围垦总体规划（修编）	2007	已审	省发计委、省水利厅
	宁波市山区小流域治理规划	2007	已编	市水利局
	宁波市区水域保护规划	2009	已编	市水利局
	宁波市山塘治理规划	2011	已审	市水利局
专项规划	奉化江干流堤线规划	2005	已批	市政府
	姚江干流堤线规划	2005	已批	市发改委、市水利局
	宁波市农业节水工程建设专项规划	2007	已审	市水利局
	宁波市区河道调水规划	2008	已审	市水利局
	宁波市区河网水系专项规划	2009	已审	市水利局、市规划局
	东江干流堤线规划	2010	已批	市发改委、市水利局

第二节　水文工作

水文是水利工程建设和管理的基础。2000年以后，宁波市国家基本水文站网保持相对稳定，水位、雨量观测技术从人工记录向自动测报发展，流量监测从传统的缆道流速仪法发展到侧扫雷达、点雷达、ADCP（声学多普勒流速剖面仪）等各种测流方式；水文测验项目得到扩充，2007年增加水质监测；水情信息采集系统历经扩充和改造，水文预报、预警工作为防洪排涝决策提供依据；水文资料按国家统一要求整编刊印。

一、站网

（一）水文测站

水文测站按目的和作用分为基本站、实验站、专用站、辅助站。其中基本站即国家基本站，专用站是为特定目的而设立的水文测站。2001年以后，宁波市国家基本水文站网保持相对稳定，水文测站经历重建和改造，专用站水文站网布局不断增加完善。截至2020年，全市共有各类水文测站985个，包括雨量站204个（具有雨量监测项目的站点564个，具有蒸发监测项目的站点16个）、河道水位站369个、水库水位站250个、地下水水位站12个、潮位站65个、流量站56个、山塘及其他站点29个，其中国家站86个（含地下水水位站12个），专用站899个。

图10-1　澄浪堰水文站

国家基本站　2000年，宁波共有国家基本站74个。2004年，溪口水文站完成重建；2007年，洪家塔水文站、澄浪堰水文站（图10-1）完成重建，慈城雨量站增加蒸发项目；2014年，姚江大闸水文站（图10-2）完成重建。2015年，根据“国家地下水监测工程”总体部署增加地下水水位站12个；2016—2018年，完成标准化改造。2000—2020年宁波市国家基本水文站网及观测项目统计见表10-2。

图10-2　姚江大闸水文站

表10-2　2000—2020年宁波市国家基本水文站网及观测项目统计　　单位：个

年份	水文站				水位站			雨量站	观测项目									
									流量			水位			雨量	蒸发	水温	含氯度
	河道	水库	堰闸	合计	清水	潮水	合计		清水	潮水	合计	清水	潮水	合计				
2000	3		1	4	15	5	20	50	3	1	4	18	6	24	63	6	3	2
2020	3		1	4	15	5	20	50	3	1	4	18	6	24	63	7	3	2

专用站　2000年全市仅有各类水文测站187个，其中专用站113个。2001—2020年，水文基础设施建设快速发展，宁波市共新建包括水文站、潮（水）位、雨量等专用站786个（未含12个地下水位站）。象山松兰山水位站如图10-3所示。2000—2020年宁波水文站网统计见表10-3。

表10-3　2000—2020年宁波水文站网统计　　单位：个

统计年份	测站数量	统计年限	新增测站数量
2000	187		
2005	225	2001—2005	38

续表

单位：个

统计年份	测站数量	统计年限	新增测站数量
2010	422	2006—2010	197
2015	739	2011—2015	317（含地下水位站12个）
2020	985	2016—2020	246

（二）水质断面

2000年，宁波水文站共有水质断面6个，2005年增加至47个，2006年增加至64个，2009年增加至88个，2016年缩减至77个，截至2020年共有水质断面77个。

图10-3　象山松兰山水位站

二、水文测验

2001年以后，水文测验项目得到扩充，在原有降水量、清水位、潮水位、流量（包括潮流量）、含沙量、水面蒸发量、水温、水质监测等项目基础上，2018年增加泥沙监测，2019年增加墒情监测；水文测验项目监测方式发生改变，水利部陆续对各类水文测验规范进行修编，主要包括《地表水环境质量标准》（GB 3838—2002）、《水位观测标准》（GB/T 50138—2010）、《水面蒸发观测规范》（SL 630—2013）、《降水量观测规范》（SL 21—2015）、《河流流量测验规范》（GB 50179—2015）、《土壤墒情监测规范》（SL 364—2015）、《河流悬移质泥沙测验规范》（GB/T 32555—2016）等，根据各测验规范要求，监测方式有不同改变。同时，雨量站、水位站开始逐步实施“无人值守、有人看管模式”。

（一）水位观测

传统的水位观测采用人工观测方式。1996年开始，宁波市水位实现自动采集，采集设备主要有浮子式水位计（南水WFH-2型等）、压力式水位计（VEGA WELL系列等）、雷达式水位计（VEGA PS系列等）、视频监控识别水位等；水位数据在本地模块贮存的同时，通过移动通信、超短波通信、卫星通信等方式传输至中心服务器。

（二）降水量观测

1996年开始，宁波市降水量监测方式主要采用翻斗式雨量计（南水JDZ05型等）加固态存储的方式存储在本地，并通过遥测终端无线传输至中心服务器。传输方式分为移动通信、超短波通信和卫星通信等多种形式。

（三）流量监测

传统的流量监测采用缆道流速仪法。2003年开始，宁波市采用走航式ADCP测流。2008年开始，采用固定式ADCP（H-ADCP）进行在线监测。2011年开始，采用电波流速仪和座底式ADCP（V-ADCP）。2014年开始，采用时差法超声波等流量测验方法，宁波多地安装流量在线监测设备，根据监测断面情况选择合适的监测设备，达到较好的监测效果。2019年年底，水利部水文司印发“基于侧扫雷达在线流量监测系统等6项新技术成果应用指南的通知”，明确推广侧扫雷达、点雷达、ADCP等各种测流方式。

（四）水质监测

2007年12月，浙江省水资源监测中心宁波分中心成立；2008年6月，宁波分中心组织机构成立。实验室配备全自动化学分析仪、原子吸收分光光度计、离子色谱仪等仪器设备56台套，具有分析地表水、饮用水、地下水、大气降水、污水及再生水等检测能力56项，并开展多个断面的水质监测。

1. 地表水水质监测

2009年，设置地表水水质监测断面88个，其中河流断面54个，湖库断面34个。河流断面监测项目为水温、pH值、溶解氧、高锰酸盐指数、化学需氧量、五日生化需氧量、氨氮、总磷、总氮、铜、锌、氟化物、硒、砷、汞、镉、六价铬、铅、氰化物、挥发酚、石油类和阴离子表面活性剂等22项，监测频次为每2个月1次，其中丈亭、姚江大闸、溪口、澄浪堰4个水化学断面，每年2次，增加钾、钠、钙、镁、氯化物、硫酸盐、碳酸盐、重碳酸盐和矿化度9项监测项目；湖库断面监测项目在河流断面监测项目的基础上，增加硫酸盐、氯化物、硝酸盐氮、铁、锰、叶绿素a、透明度7项监测项目。2013年增加粪大肠菌群监测，共计30项，监测频次为每月1次。2014年起，横山水库、亭下水库增加监测浮游植物；2015年起，亭下水库、姚江大闸增加监测浮游动物；2016年起，所有断面增加硫化物监测。

2017年，浙江省政府批复《浙江省水功能区水环境功能区划分方案（2015）的》（浙政函〔2015〕71号），宁波市水功能区数量由原来的153个调整至103个，全市地表水监测断面也相应调整至77个，其中河流断面43个，湖库断面34个，监测频次每月1次，监测项目不变。

2020年，水功能区水质监测工作移交生态环境部门，宁波市地表水监测断面调整至46个，其中河流断面8个，湖库断面38个，监测频次每月1次；河流断面监测项目为水温、pH值、溶解氧、高锰酸盐指数、化学需氧量、五日生化需氧量、氨氮、总磷、总氮、铜、锌、氟化物、硒、砷、汞、镉、六价铬、铅、氰化物、挥发酚、石油类、阴离子表面活性剂、硫化物、粪大肠菌群24项；湖库断面监测项目在河流断面监测项目的基础上，增加硫酸盐、氯化物、硝酸盐氮、铁、锰、总硬度、电导率、铝、叶绿素a、透明度10项监测项目，共34项。

2. 地下水水质监测

2012年开始，开展地下水水质监测工作，监测站点11个，监测频次每年2次，监测项目为pH值、色度、嗅和味、浑浊度、肉眼可见物、总硬度、溶解性总固体、氯化物、氟化物、硫酸盐、氨氮、硝酸盐氮、亚硝酸盐氮、高锰酸盐指数、挥发性酚、氰化物、硒、砷、汞、六价铬、铜、锌、铅、镉、铁、锰和总大肠菌群，共27项。

（五）其他项目测验

1. 水面蒸发量观测

水面蒸发量观测原采用E601型蒸发器人工观测。2019年浙江省水文管理中心逐步在全省范围内推广自动蒸发监测站。同年，宁波市开始采用自动蒸发监测站。

2. 含沙量监测

2018 年开始，由于三江河道监测的需要，市三江局（河道管理中心）在奉化江澄浪堰站、甬江红联站安装光学背散射点传感器，开展在线测沙技术的研究。

3. 墒情监测

2019 年开始，在慈城雨量站安装自动墒情监测设备，开展土壤墒情在线监测。

4. 水文应急监测

2000 年以后，因水文应急监测的需要，宁波市各区（县、市）水文站逐步配备手持式电波流速仪、手持式和走航式 ADCP、便携式测深仪等应急监测设备。

三、水情信息采集

1996 年，宁波市水情信息采集系统建成并投入使用，通信方式采用超短波。2000 年以后，水情信息采集系统经历几次扩充和改造，2006 年，在国家基本水文测站和大、中型水库上实施水情信息采集通信备份系统，以超短波为主信道，GPRS 为备用信道；2007 年，水情信息采集系统扩充重要小流域和重要小（2）型水库，宁波市水情信息采集系统开始以 GPRS 为主信道，超短波为备用信道；2013 年“菲特”台风以后，重要站点的超短波备份系统进行升级改造；2019 年起，水情信息采集系统覆盖到小（2）型水库，备用信道开始采用北斗卫星。截至 2020 年，宁波市共有各类水文自动监测站 985 处（具有雨量监测项目的站点 564 处，具有蒸发监测项目的站点 16 处），包括雨量站 204 处，河道水位站 369 处，水库水位站 250 处，地下水水位站 12 处，潮位站 65 处，流量站 56 处，山塘及其他站点 29 处。

四、水文预报、预警

（一）中长期水文预报

20 世纪 80 年代中期开始，市水文站每年汛前进行中长期水文预报，并发布雨情、水情趋势展望，主要内容为上一年度的雨情、水情回顾，当年度 1—3 月的降雨实况和年度预测预报。预测预报主要根据历年降雨、年最高水位、径流量等水文系列资料，采用周期叠加法分析成果与经验相结合的方式。预测内容为当年的年雨量、梅雨量和汛期雨量，全市可能发生一定程度洪水的部位，姚江干流排水量和甬江干流及沿海最高潮位，供有关部门参考。

（二）江河洪水预报

宁波市山溪性河流源短流急、暴涨暴落，平原河网纵横交错，预报的预见期短，精度不高，平原河网洪水预报一直未有效开展。2012 年“海葵”台风、2013 年“菲特”台风先后给宁波市造成重大洪涝灾害，防台防汛对洪水预报提出新需求。市水文站开展科技攻关，根据历年积累的暴雨洪水资料，采用数理统计的方法，建立姚江干流余姚、丈亭、姚江大闸站的最高水位预报方案，后期又建立主要平原河网代表站的最高水位预报，建立各平原河网代表站退水预报方案。宁波市实时洪水风险图系统模型也可对甬江干流和平原河网洪水进行预报。在汛期，市水文站根据水文情报、气象预报，对自研预报方案和洪水风险图系统的预报成果进行综合研判后发布预报单，供防洪排涝有关部门参考。例如：2016 年“莫兰蒂”台风影响期间，姚江流域发生大洪水，市水文站发布最高洪水位的预报，其中余姚站和姚江大闸站预报的最高水位与实测值的误差在 8% 以内，海曙平原代表站黄古林站预报的最高水位与实测值的误差在 3% 以内；姚江流域各代表站退水时间预报平均误差为 15 小时。

（三）潮位预报

宁波市潮位预报对风暴潮灾害的防御、排涝及流域洪水调度具有重要意义。2002 年开始，市水文站全年发布市区宁波站高潮位预报，台风期间发布宁波站、镇海站风暴潮高潮位预报。市水文站为提高潮位预报的精度和预见期，于 2011 年实施宁波市潮位综合预报系统项目建设，修正原有预报方案，提高预报的信息化水平。2012 年以后，洪涝灾害加重、甬江流域防洪治涝规划的实施以及城市发展带来的工况和流域下垫面的变化，给预报工作带来困难。为进一步提升风暴潮预报预警水平，2016 年，市水文站实施宁波市沿海风暴潮精细化预报预警技术研究及应用系统项目建设，项目根据多年积累的 14 个潮位代表站点的实测历史潮位资料，采用自动分潮优化技术，实现优于国家海洋局《潮汐表》精度的市域沿海各岸段高精度的天文潮预报，创新多台站台风路径集合预报技术，改进台风路径的预报精度；建立 200 米网格级精细天文潮、风暴潮耦合模型，实现沿海任意断面风暴潮位的动态预报；集成构建可视化预报预警系统，实现天文潮、风暴潮在统一平台上的业务预报预警。系统在 2016—2019 年的风暴潮预报预警中得到充分应用，防灾减灾效益明显。例如：在 2019 年的“利奇马”和“米娜”等台风影响期间，市水文站对三门湾北部、大目洋、象山港、甬江口、甬江干流宁波站及奉化江北渡站 6 个站点高潮位实施有针对性的精细化滚动预报 18 期，累计预报高潮位 648 次，预报总体合格率达 95%，其中甬江干流宁波站和镇海站高潮位预报合格率达到 100%；在“利奇马”台风影响期间，宁波站最高潮位预报值为 2.60 米，实测值为 2.57 米，误差 0.03 米；在“米娜”台风影响期间，宁波站最高潮位预报值为 3.00 米，实测值为 3.05 米，误差 0.05 米。

（四）实时雨水情预警与洪水预警

2004 年起，市水文站负责从市防指移交的超短波水雨情遥测系统的管理。2008 年，GPRS 水雨情自动测报系统建设初级规模，重要小流域和重要小（2）型以上水库实现水雨情自动测报系统全覆盖。

2007 年，根据省防指办《浙江省实时雨水情预警工作规定（试行）》，市防指办制定《宁波市实时雨水情预警工作规定（试行）》（甬防汛〔2007〕14 号）。根据工作规定，市水文站实行汛期 24 小时值班制度，负责实时雨水情预警工作，预警信息由预警系统自动监控产生，值班人员核实后发送至预警对象，同时向相应区（县、市）发水雨情通告单，由防汛预警系统实现实时雨水情预警。

2019 年 7 月，省水利厅印发《浙江省洪水预警发布管理办法（试行）》（浙水灾防〔2019〕17 号），规范洪水预警发布工作。同年 10 月，在防御第 18 号台风“米娜”期间，市水文站根据宁波市流域防洪防涝实际，发布市区三江干流 4 个代表站（甬江镇海站、甬江三江口站、姚江姚江大闸站、奉化江北渡站）及主要平原河网5个代表站（鄞东平原五乡站、鄞南平原姜山站、海曙平原黄古林站、江北平原江北内河站、镇海平原骆驼桥站）洪水四色预报预警。这是宁波市首次采用四色预报预警发布方式。

五、资料整编

1. 水文资料整编

水文资料整编是指按科学方法和统一规格进行整理、分析、统计、审查、汇编、刊印或存储的全部技术工作。水文资料在由各测站将原始资料进行一次计算、二次校核的基础上，经市水文站审核后再交省水文机构集中汇审。2005年，省水文局组织开展大中型水库水文资料的整编和复审工作，宁波市大中型水库开始逐步纳入水文资料整编范畴。

整编方式 1988开始，水文资料局部采用电算整编、打印，建立水文资料数据库，有效地减少手工整编资料的错差，是水文资料整编的一次飞跃。1999年，水利部发布《水文资料整编规范》。2010年起，大量的遥测雨量计、遥测水位计安装启用，代替原来的自记雨量计、自记水位计，原始资料从纸质记录变为数据文件，整编工作效率提高。2005年，水利部水文局南方片水文资料整汇编软件开始在浙江省应用。2018年，水利部印发《关于做好2018年度全国水文资料整编工作的通知》（办水文〔2018〕68号），要求开展水文资料即时整编，各级水文机构出台即时整编工作方案。同年8月开始，浙江省水文管理机构要求各市水文站每月提交水文资料整编成果，年度资料在次年1月中旬前提交。同年，市水文站开发“宁波地区水文资料在线整编系统”，系统使用范围为各县水文站、各大中型水库，将单人单机整编模式变革成自动互联整编模式，整编数据与全国水文系统采用的南方片水文资料整编软件5.0版实现无缝对接，提高资料整编的及时性和准确性。每年整编成果采用纸质、电子书、数据库、光盘备份等方式存储，原始资料采用纸质和电子数据方式存储。

水文年鉴 水文资料经省水文机构集中汇审，符合错误率小于万分之二，刊印成水文年鉴。宁波市的水文资料刊印在《中华人民共和国水文年鉴第七卷浙闽台河流水文资料第二册浦阳江、曹娥江、甬江流域、浙东沿海诸小河》分册中。1991年，传统的每年刊布水文年鉴的工作停止，各站原始记录资料每年仍上交浙江省水文机构统一保存。2007年，水利部水文局要求恢复水文年鉴刊印。

2. 水质资料整编

2009年起，水质资料逐月整编，逐月上报省水文管理机构，次年第一季度对全市水质资料进行年度整编工作，按省水文管理机构的要求按时参加省级水质资料汇审，水质信息通过简报等形式报分管市长、市水利局领导及各区（县、市）水利局等相关部门。

3. 资料积累

宁波市从光绪二十二年（1896年）有水文观测以后，至2019年共积累水文资料11055站年。其中，新中国成立前共192站年（清水位8站年、潮水位35站年、降水量139站年、蒸发量10站年）；新中国成立后共10863站年（清水位2024站年、潮水位444站年、流量1858站年、泥沙40站年、降水量5604站年、ϕ80套盆式蒸发量154站年、E601型蒸发量358站年、含氯度75站年、水温199站年、水化学107站年）。

第三节　基础资料

水利基础资料为水利建设提供基础服务，为水利工程的设计、立项、审批、建设和防洪抢险提供科学依据，为防汛防旱减灾提供技术支撑。

一、水利普查

2010年1月11日，国务院印发《国务院关于开展第一次全国水利普查的通知》（国发〔2010〕4号）文件，全国开展第一次水利普查工作，国家（流域）、省、地、县等建立四级水利普查机构。水利普查标准时点为2011年12月31日24时。

2010年6月，市水利局成立宁波市水利普查领导小组办公室。同年7月，市政府办公厅印发《关于成立宁波市第一次全国水利普查领导小组的通知》（甬政办发〔2010〕179号）。9月，宁波市水普办下达宁波市市级水利普查工作任务。10月，各区（县、市）的第一次水利普查领导小组和领导小组办公室组建工作全部完成。12月，市水普办印发《宁波市第一次水利普查工作方案》，水利普查工作全面启动。

2012年6月，市级水利普查数据组织省级评审；同年7月通过国务院第一次全国水利普查领导小组办公室审核。

（一）普查内容

根据《第一次全国水利普查总体方案》，水利普查主要包括河湖、水利工程、经济社会、河湖开发治理、水土保持、水利行业能力建设情况普查。普查分基本情况普查和专项普查，其中：基本情况普查为河流湖泊基本情况普查、水利工程设施情况普查、河湖开发治理与保护情况普查、经济社会用水情况调查、水土保持情况普查、行业能力建设情况普查；专项普查为灌区情况普查、地下水取水井情况普查和滩涂及围垦情况普查。每项普查内容按照规模以上和规模以下开展普查工作，重点清查规模以上各类水利工程的特性、规模与能力、效益及管理等基本情况，规模以下的工程数量及总体规模情况。

在国家统一要求普查内容基础上，宁波市增加山塘、现有水电站、跨县级行政区的引调水工程、流域面积10平方千米及以上河流、现有湖泊的普查，并对河宽5米以上的河道也进行清查统计。

（二）普查技术路线及工作流程

根据水利普查总体目标要求，统一制定普查方案、统计标准、业务培训和数据处理方式（包括质量抽查和综合分析），对水利工程基本情况按清查登记、填表上报、审核汇总、形成成果的工作流程进行。

按照“在地原则”，以县级行政区为基本工作单元，采取全面调查、典型调查、抽样调查和重点调查等形式，遵循内外业相结合的原则，充分利用已有的成果资料，开展部门之间的协作与交流。通过清查登记、实地查勘、档案查阅、现场测量、工程查勘、遥感分析、估算推算等多种技术方式，进行数据采集与分析处理。普查数据以县为单元进行填报，并对填报的数据进行审核、检查、订正，完成数据录入、转换，逐级上报审核、逐级汇总分析，形成从下到上的信息获取、审核、传输、存储、分析为一体的普查数据处理规范，建立普查数据库体系，构筑“省—地—县”三级水利普查信息管理系统。普查技术路线及工作流程如图10–4所示。

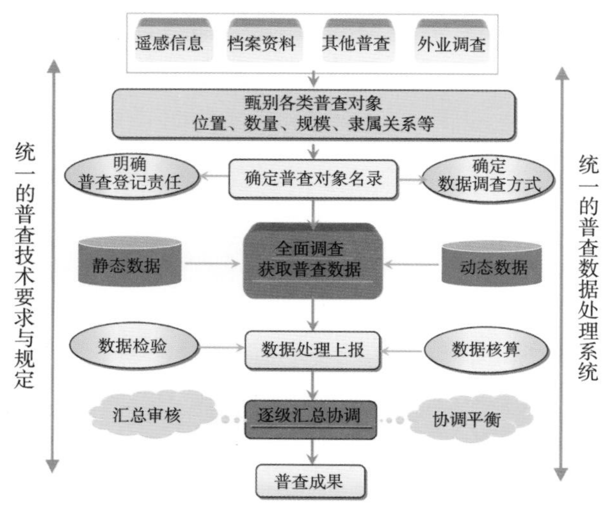

图10–4　普查技术路线及工作流程

（三）普查成果

1. 河流湖泊

宁波市共有山丘区河流126条，河流长度1500.8千米，流域面积4934.1平方千米；平原河网河流4142条，河流长度8774.4千米，水面面积235平方千米。其中流域面积50平方千米以上山地河流29条，100平方千米以上的15条，独立入海河流12条；流域面积3000平方千米以上河流1条，为甬江，流域面积4518平方千米；平原水网区河流50条，其中集水面积100平方千米以上的20条。

全市共有湖泊7个，其中常年水面面积1平方千米以上湖泊1个，为余姚的牟山湖，常年水面面积2.78平方千米。

全市共有水文站点581处，流量站4处，密度为2341平方千米每站；水位站24处；雨量站63处，密度149为平方千米每站。

2011年宁波市河湖普查数量汇总见表10–4。

表10–4　2011年宁波市河湖普查数量汇总

区域	山丘区河流			平原河网			湖泊		水文站点/处
	河流条数/条	河流长度/km	流域面积/km²	河流条数/条	河流长度/km	水面面积/km²	数量/个	水面面积/km²	
市区三江				3	134.5	27.3			
海曙区				30	40.5	0.9	1	0.16	4
江东区				32	46.5	0.7			5
江北区				163	287.9	3.7	2	0.23	13
北仑区	7	52.9	112.2	318	516.4	11.5			88
镇海区				162	293.5	4.4	1	0.12	11

续表

区域	山丘区河流			平原河网			湖泊		水文站点/处
	河流条数/条	河流长度/km	流域面积/km^2	河流条数/条	河流长度/km	水面面积/km^2	数量/个	水面面积/km^2	
鄞州区	14	137.3	424.8	664	1281.2	29.8			84
象山县	9	71.3	165.2	519	789.9	18.0			66
宁海县	26	320.5	963.3	254	522.1	26.1			87
余姚市	13	134.5	327.4	839	1449.1	27.0	2	2.81	106
慈溪市	2	15.7	33.3	898	2413.3	52.9	1	0.02	60
奉化市	19	223.8	639.4	175	376.5	8.4			57
跨界	36	544.8	2268.5	85	623.0	24.3			
合计	126	1500.8	4934.1	4142	8774.4	235.0	7	3.34	581

2. 水利工程

水库　共421座，其中大（2）型6座、中型26座、小（1）型97座、小（2）型292座。全市所有水库兴利库容合计13.66亿立方米，防洪库容2.42亿立方米，设计灌溉面积275.95万亩，设计年供水量15.99亿立方米，2011年供水量13.02亿立方米。

水电站　共170座，其中规模以上52座，包括中型水电站1座、小（1）型水电站2座、小（2）型水电站49座；规模以下118座。水电站装机容量合计172580千瓦，多年平均发电量35276.78万千瓦时（装机容量小于500千瓦的水电站为规模以下水电站工程）。

水闸　共2187座，其中规模以上水闸1393座，包括大（2）型水闸2座、中型水闸105座、小（1）型水闸420座、小（2）型水闸866座；规模以下水闸794座。水闸过闸流量合计53111.86立方米每秒。橡胶坝坝长820.2米。（过闸流量大于等于1.0立方米每秒且小于5立方米每秒的水闸为规模以下水闸工程）。

泵站　共4278座，其中规模以上499座，包括中型泵站17座、小（1）型泵站338座、小（2）型泵站144座；规模以下3779座。泵站装机流量合计1201.41立方米每秒，装机容量80542.5千瓦（装机流量小于1立方米每秒且装机容量小于50千瓦的泵站为规模以下泵站）。

引调水工程　共4处，全市所有引调水工程设计引水流量合计2.30立方米每秒，设计年引水量7253万立方米，输水干线总长度65.00千米。

堤防　共1151处，其中规模以上541处、规模以下610处。按级别划分，1级2条，2级47条，3级114条，4级278条，5级135条。全市堤防长度1538.3千米，达标长度1354.4千米，穿堤防建筑物数量3148处。[达到设计防洪（潮）标准大于等于10年以上的堤防（海塘）为规模以上堤防工程，非标堤防为规模以下堤防工程。]

农村供水　共2541处，按规模划分有：集中式供水工程1331处；分散式供水工程1210处。全市农村供水工程设计供水规模20立方米每日（200人）及以上的工程总设计供水规模为182.92万立方米每天；2011年分散式供水工程的实际供水人口为1.35万人。

塘坝 共6727处，总容积为5930.51万立方米，总灌溉面积283425.9亩，总供水人口370910人。

窖池 共376处，总容积为9.44万立方米，总灌溉面积为2620亩，总供水人口3462人。

2011年宁波市水利工程普查数量汇总见表10–5。

表10–5　2011年宁波市水利工程普查数量汇总

区域	水库	水电站/座			水闸/座			橡胶坝/座	泵站/座			引调水工程/处	堤防工程/处			农村供水工程/处	塘坝/处	窖池/处
		合计	规模以上	规模以下	合计	规模以上	规模以下		合计	规模以上	规模以下		合计	规模以上	规模以下			
海曙区					8	8			4	4								
江东区					7	7			10	2	8							
江北区	5				100	100			420	35	385		11	7	4	5	26	1
北仑区	33				141	91	50	1	241	30	211		94	83	11	34	340	211
镇海区	6				59	41	18		628	13	615		7	7		5	29	
鄞州区	54	20	13	7	133	130	3	2	382	26	356		72	60	12	161	654	
象山县	81				516	361	155		807	26	781		173	122	51	184	1124	
宁海县	69	35	10	25	379	222	157		612	19	593		514	172	342	1650	1519	
余姚市	57	77	16	61	458	155	303	4	421	269	152		16	14	2	239	1076	164
慈溪市	24	3		3	215	158	57	2	174	71	103		8	8		15	73	
奉化市	92	35	13	22	171	120	51	7	579	4	575		253	65	188	248	1886	
本级												4	3	3			—	—
合计	421	170	52	118	2187	1393	794	16	4278	499	3779	4	1151	541	610	2541	6727	376

注：1. 装机容量小于500千瓦的水电站为规模以下水电站工程；过闸流量大于等于1.0立方米每秒且小于5立方米每秒的水闸为规模以下水闸工程；装机流量小于1立方米每秒且装机容量小于50千瓦的泵站为规模以下泵站。
2. 堤防工程；规模以上堤防工程指达到设计防洪（潮）标准大于等于10年以上的堤防（海塘）；非标堤防均为规模以下堤防工程。
3. 水库指总库容大于等于10万立方米以上，塘坝指总库容500～10万立方米。

3. 河湖用水

宁波市河湖取水口共4097个，其中规模以上取水口659个，规模以下取水口3438个。2011年取水总量19.1亿立方米，供水人口929.0927万人，灌溉面积2004975亩。

宁波市地表水水源地共107处，2011年供水量10.57亿立方米，供水人口948.2092万人。

宁波市入河湖排污口共444个，其中规模以上66个，规模以下378个。

4. 经济社会用水

宁波市合计调查居民用水户1100户，合计调查人口3263人。居民家庭人均用水量102.41升每日。

合计调查灌区188个，灌区有效灌溉面积229.12万亩，灌区实际灌溉亩均毛用水量300.97立方米，灌区实际灌溉亩均净用水量218.94立方米。

合计调查工业企业用水户 1453 个，工业万元总产值毛用水量 5.96 立方米每万元，工业万元总产值净用水量 5.91 立方米每万元；合计调查第三产业用水户 1112 个，第三产业从业人员人均用水量 565.44 升每日，合计调查建筑业用水户 55 个，建筑业单位施工面积用水量 0.42 立方米每平方米；合计调查规模化畜禽养殖场用水户 282 个，畜禽的单位用水量 2.84 升每日。

2011 年生态环境用水总量 1.81 亿立方米。其中城镇环境用水 0.3 亿立方米，河湖补水 1.51 亿立方米，2011 年宁波市经济社会用水调查对象用水指标分析汇总见表 10–6。

表 10–6　2011 年宁波市经济社会用水调查对象用水指标分析汇总

区域	居民家庭人均用水量 /（L/d）	灌区实际灌溉亩均毛用水量 /m^3	灌区实际灌溉亩均净用水量 /m^3	工业万元总产值毛用水量 /m^3	工业万元总产值净用水量 /m^3	第三产业人均从业人员用水量 /（L/d）	建筑业单位施工面积用水量 /（m^3/ m^2）	畜禽单位用水量 /（L/d）
海曙区	95.23	—	—	1.71	1.71	545.98	0.64	—
江东区	105.69	—	—	1.18	1.18	550.75	0.18	—
江北区	91.94	271.12	207.92	1.96	1.96	496.67	0.36	0.62
北仑区	89.72	122.83	97.26	8.94	8.86	790.29	0.45	2.81
镇海区	105.48	261.89	189.54	3.75	3.75	374.43	0.88	1.70
鄞州区	98.51	448.15	324.84	6.77	6.76	836.06	0.57	3.03
象山县	108.96	247.79	188.09	10.89	10.89	442.68	0.54	1.10
宁海县	103.97	317.76	223.19	6.72	6.01	596.13	0.33	2.25
余姚市	103.32	332.72	251.08	7.68	7.61	721.41	0.17	2.90
慈溪市	105.72	229.87	158.01	4.01	4.01	369.04	0.68	5.02
奉化市	119.46	256.56	182.22	9.69	9.69	692.20	0.14	6.66
合计	102.41	300.97	218.94	5.96	5.91	565.44	0.42	2.84

5. 水土保持

宁波全市共有 82 个野外样地调查单元，至 2011 年年底，水土保持措施普查已完成基本农田（梯田）、水土保持林、经济林、封禁治理、坡面水系工程、小型蓄水保土工程、河道护岸林等水土保持措施的数据统计，并且将位置、面积等成果绘制到电子地形图，见表 10–7。

6. 水利行业能力建设

2011 年，全市水利单位的数量为 284 个，至年末，水利系统从业人员 4093 人，在用计算机的单位共 235 个，水利行政机关年末资产为 44567.6 万元。

7. 灌区

灌区灌溉面积普查对象 3239 个，总灌溉面积 2833204.95 亩。灌区总计 832 个，其中普查对象 65 个，总灌溉面积 2639284.95 亩。市大型灌区 1 个，中型灌区 22 个。全市高效节水灌溉面积 228358.95 亩。

8. 地下水取水井情况

地下水取水井225499眼，其中规模以上机电井275眼，规模以下机电井29938眼，人力井195286眼；全年合计取水量3217.18万立方米。

9. 滩涂围垦

规模以上围垦工程157片，涉及围垦面积1099999.95亩。其中8个区（县、市）均有在建围垦工程，在建工程9处，涉及围垦面积241999.95亩。

10. 塘坝工程普查情况

规模5万～10万立方米山塘灌溉面积41271.15亩，供水人口91727人；1万～5万立方米的山塘灌溉面积117175.8亩，供水人口180096人；0.5万～1万立方米的山塘灌溉面积124978.95亩，供水人口99087人。

2011年宁波市经济社会用水调查对象用水指标分析汇总情况见表10–6，2011年宁波市水土保持措施汇总见表10–7，2011年宁波市塘坝工程规模分类汇总见表10–8。

表10–7 2011年宁波市水土保持措施汇总

区域	治理面积/亩										小型蓄水保土工程	
	合计	基本农田			水土保持林		经济林	种草	封禁治理	其他	点状/个	线状/km
		梯田	坝地	其他	乔木林	灌木林						
海曙区	—	—	—	—	—	—	—	—	—	—	—	—
江东区	—	—	—	—	—	—	—	—	—	—	—	—
江北区	46221	406.5	—	—	1088.25	84	3304.5	—	26101.5	—	37	109.6
北仑区	212115	8337	—	—	22612.5	7891.5	13603.5	—	159670.5	—	500	155.6
镇海区	19897.5	321	—	—	4426.5	144	979.5	—	14026.5	—	25	59.7
鄞州区	446307	28153.5	—	—	39303	2397	30711	—	345742.5	—	742	214.6
象山县	694668	52407	—	—	111570	46696.5	29628	—	454366.5	—	759	169.8
宁海县	937167	137263.5	—	—	127888.5	6382.5	41368.5	—	624264	—	1449	345.4
余姚市	403861.5	58563	—	—	96234	1591.5	25501.5	—	220309.5	1662	738	234.9
慈溪市	120592.5	1923	—	—	19989	594	21649.5	—	76437	—	125	103.6
奉化市	895287	108246	—	—	99064.5	1785	50508	—	635683.5	—	1064	236.7
合计	3776116.5	395620.5	—	—	537412.5	67566	217254	—	2556601.5	1662	5439	1629.9

二、测量工作

（一）高程系统

1957年以前，高程系统采用吴淞高程系统；中国东南部地区精密水准平差后，采用1956年黄海高程系统。1988年开始陆续采用“1985国家高程”系统。2002年，省水利厅印发《关于全省水利系统统一使用〈1985国家高程基准〉的通知》（浙水科〔2002〕9号），要求2003年1月1日起，所有高程数据统一使用“1985国家高程基准”。

表 10-8　2011 年宁波市塘坝工程规模分类汇总

区域	总灌溉面积 / 亩	总供水人口 / 人	工程规模分类					
			不小于 500m³ 且小于 1 万 m³		不小于 1 万 m³ 且小于 5 万 m³		不小于 5 万 m³ 且小于 10 万 m³	
			灌溉面积 / 亩	供水人口 / 人	灌溉面积 / 亩	供水人口 / 人	灌溉面积 / 亩	供水人口 / 人
海曙区	0.00	—	0.00	—	0.00	—	0.00	—
江东区	0.00	—	0.00	—	0.00	—	0.00	—
江北区	1330.00	170	500.00	70	830.00	100	0.00	—
北仑区	16921.00	8484	4497.00	50	9396.00	7634	3028.00	800
镇海区	1965.00	2466	910.00	695	655.00	1141	400.00	630
鄞州区	20536.00	39916	7637.00	9199	7847.00	13792	5052.00	16925
象山县	59095.00	154602	24261.00	41980	25534.00	79522	9300.00	33100
宁海县	55908.08	86262	24069.19	23784	22075.81	37716	9763.08	24762
余姚市	40544.00	47755	15654.00	16329	18421.00	22490	6469.00	8936
慈溪市	2414.80	2923	1085.00	483	1329.80	2440	0.00	—
奉化市	84712.00	28332	46365.77	6497	31087.23	15261	7259.00	6574
合计	283425.88	370910	124978.96	99087	117175.84	180096	41271.08	91727

2004 年 6 月 30 日，宁波市规划局组织完成市基本高程控制网的二期重建和复测工作。2005 年 1 月，市规划局印发《关于启用市基本高程控制网二期水准复测成果的通知》（甬规字〔2005〕11 号）。同年 4 月 1 日起，启用宁波市基本高程控制网二期水准复测成果。

2015 年 12 月，市水利局组织完成全市 54 处水（潮）位站 121 个基本水准点（含 24 处国家基本水文、水位站的 53 个基本水准点）二等水准联测；2020 年 8 月，市水利局在 2015 年联测的 54 处水（潮）位站基础上，组织完成全市 71 处水（潮）位站 155 个基本水准点（含 24 处国家基本水文、水位站的 57 个基本水准点，12 处地下水水位站的 24 个基本水准点）二等水准复测。

（二）河道测量

1. 断面测量

2004 年 10 月，根据三江防洪复核的需要，市水利局委托市水文站对甬江、奉化江、姚江河道断面进行测量，测量范围甬江为三江口至大游山，奉化江为江口至高速公路桥，姚江为蜀山大闸至三江口。测量断面全长 80 千米，测量断面为防浪墙间的陆域部分和水下地形部分，按 1 ∶ 500 比例测量，共布设测量断面 137 个，其中甬江 50 个，奉化江 12 个，姚江 75 个。陆域断面测量采用水准仪直读，左岸防浪墙作为零起始点，按极坐标法进行两岸的陆域和接滩测量断面，水上断面测量按测定的两岸 GPS 点作为导标进行定位工作；水深形测量采用回声测深仪 HD-17 测深，精度为 ±2 厘米，误差为 0.1%。测量坐标系统为宁波独立坐标系，高程系统为 1985 国家高程基准。

2. 水下地形测量

2009年，为实施三江河道恢复性清淤工程设计需要，受市水利局委托，市水利设计研究院组织对奉化江、余姚江、甬江航道水下地形和岸线进行1 ∶ 2000全数字测量。测量工作于同年7月22日开始，9月4日结束，测量区域为西南起奉化市方桥三江口，东北至甬江出海口，西起余姚江环城北路姚江大闸至市域三江口。主要完成的工作量包括D级GPS控制点12个、E级GPS控制点57个、四等水准73.6千米、水下1 ∶ 2000地形测量14.5平方千米、河道岸线1 ∶ 2000地形测量5.76平方千米。

2011年11—12月，宁波三江恢复性清淤工程结束后，市水文站组织对姚江、奉化江、甬江河道水下地形进行测量。测量范围甬江为三江口至镇海口，奉化江为鄞州二桥至三江口，姚江为三江口至姚江大闸，测量水下地形及沿岸堤线背水坡以外50米区域。测量比例平面图比例1∶2000，平均每20米一个断面，测点间距按实地8米控制。平面控制测量共布设168个E级GPS控制点，其中甬江102个，奉化江50个，姚江16个，高程控制采用三等水准测量。河道水下地形测量分水上及水下两部分进行，水上部分根据已布置的控制点，采用动态差分GPS进行测量；水下部分采用数字式回声测深仪（双频测深仪）进行测量，定位采用DGPS方式，定位与测深同步进行，同时利用实时潮位资料进行水下高程计算。高程点数据采集后，采用南方CASS软件成图，用AI粗面纸打印三江河道水下地形鸟瞰图。

2015年和2018年，市三江局分别2次委托浙江省河海测绘院进行甬江、奉化江、姚江全河段水下地形测量，包括两岸堤线以内的水下地形测量及沿岸堤线背水坡以外50米区域的地形图测量或修测。测量范围甬江为宁波三江口至镇海甬江口外游山河段，奉化江为方桥三江口至宁波三江口，姚江为蜀山大闸至宁波三江口。测量河道全长101.8千米，测量比例尺为1 ∶ 2000，按照垂直于河道走向的方式布设断面，测量断面总长700千米，断面平均间距为40米，测点间距8米。水下地形测量采用ZJCORS网络RTK三维水深测量技术，测点定位和水位控制均采用网络RTK直接测定，水深测量采用美国Odom公司生产的Echotrac MK Ⅲ双频测深仪以及Hydrotrac单频测深仪。陆域岸线以及地形图修测主要采用ZJCORS的网络RTK技术结合全站仪极坐标法进行施测，外业测定各地物地貌特征点的三维坐标，并现场勾绘草图，内业采用南方CASS 9.1软件数字化成图。

3. 堤线测量

2018年，市三江局委托浙江省河海测绘院进行三江干流（含甬新河）堤线专项规划测量，堤线测量总长度123.6千米。测量范围甬江为宁波三江口至镇海甬江口外游山河段，长25.6千米；奉化江为方桥三江口至宁波三江口，长28.5千米；姚江从蜀山大闸至宁波三江口，长47.8千米，湾头区域长13.5千米；甬新河从甬新闸至环城南路交叉口，长8.2千米。测量内容包括1∶2000带状地形图修补测，岸线、堤线、划界基准线、管理范围线和保护范围线测定，岸线、堤线高程控制测量，建立相应的基础数据库。测量采用外业巡查测量与内业绘制相结合的方法，外业采集采用全野外数字地形测量法施测，细部点采用全站仪极坐标法和网络RTK法测定，累计测量、绘制岸线、堤线、划界基准线与管理范围线956千米；岸线、堤线高程控制测量，主要通过对三江沿岸堤防沉降点的普查以及补充埋设，采用三等水准测量的方法将各监测点与高等级控制点进行联测，累计完成三等水准路线测量403.2千米，共5个闭合环，28个附合路线，497个测段；内业数据编辑采用阿拉图测绘系统软件进行，累计测量、绘制岸线、堤线、划界基准线与管理范围线956千米，1：2000带状地形图修补测采用测区内现有的1：2000地形图资料，作为地形图修补测的底图，对于重复区域，取用现势性强的部分。

三、工程地质勘察

水利工程地质勘察，是对水利工程建设区域及其附近有关地区进行地质调查和研究过程，为规划、设计、施工提供地质依据。

宁波地处中国东南沿海地区，其工程地质条件主要分基岩、砂砾石地基及沿海软土地基三大类。典型的工程地质勘测有周公宅水库、郑徐水库、保丰碶闸站、大嵩围塘等。

1. 周公宅水库工程勘察

工程勘察主要分可行性研究和初步设计2个阶段。针对周公宅水库工程场地地质条件、岩土特性及设计需要，采用区域地质调查、工程地质测绘、钻探、硐探、槽探、现场岩体试验、室内试验及水文试验等多种勘察方法。规划选坝、可行性研究阶段的工程地质勘察由浙江省水利水电勘测设计院承担，2001年1月，完成可行性研究阶段的勘测设计工作，完成的主要勘察工作量：坝址区钻孔27只/1767.67米，硐探22个/1033米，槽探22条/1637米；岩石试验：光学薄片鉴定53片，物理力学试验114组，点荷载试验2组/30块，现场中剪试验72点；岩体试验：地震波测试8硐/1182点，现场变形试验19点，超声波测试17条/34孔，分级测试59组/380米；混凝土/岩石现场抗剪试验4组/24块；水质分析12组。厂房区钻孔4只/166.18米，槽探1条/30米；钻孔压水试验4孔/10段。初步设计、招标设计和施工图设计等阶段勘测工作由华东勘测设计院承担。

初步设计阶段的勘察工作在利用可行性研究阶段地质勘察成果的基础上，有针对性地布置钻孔及少量岩土试验工作。2002年1月1日进场施工，同年3月18日完成。完成的主要勘察工作量：坝址区钻孔8只/360.30米，槽探3条/20米；钻孔压水试验8孔/63段；软弱夹层土工试验2组；岩石试验：光学薄片鉴定3片，物理力学试验3组。

据勘察成果表明，水库及坝址区内构造以断裂为主，发现北东向断裂9条，北北东向断裂3条，均为压性—压扭性，宽度0.5 ~ 50米，延伸长度0.8 ~ 10千米，断层带由压碎岩、碎块岩、糜棱岩等组成，未发现大的区域性断层通过。

根据勘察分析，周公宅水库为山区峡谷型水库，库盆呈狭长条带状，库周两岸岩体呈弱—微风化状，岩石致密坚硬，未发现较大的不利结构面组成的不稳定岩体，近坝库岸2千米范围内未见岸坡不稳定现场；库区两岸山脊高程一般为550.00 ~ 800.00米，无低矮垭口和单薄分水岭分布，山体岩体透水性差，库区地形地质封闭条件良好，水库蓄水后不会产生永久渗漏问题。水库坝址两岸山体雄厚，河谷深切呈宽“V”形，地形基本对称，岩体风化深度较浅，坝基微风化熔结凝灰岩致密坚硬，岩体完整性较好，力学强度高；局部分布的蚀变岩性质较差，需要加深槽挖加固处理。坝址区地质构造简单，断层规模小，易处理，对坝基稳定性影响小，拱坝工程地质条件总体较好。两坝肩发育有缓倾角～中缓倾角节理及小断裂破碎带，可视具体情况对不利结构面进行处理，坝肩稳定性总体较好。左坝头及上部陡崖高度大，存在中缓倾角和陡倾角节理的相互组合，坝头基槽开挖形成高边坡可能出现失稳现象，需要采取削坡和支护措施。坝基岩体透水性弱，相对隔水层埋藏多较浅，但两坝肩顺河向断层较发育，必须做好防渗处理；冲刷坑岩石致密坚硬、岩体完整，抗冲刷能力强，左岸雾化区存在不稳定岩体，建议挖除；二道坝、导流洞、引水隧洞、厂房区等工程地质条件均较好。工程附近缺乏天然砂砾料场，坝址附近块石料储量丰富，拟采用人工骨料，选定坝址上游右岸的楼梯弄石料场作为主选石料场，储量及各项物理力学性质指标均满足设计要求。

2. 郑徐水库工程勘察

郑徐水库工程位于杭州湾南岸慈溪市东河区郑家浦和四灶浦之间的海涂滩地，场地浅部地层主要为冲海相沉积的粉土。20世纪50年代前为感潮地段，表层冲淤变化频繁，50年代后陆续围垦成陆。水库工程勘察工作分可行性研究和初步设计两个阶段进行，由市水利设计院完成。针对工程场地地质条件和地基土特性，勘察采用钻探、室内试验、原位测试及水文试验等多种勘察方法。可行性研究阶段勘察工作2010年4月27日开始，同年5月5日完成，共完成钻孔8只/185米，取原状土样74筒，现场注水试验7段次，标准贯入试验32段次；初步设计阶段勘察工作6月26日开始，8月13日完成，共完成钻孔69只/1921.2米，静探孔63只/1190.1米，取原状土样551筒，取扰动土样211件，标准贯入245段次，现场注水试验3段次。

根据勘察分析，郑徐水库地基土为多元结构，坝基影响深度范围内表层为近期鱼塘、河道内淤积的淤泥质粉质黏土和农业土地开垦区内的粉质黏土，总厚度1～4米，是控制水库大坝沉降与滑动的主要土层，工程地质条件较差，该层作为地基持力层时应进行沉降及抗滑验算，必要时进行地基处理。黏质粉土，分布稳定，工程地质条件较好，层厚9.95～22米，顶板高程2.61～−5.93米；下卧层为淤泥质黏土～黏土等软土，工程地质条件较差，其顶板高程−12.80～−23.53米，底板高程−40.40～−52.19米，总厚度一般超过25.0米，对大坝稳定性影响不大。现场注水试验和室内土工试验成果表明，上述各地基土层均以弱透水性为主，局部为中等透水性。黏质粉土允许水力坡降建议值为0.30，建议开挖边坡淤泥质粉质黏土1∶2～1∶2.5、粉质黏土1∶1～1∶1.25、黏质粉土1∶1.5～1∶1.75。

大坝所需的天然建筑材料主要为块石、石渣、砂料及土料，据野外实地调查，块石、石渣、砂料均需外购；坝体填筑土料可采用工程区开挖的粉土，数量和质量都能满足填筑要求，但在取土时应考虑与坝脚的安全距离，以浅挖广取为原则。

3. 保丰碶闸站工程勘察

保丰碶闸站工程位于海曙区姚江西岸，工程地质勘察由市水利设计院负责完成。2013年11月25日开始勘察外业，同年12月10日结束，完成15只钻孔，钻孔最大深度−72.02米，其中陆上钻孔10只进尺560.25米，水上钻孔5只进尺233.10米，共取土样及完成土工试验263组。

根据勘察分析，场地内工程地质条件，高程−23.92～−31.97米以浅分布有厚层的海相沉积淤泥、淤泥质土等软土，在高程 –29.09 ~ –35.82 米有软塑状黏土分布，厚度 1.80 ~ 12.60 米，为软弱夹层；高程 –40.52 ~ –43.03 米以下为中等至低压缩性的粉质黏土、中砂、黏土等土层分布，且分布稳定，工程性质较好。建议保丰碶泵站设计采用钻孔灌注桩基础，以低压缩性的粉质黏土、中砂作为桩基持力层。

4. 大嵩围塘工程勘察

工程勘察分可行性研究和初步设计两个阶段进行，由市水利设计院完成。2005 年 10—11 月，进行可行性研究设计阶段的勘察工作，完成钻孔 12 只 /535.15 米，静探孔 3 只 /104.15 米，十字板剪切试验 73 次，取原状土样 192 筒。2007 年 5—6 月，进行初步设计阶段的勘察工作，勘探孔沿海塘堤线与水闸轮廓线布置，完成钻孔 13 只，最大孔深 –55.20 米，总进尺 474.10 米；静力触探孔 6 只，最大孔深 –21.85 米，总进尺 114.80 米；十字板孔 6 只，测试深度最大 –21.10 米，测试 160 点次，取原状土样 202 组，全部采用海上钻探船施工。

根据勘察分析，工程区内地质条件复杂，以深厚的淤泥质土为主，分布广、厚度大、土的物理力学性质差，总厚度达 16.80 ~ 45.40 米。在黄牛礁处基岩出露，沿堤线方向上在黄牛礁两侧软土层厚度变化大，离黄牛礁越近软土层厚度越薄，海堤采用抛石加塑料排水板的地基处理方式。联胜新碶闸位于软土上，–46.80 ~ –48.60 米以下为中等 ~ 低压缩性的含黏性土角砾、粉质黏土层分布，基础采用钻孔灌注桩桩处理，以粉质黏土作为桩基持力层；黄牛礁闸位于黄牛礁上，闸基直接坐落在基岩上，采用浅基础，同时进行适当的防渗处理。

第四节　工程设计

宁波市水利工程设计发展到 20 世纪 90 年代，已较为规范和成熟，从满足功能需求的角度设计建造一大批防洪、排涝、发电、灌溉、供水和航运等水利工程，从建筑材料、结构型式、设计手段等方面均取得较大发展。进入 21 世纪以后，随着计算机、网络、物联网等先进技术的普及发展，现代化技术和管理手段的不断出现，水利工程的设计步入跨越式发展。2010 年之后，宁波作为全国水利现代化试点城市，水利工程设计理念在安全性、可行性、经济性的基础上，更多地考虑城市建设以及人们生活品质不断提升的新需求，侧重人性化、信息化、生态化设计。同时，从单一的水利工程向多功能综合性工程转变，并融合现代化城市水利、景观水利、生态水利等设计理念。设计工具丰富，软件应用普及，模型技术成熟，设计成果已实现高度信息化。专业人才能实现多专业搭配与融合，建设模式创新，EPC 技术设计龙头作用明显。建筑物结构形式也向多样化新颖化发展，有的已跨入国内同类建筑物设计先进行列，多个工程获国家级或省、部级优秀设计奖。

一、水库设计

进入 21 世纪以后，水库工程的坝型大多采用面板堆石坝、土坝、混凝土重力坝、混凝土拱坝等，例如：新建的隔溪张水库、双溪口水库、西林水库均为面板堆石坝；西溪水库、溪下水库、葛岙水库为重力坝；周公宅水库为拱坝。泄洪建筑物一般均采用泄洪洞与溢洪道相结合的型式，根据坝址地形地质条件布置在岸坡或垭口，如双溪口水库在大坝右岸设置有表孔溢洪道，右岸山体内设置有泄洪隧洞。发电站一般采用坝后式地面厂房，通过输水隧洞与水库相连接。基础处理一般均采用混凝土防渗墙或帷幕灌浆方式，例如：上张水库采用大坝基础黏土心墙下部河床覆盖层采用厚0.8米的混凝土防渗墙防渗，防渗墙顶部采用插入式接头，插入心墙深度3.5米，墙底嵌入弱风化基岩0.5米以上，两岸坝基基岩处采用帷幕灌浆方式；力洋水库续建加高时，在原坝体心墙和坝基处设置一道塑性混凝土防渗墙，防渗墙厚0.8米，伸入弱风化基岩面0.6米。

1. 周公宅水库工程设计

水库为混凝土双曲拱坝，由华东勘测设计研究院设计，建成时为华东地区第一高拱坝，最大坝高125.5米，坝型为抛物线形变厚双曲拱坝。设计上，根据工程河谷宽、温差大、水位变幅大的特点，对拱坝的前倾度、拱冠梁剖面厚度、拱圈中心角、拱端加厚等方面进行研究，采用拱梁分载法和线弹性有限元法对混凝土双曲拱坝进行全面的体形优化和分析，取得适应周公宅坝址的优良拱坝体形，节省投资。拱坝表孔溢洪道在设计过程中经过多次优化，先后调整堰体出口挑角、闸墩体型等，并通过水工模型试验进行验证。

水电站装机容量12600千瓦（2×6300千瓦机组），引水发电系统采用常规引水式地面厂房的布置型式，发电引水系统按照一洞二机布置在右岸山体中，由进水口、引水隧洞、高压管道等组成。引水隧洞纵向一坡到底，平均坡度4.791%，开挖断面为圆形平底型，衬砌支护型式视不同地质条件分不衬砌、喷锚衬砌和钢筋混凝土衬砌。水电站的压力引水管道总长1625.7米，额定水头为108.00米，具有长隧洞、高水头的特征。设计上，水电站在初步设计阶段设置引水调压室，在招标、技术施工图阶段通过对发电引水系统布置及调保参数优化，在过渡过程计算和运行条件分析的基础上，发电引水系统取消引水调压室。水电站引水系统取消引水调压室后，通过适当扩大隧洞洞径等优化设计，从机组运行及二台机组甩满负荷实测结果表明，在所有工况中，水电站大波动特性均控制在设计计算值范围内，并网运行时小波动稳定性也满足运行要求。同时，发电引水系统隧洞施工质量及调速器的设备选择均满足设计要求，工程直接投资减少约111.30万元，还节省征用山林和后期运行管理成本，同时避免因施工引起的水土流失和竖井落石安全问题，经济效益和社会较显著。

周公宅水库工程获“2008年度宁波市甬江建设杯优质工程奖”。

2. 西溪水库工程设计

水库为碾压混凝土重力坝，由华东勘测设计研究院设计，最大坝高71米。西溪水库是浙江省第二座碾压混凝土重力坝，混凝土浇筑采用全断面斜层碾压方法，同时针对含角砾凝灰岩采用干法生产砂石骨料，使碾压混凝土施工技术在浙江省得以应用。水库大坝下游面采用变态混凝土，坝顶、坝基、坝内孔洞周围、坝体溢流段导墙、闸墩、溢流面、防浪墙等都采用常态混凝土。

水电站安装2台单机容量3000千瓦的卧式水轮发电机，设计水头50.00米，水轮机转轮直径为0.89米，属中水头小流量坝后式电站，每台机组引水进口设置一道拦污栅及一道事故闸门，尾水管设置尾水闸门。水轮机采用单管引水，引水钢管长度57.48米，配套DN1200蓄能罐式液控蝶阀作为进水阀。

西溪水库工程获 2007 年度宁波市甬江建设杯优质工程奖、2007 年度湖南省优质工程奖。

3. 郑徐水库工程设计

水库为均质土坝，由市水利设计院设计。水库位于慈溪市郑家浦与徐家浦围涂区内，是平原海涂水库。设计上采用半湖半库型式，以慈溪市版图轮廓为基础，配合景观绿化营造出自然、生态的湿地湖景。堤坝材料就地取材，利用丰富的滩地粉质黏土资源，采用半挖半填的方式，将库区开挖多余土方填筑于坝后场坪，减少坝后场地与堤坝的高差，提升整体景观性，同时减少弃土、投资，增加堤坝的渗径和整体稳定性。

水库建设于海边，设计中针对排咸进行专题研究，通过建立库区水动力模型，研究水库的水动力特性、盐度分布规律，制定科学合理的排咸措施，并用底泥盐度释放模型对水库盐度淡化趋势进行预测，实现淡化水体、提高水质的目的，解决底泥盐分释放影响水库水质的问题，最大程度地发挥水库效益。设计中，为提高水资源的管理水平与经济效益，宏观调控、科学管理，设计建立水质自动检测系统、水雨情遥测系统、坝体安全监测系统、自动化控制的闸泵远程控制系统、视频监视和报警的安防系统，全面实现采集、管理的自动化控制。

郑徐水库建成后，成为慈溪的一个地标性建筑。工程获“2015—2016 年度中国水利优质工程大禹杯奖”和“2017 年度全国优秀水利水电工程勘测设计铜质奖”。

二、海塘设计

1997 年，第 11 号台风灾后，省委、省政府作出建设标准海塘的决定。1999 年 9 月，省水利厅颁发《浙江省海塘技术规定》，针对海塘越浪冲刷后损毁的特点，确定海塘结构“冲而不垮、漫而不决”原则，采用“三面光”结构。宁波市标准海塘在设计上，迎潮面原有的干砌石结构全部改为混凝土或浆砌（灌砌）石体结构，增强塘身抗风浪冲击的稳定性；断面型式多样，以复合式为主。在风浪较大的海域，采用直墙、斜坡加平台的三级结构，并在斜坡面设置混凝土栅栏板或混凝土异形块体，以削减波浪爬高并增强坡面的稳定性。塘顶设置混凝土路面保护层，其宽度二级海塘不小于 6 米、三级海塘不小于 5 米、四级五级海塘分别不小于 4 米和 3 米。防浪墙均采用灌砌石或混凝土结构，高度控制在 0.5 ~ 0.8 米。内坡采用干砌块石（或另加水泥勾缝）保护，部分风浪较小区域的四级、五级海塘也有采用植被保护，塘内都设置宽 10 ~ 20 米的护塘地保护带。同时，在设计上结合本地实际，因地制宜。设计等级标准以闭合线为单元，在一个闭合线内的海塘采用同一等级。对于淤涨型岸滩，外滩近期可实施围垦的，原塘按过渡性海塘处理，建设等级标准降低一级；对于外滩近期不围垦的海塘按设计等级标准达标。

1. 徐家浦两侧围涂工程海塘设计

工程位于杭州湾南岸滩涂上，为大型围垦工程，由市水利设计院设计。徐家浦十塘闸以东横堤设计采用上直下斜式海堤结构，断面采用土石混合坝型式，海堤外坡采用上直下斜型式，堤顶外海侧设置浆砌石直墙，直墙下细石混凝土灌砌石护坡，以下为抛石镇压层，兼作消浪平台。海堤内坡采用干砌石砂浆塞缝结合草皮进行护坡。抛石坝体下基础处理采用一层双向土工格栅加一层 250 克编织布的加筋方案。

十塘闸以西横堤设计采用双坡带平台式海堤结构，断面采用土石混合坝型式，堤顶路面均采用沥青混凝土路面。外海侧为带平台的双坡式结构，外海护坡采用灌砌石。海堤内坡采用干砌石砂浆塞缝结合草皮进行保护。

围涂工程采用土工冲泥管袋新技术。土工冲泥管袋是采用聚丙烯、聚乙烯土工布缝制成袋体，再用泥浆泵将泥浆冲入袋体自然固结排水而成的一种技术。经过十几年的实践和试验，它一般适用于地基承载力较高的中高滩部位，并要求冲填土体有较好的渗透性，易于排水固结。

徐家浦两侧围涂工程是浙江省当时单体围垦面积最大、单块堵口面积最大的围涂工程。工程获“2014年浙江省钱江杯优秀勘察设计二等奖”。

2. 下洋涂围涂工程海塘设计

下洋涂围垦工程位于宁海县三门湾北部，围垦面积5.38万亩，堤线总长约17.35千米，由西堤、南堤、东堤组成。设计单位为钱塘江管理局设计院。

三段海堤设计上均采用混合式断面结构型式。外侧直立式挡墙为灌砌块石结构，外坡为四脚空心块护面，外海坡以抛石形成二级镇压层，在抛石主石坝的上部布置混凝土灌砌块石直立挡墙，墙趾外接浆砌块石平台再外接镇压层。内侧设闭气土方，设置二级平台，低平台高程3.00米，平台以下土坡采用植草保护；高平台高平台高程4.50米，采用干砌块石保护，堤顶设混凝土挡浪墙及混凝土路面，堤基处理均采用塑料排水插板处理。下洋涂围涂工程设计如图10–5所示。工程获“2014年11月中国水利工程优质（大禹）奖”。

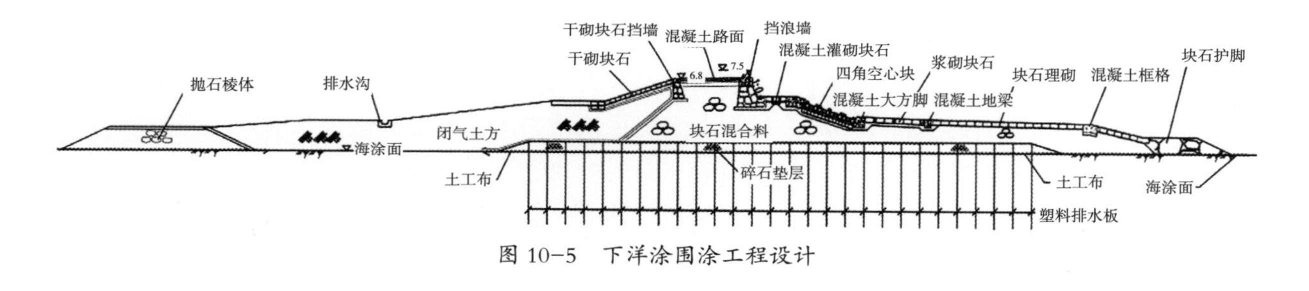

图10–5　下洋涂围涂工程设计

三、水闸设计

水闸的结构组成包括闸室、上游连接段和下游连接段。早期的水闸多采用螺杆机启闭机，随着水利工程不断发展创新，闸门启闭型式在设计上发生改变，新型的启闭机—液压启闭机应用于水闸中。2000年以后，宁波中心城区城防工程中新建的水闸采用液压启闭机，并在后续新建的水闸中广泛应用 。随着水利设计理念的不断进步，在闸门形式上也出现新样式，例如橡胶坝、钢坝等。在水闸建筑造型设计上，更加符合城市景观的要求。

1. 姚江大闸（加固改造）工程设计

姚江大闸在软黏土上建闸，水闸的主要设计要点是闸基处理，采用无桩设计、黄泥垫层的设计方法。为控制、减轻荷载，闸墩上部采用钢筋混凝土排架轻型结构；闸底板采用分缝设计，每3孔做伸缩缝。2007年3月，姚江大闸加固改造项目启动，设计单位为市水利设计院。结构设计上，水闸高程 0.93 米以上拆除重建，为控制闸室整体荷重，启闭层以上采用轻钢结合玻璃幕墙结构；工作门槽重新设计改造，门槽结构在原闸墩中心上游侧 2 米处重新进行切割开槽处理。闸门控制设计为自动控制系统，采用单元模块化控制，在集控室内完成 36 孔闸门远程控制启闭操作，实现闸门控制自动化。建筑造型设计上，水闸建筑风格与宁波城区“三江文化长廊”相融合，突出其“水”的特点。工程获 2017 年“全国优秀水利水电工程勘测设计奖”。姚江大闸工程设计如图 10–6 所示。

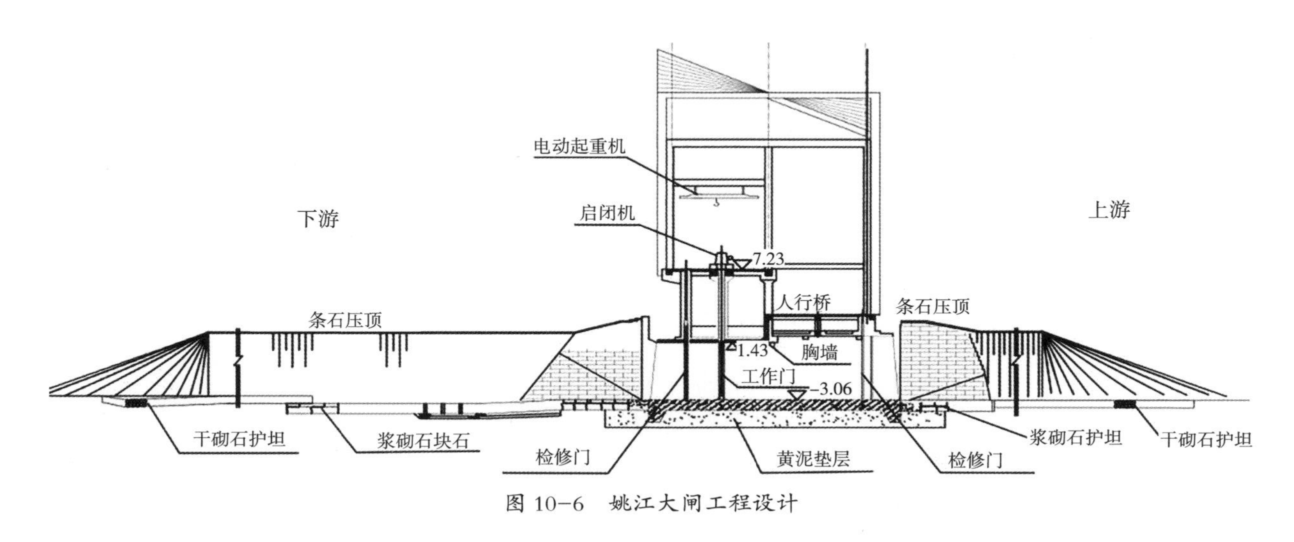

图 10–6　姚江大闸工程设计

2. 蜀山大闸工程设计

蜀山大闸在软土地基上建设，是当时国内软土地基上跨度最大的水闸之一，水闸、船闸均采用钢板闸门，液压启闭机。设计过程中，市水利设计院与浙江大学开展桩基布置、直径、深度、底板刚度等方面试验研究，工程采用钻孔灌注桩群桩对深厚状淤泥、强度极低的软黏土基础进行处理，创新国内在软土地基上建设大跨度连续多跨水闸的建设技术。

余姚市城区水闸东移迁建及船闸工程获“2008 年中国水利工程优质（大禹）奖”。

3. 梅山水道南、北堤水闸设计

位于北仑区梅山岛与穿山半岛西南部之间的梅山水道，由海堤、水闸、船闸、泊船区、管理区等组成。设计单位为中国交通上海航道勘察设计研究院有限公司。

北堤闸是一座满足工程区排涝、水道内换水、水道外围防淤、减淤等需求的挡潮闸，净宽 56 米，底槛高程 –2.00 米。南堤枢纽排水闸为双扉平面直升式闸门挡潮闸，水闸净宽 24 米，底槛高程 –4.70 米；南堤枢纽船闸为单级双线 500 吨级Ⅳ级船闸，船闸净宽 12 米，闸室净长 120 米，底槛高程 –4.70 米，为软基液压翻板钢闸门式船闸。水闸设计中，创新设计配重式旋转钢结构交通桥梁、高水头大波浪运行的翻板闸门，采用更适应高泥沙、高潮浪水域及双层双向的挡水闸门系统；船闸工作闸门采用与周边环境更协调的底轴驱动翻板闸门，闸上不设置上部建筑物，为目前国内最大底轴直径、最高挡水水头的船闸底轴翻板闸门，满足双向挡水及 7 级台风下通航运行要求。为满足通航、两侧堤防的公路交通及景观要求，船闸交通桥梁创造性地采用配重式双旋转钢结构活动公路桥，按城市 B 级荷载设计，可在 8 级台风以下旋转运行。

梅山水道抗超强台风渔业避风锚地工程（北堤）获“2017—2018 年度中国水利工程优质（大禹）奖”，2018 年度宁波市“甬江建设杯”优质工程奖，2019 年度浙江省建设工程钱江杯奖（优质工程），“2020—2021 年度第一批中国建设工程鲁班奖”。

四、泵站设计

2000 年以前，宁波市所建泵站多以灌溉翻水为主。进入 21 世纪以后，宁波市泵站建设进入崭新时期，大量排涝泵站实施建设。2013 年，“菲特”台灾后，宁波市应急启动甬新泵、铜盆浦泵、新泓口泵、泗门泵、保丰碶泵 5 座强排泵站建设。5 座“应急泵站”工程从项目立项、设计到主体工程完工通水，仅用不到 10 个月时间，在 2014 年主汛期前投入使用。泵站建设的同时，也给宁波水利施工单位带来泵站施工建设经验，EPC 总承包制度从泵站工程的建设中开始应用。

在泵站设计中，为使泵站获得更好的进水流态，水利模型辅助设计开始引入宁波市的泵站建设之中，新型水泵技术得到应用。2019 年完工的海曙区大西坝泵站和风棚碶泵站，采用潜水贯流泵机组，大西坝泵站为单机 10 立方米每秒，风棚碶泵站为单机 13.3 立方米每秒，均属于全国范围内单机设计流量较大的潜水贯流泵机组。北仑区下三山泵站（设计流量为 50 立方米每秒）采用立式潜水机组，至 2020 年，是宁波市当时最大的立式泵机组泵站。其噪声小、管理方便、出口受淤积影响小的特点，在宁波市甬江两岸及出海口位置广泛应用。

在泵站建筑设计上，更新水利工程外观建筑的设计理念，建筑风格与周边城市建筑、绿化景观相协调。建于中心城区的保丰碶泵站、印洪碶泵站外观建筑风格融入周边景观，成为城市水利工程建设的新亮点；大石碶泵站、五江口泵站采用无厂房结构，开放式结构融入工程周边绿化带、公园内。

1. 甬新泵站工程设计

工程位于宁波市东部新城甬新河甬江出口，设计流量为 60 立方米每秒，采用 3 台单机流量为 20 立方米每秒的竖井贯流泵，设计单位为上海勘测设计研究院，形式为 EPC 总承包。甬新泵站是 5 座“应急泵站”工程之一，任务重，工期短，项目距北侧已建成的甬新闸仅 18 ~ 22 米，场地有厚约 9 米的淤泥层，基坑最深处 12.3 米。在设计过程中：首次在水利工程设计中提出近距离打桩减震预警的综合技术，减少对相邻建筑物的影响；首次在国内采用单侧双排钢管桩加对撑的新型基坑围护结构，大力推广防腐新技术和数字工程实践。工程获“2017—2018 年度中国水利工程优质（大禹）奖”。

2. 姚江二通道（慈江）泵站工程设计

姚江二通道（慈江）闸站工程由慈江泵站、化子泵站、澥浦泵站 3 座梯级泵站组成，姚江洪水经慈江通过三级泵站接力的型式从澥浦大闸排入外海。

慈江泵站 设计流量为 100 立方米每秒，采用 4 台单机流量为 25 立方米每秒的竖井贯流泵，设计单位为长江勘测规划设计研究有限责任公司。工程设计中，全面应用 BIM（建筑信息模型）技术，三维建模、三维配筋、三维出图、三维设计技术交底，加快设计进度，减少设计遗漏错误。同时引用创新工艺、新材料，针对泵站穿墙管的关键部位，通过采取优化结构设计、添加合适的外加剂、加强工艺管理等措施，提高其二期混凝土密实度，达到防渗漏效果。

化子泵站　设计流量为150立方米每秒，采用4台单机流量为37.5立方米每秒的竖井贯流泵，设计单位为上海市政工程设计研究总院（集团）有限公司。设计过程中，采用基于超低扬程泵站水泵选型与动力特性预测数学模型，开创特大型竖井贯流泵装置最低设计扬程的选型先例，完成国内首座设计净扬程0.32米、水泵叶轮直径3.9米的超低扬程大流量泵站的设计，解决超低扬程大流量泵站设计难题。针对泵站设计规范前池底坡阈值偏大的问题，通过模型试验及数值模拟，细化相关规范对于前池底坡的取值，有效消除前池底部的横轴回流现象，改善前池流态。

澥浦泵站　设计流量为250立方米每秒，采用5台单机流量为50立方米每秒的竖井贯流泵，为大（1）型泵站，是至今省内最大的泵站工程，也是全国单机流量最大的竖井贯流泵机组，设计单位为浙江省水利水电勘测设计院。设计过程中，采用数学模型、物理模型对泵站的进出水结构进行分析，保证泵站设计的合理性，减少运行过程中的水流不稳定因素。

五、河道设计

进入21世纪以后，河道堤防建设不断推进，随着人水和谐、绿色发展理念的持续发展，生态治水的理念逐步融入河道设计中，“水清、流畅、岸绿、景美”的现代生态河道成为宁波河道设计的基本要求。河道工程岸型设计由直立式、斜坡式发展到带平台式。带平台式岸型，是直立式和斜坡式的折中型式，既符合本区域水利和地质特性，同时水域实用率也较高，是鄞东南平原河道工程中最常用的岸型（图10–7），如甬新河工程、陆中湾河道、沿山干河工程等。镇海、象山等地在河道整治中也跳出堤岸硬化、河道裁弯取直等简单方法，进行生态护岸、景观绿化，按照城市景观河道、城市亲水河道、城郊清水河道和农村标准河道等功能进行分类综合整治。

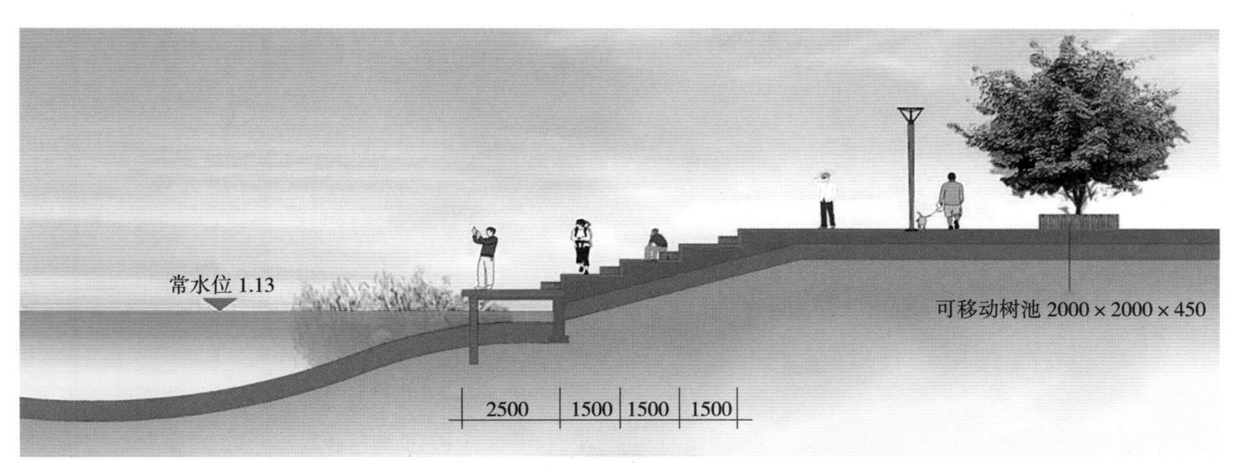

图10–7　鄞东南平原河道工程岸形设计示意图（单位：mm）

甬新河河道设计　工程设计单位为市水利设计院，甬新河断面设计示意如图10–8所示。甬新河工程作为一条横贯南北、穿越农村与城市的河流，设计中除满足行洪排涝功能外，沿河设计布置以保护河滨自然与人文资源的生态为原则，以水为主题的区段特色，体现江南水乡自然生态环境特色和历史文化内涵，成为鄞东南地区一道亮丽的风景线。工程获“2017年浙江省‘钱江杯’优秀勘察设计二等奖”。

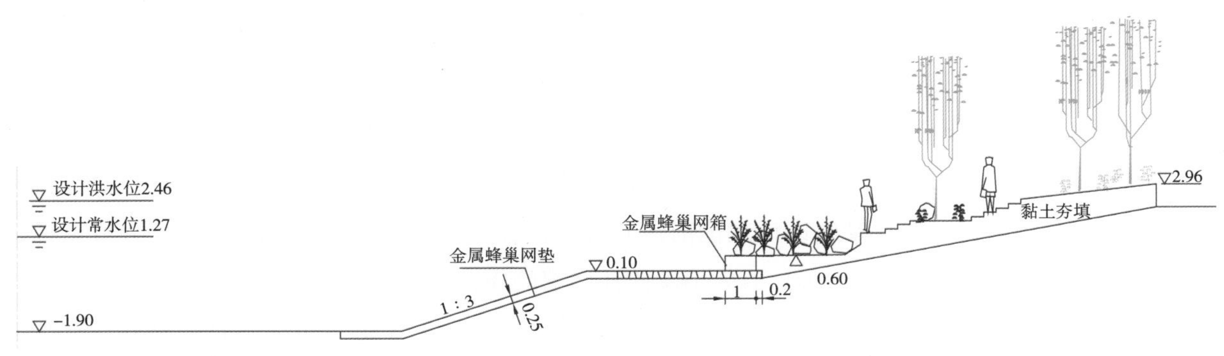

图 10-8 甬新河断面设计示意图（单位：m）

陆中湾河道设计 位于慈溪西部地区，整治后全长 11.7 千米，两岸设置宽 22 米的带状绿化，其中 1.7 千米建成宽 50 米的水土保持景观休闲区，总投资达 9922 万元，是一条两岸全程植绿，并集行洪排涝、蓄水抗旱和健身休闲于一体的生态景观河道，被省水利厅列为全省优秀样板河道。

六、堤防设计

2012 年，宁波市实施甬江防洪工程，奉化江、姚江、东江、剡江进行堤防整治。在堤防设计中，不断改变设计理念，将防洪、交通、市政、园林、景观、休闲等功能集于一身，堤防型式和设计富有时代气息。如姚江堤防，由以城山渡、半浦渡为核心的古渡口文化演变至宁波现代水利文化，并通过水文化博览区将下姚江的文化脉络进行浓缩展现，不同节点采用不同的核心思想来展示文化的多重性和广泛性，以遗迹的保护和修复为主，力求通过姚江堤防建设和文物保护相结合，将姚江的历史文化系统呈现出来。

1. 中心城区三江口堤防（老外滩段）工程设计

中心城区三江口堤防设计标准为 100 年一遇，设计单位市水利设计院（图 10–9）。老外滩段长约 1 千米，由于地处中心城区，古建文物等保护点和地标式公共建筑紧靠江堤，游人众多，堤防防洪封闭设计中，在满足防洪的前提下，充分考虑场地视觉通透的景观需要，创造性地提出卧倒式防洪门设计，钢制防洪门内表面与沿江木平台同材质，将防洪墙隐藏在木板铺装下，平时防洪门卧倒，如同护城河吊桥，外江高潮位时，通过链条，上翻防洪门，封闭道口，达到防洪要求。

图 10–9 中心城区老外滩段堤防

2. 姚江堤防江北段工程设计

姚江是宁波的母亲河，沿线历史文化遗存丰富，涵盖宁波渡口、运河、水利建筑、民间传说四大文化遗存。市水利设计院在堤防设计中，在满足防洪、蓄水、航运等基础功能要求的前提下，突破传统堤防工程中仅加固堤岸、堤防纵向直线化、断面几何化以及硬质化的设计，以需求为主线，融合区域环境发展现状及发展需求，将景观造景手法和水利基础设施结合，利用现有条件完善水利工程的硬件缺陷，根据护岸、堤身迎水坡以及周边区块发展对于堤防布置要求的不同，演进出其他不同的断面型式，整体设计保持河流自然生态，满足水利功能任务、景观功能任务、人文发展任务的多功能（图 10–10）。堤防建成后，防洪排涝功能与生态景观协调统一，传统水利与城市发展有效结合，成为姚江文化生态堤防的建设示范段。

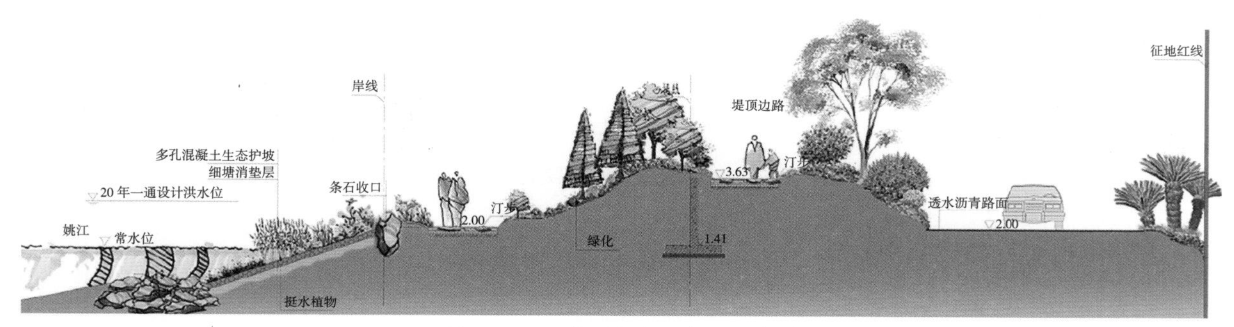

图 10–10 姚江堤防江北段示意图

3. 姚江余姚城区段堤防加固（二期）工程设计

位于姚江干流余姚段，贯穿整个余姚市中心城区，设计防洪标准 50 年一遇，集防洪、排涝和城市景观生态为一体。在设计中突出传统城市防洪工程与城市景观带的融合，应用新技术、新设备，分别采用玻璃防洪墙（固定式）、可拆卸式防洪挡板（人力拆卸）和“气盾坝”（利用移动式充气泵启闭），解决空间上的通透和防洪挡洪的要求。姚江余姚城区段堤防如图 10–11 所示。

4. 奉化江堤防工程设计

奉化江堤防整治工程（鄞州新城区段）由市水利设计院设计。防洪堤采用堤岸分离、土石混合结构型式，冲刷段增设堤脚防冲。设计中注重生态保护，利用现状，堤线后移，保留原有河漕和大树，在堤岸之间打造出近万平方米的湿地公园，改善奉化江水域生态环境，而且湿地水位长期稳定在 2.00 米左右，不受外江潮涨潮落影响。整治改造后，从原先的泥石堤坝改造成为坚固靓丽的现代长堤，同时，维持河道断面原有的自然形态结构，建设的生态河道可保护河道中生物的多样性。奉化江堤防鄞州段设计如图 10–12 所示。

对重要险工段和水利文保点“狗颈塘”秉承保护和利用并重的设计理念，将“狗颈塘”石塘作为护岸继续发挥其重要作用，在塘前采用沉排方式稳固水下岸坡，石塘后新建钢筋混凝土防洪墙提高堤防的防洪标准，堤顶道路在此降低至现状地面标高，不给老堤防增加附加荷载。同时，钢筋混装土防洪墙外饰青砖灰瓦，搭配水文化宣传浮雕，讲述古人和现代的治水历程，成为一道有故事的江塘和古水利文化展示区。

图 10-11　姚江余姚城区段堤防实景图

图 10-12　奉化江堤防鄞州段设计示意图

七、设计新理念

随着社会经济不断发展，水利工程设计理念从满足安全可靠、经济优先逐步开始向更高层次发展。尤其是2000年以后，宁波市水利工程的总体设计理念明显出现向多元化、信息化、生态化发展趋势。

多目标设计理念　2000年以前，水利工程建设往往局限于工程的结构设计和传统功能的发挥，较少考虑工程建设中的文化内涵、社会自然环境和多目标化的要求。进入21世纪以后，随着人们对物质文化需求的日益增强，工程设计打破传统的思维定式，充分发挥水、河流、工程等多元化载体功能，提高水利工程对文化内涵、社会自然环境和综合需求的承载能力，实现水、水工程与水文化、水环境、水景观、水功能的有机结合。宁波城市防洪工程、姚江堤防工程、甬新河工程以及城市排涝水闸、泵站无不与绿地景观、市民游览、水文化水生态展示相结合，在满足水利工程功能的基础上进一步拓展水利工程的社会服务功能。

信息化设计理念 2000年以后，水利工程设计逐步探索水利信息化建设。在水利工程设计中体现水利信息化设计的理念，期间设计的大型水利工程及部分中型水库、水闸、泵站等重要工程，均设计有相对完善的基础感知体系、集中（远程）控制体系及业务应用系统，为提高水利工程管理水平提供重要支撑。

生态设计理念 2001年以后，水利工程设计开始向生态设计理念转变。"生态湿地、生态海堤、生态河道堤防"等一系列的生态设计理念融入进水利工程设计中。在堤防及河道工程设计中，更多强调"不割裂水土交换、提供动植物生长繁衍空间、具备更高自净能力"的功能属性，体现新型生态护坡、护岸设计；护坡、护岸材料从以前设计大量采用的浆砌石、混凝土材料转变为生态护坡砖、格宾网箱等新材料、新工艺。

第五节 征地移民

2001年以后，宁波市水利工程涉及大范围征地移民的主要是水库工程建设，共建有周公宅水库、西溪水库、溪下水库、双溪口水库、上张水库、钦寸水库和正在建设的葛岙水库。在征地移民工作过程中，按照《大中型水利水电工程建设征地补偿和移民安置条例》，根据各时期、各地实际情况，制定征地移民安置政策。随着时代的变迁、社会的进步，近20年移民安置发生重大变化，主要体现在：从有土安置向有土安置与无土安置并重，逐步无土化方向发展；从分散安置向相对集中城镇社区化转变；移民由一种选择向多种选择转变；村民通过征迁，由农民向市民转变。由于移民政策及时科学调整，移民工作实现"移得出，安得下，稳得住，逐步能致富"的目标。

一、市直属水库移民

（一）周公宅水库工程

水库位于鄞州区章水镇，总库容1.118亿立方米。移民主要涉及鄞州区章水镇的周公宅、外岸、里岸、陶坑，乌坑、姜家山6个行政村和余姚市大岚镇的白鲞洞自然村。土地征用线高程231.28米，房屋拆迁线高程为237.12米。征用土地面积5039.09亩，其中征用耕地738.5亩、林地4300.59亩；库外购置生产用地1425亩，拆迁房屋997户，移民2544人（其中：余姚市移民11户，29人；鄞州区移民986户，2515人），拆迁房屋建筑面积11.78万平方米（其中民房9.09万平方米），拆迁水电站8座、14家企事业单位及电力、电信、广电、道路设施多项，移民工程概算投资1.92亿元。

为使水库建设如期进行，宁波市政府明确移民工作由鄞州区人民政府负责，经费总包干。2000年10月，鄞州区政府成立周公宅水库拆迁领导小组，县长任领导小组组长，同时抽调各级干部，建立水库拆迁办公室，全面开展移民工作。拆迁办工作人员走门串户，到移民家中听取意见，制定移民政策。2001年9月，鄞州区政府印发《周公宅水库征地拆迁及移民安置办法》（鄞政发〔2001〕103号），作为水库移民的纲领性文件。根据安置办法，安置分为2类：一类为有土安置，即移民搬迁后，身份不变，按农村拆迁落实政策；另一类农转非，农民转为居民。有土安置方式主要有4种，具体如下：

整村迁移，单独建村 周公宅村是6个移民村中最大一个村，整村迁移，单独建村，安置在洞桥镇沙港村，其生产用地实行有偿调剂，确保人均不少于0.6亩，调剂价格不高于14500元每亩，调剂款从该村征地补偿中支付，单独建村后，其在淹没线以上林地所有权仍归其所有。

整村迁移，挂靠其他村 移民村中的其他5个小村，整村迁移。根据鄞州区《关于周公宅水库移民安置对接拼村抽签结果的通知》（鄞建拆办〔2001〕3号）文件精神，章水镇里岸村与古林镇西洋港村对接拼村，章水镇外岸村与石碶镇星光村对接拼村，章水镇陶坑村与集士港镇新庙跟村对接拼村，章水镇坞坑村与古林镇葑里村对接拼村，章水镇姜家山村与鄞江镇下吕家村对接拼村。其生产用地从安置地村中实现有偿调剂，调剂价格与单独建村相同，确保人均不少于0.5亩，生产用地调剂款从征地补偿和淹没线以上林地补助费中支付，经费不足的，由拆迁人承担80%，各村以集体资产款承担20%，移民村在淹没线以上林地所有权归被挂靠村所有，移民成为被挂靠村经济合作社社员，享受社员待遇。

投亲靠友 不需要统一安置，投亲靠友到其他村落户。如能享受落户村社员待遇的，将土地补偿费和安置费及村集体资产（不包括基础设施部分）等补偿款按本村安置农业人口人均比例由拆迁人转拨给落户村；如不能享受落户村社员待遇的，将以上款项支付给移民个人，其中40%原则上办理农民社会养老保险。

库区就近安置 自行联系，落户在原大皎、赤水一带，拆迁人将以人均6000元转拨给落户村，用于调剂生产用地。自谋出路，农转非的，将土地补偿费、安置补助费及集体资产（不包括基础设施）等补偿款按本村安置农业人口人均比例支付给移民个人，其中原则上40%办理农民社会养老保险（房屋实行货币安置）。据统计，最终选择自谋出路，农转非的886人，占拆迁人口34.8%。

移民拆迁工作自2000年10月组建班子，2001年9月出台政策，到2003年5月30日基本完成移民任务。

（二）钦寸水库工程

水库位于新昌县羽林街道钦寸村，总库容2.44亿立方米，淹没水位98米，多年平均向外流域宁波地区提供1.26亿立方米优质水量。

2006年1月、2008年10月，宁波市政府与新昌县政府签订《合作建设钦寸水库工程协议书》。2009年2月，宁波原水集团有限公司与新昌县钦寸水库投资有限公司签订《浙江钦寸水库有限公司合资协议书》，钦寸水库工程全面启动。

1. 移民安置规划

根据《钦寸水库工程移民安置规划大纲》，钦寸水库淹没影响搬迁移民共计3946户，10345人（未含财产户240户），建设征地范围共涉及新昌县、嵊州市、奉化市3个区（县、市）5个镇乡，涉及土地总面积为14078.12亩，其中农用地9476.79亩，建设用地1663.48亩，未利用地2937.85亩（其中河流水面2450.21亩），涉及基本农田5916.61亩。淹没影响各类房屋共计71.19

万平方米，个体工商户226家，淹没影响新林乡集镇及其机关单位14家，房屋面积共计1.3万平方米，淹没影响企业单位25家，36省道、县级公路、电力、广电、通信、水利水电设施、文物等各类专项设施不同程度淹没，搬迁坟墓6600座，山林处理3.5万亩。淹没区共涉及新昌3个镇乡，29个行政村。

2009年6月，钦寸水库工程建设协调小组第一次会议，明确搬迁移民总人数为10891人，按新昌宁波双方投资比例分摊移民安置任务，宁波市负责安置5080人，新昌县安置5287人，其余524人由新昌县安置，宁波市给予新昌县一定的经济补偿。新昌县内安置地在羽林街道的三联、兴旺、三丰、年泰、王泗州、拔茅、央于、兰沿、大塘坑等村，南明街道的甘棠、梨木、棣山、新民等村，大市聚镇的大市聚、坑西等村。外迁宁波市的移民安置地在镇海、北仑、鄞州、慈溪、余姚、宁海、象山、奉化等8个区（县、市）共196个移民安置点。

2. 移民安置政策

宁波、新昌两地分别于2010年8月、9月出台移民政策。宁波市8个安置区（县、市）也同时出台钦寸水库移民安置办法。钦寸水库移民安置方式以有土安置为主，结合自谋职业安置、自谋出路安置、养老保险安置、无土公寓安置、集中供养安置、投亲靠友安置、人户一致安置等方式进行，每户移民选择其中一种安置方式。农村移民的生产用地通过统筹调剂方式解决，移民安置后的生产用地与安置地村民基本相当。移民宅基地由安置地政府统一安排、统一规划、统一场地平整和基础设施建设，由移民自主建房。按1 ~ 2人为小户，3 ~ 4人为中户，5 ~ 6人为大户安置宅基地建房。非农移民户和无土公寓安置户分配公寓房，公寓房以户为单位按人口数安排建筑面积，标准为40平方米每人。指挥部对移民实施安置补助和奖励。明确到人的补助、奖励和集体资产为县内的43000元每人，外迁宁波的53000元每人。明确移民户实物补偿标准，在实物补偿范围内的房屋、地面青苗及附着物等实物，按《移民安置补偿登记卡》，通过实物价格评估补偿给移民。搬迁移民的山林，按照生态公益林建设要求实行代管，50年的山林代管费为5654元每亩，由水库一次性发放给移民。坟墓搬迁实行集中安置，迁移至库区公益性公墓。水库淹没区、水库影响区和枢纽工程建设区内应予搬迁安置的机关事业单位、企业、个体工商户及专项设施，按照原规模、原标准、恢复原功能的原则进行补偿，由相关负责单位与新昌县政府签订搬迁安置协议，负责搬迁安置。凡扩大规模，提高标准等所增加的投资由权属人承担。耕地淹没影响人口不作搬迁安置，进行生产安置，采取土地开发整理，一次性货币补偿与被征地农民养老保障相结合的方式进行安置。搬迁安置移民均可享受设施配套费等19项规费减免优惠政策。

宁波市对钦寸水库移民实行有土安置，辅以其他安置方式，要求各地对移民的合法权益予以保障。规定移民自取得安置地户籍之日起享受安置地村民（社员）待遇。迁出地村集体经济合作社资产量化到移民个人后转移至安置村，并在开展生产方面进行帮扶。移民建房期间提供6个月临时过渡房，并一次性免费提供必要的基本生活用品。安置移民的八个区（县、市）也出台吸引移民的优惠政策。移民建房政策分别同当地的农民自住房政策相一致。

钦寸水库移民政策涉及面广，类型复杂。2010年8月，钦寸水库工程建设协调小组第二次会议确定移民安置任务资金双包干、专业项目和集镇迁建任务资金双包干的原则，明确双包干的具体任务、完成时间和资金包干总额。移民动迁由新昌县负责，具体由钦寸水库指挥部实施。新昌县内安置由新昌县政府负责，移民安置资金一次性包干。外迁宁波市安置由宁波市政府负责，移民安置资金一次性包干。专业项目和集镇迁建动迁安置由新昌县政府负责，动迁安置资金一次性包干。据此，钦寸水库有限公司与双方政府签订移民安置任务资金双包干协议。

3. 移民动迁安置

为做好水库的移民工作，钦寸水库所在地，新昌县委、县政府举全县之力推动移民搬迁安置工作。县委、县政府成立钦寸水库移民安置工作领导小组，县委书记、县长为组长，县委、县政府、县人大、县政协四套班子全部成员为副组长，全县81个部门一把手担任成员。同时，组建钦寸水库建设指挥部，由新昌县委常委、副县长徐良平任总指挥。库区21个行政村，4千多户移民实行“三联五包”机制。“三联”即县领导联片、部门联村、移民干部联户；“五包”即联系单位包宣传、包动迁、包安置、包经费、包稳定。库区21个行政村分为13个工作片，每个片有2位联系县领导，每个村根据户数确定联系部门，每个部门落实移民干部联系移民户，每个移民干部约13户。全县先后抽调560余名县级各部门干部，参加移民工作。举全县之力，凝全县之智，推进移民征迁。

宁波市为做好移民接收工作，专题召开钦寸水库移民安置动员大会，组织移民干部培训，层层落实安置责任，解决安置点移民安置过程中的土地、建房、落户等各种问题。新昌县派出16名移民干部到宁波8个区（县、市），开展外迁宁波移民安置服务工作，及时解决遇到的问题。2013年12月，钦寸水库工程建设协调小组第六次会议作出库区移民过渡安置的决定，通过过渡安置实施办法，明确临时过渡政策和具体方案，移民动迁安置工作得到快速推进。

钦寸水库移民征迁工作，新昌宁波两地政府重视支持，宁波市水利局、宁波市民政局、新昌县钦寸水库建设指挥部、新昌县移民局协调推动。新昌方和宁波方共同组成的钦寸水库建设团队，从2009年移民实物调查复核、移民安置规划大纲编制、移民安置政策出台、移民安置地点位落实、移民动迁安置全面发动，分批次迁移安置，到2014年淹没区移民动迁安置任务完成，2015年年底，一场大规模、跨流域、跨地区的移民工程基本完成。截至2015年12月31日，完成征用土地面积13718.05亩；完成管理区拆迁房屋73.67万平方米。实际搬迁安置移民11355人（含非农人口350人），搬迁人口涉及新昌3个镇乡，21个行政村。其中外迁宁波安置移民安置到8个区（县、市）72个镇乡170个安置点，共安置移民4585人；新昌县内安置采用宅基地、公寓房和其他安置等相结合方式安置，在4个镇乡（街道）15个安置点（其中13个宅基地安置点、2个公寓房安置点），共安置移民6770人。

（三）葛岙水库工程

葛岙水库位于宁波市奉化区尚田街道，设计总库容4095万立方米。水库工程批准征用建设土地4813.48亩，水库移民范围涉及奉化区尚田街道下蒋村、葛岙村、沙栋头村、排溪村，共计1个街道4个行政村，涉及1615户，4750人。工程批复概算总投资54.91亿元，由宁波市政府、奉化区、鄞州区按比例承担，奉化区政府负责水库的移民工作。

2016 年 3 月，奉化区政府成立葛岙水库建设指挥部，抽调各级干部，全面开展移民工作。到 2018 年 8 月，完成移民安置大纲和移民安置规划的审批。2019 年 2 月正式颁布《宁波市葛岙水库工程移民安置实施办法》等一系列政策。政策主要包含以下内容：

资格认定　对《宁波市葛岙水库工程建设征地移民安置规划大纲》批复的搬迁范围内的人口分门别类地加以明确，对户籍在搬迁范围内的人口和临时在外的特殊人口，按户口登记性质，分别确认为农业移民和非农移民两大类；对户籍在搬迁范围外，但在搬迁范围内有财产的确认为财产人口；对符合相关规定的库区大中专毕业生及其配偶、子女，明确政策处理办法。

生活安置　由于奉化区土地资源紧缺，水库移民全部采用无土安置。根据移民意愿，集中安置在奉化区城区锦屏街道西溪地块，由政府统一规划、统一设计、统一建造高层建筑公寓式住房并成为城市社区。安置办法以参照奉化区集体土地征收时采用的调产安置办法为主，同时结合水库移民安置的要求开展。调产安置有 3 种确认方法：以户为单位并经相关职能部门确权认可的建筑面积调产；以户为单位并经相关职能部门确权认可的土地面积调产；建立住房困难保障制度，以户为单位并经村、街道、宁波市葛岙水库工程移民安置办公室审核认定的家庭人口数（35 平方米每人）调产。库区移民在比对后可以自己选择其中一种类型，调产安置。

生产安置　采取无土安置方式后，生产安置的补偿用于购买移民的社会保障，采用社会保障的形式解决移民失去劳动能力后的生产生活保障问题。同时政府在土地征收时按当地区片综合价全部补偿给移民个人的基础上，再给予库区农业移民一定的参保补助。具体有以下 3 种情况：对符合参保条件的按照《宁波市奉化区被征地人员养老保障实施办法》实施参保，并纳入城镇社保；对不符合参保条件的未成年人，将参保补助发放给其监护人；对已经自行参保的库区农业移民，列入自谋职业对象并给予货币补偿。

2016 年 9 月，省政府发布《关于禁止在宁波奉化市葛岙水库工程占地和淹没区新增建设项目和迁入人口的通告》，水库移民实物调查工作随即启动。根据 2019 年 2 月印发的《宁波市葛岙水库工程移民安置实施办法》，至 2019 年 12 月底，完成库区 1615 户农房调查和社保缴费工作，完成缴费人数 1580 人。完成库区 1274 宗移民房屋土地的评估和初步确权工作，占比 98%。同年 12 月 1 日，全面启动移民正式签约，2020 年 6 月基本完成签约，共计 1503 户，占比 99.2%；完成企事业单位签约 36 家。2020 年 9 月启动工作方案制定、分配细则研究和宣传动员等一系列准备工作，12 月下旬完成电脑摇号。2021 年 2 月 9 日，第一批参加摇号的 1260 户移民，有 1246 户完成选房。剩余少量未选房、选房未签约、已选房已签约未交房移民户，将按具体情况做好落实工作，基本完成库区内外土地征收计 4813.48 亩，基本完成库区旧房拆除计 30.2 万平方米。

2018 年 10 月 29 日水库主体工程（大坝）开工，至 2020 年年底，工程尚在建。

二、区（县、市）属水库移民

2001 年后，宁波市各区（县、市）新建中型水库分别有鄞州区溪下水库、宁海县西溪水库、余姚市双溪口水库和象山县上张水库，各级政府及相关部门按照移民政策，完成各水库征地移民工作。2003—2020 年区（县、市）水库征地移民基本情况见表 10-9。

表10-9　2003—2020年区（县、市）水库征地移民基本情况

库名	总库容/万 m^3	属地	基本情况	备注
溪下水库	2838	鄞州区	水库征地拆迁涉及横溪镇庄家溪、芝溪岙、新洞山、溪下4个行政村。库区淹没及坝区建设用地共2625.5亩；拆迁各类房屋15.9万平方米；移民950户，2162人	2003年7月开工，2006年2月下闸蓄水
西溪水库	8500	宁海县	水库征地拆迁涉及黄坛镇的方田、大庙坪、下潘、徐家、瓦窑山和沙地6个行政村。淹没耕地及永久占地4139.1亩；搬迁移民1206户，3524人；拆迁房屋16.75万平方米。移民定向集中安置在城关镇庙前丁和赵郎场2处	2003年10月开工，2005年7月下闸蓄水
双溪口水库	3500	余姚市	水库征地拆迁涉及余姚市大隐镇章山、云旱、学士桥、芝林4个行政村，以及鄞州区横街镇朱敏、乌岩、惠民3个行政村共2区（市）7个行政村。淹没征用土地2857.89亩；安置移民619户，1636人；房屋8.28万平方米。移民安置涉及大隐镇及章山行政村的4个自然村，有庙下、上磨、下磨、毛家埠	2005年12月开工，2009年5月下闸蓄水
上张水库	2362	象山县	水库征地拆迁涉及西周镇伊家、蔡家田、谢圣岙、上张4个行政村。淹没及工程建设用地2535亩；拆迁房屋10.16万平方米，拆迁集体房屋5041.59平方米；搬迁移民821户计2619人	2003年12月开工，2010年11月下闸蓄水

第十一章　水利改革与依法治水

进入21世纪以后，宁波在治水思路上坚持与时俱进，根据宁波市情水情实际，适时调整水利发展思路，坚持政府主导办水利，更多地发挥市场的作用，突出关键环节创新突破，用深化改革促进水利持续稳定发展。推进水行政管理职能转变、水利政务公开、水行政审批改革，建立水利部门权力清单制度；创新水资源优化配置、治水管水体制机制、水资源管理制度和水务运行一体化；建立以政府投入为主导，政策性与市场化融资为补充，政府扶持与市场配置为标志的稳定增长的水利投入机制；以水利工程建设与运管专业化、市场化、社会化为标志，探索水工程建设与管理创新的运行模式；以出台和梳理6部宁波地方性涉水法规为标志，全面加强水利法治建设。水利改革的不断推进与实践，为实现水利跨越式发展和现代化建设提供动力与保障。

第一节　水行政职能转变

深化水行政审批制度改革，推动水行政管理职能向营造良好发展环境、提供公共优质服务、维护社会公平公正转变，激发市场和社会活力，全面提升水行政管理效能。

一、水行政审批改革

1999年7月，宁波市率先在全省进行行政审批制度改革，压缩行政审批范围，规范审批方式。2002年在第一轮改革基础上进一步削减行政审批、核准事项，提速审批办理时限，从“注重审批”转变为“注重服务”。市、县两级政府设立行政审批服务中心，相关部门在中心设窗口统一对外受理审批事项，逐渐形成“集中审批，一门受理”“主审负责，协审会办”“并联审批，全程代理”“服务承诺，超时默认”等制度，加快行政审批时效。2008年12月，经市机构编制委员会办公室批复同意，市水利局挂牌设行政审批处（在水政水资源处挂行政审批处牌子），对分散在局机关各处室的审批事项进行清理整合，并由行政审批处统一履行行政审批职责。依据市编办（甬编办行〔2008〕53号）和市水利局（甬水利〔2008〕71号）共同确认，整合后的水行政审批项目主要有行政许可备案两类，具体如下：行政许可项目。行政许可项目包括：涉河涉堤建设项目审批（含占用水域审批，城市建设围堵水域、废除围堤审查、围垦河道审核）；河道管理范围内有关活动批准（含护堤护岸采伐林木审核）；江河故道、旧堤、原有水利工程设施填堵、占用、拆毁批准；入河排污口审核；河道采沙许可；非防洪建设项目洪水影响评价报告审批；取水许可；开发建设项目水土保持方案审批；滩涂围垦项目审批；建设项目水资源论证报告书审批；水工程管理范围内修建建筑物审批（含海塘开缺或新建闸门审核）；海塘、堤坝、坝顶兼作公路审批；占用农业灌溉水源、灌排工程设施审批；水工程建设项目符合流域综合规划审查；水工程建设项目防洪规划同意书核准；水利基础项目初步设计文件审查；水利工程建设施工图设计文件审查备案；水利工程开工审批。备案项目。备案项目包括：水工程汛期调度运用计划审批；水库降等报废审批或备案；防洪规划备案；制定防御洪水方案备案；海塘工程建设规划备案；河道管理登记备案；水资源开发和利用保护规划备案；水量分配、调度计划备案。同时，各区（县、市）水行政主管部门对涉水审批事项也进行清理，并增设或挂牌相应的行政审批科室，实行行政审批归口管理。

根据相中央和省、市深化审批制度改革工作部署与要求，宁波市推进水行政审批改革有“扩大县（市）涉水审批管理权限”“市县行政审批层级一体化改革”“最多跑一次”“工程建设项目审批制度改革试点”四项内容。

扩大县（市）涉水审批管理权限　2008年12月，省委办公厅、省政府办公厅印发《关于扩大县（市）部分经济社会管理权限的通知》（浙委办〔2008〕116号），进一步扩大县（市）部分经济社会管理权限事项。按照宁波市政府《关于扩大县（市）部分经济社会管理权限、加强经济社会服务管理的实施意见》，2009 年 5 月市水利局印发《关于落实市委办公厅、市政府办公厅扩大县（市）部分经济社会管理权限的通知》（甬水政〔2009〕29 号），决定将原由市水利局办理的小（1）型水库降等审批、护堤护岸林木采伐审核、河道采砂许可、水利工程建设施工图设计文件审查、农村集体经济组织修建水库审批、水利工程开工审批、滩涂围垦许可、水利工程质量监督管理、开发建设项目水土保持方案审批、入河排污口审核、水工程管理范围内建房审批、占用水工程管理和保护范围审批、招标文件核准、水库水闸控制运行计划共 14 项事权，调整为直接由区（县、市）水行政主管部门办理，报市水利局备案；原由市水利局办理的占用农业灌溉水源及灌溉工程设施审批、水工程建设防洪规划同意书审批、取水许可、建设项目水资源论证报告书审批等 4 项事权，除大中型水利工程和跨县域的项目之外，其余事项均由区（县、市）水行政主管部门办理，报市水利局备案。以上审批放权事项自 2009 年 6 月 1 日起正式执行。

市县行政审批层级一体化改革　2016 年开始，宁波市开展市县行政审批层级一体化改革。对照《宁波市市县行政审批层级一体化改革放权事项目录》（甬政办发〔2016〕144 号）和省水利厅公布的行政许可事项目录，市水利局对原有的权力清单进行调整，并与省水利厅同步取消海塘开缺或新建闸门审核、滩涂围垦项目审批、滩涂围垦规划范围内其他工程设施建设审查 3 项行政许可事项。在改革实施过程中，市水利局印发《关于落实市政府办公厅市县行政审批层级一体化改革放权工作的通知》（甬水政〔2017〕8 号），共计下放行政审批事项 37 项，并对水利部门放权事项目录明细及时作出补充解释，做好放权后对各承接单位的指导，为宁波市直机关中下放事项最多的部门。与此同时，市水利局派人员入驻市行政服务中心集中审批、现场办公、统一办理。以浙江政务服务网宁波平台为依托，推行涉水审批事项全流程网上运行和取水许可证电子证照工作。2017 年梳理出“四星级”行政许可事项 7 项，完成“行政确认”“审核转报”“公共服务事项”以及“其他权力事项”中属于备案、其他审批权、年检等办事服务类事项的“星级服务”标识修改，100% 完成数据共享改造。至同年 12 月，权力清单明确的行政审批 18 个主项、26 个子项全部进驻市行政服务中心，审批事项进驻率、窗口办理率、涉水行政审批及其他行政权力网上运行率均达到 100%。

“最多跑一次”　2016 年，浙江省在全国率先推出“最多跑一次”行政审批制度改革举措。其宗旨是政府部门通过优化办理流程、整合政务资源、结合线上线下、借力新兴手段等方式，简化行政审批环节和办理程序；当群众和企业到政府部门办理审批“一件事情”时，在申请资料齐全、符合法定受理条件的前提下，从政府部门受理申请到作出办理决定、形成办理结果的全过程一次上门或零上门。根据市委、市政府工作部署，市水利局于 2017 年初实施“最多跑一次”改革，按照水利部门工作职能，对市水利局办理的审批事项进行全面梳理，并对列入“最多跑一次”项目按标准体系进行规范，分期对外公布。同年，市水利局首次实施“最多跑一次”事项 18 项，达到市政府提出的“力争覆盖 80% 左右的行政权力事项”的目标要求。2018 年，按照《浙江省水利厅关于公布群众和企业涉及水利办事事项指导目录的通知》（浙水政〔2018〕2 号）要求，结合宁波实际，市水利局制定《宁波市水利局行政审批程序制度》（甬水利〔2018〕81号）等审批制度改革文件，对列入“最多跑一次”的项目作进一步规范，并完成办事事项“主项名称、子项名称、适用依据、申请材料、办事流程、业务经办流程、办理时限、表单内容”8个方面的统一，亦称“八统一”。同时，全面优化完善办事流程和办事指南，并持续推进“互联网+政务服务”建设。通过宁波政务App，先后开通16个审批服务事项掌上办事功能，完成比例达到100%。推广政务钉钉使用，全面应用电子签章，实时更新政务服务网站信息，进行批前批后公示。同年，市水利局有19个主项、30个子项100%实现“最多跑一次”，100%实现网上办事。其中，17个事项实现“全城通办”及“五星级事项”，16个事项开通移动端掌上办事功能。2019年机构改革后，随着局行政职能的变化，动态调整权力事项库事项，将政务服务事项增加到100个。在全部办事事项中，“跑零次”比例达100%，“即办率”达90%，“网上办”达100%，“掌上办”达100%。承诺期限压缩比90%，材料电子化比例达100%。与此同时，除市本级之外，各区（县、市）也涌现出不少创新范例。奉化区水利部门从2018年开始，全面开通涉水项目在线受理、在线审批、在线办结服务，以“八统一”为基础，围绕“四减事项、减次数、减材料、减时间”的服务要求，实现“一窗受理，集成服务”。宁海县水利部门在2019年上半年全面完成宁海经济开发区“区域水资源论证+水耗标准管理”改革的基础上，以上金国际商业文化旅游区主景区二期项目为试点，在全县率先推行涉水审批“多评合一”制度改革，实行“四个一”审批模式，进一步提升涉水事项的审批效能和服务空间。

2020年，市委、市政府全面推进政务服务2.0建设，推出“全城通办”“智能秒办”“无感智办”等政务服务事项，加快打造“无证件（证明）办事之城”。市、区（县、市）水利部门在巩固已有成果的同时，推出“一件事”集成、数字政务迭代升级、监管体系智能转型、“最多跑一次”改革延伸拓面等方面的改革举措。对标群众需求和期望，以“优事项”“优流程”“优数据”“优服务”“优监管”“优机制”“优督考”的“七个优”为切入点，推动政务服务从“单一高效”转向“整体高效”，改革举措从“碎片治理”转向“整体智治”，把惠及局部的改革变为全覆盖整个水利行业的重大变革。

工程建设项目审批制度改革试点　2019年，按照宁波市政府关于工程建设项目审批制度改革试点工作部署，市水利局取消企业小型投资工程项目中“建设项目水土保持方案审批”和“生产建设项目水土保持设施验收报备”2个审批事项，并作为改革试点内容纳入宁波市《关于深化工程建设项目审批制度改革的若干意见》（甬政办发〔2019〕67号）。截至2020年3月，市水利局政务服务事项已缩减至100项，其中行政许可31项、行政确认2项、其他行政权力31项、公共服务36项（含其他项1项）。

二、建立权力清单制度

按照市委、市政府“建立公开权力清单制度”的要求，2014年市水利局对水行政主管部门现有的行政权力和责任事项进行全面清理，依法设定权力清单和责任清单，并经市政府批准后向社会公开，自觉接受社会监督。

权力清单 根据法定权责和上级授权，水行政主管部门的行政权力事项共有226项。其中，市级保留72项、属地管理153项、审核转报1项，共性权力0项。行政许可17项，其中市级保留13项，拟下放4项（滩涂围垦规划范围内其他工程设施建设审查、农村集体经济组织修建水库审批、占用农业灌溉水源与灌溉工程设施审批、滩涂围垦项目审批）；非行政许可2项，其中市级保留2项；行政处罚153项，原则上由区（县、市）政府主管部门属地管理，市级部门除重大事项、跨区域事项、市直管项目等外一般不再直接行使；其他还有行政强制6项，行政征收3项，行政裁决1项，行政确认3项，行政奖励5项，其他行政权力36项（包括备案3项、其他审批权10项、审核转报1项、行政监督检查19项、其他3项）。

责任清单 市级水行政主管部门应履行职责共有110项。其中14个主项、96个子项，涉及机关各处室、水政监察支队、质监站、水文站；与相关部门存在职责边界的共有14项（子项），涉及水政处、办公室、建管处、水政监察支队、三江局、引水办；具有公共服务性质的事项有9项（子项），涉及水政监察支队、水政水资源处、建设与管理处、办公室、市政府防汛防旱指挥部办公室、市农村水利管理处。

三、优化涉水营商环境

2019年，国务院对推进“放管服”改革，优化营商环境，推动社会经济高质量发展提出明确要求。2019年10月，国务院颁布《优化营商环境条例》，从制度层面为优化营商环境提供有力保障和支撑。从2018年开始，市委、市政府在全市部署营商环境“放管服”改革工作，2020年6月市政府制订《宁波市打造国际一流营商环境实施方案》，从提升政务服务水平、深化企业办事“五减”改革、优化商务环境、优化法治环境、优化社会环境5个方面，提出21条具体举措100项任务清单。市级水行政主管部门根据自身行业特点，因地制宜优化提升涉水营商环境。

（一）推行“区域水评+涉水标准”监管方式

2018年12月，市水利局印发《关于推行“区域水评＋涉水标准”改革的指导意见》（甬水利〔2018〕80号），对宁波市省级特色小镇和省级以上各类开发区、产业集聚区等特定区域（以下统称改革区域）企业投资项目提出“标准地”“一窗服务”等具体指导意见。以资源承载力为基础，按照技术规范要求，高质量编制改革区域规划水影响评价；根据区域规划水影响评价结论清单，制定改革区域统一的涉水标准；根据区域规划水影响结论清单和审查意见要求等，制定改革区域涉水审批负面清单，并强化事中事后监管；从加强规划宏观管理入手，创新涉水审批监管模式，大幅减轻企业审批负担。主要“减负”内容包括免于项目评价手续、承诺备案制、涉水评价“三同时”管理。

免于项目评价手续 除列入承诺备案制负面清单外的项目，无需履行项目防洪评价、水土保持、水资源论证手续。

承诺备案制 建设项目实行分类管理，对负面清单之外的建设项目由过去的审批制改为承诺备案制，即在建设项目开工前，建设单位填写具有法律效力的涉水（涉河涉堤、水土保持、取水许可）承诺备案表，经改革区域管理机构签署意见后，向当地水行政主管部门备案，并依法公开相关信息。

涉水评价“三同时”管理 为缩短工程建设项目前期准备时间，允许涉水工程建设项目的水保评价、防洪影响评价、区域水资源论证等同时进行，并实施区域涉水项目“三合一”评价机制。在建设项目投入生产或使用前，由建设单位对照承诺备案的要求，委托第三方机构编制涉水影响竣工验收报告，向社会公开。项目投产后，由属地水行政主管部门会同改革区域主管部门实施项目后续监管。

（二）创新企业用水服务模式

用水报装“221”模式 为持续提升企业获得用水便利性、满意度和获得感，市供水部门从2020年年初开始实施用水报装“221”服务模式，即对无外线工程的普通非居民用户申请用水报装，从用户申请至通水时限不超过2个工作日、环节精简至2个、申请材料精简为1份。截至2020年上半年，全市14项用水服务基本实现“跑零次”，全市累计为企业减免优惠水费6403.34万元，惠及企业超过16万家；供水水质106项综合指标合格率达99.92%，大部分测得结果远优于国标要求。

用水“1000”+“1111”模式 在巩固非居民用水报装“221”成果常态化的基础上，2020年6月市水利局和市城市管理局联合印发《宁波市全面推行获得用水、用气“1000”+“1111”服务模式的指导意见》（甬城管联〔2020〕1号）。从2020年7月1日起，针对全市城市建成区范围内满足通水、通气条件的非居民用户推行用水、用气报装“1000”服务模式和延伸服务“1111”服务模式试点工作。“1000”即用水报装申请后1个工作日完成装表通水，用水（除消防用水）申请零材料、零跑腿、零收费（规费除外）；“1111”即所需材料一次性告知，提供一站式服务，一位客户经理全程跟踪，一张费用清单。依托浙江政务服务网和“浙里办”App供水服务板块，优化完善企业线上服务渠道，落实“一证通办”，提升用户体验。实现用水报装提速增效，提升用户服务满意度，使宁波市“用水报装”指标走在全省前列。

营商环境“1+*N*+*X*”服务模式 2020年6月，宁波市水务企业借力智慧水务建设和精细化管理成果，推出优化营商环境“范围最广、流程最简、效率最高、监管最严、服务最佳、形象最佳”模式，推行“1+*N*+*X*”服务，以96390清泉热线为平台，将所有用水业务纳入统一服务。在城市供水“1000”报装服务的基础上，积极拓展服务内容，相继推出工业供水“411”上门服务、排水“811”检测服务，并引入第三方评价机制，持续塑造和提升宁波水务服务品牌。

（三）健全涉水行业农民工工资保障机制

2020年8月，按照市委、市政府统一部署，市人力资源与社会保障局会同市水利局、市住建局、市交通局、市人行等部门联合印发《关于在工程建设领域全面启用工资支付监管平台的通知》（甬人社发〔2020〕40号），同时启用劳动保障监察“网格化、网络化”体系，对农民工工资支付监管“六项制度”实行信息化管理。根据宁波水利行业实际，市水利局不断强化水利行业拖欠农民工工资问题的治理力度，先后出台相关文件和规定，分别在工资性工程款支付比例、工资专用账户的设立、重要时间节点保障农民工工资发放等方面对业主单位和水利施工企业提出要求。及时修改《宁波市水利建设市场主体施工、设计、监理企业信用动态评价标准》，将水利施工企业拖欠农民工工资问题列为市场失信行为并进行扣分，对涉事、失信企业作为重点监管对象，并与企业信用评价、投标竞标资格等直接挂钩。同时，切实加强政策法规宣传教育。在水利企事业单位、施工现场、民工生活区等地开展《条例》等法规及相关政策宣讲活动，促进水利企业（单位）增强法制意识和自我约束能力，引导农民工树立起理性意识、维权意识，共同打造“水利无欠薪，建设有保障”的良好环境。

四、合理划分事权

2008年年底，浙江省全面实施扩权强县改革，进一步扩大县（市）部分经济社会管理权限，市级水行政主管部门的权限作很大调整，原本按投资规模和工程规模划分的事权很多下放到县级，如市级质量监督机构的质监范围收缩，仅限于市本级和涉及跨县行政区域的工程建设项目。2012年4月，省政府出台《浙江省加快水利改革试点方案》（浙政办发〔2012〕49号），2014年5月省水利厅印发《关于深化水利改革的实施意见》，要求合理界定省、市、区（县、市）、镇乡（街道）水利事权，逐步理顺事权关系，基本做到权责一致。提出县级范围内的水利工程建设、涉水社会管理和公共服务，凡是镇乡、村管理更方便有效的水利事项，由镇乡政府和村级集体经济组织负责管理，县级水行政主管部门加强指导、服务和监督；凡是市场能够有效配置的水利事项，一律交给市场。

2018年省政府作出推进省以下财政事权和支出责任划分改革工作部署，之后宁波市制定《宁波市水利领域市与区（县、市）财政事权和支出责任改革方案》，明确水利领域财政事权按照防洪排涝工程建设管理、水资源保障、水环境治理、灾后水毁重建及修复、水利行业监督管理和水利设施及信息化建设管理、排水设施建设管理、列入省市考核的民生实事工程及水利行业示范创建、水利规划课题政策及水利科技等方面，财政事权划分为市级财政事权、市与区（县、市）共同财政事权、区（县、市）财政事权。

市级财政事权主要承担全市水利重大发展战略布局、流域性或跨区域重要工程体系建立、重要民生领域的重点水利水务工程建设及维护管理，以及由市级及以上主导推动的覆盖全市范围的水利行业管理等水利基本公共服务。具体内容包括市级重大规划编制、重大课题专题研究、重大水利（水务）相关政策的制定和项目前期勘察设计；市区境外引水和水资源保障工程建设及管理；市级水利水务信息化项目建设及管理；市直管闸泵、河湖段、水文监测设施、市级水土保持等项目建设及管理；市级水利行业监督管理；市直管污水处理设施的建设及管理；市区道路“六横六纵”范围内雨污管网和32米以上道路的污水管网维修养护；重点污水处理厂的水质检测及全市污水管网的水质抽检；重点排水户排水许可证发放后的监管等。

市与区（县、市）共同财政事权的具体内容有：流域性防洪排涝工程建设及管理；跨区域水环境水生态综合治理工程建设及管理；流域性水利工程灾后重建及水毁设施修复和非工程措施建设管理；区域性防洪排涝工程建设；区域性供水保障工程建设；大中型灌区续建配套与节水改造工程；区域性水环境水生态综合治理工程建设；列入国家、省、市考核的民生实事水利工程建设；列入国家、省、市考核水利行业示范创建。

改革方案同时规定财政支出责任的具体划分：市级水利财政事权由市级承担支出责任；市与区（县、市）共同财政事权根据政府职能及受益范围、事权的外溢程度、财政保障能力、区（县、市）履行事权的绩效情况等划分支出责任。涉及流域性或跨行政区域的重要节点水利水务工程建设（包括控制性防洪枢纽、生态引水和水净化处理设施）等由市级承担支出责任；非重要节点的流域性或跨行政区域水利水务设施的建设、区域性的水利水务工程建设（包括防洪、排涝、供水、排水和水生态安全等），市级原则上承担核定工程部分投资的支出责任，区（县、市）承担市级以外的支出责任，包括水利工程建设的移民、征地、拆迁等支出责任。核定工程部分投资市与区（县、市）支出责任比例根据受益范围、事权的外溢程度等因素分为5 ： 5和3 ： 7两档；区（县、市）水利财政事权由区（县、市）承担支出责任。

五、创新水利公共管理服务方式

通过转换政府职能，引入竞争机制，在培育水利公共服务市场的同时，按照政府出钱、购买服务、合同管理、考核兑现的要求，对水利工程建设管理、运行管理、维修养护、技术服务等水利公共服务，以政府购买服务等方式由企业或社会组织承担，推动水利公共服务专业化、多元化和市场化，逐渐成为推进水利工程建设和管理体制改革的重要内容。涉及的领域及方式主要有：推行水利工程维修养护市场化改革，实行“管养分离”，把“养”的工作逐步交由水利工程运行维护企业承担，把部分“管”的工作（如工程巡查观测、闸泵运行操作等技术管理工作）也交由市场，实行物业化、市场化、专业化运作，提高管理水平和效率；推行相对集中和村民自治相结合的建管模式，以县为单位组建水利工程建设项目法人，负责本区域内小型病险水库除险加固、中小河道治理、农村饮水安全等中小型民生水利工程建设管理；探索农村水电站群集约化、专业化管理，提升农村水电安全运行和维修养护水平；因地制宜由大中型水库、镇乡水利管理站等机构，开展“以大带小”“小小联合”等区域集中化管理试点，倡导组建专业化水利工程物业管理企业，发展农民水利合作组织，逐步建立起管护、经营、维修等各种功能的社会实体；引导和鼓励水利设计、施工和管理等单位依法组建水利工程协会、水文化研究会等水利行业组织，承接政府职能转移。

随着行政体制改革的不断深入及其职能调整，充分发挥水利学会、工程协会等社会组织的优势，逐渐将水利资质资格认定、技术标准规范编制、科技评审评估、科技奖励推荐、技术职称评定、专技人员培训考核等社会化服务项目向水利行业组织有序转移，推进政府向社会力量购买公共服务。

第二节　水资源管理机制改革

进入21世纪以后，水务体制伴随改革开放的大潮在国内应运而生，宁波市在探索实践中不断推进水务一体化管理模式。2011年，中央1号文件明确要求实行最严格水资源管理制度，2012年

1 月国务院发布《关于实行最严格水资源管理制度的意见》，对实行这项制度作出全面部署和具体安排。宁波市从基本市情、水情出发，加快推进水资源管理制变和水务运营机制改革。

一、实行最严格水资源管理制度

按照中共中央、国务院关于水资源管理的战略决策和浙江省政府《关于实行最严格水资源管理制度全面推进节水型社会建设的意见》（浙政发〔2012〕107 号）的要求，2013 年 7 月，市政府于出台《关于实行最严格水资源管理制度加快推进水生态文明建设的意见》（甬政发〔2013〕84 号），在全市全面实行最严格的水资源管理制度。

（一）确定主要目标

宁波市实行最严格的水资源管理制度的主要目标如下：

2013—2020 年，通过最严格水资源管理制度的实施，用水总量得到有效控制，用水效率显著提高，水功能区水质明显改善；科学合理的水资源配置格局基本形成，防洪安保能力、水资源保障能力显著增强；水资源保护与河湖健康保障体系基本建成，生态脆弱河流和地区水生态得到有效修复；水资源管理与保护体制基本理顺，水生态文明的理念得到强化。

至 2016 年，全市用水总量控制在 24.4 亿立方米以内（平水年）；万元 GDP 用水量控制在 30 立方米以下，万元工业增加值用水量控制在 14.5 立方米以下，农田灌溉水有效利用系数提高到 0.58；重点水功能区水质达标率提高到 71%，县城以上集中式供水水源地水质达标率达到 100%；城市居民生活供水保证率达 95%，集中式农村生活供水保证率达 90%，工业用水保证率达 90%，农田有效灌溉面积率达 85%；城镇污水处理率达 90%，农村污水收集处理率达 71%。

至 2020 年，全市用水总量控制在 26 亿立方米以内（平水年）；万元 GDP 用水量控制在 27 立方米以下，万元工业增加值用水量控制在 13 立方米以下，农田灌溉水有效利用系数提高到 0.60；重点水功能区水质达标率提高到 80% 以上，县城以上集中式供水水源地水质达标率达到 100%；城市居民生活供水保证率达 95%，集中式农村生活供水保证率达 95%，工业用水保证率达 90%，农田有效灌溉面积率达 90%；城镇污水处理率达 95%，农村污水收集处理率达 80%。

（二）划出三条红线

通过建立水资源开发利用控制、用水效率控制、水功能区纳污限制等“三条红线”，守住水资源管理“底线”，实现水资源合理开发、高效利用、有效保护。

水资源开发利用控制红线 按照批准的《宁波市水资源综合规划》，明确各区域用水总量控制要求。区域发展规划的编制和项目的建设，必须进行水资源论证，并与水资源承载能力相适应。按照水资源配置和总量控制的要求，引导产业集聚和结构优化，强化取水审批管理与批后日常监管。落实水资源有偿使用制度，水资源费实行专款专用，主要用于水资源保护、管理和节约。加强对地下水的监督管理和水位、水质监测，打击非法开采地下水的行为。

用水效率控制红线 推进城市供水年度、月度取水计划管理和重点用水户取水、重点水源地供水计划申报制度建设，2015 年前基本实施超计划超定额累进加价制度，推动用水户水平衡测试和节水评估。引导企业树立节水理念，提高用水效率，新建和改扩建项目应制订节水措施方案。对节水设施的建设实行与主体工程同时设计、同时施工、同时投产使用的“三同时”制度，作为项目验收和取水许可专项验收的重要内容。探索节水型社会建设的体制机制，制定符合区域发展的节水产业政策与水资源管理政策，推进城乡生活、工业、农业的节水体系和节水设施建设。

水功能区纳污限制红线　建立县级以上饮用水源和重要流域区域的水质自动监测和预警体系，完善水功能区水质达标评价体系。加大截污纳管力度，完善入河排污口设置的审查管理，加强入河排污口日常监管，打击违法排污行为。加强饮用水水源地保护，公布本地重要饮用水源地名录，推进生态清洁型小流域和饮用水水源地保护示范村建设，加大对环境治理和水源保护的政策支持力度。通过生态补偿专项资金、饮用水水源保护财政转移支付、区域协作和挂钩结对资金、水环境治理资金的投入，逐步加大对饮用水水源地的经济补偿力度，促进饮用水水源地和其他地区的协调发展。

（三）落实责任主体

2017年11月，宁波市政府成立宁波市水资源管理和水土保持工作委员会（甬政办发〔2017〕132号），研究决策、统筹协调全市水资源管理和水土保持工作相关重大问题。由副市长担任主任，政府有关职能部门主要负责人任委员。委员会下设办公室，办公室设在市水利局。

根据宁波市政府《关于实行最严格水资源管理制度加快推进水生态文明建设的意见》，各级政府为实行最严格水资源管理制度的责任主体。政府主要领导对本地区最严格水资源管理制度的实施工作负总责，水利、发改、环保、城管、经信、林业、财政、物价、规划、国土等部门按照各自职责均承担具体责任分工。各区（县、市）政府按照国家、省和市政府的要求，结合当地实际，均制订实行最严格水资源管理制度的具体实施意见，逐级落实责任，并实行严格问责制。

（四）建立考核评价机制

2014年1月，宁波市政府办公厅印发《宁波市实行最严格水资源管理制度考核办法（暂行）》（甬政办发〔2014〕2号）。2015年12月，市水利局、市发改委、市经济与信息化局等十部门联合印发《宁波市实行最严格水资源管理制度考核工作实施方案》。2017年12月，经市政府同意，宁波市水资源管理和水土保持工作委员会印发《宁波市实行最严格水资源管理制度考核办法》《宁波市“十三五”实行最严格水资源管理制度考核工作实施方案》。

考核指标分为3个大项8个指标，其中：3个大项包括用水总量控制指标、用水效率控制指标、水功能区限制纳污指标；8个指标包括用水总量、生活和工业用水量、万元工业增加值用水量、万元GDP用水量、农田灌溉水有效利用系数、重要水功能区水质达标率、城镇供水水源地水质达标率、跨行政区域河流交接断面水质保护等情况。工作综合测评包括用水总量管理、用水效率管理、水资源保护、政策机制、基础能力建设、荣誉与奖励6个方面。

考核评分采用评分法，根据得分划分为优秀（不低于90分）、良好（不低于80分但低于90分）、合格（不低于60分但低于80分）、不合格（低于60分）4个等级。考核分为宁波市政府对各区（县、市）政府的考核和浙江省政府对宁波市政府的考核。2015—2020年市政府对各区（县、市）政府考核结果统计见表11-1。

表 11-1　2015—2020 年市政府对各区（县、市）政府考核结果统计

年份	考核结果	区域
2015	优秀	余姚市、宁海县、象山县
	良好	江北区、镇海区、北仑区、鄞州区、奉化区、慈溪市
2016	优秀	北仑区、宁海县、象山县
	良好	江北区、镇海区、鄞州区、奉化区、余姚市、慈溪市
2017	优秀	北仑区、余姚市、宁海县
	良好	海曙区、江北区、镇海区、鄞州区、奉化区、慈溪市、象山县
2018	优秀	海曙区、北仑区、奉化区、余姚市、慈溪市、宁海县
	良好	江北区、镇海区、鄞州区、象山县
2019	优秀	北仑区、鄞州区、余姚市、慈溪市、宁海县
	良好	海曙区、江北区、镇海区、奉化区、象山县
2020	优秀	北仑区、鄞州区、宁海县
	良好	海曙区、江北区、镇海区、奉化区、余姚市、慈溪市、象山县

同期，省政府也对宁波市政府进行考核，2014 年、2015 年考核等级为良好；2016—2020 年考核等级为优秀。

二、推进水务一体化建设

20 世纪末开始，国内深圳、上海、大连等一批城市先后推行水务管理体制改革，实行“一龙管水”。宁波市因地制宜在探索实践中不断开拓，以“水安全、水资源、水环境”统筹和“政企分开、政事分开”改革为动力，稳步推进水务一体化建设，逐渐改变水资源管理条块分割，水利水务规划、建设、管理不协调的问题，提高水事综合调度指挥能力，为缓解宁波市水资源供需矛盾、推动水环境综合治理等发挥统一高效的作用，主要在组建原水集团、深化供排水行业改革、建立水务企业一体化运行新格局、推动传统水利向城市水务转变 4 个关键环节和重点领域取得突破。

（一）组建原水集团

2004 年，经市政府反复研究与协调，决定组建宁波原水集团。基本方案是以宁波市水利投资开发有限公司（1995 年 12 月成立，系市水利局所属全民所有制自收自支事业单位）为基础，将市政府所属的独资公司（拥有白溪、周公宅水库公司的主要股权资产）改制为市、区（县、市）两级政府共同投资管理的股份制公司。组建目的是对多个水库的水资源实行统一管理和统一调配，同时进一步盘活国有水利资产，做大做强水利投融资平台。

2004 年 10 月，市水利局牵头组织对市本级控股的白溪、周公宅水库，姚江水源工程和鄞州、奉化、北仑、镇海和江北等“11 库 1 江”水源工程进行资产评估，并报国资部门核准。2005 年 12 月，宁波市政府常务会议同意宁波市水利投资开发有限公司股权化改造方案，即在原宁波市水利投资开发公司基础上，新组建宁波原水（集团）有限公司。资产结构以股权化方式，分别由宁波市国资委、奉化市水利局、鄞州区水利局三方以国资监管部门核准的评估净资产协议作价，共

同出资，按股收益。其中，宁波市国资委以宁波市水利投资开发有限公司（控股的白溪水库、周公宅水库）和姚江水源工程评估后净资产出资9.67亿元，占公司股权的37.5%；奉化市以亭下水库、横山水库工程评估后净资产出资8.74亿元，占公司股权的33.9%；鄞州区以皎口水库、横溪水库、三溪浦水库、溪下水库工程评估后净资产出资7.37亿元，占公司股权的28.6%。宁波原水（集团）组建后，原宁波市水利投资开发有限公司、宁波市姚江大闸管理处的全部资产和债权、债务均由组建后的原水集团公司承担。同月，宁波市原水（集团）有限公司获准成立，并完成工商注册登记，主营业务为水资源开发、利用、保护及相关涉水行业。市本级由市水利局作为集团公司的股东派出代表，会同相关区（县、市）股东代表组成集团公司董事会。市国资委负责监管市级国有资产保值增值考核。

新组建的原水（集团）有限公司根据相关法律、法规规定，服从当地政府有关防洪、供水、灌溉等行政指令，服从各级水行政主管部门的应急调度指令。纳入原水集团后原工程管理单位的机构性质、人员编制、财政关系、社保渠道等保持不变，并实行“一套班子两块牌子”模式。

2007年9月，经宁波市工商行政管理局批准设立企业集团，企业名称为宁波原水集团。母公司名称变更为宁波原水集团有限公司。至2015年12月，原水集团有限公司股东增至4个，即宁波市政府国有资产监督管理委员会、奉化市投资有限公司、宁波市鄞州区水利建设投资发展有限公司和国开发展基金有限公司，分别占注资资本的39.35%、30.31%、27.9%和2.44%。2019年3月，公司股东—宁波市人民政府国有资产监督管理委员会股权全部无偿划归宁波开发投资集团有限公司。2019年4月鄞州、海曙行政区划调整后，原水集团进行股权调整，股东增至5个，即宁波开发投资集团有限公司、奉化区投资有限公司、鄞州区水利建设投资发展有限公司、海曙开发建设投资集团有限公司和国开发展基金有限公司，分别占注资资本的38.07%、29.33%、9.74%、20.52%和2.34%。

经过一系列的股权化改造，宁波市原水集团有限公司发展成为一个以水资源开发为主、多种经营为一体的国有企业，经济效益、社会效益和生态效益的齐头并进。截至2019年年底，集团公司总资产已达92.46亿元，有企业员工407人（不含各水库公司事业编制人员）。下辖7家分公司，即皎口水库分公司、亭下水库分公司、横山水库分公司、横溪水库分公司、三溪浦水库分公司、溪下水库分公司、原水管道分公司；7家控股子公司，即宁波市白溪水库建设发展有限公司、周公宅水库建设开发有限公司、宁波市葛岙水库开发有限公司、宁波原水上善控股有限公司、宁波酬勤水利项目管理有限公、宁波白溪房地产开发有限公司、宁波白溪物业服务有限公司；4家参股子公司，即浙江钦寸水库有限公司、宁海江家湾水资源开发有限公司、宁波它山奇境文化旅游发展有限公司、宁波原水环境检测有限公司。

（二）深化供排水行业改革

2010年以前，宁波城市供水、工业供水和排水业务分属宁波市自来水总公司、宁波市工业供水有限公司、宁波市城市排水有限公司3家企业管理运营。2012年12月，市政府印发《宁波市水务管理运营体制改革总体方案》（甬政办发〔2012〕285号），旨在整合城市供水、工业供水和排水等水务资产，组建集供水、排水和污水处理为一体的供排水集团公司，与宁波原水集团有限公司实行上、下游分段经营。按照现代企业制度要求，建立集约化管理、产业化运作、市场化经营的水务管理运营新体制。

2013 年 12 月，经市政府批准，宁波市自来水有限公司、宁波工业供水有限公司、宁波市城市排水有限公司 3 家企业资产进行整合重组，新组建宁波市供排水集团有限公司。2014 年 5 月，宁波市供排水集团有限公司正式挂牌运营。2018 年 3 月，宁波市供排水集团有限公司成立工程建设管理分公司，为二级法人机构，承担供排水管网建设和为供水、排水企业提供技术保障。2019 年 4 月，宁波市供排水集团有限公司注册成立宁波杭州湾新区自来水公司，承担向宁波杭州湾新区供水运行任务。同年 7 月，宁波杭州湾新区自来水公司挂牌，全面完成对杭州湾新区供水业务的接收，实现宁波城市供排水产业链开始向城市周边区域延伸。9 月，根据《宁波市人民政府、国家开发投资集团、中国水环境集团战略合作协议》，宁波市供排水集团有限公司与国投生态环境投资发展有限公司、上海信开水务产业有限公司三方共同出资 10 亿元，注册成立宁波市涌开水环境发展有限公司，致力于打造水环境综合治理与绿色融合发展的“宁波模式”。

经过 6 年多的产业化改革，宁波市供排水集团有限公司成为一家以自来水及工业用水生产供应和销售服务、污水处理及相关供排水基础设施投资、建设和运营管理为主体，集供排水工程设计、施工，再生水利用及相关供排水项目投资开发等多种经营为一体的国有水务集团。截至 2020 年年初，宁波市供排水集团有限公司拥有注册资本 21.73 亿元，从业人员近 2500 人（其中正式员工 1512 人）。集团下辖宁波市自来水有限公司、宁波市城市排水有限公司、宁波工业供水有限公司、宁波杭州新区自来水有限公司 4 家子公司、1 家工程建设管理分公司和 1 家参股公司（宁波市涌开水环境发展有限公司）。

（三）建立水务企业一体化运行新格局

2020 年 4 月，宁波市政府印发《宁波市水务环境集团有限公司组建方案》，将宁波市原水集团和宁波市供排水集团合并改组为宁波市水务环境集团。集团公司为市属国有企业，国资监管由市国资委直接管理，水务行业监管由市水利局指导管理，企业主要负责人由市委管理。

按照市政府决策部署，水务运营、水环境治理一体化改革以水资源开发利用为主线，开展水利水务工程、水环境治理、水生态修复、水资源保护等涉水业务综合开发，推动产业链向两端延伸，形成输水、制水、供水、净水、排水、污水处理、中水回用等于一体的水务全产业链。按照“整体设计、分步实施”和“先易后难、先城市后区（县、市）”的原则，限时、分阶段推进实施。2020 年 7 月，宁波市水务环境集团有限公司完成工商注册，奉化、海曙、鄞州、国开发展基金持有的市原水集团全部股权整体进入市水务环境集团水资源管理子公司（持股比例分别为 29.33%、20.52%、9.74%、2.34%），各股东按照持股比例享有的权益仍按原协议约定保持不变。同月 16 日，宁波市水务环境集团有限公司正式挂牌成立。水务环境集团公司主要业务有水资源管理、供水服务、水环境治理、水务工程 4 个板块，下设供水服务事业部、水环境事业部和水资源管理子公司、水利工程子公司。

（四）推动传统水利向城市水务转变

为解决涉水行政管理部门分割、政出多门、责任主体不明确的弊病，按照水务管理新体制、新格局的要求，2019 年政府机构改革时，市委、市政府对宁波市水利局的职能配置及内设机构作很大调整：将原市综合行政执法局（市城管局）承担的“市供水、排水、节水”和“城区内河管理”行业管理职责划转至市水利局。改革后的市水利局除承担原水利局的行政职能外，增加全市供水、排水、节水的行业管理及对管网设施的维护、养护和监管，负责供、排水特许经营管理，以及做好对供排水企业行业指导等；增加城区内河管理包括审批、河道及设施的维修养护、换水等日常管理职责。在市级层面上基本实现集水利、供水、排水、节水、污水处理等职能于一身，城乡一体，水行业全覆盖“一龙管水”的水务一体化管理体制，从体制和机制上保障对水的系统管理和协调治理。

与此同时，各区（县、市）因地制宜在水务运营管理一体化改革方面也进行探索实践。2016年2月，象山县委、县政府颁布《关于象山县水务体制改革的实施意见》，组建成立象山县水务集团公司，为政府直属国有独资企业，将原由县水利局承担的6座中型水库运行管理职能和县住建局所属的供排水职能，统一划归县水务集团公司承担，集团公司现辖有象山县原水有限公司、象山县自来水有限公司、象山县污水处理有限公司和象山县水务建设投资有限公司4家子公司，承担全县原水、供水、排水的建设运行管理任务。2019年实施政府机构改革时，鄞州区将全区内河管理、供水排水、节约用水、污水处理等涉水职能从区综合行政执法局（区城市管理局）划入区水利局。

三、推进水价改革

继确立水的商品属性，资源水和水利工程供水从无偿使用变为有偿使用之后，近20年宁波市不断推进水价改革。确立并完善水价制定原则；区分不同的供水和用水，实行不同的价格形成办法和管理办法；逐步提高水资源费和水价，使偏低的状况得到改善；开征污水处理费；推行阶梯式水价、阶段性差别水价等计价制度，促进资源节约型和环境友好型社会建设。

（一）城市用水定价向市场化过渡

受计划经济的惯性影响，宁波城市供水价格长期处于较低水平。从1988年开始，虽然每隔2～3年对水价进行调整，但由于调价幅度小，加上供水成本增加，供水价格仍然偏低，未能客观反映城市供水成本，低水价不仅影响供水企业效益，而且也越来越不适应社会对供水优质服务的需求。近20年，宁波市实施供水价格多元化改革，稳步推进水价市场化定价。

调整用户分类 从2004年1月起，宁波市区调整自来水用户分类，运用价格杠杆调控用水供求关系，即由原来的居民、机关部队团体及事业单位、工业、商饮业、建筑旅游宾馆5类，调整为居民、行政事业、工商企业和特种行业4类。2006年6月，再次将市区自来水用户进行分类调整，即居民生活、非经营性、经营性、特种行业，并按类别和用途制定用水价格。2006年7月开始实施居民生活用水分级计价。同时，提高污水处理费在水价中的比重。

开启市场化定价机制 2009年，由于原水价格和水环境整治与保护费用提高，以及东钱湖水厂、毛家坪水厂、城市供水环网工程等一批新建供水工程相继投入运营，导致原水成本、折旧费用和财务费用大幅上升。据宁波市物价局测算，2009—2010年供水单位售水定价成本分别为2.98～3.45元每立方米。随着供水成本增加，原有的供水价格已不能体现其应有的商品价值。根据宁波城市供水成本和污水处理费用增加实际情况，考虑水资源税、制水成本、供水企业合理利润等三方面因素，市物价主管部门运用市场化定价机制，回归城市水价应有的商品价值，确定2009—2010年的供水价格，并实行分步调整措施。

实施阶梯式计价和阶段性差别水价政策　2012年5月，宁波市通过国家节水型城市现场考核验收。为巩固和深化节水型城市建设成果，促进节水型城市建设，市政府决定自2013年8月1日起，对市属供排水服务区域内居民用水实施阶梯式水价制度。居民阶梯水价按照年度用水量为单位，当累计水量达到年度阶梯水量分档基数上限后，开始实行阶梯加价。同年，市委、市政府颁发《关于加快培育和发展战略性新兴产业的若干意见》（甬党发〔2012〕147号），提出对“810实力工程”企业和高成长企业实行优惠的差别水价，对战略性新兴产业新建项目所需的能源消耗和环境容量指标，优先予以保障等激励措施。12月，市发改委（市物价局）印发《关于实行差别水价政策的通知》（甬价管〔2012〕121号），对认定公布的“810实力工程”企业和高成长企业实行水价优惠政策。自来水销售价格在现行价格基础上降低0.20元每立方米。2013年年初，市发改委（市物价局）发出《关于公布执行差别水价政策的战略性新兴产业高成长企业培育名单和期限的通知》（甬价管〔2013〕2号），对认定公布的高成长企业，优惠政策有效期限为3年；对认定公布的“810实力工程”企业，优惠政策有效期限为1年。2016年5月，宁波市物价局再次对认定公布的高成长企业实行的差别水价政策进行调整，售水价格由当时优惠每立方米0.20元扩大到0.40元。

（二）推行农业水价综合改革

根据《国务院办公厅关于推进农业水价综合改革的意见》（国办发〔2016〕2号）和《浙江省人民政府办公厅关于印发浙江省农业水价综合改革总体实施方案的通知》（浙政办发〔2017〕118号）精神，2018年，市政府印发《宁波市推进农业水价综合改革实施方案》（甬政办发〔2018〕141号），明确在2018—2020年3年内，全市完成农业水价综合改革实施面积244.78万亩，计划任务按年度分解到区（县、市），分步骤组织实施。

2018年，宁海县率先出台农业水价综合改革绩效考评办法、精准补贴及节水奖励办法、农业水价综合改革联席会议制度等政策文件，并在长街镇九江灌区开展改革试点，同年，实施面积2万亩，并通过省级考核。2018年年底，全市累计完成农业水价综合改革实施面积34.2万亩。

2019年，改革进入全面推进阶段，全市完成实施面积150.8万亩，超额完成年度任务。2020年，改革进入巩固扫尾阶段，至10月底，历时3年的农业水价综合改革全面完成。全市共完成农业水价综合改革实施面积245.08万亩。余姚幸福村等23个行政村创建为省级农业水价改革示范村，余姚市、奉化区、鄞州区、宁海县建成市级示范区（县、市）。2018—2020年宁波市农业水价改革任务完成情况统计见表11-2。

表11-2　2018—2020年宁波市农业水价改革任务完成情况统计

序号	区域	验收得分	总任务 / 万亩	完成面积 / 万亩
1	余姚市	98.5	59.61	59.61
2	奉化区	97.5	29.89	29.89

续表

序号	区域	验收得分	总任务 / 万亩	完成面积 / 万亩
3	鄞州区	97	21.18	21.18
4	江北区	96.5	9.46	9.46
5	镇海区	96	4.32	4.32
6	宁海县	94.8	26.29	26.29
7	海曙区	94.8	14.97	14.97
8	北仑区	94.6	9.55	9.55
9	象山县	94.5	24.95	24.95
10	慈溪市	94	44.86	44.86
合计		95.82	245.08	245.08

四、建立生态补偿和水权交易机制

（一）饮用水水源地生态补偿

为维护饮用水水源保护区群众利益，支持水源地村镇环境整治，2004年起宁波市率先启动对奉化市大堰镇等10个承担向宁波城区供水任务的水源地镇村实施库区生活垃圾集中收集与外运，市里给予专项资金补助。2006年12月市政府颁发《关于建立健全生态补偿机制的指导意见》（甬政发〔2006〕119号），确立保护区生态补偿机制的基本框架。之后，随着加强生态保护及补偿政策的陆续出台，生态补偿机制进一步得到完善。

补偿范围与内容　以生态功能区划为基本依据，对重要生态功能区、水系源头地区及自然保护区、饮用水源保护区和生态公益林等重点保护对象实施生态补偿。承担向宁波城区供水任务的水源保护区补偿对象主要为余姚、奉化、宁海、鄞州（2016年后部分调整为海曙）的有关镇乡（街道）。对按时完成水源保护任务、达到生态环境保护要求的地区，给予相应的财政补助和奖励。

补偿方法和途径　随着经济社会发展、政府财力提升和生态保护补偿机制的不断完善，市财政逐步增加预算安排，重点支持以饮用水水源保护区、生态公益林等为重点的生态环境保护与治理工作，并在原有相应资金管理模式不变的前提下，将其专项资金统一纳入生态补偿专项，形成聚合效应。实行挂钩型生态补偿，建立水环境保护行政责任制，严格执行跨界河流交接断面水质管理制度，确保交接断面水质达到规定标准，对跨区（县、市）河流水体，在确保功能区水质稳定达标的前提下，由市政府给予相关区（县、市）适当的补助和奖励 。

2019年，全省部署对供水人口在10000人或日供水1000吨以上的饮用水水源地（简称“千吨万人”以上水源地）实施“划、立、治”工作，2020年2月省生态环境厅批复宁波市开展“千吨万人”以上饮用水水源保护区划分试点方案，确定全市53个“千吨万人”以上饮用水水源保护区总面积为1573.76平方千米，占全市陆域面积的16.72%。

结对扶持机制　从2009年起，在国内率先建立城市用水区与供水库区结对扶持机制，实行用水城区与供水库区挂钩结对扶持，对饮用水水源地进行专项生态补偿。挂钩结对扶持工作每四年为一轮。第一轮为2009—2012年，用水城区与供水库区10个镇乡挂钩结对扶持，每年扶助资金标准 100 万元每对；第二轮为 2013—2016 年，每年扶助资金标准增至 150 万元每对；第三轮为 2017—2020 年，每年扶助资金标准提高至 200 万元每对。至 2020 年年底，经过三轮挂钩结对扶持，10 个用水城区累计为 10 个供水库区镇乡提供扶助资金近 2 亿元。

（二）跨区域“水权交易”

进入 21 世纪以后，宁波市探索以市场化方式，尝试跨区域“水权交易”，既解决受水方缺水难题，又提高供水方的工程建设效益，促进区域水资源优化配置和高效利用。2001 年建成投运的慈溪梁辉水库引水工程和 2004 年开工建设的汤浦水库至慈溪引水工程[1]成为全国探索实践“水权交易”的成功案例。

第三节　水利建设投融资改革

水利投入是加快水利基础设施建设的重要保障。2000 年以后，市委、市政府深入贯彻落实中央决策部署，坚持政府和市场两手发力，水利投资实现较快增长。据统计，从“十五”至“十三五”，全市水利投资分别完成 105 亿元、210 亿元、383 亿元和 512 亿元，20 年累计完成 1212 亿元，这主要得益于中央和省、市政府公共财政投入稳定增长，金融加大对水利建设的支持和水利投融资机制不断创新。近 20 年来，市、县两级政府及水利部门坚持从实际出发，抢抓机遇，锐意进取，不断探索水利投融资新方法、新途径，持续推动宁波水利在改革创新中不断发展。

一、完善投融资体制

（一）设立地方水利建设基金

财政投入长期在水利建设投资中一直占主导地位。为确保水利建设投入稳定增长，1994 年宁波市开始征收地方水利建设基金。1997 年，市政府出台地方性规章，规范水利建设基金的征收和使用管理。

1. 水利建设基金（1997—2010 年）

1997 年 12 月，市政府印发《宁波市水利建设基金筹集和使用管理实施办法》，自 1997 年 1 月 1 日起施行，到 2010 年 12 月 31 日止，实施期为 13 年。水利建设基金的主要来源是：从收取的政府性基金（收费、附加）中提取 3%；从城市维护建设税中划出 15%。用于市区“三江六岸”及市区河道的清障护岸等防洪工程建设。水利建设基金主要用于重点水利工程的建设、中小河流治理、城市防洪设施建设等。水利建设基金首先用于现有水利工程的建设和维护。

2003 年 6 月，市地方税务局印发《关于征集水利建设专项资金若干政策问题的通知》（甬地税〔2003〕125 号），对水利建设基金的征集进行规范。2008 年 8 月，市地方税务局印发《关于水利建设专项资金若干政策问题的通知》（甬地税〔2008〕103 号），对水利建设基金征集范围和对象、

---

[1] 详见第五章第二节水资源开发。

征集标准、征集与缴纳方法、缴纳期限等进行调整。2000—2010年，地方水利基金累计投入水利建设约100亿元。

2. 水利建设专项基金（2011—2016年）

2010年12月，中共中央、国务院印发《关于加快水利改革发展的决定》，要求进一步完善水利建设基金政策。2011年1月，财政部、国家发改委、水利部联合印发《水利建设基金筹集和使用管理办法》（财综〔2011〕2号），对水利建设基金的筹集和使用管理作出规范。同年12月，宁波市政府发布《宁波市地方水利建设基金筹集和使用管理实施细则》（甬政办发〔2011〕354号）。实施期限自2011年1月1日起执行，至2020年12月31日止。

实施细则规定，宁波市水利建设基金属于政府性基金，按照“分级筹集、分级使用”的原则，基金收支纳入政府性基金预算管理，用于地方水利建设，实行专款专用，年终结余结转下年度安排使用。主要来源包括从各级收取的车辆通行费（限于政府还贷）、城市基础设施配套费（包括城市市政基础设施配套费和集镇配套设施建设费）、征地管理费收入中提取3%；凡有销售收入或营业收入的企事业单位及个体经营者，按销售收入或营业收入的1‰计征地方水利建设基金；银行（含信用社）按上年利息收入的0.6‰，保险公司按保费收入的0.6‰计征地方水利建设基金，信托投资公司、证券公司、期货公司、金融租赁公司、财务公司等各类非银行金融机构，按业务收入的1‰计征地方水利建设基金；从中央对宁波市成品油价格和税费改革转移支付资金中每年定额安排不低于0.3亿元纳入市级地方水利建设基金，同时各区（县、市）不再从市对各地成品油价格和税费改革转移支付资金中安排地方水利建设基金；宁波市区、余姚市、奉化市、宁海县等有重点防洪任务的区（县、市）和慈溪市、象山县等水资源严重短缺地区，从征收的城市维护建设税中划出不少于15%的资金，用于城市防洪和水源工程建设，具体比例由各有关区（县、市）政府确定，其中江东区、海曙区和宁波保税区统一从城市维护建设税中按15%划转地方水利建设基金，并全额上缴市级，用于宁波市区防洪。

根据市财政局《关于水利建设专项资金预算管理问题的通知》（甬财政农〔2010〕423号）规定，各区（县、市）征收的地方水利建设基金按规定比例统一上缴市级，纳入市级地方水利建设基金管理使用。

为减轻企业负担，促进实体经济更快发展，2016年上半年，省委、省政府印发《关于进一步降低企业成本优化发展环境的若干意见》。同年10月，省财政厅、省地税局联合发布《关于暂停向企事业单位和个体经营者征收地方水利建设基金的通知》。11月1日（费款所属期）起，宁波市暂停向企事业单位和个体经营者征收地方水利建设基金。

（二）搭建水利投融资平台

从20世纪90年代开始，市、县两级政府及水利部门因地制宜，先后组建一批水利投资公司，作为水利建设融投资平台。进入21世纪以后，各地在原有平台的基础上重新整合水利资产，对水利融投资平台进行升级改造。

1. 市级平台

1995年，宁波市水利局筹建成立宁波市水利投资开发有限公司，为局属全民所有制事业单位，具有法人资格，经济独立核算，自负盈亏。公司主要职责是管理市级水利资产，负责市级水利资金的投放和管理。公司成立后，先后以出资人或项目法人、代建单位，承担白溪水库工程建设市级投资出资人，宁波城市防洪工程核心区段堤防、甬新闸等工程建设项目法人或代建单位。

2005 年 12 月，市政府决定对市级水利融投资平台进行重组升级。即在原宁波市水利投资开发公司的基础上，将由市本级控股的白溪水库、周公宅水库、姚江水源工程和奉化亭下水库、横山水库、鄞州皎口水库、横溪水库、三溪浦水库、溪下水库等共“8 库 1 江”水源工程资产进行整合，组建宁波原水（集团）有限公司，注册资本 20 亿元，由宁波市国资委、奉化市和鄞州区三方共同出资入股。重组改造后，原水集团总资产扩大到 32.5 亿元，其中净资产 28.3 亿元（进入集团公司净资产为 25.7 亿元）。截至 2019 年年底，原水集团公司总资产规模达到 92.46 亿元。原水集团从 2005 年成立至 2019 年年底，集团公司及其子公司向国家开发银行等 20 余家在甬金融机构累计融资达 101 亿元（包括中长期贷款 73 亿元，运用融资租赁、票据、债券等金融工具融资 28 亿元），先后为周公宅水库、钦寸水库、葛岙水库以及水库群联网联调工程等重点水利建设提供水利融资服务。

2. 县级平台

为有效破解水利建设资金瓶颈制约，各区（县、市）因地制宜，先后组建一批不同模式及资产结构的水利投融资平台。其中比较典型的有：余姚水利局于 2001 年 4 月注册成立余姚市水资源投资开发有限公司（以下简称水投公司），为国有独资有限责任公司，注册资本 2.6 亿元。自公司成立至 2009 年年底，水投公司作为项目法人，先后为余姚最良江拓浚工程、四明湖水库除险加固、牟山湖拓浚扩容、蜀山大闸工程、梁辉水库隧洞引水以及海塘除险治江围涂等 36 项水利工程建设，累计投资约 36 亿元。与此同时，到 2019 年公司自有资产也从筹建初期的 3.9 亿元增加到 45.2 亿元。宁海县打造国有水利投融资实体企业平台，通过整合县内 5 座中型水库及天明湖调蓄池等国有水利资产，于 2016 年 3 月组建宁海县水利投资有限公司，并以此为水利融资平台，在海塘除险加固、农村水系综合治理等工程建设中，获得国家开发银行、中国农业发展银行等政策性银行的金融支持。2019 年 9 月，县水投公司将城区防洪排涝项目中需求迫切、条件成熟的 12 个项目进行整体打包，获得世界银行 6.5 亿元低息贷款支持，有效缓解工程建设融资难局面。截至 2020 年，宁海县水利投资有限公司资产规模发展到 72 亿元，先后为五大溪流治理、东部沿海水系治理、城区防洪治涝工程等重点水利建设投融资 30 亿元左右。

此外，慈溪、鄞州、奉化、象山、镇海等地也在推进国有水利企业改革重组，打造水利投融资平台等方面均做积极探索。利用平台解决水利建设资金不足、融资难等问题，进一步推进当地水利工程建设。

（三）创新多元化投融资模式

20 年来，各地创新融投资方式，拓宽水利投融资渠道，吸引社会力量投入水利建设。主要包括“以地养水”“PPP”合作投资以及“BT”投融资等方式。

1. “以地养水”

“以地养水”方式是政府通过土地划拨、围垦造地等，将拍卖土地所得及土地增值溢价用于支持水利工程建设。如奉化区水利局与工程项目所在镇乡（街道）合作，运用“以地养水”方式，通过土地增减挂钩和土地资源的整合，将新增再生土地用于覆盖高价值区域的建设用地，土地收益或地块溢价优先用于支付项目工程费用。按照“谁得益谁出资”的原则，盘活土地经营权，利用整治后河边、湖边、库边升值的土地资源，在不改变土地性质和用途的前提下，由镇乡（街道）或行政村（土地业主）通过招商引资把土地租赁出去，盘活建设资金。通过“售后回租”，将确权后的河道、水库、山塘等范围内的确权土地及水利设施以一定价格让渡给金融机构，再以租赁方式保留对设施使用权和控制权（租赁期结束后重新取得水利设施所有权）的方式开展租赁融资。

奉化区水利局工程项目所在镇乡街道进行合作，灵活运用“以地养水”等方式，补充公共财政水利建设资金不足，基本实现民生水利建设项目资金平衡。通过土地增减挂钩、土地资源的整合等方式，将新增再生土地用于覆盖高价值区域的建设用地，土地收益或地块溢价优先用于支付项目工程费用。按照“谁得益谁出资”的原则，盘活土地经营权，利用整治后的美丽河边、湖边、库边升值的土地资源，在不改变土地性质和用途的前提下，由镇乡（街道）或行政村（土地业主）通过招商引资把土地租赁出去，盘活建设资金。通过“售后回租”，将确权后的河道、水库、山塘等范围内的确权土地及水利设施以一定价格让渡给金融机构，再以租赁的方式保留对设施的使用权和控制权（租赁期结束后重新取得水利设施所有权）的方式开展租赁融资。

余姚市采用“以地促工程，以工程带地”策略，充分利用级差地租和土地出让收益，补充水利建设资金，具体如下：

利用工程周边级差地租，补充水利资金。把房地产开发与城市防洪工程建设建设相结合，实行统一规划，统一审批征地，以防洪工程建设和水环境改观带来的土地级差地租收益作为工程建设资金的补偿。由于水利工程的建设，尤其是城市工程建设，有效改善工程项目周边的环境，提升周边土地的价值，从而产生很大的级差地租，为后期的水利建设提供可预期的资金来源。

利用项目建设整合土地资源，实现建设投资滚动发展。近年，余姚市在城区四闸下移工程中，整合土地500亩；在牟山湖工程中，整合土地700亩；在双溪口水库工程中，整合土地1020亩。截至2020年，余姚市水资源投资开发有限公司整理、整合的土地资源被列入政府储备土地的有2.76万亩。由于有确权后的水利设施和置换出的土地作为保障，投资风险远远低于其他的投资项目，银行融资也更容易。

实施围垦造地，为后续水利建设储备财力。根据杭州湾潮水特点和浙江省钱塘江整治规划的要求，余姚市水利部门在国家政策允许范围内，实施围涂造地工程，用所围的土地换取政府对水利建设资金的保障，实施海塘除险加固和其他工程建设。截至2020年，余姚水利部门已围涂37000亩，按当地现时的用地价格计算，围涂产生的价值远远超过投资。充裕的建设项目开发资金储备，为实现水利可持续发展提供保障。

2.“PPP”合作投资

公共私营合作制（Public Private Partnership，PPP）指在公共服务领域，政府采取竞争性方式选择具有投资、运营管理能力的社会资本，双方按照平等协商原则订立合同，由社会资本提供公共服务，政府依据公共服务绩效评价结果向社会资本支付对价的一种运作模式。2019年2月，市政府出台《关于进一步推进政府和社会资本合作规范发展的实施意见》（甬政办发〔2019〕16号），将“PPP”水利合作投资项目列入政府项目库管理。宁波市水利系统实施“PPP”合作投资模式起步晚，尚处在探索阶段，目前涉及的水利建设项目主要有宁海县西店新城围填海工程、宁海县东部沿海防洪排涝工程和慈溪市城区潮塘江排涝工程（二期）等。

3.“BT”投融资

“BT”投融资模式于21世纪初才在国内兴起。2003年，建设部颁布《关于培育发展工程总承包和工程项目管理企业的指导意见》(〔2003〕30号)，鼓励有投融资能力的工程总承包企业，对具备条件的工程项目，根据业主的要求按照建设—转让（BT）等方式组织实施。宁波市采用“BT”模式建设的水利工程主要有慈溪建塘江两侧围涂工程和镇海澥浦大闸外移工程[1]。

4. 境外合作开发投资

21世纪初，省、市（绍兴市、宁波市）决定动工建设新昌钦寸水库。2006年1月，宁波市政府与新昌县政府协商一致，双方合作共同投资建设钦寸水库，水库建成后向宁波市年供水1.26亿立方米。项目批复概算总投资55.19亿元，确定宁波方出资比例为49%，新昌方出资比例为51%。工程于2009年2月动工兴建，2017年3月下闸蓄水，2020年6月正式向宁波供水。

二、拓宽融资渠道

2013年12月，中央经济工作会议提出将加快水利建设作为“稳增长、调结构、促改革、惠民生”的一项重大举措。为贯彻落实中央的决策部署，水利部协调人民银行和有关金融机构，先后出台多项水利金融优惠政策。宁波市综合运用财政和金融政策，争取金融支持水利发展，推进经营性水利项目进入融资市场，推进融资对接和企业发债融资。2015年，宁波市在全国率先试点建设普惠金融综合示范区。

（一）地方政府（水利项目）债券

2015年3月财政部颁布《地方政府一般债券发行管理暂行办法》(财库〔2015〕64号)，2020年12月财政部再次颁布《地方政府债券发行管理办法》(财库〔2020〕43号)。宁波市首例使用地方政府债券筹集水利建设资金的项目，是江北区姚江二通道（慈江）工程—堤防整治及沿线闸泵（江北段）工程。项目由宁波市江北区江河水利投资开发有限公司负责实施，工程概算总投资为7.609亿元。2017年7月，江北区江河水利投资开发有限公司向江北区财政局提出申请，要求发行地方政府债券以支持水利工程建设。同年9月，江北区财政局批准下达2017年新增地方政府债券（宁波市自发自还）资金1亿元，使用期限为7年，年利率3.85%，所筹资金专项用于姚江二通道（慈江）工程—堤防整治及沿线闸泵（江北段）项目建设。2018年9月，江北区江河水利投资开发有限公司再次获得江北区财政局下达的2018年新增地方政府债券资金1亿元，使用期限为10年，年利率4.05%。

在市级重点工程中，葛岙水库工程建设利用地方政府债券补充建设资金缺口。在工程建设期内，累计获得宁波市财政局地方政府债券资金19.8亿元。

---

[1] 详见第七章第二节围垦。

（二）水利建设债券

宁波市以水利企业法人为主体发行水利债券的公司，其中宁波原水集团公司是一个比较成功的案例。2010年11月—2018年9月，宁波原水集团为筹集钦寸水库工程、水库群联网联调工程等重大水利项目建设资金，经市财政和上级主管部门批准，通过发行水利债券的方式，共计融资28亿元。其中，2010年11月—2012年9月，发行短期融资券3期，每期4亿元，每期期限为1年，累计融资12亿元；2013年10月，发行中期票据4亿元，期限为5年；2014年12月—2015年5月，发行融资租赁债券2期，每期期限为8年，合计融资3亿元；2015年4月—2018年9月，发行私募（定向）债券3期，每期期限3年，合计融资9亿元。

三、推行水利保险救助试点

宁波气候复杂多变，台风、暴雨等自然灾害易发频发，防洪救灾任务重、压力大。通过“水利+保险”这一市场化手段来提高应对重大灾害风险能力，是宁波市探索实践的一个创新举措。

（一）公共巨灾保险

2014年11月，宁波市政府出台《关于开展巨灾保险试点工作的实施意见》（甬政办发〔2014〕211号），并开始实施巨灾保险试点。公共巨灾保险投保人为宁波市政府，购买保险所需经费由市财政统筹安排，并通过公开招投标选择承保的保险公司，按照约定条款缴付保费、承担风险、提供服务[1]。2015—2020年宁波市巨灾保险累计赔付率统计见表11-3。

表11-3　2015—2020年宁波市巨灾保险累计赔付率统计　　单位：万元

年份	年度赔付	累计赔付	年度保费	累计保费	累计赔付率/%
2015	7824	7824	4200	4200	186
2016	1621	9445	5700	9900	95
2017	47	9492	5700	15600	61
2018	347	9839	4080	19680	50
2019	2956	12796	4080	23760	54
2020	38	12834	4080	27840	46

注：2020年巨灾保险累计赔付截止时间为9月底。

（二）大中型水库防洪超蓄救助保险

2019年7月，奉化横山水库管理局与太平洋产险奉化支公司签署横山水库防洪超蓄救助保险合作协议，根据协议横山水库每年累计可获得最高250万元的超蓄风险保障。这一由宁波市水利局联合太平洋产险宁波分公司首创开发的水库超蓄救助类创新保险，于2019年4月获批宁波市国家保险创新综合试验区实施领导小组办公室为期3年的创新立项保护。

---

[1] 详见第三章第五节抢险救灾。

因历史原因，若库区界限不明及尚有移民不彻底的水库，一旦遇调洪拦蓄往往会造成库区上游百姓财产的淹没损失。过去超蓄淹没造成的经济损失大多由政府“买单”，相关善后工作也由政府完成，政府面临巨大的救济救灾压力。为解决因水库防洪超蓄带来的社会和经济难题，市水利局联合保险公司在对全市大中型水库超蓄、调蓄、泄洪等三种情形的风险和损失状况进行分析研究的基础上，精心设计大中型水库防洪超蓄救助保险创新方案。方案确定：保险范围为水库库区因洪水位上涨可能的上游淹没区；保险标的为水库库区因调洪拦蓄可能发生淹没的房屋和农田、经济作物等财产损失；保险赔偿以水库征地水位线作为起付水位，以划定不同水位线对应不同赔付金额为依据，当发生灾损并由水库主动向保险公司提供相关赔偿数据资料后，保险公司经核对无误应按照合同载明的赔偿标准计算赔款金额，由保险公司快速支付至水库账户；保险赔款由水库进行管理及使用，必要时保险公司协助水库开展第三方（即受灾户）损失确定及赔款分配工作。

投保人横山水库管理局（管理站）每年交纳保费 40 万元，保险期三年，逐年签单。横山水库作为全国首个利用保险创新超蓄救助的大中型水库，发挥首创示范效应，由“横山模式”的成功经验，复制推广至四明湖、亭下等大中型水库，打造出防洪超蓄救助保险的“宁波范本”。

（三）堤防（海塘）灾害综合保险

象山县海岸线长达 800 千米，有一线海塘 109 条、长 201.4 千米，沿塘水闸 247 座。2010—2019 年，共有 30 个台风登陆或影响象山，全县投入水毁水利工程修复资金累计 2 亿余元。

2020 年 8 月，宁波市首个堤防（海塘）灾害综合保险落地象山，仁义塘等 5 条海塘获得中国太保产险 1.4 亿元的风险保障。这是全市首个创立的堤防（海塘）灾害综合保险项目，保险期限为 3 年，由象山县水利和渔业局与中国太平洋财产保险股份有限公司象山支公司签订协议。

此项险种为堤防（海塘）灾害综合保险，保额 1.4 亿元。保险对象为象山县大目湾海塘一期和二期、仁义塘、新桥南北塘、昌国海塘等 5 条总长度 13.289 千米的堤防（海塘）。赔付条件包括：因自然灾害或突发性非灾意外事故造成参保海塘的结构破坏、漫顶、溃堤、决口、堤面滑移失稳、堤基掏空、堤面附属设施损失等直接物质损失或灭失；海塘养护人员或灾害发生后抢险救灾人员，在工作过程中因意外事故造成的人身伤亡，以及因抢险救灾导致的救灾设施、设备等财产灭失（合同约定此项最多可获赔 800 万元）。

投保人象山县水利和渔业局，每年缴纳保费为 28 万元。首期保险时间为 1 年。堤防（海塘）灾害综合保险项目的设立，以“人 + 物”为核心的双重保障机制，保障范围涵盖由政府管理的水利资产损失和相关养护、救灾人员的人身伤亡风险，为参保海塘构建起“识别 + 预警 + 处置”的闭环管理服务机制。

第四节　建设与管理体制改革

2001—2020 年，宁波市立足实际，在全省率先开展工程建设管理改革、建设市场管理改革、水利工程建管体制改革等方面的多项改革举措。

一、工程建设管理改革

随着水利投资体制改革的深入，政府投资水利项目的建设管理逐渐推行“代建制”、设计采购施工总承包（EPC）、工程质量与安全分级监督、建设工程担保管理等改革新措施，通过水利建设项目专业化管理，提高投资效益和管理水平。

（一）政府投资项目代建制

“代建制”是指政府通过招投标等方式，选择专业化的项目管理单位，签订代建合同，负责项目建设的组织实施，并承担控制项目投资、质量、工期和施工安全等责任，项目竣工验收后移交使用单位的项目建设管理制度。

2002年，宁波市即制定《宁波市关于政府投资项目实行代建制的暂行规定》（甬政办发〔2002〕128号），首次把“项目代建制”运用到基础设施和社会公益性政府投资项目。2004年7月，国务院印发《关于投资体制改革的决定》（国发〔2004〕20号）。2005年1月，浙江省政府颁布《浙江省政府投资项目管理办法》（省政府令185号）；同年2月，浙江省发改委印发《浙江省政府投资项目实施代建制暂行规定》（浙发改法规〔2005〕130号），为规范政府投资项目管理，加快推行非经营性政府投资项目代建制提供政策和法律依据。之后，各地非经营性水利投资很多项目采用“代建制”，宁波原水集团有限公司、余姚市水资源投资开发有限公司、慈溪市围涂综合开发有限公司、奉化市安澜建设发展有限公司、鄞州区水利建设投资发展有限公司、北仑区水利投资有限公司、镇海围垦工程有限公司、宁海县水资源开发投资有限公司、象山县水利投资有限公司等一批国有水利企业，成为全市非经营性政府水利投资项目代建的主力军，并在项目代建制实践中发展壮大。

2012年10月，省水利厅出版《水利水电工程代建制项目管理》手册，对水利建设项目代建管理作出规范。2015年2月，水利部出台《关于水利工程建设项目代建制管理的指导意见》（水建管〔2015〕91号），鼓励各地探索社会化和专业化的多种水利工程管理模式，推动政府水利投资代建项目引入市场化机制。2014年以后，江北大河整治工程（农村段）、孔浦闸泵工程、姚江二通道（慈江）工程—慈江闸站、姚江二通道（慈江）工程堤防整治及沿线闸泵江北段，镇海区姚江二通道（慈江）工程—堤防整治及沿线闸泵（镇海段）Ⅱ标段等项目，均通过公开招标的方式选择代建单位，取得良好的成效。

（二）设计采购施工总承包（EPC）

设计施工总承包是指从事工程总承包的企业受业主委托，按照合同约定对工程项目的可行性研究、勘察、设计、采购、施工、试运行（竣工验收）等实行全过程或若干阶段承包的建设管理模式。通常在总价合同条件下，工程总承包企业对承包工程的质量、安全、工期、造价全面负责。EPC，即设计、采购、施工的组合，是设计施工总承包最主要的一种方式。

2011年中央一号文件出台后，国内开始探索水利建设项目设计施工总承包（EPC）模式，宁波市属于较早探索EPC模式的地区之一。经宁波市政府批准，2014年初开工建设的甬新、铜盆浦、泗门3座应急泵站首次采用EPC建管模式。2015年4月，大石碶强排泵站工程首次通过公开招标方式选择 EPC 总承包单位。同年 11 月，市水利局针对 EPC 模式推行过程中出现的一些新问题，印发《宁波市水利建设项目工程总承包指导意见》，促进 EPC 建设管理模式在全市推广。之后，江北区姚江倪家堰堤防临时封闭工程、江北区慈江闸站工程、镇海区张鑑碶闸站、澥浦闸站等水利工程建设，均采用 EPC 建设管理模式。截至 2019 年年底，全市采用 EPC 建设管理模式的水利工程项目达 20 个，并全部选择设计企业为总承包单位。

（三）工程质量与安全分级监管

2000 年以前，水利工程水利质量监督工作分别由部、省、市三级负责，未要求设立县级水利工程质量监督机构。1998 年 11 月，省水利厅出台《浙江省〈水利工程质量监督管理规定〉实施细则》（浙水政〔1998〕712 号），明确省、市质监机构的监督范围，即省质量安全监督中心站负责对全省大、中型水利水电工程组织实施质量监督；市质监站负责本市除省质监中心站受监以外的水利水电工程的质量监督。据此，各区（县、市）大量的水利工程建设项目的质量与安全监督工作基本上由市级直接承担；小型水利工程由各区（县、市）水利部门及质监分站负责监督管理。

2008 年 11 月，《浙江省水利工程安全管理条例》颁布，明确市、区（县、市）两级政府对水利工程安全管理责任。2009 年 8 月，市水利局印发《关于宁波市水利工程建设质量与安全监督有关管理权限的通知》，明确市、县两级水利工程质量与安全监督工作的职责权限。宁波市水利工程质量与安全监督机构负责市级及以上政府部门审批（初步设计）的水利工程项目的质量与安全监督工作；区（县、市）水利工程质量与安全监督机构负责各自行政区域内除规定由市级监督以外的水利工程项目质量与安全监督工作，并协助宁波市水利工程质量与安全监督站开展质量与安全监督工作。要求尚未独立设置水利工程质量与安全监督机构的区（县、市），在 2010 年年底之前完成机构组建。截至 2010 年年底，全市除海曙区、江东区（于 2016 年划归鄞州区）外，其他区（县、市）均成立独立的水利工程质量与安全监督站。2017 年，海曙区在行整区划调整后，同步成立海曙区水利工程质量与安全监督站。至 2018 年年初，市、县两级水利工程质量与安全监督分级管理体系全面建成。

二、建设市场管理改革

（一）招投标监管体制

2000 年 1 月《中华人民共和国招标投标法》（以下简称《招标投标法》）颁布后，市计划委员会（市发改委）设立宁波市重点建设工程招标投标办公室，负责市级重点工程招投标监管工作。水利、交通、建设（住建）等行业部门，均各自设立招标投标管理办公室。市水利局水利水电工程项目招投标办公室设在局建设与管理处，负责除市级重点工程以外的市级审批水利工程项目招投标监管工作；各区（县、市）水利部门均设立水利工程招投标监管机构，负责本级审批水利工程项目招投标监管工作。随着宁波市工程建设项目尤其是水利水电工程项目逐年增多，工程建设项目招标投标“多头管理”的体制也逐渐显露出一些问题和弊端。

2002 年 6 月，宁波市正式启动市级公共资源交易平台建设，同年年底，宁波市招投标中心挂牌成立，成为全国较早设立的招投标平台之一。

2003 年 1 月，宁波市公共资源交易平台（对内称“市经济发展服务中心招投标大厅”）投入运行，市招投标中心等交易办理服务机构及招标代理、公证等中介机构均进驻市平台设立窗口，水利、交通、建设（住建）等部门的工程建设招投标项目第一批进入市公共资源交易平台进行运作。除海曙、江东、江北三区纳入市招投标统一平台外，其他区（县、市）于同年相继建立招投标统一平台并投入运行。

2004 年 1 月，市政府颁布《宁波市招标投标管理暂行办法》（市政府令第 117 号），对宁波市招标投标活动实施的范围、程序、监管以及中介服务等方面均作详细规定。市、区（县、市）发展计划行政主管部门负责指导和协调本行政区域内的招标投标工作，水利、交通、建设（住建）等工程建设项目招投标仍由各级行政主管部门负责监管。市和区（县、市）两级依法设立的招标投标服务机构为招标投标活动提供开标、评标、中标公示的场所和信息网络等方面的服务。

2005 年 5 月，市政府印发《关于加强市招投标统一平台建设的若干意见》（甬政发〔2005〕38 号）。同时，成立宁波市招投标工作管理委员会，下设办公室（简称“市招管办”）作为管委会的工作机构，指导和管理市级各部门招投标工作。

2007 年 5 月，市水利局印发《宁波市水利工程建设项目招标投标监督管理实施细则》，规范水利工程建设项目招标投标监督管理。同年 9 月，市招投标工作管理委员会更名为市公共资源交易工作管理委员会，下设办公室，即“市公共资源交管办”；市招投标中心随之更名为“市公共资源交易中心”（2008 年挂牌）。12 月，市发改委、市监察局、市公共资源交管办联合印发《宁波市重点工程项目招标投标监督管理实施细则（试行）》（甬发改重点〔2007〕567 号），对招投标综合管理机构和招标投标当事人的行为进行规范，进一步强化市重点工程项目招标投标监督管理。

2011 年 8 月，根据市政府机构改革“三定”方案，水利、交通、建设（住建）等行政主管部门各自负责的工程项目招投标监管职能和相关工作转移至市公共资源交易中心。2015 年 12 月，《宁波市招标投标管理办法》以市政府第 227 号令发布，明确要求各行政主管部门对本行业的招投标活动委托市公共资源交易主管部门集中监督管理，形成由宁波市公共资源交易主管部门牵头，各行政主管部门分工负责，行政主管部门与招投标监管机构相互制约、各司其职、“管办分离”的监管体制，有效解决招投标活动中“同体监督”的问题。

2018 年 3 月，市水利局会同市发改委、市公共资源交易管理办公室联合印发《宁波市水利水电工程招标投标资格审查办法和招标评标办法（试行）》（甬资交管办〔2018〕5 号），进一步规范水利水电工程招标投标行为。2020 年 4 月，根据市委、市政府有关营商环境整治工作部署要求，由市公共资源交易管理办公室牵头，会同水利、发改两部门联合发布甬资交管办〔2020〕3 号文件，对上述《办法》进行修订。

（二）标后履约管理

在水利工程建设项目招投标活动及监督管理不断强化的同时，标后履约管理依然存在诸多薄弱环节，项目中标单位不履行投标承诺、转包、违法分包、机械设备未及时到位、关键岗位人员到位率低等不良现象时有发生，严重影响水利建设市场的正常秩序和水利工程项目建设的顺利进行。

2013 年年初，市水利局着手部署工程建设项目标后履约管理等问题的专项整治工作。同年 1 月，市水利局印发《关于深入推进“阳光水利建设”的实施意见》，要求政府投资和使用国有资金总投资在 500 万元以上的水利建设项目，从工程立项审批至竣工验收涉及的各个主要工作环节，必须按照规定实施全过程公开。同时，在宁波水利局网站设置“阳光水利建设”窗口，开辟阳光水利建设工作动态、水利建设项目过程公开、水利建设资质审查公开、水利建设从业信息公开等专栏，及时向社会公布水利工程项目建设有关信息。同年 12 月，经市政府法制部门核准，市水利局印发《宁波市水利工程项目标后管理办法（试行）》（甬水利〔2013〕89 号文），对 500 万元及以上国有投资水利工程建设项目的建设、勘察、设计、施工、监理等单位履行招投标承诺和工程合同约定等事项进行监督管理。监管重点包括：合同订立和履行、备案管理、设计变更、施工和监理主要人员及现场管理、资金使用管理等内容；对建设单位的合同履约责任、水行政主管部门对本行政区域水利建设项目的标后管理和检查职责、评标专家的自由裁量权以及水利专家组管理、项目招标投标监督管理部门的标后评估等作出规范性规定；对建设主体履约过程中违法违规行为的处罚标准等作出具体规定。

标后管理办法在全省水利系统有诸多创新举措。例如：在全省首次探索实践工程项目标后再评估；首次明确建设单位的相关履约责任，以及各级水行政主管部门对本行政区域内水利建设项目标后管理与检查的职责。标后管理办法的施行使设计变更管理更加规范，对中标单位关键管理人员要求更加严格，建设单位的履约责任更加明确，同时对水行政主管部门提出更具体的监管要求。标后管理办法实施以后，全市水利建设项目标后履约过程中的各种乱象基本上得到遏制，工程项目合同履约率普遍提高。

（三）市场信用体系建设

2014 年 9 月，水利部、国家发改委联合印发《关于加快水利建设市场信用体系建设的实施意见》（水建管〔2014〕323 号），全国推行水利建设市场信用体系建设。宁波市水利建设市场信用体系建设起步比较早，2013 年《宁波市水利建设市场主体信用信息管理的基本思路与对策建议》被水利部编入《水利系统优秀调研报告（第十四辑）》。同年 12 月，市水利局开发宁波市水利建设市场信用信息平台，于 2014 年 9 月投入试运行，这是省内首个水利建设市场信用信息平台。2014 年 10 月，市水利局印发《宁波市水利建设市场信用信息管理暂行办法》和《宁波市水利建设市场信用信息平台填报办法》，对市场主体基本信息、人员信息、业绩信息以及不良记录等信息的报送、审核、公示和查询作出规范。2015 年 6 月，市水利局会同市发改委、市公共资源交易管理办公室等部门联合印发《宁波市水利建设市场主体信用动态评价管理办法（试行）》《宁波市水利建设市场主体信用动态评价结果应用管理办法（试行）》《宁波市水利施工企业信用动态评价标准（试行）》《宁波市水利建设市场主体不良行为等级认定标准（试行）》。同年 9 月，信用体系管理和信用评价子系统投入试运行，并将信用评价等级结果与招投标活动、监督检查、创优评先、工程担保费率挂钩，实行差异化监管。2016 年 1 月，通过对施工单位的动态信用评价，自动形成第一批施工企业信用评价等级结果，分为 A、B、C、D 四个等级。

2018年3月，市水利局、市发改委、市公共资源交易管理办公室联合印发（甬资交管办〔2018〕5号）文件，规定招投标活动根据信用等级高低加分，从政策上落实“守信激励”和“失信惩戒”机制。同年12月，市水利局对施工企业信用动态评价标准进行修订，扩大信用动态评价范围，印发《宁波市水利建设市场主体施工、设计、监理企业信用动态评价标准的通知》，同时完成宁波市水利信用平台升级及设计监理信用评价系统开发。通过信用评价，2019年7月自动形成第一批设计、监理企业信用评价等级结果。

宁波市水利建设市场信用信息平台经过多轮升级改造，成为覆盖全市水利建设、施工、设计、监理等企业主体，包含企业资质、在建项目、工程业绩、专业人员资格、良好行为、不良行为等关键要素的网络信息系统和监督管理机制，相关的信用信息数据向宁波市综合诚信数据库实时推送，实现全市互联共享。

（四）工程建设担保管理制度创新

为防范工程建设风险，2017年10月，市水利局会同市发改委、市公共资源交管办、市金融办和宁波银保监局联合印发《宁波市水利建设工程担保管理办法（试行）》，把工程担保设定为投标担保、施工承包人履约担保、工程质量保证担保等3种形式，并鼓励采用银行、保险公司等第三方担保。根据宁波市水利建设市场主体信用信息评价等级，对各类承包人提供的工程担保实行差异化管理。例如，在履约保证担保方面，承包人为宁波市优秀建筑业企业，履约担保金额度占合同价款的1%；工程合同签订时（本季度）承包人信用评价为A级的企业，履约担保金额度占合同价款的2%；信用评价为B级的企业，履约担保金额度占合同价款的3%；信用评价为C级的企业，履约担保金额度占合同价款的4%；信用评价为D级企业或未参与宁波市信用评价的企业，履约担保金额度占合同价款的5%。在质量保证担保方面，工程承包人在办理质量保证担保手续时，本季度信用评价为A级的企业，质量保证担保额度占合同价款比例的1%；信用评价为B级的企业，质量保证担保额度占合同价款比例的1.5%；信用评价为C级的企业，质量保证担保额度占合同价款比例的2%；信用评价为D级企业或未参与宁波市信用评价的企业，质量保证担保额度占合同价款比例的2.5%。

实施工程建设担保管理制度这一改革举措，这在全省水利行业开创先河。2017年10月至2020年年底，全市水利建设工程累计投保3413单，服务水利施工企业581家，释放保证金8.3亿元，为企业减负6097万元，取得较好的经济效益和社会效益。

为进一步规范水利建设工程担保行为，2020年12月，市水利局等有关部门对《担保管理办法（试行）》进行修订，制定《宁波市水利建设工程担保管理办法》。新办法中担保内容增加农民工工资支付保证担保条款，并对第三方担保以及合同履约分段滚动担保等内容作详细规定。同时，将履约担保额度占合同价款的比例调整为：信用评价为A级的企业，占比1%；信用评价为B级的企业，占比1.5%；信用评价为C级的企业，占比1.8%；信用评价为D级的企业或未参与宁波市信用评价的企业，占比2%。将质量保证担保额度占合同价款的比例调整为：信用评价为A级的企业，占比1%；信用评价为B级的企业，占比1.2%；信用评价为C级的企业，占比1.3%；信用评价为D级的企业或未参与宁波市信用评价的企业，占比1.5%。

三、水利工程建管体制改革

2001年以后，宁波市水利工程管理体制改革，大致经历两个阶段：2010年之前，主要在县级以上水管单位开展水管单位管理体制改革；2010年以后，各地探索小型水利工程运行与管理体制改革。

（一）市、县级水管单位体制改革

2003—2004年，中央和省相继颁发水利工程管理体制改革有关文件，明确今后一个阶段水利工程管理体制改革的目标、任务。根据中央和省要求，2005年6月，市政府第49次常务会议审议并通过《宁波市水利工程管理体制改革的若干意见》，确定以定编定岗（简称“两定”），落实人员与养护经费（简称“两费”）为重点水管单位管理体制改革，用3年左右时间完成县级以上水管单位管理体制改革。

市级水管单位改革　改革前，市水利局直管单位包括白溪水库管理局、姚江大闸管理处、亭下水库灌区管理处、江北翻水站、甬江奉化江余姚江管理所5家，改革后合并为宁波市白溪水库管理局、宁波市三江河道管理局2家[1]。其中：宁波市白溪水库管理局定编人数调整为40人，落实“两费”668万元（2008年），其中人员和公用费用为615万元，日常维修费用为53万元；宁波市三江河道管理局，核定事业编制39个，落实“两费”820万元（2008年），其中人员与办公经费582万元，日常维修养护经费238万元（市财政经费426万元，水费和行政事业收费394万元）。

县级水管单位改革　改革前，全市县级水管单位有43个，其中水库管理单位34个、水闸管理单位5个、河道管理单位1个，泵站管理单位3个，在编职工1804人。改革后有40个水管单位，其中水库管理单位30个、水闸管理单位2个，灌区管理单位1个，其他水管单位7个，核定编制1045人，在职职工1015人。2009年2月，县级水管体制改革验收工作全面完成。全市县级水管单位均定性为事业单位，核定编制人数与在职人数基本持平，“两项费用”100%落实，专项工程和维修加固项目费用由市、县两级财政负责，职工工资和福利待遇不低于当地平均水平，工程能够及时进行维修养护。2008年县级水管单位落实“两项费用”12549万元，其中人员及基本支出10864万元、维修养护经费1685万元（财政拨款3670万元、行政事业收费434万元、水电费收入8445万元）。

（二）小型水利工程水管体制改革

近20年，宁波市各区（县、市）对小型水利工程管理体制改革进行有益的探索，并取得一定进展。但小型水利工程管理仍存在管护主体缺失、管护责任难以有效落实等问题，影响工程安全运行和效益充分发挥。2015年3月，市水利局、市发改委、市财政局联合印发《关于深化小型水利工程建设与管理体制改革的实施意见》（甬水建〔2015〕24号），正式启动全市小型水利工程建设与管理体制改革。

经过前期水利普查排摸，宁波市纳入管理体制改革的小型水利工程共有3562项，包括小型水库358项、中小河流及堤防241项、小型水闸1423项、小型农田水利工程1019项、农村饮水安

---

[1] 详见第十四章第一节市级水利机构。

全工程387项和小型水电站134项。改革范围包括县级及以下管理的小型水库、山塘、非标海塘、小型水闸、小型农田水利工程（堰坝、泵站、沟渠、喷微灌工程等）、日供水1000立方米以下的农村供水工程、县级及以下河道堤防工程等小型水利工程。改革重点主要体现在小型水利工程集中建管、工程设施产权确认和物业化管理等3个方面。

1. 集中建管

随着水利工程管理体制改革的推进，宁波市各区、县（市）对小型水利工程的建管模式进行有益尝试。

镇海区作为全国深化小型水利工程管理体制改革试点县，从2014年开始，全区共有56项工程被列为试点改革。在小型水利工程管理方面，该区将区水利管理总站更名为镇海区水利管理中心，并对全区小型水利工程设施实行集中建管，通过“定机构、定人员、定经费、定职责”等措施，初步建立起有利于水利工程安全运行、工程效益充分发挥、水资源可持续利用和发展的管理运行机制。同时，按照管理权限划分，逐级成立区、镇（街道）、村三级水利工程运行管理机构，分级管理全区所有水利工程的运行。区农村水利管理站、区江海塘管理所以及镇海区十字路水库管理处等单位具体负责区级水利工程运行管理；各镇（街道）农业服务中心挂牌成立水利服务站，村（社区）落实村级水务员，明确职责和考核目标，全面负责所属小型水利工程、设施（排灌渠、山塘、泵站、河道堤防等）的监督管理和日常管护。截至2014年年底，镇海区及相关试点工程全部完成小型水利工程管理体制改革试点任务，并通过国家水利部和省水利厅考核验收。

慈溪市作为全省水利工程标准化管理试点县，将水利工程标准化建设与完善小型水利工程长效管护机制同步推进。在产权不变的前提下，将东部片区2个镇乡所辖4座小型水库委托慈溪水利局进行“小小联合”模式的统管，实现水库管理处负责调度运行、安全管理、生产经营。属地镇乡负责水源保护、抢险救灾、禁钓管理，各司其职，各取所长。针对小型水利工程在管理中存在专业管理人员不足、维修养护不及时等突出问题，采用“以大带小”管理模式。中型水库管理单位兼管邻近小型水库，实行经费统一下达，水资源统一调配。借助中型水库专业优势，实现小型水库与中型水库同质化管理。

象山县全面实行水库山塘巡查员、河道保洁员、村级水务员、水政协管员的“四员合一”制度，建立一支“职能明确、一人多岗、考核合格、服务到位”的农村水务员队伍，同步提高管理人员报酬和素质，提升小型水利工程管理水平。同时，该县通过成立水务集团，将原水利局下辖的6座中型水库统一划归集团管理。

奉化区通过撤并原区水利水电建设服务公司、用水管理办公室、机电排灌站三家单位，新组建区农村水利与河道管理处，实施全区农村饮用水、农业节水、灌区改造、机电排灌、农村小水电以及骨干河道建成区、重要排涝挡潮碶闸的一体化管理。

余姚市为确保小型水利工程管理体制改革实施，通过政府文件等形式明确水利工程管理单位及管理责任主体，并在全省率先制定《水利工程标准化建设项目资金管理办法》《水利工程运行维修养护管理办法》，明确水利工程资金补助额度和各级承担比例。2020年11月，余姚市被水利部列入第一批深化小型水库管理体制改革样板县（水利部公告〔2020〕第20号）。

2. 工程设施产权确认

宁波市从2015年开始对县级及以下管理的小型水利工程实施产权制度改革。按照“谁投资、谁所有、谁受益、谁负担”的原则，各区（县、市）人民政府或其授权部门负责工程产权界定工作，理清小型水利工程产权归属，明确工程产权所有者是工程的管护主体，并向工程产权所有者发放产权证书，明确工程功能、管理和保护范围、产权所有者及其权利与义务。产权的界定由区（县、市）人民政府或其授权部门根据国家有关规定确定：个人投资兴建的工程归产权个人所有；社会资本投资兴建的工程，产权归投资者所有，或按投资者意愿确定产权归属；以农村集体经济组织投入为主的工程，产权归农村集体经济组织所有；以国家投资为主兴建的工程，产权归国家、农村集体经济组织、或农民用水合作组织所有。对产权确权有困难的工程，由区（县、市）人民政府或其授权部门，确定管护责任主体，并下达管护责任书，明确管护义务。

在实施过程中，各区（县、市）根据当地实情和所属工程类别，制订计划方案、工作程序和实施办法，并涌现出一批成功案例。

象山县以高塘、鹤浦2个镇乡为产权制度改革试点，把2座试点山塘以固定资产形式登记到村或其他管理组织，并由国土部门颁发不动产权证书、水利部门颁发所有权证书。产权所有者作为工程管护主体，由其落实管护经费，并逐步实行专业化管护。管护经费可在山塘产权抵押、流转和交易带来的盘活资金中支取，真正实现工程自养。2017年，高塘、鹤浦两地山塘确权经验已向全县其他镇乡推广。

镇海区结合小型水利工程产权制度改革，重新划分区、镇（街道）、村三级运行管理权限。重要小型水库、重要碶闸、重要泵站、江海塘和区级河道由区人民政府负责运行管理，具体由区水行政主管部门负责组织落实；其他小型水库、山塘、镇级河道、重要溪坑（小流域）等水利工程由镇人民政府或街道办事处负责运行管理；村级河道、村集体自建的小水闸、小堰坝、集体土地上的田间泵站渠道等水利设施由村委会负责运行管理。并对小型水库、重要水闸、骨干河道等水利工程进行确权划界，向3座小型水库颁发产权证书。

截至2018年年底，宁波市纳入改革范围的3562项小型水利工程全部明晰产权，其中：属国家所有的914项；属农村集体经济所有的2637项；属社会投资者所有的5项；属个人所有的6项。在改革过程中，有3341项工程维持原有产权归属关系；5项工程新颁发产权证书，其中包括镇海区3座小型水库和象山2座山塘。

3. 工程设施物业化管理

宁波市小型水利工程尤其是公益性水利工程，普遍存在管理人员紧缺、专业技术力量不足、运行管理专业化程度低、维修养护不到位、管理经费难保障等突出问题。传统的水利工程管理模式难以满足水利工程标准化管理需要，迫切需要引入物业化企业参与管理等方式进行改革。

市河道管理中心水利工程　市河道管理中心（原宁波市三江河道管理局，下同）实施物业化管理改革时间比较早。2005年三江河道管理局体制改革后，即以购买服务的方式，率先将姚江、奉化江、甬江等径流城区的河道常年保洁任务交由专业保洁队伍承担。2011年，再次将购买服务的方式引入闸泵工程的运行管理，委托专业化管理机构承担下辖部分闸泵工程日常运行管理及养护服务。从2016年开始，该中心全面推行物业化管理改革。截至2020年，河道中心共有44座直管水利工程实施物业化管理改革，其中沿江干流水闸13座、泵站11座，亭下水库灌区水闸6座，城区内河翻水泵站5座、水闸9座。有6家专业外包服务公司、9支专业队伍的150名运行维护人员，承担管辖区域小型水利工程的日常巡查、检查、观测测量、保洁、安全管理、运行、保养、检测、维修等工作。如遇防汛应急响应预警，外包公司实行防汛应急抢险准备。专项服务外包，闸泵运行管理更加专业，闸泵设备设施完好率和应急保障率明显提升。

江北区水利工程 在各区（县、市）中较早实施小型水利工程物业化管理。2012年，江北区首次将姚江堤防的日常保洁、维修养护及绿化保洁等工作部分实行服务外包。经过一段时间的试点运行，2015年在全区全面推行小型水利工程物业化管理模式。姚江、慈江堤防及沿线水利设施（包括抗旱节制闸、闸泵等工程）的运行及维修养护工作以“打捆发包”的方式实行物业化管理，管理单位则负责做好日常监督及考核工作。

镇海区水利工程 结合当地小型水利工程特点，对水利工程设施维修保养、机电设施维修保养、工程管理技术服务、绿化养护、工程监控观测等采取政府购买服务的形式，由专业公司负责维修养护。并以新泓口强排泵站运行管理改革试点为契机，全面推广小型水利工程物业化管理模式，将水库、河道、江海塘、碶闸、泵站等水利设施外包给专业公司管理。同时，每年安排水利专项资金408万元，对全区349.77千米河道保洁实行服务外包。

宁海县水利工程 以镇乡（街道）为单位，将辖区内所有标准化管理水利工程的运行管理和维修养护委托给有资质的单位实施物业化、专业化管理。

北仑区水利工程 通过公开招标的方式选择水利工程运行维护单位，辖区内的小型水利工程日常运行管理和维修养护实行专业化、物业化管理，并探索建立一整套相对完善的考核评价体系，打造“管养分离”升级版。

第五节　水利法制建设

宁波市政府及市、区（县、市）两级水行政主管部门严格执行《中华人民共和国水法》《中华人民共和国防洪法》《中华人民共和国行政许可法》《中华人民共和国行政强制法》等法律和浙江省人大、省政府有关涉水法规，坚持依法治水管水。持续推进地方性涉水立法和水事规章制度建设，为水利（水务）建设和管理提供法制保障；加强水政执法体系和执法队伍建设，不断提高水政执法能力；开展各类水事专项执法行动，维护水利设施正常运行和良好的水事秩序，促进全市水利现代化发展进程。

一、完善水利法规政策

（一）地方性涉水立法

20世纪90年代后期至2020年，市人大常委会、市政府开展地方立法工作，不断健全完善地方水法制建设。市人大常委会制定、颁布涉水地方性法规6部（并对2部法规进行修订），市政府制定涉水地方性规章 4 部（已废止 2 部）。

1.《宁波市甬江奉化江余姚江河道管理条例》

1996 年 9 月 28 日宁波市第十届人大常委会第二十六次会议通过，1996 年 12 月 30 日浙江省第八届人大常委会第三十三次会议批准，1997 年 3 月 1 日起施行。这是宁波市第一部涉水地方性法规，明确三江河道管理主体、河道整治和建设规范、保护和管理要求，以及河道建设管理经费保障，违反条例规定的法律责任等内容，对加强我市依法治水，推进地方水法制建设具有里程碑意义。2004 年 5 月、2011 年 12 月两次对该条例的部分条款作修正。

2013 年 12 月，宁波市第十四届人大常委会第十四次会议对条例进行修订。修订后的《条例》进一步明确三江河道管理体制和各地各部门管理职责，加强三江河道生态建设和保护，强化三江河道的监管执法。

2019 年 12 月，因机构改革等原因，宁波市人大常委会对该条例的部分条款作修正。

2.《宁波市水资源管理条例》

1997 年 8 月 1 日，宁波市第十届人大常委会第三十四次会议通过《宁波市水资源管理条例》。1998 年 8 月 29 日，经浙江省第九届人大常委会第七次会议批准，于 1998 年 10 月 1 日起施行。条例明确市水资源管理体制和部门职责，规范水资源开发利用、用水管理，强化水资源保护。之后，2004 年 3 月和 2010 年 4 月二次对该条例的部分条款作修正。

3.《宁波市防洪条例》

2000 年 7 月 19 日，宁波市第十一届人大常委会第二十次会议通过《宁波市防洪条例》。2000 年 10 月 29 日，经浙江省第九届人大常委会第二十三次会议批准，自 2001 年 1 月 1 日起施行。该条例根据《防洪法》等上位法规定，明确宁波市各级政府和行政主管部门及其他有关部门，在编制和实施防洪规划、建设和管理防洪工程设施、组织与实施防汛抗洪以及提供防洪保障措施等方面的分工和法律责任。

2004 年 7 月、2011 年 12 月、2019 年 12 月对三次该条例进行修正，对部分与上位法冲突条款予以调整，部分重复条款予以删除。新增应急管理部门的防汛职责。

4.《宁波市河道管理条例》

2004 年 5 月 29 日，宁波市第十二届人大常委会第十一次会议通过《宁波市河道管理条例》。2004 年 9 月 17 日，获浙江省第十届人大常委会第十三次会议批准，自 2004 年 11 月 1 日起施行。

2019 年 4 月 26 日，宁波市第十五届人大常委会召开第二十次会议，根据上位法的变化和宁波机构改革、职能调整的实际，对条例进行修订。2019 年 8 月 1 日，经浙江省第十三届人大常委会第十三次会议批准，自 2019 年 10 月 1 日起施行。

修订后的《宁波市河道管理条例》，针对河道水环境问题、河道水域面积缩减问题、河道监管问题等当前河道保护管理建设过程中较为突出的问题，以问题为导向，紧盯“河道面积不再减少、河道生态持续改善”两大目标，进一步明晰政府部门河道管理职责，突出河道水域控制管理，强化河道生态建设保护，进一步强化河道监管执法。新增河道基本水面率确定、排水口管理、部门联合执法监管等内容。

5.《宁波市城市供水和节约用水管理条例》

2001年11月30日，宁波市第十一届人大常委会第三十二次会议通过《宁波市城市供水和节约用水管理条例》。2002年4月25日获浙江省第九届人大常委会第三十四次会议批准，并于2002年7月1日起施行。该条例明确城市供水行政主管部门及相关管理部门职责，主要规范城市供水工程建设、供水管理、供水设施管理、节约用水管理等内容，并对城市供水建设单位、供水企业、用水户、用水单位相关违法行为设置法律责任，为宁波市的依法用水和节水管理提供法律依据。

2004年3月、2010年6月、2011年12月三次对该条例的部分条款进行修正。

6.《宁波市城市排水和再生水利用条例》

2007年10月26日，宁波市第十三届人大常委会第四次会议通过《宁波市城市排水和再生水利用条例》。2007年12月27日，经浙江省第十届人大常委会第三十六次会议批准，自2008年3月1日起施行。该条例明确了城市排水行政主管部门及相关管理部门职责，规范了城市排水的规划与建设、运行管理、再生水利用、设施养护等内容，并对雨污管道混接、擅自排放污水等行为设置了法律责任。

2020年12月29日宁波市第十五届人大常委会第三十四次会议对该条例进行修订。

7.《宁波市城市供水管网外农民饮用水工程建设管理办法》

2008年10月，宁波市政府第41次常务会议审议通过《宁波市城市供水管网外农民饮用水工程建设管理办法》，并以市政府第160号令予以发布。自2009年2月1日起施行。该办法对本市行政区域内除纳入统一规划建设的城市公共供水、城市自建设施供水管网以外的镇乡、村各类集中式供水工程的管理部门职责、工程建设要求、工程管理、用水管理、水源地和水质安全管理作规范，并对擅自改变工程用途、擅自接水的，擅自改装、迁移、拆除或毁损农民饮用水工程设施等违法行为设置法律责任。

8.《宁波市海塘管理办法》

2013年5月，宁波市政府第26次常务会议审议通过《宁波市海塘管理办法》，并于2013年6月以市政府第204号令予以发布，自2013年8月1日起施行。1998年7月1日实施的原《宁波市海塘工程建设和管理办法》（市政府令第67号）同时予以废止。

2015年12月，浙江省第十二届人大常委会第二十四次会议通过《关于修改〈浙江省海塘建设管理条例〉等五件地方性法规的决定》。根据新修订的《浙江省海塘建设管理条例》规定，宁波市政府对原《宁波市海塘管理办法》（2013年6月版）与上位法不一致的部分条款进行修正。

2019年5月，宁波市政府第59次常务会议审议通过《宁波市海塘管理办法（修订草案）》。同年6月，以市政府第247号令重新发布新修订的《宁波市海塘管理办法》，并于2019年9月1日起施行。2013年6月颁布的原《宁波市海塘管理办法》（市政府第204号令）同时予以废止。修订后的《宁波市海塘管理办法》除对部分与《浙江省海塘管理条例》不一致的条款进行修改外，进一步明确市、区（县、市）两级水行政主管部门及基层政府海塘管理职责；对海塘建设规划报批程序作进一步规定；进一步规范海塘建设、维护和日常管理活动，对在海塘上设置隔离固定设施阻断海塘塘顶通道的行为作法律责任规定。

9.《宁波市市区城市河道管理办法》（已废止）

2010年2月，宁波市政府第26次常务会议审议通过《宁波市市区城市河道管理办法》。2010年3月，宁波市政府以第173号令予以发布，自2010年5月1日起施行。

2017年3月，宁波市政府第93次常务会议审议通过新修订的《宁波市市区城市河道管理办法》。2018年1月，以市政府第241号令予以发布，自2018年3月1日起施行。宁波市政府在2010年3月发布的原《宁波市市区城市河道管理办法》（市政府173号令）同时废止。修订后的《宁波市市区城市河道管理办法》主要在八个方面进行修改，包括：建立城市河道名录制度；明确城市河道的管理主体；规范城市河道专业规划编制主体及内容；重新明确城市河道管理范围的划定依据；引导城市河道整治工作科学、有序实施；重申城市河道保护措施；规范对涉河建设工程的管理；明确法律责任和行政执法主体等。

2019年11月，因城市河道管理主体发生变化等原因，宁波市政府发布第251号令，将2018年1月发布的《宁波市市区城市河道管理办法》（市政府令第241号）予以废止。

10.《宁波市河道采砂管理规定》（已废止）

1998年4月，宁波市政府以市政府第65号令发布《宁波市河道采砂管理规定》，对市河道采砂的管理部门（机构）、采砂许可、禁止采砂河段、采砂单位和个人义务、采砂管理费、非法采砂的法律责任等作规定。2011年9月，因《浙江省河道管理条例》等上位法对河道采砂作新的规定，原《宁波市河道采砂管理规定》（1998版）设置的采砂许可程序、要求及采矿保证金等规定与上位法不符。2014年3月，市政府发布第211号令，对原《宁波市河道采砂管理规定》（市政府第65号令）予以废止。

（二）市政府规范性文件

近二十年间，宁波市政府办公厅下发涉水规范性文件5件。其中，2件规范性文件因上位法修订及水域管理职能变化而被废止。

1.《甬新河管理实施细则》

2007年2月，宁波市政府办公厅印发《关于印发甬新河管理实施细则的通知》（甬政办发〔2007〕13号）。对甬新河（奉化西坞高楼张堰至市科技园区甬新闸的河段）的管理部门和管理机构职责、建设管理要求、养护职责及经费保障等做出具体、细化规定。

2.《宁波市河道分级管理实施办法》

2008年7月，宁波市政府办公厅印发《关于印发宁波市河道分级管理实施办法的通知》（甬政办发〔2008〕193号）。对《宁波市河道管理条例》的有关规定进行细化；进一步明确市、县两级水行政主管部门及基层政府河道管理职责；细化河道规划控制保护、涉河许可和监管、河道日常巡查执法、河道日常养护及经费保障等内容。

3.《宁波市水利工程维修养护管理办法（试行）》

2015年5月，宁波市政府办公厅印发《关于印发宁波市水利工程维修养护管理办法（试行）的通知》（甬政办发〔2015〕80号）。管理办法适用于宁波市行政区域内使用财政维修养护经费的、承担公益性任务的水库、山塘、水闸、泵站、海塘、堤防等水利工程的维修养护；明确政府部门和基层政府对水利工程的管理职责；对水利工程维修养护管理要求、经费保障、监督考核、责任追究作细化规定；进一步落实水利工程日常维护和监管责任，保障水利工程安全。

4.《宁波市余姚江河道管理实施办法》（已废止）

2004年12月，宁波市政府办公厅印发《关于印发宁波市余姚江河道管理实施办法的通知》（甬政办发〔2004〕255号）。实施办法主要针对余姚江河道的规划整治、涉河建设程序、日常监督管理、水资源管理作出细化规定。2019年6月，宁波市人大常委会对《宁波市甬江奉化江余姚江河道管理条例》进行修订。因《宁波市余姚江河道管理实施办法》部分内容与市人大新修订的条例规定不一致，宁波市政府于2019年12月发文予以废止。

5.《关于公布宁波市市级河道名称的通知》（已废止）

2008年7月，宁波市政府办公厅印发《关于公布宁波市市级河道名称的通知》（甬政办发〔2008〕194号）。公布甬新河、慈江、东江、鄞东南沿山河、小浃江、前塘河、中塘河、后塘河、西塘河等9条河道为宁波市市级河道。2018年3月，宁波市政府根据《宁波市市区城市河道管理办法》（市人民政府令第241号）的要求，向社会发布《宁波市市区城市河道名录（第一批）公告》（甬政告〔2018〕1号）。原甬政办发〔2008〕194号的通知于2019年12月市政府发文废止。

（三）市级水行政主管部门规范性文件

2000年以后，市水利局制定有关水行政规范性文件（含市水利局与有关部门联合发文)18件，对细化落实水事法律法规和政府规章，指导区（县、市）有效开展水利工作，具有十分重要的意义。根据《国务院关于加强法治政府建设的意见》（国发〔2010〕33号）、《浙江省行政规范性文件管理办法》（浙政令〔2010〕275号）和《宁波市政府关于开展行政规范性文件评估工作的指导意见》（甬政发〔2013〕114号），从2013年起，市水利局制定（含联合发文）的行政规范性文件均报经市政府法制办备案审核，并通过媒体向社会公示。2013—2019年宁波市水利局规范性文件汇总见表11-4。

表11-4　2013—2019年宁波市水利局规范性文件汇总

序号	名称	文号
1	关于印发《宁波市水利工程项目标后管理办法（试行）》的通知	甬水利〔2013〕89号
2	关于印发《全市水利工程建设项目实行廉政合同管理的通知（试行）》	甬水建〔2014〕6号
3	宁波市水利局 宁波财政局关于印发《宁波市市级防汛防旱物资储备管理办法（试行）》的通知	甬水利〔2014〕35号
4	关于印发《宁波市水利建设市场信用信息管理暂行办法》的通知	甬水建〔2014〕71号
5	关于印发《宁波市水利科技项目管理办法（试行）》的通知	甬水利〔2014〕74号
6	关于印发《宁波市大中型闸泵工程管理规定（试行）》的通知	甬水建〔2014〕109号
7	关于印发《宁波市水利建设市场主体信用动态评价管理办法（试行）》的通知	甬水建〔2015〕56号
8	关于印发《宁波市水利建设市场主体信用动态评价结果应用管理办法（试行）》的通知	甬水建〔2015〕57号
9	关于印发《宁波市水利施工企业信用动态评价标准（试行）》的通知	甬水建〔2015〕65号
10	关于印发《宁波市水利建设项目工程总承包指导意见》的通知	甬水建〔2015〕104号

续表

序号	名称	文号
11	关于印发宁波市地方性水法规规章设立的行政处罚事项裁量权实施标准的通知	甬水政［2016］44号
12	宁波市水利局关于印发《宁波市水利局本级项目建设管理办法（试行）》的通知	甬水计［2017］3号
13	关于印发《宁波市水利建设工程担保管理办法（试行）》的通知	甬水建［2017］99号
14	关于印发《宁波市水利系统专家库管理办法（试行）》的通知	甬水利［2018］75号
15	关于印发《宁波市水利建设市场主体施工、设计、监理企业信用动态评价标准》的通知	甬水建［2018］79号
16	《关于推行"区域水评＋涉水标准"改革的指导意见》	甬水利［2018］80号
17	宁波市水利局、宁波市住房和城乡建设局、宁波市自然资源和规划局《关于划定宁波市城镇排水与污水处理设施保护范围的通知》	甬水排［2019］6号
18	关于印发《宁波市中心城区中高层住宅二次供水管理指导意见》的通知	甬水资［2019］9号

二、水政执法体系

（一）执法机构与队伍建设

1. 水政监察机构

20世纪90年代前，宁波市没有专门水政执法机构，1988年7月《中华人民共和国水法》实施以后，经市编委批复同意，于1990年2月在宁波市奉化江水利管理站内设立奉化江水上派出所（事业性质），机构隶属市水利局领导，公安业务归市公安局指导，授权处理奉化江涉水违法事件。这是宁波市第一支水政执法队伍。1993年6月，经市编委批准，市水利局在水政水资源处设立市水政水资源管理所，负责水政涉法事件处理（没有执法权）。1998年，因行业公安队伍清理，奉化江水上派出所被撤销。

2002年8月，第九届全国人大常委会二十九次会议通过《中华人民共和国水法》修订，增设"县级以上人民政府水行政主管部门和水域管理机构对违反本法的行为加强监督检查并依法进行查处"的职责，并规定涉水违法行为的查处程序和处罚标准，明确水政监督检查部门和人员的职责、权力以及纪律要求，为县级以上人民政府水行政主管部门设立水政执法机构提供法律依据。

2005年7月，经市编委（甬编〔2005〕50号）批复同意，市水利局建立宁波市水政监察支队（与市水利局水政处合署办公），宁波市水政水资源管理所并入宁波市水政监察支队。主要职责为：宣传贯彻《水法》《水土保持法》《防洪法》《水污染防治法》等法律法规；负责并承担管理范围内水资源、水域、生态环境及水利工程或设施等的保护工作；负责水政监察和水行政执法，对水事活动进行监督检查，维护正常的水事秩序，对违反水法规的行为依法实施行政处罚或采取其他行政措施；配合公安和司法机关查处水事治安和刑事案件；指导、监督、检查区（县、市）水行政执法工作。

同期，鄞州、奉化、北仑、余姚、慈溪、宁海、象山等水利局和东钱湖旅游度假区管委会旅湖局相继成立8支水政监察大队。

2010年1月，经市人事局（甬人公〔2010〕2号）批复同意，宁波市水政监察支队及余姚、慈溪、鄞州、北仑、奉化、宁海、象山、东钱湖等8支区（县、市）水政监察大队参照公务员法管理。其后，宁波市水政监察支队与市水利局水政处分开，改为独立办公；鄞州、余姚、宁海等地水政监察大队也改为独立办公。2010年7月，市、区（县、市）两级43名水政监察人员全部转为参照公务员管理人员。

2. 提升执法人员素质与能力

2010年水政监察机构和人员被列入参照公务员管理范围后，宁波市水政监察队伍步入专业化、规范化建设时期。每年组织全市水政监察业务骨干培训，并多次与宁波大学法学院、苏州大学法学院、武汉大学水利水电学院等高等院校合作举办全市水行政执法业务培训班，邀请知名专家学者作依法行政、执法实务、人文素质等方面的学习授课；不定期邀请省水利厅、市法制办监督处等专家领导开展专题辅导，进一步规范执法案卷，使全市水利系统行政执法能力和行政处罚案卷质量得到较大的提升。

2010年开始，市水政监察支队（大队）根据省水利厅部署，用3～4年时间，开展水政监察队伍“三百、六保障”达标活动建设。“三百”，即水政监察队伍列入参照公务员管理单位或财政全额补助事业单位达到百分之百；45周岁以下的水政监察员具备大专以上学历达到百分之百；水政监察队伍水政监察执法网络向基层、流域站和工程管理单位等延伸覆盖面达到百分之百。“六保障”，即机构人员保障、素质能力保障、管理制度保障、执法网络保障、队伍经费保障和执法装备保障、至2012年年底，市水政监察支队和余姚、奉化、鄞州、慈溪、宁海、象山、东钱湖旅游度假区等7个区（县、市）的水政监察大队均通过省水政监察总队的考核验收，其中余姚市被省厅评定为“三百、六保障”达标示范窗口，市、区（县、市）两级水政监察队伍各项能力指标全面提升。2014年、2015年、2018年和2019年，市水利局办理的4件行政处罚案卷被宁波市法制办评为“优秀行政处罚案卷”；2016年、2018年，市水利局选送的2起行政处罚案件连续被评为宁波市首届和第二届“十佳以案释法典型案例”；象山、鄞州等地多件行政处罚案卷也被当地法制部门评为优秀行政处罚案卷。

3. 实施综合行政执法体制改革

2016年3月，市政府下发《关于印发宁波市综合行政执法工作实施方案的通知》（甬政发〔2016〕25号），水行政执法列入综合行政执法改革范围。

同年9月，市政府发布《关于宁波市综合行政执法划转行政处罚权事项的通告》（甬政告〔2020〕1号），61项水事管理执法事项划转至综合行政执法部门。水事管理处罚实行综合执法改革后，执法体系更加完整，进一步增强水事管理执法合力。

（二）执法平台与基层网络建设

1. 执法信息管理平台

从2011年开始，市水利局按照“统一规划、分步实施”的要求，着手建设覆盖全市的宁波市水政监察综合管理系统，不断加大科技执法投入，分别于2011年、2013年和2016年建设水政监察管理系统一期、二期和三期工程。该系统以信息管理与决策支持为核心，现代化信息采集为基础，通信和计算机网络为支撑，及时、准确、高效地掌控各类执法业务信息以及内部队伍的管理信息，为水政监察的事前监察、事后监督提供保障。

2012 年 4 月，宁波市水政监察综合管理系统一期工程正式上线试运行，项目主要包括涉水监管、水政巡查、举报投诉和工作办理四大模块，初步实现水政监察业务的信息化。

2013 年，水政监察综合管理二期系统建成。系统设置宁波市水政监察专题地图，结合高精度遥感影像以及矢量地图，形成面向全市水行政监管的专题地图，并建立统一的业务管理和工作执行平台，包括涉水监管、水政巡查、举报投诉、水事案件等核心业务子系统。为水行政执法人员提供移动化办公手段，基于 Android 平台依托 PAD 移动终端为市级水行政执法人员配套移动水政执法系统。2014 年，在全市推行执法装备“一包一箱”配备，统一水政监察服装，水政监察执法装备进一步规范化。市、县两级水政监察机构都配置水政执法车辆和摄像、照相、电脑、打印等器材，配置较为完善的办公设施。

2016 年，在原有一期、二期系统基础上，开发建设水政监察综合管理系统三期。该系统对水政巡查、举报投诉、水资源管理等子系统进行完善升级，对基础资料进行补充完善和更新维护。通过信息共享，实现上下级间的联动交互。

2. 基层执法网络

2002 年《中华人民共和国水法》实施以后，宁波市推行水政监察执法“重心下移、关口前移”，推进基层水政监察网络建设。余姚市水利局在下属 5 个河区管理处、3 座大中型水库分别组建 8 支水政监察中队；慈溪市水利局在 4 个河区建立水政执法中队。至 2005 年年底，全市县级及以下基层专（兼）职水政监察人员已有 230 余名。

2010 年实行水政执法专业化、规范化管理后，宁波市成立基层水政监察队伍 19 支，其中市直属大型水库白溪水库和周公宅水库挂牌成立水政监察大队。各大型（重要中型）水库、水管站、河管所等基层水管单位和有条件的重要镇乡，挂牌成立水政监察中队，负责一般涉水建设项目的巡查监督和一般水事违法行为的制止和处理。在水事违法案件多发地区，特别是乱搭乱填较严重的平原河网地区，因地制宜建立完善村级巡查机制，实现水事违法行为早发现、早处置，将水事违法案件消灭在萌芽状态。2011 年，全市重要水管单位、重要镇乡（街道）新成立水政监察中队 31 支；在水事违法案件多发的平原河网地区新聘任水政协管员（巡查员）近 300 名，把水政巡查视角延伸到基层点上。2012 年，全市各地又新成立基层水政监察中队 22 支，新增水政协管员 73 名。其中，象山县在 18 个镇乡（街道）成立水政监察中队。

截至 2013 年，宁波市共建有基层水政监察中队 79 支，水政协管员 660 多名，基本覆盖主要水源地、重要水利设施和平原河网地区。鄞州、余姚、奉化等地基层水政中队初步具备办理简单案件的能力，同时各大队对中队、协管员的管理、考核形成制度化、常态化。

（三）水法宣传教育

宣传普及水法律法规，提升行政机关依法行政能力水平，引导社会公众培养爱水、惜水、节水意识，营造遵法、守法的法治氛围。

1. 公职人员普法教育

宁波市水利系统“五五”“六五”“七五”普法规划将领导干部、公务员、执法人员的学法、普法工作列为重要工作任务。领导干部学法制度化、常态化，每年开展 4 次以上集中学法活动，在党员干部学习网进行法律法规学习，参加法治理论考试和法律知识竞赛等活动。举办专题法制讲座，邀请水利部、省水利厅和部门领导专家、高校学者、法律顾问作习近平法治思想、综合法律法规、专业水法律法规的学习讲座。市和区、县（市）水利部门每年举办水行政执法培训班，组织水行政执法人员进行执法实务培训；组织参加全省水行政执法技能比赛，成绩优异。

2. 社会公众普法活动

利用3.22“世界水日”、“中国水周”、12.4“国家宪法日”等节点，向社会公众宣传普及水法律法规，普及宁波市水资源水情教育，引导社会公众培养爱水、惜水、节水意识，在全社会营造遵法、守法的氛围。市和区、县（市）水利部门每年举办3.22“世界水日”“中国水周”宣传活动。结合年度宣传主题，通过大型广场宣传活动、展板展出、地铁公交视频播放、送电影下乡、志愿者服务、社会公众亲水活动、典型案例“以案释法”、专项执法行动等丰富多样的形式，深入机关、乡村、社区、学校、企业、单位。电视、报纸、广播、网站、微博、微信，新老媒体共同助力，多平台、多层次开展普法宣传工作，逐步让社会公众知水、知法，主动爱水、守法。

三、专项执法和典型案例

（一）专项执法行动

2010年以后，宁波市水利系统相继组织实施建筑泥浆监管执法、河道清障、涉水“三改一拆”“无违建河道”创建等专项执法活动，严厉打击重点水事违法行为，较好地维护正常水事秩序。

1. 建筑泥浆专项执法行动

随着宁波城市建设快速推进，由于建筑泥浆消纳问题未有效解决等原因，建筑泥浆向河道非法倾倒排放的现象在宁波各地经常发生，特别是向三江河道非法倾倒排放建筑渣土泥浆问题尤为突出。市委、市政府对此十分重视，从2010年开始，市政府专门部署对三江河道非法倾倒排放建筑渣土泥浆问题的治理工作。按照市委、市政府部署要求，市水利局制订建筑泥浆专项执法行动计划，并由市水政监察支队牵头，协调市城管、海事、港航、水上公安等部门开展联合执法，严厉打击向河道非法倾倒、偷排泥浆行为。2010—2018年间，市本级共查处非法向三江排放建筑泥浆的重大违法案件20多件，共计罚款130多万元，缴纳河道清淤费用550多万元。其中：1名泥浆运输船主和1名妨碍水政执法当事人被公安部门治安拘留；3名违法（涉嫌犯罪）当事人被追究刑事责任。经过水利、城管、海事、港航、水上公安等部门历时数年的联合整治，向三江河道非法倾倒排放建筑渣土泥浆的问题现得到解决，部分典型案件在报纸、电台等媒体上作“以案释法”宣传。

2. 涉水“三改一拆”专项行动

“三改一拆”专项行动，是省、市两级党委、政府作出的一项重要工作部署。2013年上半年，全市启动涉水“三改一拆”专项行动。同年，市水利局会同有关部门共排摸全市各类涉水违法建筑800多处近50万多平方米，拆除违法建筑480多处26万多平方米，提前超额完成省水利厅下达的年度工作任务。

2014年，涉水“三改一拆”专项行动实施再升级、再提速。宁波市“三改一拆”办和市“五水共治”办联合印发《宁波市开展涉水拆违“重拳行动”实施方案的通知》，计划用3年时间对全市各类涉水违法建筑进行重点整治。市水利局会同市“三改一拆”办对沿三江各地的涉水违建排摸拆除情况进行检查督查，并对奉化江胡家渡平房、余姚江丈亭镇厂房等8个多年拖而未拆的难点违建予以重点督办，并得到市委书记重要批示；市政协文史委率部分政协委员对三江河道“三改一拆”工作开展民主监督，对三江河道涉水拆违工作进行指导；市水利局和市“三改一拆”办、市“五水共治”办在年底联合组成检查考核组，对全市各地开展涉水拆违“重拳行动”开展检查考核，使专项行动取得明显的成效。2014年，全市排查出涉水违建120多万平方米，整治拆除100万平方米；2015年，全市拆除涉水违建174处，共计258097平方米；2016年，全市拆除各类涉水违建358处，共计21.1万平方米。

3. 河道清障专项行动

2012年4月，市政府办公厅印发《宁波市“清除河障、改善生态”专项执法活动工作方案》，全面部署专项执法行动。市政府各有关部门和各区（县、市）政府、水行政主管部门，结合当地实际，采用约谈调处、媒体报道、防指督办、行政处罚、强制清障、综合整治等措施，推进专项执法工作。全市参与河道巡查排摸人员达8500余人次，累计巡查各级河道11480千米，共检查涉河开发建设项目84项。排查发现各类水事违法案件287起，调处解决177起，立案查处110起。河道清障行动历时4年，已取得阶段性成果。2012—2015年，宁波市拆除涉河违章建筑面积8885平方米，清除影响河道行洪排涝的施工围堰、便道1090余条，清除河道行洪断面严重缩窄的桥梁、卡口节点等48处；清除各类阻水障碍物202处、土石方113808立方米，清理河道垃圾227811吨；清除拦河鱼箔、网箱、跃进斗、地笼、虾球等各类渔具335624道（顶、只），清理用于布设渔具的竹竿、木桩17360余根，打捞沉船4755艘，拆除大型浮动平台1座，船屋9间，“三无”船只2条，拆除渔业棚屋4处、2534平方米；恢复河道水域面积323100平方米。

4.“无违建河道”创建行动

2017年，按照省水利厅的统一部署，宁波市在前期“河道清障”专项执法行动取得成果的基础上，再次推出全市“无违建河道”创建行动。该创建行动由地方各级政府统一领导部署，各级河长、湖长牵头组织，水行政主管部门和“五水共治”办（河长办）具体负责实施，各有关部门按照职责分工协作共同推进。行动分调查摸底、集中整治、巩固提升3个阶段，要求在2020年基本完成。

按照创建工作要求，市水利局协同市“五水共治”办（河长办），组织对全市列入创建计划的河道开展集中或分批排查整治。各地结合河湖专项执法、涉河项目监管等工作，建立“一河一档”，有序推进创建工作。2017年，拆除涉河违法建筑65处、5118平方米，完成省级、市级13条共408千米河道的“无违建河道”创建任务。2018年，全市列入“无违建河道”创建名录河道共58条（其中市级河道5条、县级河道53条），总长约561.1千米（其中市级河道约85.75千米、县级河道约475.35千米），共拆除涉河违章建筑86处，43635.9平方米。2019年，全市72条、总长约565.65千米的县级河道列入“无违建河道”创建名录，共拆除271处55870平方米。2020年，全市列入“无违建河道”创建的39条、共292千米县级河道全部完成创建任务。

5. 宁海禁砂行动

宁海有着20多年的机械采砂历史。2006年宁海县河道曾多达42处采砂场，最多时河道采砂船有45只，年采砂量60万立方米。河道砂石资源日趋枯竭，并对河床、水生态、安全等带来很大影响，群众对禁止河道采砂的呼声非常强烈。

2013年，宁海县水利局委托市水利设计院编制《宁海县河道（溪道）采砂影响评估报告》。报告指出，多年河道采砂对河道行洪排涝、涉水工程安全、水环境等已造成诸多不利影响，并提出河道禁砂等4项建议措施。同年12月，宁海县委、县政府联合颁布《关于印发〈宁海县全面禁止河道采砂工作实施方案〉的通知》（宁党办〔2013〕97号），同时发布《宁海县政府关于全面禁止河道采砂的公告》（宁政通〔2013〕5号），明确在自公告发布之日起，宁海县境内的河道全面禁止河道采砂。成立由县委副书记担任领导小组组长、两名副县长为副组长，县纪委、县委宣传部、县委政法委等18直属部门主要领导担任成员的禁止河道采砂工作领导小组，由水利局、公安局、国土资源局、环保局共同参与日常联合执法行动。全县召开禁砂动员大会后，宁波电视台、宁海电视台、宁海报等媒体予以宣传报道，营造舆论声势。县禁砂办执法人员在县公安局配合下，对前期排摸的12只本地采砂船的船主及6只外地船的船主进行逐一约谈，再次下发责令停止通知书，分别由县防汛防旱指挥部、县国土资源局、县水利局下发清障决定书和责令停止违法行为通知书，责令各船主立即停止违法作业并限期将采砂船限期撤离河道。2014年初，6只外地采砂船全部撤离河道。同年8月，完成12只本地采砂船的切割任务，并对多次劝阻无效的非法采砂人员，以涉嫌“非法采矿罪”移送司法机关依法处理。2013—2018年，宁海县共立案查处非法采砂案件20多件，罚没款40多万元，持续20多年的河道大规模机械采砂行为得到彻底治理。

（二）典型案例

2010年以后，宁波市和各区（县、市）水行政主管部门开展水行政监督执法，查处水事违法案件。

1. 水土保持案（象山县）

2012年11月，象山县水利局对某风电建设工程检查过程中发现业主在施工中把部分多余的石渣未按水土保持方案存放，非法倾倒在路边坡。象山县水利局立即进行立案调查，对当事人下发《责令改正违法行为通知书》，后续又委托第三方机构对弃渣量进行测量核算。根据《中华人民共和国水土保持法》，2012年12月，象山水利局依法对当事人处罚款13万元。此案件被评为象山县2013年十佳行政处罚案件之一。

2. 非法采矿（采砂）案（宁海县）

2010年3月，宁海人童某向宁海县前童镇妙宏村承包白溪河道前童妙山段洞潭至狮子山脚的沙滩，用于开采砂石，并于2010年8月9日取得河道采砂许可证，有效期限至2012年12月30日。2013年1月至2014年7月间，童某在采砂许可证过期的情况下，仍雇佣他人在其承包的沙滩非法采砂，并将砂石出售。在此期间，宁海县水利局联合宁海县国土资源局对涉案当事人、证人制作询问笔录，并对涉案现场进行勘验。2014年8月，宁海县水利局联合宁海县国土资源局依据法律规定，以童某涉嫌非法采矿罪移送宁海县公安局处理。公安机关正式立案侦查后，童某主动向公安机关投案，并如实供述犯罪事实。2015 年 2 月，宁海县人民法院认定童某的行为违反矿产资源法的规定，且情节严重，已构成非法采矿罪，依法判处童某有期徒刑 10 个月，缓刑 1 年，并处罚金人民币 5 万元。童某被判入刑后，在社会上引起很大的震动，河道偷挖砂石的情况骤然减少。

3. 破坏甬江堤防案（镇海区）

2014 年 1 月，镇海区水利局执法人员在甬江堤防（勤勇段）进行巡查时，发现陈某等 3 人将一条软管穿越甬江大堤，用于非法排放建筑泥浆。执法人员在当地派出所民警协助下，将该 3 名人员带至派出所进行询问，并制作询问笔录。经评估，此次非法穿堤行为对甬江大堤造成的损害，修复费为人民币 9.4 万余元。因涉案修复费用已符合《中华人民共和国刑法》第二百七十五条故意毁坏财物罪的立案标准，镇海区水利局依照《中华人民共和国行政处罚法》第二十二条之规定移送公安机关立案查处。

4. 三江河道泥浆倾倒清淤费用追偿案

2013 年 4 月，中央电视视对向三江河道偷排泥浆的行为进行报道后，引起市领导的重视。驻市水利局纪检监察组和江北区检察院等部门共同介入调查。江北区检察院以相关违法当事人涉嫌犯罪移送江北区法院追究其刑事责任。市三江局同步开展违法调查。经查，2010—2013 年，违法当事人程某、宁波市某环保科技有限公司、宁波某环保工程有限公司等分别非法向奉化江、甬江河道偷排建筑泥浆累计折合净土达 8 万立方米、10 万立方米、8 万立方米，导致河道河床淤积、行洪不畅。2013 年 11 月，司法机关依法对违法当事人追究刑事责任。2014 年 4 月，市水利局根据《宁波市甬江奉化江余姚江河道管理条例》，对违法当事人作出行政处罚决定，分别予以顶格处罚 5 万元。同年 5 月，市三江局向违法当事人提起侵权责任赔偿诉讼，要求违法当事人赔偿因违法倾倒导致的巨额清淤费用。6—7 月，经人民法院调解，违法当事人共赔偿清淤费用 500 万元。此案违法当事人受到全方位的法律制裁，在社会上产生极大的震慑作用，向三江河道排放建筑泥浆的行为得到明显遏制。

5. 姚江河道偷排淤泥案

2015 年 12 月，经群众举报发现，某建筑工程公司利用开底驳船向余姚江水域偷排淤泥。市三江局、市水政监察支队对该案件依法进行调查处理。同月，市水利局根据《宁波市甬江奉化江余姚江河道管理条例》，对当事人处罚款 16 万元，责令支付清淤费用 13.5 万元。同时，将此违法企业信用信息抄送市公共资源交易平台，记入“黑名单”。宁波主流媒体对案件查处工作进行跟踪报道。省委常委、市委书记刘奇对案件处理作重要批示。

6. 非法转包案（三江清淤工程）

2013 年，市三江局发现某航道建设有限公司在获得宁波市三江河道恢复性清淤工程一期、三期中标后，将江厦桥至鄞州等 6 个部分主体工程违法分包给不具备建筑业企业相关资质的宁波海曙某建筑基础工程有限公司施工，立即上报市水利局有关职能部门处理。同年 9 月，市水利局根据《中华人民共和国建筑法》《中华人民共和国招标投标法》《建设工程质量管理条例》及《宁波市水利建设市场主体不良行为记录公告实施办法（试行）》，对某航道建设有限公司罚款人民币 38 万元，并将此不良行为予以公示6个月；对宁波海曙某建筑基础工程有限公司的不良行为予以公示12个月。

7. 不服行政许可（行政复议）案（余姚三七市）

2016年7月，余姚三七市人蒋某对余姚市水利局2016年5月同意浙江千人计划余姚产业园管理中心“临时占用河道”的行政许可不服，向市水利局申请行政复议，请求撤销该行政许可。市水利局经过详细调查，认为被申请人作出的行政许可符合相关法律法规规定，且认定事实清楚，适用依据正确，程序合法。同年9月，作出行政复议决定，维持被申请人余姚市水利局作出的行政许可决定。蒋某不服行政复议决定，遂向向江东区人民法院提起行政诉讼，要求撤销余姚市水利局作出的行政许可批复和市水利局作出的行政复议决定。

2017年3月，江东区人民法院开庭审理。次月，因宁波市区域调整等原因，改由鄞州区人民法院作出判决，驳回原告蒋某的诉讼请求。蒋某不服一审判决，又向宁波市中级人民法院提起上诉。同年6月，宁波市中级人民法院二审开庭审理蒋某诉余姚市水利局行政许可、市水利局水利行政复议一案。次月作出终审判决，驳回原告上诉，维持原判。2018年3月，蒋某不服宁波市中级人民法院终审判决，再次向浙江省高级人民法院申请再审。同年6月，浙江省高级人民法院裁定驳回蒋某的再审申请。

第十二章　水利信息化与现代化

21世纪是信息化的时代，依托物联网、大数据、云计算、人工智能等先进信息技术，宁波市创新水利发展模式，带动水利事业开新路、创新局。2010年之前，宁波市以防汛信息化建设为抓手，基本建成覆盖全市范围的水雨情信息采集系统，初步搭建水利数据库，建成防汛远程会商、水雨情信息发布、防汛业务平台等应用系统，为全市水利信息化发展奠定基础。2010—2018年，水利信息化工作继续有力推进。信息采集系统进一步完善，监测信息采集涵盖水雨情、流量、水质、取水、工情等，形成布局合理、内容丰富的信息采集体系；建成标准、共享、完备的数据中心，实现数据信息的统一管理、维护和共享。在防汛抗旱、水资源管理、水利管理、电子政务等领域开发高效实用的应用系统，逐步实现水利行业数字化管理。2018年，水利信息化融入宁波智慧城市试点建设，进一步构建以信息共享、业务协同、智能应用为核心的智慧水利框架，全面布局智慧管水。2020年，宁波市入选全国智慧水利先行先试试点城市，为全国“智慧管水”提供“宁波样板”。

第一节　基础设施建设

基础设施建设主要涵盖感知体系、通信网络、数据中心等内容。宁波水利信息化基础设施建设经过多年发展，水文、防汛、水资源、供排水、工程安全与运行等感知体系逐步完善；通信网络涵盖局域网、互联网、防汛会商专网、视频监控专网；数据中心的搭建和完善为水旱灾害防御、水资源管理、水利工程管理、河湖管理等工作提供重要支撑。

一、感知体系

信息感知由各类传感网络构成，以水旱灾害防御、水资源管理、水利工程监管等领域为重点，宁波市通过监测设施设备升级和感知信息采集手段革新，不断扩大感知范围，提高感知密度，逐步形成以“水文监测、供排水、水利工程自动化测控”为主要内容的全方位、一体化感知体系。

（一）水文自动化监测

1996年，宁波市水情信息采集系统建成并投入使用，通信采用超短波方式。2000年以后，水情信息采集系统经历几次扩充和改造，重要雨量站、水位站、小（1）型以上水库基本实现水情遥测全覆盖。2005年开始，逐步建设GPRS为信道、带固态存储的水情遥测系统。2006年，国家基本水文站和大中型水库以及部分小（1）型水库实现GPRS和超短波互为备份的水情遥测系统。2007年，开展重要小流域和重要小（2）型水库水情信息采集系统建设，建成100个GPRS为信道的自动测报站。2013年“菲特”台风以后，对国家基本站、大中型水库站、防汛重要遥测站等共计184个站（水位潮位站87个、雨量站97个）的超短波备份系统进行升级改造。至2019年，水情信息采集系统覆盖到小（2）型水库，姚江大闸水文站、澄浪堰水文站、镇海水位站、余姚水位站、皎口水库、横山水库等6个站已安装北斗和GPRS双通道遥测站。截至2020年，全市共有水情自动监测站1245处，包括雨量站542处、河道站349处、水库站251处、潮位站65处、流量站23处、蒸发站3处、地下水水位站12处，其中GPRS和超短波双备份站点225处，北斗和GPRS双通道站点已完成10处，完成95处北斗和GPRS双通道站点。

（二）水资源自动化监测

2006年，省水利厅部署开展取水实时监控系统建设，2007年宁波市取水监测系统建成并投入使用，2008—2009年又新增一批取水实时监测点。截至2020年，全市有457家具有取水许可证的取水单位、261家取水量5万立方米以上的取水单位实现取水实时监测。

2018年，城区内河建成8个水质自动监测点，6座大型水库建成浮标式水质自动监测点。

（三）供排水自动化监测

供水监测　宁波市自来水供水信息采集系统于2005年建成并投入使用，2008年建成姚江水厂进厂水、出厂水流量监测系统，2011年建成供水管网远程监测系统，采用无线远传（NB-IOT、

GPRS、CDMA）和有线 VPN 相结合的通信方式。经历多次升级改造，形成涵盖水厂、管网、大用户的用水监测体系，监测类型分为供水压力、水质和流量，其中压力测点 532 个、水质测点 120 个、流量测点 4867 个、小表远传数 111376 户、远程抄表小区 179 个，月抄见率达 99.68%。

排水监测　2017 年，全市 31 个污水处理厂进厂水水质水量自动监测数据和 77 个内涝监测点数据均接入信息采集系统。2018 年开始，对城区六横六纵主干道路及支路的雨水井进行人工水质监测。2019 年，18 个重点排水户水质、水量自动监测数据、60 个截污井液位监控数据接入信息采集系统，部分主要管网实现实时监测，包括 25 处管道液位监测、6 处流量监测、31 处井盖监测、2500 处窨井盖监测，初步形成城区排水设施监测体系。

（四）工程自动化测控

工程自动化测控是对水库、水闸的闸门开度和泵站运行情况进行自动化监测和自动化控制。自动化测控是实现工程智能化、集约化管理的重要手段。

水库自动化监测　水库配置的自动化监测体系主要有大坝安全监测和闸门自动化控制。大坝安全监测以坝体位移、坝基位移、裂缝变化、渗流量、扬压力、绕坝渗漏、上下游水位、降雨量、气温等为监测项目，通过对大坝巡视、选测、数据采集，实现监测、控制和报警功能。闸门自动控制以水库的水闸为监测对象，通过对水闸上下游水位、库区库容、闸门负荷、闸门启闭状态与开度、图像视频等运行工况监测，实现水闸开度自动化控制及流量调节。2011 年，周公宅水库率先完成闸门自动化监测系统建设，实现水雨情、流量、水质、电站运行、大坝安全、视频以及坝上溢洪道 3 孔弧形闸门开度的自动化监测，初步实现精细化管理水平的提升。截至 2020 年，宁波市 32 座大中型水库，已有 20 座大中型水库、1 座小型水库完成工情自动化监测建设；6 座大型水库、12 座中型水库完成工程自动化控制建设。周公宅水库大坝安全监测如图 12-1 所示。

水闸自动化测控　通过对水闸上下游水位、闸门启闭状态与开度、图像视频等运行环境的监测，实现闸门远程自动化控制。2005 年，蜀山大闸完成闸门控制自动化建设。2008 年，澄浪堰闸

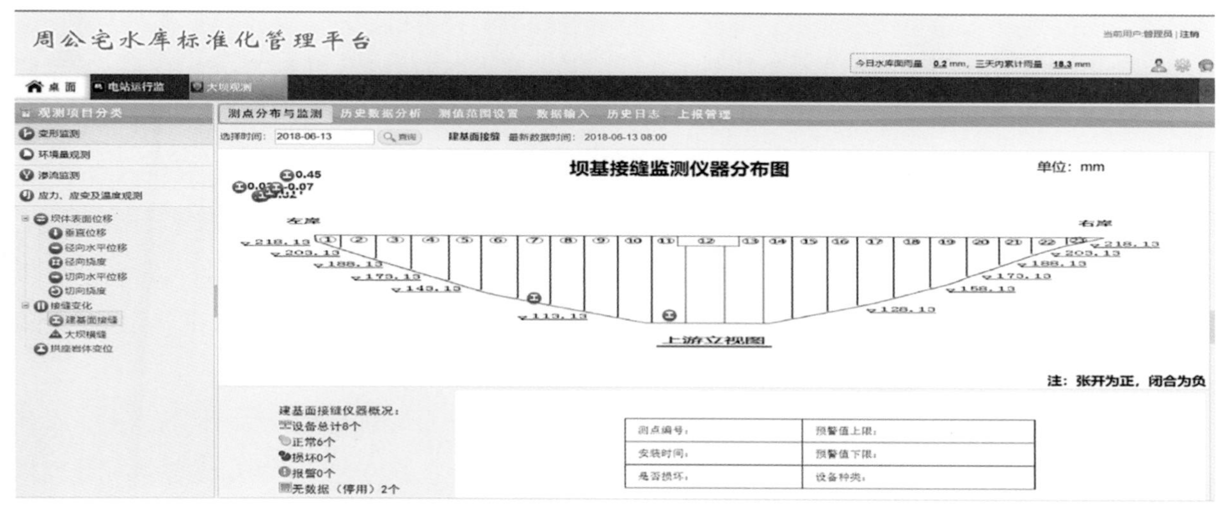

图 12-1　周公宅水库大坝安全监测

完成闸门控制自动化改造。2009年，界牌碶完成闸门控制自动化建设。2012年，姚江大闸加固改造工程完成后，实现自动化集中控制，同时建立集中控制中心；2012年，甬新闸进行闸门控制自动化改造。2013年，印洪碶水闸进行自动化改造。截至2020年，全市有43座大中型水闸、5座小型水闸建设完成自动化监测；28座大中型水闸实现自动化控制。

泵站自动化测控　通过对泵站上下游水位、启闭状态与开度、图像视频等工况的监测，实现泵站的自动化测控。2014年，保丰碶闸站和甬新泵进行自动化建设。2015年，段塘泵和印洪碶泵进行自动化建设。2016年，大石碶泵进行自动化建设。2017年，化子泵进行自动化建设。2018年，对李碶渡翻水站进行自动化改造。截至2020年，14座大中型泵站、37座重要位置的小型泵站完成自动化监测建设；16座大中型泵站实现自动化控制。

二、通信网络

随着计算机网络技术的快速发展，市水利局通信网络不断更新换代、持续发展，由最初的微波通信网、局域网逐渐向光纤、卫星、4G/5G移动网络技术不断发展。

1996年，市水利局开始推进水利信息通信网络建设，与皎口水库、亭下水库、横山水库、四明湖水库四大水库建成微波通信网。

2001年，市水利局大楼建成，开始建设办公局域网。2011年，市水利局更新信息化设施建设，采用交换式快速以太网和第三层交换技术建立市水利局大楼计算机网络系统。

2003年，市水利局建成防汛远程会商系统，同步搭建2兆会商专网。2011年，对全市防汛远程会商专网进行高清改造，建成4兆会商专网，实现市、县高清音视频效果传输。

截至2020年，全市建成1条1000兆市级视频监控专网、13条200兆区（县、市）水行政主管部门或重要水利工程管理单位视频监控专网、3条100兆大型水库视频监控专网，实现市水利局与各区（县、市）水利局、重要水利工程管理单位以及大型水库之间的联网视频监控。

三、数据中心

市水利数据中心承载着水利信息资源的存储和管理、容灾备份、核心计算、业务支撑和信息资源共享服务等功能，是市水利信息的数据存储中心、数据处理中心、数据应用中心以及数据服务中心。

2001年，市水利局数据中心初步建设，增设独立机房、购置服务器并进行计算机网络搭建。2011年1月，市水利局对数据中心进行改造，改造内容主要包括机房装修、配电系统、防雷接地、照明系统、消防报警、环境监控、视频门禁、综合布线等，同年6月通过竣工验收。2016年，市水利局对数据中心进一步升级改造，改造内容主要包括主机存储系统升级、网络安全系统建设及机房配套设备改造，2019年11月通过竣工验收。

截至2020年，数据中心有服务器29台，数据库涵盖基础水文数据库、水雨情数据库、水利工程基本信息数据库、实时工情数据库、水利地理空间数据库、水资源数据库、防汛防旱管理数据库、社会经济数据库、电子政务数据库等，数据总量达2.59万亿字节（TB）。

第二节　应用系统

应用管理信息系统涵盖防汛防旱、水文管理、水资源管理、水利工程管理、河湖管理、水行政及公共服务 6 个方面。

一、防汛防旱

1. 防汛防旱指挥调度系统

2000 年，市水利局开展防汛防旱指挥调度系统建设，搭建 C/S 版系统支撑防汛工作。2008 年 12 月，搭建 B/S 版防汛防旱指挥调度系统，实现融合监测、预警、调度指挥等功能，2009 年 5 月通过竣工验收并投入使用。2010 年 11 月，对系统进行升级改造。2014 年，防汛防旱指挥调度系统集成市本级山洪灾害监测预警信息管理系统，为全市山洪灾害基础数据汇集、共享、上报以及监测预警信息管理提供了统一的支撑平台。系统以 GIS 空间数据库为基础，提供气象、水雨情、水利工程运行、视频监控等 24 小时在线监控，自投入运行以后，使宁波防汛进入“全面感知、精准模拟、超前预警、动态决策”的新阶段。

视频远程会商系统　2003 年，市水利局建立防汛远程会商系统，作为全市防汛防旱指挥调度工作的环境保障，建设包括视频会议、DLP 大屏幕显示系统、数字会议、会议扩声、中央集控、数字录音系统多个子系统。2011 年 1 月，市发改委批复同意宁波市防汛指挥中心应急改造一期工程项目，对市防汛指挥部视频会商系统进行高清改造；同年 6 月，改造工程通过竣工验收。2019 年 9 月，市水利局对会商系统再次进行升级改造，主要内容包括机房内多点控制单元（MCU）、电视墙服务器、录播服务器升级，大屏显示系统、拼接切换系统、机房配套系统、中控系统以及控制室改造。视频会商系统上连国家防总和省防汛指挥部，下接各区（县、市）指挥中心及局属单位，承担承上启下和全市防汛防台决策指挥重要功能。截至 2020 年，宁波市建成市级防汛指挥调度中心 1 个，县级防汛指挥调度中心 10 个，镇乡级视频会商系统 105 个，构成市、县、乡三级异地视频会商体系。

移动防汛综合应用系统　2010 年 11 月，在对防汛防旱指挥调度系统系统进行升级改造时，搭建移动防汛综合应用系统（防汛 App），防汛 App 能查询汛情简报、台风路径、水雨情、防汛物资、抢险队伍、灾区人员安置转移等防汛信息，进一步提高市防汛防旱指挥调度决策水平和应急处置能力。宁波市防汛防旱指挥平台系统如图 12-2 所示。

2. 动态洪水风险图系统及应用

2013 年，宁波市被列入全国重点地区城市洪水风险图编制试点城市。在全面完成静态洪水风险图任务的基础上，宁波市立项开展动态洪水风险图系统的研发，并于 2016 年通过竣工验收并投入使用。动态洪水风险图系统包括综合信息管理、动态洪水风险分析评估、洪水风险图管理、系统管理等内容，能实现气象及水雨工情查询预警、历史洪涝灾害信息分析，能进行降雨时空分配、实时潮位预报、闸泵调度模拟、洪水演进计算以及洪灾损失评估等功能，初步实现提前

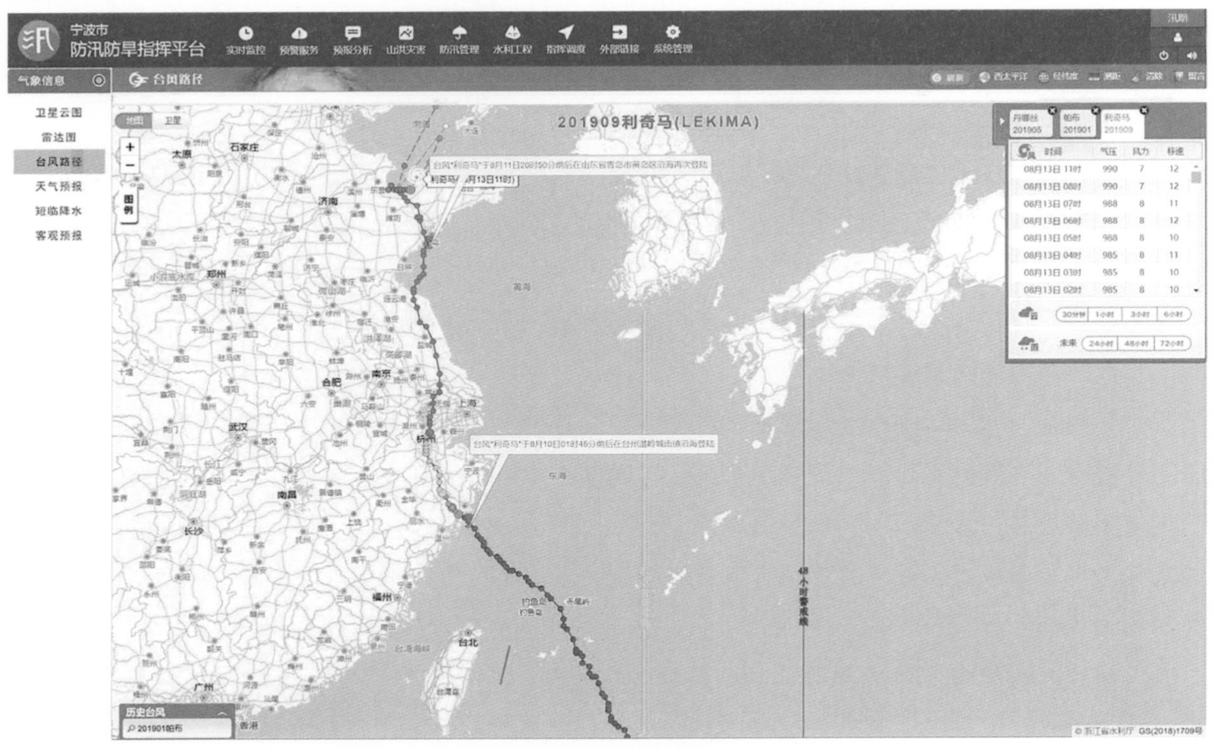

图 12-2　宁波市防汛防旱指挥平台系统

8 ~ 12 小时对城市洪水风险进行预报预判，平原水位预报误差总体小于 0.2 米，预报整体合格率超过 90%，洪水预报、评估与展示的运行时间在 10 分钟内。

动态洪水风险图系统在近几年宁波市多次防御台风中发挥重要作用。2015 年“灿鸿”台风，系统预判干流最高水位出现时间为 7 月 11 日晚上至 12 日凌晨，姚江干流余姚站最高水位 3.10 ~ 3.30 米；经实测验证，余姚站最高水位 3.13 米，出现在 12 日 0 时。宁波市洪水风险图管理与应用系统如图 12–3 所示。

3. 山洪灾害预警系统

2014 年，宁波市启动实施山洪灾害监测预警信息系统建设。系统构建预警监管功能，提供预警响应及灾情管理，对防汛人员、物资、场所进行管理并与市政府应急平台共享集成。市级平台于 2014 年开工建设，2015 年通过验收并投入使用。县级山洪灾害监测预警系统于 2013—2015 年先后完成建设，并接入市级山洪灾害监测预警平台。

2018 年，市水利局启动建设山洪灾害短历时预报预警平台，2019 年通过验收并投入使用。该平台能进行山洪预报预警整体形势与沿河村落的分析评估及简报生成，进行大数据可视化展示，每 10 分钟做一次分析，提前 1 ~ 3 个小时对可能发生山洪灾害的区域进行预报预警。2019 年“利奇马”台风期间，山洪灾害预警平台发布预警 15 次，其中 8 月 10 日台风登陆浙江期间，凌晨 5 点，鄞州区东吴镇三塘村山洪预警员收到平台预警信息，及时组织危险区域 147 名村民紧急转移，凌晨 6 点，发生山体滑坡，有效避免人员伤亡。此次预警成功应用获得国家防汛防旱总指挥部、水利部的肯定。宁波市山洪短历时预报预警平台如图 12–4 所示。

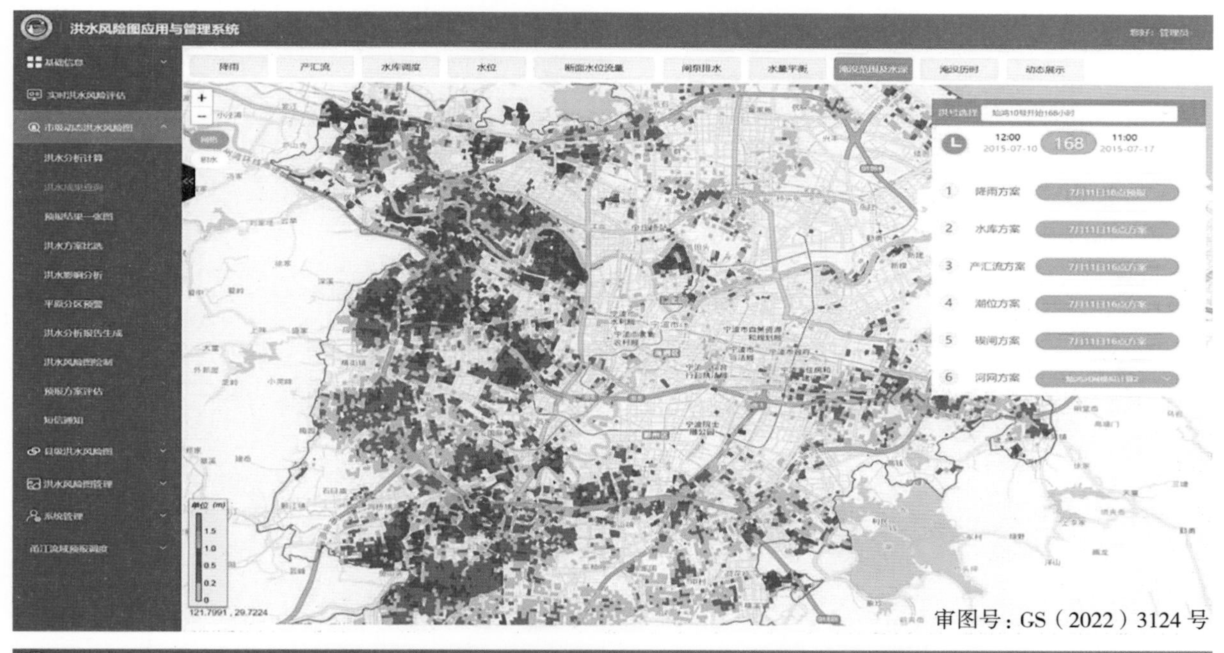

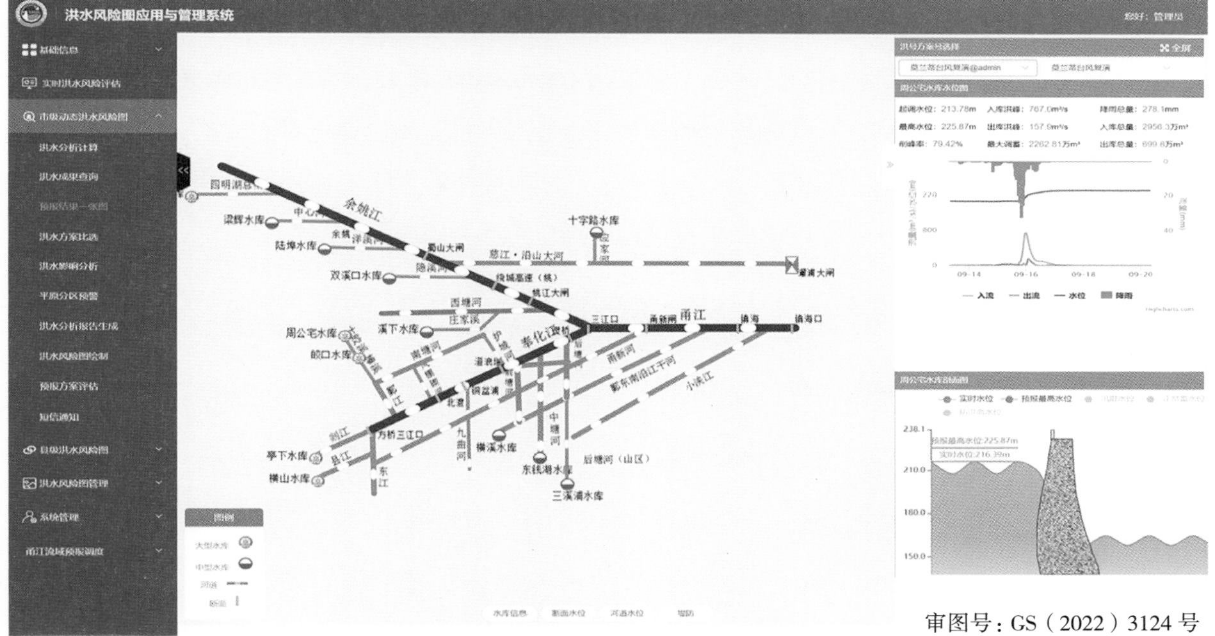

图 12-3　宁波市洪水风险图管理与应用系统

二、水文管理

水文站网信息管理系统　2010 年，市水文站实施宁波市水文站网信息管理系统建设，2011 年建成并投入使用。该系统提供地图基本操作功能、查询检索功能、统计功能以及地图维护功能，实现水文站网属性数据、空间数据的管理以及空间分析，为宁波市水文站网的规划与管理提供一体化应用分析平台。

水雨情监测系统　2007 年市水文站水雨情发布系统建成，面向内部人员发布水雨情信息，提供全市雨量、水库水情、河道水位、潮位及风向风速水文信息查询服务。2012 年，市水文站对宁

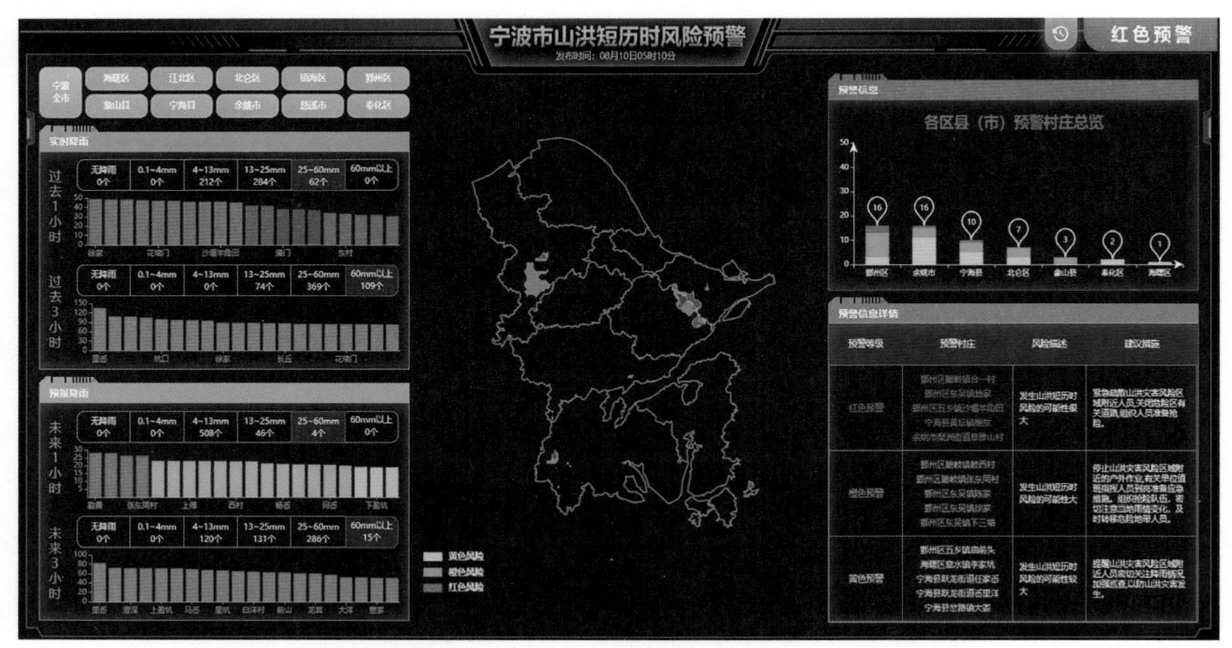

图 12-4　宁波市山洪短历时预报预警平台

波市水雨情监测发布系统进行升级改造，系统采用HTML5Web技术，结合测站考证、水利普查等最新基础信息，提供水雨情信息查询、统计和管理服务等功能。2012年6月完成改造并投入使用。至2020年，水雨情信息查询系统有雨量站点459个，水位站点134个，潮位站点45个，风向风速站点12个，流量站点14个。宁波市水雨情监测发布系统如图12–5所示。

宁波市水雨情发布系统

大中型水库水情（2020-10-15）

站点	早上八点		实时		控制		实时占控制百分比	责任单位
	水位(米)	库容(万方)	水位(米)	库容(万方)	水位(米)	库容(万方)		
白溪水库	151.03	8898	150.99	8887	170.00	14500	61.3%	白溪水库管理局
周公宅水库	209.80	5512	209.63	5486	227.13	8710	63.0%	周公宅水库管理局
皎口水库	57.93	4262	57.89	4250	62.18	5629	75.5%	皎口水库管理局
亭下水库	74.63	6412	74.61	6404	81.05	9210	69.5%	亭下水库管理局
横山水库	96.09	4193	96.05	4184	105.17	6370	65.7%	横山水库管理局
四明湖水库	14.56	6158	14.56	6158	15.28	6891	89.4%	四明湖水库管理局
十字路水库	22.77	1731	22.77	1731	23.62	1856	93.3%	镇海区农业局
新路岙水库	15.56	529	15.55	529	20.46	970	54.5%	北仑区水利局
东钱湖水库	3.22	3395	3.22	3395	3.40	3744	90.7%	东钱湖旅游局
横溪水库	23.99	1147	23.97	1144	29.22	2050	55.8%	鄞州区水利局
三溪浦水库	27.57	1388	27.56	1386	31.12	2165	64.0%	鄞州区水利局
梅溪水库	36.90	792	36.87	789	44.11	1505	52.4%	鄞州区水利局
溪下水库	49.87	1426	49.81	1419	54.00	1936	73.3%	海曙区农业农村局
梁辉水库	40.15	1737	40.12	1733	41.50	1930	89.8%	余姚市水利局
陆埠水库	41.29	1222	41.26	1219	46.19	1830	66.6%	余姚市水利局
梅湖水库	15.86	782	15.83	782	19.50	1201	65.1%	慈溪市水利局
上林湖水库	8.36	995	8.35	993	9.92	1299	76.4%	慈溪市水利局
里杜湖水库	10.05	746	10.05	746	14.06	1380	54.1%	慈溪市水利局
四灶浦水库	5.51	1649	5.49	1640	6.13	1921	85.4%	杭州湾海洋水利管理中心
黄坛水库	77.78	1052	77.90	1061	78.80	1150	92.3%	宁海县水利局
杨梅岭水库	22.59	583	22.59	583	24.11	833	70.0%	宁海县水利局
胡陈港水库	-0.03	5033	-0.04	5024	0.35	5400	93.0%	宁海县水利局
车岙港水库	3.40	627	3.40	627	4.52	1020	61.5%	宁海县水利局
力洋水库	41.28	825	41.28	825	44.50	1102	74.9%	宁海县水利局
西溪水库	139.70	5352	139.63	5338	145.00	6600	80.9%	宁海县水利局
溪口水库	44.50	350	44.47	348	51.00	812	42.9%	象山县水利局
大塘港水库	-0.55	1625	-0.56	1620	0.25	2010	80.6%	象山县水利局
平潭水库	74.76	453	74.74	452	82.65	740	61.1%	象山县水利局

共32项

图 12-5　宁波市水雨情监测发布系统

沿海台风暴潮精细化预报预警系统　2016年年初，市水文站开展沿海台风暴潮精细化预报预警平台建设，同年7月建成并投入使用。沿海台风暴潮精细化预报预警平台提供二维和三维场景浏览、沿海实时潮位查询、台风路径获取与分析、历史台风数据查询、天文潮预报、台风暴潮增水预报、台风暴潮耦合预报、海塘工程安全预警、预报精度评定、预报预警成果发布功能。根据《宁波市沿海风暴潮精细化预报预警基于研究级应用项目竣工验收鉴定书》，宁波沿海台风暴潮精细化预报预警平台有效测站天文潮预报精度平均合格率均达到 85% 以上，其中国家基本站合格率在 90% 以上。项目建立的风暴潮模型对宁波沿海 2016—2017 年台风期间的最高潮位进行后报检验，其后报合格率达到 76.5%。宁波沿海台风暴潮精细化预报预警平台如图 12–6 所示。

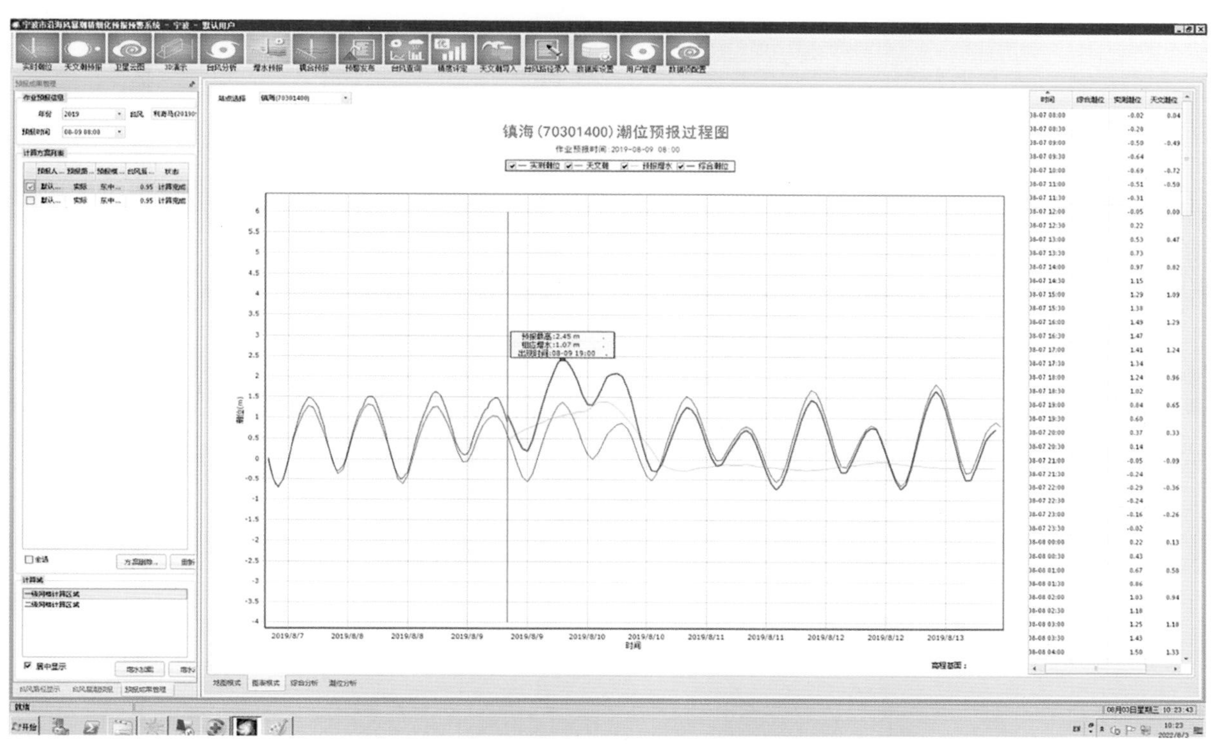

图 12–6　宁波沿海台风暴潮精细化预报预警平台

水文资料在线整编系统　2017 年 6 月，市水文站组织实施“宁波地区水文资料在线整编系统”建设，2018 年 10 月 31 日建成并投入使用。宁波地区水文资料在线整编系统基于水文数据在线整编计算数学模型，实现数据传输、数据预处理、数据在线整编、数据交互整编、整编监控、整编成果查询、整编成果检查、整编数据入库等功能。通过水文监测数据整合形成整编原始数据库并实现自动质量检查和整编计算，提高水文数据服务的时效性。宁波地区水文资料在线整编系统如图 12–7 所示。

三、水资源管理

河道调水系统　道调水管理系统建设以河道调水管理为主要内容，在水资源综合管理 GIS 平台上开发调水管理子系统、水雨情查询子系统、取水口实时及水质查询子系统、水域查询子系统和水利工程查询子系统，初步实现市区范围内水资源信息的交换共享。2011 年 8 月系统开始建设，次年系统建成并投入使用。宁波市区河道调水管理系统如图 12–8 所示。

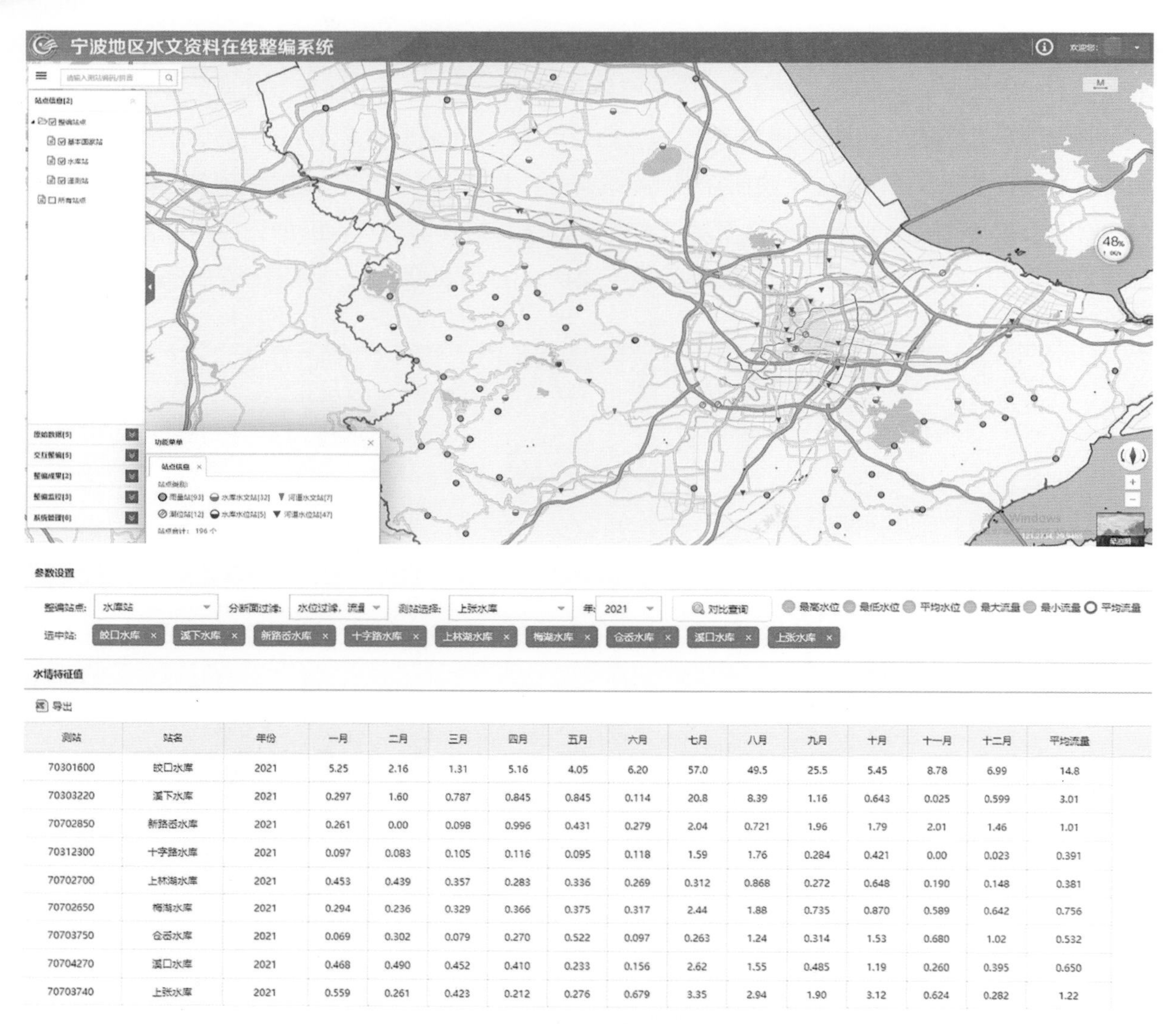

测站	站名	年份	一月	二月	三月	四月	五月	六月	七月	八月	九月	十月	十一月	十二月	平均流量
70301600	皎口水库	2021	5.25	2.16	1.31	5.16	4.05	6.20	57.0	49.5	25.5	5.45	8.78	6.99	14.8
70303220	溪下水库	2021	0.297	1.60	0.787	0.845	0.845	0.114	20.8	8.39	1.16	0.643	0.025	0.599	3.01
70702850	新路岙水库	2021	0.261	0.00	0.098	0.996	0.431	0.279	2.04	0.721	1.96	1.79	2.01	1.46	1.01
70312300	十字路水库	2021	0.097	0.083	0.105	0.116	0.095	0.118	1.59	1.76	0.284	0.421	0.00	0.023	0.391
70702700	上林湖水库	2021	0.453	0.439	0.357	0.283	0.336	0.269	0.312	0.868	0.272	0.648	0.190	0.148	0.381
70702650	梅湖水库	2021	0.294	0.236	0.329	0.366	0.375	0.317	2.44	1.88	0.735	0.870	0.589	0.642	0.756
70703750	仓岙水库	2021	0.069	0.302	0.079	0.270	0.522	0.097	0.263	1.24	0.314	1.53	0.680	1.02	0.532
70704270	溪口水库	2021	0.468	0.490	0.452	0.410	0.233	0.156	2.62	1.55	0.485	1.19	0.260	0.395	0.650
70703740	上张水库	2021	0.559	0.261	0.423	0.212	0.276	0.679	3.35	2.94	1.90	3.12	0.624	0.282	1.22

图 12-7　宁波地区水文资料在线整编系统

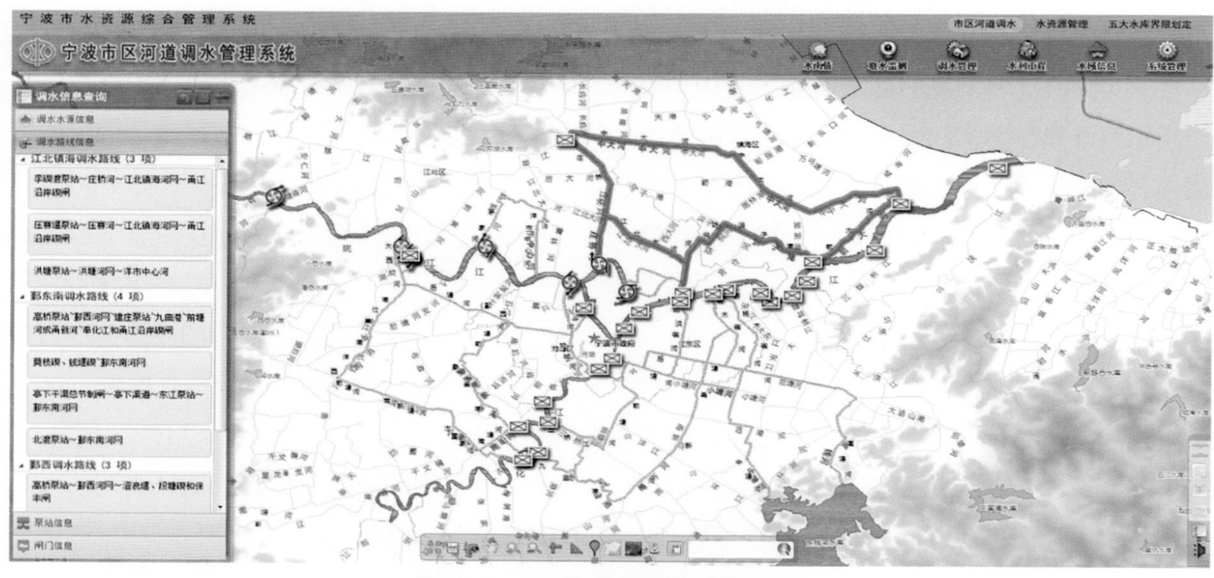

图 12-8　宁波市区河道调水管理系统

取水实时监测系统　2007年8月，宁波市取水实时监测系统开始建设，2007年11月建成投入使用。2015年，对宁波市取水实时监测系统进行升级改造。升级改造后，水资源管理信息平台接收宁波全市取水监测点的监测数据，将基础信息的管理、区域水资源规划、水源工程蓄水供水及地下水位监控、图形显示等融为一体，实现基本信息查询、取水许可证管理、取水户计量设施实时监控管理、计划用水管理、水资源费征收管理等。宁波水资源信息管理系统如图12–9所示。

图12–9　宁波水资源信息管理系统

"智慧原水"系统　2011年，市水利局批复同意宁波原水集团"智慧原水"一期工程实施方案。2012年3月"智慧原水"业务应用系统开始建设，同年11月通过初步验收并投入使用。"智慧原水"业务应用系统包括三维综合信息展示系统、监测信息服务系统、移动监测信息服务系统以及政务协同办公系统，系统实现原水集团与市水利局、各水库单位数据信息互通，提高雨情、水情、工情信息以及供水信息采集的准确性及传输时效性。宁波市智慧原水业务应用系统应用平台如图12–10所示。

图12–10　宁波市智慧原水业务应用系统应用平台

供节水管理系统　2016年，宁波供水节水信息化管理系统建成并投入使用，系统包括供水管理信息子系统、节水管理信息子系统以及移动应用子系统。供水管理子系统提供供水企业管理、报表上报审核、水质监测管理、统计查询分析、消火栓管理等功能；节水管理信息子系统提供用水户管理、计划管理、缴费管理、统计查询、水平衡测试、节水创建管理等功能；移动应用子系统实现移动办公、节水宣传、用水户服务和消火栓的日常管理的移动应用。2019 年，机构改革后，供节水管理职能转入市水利局，此后，平台系统进行升级改造，接入宁波市智慧水利平台。宁波智慧水利平台节水管理如图 12-11 所示。

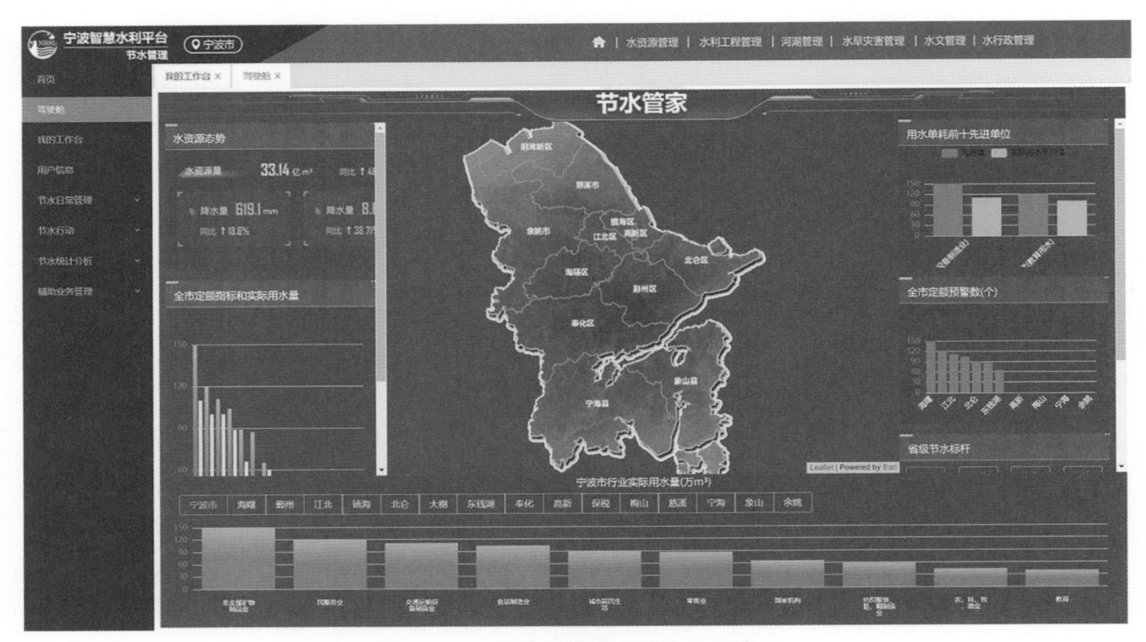

图 12-11　宁波智慧水利平台节水管理

排水管理系统　2015 年，宁波市排水管理系统（污水处理厂进厂水管理系统）建成并投入使用，系统包括污水处理厂管理以及排水户管理两大功能。污水处理厂管理对现有 31 个污水处理厂的进水水量、水质进行监测管理；排水户管理对 18 家重点排水户基础信息、排水量实时监测信息、水质监测信息进行管理。宁波市排水管理系统应用平台如图 12-12 所示。

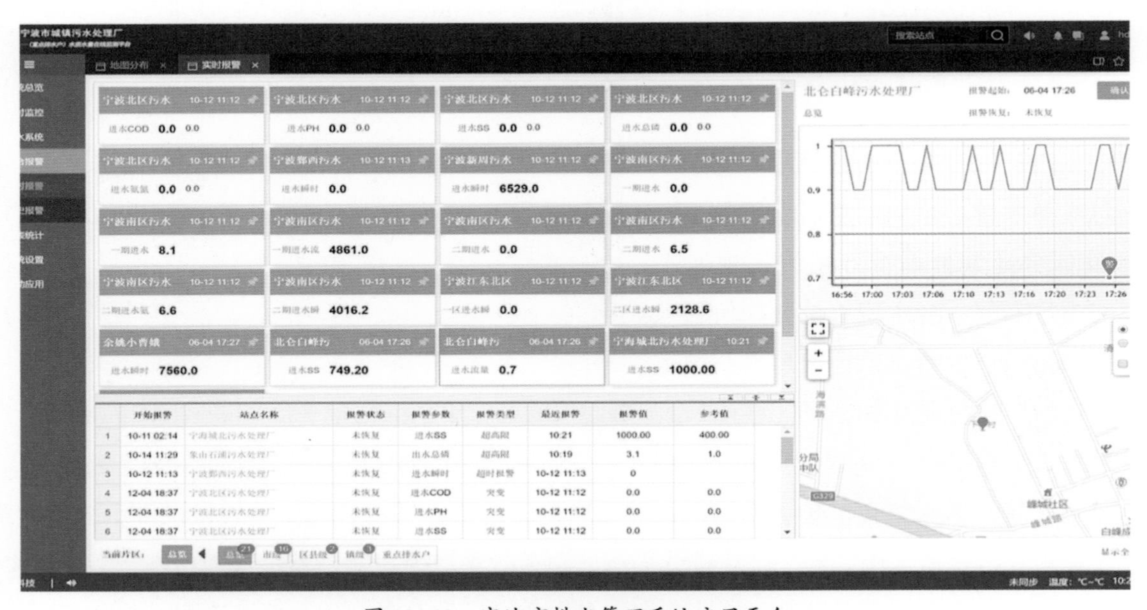

图 12-12　宁波市排水管理系统应用平台

四、水利工程管理

1. 安全生产元素化管理系统

2006 年，亭下水库成功研发安全生产元素化管理系统，2010 年 12 月通过市水利科技项目验收。系统把一个单位（部门）安全生产职责及其管理对象层层分解、细化为元素，每个元素落实责任人，利用移动网络、物联网、大数据、智能监控等手段，把每个元素风险状况、检查情况、隐患处理过程及时反映在网络上，使各级管理人员随时掌握安全生产动态，及时消除安全隐患。亭下水库标准化（元素化）管理平台如图 12-13 所示。

图 12-13　亭下水库标准化（元素化）管理平台

2. 工程集控综合管理系统

2012 年开始，市三江局在姚江大闸建设集控调度中心，经过数次升级改造，实现直管工程的实时监控及信息数据汇聚。系统监控采取就地监控与远程监控相结合的模式；自动化控制由远程控制、就地集中控制和就地手动控制 3 种模式组成，能根据需要采取不同的控制方式，提高闸泵运行的安全性、可靠性。

2016 年，江北区在和平闸站建设水利工程集控中心，同年建成并投入使用。系统对江北区姚江北岸沿线 5 座水闸、4 座泵站、23 千米堤防进行集中运行监控和统一信息化管理，制定闸泵工程群调度方案，进行调度指令互通，远程控制集群闸泵启闭，并与上级水行政主管部门间实现信息互联互通。系统以“以大带小、小小联合”的区域工程集中化管理模式，形成“信息全面掌握、运行实时监控、维护全程跟踪、调度智能优化”的水利工程调度决策指挥一体化管理体系。宁波市三江集中控制调度中心如图 12–14 所示。

图 12–14　宁波市三江集中控制调度中心

3. 水库信息综合管理系统

2013 年，周公宅水库实施水库信息综合管理平台项目建设，同年 9 月完成。平台创新采用模块化定制及云租赁服务模式，涵盖组织管理、工程信息、安全鉴定、工程检查、监测监视、维修养护、调度运行、应急管理、档案管理等业务，实现基础信息采集、传输、存储和水库设施精细化管理功能。配备移动巡查平台（移动巡查 App），提供移动办公手段，增强水库安全运行监控、上下级联动，强化周公宅水库安全移动巡查功能。

2014 年，宁波市开展大中型水库管理单位综合信息平台试点建设，试点包括白溪、周公宅、亭下、横山、皎口、四明湖、溪下、三溪浦等水库管理单位。2016 年，按照浙江省水利标准化创建要求，水库信息综合管理平台进行全面升级。平台涵盖组织管理、工程信息管理、工程安全鉴定、工程检查、监测监视、调度运行等功能。至 2020 年，全市大中型水库均完成水库信息综合管理平台建设，其中亭下水库、周公宅水库信息化管理系统的建设和应用获部、省级多项奖励。周公宅水库信息综合管理平台如图 12–15 所示。宁波市水库网络监管平台如图 12–16 所示。

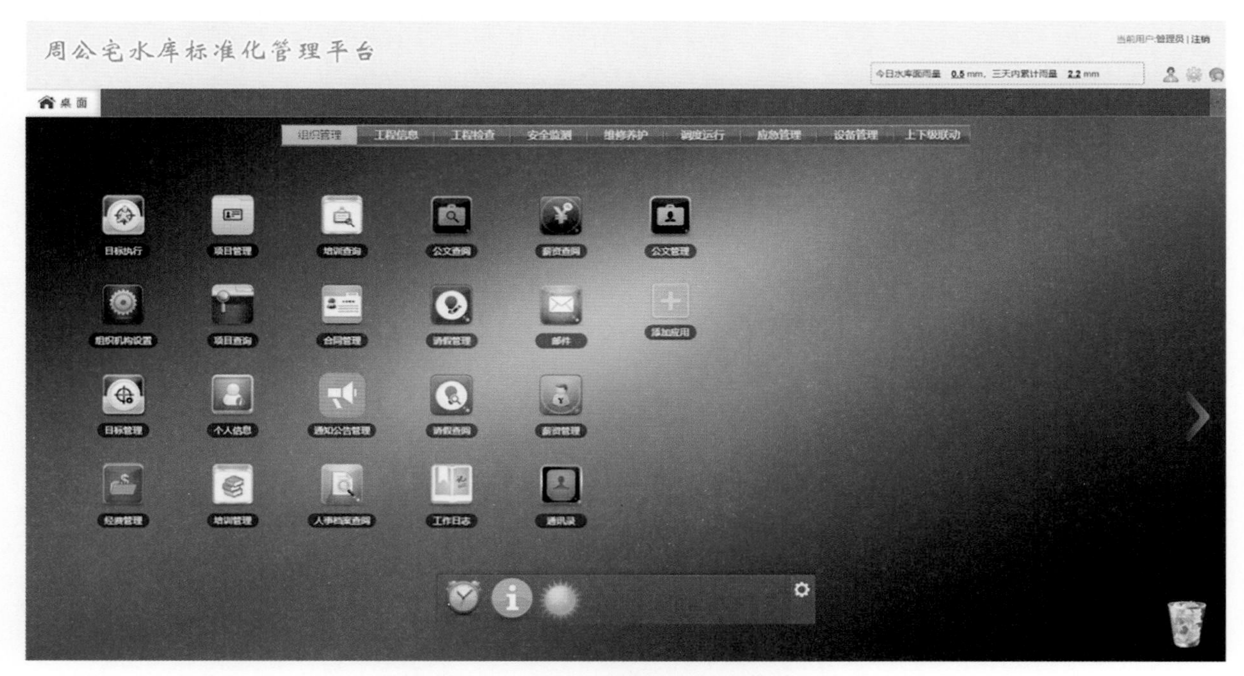

图 12–15　周公宅水库信息综合管理平台

4. 水利工程标准化管理平台

2016—2019 年，市水利局制定水利工程标准化管理工作五年实施方案，各区（县、市）先后构建完成县级水利工程标准化管理平台，并与省水利工程标准化管理平台相衔接。

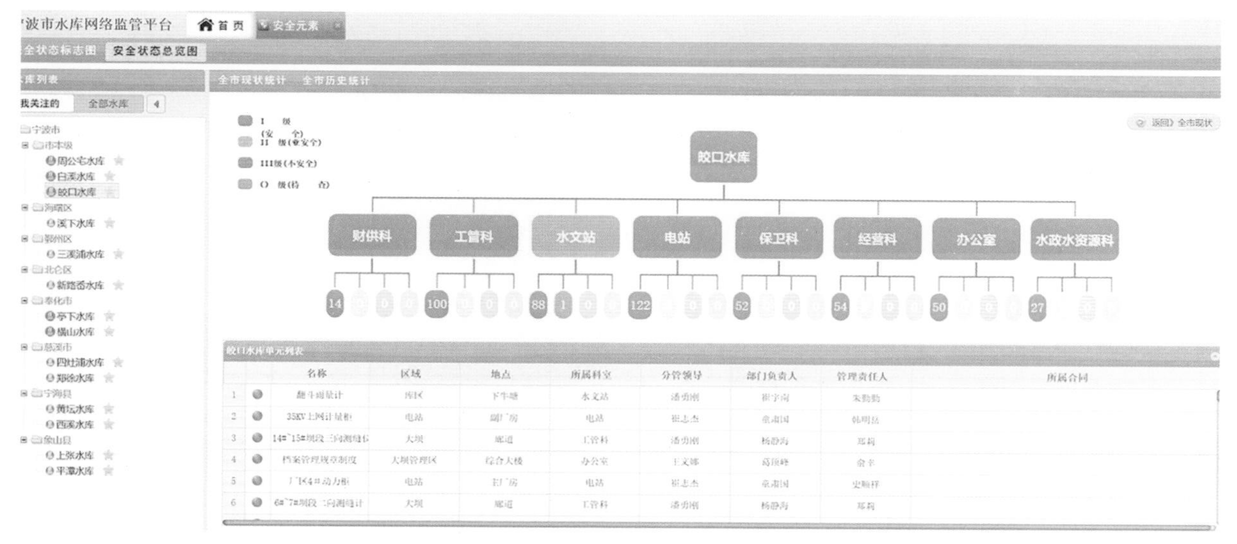

图 12-16　宁波市水库网络监管平台

水利工程标准化管理平台按照省水利厅标准化创建要求，对水库、山塘、海塘、堤防、水闸、泵站、灌区、农村供水工程、农村水电站、水文测站等十类工程，通过组织管理、工程信息、安全鉴定、工程检查、监测监视、维修养护、调度运行、应急管理、档案管理等业务模块建设，构建标准化运行管理平台。

5. 水利工程视频监控系统

2018 年，宁波市实施水利工程视频监控系统建设。视频监控系统利用视频探测技术，对全市重要水利工程现场进行实时图像记录、传输、显示、管理，具备视频采集、传输、编解码和终端监控等功能，实现水利行业所有视频图像资源的联网，构建成全市水利行业视频监控资源树，统一管理全市各水利单位视频监控资源，并与市其他水利业务系统实现数据对接，提高工作效率，推动水利智慧化管理。工程于 2018 年 9 月开始建设，2019 年 10 月通过竣工验收。

截至 2020 年，宁波市已建视频监控系统共 1769 路，覆盖水库、堤防、闸泵等重要水利工程。各区（县、市）水行政主管部门或重要水利工程管理单位将建成的视频数据经由视频专网统一集成接入至宁波市水利视频监控系统。宁波市水利网络视频监控管理平台如图 12-17 所示。

五、河湖管理

1. 三江综合管理信息平台

“数字三江”　2012 年 5 月，市三江局启动“数字三江”项目建设，2013 年 7 月通过竣工验收并投入使用。“数字三江”的建设包括信息采集系统与网络传输系统建设、机房建设、支撑平台及相关软、硬件系统、集中显示系统建设、业务系统建设等内容，目标是实现整个“三江”信息资源的采集、整合、管理、更新、共享和开发，形成统一的基础、支撑、应用、决策和执行平台。

“智慧三江”　2016 年，市三江局实施“智慧三江”项目建设。“智慧三江”综合管理平台（图 12-18）在“数字三江”的基础上，建设信息化管理体系，实现三江地理信息共享、三江协同

图 12-17 宁波市水利网络视频监控管理平台

图 12-18 宁波市“智慧三江”综合管理平台

管理、三江智慧化决策分析支持；建设三江地理信息共享平台，链接“数字三江”中已建水利工程基础信息管理系统，实现对堤防、水闸、泵站等水利工程基础信息共享；建设三江河道管理联席会议协同管理平台，面向三江河道联席会议成员单位，对涉河项目、泥浆监管、河道保洁等水政内容实现在线管理，通过信息收集、事件受理、事件分派、事件处理、事件反馈、综合考评等流程化作业，进行三江协同管理；建设公众信息发布平台和三江河道管理联席会议协同管理门户专题网站，面向社会公众提供三江管理和三江河道管理联席会议相关公开信息。同年 12 月“智慧三江”项目完工并投入试运行，2017 年 11 月通过竣工验收。

2. 河长制信息管理平台

2017 年 3 月，搭建河长制信息管理平台（图 12–19）。平台包括宁波河道 App、宁波市河长指挥信息系统 App、宁波市河长指挥信息系统 Pc 端 3 个部分，具有河道信息调整、监测数据报送、河长履职情况统计、河长签到统计、投诉举报受理情况等功能，提供公众查询河道基本信息、了解河道水质情况、投诉举报河道问题等需求。

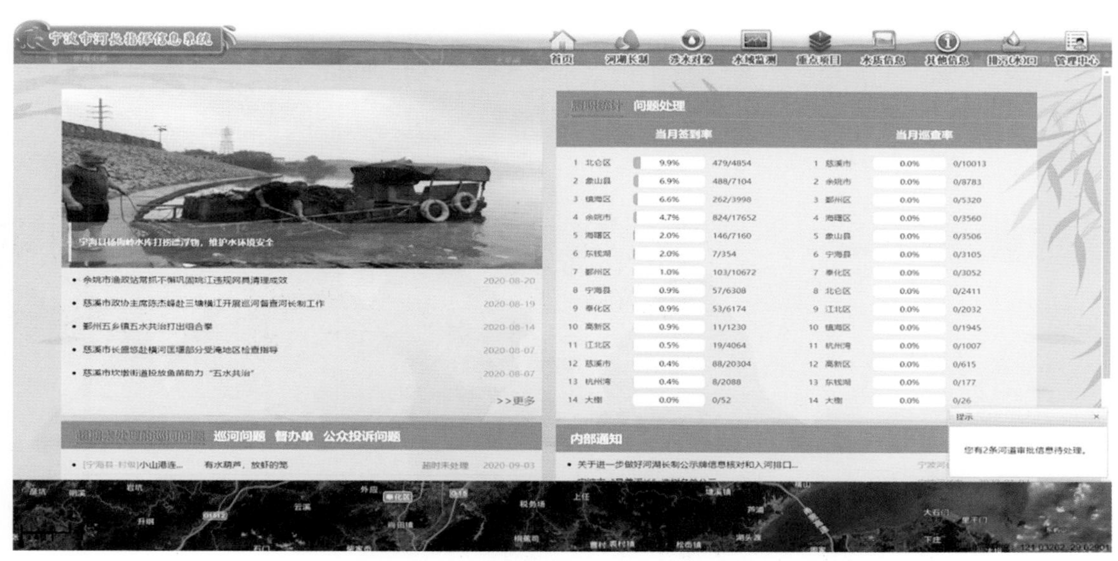

图 12–19　宁波市河长制信息管理平台

3. 智慧内河综合管理平台

2017 年，市城管局实施智慧内河（一期）项目建设，内容包括：市本级水质自动化监测、水位监测、视频监控、闸泵自动化的建设；内河项目管理系统、内河应急管理系统、内河移动办公平台、内河微信平台、内河管理系统云化升级的建设等。2019 年 12 月，一期项目通过竣工验收。宁波市智慧内河综合管理平台如图 12–20 所示。

图 12–20　宁波市智慧内河综合管理平台

六、水行政及公共服务管理

市水利局网站 2005年11月，市水利网站开始建设，域名为www.nbwater.gov.cn，2007年7月开展二次建设。2011年，对网站进行升级改造。2017年，结合市政府平台建设要求，网站进行集约化改版建设，迁移至宁波市政府集约化平台，域名更改为slj.ningbo.gov.cn。市水利局网站分为首页、机构、政务、服务、互动、微博、微信7个大板块，包括信息公开、网上办事、公众参与等内容，实现对公众提供水利资讯、水利服务，增强公众与政府的交流与监督（图12-21）。2006年网站获市政府十五佳网站，2009年获全国水利系统优秀网站。

图12-21　宁波市水利局网站

水利综合办公系统 2007年11月，市水利局水利综合办公系统开始建设，2008年1月投入使用。2011年对系统平台进行改造和升级。2015年市水利局启动综合办公系统一期项目建设，2017年进行二期项目建设，实施升级改造。水利综合办公系统能够提供绩效考核、个人办公，公文管理、网上审批、移动办公等功能，实现水利局内部无纸化办公以及规范管理，实现与其他应用、各业务系统之间的共享。宁波市水利局综合办公系统如图12-22所示。

图 12-22 宁波市水利局综合办公系统

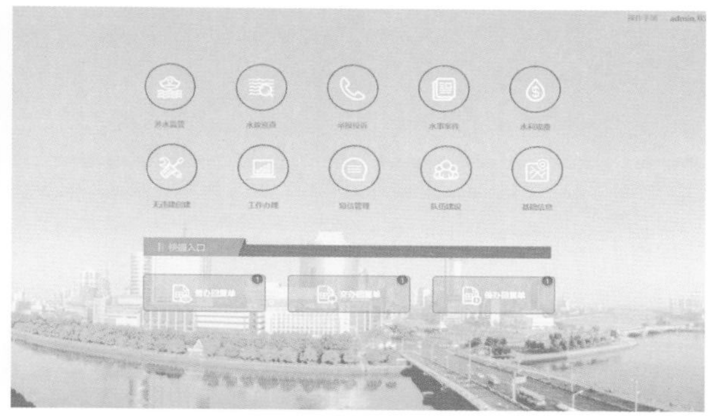
图 12-23 宁波市水政监察综合管理系统

水政监察综合管理系统 水政监察综合管理系统通过对基础资料整编、地理信息数据采集处理、数据库建设以及平台架构技术改造、信息交互共享服务建设等，实现水政巡查、涉水监管、投诉举报、移动执法、规费征收、队伍建设、统计分析等功能，完成多部门的业务信息整合和共享。水政监察综合管理系统建设分三期实施：一期项目 2011 年 9 月开始，2012 年 8 月通过竣工验收；二期项目 2012 年开始，2015 年 7 月通过竣工验收；三期项目 2016 年 10 月开始，2017 年 7 月通过竣工验收。宁波市水政监察综合管理系统如图 12–23 所示。

在线工程质量监督管理平台 宁波市在线水利工程质监标准化平台于 2018 年建成并投入使用。系统包含项目信息管理子系统、工程建设过程监控管理子系统、考勤管理子系统、质量监督管理子系统以及移动质监平台，实现在建水利工程建设全生命周期的质量监管。宁波市在线水利工程质监标准化平台如图 12–24 所示。

图 12-24 宁波市在线水利工程质监标准化平台

水利建设信用市场系统 水利建设信用市场系统包含水利中介机构信用信息子系统、建设市场主体信用评价管理子系统、设计及监理企业信用评价子系统以及施工现场实时评分子系统等，提供中介机构信用信息查询、处理和对外发布，水利建设企业、工程项目、专业人员、设计及监理企业信用评价管理以及施工现场实时评价等功能（图 12–25）。系统分三期建设。一期项目为水利中介机构信用信息系统建设，2014 年 1 月建成并投入试运行；二期项目为水利建设市场主体信用评价管理系统建设，2014 年 10 月建成并投入试运行；三期项目为水利信用平台升级及设计监理信用评价系统建设，2017 年建成并投入试运行。

水利普查综合查询系统 2010—2012 年，宁波市开展第一次水利普查，同期搭建市级水利普查数据库和水利普查综合查询系统。水利普查数据库涵盖第一次水利普查所有的普查数据，包括河流湖泊、水利工程、经济社会用水、河湖开发治理、水土保持、行业能力、灌区、地下取水井 8 个大专项以及普查空间地理数据。水利普查综合查询系统实现第一次水利普查所有清查表单、普查表单以及空间数据的查询。以 GIS 平台为依托，系统涵盖地图信息查询、数据管理、数据审核、汇总分析、大型水利工程相片管理等功能。宁波市水利普查基础水信息平台如图 12–26 所示。

图 12-25 宁波市水利建设市场信用信息平台

图 12-26 宁波市水利普查基础水信息平台

第三节　信息化管理

2001 年以后，市水利局成立信息化管理机构，先后组织编制《宁波市水利信息化“十一五”发展规划》《宁波市水利信息化“十二五”发展规划》《宁波市智慧水利建设“十三五”专项规划》《宁波市智慧水利建设方案（2019—2021 年）》等，推动宁波水利走向信息化、数字化和智慧化。制定管理制度和运行维护保障措施。同时培育科技型企业，促进宁波水利信息化工作健康发展。

一、管理机构

2005 年 9 月，市水利局成立信息中心，与水利培训中心合署办公。局长办公会议研究明确局信息化工作由信息中心负责牵头、监管，相关处室具体实施。2010 年 4 月，市水利局成立局信息化工作领导小组；同年 6 月，重新明确局信息中心工作职责。

2015 年，水利信息化工作转至市水利局办公室统筹管理。2018 年 5 月，市水利局进一步明确局机关处室和局属事业单位职责分工，明确局办公室负责全市信息化建设工作，市水资源信息管理中心具体承担全市水利信息化建设工作。

2019 年实施政府机构改革，根据市水利局所属事业单位调整方案，市水资源信息管理中心（市境外引水办公室）更名为市水资源信息管理中心（市境外引水管理中心），设内设机构 3 个，即综合科、信息化科、水资源管理科。信息化建设管理工作归入市水资源信息管理中心（市境外引水管理中心），主要职责为配合做好水利水务信息化发展规划和计划的编制并组织实施；拟订水利水务信息化建设的标准规范，承担水利水务信息化的技术指导工作。

二、管理制度

2007 年，市水利局印发《宁波市水利局机关办公电子设备采购调配使用和旧设备回收管理办法》，规范市水利局计算机等电子设备管理，提高资金和设备的使用效益。2009 年，市水利局印发《宁波市水情遥测系统管理考核办法》，规范水情遥测系统管理工作，保障防汛防旱期间系统正常运行。2010 年，市水利局印发计算机设备及网络安全保密运行管理制度，强化局内部计算机设备及网络的保密管理，提高相关系统网络运行安全。2011 年，市水利局制定《宁波市水利局机房管理规定》，确保防汛指挥系统和局计算机系统及防汛信息、数据的安全。2018 年，市水利局成立软件正版化工作领导小组，印发《宁波市水利局计算机软件正版化工作管理规定》，以确保信息化软件管理的规范性、安全性，保障信息化管理工作的规范有序。

三、运行维护

2005 年，市防汛防旱指挥部办公室印发《宁波市防汛远程会商系统运行维护管理办法》，首次建立会商系统运行维护管理制度。为解决人力不足，管理不专业问题，市水利局对防汛视频会商系统的运行维护管理探索实行服务外包的运维管理模式。

2012年起，市防汛防旱指挥信息平台运行维护均实行服务外包，每年一次签订运行维护管理服务协议。随着水利信息资源不断增多，信息系统逐渐增加，2015年起，市水利局信息系统和数据中心运维实行统一服务外包，每年一次签订运行维护管理服务协议。

四、水利信息化企业培育

宁波市水利水电规划设计研究院有限公司 2006年开始，市水利设计院开展水利基础模型技术研究和水利信息化建设。之后组建成立智慧水利研究院，开展多学科联合攻关，研究方向包括感知互联、共享融合以及智慧应用，探索跨界融合创新，将物联网、大数据、云计算应用于水利信息化建设中，在物联管护、数据支撑服务以及云计算产品等方面为宁波智慧水利建设提供模型应用以及技术支撑。

宁波弘泰水利信息科技有限公司 宁波弘泰水利信息科技有限公司（简称“弘泰水利”）创立于2006年，原为市水利设计院所属企业，2016年完成改制。公司成立以后，从自动化产品研发生产到软件产品研发销售到大数据、云计算技术在水利行业的应用，为宁波智慧水利的发展提供技术支撑与服务保障。弘泰水利坚持将物联网、大数据、云计算、移动互联技术与传统水利模型、决策经验、专业技术等进行有机融合，为宁波市各级水管部门提供一体化水行业完整解决方案，在防汛防旱、水文管理、水资源管理、水利工程管理、河湖管理、水行政及公共服务管理等业务领域方面均建设宁波水行业样板，助力宁波现代化试点城市及智慧水利先行先试城市的创建。截至2020年，弘泰水利已实施700余个项目，成为国家级高新技术企业、省级上云标杆企业、省级大数据应用示范企业、市级工程技术中心、市竞争力百强企业。

宁波子规信息科技有限公司 公司成立于2012年11月，由宁波原水集团有限公司投资组建，主要经营安全生产元素化管理系统及相关产品。为适应市场经济发展需要，激发IT企业创新活力，2019年9月公司改制为民营企业，由原核心团队接盘经营。公司成立以后，积极创新信息化管理模式，提出“元素化”管理理念，把单位管理职责和管理对象层层分解细化为元素，将元素化管理分成管理体系和管理平台两部分，管理体系强调理清责任、掌控动态、精准施策，管理平台则体现信息化和智能化，推动以人工为主的传统管理向精细化、标准化、信息化方向发展。

第四节　智慧水利先行先试

2018年2月，水利部印发《加快推进新时代水利现代化的指导意见》，提出全方位推进智慧水利建设。市水利局全面贯彻落实新时期治水方针，围绕水利改革发展总基调，按照“看水一张网、治水一张图、管水一平台、兴水一盘棋”的总体要求，围绕“可看、可算、可调、可查”的总体目标，推进水利数字化转型，将信息技术与水利业务深度融合，驱动水利治理体系和治理能力现代化，争创并成功列入全国智慧水利先行先试地区。2020 年 12 月，完成“智慧水利”市本级一期项目建设。2021 年 1 月，宁波市“智慧水利”一期建设项目正式上线运行，标志着宁波市在推进智慧水利先行先试工作中取得硕果。

一、试点申报

2018年4月，市水利局启动“智慧水利”示范城市全国试点申报工作，着手编制“智慧水利”建设方案，全面谋划智慧管水。同年8月，局信息中心赴各地对辖区内15类已建和在建水利工程、21类监测类别的现状进行调研与梳理，完善智慧水利感知体系建设标准。10月，经过历时 7 个多月的专题研究并在征求各方意见后，编制完成《宁波市智慧水利建设方案（2019—2021 年）》，明确宁波市“智慧水利”三年建设目标。11 月，启动“智慧水利”项目建设工作，整合水利、水务信息化工作，编制 2019—2021 年市、县两级建设任务及项目建议书。

2019年初，完成《宁波市智慧水利试点方案》编制。同年5月，在全国水利网信工作会议上，宁波市作为唯一作典型发言的计划单列市，介绍宁波市“智慧水利”建设情况。8 月，申报水利部“智慧水利”优秀应用案例，并深度参与太湖局组织的南方地区智慧流域典型设计，将宁波方案融入到设计中。

2020 年 2 月，水利部印发《水利部关于发布智慧水利优秀应用案例和典型解决方案推荐目录的通知》（水信息〔2020〕31 号），宁波市山洪灾害短历时风险预报预警平台成功入选水灾害类优秀应用案例和典型解决方案。同年 3 月，水利部印发《关于开展智慧水利先行先试工作的通知》（水信息〔2020〕46 号），宁波市入选水利部“智慧水利”先行先试城市，成为全国 11 个基础较好、有代表性的流域和区域之一。

二、建设目标

按照水利部总体要求，2020 年 4 月市水利局编制完成《宁波市智慧水利先行先试实施方案》，通过水利物联网、数据及支撑平台、智慧应用平台、基础保障体系的建设，实现智慧感知信息健全、智慧分析能力提升、智慧应用业务协同，率先实现重点领域的智慧管水，到 2021 年，基本建成具有宁波特色的“智慧水利”，实现“可看、可算、可调、可查”总体目标。

同时，围绕“智慧水利”总体建设内容，提出先行先试三大重点任务：建成以甬江流域洪水风险分析模型为核心的宁波市洪水风险图应用与管理系统，汇总集成市县洪水风险图成果，对全市洪水风险成果进行综合管理；建设山洪灾害风险预报预警平台，以实时监测降雨数据和气象精细化短临降雨预报数据为驱动，结合气象雷达、遥感、动态预警、人口热力大数据等先进技术，实现提前 1 ～ 3 小时准确预判山洪灾害风险；创新“以大带小、小小联合”区域工程集中化调度的模式，建立宁波市核心区三江联合调度运行管理系统，形成“信息全面掌握、运行实时监控、调度全程跟踪”的水利工程调度一体化管理体系。

三、组织实施

按照《宁波市智慧水利建设方案（2019—2021年）》，2018年11月市水利局启动智慧水利项目建设工作。2019年8月，市发改委批复《关于同意宁波市智慧水利项目建议书的复函》（甬发改审批〔2019〕358号），项目包括市、县两级3年建设任务，总投资估算20655万元，其中市本级工程估算投资7375万元，分2期实施；各区（县、市）基础感知工程投资12510万元；周公宅智慧水库工程等投资770万元。同年11月，"智慧水利"市本级一期项目建设方案通过市发改委审批。

（一）市本级"智慧水利"项目

2019年12月，"智慧水利"市本级一期项目全面启动实施，主要建设"一云一网一中心两平台"5项任务，即水利政务云、水利物联网、水利数据中心、应用支撑平台、综合应用平台。同时，建设基础运行环境和安全保障体系。至2020年12月，市本级一期项目建设基本完成。

1."一云一网一中心"

完成宁波市政务云的智慧水利云环境搭建；完成水利物联网的搭建和物联管护系统的开发，逐步接入各区（县、市）基础感知设备数据；完成水利数据中心元数据库、基础数据库、业务数据库、主题数据库4大类数据库建设，录入各类数据30亿多条，各类数据量达到6万亿字节（TB），实现水利管理"可看"的目标。宁波市智慧水利物联管护系统如图12-27所示。

2.应用支撑平台

全面整合现有水利空间数据，完成统一用户、统一地图、智能视频分析和统一微服务等建设，制作完成各类水利底图及涵盖水资源、水利工程等7类水利要素的专题地图服务41张，发布

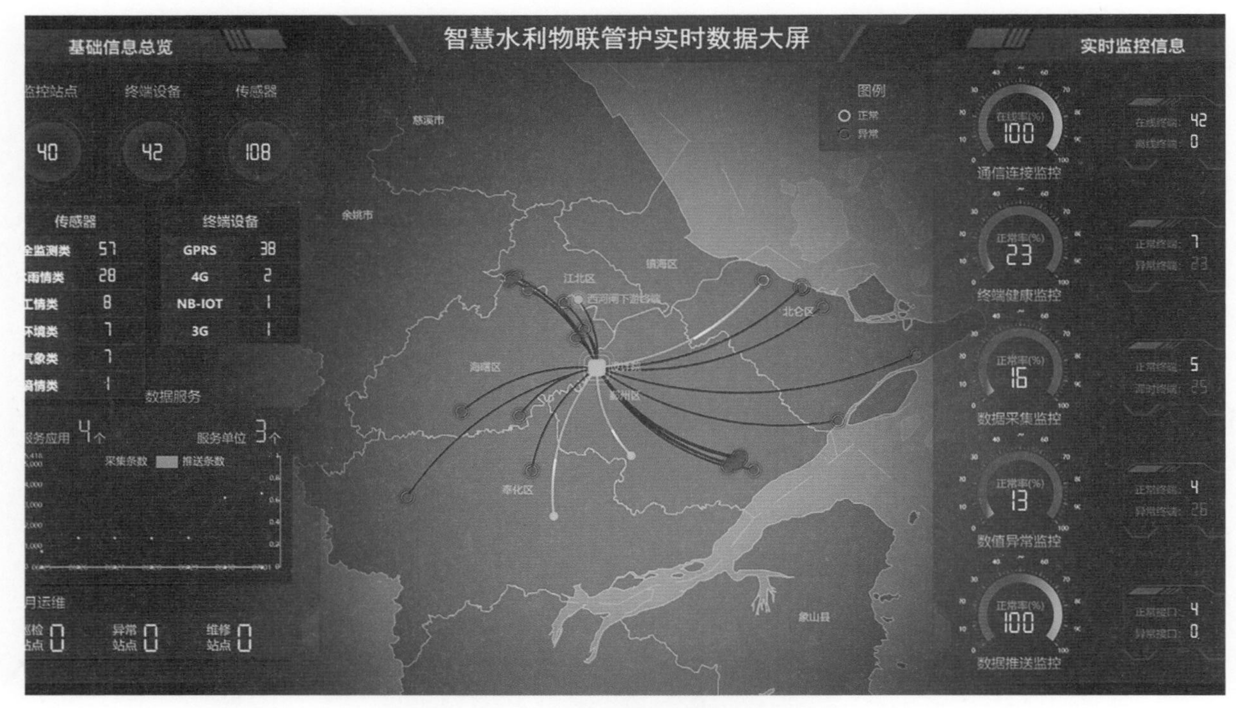

图12-27　宁波市智慧水利物联管护系统

在宁波市时空云平台上，实现在“一张图”上反映所有水利相关数据；完成漂浮物识别、涉水活动识别、违章排水识别、水尺识别、周界入侵识别5种算法，并可根据实际场景需求优化算法；开发各类水利微服务20类352个，为上层业务应用开发统一提供专业的数据查询、统计、专业模型、算法服务，实现数据资源统一汇聚和集中共享，构建宁波市智慧水利应用支撑平台。宁波市水利智能视频服务分析系统如图12-28所示。

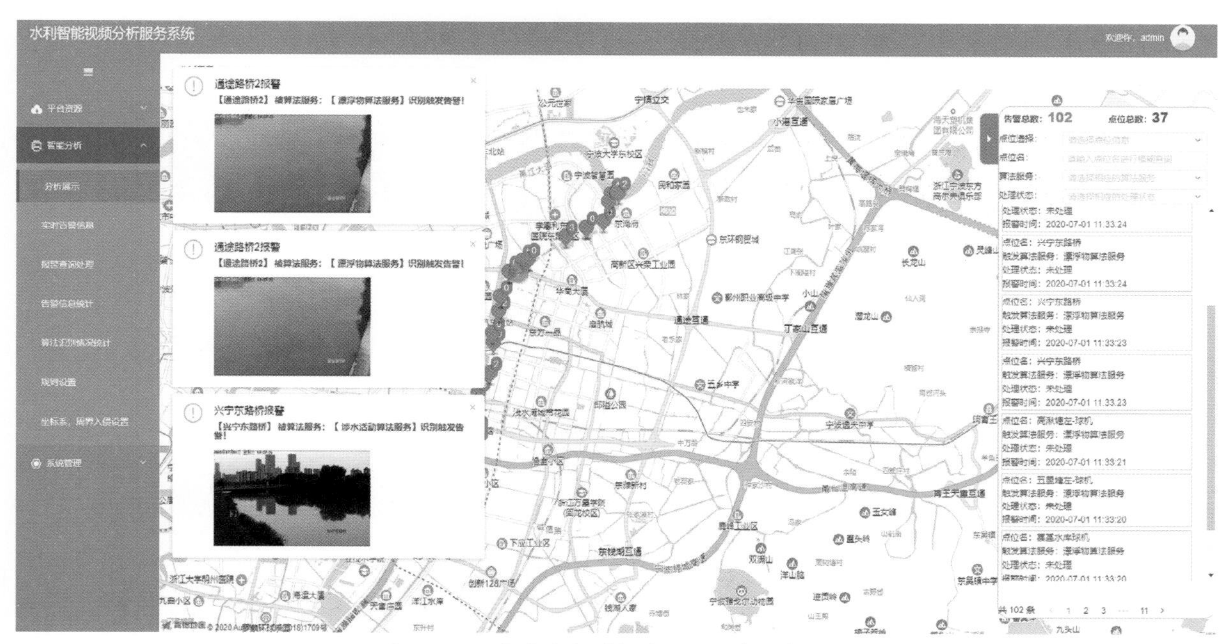

图12-28　宁波市水利智能视频服务分析系统

3. 综合应用平台

完成“6510”综合应用平台开发，“6510”为6大业务应用系统，5个数据综合大屏，10个应用场景，实现水利管理“可调、可查”的目标。6个业务应用系统即完成水旱灾害防御、河湖管理、水利工程管理、水资源管理、水文管理、公众服务6个方面15项主要功能的应用系统开发，分别为水旱灾害防御功能3项，河湖综合管理功能2项，水利工程管理功能3项，水资源综合管理功能2项，水文综合管理功能2项，水行政及公众服务管理功能3项。5个数据综合大屏即完成水利工程、水资源、水文、调度指挥及综合大屏开发设计。10个应用场景即完成山洪灾害预警、洪涝灾害动态预报、水资源供需预警、智能巡河、水文站网智能管理、水利一体化公共服务、水利工程区域集控管理、智慧水库、城区供水安全监管及城区生态环境调水10项应用场景开发。

2020年10月12—14日，第三届“数字中国”建设峰会在福建省福州市举行，宁波智慧水利一期建设成果首次登上全国舞台引起社会各界关注。宁波市“山洪灾害预报预警”“动态洪水风险图分析”“智能巡河”等研发及应用成果获得水利部及国内同行肯定。宁波智慧水利平台如图12-29所示。

图 12–29　宁波智慧水利平台

（二）区（县、市）“智慧水利”项目

1. 慈溪市“智慧水利”项目

2020 年 11 月，慈溪市智慧水利（一期）项目正式通过验收，共计投资 480 万元。该项目既是全省水利系统首个运用 GIS 一张图涵盖全水利要素并具备百度、高德地图模糊搜索功能的“水利一张图”，也是全省首个融合地域特色—青瓷文化的水资源主题的智慧水利大屏。

截至 2020 年 12 月，慈溪市骨干河道、沿山水库、出海闸等重要点位智能化监控覆盖率达 90%，数据采集畅通率提升至 98.7%，系统运行数据作业完成率达 100%。慈溪市智慧水利平台如图 12–30 所示。

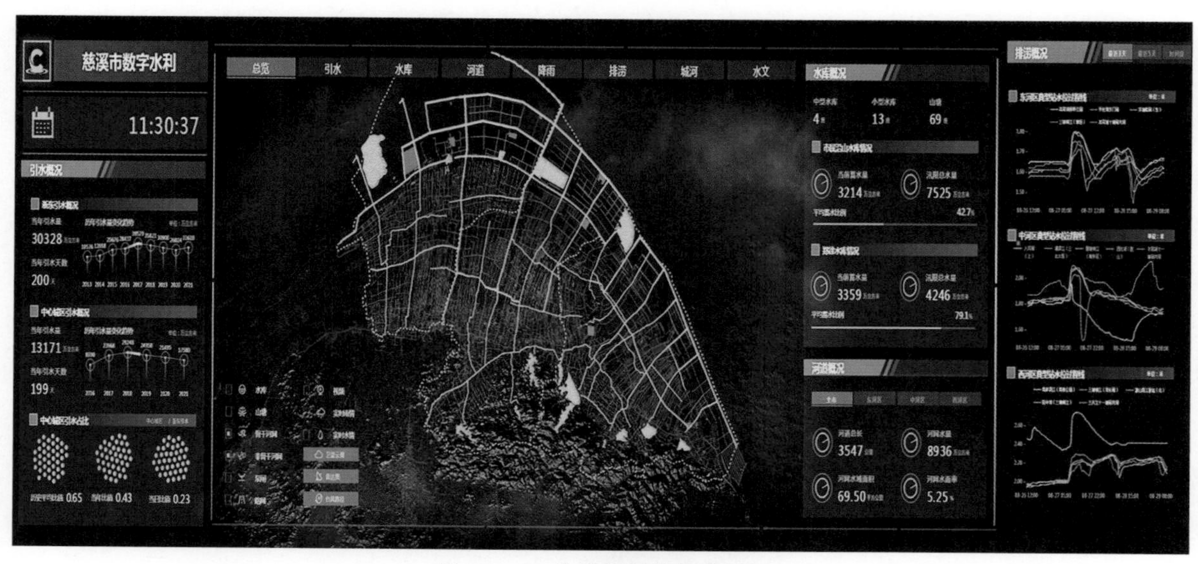

图 12–30　慈溪市智慧水利平台

2. 鄞州区“智慧水利”项目

2020 年 12 月，鄞州区“鄞州智慧治水利信息管理平台”经过 3 个月试运行正式上线。平台使得全区的影像地图以及分布在地图上的水面监控、水质监控、污染监控、实时水雨情和排污口整治进展等信息一览无余，依托公安视屏监控系统可随时梳理调取有关河道、街区、企业的涉水视频数据，实现一张图“零盲区”管理。鄞州智慧水利平台如图 12–31 所示。

图 12–31　鄞州智慧水利平台

第五节　水利现代化试点城市建设

2011 年 5 月，水利部印发《关于推进水利现代化试点工作的通知》，宁波被确定为全国水利现代化试点城市之一。2012 年 7 月，水利部和浙江省政府联合批复《宁波市水利现代化规划（2011—2020 年）》。规划提出，通过 10 年左右的努力，把宁波市建成国家级沿海发达地区水利现代化示范区，在水资源精细化调度与管理、水网生态环境保护与修复、防洪防潮治涝综合体系建设与管理、智慧引领的水利信息化应用等方面成为全国示范，实现“波宁河畅安澜惠明州、库连湖通碧水润甬城”的水利现代化愿景。2017 年，根据《水利部办公厅关于开展推进水利现代化试点总结评估工作的通知》（办规划函〔2017〕1051 号），宁波市组织开展水利现代化总结评估工作。总结评估结论：宁波市经过 6 年的水利现代化建设，实现水利现代化从初级阶段到基本实现阶段的重大跨越，基本描绘“波宁海畅安澜惠明州、库连湖通碧水润甬城”的宁波水利现代化蓝图，基本构建城乡一体的防洪治涝综合保障体系，合理配置与高效利用的水资源保障体系得到进一步提升，亲水宜居的水生态保护体系建设加快推进，智慧应用的现代水管理与服务体系进一步完善；在水资源精细化调度与管理、水网生态环境保护与修复、防洪防潮治涝综合体系建设与管理、智慧引领的水利信息化应用等方面积累一定经验，可为全国水利现代化建设提供示范和借鉴。

一、评价指标

宁波市水利现代化建设构建一套评价指标体系，从防洪防潮治涝减灾能力、水资源配置与高效利用能力、水资源保护与河湖健康保障能力、水利发展保障能力4个方面综合量化、评价宁波市水利现代化发展水平。

（一）防洪防潮治涝减灾能力

鉴于发达国家的江河堤防工程、防潮工程达标率均已超过90%，考虑到宁波市堤防工程设计标准符合国家防洪标准但较发达国家低，设定防洪、防潮工程达标率的门槛值分别为90%、95%。根据宁波市平原区域排涝能力达到20年一遇的标准及实现基础，设定治涝工程达标率的门槛值为85%。根据宁波市境内河流众多、源短流急、独流入海、降水时空分布不均、易受洪涝潮等危害的特点，设定水灾损失率的门槛值为0.3%。

（二）水资源配置与高效利用能力

根据宁波市经济社会发展预测及水资源供需平衡分析，设定用水总量增长率、城乡生活供水保证率、工业供水保证率、农业供水保证率、备用水源量占需水量比的门槛值为分别为1.5%、95%、90%、80%、10%。根据宁波市平原区农田有效灌溉面积率接近100%，但山区农田有效灌溉面积率较低的现状以及未来山塘整治效果，设定农田有效灌溉面积率的门槛值为90%。

工业及生活用水高效利用方面的指标参考国内领先城市发展水平，设定万元GDP用水量为35立方米，万元工业增加值用水量为15立方米，城市再生水利用为率30%，工业用水重复利用率为85%。

农业用水高效利用参考世界领先国家，根据宁波市适宜建设喷微灌设施的农业园区建设，考虑到河网地区灌溉水有效利用系数不易提高，设定高效节水灌溉面积率（喷微灌）为80%、农田灌溉水有效利用系数的门槛值为0.6。

（三）水资源保护与河湖健康保障能力

宁波市自然的平原河湖水面率从原来的8%减少至6%，因此设定平原河湖水面率的门槛值为8%。污水收集处理率方面参考发达国家及国内领先城市的发展水平，按照宁波市城市污水统一处理，农村污水按村集中处理方式，设定城市污水收集处理率、农村污水收集处理率的门槛值分别为95%、80%。

水功能区保护方面参考发达国家状况，设定重要水功能区水质达标率的门槛值为80%。

（四）水利发展保障能力

水管理与服务方面主要根据宁波市未来水利投入、城乡统筹与水资源供用耗排一体化管理、人才引进与培养、水利信息化系统的建设在未来10年可能的实现情况，设定水利投入增长率、水利工程设施完好率、水利管理机构完善率、基层水利管理与服务体系覆盖率、大专以上学历人才比例、信息采集自动化覆盖率、信息化基础设施完整率、水利工程自动化率等方面的目标值及门槛值。2011—2020年宁波市水利现代化评价指标值一览见表12-1。

表 12-1　2011—2020 年宁波市水利现代化评价指标值一览

准则层及权重	一级指标及权重	二级指标及权重	三级指标及权重	单位	现状值	2015 年目标值	2020 年目标值	发达阶段的门槛值
防洪防潮治涝减灾能力 0.25	防灾减灾	防洪工程达标率 0.29	流域防洪工程达标率	%	60	80	90	90
			其中：城市防洪工程达标率	%	70	90	98	95
		治涝工程达标率 0.26	区域治涝工程达标率	%	40	75	85	85
			其中：城市治涝工程达标率	%	60	85	95	95
		防潮工程达标率 0.21		%	87	95	98	95
		水灾损失率 0.24		%	0.39	0.35	0.3	0.3
水资源优化配置与高效利用能力 0.25	供水保障 0.60	城乡生活供水保证率 0.30	城市生活供水保证率 0.69	%	95	95	95	95
			集中式农村生活供水保证率 0.31	%	85	90	95	95
		工业供水保证率 0.24	重要工业供水保证率 0.60	%	90	95	95	95
			一般工业供水保证率 0.40	%	90	90	90	90
		农业供水保证率 0.16		%	85	85	90	85
		农田有效灌溉面积率 0.18		%	79	85	90	90
		备用水源量占需水量比 0.12		%	3	5	10	10
	用水及用水效率 0.40	万元 GDP 用水量 0.27		m^3	42	36	30	35
		万元工业增加值用水量 0.20		m^3	18.6	15	12.5	15
		农田灌溉水有效利用系数 0.16			0.55	0.58	0.6	0.6
		高效节水灌溉面积率（喷微灌）0.14		%	32	65	80	80
		城市再生水利用率 0.23		%	20	30	30	30
水资源保护与河湖健康保障能力 0.25	水环境治理与保护 0.40	平原河湖水面率 0.26		%	6.0	7.0	8.0	8.0
		水土流失治理率 0.19		%	95	98	100	98
		污水收集处理率 0.26	城市污水收集处理率 0.60	%	85	90	95	95
			农村污水收集处理率 0.40	%	60	70	80	80
		生态环境用水满足率 0.29		%	75	80	85	85
	水功能区保护 0.60	水功能区水质达标率	重要水功能区水质达标率	%	40	65	80	80
			其中：集中式饮用水水源地水质达标率	%	100	100	100	100

续表

准则层及权重	一级指标及权重	二级指标及权重	三级指标及权重	单位	现状值	2015年目标值	2020年目标值	发达阶段的门槛值
水利发展保障能力 0.25	水利投入 0.27	水利投入年均增长率		%	8	12	10	10
	管理与服务能力 0.22	法制普及率 0.25		%	良好	良好	完善	完善
		水资源管理能力 0.27	用水总量增长率 0.52	%	2.5	2.0	1.5	1.5
			城市节水器具普及率 0.21	%	60	95	98	95
			工业用水重复率 0.27	%	77	82	85	85
水利发展保障能力 0.25	管理与服务能力 0.22	工程管理能力 0.26	水利工程设施完好率	%	70	85	90	90
		社会管理与服务能力 0.22	水利管理机构完善率 0.60	%	80	100	100	100
			基层水利管理与服务体系覆盖率 0.40	%	75	85	90	90
	管理队伍 0.18	大专以上学历人才比例		%	55	60	65	65
	水利信息化 0.33	信息采集自动化覆盖率 0.18		%	65	80	98	95
		信息化基础设施完整率 0.45		%	60	80	95	95
		决策支持辅助能力 0.24		%	一般	良好	完善	完善
		水利工程自动化率 0.13		%	30	50	80	80

二、实施与成效

2012年11月，市政府印发《宁波市人民政府关于明确宁波市水利现代化建设近期工作任务（2012—2015年）的通知》（甬政发〔2012〕117号），将近期工作任务以任务书形式分解至各区（县、市）和市级有关部门。市水利局推进过程中，结合水利建设年度计划，分解落实年度建设任务，并将规划确定的任务纳入水利发展“十三五”规划；成立水利现代化建设领导小组，下设办公室，由局总工程师兼任办公室主任，协调推进水利现代化建设、组织开展年度考核等工作。2013年初，印发《宁波市水利现代化建设目标责任考核办法（暂行）》，明确考核对象、考核标准和评分方法及奖惩措施。考核具体工作结合年度考核、“大禹杯”评比和“五水共治”考核等开展。

《宁波市水利现代化规划（2011—2020年）》共设置防洪防潮治涝减灾能力、水资源配置与高效利用能力、水资源保护与河湖健康保障能力、水利发展保障能力4个方面共38项指标。至2016年，宁波市水利现代化建设试点目标任务基本实现。2016年宁波市水利现代化试点目标完成情况一览见表12-2。

表 12-2 2016 年宁波市水利现代化试点目标完成情况一览

准则层	序号	指标	单位	2010 年	2015 年（目标值）	2016 年（完成值）	完成情况（相对 2015 年）	进入发达阶段的门槛值
防洪防潮治涝减灾能力	1	流域防洪工程达标率	%	60	80	87.4	完成	90
	2	城市防洪工程达标率	%	70	90	98.9	完成	95
	3	区域治涝工程达标率	%	40	75	74.6	未完成	85
	4	城市治涝工程达标率	%	60	85	76.8	未完成	95
	5	防潮工程达标率	%	87	95	97.2	完成	95
	6	水灾损失率	%	0.39	0.35	0.46	未完成	0.3
水资源优化配置与高效利用能力	7	城市生活供水保证率	%	95	95	＞ 95	完成	95
	8	集中式农村生活供水保证率	%	85	90	95	完成	95
	9	重要工业供水保证率	%	90	95	95	完成	95
	10	一般工业供水保证率	%	90	90	91.4	完成	90
	11	农业供水保证率	%	85	85	86.2	完成	85
	12	农田有效灌溉面积率	%	79	85	92.3	完成	90
	13	备用水源量占需水量比	%	3	5	6.34	完成	10
	14	万元 GDP 用水量	m^3	42	36	28	完成	35
	15	万元工业增加值用水量	m^3	18.6	15	14.5	完成	15
	16	农田灌溉水有效利用系数		0.55	0.58	0.589	完成	0.6
	17	高效节水灌溉面积率（喷微灌）	%	32	65	74.8	完成	80
	18	城市再生水利用率	%	20	30	20.2	未完成	30
水资源保护与河湖健康保障能力	19	平原河湖水面率	%	6.0	7.0	7	完成	8
	20	水土流失治理率	%	95	98	95.6	未完成	98
	21	城市污水收集处理率	%	85	90	96.05	完成	95
	22	农村污水收集处理率	%	60	70	94.3	完成	80
	23	生态环境用水满足率	%	75	80	86	完成	85
	24	重要水功能区水质达标率	%	40	65	71	完成	80
	25	集中式饮用水水源地水质达标率	%	100	100	100	完成	100
水利发展保障能力	26	水利投入年均增长率	%	8	12	15.2	完成	10
	27	法制普及率	%	良好	良好	良好	完成	完善
	28	用水总量增长率	%	2.5	2.0	1.2	完成	1.5
	29	城市节水器具普及率	%	60	95	100	完成	95
	30	工业用水重复率	%	77	82	92.6	完成	85

续表

准则层	序号	指标	单位	2010年	2015年（目标值）	2016年（完成值）	完成情况（相对2015年）	进入发达阶段的门槛值
水利发展保障能力	31	水利工程设施完好率	%	70	85	95	完成	90
	32	水利管理机构完善率	%	80	100	100	完成	100
	33	基层水利管理与服务体系覆盖率	%	75	85	100	完成	90
	34	大专以上学历人才比例	%	55	60	68.5	完成	65
	35	信息采集自动化覆盖率	%	65	80	82	完成	95
	36	信息化基础设施完整率	%	60	80	90	完成	95
	37	决策支持辅助能力		一般	良好	良好	完成	完善
	38	水利工程自动化率	%	30	50	82.4	完成	80

第十三章　科技教育

2000年以后，宁波水利科技与教育工作紧密结合治水实践，积极倡导科技创新和人才培养，以科技进步助推传统水利向现代水利跨越。在水利科技方面鼓励以“工程带科研”开展技术攻关与应用研究，引进推广新技术、新材料、新工艺，加大水利科技投入，提高工程建设技术与管理水平，提升水利行业科技含量。在教育培训方面突出水利队伍的业务培训，壮大水利科技人才队伍，提高岗位技能水平。在学术文化交流方面注重发挥社团组织及专家的智囊作用，在水利学会的基础上成立水利工程协会和水文化研究会，为广大水利科技工作者搭建更广泛的技术、学术、文化交流与服务平台。

第一节　水利科技

一、科技管理

水利科技管理是水利管理的重要组成部分。市水利局根据“三定方案”履行水利科技归口管理职责，调整局内设机构及职能。2000年以后先后由建设管理处（2001—2013年）、总工办（2013—2016年）、水政处（2017—2018年）、水资源处（2019年—）承担科技管理职能。

（一）制度建设

2002年，市水利局印发《宁波市水利科技项目和水利科技成果进步奖推荐办法（试行）》，2014年印发《宁波市水利科技项目管理办法（试行）》，2018年印发《宁波市水利科技创新奖奖励办法（试行）》。同时，在制订水利发展五年规划、年度水利建设计划等规划计划时，都把增加水利科技投入、发挥水利科技和人才队伍的支撑保障作用列为水利发展的重要内容，鼓励结合工程建设和管理实际开展基础性、前瞻性的实用技术研究与推广，解决关键技术和实际问题，增强解决水问题的能力和水平。

（二）项目管理

每年组织开展课题研究与示范推广，涉及规划设计、江河治理、工程建设、防汛抗旱、水资源利用保护、农业灌溉、水生态、水利信息化以及工程管理等多个领域。宁波市水利课题立项有市水利局自选立项和推荐申报省水利厅、市科技局等相关部门立项2类，对申报列入宁波市级及以上年度计划的课题项目给予一定的经费支持，并鼓励和支持以在建项目为载体开展应用研究与技术创新，研究成果直接应用于工程建设和管理。2001—2020年全市列入省水利厅及以上科技计划的项目共98项。市水利局自选科技立项共209项。项目基本能按时结题验收，取得的成果在生产实践中得到很好应用，其中部分成果达到国内领先水平。2005—2020年宁波市列入省水利科技计划的重点项目共39项（表13-1），一般项目57项。

表13-1　2005—2020年宁波市列入省水利科技计划的重点项目一览

序号	项目名称	项目负责人	承担单位	年份
1	宁波市甬江流域洪水复核及城市防洪能力评估研究	金德钢	宁波市水利水电规划设计研究院	2005
2	奉化江流域洪水预报系统研究	李立国	宁波市政府防汛防旱指挥部办公室	2006
3	宁波市城区供水调度方案研究	王文成	宁波原水（集团）有限公司	
4	跨区域骨干河网引水调度研究	郑贤君	宁波市境外引水工程领导小组办公室	
5	姚江蜀山水利枢纽工程技术研究	张松达	余姚市水利局	
6	宁波市姚江－鄞东南调水系统研究	邹长国	宁波市水利水电规划设计研究院	2007

续表

序号	项目名称	项目负责人	承担单位	年份
7	多目标梯级蓄水工程优化决策技术研究	张松达	宁波原水集团有限公司	2009
8	甬江河床演变分析专题研究	陈望春	宁波市水文站	
9	宁波市防台决策指挥服务系统研究与应用	李立国	宁波市政府防汛防旱指挥部办公室	2009
10	生物净化处理沿海氯氮磷超标水技术研究与示范应用	郭荣军	象山县水利局	2012
11	基于循环经济理论研究饮用水库富营养化防治技术与示范	张松达	宁波原水集团有限公司	2013
12	基于物联集群控制的区域闸泵联合调度系统研究	余丽华	宁波市水利水电规划设计研究院	2014
13	滨海城市洪涝风险跟踪与预判研究	张芳	宁波市水利水电规划设计研究院	2015
14	甬江淤积成因的历史演变及治理对策研究	张松达	宁波市三江河道管理局	
15	宁波市江北区水资源智能调度决策支持系统研究	严文武	宁波市水利水电规划设计研究院	
16	宁波市洪水风险分析及预警服务云平台研究	陈翔	宁波弘泰水利信息科技有限公司	2016
17	浙东低山区典型经济林水土流失特征及防治措施体系研究	陈吉江	余姚市水利局	
18	基于大数据的台风多元信息智能跟踪关键技术研究及应用	顾巍巍	宁波市水利水电规划设计研究院	2017
19	区域多水源联合多目标水资源优化调度研究	卢林全	宁波原水集团有限公司	
20	平原软土地基超低扬程大流量泵站工程关键技术研究	张松达	宁波市三江河道管理局	
21	基于云服务与移动技术融合市县级河长制管理云平台研究	修镜洋	宁波弘泰水利信息科技有限公司	
22	甬江流域洪涝蓄滞空间建管关键制度设计研究	王攀	宁波市水利发展研究中心	2018
23	节水型精准灌溉技术与装备研发	刘天	宁波市农村水利管理处	
24	基于多村多水源的农村供水工程优化联调联供研究	杨军	宁波市农村水利管理处	
25	美丽河湖建设技术体系及评价标准研究	霍燚	禹顺生态建设有限公司	
26	大体积混凝土智能温控及防裂关键技术研究	唐宏进	宁波市水利水电规划设计研究院	
27	山洪灾害短历时风险预报预警关键技术研究及应用	江雨田	宁波市水利水电规划设 计研究院有限公司	2019
28	跨区域串联闸泵联合调度关键技术研究［基于姚江二通道（慈江）工程］	王吉勇	宁波市河道管理中心	
29	区域极端天气洪涝灾害预警决策支持系统建设	朱新国	宁波市水务设施运行管理中心	
30	超高性能混凝土（UHPC）于水闸工程中的开发与应用研究	魏立峰	宁波市水利水电规划设计研究院有限公司	
31	基于大数据与人工智能技术的智慧水利平台架构研究与应用	余丽华	宁波弘泰水利信息科技有限公司	
32	河网水流动态模拟可视化仿真技术研究	薛晓鹏	宁波市水利水电规划设计研究院有限公司	

续表

序号	项目名称	项目负责人	承担单位	年份
33	多维视角智慧水利全域一张图研究及应用	钟伟	宁波市水利水电规划设计研究院有限公司	2019
34	水利视频智能分析服务系统研究与应用	陈洁	宁波市水资源信息管理中心	
35	海塘工程土石坝防渗灌浆技术研究	杨宝风	宁波龙元盛宏生态工程建设有限公司	2020
36	基于机器视觉的水工结构裂缝识别技术研究	蔡天德	宁波市水库管理中心	
37	围涂湿地保护与环境生态修复技术研究	林江源	宁波龙元盛宏生态建设工程有限公司	
38	智慧水利“一张图”市县两级共享及协同管理技术研究	陈洁	宁波市水资源信息管理中心	
39	流域多级防汛调度决策会商技术研究	刘铁锤	宁波弘泰水利信息科技有限公司	

（三）成果奖励

1996年宁波市水利学会设立水利科学技术奖励基金，2018年印发《宁波市水利科技创新奖奖励办法》，组织开展宁波市水利科技和学术成果评选奖励工作。经统计，2001—2014年宁波市水利系统获省、市科学技术（进步）奖励的成果9项（表13–2）且获水利部、省水利厅科技奖励的成果24项（表13–3），2001—2020年获各类科技成果奖33项。2009—2015年，宁波市水利系统出版水利科技学术专著（读物）7部（表13–4），2003—2019年宁波市水利系统出版水利志书9部（表13–5）。

表13–2　2001—2014年宁波市水利系统获省、市科学技术（进步）奖励的成果一览

序号	获奖成果	获奖名称	获奖单位	获奖人员	授奖单位	获奖年份
1	聚丙烯纤维混凝土在水利工程中的应用研究	浙江省科学技术三等奖、宁波市科技进步二等奖	宁波市白溪水库建设指挥部	葛其荣、张秀丽、高翔、李秋生、卢安琪、钟秉章、朱强等	浙江省政府	2002
2	余姚市防洪调度决策支持系统技术研究	浙江省科学技术三等奖	余姚市水利局	张松达、夏国团、唐永祥、吴绍辉、张彦芳		2004
3	农村河道水环境生态治理技术研究与示范推广	浙江省科学技术三等奖	宁波市农村水利管理处	陈若霞、金树权、胡杨、周金波、姚红燕、杜柏荣、杨成刚、汪峰、王丽丽		2018
4	振冲技术在海塘基础处理中的应用研究	宁波市科技进步三等奖	宁波市水利局	王高明、吴黎华、王文成、杨惠龙、葛增国、于洪治	宁波市政府	2001
5	ZXB70性排涝泵站改造技术研究与应用	宁波市科技进步优秀奖	余姚市水利局机电站	奕永庆、施建浩、周立胜、孙丽君、王尧儿		2001
6	河姆渡文化兴衰与水环境变化关系的研究	宁波市科技进步三等奖	余姚市政协、余姚市水利局、余姚市城乡建设工程技术研究所	邵久华、夏梦河、邵尧明		2002
7	振冲技术在海塘基础处理中的应用研究	宁波市科技进步三等奖	宁海县水利局	王文成、杨惠龙、吴黎华、葛增国等		2002

续表

序号	获奖成果	获奖名称	获奖单位	获奖人员	授奖单位	获奖年份
8	余姚市水资源优化调度决策支持系统技术研究	宁波市科技进步三等奖	余姚市水利局	张松达、夏国团、王士武、唐永祥、温进化	宁波市政府	2009
9	经济型喷滴灌技术研究与推广	宁波市科学技术一等奖	余姚市农村水利管理处	奕永庆、毛洪翔、沈海标、张波、黄姚松、周志新、徐善平、周国雄、符建森、毛制怒、周立新、陈国听、宋桂珍		2014

表 13-3　2004—2020 年宁波市获水利部、省水利厅科技奖励的成果一览

序号	获奖成果	获奖名称	获奖单位	获奖人员	授奖单位	获奖年份
1	余姚市防洪调度决策支持系统技术研究	省水利科技创新奖二等奖	余姚市水利局	张松达、夏国团、唐永祥、吴绍辉、张彦芳	浙江省水利厅	2004
2	钱塘江河口南岸余姚段整治研究	浙江省水利科技创新奖二等奖	余姚市水利局	夏国团、张松达	浙江省水利厅	2005
3	顶管式闸门在已建海堤上的应用与推广	省水利科技创新奖三等奖	宁海县水利局	朱邦贤、杨惠龙、杨元、吕建华、苏桂萍、冯行友等	浙江省水利厅	2005
4	果蔬园区节水自动喷灌技术研究与示范	省水利科技创新一等奖	余姚市水利局	奕永庆、俞涨千、章浩元、陈国听、孙建国、周水高、俞志兴	浙江省水利厅	2006
5	周公宅混凝土双曲拱坝防裂研究	省水利科技创新奖三等奖	宁波市周公宅水库建设开发有限公司等	竺世才、吕振江、周剑峰、张国新、朱伯芳、朱岳明、李鹏辉、倪凯军、徐建荣	浙江省水利厅	2008
6	余姚市水资源优化调度支持系统技术研究	省水利科技创新三等奖	余姚市水利局等	张松达、夏国团、唐永祥、姚俊杰、毛洪翔等	浙江省水利厅	2008
7	混凝土高坝施工温度控制决策支持系统	大禹水利科技奖二等奖	中国水利水电科学研究院、宁波市周公宅水库建设开发有限公司	朱伯芳、张国新、许平、杨波、贾金生、魏群、吕振江、周剑峰、郑璀莹、刘毅	中国水利学会（大禹水利科学技术奖奖励委员会）	2008
8	余姚市节水型社会建设技术支撑体系研究	省水利科技创新奖一等奖	余姚市水利局、浙江省水利河口研究院	姚俊杰、郑世宗、奕永庆、苏飞、夏国团	浙江省水利厅	2009
9	植物措施在“万里清水河道建设”的应用研究	省水利科技创新奖一等奖	浙江省河道管理总站、慈溪市水利局等	严齐斌、韩玉玲、叶碎高、岳春雷等	浙江省水利厅	2009
10	亭下水库安全生产元素化管理系统研究	省水利科技创新奖二等奖	奉化市亭下水库管理局、宁波市原水集团有限公司、奉化市水利局等	张能放、戴孟烈、陈隆、严云杰、邬豪光等	浙江省水利厅	2011
11	多目标梯级蓄水工程优化决策技术研究	省水利科技创新奖三等奖	宁波市原水集团有限公司、周公宅水库、皎口水库等	张松达、杨关设、吕振江、毛跃军、王海亚、卢林全等	浙江省水利厅	2011

续表

序号	获奖成果	获奖名称	获奖单位	获奖人员	授奖单位	获奖年份
12	余姚市饮用水原水水质监测预警应急决策支持技术研究	省水利科技创新奖三等奖	余姚市水利局	毛洪翔、陈吉江、杨森、夏国团、邹叶峰等	浙江省水利厅	2014
13	经济型喷滴灌技术研究与推广	省水利科技创新一等奖	余姚市农村水利管理处	奕永庆、毛洪翔、沈海标、张波、黄姚松等	浙江省水利厅	2015
14	水库现代化综合管理平台	省水利科技创新一等奖	宁波弘泰水利信息科技有限公司	严文武、邹长国、余丽华、朱孟业、陈翔、周华、梅传贵、方小平、刘铁锤、佘亮亮、程海洲、俞杰、温俊辉	浙江省水利厅	2016
15	滨海城市洪涝风险动态预判与智能跟踪关键技术及应用	大禹水利科技奖二等奖	宁波市水利水电规划设计研究院、河海大学、宁波弘泰水利信息科技有限公司	严文武、肖洋、唐洪武、朱孟业、顾巍巍、刘俊、邹长国、周则凯、袁赛瑜、张卫国、李志伟、余丽华	中国水利学会（大禹水利科学技术奖奖励委员会）	2017
16	经济型喷滴灌技术研究与推广	国家农业节水科技奖三等奖	余姚市农村水利管理处、浙江省农村水利局	奕永庆、毛洪翔、沈海标、张波、黄姚松等	中国农业节水和农村供水技术协会	2017
17	滨海城市洪涝风险动态预判与智能跟踪关键技术及应用	省水利科技创新奖一等奖	宁波市人民政府防汛防旱指挥部办公室、宁波弘泰水利信息科技有限公司、宁波市水利水电规划设计研究院	劳均灿、周则凯、严文武、朱孟业、顾巍巍、余丽华、张卫国、佘亮亮、张芳、邹长国、王新龙、刘铁锤、江雨田、薛晓鹏、张焱	浙江省水利厅	2017
18	基于生态环境的水闸群联合优化调度关键技术研究与示范	省水利科技创新奖二等奖	浙江省水利河口研究院、余姚市水利局	余文公、陈吉江等	浙江省水利厅	2017
19	宁波市水文数据管理与分析应用系统	省水利科技创新奖三等奖	宁波市水文站等	陈望春、王颖、许洁、陈雅莉、陈春华、陈小明、徐琦良、肖志远、高露雄	浙江省水利厅	2017
20	宁波市沿海风暴潮精细化预报预警技术研究及应用	省水利科技创新奖二等奖	宁波市水文站、河海大学	金秋、陈望春、徐琦良、周宏杰、李文杰、陈小健、陈永平、谭亚、夏达忠	浙江省水利厅	2018
21	江北区智慧水利建设项目研究	省水利科技创新奖三等奖	宁波弘泰水利信息科技有限公司、江北区农林水利局	余丽华，刘光华，孙春奇，彭来忠，王秋，周华，葛永江，杨宇，任耶西	浙江省水利厅	2019
22	基于大数据的台风多元信息智能跟踪关键技术研究及应用	省水利科技创新奖二等奖	宁波市水利水电规划设计研究院	严文武、顾巍巍、王晓峰、张卫国、余丽华、钟伟、张焱、许晓林、朱从飞	浙江省水利厅	2020

续表

序号	获奖成果	获奖名称	获奖单位	获奖人员	授奖单位	获奖年份
23	浙东低山区典型经济林水土流失特征及防治措施体系研究	省水利科技创新三等奖	余姚市水利局等	陈吉江、邹叶锋、周锡炯、姚俊杰	浙江省水利厅	2020
24	宁波地区水文资料在线整编技术研究与应用	省水利科技创新奖三等奖	宁波市水文站等	徐琦良、王颖、许洁、陈雅莉、陈春华、高露雄、肖志远、杜蓓蓓	浙江省水利厅	2020

表 13-4　2009—2015 年宁波市水利科技学术著作一览

著作名称	作者	出版社	年份	备注
经济型喷微灌	奕永庆	中国水利水电出版社	2009	
水库群联合调度实践与应用	张松达、夏国团、王士武、钱镜林	浙江大学出版社	2013	2013 年度宁波市自然科学学术著作出版资助项目
余姚市节水型社会建设实践	奕永庆、陈吉江、沈海标	黄河水利出版社	2014	2014 年度宁波市自然科学学术著作出版资助项目
经济型喷灌技术 100 问	奕永庆、沈海标、张波	浙江科学科技出版社	2015	
喷滴灌效益 100 例	奕永庆、沈海标、劳冀韵	黄河水利出版社		2015 年度宁波市自然科学学术著作出版资助项目
喷滴灌优化设计	奕永庆	中国水利水电出版社		
河道保洁与水政巡查系统实时监控	陈吉江等	中国水利水电出版社	2016	2015 年度宁波市自然科学学术著作出版资助项目

表 13-5　2003—2019 年宁波市水利志书一览

著作名称	编纂单位 / 主编	出版社	年份
姚江志	姚江志编纂委员会 / 干凤苗	中国水利水电出版社	2003
皎口水库志	皎口水库志编纂委员会 / 缪复元	中华书局出版社	2004
宁波市水利志	宁波市水利志编纂委员会 / 孔凡生	中华书局出版社	2006
亭下水库志	奉化市亭下水库志编纂委员会 / 王爱国	中华书局出版社	2006
四明湖水库志	余姚四明湖水库管理局 / 周锡南	中国档案出版社	2008
鄞州水利志	鄞州区水利志编纂委员会 / 缪复元	中华书局出版社	2009
白溪水库志	白溪水库志编纂委员会 / 王红、葛坚腾	中华书局出版社	2009
余姚市水利志（1988—2009）	余姚市水利局 / 张志中	中国水利水电出版社	2011
姚江大闸志	宁波市三江河道管理局 / 张松达	中华书局出版社	2019

二、研究与推广

在江河治理和工程建设方面，谋划蓄、疏、挡、排、滞等重大规划研究，加快甬江流域洪水出路不足问题的解决步伐；组织开展“甬江建闸关键技术研究”“宁波城区内涝治理”“奉化江干流南排象山港研究”等前瞻性课题研究。“甬江淤积规律及治理对策研究”的成果，提出“以清顶浑、引淡释咸、扰淤摄动、借势助冲、常态清淤”的减淤治淤综合技术措施，并直接应用于姚江闸下及甬江淤积治理；在白溪水库、周公宅水库、西溪水库、蜀山大闸、化子闸泵站、海塘工程等重点水利建设中，针对不同在建工程的关键技术难题，开展堆石坝面板聚丙烯纤维混凝土试验、混凝土双曲拱坝防裂技术、碾压混凝土筑坝技术、软土地基建设大跨度水闸、超低扬程大流量泵站关键技术、淤泥原位固化技术等试验与研究，所获成果直接转化为现实生产力。

在防汛抗旱减灾方面，从信息采集、预报预警，到指挥调度、防汛抢险，研发与应用先进科学技术，其中有多项成果获部、省奖项。如“滨海城市洪涝风险动态预判与智能跟踪关键技术研究与应用”获水利部大禹水利科技二等奖和浙江省水利科技创新一等奖；“宁波市沿海风暴潮精细化预报预警技术研究及应用”获浙江省水利科技创新二等奖；“山洪灾害短历时风险预报预警平台”以实时降雨监测和气象精细化短临降雨预报为基础，结合气象雷达、遥感、人口热力大数据等先进技术，实现提前1～3小时预报预警山洪灾害风险，有效提高山洪灾害预警的时效性，研究成果在2019年“利奇马”台风暴雨天童溪发生山洪灾害时起到很好的预警作用，受到国家防总和水利部的肯定与表扬。

在水资源利用与保护方面，针对宁波工程性、水质性缺水及空间分布不均的特点，开展水资源优化配置、分质供水、境外引水、水源地保护等供水安全保障关键技术研究。完成“曹娥江引水方案”“姚江——鄞东南调水系统”“区域多水源联合多目标水资源优化调度”“皎口水库复合生态湿地示范”等课题研究，开发和推广新型节水技术及设备，推动节水型城市、节水型社会建设。

在水生态环境建设方面，生态治河新理念伴随新技术的应用逐步推广，借鉴国内外成功案例开展采用生物等措施进行生态河湖建设，组织实施“农村河道水环境生态治理技术研究与示范推广”“再生水回用河道水质提升试验研究”“浙东低山区典型经济林水土流失特征及防治措施体系研究”等课题的试验研究，因地制宜推广应用河湖生态堤岸、生态修复、生物多样性保护、水景观建设等新技术，逐步改变“护岸硬质化、形态直线化”等传统治河“惯性”。

在农村水利建设方面，突出以农业节水技术推广应用为重点，开展“经济型喷滴灌技术研究与推广”“节水型精准灌溉技术与装备研发”“果菜水肥一体化技术试验研究”等课题研究及成果推广，改造传统灌溉技术和设备，推广应用农村水电新技术、新产品。

在水利信息化建设方面，计算机通信网络技术得到应用，实现基础数据的自动化全天候实时采集、传输、存储和处理，各专业领域基础数据库不断建设，水利工程自动化监测与控制技术广泛应用，数字水利、智慧水利全面推进。2020年宁波被水利部列为全国“智慧水利先行先试”试点，多项应用成果成为全国样板和宁波经验。

市水利设计院、宁波弘泰科技有限公司、宁波子规科技有限公司等单位转型成为水利科技型企业，研发水利先进适用性技术，形成一批由水利部、省水利厅公布的先进适用性技术项目，其中列入水利部推广目录的有7项，列入省水利厅推广目录的有6项。同时，市水利局根据水利科技项目实施进展及成果验收情况，结合实际需求，每年选择10项左右的先进适用技术，编制年度技术推广目录，供水利行业选用。2013—2020年宁波市列入水利部、省水利厅先进适用性技术推广目录一览见表13-6。

表 13-6　2013—2020 年宁波市列入水利部、省水利厅先进适用性技术推广目录一览

序号	推广类型产品	单位	发文单位
1	2013 年浙江省水利先进适用技术（产品）推广证书——安全生产元素化管理系统	宁波子规信息科技有限公司	省水利厅
2	2014 年水利部水利先进实用技术推广证书——安全生产元素化管理系统（技术）	宁波子规信息科技有限公司	水利部
3	2015 年浙江省水利先进适用技术（产品）推广证书——水库现代化综合管理平台	宁波弘泰水利信息科技有限公司	省水利厅
4	2015 年浙江省水利先进适用技术（产品）推广证书——防汛指挥平台软件	宁波弘泰水利信息科技有限公司	省水利厅
5	2016 年浙江省水利先进适用技术（产品）推广证书——安全生产元素化管理系统	宁波子规信息科技有限公司	省水利厅
6	2017 年浙江省水利先进适用技术（产品）推广证书——水利安全生产标准化管理系统	宁波子规信息科技有限公司	省水利厅
7	2018 年度水利先进实用技术重点推广指导目录——智慧水利云平台	宁波弘泰水利信息科技有限公司	水利部
8	2018 年水利部水利先进实用技术推广证书——安全生产元素化管理系统 V2.1（技术）	宁波子规信息科技有限公司	水利部
9	2018 年水利部水利先进实用技术推广证书——子规水利工程标准化管理系统（技术）	宁波子规信息科技有限公司	水利部
10	2018 年度水利先进实用技术重点推广指导目录——水库现代化综合管理平台	宁波弘泰水利信息科技有限公司	水利部
11	2019 年山洪灾害短历时风险预报预警平台	宁波市水利设计研究院	水利部
12	2019 年雄安新区水资源保障能力技术支撑推荐短名单——水利工程智慧化管理技术产品	宁波弘泰水利信息科技有限公司	水利部等
13	2020 年度浙江省水利新技术推广指导目录——新型闸泵智能控制单元	宁波弘泰水利信息科技有限公司	省水利厅

三、科技专利

2010 年以后，水利科技人员获得的发明专利和实用性专利共有 152 件，其中发明专利 54 件，实用性专利 98 件。从专利持有人看，有浙江省围海建设集团股份有限公司及其下属子公司有发明专利 44 件、实用性专利 72 件；禹顺生态建设有限公司等有发明专利 8 件、实用性专利 15 件；宁波龙元盛宏生态建设工程有限公司有实用性专利 3 件；宁波子规科技信息有限公司等有实用性专利 2 件；宁波原水集团有限公司有发明专利 1 件；宁波弘泰水利信息科技有限公司有实用性专利 4 件；宁波市三江河道管理局有实用性专利 2 件；奉化亭下水库管理局有发明专利 1 件。

四、科技活动

围绕水利科技创新、新技术推广应用和水利科学知识普及等内容，利用水利学会平台和科技企业创新平台，以科技合作、学术交流、技术咨询等形式组织开展一系列科技活动。

（一）科技合作

2010年10月，宁波原水集团有限公司与中国工程院院士、中国水利科学研究院水资源所所长、教授王浩合作，建立全国水利系统第一个院士工作站——王浩院士工作站，开展水资源开发利用研究，2013年宁波原水集团王浩院士工作站升格为浙江省级院士工作站。2014年，宁波原水集团与浙江大学合作，共同开展生态湿地脱氮除磷技术研究。2016年，市水利局与宁波市农科院开展蔬菜水肥一体化精量技术研究，共同推动农业灌溉技术进步。2018年，市水利局与河海大学开展科技合作，由市水利设计院与河海大学合作共建河海大学智慧水利研究院（宁波），开展智慧水利项目研究，推动产学研深度融合；市水利局与河海大学、宁波工程学院合作共建河海大学宁波河湖长制培训中心，开展水利行业继续教育联盟建设，共同实施"水生态与水安全——e行动计划"。

（二）学术交流

2001年以后，科技学术交流日趋活跃。宁波市水利学会等单位组织或承办的重要学术（科技）活动有：2001年水权理论与实践暨余姚向慈溪区域供水一周年座谈会、2008年全国城市水利学术研讨会、2010年首届中国原水论坛、中国水利学会2015年学术年会原水论坛分会、堆石混凝土技术宁波推广会、2018年宁波市水利科技创新争投推进会、2018年浙江省水利新技术成果交流会暨区域防洪科技沙龙、2018年中英城市洪涝防治研究影响力交流会暨2018年智慧水利信息技术峰会、2019年可持续城市排水国际研讨会、2019年宁波市水利学会学术年会暨天一论坛、宁波市水利学会第六届至第十届会员代表大会、2020年宁波水利学会"科创中国"宁波水利新技术交流暨天一论坛等活动。学术交流活动先后邀请中国工程院院士王浩、张建云、王复明、茆智、李圭白和加拿大外籍专家朱志伟等作学术报告。2001—2020年，共组织各种学术交流、论坛等活动240次，参加学术活动8000余人次，大批优秀论文获得表彰。

与此同时，引智引才，培育水利人才。2020年市水利局、市科技局联合组建宁波市水环境治理专家组，成员包括同济大学、河海大学、浙大宁波理工学院和环境治理知名企业的专家共9名，为宁波水环境治理献计献策。近年，市水利局多次组织水利科技人员赴国内外学习考察，共派出6批次7人分别赴意大利、加拿大、荷兰、美国、日本等国家，同时接待中英城市洪涝防治研究影响力交流会、可持续城市排水国际研讨会等参加国际学术活动的国外专家和学者，多次组织科技人员到国内先进地区学习考察。

（三）技术咨询

市水利局把开展技术咨询活动作为强化水利建设管理、提高工程管理水平的重要途径。1999年9月，宁波市水利学会成立技术咨询服务中心，至2018年6月注销。之后，技术咨询工作由宁波市水利发展研究中心承担。

2001—2018年6月，宁波市水利水电技术咨询服务中心开展不以盈利为目的的公益性技术服务，累计完成水利水电工程技术咨询服务项目521个，重点围绕全市水利工程建设、规划设计、专题研究论证及技术合作等，开展科学、严谨的技术咨询与服务，提供技术支撑。同时与浙江省水利咨询中心合作，先后承担完成白溪水库、周公宅水库、曹娥江引水工程等重大建设项目的技术咨询服务。

2018 年 6 月至 2020 年年底，宁波市水利发展研究中心实施完成 72 项技术咨询业务。其间，市水利设计院、宁波弘正咨询有限公司等社会咨询服务机构也相继开展水利咨询服务业务，水利技术咨询的社会化服务更加广泛。

第二节　教育与培训

一、继续教育

学历教育　在推动学习型机关建设的背景下，市水利局鼓励和引导干部职工利用业余时间参加继续教育。2000 年以后，许多在职干部、职工通过学历教育，专业学历得到提升，进一步丰富知识面。为进一步鼓励干部职工参加学历教育，2008 年市水利局印发干部职工参加在职学历学位教育管理规定，明确学历教育要求和单位承担的报销标准。2011 年 7 月，宁波原水集团有限公司与河海大学签订合作办学协议，委托河海大学举办宁波原水集团有限公司成人高等教育函授班，开设工程硕士班和水利水电专升本学制教育；2012 年 5 月开班至 2014 年 6 月毕业，全市水利系统共有 15 家单位的 47 名学员参加硕士班学习，32 名学员参加专升本学习。2019 年宁波原水集团有限公司与河海大学联合举办第二期水利水电专升本学制教育，共有 95 名学员参加学习，合作办学仍在持续中。

专业教育　2003 年，省政府颁布《浙江省专业技术人员继续教育规定》。市水利局重视继续教育培训工作，把专业技术人员参加继续教育作为持续提高职业能力的基本途径，关心和支持专业技术人员参加继续教育学习，安排预算经费及时报销专业技术人员继续教育学习费用。同时，将水利专业技术人员继续教育学时与技术职称评审相挂钩，按规定做好学时登记管理工作。2019 年，市水利局出台宁波市水利工程专业技术职称评审工作规则，在技术人员职称评审量化评分中，另计继续教育学时附加分 10 分，完成每年 90 学时的为满分，并要求公需科不少于 18 学时。

二、干部培训

为加强青年干部培养，水利局组织水利系统科级青年骨干及后备干部，在 2013 年 11 月和 2018 年 10 月分别赴河海大学和武汉大学举办青年干部综合素质培训班，参加人员共有 45 名。2016 年以后，市水利局每年组织一次由副处以上干部参加的综合能力培训班，分别与上海交通大学、北京大学、浙江大学、湖南大学、广州暨南大学、井冈山干部教育学院等著名院校合作办班，参加总人数达 402 人次。

市水利局党委制订业务培训计划，通过邀请高校老师、行业专家、职业经理等专家授课，为水利系统专技人员举办相关学科的业务与素质。2001—2020 年，举办的主要培训有水情报汛机操作培训（2002 年）、水政水保培训（2003 年）、洪涝台灾情统计培训（2005 年）、河流生态恢复的目标与原则培训（2006年）、《水利水电工程费用定额及概算编制规定（2006）》培训（2008年）、水政监察培训（2009年）、洪水预报技术讲座（2010年）、水文勘测技能培训（2011年）、水库工程管理人员岗位培训（2012年）、大中型水库管理培训（2013年）、新版《宁波海塘管理办法》宣贯培训（2014年）、水库水文资料整编培训（2015年）、灌溉水有效利用系数培训（2016年）、全市水利工程标准化管理验收办法培训（2017年）、水库安全运行管理业务培训（2017年）、河（湖）长制培训（2018年）、中型水库运行管理暨标准化管理培训（2018年）、水利行业特有工种技能培训（2019年）、宁波市智慧水利培训（2019年）等活动。此外，2001—2020年参加市委组织部、市委党校等有关部门组织的各类培训达211人次。

三、技能比武

面对行业职业技能创新发展特点，市水利局搭建业务交流平台，联合工会等组织开展水文勘测、工程管理及行业特有工种等多种形式的技能竞赛，有效支撑青年专业技能人才培养成长，形成比、学、赶、帮、超的良好行业氛围。由市水利局主办，市水文站于2012年4月、2014年7月、2019年5月具体承办3次全市水文勘察技能竞赛，竞赛选拔出宁波市水文技术能手和参加全省技能竞赛的选手。2013年12月、2016年12月宁波市原水集团有限公司举办第一届、第二届水库职工技能竞赛，竞赛工种有水电站机电设备运行与检修工和水文勘测工。2019年7月市水利局联合市总工会共同主办，由市河道管理中心和市水利工程管理协会联合承办水利行业特有工种技能比武，比武工种有闸门运行工、水工监测工和河道修防工。

在全市水利行业技能竞赛的基础上，推荐优秀技术能手参加全国、全省水利行业职业技能竞赛，并取得优异成绩。在全国水利行业职业技能竞赛中，2002年宁海县水文站吕吉法获（水文勘测工）技能竞赛第九名，2012年白溪水库郭光海获单项技能竞赛第二名，2017年市三江局单海涛获（河道修防工）技能竞赛第六名，2018年周公宅水库郑文栋（泵站运行工）技能竞赛第十二名。2002—2019年获全国、全省水利行业技能竞赛比武成绩一览见表13-7。

表13-7　2002—2019年获全国、全省水利行业技能竞赛比武成绩一览

序号	姓名	单位	竞赛名称	获奖名次	时间
1	吕吉法	宁海县水文站	浙江省水文勘测工技能竞赛	第一名	2002年2月
2	吕吉法	宁海县水文站	第二届全国水利行业职业技能竞赛（水文勘测工）	第九名	2002年4月
3	邵建新	四明湖水库管理局	浙江省第三届水利行业职业技能竞赛（渠道维护工）	第十名	2006年
4	郭光海	白溪水库	第四届全国水利行业职业技能竞赛	第二名	2012年10月
5	张勇	白溪水库	浙江省第五届水利行业职业技能竞赛（水轮发电机组值班员）	第九名	2014年10月
6	李良裕	宁波市三江河道管理局	浙江省职业技能大赛（闸门运行工）	第二名	2016年12月
7	陈耀辉	宁波市三江河道管理局	浙江省职业技能大赛（水政执法）	第五名	2016年12月

续表

序号	姓名	单位	竞赛名称	获奖名次	时间
8	单海涛	宁波市三江河道管理局	第七届浙江省水利行业职业技能竞赛（河道修防工）	第一名	2017 年 8 月
9	景新燕	宁海县水文站	第七届浙江省水利行业职业技能竞赛（水文勘测工）	第四名	2017 年 8 月
10	李亮	宁波市三江河道管理局	第七届浙江省水利行业职业技能竞赛（水工闸门运行工）	第七名	2017 年 8 月
11	谢东辉	皎口水库	第七届浙江省水利行业职业技能竞赛（水文勘测工）	第七名	2017 年 8 月
12	许炎杰	慈溪市西河区水利管理处	第七届浙江省水利行业职业技能竞赛（河道修防工）	第七名	2017 年 8 月
13	王迪	慈溪市中河区水利管理处	第七届浙江省水利行业职业技能竞赛（河道修防工）	第八名	2017 年 8 月
14	陈罗凯	慈溪郑徐水库管理处	第七届浙江省水利行业职业技能竞赛（水工闸门运行工）	第八名	2017 年 8 月
15	单海涛	宁波市三江河道管理局	第六届全国水利行业职业技能竞赛（河道修防工）	第六名	2017 年 11 月
16	郑文栋	周公宅水库	第六届全国水利行业职业技能竞赛（泵站运行工）	第十二名	2018 年 1 月
17	王迪	慈溪梅湖水库管理处	第八届浙江省水利行业职业技能竞赛（河道修防工）	第一名	2019 年 8 月
18	谢东辉	皎口水库	第八届浙江省水利行业职业技能竞赛（水工监测工）	第一名	2019 年 8 月
19	谢银奎	慈溪市海塘工务所	第八届浙江省水利行业职业技能竞赛（河道修防工）	第二名	2019 年 8 月
20	李亮	宁波市河道管理中心	第八届浙江省水利行业职业技能竞赛（闸门运行工）	第三名	2019 年 8 月
21	周斌	宁波市河道管理中心	第八届全省水利行业职业技能竞赛（河道修防工）	第五名	2019 年 8 月
22	景新燕	宁海县水文站	第八届浙江省水利行业职业技能竞赛（水文勘测工）	第三名	2019 年 8 月
23	何海瑞	周公宅水库	第八届浙江省水利行业职业技能竞赛（水工监测工）	第三名	2019 年 8 月
24	谢东辉	皎口水库管理站	第七届全国水利行业职业技能竞赛（水工监测工）	第十七名	2019 年 12 月

四、水情教育

市水利局有序推进对社会公众的水情教育，建立水情教育基地，成立志愿者队伍，引导公众知水、节水、护水、亲水，传播水知识，传承水文化，宣传宁波治水历史与成就。

宁波水文科普教育基地　2009 年 6 月 1 日揭牌，为第五批全市科普教育基地之一。2011 年 10 月通过中共宁波市委宣传部、市教育局、市科技局、市科协组织的复选换牌。宁波水文科普教育基地设在澄浪堰水文站内，既有通过国家计量认证的水质检测实验室，又有具备潮位、流量、降水量、蒸发量观测的国家基本水文站。科普基地有雨量观测场、蒸发观测场、潮位观测台、流量监测仪，还有水质实验室等。水质实验室建筑面积约 600 平方米，配有开展水质检测的多台仪器。科普基地既有传统的水文观测设备，又有现代化的测验、检测设备，在科普基地学生们获得的水文和水资源监测的科教内容有：水文的定义、水文的历史、宁波水文的发展与现状、水位、潮位、降水量、蒸发量、流量、流速、水温观测等；水质的定义、水质指标的定义和目的、水质的采样、水质检测分析、水质检测的质量控制、水资源评价等。2009—2020年，水文科普基地共接纳参观人数约1500人。除接纳公众参观外，立足基地还将水文知识、水利知识送进学校、社区。在每年“3.22世界水日”和“中国水周”时，通过讲座、观电影等形式开展主题宣传活动，在学校放暑假时，对社区的中小学生进行科普教育。

姚江大闸水情教育基地 2016年，在姚江大闸和保丰碶泵站分别建立水情教育基地。姚江大闸水情教育内容有姚江大闸建闸历史展示，介绍姚江大闸建造历史及工程所发挥的防洪排涝、蓄水作用，以及大闸加固改造后的工程标准化管理成果展示、三江流域水利建设成果展示、三江生态文明建设成果展示等。保丰碶水情教育内容有水利历史文化展示，介绍保丰碶水闸700多年的历史文化及其与宁波城市发展的关系，以及现代化、标准化的泵站管理风貌。教育基地寓水情教育与水文化建设于一体，重在展示三江流域基本水情，宣传大闸精神，挖掘和弘扬水利历史文化。至2020年，已有来自全国各地的水利同行、宁波市内学校的学生及社区居民等约1500余人前往参观交流。

志愿者队伍 2010年宁波原水集团有限公司发起成立“亲水使者”志愿者队伍，志愿者主要由学校学生、水源地周边群众和水利系统干部职工等组成。2018年吸纳宁波市文明建设先锋联盟全国文明单位中39家全国文明单位的成员加入亲水使者志愿者队伍。通过志愿者进水源地、水库环保行动、节水教育等活动，宣传宁波城市水源工程的建设和管理、水源保护和节水重要性，在每年“3.22”世界水日通过举办大型广场活动、志愿者互动等活动广泛宣传水利。2016年3月市三江局发起成立“三江保护”志愿者队伍，人员由宁波在校大学生、社区干部、热心市民、水利系统干部职工等组成。之后，还与81890志愿服务中心等103个志愿团队合作，启动“百团计划”，开展以“保护三江，你我同行”为宗旨，以“百团计划”为载体，以“世界水日”“中国水周”等为时间窗口，以“看三江、巡三江、绘三江、护三江、讲三江”为主题的志愿服务活动和大型广场活动，让广大市民了解三江、保护三江。至2020年，宁波市“亲水使者”志愿者人数超过500人；“三江保护”志愿者人数达1000多人，已有2000余人次参与各类护水志愿者主题活动。

第三节 社团组织

一、水利学会

（一）组织机构

宁波市水利学会前身为宁波地区水利学会，成立于1981年4月。1983年更名为宁波市水利学会，是宁波市水利学术性社会团体。

宁波市水利学会下设专业委员会，组织开展各类专业学术活动。2001—2018年，学会设有8个专业委员会和1个水利水电技术咨询服务中心；2018年7月撤销水利水电咨询服务中心。2019

年 4 月，市水利局机构改革职能调整后，市水利学会下设的专业委员会作相应调整，共设置 9 个专委会，并明确挂靠单位（图 13-1）。

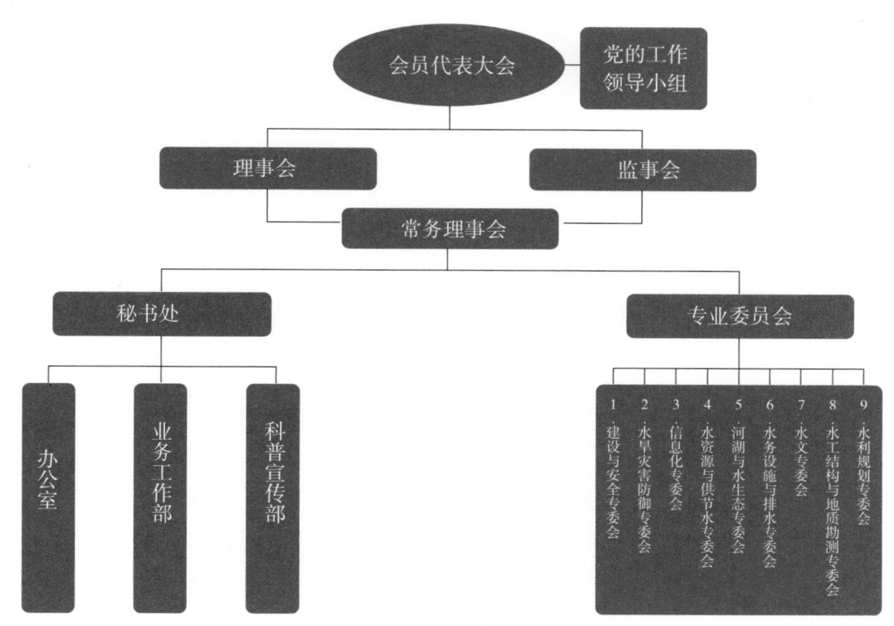

图 13-1　市水利学会组织机构

2001—2020 年，宁波市水利学会先后召开过五次会员代表大会，即第六次 ~ 第十次会员代表大会。其中第六次 ~ 第九次会员代表大会为换届大会，第十次会员代表大会进行章程修订和监事会选举，选举产生第一届监事会，张建勋任监事长。为加强党对学会工作的领导，于 2018 年 7 月建立宁波市水利学会党小组，史俊伟担任组长。

2002—2020 年宁波市水利学会历届理事会及主要负责人一览见表 13-8；1999—2018 年宁波市水利水电技术咨询服务中心负责人一览见表 13-9。

表 13-8　2002—2020 年宁波市水利学会历届理事会及主要负责人一览

届别	理事长	副理事长	秘书长	理事人数	会员人数
第六届（2002 年 1 月—2006 年 4 月）	杨祖格	王硕威 钟根波 张晓峰	劳均灿	22	312
第七届（2006 年 4 月—2011 年 12 月）	张晓峰	陈永东 劳均灿 严文武	张建勋	22	458
第八届（2011 年 12 月—2016 年 4 月）	朱晓丽	陈永东 严文武 张建勋	吕诚伟	23	483
第九届（2016 年 4 月—）	朱晓丽（2016.4—2018.6） 史俊伟（2018.6—）	张建勋 张松达 杨辉 朱孟业	杨辉（2016.4—2018.6） 张松达（2018.6—）	23（2016.4—2018.6） 27（2018.6—）	532

表13-9　1999—2018年宁波市水利水电技术咨询服务中心负责人一览

年份	主任	副主任
1999—2005	王高明	蔡伯元（1999年9月—2006年9月）
2005—2010	钟根波	杨祖格（2006年9月—2010年3月）
2010—2015	陈永东	朱英福（2010年3月—2015年）
2015—2018	吕诚伟	-

（二）规范办会

学会不断加强自身管理，健全完善各项制度。秘书处人员以兼职服务为主，2018年起聘用专职人员2名；根据社团组织规范化要求，新设立监事会，对学会活动及管理进行监督。2016年学会获得4A社会团体组织称号，2019年通过4A等级复评。至2019年年底学会建立完善学会章程、会员代表大会制度、监事会制度、重大活动备案报告制度等17项制度，并汇编成册。学会吸收宁波大学、浙江大学宁波理工学院等单位的科教工作者入会，至2020年水利学会会员人数达704人。2019年市水利学会承接政府服务，承担宁波市水利专业中、高级技术职务任职资格的评审服务工作和水利专业专家库的管理工作。

2012年、2014年、2015年、2018年、2019年、2020年学会由宁波市水利科技技术协会考核获评优秀学会；还先后获评2018年宁波市“60系列”优秀学会组织、宁波市全民科学素质提升突出贡献集体、2020年浙江省水利学会先进集体。

（三）学术交流

学会发挥学术性组织的优势与作用，组织开展多学科水利学术交流活动。自第六次会员代表大会至第十次会员代表大会期间，学会共组织各类学术交流活动98场次，参加人员达6030多人次。承办、协办国家级学术交流活动8次，主要有中国原水论坛、中国水利学会城市水利专委会2019年年会、中英城市洪涝防治研究影响力交流会、2008全国城市水利学会学术研讨会、中国水利学会2015年学术年会原水论坛分会等活动。承办、协办省、市学术交流活动10余次，主要有浙江省基层防汛防台信息管理体系研讨会、水权理论与实践—暨余姚向慈溪区域供水一周年座谈会、堆石混凝土坝技术宁波推广会、浙江省水利科技成果交流会暨区域防洪科技沙龙、宁波市第七届学术大会四好示范区建设与发展都市农业分会、宁波市第八届学术大会生态环境与城市发展分会、宁波市第九届学术大会农业分会、宁波市第十届学术大会乡村振兴分会、宁波市水利科技创新推进会等学术活动。同时，举办全市性各类水利学术交流、研讨等学术活动80余次，主要有小型水库安全技术认定研讨会、清水河道建设与水环境治理技术交流会、防汛信息新技术应用交流会、围垦和海塘技术研讨会、水生态技术交流会、水文学术交流研讨会、喷滴灌技术推广学术研讨会、生态堤防设计技术研讨会、泵站工程技术研讨会、水利建设市场主体信用动态评价研讨会、二次供水管理研讨会、水资源可持续利用的事件与探索科技沙龙、宁波市水利学会2016年和2019年学术年会等活动。学会经常派员参加各类学术研讨、交流和考察活动，组织各类学术考察6批次，主要有赴上海市水务局学习考察 BIM 技术、宁波市境外引水工程考察、赴福建省考察防汛技术等活动。

学会组织、鼓励会员撰写科技学术论文，涌现出一批业务技术骨干和学术活动积极分子，2001—2020 年年底共撰写发表各类学术论文 700 余篇，很多文章在国际、国内各类学术期刊发表；编印《浙江水利科技》宁波专刊 2 期、学会学术论文集 14 册，一批论文在中国水利学会、浙江省水利学会、宁波市科协等评选中获得表彰。向市科协申报宁波市自然科学基金资助项目，有 5 项学术专著项目获得基金资助并正式出版。

（四）咨询服务

宁波市水利水电技术服务中心作为宁波市水利学会的技术服务机构，为宁波市水利发展提供规划设计、技术审查与论证等咨询服务。参与咨询服务的人员以市内外相关专业的专家和老科技工作者为主。2020 年，宁波市水利协会组织开展水利科技成果的咨询评价，免费为水利系统基层单位提供技术服务，组织开展 3 项咨询服务评价，共完成 32 项科技成果的咨询评价。

二、水利工程协会

（一）组织机构

宁波市水利工程管理协会成立于 2005 年 11 月 25 日，是全市水利工程建设管理、设计、施工、监理、运行管理单位等企事业单位及其他组织自愿自行组织的非营利社会团体。

2005—2020 年，宁波市水利工程管理协会共召开 4 次会员代表大会即第一次 ~ 第四次会员代表大会，分别进行换届选举（表 13-10）。

表 13-10　2005—2020 年宁波市水利工程管理协会历届理事会及主要负责人一览

届别	会长	副会长	秘书长	理事单位	会员单位
第一届（2005 年 12 月—2010 年 8 月）	王惠龙	王文成、林方存、卢林全、潘仁友、方位年、徐强、李洪波、张能放	林方存	8	25
第二届（2010 年 8 月—2014 年 9 月）	叶立光	王惠龙、杨军、严文武、张理振、张松达、林方存、王建平	杨军	10	62
第三届（2014 年 9 月—2020 年 1 月）	许武松	吴学文、吕振江、杨军、卢林全、王建平、潘仁友、张松达、严文武、王掌权	吴学文	25	87
第四届（2020 年 1 月—）	严文武	潘仁友、卢林全、张国祥、张中东、卢大庆、殷航俊、周方松、韩余辉	毛跃军	39	225

（二）规范办会

协会宗旨是进一步提高全市水利工程建设管理水平，规范项目建设管理行为和水利建设市场秩序，营造公开、公平、公正且规范有序的市场环境。协会成立运行管理、中介机构和施工企业 3 个分会，共有会员单位 211 家，制定协会章程和 8 项管理制度，按规定收缴会费，获评市民政局 4A 级社会团体资格，具备承接政府转移职能和购买服务的资格。

（三）协会活动

2015年以后，协会通过职业资格培训和继续教育培训等方式，完成2000余名水利行业特有工种的执（从）业人员培训，并对5万名在宁波备案的持证人员实行严格的自律管理，为规范从业人员行为、提高从业人员素质发挥积极作用。

为提高工程建设和管理水平，2018年制订《宁波市水利工程优质（它山堰）奖评选管理办法（试行）》和《宁波市“它山堰杯”水利工程优质奖考核评定细则》，组织开展工程建设项目评优活动，到2020年年底，共评选3届，共有24个水利工程项目获奖。协会还推荐宁波市优秀水利工程项目参评国家和部、省级奖项。

受市水利局委托，协会还承担水利建设市场动态信用平台管理工作，建立在宁波市备案的1000多家市场主体的信用档案，对施工、设计、监理单位开展动态信用评估，定期向社会公布评价结果。

协会依托专业技术优势，为施工企业安全生产管理“三类人员”提供继续教育培训1200人次，多次组织会员单位考察学习省内外先进的建设管理经验，参与世界水日与中国水周等主题活动。

三、水文化研究会

（一）组织建设

宁波市水文化研究会于2013年5月由宁波原水集团有限公司、宁波市水利水电规划设计研究院、宁波市农村水利管理处共同发起，2013年8月6日市民政局批准成立，2014年5月8日，召开成立大会，由市水利局及直属企事业单位、各区（县、市）水利系统以及水文化研究的爱好者共同组成，以市水利局为业务主管部门。研究会是独立的、学术性的非营利性社会法人团体，主要业务范围包括：整理挖掘宁波市传统水文化遗产，构建水文化理论平台；组织开展研讨、论坛、考察、培训和学术交流；承办政府部门委托事项等。2014—2020年，研究会共召开一届3次会员大会（表13-11）。

表13-11　2014—2020年宁波市水文化研究会理事会及主要负责人一览

职务	会长	副会长	秘书长	常务理事单位	会员单位
第一届一次会议（2014年5月）	沈季民	林方存、王文成、吕振江、郑贤君、谢赛定、严文武、方柏令	林方存	10	130
第一届二次会议（2015年5月）	沈季民	王文成、吕振江、严文武、郑贤君、谢赛定、方柏令、俞红军、胡杨、杨辉	俞红军	6	175
第一届三次会议（2016年8月）	沈季民	王文成、吕振江、严文武、郑贤君、谢赛定、方柏令、俞红军、胡杨	俞红军	10	221

（二）规范办会

研究会制订章程，建立内部管理制度，设立监事会并进行监督，2016 年获评 4A 社团组织。有 6 名专职人员从事日常工作，具有承接政府转移职能和购买服务的资格。

（三）学术与宣传活动

研究会成立后，主动构建宁波市水文化宣传平台，组织开展研讨、论坛、考察、培训和学术交流与服务推广等活动，探索宁波市传统水文化遗产的整理保护与发掘。2014 年 6 月创刊《宁波市水文化》会刊，2018 年改季刊为双月刊，同时增发会刊的电子版，至 2020 年年底共出版期刊 33 期。同时，建立宁波水文化网和宁波水文化微信公众平台。2015 年 8 月开设《宁波水文化大讲堂》，2018 年 11 月开设《甬耀银辉 · 月湖水文化大讲堂》，邀请国际国内水文化研究学者作专题讲座，每 2 月举办一次。2019 年 9 月主办“运河海丝文旅讲堂”，每月举办两次。2015—2020 年，研究会与相关部门合作，先后举办“浙东（宁绍）水利史学术研讨会”“钱塘江古海塘保护与申遗学术研讨会”“水美，让城市更美”主题论坛等活动，协办“2018 年度水利思想文化建设现场会暨中国水利政研常务理事会议”“浙东运河跨学科圆桌论坛”等学术活动。组织或协助完成《宁波水文化概况研究报告》《浙东水利史论——首届浙东（宁绍）水利史研讨会文集》《岁月湖山——东钱湖史事编年》《水化宁波——江南濒海区域水利文明的演进与表现》《宁波唐宋水利史研究》等研究文集。完成被列入宁波市政协《亲历》系列丛书的《亲历宁波水利建设》一书编纂工作。研究会还助推宁波它山堰 2015 年成功申报第二批世界灌溉工程遗产、江北区压赛堰和东钱湖莫枝堰保护等水利遗产的保护与利用工作。助推东钱湖创建第十六批国家水利风景区的基础工作。策划甬新闸泵工程的《羽人竞渡》水文化整体方案，参与推进镇海区澥浦闸泵工程、慈溪市郑徐水库等相关水利工程与水文化的有机融合工作。完成由市水利局委托的《宁波市十四五水利发展规划水文化建设实施方案》的编纂工作。组织开展面向社会公众的“走进水利工程 · 了解宁波水文化”水文化研学游的专项活动。还先后为市水利局与会员单位承担大型纪念画册《水美宁波》《天河之歌》《三江如画》，以及《宁波市水生态文明建设专刊》《姚江大闸建闸 60 周年纪念专刊》等专项工作。

第十四章　水利机构与文明创建

自 2001 年水行业管理职能内涵增加、外延扩大，水利机构设置发生很大变化，即进一步推动水资源管理机构的设置；强化防汛抗旱机构的配置与重组；调整和充实水生态水环境管理机构；依法行政，加强水政执法机构的整合。为加强党的领导和纪检监察工作，组建、充实、调整党务和党的纪律检查机构，强化行政监察机构的设置。伴随着水利向水务职能转变，城市涉水机构并入宁波市水利局。由于水利职能的变化，水公共服务的事业机构作较大调整，突出机构设置的流域性、城乡融合的统一性、行业整合的高效性、质量与安全的重要性。

市水利局响应中央号召，系统开展文明创建活动，各级、多个单位获得全国性（中央文明委）、行业性（水利行业文明创建）和地方性（省市各级文明创建）文明单位称号。市、县水利部门在水利建设与发展中涌现出许多可歌可泣的先进个人和集体，为宁波水利事业作出积极的贡献。

第一节 市级水利机构

一、行政机构

（一）机构沿革

1983 年 5 月，浙江省委决定撤销宁波地区建制，实行市领导县体制。宁波市水利局成立时，核定内设机构 3 个，即人事秘书科、农田水利科、海涂围垦科；机关编制 18 名；领导职数 3 名，中层职数 3 名。1987 年宁波市计划单列后，内设机构名称由科改称为处。此后经过十几年的发展，水利队伍不断壮大，至 20 世纪 90 年代末，宁波市水利局内设机构增至 6 个处室包括：办公室、政治处、水利工程处（海涂围垦处）、水政水资源处、计划财务处、防汛抗旱处；行政编制 26 名（包含后勤服务人员编制）；领导职数 4 名：局长 1 名，副局长 2 名，总工程师 1 名；中层职数（正副处长）7 名。

2002 年 1 月，根据宁波市政府办公厅（甬政办发〔2002〕25 号）文件通知，宁波市水利局水政水资源处挂“市节约用水办公室”“市水土保持办公室”牌子。设置内设机构 5 个，即办公室、政治处、水利工程处（海涂围垦处）、水政水资源处（市节约用水办公室，市水土保持办公室）、计划财务处 5 个处室。核定机关行政编制 19 名，后勤服务人员编制 3 名；领导职数：局长 1 名，副局长 3 名，总工程师 1 名；正副处长 6 名。市政府防汛防旱指挥部办公室设在市水利局，核定事业编制 8 名，处级领导职数 2 名，人员依照国家公务员制度进行管理。

2004 年 7 月，经市委编办（甬编办行〔2004〕11 号）批准，宁波市水利局水利工程处（海涂围垦处）更名为建设与管理处。原职责、职能不变。

2005 年 11 月，根据市委办公厅市政府办公厅（甬党办发〔2005〕127 号）文件通知，建立市纪委、市监察局派驻市水利局纪检组、监察室，编制从派驻（出）单位中调剂解决，核编 2 人（首任纪检组长实际到任为 2007 年 8 月）。

2007 年 6 月，根据市编办（甬编办〔2007〕8 号）文件通知，市政府防汛防旱指挥部办公室调整为市水利局内设的正处级机构。调整后的市政府防汛防旱指挥部办公室原核定 8 名事业编制予以核销，核增市水利局行政编制 8 名。市水利局机关行政编制由原来 19 名调整为 27 名，后勤服务人员编制 3 名维持不变，处级领导职数由原来的 6 名调整为 8 名。

2007 年 6 月，根据市编委办（甬编〔2007〕43 号）文件通知，核增市水利局行政编制 1 名，行政编制由 29 名（含派驻机构 2 名）调整为 30 名。

2008 年 12 月，经市委编办（甬编办行〔2008〕53 号）批准，市水利局水政水资源处增挂“行政审批处”牌子。将各处室的行政审批相关职责划归行政审批处承担。

2010 年 11 月，根据市委编办（甬编办行〔2010〕25 号）批复，核增市水利局机关处级领导职数1名，用于配备机关党委专职副书记。局机关处级领导职数由原8名调整为9名。

2011年8月，宁波市政府办公厅以甬政办发〔2011〕249号文核准，市水利局内设职能处室6个，即办公室、组织人事处（由原政治处更名）、计划财务处、建设与管理处、水政水资源处（行政审批处）、市政府防汛防旱指挥部办公室；行政编制31名，后勤服务人员编制3名；领导职数：局长1名，副局长3名，总工程师1名；处级领导职数11名（含机关党委专职副书记1名）。其中规定，市政府防汛防旱指挥部办公室主任由局领导兼任，常务副主任可高配副局长级；机关党委负责局机关党群工作。纪检、监察机构的设置、人员编制和领导职数按有关文件规定执行。

2011年9月，经中共宁波市直属机关工作委员会（市机党组〔2011〕54号）批复同意，成立中共宁波市水利局机关委员会及机关纪律检查委员会。机关党委书记由局党委班子副局级领导担任，配备机关党委专职副书记（正处长级）；机关纪委书记由机关党委专职副书记担任。

2012年2月，宁波市委办公厅、市政府办公厅以甬党办〔2012〕15号文批复，核准宁波市水利局纪检组、监察室人员编制3人，设中层领导职数1人。编制在市水利局现有编制中调剂（编制专用）。2014年初，市水利局正式设置监察室职位。同年3月，选配监察室副主任（主持工作）1名。

2015年5月，根据市委编办（甬编办函〔2015〕41号）文件，核增行政编制1名，行政编制由31名调整为32名，后勤服务人员编制3名。

2015年8月，根据市委办公厅（甬党办〔2015〕63号）文件，原市水利局纪检监察机构3名行政编制划归市纪委市监察局统一管理，原核定的监察室主任职数同步划转。调整后，市水利局行政编制为29名，处级领导职数为10名（含机关党委专职副书记1名）。

2016年6月，根据市委办公厅（甬党办〔2016〕51号）文件，撤销宁波市监察局派驻宁波市水利局监察室。原由监察室承担的职能职责统一归宁波市纪委驻宁波市水利局纪检组负责。

2016年10月，根据市委编办（甬编〔2016〕33号）文件，增设水资源与水土保持处，核增行政编制2名、正处长职数1名。原水政水资源处更名为水政处，挂行政审批处牌子。原水政水资源处职能分别由水政处、水资源与水土保持处承担。调整后，行政编制由29名调整为31名，后勤服务人员编制3名。处级领导职数由10名调整为11名（含机关党委专职副书记1名）。

2017年9月，根据市委编办（甬编〔2017〕26号）批复，同意在市防汛防旱指挥部办公室设立2名防汛防台抗旱督察专员（正处级）。调整后，市水利局处级领导职数由11名调整为13名（含市防汛防台抗旱督察专员2名、机关党委专职副书记1名）。

2017年11月，经市水利局党委研究，组织人事处和局机关党委开始合署办公，日常承担工作相对独立，人员统筹使用。

2017年12月，根据市委编办（甬编办函〔2017〕131号）文件，市水利局建设与管理处增挂安全监督处牌子。原由办公室负责的“水利行业安全生产工作”职责划入建设与管理处，由建设与管理处负责的“水利科学研究和技术推广工作”职责划转至水政处（行政审批处）。

2019年1月，根据中共宁波市委（甬党干〔2019〕11号）文件，建立中共宁波市水利局党组，同时撤销中共宁波市水利局委员会。

2019年2月，根据派驻机构改革的要求，市委决定撤销市纪委、市监委派驻市水利局纪检监察组。市水利局的纪律监督和监察执纪等工作，由市纪委、市监委派驻市生态环境局纪检监察组（综合派驻）负责。

2019年3月，根据市委深化机构改革领导小组办公室（甬机改〔2019〕45号）文件和市委、市政府办公厅（厅发〔2019〕59号）文件，撤销市水利局内设的市人民政府防汛防旱指挥部办公室，管理职责划转至市应急管理局，市水利局3名行政编制划归市应急管理局；市城管局（行政执法局）供水、排水、节水、城区内河管理等管理职能划转至市水利局，城管二处4名行政编制划归市水利局；市水利局新设水旱灾害防御处和排水管理处；原计划财务处更名为规划计划处；原水政处更名为水资源管理处，挂“市节约用水办公室”牌子；原建设与管理处更名为建设与安全监督处；原水资源与水土保持处更名为河湖管理处，挂“行政审批处”牌子。相关职能调整后，市水利局行政编制32名、后勤服务人员编制4名。设局长1名，副局长3名，总工程师1名；处级领导职数13名，其中正处长级10名（含机关党委专职副书记1名、正处长级防汛防台抗旱督察专员1名）、副处长级3名。内设机构共设8个处室，即：办公室、组织人事处（机关党委）、规划计划处、水资源管理处（市节约用水办公室）、建设与安全监督处、河湖管理处（行政审批处）、水旱灾害防御处、排水管理处。

办公地址：2001年9月，从宁波市海曙区解放北路91号（原市政府北大院）迁至海曙区卖鱼路64号。

2001—2020年宁波市水利局历届领导班子成员名录见表14-1，2001—2020年宁波市水利局内设机构及历任负责人名录见表14-2。

表14-1　2001—2020年宁波市水利局历届领导班子成员名录

姓名	职务	任免时间/（年.月）	备注
杨祖格	党委（党组）书记、局长	1993.6—2001.12	1990年5月任党组书记
	巡视员	2002.1—2003.3	
徐立毅	党委书记、局长	2001.12—2002.9	
金俊杰	党委书记、局长	2002.9—2009.4	
张拓原	党委书记、局长	2009.4—2017.4	
	原党委书记、原局长	2017.4—2018.7	
劳可军	党委书记、局长	2017.4—2019.1	
	党组书记、局长	2019.1—	
朱英福	党委委员、副局长	1993.11—2001.12	
	副书记、副局长	2001.12—2007.2	
	巡视员	2007.2—2007.10	
张晓峰	党委委员、副局长	2002.4—2012.9	
	党委副书记、副局长、巡视员	2012.9—2019.6	2016年1月任巡视员
	党组副书记、副局长、二级巡视员	2019.1—	2019年6月由巡视员转为二级巡视员

续表

姓名	职务	任免时间 /（年 . 月）	备注
张金荣	党委委员、副局长	1995.5—2011.6	
	副巡视员	2011.6—2013.2	
葛其荣	党委委员、副局长	1996.11—2009.6	1996 年 2 月任副局长（兼）
叶立光	党委委员、局长助理	2002.5—2004.10	
	党委委员、副局长	2004.10—2013.12	
倪勇康	党委委员、副局长	2004.12—2012.11	
	巡视员	2012.11—2015.10	
陈小兆	党委委员、副局级	2004.9—2009.3	
	巡视员	2009.3—2017.4	
沈季民	党委委员、纪检组长	2007.8—2012.10	
	副巡视员	2012.11—2015.9	
朱晓丽	总工	2010.10—2016.11	
薛琨	党委委员、副局长	2011.6—2016.1	
	党委委员、巡视员	2016.1—2019.1	
	党组成员、二级巡视员	2019.1—2020.8	2019 年 6 月由巡视员转为二级巡视员
	二级巡视员	2020.8—	
罗焕银	党委委员、副局长	2011.11—2019.1	
	党组成员、副局长	2019.1—2020.6	
	一级调研员	2020.6—	
许武松	党委委员、副局长	2013.12—2019.1	
劳均灿	副巡视员	2009.12—2012.8	
	党委委员、防汛办常务副主任（副局长级）	2012.8—2019.1	
	副巡视员、一级调研员	2019.1—	2019 年 6 月由副巡视员转为一级调研员
周建成	党委委员、纪检组长	2012.10—2016.11	
	原纪检组组长	2016.11—2018.12	
余成国	党委委员、纪检组长	2016.11—2019.1	
史俊伟	副巡视员	2014.11—2017.9	
	党委委员、总工程师	2017.9—2019.1	
	党组成员、总工程师	2019.1—	
陆东晓	党组成员、副局长	2019.1—	
翁瑞华	党组成员、二级巡视员	2019.12—	
马静光	党委委员、局长助理	1996.2—2004.3	
竺灵英	党组成员	2019.4—	
朱鸿瑞	副巡视员	2012.9—2015.5	
吕振江	副巡视员、一级调研员	2017.9—	2019 年 6 月由副巡视员转为一级调研员
张永石	副巡视员	2018.12—2018.12	

表 14-2　2001—2020 年宁波市水利局内设机构及历任负责人名录

机构名称		职务	姓名	任职起止时间 /（年 . 月）	备注
办公室		主任	朱鸿瑞	1997.7—2012.11	2017 年 12 月，原由办公室承担的“水利行业安全生产工作”职责划入建设与管理处
		主任	林方存	2012.11—2015.8	
		主任	俞红军	2015.8—	
		副主任	张志峰	1997.11—2002.6	
		副主任	李旺欣	2015.1—2017.11	
		副主任	傅明理	2017.12—	
组织人事处（政治处）	政治处	主任	叶荣斌	1996.10—2008.12	1997 年 6 月，撤销原科技教育处，设立政治处。 2011 年 8 月，政治处更名为组织人事处。 2014 年 5 月至 2014 年 12 月因处长空缺，由徐长流主持工作
		主任	蔡国民	2009.1—2011.8	
		副主任	汪国荣	1998.03—2011.8	
	组织人事处	处长	蔡国民	2011.9—2014.5	
		处长	竺灵英	2014.12—	
		副处长	徐长流	2014.1—2015.8	
规划计划处（计财处）	计划财务处	处长	戴持丰	1995.9—2004.7	1993 年 6 月，设立计划财务处。 2019 年 3 月，计划财务处更名为规划计划处
		处长	劳均灿	2005.1—2009.12	
		处长	史俊伟	2010.1—2014.11	
		处长	吕振江	2014.11—2017.10	1993 年 6 月，设立计划财务处。 2019 年 3 月，计划财务处更名为规划计划处
		处长	胡　杨	2017.10—2019.4	
		副处长（正处级）	张永石	2004.11—2011.9	
		副处长	张志峰	2002.6—2004.7	
	规划计划处	处长	胡　杨	2019.4—	
水资源管理处（水政水资源处、水政处）	水政水资源处（挂节约用水办公室、水土保持办公室牌子）	处长	郑贤君	2000.6—2002.3	2002 年 1 月，水政水资源处挂市节约用水办公室、市水土保持办公室牌子。 2008 年 12 月，增挂行政审批处牌子，各处室的行政审批相关职责集中划归行政审批处承担。 2016 年 10 月，水政水资源处更名为水政处，挂行政审批处牌子。 2019 年 3 月，水政处更名为水资源管理处，挂市节约用水办公室牌子
		处长	劳均灿	2002.3—2005.1	
		处长	史俊伟	2007.7—2010.1	
		处长	张建勋	2011.1—2017.10	
		副处长	史俊伟	2004.9—2007.7	
		副处长（主持工作）	史俊伟	2005.12—2007.7	
		副处长（主持工作）	张建勋	2010.1—2011.1	
		副处长	张青松	2008.12—2014.2	
		副处长	孙春奇	2014.1—2017.11	
	水政处（挂行政审批处牌子）	处长	杨　辉	2017.10—2019.4	
	水资源管理处（挂节水办公室牌子）	处长	杨　辉	2019.4—	

续表

<table>
<tr><th colspan="2">机构名称</th><th>职务</th><th>姓名</th><th>任职起止时间/（年.月）</th><th>备注</th></tr>
<tr><td rowspan="11">建设与安全监督处（水利工程处、建设与管理处）</td><td rowspan="3">水利工程处（挂海涂围垦处牌子）</td><td>处长</td><td>王硕威</td><td>1997.7—2002.6</td><td rowspan="6">1993年6月，设立水利工程（海涂围垦）处。2004年7月，更名建设与管理处。
2012年12月—2013年4月因处长空缺，由吴学文主持工作。
2017年12月，建设与管理处增挂“安全监督处”牌子，增加“水利行业安全生产工作”职责。
2019年3月，建设与管理处更名为建设与安全监督处</td></tr>
<tr><td>处长</td><td>陈惠达</td><td>2002.6—2004.7</td></tr>
<tr><td>副处长</td><td>王惠龙</td><td>2002.10—2004.7</td></tr>
<tr><td rowspan="7">建设与管理处（挂安全监督处牌子）</td><td>处长</td><td>王惠龙</td><td>2005.12—2012.3</td></tr>
<tr><td>处长</td><td>张理振</td><td>2012.3—2012.12</td></tr>
<tr><td>处长</td><td>吴学文</td><td>2013.4—2019.4</td></tr>
<tr><td>副处长</td><td>王惠龙</td><td>2004.7—2005.12</td><td rowspan="5"></td></tr>
<tr><td>副处长</td><td>吴学文</td><td>2007.2—2013.4</td></tr>
<tr><td>副处长</td><td>何宝安</td><td>2013.6—2016.6</td></tr>
<tr><td>副处长</td><td>郭航忠</td><td>2018.1—2019.4</td></tr>
<tr><td>建设与安全监督处</td><td>处长</td><td>毛跃军</td><td>2019.9—</td></tr>
<tr><td rowspan="3">河湖管理处（水资源与水保处）</td><td>水资源与水保处</td><td>处长</td><td>张建勋</td><td>2017.10—2019.4</td><td rowspan="3">2016年10月，增设水资源与水土保持处。
2019年3月，在水资源与水保处的基础上新组建河湖管理处，挂行政审批处牌子</td></tr>
<tr><td rowspan="2">河湖管理处（挂行政审批处牌子）</td><td>处长</td><td>张建勋</td><td>2019.4—</td></tr>
<tr><td>副处长</td><td>郭航忠</td><td>2019.4—</td></tr>
<tr><td rowspan="16">水旱灾害防御处（防汛抗旱处、市政府防指办）</td><td rowspan="3">防汛抗旱处</td><td>处长</td><td>李立国</td><td>2000.6—2002.7</td><td rowspan="16">1990年7月，最早建立宁波市防汛抗旱指挥部办公室，为市水利局下属全民事业单位。
1996年4月，撤销市防指办公室，设立市水利局内设机构防汛抗旱处。
2002年1月，撤销防汛抗旱处，重新在市水利局内设市防指办公室，属参公事业编制。
2007年6月，市防指办公室调整为市水利局行政内设机构序列。
2011年8月，经市政府批准，市防指办公室主任由市水利局副局长兼任，常务副主任高配副局长级。
2019年3月，防汛防旱管理职责划转至市应急管理局，市水利局设立水旱灾害防御处</td></tr>
<tr><td>副处长</td><td>李立国</td><td>1997.7—2000.6</td></tr>
<tr><td>副处长</td><td>李景才</td><td>1997.2— 2002.7</td></tr>
<tr><td rowspan="13">市政府防汛防旱指挥部办公室</td><td>主任（兼）</td><td>朱英福</td><td>2002.3— 2007.10</td></tr>
<tr><td>主任（兼）</td><td>叶立光</td><td>2007.10—2013.12</td></tr>
<tr><td>主任（兼）</td><td>许武松</td><td>2013.12—2019.1</td></tr>
<tr><td>常务副主任（副局长级）</td><td>劳均灿</td><td>2012.8—2019.1</td></tr>
<tr><td>专职副主任（正处长级）</td><td>李立国</td><td>2002.3—2003.8</td></tr>
<tr><td>常务副主任（正处长级）</td><td>李立国</td><td>2003.8—2009.12</td></tr>
<tr><td>常务副主任（副巡视员）</td><td>劳均灿</td><td>2009.12—2012.8</td></tr>
<tr><td>督察专员（正处长级）</td><td>陶洪海</td><td>2017.12—2019.4</td></tr>
<tr><td>督察专员（正处长级）</td><td>郑贤君</td><td>2017.12—2019.4</td></tr>
<tr><td>副主任</td><td>李景才</td><td>2002.7—2008.4</td></tr>
<tr><td>副主任</td><td>俞红军</td><td>2008.5—2010.1</td></tr>
<tr><td>副主任</td><td>吕振江</td><td>2010.2—2012.3</td></tr>
<tr><td>副主任</td><td>陶洪海</td><td>2011.11—2015.11</td></tr>
</table>

续表

机构名称		职务	姓名	任职起止时间 /（年 . 月）	备注
水旱灾害防御处（防汛抗旱处、市政府防指办）	水旱灾害防御处	处长	吴学文	2019.4—2020.12	
		督察专员（正处长级）	陶洪海	2019.4—	
		副处长	周则凯	2019.4—	
排水管理处		处长	蔡建孟	2019.4—	2019 年 1 月，市管理局城管供排水职能划归市水利局。同年 3 月，设立排水管理处
机关党委		书记	薛　琨	2011.9—	2011 年 9 月，成立市水利局机关党委。专职副书记为正处长级
		专职副书记（正处长级）	张永石	2011.9—2018.1	
		专职副书记（正处长级）	李旺欣	2017.11—	
驻局纪检组（监察室）	纪检组	组长	沈季民	2007.8—2012.10	2005 年 11 月，驻市局纪检组、监察室建立。 2016 年 6 月，驻局监察室撤销。 2019 年 2 月，市纪委驻市水利局纪检组撤销。原纪检组职责归市生态环境局纪检监察组（综合派驻机构）负责
		组长	周建成	2012.10—2016.11	
		组长	余成国	2016.11—2019.2	
		副组长	史建静	2015.7—2019.2	
	监察室	主任	史建静	2015.7—2016.6	
		副主任（主持工作）	张青松	2014.3—2015.3	

（二）职能调整

根据中共中央、国务院和省委、省政府关于深化机构改革的要求，宁波历届市委、市政府都会提出机构改革举措，对政府组成部门的机构职能职责作出调整。2000 年以后，宁波市水行政机构大的职能职责调整主要有 3 次。

1.2002 年职能调整

2002 年 1 月，根据中共浙江省委、浙江省政府《关于宁波市机构改革方案的通知》（浙委发〔2001〕54 号），宁波市人民政府办公厅《关于印发宁波市水利局职能配置内设机构和人员编制的通知》（甬政办发〔2002〕25 号），宁波市水利局的职能作相应调整。

划出的职能：

（1）城区内河、地下水行政管理职能委托城管部门承担。

（2）在宜林地区以植树、种草等生物措施防治水土流失的政府职能，交市林业局承担。

转变的职能：

（1）按照国家资源与环境保护的有关法律法规和标准，制定水资源保护规划，提出水功能区划分和水域排污控制的意见。有关数据和情况应通报市环境保护局。

（2）制定节约用水政策，编制节约用水规划，制定有关标准，指导和监督全市节约用水工作。城建部门负责指导城市采水和管网输水、用户用水的节约用水工作并接受水利部门的监督。

（3）承担河道采砂的管理职能，采矿许可证由国土资源管理部门委托河道主管核发。

2.2011 年职能调整

2011 年 8 月，根据中共浙江省委办公厅、浙江省政府办公厅关于印发《宁波市人民政府机构改革方案的通知》（浙委办〔2011〕8 号）和《宁波市水利局主要职责内设机构和人员编制规定》（甬政办发〔2011〕249 号），宁波市水利局的职能作相应调整。

取消的职责：

（1）取消已由国务院、省政府、市政府公布取消的行政审批事项和扩权强县改革中省政府、市政府规定应当交由区（县、市）政府主管部门具体实施的事项。

（2）取消拟订水利行业经济调节措施、指导水利行业多种经营工作，研究提出有关水利价格、收费、信贷、财务等经济调节意见的职责。

加强的职责：

（1）加强水资源的节约、保护和合理配置，保障城乡供水安全，促进水资源可持续利用的职责。

（2）加强水政监察和水行政执法工作的职责。

（3）加强防汛抗旱和水利突发公共事件应急管理的职责。

职能职责边际：

（1）水资源保护和水污染防治的职责分工：市水利局负责水资源保护；市环保局负责水环境质量和水污染防治。市水利局核定水域纳污能力，提出限制排污总量意见；市环保局按规定组织编制主要污染物排放总量控制计划及相关政策并监督实施。市环保局发布水环境信息，市水利局发布水文水资源信息，其中涉及水环境质量的内容，由市水利局和市环保局协商一致。

（2）河道采砂管理的职责分工：市水利局对河道采砂影响防洪安全、河势稳定、堤防安全负责；市国土资源局对保障河道内砂石资源合理开发利用负责；市交通运输委员会对涉及航道的河道采砂影响通航条件负责。由市水利局牵头，会同市国土资源局、市交通运输委员会等部门，负责河道采砂监督管理工作，统一编制河道采砂规划和计划并组织出让。河道采砂许可证、河道采矿许可证由市水利局统一受理、送达，其中采矿许可证申请受理后转交市国土资源局依法按程序办理。河道采砂的水上执法监管，由市水利局负责，在涉及航道的河道采砂水上执法监管，市交通运输委员会要做好配合工作。

3. 2019 年职能调整

2019 年 3 月，根据宁波市深化机构改革小组小组办公室印发《关于市水利局机构编制框架的函》（甬机改〔2018〕45 号）和中共宁波市委办公厅、宁波市人民政府办公厅关于印发《宁波市水利局职能配置、内设机构和人员编制规定》（厅发〔2019〕59 号）的通知，宁波市水利局的职能作相应调整。

划出的 4 项职责：

（1）承担的“市人民政府防汛防旱管理职责”划转至市应急管理局。市水利局不再承担市人民政府防汛抗旱指挥部职责及日常工作，主要负责水情旱情监测预警；承担防御洪水、台风暴潮应急抢险的技术支撑；具体实施重要水工程防洪调度和抗旱应急水量调度。

宁波市应急管理局承担市人民政府防汛抗旱指挥部职责，负责协调全市“三防”日常工作。具体包括：组织编制防汛防台抗旱专项预案并组织开展演练；组织开展“三防”稽查督查，组织会商汛情旱情并发布市防指应急响应指令；组织协调指导应急抢险救援工作。

（2）负责的“农田水利建设管理职责”划转至农业农村局。市水利局主要负责大中型灌排工程、圩区防洪排涝工程（万亩以上灌区）、山塘的建设与管理工作；指导节水灌溉有关工作（指大中型灌区节水改造以及灌溉水利用系数测算工作）。宁波市农村农业局负责指导小型农田水利设施（斗口以下：主要指农渠、毛渠）、高效节水灌溉工程的建设与管理，即“小农水和节水工程”。

（3）负责的“水资源调查和确权登记管理职责”划转至市自然资源和规划局。市水利局主要负责保障水资源的合理开发利用，组织实施最严格水资源管理制度，实施水资源的统一调配，以及负责节约用水工作。宁波市自然资源局负责组织水资源调查监测评价工作；水资源确权登记、争议调处工作。

（4）负责的“编制水功能区划、排污口设置管理和流域水环境保护职责”划转至市生态环境局。市水利局不再负责拟定水功能区划、指导排污口设置管理和流域水环境保护；主要负责指导河湖水生态保护与修复，河湖生态流量及环境调水管理，指导饮用水水源保护，负责水源工程管理范围内（水库淹没线以下区域）的水资源保护工作。宁波市生态环境局负责组织编制水功能区划，核定水域纳污能力，入河排污口设置管理，以及负责除水源工程管理范围（水库淹没线以下区域）外的饮用水水源地保护区域的污染防治工作。

划入的2项职责：

（1）“市供水、排水、节水”行业管理职责由市综合行政执法局（市城管局）划转至市水利局。市水利局主要负责全市供水、排水、节水的行业管理，负责对管网设施的维护、养护和监管，负责供、排水特许经营管理等，以及做好对供排水企业行业指导。宁波市住建局负责供水、节水、污水处理的建设管理。

（2）“城区内河管理职责”由市综合行政执法局（市城管局）划转至市水利局。市水利局在原有河道管理的基础上承担城区内河管理职责，包括审批、河道及设施的维修养护、换水等日常管理等工作。宁波市综合行政执法局负责城区河道的日常监管及行政处罚相关工作。

二、直属事业单位

20世纪50—60年代，宁波专员公署水利局下属事业机构有宁波专署水文站、姚江闸系管委会办公室、宁波专署水利勘察设计室、宁波专区机电排灌流动站等单位。20世纪80—90年代，随着宁波地市合并和计划单列，为水利事业发展提供契机，相继建立宁波市奉化江水利管理站、亭下水库灌区管理处、水利水电工程质量监督站、水利水电科技培训中心、水利投资开发有限公司等一批事业机构。之后经过多年的发展，到2000年时，市水利局直属事业单位为12个，即市水利水电勘测设计规划研究院、市机电排灌站、市水文站、市姚江大闸管理处、市甬江奉化江余姚江河道管理所、市亭下水库灌区管理处、市水利水电工程质量监督站、市水利水电科技培训中心、市水利投资开发有限公司、市水政水资源管理所、市水利综合经营管理站、市江北翻水站。

2000年以后，随着宁波水利事业的发展，事业机构的职能职责、机构名称和内部结构均发生较大变化。上述12个单位中，除宁波市水文站1家单位的机构名称一直被保留外，市姚江大闸管理处、市甬江奉化江余姚江河道管理所、市亭下水库灌区管理处、市水利综合经营管理站、市江北翻水站、市水政水资源管理所6个单位被撤销或兼并；市机电排灌站、市水利水电科技培训中心、市水利水电工程质量监督站3个单位分别被更名市农村水利管理处（市水务设施运行中心）、市水利发展规划研究中心、市水利工程质量安全管理中心；市水利投资开发有限公司更名为市原水集团有限公司后，被转制为市管国有企业；市水利水电勘测设计规划研究院被改制成股份制企业。其间，新设立市政府防汛防旱办公室（后转为市水利局行政内设机构）、市水政监察支队（参公）、市三江河道管理局（站）、市白溪水库管理局（站）、市境外引水办公室（信息中心）、市周公宅水库管理局（站）6个事业机构。2017年2月，因市辖区区划调整，宁波市鄞州区皎口水库管理局成建制转入宁波市水利局管理，机构更名为宁波市皎口水库管理局（管理站）。2019年3月至2020年4月，按照中央和省、市委关于事业单位改革的要求，对宁波市农村水利管理处、宁波市境外引水办公室、宁波市三江河道管理局、宁波市水利水电科技培训中心、宁波市水利水电工程质量监督站、宁波市白溪水库管理局（管理站）、宁波市周公宅水库管理局（管理站）、宁波市皎口水库管理局（管理站）以及由宁波市行政综合执法局（城管局）划转的宁波市排水管理处、宁波市城区内河管理处共10家事业单位进行整合，组建“六大”水利管理中心。

截至2020年年底，经过多轮优化整合，市水利局直属事业机构调整为8个：市水政监察支队、市水文站、市水务设施运行管理中心、市水利工程质量安全管理中心、市水资源信息管理中心、市河道管理中心、市水利发展规划研究中心、市水库管理中心。

1. 宁波市水政监察支队（水政水资源管理所）

1993年6月，市编委以甬编办字〔1993〕43号文，批准建立宁波市水政水资源管理所（级别相当于行政副处级）。市水政水资源管理所设在市水利局，与水政水资源处合署办公，所长由市水利局水政水资源处负责人兼任，人员编制7名，经费预算形式为自收自支。2001年11月，配备1名专职副所长。

2005年7月，市编委以甬编〔2005〕50号文批复，宁波市水政监察支队单设，机构性质为市水利局直属事业单位，级别相当于行政正处级，内设机构2个即综合科、执法科；核定编制10名，单位领导职数2名，经费预算形式为财政全额补助。宁波市水政水资源管理所成建制并入宁波市水政监察支队。

2007年12月29日，市编委以甬编办事〔2007〕55号文批准宁波市水政监察支队为监督管理类事业单位。内设科室2个，即综合科、执法科；核定人员编制10人，单位领导职数2名（1正1副），中层领导职数2名。经费预算形式为财政全额补助。2010年1月，市人事局以（甬人公〔2010〕2号）批复，同意宁波市水政监察支队参照公务员法管理。

2012年12月，甬水党〔2012〕25号文批准，市水政监察支队与市水利水电科技培训中心联合建立宁波市水政监察支队党支部。2018年4月，市水政监察支队单独成立党支部。

2019年3月，根据市深化机构改革领导小组办公室（甬机政〔2019〕130号）核定，市水政监察支队人员编制由 10 名核减为 9 名。

2020 年 4 月，市委编委办发文（甬编办函〔2020〕65 号）规定，宁波市水政监察支队为宁波市水利局所属的公益一类（执法）事业单位，机构规格为正处级。设 2 个内设机构：综合科、执法科。核定人员编制 9 名。设支队长 1 名，副支队长 1 名；内设机构科级领导职数 2 名，其中正科长级 2 名。经费预算形式为财政全额补助。领导班子、其他处级干部由市水利局统一管理。

工作职责：贯彻执行水法律法规规章，依法实施全市水政监察工作；依法查处重大水事违法事件；协助做好水利水务监督检查工作；协助做好水利水务政策法规的制定、清理、备案、审核、解释等工作；协助做好跨区（县、市）水事纠纷调处工作；协助做好水利普法依法治理工作；指导全市水政监察队伍建设，组织指导水政监察信息化建设；承担市本级水资源费征收辅助工作。

办公地址：宁波市海曙区卖鱼路 64 号（市水利局大楼内）。

1997—2020 年宁波市水政监察支队（水政水资源管理所）历任负责人名录见表 14-3。

表 14-3　1997—2020 年宁波市水政监察支队（水政水资源管理所）历任负责人名录

机构名称	职务	姓名	任职起止时间 /（年 . 月）	备注
水政水资源管理所	所长	郑贤君（兼）	1997.8—2002.3	
	所长	劳均灿（兼）	2002.3—2005.1	
	所长	张建勋	2005.3—2005.8	
	副所长	吕武君	2001.11—2005.8	
水政监察支队	支队长	史俊伟（兼）	2007.7—2010.1	
	支部书记、支队长	俞红军	2011.1—2015.8	2012 年 12 月建立支部
	支部书记、支队长	徐长流	2015.12—	
	副支队长	史俊伟（主持工作）	2005.8—2007.7	
	副支队长	张建勋	2005.8—2010.1	
	副支队长	史建静	2005.8—2015.8	
	副支队长	俞红军（主持工作）	2010.1—2011.1	
	副支队长	徐长流（主持工作）	2015.8—2015.12	
	副支队长	吴兴	2016.2—	

2. 宁波市水文站

1983 年 11 月，随着宁波地、市合并，正式定名为宁波市水文站，同年建立中共宁波市水文站党支部。1989 年 12 月，经省水利厅和宁波市水利局商定，并报经宁波市政府同意，原省水文总站所属的宁波市水文站及各区（县、市）水文站从 1990 年 1 月 1 日起，按原建制划归宁波市水利局领导和管理。1996 年 1 月起，各区（县、市）水文站划归区（县、市）水利部门领导和管理，宁波市水文站负责全市水文业务指导。

2005 年 1 月，经市编委办（甬编办事〔2005〕5 号）批准，宁波市水文站机构升格为正处级单位；单位领导职数 3 名，中层领导职数 4 名，内设科室 4 个，即办公室、水情预报科、信息资料科、水质与站网科。经费预算形式为财政全额补助。

2007年12月，经省水文机构批准（浙水文监〔2007〕11号文），成立浙江省水资源监测中心宁波分中心。

2015年6月，经市编委办（甬编办函〔2015〕60号）批复同意，宁波市水文站原水质与站网科分设为水质科、站网科，增加中层领导职数3名（1正2副），调整后内设机构为5个，即：办公室、水情预报科、站网科、信息资料科、水质科，中层领导职数为7名（5正2副）。

2020年4月，根据市编委办文件（甬编办函〔2020〕65号）规定，宁波市水文站为宁波市水利局所属的公益一类事业单位，机构规格为正处级，核定人员编制25名，设站长1名，副站长2名；内设机构科级领导职数7名，其中正科长级5名、副科长级2名；设科室5个，即：办公室、水情预报科、信息资料科、水质科、站网科。领导班子、其他处级干部由宁波市水利局统一管理。

工作职责：协助做好全市水文行业管理和业务指导，配合做好全市水文事业发展规划编制并组织实施；协助做好全市水文站网规划制订和组织实施，对全市各类水文站的设立、撤销、迁移等提出建议；协助做好全市水文水资源调查、监测评价业务管理，支撑水资源管理工作；负责全市水文资料的整编、汇总审查及管理使用；负责全市实时水雨情信息的收集、处理、分析、预警工作，指导全市水文预报方案的编制，负责市级报汛计划和协调跨行政区报汛业务；承担水利防汛抗旱技术支撑工作。

办公地址：原址在宁波市海曙区卖鱼路64号（市水利局大楼内），2012年11月迁至江北区环城北路西段493号（姚江大闸西区），2020年12月迁至江北区丽江西路766号。

2001—2020年宁波市水文站历任负责人名录见表14–4。

表14–4　2001—2020年宁波市水文站历任负责人名录

职务	姓名	任职起止时间 /（年 . 月）
站长	余振美	1994.10—2006.3
支部书记	余振美	1996.12—2006.3
支部书记、站长	杨 辉	2008.9—2014.11
支部书记、站长	陈望春	2015.2—2019.3
支部书记、站长	杨 军	2019.4—
副书记、副站长	杨 辉（主持工作）	2006.3—2008.9
支部书记、副站长	陈望春（主持工作）	2014.11—2015.2
副书记	黄章平	2000.2—2012.8
副书记、副站长	陈小明	2012.11—2020.10
副站长	陈小明	1996.4—2012.11
副站长	徐琦良	2012.3—

3. 宁波市水务设施运行管理中心（农村水利管理处、机电排灌站）

1983年宁波地、市合并，宁波地区机电排灌站更名为宁波市机电排灌站。1987年2月，市编委以宁编字〔1987〕12号文件通知，核定市机电排灌站事业编制13名。2001年10月，市水利局党委（甬水党〔2001〕8号）批准成立中共宁波市机电排灌站支部。2002年4月，经市编委办（甬编办事〔2002〕9号）批准，撤销宁波市水利综合经营管理站，将其3名事业编制人员并入市机电排灌站（编制增至16名）。2006年9月，市编办《关于宁波市机电排灌站更名及调整机构级别的批复》（甬编办〔2006〕17号），同意宁波市机电排灌站更名为宁波市农村水利管理处，单位机构级别调整为正处级。2012年2月，市编委办以甬编办〔2012〕21号文批复，调整宁波市农村水利管理处为承担行政职能的事业单位。

2019年3月，根据宁波市深化机构改革领导小组《关于同意市水利局所属事业单位调整方案的函》（甬机改〔2019〕130号），市农村水利管理处的行政职能划转给市水利局机关；原“农田水利建设管理职责”划转至市农业农村局相关部门。市农村水利管理处更名为市水务设施运行管理中心，并划入市城管局排水相关职责，挂“市农村水利管理中心”牌子，不再保留“市排水管理处”牌子，分类类别调整为公益一类；设立内设科室3个，设分支机构1个，核定人员编制39名，其中管理人员编制21名，单位领导职数3名，中层领导职数5名；分支机构人员编制18名，领导职数2名。经费预算形式为财政全额补助。

2019年9月，根据市委编办《关于同意调整宁波市水务设施运行管理中心机构编制事项的函》（甬编办函〔2019〕78号），市水务设施运行管理中心增设内设机构1个，增加人员编制3名，单位领导职数1名，中层领导职数2名。

2020年4月，根据市委编委办《宁波市水务设施运行管理中心职能配置、内设机构和人员编制规定》（甬编办函〔2020〕65号），宁波市水务设施运行管理中心为宁波市水利局所属公益一类事业单位，机构规格相当于行政正处级，挂“宁波市农村水利管理中心”牌子。设4个内设科室，即综合科、农水管理科、排水管理科、海塘管理科。设分支机构1个，即排水设施管理所。核定人员编制24名。设主任1名，专职副书记1名，副主任2名；内设机构科级领导职数7名，其中正科长级4名、副科长级3名。分支机构编制18名。设科级领导职数2名，其中正科长级1名、副科长级1名。分支机构人员只出不进。经费预算形式为财政全额补助。领导班子、其他处级干部由宁波市水利局统一管理。

工作职责：承担海塘及其附属设施等水利水务设施建设管理和运行管理的指导工作；承担全市农民饮用水、农业水价、农田灌溉水利用系数测算等农村水利工作的技术支持保障；配合做好水利水务设施标准化建设；承担职责范围内水利水务工程防汛抢险保障工作；配合做好中心城区排水专项规划编制和排水行业政策、规范、标准制定工作；配合做好市属排水设施行政审批的初审和行政辅助工作；做好市属排水和污水处理设施的运营管理；协助做好全市排水行业日常监督管理。

办公地址：原址在宁波市海曙区卖鱼路64号（市水利局大楼内），2019年4月迁至宁波市鄞州区兴宁路565号。

2001—2020年宁波市水务设施运行管理中心（农村水利管理处、机电排灌站）历任负责人名录见表14–5。

表14-5　2001—2020年宁波市水务设施运行管理中心（农村水利管理处、机电排灌站）历任负责人名录

机构名称	职务	姓名	任职起止时间/（年.月）	备注
机电排灌站	支部书记、站长	王高正	1992.4—2003.1	支部书记任职时间2001年10月
	站长	朱晓丽	2003.1—2006.11	
	支部书记、副站长	杨军	2003.3—2006.11	
	副站长	杨军	1996.4—2003.3	
	副站长	费惠铭	2001.11—2006.11	
农村水利管理处	处长	朱晓丽	2006.11—2010.10	
	支部书记、副处长	杨军	2006.11—2009.3	
	支部书记	林方存	2010.6—2012.11	
	处长	林方存	2011.1—2012.11	
	支部书记、处长	吕振江	2012.11—2014.11	
	支部书记、处长	胡杨	2015.3—2017.10	
	支部书记、处长	杨军	2017.10—2019.4	
	副处长	费惠铭	2006.11—2011.6	
	副处长	胡杨	2010.8—2015.3	
	副处长	高湖滨	2014.12—2019.3	
水务设施运行管理中心	支部书记、主任	池飞	2019.4—2020.11	
	支部书记、主任	沈浩	2020.11—	
	专职副书记	张文一	2020.9—	
	副主任	张文一	2019.9—2020.9	
	副主任	朱江平	2019.4—	
	副主任	马毅妹	2020.10—	

4. 宁波市水利工程质量安全管理中心（水利水电工程质量监督站）

1994年10月，市编委以甬编办字〔1994〕65号文，同意建立宁波市水利水电工程质量监督站，为市水利局所属事业单位，定编5名，经费预算形式为自收自支。1996年5月，事业编制从5名增加到10名。

2007年12月，经市编委办（甬编办事〔2007〕45号）批复同意，宁波市水利水电工程质量监督站更名为宁波市水利工程质量与安全监督站，机构级别相当于行政正处级，人员编制增加到12名。

2008年，国家财政部与发改委联合发文（财综〔2008〕78号）规定，自2009年1月1日起停止全国取消工程质量监督收费，水利质监收费停止。2011年1月，经市编委办（甬编办事〔2011〕5号）批复同意，宁波市水利工程质量与安全监督站为承担行政职能的事业单位，级别为正处级，编制为12名，经费预算形式为财政全额补助。

2012年12月，经市水利局党委批准（甬水党〔2012〕25号），建立中共宁波市水利工程质量与安全监督站支部委员会。

2019年3月，根据宁波市深化机构改革领导小组办公室（甬机改〔2019〕130号）批复意见，宁波市水利工程质量与安全监督站更名为宁波市水利工程质量安全管理中心，分类类别调整为公益一类；设内设机构2个，即综合科、质量安全科；核定人员编制10名，单位领导职数2名（1正1副），中层领导职数2名。其他机构编制事项维持不变。

2020年4月，根据《宁波市水利工程质量安全管理中心职能配置、内设机构和人员编制规定》（甬编办函〔2020〕65号），宁波市水利工程质量安全管理中心为宁波市水利局所属的公益一类事业单位，机构规格相当于行政正处级。设2个内设机构即综合科、质量安全科。核定人员编制10名。设主任1名，副主任1名；内设机构科级领导职数2名，其中正科长级2名。经费预算形式为财政全额补助。领导班子、其他处级干部由宁波市水利局统一管理。

工作职责：承担重大水利工程建设质量与安全监督的技术支撑工作，并协助指导区（县、市）相关工作；承担重大水利工程项目稽查的技术支撑工作；协助做好水利工程参建企业的信用评价和水利建设工程的质量创优工作；承担全市水利工程质量考核的行政辅助工作；协助做好重大水利工程质量与安全事故的调查处理；承担浙江省水利水电建设经济定额站宁波分站的有关工作。

办公地址：原址在宁波市海曙区卖鱼路64号（市水利局大楼内），2020年6月迁至宁波市江北区丽江东路366号。

2001—2020年宁波市水利工程质量安全管理中心（水利水电工程质量监督站）历任负责人名录见表14–6。

表14–6　2001—2020年宁波市水利工程质量安全管理中心（水利水电工程质量监督站）历任负责人名录

机构名称	职务	姓名	任职起止时间 /（年 . 月）	备注
水利水电工程质量监督站	站长	陈永东（兼）	2000.9—2005.3	
	站长	林方存	2005.3—2009.1	
	站长	杨军	2009.3—2017.11	
	站长	潘仁友	2017.11—2018.4	
	支部书记、站长	潘仁友	2018.4—2019.4	2018年4月党支部单设
	副站长	高庆信	2000.9—2003.8	
	副站长	朱江平	2018.6—2019.4	
水利工程质量安全管理中心	支部书记、主任	潘仁友	2019.4—	
	副主任	周兴军	2019.4—	

5. 宁波市水资源信息管理中心（引水办）

2003年9月，宁波市政府（甬政办发〔2003〕200号）决定，成立宁波市境外引水工程领导小组，领导小组办公室设在市水利局。

2006年7月，经市编委（甬编〔2006〕15号）批准，成立宁波市境外引水办公室，为宁波市水利局下属全民事业单位，机构级别相当于行政副处级，核定人员编制6名，单位领导职数1名，经费预算形式为财政全额补助。2011年8月，经市编委办（甬编〔2011〕25号）批复同意，宁波市境外引水办公室机构规格调整为正处级，人员编制由6名增加到8名，单位领导职数增加到2人（1正1副）。

2016年10月，经市编办（甬编办函〔2016〕95号）批复同意，宁波市境外引水办公室更名为宁波市水资源信息管理中心，挂宁波市境外引水办公室牌子。内设2个科，即综合科、调度科，核定中层领导职数3名（2正1副）；核增编制2名（从宁波市水利水电规划设计研究院调剂）。

2019年3月，根据宁波市深化机构改革领导小组办公室（甬机改〔2019〕130号）批复意见，宁波市水资源信息管理中心（宁波市境外引水办公室）更名为宁波市水资源信息管理中心（宁波市境外引水管理中心），同时划入城市供节水管理职责，不再保留“市城市供节水管理办公室”牌子。内设科室3个，核定人员编制15名，其中领导职数2名、中层职数3名。其他机构编制事项维持不变。

2020年4月，根据《宁波市水资源信息管理中心职能配置、内设机构和人员编制规定》（甬编办函〔2020〕65号），宁波市水资源信息管理中心为宁波市水利局所属的公益一类事业单位，机构规格相当于正处级，挂宁波市境外引水管理中心牌子。内设科室3个即综合科、信息化科、水资源管理科。核定人员编制15名，其中主任1名，副主任1名；科级领导职数3名，其中正科长级3名。经费预算形式为财政全额补助。领导班子、其他处级干部由宁波市水利局统一管理。

工作职责：配合做好全市水利水务信息化发展规划和计划的编制并组织实施；协助做好水利水务信息化的标准规范建设，承担水利水务信息化项目的技术审查工作；承担水资源规划、调度、管理等行政辅助工作；承担供水行业管理、节约用水管理等行政辅助和技术支撑工作，做好城市公共消火栓养护管理的检查协调工作；承担市境外引水工程建设协调等行政辅助工作，做好境外引水工程的调度运行。

办公地址：宁波市海曙区卖鱼路64号（市水利局大楼内）。

2003—2020年宁波市水资源信息管理中心（引水办）历任负责人名录见表14-7。

表14-7　2003—2020年宁波市水资源信息管理中心（引水办）历任负责人名录

机构名称	职务	姓名	任职起止时间/（年.月）	备注
境外引水工程领导小组办公室	主任	朱英福（兼）	2003.9—2005.3	
	主任	叶立光（兼）	2005.3—2006.9	
	副主任	郑贤君（兼）	2003.9—2006.9	
境外引水办公室	主任	郑贤君（兼）	2009.9—2014.11	
	主任	杨辉	2014.11—2017.2	
	副主任	郑贤君	2006.9—2009.9	
	副主任	潘为中	2008.5—2013.5	
	副主任	郑逸群	2013.5—2017.2	

续表

机构名称	职务	姓名	任职起止时间 /（年 . 月）	备注
水资源信息管理中心（境外引水办公室）	主任	杨辉	2017.2—2017.11	
	主任	孙春奇	2017.11—2018.4	
	支部书记、主任	孙春奇	2018.4—2019.4	2018 年 4 月党支部单设
	副主任	郑逸群	2017.2—2017.11	
	副主任	胡章	2017.12—2019.4	
	支部书记、主任	孙春奇	2019.4—	
	副主任	胡章	2019.4—	

6. 宁波市河道管理中心（三江河道管理局）

2005 年 7 月，市编委批复（甬编〔2005〕49 号），撤销市水利局下属的宁波市姚江大闸管理处、宁波市甬江奉化江余姚江管理所、宁波市亭下水库灌区管理处和宁波市江北翻水站 4 个事业单位独立建制，合并组建宁波市三江河道管理局，为市水利局下属全民事业单位，机构级别相当于行政正处级，经费预算形式为财政差额补助（原经费渠道不变）。内设 5 个科室，即办公室、河道堤防科、涵闸科、水政科、灌区科。核定人员编制 38 名，单位领导职数 4 名，内设科室领导职数 8 名。

2005 年 8 月，经市水利局党委（甬水党〔2005〕28 号）批准，建立宁波市三江河道管理局党支部。

2010 年 5 月，经市编委办（甬编办事〔2010〕27 号）批复同意，宁波市三江河道管理局暂定为公益一类事业单位。2013 年 5 月，经市编委办（甬编办函〔2013〕52 号）批复同意，增挂“宁波市防汛物资管理中心”和“宁波市防汛机动抢险队”2 块牌子；增加单位领导职数 1 名（副处），增加编制 8 名；增加内设机构 1 个（防汛物资管理科），增加中层职数 1 名（正科）。调整后，人员编制 46 名、单位领导职数 5 名（1 正 4 副）、内设机构 6 个、中层领导职数 9 名（6 正 3 副）。

2015 年 6 月，经市编委（甬编办函〔2015〕58 号）批复同意，宁波市三江河道管理局内设科室名称调整为办公室、水政科、防汛科、计划财务科、工程技术科、运行管理科。中层领导职数增至 12 名（6 正 6 副）。

2015 年 8 月，经宁波市水利局机关党委（甬水机党〔2015〕10 号）批准，并报中共宁波市直属机关工作委员会和市水利局党委同意，中共宁波市三江河道管理局支部委员会升格为中共宁波市三江河道管理局委员会，同时建立中共宁波市三江河道管理局纪律检查委员会。

2019 年 3 月，根据宁波市深化机构改革领导小组办公室（甬机改〔2019〕130 号）批复意见，市城管局所属的市城区内河管理处成建制划归市水利局管辖，并与宁波市三江河道管理局整合，设立宁波市河道管理中心，挂“宁波市三江河道管理站”和“宁波市水利抢险物资管理中心”牌子，为市水利局所属公益一类事业单位，机构规格相当于行政正处级；核定人员编制 73 名，内设科室 9 个，单位领导职数 5 名（1 正 4 副），中层领导职数 18 名（9 正 9 副）。设专职党委副书记 1 名，享受单位副职（副处）待遇。经费预算形式为财政差额补助。

2020年4月，根据《宁波市河道管理中心职能配置、内设机构和人员编制规定》（甬编办函〔2020〕65号），宁波市河道管理中心（宁波市三江河道管理站、宁波市水利抢险物资管理中心）为市水利局所属的公益二类事业单位，机构规格为正处级。设立9个内设机构，即：办公室、人事教育科、计划财务科、水政科、生态科、工程科、运调科、河道科、设施科。事业编制73名。设主任1名，专职副书记1名，副主任4名；内设机构科级领导职数18名，其中正科长级9名、副科长级9名。经费预算形式为财政差额补助。领导班子、其他处级干部和高级专业技术人员由市水利局统一管理。

工作职责：承担全市河道湖泊和水生态治理的规划编制、政策制订及建设与管理的技术支撑工作；协助做好全市河道及其相关设施的业务管理工作；协助做好全市河湖水资源调度和防汛抢险工作；承担全市水土保持及灌区工作的技术支撑；承担市直管河道、闸泵、灌区等水利工程的建设和运行管理工作；承担市级水利水务工程抢险物资储备和管理工作；承担河（湖）长制、三江联席会议办公室的行政辅助工作；配合做好涉河项目初审及水事违法案件查处工作；配合做好相关水规费收缴工作。

办公地址：原地址在宁波市鄞州区四明西路699号；2012年10月迁至江北区环城北路西段493号（姚江大闸东区）；2020年4月迁至鄞州区四明西路699号。

2005—2020年宁波市河道管理中心（三江河道管理局）历任负责人名录见表14-8。

表14-8　2005—2020年宁波市河道管理中心（三江河道管理局）历任负责人名录

机构名称	职务	姓名	任职起止时间/（年.月）
三江河道管理局	支部书记、局长	叶立光（兼）	2005.8—2007.12
	支部书记、局长	张理振	2007.12—2012.3
	支部书记、局长	吕振江	2012.3—2012.11
	支部书记、副局长	潘仁友（主持工作）	2012.11—2013.4
	支部书记、局长	潘仁友	2013.4—2014.6
	支部书记、局长	张松达	2014.6—2015.7
	支部副书记、副局长	党宏林	2005.8—2011.7
	副局长	潘仁友	2005.8—2012.5
	副局长	李国利	2005.8—2013.6
	副局长	陈望春	2011.10—2014.11
	副局长	高湖滨	2014.1—2014.12
	副局长	王吉勇	2014.1—2015.7
	副局长	傅明理	2014.12—2015.7
	副局长	欧述俊	2014.12—2015.7
	副局长	周则凯	2015.2—2015.7
	2015年8月，建立中共宁波市三江河道管理局委员会		
	党委书记、局长	张松达	2015.8—2017.10
	党委书记、局长	史俊伟（兼）	2017.10—2017.12

续表

机构名称	职务	姓名	任职起止时间 /（年 . 月）
三江河道管理局	党委书记、局长	董敏	2017.12—2019.4
	副局长	欧述俊	2015.8—2019.4
	副局长	王吉勇	2015.8—2019.4
	副局长	傅明理	2015.8—2017.12
	副局长	周则凯	2015.8—2019.4
河道管理中心	党委书记、主任	董敏	2019.4—
	党委专职副书记	王吉勇	2019.9—
	副主任	杨依群	2019.4—
	副主任	欧述俊	2019.4—
	副主任	王吉勇	2019.4—2019.9
	副主任	李彬	2019.4—
	副主任	蔡琼	2019.9—

7. 宁波市水利发展规划研究中心（水利水电科技培训中心）

1994 年 3 月 10 日，根据市编委办（甬编办字〔1994〕20 号）批复，成立宁波市水利水电科技培训中心，为市水利局所属全民事业单位。定编 5 名，经费预算形式为自收自支。机构级别相当于副处级。宁波市水利水电科技培训中心建立后，由市水利局办公室、组人处统筹运作。

2015 年 6 月，根据市编委办《关于调整宁波市水利水电科技培训中心机构编制有关事项的函》（甬编办函〔2015〕66 号），宁波市水利水电科技培训中心更名为宁波市水利发展研究中心，暂时保留“宁波市水利水电科技培训中心”牌子，为市水利局所属公益二类事业单位。内设科室 2 个，即综合科、规划与技术科；增加人员编制 7 名，单位领导职数 1 名（副职）。增加后，人员编制 12 名，单位领导职数为 2 名（1 正 1 副），核定中层领导职数 2 名；经费预算形式仍为自收自支。

2018 年 2 月，经市编委办（甬编办函〔2018〕15 号）批复同意，宁波市水利发展研究中心增挂“宁波市水利项目前期办公室”牌子。单位全称为宁波市水利发展研究中心（宁波市水利水电科技培训中心、宁波市水利项目前期办公室）。

2019 年 3 月，根据宁波市深化机构改革领导小组办公室（甬机改〔2019〕130 号）批复意见，宁波市水利发展研究中心（宁波市水利水电科技培训中心、宁波市水利项目前期办公室）更名为宁波市水利发展研究中心（宁波市水利水电科技培训中心、宁波市水利项目前期服务中心）。

2020 年 4 月，根据《宁波市水利发展规划研究中心职能配置、内设机构和人员编制规定》（甬编办函〔2020〕65 号），宁波市水利发展研究中心更名为宁波市水利发展规划研究中心，系宁波市水利局所属的公益二类事业单位，机构规格为相当于行政正处级，挂“宁波市水利水电科技培训中心”和“宁波市水利项目前期服务中心”牌子；内设科室 4 个即综合科、规划科、技术科、前期科；事业编制 22 名，设主任 1 名，副主任 2 名；科级领导职数 6 名，其中正科长级 4 名、副科长级 2 名。

经费预算形式为自收自支。领导班子、其他处级干部和高级专业技术人员由市水利局统一管理。

工作职责：承担全市水利发展战略、规划及重大问题研究的技术支撑工作；承担重大水利工程、技术方案的咨询、审查的技术支撑和行政辅助工作；承担全市水利科研发展规划、计划管理的行政辅助工作；承担市直重点水利工程项目前期工作，协助做好其他重大水利工程项目前期工作；承担全市水利水务科技工作的技术支撑工作；开展水利技术培训。

办公地址：宁波市海曙区卖鱼路64号（市水利局大楼内）。

2001—2020年宁波市水利发展规划研究中心（水利水电科技培训中心）历任负责人名录见表14-9。

表14-9　2001—2020年宁波市水利发展规划研究中心（水利水电科技培训中心）历任负责人名录

机构名称	职务	姓名	任职起止时间/（年.月）
水利水电科技培训中心（机构级别相当于副处级）	主任	朱鸿瑞（兼）	1994.4—2005.3
	主任	蔡国民（兼）	2005.3—2014.6
	主任	林方存（兼）	2014.6—2015.1
	主任	胡章	2015.1—2017.12
水利发展研究中心（机构级别相当于副处级）	主任	王攀	2017.12—2020.9
	副主任	蔡天德	2018.1—2019.9
	副主任	季树勋	2019.9—2020.9
水利发展规划研究中心（机构升格为正处级）	主任	池飞	2020.11—
	副主任	王攀	2020.9—
	副主任	季树勋	2020.9—

8. 宁波市水库管理中心

2020年4月，根据《宁波市水库管理中心职能配置、内设机构和人员编制规定》（甬编办函〔2020〕65号），宁波市白溪水库管理站、宁波市周公宅水库管理站、宁波市皎口水库管理站整合组建宁波市水库管理中心。宁波市水库管理中心系市水利局所属的公益二类事业单位，机构规格为正处级，挂"宁波市白溪水库管理站""宁波市周公宅水库管理站""宁波市皎口水库管理站"牌子，其中内设科室15个，即办公室、组织人事科、计划财务科、工程管理科、防汛调度科、安全监督科、皎口水库综合科、白溪水库综合科、周公宅水库综合科、皎口水库工程科、白溪水库工程科、周公宅水库工程科、皎口水库运调科、白溪水库运调科、周公宅水库运调科；核定人员编制103名，设主任1名，专职副书记1名，副主任5名；内设机构科级领导职数25名，其中正科长级15名、副科长级10名。经费预算形式为自收自支，领导班子、其他处级干部和高级专业技术人员由市水利局统一管理。

工作职责：协助拟定水库、山塘及农村水电管理、保护的政策和规章制度，组织拟订技术标准；承担全市水库、山塘及农村水电建设管理指导的技术支撑和行政辅助工作；承担全市水库、山塘及农村水电运行管理、监督检查指导的技术支撑和行政辅助工作；协助做好全市水库、山塘的防汛调度和水利抢险工作；负责皎口水库、白溪水库和周公宅水库大坝枢纽及其他附属工程的安全运行管理；负责皎口水库、白溪水库和周公宅水库防洪抗旱、供水、发电、灌溉、生态用水及水资源保护管理等工作。

办公地址：宁波市江北区环城北路西段 493 号（姚江大闸东区）。

2020 年宁波市水库管理中心负责人名录见表 14–10。

表 14–10 2020 年宁波市水库管理中心负责人名录

机构名称	职务	姓名	任职起止时间 /（年 . 月）
水库管理中心	党委副书记、主任	王建平	2020.6—
	党委书记、副主任	郑逸群	2020.6—
	党委专职副书记	袁卫卫	2020.6—
	党委委员、副主任	张虹	2020.6—
	党委委员、副主任	周益旦	2020.6—
	党委委员、副主任	潘佐华	2020.6—
	党委委员、副主任	潘勇刚	2020.6—
	党委委员、副主任	卢桂营	2020.6—
	党委委员、副主任	蔡天德	2020.6—

9. 宁波市白溪水库管理站（局）

2004 年 6 月，经宁波市机构编制委员会（甬编〔2004〕22 号）批复同意，建立宁波市白溪水库管理局。机构级别相当于行政正处级，核定人员编制 18 名；内设科室 3 个即办公室、水文水保科、工程管理科；领导职数 2 名，中层职数 4 名。经费预算形式为自收自支。2004 年 10 月，宁波市白溪水库管理局正式挂牌成立。2005 年 3 月，经宁波市水利局党委批准（甬水党〔2005〕11 号），宁波市白溪水库管理局党总支成立。

2006 年 12 月，经市编委办（甬编办事〔2006〕42 号）批复同意，事业人员编制增至 40 名；内设 5 个科室，即办公室、计划财务科、工程管理科、运行调度科、行政保卫科；单位领导职数 3 名（1 正 2 副），中层职数 8 名。

2019 年 3 月，经宁波市深化机构改革领导小组办公室（甬机改〔2019〕130 号）批复同意，宁波市白溪水库管理局更名为宁波市白溪水库管理站，并按规定办理相关事业法人登记手续。2020 年 4 月，根据市委编委办（甬编办函〔2020〕65 号）规定，宁波市白溪水库管理站与宁波市周公宅水库管理站、宁波市皎口水库管理站三个单位整合组建宁波市水库管理中心，原宁波市白溪水库管理站核定的机构编制事项不再有效。

办公地址：宁海县岔路镇白溪水库。

2004—2020 年宁波市白溪水库管理站（局）历任负责人名录见表 14–11。

表 14-11　2004—2020 年宁波市白溪水库管理站（局）历任负责人名录

机构名称	职务	姓名	任职起止时间 /（年 . 月）
白溪水库管理局	局长	陈小兆	2004.10—2005.3
	总支书记、局长	陈小兆	2005.3—2009.6
	总支书记、局长	王建平	2009.6—2019.4
	副局长	卢林全	2004.10—2010.3
	副局长	欧述俊	2007.7—2014.12
	副局长	袁卫卫	2010.5—2019.4
	副局长	周兴军	2015.1—2019.4
白溪水库管理站	总支书记、站长	王建平	2019.4—2020.6
	副站长	袁卫卫	2019.4—2020.6
	副站长	潘佐华	2019.10—2020.6

10. 宁波市周公宅水库管理站（局）

20 世纪 90 年代，周公宅水库建设前期准备工作由鄞县政府开始启动。2000 年 7 月，宁波市计划委员会、宁波市水利局、鄞县人民政府联合发文，成立宁波市周公宅水库前期办公室，正式成为宁波市重点工程。同年 9 月，经宁波市政府（甬政发〔2000〕206 号）文件批准，成立宁波市周公宅水库工程建设领导小组。同月，经宁波市政府（甬政发〔2000〕217 号）批复同意，成立宁波市周公宅水库建设开发公司。水库工程建设历时 9 年竣工。

2008 年 3 月，经市编委办（甬编办〔2008〕5 号）文件批准，成立宁波市周公宅水库管理局，为宁波市水利局所属准公益类事业单位，机构级别相当于行政正处级；内设 5 个科室，即办公室、计划财务科、工程管理科、运行调度科、行政保卫科；核定人员编制 35 名，单位领导职数 1 正 2 副（含总工），中层领导职数 8 名；经费预算形式为自收自支。

2009 年 4 月，经宁波市水利局党委批复同意，成立中共宁波市周公宅水库管理局支部委员会。

2019 年 3 月，经宁波市深化机构改革领导小组办公室（甬机改〔2019〕130 号）批复同意，宁波市周公宅水库管理局更名为宁波市周公宅水库管理站，并按规定办理相关事业法人登记手续。2020 年 4 月，根据市委编委办（甬编办函〔2020〕65 号）规定，宁波市周公宅水库管理站与宁波市白溪水库管理站、宁波市皎口水库管理站整合组建宁波市水库管理中心，原宁波市周公宅水库管理站核定的机构编制事项不再有效。

办公地址：宁波市鄞州区章水镇杜岙村周公宅水库。

2008—2020 年宁波市周公宅水库管理站（局）历任负责人名录见表 14-12。

表 14-12　2008—2020 年宁波市周公宅水库管理站（局）历任负责人名录

机构名称	职务	姓名	任职起止时间 /（年 . 月）
周公宅水库管理局	局长	竺世才	2008.8—2009.1
	支部书记、局长	林方存	2009.1—2011.1

续表

机构名称	职务	姓名	任职起止时间 /（年 . 月）
周公宅水库管理局	支部书记、局长	卢林全	2011.1—2014.6
	支部书记、局长	潘仁友	2014.6—2017.10
	支部书记、局长	郑逸群	2017.11—2019.4
	支部副书记、副局长	潘仁友	2012.5—2012.11
	副局长	吕振江	2008.8—2010.2
	副局长	郑逸群	2008.8—2013.6
	副局长	卢林全	2010.3—2011.1
	副局长	张虹	2014.1—2019.4
	副局长	王攀	2014.12—2017.12
	副局长	周益旦	2018.1—2019.4
周公宅水库管理站	支部书记、站长	郑逸群	2019.4—2020.6
	副站长	张虹	2019.4—2020.6
	副站长	周益旦	2019.4—2020.6

11. 宁波市皎口水库管理站（局）

原水库管理单位名称为鄞县皎口水库管理处，是鄞县水利局所属事业单位。1984 年 6 月更名为鄞县皎口水库管理局。2002 年 4 月，因鄞县撤县设区，改称为宁波市鄞州区皎口水库管理局。2014 年 9 月，经鄞州区编委办（鄞编办〔2014〕48 号）批复同意，皎口水库管理局机构规格相当于行政正科级。

2017 年 2 月，因宁波市区划调整，经市编委办（甬编办字〔2017〕2 号）批复同意，宁波市鄞州区皎口水库管理局成建制转入宁波市水利局管理，机构更名为宁波市皎口水库管理局。2018 年 2 月，根据市编委办（甬编办函〔2018〕16 号）批复，宁波市皎口水库管理局为市水利局所属公益二类事业单位，机构规格升格为正处级。内设科室 6 个，核定人员编制 56 名，领导职数 4 名（1 正 3 副），中层职数 9 名（6 正 3 副）；经费预算形式为自收自支。其他机构编制事项维持不变。

2019 年 3 月，经宁波市深化机构改革领导小组办公室（甬机改〔2019〕130 号）批复同意，宁波市皎口水库管理局更名为宁波市皎口水库管理站，并按规定办理相关事业法人登记手续。2019 年 5 月，经中共宁波市水利局直属机关委员会批复同意（甬水机党〔2019〕11 号），皎口水库党组织名称变更为“中共宁波市皎口水库管理站委员会”。

2020 年 4 月，根据市委编委办（甬编办函〔2020〕65 号）文件规定，宁波市皎口水库管理站与宁波市白溪水库管理站、宁波市周公宅水库管理站三个单位整合组建宁波市水库管理中心，原宁波市皎口水库管理站核定的机构编制事项不再有效。

办公地址：宁波市海曙区章水镇密岩村皎口水库。

2017—2020 年宁波市皎口水库管理站（局）历任负责人名录见表 14–13。

表14-13　2017—2020年宁波市皎口水库管理站（局）历任负责人名录

机构名称	职务	姓名	任职起止时间 /（年.月）
皎口水库管理局	党委书记、局长	毛跃军	2017.2—2019.4
皎口水库管理站	党委书记、站长	毛跃军	2019.4—2019.11
	党委书记、站长	郑逸群	2019.11—2020.6
	副站长	潘勇刚	2019.4—2020.6
	副站长	卢桂营	2019.9—2020.6
	副站长	蔡天德	2019.9—2020.6

12. 宁波市水利水电规划设计研究院

1983年宁波地、市合并后，机构名称确定为宁波市水利水电勘测设计室，是宁波市水利局直属事业单位。1988年10月，经宁波市级机关党委批复同意，建立宁波市水利水电勘测设计室党支部。1993年4月，经市编委办（甬编办字〔1993〕31号）批复同意，宁波市水利水电勘测设计室更名为宁波市水利水电勘测设计院，人员编制由19名增加到24名，经费预算形式为自收自支。1998年5月，经市编委办（甬编办事〔1998〕16号）批复同意，正式更名为宁波市水利水电规划设计研究院，事业编制24名。

2010年5月，根据市编委办（甬编办事〔2010〕27号）文件，市水利水电规划设计研究院为从事公益服务的事业单位（公益二类）。2010年10月，经市水利局党委员会批复同意，成立中共宁波市水利水电规划设计研究院总支委员会，下设设计支部、综合支部、科技公司支部、老干部支部。

2013年5月，根据市委编委办（甬编办函〔2013〕52号）文件，市水利水电规划设计研究院划转5个事业编制给宁波市三江河道管理局，由此事业编制从24名减至19名。

2016年10月，经市委编办（甬编办函〔2016〕95号）批准，市水利水电规划设计研究院2名事业编制划转到市水资源信息管理中心。事业编制从19名减至17名（实有事业编制职工仅8名）。

2018年4月，市政府批复同意宁波市水利水电规划设计研究院进行改制。全院170名员中，其中8名事业编制职工有2人参与改制，1人选择提前退休，5人划入市水利发展研究中心。其他合同制聘用员工已成为职工队伍的主体。2019年7月，改制后的宁波市水利水电规划设计研究院更名为“宁波市水利水电规划设计研究院有限公司”，并完成工商注册登记。

支部书记、院长：钟根波（1995.8—2002.12）。

院长：严文武（2002.12—2019.4）。

办公地址：原址在宁波市鄞州区四明西路699号，2019年迁至宁波市海曙区集仕港镇菖蒲路1号。

13. 宁波原水集团有限公司（市水利投资开发有限公司）

1995年12月，经市政府（甬政发〔1995〕261号）同意，建立宁波市水利投资开发公司。公司为宁波市水利局所属全民所有制事业单位，具有法人资格，经济独立核算，自负盈亏。1996年

2月，市人事局以（甬人计〔1996〕3号）文批准，市水利投资开发公司事业编制管理人员工资执行三级职员二档工资标准（相当于行政正处级）。1996年11月，市编委办以甬编办字〔1996〕44号文，核定水利投资开发公司人员编制8名，经费预算形式为自收自支。

2005年12月，市人民政府第64次常务会议决定，同意组建宁波原水（集团）有限公司。同月，市国资委（甬国资委〔2005〕113）批准成立宁波原水（集团）有限公司；宁波市工商行政管理局（甬工商名称变核内〔2005〕第064483号）核准宁波市水利投资开发有限公司名称变更为：宁波原水（集团）有限公司（集团名：宁波原水集团）。原事业编制人员仍保留事业性质。

2007年9月，经宁波市工商行政管理局批准，宁波原水集团母公司名称变更为宁波原水集团有限公司。2008年6月，经宁波市水利局党委（甬水党〔2008〕19号）批复同意，成立中共宁波原水集团有限公司委员会。

2014年8月，因管理体制调整，经市国资委党委（甬国资党干〔2014〕3号）批准，建立新的中共宁波原水集团有限公司委员会。同年9月，宁波原水集团总部率先进行人事改革，原事业编制人员统一转变为企业人员。

2018年3月，根据中共宁波市委组织部（甬组通〔2018〕25号）文件通知，宁波原水集团党组织隶属关系从市水利局党委（市水利局直属机关党委）调整至市委国资工委，市委组织部会同市委国资工委履行企业党建工作的具体指导职能，市委国资工委履行企业党建工作的日常管理职责。同年4月，根据市委办公厅（甬党办〔2018〕48号）《关于市属企业领导人员管理体制调整的若干意见》，宁波原水集团有限公司为比照副局级单位管理的国有企业。

2020年4月，经市政府（甬政办发〔2020〕21号）批准，宁波原水集团有限公司并入新组建的宁波市水务环境集团有限公司，原水集团有限公司原股东所持有的全部股权整体进入市水务环境集团水资源管理子公司。

办公地址：宁波市鄞州区天银路55号俊鸿嘉瑞大厦。

2001—2020年宁波原水集团有限公司（水利投资开发有限公司）历任负责人名录见表14-14。

表14-14　2001—2020年宁波原水集团有限公司（宁波市水利投资开发有限公司）历任负责人名录

机构名称	职务	姓名	任职起止时间 /（年 . 月）
宁波市水利投资开发有限公司	董事长	张金荣（兼）	1996.3—2004.12
	董事长、总经理	王文成	2004.12—2005.12
	董事、总经理	戴持丰	1996.12—2002.12
	总经理	王文成	2002.12—2004.12
	董事	翁良钧（兼）	1996.3—2002.12
	副总经理	严文武	2001.10—2002.12
	副总经理	郑逸群	1997.7—2006.6
	副总经理	杜守海	1998.1—2006.6

续表

机构名称	职务	姓名	任职起止时间 /（年 . 月）
宁波原水集团有限公司	党委书记、董事长	王文成	2005.12—2020.6
	总经理	王文成	2005.12—2008.1.
	党委副书记、总经理	张松达	2008.1—2014.8
	党委副书记、总经理	卢林全	2014.8—2020.5
	委员、常务副总经理	董敏	2015.10—2017.12
	委员、副总经理	胡世伟	2008.6—2020.6
	委员、副总经理	俞宁	2008.6—2020.6
	党委委员	徐仁权	2008.8—2020.6

14. 市人民政府防汛防旱指挥部办公室

1990年7月，市委编办（甬编办字〔1990〕35号）同意建立宁波市防汛抗旱指挥部常设办公室，并配备专职人员编制，作为市水利局下属全民事业单位，核定人员编制4人；1996年4月，市政府（甬政办发〔1996〕54号）撤销宁波市防汛抗旱指挥部办公室，设立市水利局防汛抗旱处，把防汛抗旱管理职能纳入行政序列。2002年1月，市政府（甬政办发〔2002〕25号）撤销防汛抗旱处，重新设立宁波市人民政府防汛防旱指挥部办公室（设在市水利局内），机构属事业性质，核定人员编制8名，人员依照国家公务员制度进行管理。2007年6月，市政府防汛防旱指挥部办公室调整为市水利局内设的正处级机构（甬编〔2007〕8号），原核定8名事业编制予以核销。2019年3月，市人民政府防汛防旱办公室管理职责划转至市应急管理局，市水利局内设的市人民政府防汛防旱指挥部办公室予以撤销。（历任负责人已归入机关内设机构名录）。

15. 宁波市姚江大闸管理处

1983年11月，宁波地区姚江大闸管理处更名为宁波市姚江大闸管理处。1987年2月，经市编委（宁编字〔1987〕12号）核准，定编管理人员为11名。1988年10月，建立宁波市姚江大闸管理处党支部。1995年8月，经市人事局（甬人计〔1995〕7号）核准，执行事业单位管理人员工资套改三级职员一档工资标准（相当于行政副处级）。

2005年7月，根据市编委（甬编〔2005〕49号）批复意见，组建宁波市三江河道管理局。宁波市姚江大闸管理处并入新组建的宁波市三江河道管理局。

党支部书记、主任：金立方（2000.7—2005.8）。

16. 宁波市甬江奉化江余姚江河道管理所

宁波市奉化江水利管理站建于1989年4月，为市水利局所属全民事业单位，定编3名。1990年2月，经市编委（甬编办字〔1990〕2号）、（甬编字〔1990〕5号）批复同意，在宁波市奉化江水利管理站内设立奉化江水上派出所（事业性质），实行“两块牌子一套班子”模式；水上派出所定编7人，享受经济民警待遇；机构隶属市水利局领导，公安业务归市公安局指导；经费在市水利局农田水利事业费中调剂解决。1990年7月，经市编委（甬编办字〔1990〕10号）批复同意，市奉化江水利管理站增挂“宁波市姚江水利管理站”，编制不增。1993年4月，经市水利局党组（甬水党

〔1993〕4号）批复同意，建立宁波市奉化江水利管理站党支部。1997年7月，市编委（甬编办事〔1997〕21号）批复同意，宁波市奉化江水利管理站更名为宁波市甬江奉化江余姚江河道管理所，同时撤销宁波市姚江水利管理站。1998年，因行业公安队伍清理，奉化江水上派出所自然撤销。

2005年7月，经市编委（甬编〔2005〕49号）批复同意，组建宁波市三江河道管理局。宁波市甬江奉化江余姚江管理所并入新组建的宁波市三江河道管理局。

党支部书记、所长：吕武君（2000.7—2001.11）。

所长：党宏林（2004.5—2005.8，其中2001.11—2004.5主持工作）。

17. 宁波市亭下水库灌区管理处

宁波市亭下水库灌区管理处建于1984年8月，为全民性质事业单位，隶属宁波市水利局领导，经济独立；人员工资和其他管理费用，由灌区上交水费和开展多种经营等途径解决；管理处和10个管理站（集体性质）的管理人员，拟配备35名，管理处人员由市里负责调配，管理站人员由各县负责。

1987年2月，市编委（宁编字〔1987〕12号）文件通知，核定市亭下水库灌区管理处事业编制15名（不含东江站）。

1994年7月，经市水利局党组（甬水党〔1994〕6号）批复同意，宁波市亭下水库灌区管理处建立党支部。

2005年7月，经市编委（甬编〔2005〕49号）批复同意，组建宁波市三江河道管理局。宁波市亭下水库灌区管理处并入新组建的宁波市三江河道管理局。

党支部书记、主任：蒋绍义（1994.7—2005.8）。

18. 宁波市水利综合经营管理站

宁波市水利综合经营管理站成立于1991年4月，是市水利局所属全民事业单位（相当于副处级），核定编制3名，经费预算形式为自收自支。费惠铭历任副站长、站长。2002年4月，宁波市水利综合经营管理站被撤销，人员并入宁波市机电排灌站。详细史料前《宁波市水利志》已有记载，本节略表。

19. 宁波市江北翻水站

2001年4月，市编委（甬编办事〔2001〕15号）批复同意，建立宁波市江北翻水站；为市水利局所属全民事业单位，核定人员编制5名；经费预算形式为自收自支。

2002年4月，经市编委（甬编办事〔2002〕10号）文件批准，确定宁波市江北翻水站机构级别相当于行政正科级。

2005年7月，经市编委（甬编〔2005〕49号）批复同意，组建宁波市三江河道管理局。宁波市江北翻水站并入新组建的宁波市三江河道管理局。

三、党群组织机构

（一）机关党组织

1988年10月，经中共宁波市市级机关委员会（市机〔1988〕81号）批复同意，建立中共宁波市水利局机关总支委员会，具体负责局机关党的工作并领导机关党支部和直属单位党支部。1997年8月，中共宁波市市级机关委员会（市机党组〔1997〕10号）撤销中共宁波市水利局机关总支委员会。市水利局机关支部和直属单位党支部由市水利局党委直接领导。2003年5月，中共宁波市直属机关工作委员会以市机党组〔2003〕41号文批复同意，重新建立中共宁波市水利局机关总支部委员会。下属2个支部即机关支部与离退休支部。

2011年9月，根据中共宁波市直属机关工作委员会《关于同意成立中共宁波市水利局机关委员会及机关纪律检查委员会的批复》（市机党组〔2011〕54号），撤销中共宁波市水利局机关总支部委员会，成立中共宁波市水利局机关委员会及机关纪律检查委员会。

2011年11月，市水利局机关党委经批准成立4个下属党支部，即机关一支部，由办公室和水政水资源处的党员组成；机关二支部，由组织人事处和计财处的党员组成；机关三支部，由市防指办、局建管处和驻局纪检组3个部门的党员组成；机关离退休党支部，由局机关离退休党员组成。

2014年10月，经中共宁波市直属机关工作委员会同意，宁波市水利局机关党委更名为宁波市水利局直属机关党委。

2019年5月，经批准，市水利局直属机关党委（甬水机党〔2019〕13号）决定成立中共宁波市水利局机关第四支部委员会，机关四支部由水资源处和排水处的党员组成。

截至2020年9月，局机关共有5个支部，即机关一支部、机关二支部、机关三支部、机关四支部和离退休支部。

2003—2020年宁波市水利局机关党总支、党委、纪委及直属机关党委、纪委历届负责人名录见表14-15。

表14-15　2003—2020年宁波市水利局机关党总支、党委、纪委及直属机关党委、纪委历届负责人名录

职务	机关党总支		机关党委（2011.10—2014.10）	直属机关党委	
	（2003.5—2008.11）	（2008.11—2011.10）		第一届（2014.10—2018.5）	第二届（2018.5—）
书记	张金荣	倪勇康	薛　琨	薛　琨	薛　琨
副书记	叶荣斌	叶荣斌	蔡国民（2011.10—2014.5） 张永石（专职）	竺灵英（2014.12—） 张永石（专职）（2010.9—2018.1） 李旺欣（专职）2017.11—2018.5）	竺灵英 李旺欣（专职）

（二）机关工会组织

1989年7月，经宁波市总工会机关工作委员会批准，宁波市水利局成立机关工会组织（市水利〔1989〕93号），选举产生第一届机关工会班子。1989—2018年，市水利局机关工会共选举产生7届机关工会委员会，直属事业单位也相应建立基层工会组织。截至2020年6月，市水利局机关工会和直属单位工会共有421名会员。2001—2020年宁波市水利局机关工会历届负责人名录见表14-16。

表 14–16　2001—2020 年宁波市水利局机关工会历届负责人名录

届别	职务	姓名	任职起止时间 /（年 . 月）
第三届	主席	朱鸿瑞	1998.10—2003.6
第四届	主席	叶立光	2003.6—2006.8
	副主席	金慧敏	
第五届	主席	叶立光	2006.8—2011.12
	副主席	张永石	
第六届	主席	薛　琨	2011.12—2018.7
	副主席	张永石	
第七届	主席	薛　琨	2018.7—
	副主席	李旺欣	

（三）共青团组织

1996 年 7 月，根据共青团宁波市委《关于同意成立共青团宁波市水利局总支部委员会及其组成人员的批复》（团市机〔1996〕18 号），宁波市水利局成立共青团宁波市水利局总支部委员会。2001—2008 年共青团宁波市水利局总支部负责人名录见表 14–17。

表 14–17　2001—2008 年共青团宁波市水利局总支部负责人名录

书记	副书记	任职起止时间 /（年 . 月）
王　芬	史俊伟	2000.2—2003.5
史俊伟	—	2003.5—2004.9
孙春奇	—	2004.9—2008.12

2008 年 9 月，经共青团宁波市直属机关工作委员会批复同意（甬机团〔2008〕6 号），撤销共青团宁波市水利局总支委员会，成立共青团宁波市水利局委员会。2008—2017 年，共青团宁波市水利局委员会共召开 4 次代表大会，并选举产生一至四届团委班子。2008—2020 年宁波市水利局团委历届负责人名录见表 14–18。

表 14–18　2008—2020 年宁波市水利局团委历届负责人名录

界别	书记	副书记	任职起止时间 /（年 . 月）
第一届	孙春奇	王　攀	2008.12—2011.1
第二届	王　攀	周科陶	2011.1—2014.1
第三届	周科陶	胡　玮	2014.1—2017.3
第四届	胡　玮	任柯锜	2017.3—

第二节　区（县、市）水利机构

1983年宁波地、市合并之前，宁波市设有海曙区、镇明区、江东区、江北区和市郊区5个市辖区。1983年5月，宁波地、市合并后，实行市领导县体制，原宁波地区所辖的鄞县、慈溪、余姚、奉化、镇海、宁海、象山7个县划归宁波市管辖。之后数十年，宁波市行政区划变化比较频繁。1984年，海曙、镇明2个区合并组成新的海曙区；市郊区和江北区合并组成新的江北区。1985年，镇海撤销县建制后纳入宁波市区，并以甬江为界分设镇海区和滨海区（后更名为北仑区）；余姚撤销县建制，设立县级市。1988年，慈溪撤县设市（县级）；奉化撤县设市（县级市）。截至2000年，宁波市共管辖11个区（县、市），分别为：海曙、江东、江北、北仑、镇海5个市辖区；余姚、慈溪、奉化3个县级市；鄞县、宁海、象山3个县。其中，北仑、余姚、慈溪、奉化、鄞县、宁海、象山7个区（县、市）设有水利局；江北、镇海2个区设有农林水利局或农业局（挂水利局牌子）；海曙、江东2个区则由综合经济部门或农业经济部门承担水行政管理职能。2000年以后，宁波各区（县、市）水利机构改革有序推进，但主要还是以机构内部职能调整为主。2019年，按照中央和省市委关于深化政府机关机构改革的要求，宁波市各区（县、市）水利机构体制发生比较大的变化。鄞州区、奉化区、余姚市、慈溪市、宁海县4个区（县、市），均保留水利局机构设置不变；象山县不再保留县水利局建制，新组建象山县水利和渔业局；海曙、江北、北仑撤销原水利机构，将水行政职能并入区农业农村局；镇海区农业局更名为镇海区农业农村局。有关水行政职能职责按照各区机构改革方案重新作配置。

海曙区水利机构　20世纪80年代，海曙区管辖范围为城区，郊区隶属于宁波市人民政府郊区办事处，水行政管理职能由郊区办事处下设水利科承担。1984年3月，海曙镇明两区（加上部分郊区区域）合并，组建新的海曙区，水行政职能由海曙区经济发展局承担。2016年9月，经国务院批准，宁波市市辖区部分行政区划进行较大调整。原由鄞州区管辖的奉化江以西区域水利职能成建制划归海曙区管理。同年12月，海曙区经济和信息化局挂牌的海曙区农业局调整为单独设置，并更名为海曙区农林水利局。2018年12月，根据《宁波市海曙区机构改革方案》（海党〔2018〕51号），撤销宁波市海曙区农林水利局；组建宁波市海曙区农业农村局，挂“宁波市海曙区水利局”牌子。区农业农村局内设水利建设管理科，负责日常工作。

办公地址：宁波市海曙区石碶街道雅戈尔大道1号。

江北区水利机构　20世纪80年代之前，江北区管辖范围为城区，郊区隶属于宁波市人民政府郊区办事处，水行政管理职能由郊区办事处下设水利科承担。1984年2月，市郊区（大部分区域）和江北区合并，组建新的江北区，水行政职能由江北区农林水利局承担。农林局内设水利科，负责日常工作。2019年3月，根据市委、市政府批复的《宁波市江北区机构改革方案》，撤销江北区农林水利局（江北区委农办）；设立江北区农业农村局，挂“宁波市江北区水利局”牌子。区农业农村局内设水利科负责日常工作。

办公地址：宁波市江北区新马路 61 弄 10 号楼。

镇海区水利机构　新中国成立初期，镇海水利职能职责先后由县政府实业科、建设科、农林科和县水利委员会（群众性组织）负责实施。1955 年 5 月，县政府决定成立镇海县农林水利局，下设水政股，具体负责全县水利工作。1956 年 4 月，镇海县首次建立县水利局。之后因镇海县建制更迭与县域变化频繁，水利机构经历多次更名或撤并。1981 年 9 月，镇海县恢复县水利局建制。1985 年 10 月，经国务院批准，镇海撤县设区，建立宁波市镇海区。1986 年 5 月，原镇海县水利局正式更名为镇海区水利局。1996 年 5 月，镇海区政府决定将区农经委和农林、水利、水产局合并，组建宁波市镇海区农业局。区农业局内设水利科，并按照镇海区水利建设的需要建立或调整相应的下属水利分支机构。2002 年 5 月，根据镇海区政府（镇政办发〔2002〕62 号）文件规定，镇海区农业局挂“宁波市镇海区水利局”牌子。2019 年 3 月，根据镇海区委、区政府联合印发的《宁波市镇海区农业农村局职能配置、内设机构和人员编制规定》（镇区委办〔2019〕62 号），宁波市镇海区农业局更名为宁波市镇海区农业农村局，挂“宁波市镇海区水利局”牌子。区农业农村局内设水利科负责日常工作。

办公地址：宁波市镇海区城关胜利路 91 号，2015 年迁至宁波市镇海区骆驼街道民和路 569 号 D 楼。

北仑区水利机构　宁波市北仑区前身是滨海区，与镇海区一样，原属于镇海县。1985 年 10 月，镇海撤销县建制后，并入宁波市区，并以甬江为界分设 2 个市辖区，甬江以北为镇海区，甬江以南为滨海区。1986 年 4 月 30 日，宁波市滨海区政府批准建立滨海区水利局。1987 年 7 月 16 日，宁波市滨海区更名为北仑区，滨海区水利局遂更名为北仑区水利局。之后数十年，北仑区水利局机构设置不断完善。至 2018 年年底，设有综合科、水利工程科、水政水资源科（挂行政审批科牌子）和财务科（挂会计核算分中心牌子）4 个职能科室。2019 年 2 月，根据北仑区委、区政府印发的《宁波市北仑区机构改革方案》（仑委〔2019〕1 号），组建北仑区农业农村局。挂“北仑区水利局”牌子。区农业农村局（水利局）内设渔业渔政与水资源管理科、建设管理科等水利相关科室负责日常工作。

办公地址：2005 年 9 月，由北仑区新碶中河路 27 号（中河路原 7 号）搬迁至新碶长江路 1166 号北仑行政大楼。

鄞州区水利机构（含原江东区）　鄞县人民政府最早设立的水利机构是鄞县农林水利局，成立于 1955 年 9 月。1956 年 8 月，正式建立鄞县水利局。之后几十年，机构几经撤并或更名，于 1984 年 7 月重设鄞县水利局。2002 年 4 月，经国务院批准，鄞县“撤县设区”，设立宁波市鄞州区。鄞县水利局随之变更为宁波市鄞州区水利局。2016 年 9 月，经国务院批准，原江东区管辖的行政区域划归鄞州区管辖；原鄞州区管辖的集士港镇等奉化江以西区域划归宁波市海曙区管辖。随着区域调整，原属江东区管理的水利职能、职责整体划归鄞州区水利部门负责管理；原鄞州区 8 个镇乡、1 个街道的水利职能职责划归海曙区水利部门负责管理。2019 年 3 月，鄞州区委、区政府（鄞党办〔2019〕53 号）对区水利局的职能职责进行重大调整。根据职能调整情况，鄞州区水利局内设办公室、计划财务科、工程建设管理科和行政许可科（挂水政水资源科牌子）4个职能科室；行政编制11名；设局长1名，副局长3名，总工程师1名；正科领导职数4名。

1978年9月，江东区被确定为宁波市辖区一级政权建制后，一直未设立专门水利机构。辖区内的水利职能职责先后由区农村经济发展局、区经济和信息化局等部门承担。2016年9月，江东区撤销，原由江东区管辖的行政区域整体划归宁波市鄞州区管辖。

办公地址：鄞州区水利局原址在宁波市江东区甬港北路，2005年12月迁至鄞州区新城区惠风东路55号。

奉化区水利机构 1955年5月，奉化县成立农林水利局。之后几经撤并或更名，于1984年2月正式设立奉化县水利局。1988年10月，经国务院批准，奉化撤县设市（县级市），奉化县水利局相应改称为奉化市水利局。2016年9月，经国务院批准，撤销县级奉化市，设立宁波市奉化区，原县级奉化市的行政区域为奉化区的行政区域。奉化市水利局更名为奉化区水利局。2019年3月，奉化区委、区政府（奉党办〔2019〕58号）对奉化区水利局职能职责进行重大调整。根据调整情况，奉化区水利局内设办公室、规划计划科、水资源管理科（挂水土保持科、行政审批科牌子）、建设与安全监督科和水旱灾害防御科5个职能科室；行政编制11名；局领导职数5名，设局长1名，副局长3名，总工程师1名；科级领导职数6名，其中正科级5名，副科级1名。

办公地址：宁波市奉化区岳林街道中山东路1130号。

余姚市水利机构 1955年10月，余姚县政府正式成立县农林水利局。之后几经撤并或更名，1984年2月设立余姚县水利局。1985年7月，经国务院批准余姚撤县设市（县级）。同年10月，余姚县水利局更名为余姚市水利局，对外增挂余姚市水产局牌子。2002年3月，经余姚市政府（余政办发〔2002〕35号）批准，余姚市水利局除履行水行政主管部门的职责，不再保留水产局牌子，原承担的渔业行业管理职能划归余姚市农林局。2019年1月，根据余姚市深化机构改革领导小组办公室（余机改函〔2019〕24号）意见，并经余姚市委、市政府（余党办〔2019〕45号）批准，余姚市水利局职能、职责进行重大调整。根据职能调整情况，余姚市水利局内设办公室（组织人事科）、水政水资源科（市节约用水办公室）、水旱灾害防御科、工程建设管理科和财务管理科5个职能科室；行政编制14名；设局长1名，副局长2名，总工程师1名；中层干部职数8名，其中中层正职5名、中层职职3名。

办公地址：原址在余姚市长城路18号，2009年迁至余姚市南雷南路315号。

慈溪市水利机构 慈溪县农林水利局成立于1955年。之后几经撤并，1973年设立慈溪县水利局。1988年10月，经国务院批准，慈溪撤县设市（县级）。慈溪县水利局随之更名为慈溪市水利局。2019年3月，根据慈溪市深化机构改革领导小组办公室（慈机改办〔2019〕29号）的意见，并经慈溪市委、市政府（慈党办〔2019〕38号）批准，慈溪市水利局职能职责进行重大调整。根据职能调整，慈溪市水利局内设科室从6个调整为5个，即办公室、规划财务科、水资源管理科（挂行政审批科牌子）、建设管理科、河道管理科；核定行政编制16名，局长1名，副局长3名，总工程师1名；股（科）级领导职数6名，其中正科长级5名、副科长级1名。

办公地址：慈溪市水利局原地址在浒山镇南二环线148号，2002年1月搬迁至慈溪市新城大道南路 200 号海星大厦，2018 年 9 月迁至慈溪市新城大道北路 1777 号。

宁海县水利机构　1949 年新中国成立初期，宁海县水利管理职能职责由县人民政府实业科、建设科负责。1956 年 12 月，经宁波专员公署批准，设立宁海县水利局。之后历经象山、宁海两县合并及“文化大革命”等特殊历史时期，水利机构几经撤并或更名。1984 年 3 月，恢复宁海县水利局建制。2019 年 3 月，根据宁海县深化机构改革领导小组办公室（宁机改办函〔2019〕25 号）的意见，并经宁海县政府（办发〔2019〕28 号）批准，宁海县水利局内设办公室（财务审计科）、水政水资源科（行政审批科）、工程建设管理科（水旱灾害防御科）3 个科室；行政编制 8 名，设局长 1 名，副局长 3 名，总工程师 1 名，中层职数 3 名。

办公地址：宁海县跃龙街道气象路北路 358 号。

象山县水利机构　象山县农林水利局成立于 1955 年 5 月。次年 9 月，单独成立象山县水利局。后经历象山、宁海两县合并及“文化大革命”等特殊历史时期，水利机构几经撤并。1984 年 2 月，恢复象山县水利局建制。2018 年 12 月，根据象山县委、县政府关于《象山县机构改革方案》（县委发〔2018〕30 号），象山县水利局的职责和象山县海洋与渔业局的渔业相关职责进行整合，组建新的县水利和渔业局，内设办公室、政策法规科、建设科、财务科、渔业产业科、安全监督管理科、水旱灾害防御科和渔业应急处置科 8 个科室。行政编制 18 名。设局长 1 名，副局长 4 名，总工程师 1 名；中层职数 11 名，其中正科（股）级 8 名、副科（股）级 3 名。

办公地址：原址在象山县丹西街道象山港路 429 号，2019 年迁至象山县丹东街道丹河东路 878 号。

2000—2020 年各区（县、市）水利（职能）机构历任主要负责人名录见表 14-19。

表 14-19　2000—2020 年各区（县、市）水利（职能）机构历任主要负责人名录

区域	机构名称	职　务	姓　名	任职起止时间 /（年 . 月）	备注
海曙区	海曙区经济发展局	党组书记、局长	胡善良	2000.1—2002.4	
		党组书记、局长	郑安源	2002.4—2004.6	
		党组书记、局长	周宏汉	2004.6—2011.7	
	海曙区经济和信息化局	党组书记、局长	周宏汉	2011.7—2011.10	
		党组书记、局长	吴汉元	2011.10—2016.12	
	海曙区农林水利局	党组书记	张春波	2016.12—2017.10	
		党组副书记、局长	吴永华	2016.12—2017.10	
		党组（党委）书记、局长	吴永华	2017.10—2018.12	2018 年 6 月为党委书记
	海曙区农业农村局（海曙区水利局）	党委书记、局长	吴永华	2018.12—	
江北区	江北区农业局	党委书记、局长	罗海耀	2000.1—2002.1	
	江北区农林水利局	党委书记、局长	朱权君	2002.2—2002.11	
		党委书记、局长	应樵曙	2002.11—2005.6	

续表

区域	机构名称	职　务	姓　名	任职起止时间 /（年 . 月）	备注
江北区	江北区农林水利局	党委书记、局长	郭利平	2005.6—2011.12	
		党委书记、局长	张云	2011.12—2017.3	
		党委书记、局长	孔宇	2017.3—2019.3	
	江北区农业农村局（江北区水利局）	党委书记、局长、农办主任	孔宇	2019.3—	
镇海区	镇海区农业局（镇海区水利局）	党委书记、局长	戴松茂	2000.1—2001.4	
		党委书记	戴松茂	2001.4—2002.1	
		党委副书记、局长	罗思维	2001.4—2002.1	
		党委书记、局长	罗思维	2002.1—2002.11	
		党委书记、局长	陈利华	2002.11—2011.2	
		党委书记、局长	洪裕军	2011.2—2011.11	
		党委书记、局长	陈恺	2011.11—2013.12	党委书记任期止于 2013 年 8 月
		党委书记、局长	周国伟	2013.12—2019.1	党委书记任期始于 2013 年 8 月
	镇海区农业农村局（镇海区水利局）	党委书记、局长	周国伟	2019.1—	
北仑区	北仑区水利局	党委书记、局长	刘云康	2000.1—2009.10	
		党委副书记、局长	刘云康	2009.10—2010.8	
		党委书记、局长	倪宝忠	2009.10—2013.10	局长任职 2010 年 10 月开始
		党委书记、局长	梅旭龙	2013.10—2018.12	
	北仑区农业农村局（北仑区水利局）	党委书记、局长	张永广	2019.1—	
鄞州区	鄞州区（鄞县）水利局	党委书记	钱宝贵	1993.11—2002.1	
		党委副书记、局长	李成科	1999.8—2002.1	
鄞州区	鄞州区（鄞县）水利局	党委书记、局长	李成科	2002.1—2006.6	
		局长	李成科	2006.6—2008.12	
		党委书记	郑新祥	2006.6—2008.12	
		党委书记、局长	王　煦	2008.12—2013.8	
		党委书记、局长	谢赛定	2013.8—2016.12	
		党委书记、局长	郑贤斌	2016.12—2019.7	
		党委书记、局长	蒋晓东	2019.7—	
奉化区	奉化区（奉化市）水利局	党委书记、局长	徐茂棠	1998.12—2002.1	
		党委书记、局长	韩仁建	2002.1—2006.12	

续表

区域	机构名称	职　务	姓　名	任职起止时间 /（年 . 月）	备注
奉化区	奉化区（奉化市）水利局	党委书记、局长	戴时鑫	2006.12—2015.11	
		党委书记、局长	杨伟军	2015.11—	
余姚市	余姚市水利局	党委书记、局长	谢永林	1997.2—2001.1	
		党委书记、局长	王祥林	2001.1—2006.12	2006 年 6 月免去书记
		党委书记、副局长	杨文祥	2006.6—2006.12	
		党委书记、局长	杨文祥	2006.12—2011.8	
		局长	姚俊杰	2011.8—2019.1	
		党委书记、副局长	孙文氢	2011.8—2015.7	
		党委书记、副局长	朱　刚	2015.7—2017.1	
		党委书记	毛柏生	2017.1—2018.8	
		党委书记	史勇军	2018.8—2019.1	
		党委书记、局长	史勇军	2019.1—	
慈溪市	慈溪市水利局	党委书记、局长	毛加强	1996.8—2001.3	
		党委书记、局长	施森章	2001.3—2004.11	
		党委书记、局长	边福春	2004.11—2009.12	
		党委书记、局长	余银国	2009.12—2012.2	
		党委书记、局长	方柏令	2012.2—2019.11	
		党委书记、局长	鲁小明	2019.11—	
宁海县	宁海县水利局	党委书记、局长	王文成	2000.1—2001.9	
		党委书记、局长	骆再松	2001.9—2009.1	
		党委书记、局长	陈英高	2009.1—2011.8	
		党委书记、局长	丁智豪	2011.8—2014.1	
		党委书记、局长	郑仕忠	2014.5—2016.7	
		党委书记、局长	黄建福	2016.7—2018.8	
		党委书记、局长	王　巍	2018.8—	
象山县	象山县水利局	党委书记、局长	周国存	1998.4—2006.12	
		党委书记、局长	叶永兆	2006.12—2014.9	2007 年 3 月任党委书记
		党委书记、局长	吴志辉	2014.9—2016.11	
		党委书记、局长	张洪成	2016.11—2019.1	
	象山县水利和渔业局	党组书记、局长	张洪成	2019.1—	

第三节　文明创建与先进模范

一、文明创建工作

2000年以后，全市水利系统坚持“两手抓、两手硬”的战略方针，各级水利部门（单位）积极参加各项文明创建活动，大力推动行业精神文明建设，创建工作取得丰硕成果。

2001—2020年，全市水利系统共有4个单位被命名为“全国文明单位”、5个单位命名为“全国水利系统文明单位”、7个单位命名为“浙江省文明单位”、16个单位共27次命名为“宁波市文明单位”；宁波市水利局先后6次获“宁波市市级文明机关”，还有一批单位获得全国水利建设工程文明工地、全国水利系统基层单位文明创建案例、宁波市文明创建示范点等荣誉，受到表彰和奖励。

全国文明单位　始于2005年，由中央精神文明建设指导委员会授予。2015年2月宁波市原水集团有限公司被授予“第四届全国文明单位”称号；2017年11月宁波市供排水集团有限公司、宁波市白溪水库管理局被授予“第五届全国文明单位”称号。

全国水利系统文明单位　始于1997年，由水利部精神文明建设指导委员会授予，实行届期制和复审制（每两年评选表彰一次，每三年复审一次）。2000年7月宁波市白溪水库建设指挥部被授予“1998—1999年度全国水利系统文明单位”称号；2006年12月慈溪市水利局被授予“2004—2005年度全国水利系统文明单位”称号；宁波市白溪水库管理局（前身为宁波市白溪水库建设指挥部）经更名复审，继续保留全国水利系统文明单位称号；2008年7月宁波市水利局被授予“2006—2007年度全国水利系统文明单位”称号；2015年4月宁海县水文站被水利部文明委授予“第七届全国水利系统文明单位”称号；2017年12月宁波市周公宅水库管理局被授予“第八届全国水利系统文明单位”。经过历次复评复审，宁波市白溪水库管理局（站）、宁海县水文站、宁波市周公宅水库管理局（站）至今仍保留全国水利系统文明单位称号。

浙江省文明单位　始于1994年，由省委、省政府授予。2000年后省文明委颁布《浙江省文明单位建设管理办法》《浙江省文明单位创建管理办法》等，进一步规范全省文明单位创建工作。2011年1月，宁波原水集团有限公司、宁波市自来水有限公司、慈溪市水利局被授予“浙江省文明单位”称号：2012年1月，宁波市白溪水库管理局、奉化市亭下水库管理局被授予“浙江省文明单位”称号。经省文明委复评确认，宁波原水集团有限公司、宁波市自来水有限公司、慈溪市水利局继续保留“浙江省文明单位”称号。2013年1月和2015年1月，省文明委经过2次复评，确认宁波市白溪水库管理局继续保留浙江省文明单位称号。2018年1月，宁波市周公宅水库管理局、宁波市皎口水库管理局被授予“浙江省文明单位”称号。

宁波市文明单位　1988年至2020年7月共评选出16批市级文明单位。2000年以后，全市水利系统共有21家单位31次被评为宁波市文明单位。其中，有8家单位共20次通过复评确认，继续保留宁波市文明单位称号。2020 年 3 月，经宁波市精神文明建设指导委员会复评确认，象山县水利和渔业局（原象山县水利局）、宁海县西溪（黄坛）水库管理站（局）、鄞州区三溪浦水库管理所（处）、宁波市河道管理中心（原三江河道管理局）等 4 家单位继续保留宁波市文明单位称号。

全国水利建设工程文明工地　始于 1998 年，由水利部建设司、人事劳动司、文明委办公室组织评选。2003 年 7 月以后，宁波市组织开展文明工地评选活动，2005 年 6 月鄞州区溪下水库工程获评"2004 年度全国水利建设工程文明工地"；2007 年 7 月宁波市周公宅水库工程获评"2006 年度全国水利建设工程文明工地"；2018 年 6 月，浙江钦寸水库工程、慈溪市城区潮塘江排涝工程分别获评"2015—2016 年度全国水利建设工程文明工地"。

宁波市级文明机关　始于 1994 年，1997 年开展首轮文明机关评选。2006 年 4 月至 2007 年 4 月，宁波市水利局先后制订《关于开展第五轮文明机关创建活动的实施意见》和《宁波市水利局关于创建市级文明机关工作的意见》。2007—2020 年，宁波市水利局共 6 次被授予"宁波市市级文明机关"称号。2000—2020 年度宁波市水利系统荣获文明单位（机关、工地）荣誉一览见表 14-20。

表 14-20　2000—2020 年度宁波市水利系统荣获文明单位（机关、工地）荣誉一览

序号	单位	授予单位	称号	授予时间 /（年 . 月）
全国文明单位				
1	宁波原水集团有限公司	中央精神文明建设指导委员会	第四届全国文明单位	2015.2
2	宁波市供排水集团有限公司	中央精神文明建设指导委员会	第五届全国文明单位	2017.12
3	宁波市白溪水库管理局	中央精神文明建设指导委员会	第五届全国文明单位	2017.12
4	宁波市水库管理中心	中央精神文明建设指导委员会	第六届全国文明单位（复评）	2020.12
全国水利系统文明单位				
1	宁波市白溪水库建设指挥部	水利部	1998—1999 年度全国水利系统文明单位	2000.7
2	宁波市白溪水库管理局	水利部	全国水利系统文明单位（单位更名后确认）	2006.12
3	慈溪市水利局	水利部	2004—2005 年度全国水利文明单位	2006.12
4	宁波市水利局	水利部精神文明建设指导委员会	2006—2007 年度全国水利文明单位	2008.7
5	宁波市白溪水库管理局（原获得荣誉单位为白溪水库建设指挥部）	水利部精神文明建设指导委员会	全国水利文明单位（对前五届重新确认）	2009.1
6	慈溪市水利局	水利部精神文明建设指导委员会	全国水利文明单位（对前五届重新确认）	2009.1

续表

序号	单位	授予单位	称号	授予时间/（年.月）
7	宁海县水文站	水利部精神文明建设指导委员会	第七届全国水利文明单位	2015.4
8	宁波市周公宅水库管理局	水利部精神文明建设指导委员会	第八届全国水利文明单位	2017.12
全国水利建设工程文明工地				
1	鄞州区溪下水库工程	水利部精神文明建设指导委员会	2004年度全国水利建设工程文明工地	2005.6
2	宁波市周公宅水库工程	水利部精神文明建设指导委员会	2006年度全国水利建设工程文明工地	2007.7
3	浙江钦寸水库工程	水利部精神文明建设指导委员会	2015—2016年度全国水利建设工程文明工地	2018.6
4	慈溪市城区潮塘江排涝工程	水利部精神文明建设指导委员会	2015—2016年度全国水利建设工程文明工地	2018.6
浙江省文明单位				
1	宁波原水集团有限公司	省委、省政府	浙江省文明单位	2011.1
2	慈溪市水利局	省委、省政府	浙江省文明单位	2011.1
3	宁波市自来水总公司	省委、省政府	浙江省文明单位	2011.1
4	奉化市亭下水库管理局	省委、省政府	浙江省文明单位	2012.1
5	宁波市白溪水库管理局	省委、省政府	浙江省文明单位	2012.1
6	宁波市周公宅水库管理局	省委、省政府	浙江省文明单位	2018.1
7	宁波市皎口水库管理局	省委、省政府	浙江省文明单位	2018.1
宁波市文明单位				
1	宁波市白溪水库建设指挥部（宁波市白溪水库建设发展有限公司）	宁波市委、市政府	第六批市级文明单位	2000.2
2	慈溪市水利局	宁波市委、市政府	宁波市第七批市级文明单位	2001.1
3	宁波市自来水总公司	宁波市委、市政府	第七批市级文明单位	2001.1
4	慈溪市水利局	宁波市委、市政府	宁波市第八批市级文明单位	2003.11
5	宁波市白溪水库建设发展有限公司	宁波市委、市政府	宁波市第八批市级文明单位	2003.11
6	宁波市自来水总公司	宁波市委、市政府	第八批市级文明单位	2003.11
7	宁波市白溪水库管理局	宁波市委、市政府	宁波市第九批市级文明单位	2006.1
8	慈溪市水利局	宁波市委、市政府	宁波市第九批市级文明单位	2006.1
9	奉化市机电排灌站	宁波市委、市政府	宁波市第九批市级文明单位	2006.1
10	宁波市白溪水库管理局	宁波市委、市政府	宁波市第十批市级文明单位	2007.11
11	慈溪市水利局	宁波市委、市政府	宁波市第十批市级文明单位	2007.11
12	宁波市内河管理处	宁波市委、市政府	宁波市第十批市级文明单位	2007.11

续表

序号	单位	授予单位	称号	授予时间 /（年 . 月）
13	宁波原水集团有限公司	宁波市委、市政府	宁波市第十批市级文明单位	2007.11
14	奉化市机电排灌站	宁波市委、市政府	宁波市第十批市级文明单位	2007.11
15	奉化市亭下水库管理局	宁波市委、市政府	宁波市第十一批批市级文明单位	2010.3
16	宁海县西溪（黄坛）水库管理局	宁波市委、市政府	宁波市第十一批批市级文明单位	2010.3
17	宁波市城市排水有限公司	宁波市委、市政府	宁波市第十一批批市级文明单位	2010.3
18	宁波市自来水总公司	宁波市委、市政府	宁波市第十一批批市级文明单位	2010.3
19	鄞州区皎口水库管理局	宁波市委、市政府	宁波市第十二批宁波市文明单位	2012.3
20	象山县水利局	宁波市委、市政府	宁波市第十二批宁波市文明单位	2012.3
21	宁波市水文站	宁波市委、市政府	宁波市第十二批宁波市文明单位	2012.3
22	奉化市横山水库管理局	宁波市委、市政府	宁波市第十二批宁波市文明单位	2012.3
23	宁波市周公宅水库管理局	宁波市委、市政府	第十三批宁波市文明单位	2014.4
24	宁波市城区内河管理处	宁波市委、市政府	第十三批宁波市文明单位	2014.4
25	宁波市三江河道管理局	宁波市委、市政府	第十四批宁波市文明单位	2015.12
26	鄞州区三溪浦水库管理处	宁波市委、市政府	2016—2017 年度宁波市文明单位（第十五批）	2018.3
27	宁海县西溪（黄坛）水库管理局	宁波市委、市政府	2016—2017 年度宁波市文明单位	2018.3
28	象山县水利和渔业局（原象山县水利局）	宁波市精神文明建设指导委员会	2018—2019 年度宁波市文明单位（复评继续保留）	2020.7
29	宁海县西溪（黄坛）水库管理站（原水库管理局）	宁波市精神文明建设指导委员会	2018—2019 年度宁波市文明单位（复评继续保留）	2020.7
30	鄞州区三溪浦水库管理所（原水库管理处）	宁波市精神文明建设指导委员会	2018—2019 年度宁波市文明单位（复评继续保留）	2020.7
31	宁波市河道管理中心（原三江河道管理局）	宁波市精神文明建设指导委员会	2018—2019 年度宁波市文明单位（复评继续保留）	2020.7
宁波市级文明机关				
1	宁波市水利局	宁波市委、市政府	2005—2006 年度市级文明机关（第五轮）	2007.1
2	宁波市水利局	宁波市委、市政府	2008—2009 年度市级文明机关（第六轮）	2010.2
3	宁波市水利局	宁波市委、市政府	2010—2011 年度市级文明机关（第七轮）	2012.1
4	宁波市水利局	宁波市委、市政府	2014—2015 年度市级文明机关（第九轮）	2015.12
5	宁波市水利局	宁波市委、市政府	2016—2017 年度宁波市文明机关（第十轮）	2018.1
6	宁波市水利局	宁波市委、市政府	2018—2019 年度市级文明机关（第十一轮）	2020.3

二、荣誉、嘉奖

通过争先创优、岗位建功等活动，涌现出一批先进集体和先进个人。截至2020年5月，宁波市水利系统获得市级以上五一劳动奖状等表彰共5次，受到省、部级及以上表彰的先进单位或单项优胜称号32次；共有9人次获省部级劳动模范、先进工作者（含享受同等待遇）表彰，还有一批先进个人获得各级政府及有关部门的表彰与奖励。为推动水利事业全面发展，省政府、市政府组织开展水利大禹杯竞赛活动，一批考核优胜单位受到表彰。2001—2015年宁波市水利系统"五一"劳动奖状、劳动模范集体奖励一览见表14-21。2001—2020年宁波市水利系统获省、部级及以上表彰的先进单位一览见表14-22。2001—2019年宁波市水利系统省部级劳动模范（含享受同等待遇）人员一览见表14-23。2001—2020年宁波市水利系统省、部级及以上表彰的先进个人名录一览见表14-24。

表14-21　2001—2015年宁波市水利系统"五一"劳动奖状、劳动模范集体奖励一览

序号	单位	称号	嘉奖单位	授予时间/（年.月）
1	宁波市白溪水库建设指挥部	全国五一劳动奖状	中华全国总工会	2001.4
2	镇海区围垦局浦泥螺山围垦工程项目部	2001—2003年度宁波市劳动模范集体	宁波市委、市政府	2004.4
3	余姚市机电排灌站	2004—2006年度宁波市劳动模范集体	宁波市委、市政府	2007.4
4	宁波原水集团有限公司	宁波市五一劳动奖状	宁波市总工会	2015.4
5	宁波市白溪水库管理局	宁波市五一劳动奖状	宁波市总工会	2015.4

表14-22　2001—2020年宁波市水利系统获省、部级及以上表彰的先进单位一览

序号	单位	称号	授予单位	授予时间/（年.月）
部级称号				
1	余姚市水利局	全国水土保持生态环境建设示范县	水利部	2001.2
2	宁波市水利水电规划设计院	全国水利系统规划计划先进集体	水利部	2001.2
3	慈溪市水利局	全国水利系统水资源工作先进单位	水利部	2001.11
4	宁海县水利局	全国水土保持监督管理规范化建设先进单位	水利部办公厅	2002.5
5	宁海县	全国"十百千"工程示范县	水利部、财政部	2003.8
6	宁波市水利水电工程质量监督站	全国水利工程质量监督先进集体	水利部办公厅	2004.12
7	宁波市水利局	全国水利系统水资源工作先进集体	水利部	2006.4
8	宁波市水利局	水利档案工作成绩突出单位	水利部办公厅	2007.12
9	慈溪市	2007—2008年度全国农田水利基本建设先进单位	水利部、财政部	2008.12
10	余姚市水利局	全国农村水电及电气化建设先进集体	水利部	2009.5
11	象山县水利局	全国水利建设与管理先进集体	水利部办公厅	2011.5

续表

序号	单位	称号	授予单位	授予时间 /（年 . 月）
12	奉化市水利局	全国水利系统“五五普法”先进集体	水利部	2011.11
13	宁波市水利水电规划设计研究院	全国水利信息化工作先进集体	水利部办公厅	2011.12
14	宁波市三江河道管理局	全国水利工程建设质量管理工作先进集体	水利部办公厅	2012.4
15	余姚市	全国农田水利基本建设先进单位	水利部	2012.11
16	宁波市水利水电规划设计研究院	全国水利系统先进集体	水利部、人社部	2015.1
17	宁波市周公宅水库管理站	全国绿化模范单位	全国绿化委员会	2019.9
18	宁波市周公宅水库管理站	全国水利安全生产标准化一等奖	水利部办公厅	2019.11
19	余姚市	全国第一批深化小型水库管理体制改革样板县	水利部	2020.11
省级称号				
1	宁波市水利局	浙江省千里海塘建设先进集体	省政府	2001.10
2	宁海县政府	浙江省千里海塘建设先进集体	省政府	2001.10
3	宁波市水利局	2002—2003 年度全省抗洪抢险先进集体	省防指、省人事厅、省水利厅	2003.11
4	鄞州区水利局	2002—2003 年度全省抗洪抢险先进集体	省防指、省人事厅、省水利厅	2003.11
5	象山县水利局	2002—2003 年度全省抗洪抢险先进集体	省防指、省人事厅、省水利厅	2003.11
6	宁海县水利局	全省救灾先进集体	省委、省政府	2004.12
7	象山县水利局	全省抗台救灾先进单位	省委、省政府	2005.9
8	奉化市水利建设项目实施办公室	2008 年度省重点工程建设立功竞赛先进集体	省政府	2009.7
9	宁海县下洋涂围垦工程指挥部	2011 年度省重点建设立功竞赛先进集体	省政府	2012.3
10	宁波市白溪水库管理局党总支	浙江省“创优争先”先进基层党组织	省委	2012.6
11	宁波市水利局	2018 年度浙江省“五水共治”工作成绩突出集体	省委、省政府	2019.12
12	宁海县水利局	浙江省防台救灾先进集体	省委组织部、省委宣传部、省防指	2019.12

表 14-23　2001—2019 年宁波市水利系统省部级劳动模范（含享受同等待遇）人员一览

序号	姓名	工作单位	称号	授予单位	授予时间 /（年 . 月）
1	杨祖格	宁波市水利局	千里海塘建设先进个人（一等功）	省政府	2001.10
2	毕诗伟	鄞县水利局	千里海塘建设先进个人（一等功）	省政府	2001.10

续表

序号	姓名	工作单位	称号	授予单位	授予时间 /（年 . 月）
3	奕永庆	余姚市农村水利管理处	浙江省劳动模范	省政府	2004.9
4	王祥林	余姚市水利局	全国水利系统先进工作者	人事部、水利部	2005.12
5	李立国	宁波市防汛防旱指挥部办公室	全国防汛抗旱模范	防总、人事部、解放军总政治部	2007.11
6	吕吉法	宁海县水文站	浙江省劳动模范	省政府	2009.9
7	吕振江	宁波市水利局	全国水利系统先进工作者	人社部、水利部	2010.2
8	吴迎燕	宁波市三江河道管理局	全国防汛抗旱先进个人	防总、人社部、解放军总政治部	2010.12
9	杨成刚	宁波市水资源信息管理中心	全国水利系统先进工作者	人社部、水利部	2019.12

表 14-24　2001—2020 年宁波市水利系统省、部级及以上表彰的先进个人名录一览

序号	姓名	所在单位	称号	授予单位	授予时间 /（年 . 月）
部级称号					
1	郑贤君	宁波市水利局	全国水利系统规划计划先进个人	水利部	2001.2
2	奕永庆	余姚市农村水利管理处	全国节水增产重点县建设先进个人	水利部	2001.8
3	岑长荣	慈溪市水利局	全国水土保持先进个人	水利部	2001.8
4	陈瑞国	鄞县水利局	全国水资源工作先进个人	水利部	2001.11
5	余振美	宁波市水文站	全国水文先进工作者	水利部	2002.3
6	吕吉法	宁海县水文站	授予全国水利技术能手称号	水利部	2002.4
7	毛洪翔	余姚市水利局	全国水政工作先进个人	水利部	2003.1
8	严文武	宁波市水利投资开发有限公司	全国水利建设先进个人	水利部	2003.1
9	叶永能	宁波市水政水资源管理所	全国水土保持先进个人	水利部	2004.2
10	杜柏荣	宁波市水利局	全国水利系统规划计划工作先进个人	水利部	2005.2
11	毛洪翔	余姚市水利局	全国水资源工作先进个人	水利部	2006.4
12	张建勋	宁波市水政水资源管理所	全国水资源工作先进个人	水利部	2006.4
13	张松达	余姚市水利局	全国水利风景区建设与管理工作先进个人	水利部	2006.9
14	蔡国民	宁波市水利局	全国水利系统新闻宣传工作先进个人	水利部	2006.9
15	朱邦贤	宁海县水利局	全国水利建设与管理先进个人	水利部	2006.10
16	丁建荣	宁波市水利局	全国水利系统审计统计先进个人	水利部	2007.11
17	杨　辉	宁波市水文站	全国水利科技工作先进个人	水利部	2008.3
18	杜柏荣	宁波市水利局	全国水利规划计划工作先进个人	水利部	2012.2
19	杨　军	宁波市水利工程质监督站	全国水利工程建设质量管理工作先进个人	水利部	2012.4
20	张　黎	宁波市水利局	全国水利财务工作先进个人	水利部	2012.5
21	郭光海	宁波市白溪水库管理局	授予全国水利技术能手称号	水利部	2012.10

续表

序号	姓名	所在单位	称号	授予单位	授予时间 /（年 . 月）
22	郭光海	宁波市白溪水库管理局	授予全国水利行业首席技师称号	水利部	2016.8
23	吴　兴	宁波市水政监察支队	全国水利系统“六五”普法先进个人	水利部	2016.10
24	单海涛	宁波市三江河道管理局	全国青年岗位能手称号	团中央、人社部	2018.7
25	郑文栋	宁波市周公宅水库	全国水利技术能手称号	水利部	2018.7
省级称号					
1	王硕威	宁波市水利局	千里海塘建设先进个人二等功	省政府	2001.10
2	王高明	宁波市水利水电工程质监站	千里海塘建设先进个人二等功	省政府	2001.10
3	杨惠龙	宁海县水利局	千里海塘建设先进个人二等功	省政府	2001.10
4	亓德顺	奉化市水利局	千里海塘建设先进个人二等功	省政府	2001.10
5	胡永伦	奉化市莼湖水利站	千里海塘建设先进个人三等功	省政府	2001.10
6	竺能良	奉化市莼湖水利站	千里海塘建设先进个人三等功	省政府	2001.10
7	吴会琪	鄞县水利局	千里海塘建设先进个人三等功	省政府	2001.10
8	张松达	余姚市水利局	千里海塘建设先进个人三等功	省政府	2001.10
9	虞国婕	慈溪市水利局	千里海塘建设先进个人三等功	省政府	2001.10
10	朱英福	宁波市水利局	浙江省抗台救灾先进个人	省委、省政府	2004.12
11	李景才	宁波市防汛防旱指挥部办公室	浙江省抗台救灾先进个人	省委、省政府	2004.12
12	陈士俊	鄞州区水利局	浙江省抗台救灾先进个人	省委、省政府	2004.12
13	戚春良	慈溪市水利局	浙江省抗台救灾先进个人	省委、省政府	2004.12
14	韩仁建	奉化市水利局	浙江省抗台救灾先进个人	省委、省政府	2004.12
15	唐永祥	余姚市防汛防旱指挥部办公室	浙江省抗台救灾先进个人	省委、省政府	2004.12
16	徐小春	宁海县防汛防旱指挥部办公室	浙江省抗台救灾先进个人	省委、省政府	2005.8
17	奕永庆	余姚市农村水利管理处	浙江省农业科技先进工作者	省政府	2006.6
18	吕吉法	宁海县水文站	浙江省优秀共产党员	省委	2008.6
19	王文成	宁波原水集团有限公司	浙江省优秀共产党员	省委	2008.6
20	张松达	宁波市原水集团有限公司	浙江省重点建设立功竞赛先进个人	省政府	2011.10
21	周霄峰	奉化市安澜建设发展有限责任公司	浙江省重点建设立功竞赛先进个人	省政府	2012.3
22	赵建峰	宁波原水集团有限公司	浙江省重点建设立功竞赛先进个人	省政府	2016.9
23	王文成	宁波原水集体有限公司	浙江省五一劳动奖章	省总工会	2018.4
24	周科陶	水务设施运行管理中心	“千村示范、万村整治”工程和美丽浙江建设三等功	省政府	2018.11

续表

序号	姓名	所在单位	称号	授予单位	授予时间/（年.月）
25	吴　兴	宁波市水政支队	浙江省剿灭劣Ⅴ类水工作突出个人	省委、省政府	2018.11
26	张建勋	宁波市水利局	浙江省生态建设个人三等功	省政府	2020.8

三、水利“大禹杯”竞赛活动优胜单位

（一）浙江省水利“大禹杯”竞赛

“大禹杯”是浙江省政府于1995年开始设立的对浙江水利工作的最高成就奖，每年评选1次，设金、银、铜3个奖项和提名奖。从第二十一届开始，调整为每3年评选1次。

2001—2020年宁波获得浙江省“大禹杯”竞赛9次金杯奖，3次银杯奖，4从铜杯奖，4次提名奖，见表14-25。

表14-25　2001—2020年宁波市获浙江省水利“大禹杯”竞赛优胜单位一览

序号	届别	奖项	优胜单位（政府）	授予时间/（年.月）
1	第七届	铜杯奖	宁海县	2001.10
2	第八届	金杯奖	余姚市	2002.12
3	第九届	金杯奖	慈溪市	2003.11
4	第十届	金杯奖	鄞州区	2004.11
5	第十一届	铜杯奖	江北区	2005.11
6	第十二届	金杯奖	宁波市	2006.11
7	第十三届	金杯奖	宁海县	2007.11
8	第十四届	金杯奖	余姚市	2008.11
9	第十五届	金杯奖	镇海区	2009.11
10	第十六届	提名奖	奉化市	2010.11
11	第十七届	银杯奖	奉化市	2011.11
12	第十八届	金杯奖	象山县	2012.11
13	第十九届	提名奖	慈溪市	2013.11
14	第二十届	银杯奖	鄞州区	2014.11
15	第二十一届	铜杯奖	鄞州区	2017.10
		提名奖	奉化区	
16	第二十二届	金杯奖	宁波市	2021.3
		银杯奖	宁海县	
		铜杯奖	余姚市	
		提名奖	鄞州区	

（二）宁波市水利“大禹杯”竞赛

20 世纪 90 年代，宁波市人民政府设立水利“大禹杯”，在全市范围内组织开展全市水利“大禹杯”竞赛活动，至本世纪初暂停。2012 年开始，宁波市恢复开展水利“大禹杯”竞赛活动，并重新制订竞赛活动方案及考评细则。“大禹杯”竞赛活动恢复后，前 3 届水利“大禹杯”优胜单位只设立“大禹杯”金杯奖、银杯奖和表彰先进镇乡、街道等奖项；第四届 ~ 第六届水利“大禹杯”优胜单位的表彰，在金杯奖、银杯奖和先进镇乡、街道的基础上，增设重点工程建设先进集体和先进个人两个奖项；第七届、第八届水利“大禹杯”的评选表彰时，把“重点工程建设先进集体”奖项调整为“大禹杯”优秀集体，把“重点工程建设先进个人”调整为“大禹杯”优秀个人。2012 年以后，宁波市水利“大禹杯”竞赛活动历经 9 年，共表彰金杯奖 9 名、银杯奖 18 名，先进（优秀）镇乡（街道）一等奖 12 名、二等奖 23 名、三等奖 35 名；表彰“大禹杯”重点工程建设先进集体 15 名、优秀集体 28 名，重点工程建设先进个人 56 名、优秀个人 108 名。2012—2020 年宁波市水利“大禹杯”竞赛优胜单位一览见表 14–26。

表 14–26　2012—2020 年宁波市水利“大禹杯”竞赛优胜单位一览

序号	届别	优胜单位		授予时间 /（年 . 月）
		金杯奖	银杯奖	
1	第一届	奉化市	北仑区、余姚市	2013.1
2	第二届	慈溪市	象山县、鄞州区	2014.2
3	第三届	鄞州区	奉化市、镇海区	2015.1
4	第四届	鄞州区	奉化市、镇海区	2016.2
5	第五届	鄞州区	慈溪市、宁海县	2017.2
6	第六届	余姚市	宁海县、镇海区	2018.4
7	第七届	宁海县	奉化区、江北区	2019.3
8	第八届	鄞州区	奉化区、宁海县	2020.5
9	第九届	余姚市	慈溪市、海曙区	2021.3

附录：宁波市地方性水利法规

宁波市甬江奉化江余姚江河道管理条例

（1996 年 9 月 28 日宁波市第十届人民代表大会常务委员会第二十六次会议通过、1996 年 12 月 30 日浙江省第八届人民代表大会常务委员会第三十三次会议批准

根据 2004 年 5 月 29 日宁波市第十二届人民代表大会常务委员会第十一次会议通过、2004 年 7 月 30 日浙江省第十届人民代表大会常务委员会第十二次会议批准的《宁波市人民代表大会常务委员会关于修改〈宁波市甬江奉化江余姚江河道管理条例〉的决定》第一次修正

根据 2011 年 12 月 27 日宁波市第十三届人民代表大会常务委员会第三十六次会议通过、2012 年 3 月 31 日浙江省第十一届人民代表大会常务委员会第三十二次会议批准的《宁波市人民代表大会常务委员会关于修改部分地方性法规的决定》第二次修正

2013 年 12 月 25 日宁波市第十四届人民代表大会常务委员会第十四次会议修订、2014 年 3 月 27 日浙江省第十二届人民代表大会常务委员会第九次会议批准

根据 2019 年 6 月 25 日宁波市第十五届人民代表大会常务委员会第二十一次会议通过、2019 年 8 月 1 日浙江省第十三届人民代表大会常务委员会第十三次会议批准的《宁波市人民代表大会常务委员会关于修改〈宁波市甬江奉化江余姚江河道管理条例〉的决定》第三次修正）

第一章　总则

第一条　为了加强甬江、奉化江、余姚江河道的管理，保障防洪（潮）安全，改善水生态环境，发挥河道的综合效益，根据《中华人民共和国水法》《中华人民共和国防洪法》《中华人民共和国河道管理条例》《浙江省河道管理条例》等有关法律、法规，结合本市实际，制定本条例。

第二条　本条例适用于甬江、奉化江、余姚江河道（以下简称三江河道）及其配套工程的规划、整治、利用、保护和其他相关管理活动。

河道内的航道，同时适用有关航道管理的法律、法规。

第三条　三江河道实行按流域统一管理与按区域分级管理相结合的体制，坚持河道规划统一编制、防汛统一调度和水资源统一管理。

按区域分级管理的具体办法由市人民政府另行制定。

第四条　市水行政主管部门是三江河道的主管机关，负责三江河道的监督管理，其所属的市三江河道管理机构具体承担三江河道的相关管理工作。

沿江区（市）水行政主管部门按照规定的职责负责本行政区域内三江河道的相关管理工作。

第五条　市和沿江区（市）发展和改革、自然资源和规划、住房和城乡建设、城市管理、生态环境、交通运输（港口管理）、海事、公安等主管部门依照职责分工，共同做好三江河道管理的相关工作。

第六条　沿江乡（镇）人民政府、街道办事处应当按照规定职责加强日常巡查，劝阻和制止危害堤防、阻碍行洪等影响河道安全的违法行为。劝阻和制止无效的，应当及时报告水行政

主管部门依法处理。

第七条 三江河道的防汛和清障工作实行市和沿江区（市）人民政府行政首长负责制。

市和沿江区（市）人民政府应当加强对三江河道管理工作的领导，建立重大事项协调工作机制，完善行洪、排涝、通航、供水、生态保护等工作的技术量化指标和目标考核管理体系，实现三江河道管理的专业化、科学化、精细化。

三江河道整治和维护费用按照区域分级管理的体制纳入本级政府年度财政预算。

第八条 市和沿江区（市）人民政府应当根据实际情况及时向本级人民代表大会常务委员会报告三江河道规划、整治、利用、保护等管理工作情况。

市和沿江区（市）人民代表大会常务委员会应当通过听取专项工作报告、开展执法检查等方式，加强对三江河道管理工作的监督。

第二章　河道规划、整治和建设

第九条 三江河道建设、整治、保护、利用和管理应当遵循甬江流域综合规划以及防洪治涝、清淤疏浚、干流堤线、水域保护等专业规划。

甬江流域综合规划由市水行政主管部门会同发展和改革等有关主管部门和沿江区（市）人民政府编制，报市人民政府批准，并报省水行政主管部门备案。

三江河道防洪治涝、清淤疏浚、干流堤线、水域保护等专业规划由市水行政主管部门组织编制，征求相关部门和省水行政主管部门意见后，报市人民政府批准后公布。三江河道专业规划应当符合甬江流域综合规划，并与港口、航道、渔业等规划相衔接。

第十条 三江河道的管理范围为两岸堤防之间的水域、沙洲、滩地（包括可耕地）、行洪区以及两岸堤防和护堤地。三江河道干流堤线专业规划应当确定三江河道的具体管理范围。

三江河道管理范围内应当设立界桩和公告牌，界桩和公告牌由市水行政主管部门会同沿江区（市）水行政主管部门设立。任何单位和个人不得擅自移动或损坏界桩和公告牌。

第十一条 市水行政主管部门应当会同有关部门，根据流域综合规划、三江河道干流堤线专业规划和其他相关专业规划以及河道淤积监测情况，制定河道整治年度计划，报市人民政府批准后实施。

河道整治年度计划应当按照国家、省、市规定的防洪、排涝、通航、供水、生态标准以及其他有关河道功能维护的要求，明确防洪排涝、河道清淤、堤防修复、水闸建设、截污控污、滨水空间改造等整治目标，并确定具体整治项目名称、整治内容、整治期限、责任单位和任务分工等。

对堤防毁损、河床抬高、河道缩窄等严重影响行洪、通航安全和环境景观的河段，市水行政主管部门应当采取应急措施，优先安排整治，及时消除河道安全隐患，改善河道的防洪排涝、通航灌溉、生态保护等综合功能。

第十二条 三江河道整治应当注重保护、恢复河道及其周边的生态环境和历史人文景观。在三江河道两岸有条件的区域可以结合周边环境需求，建设人工湿地、慢行步道等公共设施。

三江河道整治采用的材料和使用的作业机械，应当符合环境保护和生态建设要求。

第十三条 城市建成区范围内的三江河道整治完毕后，水行政主管部门或者相关建设单位应当将三江河道的沿河栏杆、公共绿地等设施移交市政设施、园林绿化行政主管部门管理。

第十四条 在三江河道管理范围内架设的桥梁、架空线等跨河建（构）筑物应当一跨过江；确需在河道内设置桥墩、桩墩的，应当符合防洪、通航标准和相关技术规范，并具备与河道通航船舶等级相适应的防撞能力。

第十五条 在三江河道管理范围内建设防洪工程和其他水工程，应当符合流域综合规划和防洪规划，并按照《中华人民共和国水法》和《中华人民共和国防洪法》的规定，取得由水行政主管部门签署的规划同意书。

第十六条 在三江河道管理范围内修建开发水利、防治水害、整治河道的各类工程和跨河、穿河、穿堤、临河的桥梁、码头、道路、渡口、管道、缆线等建（构）筑物及设施，应当符合防洪要求、河道专业规划和相关技术标准、技术规范，其工程建设方案应当依法经市水行政主管部门审查同意。涉及防洪安全的重大建设项目，应当进行防洪影响评价。

第十七条 三江河道管理范围内的建设工程开工前，施工单位应当将施工方案报沿江有关区（市）水行政主管部门备案。因施工需要临时筑坝围堰、开挖堤坝、管道穿越堤坝、修建阻水便道便桥的，应当事先报经沿江有关区（市）水行政主管部门依法批准。

施工单位应当承担施工期间施工范围内河道的防洪安全责任，保证防洪排涝和通航安全，并保护水质。

施工围堰或者临时阻水设施影响防洪安全时，施工单位应当按照防汛指挥机构的紧急处理决定，立即清除或者采取其他紧急补救措施。施工结束后，施工单位应当及时清理现场，并清除施工围堰等临时施工设施。

第十八条 在三江河道管理范围内，开展水上旅游、水上经营、水上运动等开发利用活动，应当符合河道规划，不得影响防洪安全、污染水质、损害河道及其配套工程。有关行政主管部门在依法批准前，应当征求水行政主管部门的意见。

第三章 河道保护

第十九条 在三江河道管理范围内禁止下列行为：

（一）建设住宅、商业用房、办公用房、厂房等与河道保护和水工程运行管理无关的建筑物、构筑物；

（二）倾倒或者排放渣土、泥浆、矿渣、石渣、煤灰、废砖、垃圾等废弃物；

（三）从事采砂、取土、挖塘、打井、建窑等影响河势稳定、危害堤防安全的活动；

（四）堆放阻碍行洪或者影响堤防安全的物料；

（五）擅自修建围堤、阻水渠道、阻水道路；

（六）种植阻碍行洪的林木或者高秆作物；

（七）设置阻碍行洪的拦河渔具；

（八）破坏河道护岸、沿河栏杆、公共绿地等设施；

（九）从事非法网箱养殖和利用电网、地笼、鱼簖等渔具进行捕鱼；

（十）法律、法规禁止的其他行为。

第二十条 在三江河道管理范围附近区域从事堆土、堆物、爆破、打桩等各类活动，不得危害堤防等水利设施稳定和安全。

第二十一条 市和沿江区（市）水行政主管部门应当会同交通运输（港口管理）等相关部门对三江河道管理范围内严重壅水、阻水或者已丧失使用功能的码头和其他建（构）筑物，根据国家规定的防洪标准，进行检查评估并提出整改计划，报请本级人民政府责令建设单位限期整改或者拆除。造成建设单位合法权益损失的，应当依法予以补偿。

第二十二条 三江河道管理范围内不得新建、改建或者扩建排污口，其中城乡排水设施覆盖的地区，现有的入江排污口应当限期取消。

第二十三条 市生态环境主管部门应当按照水功能区对水质的要求和水体的自然净化能力，核定三江河道水域的纳污能力，提出该水域的限制排污总量意见。

市水行政主管部门在开展三江河道日常巡查监管中，发现重点污染物排放总量超过控制指标的，或者水功能区的水质未达到水域使用功能对水质的要求的，应当及时向市生态环境主管部门通报，并报告市人民政府采取治理措施。

对超过重点污染物排放总量控制指标的水域，生态环境主管部门应当暂停审批新增重点水污染物排放总量的建设项目的环境影响评价文件。

第二十四条 市和沿江区（市）水行政主管部门应当制定三江河道保洁实施方案，报本级人民政府批准后实施。保洁实施方案应当明确保洁责任区、保洁单位的条件和确定方式、保洁要求和保洁费用标准、保洁经费筹集和监督考核办法等内容。

市和沿江区（市）水行政主管部门应当加强河道保洁工作的监督检查，督促保洁责任单位落实保洁人员和任务，保证责任区范围内的河道整洁。

第二十五条 市和沿江区（市）人民政府应当组织水行政主管部门和其他相关部门建立三江河道防洪排涝、水生态环境保护信息监测网络和预警体系。相关部门应当按照各自职责，加强对涉及三江河道保护的各类信息监测、预警的管理工作，完善防洪排涝、水生态环境保护的预警信息发布系统。

鼓励和支持三江河道保护的科学技术研究，推广使用先进的淤积监测、清淤疏浚、截污控污、水体保洁等河道保护技术，提高三江河道的防洪排涝、水生态环境保护能力。

第四章 监督和保障

第二十六条 水行政主管部门和其他相关部门应当建立信息化管理制度、执法巡查制度、投诉和举报制度，及时发现和查处违反三江河道管理规定的行为。

任何单位和个人发现违反三江河道管理规定的行为，均有权劝阻并向水行政主管部门和其他相关部门投诉、举报。水行政主管部门和其他相关部门应当及时受理，并将处理意见及时答复投诉人、举报人。投诉、举报经查实的，相关部门应当对投诉人、举报人予以奖励。

第二十七条 水行政主管部门和其他相关部门应当建立三江河道管理执法信息公开制度，及时将涉及三江河道管理的各类规划、整治计划和防洪排涝、污染防治、重点工程项目建设等信息向社会公布，接受社会监督。

水行政主管部门可以在市民中聘请河道管理义务监督员，协助做好三江河道保护的宣传教育和发现、纠正违法行为等工作。

第二十八条 水行政主管部门应当加强对三江河道管理范围内违法行为的查处和监督，并与发展和改革、自然资源和规划、住房和城乡建设、城市管理、生态环境、交通运输（港口管理）、海事、公安等主管部门建立和健全三江河道管理协作、信息共享工作机制。

水行政主管部门在查处三江河道管理范围内的违法行为时，涉及其他相关部门职能的，应当将有关情况书面告知相关部门，相关部门应当及时依法进行查处，并将查处信息及时反馈水行政主管部门。

有关部门因查处三江河道管理范围内的违法行为需要其他部门协助提供相关资料或专业意见的，协助部门应当在七个工作日内提供相关资料或者专业意见，不得推诿或者收取任何费用；因特殊情况需要延期的，应当说明理由和延长的期限。

第二十九条 市和沿江区（市）人民政府应当根据三江河道保护的实际需要和各相关部门的职责，建立由水行政主管部门和城市管理、生态环境、交通运输（港口管理）、海事、住房和城乡建设、公安等主管部门共同参与和协同配合的联合执法工作机制，及时联合查处向三江河道管理范围内倾倒、排放渣土、泥浆、矿渣、石渣、煤灰、废砖、垃圾等废弃物的违法行为。

水行政主管部门或者其他相关部门发现向三江河道管理范围内倾倒、排放渣土、泥浆、矿渣、石渣、煤灰、废砖、垃圾等废弃物的违法行为的，应当根据各自职责及时依法查处。需要其他部门联合查处的，应当及时通知相关部门，相关部门不得推诿、拖延。

第五章　法律责任

第三十条 违反本条例规定的行为，有关法律、法规已有法律责任规定的，依照其规定处理。

第三十一条 违反本条例第十九条第（二）项规定，在三江河道管理范围内倾倒、排放渣土、泥浆、矿渣、石渣、煤灰、废砖、垃圾等废弃物的，由水行政主管部门责令停止违法行为，限期采取治理措施，恢复原状，处一万元以上五万元以下的罚款。

施工企业和从事相关废弃物清运的经营服务企业有前款规定行为，造成河道安全设施破坏或者河道淤积堵塞的，由水行政主管部门责令停止违法行为，限期采取治理措施，恢复原状，处五万元以上二十万元以下的罚款，并将违法信息予以公告后纳入各级政府的企业信用信息数据库。

有前两款违法行为，当事人逾期不采取治理措施、恢复原状的，水行政主管部门可以代为治理，或者委托有治理能力的单位代为治理，所需费用由当事人承担。

涉及违反建筑垃圾管理、水污染防治、航道保护等法律、法规的规定的，由城市管理、生态环境、交通运输（港口管理）等相关部门依法予以处理，并将违法信息予以公告后纳入各级政府的企业信用信息数据库。

第三十二条 违反本条例第二十条规定，在三江河道管理范围附近区域从事堆土、堆物、爆破、打桩等各类活动，危害堤防等水利设施稳定和安全的，由水行政主管部门责令改正；造成堤防等水利设施损害的，责令限期修复或者赔偿，处一万元以上五万元以下的罚款；构成犯罪的，依法追究刑事责任。

第三十三条 水行政主管部门和其他相关部门及其工作人员违反本条例，有下列情形之一的，由有权机关按照管理权限，对直接负责的主管人员和其他直接责任人员依法给予行政处分；构成犯罪的，依法追究刑事责任：

（一）不依法实施涉河建设项目审批的；

（二）不按规定履行河道整治、保洁等职责的；

（三）对发现的危害河道安全的违法行为不予查处，或者在查处违法行为过程中推诿、拖延履行相关职责，造成较为严重后果的；

（四）其他玩忽职守、滥用职权、徇私舞弊行为。

第六章　附则

第三十四条 本条例所称的三江河道为甬江、奉化江、余姚江中的下列河段：甬江自宁波市区三江口至镇海出海口河段，奉化江自奉化方桥三江交汇处至宁波市区三江口河段，余姚江自余姚蜀山大闸至宁波市区三江口河段。

前款所称宁波市区三江口为新江桥、甬江大桥、江厦桥之间的水域；镇海出海口为镇海外游山东长跳咀与北仑夏老太婆礁灯连线。

第三十五条 本条例所称的护堤地为三江河道堤防背水坡脚起向外延伸十米的地带；有护塘河的，以护塘河为界。

第三十六条 本条例自2014年5月1日起施行。

宁波市水资源管理条例

（1997 年 8 月 1 日宁波市第十届人民代表大会常务委员会第三十四次会议通过、1998 年 8 月 29 日浙江省第九届人民代表大会常务委员会第七次会议批准

根据 2004 年 3 月 30 日宁波市第十二届人民代表大会常务委员会第九次会议通过、2004 年 5 月 28 日浙江省第十届人民代表大会常务委员会第十一次会议批准的《宁波市人民代表大会常务委员会关于修改〈宁波市水资源管理条例〉的决定》第一次修正

根据 2010 年 4 月 28 日宁波市第十三届人民代表大会常务委员会第二十三次会议通过、2010 年 7 月 30 日浙江省第十一届人民代表大会常务委员会第十九次会议批准的《宁波市人民代表大会常务委员会关于修改〈宁波市水资源管理条例〉的决定》第二次修正）

第一章　总则

第一条　为加强水资源统一管理，合理开发利用和保护水资源，充分发挥水资源的综合效益，根据《中华人民共和国水法》等有关法律、法规规定，结合本市实际情况，制定本条例。

第二条　本条例所称水资源是指地表水和地下水。凡在本市行政区域内开发、利用、节约、保护、管理水资源，应当遵守本条例。

第三条　水资源属于国家所有。农村集体经济组织的水塘和由农村集体经济组织修建管理的水库中的水，归该农村集体经济组织使用。

第四条　市和县（市）、区人民政府制定国民经济和社会发展计划，确定城市发展规模，调整产业结构和布局，必须充分考虑水资源条件。

第五条　市水行政主管部门负责全市水资源的统一管理工作，县（市）、区水行政主管部门负责本辖区内水资源的管理工作，具体职责为：

（一）组织对水资源进行综合科学考察和调查评价；

（二）会同有关部门编制水资源开发利用和保护规划、水中长期供求计划和水量分配方案，统一调配城乡水资源；

（三）组织实施取水许可制度和水资源费的征收；

（四）组织、指导和监督节约用水工作；

（五）组织开展水资源开发、利用、保护、管理方面的科学研究和新技术推广工作；

（六）负责查处违反水资源管理法律、法规的行为。

市城市管理部门指导市城市规划区地下水开发利用和保护。

市和县（市）、区人民政府其他有关部门，应当按照本级人民政府规定的职责分工，协同水行政主管部门负责有关的水资源管理工作。

第六条　任何单位和个人都有义务保护水资源，并有权对破坏水资源的行为进行检举、揭发和制止。在开发、利用、保护、管理水资源、节约用水等方面成绩显著的单位和个人，由各级人民政府给予表彰和奖励。

第二章 水资源开发利用

第七条 开发利用水资源，应当服从防洪的总体安排，兼顾上下游、左右岸和地区之间的利益，充分发挥水资源的综合效益，并按照规定权限由县级以上水行政主管部门会同有关部门统一进行综合科学考察和评价。

第八条 开发利用水资源，应当按流域或区域进行统一规划。水资源开发利用和保护规划应当与城市总体规划、国土规划相协调，兼顾各地区、各行业的需要。

水资源开发利用和保护规划（含城市供水水源规划、地下水开发利用规划、水资源保护规划等）由县级以上水行政主管部门会同有关部门编制，报本级人民政府批准后执行，并报上一级水行政主管部门备案。水资源开发利用和保护规划的变更，必须经原批准机关核准。

甬江流域水资源开发利用和保护规划以及其他涉及跨县（市）、区引水的水资源开发利用和保护规划，由市水行政主管部门会同其他有关部门和有关县（市）、区编制。

第九条 开发利用水资源，应当首先满足城乡居民生活用水，统筹兼顾农业、工业用水和航运需要。

第十条 开发利用地下水，应当按照地下水开发利用规划要求，实行总量控制，限量开采。水行政主管部门应当会同有关部门确定地下水年度可开采总量、井点总体布局和取水层位，划定地下水限制开采区和禁止开采区。

第十一条 鼓励在统一规划下多渠道投资开发利用水资源，兴建引水、蓄水等供水水源工程。由投资者自行筹资、自行建设、自行管理的供水水源工程及引水工程，按省、市人民政府的规定享受优惠政策。

第十二条 新建、改建、扩建水工程，必须进行地质环境、生态环境、水环境和防洪影响评价，必须按照取水许可管理规定，办理取水许可审批手续后，方可按照基本建设程序办理有关审批手续。涉及取用地下水的，应当提交有资质的技术部门的水文地质勘察资料；其中在城市规划区内取用地下水的，还应当征求城市管理部门的意见。

第十三条 任何单位和个人蓄水、引水、排水不得损害公共利益和他人的合法权益。

兴建建设项目，对原有灌溉用水、供水水源或航运水量有不利影响的，以及经批准使用水域进行建设的，建设单位必须按规定采取补救措施或给予合理补偿。补偿费按当地新建替代工程造价计算，列入建设项目工程概算。

第三章 用水管理

第十四条 全市生活和生产用水实行计划管理。市城市供水区（含市辖区和奉化市属奉化江流域的部分地区）水中长期供求计划，由市水行政主管部门会同有关部门和有关县（市）、区制定，报市人民政府发展和改革主管部门审批，纳入城市总体规划、国民经济和社会发展计划。

市城市供水区以外地区的水中长期供求计划，由当地县（市）水行政主管部门会同有关部门制定，报本级人民政府发展和改革主管部门审批，纳入城市总体规划、国民经济和社会发展计划。

第十五条 跨县（市）、区及市城市供水区的水量分配、调度计划，由市水行政主管部门征求有关县（市）、区水行政主管部门意见后进行编制，报市人民政府批准后执行。市城市供水区以外地区的水量分配、调度计划，由当地县（市）水行政主管部门编制，报本级人民政府批准后执行，并报市水行政主管部门备案。

经批准的水量分配、调度计划是供水调度的基本依据。有调蓄任务的水工程，应按经批准的水量分配、调度计划或编制部门的调度指令进行蓄水放水。任何单位和个人不得干扰、拒绝执行或任意改变水量分配、调度计划。

因特殊干旱等情况造成水量不能满足供水计划时，各级人民政府防汛防旱指挥机构按照规定权限报经批准后，可以对辖区内水量分配、调度计划进行临时调度，各取水、用水单位必须服从，各水工程管理单位必须执行。

第十六条 各级水行政主管部门组织、指导和监督本辖区的节约用水工作。

城市节约用水的管理，按照市人民政府的规定执行。

各级水行政主管部门应当会同农业行政主管部门制定农业灌溉节约用水规划和计划，完善农业灌溉工程的改造配套和渠道防渗设施，大力推广节水灌溉，合理制定用水定额，减少耗水量。

各级城市管理部门应当加强城镇自来水用户的节约用水管理工作，制定城镇节约用水考核指标及具体措施，加强对供水、用水设施的管理，减少水的漏损量。

鼓励采用先进节水技术，降低水的消耗量，提高水的重复利用率。

用水单位有条件利用海水的，应当积极利用海水资源。

第十七条 凡利用水工程或机械提水设施直接从江河、溪流、渠道、湖泊、水库取水或开采地下水的单位和个人，除法律、法规规定不需要申请或免予申请取水许可证的以外，均应当执行取水许可制度，按照国家规定的程序向取水口所在地县（市）、区水行政主管部门申请办理取水许可证。

第十八条 下列取水，经取水口所在地县（市）、区水行政主管部门初审后，由市水行政主管部门审批取水许可申请和发放取水许可证：

（一）跨县（市）、区行政区域取水的；

（二）从市水行政主管部门直接管理的水利工程取水的；

（三）自来水日取地表水量二万立方米以上五万立方米以下和其他日取地表水量一万立方米以上二万立方米以下的；

（四）日取地下水量一千立方米以上五千立方米以下的；

（五）水力发电总装机一千千瓦以上五千千瓦以下取水的。

第十九条 有下列情形之一的，水行政主管部门有权对取水许可证持有人的取水量进行调整、核减或限制：

（一）因自然原因，水源不能满足正常供水的；

（二）公共事业和社会总需水量增加而又无法另得水源的；

（三）地下水严重超采或因地下水开采引起地面沉降加剧的；

（四）产品、产量或生产工艺发生变化使取水量发生变化的；

（五）出现其他特殊情况的。

调整、核减或限制取水，除特殊情况无法提前通知外，应当提前通知取水许可证持有人。

第二十条 持有取水许可证的单位和个人，应当编制年度用水计划，报水行政主管部门批准后执行。

取用城市规划区内地下水的，应当将年度用水计划同时抄报城市管理部门。

城市供水单位及其计划用水单位，应当编制年度供水、用水计划，报城市管理部门批准后执行。

取水、用水单位和个人应当按规定安装经技术监督部门检验合格的计量设施。

第二十一条 持有取水许可证的单位和个人，除国家规定免缴外，均应向水行政主管部门缴纳水资源费。使用供水工程供应的水，应向供水单位缴纳水费。

水资源费、水费的收取、管理和使用，按照国家、省、市有关规定执行。

第二十二条 用水单位未经批准超计划用水的，实行超额加价收取水资源费、水费的办法，具体按照省的有关规定执行。

第二十三条 地区之间发生用水纠纷，应当协商处理；协商处理不成的，由上一级人民政府或水行政主管部门处理。在纠纷解决之前，任何一方不得修建排水、阻水、引水、蓄水工程，单方面改变水的现状。市和县（市）、区人民政府或水行政主管部门在处理用水纠纷时，有权采取临时处置措施，当事人必须执行。

第四章 水资源保护

第二十四条 各级人民政府应当加强水资源保护工作，采取有效措施保护自然植被，涵养水源，防治水土流失，改善生态环境。

第二十五条 任何单位和个人在从事生产建设和其他活动时，不得污染和破坏水资源，不得损坏各种水工程和供水、取水设施。造成水资源污染或破坏的，必须立即采取补救措施，限期恢复；造成损失的，应当赔偿损失。

第二十六条 开发和利用地下水，必须维持开采与回灌补给平衡，防止地面沉降，防止水源枯竭和海水入侵，回灌水质应当符合国家生活饮用水水质标准，防止水质恶化。

地面沉降地区应根据地下水、地面沉降观测资料，确定年度开采总量和回灌总量，严格限制开凿新井。

开采地下水的单位和个人应严格按规定开采与回灌；加强对地下水水位、水量、水质的监测，掌握变化趋势，建立技术档案，协助和配合地质环境监测部门的监测工作，并对地下水和地面沉降监测点进行保护，接受水行政主管部门的监督检查和城市管理部门的指导。

第二十七条 对水资源有影响的新建、扩建、改建工程项目，必须按照有关规定进行水环境影响评价；需设置水污染防治设施的，必须与主体工程同时设计、同时施工、同时投产。

第二十八条 对重要的河流、水域实行水污染物排放总量、浓度控制和排污许可制度。在水库、渠道设置或者扩大排污口，排污单位在向环境保护部门申报之前，必须征得水行政主管部门的同意。

第二十九条 在依法划定的生活饮用水源保护区内，不得新建排污口和设置新的污染源，原有的排污口和污染源必须限期治理或迁移。

第五章　法律责任

第三十条　违反本条例规定，法律、法规已有处罚规定的，依照法律、法规的有关规定处罚，构成犯罪的，依法追究刑事责任。

第三十一条　违反本条例规定，拒不执行水量分配、调度决定的，由各级人民政府防汛防旱指挥机构责令其按水量分配、调度决定执行；对他方造成损失的，应当承担赔偿责任。

第三十二条　违反本条例规定，未办理取水许可证擅自取水的，水行政主管部门有权责令其停止取水，对已取用水量按超计划用水量收取水资源费、水费。

第三十三条　有下列行为之一的，由水行政主管部门或其他有关部门责令其限期改正，并按有关规定处以罚款；逾期拒不改正或情节严重的，可依法注销其取水许可证：

（一）未经批准超计划取水的；

（二）未在规定期限内装置计量设施的；

（三）拒绝接受用水计量检查，拒绝提供取水量测定数据等有关资料或提供假资料的；

（四）拒不执行取水量核减或限制决定的；

（五）将依照取水许可证取得的水，非法转售的。

未在规定期限内装置计量设施的，除按前款规定处罚外，并可按该取水工程的设计取水能力或设备铭牌取水能力收取水资源费、水费。

第三十四条　污染水资源，对他人生产、生活造成危害的，由环境保护行政主管部门、水行政主管部门责令其改正，由环境保护行政主管部门依法实施处罚；造成水量损失的，由水行政主管部门向责任单位收取水量损失补偿费。

第三十五条　未经有关部门批准，在河道管理范围内进行采砂、取土等活动的，水行政主管部门有权责令其停止违法行为、采取补救措施或恢复原貌，并可处一千元以上一万元以下的罚款。

第三十六条　对拒绝、阻碍水行政主管部门和其他有关主管部门及其工作人员依法执行公务，辱骂殴打执法人员的，由公安机关按照《中华人民共和国治安管理处罚法》予以处罚。

第三十七条　水行政主管部门或其他有关主管部门工作人员玩忽职守、滥用职权、徇私舞弊的，由其所在单位或上级主管部门给予行政处分；构成犯罪的，依法追究刑事责任。

第六章　附则

第三十八条　本条例自 1998 年 10 月 1 日起施行。

宁波市防洪条例

（2000年7月19日宁波市第十一届人民代表大会常务委员会第二十次会议通过、2000年10月29日浙江省第九届人民代表大会常务委员会第二十三次会议批准

根据2004年7月28日宁波市第十二届人民代表大会常务委员会第十二次会议通过、2004年9月17日浙江省第十届人民代表大会常务委员会第十三次会议批准的《宁波市人民代表大会常务委员会关于修改〈宁波市防 洪条例〉的决定》第一次修正

根据2011年12月27日宁波市第十三届人民代表大会常务委员会第三十六次会议通过、2012年3月31日浙江省第十一届人民代表大会常务委员会第三十二次会议批准的《宁波市人民代表大会常务委员会关于修改部分地方性法规的决定》第二次修正

根据2019年6月25日宁波市第十五届人民代表大会常务委员会第二十一次会议通过、2019年8月1日浙江省第十三届人民代表大会常务委员会第十三次会议批准的《宁波市人民代表大会常务委员会关于修改〈宁波市防洪条例〉的决定》第三次修正）

第一章　总则

第一条　根据《中华人民共和国防洪法》和有关法律、法规，结合本市实际，制定本条例。

第二条　本市行政区域内一切防洪活动，必须遵守《中华人民共和国防洪法》和本条例。

第三条　防洪工作实行全面规划、统筹兼顾、预防为主、综合治理、局部利益服从全局利益的原则。在确保防洪安全的基础上，应当充分发挥水资源的综合功能。

第四条　市和区县（市）水行政主管部门在本级人民政府的领导下，负责本行政区域内防洪规划编制、防洪工程建设管理、水情监测预警等相关工作。

市和区县（市）应急管理部门在本级人民政府的领导下，组织协调洪水灾害应急救援等相关工作。

市和区县（市）其他有关部门在本级人民政府的领导下，按照防洪责任制分工，负责有关的防洪工作。

第二章　防洪规划的编制与实施

第五条　江河整治和防洪工程设施建设必须以防洪规划作为基本依据。

编制防洪规划，应当与城市总体规划、土地利用总体规划相协调。

防洪规划应当把建设、加固海塘、堤防和大中型水利工程、清除河道行洪障碍、疏浚河道、保障行洪畅通、提高防洪工程设施的综合调度能力作为重点，确定防护对象、治理目标和任务、防洪措施和实施方案等内容。

第六条　甬江流域防洪规划由市水行政主管部门依据甬江流域综合规划，会同有关部门和有

关区县（市）编制，报市人民政府批准，并报省水行政主管部门备案。

其他流域的防洪规划由各区县（市）水行政主管部门依据流域综合规划，会同有关部门编制，报本级人民政府批准，并报市水行政主管部门备案。

第七条 城市防洪规划，由市和县（市）水行政主管部门会同有关部门依据流域防洪规划和上一级政府区域防洪规划编制，报上级水行政主管部门审查和本级人民政府批准后纳入城市总体规划。

第八条 城市防洪工程应当按照国家规定的防洪标准进行建设，并根据轻重缓急，分年实施，逐步完成本市城市设防封闭线。

第九条 山洪多发的宁海、奉化、余姚等区县（市）以及其他存在山体滑坡、崩塌和泥石流隐患的区县（市）的人民政府应当组织地质矿产管理部门、水行政主管部门和其他有关部门对山体滑坡、崩塌和泥石流隐患进行全面调查，划定重点防治区，采取防治措施。

城市、村镇和其他居民点以及开发区、工厂、矿山、电信设施、铁路和公路干线的布局，应当避开山洪威胁；已经建在受山洪威胁的地方的，应当采取兴修防洪工程设施、控制建设等防御措施。

第十条 整治河道和修建控制引导河水流向、保护堤岸等工程，应当兼顾上下游、左右岸的关系，按照规划治导线（含堤线、岸线、管理范围线，下同）实施，不得任意改变河水流向。

甬江、奉化江、余姚江的规划治导线由市水行政主管部门根据有关防洪规划会同发展和改革、住房和城乡建设、自然资源和规划、交通、港务等部门拟定，报市人民政府批准；其他河流的规划治导线由市和区县（市）水行政主管部门会同有关部门拟定，报本级人民政府批准。

规划治导线确定的防洪工程规划保留区和控制范围由水行政主管部门予以公告。

第三章　防洪工程设施的建设与管理

第十一条 防洪工程设施建设应当严格按照有关法律、法规、规章的规定和有关技术规范、标准进行勘察、设计、施工、监理和验收，确保工程质量符合规定的要求。

第十二条 城市建设应当按照城市防洪规划的要求，做好低洼地改造、城市河道整治、排水管网敷设、泵站建设等工作。

开发建设单位从事城市房地产开发建设时，应当对开发区域采取必要的防洪排涝措施。

第十三条 各级人民政府及其水行政主管部门应当加强河道防护和分级管理，落实责任制，定期清淤，常年清草、清障，并严格控制河道、水域和滩地的占用，加强水库、水闸、排涝泵站等水工程设施的协调运行，保持河道行洪畅通。

第十四条 各级人民政府及其水行政主管部门应当加强对海塘、水库、堤防等防洪工程的日常管理和养护工作，视工程重要程度确定相应管理机构或配备专门人员进行管理维护，保障防洪工程运行安全。

第十五条 各级人民政府和水库大坝主管部门应当按照分级管理权限加强对水库大坝的定期检查、监督管理和安全鉴定。

水库大坝管理单位应当按照规定对水库大坝进行安全监测、巡查，发现大坝有异常情况的，应当及时报告大坝主管部门，并采取积极防范和保护措施。

对未达到设计洪水标准、抗震设防要求或者有严重质量缺陷的险坝，其除险加固按照“谁所有、谁负责”和分级管理原则落实责任制。

对险坝、病坝进行除险加固，需改变设计运行方式或废弃重建的，应按分级管理权限由大坝主管部门或有关水行政主管部门批准。

险坝、病坝除险加固工程的设计、施工，必须由具有相应设计、施工资质等级的单位承担，并经大坝主管部门批准后组织实施。险坝、病坝除险加固工程竣工后，应按国家有关规定分级组织验收。

第十六条 市和区县（市）水行政主管部门按照省、市有关规定对水库安全实施监督管理。

大中型水库，由管理单位具体负责日常安全管理；小型水库和山塘水库，由管理单位具体负责水库的日常安全管理，镇（乡）人民政府、村民委员会和业主对所属水库的安全负责，区县（市）水行政主管部门对水库的安全管理负责技术指导，并实施监督。

第十七条 水库、河道、湖泊、海塘、水闸等水工程的管理范围内的土地，由土地行政主管部门会同水行政主管部门办理土地使用手续；办理土地使用手续有困难的，经县级以上人民政府批准，可先确定管理范围预留地。

因整治河道、湖泊等所增加的可利用土地，应当优先安排河道、湖泊整治工程和防洪工程建设用地。

第十八条 禁止在河道、湖泊管理范围内建设妨碍行洪的建筑物、构筑物，倾倒垃圾、渣土，从事影响河势稳定、危害河岸堤防安全和其他妨碍河道行洪的活动。

城市建设不得擅自填堵原有河道沟叉、贮水湖塘洼地和废除原有防洪围堤；确需填堵或者废除的，应报市或者区县（市）人民政府批准。

经批准填堵原有河道沟叉、贮水湖塘洼地或废除原有防洪围堤的，必须按防洪规划要求先行开挖新河道。

第十九条 滩涂围垦应当与防洪设施建设相结合，不得影响行洪防潮和河口整治。

滩涂围垦工程建设应达到国家规定的安全标准。在围垦区内设置居民点或进行重要设施建设的，应当按规定报县级以上人民政府批准。

第二十条 禁止在水库大坝管理范围和保护范围内进行爆破、打井、采矿、采石、造坟等危害水库大坝安全的活动；禁止在坝体修建码头和渠道、放牧、堆放杂物、晾晒粮草；禁止在库区围垦、填库。

有关部门对在水库集雨面积范围内开展生产建设活动占用森林植被进行审批时，应当事先征求水行政主管部门的意见。

第二十一条 在海塘、堤防、水闸管理范围内，禁止进行爆破、打井、采石、取土、挖坑、开沟、建窑、造坟、倾倒垃圾等；禁止翻挖塘脚、堤脚镇压层抛石和消浪防冲设施及其他危害水工程安全和正常运行管理的活动。

在海塘、堤防、水闸保护范围内，禁止进行爆破、打井、挖塘、采石、取土、挖坑、造坟、建窑及其他危害水工程安全的活动；禁止在海塘塘身和堤防堤身上垦种作物、放牧；除码头泊位外，禁止在塘身、堤身堆压重载、设立系船缆柱；在汛期，禁止在水闸管理范围内抛锚停船。

第四章　防汛抗洪的组织与实施

第二十二条　市和区县（市）人民政府设立防汛指挥机构，负责本行政区域内的防汛抗洪工作，其办事机构设在本级应急管理部门。

市和区县（市）人民政府可以根据需要设立城区防汛办事机构。

第二十三条　市和区县（市）人民政府应当根据当地实际情况和有关规定，制定防御洪水方案。

甬江、奉化江、余姚江防御洪水方案由市人民政府防汛指挥机构制定，报市人民政府批准；区县（市）的防御洪水方案由当地防汛指挥机构制定，报本级人民政府批准，并报市防汛指挥机构备案。

防汛任务较重的镇（乡），可以根据当地实际情况制定防御洪水方案，报县级防汛指挥机构核准。

防御洪水方案经批准后，有关地区、部门和单位必须执行。各级防汛指挥机构、有防汛抗洪任务的部门和单位，必须根据防御洪水方案做好防汛抗洪准备工作。

第二十四条　本市的汛期为每年的4月15日至10月15日。遇有特殊情况，县级以上人民政府防汛指挥机构可以宣布汛期提前或者延长。

第二十五条　遇有下列情形之一，市和有关区县（市）人民政府防汛指挥机构可以宣布进入紧急防汛期，并报告上一级人民政府防汛指挥机构：

（一）江河干流、湖泊的水情超过保证水位或者河道安全流量的；

（二）大中型和重要小型水库水位超过设计洪水位的；

（三）防洪工程设施发生重大险情的；

（四）台风即将登陆的；

（五）有其他严重影响生命、财产安全需要宣布进入紧急防汛期的情形。

第二十六条　各级防汛指挥机构和各有关部门必须建立健全险情、灾情报告制度，一旦出现险情、灾情，必须立即报告本级人民政府和上级防汛指挥机构。

第二十七条　在台风（热带风暴）影响期间，各级防汛指挥机构和各有关部门应当按照防御台风（热带风暴）暴雨工作方案组织防汛抗洪工作，服从市防汛指挥机构统一调度。

第二十八条　水工程管理单位应当根据工程规划设计、防御洪水方案和工程实际运行状况，在服从防洪、保证水工程安全的前提下，制定水工程调度运行计划，并根据工程规模、类别及重要程度，按照国家、省、市规定的程序报经批准。

经批准的水工程调度运行计划，水工程管理单位及其主管部门必须严格遵照执行，一切非授权单位和个人不得向水工程管理单位发运行指令。

水库管理单位不得擅自在汛期限制水位以上蓄水和任意压缩泄洪流量。遇特殊情况，大中型水库在汛期限制水位以上蓄水时，水工程管理单位及其主管部门除按批准的调度运行计划操作外，还必须服从上级防汛指挥机构的调度、指挥和监督。

水库管理单位根据调度运行计划或防汛指挥机构的指令，为保障下游安全或减轻灾害而提高蓄水位，造成库区土地淹没征用线以上的农业损失和房屋迁移线以上家庭财产损失的，由有关县级人民政府组织补偿。

第二十九条　防汛物资应当按照分级负担、分级储备、分级使用、分级管理、统筹调度的原则进行储备、管理和调度。

有防汛抗洪任务的镇（乡）人民政府和企业、事业单位应当储备必要的防汛物资。

储备的防汛物资应当服从上级防汛指挥机构的统一调度。

第五章　保障措施

第三十条　各级人民政府应当将防洪工程设施建设、维护纳入国民经济和社会发展计划，所需经费纳入财政预算。

防洪投入按照事权与财权相统一、政府投入和受益者合理承担相结合的原则筹集。

第三十一条　受洪水威胁的沿海、沿江的企事业单位应当自筹资金，兴建必要的防洪自保工程。

第三十二条　市和区县（市）人民政府应当安排专项资金，用于本行政区域内防洪工程建设、河道疏浚整治、病险水库除险加固以及防洪工程的管理和维护等。

市人民政府应当安排资金，用于确定的重要江河、海塘、水库的堤坝遭受特大洪水时的抗洪抢险和水毁防洪工程的修复。

各区县（市）人民政府应当在本级财政预算中安排资金，用于本行政区域内遭受特大洪涝灾害地区的抗洪抢险、水毁防洪工程的修复和灾民生产、生活的恢复。

第三十三条　市和区县（市）两级财政每年应当安排一定经费，用于下列防汛工作：

（一）洪水风险图的编制、水文测报、防汛通信设施等防汛非工程设施的建设和运行；

（二）储备防汛物资；

（三）其他防汛工作。

第六章　法律责任

第三十四条　违反本条例规定的行为，国家和省有关法律、法规已有法律责任规定的，依照其规定处理。

第三十五条　违反本条例第十条第一款规定，影响防洪的，由水行政主管部门责令停止违法行为，恢复原状或者采取其他补救措施，并可处一万元以上十万元以下的罚款。

第三十六条　违反本条例第十八条第一款规定的，由水行政主管部门责令停止违法行为，排除障碍、恢复原状或者采取其他补救措施，并可处五万元以下的罚款。

违反本条例第十八条第二款规定，擅自填堵原有河道沟叉、贮水湖塘洼地和废除原有防洪围堤的，责令其停止违法行为，限期恢复原状或者采取其他补救措施。

第三十七条　违反本条例第十九条规定，影响行洪防潮或河口整治的，由水行政主管部门责令停止违法行为、限期拆除违法设施、恢复原状，并可处五万元以下的罚款；造成损失的，责令赔偿损失。

第三十八条 违反本条例第十五条、第十六条、第二十六条、第二十七条、第二十八条规定，严重影响防汛抗洪工作的，或者滥用职权、玩忽职守、徇私舞弊，造成重大损失的，由有权机关给予处分；构成犯罪的，依法追究刑事责任。

第七章 附则

第三十九条 本条例自 2001 年 1 月 1 日起施行。

宁波市河道管理条例

（2004年5月29日宁波市第十二届人民代表大会常务委员会第十一次会议通过、2004年9月17日浙江省第十届人民代表大会常务委员会第十三次会议批准

根据2019年4月26日宁波市第十五届人民代表大会常务委员会第二十次会议修订、2019年8月1日浙江省第十三届人民代表大会常务委员会第十三次会议批准）

第一章　总则

第一条　为了加强河道管理，保障防洪安全和排涝通畅，保护水生态环境，发挥河道的综合功能和效益，根据《中华人民共和国水法》《中华人民共和国河道管理条例》《浙江省河道管理条例》和其他有关法律、法规，结合本市实际，制定本条例。

第二条　本市行政区域内河道（包括江河、溪流、湖泊、人工水道、行洪区）的规划控制、生态治理、保护利用以及其他相关管理活动，适用本条例。

《宁波市甬江奉化江余姚江河道管理条例》对甬江、奉化江、余姚江河道管理已有规定的，从其规定。

河道内的航道，同时适用有关航道管理的法律、法规。

第三条　河道管理应当服从防洪排涝总体安排，实行按流域统一管理与按区域分级管理相结合的体制，遵循全面规划、统筹兼顾、综合治理、保护优先、合理利用的原则，维护河道公共安全，提升河道在防洪排涝、涵养水土、保护生态、美化环境、传承历史等方面的功能。

第四条　市和区县（市）人民政府应当加强对河道管理工作的领导，建立健全重大事项协调工作机制、部门联动综合治理长效机制、河道管理目标责任制和考核评价制度，落实河道管理保护主体责任，完善行洪、排涝、治污、供水等工作的技术量化指标和规范化管理体系，实现河道管理的专业化、科学化、精细化。

市和区县（市）人民政府应当将河道管理纳入国民经济和社会发展规划以及年度计划，保障河道管理所需经费。

第五条　市和区县（市）水行政主管部门是河道的主管机关，依法对本行政区域内河道实施监督和管理。

发展和改革、自然资源和规划、生态环境、住房和城乡建设、综合行政执法（城市管理）、交通运输、农业农村、海事等有关部门按照各自职责，共同做好河道管理的相关工作。

乡（镇）人民政府、街道办事处按照规定的职责做好本区域内河道管理的相关工作。

第六条　市和区县（市）人民政府及其水行政主管部门、乡（镇）人民政府、街道办事处可以组织志愿者或者聘请社会监督员参与河道保护宣传教育、监督等活动。

鼓励、支持社会力量以出资、捐资、科学研究、志愿服务等形式参与河道生态治理、保护和利用。

第二章　规划控制

第七条　市和区县（市）水行政主管部门应当依照国家、省有关法律、法规的规定，组织编制市级、县级和乡级河道专业规划，征求同级相关部门和上一级水行政主管部门意见后，报本级人民政府批准。其中涉及城乡空间安排的，由市、县（市）水行政主管部门会同自然资源和规划主管部门组织编制。

河道专业规划，包括河道水域保护、河道建设与整治、清淤疏浚、岸线保护等规划。

编制河道专业规划，应当符合流域综合规划、区域综合规划，并与生态环境保护、历史文化保护、航道、渔业等专项规划相衔接。

第八条　组织编制河道水域保护规划，应当根据防洪排涝、供水、水土保持和水生态环境保护等需要，确定规划区内的河道基本水面率、河道水域总体布局、水域功能、重要水域名录、保护措施以及规划控制线（蓝线）等内容。

河道基本水面率，是指一定区域范围内，按照以不减少现状河道水域面积为基础，同时满足经济社会发展对河道水域防洪排涝、水资源利用、景观、生态保护等多种功能需求和技术标准要求，确定的河道水域面积占国土面积的最小比率。

重要河道水域名录由县级以上人民政府水行政主管部门会同生态环境等有关部门按照管理权限确定，报本级人民政府公布。公布的重要河道水域名录应当明确河道水域名称、位置、类型、范围、面积、主要功能等内容。

组织编制各类城乡规划，应当依照法律、法规和国家、省有关规定，落实河道水域保护规划的相关内容，并不得缩减规划区内的河道基本水面率。

第九条　新建、改（扩）建项目涉及河道水域的，应当符合河道水域保护规划和相关控制性详细规划的要求，不得缩减该建设项目地块红线范围内的河道基本水面率。在国有土地使用权出让前，自然资源和规划主管部门应当根据河道水域保护规划、控制性详细规划和建设项目的具体情况，提出相应的规划条件。

第十条　因城市新区和各类开发区等区域性建设的需要，确需占用相关区域河道水域的，相关区域建设管理机构应当按照先补后占和占补平衡的原则事先编制水域调整方案，报原组织编制河道水域保护规划的水行政主管部门审核后，依照本条例第七条第一款规定的程序办理。

第十一条　区县（市）人民政府应当按照国家、省有关规定，划定、公布本行政区域内河道的具体管理范围，并由本级水行政主管部门设置河道界桩和公告牌。其中，省级、市级河道具体管理范围公布前，应当分别报省、市水行政主管部门同意。

划定河道管理范围应当遵守下列规定：

（一）有堤防河道的管理范围，为河道两岸堤防之间的水域、沙洲、滩地（包括可耕地）、行洪区以及两岸堤防和护堤地；

（二）平原地区无堤防县级以上河道的管理范围，为两岸之间水域、沙洲、滩地（包括可耕地）、行洪区以及护岸迎水侧顶部向陆域延伸不少于五米的区域，其中，省、市级河道护岸迎水侧顶部向陆域延伸部分不少于七米；

（三）平原地区无堤防乡级河道的管理范围，为两岸之间水域、沙洲、滩地（包括可耕地）、行洪区以及护岸迎水侧顶部向陆域延伸部分不少于二米的区域；

（四）其他地区无堤防河道的管理范围，根据历史最高洪水位或者设计洪水位确定。

第三章　生态治理

第十二条　市和区县（市）水行政主管部门应当会同有关部门，按照河道建设与整治规划确定的分期整治目标，制定河道建设与整治年度计划，报本级人民政府批准后组织实施。

河道建设与整治应当合理布置生态绿化、人文景观、休闲娱乐等设施，保护生态功能和河道历史风貌，维持河道的自然形态，防止水土流失和河道淤积，美化河道环境。城镇建成区内河道和城镇建成区外有条件的河道，沿河绿地宽度十五米以上的，应当建设、改造为公园绿地，并向社会公众开放。

河道建设与整治可以通过生态护岸、景观绿化、截污治污、堤防修复、滨水空间改造、清淤疏浚等措施，保护、建设和修复河道生态系统。有条件的区域可以结合周边环境需求，建设人工湿地、调蓄池以及亲水设施。

河道建设与整治采用的材料和使用的作业机械，应当符合环境保护和生态建设要求。

第十三条　城乡排水设施覆盖范围内的排水单位和个人，应当按照国家和省、市有关规定将污水排入城乡排水设施。禁止将未经污水处理设施处理的各类污水直接排入河道。

区县（市）人民政府应当组织有关部门开展各类排水口和污水处理设施的调查、检查，并将排水口和污水处理设施的类型、水质要求、管理单位、监管部门、受理电话等内容挂牌公示，接受社会公众监督。

第十四条　现有的排污口、雨污混排口由生态环境主管部门会同有关部门、乡（镇）人民政府、街道办事处督促排水（污）单位拆除、封堵或者进行雨污分流改造。

工业园区等重点污染区域应当按照污水防治要求，实施初期雨水收集和处理，加强对初期雨水、生活污水、生产废水的排放调控和污染防治，实现雨污分流、清污分流。

第十五条　生态环境主管部门应当组织开展河道水质监测，发现重点污染物排放总量超过控制指标的，或者水功能区的水质未达到水域使用功能对水质的要求的，应当及时依法处理，并报告本级人民政府采取治理措施。

水行政主管部门在开展河道日常巡查监管中，发现重点污染物排放总量超过控制指标的，或者水功能区的水质未达到水域使用功能对水质的要求的，应当及时向生态环境主管部门通报，并报告本级人民政府。

第十六条　区县（市）水行政主管部门应当定期监测本行政区域内河道淤积情况，根据清淤疏浚规划和监测情况，制定河道清淤疏浚年度计划，经本级人民政府批准后组织实施。

清淤疏浚年度计划应当明确清淤疏浚的范围和方式、责任主体、施工期限、资金保障、淤（污）泥处理方式等事项。

水行政主管部门应当建立淤（污）泥产生、运输、储存、处置全过程监管体系。河道、污水处理设施等场所产生的淤（污）泥，应当按照规定进行稳定化、无害化和资源化处置。

第十七条　市和区县（市）水行政主管部门应当根据河道建设与整治计划、河道清淤疏浚计划和河道水量水质监测情况，制定河道生态调水补水总体调配方案，采取先进的技术和工程措施进行调水补水，促进河道水体流动，改善河道水质。

水行政主管部门应当根据再生水利用的相关规定，将再生水纳入河道生态调水补水总体调配方案。

第十八条 农业农村等主管部门应当根据国家、省、市有关规定和河道水域水质的实际情况，组织河道人工放流活动，改善水域生态环境。

禁止向开放性水域投放不符合法律、法规规定的水生物种。

第十九条 河道水域内禁止使用禁用的渔具以及使用炸鱼、毒鱼、电鱼等破坏河道渔业资源和生态环境的方式进行捕捞。

市和区县（市）人民政府可以依照国家、省有关规定，根据本地区河道渔业资源和生态保护的实际需要，设立河道禁渔区、禁渔期，向社会公布。在河道禁渔区和禁渔期内，任何单位和个人不得以任何方式进行捕捞作业。

第二十条 区县（市）水行政主管部门应当制定河道保洁年度计划及其实施方案，报本级人民政府批准后实施。保洁年度计划及其实施方案应当明确保洁责任区及责任单位、保洁服务单位的条件和确定方式、保洁具体任务及要求、保洁费用标准、保洁经费筹集、监督考核办法等内容。

市和区县（市）水行政主管部门应当加强河道保洁工作的监督检查，督促保洁责任单位落实保洁任务，保证责任区范围内的河道整洁。

第四章 保护利用

第二十一条 在河道管理范围内，不得实施下列行为：

（一）弃置、倾倒矿渣、石渣、煤灰、泥土、泥浆、垃圾等抬高河床、缩窄河道、污染水体的废弃物；

（二）利用涉河建设工程、河道整治工程、清淤疏浚等活动采挖河道砂石，谋取非法利益；

（三）侵占、损毁河道堤防、护岸、水闸、泵站等水工程以及护栏、防汛设施、水文监测、工程监测、通讯照明、监控设备等附属设施；

（四）在市、区县（市）人民政府依法划定的禁止养殖区域内从事畜禽养殖活动；

（五）利用船舶、船坞等水上设施侵占水域从事餐饮、住宿、休闲娱乐等经营性活动或者其他影响河道功能的活动；

（六）法律、法规规定的其他情形。

在城市主要景观河道管理范围内，除禁止实施前款规定的行为外，并不得实施洗涤、游泳、设立洗车点等危害水体、损害市容环境的行为。城市主要景观河道的范围和具体管理办法，由市人民政府另行规定。

第二十二条 禁止在属于饮用水水源一级保护区的河道水域从事网箱养殖、旅游、游泳、垂钓或者其他可能污染饮用水水体的活动。

在其他水域内从事上述活动的，不得影响河道行洪、危及水工程安全以及危害水体、水质。法律、法规规定需要经有关部门审批的，应当依法办理审批手续。

第二十三条 在河道管理范围内新建、改（扩）建水工程，建设单位应当依法取得由水行政主管部门按照管理权限签署的符合流域综合规划和防洪规划要求的规划同意书。未取得规划同意书的，不得开工建设。

在跨区县（市）行政区域的河道上建设水闸、泵站等拦水、抽水、排水设施，可能对其他区县（市）河道功能产生影响的，建设单位应当经过充分论证，并将建设方案报告上一级水行政主管部门。发生水事纠纷的，应当协商处理；协商不成的，由上一级人民政府裁决。

第二十四条 在河道管理范围内建设各类水工程以及跨河、穿河、穿堤、临河的建筑物或者构筑物，应当符合河道专业规划和法律、法规的规定以及相关技术标准、规范，并应当符合下列规定：

（一）修建桥梁、栈桥、跨河管道、缆线等工程的，其梁底标高或者净空高度应当高于设计洪水位，并留有符合技术标准规范的安全超高。在规划通航河道上修建相关工程的，其梁底标高或者净空高度还应当符合航运技术要求；

（二）修建穿河管道、地下空间工程等建（构）筑物，其设计顶标高应当与河床底标高保持技术规范规定的安全距离。

第二十五条 在河道管理范围内，因工程建设施工需要临时筑坝围堰、开挖堤坝、修建阻水便道便桥和管道临时穿越堤坝的，应当依法报经水行政主管部门审查批准。经审查，相关活动不妨碍防洪度汛安全的，应当予以批准并确定使用期限。使用期限不得超过两年。

施工单位应当承担施工期间、施工范围内河道的防洪安全责任，保证防洪排涝和通航安全，并保障水质。

施工围堰或者临时阻水设施影响防洪安全时，施工单位应当立即清除或者采取其他补救措施。施工结束后或者使用期限届满前，施工单位应当及时清理现场，并清除施工围堰等临时施工设施，恢复河道原状。

第二十六条 房地产开发、市政设施建设、村镇改造、工矿企业建设等工程项目利用河道岸线或者建设项目地块跨越河段的，建设单位应当根据规划条件和土地使用权出让合同要求，将有关河道岸线利用工程、地块内的河段整治工程纳入建设项目计划，并与建设项目同步施工、同步验收。

河道岸线利用工程、河段整治工程竣工验收合格后的三十日内，建设工程所有权人或者工程管理单位应当将该工程的权属、主管部门、管理单位、规模、功能等情况报具有相应监督管理权限的水行政主管部门。

第二十七条 市和有关区县（市）人民政府及其相关部门，应当加强对大运河遗产以及具有历史文化价值的有关水利工程遗存和设施的保护，依法确定不可移动文物和可移动文物，建立相关档案，定期开展监测、巡查，并对涉及河道的非物质文化遗产进行挖掘、整理、传承、宣传，保护和弘扬河道历史文化。

第五章　监督保障

第二十八条 本市河道按照国家、省有关规定实行河长制，设立、确定市级、县级、乡级、村级河长。

河长应当按照《浙江省河长制规定》履行职责，巡查、监督责任水域的治理、保护情况，督促、建议政府及相关主管部门履行法定职责，协调解决责任水域存在的问题。

第二十九条 市水行政主管部门应当建设河道管理信息系统，采集、汇总本行政区域内河长制工作信息和河道水系、河道等级与名录、重要河道水域、历史文化保护河道（河段）、景观河道、涉河建设工程、水域状况、基本水面率、水质水量监测等基础信息，以及涉及河道管理的各类规划、年度计划及其实施方案和防洪排涝、污染防治、调水补水、保洁养护、重点工程项目建设等管理执法信息等，实现河道管理的信息化、网络化、数字化。河道管理信息应当向社会公开，方便公众查询。

前款规定的信息由其他有关部门在履行法定职责中采集的，应当按照国家、省、市有关政务信息共享管理的规定，与水行政主管部门实行信息共享。

第三十条 水行政主管部门应当建立河道水闸、泵站、堤防、护岸等水工程设施运行、使用监管制度，定期组织安全检查、鉴定，及时组织维修养护，消除安全隐患，保证正常、安全运行和使用。

根据水量统一分配、防洪排涝统一指挥的需要，跨区县（市）行政区域重要的引调水、防洪排涝设施由市水行政主管部门统一调度管理。

第三十一条 乡（镇）人民政府、街道办事处按照区县（市）人民政府规定的职责要求，实施本区域内河道堤防、护岸的维修养护和河道的保洁养护等工作的，应当加强河道日常巡查，劝阻破坏堤防护岸安全和污染河道水面的违法行为。对劝阻无效的，应当及时报告区县（市）水行政主管部门依法处理。

乡（镇）人民政府、街道办事处应当支持、指导村（居）民委员会制定村规民约、居民公约，引导村民、居民维护河道整洁、参与河道保护。

第三十二条 本市涉河建设项目的审批涉及多个部门的，由确定的行政机关或者综合行政服务机构统一受理，并转告有关部门分别提出意见后统一办理、答复。

相关行政机关、综合行政服务机构应当优化办事流程、减少办事环节、缩短办事时限、减免办事费用，提高涉河建设项目审批工作效率，方便涉河建设项目申请人办理审批手续。

第三十三条 市和区县（市）人民政府应当建立由水行政、综合行政执法、公安、生态环境、交通运输、海事、自然资源和规划主管部门共同参与、协同配合、信息共享的联合执法机制，定期组织开展联合巡查，按照各自职责协同查处影响堤防护岸安全、阻碍行洪排涝通畅、损害河道生态环境等违法行为。

各有关部门在水行政执法过程中发现不属于本部门职责的违法行为，应当及时移交有查处职责的部门处理。

第三十四条 任何单位和个人有权对违反河道管理法律、法规的行为进行投诉、举报。

投诉、举报由有关主管部门受理、处理，或者由市、区县（市）政务服务平台统一受理后移交有关主管部门处理。有关主管部门应当及时查证处理并将处理结果向投诉人、举报人反馈。

第三十五条 市和区县（市）人民政府应当在每年第一季度向同级人大常委会报告上一年度河道行洪安全、基本水面率控制、排污和污水处理等情况。

第六章　法律责任

第三十六条　违反本条例规定的行为，国家和省有关法律、法规已有法律责任规定的，依照其规定处理。

第三十七条　违反本条例第二十一条第一款第二项规定，非法采挖河道砂石，谋取非法利益的，由市和区县（市）水行政主管部门责令停止违法行为，没收违法所得，可以并处违法所得一至二倍的罚款；情节严重的，处违法所得二至三倍的罚款，可以并处没收非法采砂作业设施设备。

违反本条例第二十一条第一款第五项规定，利用船舶、船坞等水上设施侵占水域从事餐饮、住宿、休闲娱乐等经营性活动或者其他影响河道功能的活动的，由水行政主管部门责令停止违法行为，限期改正；逾期不改正的，处一万元以上五万元以下的罚款。

第三十八条　违反本条例第二十一条第二款的规定，在景观河道管理范围内实施洗涤、游泳等危害水体、损害市容环境行为的，由水行政主管部门责令停止违法行为，拒不停止的，处五十元以上二百元以下罚款；设立洗车点的，由水行政主管部门责令限期改正、恢复原状，逾期不改正、恢复原状的，处五百元以上两千元以下罚款，情节严重的，处两千元以上五千元以下罚款。

第三十九条　违反本条例规定，有关行政机关及其工作人员，有下列行为之一的，由有权机关责令改正；情节严重的，由有权机关对相关责任人员给予处分；构成犯罪的，依法追究刑事责任：

（一）未按照规定组织编制和实施河道专业规划和各类年度计划的；

（二）对不符合法定条件的申请人核发各类涉河建设项目许可证、或者对符合法定条件的申请人未在法定期限内核发各类涉河建设项目许可证的；

（三）对各类投诉、举报不予受理、处理的；

（四）不履行监督检查职责，或者在监督检查中发现违法行为、事故隐患，不依法查处的；

（五）其他徇私舞弊、玩忽职守、滥用职权的。

第七章　附则

第四十条　本条例自2019年10月1日起施行。

宁波市城市供水和节约用水管理条例

（2001 年 11 月 30 日宁波市第十一届人民代表大会常务委员会第三十二次会议通过、2002 年 4 月 25 日浙江省第九届人民代表大会常务委员会第三十四次会议批准。

根据 2004 年 3 月 30 日宁波市第十二届人民代表大会常务委员会第九次会议通过、2004 年 5 月 28 日浙江省第十届人民代表大会常务委员会第十一次会议批准的《宁波市人民代表大会常务委员会关于修改〈宁波市城市供水和节约用水管理条例〉的决定》第一次修正。

根据 2010 年 6 月 24 日宁波市第十三届人民代表大会常务委员会第二十五次会议通过、2010 年 9 月 30 日浙江省第十一届人民代表大会常务委员会第二十次会议批准的《宁波市人民代表大会常务委员会关于修改〈宁波市城市供水和节约用水管理条例〉的决定》第二次修正。

根据 2011 年 12 月 27 日宁波市第十三届人民代表大会常务委员会第三十六次会议通过、2012 年 3 月 31 日浙江省第十一届人民代表大会常务委员会第三十二次会议批准的《宁波市人民代表大会常务委员会关于修改部分地方性法规的决定》第三次修正。）

第一章　总则

第一条　为了加强城市供水和节约用水管理，维护供水企业和用户的合法权益，建设节水型城市，根据国家有关规定，结合本市实际，制定本条例。

第二条　本条例所称城市供水，是指城市公共供水、自建设施供水和深度净化管道供水。

本条例所称城市节约用水（以下简称节水），是指在城市供水区域内通过法律、行政、经济、技术等手段调节节约水资源。

第三条　凡在本市行政区域内从事城市供水和使用城市供水以及从事相关活动的单位和个人，应当遵守本条例。

第四条　市城市供水节水行政主管部门负责本市行政区域内的城市供水节水管理和监督检查工作。

各县（市）城市供水节水行政主管部门负责本行政区域内的城市供水节水管理和监督检查工作。

水利、发展和改革、规划、建设、环境保护、卫生、财政、物价、公安、工商行政、质量技术监督等部门应当按照各自职责，协同做好城市供水节水管理工作。

第五条　城市供水节水工作实行开发水源与计划用水、节水相结合，保障供水与确保水质相结合的原则。

第六条　市、县（市）人民政府应当将城市供水节水事业纳入国民经济和社会发展计划，实行统一规划、合理布局、协调发展。

城市供水水源开发利用规划和城市供水发展规划应当纳入城市建设总体规划。城市供水发展规划应当包括再生水设施开发建设规划。

城市供水推行分质供水分类用水，逐步做到生活用水供优质水或可直接饮用水，其他用水鼓励使用河网水或再生水。

第七条 鼓励和支持城市供水节水科学技术研究和节水设施的研制，推广先进技术，改善水质，提高水的重复利用率。

对在城市供水节水工作中作出显著成绩的单位和个人，由各级人民政府给予奖励。

第二章 供水工程建设

第八条 城市供水工程的建设，应当在城市总体规划指导下，按照城市供水水源开发利用规划和其他专项规划以及城市供水工程年度建设计划进行。

新建、改建、扩建城市供水工程应当按照规定的审批权限和管理职责，经审核批准后实施。

第九条 超过城市公共供水管网压力的高层建筑或高地建筑，建设单位应当设置二次加压供水设施。

第十条 城市供水工程竣工后，建设单位应当按照国家和省、市有关规定组织验收。未经验收或验收不合格的城市供水工程，不得投入使用。

城市公共供水工程验收合格后，建设单位应当将产权及相关资料移交供水企业统一管理。

第十一条 在城市规划区内，凡城市公共供水管网可以到达的地区，严格控制新建深井取用地下水。

第三章 供水管理

第十二条 城市供水实行特许经营制度。在市区范围内从事城市供水经营活动的企业，应当取得市人民政府授予的特许经营权；在县（市）范围内从事城市供水经营活动的企业，应当取得当地县（市）人民政府授予的特许经营权。

第十三条 特许经营权的授予，应当采取招投标的方式。

招投标应当依照《中华人民共和国招标投标法》和其他有关法律、法规的规定执行。中标后，由城市供水节水行政主管部门代表人民政府与被授予特许经营权的企业签订供水特许经营合同。

第十四条 供水特许经营合同一般包括以下内容：

（一）经营的内容和期限；

（二）产品和服务的数量、质量标准；

（三）价格或收费的确定方法；

（四）资产的管理制度；

（五）双方的权利和义务；

（六）履约担保；

（七）经营权的终止和变更；

（八）监督机制；

（九）安全管理职责；

（十）违约责任。

第十五条 申请供水特许经营权的企业应当具备下列条件：

（一）具有企业法人资格；

（二）净水厂、管网设施的设置和建设符合城市供水发展规划；

（三）有与经营规模相适应的资金和生产、服务、管理及工程技术人员；

（四）有与经营规模相适应的应急处理能力、必要的设备设施和交通、通讯等工具；

（五）法律、法规规定的其他条件。

第十六条 供水企业应当建立健全水质检测制度，确保公共供水水质符合国家规定的卫生标准。

卫生行政主管部门应当加强对公共供水水质的监督监测，每月一次通过新闻媒体向社会公布公共供水水质检测结果。

第十七条 供水企业应当按规定设置管网测压点，做好供水水压的测压工作，确保供水水压符合规定的标准。

第十八条 供水企业应当确保不间断供水，不得擅自停止供水。由于工程施工、供水设施维修等原因确需暂停供水或者降低供水水压的，应当及时报经城市供水节水行政主管部门批准，并通过新闻媒体或张贴通告等形式，提前二十四小时发布停水通知；因发生灾害或者突发性事件造成停止供水的，在抢修的同时应当及时通知用户，并尽快恢复正常供水。在十六时至二十时生活用水高峰期间未能恢复供水的，供水企业应当采取应急供水措施，保证居民生活用水的需要。

第十九条 城市供水应当实行计量用水。供水企业应当为用户安装经质量技术监督部门鉴定合格的贸易结算水表。对发生故障的贸易结算水表，应当在接到报告后的三日内予以调换。

新建住宅应当实行贸易结算水表一户一表制。原未实行贸易结算水表一户一表制的住宅应当在市、县（市）人民政府规定的期限内完成改造。

第二十条 供水企业应当按实抄录贸易结算水表读数计算用户的用水量。因贸易结算水表发生故障或其他原因无法抄表计量的，供水企业可按前十二个月平均用水量计收水费。

第二十一条 用户应当保护贸易结算水表，禁止下列行为：

（一）私自拆动、改移水表；

（二）在水表附近堆放障碍物影响抄表工作；

（三）阻碍供水企业工作人员按规定拆换水表。

第二十二条 未经供水企业同意，用户不得擅自改变用水性质或者向本供水户以外的其他单位或者个人转供、转售城市公共供水。

第二十三条 不得擅自在城市公共供水管网上直接装泵抽水或者采用其他方式擅自取水。

城市公共消火栓由公安消防部门和城市管理部门共同管理，除火警外，任何单位和个人不得擅自开启取水。

第二十四条 城市供水价格应当按照生活用水保本微利、生产和经营用水合理计价的原则按规定权限制定。城市公共供水价格、自建设施供水价格、深度净化管道供水价格应当统一纳入价格管理体系。

第二十五条 用户、供水企业双方应当签订供用水合同。用户应当按照合同约定按时交付水费，逾期未交付的，应当按照约定支付违约金。用户在接到供水企业催告单三十日后仍未交付水费和违约金的，供水企业可以按照国家规定的程序中止供水。

供水企业中止供水，应当提前十日通知用户，被中止供水的用户按规定足额支付了水费和违约金后，供水企业应当在十二小时内恢复供水。

第二十六条　因拆除房屋涉及终止或暂停用水的，拆迁人或拆迁单位应当通知并配合供水企业收取水费及拆除供水设施，同时保证受影响区域非拆除用户的正常用水。

第四章　供水设施管理

第二十七条　进户贸易结算水表以外的公共供水管道及设施（含贸易结算水表）由供水企业负责维护管理；进户贸易结算水表以内的用水管道和用水设施，由用户或产权人负责维护管理。

二次供水设施需要移交产权或管理权的，根据产权性质不同分别采取下列移交方式：

（一）由政府投资建设的二次供水设施，建设单位应当将产权和管理权移交给供水企业；

（二）物业区域内由业主共有的二次供水设施，可由建设单位或业主大会将管理权移交给供水企业；

（三）除前两项规定外的二次供水设施，用水单位可自主决定将产权或管理权移交给供水企业或其他供水管理单位。

供水企业或其他供水管理单位在接收二次供水设施后，应当及时做好该设施的维修、养护、更新改造工作。

二次供水设施的建设、管理、运行和维护的具体办法，由市人民政府另行制定。

第二十八条　单位自建设施供水管网需与城市公共供水管网连接的，应当事先征得城市公共供水企业同意，并经城市公共供水企业验收合格后方可投入使用，纳入城市供水统一管理范围。

第二十九条　任何单位和个人不得擅自拆除、改装或者迁移城市公共供水、引水设施。

因工程建设确需拆除、改装或者迁移城市公共供水、引水设施的，建设单位应当按规定办理审批手续，采取相应的补救措施后，方可实施。

第三十条　在城市公共供水和引水管道及其附属设施的安全保护范围内，禁止挖坑取土或者修建建筑物、构筑物以及其他危害城市公共供水、引水设施安全的行为。

建设施工可能影响城市公共供水、引水设施安全的，建设单位应当与供水企业商定相应的保护措施，并由建设单位负责实施。

第五章　节约用水管理

第三十一条　城市用水实行计划用水和定额管理制度。市城市供水节水行政主管部门应当会同有关部门制定行业综合用水定额和单位用水定额。

城市供水节水行政主管部门应当根据用水定额定期对用水单位核定用水计划，并进行考核。

第三十二条　用水单位超计划用水，应当缴纳超计划用水加价水费。具体办法由市人民政府另行规定。

超计划用水加价水费可委托供水企业收取，纳入财政专户管理，专项用于城市节水技术改造、地下水回灌和开展节水工作。

第三十三条 用水单位应当建立健全计划用水、节水管理制度和统计台帐。

用水单位应当每三至五年进行节水评估。日用水量三十立方米以上的单位应当定期进行水平衡测试。

冷却循环用水设施应当定期进行检测。未经检测或检测不合格的，不得使用。

第三十四条 用水单位可以根据生产和事业发展需要向城市供水节水行政主管部门申请增加用水计划指标，城市供水节水行政主管部门应当批准，但有下列情形之一的，不得批准：

（一）水的重复利用率未达到国家有关规定的；

（二）实际用水超过行业综合用水定额或单位用水定额的；

（三）使用间接冷却水的单位，间接冷却水循环率低于百分之九十五的；

（四）单位用水设备、卫生洁具设备漏失率高于百分之二的；

（五）未按规定开展节水评估或水平衡测试工作的。

第三十五条 建设工程施工中需临时用水的，建设单位应当持建筑工程施工许可证和施工设计图向供水企业办理用水手续。对符合条件的，供水企业应当在十日内予以通水，并代为向城市供水节水行政主管部门办理申报用水指标等手续。

第三十六条 新建、改建、扩建的建设项目，应当配套建设相应的节水设施，并与主体工程同时设计、同时施工、同时投入使用。

新建、改建和扩建房屋，建设单位应当安装节水型用水器具。现有公共建筑未使用节水型器具的，应当分期改造。

第三十七条 居民生活用水推行阶梯式收费制度。收费标准按规定权限制定。

第三十八条 新建游泳池和洗车企业应当建设并使用循环用水设施。尚未建设循环用水设施的，应当限期改造。

第三十九条 城市环卫、绿化、市政等用水，应当采用先进的节水技术，有条件取用河网水的，应当取用河网水；尚无条件取用河网水的，应当设立专用水栓，装表计量交费。

第四十条 鼓励开展污水资源化和再生水设施的研究和开发，加快污水净化设施和再生水设施的建设，提高净化污水的利用率和回用率。

新建工程项目应当根据再生水设施开发建设规划配建再生水设施。在城市集中污水回用规划范围内，应当按规定使用再生水。

鼓励有条件的单位利用海水作为工业冷却用水，推广应用海水淡化技术。

第六章 法律责任

第四十一条 建设单位有下列行为之一的，由城市供水节水行政主管部门责令其限期改正，并可处一万元以上十万元以下罚款：

（一）违反本条例第九条规定，高层建筑或高地建筑未按规定设置二次加压供水设施的；

（二）违反本条例第三十六条规定，建设项目未配套建设节水设施的。

第四十二条 供水企业有下列行为之一的，由城市供水节水行政主管部门责令其限期改正，并可处五千元以上三万元以下罚款；对用水单位和个人造成经济损失的，应当依法赔偿：

（一）违反本条例第十二条规定，未取得特许经营权从事供水经营活动的；

（二）违反本条例第十六条、第十七条规定，供水水质、水压不符合国家规定标准的；

（三）违反本条例第十八条、第二十五条第二款规定，擅自停止供水或未履行停水通知及应急供水、恢复供水义务的；

（四）违反本条例第十九条第一款、第二十条规定，未按规定安装或调换水表和抄表计量的；

（五）违反本条例第二十七条规定，未按规定对供水设施进行维修、养护或更新改造的；

（六）违反本条例第三十五条规定，未按规定及时为建设单位通水并办理临时用水手续的。

第四十三条 用户有下列行为之一的，由城市供水节水行政主管部门责令其限期改正，并可处一千元以上二万元以下罚款；对供水企业造成经济损失的，应当依法赔偿：

（一）违反本条例第二十二条规定，擅自改变用水性质或转供、转售城市公共供水的；

（二）违反本条例第二十八条规定，擅自将自建设施供水管网与城市公共供水管网连接的；

（三）违反本条例第二十九条规定，擅自拆除、改装或者迁移城市公共供水、引水设施的；

（四）违反本条例第三十条规定，损坏城市公共供水、引水设施或在公共供水、引水设施安全保护范围内进行危害公共供水、引水设施安全行为的。

有前款第二项至四项规定行为，情节严重，构成犯罪的，依法追究刑事责任。

第四十四条 用水单位有下列行为之一的，由城市供水节水行政主管部门责令其限期改正，逾期不改正的，减少其用水计划指标，并可处二千元以上二万元以下罚款：

（一）违反本条例第三十二条规定，未按规定缴纳超计划用水加价水费的；

（二）违反本条例第三十三条规定，不定期进行水平衡测试或使用不合格的用水设施的；

（三）违反本条例第三十八条规定，游泳池和洗车企业未建循环用水设施或未按规定使用循环用水设施的。

有前款第一项规定，情节严重的，经市、县（市）人民政府批准，供水企业可以采取中止供水措施。

第四十五条 违反本条例第二十三条、第三十五条规定，擅自取用城市公共供水的，由城市供水节水行政主管部门予以警告，责令其改正，赔偿损失，并可处一千元以上一万元以下罚款。

第四十六条 城市供水节水管理人员玩忽职守、滥用职权、徇私舞弊的，由其所在单位或者上级行政主管部门给予行政处分；构成犯罪的，依法追究刑事责任。

第七章 附则

第四十七条 本条例有关用语含义：

（一）城市公共供水：是指市和县级市、建制镇的供水企业以其公共供水设施向单位和居民的生活、生产和其他各项建设提供用水。

（二）自建设施供水：是指城市的用水单位以其自行建设的供水设施主要向本单位的生活、生产和其他各项建设提供用水。

（三）深度净化管道供水：是指以城市公共供水或自建设施供水的符合生活饮用水标准的水为原料，经深度处理达到国家饮用净水水质标准，使用管道供给用户并可直接饮用的水。

（四）贸易结算水表：是指供水企业与用户发生计量贸易结算的终端计量水表。

（五）再生水设施：是指将城市工业污水或生活污水经过一定处理后用作城市杂用或工业用的污水回用系统。

第四十八条 独立工矿区的供水节水管理适用本条例。

第四十九条 本条例自 2002 年 7 月 1 日起施行。

宁波市城市排水和再生水利用条例

（2007 年 10 月 26 日宁波市第十三届人民代表大会常务委员会第四次会议通过、2007 年 12 月 27 日浙江省第十届人民代表大会常务委员会第三十六次会议批准、2020 年 12 月 29 日宁波市第十五届人民代表大会常务委员会第三十四次会议修订、2021 年 3 月 26 日浙江省第十三届人民代表大会常务委员会第二十八次会议批准）

第一章　总则

第一条　为了规范城市排水和再生水利用管理，保障城市排水和再生水利用设施安全运行，防治城市水污染和内涝灾害，实现城市水资源可持续利用，根据《中华人民共和国水污染防治法》《城镇排水与污水处理条例》等有关法律、法规，结合本市实际，制定本条例。

第二条　本条例适用于本市城市、镇建成区以及其他实行城市化管理区域内排水和再生水利用的规划、建设、管理、维护及其相关监督保障活动。

第三条　城市排水和再生水利用工作应当遵循尊重自然、系统规划、配套建设、建管并重、保障安全、综合利用的原则，提高城市内涝防治水平、雨水资源化利用能力和污水收集、处理、再生利用率。

第四条　市和区县（市）人民政府应当将城市排水和再生水利用工作纳入国民经济和社会发展规划，保障公共排水和再生水利用设施建设、运行资金的投入。

市和区县（市）人民政府应当建立由水利、住房和城乡建设、综合行政执法、生态环境、自然资源和规划、发展改革、财政、应急管理等部门共同参与的城市排水和再生水利用工作联席会议制度，协商解决城市排水和再生水利用工作中的重大问题。联席会议的召集及日常工作由排水主管部门承担。

镇人民政府、街道办事处应当按照各自职责，做好所辖区域内排水和再生水利用工作。

第五条　市水行政主管部门是本市城市排水和再生水利用主管部门（以下简称市排水主管部门），负责本市行政区域内排水和再生水利用的组织、协调、监督和管理工作。

区县（市）人民政府确定的排水主管部门，负责本行政区域内排水和再生水利用的组织、协调、监督和管理工作。

水利、住房和城乡建设、综合行政执法、生态环境、自然资源和规划、发展改革、财政、市场监督管理、应急管理等部门应当按照各自职责，共同做好城市排水和再生水利用工作。

第六条　排水主管部门应当会同有关部门加强城市排水和再生水利用工作的宣传，普及城市排水和再生水利用知识，提高全社会科学、安全、规范排水意识和水环境保护意识。

鼓励开展城市排水和再生水利用、海绵城市建设的科学研究，推广应用先进、适用的技术、工艺、设备和材料，促进源头减排、污水的再生利用和污泥、雨水的资源化利用，提高城市排水和再生水利用的能力。

第二章　规划与建设

第七条　市、县（市）排水主管部门应当会同同级自然资源和规划、住房和城乡建设、水利、生态环境、综合行政执法、发展改革等部门组织编制本行政区域的排水和再生水利用专项规划，报本级人民政府批准后，报上一级人民政府排水主管部门备案。

区排水主管部门应当依据市排水和再生水利用专项规划，组织编制实施方案，经区人民政府和市自然资源和规划部门审查同意后，报市排水主管部门审批。

排水和再生水利用专项规划的编制，应当依据国民经济和社会发展规划、国土空间总体规划、水污染防治规划和防洪规划，并与城市开发建设、海绵城市、道路、绿地、水系、固体废物污染防治等专项规划相衔接。

排水和再生水利用专项规划与实施方案应当包括排水和再生水利用目标与标准；排水量和排水模式；污水、污泥处理处置和再生利用要求；排涝和内涝防治措施；公共排水与再生水利用设施的规模、布局、管线位置、建设期限和时序、建设用地以及保障措施等内容。

自然资源和规划部门组织编制国土空间详细规划时，应当保障排水和再生水利用专项规划和实施方案中公共排水和再生水利用设施用地的空间落实。

第八条　市和区县（市）住房和城乡建设部门应当会同排水主管部门，根据排水与再生水利用专项规划确定的建设期限和时序，编制公共排水设施的年度建设计划并组织实施。

现有公共排水设施未达到规定的排水标准或者不能满足排水防涝要求的，市和区县（市）住房和城乡建设部门、排水主管部门应当制定年度改造计划并组织实施。

老旧小区排水设施未达到规定的排水标准或者不能满足排水防涝要求的，市和区县（市）人民政府应当组织有关部门将相关排水设施改造工作列入老旧小区改造计划并组织实施。

第九条　市、县（市）住房和城乡建设部门应当会同同级自然资源和规划、水利、综合行政执法等部门，组织编制海绵城市专项规划，明确雨水源头减排的空间布局、要求和控制指标，并报本级人民政府批准。

市、县（市）自然资源和规划及相关部门编制国土空间详细规划以及生态空间、道路等专项规划时，应当落实雨水源头减排建设要求和控制指标。

自然资源和规划部门应当将海绵城市专项规划确定的雨水源头减排建设要求和控制指标纳入相关建设项目的规划条件。

第十条　城市开发建设和更新改造应当按照排水和再生水利用专项规划、海绵城市专项规划的要求，同步配套建设排水设施和海绵设施。排水设施和海绵设施应当与主体工程同时设计、同时施工、同时投入使用；排水设施和海绵设施未经竣工验收或者竣工验收不合格的，主体工程不得投入使用。

建设工程涉及城市排水设施的，自然资源和规划部门在组织规划设计审查时，应当就排水设计方案是否符合排水和再生水利用专项规划和相关标准，征求排水主管部门意见。

第十一条　建设单位应当做好排水设施隐蔽工程的质量检查和记录，并在排水管网竣工验收前，通过影像检测等方式对排水管网进行检测，确保排水管网符合质量验收标准。

市和区县（市）测绘地理信息主管部门应当监督指导建设单位对地下排水和再生水利用管网

进行跟踪测绘、竣工测绘等，并将测绘成果纳入本市管线综合管理信息系统。

第十二条 建设排水管道检查井和雨水口，应当按照国家和本市有关规定进行，保证其承载力、稳定性、防沉降等性能符合相关要求。

检查井井盖应当具备防坠落和防盗窃功能，并满足结构强度要求。排水管道雨水口应当具备符合相关规定的垃圾拦截功能，并在满足防汛要求的前提下，加装过滤装置。

第三章 排水管理

第十三条 除经生态环境部门依法批准排放外，城市公共排水设施覆盖范围内的单位和个人应当按照规定将污水排入公共排水设施，其排水设施应当符合排水技术标准和规范的要求。禁止将未经污水处理设施处理的各类污水直接排入自然环境。

第十四条 本市实行雨水、污水分流排放制度，禁止任何单位和个人将雨水、污水混排。

尚未实现雨水、污水分流排放的区域，区县（市）人民政府应当组织有关部门编制改造计划，组织开展雨水、污水分流设施改造。

工业园区等易污染重点区域和其他有条件的区域应当按照污水防治要求，实施初期雨水收集和处理，加强对初期雨水、生活污水、生产废水的排放调控和污染防治。

新建居住建筑中的阳台和易产生污水的露台，建设单位应当设置污水管道。现有居住建筑中的阳台和易产生污水的露台未设置污水管道的，区县（市）人民政府应当制定改造计划，推动建设污水管道。

第十五条 从事工业、建筑、餐饮、医疗等活动的排水户，向公共排水设施排放污水的，应当依法向排水主管部门申请领取污水排入排水管网许可证（以下简称排水许可证）。

排水户应当按照国家有关规定和行业特点，建设相应的污水预处理设施和水质、水量监测设施，确保排放的污水符合国家标准；列入重点排污单位名录的排水户，应当在污水排放口与公共排水管网连接处设置检查井、闸门等设施。

汽车修理和清洗、洗浴洗涤、美容美发、酒店、加油站、垃圾中转站、施工场地、农贸市场等单位，应当按照相关技术规范，配建相应的隔油池、格栅井、沉泥井、沉砂池、毛发收集池等污水预处理设施，并定期清疏，保障设施正常运行。

第十六条 污水处理设施维护运营单位应当在污水处理设施的进水口和出水口安装流量计量设备、水质监测设备，并与生态环境部门、排水主管部门的在线监测系统连接，保证出水水质符合排放标准。出水水质、水量等相关信息应当定期向社会公布。

新建、改（扩）建污水处理设施的，建设单位应当同步确定污泥协同处理处置方案；需要配套建设污泥处理处置设施的，应当同步建设。鼓励现有污水处理设施根据需要配建污泥处理处置设施。

污水处理设施维护运营单位或者污泥处理处置单位应当对污泥进行分类处置，并保证处理处置后的污泥符合国家标准；污泥处理处置应当纳入本市固体废物处理系统。

第十七条 因公共排水设施维护或者检修需要采取控制排水量、调整排水时间或者暂停排水等应急措施的，排水设施维护运营单位应当提前二十四小时通知相关排水单位；相关排水单位应当按照通知要求执行，不得强行排放；维护、检修作业完成后，排水设施维护运营单位应当及时通知相关排水单位恢复排水。

因采取前款应急措施可能对生产、生活环境造成严重影响的，公共排水设施维护运营单位应当及时向排水主管部门报告，按照应急预案的要求采取相应措施，并事先通过新闻媒体发布公告。

第十八条 排水泵站维护运营单位应当完善泵站管理制度和运行方案，明确泵站运行水位、泵机启停条件等要求，向排水主管部门报送泵站运行记录等信息，并服从排水主管部门的调度。因排水泵站抢修、防汛等应急处置确需降低排水管道水位的，排水泵站维护运营单位可以按照应急预案的规定先向河道应急排水，并及时向排水主管部门和生态环境部门报告。

第十九条 公共排水设施维护运营单位应当建立健全设施安全运行保障和突发事件处理的应急预案制度，明确各项应急处理措施，配备必要的应急处理装备、器材并定期组织演练。

在发生可能危及公共排水设施安全运行的突发事件时，排水设施维护运营单位应当立即启动应急预案，并及时向排水主管部门和有关部门报告。

第二十条 市和区县（市）人民政府应当依法组织编制城市排水与污水处理应急预案，统筹安排应对突发事件以及城市排涝所必需的物资。

市和区县（市）人民政府应当组织有关部门、单位建立城市内涝风险评估、防治预警、会商联动机制，并根据当地排水防涝能力以及内涝风险评估结果，设定相应的内涝防治应急等级。

市和区县（市）排水主管部门应当在汛期前对公共排水设施进行全面检查，发现问题的，应当责成有关单位限期处理；加强对城镇广场、立交桥下、地下设施、隧道、涵洞、老旧居住区等易涝区域（点）的巡查，配备必要的强制排水设施和装备。

第四章 再生水利用

第二十一条 市和区县（市）人民政府及其有关部门应当将再生水利用纳入水资源的供需平衡体系，实行地表水、地下水、再生水等水资源联合调度、统一配置。

第二十二条 建设项目有下列情形之一的，建设单位应当配套建设再生水利用设施：

（一）新建、改（扩）建城市污水集中处理设施；

（二）新建年用水量超过三十万吨的工业企业；

（三）其他按照城市排水和再生水利用专项规划需要建设再生水利用设施的情形。

鼓励其他建设项目配套建设再生水利用设施。

配套建设的再生水利用设施，其建设资金应当列入建设项目总投资，并与主体工程同时设计、同时施工、同时投入使用。

第二十三条 再生水利用设施应当设有明显标识，禁止将再生水管道与生活饮用水管道连接。

第二十四条 经再生水利用设施处理产生的再生水，需要对外供应的，再生水供水企业应当与用户签订合同，供水水质、水压等应当符合国家标准以及合同约定。

再生水不得用于饮用、游泳、洗浴、生活洗涤、食品生产等不适宜的情形。

第二十五条 再生水供水管网到达区域内，在再生水水质符合用水标准的前提下，有下列情形的，应当优先使用再生水：

（一）观赏性景观用水、湿地用水等景观环境用水；

（二）冷却用水、洗涤用水、工艺用水等工业用水；

（三）城市绿化、环境卫生、道路清扫、公厕冲洗等城市杂用水；

（四）建筑施工、车辆冲洗等用水；

（五）其他适宜使用再生水的情形。

第二十六条 市和区县（市）人民政府应当建立健全再生水利用设施建设和再生水使用激励机制，通过再生水利用设施用地规划保障、将再生水纳入水资源统一配置、污染物减排指标减免、用水计划和水量分配指标确定等措施促进再生水利用。

第五章 设施维护与保护

第二十七条 排水设施的维护责任主体，按照下列规定确定，法律、法规另有规定的除外：

（一）公共排水设施的维护，由排水主管部门依法确定的维护运营单位负责；

（二）公共排水设施未办理移交手续的由建设单位负责，建设单位因撤销、注销等原因终止的，由承受其权利义务的单位负责，其权利义务无承受单位的，由原建设单位的主管部门依法确定维护责任主体；

（三）专用排水设施的维护，由所有权人或者受其委托的管理人负责；其中，住宅小区的排水设施由业主或者受其委托的管理人负责；

（四）产权不明或者难以确定责任主体的排水设施，由区县（市）排水主管部门会同所在地镇人民政府（街道办事处）确定维护责任主体。

第二十八条 公共再生水利用设施的维护责任，由排水主管部门依法确定的维护运营单位承担。

专用再生水利用设施的维护责任，由所有权人或者受其委托的管理人承担。

第二十九条 公共排水和再生水利用设施维护责任主体应当履行下列职责：

（一）制定年度维护计划，并依照法律、法规和有关技术标准对设施进行维护；

（二）建立健全安全生产管理制度，对设施进行日常巡查，开展清淤、养护、维修等工作，保障设施正常、安全运行；

（三）在发生污水冒溢、管道破裂、井盖破损丢失等情况时，立即赶到现场并采取相应处理措施，避免或者减轻对周边生产生活秩序的影响，并及时报告排水主管部门；

（四）对排水和再生水利用设施进行周期性检测评估，根据检测评估结果，发现存在运行安全隐患的，立即组织实施维修；

（五）发现排水单位有雨水管道和污水管道混接、混排行为的，应当予以劝阻，并向排水主管部门报告；

（六）其他依法应当履行的职责。

专用排水和再生水利用设施维护责任主体应当依照法律、法规和有关技术标准建立相关运行管理制度，做好日常的巡查、养护和维修工作，确保设施正常、安全运行。排水主管部门应当对专用排水设施中的雨水污水排入公共排水设施加强监督指导。

第三十条 用于城市排水设施和再生水利用设施养护维修的专用车辆和机具，应当设置明显标志。公共排水和再生水利用设施的养护维修现场，应当设置醒目警示标志，并采取安全防护措施。在养护维修作业时，公安机关交通管理部门、市政设施管理部门应当提供便利。

第三十一条 禁止下列危及排水和再生水利用设施安全的活动：

（一）损毁、盗窃、穿凿、堵塞排水和再生水利用设施；

（二）向排水和再生水利用设施排放、倾倒剧毒、易燃易爆、腐蚀性废液废渣和垃圾、渣土、施工泥浆、油烟等废弃物；

（三）建设占压排水和再生水利用设施的建筑物、构筑物或者其他设施；

（四）其他危及排水和再生水利用设施安全的活动。

第三十二条 市和区县（市）排水主管部门应当会同同级自然资源和规划、住房和城乡建设等部门，依照法律、法规和有关技术标准，划定公共排水和再生水利用设施保护范围，并向社会公布。

在保护范围内，有关单位从事爆破、钻探、打桩、顶进、挖掘、取土等可能影响公共排水和再生水利用设施安全活动的，应当与设施维护责任主体等共同制定设施保护方案，并采取相应的安全防护措施；设施维护责任主体应当指派专业人员进行现场指导和监督。

因排水设施割接等施工需要中断排水设施运行的，施工单位应当与设施维护责任主体等共同制定临时排水处置方案，并采取相应的保护措施。

第三十三条 建设工程施工范围内有排水和再生水利用设施的，建设单位应当与施工单位、设施维护责任主体共同确认排水和再生水利用设施的现状，制定设施保护方案，并采取相应的安全保护措施。施工期间，设施维护责任主体应当指派专业人员对建设单位、施工单位就设施保护方案的实施进行现场指导和监督，发现施工活动危及或者可能危及排水和再生水利用设施安全的，应当进行劝阻，并及时向排水主管部门报告。

因工程建设需要拆除、改动公共排水和再生水利用设施的，建设单位应当制定拆除、改动方案，报排水主管部门审核，并承担重建、改建和采取临时排水等措施的费用。

建设工程因桩基、深基坑、爆破等原因，可能影响施工区域周边排水和再生水利用设施安全的，建设单位应当在施工前进行风险评估，根据风险评估情况决定是否进行施工跟踪监测，并采取有效的安全防范和保护措施；影响设施安全、造成损害的，建设单位应当及时维修，并依法予以赔偿。

第三十四条 市和区县（市）人民政府可以采取特许经营、政府购买服务等方式，吸引社会力量参与公共排水和再生水利用设施的建设和运营，推进厂网一体化运营维护模式。

第六章 监督与保障

第三十五条 排水主管部门应当会同有关部门在整合现有涉水管理信息系统基础上，建立排水和再生水利用信息化管理平台，采集汇总排水和再生水利用设施建设、运行、维护和排水管理等信息，加强对设施运行、维护和排水行为的实时动态监测，提高设施运行、维护管理水平和排水行为监管能力。

第三十六条 排水主管部门应当建立健全对公共排水设施维护责任主体的日常监管评价制度和绩效考核制度，对公共排水设施运行情况、污水处理的工艺、成本核算、设施维护、污泥处理处置等进行全过程监管，并定期将监督考核情况向社会公布。

市和区县（市）住房和城乡建设部门应当建立海绵城市专项规划实施和海绵设施建设、运行的绩效评价机制，并定期将评价结果向社会公布。

第三十七条 住宅小区内共用排水设施实施由排水专业单位进行维修、养护和更新改造。具体办法由市人民政府另行制定。

排水主管部门应当对住宅小区的雨水污水排入公共排水设施的行为加强监督指导。

第三十八条 排水主管部门应当加强对排水行为的监督管理，依法督促排水户领取排水许可证，会同综合行政执法、经济信息化、生态环境、住房和城乡建设、市场监督管理、商务、卫生健康等部门建立注册登记信息共享机制。有关部门应当将所涉排水户相关注册登记信息及时予以数据共享。

生态环境部门应当会同排水主管部门建立在线监测数据共享机制，实现对直接或者间接向水体排放污染物的企业事业单位和其他生产经营者相关监测数据共享。

第三十九条 排水主管部门、综合行政执法部门应当会同生态环境、公安等部门建立共同参与、协同配合、信息共享的排水执法协作机制，定期组织开展联合巡查，就有关执法问题进行联合会商，依照排水、水污染防治等有关法律法规的规定协调解决执法过程中的重大和疑难问题。

第四十条 任何单位和个人有权就违反城市排水和再生水利用法律、法规的行为，依法向有关政务服务平台进行投诉、举报。有关方面接到投诉、举报后，应当及时受理、处理并将处理结果向投诉人、举报人反馈。

第四十一条 市和区县（市）人民政府应当建立第三方和社会公众共同参与的城市排水和再生水利用考核评价机制，对排水主管部门和其他有关部门实施城市排水和再生水利用专项规划、履行城市排水和再生水利用监管职责的情况进行考核、评价。考核、评价结果应当及时向社会公开。

第四十二条 排水单位和个人应当按照国家有关规定缴纳污水处理费。

污水处理费应当纳入地方财政预算管理，专项用于城镇污水处理设施的建设、运行和污泥处理处置，不得挪作他用。污水处理费的收费标准应当不低于城镇污水处理设施正常运营的成本。因特殊原因，收取的污水处理费不足以支付城镇污水处理设施正常运营成本的，市和区县（市）人民政府应当给予补贴。

污水处理费的收取、使用情况应当向社会公开。

第七章　法律责任

第四十三条 违反本条例规定，《中华人民共和国水污染防治法》和《城镇排水与污水处理条例》等法律、行政法规和省的地方性法规对法律责任已有规定的，依照其规定处理。

第四十四条 违反本条例第二十三条规定，将再生水管道与生活饮用水管道连接的，由排水主管部门责令改正，处五万元以上十万元以下罚款；逾期不改正或者造成严重后果的，处十万元以上五十万元以下罚款；造成损失的，依法承担赔偿责任。

第四十五条 违反本条例第二十四条第一款规定，对外供应不符合国家有关强制性标准的再生水的，由排水主管部门责令改正，处五万元以上十万元以下罚款；逾期不改正或者造成严重后果的，处十万元以上五十万元以下罚款；造成损失的，依法承担赔偿责任。

第四十六条 违反本条例第二十九条第一款第三项规定，在发生污水冒溢、管道破裂、井盖破损丢失等情况时，维护责任主体未立即赶到现场并采取相应处理措施的，由排水主管部门责令改正，给予警告；逾期不改正或者造成严重后果的，处十万元以上五十万元以下罚款；造成损失的，依法承担赔偿责任。

第四十七条 违反本条例的规定，各级人民政府、排水主管部门和其他负有城市排水和再生水利用监管职责的部门及其工作人员，未依法履行法定职责或者有其他徇私舞弊、玩忽职守、滥用职权行为的，由有权机关对直接负责的主管人员和其他直接责任人员依法给予处分。

第八章 附则

第四十八条 本条例相关用语含义如下：

（一）排水，是指向排水设施排放雨水、污水，以及接纳、输送、处理、再生利用雨水和污水的行为；

（二）再生水，是指污水和废水经净化处理，水质改善后达到国家标准，可以在一定范围内重复使用的非饮用水；

（三）公共排水设施，是指承担城市公共服务功能的雨水管渠、污水管渠、泵站、污水处理厂（站）等及其附属设施；

（四）公共再生水利用设施，是指城市地区承担公共服务功能的再生水处理设施、输送管渠、泵站及其他相关设施；

（五）专用排水设施，是指为建设项目内部用户服务的雨水管渠、污水管渠、泵站、污水处理厂（站）等及其附属设施；

（六）专用再生水利用设施，是指为建设项目内部用户服务的再生水处理设施、输送管渠、泵站及其他相关设施；

（七）海绵设施，是指采用自然或者人工模拟自然生态系统，为控制城市雨水径流及径流污染等而建设的雨水渗透、滞蓄、吸纳、转输、净化、缓释等设施，以及初期雨水弃流、雨水管渠、雨水调蓄利用、雨水泵站等传统的雨水排放、调蓄、利用等设施。

第四十九条 农村生活污水纳入城市污水处理设施集中处理，区县（市）人民政府决定由城市污水处理设施维护运营单位对涉及的公共处理设施进行维护运营的，依照本条例规定执行。

第五十条 本条例自2021年7月1日起施行。

编 后 记

《宁波市水利志（2001—2020 年）》是专业类续志型部门志书，内容涵盖了宁波市水利领域 20 年的发展过程，客观反映 20 年全市水利建设的面貌和区域特色。在续志的具体内容上，考虑并注重突出了这 20 年宁波水利发展的时代特色，凸显近 20 年水利工作的亮点，充分体现宁波水利事业改革开放发展的时代特征、地方特色和志书特点。

2019 年 6 月，按照市政府地方志办公室《关于全面启动市级部门（行业）志编纂工作的通知》的要求，宁波市水利局启动《宁波市水利志（2001—2020 年）》编纂工作，印发《关于印发宁波市水利志续志（2001—2020 年）编纂工作实施方案》，成立了编纂委员会。编纂工作由市周公宅水库管理局（市水库管理中心）承办，市水利水电规划设计研究院有限公司组织实施，组成编纂班子。经过历时三年多的精心编撰，数易其稿，几度增删，反复修改，于 2022 年 2 月形成征求意见稿，在广泛听取各有关部门反馈意见后进行修改和补充。同年 4 月完成初审稿，5 月通过初审；7 月完成复审稿并通过复审，9 月完成终审稿并通过终审。

值《宁波市水利志（2001—2020 年）》即将面世之际，谨向关心和支持志书编纂的各方人士深表谢意！志书编纂过程中，承蒙宁波市委党史研究室方志办对志稿进行评审指导；各区（县、市）功能园区水行政主管部门、市局机关各处室、局属各单位、市水务环境集团以及市水利水电规划设计研究院有限公司、市弘泰水利信息科技有限公司、市水文化研究会等单位的支持与配合。感谢市政协原副主席、市水利局原局长孔凡生对志书编纂工作提出宝贵意见；感谢宁波市委党史研究室原主任杨明祥给予志书编纂全过程的指导与帮助；感谢市水利局原局长杨祖格及各位老领导对编纂工作的支持与建议；感谢市水利水电规划设计研究院有限公司董事长严文武对志书编撰工作的全力支持；感谢各位评审专家给予志书指导性的意见和充分肯定。同时，谨向提供资料、参与资料长编、摄影、制图等相关人员，致以诚挚的谢意。

本志有幸邀请到省水利厅原厅长陈川、宁波市原副市长陈炳水 2 位老领导为本志作序，我们表示由衷感谢。由于我们水平有限，错误、疏漏或不当之处，恳请批评指正。

编 者

二〇二二年十二月